BKI Baukosten 2020 Neubau
Teil 3

Statistische Kostenkennwerte für Positionen

BKI Baukosten 2020 Neubau
Statistische Kostenkennwerte für Positionen

BKI Baukosteninformationszentrum (Hrsg.)
Stuttgart: BKI, 2020

Mitarbeit:
Hannes Spielbauer (Geschäftsführer)
Klaus-Peter Ruland (Prokurist)
Brigitte Kleinmann (Prokuristin)
Heike Elsäßer
Wolfgang Mandl
Thomas Schmid
Jeannette Sturm

Fachautoren:
Robert Fetzer
Jörn Luther
Andreas Wagner
Hans-Jürgen Schneider

Layout, Satz:
Hans-Peter Freund
Thomas Fütterer

Fachliche Begleitung:
Beirat Baukosteninformationszentrum
Stephan Weber (Vorsitzender)
Markus Lehrmann (stellv. Vorsitzender)
Prof. Dr. Bert Bielefeld
Markus Fehrs
Andrea Geister-Herbolzheimer
Oliver Heiss
Prof. Dr. Wolfdietrich Kalusche
Martin Müller

Anschrift:
Seelbergstraße 4, 70372 Stuttgart
Kundenbetreuung: (0711) 954 854-0
Baukosten-Hotline: (0711) 954 854-41
Telefax: (0711) 954 854-54
info@bki.de
www.bki.de

Vorwort

Die Planung der Baukosten bildet einen wesentlichen Bestandteil der Architektenleistung. Eine der wichtigsten Elemente der Baukostenplanung ist die Ermittlung der Baukosten. Kompetente Kostenermittlungen beruhen auf qualifizierten Vergleichsdaten und Methoden. Daher gehört die Bereitstellung aktueller Daten zur Baukostenermittlung zu den wichtigsten Aufgaben des BKI seit seiner Gründung im Jahr 1996.

Im Dezember 2018 erschien mit der DIN 276:2018-12 die wichtigste Norm für Kostenplanung im Bauwesen in einer umfangreich überarbeiteten Fassung. BKI hat alle Objektdaten aus der BKI Objektdatenbank Neubau für die vorliegenden statistischen Auswertungen den Kostengruppen dieser DIN neu zugeordnet. Mit den „BKI Baukosten 2020" liegt damit die zweite Ausgabe der bewährten Fachbuchreihe nach der neuen DIN 276 vor.

Durch Änderungen in über 300 Kostengruppen resultieren auch zahlreiche Neuerungen bei den Kostengruppennummern der BKI-Positionen. Über 800 Positionen aus dem Bereich Neubau haben dadurch neue Kostengruppen-Zuordnungen erhalten. Der Band Positionen ist auch sehr gut geeignet für die nach HOAI 2013 geforderten „bepreisten Leistungsverzeichnisse", die nicht in den Kostenermittlungsstufen nach DIN 276:2018-12 enthalten sind.

Die Fachbuchreihe erscheint jährlich. Dabei werden alle Kostenkennwerte auf Basis neu dokumentierter Objekte und neuer statistischer Auswertungen aktualisiert. Die Kosten, Kostenkennwerte und Positionen dieser neuen Objekte tragen in allen drei Bänden zur Aktualisierung bei. Mit den integrierten „BKI Regionalfaktoren 2020" kann der Nutzer eine Anpassung der Bundesdurchschnittswerte an den jeweiligen Stadt- bzw. Landkreis seines Bauorts vornehmen.

Die Fachbuchreihe BAUKOSTEN Neubau 2020 (Statistische Kostenkennwerte) besteht aus den drei Teilen:
Baukosten Gebäude 2020 (Teil 1)
Baukosten Bauelemente 2020 (Teil 2)
Baukosten Positionen 2020 (Teil 3)

Die Bände sind aufeinander abgestimmt und unterstützen die Anwender in allen Planungsphasen. Die Nutzer erhalten je Band eine ausführliche Erläuterung zur fachgerechten Anwendung. Weitere Praxistipps und Hinweise werden in den BKI-Workshops und im "Handbuch Kostenplanung im Bauwesen" vermittelt. Tipps zur Termin- und Bauzeitenplanung finden Sie im "Handbuch Terminplanung für Architekten". Die BKI-Veröffentlichung ist für 2020 geplant.

Der Dank des BKI gilt allen Architektinnen und Architekten, die Daten und Unterlagen zur Verfügung stellen. Sie profitieren von der Dokumentationsarbeit des BKI und unterstützen nebenbei den eigenen Berufsstand. Die in Buchform veröffentlichten Architekten-Projekte bilden eine fundierte und anschauliche Dokumentation gebauter Architektur, die sich zur Kostenermittlung von Folgeobjekten und zu Akquisitionszwecken hervorragend eignet.

Zur Pflege der Baukostendatenbanken sucht BKI weitere Objekte aus allen Bundesländern. Bewerbungsbögen zur Objekt-Veröffentlichung von Hochbauten und Freianlagen werden im Internet unter www.bki.de/projekt-veroeffentlichung zur Verfügung gestellt. Auch die Bereitstellung von Leistungsverzeichnissen mit Positionen und Vergabepreisen ist jetzt möglich, mehr Info dazu finden Sie unter www.bki.de/lv-daten.

Besonderer Dank gilt abschließend auch dem BKI-Beirat, der mit seinem Expertenwissen aus der Architektenpraxis, den Architekten- und Ingenieurkammern, Normausschüssen und Universitäten zum Gelingen der BKI-Fachinformationen beiträgt.

Wir wünschen allen Anwendern der neuen Fachbuchreihe 2020 viel Erfolg in allen Phasen der Kostenplanung und vor allem eine große Übereinstimmung zwischen geplanten und realisierten Baukosten im Sinne zufriedener Bauherren. Anregungen und Kritik zur Verbesserung der BKI-Fachbücher sind uns jederzeit willkommen.

Hannes Spielbauer - Geschäftsführer
Klaus-Peter Ruland - Prokurist
Brigitte Kleinmann - Prokuristin

Baukosteninformationszentrum
Deutscher Architektenkammern GmbH
Stuttgart, im Mai 2020

Inhalt	Seite

Vorbemerkungen und Erläuterungen

Einführung	10
Benutzerhinweise	10
Neue BKI Neubau-Dokumentationen 2019-2020	14
Erläuterungen zur Fachbuchreihe BKI BAUKOSTEN	30
Erläuterungen der Seitentypen (Musterseiten)	
Statistische Kostenkennwerte Positionen, Mustertexte	42
Auswahl kostenrelevanter Baukonstruktionen und Technischer Anlagen	44
Häufig gestellte Fragen	
Fragen zur Flächenberechnung	46
Fragen zur Wohnflächenberechnung	47
Fragen zur Kostengruppenzuordnung	48
Fragen zu Kosteneinflussfaktoren	49
Fragen zur Handhabung der von BKI herausgegebenen Bücher	51
Fragen zu weiteren BKI Produkten	53
Abkürzungsverzeichnis	56
Gliederung in Leistungsbereiche nach STLB-Bau	58

Kostenkennwerte für die Positionen der Leistungsbereiche (LB)

A	**Rohbau**	
000	Sicherheitseinrichtungen, Baustelleneinrichtungen	60
001	Gerüstarbeiten	76
002	Erdarbeiten	86
006	Spezialtiefbauarbeiten	102
008	Wasserhaltungsarbeiten	108
009	Entwässerungskanalarbeiten	112
010	Drän- und Versickerarbeiten	136
012	Mauerarbeiten	146
013	Betonarbeiten	178
014	Naturwerksteinarbeiten, Betonwerksteinarbeiten	216
016	Zimmer- und Holzbauarbeiten	236
017	Stahlbauarbeiten	262
018	Abdichtungsarbeiten	268
020	Dachdeckungsarbeiten	286
021	Dachabdichtungsarbeiten	310
022	Klempnerarbeiten	330

B	**Ausbau**	
023	Putz- und Stuckarbeiten, Wärmedämmsysteme	358
024	Fliesen- und Plattenarbeiten	380
025	Estricharbeiten	400
026	Fenster, Außentüren	412
027	Tischlerarbeiten	440
028	Parkett-, Holzpflasterarbeiten	466
029	Beschlagarbeiten	480
030	Rollladenarbeiten	494
031	Metallbauarbeiten	504
032	Verglasungsarbeiten	538
033	Baureinigungsarbeiten	548

B	**Ausbau (Fortsetzung)**	
034	Maler- und Lackierarbeiten - Beschichtungen	556
036	Bodenbelagarbeiten	572
037	Tapezierarbeiten	594
038	Vorgehängte hinterlüftete Fassaden	602
039	Trockenbauarbeiten	614

C	**Gebäudetechnik**	
040	Wärmeversorgungsanlagen - Betriebseinrichtungen	652
041	Wärmeversorgungsanlagen - Leitungen, Armaturen, Heizflächen	676
042	Gas- und Wasseranlagen - Leitungen, Armaturen	702
044	Abwasseranlagen - Leitungen, Abläufe, Armaturen	712
045	Gas-, Wasser- und Entwässerungsanlagen - Ausstattung, Elemente, Fertigbäder	726
047	Dämm- und Brandschutzarbeiten an technischen Anlagen	740
053	Niederspannungsanlagen - Kabel/Leitungen, Verlegesysteme, Installationsgeräte	748
054	Niederspannungsanlagen - Verteilersysteme und Einbaugeräte	760
058	Leuchten und Lampen	774
069	Aufzüge	778
075	Raumlufttechnische Anlagen	786

D	**Freianlagen**	
003	Landschaftsbauarbeiten	800
004	Landschaftsbauarbeiten - Pflanzen	848
080	Straßen, Wege, Plätze	876

E	**Barrierefreies Bauen**	
	Positionsverweise Barrierefreies Bauen	920

F	**Brandschutz**	
	Positionsverweise Brandschutz	928

Anhang		
	Regionalfaktoren	932
	Stichwortverzeichnis der Positionen	938

Bei der Prüfung der von BKI erstellten Mustertexte haben folgende Fachverbände mitgewirkt:

BAUWIRTSCHAFT
Baden-Württemberg e.V.

Bauwirtschaft Baden-Württemberg e.V.

Bauwirtschaft Baden-Württemberg e.V.
70178 Stuttgart; Hohenzollernstraße 25;
www.bauwirtschaft-bw.de

Die Bauwirtschaft Baden-Württemberg e.V. ist ein gemeinsamer Verband von Baugewerbe und Bauindustrie in Baden-Württemberg mit über 1.500 Mitgliedsbetrieben und etwa 40.000 Beschäftigten, die hauptsächlich in den Sparten Hochbau, Tief- und Straßenbau sowie Ausbau tätig sind. Der Verband vertritt die Interessen seiner Mitglieder gegenüber Politik, Verwaltung und Öffentlichkeit. Er setzt sich auf Landes- und Gemeindeebene für die notwendigen Rahmenbedingungen des Bauens ein und engagiert sich für eine bedarfsgerechte Investitionspolitik. Außerdem ist die Bauwirtschaft Baden-Württemberg Mitglied bei den Spitzenverbänden der Bauwirtschaft in Berlin. Dadurch hat unser Verband auch bundesweit Einfluss auf wichtige Entscheidungen in der Wirtschafts- und Tarifpolitik. Enge Vernetzungen gibt es zudem mit zahlreichen Partnerverbänden im In- und Ausland, etwa in der Schweiz und Frankreich.

BVM

METALLHANDWERK

Bundesverband Metall
Vereinigung Deutscher Metallhandwerke
45138 Essen; Huttropstraße 58
www.metallhandwerk.de

Rund 40.000 kleine und mittlere Unternehmen, 28.000 Lehrlinge, 500.000 Mitarbeiter und fast 60 Milliarden € Umsatz: Das ist Metallhandwerk in Deutschland. Nicht nur zahlenmäßig und als Arbeitgeber ist das Metallhandwerk unverzichtbar. Metallhandwerk steht für die ganze Vielfalt metallverarbeitender Unternehmen, die unser Industrieland braucht: Maschinenbau, Werkzeugbau, Metall- und Stahlkonstruktionen im Hoch- und Tiefbau, Klimaschutz und Mobilität, öffentliche Infrastruktur und modernes Wohnen. Metallbetriebe - vom Bronzegießer über den Metalldesigner bis zum Hightech-Unternehmen - finden wir überall, wo produziert, gebaut und gewohnt wird. Als Künstler und Konstrukteur, von der Planung bis zur Ausführung oder vernetzt mit Partnerbetrieben lösen Metallhandwerker die kleinen und großen Probleme ihrer Kunden. Exportweltmeister Deutschland? Nicht ohne das Metallhandwerk. Der Bundesverband Metall vertritt die berufsständischen Interessen seiner Landesverbände sowie deren Innungen mit den darin freiwillig organisierten Mitgliedsbetrieben.

Zentralverband des Deutschen Dachdeckerhandwerks
50968 Köln; Fritz-Reuter-Straße 1
www.dachdecker.de

Der Zentralverband des Deutschen Dachdeckerhandwerks e.V. ist der Arbeitgeberverband des Dachdeckerhandwerks in Deutschland. Er repräsentiert 16 Landesverbände mit 200 Innungen und ca. 7.055 Innungsbetrieben. Der Verband vertritt die Interessen des Dachdeckerhandwerks gegenüber Politik, Verwaltung und Öffentlichkeit und steht seinen Mitgliedern mit zahlreichen Beratungsleistungen zur Seite. Der Zentralverband ist Verfasser der Fachregeln des Deutschen Dachdeckerhandwerks, den anerkannten Regeln der Technik. Über die Spitzenverbände des Handwerks hat der ZVDH außerdem Einfluss auf wichtige Entscheidungen in der Wirtschafts- und Tarifpolitik.

Bundesverband Farbe Gestaltung Bautenschutz

Bundesverband Farbe Gestaltung Bautenschutz
Bundesinnungsverband des deutschen Maler- und Lackiererhandwerks
60486 Frankfurt a.M.; Gräfstraße 79
www.farbe.de

Der Bundesverband Farbe Gestaltung Bautenschutz vertritt als Arbeitgeber -, Wirtschafts- und Technischer Verband die Interessen des Maler-Lackiererhandwerks. Er stützt sich auf ein beachtliches Fundament: Rund 41.881 kleinere und mittlere Betriebe mit 196.500 Beschäftigten, davon 22.287 Lehrlinge arbeiten in der Branche. Zur Wahrnehmung der berufsständischen Interessen sind dem Verband 17 Landesverbände sowie deren 360 Innungen mit den darin freiwillig organisierten Mitgliedsbetrieben angeschlossen. Das Leistungsangebot des modernen Handwerksberufes Maler und Lackierer umfasst u. a. Tätigkeiten wie: Oberflächenbehandlung von mineralischen Untergründen, Metall, Holz und Kunststoffen mit Beschichtungsstoffen, WDVS-Arbeiten, Betonflächeninstandsetzung, Trockenbau, Innenraumgestaltung, Korrosionsschutz- und Brandschutzbeschichtungen. Der Bundes-verband betreut u. a. den Bundesausschuss Farbe und Sachwertschutz, dem Herausgeber der Technischen Richtlinien für Maler- und Lackiererarbeiten.

BUNDESINNUNG GERÜSTBAU

Bundesinnung für das Gerüstbauer-Handwerk
51107 Köln; Rösrather Straße 645
www.geruestbauhandwerk.de

Bundesinnung und Bundesverband Gerüstbau sind die Fachorganisationen des Gerüstbauerhandwerks mit drei Schwerpunktbereichen:

– Als Standesorganisation verbessern sie die Rahmenbedingungen für das Gerüstbauerhandwerk. Ergebnisse: 1978 Verordnung zum Geprüften Gerüstbau-Kolonnenführer, 1988 Aufnahme der DIN 18451 in Teil C der VOB, 1991 Ausbildungsberuf Gerüstbauer/Gerüstbauerin, 1998 Meisterberuf (Vollhandwerk), ab 2006 eigenes Fachregelwerk.
– Als Arbeitgebervertretung schließen sie Tarifverträge ab.
– Als Serviceorganisationen unterstützen Bundesverband und Bundesinnung jeden einzelnen Mitgliedsbetrieb in all seinen betrieblichen Belangen. Für Betriebsinhaber und Mitarbeiter werden Seminare vom Vertragsrecht bis zur Technik angeboten. Regelmäßige Verbandsmitteilungen informieren über rechtliche; fachliche und sonstige Neuerungen. Rahmenvereinbarungen verhelfen zu Preisvorteilen z. B. beim Kraftfahrzeugkauf und bieten exklusiv Berufskleidung.

Der Stuckateur
Ausbau & Fassade

Fachverband der Stuckateure für Ausbau und Fassade Baden-Württemberg
70599 Stuttgart; Wollgrasweg 23
www.stuck-verband.de

Der Fachverband der Stuckateure für Ausbau und Fassade (SAF) ist Wirtschafts- und Arbeitsgeberverband der Stuckateure in Baden-Württemberg und vertritt auf Landes- und Kreisebene die Interessen der Mitgliedsinnungen und deren insgesamt über 1000 Mitglieder gegenüber Öffentlichkeit, Verwaltung und Politik. Der SAF leitet als Bildungsdienstleister das Kompetenzzentrum für Ausbau und Fassade in Verbindung mit dem Bundesverband. Der SAF verfasst die Branchenregeln für die Arbeitsfelder Wärmedämmung, Innen- und Außenputz, Trockenbau, Schimmelsanierung, Restaurierung und Stuck z. B. mit den Richtlinien zu den Themen Sockel-, Fensteranschlüsse oder auch Luftdichtheit und berät seine Mitglieder in vielfältiger Weise. Architekten und Ausschreibende erhalten telefonische Auskünfte z. B. über die Branchenregelungen, Standards sowie Aufmaß und Abrechnungsbestimmungen.

HOLZBAU DEUTSCHLAND BUND DEUTSCHER ZIMMERMEISTER im Zentralverband des Deutschen Baugewerbes

Holzbau Deutschland - Bund Deutscher Zimmermeister
im Zentralverbans des Deutschen Baugewerbes
Kronenstraße 55-58
10117 Berlin
www.holzbau-deutschland.de

Als Berufsorganisation des Zimmererhandwerks setzt sich Holzbau Deutschland - Bund Deutscher Zimmermeister im Zentralverband des Deutschen Baugewerbes für einen leistungsstarken und wettbewerbsfähigen Holzbau in Deutschland ein. Holzbau Deutschland vertritt den Berufsstand zusammen mit seinen 17 Landesverbänden nach außen. Er fördert und unterstützt die Mitgliedsbetriebe in der Verbandsorganisation in ihrer fachlichen Praxis. Das erfolgt mit verschiedenen Aktivitäten in den vier Haupthandlungsfeldern „Marketing und Öffentlichkeitsarbeit", „Technik und Umwelt", „Betriebswirtschaft und Unternehmensführung" sowie „Aus- und Weiterbildung".

Die Gebäudedienstleister Landesinnung Baden-Württemberg

Qualitätsverbund Gebäudedienste®

Fachforum

Fachakademie für Gebäudemanagement und Dienstleistungen e.V. www.fachakademie.de

Landesinnung des Gebäudereiniger-Handwerks Baden-Württemberg
Fachverband Gebäudedienste Baden-Württemberg e.V.
Zettachring 8A
70567 Stuttgart
www.die-gebaeudedienstleister-bw.de; info@die-gebaeudedienstleister-bw.de

Die Landesinnung des Gebäudereiniger-Handwerks ist Ansprechpartner für Tarif- und Vergabefragen (Mustertexte etc.) und vermittelt ö.b.u.v. Sachverständige. Auf der Homepage filtert der Service "Suche Betrieb für..." spezialisierte Betriebe für die gewünschte/n Leistung/en.
Der Qualitätsverbund Gebäudedienste bescheinigt innungsgeprüfte Fachkompetenz: Seit das Gebäudereiniger-Handwerk zulassungsfrei ist, erleichtert das „QV-Zertifikat" das Auffinden qualifizierter Meisterbetriebe und garantiert die Meistereigenschaft, eine Eingangsschulung zum nachhaltigen Wirtschaften und die kontinuierliche Weiterbildung! Bundesweit sind ca. 890 qv-zertifizierte Betriebe registriert: www.qv-gebaeudedienste.de
Im Fachforum bei www.qv-gebaeudedienste.de sind die Teilnehmer der Wissensplattform für Fachfragen zu Gebäudereinigung/-diensten/-management vernetzt. Durch das automatische Informationssystem sind sie stets auf neustem fachlichen Stand.
Die Fachakademie für Gebäudemanagement und Dienstleistungen organisiert neutrale Vergabeseminare und Weiterbildungen. Die innungsakkreditierten FA-Zertifikate sind weithin anerkannt: Zertifiziert werden: Gepr. Vorarbeiter (FA), Gepr. Objektleiter (FA), Gepr. Service-Manager (FA), Fachwirt Gebäudemanagement (FA). www.fachakademie.de

---

ZENTRALVERBAND SANITÄR HEIZUNG KLIMA

Zentralverband Sanitär Heizung Klima (ZVSHK)
Rathausallee 6
53757 St. Augustin

Der Zentralverband Sanitär Heizung Klima vertritt als Arbeitsgeber- und Wirtschaftsverband nach dem Gesetz zur Ordnung des Handwerks (HwO) 50.000 Unternehmen des Bauhandwerks mit rund 271.000 Beschäftigten und 37.000 Lehrverhältnissen. Dabei stützt er sich auf 17 Landesorganisationen mit 389 Innungen, in denen rund 3.000 Unternehmer ehrenamtlich tätig sind. Er ist damit der größte nationale Verband in der EU für die Planung, den Bau und die Unterhaltung gebäudetechnischer Anlagen. Als Rationalisierungsverband schließt er die Förderung, Prüfung und Durchführung von Normungs-, Typisierungs- und Spezialvorhaben ein. Insoweit ist er anhörungspflichtig und beim Deutschen Bundestag akkreditiert.

Deutsche Gesellschaft DGGL
für Gartenkunst und Landschaftskultur e.V.

Deutsche Gesellschaft für Garten- und Landschaftskultur
Landesverband Hamburg / Schleswig-Holstein e.V.
DGGL
Wartburgstraße 42
10823 Berlin
www.DGGL.org

Die Deutsche Gesellschaft für Gartenkunst und Landschaftskultur e.V. (DGGL) ist ein gemeinnütziger Verein der in allen Bundesländern aktiv ist, die Bundesgeschäftsstelle ist in Berlin.
Die DGGL wurde 1887 in Dresden gegründet, um die Belange der Freiraum- und Landschaftsgestaltung gegenüber Politik und Öffentlichkeit zu vertreten, die fachliche Weiterentwicklung von Ausbildung und Beruf zu fördern sowie die Planungs- und Ausführungstechniken und Methoden zu verbessern.
Die DGGL steht allen an der Freiraumentwicklung und an der Erhaltung von (historischen) Freiräumen interessierten Menschen offen, namentlich sind dieses Garten- und Landschaftsarchitekten, Ingenieure und Gutachter, öffentliche Grünverwaltungen, Garten- und Landschaftsbaubetriebe, Baumschulen und Gärtnereien, Produzenten von Baustoffen und Ausstattungen sowie Laien.
Gemeinsam mit Partnerorganisationen in an grenzenden Ländern ist die DGGL auch auf europäischer Ebene tätig.

Die Mitwirkung der Fachverbände beinhaltet ausschließlich die fachliche Prüfung der Mustertexte. Die veröffentlichten Positionspreise werden nicht von den Fachverbänden geprüft. Grundlage der Positionspreise ist die BKI-Positionsdatenbank.

BKI bedankt sich bei den Fachverbanden für die erfolgreiche Zusammenarbeit. Das Prüfen der Mustertexte stellt einen wertvollen Beitrag zur Verbesserung der fachlichen Kommunikation beim Bauablauf zwischen planenden und ausführenden Berufen dar.

Einführung

Dieses Fachbuch wendet sich an Architekten, Ingenieure, Sachverständige und sonstige Fachleute, die mit Kostenermittlungen von Hochbaumaßnahmen befasst sind. Es enthält statistische Kostenkennwerte für „Positionen", geordnet nach den Leistungsbereichen nach STLB. Neben den Mittelwerten sind auch Von-Bis-Werte und Minimal-Maximal-Werte angegeben. Bei den Von-Bis-Werten handelt es sich um mit der Standardabweichung berechnete Bandbreiten, wobei Werte über dem Mittelwerte und Werte unter dem Mittelwert getrennt betrachtet werden. Der Mittelwert muss deshalb nicht zwingend in der Mitte der Bandbreite liegen.

Durch Übernahme der BKI Regionalfaktoren in die Datenbanken wurde es möglich, die Objekte und damit auch deren Positionspreise auch hinsichtlich des Bauortes zu bewerten. Für statistische Auswertungen rechnet BKI so, als ob das Objekt nicht am Bauort, sondern in einer mit dem Bundesdurchschnitt identischen Region gebaut worden wäre.

Die regional bedingten Kosteneinflussfaktoren sind somit aus den hier veröffentlichten Positionspreisen herausgerechnet. Das soll aber nicht darüber hinwegtäuschen, dass Positionspreise vielfältigen Einflussfaktoren unterliegen, von denen die regionalen meist nicht die bestimmenden sind.

Die Kennwerte sind objektorientiert ermittelt worden und basieren auf der Analyse realer, abgerechneter Vergleichsobjekte, die derzeit in den BKI-Baukostendatenbanken verfügbar sind.

Dieses Fachbuch erscheint jährlich neu, so dass der Benutzer stets aktuelle Kostenkennwerte zur Hand hat.

Benutzerhinweise

1. Definitionen
Als Positionen werden in dieser Veröffentlichung Leistungsbeschreibungen für Bauleistungen mit den zugehörigen Texten, Mengen, Preisen und sonstigen Angaben bezeichnet. Positionstexte sind ausführliche Leistungsbeschreibungen von Bauleistungen (Langtexte) oder Kurzfassungen davon (Kurztexte). Einheitspreise sind die Preise für Bauleistungen pro definierter Einheit, Gesamtpreise sind die Preise für die Gesamtmenge einer einzelnen Bauleistung. BKI dokumentiert und veröffentlicht ausschließlich Preise abgerechneter Bauleistungen, die insofern endgültig und keinen weiteren Veränderungen durch Verhandlungen, Preisanpassungen etc. unterworfen sind.

2. Kostenstand und Mehrwertsteuer
Kostenstand aller Kennwerte ist das 1.Quartal 2020. Alle Kostenkennwerte in diesem Fachbuch werden in brutto + netto angegeben. Die Angabe aller Kostenkennwerte dieser Veröffentlichung erfolgt in Euro. Die vorliegenden Kostenkennwerte sind Orientierungswerte. Sie können nicht als Richtwerte im Sinne einer verpflichtenden Obergrenze angewendet werden.

3. Datengrundlage
Grundlage der Tabellen sind statistische Analysen abgerechneter Bauvorhaben. Die Daten wurden mit größtmöglicher Sorgfalt vom BKI bzw. seinen Dokumentationsstellen erhoben. Dies entbindet den Benutzer aber nicht davon, angesichts der vielfältigen Kosteneinflussfaktoren die genannten Orientierungswerte eigenverantwortlich zu prüfen und entsprechend dem jeweiligen Verwendungszweck anzupassen. Für die Richtigkeit der im Rahmen einer Kostenermittlung eingesetzten Werte können daher weder Herausgeber noch Verlag eine Haftung übernehmen.

4. Anwendungsbereiche
Die Kostenkennwerte sind als Orientierungswerte konzipiert; sie können zum Bepreisen von Leistungsverzeichnissen sowie bei Kostenberechnungen und Kostenanschlägen angewendet werden. Die formalen Mindestanforderungen hinsichtlich der Darstellung der

Ergebnisse einer Kostenermittlung sind in DIN 276:2018-12 unter Ziffer 3 Grundsätze der Kostenplanung festgelegt. Die Anwendung des Positions-Verfahrens bei Kostenermittlungen setzt voraus, dass genügend Planungsinformationen vorhanden sind, um Qualitäten und Mengen von Positionen ermitteln zu können.

5. Geltungsbereiche
Die genannten Kostenkennwerte spiegeln in etwa das durchschnittliche Baukostenniveau in Deutschland wider. Die Geltungsbereiche der Tabellenwerte sind fließend. Die „von-/ bis-Werte" markieren weder nach oben noch nach unten absolute Grenzwerte. Auch die Minimal-Maximal-Werte sind nur als Minimum und Maximum der in der Stichprobe enthaltenen Werte zu verstehen. Das schließt nicht aus, dass diese Werte in der Praxis unter- oder überschritten werden können.

6. Preise
Die dokumentierten Preise wurden aus abgerechneten Projekten, und in diesem Jahr erstmalig, spezifisch für den Neubau erhoben. Für den Altbau gibt es seit letztem Jahr ein eigenes Fachbuch. Die „von-bis Preise" wurden mit der Standardabweichung ermittelt, ein statistisches Verfahren, das aus dem kompletten Spektrum der Preisbeispiele einen wahrscheinlichen Mittelbereich errechnet. Um dem Umstand Rechnung zu tragen, dass Abweichungen vom Mittelwert nach oben bei Baupreisen wahrscheinlicher sind als nach unten, wurde die Standardabweichung für Preise oberhalb des Mittelwertes getrennt von denen unterhalb des Mittelwertes ermittelt. Das Verfahren findet auch in anderen BKI Publikationen Anwendung und ist im Fachbuch „BKI Baukosten Gebäude, Statistische Kostenkennwerte (Teil 1)" näher beschrieben.

7. Kosteneinflüsse
In den Streubereichen (von-/bis-Werte) der Kostenkennwerte spiegeln sich die vielfältigen Kosteneinflüsse aus Nutzung, Markt, Gebäudegeometrie, Ausführungsstandard, Projektgröße etc. wider. Die Orientierungswerte können daher nicht schematisch übernommen werden, sondern müssen entsprechend den spezifischen Planungsbedingungen überprüft und ggf. angepasst werden. Mögliche Einflüsse, die eine Anpassung der Orientierungswerte erforderlich machen, können sein:

- besondere Nutzungsanforderungen,
- Standortbedingungen (Erschließung, Immission, Topographie, Bodenbeschaffenheit),
- Bauwerksgeometrie (Grundrissform, Geschosszahlen, Geschosshöhen, Dachform, Dachaufbauten),
- Bauwerksqualität (gestalterische, funktionale und konstruktive Besonderheiten),
- Quantität (Positionsmengen),
- Baumarkt (Zeit, regionaler Baumarkt, Vergabeart).

8. Mustertexte
BKI hat für die maßgeblichen Leistungsbereiche produktneutrale Positionsmustertexte verfasst. Die Mustertexte wurden entsprechend der Grundlage der zahlreichen Positionstexte der Datenlieferungen von Architekten neu verfasst. Die Fachautoren haben einen einheitlichen, VOB-gerechten Ausschreibungstext daraus gebildet.

Viele Mustertexte wurden von Fachverbänden der Bauberufe geprüft. Die prüfenden Fachverbände werden in den Fußzeilen der entsprechenden Seiten und zusammenfassend auf Seite 6-9 genannt. Den kooperierenden Fachverbänden gilt unser Dank. Sie unterstützen durch diese Zusammenarbeit die Kommunikation im Baubereich zwischen planenden und ausführenden Berufen.
Den kooperierenden Fachverbänden gilt unser Dank. Sie unterstützen durch diese Zusammenarbeit die Kommunikation im Baubereich zwischen planenden und ausführenden Berufen.

Parallel zu unseren Positionstexten führen wir auch vergleichbare STLB-Bau Ausschreibungstexte und prüfen damit unsere Mustertexte. Nicht immer kann in dieser Veröffentlichung eine Leistung mit gleichen Leistungsumfang angeboten werden, da z. B. wie in der Ausschreibungspraxis üblich auch Sammelpositionen in diesem Fachbuch enthalten sind. Ungeachtet dessen kann aber das Fachbuch zur regelkonformen Erstellung von eindeutigen Ausschreibungstexten genutzt werden.

Einheitliche und praxistaugliche Positionsmustertexte in Verbindung mit Kostenangaben aus fertig gestellten Projekten sind für alle am Bau Beteiligten eine sinnvolle Unterstützung bei der täglichen Arbeit.

9. Ausführungsdauer
Seit der Ausgabe 2015 ist die Ausführungsdauer pro Leistungsposition enthalten. Diese wurde aus Literatur recherchiert und dann über unsere Baupreisdokumentation fachkundig angepasst. Die Ausführungsdauer ist somit kein Wert welcher sich aus konkreter Dokumentation ergibt, sondern einer der über Plausibilität ermittelt wurde. Er soll eine Orientierung für die Dauer der Arbeitsleistung und in Verrechnung mit Ausführungsmengen die Grundlage für die Terminplanung schaffen.

10. Regionalisierung der Daten
Grundlage der BKI Regionalfaktoren sind Daten aus der amtlichen Bautätigkeitsstatistik der statistischen Landesämter, eigene Berechnungen auch unter Verwendung von Schwerpunktpositionen und regionale Umfragen. Zusätzlich wurden von BKI Verfahren entwickelt, um die Eingangsdaten auf Plausibilität prüfen und ggf. anpassen zu können. Auf der Grundlage dieser Berechnungen hat BKI einen bundesdeutschen Mittelwert gebildet. Anhand des Mittelwertes lassen sich die einzelnen Land- und Stadtkreise prozentual einordnen. Diese Prozentwerte wurden die Grundlage der BKI Deutschlandkarte mit „Regionalfaktoren für Deutschland und Europa".

Für die größeren Inseln Deutschlands wurden separate Regionalfaktoren ermittelt. Dazu wurde der zugehörige Landkreis in Festland und Inseln unterteilt. Alle Inseln eines Landkreises erhalten durch dieses Verfahren den gleichen Regionalfaktor. Der Regionalfaktor des Festlandes enthält keine Inseln mehr und ist daher gegenüber früheren Ausgaben verringert.

Die Kosten der Objekte der BKI Datenbanken wurden auf den Bundesdurchschnitt umgerechnet. Für den Anwender bedeutet die Umrechnung der Daten auf den Bundesdurchschnitt, dass einzelne Kostenkennwerte oder das Ergebnis einer Kostenermittlung mit dem Regionalfaktor des Standorts des geplanten Objekts multipliziert werden können. Die BKI Landkreisfaktoren befinden sich im Anhang des Buchs.

11. Urheberrechte
Alle Objektinformationen und die daraus abgeleiteten Auswertungen (Statistiken) sind urheberrechtlich geschützt. Die Urheberrechte liegen bei den jeweiligen Büros, Personen bzw. beim BKI.

Es ist ausschließlich eine Anwendung der Daten im Rahmen der praktischen Kostenplanung im Hochbau zugelassen. Für eine anderweitige Nutzung oder weiterführende Auswertungen behält sich das BKI alle Rechte vor.

Neue BKI Neubau-Dokumentationen 2019-2020

1300-0240 Einfamilienhaus, Büro - Effizienzhaus 40 PLUS
Büro- und Verwaltungsgebäude, hoher Standard
Architekt Rainer Graf, Architektur + Energiekonzepte
Ofterdingen

1300-0249 Verwaltungsgebäude (42 AP)
Büro- und Verwaltungsgebäude, mittlerer Standard
F64 Architekten und Stadtplaner PartGmbH
Kempten

1300-0252 Verwaltungsgebäude (34 AP) - Eff.haus ~25%
Büro- und Verwaltungsgebäude, hoher Standard
architekturbüro p. sindram Architekt Paul Sindram
Schleswig

1300-0254 Bürogebäude (8 AP)
Büro- und Verwaltungsgebäude, einfacher Standard
AW+ Planungsgesellschaft mbH
Eiterfeld

1300-0255 Verwaltungsgebäude (200 AP), TG (88 STP)
Büro- und Verwaltungsgebäude, mittlerer Standard
Neff Kuhn Architekten, Studio PRANK
Weinheim

3400-0023 Seniorenpflegeheim (65 Betten) - Eff.haus ~52%
Pflegeheime
SAUER ARCHITEKTUR UND INGENIEURBÜRO
Hildesheim

Fotopräsentation der Objekte

3500-0006 Therapie- und Kreativzentrum (50 Kinder)
Medizinische Einrichtungen
⌂ Ulrich Tilgner, Thomas Grotz, Architekten GmbH
Bremen

4100-0174 Gesamtschule (10 Kl) - Effizienzhaus ~66%
Allgemeinbildende Schulen
⌂ Tectum Hille Kobelt Architekten BDA
Weimar

4100-00175 Grundschule (160 Sch) - Effizienzhaus ~3%
Allgemeinbildende Schulen
⌂ ralf pohlmann architekten
Waddeweitz

4100-0198 Gesamtschule Tanz- und Atelierräume (3 Kl)
Allgemeinbildende Schulen
⌂ qbatur Planungsgenossenschaft eG
Quedlinburg

4100-0199 Grundschule (16 Kl) - Effizienzhaus ~18%
Allgemeinbildende Schulen
⌂ Architekten Johannsen und Partner mbB
Hamburg

4100-0200 Selbstlernzentrum (60 Schüler)
Allgemeinbildende Schulen
⌂ tun-architektur PartGmbB
Hamburg

Fotopräsentation der Objekte

© Architekturbüro Helmle

4300-0024 Sonderpädagogisches Förderzentrum (6 Kl)
Förder- und Sonderschulen
Architekturbüro Helmle
Ellwangen

© Helmut Schwalm

4400-0293 Kinderkrippe (3 Gr, 36 Ki) - Effizienzhaus ~37%
Kindergärten, nicht unterkellert, mittlerer Standard
Architekturbüro Schwalm
Karlskron

© Rainer Erhard

4400-0298 Kindergarten (2 Gr, 40 Ki) - Effizienzhaus ~30%
Kindergärten, nicht unterkellert, mittlerer Standard
ralf pohlmann architekten
Waddeweitz

© wagner + ewald architekten

4400-0307 Kindertagesstätte (4 Gr) - Effizienzhaus ~60%
Kindergärten, nicht unterkellert, mittlerer Standard
wagner + ewald architekten
Ginsheim-Gustavsburg

© Zooey Braun

4400-0316 Kindertagesstätte (5 Gr) - Effizienzhaus ~67%
Kindergärten, nicht unterkellert, mittlerer Standard
Prof. Rollmann + Partner Architekten PartGmbB
Homburg

© Constantin Meyer

4400-0323 Kindertagesstätte (4 Gruppen, 74 Kinder)
Kindergärten, nicht unterkellert, mittlerer Standard
ARGE: foundation 5+ architekten BDA und
Architektur+Städtebau Bankert Linker Hupfeld, Kassel

4400-0326 Kindertagesstätte (6 Gr, 99 Ki) - Eff.haus ~71%
Kindergärten, nicht unterkellert, mittlerer Standard
raum-z architekten gmbh
Frankfurt

4400-0328 Kindertagesstätte (13 Gruppen, 200 Kinder)
Kindergärten, nicht unterkellert, mittlerer Standard
KÖBER-PLAN GmbH
Brandenburg

5100-0115 Sporthalle (Einfeldhalle) - Effizienzhaus ~68%
Sporthallen (Einfeldhallen)
Tectum Hille Kobelt Architekten BDA
Weimar

5100-0125 Sporthalle (2,5-Feld) - Effizienzhaus ~28%
Sporthallen (Dreifeldhallen)
Planungsgruppe Strasser GmbH
Traunstein

5100-0126 Tennishalle (Dreifeldhalle)
Sporthallen (Dreifeldhallen)
raum-z architekten gmbh
Frankfurt

6100-1277 Doppelhaus (2 WE) - Effizienzhaus ~80%
Doppel- und Reihenendhäuser, mittlerer Standard
Lilienström Architekten PartG mbB
Dormagen

6100-1311 Mehrfamilienhaus (4 WE), TG - Eff.haus ~55%
Mehrfamilienhäuser, mit bis zu 6 WE, hoher Standard
Leistner Fahr Architektenpartnerschaft
Reinbek

6100-1335 Einfamilienhaus, Garagen - Passivhaus
Ein- und Zweifamilienhäuser, Passivhaus, Massivbau
RoA Rongen Architekten PartG mbB
Wassenberg

6100-1369 Doppelhaus - Effizienzhaus 40
Doppel- und Reihenendhäuser, einfacher Standard
Architekt Rainer Graf, Architektur + Energiekonzepte
Ofterdingen

6100-1406 Mehrfamilienhaus (3 WE)
Mehrfamilienhäuser, mit bis zu 6 WE, mittlerer Standard
Gerstner Kaluza Architektur GmbH
Frankfurt am Main

6100-1412 Wohnanlage (136 WE), TG - Effizienzhaus 70
Mehrfamilienhäuser, mit 20 oder mehr WE, mittl. Standard
Galandi Schirmer Architekten + Ingenieure GmbH
Berlin

6100-1413 Mehrfamilienhaus (30 WE), TG (30 STP)
Mehrfamilienhäuser, mit 20 oder mehr WE, mittl. Standard
Architekturbüro Wagner
Nordhausen

Fotopräsentation der Objekte

6100-1414 Zweifamilienhaus - Effizienzhaus 70
Ein- u. Zweifamilienhäuser, nicht unterkell., mittl. Standard
Architekturbüro Wagner
Nordhausen

6100-1416 Mehrfamilienhaus (10 WE) - Effizienzhaus 70
Mehrfamilienhäuser, mit 6 bis 19 WE, mittlerer Standard
aaw Architektenbüro Arno Weirich
Alfter

6100-1417 Mehrfamilienhaus (8 WE) - Effizienzhaus 70
Mehrfamilienhäuser, mit 6 bis 19 WE, mittlerer Standard
aaw Architektenbüro Arno Weirich
Alfter

6100-1418 Mehrfamilienhaus (5 WE), TG - Effizienzhaus 70
Mehrfamilienhäuser, mit bis zu 6 WE, hoher Standard
SCHAMP & SCHMALÖER Architekten Stadtplaner
PartGmbB, Dortmund

6100-1419 Einfamilienhaus
Ein- u. Zweifamilienhäuser, nicht unterkell., mittl. Standard
grimm_architekten BDA
Nürnberg

6100-1420 Zweifamilienhaus - Effizienzhaus 40 Plus
Ein- und Zweifamilienhäuser, unterkellert, hoher Standard
Sieckmann Walther Architekten
Hamburg

Fotopräsentation der Objekte

6100-1421 Einfamilienhaus Garage - KfW 55
Ein- u. Zweifamilienhäuser, nicht unterkell., mittl. Standard
MUDLAFF & OTTE Architekten PartGmbB
Hamburg

6100-1422 Einfamilienhaus, Garage - Effizienzhaus ~55%
Ein- und Zweifamilienhäuser, Holzbau, nicht unterkellert
Architekt BDA Dr.-Ing. Sever Severain
Wiesbaden

6100-1423 Einfamilienhaus, Garage - Effizienzhaus ~45%
Ein- und Zweifamilienhäuser, unterkellert, hoher Standard
BF ARCHITEKTUR Bettina Müller-Fauth
Welzheim/Eselshalden

6100-1424 Mehrfamilienhaus (10 WE), TG - Eff.haus ~20%
Mehrfamilienhäuser, mit 6 bis 19 WE, mittlerer Standard
Jo Güth I Architekt
München

6100-1425 Zweifamilienhaus, Garage
Ein- und Zweifamilienhäuser, unterkellert, hoher Standard
gramming rosenmüller architekten
München

6100-1426 Doppelhaushälfte - Passivhaus
Doppel- und Reihenendhäuser, mittlerer Standard
Rongen Architekten PartG mbB
Wassenberg

6100-1435 Einfamilienhaus mit Garage - Effizienzhaus 55
Ein- u. Zweifamilienhäuser, nicht unterkell., hoher Standard
JA:3 Architekten, Ingenieure, Innenarchitekten
Winsen (Aller)

6100-1436 Mehrfamilienhäuser (91 WE), TG - Eff.haus 55
Mehrfamilienhäuser, mit 20 oder mehr WE, mittl. Standard
Itten + Brechbühl GmbH
Berlin

6100-1437 Mehrfamilienhäuser (180 WE), TG - Eff.haus 70
Mehrfamilienhäuser, mit 20 oder mehr WE, mittl. Standard
Arnold und Gladisch Gesell. v. Architekten mbH und
DMSW Partnerschaft v. Architekten, Berlin

6100-1438 Wohnanlage (62 WE), TG - Effizienzhaus ~28%
Mehrfamilienhäuser, mit 20 oder mehr WE, mittl. Standard
roedig.schop architekten
Berlin

6100-1439 Mehrfamilienhaus (16 WE), Ladengeschäft
Mehrfamilienhäuser, mit 6 bis 19 WE, mittlerer Standard
Hauschild Architekten
Erfurt

6100-1440 Fertigteilgarage
Einzel-, Mehrfach- und Hochgaragen
Architekt Rainer Graf, Architektur + Energiekonzepte
Ofterdingen

© Toni Momtschew

6100-1441 Mehrfamilienhaus (14 WE) - Eff.haus ~47%
Mehrfamilienhäuser, mit 6 bis 19 WE, mittlerer Standard
MMST Architekten GmbH
Hamburg

© SchwörerHaus KG

6100-1446 Singlehaus
Ein- u. Zweifamilienhäuser, nicht unterkell., mittl. Standard
Architektin Franca Wacker, SchwörerHaus KG
Hohenstein

© Straub Beutin Architekten

6100-1449 Ferienhaus (1 WE)
Ein- und Zweifamilienhäuser, Holzbau, nicht unterkellert
Straub Beutin Architekten
Berlin

© Barbara Heinz

6100-1450 Einfamilienhaus
Ein- u. Zweifamilienhäuser, nicht unterkell., mittl. Standard
Architekturbüro a hoch i netzwerk
Dillingen

© Simon Kramer

6100-1451 Mehrfamilienhäuser (37 WE), TG (65 STP)
Mehrfamilienhäuser, mit 20 und mehr WE, mittl. Standard
raumstation Architekten GmbH
Starnberg

© Ing.-Büro D. Neuhaus & Partner GmbH

6100-1458 Wohn- und Geschäftshaus (9 WE)
Wohnhäuser, mit mehr als 15% Mischnutzung
Ingenieurbüro D. Neuhaus & Partner GmbH
Anklam

6100-1459 Singlehaus
Ein- u. Zweifamilienhäuser, nicht unterkell., mittl. Standard
plan2 Architekturbüro Stendel
Ribnitz-Damgarten

6100-1460 Mehrfamilienhaus (6 WE)
Mehrfamilienhäuser, mit bis zu 6 WE, hoher Standard
Babis. C. Tekeoglou BCT Architekt
Hamburg

6100-1461 Mehrfamilienhäuser (15 WE), TG (17 STP)
Mehrfamilienhäuser, mit 6 bis 19 WE, mittlerer Standard
werk.um architekten
Darmstadt

6100-1468 Einfamilienhaus - Effizienzhaus ~71%
Ein- und Zweifamilienhäuser, unterkellert, hoher Standard
Grotegut Architekten
Bonn

6200-0091 Seniorenwohnanlage (36 WE) - Eff.haus ~70%
Seniorenwohnungen, mittlerer Standard
FFM-ARCHITEKTEN. TOVAR + TOVAR PartGmbB
Frankfurt am Main

6200-0094 Tagespflege (18 Plätze)
Pflegeheime
hauschild architekten
Erfurt

6200-0095 Studentenwohnheim (99 WE), TG (24 STP)
Wohnheime und Internate
habermann.decker.architekten PartGmbB
Lemgo

6200-0096 Hospiz (14 Betten)
Pflegeheime
ELZ Architekten BDA
Potsdam

6200-0099 Wohnheim f. Menschen m. Behinderung (24 B)
Pflegeheime
Steinert Architekten GmbH
Garmisch-Partenkirchen

6500-0049 Speisesaal für Tagungsstätte (220 Sitzplätze)
Gaststätten, Kantinen und Mensen
Bauhütte Volkenroda
Volkenroda

6600-0028 Hotel (214 Betten) - Effizienzhaus ~61%
Sonstige Gebäude (ohne Gebäudeartzuordnung)
ARGE Ladehoff und Hannemann & Krützfeldt
Hardebek und Elmshorn

6600-0029 Hotel (170 Betten) - Effizienzhaus ~78%
Sonstige Gebäude (ohne Gebäudeartzuordnung)
ARGE Ladehoff und Holt & Nicolaisen
Hardebek und Flensburg

Fotopräsentation der Objekte

6600-0030 Hotel (250 Betten) - Effizienzhaus ~76%
Sonstige Gebäude (ohne Gebäudeartzuordnung)
ARGE Ladehoff und Holt & Nicolaisen
Hardebek und Flensburg

6600-0031 Gästehaus (28 Zimmer) - Effizienzhaus 70
Sonstige Gebäude (ohne Gebäudeartzuordnung)
pax brüning architekten bda
Hannover

7100-0055 Weinkellerei - Effizienzhaus ~33%
Industrielle Produktionsgebäude, Massivbauweise
Architekt BDA Dr.-Ing. Sever Severain
Wiesbaden

7100-0056 Betriebsgebäude Produktionshalle Büros (55 AP)
Sonstige Gebäude (ohne Gebäudeartzuordnung)
F64 Architekten Kopp, Leube, Lindermayr,
Meusburger, Walter, Kempten

7100-0057 Montagehalle mit Büronutzung (220 AP)
Industrielle Produktionsgebäude, überwiegend Skelettbau
MOW Generalplanung GmbH
Frankfurt

7300-0097 Bürogebäude und Remise - Eff.haus ~47%
Betriebs- und Werkstätten, eingeschossig
Stölken Schmidt Architekten BDA GmbB
Hamburg

© mh bauplanBAR GmbH

7600-0079 Feuerwehrhaus, Fahrzeughalle
Feuerwehrhäuser
mh bauplanBAR GmbH und Reimann Hübler Studio für Architektur GbR, Bernau

© Ortmann & Möller Bauplanung GmbH

7600-0080 Feuerwache (4 Fahrzeuge)
Feuerwehrhäuser
Ortmann & Möller Bauplanung GmbH
Lastrup

© Mark Wohlrab

9100-0163 Gemeindezentrum (231 Sitzplätze)
Gemeindezentren, mittlerer Standard
E V A R E B E R Architektur + Städtebau
Dortmund

© Meyer Steffens Architekten

9100-0164 Sport-/Gemeinschaftshaus - Effizienzhaus ~35%
Gemeindezentren, hoher Standard
Meyer Steffens Architekten und Stadtplaner BDA
Lübeck

© Brigida González

9100-0165 Musikforum, Saal (962 SP) - Eff.haus ~72%
Theater
Bez + Kock Architekten Generalplaner GmbH
Stuttgart

© Brigida González

9100-0166 Stadthalle (533 SP), TG (88 STP) - Eff.haus ~70%
Bibliotheken, Museen und Ausstellungen
Bez + Kock Architekten Generalplaner GmbH
Stuttgart

9100-0171 Jugendkapelle
Sakralbauten
Architekturbüro Klaus Thiemann
Hersbruck

Erläuterungen zur Fachbuchreihe BKI Baukosten Neubau

Erläuterungen zur Fachbuchreihe BKI Baukosten Neubau

Die Fachbuchreihe BKI Baukosten besteht aus drei Bänden:
- Baukosten Gebäude Neubau 2020, Statistische Kostenkennwerte (Teil 1)
- Baukosten Bauelemente Neubau 2020, Statistische Kostenkennwerte (Teil 2)
- Baukosten Positionen Neubau 2020, Statistische Kostenkennwerte (Teil 3)

Die drei Fachbücher für den Neubau sind für verschiedene Stufen der Kostenermittlungen vorgesehen. Daneben gibt es noch eine vergleichbare Buchreihe für den Altbau (Bauen im Bestand) gegliedert in zwei Fachbücher. Nähere Informationen dazu erscheinen in den entsprechenden Büchern. Die nachfolgende Schnellübersicht erläutert Inhalt und Verwendungszweck:

<table>
<tr><th colspan="3">BKI FACHBUCHREIHE Baukosten Neubau 2020</th></tr>
<tr>
<td>
</td>
<td>
</td>
<td>
</td>
</tr>
<tr><td>BKI Baukosten Gebäude</td><td>BKI Baukosten Bauelemente</td><td>BKI Baukosten Positionen</td></tr>
<tr><td>Inhalt:
Kosten des Bauwerks, 1. und 2. Ebene nach DIN 276 von über 70 Gebäudearten</td><td>Inhalt:
3. Ebene DIN 276 und Ausführungsarten nach BKI, außerdem Lebensdauern von Bauteilen, Grobelementarten und Kosten im Stahlbau</td><td>Inhalt:
Positionen nach Leistungsbereichsgliederung für Rohbau, Ausbau, Gebäudetechnik und Freianlagen</td></tr>
<tr><td>Geeignet[1] für Kostenrahmen, Kostenschätzung</td><td>Geeignet für Kostenberechnung und Kostenvoranschlag</td><td>Geeignet für bepreiste Leistungsverzeichnisse und Kostenanschlag</td></tr>
<tr><td>HOAI Phasen 1 und 2</td><td>HOAI Phasen 3 bis 6</td><td>HOAI Phasen 6 und 8</td></tr>
<tr><td colspan="3">1 BKI empfiehlt, bereits ab Vorlage erster Skizzen oder Vorentwürfe Kosten in der 2. Ebene nach DIN 276 zu ermitteln (Grobelementmethode). Auch für die weiteren Kostenermittlungen empfiehlt BKI eine Stufe genauer zu rechnen als die Mindestanforderungen der HOAI in Verbindung mit DIN 276 vorsehen.</td></tr>
</table>

Die Buchreihe BKI Baukosten enthält für die verschiedenen Stufen der Kostenermittlung unterschiedliche Tabellen und Grafiken. Ihre Anwendung soll nachfolgend kurz dargestellt werden.

Kostenrahmen

Für die Ermittlung der „ersten Zahl" werden auf der ersten Seite jeder Gebäudeart die Kosten des Bauwerks insgesamt angegeben. Je nach Informationsstand kann der Kostenkennwert (KKW) pro m³ BRI (Brutto-Rauminhalt), m² BGF (Brutto-Grundfläche) oder m² NUF (Nutzungsfläche) verwendet werden.

Diese Kennwerte sind geeignet, um bereits ohne Vorentwurf erste Kostenaussagen auf der Grundlage von Bedarfsberechnungen treffen zu können.

Für viele Gebäudearten existieren zusätzlich Kostenkennwerte pro Nutzeinheit. In allen Büchern der Reihe BKI Baukosten werden die statistischen Kostenkennwerte mit Mittelwert (Fettdruck) und Streubereich (von- und bis-Wert) angegeben (Abb. 1; BKI Baukosten Gebäude).

In der unteren Grafik der ersten Seite zu einer Gebäudeart sind die Kostenkennwerte der an der Stichprobe beteiligten Objekte zur Erläuterung der Bandbreite der Kostenkennwerte abgebildet. In allen Büchern wird in der Fußzeile der Kostenstand und die Mehrwertsteuer angegeben. (Abb. 2; BKI Baukosten Gebäude)

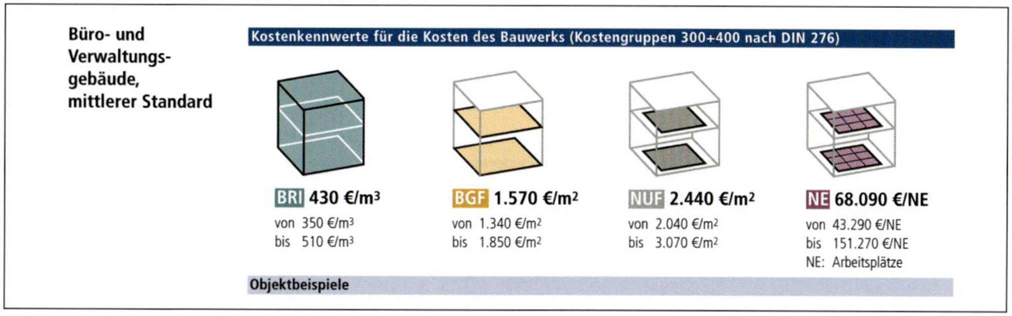

Abb. 1 aus BKI Baukosten Gebäude: Kostenkennwerte des Bauwerks

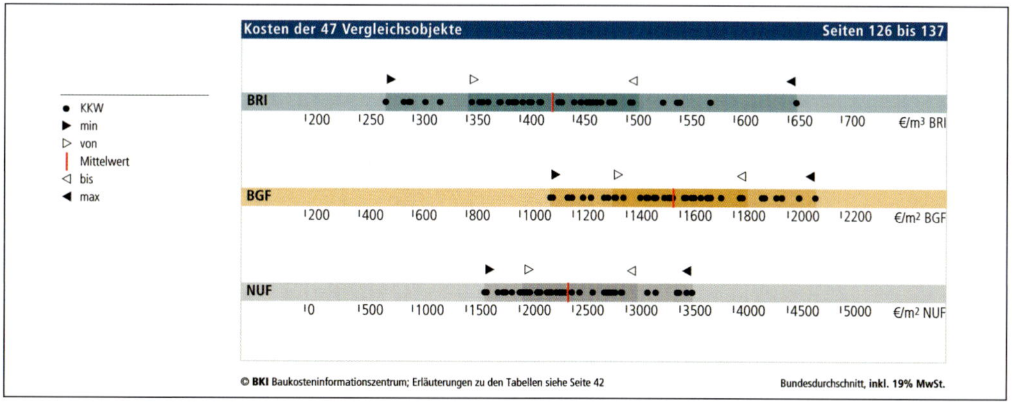

Abb. 2 aus BKI Baukosten Gebäude: Kostenkennwerte der Objekte einer Gebäudeart

Kostenschätzung

Die obere Tabelle der zweiten Seite zu einer Gebäudeart differenziert die Kosten des Bauwerks in die Kostengruppen der 1. Ebene. Es werden nicht nur die Kostenkennwerte für das Bauwerk – getrennt nach Baukonstruktionen und Technische Anlagen – sondern ebenfalls für „Vorbereitende Maßnahmen" des Grundstücks, „Außenanlagen und Freiflächen", „Ausstattung und Kunstwerke", „Baunebenkosten" und „Finanzierung" genannt. Für Plausibilitätsprüfungen sind zusätzlich die Prozentanteile der einzelnen Kostengruppen ausgewiesen. (Abb. 3; BKI Baukosten Gebäude)

Für die Kostenschätzung müssen nach neuer DIN 276 die Gesamtkosten nach Kostengruppen in der zweiten Ebene der Kostengliederung ermittelt werden. Dazu müssen die Mengen der Kostengruppen 310 Baugrube/Erdbau bis 360 Dächer und die BGF ermittelt werden. Eine Kostenermittlung auf der 2. Ebene ist somit bereits durch Ermittlung von lediglich sieben Mengen möglich. (Abb. 4; BKI Baukosten Gebäude)

In den Benutzerhinweisen am Anfang des Fachbuchs „BKI Baukosten Gebäude, Statistische Kostenkennwerte Teil 1" ist eine „Auswahl kostenrelevanter Baukonstruktionen und Technischer Anlagen" aufgelistet. Sie unterstützen bei der Standardeinordnung einzelner Projekte. Weiterhin gibt die Auflistung Hinweise, welche Ausführungen in den Kostengruppen der 2. Ebene kostenmindernd bzw. kostensteigernd wirken. Dementsprechend sind Kostenkennwerte über oder unter dem Durchschnittswert auszuwählen. Eine rein systematische Verwendung des Mittelwerts reicht für eine qualifizierte Kostenermittlung nicht aus. (Abb. 5; BKI Baukosten Gebäude)

Kostenkennwerte für die Kostengruppen der 1. und 2. Ebene DIN 276

KG	Kostengruppen der 1. Ebene	Einheit	▷	€/Einheit	◁	▷	% an 300+400	◁
100	Grundstück	m² GF	–	**–**	–	–	**–**	–
200	Vorbereitende Maßnahmen	m² GF	5	**39**	250	0,4	**1,6**	5,6
300	Bauwerk - Baukonstruktionen	m² BGF	1.100	**1.265**	1.475	70,1	**76,2**	81,6
400	Bauwerk - Technische Anlagen	m² BGF	281	**401**	546	18,4	**23,8**	29,9
	Bauwerk (300+400)	m² BGF	1.428	**1.666**	1.945		**100,0**	
500	Außenanlagen und Freiflächen	m² AF	40	**135**	454	2,0	**5,4**	8,7
600	Ausstattung und Kunstwerke	m² BGF	8	**43**	184	0,5	**2,5**	10,2
700	Baunebenkosten*	m² BGF	320	**357**	394	19,4	**21,6**	23,8
800	Finanzierung	m² BGF	–	**–**	–	–	**–**	–

*Auf Grundlage der HOAI 2013 berechnete Werte nach §§ 35, 52, 56. Weitere Informationen siehe Seite 46

Abb. 3 aus BKI Baukosten Gebäude: Kostenkennwerte der 1. Ebene

KG	Kostengruppen der 2. Ebene	Einheit	▷	€/Einheit	◁	▷	% an 1. Ebene	◁
310	Baugrube / Erdbau	m³ BGI	25	**55**	301	0,8	**1,9**	3,7
320	Gründung, Unterbau	m² GRF	289	**380**	571	6,9	**11,1**	16,8
330	Außenwände / vertikal außen	m² AWF	402	**534**	770	28,0	**34,0**	41,5
340	Innenwände / vertikal innen	m² IWF	194	**234**	307	12,8	**18,2**	22,3
350	Decken / horizontal	m² DEF	308	**357**	491	10,8	**17,0**	20,9
360	Dächer	m² DAF	314	**392**	566	7,7	**11,8**	15,8
370	Infrastrukturanlagen	m² BGF	–	**–**	–	–	**–**	–
380	Baukonstruktive Einbauten	m² BGF	17	**35**	70	0,2	**1,5**	4,1
390	Sonst. Maßnahmen für Baukonst.	m² BGF	35	**56**	92	2,9	**4,6**	7,5
300	**Bauwerk Baukonstruktionen**	**m² BGF**					**100,0**	
410	Abwasser-, Wasser-, Gasanlagen	m² BGF	42	**51**	65	10,3	**13,7**	18,4
420	Wärmeversorgungsanlagen	m² BGF	65	**93**	156	16,7	**24,0**	35,3
430	Raumlufttechnische Anlagen	m² BGF	9	**45**	92	2,0	**8,5**	18,3
440	Elektrische Anlagen	m² BGF	93	**126**	167	25,6	**32,9**	41,6
450	Kommunikationstechnische Anlagen	m² BGF	36	**56**	119	9,2	**14,0**	22,7
460	Förderanlagen	m² BGF	26	**39**	63	0,0	**2,4**	8,9
470	Nutzungsspez. u. verfahrenstech. Anl.	m² BGF	4	**18**	48	0,1	**1,9**	7,7
480	Gebäude- und Anlagenautomation	m² BGF	31	**44**	55	0,0	**2,6**	8,8
490	Sonst. Maßnahmen f. techn. Anlagen	m² BGF	1	**1**	2	0,0	**0,0**	0,2
400	**Bauwerk Technische Anlagen**	**m² BGF**					**100,0**	

Abb. 4 aus BKI Baukosten Gebäude: Kostenkennwerte der 2. Ebene

Auswahl kostenrelevanter Baukonstruktionen

310 Baugrube/Erdbau
- **kostenmindernd:**
Nur Oberboden abtragen, Wiederverwertung des Aushubs auf dem Grundstück, keine Deponiegebühr, kurze Transportwege, wiederverwertbares Aushubmaterial für Verfüllung

+ **kostensteigernd:**
Wasserhaltung, Grundwasserabsenkung, Baugrubenverbau, Spundwände, Baugrubensicherung mit Großbohrpfählen, Felsbohrungen, schwer lösbare Bodenarten oder Fels

320 Gründung, Unterbau
- **kostenmindernd:**
Kein Fußbodenaufbau auf der Gründungsfläche, keine Dämmmaßnahmen auf oder unter der Gründungsfläche

+ **kostensteigernd:**
Teurer Fußbodenaufbau auf der Gründungsfläche, Bodenverbesserung, Bodenkanäle, Perimeterdämmung oder sonstige, teure Dämmmaßnahmen, versetzte Ebenen

mauerwerk, Ganzglastüren, Vollholztüren Brandschutztüren, sonstige hochwertige Türen, hohe Anforderungen an Statik, Brandschutz, Schallschutz, Raumakustik und Optik, Edelstahlgeländer, raumhohe Verfliesung

350 Decke/Horizontale Baukonstruktionen
- **kostenmindernd:**
Einfache Bodenbeläge, wenige und einfache Treppen, geringe Spannweiten

+ **kostensteigernd:**
Doppelboden, Natursteinböden, Metall- und Holzbekleidungen, Edelstahltreppen, hohe Anforderungen an Brandschutz, Schallschutz, Raumakustik und Optik, hohe Spannweiten

360 Dächer
- **kostenmindernd:**
Einfache Geometrie, wenig Durchdringungen

+ **kostensteigernd:**
Aufwändige Geometrie wie Mansarddach mit Gauben, Metalldeckung, Glasdächer oder Glasoberlichter, begeh-/befahrbare Flachdächer, Begrünung, Schutzelemente wie Edelstahl-Geländer

Abb. 5 aus BKI Baukosten Gebäude: Kostenrelevante Baukonstruktionen

Die Mengen der 2. Ebene können alternativ statistisch mit den Planungskennwerten auf der vierten Seite jeder Gebäudeart näherungsweise ermittelt werden. (Abb. 6; aus BKI Baukosten Gebäude: Planungskennwerte)
Eine Tabelle zur Anwendung dieser Planungskennwerte ist unter *www.bki.de/kostensimulationsmodell* für Neubau als Excel-Tabelle erhältlich. Die Anwendung dieser Tabelle ist dort ebenfalls beschrieben.

Die Werte, die über dieses statistische Verfahren ermittelt werden, sind für die weitere Verwendung auf Plausibilität zu prüfen und anzupassen.

In BKI Baukosten Gebäude befindet sich auf der dritten Seite zu jeder Gebäudeart eine Aufschlüsselung nach Leistungsbereichen für eine überschlägige Aufteilung der Bauwerkskosten. (Abb. 7; BKI Baukosten Gebäude)

Für die Kostenaufstellung nach Leistungsbereichen existiert folgender Ansatz:
Bereits nach Kostengruppen ermittelte Kosten können prozentual, mit Hilfe der Angaben in den Prozentspalten, in die voraussichtlich anfallenden Leistungsbereiche aufgeteilt werden.

Die Ergebnisse dieser „Budgetierung" können die positionsorientierte Aufstellung der Leistungsbereichskosten nicht ersetzen. Für Plausibilitätsprüfungen bzw. grobe Kostenaussagen z. B. für Finanzierungsanfragen sind sie jedoch gut geeignet.

Planungskennwerte für Flächen und Rauminhalte nach DIN 277

Grundflächen		▷	Fläche/NUF (%)	◁	▷	Fläche/BGF (%)	◁
NUF	Nutzungsfläche		**100,0**		60,7	**65,5**	71,0
TF	Technikfläche	4,0	**5,3**	7,3	2,5	**3,4**	4,8
VF	Verkehrsfläche	20,2	**27,2**	39,9	12,9	**16,7**	22,0
NRF	Netto-Raumfläche	124,5	**132,4**	145,0	83,2	**85,5**	87,6
KGF	Konstruktions-Grundfläche	18,9	**22,8**	27,8	12,4	**14,5**	16,8
BGF	Brutto-Grundfläche	145,2	**155,2**	169,6		**100,0**	

Brutto-Rauminhalte		▷	BRI/NUF (m)	◁	▷	BRI/BGF (m)	◁
BRI	Brutto-Rauminhalt	5,36	**5,75**	6,23	3,54	**3,72**	4,13

Flächen von Nutzeinheiten	▷	NUF/Einheit (m²)	◁	▷	BGF/Einheit (m²)	◁
Nutzeinheit: Arbeitsplätze	24,38	**28,39**	57,41	36,40	**43,24**	83,64

Lufttechnisch behandelte Flächen	▷	Fläche/NUF (%)	◁	▷	Fläche/BGF (%)	◁
Entlüftete Fläche	48,0	**48,0**	48,0	24,7	**24,7**	24,7
Be- und entlüftete Fläche	89,1	**89,1**	95,6	57,4	**57,4**	60,6
Teilklimatisierte Fläche	7,5	**7,5**	7,5	3,9	**3,9**	3,9
Klimatisierte Fläche	–	**2,6**	–	–	**1,6**	–

KG	Kostengruppen (2. Ebene)	Einheit	▷	Menge/NUF	◁	▷	Menge/BGF	◁
310	Baugrube / Erdbau	m³ BGI	0,91	**1,17**	2,01	0,61	**0,76**	1,23
320	Gründung, Unterbau	m² GRF	0,47	**0,58**	0,83	0,31	**0,38**	0,51
330	Außenwände / vertikal außen	m² AWF	1,05	**1,32**	1,47	0,72	**0,86**	1,04
340	Innenwände / vertikal innen	m² IWF	1,07	**1,39**	1,60	0,72	**0,90**	0,98
350	Decken / horizontal	m² DEF	0,83	**0,94**	1,11	0,55	**0,61**	0,67
360	Dächer	m² DAF	0,51	**0,62**	0,88	0,34	**0,40**	0,54
370	Infrastrukturanlagen	m² BGF	1,45	**1,55**	1,70		**1,00**	
380	Baukonstruktive Einbauten	m² BGF	1,45	**1,55**	1,70		**1,00**	
390	Sonst. Maßnahmen für Baukonst.	m² BGF	1,45	**1,55**	1,70		**1,00**	
300	**Bauwerk-Baukonstruktionen**	**m² BGF**	1,45	**1,55**	1,70		**1,00**	

Abb. 6 aus BKI Baukosten Gebäude: Planungskennwerte

Büro- und Verwaltungsgebäude, mittlerer Standard

Kostenkennwerte für Leistungsbereiche nach StLB (Kosten des Bauwerks nach DIN 276)

LB	Leistungsbereiche	7,50% 15% 22,50% 30%	▷	% an 300+400	◁
000	Sicherheits-, Baustelleneinrichtungen inkl. 001		1,9	**3,1**	4,2
002	Erdarbeiten		0,7	**1,6**	3,2
006	Spezialtiefbauarbeiten inkl. 005		0,0	**0,7**	5,2
009	Entwässerungskanalarbeiten inkl. 011		0,2	**0,6**	1,0
010	Drän- und Versickerungsarbeiten		0,0	**0,1**	0,4
012	Mauerarbeiten		1,2	**4,1**	10,9
013	Betonarbeiten		13,8	**19,2**	23,9
014	Natur-, Betonwerksteinarbeiten		0,0	**0,5**	1,3
016	Zimmer- und Holzbauarbeiten		0,0	**1,7**	10,6
017	Stahlbauarbeiten		0,1	**1,2**	9,2
018	Abdichtungsarbeiten		0,2	**0,5**	1,0
020	Dachdeckungsarbeiten		0,0	**0,2**	3,1
021	Dachabdichtungsarbeiten		1,9	**3,4**	5,3
022	Klempnerarbeiten		0,3	**1,1**	2,6
	Rohbau		32,9	**38,1**	48,1
023	Putz- und Stuckarbeiten, Wärmedämmsysteme		0,9	**4,2**	7,7

Abb. 7 aus BKI Baukosten Gebäude: Kostenkennwerte für Leistungsbereiche

Kostenberechnung

In der DIN 276:2018-12 wird für Kostenberechnungen festgelegt, dass die Kosten bis zur 3. Ebene der Kostengliederung ermittelt werden müssen. (Abb. 8; BKI Baukosten Bauelemente)

Für die Kostengruppen 380, 390 und 410 bis 490 ist lediglich die BGF zu ermitteln, da hier sämtliche Kostenkennwerte auf die BGF bezogen sind. Da in der Regel nicht in allen Kostengruppen Kosten anfallen und viele Mengenermittlungen mehrfach verwendet werden können, ist die Mengenermittlung der 3. Ebene ebenfalls mit relativ wenigen Mengen (ca. 15 bis 25) möglich. (Abb. 9; BKI Baukosten Bauelemente)

Eine besondere Bedeutung kann der 3. Ebene der DIN 276 beim Bauen im Bestand im Rahmen der Bewertung der mitzuverarbeitenden Bausubstanz zukommen, die in die 7. HOAI-Novelle 2013 wieder in die Verordnung aufgenommen worden ist. Denn erst in der 3. Ebene DIN 276 ist eine Differenzierung der Bauteile in die tragende Konstruktion und die Oberflächen (innen und außen) gegeben. Beim Bauen im Bestand sind häufig die Oberflächen zu erneuern. Wesentliche Teile der Gründung und der Tragkonstruktion bleiben faktisch unverändert, werden planerisch aber erfasst und mitverarbeitet. Deren Kostenanteile werden erst durch die Differenzierung der Kosten ab der 3. Ebene ablesbar. Daher können die Neubaukosten der 3. Ebene oft wichtige Kennwerte für die Bewertung der mitzuverarbeitenden Bausubstanz darstellen.

334
Außenwand-öffnungen

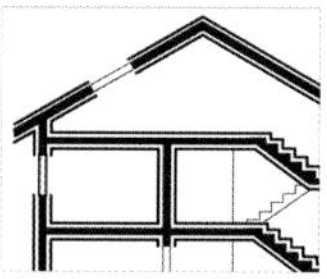

Gebäudeart	▷	€/Einheit	◁	KG an 300
1 Büro- und Verwaltungsgebäude				
Büro- und Verwaltungsgebäude, einfacher Standard	270,00	**344,00**	392,00	9,1%
Büro- und Verwaltungsgebäude, mittlerer Standard	390,00	**616,00**	950,00	9,7%
Büro- und Verwaltungsgebäude, hoher Standard	742,00	**972,00**	2.194,00	8,5%
2 Gebäude für Forschung und Lehre				
Instituts- und Laborgebäude	765,00	**1.052,00**	1.871,00	5,3%
3 Gebäude des Gesundheitswesens				
Medizinische Einrichtungen	308,00	**467,00**	547,00	7,1%
Pflegeheime	400,00	**546,00**	786,00	7,7%
4 Schulen und Kindergärten				
Allgemeinbildende Schulen	506,00	**868,00**	1.274,00	7,2%
Berufliche Schulen	662,00	**1.057,00**	1.400,00	4,2%
Förder- und Sonderschulen	572,00	**840,00**	1.119,00	4,0%
Weiterbildungseinrichtungen	1.080,00	**1.714,00**	2.348,00	0,8%
Kindergärten, nicht unterkellert, einfacher Standard	669,00	**709,00**	780,00	6,8%
Kindergärten, nicht unterkellert, mittlerer Standard	538,00	**725,00**	1.051,00	8,1%
Kindergärten, nicht unterkellert, hoher Standard	485,00	**674,00**	768,00	3,3%
Kindergärten, Holzbauweise, nicht unterkellert	489,00	**716,00**	941,00	6,5%
Kindergärten, unterkellert	692,00	**810,00**	993,00	9,4%

Abb. 8 aus BKI Baukosten Bauelemente: Kostenkennwerte der 3. Ebene

444 Niederspannungs-installations-anlagen

Gebäudeart	▷	€/Einheit	◁	KG an 400
1 Büro- und Verwaltungsgebäude				
Büro- und Verwaltungsgebäude, einfacher Standard	23,00	**39,00**	51,00	20,2%
Büro- und Verwaltungsgebäude, mittlerer Standard	48,00	**69,00**	101,00	19,0%
Büro- und Verwaltungsgebäude, hoher Standard	63,00	**83,00**	134,00	12,2%
2 Gebäude für Forschung und Lehre				
Instituts- und Laborgebäude	31,00	**69,00**	101,00	8,2%
3 Gebäude des Gesundheitswesens				
Medizinische Einrichtungen	62,00	**90,00**	143,00	17,8%
Pflegeheime	35,00	**58,00**	70,00	9,3%
4 Schulen und Kindergärten				
Allgemeinbildende Schulen	35,00	**53,00**	73,00	15,4%
Berufliche Schulen	64,00	**84,00**	123,00	15,3%
Förder- und Sonderschulen	59,00	**86,00**	196,00	20,3%
Weiterbildungseinrichtungen	58,00	**115,00**	228,00	19,9%
Kindergärten, nicht unterkellert, einfacher Standard	16,00	**27,00**	33,00	11,0%
Kindergärten, nicht unterkellert, mittlerer Standard	39,00	**54,00**	109,00	19,5%
Kindergärten, nicht unterkellert, hoher Standard	24,00	**29,00**	33,00	9,6%
Kindergärten, Holzbauweise, nicht unterkellert	18,00	**31,00**	45,00	10,0%
Kindergärten, unterkellert	31,00	**61,00**	118,00	17,0%

Abb. 9 aus BKI Baukosten Bauelemente: Kostenkennwerte der 3. Ebene für Kostengruppe 400

Kostenvoranschlag

Mit dem Begriff „Kostenvoranschlag" wird in der neuen DIN 276 gegenüber der Vorgängernorm ein neuer Begriff eingeführt. Der Kostenvoranschlag wird als die Ermittlung der Kosten auf der Grundlage der Ausführungsplanung und der Vorbereitung der Vergabe definiert. Die neue Kostenermittlungsstufe entspricht dem bisherigen „Kostenanschlag". Die DIN 276 fordert, dass die Gesamtkosten nach Kostengruppen in der dritten Ebene der Kostengliederung ermittelt und darüber hinaus nach technischen Merkmalen oder herstellungsmäßigen Gesichtspunkten weiter untergliedert werden. Anschließend sollen die Kosten in Vergabeeinheiten nach der für das jeweilige Bauprojekt vorgesehenen Vergabe- und Ausführungsstruktur geordnet werden. Diese Ordnung erleichtert es in den nachfolgenden Kostenermittlungen, dass die Angebote, Aufträge und Abrechnungen zusammengestellt, kontrolliert und verglichen werden können.

Für die geforderte Untergliederung der 3. Ebene sind die im Band „Bauelemente" enthaltenen BKI Ausführungsarten besonders geeignet. Die darin enthaltene Aufteilung in Leistungsbereiche ermöglicht eine ausführungsorientierte Gliederung. Diese Leistungsbereiche können dann zu den geforderten projektspezifischen Vergabeeinheiten zusammengestellt werden.

361.34.00	Metallträger, Blechkonstruktion				
02	**Fachwerkträger aus Profilstahl als tragende Konstruktion für Trapezblechdächer, mit aussteifender Trapezblechschale (3 Objekte)**	280,00	**300,00**	340,00	
	Einheit: m² Dachfläche				
	017 Stahlbauarbeiten				71,0%
	020 Dachdeckungsarbeiten				8,0%
	022 Klempnerarbeiten				14,0%
	034 Maler- und Lackierarbeiten - Beschichtungen				7,0%

Abb. 10 aus BKI Baukosten Bauelemente: Kostenkennwerte für Ausführungsarten

Kostenanschlag

Der Kostenanschlag ist nach Kostenrahmen, Kostenschätzung, Kostenberechnung und Kostenvoranschlag die fünfte Stufe der Kostenermittlungen nach DIN 276. Er dient den Entscheidungen über die Vergaben und die Ausführung. Die HOAI-Novelle 2013 beinhaltet in der Leistungsphase 6 „Vorbereitung der Vergabe“ eine wesentliche Änderung: Als Grundleistung wird hier das „Ermitteln der Kosten auf Grundlage vom Planer bepreister Leistungsverzeichnisse“ aufgeführt. Nach der Begründung zur 7. HOAI-Novelle wird durch diese präzisierte Kostenermittlung und -kontrolle der Kostenanschlag entbehrlich. Dies heißt jedoch nicht, dass auf die 3. Ebene der DIN 276 verzichtet werden kann. Die 3. Ebene der DIN 276 und die BKI Ausführungsarten sind wichtige Zwischenschritte auf dem Weg zu bepreisten Leistungsverzeichnissen.

351
Decken-konstruktionen

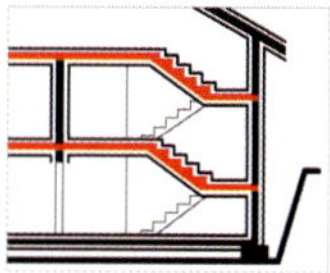

KG.AK.AA		▷	€/Einheit	◁	LB an AA
351.25.00	Stahlbeton, Fertigteil, Platten				
01	**Stahlbeton-Deckenplatten als Fertigteile oder als teilelementierte Decken, d=16-20cm, Bewehrung (26 Objekte)** Einheit: m² Deckenfläche	80,00	**100,00**	130,00	
	013 Betonarbeiten				100,0%
03	**Stahlbeton-Deckenplatten als Fertigteile oder als teilelementierte Decken, d=22cm, Bewehrung (3 Objekte)** Einheit: m² Deckenfläche	99,00	**100,00**	110,00	
	013 Betonarbeiten				100,0%
351.34.00	Metallträger, Blechkonstruktion				
01	**Stahlkonstruktion für Fluchtbalkone mit Gitterrostbelag, Geländer (4 Objekte)** Einheit: m² Deckenfläche	670,00	**860,00**	1.020,00	
	016 Zimmer- und Holzbauarbeiten				17,0%
	017 Stahlbauarbeiten				35,0%
	031 Metallbauarbeiten				46,0%
	034 Maler- und Lackierarbeiten - Beschichtungen				2,0%

Abb. 11 aus BKI Baukosten Bauelemente: Kostenkennwerte für Ausführungsarten

Positionspreise

Zum Bepreisen von Leistungsverzeichnissen, Vorbereitung der Vergabe sowie Prüfen von Preisen eignet sich der Band BKI Baukosten Positionen, Statistische Kostenkennwerte (Teil 3). In diesem Band werden Positionen aus der BKI-Positionsdatenbank ausgewertet und tabellarisch mit Minimal-, Von-, Mittel-, Bis- sowie Maximalpreisen aufgelistet. Aufgeführt sind jeweils Brutto- und Nettopreise. (Abb. 12; BKI Baukosten Positionen)

Die Von-, Mittel-, Bis-Preise stellen dabei die übliche Bandbreite der Positionspreise dar. Minimal- und Maximalpreise bezeichnen die kleinsten und größten aufgetretenen Preise einer in der BKI-Positionsdatenbank dokumentierten Position. Sie stellen jedoch keine absolute Unter- oder Obergrenze dar. Die Positionen sind gegliedert nach den Leistungsbereichen des Standardleistungsbuchs. Es werden Positionen für Rohbau, Ausbau, Gebäudetechnik und Freianlagen dokumentiert.
Ergänzt werden die statistisch ausgewerteten Baupreise durch Mustertexte für die Ausschreibung von Bauleistungen. Diese werden von Fachautoren verfasst und i.d.R. von Fachverbänden geprüft. Die Verbände sind in der Fußzeile für den jeweiligen Leistungsbereich benannt.
(Abb. 13; BKI Baukosten Positionen)

LB 012
Mauerarbeiten

012

Nr.	Positionen	Einheit	▶	▷	**ø brutto €** / ø netto €	◁	◀
1	Querschnittsabdichtung, Mauerwerk bis 17,5cm	m	1,5	3,3	**4,0**	5,1	6,7
			1,3	2,8	**3,4**	4,3	5,7
2	Querschnittsabdichtung, Mauerwerk bis 36,5cm	m	3,5	5,3	**6,2**	7,6	11
			2,9	4,5	**5,2**	6,4	9,1
3	Dämmstein, Mauerwerk, 11,5cm	m	19	31	**36**	43	56
			16	26	**31**	36	47
4	Dämmstein, Mauerwerk, 17,5cm	m	23	38	**44**	55	83
			19	32	**37**	46	69
5	Dämmstein, Mauerwerk, 24cm	m	34	53	**60**	78	110
			29	45	**50**	65	93
6	Dämmstein, KS-Mauerwerk, 11,5cm	m	23	25	**27**	29	32
			19	21	**22**	24	27
7	Dämmstein, KS-Mauerwerk 17,5cm	m	29	36	**40**	46	58
			24	30	**34**	39	49
8	Dämmstein, KS-Mauerwerk, 24cm	m	37	50	**50**	56	68
			31	42	**42**	47	57

Mauerarbeiten — Preise €

Abb. 12 aus BKI Baukosten Positionen: Positionspreise

LB 012
Mauerarbeiten

Nr. **Kurztext** / Langtext — Kostengruppe
▶ ▷ **ø netto €** ◁ ◀ [Einheit] Ausf.-Dauer Positionsnummer

A 1 Querschnittsabdichtung, Mauerwerk — Beschreibung für Pos. **1-2**
Abdichtung, einlagig, gegen Bodenfeuchte in/unter Mauerwerkswänden, mit seitlichem Überstand und Überdeckung von je mind. 10cm; inkl. Abgleichen der Auflagerfläche.

1 Querschnittsabdichtung, Mauerwerk bis 17,5cm — KG **342**
Wie Ausführungsbeschreibung A 1
Mauerdicke: bis 17,5 cm
Abdichtung: Bitumendichtungsbahn G 200 DD
Angeb. Fabrikat: .....

▶	▷	ø netto €	◁	◀	[Einheit]	Ausf.-Dauer	Positionsnummer
1€	3€	**3€**	4€	6€	[m]	0,04 h/m	012.000.206

Abb. 13 aus BKI Baukosten Positionen: Mustertexte

Detaillierte Kostenangaben zu einzelnen Objekten

In BKI Baukosten Gebäude existiert zu jeder Gebäudeart eine Objektübersicht mit den ausgewerteten Objekten, die zu den Stichproben beigetragen haben. (Abb. 14; BKI Baukosten Gebäude)

Diese Übersicht erlaubt den Übergang von der Kostenkennwertmethode auf der Grundlage einer statistischen Auswertung, wie sie in der Buchreihe "BKI Baukosten" gebildet wird, zur Objektvergleichsmethode auf der Grundlage einer objektorientierten Darstellung, wie sie in den "BKI Objektdaten" enthalten ist. Alle Objekte sind mit einer Objektnummer versehen, unter der eine Einzeldokumentation bei BKI geführt wird. Weiterhin ist angegeben, in welchem Fachbuch der Reihe BKI OBJEKTDATEN das betreffende Objekt veröffentlicht wurde.

Büro- und Verwaltungsgebäude, mittlerer Standard

€/m² BGF

min	1.115 €/m²
von	1.340 €/m²
Mittel	**1.575 €/m²**
bis	1.845 €/m²
max	2.100 €/m²

Objektübersicht zur Gebäudeart

1300-0235 Bürogebäude (12 AP) - Effizienzhaus ~60% | **BRI** 742m³ | **BGF** 255m² | **NUF** 173m²

Büro mit 12 Arbeitsplätzen. Holzbau.

Land: Hessen
Kreis: Groß-Gerau
Standard: Durchschnitt
Bauzeit: 30 Wochen
Kennwerte: bis 1.Ebene DIN276

BGF **1.872 €/m²**

Planung: MIND Architects Collective; Bischofsheim

vorgesehen: BKI Objektdaten E8

1300-0238 Bürogebäude, Lagerhalle - Effizienzhaus 70 | **BRI** 2.307m³ | **BGF** 503m² | **NUF** 407m²

Bürogebäude mit Lagerhalle. Massivbau.

Land: Bayern
Kreis: Bamberg
Standard: Durchschnitt
Bauzeit: 52 Wochen
Kennwerte: bis 1.Ebene DIN276

BGF **1.354 €/m²**

Planung: Eis Architekten GmbH; Bamberg

vorgesehen: BKI Objektdaten E8

1300-0224 Verwaltungsgebäude (205 AP) - Effizienzhaus ~66% | **BRI** 27.616m³ | **BGF** 7.956m² | **NUF** 5.915m²

Verwaltungsgebäude (205 AP) mit Tiefgarage (33 STP). STB-Massivbau.

Land: Baden-Württemberg
Kreis: Biberach/Riß
Standard: Durchschnitt
Bauzeit: 91 Wochen
Kennwerte: bis 3.Ebene DIN276

BGF **1.907 €/m²**

Planung: Braunger Wörtz Architekten GmbH; Ulm

veröffentlicht: BKI Objektdaten E7

Abb. 14 aus BKI Baukosten Gebäude: Objektübersicht

Erläuterungen

① ②

LB 008
Wasserhaltungs-arbeiten

Wasserhaltungsarbeiten — **Preise €**

Nr.	Positionen	Einheit	►	▷	ø brutto € / ø netto €	◁	◄
1	Pumpensumpf, Betonfertigteil	St	145	540	**676**	1.347	2.431
			122	454	**568**	1.132	2.043
2	Tauchpumpe, Fördermenge bis 10m³/h	St	47	194	**235**	345	652
			39	163	**198**	290	548
3	Betrieb, Pumpe bis 10m³/h	h	0,2	4,8	**6,2**	8,9	15
			0,1	4,1	**5,2**	7,5	12
4	Saugpumpe, Fördermenge bis 20m³/h	St	140	375	**442**	632	898
			118	315	**371**	531	755
5	Betrieb, Pumpe über 10m³/h	h	0,7	4,3	**6,2**	8,2	13
			0,6	3,6	**5,2**	6,9	11
6	Brunnenschacht, Grundwasserabsenkung	St	763	1.658	**2.067**	2.734	3.872
			641	1.394	**1.737**	2.298	3.254
7	Druckrohrleitung, DN100	m	8	20	**24**	25	49
			7	17	**20**	21	41
8	Saugleitungen, DN100	m	7	11	**15**	18	25
			6	10	**12**	16	21
9	Stromerzeuger, 10-20kW	St	1.461	2.478	**2.327**	2.478	3.398
			1.228	2.082	**1.955**	2.082	2.856
10	Absetzbecken, Wasserhaltung	St	1.282	1.558	**2.053**	2.407	2.804
			1.077	1.309	**1.725**	2.023	2.356
11	Messeinrichtung, Wassermenge	St	181	371	**494**	775	1.194
			152	312	**415**	651	1.003
12	Wasserhaltung, Betrieb 10-20l/s	h	0,7	9,4	**12**	20	33
			0,6	7,9	**10**	17	28
13	Stundensatz Facharbeiter, Wasserhaltung	h	45	50	**53**	55	60
			38	42	**45**	46	51

008

Kosten:
Stand 1.Quartal 2020
Bundesdurchschnitt

③

Nr. **Kurztext** / Langtext — Kostengruppe
► ▷ **ø netto €** ◁ ◄ [Einheit] Ausf.-Dauer Positionsnummer

④

1 Pumpensumpf, Betonfertigteil — KG **313**

⑤

Pumpensumpf aus Betonfertigteilringen herstellen, während der gesamten Bauzeit vorhalten und wieder entfernen, inkl. erforderlichem Aushub, seitlicher Lagerung und Wiederverfüllung.
Lage: innerhalb der Baugrube
Tiefe: bis 3,00 m
Durchmesser: DN1.000
Lichter Sohlenquerschnitt: bis 1,00 m²
Boden: Homogenbereich ....., mit einer Bodengruppe, Bodengruppe: ..... DIN 18196
- Steinanteil: bis .....% Massenanteil DIN EN ISO 14688-1
- Konsistenz DIN EN ISO 14688-1: .....
- Lagerungsdichte: .....

Aushubprofil: .....

122€ 454€ **568€** 1.132€ 2.043€ [St] ⏱ 2,40 h/St 008.000.002

► min
▷ von
ø Mittel
◁ bis
◄ max

⑥ ⑦ ⑧ ⑨

 Kostenstand: 1.Quartal 2020, Bundesdurchschnitt

Erläuterung nebenstehender Tabelle

Alle Kostenkennwerte werden mit und ohne Mehrwertsteuer dargestellt. Kostenstand: 1. Quartal 2020. Kosten und Kostenkennwerte umgerechnet auf den Bundesdurchschnitt.

---

①

Leistungsbereichs-Titel

②

Datentabelle mit Angabe der Bauleistungen, der Einheit, des Minimal-Wertes, des von-Wertes, des Mittelwertes, des bis-Wertes und des Maximalwertes. Angaben jeweils mit MwSt. (1. Zeile) und ohne MwSt. (2.Zeile). Gerundete Werte. Die Ordnungsziffer verweist auf den zugehörigen Langtext.

③

Kostengruppen nach DIN 276. Die Angaben sind bei der Anwendung zu prüfen, da diese teilweise auf Positionsebene nicht zweifelsfrei zugeordnet werden können.

④

Ordnungsziffer für den Bezug zur Datentabelle. Mit A bezifferte Positionen sind Beschreibungen für die entsprechenden Folgepositionen.

⑤

Mustertexte als produktneutraler Positionstext für die Ausschreibung. Die durch Fettdruck hervorgehobenen bzw. mit Punktierung gekennzeichneten Textpassagen müssen in der Ausschreibung ausgewählt bzw. eingetragen werden um eindeutig kalkulierbar zu sein.

⑥

Abrechnungseinheit der Leistungspositionen

⑦

Ausführungsdauer der Leistung pro Stunde für die Terminplanung

⑧

Positionsnummer als ID-Kennung für das Auffinden des Datensatzes in elektronischen Medien

⑨

Name des prüfenden Fachverbandes, Anschriften siehe Seite 6-9.

310 Baugrube/Erdbau
- **kostenmindernd:**
Nur Oberboden abtragen, Wiederverwertung des Aushubs auf dem Grundstück, keine Deponiegebühr, kurze Transportwege, wiederverwertbares Aushubmaterial für Verfüllung
+ **kostensteigernd:**
Wasserhaltung, Grundwasserabsenkung, Baugrubenverbau, Spundwände, Baugrubensicherung mit Großbohrpfählen, Felsbohrungen, schwer lösbare Bodenarten oder Fels

320 Gründung, Unterbau
- **kostenmindernd:**
Kein Fußbodenaufbau auf der Gründungsfläche, keine Dämmmaßnahmen auf oder unter der Gründungsfläche
+ **kostensteigernd:**
Teurer Fußbodenaufbau auf der Gründungsfläche, Bodenverbesserung, Bodenkanäle, Perimeterdämmung oder sonstige, teure Dämmmaßnahmen, versetzte Ebenen

330 Außenwände/Vertikale Baukonstruktionen, außen
- **kostenmindernd:**
(monolithisches) Mauerwerk, Putzfassade, geringe Anforderungen an Statik, Brandschutz, Schallschutz und Optik
+ **kostensteigernd:**
Natursteinfassade, Pfosten-Riegel-Konstruktionen, Sichtmauerwerk, Passivhausfenster, Dreifachverglasungen, sonstige hochwertige Fenster oder Sonderverglasungen, Lärmschutzmaßnahmen, Sonnenschutzanlagen

340 Innenwände/Vertikale Baukonstruktionen, innen
- **kostenmindernd:**
Großer Anteil an Kellertrennwänden, Sanitärtrennwänden, einfachen Montagewänden, sparsame Verfliesung
+ **kostensteigernd:**
Hoher Anteil an mobilen Trennwänden, Schrankwänden, verglasten Wänden, Sichtmauerwerk, Ganzglastüren, Vollholztüren Brandschutztüren, sonstige hochwertige Türen, hohe Anforderungen an Statik, Brandschutz, Schallschutz, Raumakustik und Optik, Edelstahlgeländer, raumhohe Verfliesung

350 Decke/Horizontale Baukonstruktionen
- **kostenmindernd:**
Einfache Bodenbeläge, wenige und einfache Treppen, geringe Spannweiten
+ **kostensteigernd:**
Doppelboden, Natursteinböden, Metall- und Holzbekleidungen, Edelstahltreppen, hohe Anforderungen an Brandschutz, Schallschutz, Raumakustik und Optik, hohe Spannweiten

360 Dächer
- **kostenmindernd:**
Einfache Geometrie, wenig Durchdringungen
+ **kostensteigernd:**
Aufwändige Geometrie wie Mansarddach mit Gauben, Metalldeckung, Glasdächer oder Glasoberlichter, begeh-/befahrbare Flachdächer, Begrünung, Schutzelemente wie Edelstahl-Geländer

380 Baukonstruktive Einbauten
+ **kostensteigernd:**
Hoher Anteil Einbauschränke, -regale und andere fest eingebaute Bauteile

390 Sonstige Maßnahmen für Baukonstruktionen
+ **kostensteigernd:**
Baustraße, Baustellenbüro, Schlechtwetterbau, Notverglasungen, provisorische Beheizung, aufwändige Gerüstarbeiten, lange Vorhaltzeiten

410 Abwasser-, Wasser-, Gasanlagen
- **kostenmindernd:**
wenige, günstige Sanitärobjekte, zentrale Anordnung von Ent- und Versorgungsleitungen
+ **kostensteigernd:**
Regenwassernutzungsanlage, Schmutzwasserhebeanlage, Benzinabscheider, Fett- und Stärkeabscheider, Druckerhöhungsanlagen, Enthärtungsanlagen

420 Wärmeversorgungsanlagen
+ **kostensteigernd:**
Solarkollektoren, Blockheizkraftwerk, Fußbodenheizung

430 Raumlufttechnische Anlagen
- **kostenmindernd:**
Einzelraumlüftung
+ **kostensteigernd:**
Klimaanlage, Wärmerückgewinnung

440 Elektrische Anlagen
- **kostenmindernd:**
Wenig Steckdosen, Schalter und Brennstellen
+ **kostensteigernd:**
Blitzschutzanlagen, Sicherheits- und Notbeleuchtungsanlage, Elektroleitungen in Leerrohren, Photovoltaikanlagen, Unterbrechungsfreie Ersatzstromanlagen, Zentralbatterieanlagen

450 Kommunikations-, sicherheits- und informationstechnische Anlagen
+ **kostensteigernd:**
Brandmeldeanlagen, Einbruchsmeldeanlagen, Video-Überwachungsanlage, Lautsprecheranlage, EDV-Verkabelung, Konferenzanlage, Personensuchanlage, Zeiterfassungsanlage

460 Förderanlagen
+ **kostensteigernd:**
Personenaufzüge (mit Glaskabinen), Lastenaufzug, Doppelparkanlagen, Fahrtreppen, Hydraulikanlagen

470 Nutzungsspezifische und verfahrenstechnische Anlagen
+ **kostensteigernd:**
Feuerlösch- und Meldeanlagen, Sprinkleranlagen, Feuerlöschgeräte, Küchentechnische Anlagen, Wasseraufbereitungsanlagen, Desinfektions- und Sterilisationseinrichtungen

480 Gebäude- und Anlagenautomation
+ **kostensteigernd:**
Überwachungs-, Steuer-, Regel- und Optimierungseinrichtungen zur automatischen Durchführung von technischen Funktionsabläufen

Häufig gestellte Fragen

Fragen zur Flächenberechnung (DIN 277):

1. Wie wird die BGF berechnet?	Die Brutto-Grundfläche ist die Summe der Grundflächen aller Grundrissebenen. Nicht dazu gehören die Grundflächen von nicht nutzbaren Dachflächen (Kriechböden) und von konstruktiv bedingten Hohlräumen (z. B. über abgehängter Decke). (DIN 277-1:2016-01)
2. Gehört der Keller bzw. eine Tiefgarage mit zur BGF?	Ja, im Gegensatz zur Geschossfläche nach § 20 Baunutzungsverordnung (Bau NVo) gehört auch der Keller bzw. die Tiefgarage zur BGF.
3. Wie werden Luftgeschosse (z. B. Züblinhaus) nach DIN 277 berechnet?	Die Rauminhalte der Luftgeschosse zählen zum Regelfall der Raumumschließung (R) BRI (R). Die Grundflächen der untersten Ebene der Luftgeschosse und Stege, Treppen, Galerien etc. innerhalb der Luftgeschosse zählen zur Brutto-Grundfläche BGF (R). Vorsicht ist vor allem bei Kostenermittlungen mit Kostenkennwerten des Brutto-Rauminhalts geboten.
4. Welchen Flächen ist die Garage zuzurechnen?	Die Stellplatzflächen von Garagen werden zur Nutzungsfläche gezählt, die Fahrbahn ist Verkehrsfläche.
5. Wird die Diele oder ein Flur zur Nutzungsfläche gezählt?	Normalerweise nicht, da eine Diele oder ein Flur zur Verkehrsfläche gezählt wird. Wenn die Diele aber als Wohnraum genutzt werden kann, z. B. als Essplatz, wird sie zur Nutzungsfläche gezählt.
6. Zählt eine nicht umschlossene oder nicht überdeckte Terrasse einer Sporthalle, die als Eingang und Fluchtweg dient, zur Nutzungsfläche?	Die Terrasse ist nicht Bestandteil der Grundflächen des Bauwerks nach DIN 277. Sie bildet daher keine BGF und damit auch keine Nutzungsfläche. Die Funktion als Eingang oder Fluchtweg ändert daran nichts.

7. Zählt eine Außentreppe zum Keller zur BGF?

Wenn die Treppe allseitig umschlossen ist, z. B. mit einem Geländer, ist sie als Verkehrsfläche zu werten. Nach DIN 277-1 : 2016-01 gilt: Grundflächen und Rauminhalte sind nach ihrer Zugehörigkeit zu den folgenden Bereichen getrennt zu ermitteln: Regelfall der Raumumschließung (R): Räume und Grundflächen, die Nutzungen der Netto-Raumfläche entsprechend Tabelle 1 aufweisen und die bei allen Begrenzungsflächen des Raums (Boden, Decke, Wand) vollständig umschlossen sind. Dazu gehören nicht nur Innenräume, die von der Witterung geschützt sind, sondern auch solche allseitig umschlossenen Räume, die über Öffnungen mit dem Außenklima verbunden sind; Sonderfall der Raumumschließung (S): Räume und Grundflächen, die Nutzungen der Netto-Raumfläche entsprechend Tabelle 1 aufweisen und mit dem Bauwerk konstruktiv verbunden sind, jedoch nicht bei allen Begrenzungsflächen des Raums (Boden, Decke, Wand) vollständig umschlossen sind (z. B. Loggien, Balkone, Terrassen auf Flachdächern, unterbaute Innenhöfe, Eingangsbereiche, Außentreppen). Die Außentreppe stellt also demnach einen Sonderfall der Raumumschließung (S) dar. Wenn die Treppe allerdings über einen Tiefgarten ins UG führt, wird sie zu den Außenanlagen gezählt. Sie bildet dann keine BGF. Die Kosten für den Tiefgarten mit Treppe sind bei den Außenanlagen zu erfassen.

8. Ist eine Abstellkammer mit Heizung eine Technikfläche?

Es kommt auf die überwiegende Nutzung an. Wenn über 50% der Kammer zum Abstellen genutzt werden können, wird sie als Abstellraum gezählt. Es kann also Gebäude ohne Technikfläche geben.

9. Ist die NUF gleich der Wohnfläche?

Nein, die DIN 277 kennt den Begriff Wohnfläche nicht. Zur Nutzungsfläche gehören grundsätzlich keine Verkehrsflächen, während bei der Wohnfläche zumindest die Verkehrsflächen innerhalb der Wohnung hinzugerechnet werden. Die Abweichungen sind dadurch meistens nicht unerheblich.

Fragen zur Wohnflächenberechnung (WoFlV):

10. Wie wird die Wohnfläche (NE: Wohnfläche) bei Wohngebäuden bei BKI berechnet?

Die Berechnung der bei BKI auf der Startseite der Wohngebäude angegebenen "NE: Wohnfläche" erfolgt nach der Wohnflächenberechnung WoFlV.

11. Wird ein Hobbyraum im Keller zur Wohnfläche gezählt?	Wenn der Hobbyraum nicht innerhalb der Wohnung liegt, wird er nicht zur Wohnfläche gezählt. Beim Einfamilienhaus gilt: Das ganze Haus stellt die Wohnung dar. Der Hobbyraum liegt also innerhalb der Wohnung und wird mitgezählt, wenn er die Qualitäten eines Aufenthaltsraums nach LBO aufweist.
12. Wird eine Diele oder ein Flur zur Wohnfläche gezählt?	Wenn die Diele oder der Flur in der Wohnung liegt ja, ansonsten nicht.
13. In welchem Umfang sind Balkone oder Terrassen bei der Wohnfläche zu rechnen?	Balkone und Terrassen werden von BKI zu einem Viertel zur Wohnfläche gerechnet. Die Anrechnung zur Hälfte wird nicht verwendet, da sie in der WoFIV als Ausnahme definiert ist.
14. Zählt eine Empore/Galerie im Zimmer als eigene Wohnfläche oder Nutzungsfläche?	Wenn es sich um ein unlösbar mit dem Baukörper verbundenes Bauteil handelt, zählt die Empore mit. Anders beim nachträglich eingebauten Hochbett, das zählt zum Mobiliar. Für die verbleibende Höhe über der Empore ist die 1 bis 2m Regel nach WoFIL anzuwenden: „Die Grundflächen von Räumen und Raumteilen mit einer lichten Höhe von mindestens zwei Metern sind vollständig, von Räumen und Raumteilen mit einer lichten Höhe von mindestens einem Meter und weniger als zwei Metern sind zur Hälfte anzurechnen."

Fragen zur Kostengruppenzuordnung (DIN 276):

15. Wo werden Abbruchkosten zugeordnet?	Abbruchkosten ganzer Gebäude im Sinne von „Bebaubarkeit des Grundstücks herstellen" werden der KG 212 Abbruchmaßnahmen zugeordnet. Abbruchkosten einzelner Bauteile, insbesondere bei Sanierungen werden den jeweiligen Kostengruppen der 2. oder 3. Ebene (Wände, Decken, Dächer) zugeordnet. Wo diese Aufteilung nicht möglich ist, werden die Abbruchkosten der KG 394 Abbruchmaßnahmen zugeordnet, weil z. B. die Abbruchkosten verschiedenster Bauteile pauschal abgerechnet wurden. Analog gilt dies auch für die Kostengruppen 400 und 500.

16. Wo muss ich die Kosten des Aushubs für Abwasser- oder Wasserleitungen zuordnen?	Diese Kosten werden wie auch alle anderen Rohrgraben- und Schachtaushubskosten der KG 311 zugeordnet, sofern der Aushub unterhalb des Gebäudes anfällt. Die Kosten für Rohrgraben- und Schachtaushub zwischen Gebäudeaußenkante und Grundstücksgrenze gehören in die KG 511. Die Kosten des Rohrgraben- und Schachtaushubs innerhalb von Erschließungsflächen werden der KG 220 ff. oder KG 230 ff. zugeordnet.
17. Wie werden Eigenleistungen bewertet?	Nach DIN 276: 2018-12, gilt: 4.2.11 Die Werte von unentgeltlich eingebrachten Gütern und Leistungen (z. B. Materialien, Eigenleistungen) sind den betreffenden Kostengruppen zuzurechnen, aber gesondert auszuweisen. Dafür sind die aktuellen Marktwerte dieser Güter und Leistungen zu ermitteln und einzusetzen. Nach HOAI §4 (2) gilt: Als anrechenbare Kosten nach Absatz 2 gelten ortsübliche Preise, wenn der Auftraggeber: • selbst Lieferungen oder Leistungen übernimmt • von bauausführenden Unternehmern oder von Lieferanten sonst nicht übliche Vergünstigungen erhält • Lieferungen oder Leistungen in Gegenrechnung ausführt oder • vorhandene oder vorbeschaffte Baustoffe oder Bauteile einbauen lässt.

Fragen zu Kosteneinflussfaktoren:

18. Welchen Einfluss hat die Konjunktur auf die Baukosten?	Der Einfluss der Konjunktur auf die Baukosten wird häufig überschätzt. Er ist meist geringer als der anderer Kosteneinflussfaktoren. BKI Untersuchungen haben ergeben, dass die Baukosten bei mittlerer Konjunktur manchmal höher sind als bei hoher Konjunktur.

19. Gibt es beim BKI Regionalfaktoren?

Der Anhang dieser Ausgabe enthält eine Liste der Regionalfaktoren aller deutschen Land- und Stadtkreise. Die Faktoren wurden auf Grundlage von Daten aus den statistischen Landesämtern gebildet, die wiederum aus den Angaben der Antragsteller von Bauanträgen entstammen. Die Regionalfaktoren werden von BKI zusätzlich als farbiges Poster im DIN A1 Format angeboten.

Die Faktoren geben Aufschluss darüber, inwiefern die Baukosten in einer bestimmten Region Deutschlands teurer oder günstiger liegen als im Bundesdurchschnitt. Sie können dazu verwendet werden, die BKI Baukosten an das besondere Baupreisniveau einer Region anzupassen.

Die Angaben wurden durch Untersuchungen des BKI weitgehend verifiziert. Dennoch können Abweichungen zu den angegebenen Werten entstehen. In Grenznähe zu einem Land-Stadtkreis mit anderen Baupreisfaktoren sollte dessen Baupreisniveau mit berücksichtigt werden, da die Übergänge zwischen den Land-Stadtkreisen fließend sind. Die Besonderheiten des Einzelfalls können ebenfalls zu Abweichungen führen.

Siehe auch Benutzerhinweise, 12. Regionalisierung der Daten (Seite 12).

20. Standardzuordnung

Einige Gebäudearten werden vom BKI nach ihrem Standard in „einfach", „mittel" und „hoch" unterteilt. Diese Unterteilung wurde immer dann vorgenommen, wenn der Standard als ein wesentlicher Kostenfaktor festgestellt wurde. Grundsätzlich gilt, dass immer mehrere Kosteneinflussfaktoren auf die Kosten und damit auf die Kostenkennwerte einwirken.

Einige dieser vielen Faktoren seien hier aufgelistet:

- Zeitpunkt der Ausschreibung
- Art der Ausschreibung
- Regionale Konjunktur
- Gebäudegröße
- Lage der Baustelle, Erreichbarkeit

usw.

Wenn bei einem Gebäude große Mengen an Bauteilen hoher Qualität die übrigen Kosteneinflussfaktoren überlagern, dann wird von einem „hohen Standard" gesprochen.

Fragen zur Handhabung der von BKI herausgegebenen Bücher:

21. Ist die MwSt. in den Kostenkennwerten enthalten?	Bei allen Kostenkennwerten in „BKI Baukosten" ist die gültige MwSt. enthalten (zum Zeitpunkt der Herausgabe 19%). In „BKI Baukosten Positionen (Neubau und Altbau), Statistische Kostenkennwerte " werden die Kostenkennwerte, wie bei Positionspreisen üblich, zusätzlich ohne MwSt. dargestellt.
22. Hat das Baujahr der Objekte einen Einfluss auf die angegebenen Kosten?	Nein, alle Kosten wurden über den Baupreisindex auf einen einheitlichen zum Zeitpunkt der Herausgabe aktuellen Kostenstand umgerechnet. Der Kostenstand wird auf jeder Seite als Fußzeile angegeben. Allenfalls sind Korrekturen zwischen dem Kostenstand zum Zeitpunkt der Herausgabe und dem aktuellen Kostenstand durchzuführen.
23. Wo finde ich weitere Informationen zu den einzelnen Objekten einer Gebäudeart?	Alle Objekte einer Gebäudeart sind einzeln mit Kurzbeschreibung, Angabe der BGF und anderer wichtiger Kostenfaktoren aufgeführt. Die Objektdokumentationen sind veröffentlicht in den Fachbüchern „Objektdaten" und können als PDF-Datei unter ihrer Objektnummer bei BKI bestellt werden, Telefon: 0711 954 854-41.
24. Was mache ich, wenn ich keine passende Gebäudeart finde?	In aller Regel findet man verwandte Gebäudearten, deren Kostenkennwerte der 2. Ebene (Grobelemente) wegen ähnlicher Konstruktionsart übernommen werden können.
25. Wo findet man Kostenkennwerte für Abbruch?	Im Fachbuch „BKI Baukosten Gebäude Altbau - Statistische Kostenkennwerte" gibt es Ausführungsarten zu Abbruch und Demontagearbeiten. Der Abbruch ganzer Gebäude ist zu finden in der KG 212. Im Fachbuch „BKI Baukosten Positionen Altbau - Statistische Kostenkennwerte" gibt es Mustertexte für Teilleistungen zu „LB 384 - Abbruch und Rückbauarbeiten". Im Fachbuch „BKI Baupreise kompakt Altbau" gibt es Positionspreise und Kurztexte zu „LB 384 - Abbruch und Rückbauarbeiten". Die Mustertexte für Teilleistungen zu „LB 384 - Abbruch und Rückbauarbeiten" und deren Positionspreise sind auch auf der CD BKI Positionen und im BKI Kostenplaner enthalten.

26. Warum ist die Summe der Kostenkennwerte in der Kostengruppen (KG) 310-390 nicht gleich dem Kostenkennwert der KG 300, aber bei der KG 400 ist eine Summenbildung möglich?	In den Kostengruppen 310-390 ändern sich die Einheiten (310 Baugrube/Erdbau gemessen in m^3, 320 Gründung, Unterbau gemessen in m^2); eine Addition der Kostenkennwerte ist nicht möglich. In den Kostengruppen 410-490 ist die Bezugsgröße immer BGF, dadurch ist eine Addition prinzipiell möglich.
27. Manchmal stimmt die Summe der Kostenkennwerte der 2. Ebene der Kostengruppe 400 trotzdem nicht mit dem Kostenkennwert der 1. Ebene überein; warum nicht?	Die Anzahl der Objekte, die auf der 1. Ebene dokumentiert werden, kann von der Anzahl der Objekte der 2. Ebene abweichen. Dann weichen auch die Kostenkennwerte voneinander ab, da es sich um unterschiedliche Stichproben handelt. Es fallen auch nicht bei allen Objekten Kosten in jeder Kostengruppe an (Beispiel KG 461 Aufzugsanlagen).
28. Baupreise im Ausland	BKI dokumentiert nur Objekte aus Deutschland. Anhand von Daten der Eurostat-Datenbank „New Cronos" lassen sich jedoch überschlägige Umrechnungen in die meisten Staaten des europäischen Auslandes vornehmen. Die Werte sind Bestandteil des Posters „BKI Regionalfaktoren 2020".
29. Baunutzungskosten, Lebenszykluskosten	Seit 2010 bringt BKI in Zusammenarbeit mit dem Institut für Bauökonomie der Universität Stuttgart ein Fachbuch mit Nutzungskosten ausgewählter Objekte heraus. Die Reihe wird kontinuierlich erweitert. Das Fachbuch Nutzungskosten Gebäude 2020/2021 fasst einzelne Objekte zu statistischen Auswertungen zusammen.
30. Lohn und Materialkosten	BKI dokumentiert Baukosten nicht getrennt nach Lohn- und Materialanteil.
31. Gibt es Angaben zu Kostenflächenarten?	Nein, das BKI hält die Grobelementmethode für geeigneter. Solange keine Grobelemente vorliegen, besteht die Möglichkeit der Ableitung der Grobelementmengen aus den Verhältniszahlen von Vergleichsobjekten (siehe Planungskennwerte und Baukostensimulation).

Fragen zu weiteren BKI Produkten:

32. Sind die Inhalte von „BKI Baukosten Gebäude, Statistische Kostenkennwerte (Teil 1)" und „BKI Baukosten Bauelemente, Statistische Kostenkennwerte (Teil 2)" auch im BKI Kostenplaner enthalten?

Ja, im BKI Kostenplaner Statistik sind alle Objekte mit den Kosten bis zur 3. Ebene nach DIN 276 enthalten.
Im BKI Kostenplaner Statistik plus sind zudem die vom BKI gebildeten Ausführungsklassen und Ausführungsarten enthalten. Darüber hinaus ermöglicht der BKI Kostenplaner den Zugriff auf alle Einzeldokumentationen von tausenden Objekten.

33. Worin unterscheiden sich die Fachbuchreihen „BKI Baukosten" und „BKI Objektdaten"

In der Fachbuchreihe BKI Objektdaten erscheinen abgerechnete Einzelobjekte eines bestimmten Teilbereichs des Bauens (A=Altbau, N=Neubau, E=energieeffizientes Bauen, IR=Innenräume, F=Freianlagen). In der Fachbuchreihe BKI Baukosten erscheinen hingegen statistische Kostenkennwerte von Gebäudearten, die aus den Einzelobjekten gebildet werden.
Die Kostenplanung mit Einzelobjekten oder mit statistischen Kostenkennwerten haben spezifische Vor- und Nachteile:
Planung mit Objektdaten (BKI Objektdaten):

- Vorteil: Wenn es gelingt ein vergleichbares Einzelobjekt oder passende Bauausführungen zu finden ist die Genauigkeit besser als mit statistischen Kostenkennwerten. Die Unsicherheit, die der Streubereich (von-bis-Werte) mit sich bringt, entfällt.
- Nachteil: Passende Vergleichsobjekte oder Bauausführungen zu finden kann mühsam oder erfolglos sein.

Planung mit statistischen Kostenkennwerten (BKI Baukosten):

- Vorteil: Über die BKI Gebäudearten ist man recht schnell am Ziel, aufwändiges Suchen entfällt.
- Nachteil: Genauere Prüfung, ob die Mittelwerte übernommen werden können oder noch nach oben oder unten angepasst werden müssen, ist unerlässlich.

34. In welchen Produkten dokumentiert BKI Positionspreise?

Positionspreise mit statistischer Auswertung und Einzelbeispielen werden in „BKI Baukosten Positionen, Statistische Kostenkennwerte Neubau (Teil 3) und Altbau (Teil 5)" und „BKI Baupreise kompakt Neu- und Altbau" herausgegeben. Ausgewählte Positionspreise zu bestimmten Details enthalten die Fachbücher „Konstruktionsdetails K1, K2, K3 und K4". Außerdem gibt es Positionspreise in EDV-Form in der Version Kostenplaner 2020 - Statistik plus [Positionen] und die Software „BKI Positionen".

35. Worin unterscheiden sich die Bände A1 bis A10 (N1 bis N16)

Die Bücher unterscheiden sich durch die Auswahl der dokumentierten Einzelobjekte. Der Aufbau der Bände ist gleich. In der BKI Fachbuchreihe Objektdaten erscheinen regelmäßig aktuelle Folgebände mit neu dokumentierten Einzelobjekten. Speziell bei den Altbaubänden A1 bis A10 ist es nützlich, alle Bände zu besitzen, da es im Bereich Altbau notwendig ist, mit passenden Vergleichsobjekten zu planen. Je mehr Vergleichsobjekte vorhanden sind, desto höher ist die „Trefferquote". Bände der Fachbuchreihe Objektdaten sollten deshalb langfristig aufbewahrt werden.

Diese Liste der FAQ wird laufend erweitert und im Internet unter: *www.bki.de/faq-kostenplanung.html* veröffentlicht.

Abkürzungsverzeichnis

Einheiten

µm	Mikrometer
m	Meter
m^2	Quadratmeter
m^3	Kubikmeter
cm	Zentimeter
cm^2	Quadratzentimeter
cm^3	Kubikzentimeter
dm	Dezimeter
dm^2	Quadratdezimeter
dm^3	Kubikdezimeter
mm	Millimeter
mm^2	Quadratmillimeter
mm^3	Kubikmillimeter
kg	Kilogramm
N	Newton
kN	Kilonewton
MN	Meganewton
mbar	Millibar
kW	Kilowatt
W	Watt
kWel	elektrische Leistung in Kilowatt
kWth	thermische Leistung in Kilowatt
kWp	Kilowatt peak
t	Tonnen
l	Liter
lx	Lux
St	Stück
h	Stunde
min	Minute
s	Sekunde
psch	Pauschal
d	Tage
DPr	Proctordichte

Kombinierte Einheiten

h/[Einheit]	Stunde pro [Einheit] = Ausführungsdauer
mh	Meter pro Stunde
md	Meter pro Tag
mWo	Meter pro Woche
mMt	Meter pro Monat
ma	Meter pro Jahr
m^2d	Quadratmeter pro Tag
m^2Wo	Quadratmeter pro Woche
m^2Mt	Quadratmeter pro Monat
m^3d	Kubikmeter pro Tag
m^3Wo	Kubikmeter pro Woche
m^3Mt	Kubikmeter pro Monat
Sth	Stück pro Stunde
Std	Stück pro Tag
StWo	Stück pro Woche
StMt	Stück pro Monat

Kombinierte Einheiten (Fortsetzung)

td	Tonne pro Tag
tWo	Tonne pro Woche
tMt	Tonne pro Monat

Mengenangaben

A	Fläche
V	Volumen
D	Durchmesser
d	Dicke
h	Höhe
b	Breite
l	Länge
t	Tiefe
lw	lichte Weite
k	k-Wert
U	u-Wert

Rechenzeichen

<	kleiner
>	größer
<=	kleiner gleich
>=	größer gleich
-	bis

Abkürzungen

AN	Auftragnehmer
AG	Auftraggeber
AP	Arbeitsplätze
APP	Appartement
BB	BB-Schloss=Buntbartschloss
BK	Bodenklasse
BSH	Brettschichtholz
DD	DD-Lack=Polyurethan-Lack
DN	Durchmesser, Nennmaß (DN80)
DF	Dünnformat
DG	Dachgeschoss
DK	Dreh-/Kipp(-flügel)
DHH	Doppelhaushälfte
EG	Erdgeschoss
ELW	Einliegerwohnung
einschl.	einschließlich
ETW	Etagenwohnung
EPS	expandierter Polystyrolschaum
ESG	Einscheiben-Sicherheitsglas
FFB	Fertigfußboden
F90-A	Feuerwiderstandsklasse 90min
gem.	gemäß
GK	Gipskarton
GKB	Gipskarton-Bauplatten
GKF	Gipskarton-Feuerschutz
GKI	Gipskarton - imprägniert

Abkürzungsverzeichnis

Abkürzungen	
GKL	Güteklasse
Gl	Glieder (Heizkörper)
Hlz	Hochlochziegel
HDF	hochdichte Faserplatte
HT	Hochtemperatur-Abflussrohr
i.L.	im Lichten
i.M.	im Mittel
KG	Kellergeschoss
KG	Kunststoff Grundleitung
KFZ	Kraftfahrzeug
KITA	Kindertagesstätte
KS	Kalksandstein
KSL	Kalksandstein-Lochstein
KSV	Kalksandstein-Vollstein
KSVm	Kalksandstein-Vormauerwerk
KVH	Konstruktionsvollholz
LM	Leichtmetall
LZR	Luftzwischenraum (Isolierglas)
MF	Mineralfaser
MG	Mörtelgruppe
MW	Mauerwerk
MW	Mineralwolle
MW	Maulweite (Zargen)
NF	Normalformat
NUF	Nutzungsfläche
NF	Nut und Feder
NH	Nadelholz
OG	Obergeschoss
OK	Oberkante
OSB	Oriented Strand Board, Spanplatte
PE	Polyethylen
PE-HD	Polyethylen, hohe Dichte
PES	Polyester
PP	Polypropylen
PS	Polystyrol
PU	Polyurethan
PVC	Polyvinylchlorid
PZ	Profilzylinder
RD	rauchdicht
RH	Reihenhaus
RRM	Rohbaurichtmaß

Abkürzungen	
RS	Rauchschutz (Türen)
RW	Regenwasser
RWA	Rauch-Wärme-Abzug
SML	Gusseisen-Abwasserrohr
Stb	Stahlbeton
STP	Stellplatz
Stg	Steigung
TG	Tiefgarage
T30	Tür mit Feuerwiderstand 30min
UK	Unterkante
UK	Unterkonstruktion
VK	Vorderkante
VSG	Verbund-Sicherheitsglas
V2A / V2A	Edelstahl
WDVS	Wärmedämmverbundsystem
WE	Wohneinheit
WK	Einbruch-Widerstandsklasse
WLG	Wärmeleitgruppe
WU	wasserundurchlässig (Beton)
ZTV	zusätzl. techn. Vorbemerkungen

Abkürzungen Pflanzqualitäten	
Str	Strauch
Sol	Solitär
He	Heckenpflanze
Bu	Busch
H	Hochstamm
vStr	verpflanzter Strauch
v	verpflanzt
xv	x-mal verpflanzt (1, 2 usw.)
oB	ohne Ballen
mB	mit Ballen
mDb	mit Drahtballen
P (0,5-1,0)	mit Topf (Topfgröße)
C	mit Container
Tr	Triebe
StU	Stammumfang
Sth	Stammhöhe

KG Nummer	Abkürzung	Kostengruppen-Bezeichnung
330	Außenwände / vertikal außen	Außenwände/Vertikale Baukonstruktionen, außen
340	Innenwände / vertikal innen	Innenwände/Vertikale Baukonstruktionen, innen
350	Decken / horizontal	Decken / Horizontale Baukonstuktionen
450	Kommunikationstechnische Anlagen	Kommunikations-, sicherheits- und informationstechnische Anlagen
470	Nutzungsspez. u. verfahrenstech. Anl.	Nutzungsspezifische und verfahrenstechnische Anlagen

Gliederung in Leistungsbereiche nach STLB-Bau

Als Beispiel für eine ausführungsorientierte Ergänzung der Kostengliederung werden im Folgenden die Leistungsbereiche des Standardleistungsbuches für das Bauwesen in einer Übersicht dargestellt.

000 Sicherheitseinrichtungen, Baustelleneinrichtungen
001 Gerüstarbeiten
002 Erdarbeiten
003 Landschaftsbauarbeiten
004 Landschaftsbauarbeiten -Pflanzen
005 Brunnenbauarbeiten und Aufschlussbohrungen
006 Spezialtiefbauarbeiten
007 Untertagebauarbeiten
008 Wasserhaltungsarbeiten
009 Entwässerungskanalarbeiten
010 Drän- und Versickerarbeiten
011 Abscheider- und Kleinkläranlagen
012 Mauerarbeiten
013 Betonarbeiten
014 Natur-, Betonwerksteinarbeiten
016 Zimmer- und Holzbauarbeiten
017 Stahlbauarbeiten
018 Abdichtungsarbeiten
020 Dachdeckungsarbeiten
021 Dachabdichtungsarbeiten
022 Klempnerarbeiten
023 Putz- und Stuckarbeiten, Wärmedämmsysteme
024 Fliesen- und Plattenarbeiten
025 Estricharbeiten
026 Fenster, Außentüren
027 Tischlerarbeiten
028 Parkett-, Holzpflasterarbeiten
029 Beschlagarbeiten
030 Rollladenarbeiten
031 Metallbauarbeiten
032 Verglasungsarbeiten
033 Baureinigungsarbeiten
034 Maler- und Lackierarbeiten - Beschichtungen
035 Korrosionsschutzarbeiten an Stahlbauten
036 Bodenbelagarbeiten
037 Tapezierarbeiten
038 Vorgehängte hinterlüftete Fassaden
039 Trockenbauarbeiten
040 Wärmeversorgungsanlagen - Betriebseinrichtungen
041 Wärmeversorgungsanlagen - Leitungen, Armaturen, Heizflächen
042 Gas- und Wasseranlagen - Leitungen, Armaturen
043 Druckrohrleitungen für Gas, Wasser und Abwasser
044 Abwasseranlagen - Leitungen, Abläufe, Armaturen
045 Gas-, Wasser- und Entwässerungsanlagen - Ausstattung, Elemente, Fertigbäder
046 Gas-, Wasser- und Entwässerungsanlagen - Betriebseinrichtungen
047 Dämm- und Brandschutzarbeiten an technischen Anlagen
049 Feuerlöschanlagen, Feuerlöschgeräte
050 Blitzschutz- / Erdungsanlagen, Überspannungsschutz
051 Kabelleitungstiefbauarbeiten
052 Mittelspannungsanlagen
053 Niederspannungsanlagen - Kabel/Leitungen, Verlegesysteme, Installationsgeräte
054 Niederspannungsanlagen - Verteilersysteme und Einbaugeräte
055 Ersatzstromversorgungsanlagen
057 Gebäudesystemtechnik
058 Leuchten und Lampen
059 Sicherheitsbeleuchtungsanlagen
060 Elektroakustische Anlagen, Sprechanlagen, Personenrufanlagen
061 Kommunikationsnetze
062 Kommunikationsanlagen
063 Gefahrenmeldeanlagen
064 Zutrittskontroll-, Zeiterfassungssysteme
069 Aufzüge
070 Gebäudeautomation
075 Raumlufttechnische Anlagen
078 Kälteanlagen für raumlufttechnische Anlagen
080 Straßen, Wege, Plätze
081 Betonerhaltungsarbeiten
082 Bekämpfender Holzschutz
083 Sanierungsarbeiten an schadstoffhaltigen Bauteilen
084 Abbruch- und Rückbauarbeiten
085 Rohrvortriebsarbeiten
087 Abfallentsorgung, Verwertung und Beseitigung
090 Baulogistik
091 Stundenlohnarbeiten
096 Bauarbeiten an Bahnübergängen
097 Bauarbeiten an Gleisen und Weichen
098 Witterungsschutzmaßnahmen

A Rohbau

Titel des Leistungsbereichs	LB-Nr.
Sicherheitseinrichtungen, Baustelleneinrichtungen	000
Gerüstarbeiten	001
Erdarbeiten	002
Spezialtiefbauarbeiten	006
Wasserhaltungsarbeiten	008
Entwässerungskanalarbeiten	009
Drän- und Versickerarbeiten	010
Mauerarbeiten	012
Betonarbeiten	013
Naturwerkstein-, Betonwerksteinarbeiten	014
Zimmer- und Holzbauarbeiten	016
Stahlbauarbeiten	017
Abdichtungsarbeiten	018
Dachdeckungsarbeiten	020
Dachabdichtungsarbeiten	021
Klempnerarbeiten	022

000

Kosten:
Stand 1.Quartal 2020
Bundesdurchschnitt

Nr.	Positionen	Einheit	▶	▷	ø brutto € / ø netto €	◁	◀
1	Baumschutz, Brettermantel, bis 30cm	St	38	52	**57**	63	91
			32	44	**48**	53	77
2	Fußgängerschutz, Gehwege	m	25	39	**46**	55	69
			21	32	**38**	46	58
3	Übergangs-/Fußgängerbrücke	St	55	95	**107**	151	204
			46	80	**90**	127	171
4	Laufsteg - Zugang Gebäude	m	53	84	**87**	93	116
			44	70	**73**	78	97
5	Bauzaun, Bretter 2,00m	m	11	17	**17**	21	28
			9	14	**14**	18	24
6	Bauzaun, Stahlrohrrahmen 2,00m	m	5	9	**11**	14	22
			4	8	**9**	12	18
7	Bauzaun umsetzen, Bretter	m	2	4	**5**	6	10
			1	3	**4**	5	8
8	Bauzaun umsetzen, Stahlrohrrahmen	m	1	3	**4**	5	8
			1	3	**3**	5	7
9	Bauzaun vorhalten	mWo	0,1	0,2	**0,2**	0,2	0,4
			0,1	0,2	**0,2**	0,2	0,3
10	Bauzaunbeleuchtung, öffentlicher Raum	St	13	26	**31**	32	52
			11	22	**26**	27	43
11	Absturzsicherung, Seitenschutz	m	9	16	**18**	24	33
			8	13	**16**	20	28
12	Tor, Bauzaun, Breite 3,50m	St	60	116	**143**	160	221
			51	98	**120**	134	185
13	Tor, Bauzaun, Breite 5,00m	St	67	138	**173**	212	281
			56	116	**146**	178	236
14	Tür, Bauzaun, Breite 1,00m	St	70	87	**93**	107	130
			59	73	**78**	90	109
15	Tür, Bauzaun, Breite 1,50m	St	63	95	**101**	124	168
			53	80	**85**	104	141
16	Baustraße, Breite bis 2,50m	m²	7	15	**18**	24	34
			6	12	**15**	20	29
17	Hilfsüberfahrt, Baustellenverkehr	m²	19	28	**32**	34	55
			16	23	**27**	29	46
18	Hilfsüberfahrt, Stahlplatte	St	80	125	**156**	174	201
			67	105	**131**	146	169
19	Kabelbrücke, Strom-/Wasserleitung	St	916	1.413	**1.810**	2.096	2.703
			770	1.188	**1.521**	1.761	2.272
20	Verkehrseinrichtung, Verkehrszeichen	St	14	35	**45**	66	118
			12	30	**38**	56	99
21	Verkehrssicherung, Baustelle	m	8	28	**36**	49	71
			6	24	**30**	41	60
22	Verkehrsregelung, Lichtsignalanlage	psch	505	836	**934**	1.329	2.219
			424	703	**785**	1.116	1.865
23	Grenzstein sichern	St	26	38	**39**	45	57
			22	32	**33**	38	48
24	Lagerplatz einrichten und räumen	m²	6	12	**14**	18	24
			5	10	**12**	15	20

▶ min
▷ von
ø Mittel
◁ bis
◀ max

Nr.	Positionen	Einheit	▶	▷	ø brutto € / ø netto €	◁	◀
25	Bauwasseranschluss, 3 Zapfstellen	St	204	450	**565**	861	1.596
			171	378	**474**	724	1.341
26	Bauwasseranschluss heranführen	m	2	18	**25**	44	72
			1	15	**21**	37	60
27	Schmutzwasseranschluss herstellen	St	258	336	**375**	407	478
			217	283	**315**	342	402
28	Baustromanschluss	St	200	478	**587**	733	1.176
			168	401	**493**	616	988
29	Baustrom, Zuleitung	m	6	14	**18**	21	28
			5	12	**15**	17	24
30	Baustromverteiler	St	144	318	**401**	541	927
			121	267	**337**	455	779
31	Baustellenbeleuchtung, außen	psch	706	1.004	**1.136**	1.424	2.122
			593	844	**955**	1.196	1.784
32	Baustellenbeleuchtung, innen	psch	1.183	2.426	**3.019**	4.826	7.069
			994	2.039	**2.537**	4.056	5.940
33	Container, Bauleitung, 15m²	St	1.129	1.642	**1.776**	2.158	2.740
			949	1.379	**1.492**	1.814	2.303
34	Container, Bauleitung, 40m²	St	1.434	2.179	**2.504**	2.916	3.735
			1.205	1.831	**2.104**	2.450	3.138
35	WC-Kabine	St	23	59	**75**	93	139
			20	49	**63**	78	117
36	Sanitärcontainer	St	553	1.167	**1.389**	1.734	2.446
			465	980	**1.167**	1.457	2.056
37	Sanitärcontainer vorhalten	StWo	56	78	**83**	90	108
			47	66	**70**	76	91
38	Kranaufstandsfläche herstellen	m²	7	12	**14**	16	21
			6	10	**12**	14	18
39	Krannutzung	h	51	101	**128**	149	201
			43	85	**107**	125	169
40	Autokran	h	104	152	**175**	181	257
			87	128	**147**	152	216
41	Bauaufzug, 200kg, Material und Personen	St	475	741	**826**	1.016	1.424
			399	623	**694**	854	1.197
42	Bauaufzug, 500kg, Material und Personen	St	939	1.442	**1.764**	1.909	2.569
			789	1.212	**1.482**	1.604	2.159
43	Bauaufzug, 1.000kg, Material und Personen	St	1.705	2.491	**2.844**	3.228	4.364
			1.432	2.093	**2.390**	2.712	3.667
44	Bauaufzug, 1.500kg Material	St	3.264	5.122	**7.622**	8.855	13.283
			2.743	4.304	**6.405**	7.441	11.162
45	Bauaufzug, Gebrauchsüberlassung	Wo	–	329	**531**	719	–
			–	276	**446**	604	–
46	Schutzabdeckung, Boden, Holzplatten	m²	8	18	**22**	38	58
			7	15	**19**	32	49
47	Bautrocknung, Kondensationstrockner	St	123	187	**214**	253	371
			104	157	**180**	213	312
48	Reinigen grobe Verschmutzung	m²	23	32	**35**	39	46
			20	27	**30**	32	38

000
001
002
006
008
009
010
012
013
014
016
017
018
020
021
022

Kosten:
Stand 1.Quartal 2020
Bundesdurchschnitt

Nr.	Positionen	Einheit	▶	▷	ø brutto € / ø netto €	◁	◀
49	Bautreppe, zweiläufig	St	151	388	**503**	662	1.099
			127	326	**423**	556	923
50	Schutzwand, Folienbespannung	m²	7	16	**19**	23	33
			6	14	**16**	19	28
51	Schutzwand, Holz beplankt	m²	13	39	**51**	92	154
			11	32	**43**	77	130
52	Bautür, Stahlblech	St	58	161	**208**	291	497
			49	136	**175**	244	418
53	Bautür, Holz	St	63	147	**179**	252	399
			53	124	**150**	211	335
54	Witterungsschutz, Fensteröffnung	m²	7	17	**20**	30	45
			6	14	**17**	25	38
55	Meterriss	St	4	17	**22**	31	50
			4	14	**19**	26	42
56	Höhenfestpunkt, Einschlagbolzen	St	13	35	**45**	66	114
			11	29	**38**	55	96
57	Bauschuttcontainer, bereitstellen, an- und abfahren	St	–	55	**79**	115	–
			–	46	**66**	97	–
58	Deponiegebühr, gemischter Bauschutt	m³	23	45	**56**	81	127
			19	38	**47**	68	107
59	Bauschild, Grundplatte	St	890	1.784	**2.108**	2.754	4.252
			748	1.499	**1.771**	2.314	3.574
60	Bauschild, Firmenleiste	St	28	63	**81**	116	188
			24	53	**68**	98	158
61	Schuttabwurfschacht, ca. 60cm	m	10	37	**48**	103	165
			9	32	**41**	87	138
62	Schuttabwurfschacht, bis 8,00m	St	94	223	**257**	276	544
			79	188	**216**	232	457
63	Stundensatz Facharbeiter, Baugewerbe	h	38	56	**63**	69	81
			32	47	**53**	58	68
64	Stundensatz Helfer, Baugewerbe	h	34	49	**55**	59	69
			28	41	**46**	50	58

Nr. **Kurztext** / Langtext — Kostengruppe
▶ ▷ **ø netto €** ◁ ◀ [Einheit] Ausf.-Dauer Positionsnummer

1 Baumschutz, Brettermantel, bis 30cm KG **211**

Gefährdete Bäume über Gelände gegen mechanische Schäden schützen, während der gesamten Bauzeit.
Stammdurchmesser: bis 30
Material: Brettermantel inkl. Polsterung
Höhe: 2,00 m

32€ 44€ **48€** 53€ 77€ [St] ⏱ 0,90 h/St 000.000.078

▶ min
▷ von
ø Mittel
◁ bis
◀ max

Nr.	Kurztext / Langtext							Kostengruppe
▶	▷	**ø netto €**	◁	◀		[Einheit]	Ausf.-Dauer	Positionsnummer

2 Fußgängerschutz, Gehwege KG **391**

Schutzdach zur Sicherung von Gehwegen, aus Holz-Konstruktion, mit trittsicherem Belag, 1-seitig offen und mit Brett auf Handlaufhöhe, einschl. wetterfester Abdeckung des Schutzdachs mit glasvliesarmierter Bitumenbahn, überlappend verlegt und auf Holzgrund genagelt.
Breite: 0,90 m
Höhe: mind. 2,10 m
Gebrauchsüberlassung: 4 Wochen

21€ | 32€ | **38**€ | 46€ | 58€ | [m] | ⏱ 1,40 h/m | 000.000.063

3 Übergangs-/Fußgängerbrücke KG **391**

Fußgängerhilfsbrücke für öffentlichen Verkehr herstellen, vorhalten und beseitigen. Hilfsbrücke mit Schutzgeländer, Schutzdach und Fundamente, Widerlagern.
Neigung Rampungen: max. .....°
Dauer: Bauzeit, gem. Anlage .....
Nutzlast: 5,0 kN/m²
Nutzbreite: 1,50 m
Länge: 2,50 m
Lichte Durchfahrtshöhe: 3,50 m
Ausführung gem. anliegender Zeichnung Nr. .....
Vorhaltedauer: ..... Wochen
Abrechnung Pauschal = 1 Stück

46€ | 80€ | **90**€ | 127€ | 171€ | [St] | ⏱ 1,00 h/St | 000.000.075

4 Laufsteg - Zugang Gebäude KG **391**

Laufsteg für Baustellenzugang zum Gebäude herstellen, vorhalten und nach Abruf durch Bauüberwachung wieder beseitigen. Konstruktion unverrückbar gegründet, Ausführung gem. Vorschlag des AN und Freigabe durch die Bauüberwachung.
Laufsteg mit leichtem Gefälle: .....°
Oberfläche: rutschsicher profiliert
Spannweiten: ca. .... m
Schutzgeländer: beidseitig
Nutzlast: ..... kN/m²
Nutzbreite: ..... m
Länge: ..... m
Vorhaltedauer: ..... Wochen

44€ | 70€ | **73**€ | 78€ | 97€ | [m] | ⏱ 0,50 h/m | 000.000.103

5 Bauzaun, Bretter 2,00m KG **391**

Bauzaun, auf unbefestigtem waagrechtem Untergrund, aufstellen, vorhalten und beseitigen, Ausführung als Umwehrung. Türen und Tore werden gesondert vergütet.
Bauart: Bretter
Zaunhöhe: 2,00 m
Vorhaltedauer: 4 Wochen

9€ | 14€ | **14**€ | 18€ | 24€ | [m] | ⏱ 0,20 h/m | 000.000.080

Kosten:
Stand 1.Quartal 2020
Bundesdurchschnitt

Nr.	Kurztext / Langtext						Kostengruppe
▶	▷	ø netto €	◁	◀	[Einheit]	Ausf.-Dauer	Positionsnummer

6 Bauzaun, Stahlrohrrahmen 2,00m — KG **391**

Bauzaun, auf unbefestigtem waagrechtem Untergrund, aufstellen, vorhalten und beseitigen, Ausführung als Umwehrung. Türen und Tore werden gesondert vergütet.
Bauart: Stahlrohrrahmen, versetztbar
Zaunhöhe: 2,00 m
Vorhaltedauer: 4 Wochen

4€ | 8€ | **9**€ | 12€ | 18€ | [m] | ⏱ 0,11 h/m | 000.000.081

7 Bauzaun umsetzen, Bretter — KG **391**

Bauzaun umsetzen, Ausführung als Absperrung auf unbefestigtem waagrechtem Untergrund, inkl. Tore und Türen.
Zaunhöhe: 2,00 m
Bauart: Bretter
Tore/Türen: .....
Umsetzweg: bis ..... m

1€ | 3€ | **4**€ | 5€ | 8€ | [m] | ⏱ 0,14 h/m | 000.000.099

8 Bauzaun umsetzen, Stahlrohrrahmen — KG **391**

Bauzaun umsetzen, Ausführung als Absperrung auf unbefestigtem waagrechtem Untergrund, inkl. Tore und Türen.
Zaunhöhe: 2,00 m
Bauart: Stahlrohrrahmen
Tore/Türen: .....
Umsetzweg: bis ..... m

1€ | 3€ | **3**€ | 5€ | 7€ | [m] | ⏱ 0,10 h/m | 000.000.082

9 Bauzaun vorhalten — KG **391**

Bauzaun, wie vor beschrieben, über die Grundvorhaltedauer hinaus vorhalten. Ausführung als Umwehrung, inkl. Tore und Türen.
Zaunhöhe: 2,00 m
Bauart: .....
Tore/Türen: .....
Abrechnung je weitere Woche

0,1€ | 0,2€ | **0,2**€ | 0,2€ | 0,3€ | [mWo] | ⏱ 0,01 h/mWo | 000.000.112

10 Bauzaunbeleuchtung, öffentlicher Raum — KG **391**

Sicherungsleuchten für Bauzaun, in öffentlichem Raum, montieren und nach Aufforderung komplett entfernen.
Ausführung: **versorgungsnetzabhängig / versorgungsnetzunabhängig**
Vorhaltedauer: ..... Wochen

11€ | 22€ | **26**€ | 27€ | 43€ | [St] | ⏱ 0,12 h/St | 000.000.065

11 Absturzsicherung, Seitenschutz — KG **391**

Behelfsmäßiger Seitenschutz entsprechend BGI 807, einschl. Vorhaltung und Rückbau, montiert an freiliegenden Treppenläufen und -podesten zur Absturzsicherung. Die Konstruktion ist so auszuführen, dass die im Bereich der Schutzeinrichtung tätigen Gewerke nicht behindert werden.
Vorhaltedauer: ..... Wochen

8€ | 13€ | **16**€ | 20€ | 28€ | [m] | ⏱ 0,10 h/m | 000.000.107

▶ min
▷ von
ø Mittel
◁ bis
◀ max

A 1 Tor, Bauzaun Beschreibung für Pos. **12-13**

Behelfsmäßiges Tor im Bauzaun abschließbar, einbauen, vorhalten und beseitigen.
Ausführung: zum Bauzaun passend

12 Tor, Bauzaun, Breite 3,50m KG **391**

Wie Ausführungsbeschreibung A 1
Bodenabstand: 20 cm
Torhöhe: 2,00 m
Öffnungsbreite: 3,50 m
Vorhaltedauer: ..... Wochen

51€ 98€ **120**€ 134€ 185€ [St] ⏱ 2,00 h/St 000.000.083

13 Tor, Bauzaun, Breite 5,00m KG **391**

Wie Ausführungsbeschreibung A 1
Bodenabstand: 20 cm
Torhöhe: 2,00 m
Öffnungsbreite: 5,00 m
Vorhaltedauer: ..... Wochen

56€ 116€ **146**€ 178€ 236€ [St] ⏱ 2,00 h/St 000.000.084

A 2 Tür, Bauzaun Beschreibung für Pos. **14-15**

Behelfsmäßige Tür im Bauzaun abschließbar, einbauen, vorhalten und beseitigen.
Ausführung: zum Bauzaun passend

14 Tür, Bauzaun, Breite 1,00m KG **391**

Wie Ausführungsbeschreibung A 2
Bodenabstand: 20 cm
Türhöhe: 2,00 m
Öffnungsbreite: 1,00 m
Vorhaltedauer: ..... Wochen

59€ 73€ **78**€ 90€ 109€ [St] ⏱ 1,00 h/St 000.000.100

15 Tür, Bauzaun, Breite 1,50m KG **391**

Wie Ausführungsbeschreibung A 2
Bodenabstand: 20 cm
Türhöhe: 2,00 m
Öffnungsbreite: 1,50 m
Vorhaltedauer: ..... Wochen

53€ 80€ **85**€ 104€ 141€ [St] ⏱ 1,05 h/St 000.000.086

000 001 002 006 008 009 010 012 013 014 016 017 018 020 021 022

Kosten:
Stand 1.Quartal 2020
Bundesdurchschnitt

Nr.	**Kurztext** / Langtext						Kostengruppe
▶	▷	**ø netto €**	◁	◀	[Einheit]	Ausf.-Dauer	Positionsnummer

16 Baustraße, Breite bis 2,50m KG **391**

Verkehrsfläche, temporär, in Geländehöhe für nichtöffentlichen Baustellenverkehr herstellen, nach Aufforderung durch die Bauleitung wieder beseitigen.
Ausführung: hydraulisch gebunden, frostsicher
Bindemittel: nach Wahl des Auftragnehmers
Gesteinskörnung: aus RC-Baustoff
Verkehrslast: ..... kN/m²
Dicke: frostsichere Ausführung
Wegbreite: bis 2,50 m
Herstellung als: Baustraße

▶	▷	ø	◁	◀	Einheit	Ausf.-Dauer	Positionsnummer
6€	12€	**15**€	20€	29€	[m²]	⏱ 0,18 h/m²	000.000.003

17 Hilfsüberfahrt, Baustellenverkehr KG **391**

Überfahrt zur Baustelle für Baustellenverkehr mit niveaugleichem Schutz der Randsteinkante. Überfahrt herstellen, vorhalten und restlos entfernen.
Ausführung: über **Gehweg / Gräben**
Verkehrslast: ..... kN/m²
Randsteinkante: .....
Abmessungen: .....
Breite: ..... m
Gehwegbreite: ..... m
Vorhaltedauer: ..... Wochen

▶	▷	ø	◁	◀	Einheit	Ausf.-Dauer	Positionsnummer
16€	23€	**27**€	29€	46€	[m²]	⏱ 0,20 h/m²	000.000.066

18 Hilfsüberfahrt, Stahlplatte KG **391**

Überfahrt zur Baustelle über Aushubbereiche mit Stahlplatten für Baustellenverkehr. Überfahrt herstellen, vorhalten und restlos entfernen.
Ausführung: über Gräben
Verkehrslast: ..... kN/m²
Grabenbreite: 2,50m
Spannweite: bis ..... m
Vorhaltedauer: ..... Wochen

▶	▷	ø	◁	◀	Einheit	Ausf.-Dauer	Positionsnummer
67€	105€	**131**€	146€	169€	[St]	⏱ 0,20 h/St	000.000.056

19 Kabelbrücke, Strom-/Wasserleitung KG **391**

Kabelbrücke über Straße herstellen, vorhalten und wieder entfernen, Brücke aus zwei Pfosten, unverrückbar und sturmsicher verankert, sowie Fachwerkträger zur Überspannung, Konstruktion mit weiß-rotem Band umwickelt, einschl. notwendiger Beschilderung.
Nutzbreite: 0,50 m
Straßenbreite: .....
Durchfahrtshöhe: mind. 4,20 m
Vorhaltedauer: ..... Wochen
Einbauort: öffentliche Straße
Querung für: **Stromleitung / Wasserleitung**

▶	▷	ø	◁	◀	Einheit	Ausf.-Dauer	Positionsnummer
770€	1.188€	**1.521**€	1.761€	2.272€	[St]	⏱ 10,00 h/St	000.000.033

▶ min
▷ von
ø Mittel
◁ bis
◀ max

20 Verkehrseinrichtung, Verkehrszeichen KG **391**

Verkehrseinrichtung mit Verkehrsschildern herstellen, vorhalten, betreiben (evtl. umsetzen) und wieder demontieren, Markierungen rot-weiß und reflektierend, gem. Verkehrszeichenplan oder nach Absprache mit Tiefbauamt, sämtliche Schilder verkehrssicher fixiert.
Eignung: **Straßenverkehr / Fußgängerverkehr**
Anzahl der Schilder: .....
weitere Anforderungen: .....
Vorhaltedauer: ..... Wochen

12€ 30€ **38€** 56€ 99€ [St] ⏱ 0,22 h/St 000.000.022

21 Verkehrssicherung, Baustelle KG **391**

Gesamte Baustelle und Baustellenteile, lt. Baustelleneinrichtungsplan, gem. Vorschriften der Straßenverkehrsordnung kennzeichnen und sichern, über die gesamte Bauzeit Tag und Nacht vorhalten und nach Fertigstellung restlos entfernen, Leistung einschl. Absprache mit den Trägern der öffentlichen Interessen, Sicherstellung der Funktionstüchtigkeit der Verkehrssicherung auch bei Nacht. Für die Ausführung werden vom AG Übersichtszeichnungen zur Verfügung gestellt. Abrechnungseinheit ist die angrenzende Länge zum öffentlichen Raum.
Vorhaltedauer/Bauzeit: ..... Wochen

6€ 24€ **30€** 41€ 60€ [m] ⏱ 0,20 h/m 000.000.037

22 Verkehrsregelung, Lichtsignalanlage KG **391**

Verkehrsregelung gem. STVO mit funkgesteuerter, automatischer Signallichtanlage, einschl. aller für den Betrieb notwendigen Komponenten, der Vorhalte- und Betriebskosten, sowie dem Versetzen der Anlage.
Anzahl funkgesteuerter Signallichtanlagen im 24/24-Betrieb: 2 Stück
Abstand der Anlagen: ..... m
Stromversorgung: netzunabhängig - Batterie
Vorhaltedauer: ..... Wochen

424€ 703€ **785€** 1.116€ 1.865€ [psch] ⏱ 2,20 h/psch 000.000.032

23 Grenzstein sichern KG **391**

Grenzstein sichern, über gesamte Bauzeit.

22€ 32€ **33€** 38€ 48€ [St] ⏱ 1,00 h/St 000.000.076

24 Lagerplatz einrichten und räumen KG **391**

Lagerplatz auf dem Baugrundstück einrichten und räumen. Lage siehe anliegenden Baustelleneinrichtungsplan.
Nutzung geeignet für: Sortierung und Lagerung von Baustellenabfällen

5€ 10€ **12€** 15€ 20€ [m²] ⏱ 0,08 h/m² 000.000.101

25 Bauwasseranschluss, 3 Zapfstellen KG **391**

Bauwasseranschluss herstellen und für die gesamte Bauzeit vorhalten, für die Verwendung von Dritten, inkl. Beantragung beim zuständigen Versorgungsunternehmen. Abbau auf Anweisung durch die Bauleitung.
Die Abrechnung an die beteiligten Firmen erfolgt über Zwischenzähler.
Zapfstellen: 3 St
Vorhaltedauer: ..... Wochen

171€ 378€ **474€** 724€ 1.341€ [St] ⏱ 12,50 h/St 000.000.007

000
001
002
006
008
009
010
012
013
014
016
017
018
020
021
022

Nr.	**Kurztext** / Langtext						Kostengruppe
▶	▷	**ø netto €**	◁	◀	[Einheit]	Ausf.-Dauer	Positionsnummer

26 Bauwasseranschluss heranführen KG **391**

Provisorische Anschlussleitung für Bauwasser, vom öffentlichen Anschlusspunkt lt. Baustelleneinrichtungsplan bis zum bauseitigen Bauwasserverteiler heranführen, inkl. notwendiger Erdarbeiten und Abdeckung der Leitung im öffentlichen Bereich. Leistung bestehend aus Herstellung der Leitung, Vorhalten und Beseitigung, Vergütung einer evtl. erforderlichen Begleitheizung nach gesonderter Position.
Öffentlicher Bereich: .....
Leitungsgröße: DN32
Boden: Homogenbereich 1, mit einer Bodengruppe, Bodengruppe: ..... DIN 18196
- Steinanteil: bis .....% Massenanteil DIN EN ISO 14688-1
- Konsistenz DIN EN ISO 14688-1: .....
- Lagerungsdichte: .....

Vorhaltedauer: ..... Wochen

1€ 15€ **21**€ 37€ 60€ [m] ⏱ 0,14 h/m 000.000.046

27 Schmutzwasseranschluss herstellen KG **391**

Schmutzwasseranschluss an Kanal herstellen und für die gesamte Bauzeit vorhalten, inkl. Beantragung beim zuständigen Versorgungsunternehmen, Abbau/Rückbau auf Anweisung durch die Bauleitung.
Nenngröße: **DN100 / DN150**
Material: .....
Tiefenlage: .....
Vorhaltedauer: ..... Wochen

217€ 283€ **315**€ 342€ 402€ [St] ⏱ 2,20 h/St 000.000.067

28 Baustromanschluss KG **391**

Baustrom-Hauptanschluss herstellen, vor- und unterhalten, Anfangszählerstand mit der Bauleitung feststellen und schriftlich protokollieren, vor Abbau den Zähler-Endstand wie vor beschrieben festhalten.
Ausstattung: Zwischenzähler, Schuko- und Drehstromsteckdosen in ausreichender Anzahl, FI-Schutzschalter und Sicherungen
Zuleitung: bis 50 m
Vorhaltedauer: ..... Wochen

168€ 401€ **493**€ 616€ 988€ [St] ⏱ 15,00 h/St 000.000.004

29 Baustrom, Zuleitung KG **391**

Zuleitung zum Baustrom-Hauptanschluss, mit gummigeschützter Anschlussleitung, herstellen, vor- und unterhalten, auf Anordnung der Bauleitung abbauen.
Leistung: .... A (Ampere)
Zuleitung: bis 50 m
Vorhaltedauer: ..... Wochen

5€ 12€ **15**€ 17€ 24€ [m] ⏱ 0,10 h/m 000.000.068

30 Baustromverteiler KG **391**

Baustromverteiler für Baubetrieb, Bedienung durch Fremdhandwerker, liefern, aufstellen und über die gesamte Bauzeit vorhalten.
Ausstattung: .....
Vorhaltedauer: ..... Wochen

121€ 267€ **337**€ 455€ 779€ [St] ⏱ 7,00 h/St 000.000.005

Kosten:
Stand 1.Quartal 2020
Bundesdurchschnitt

▶ min
▷ von
ø Mittel
◁ bis
◀ max

31 Baustellenbeleuchtung, außen KG **391**

Baustellenbeleuchtung im Außenbereich herstellen, vorhalten und betreiben, sowie wieder demontieren, inkl. aller Kabel, Schalter und dem Anschluss an den Baustromverstärker, witterungsgeschützte Montage.
Beleuchtung von: Wege, Straßen, Lagerplätze
Anzahl der Leuchten: .....
Beleuchtungsstärke: mind. 20 lx
Stromzwischenzähler: ja
Vorhaltedauer: ..... Wochen

593€ 844€ **955**€ 1.196€ 1.784€ [psch] ⏱ 20,00 h/psch 000.000.089

32 Baustellenbeleuchtung, innen KG **391**

Baustellenbeleuchtung im Gebäude herstellen, vorhalten und betreiben, sowie wieder demontieren, inkl. aller Kabel, Schalter und dem Anschluss an den Baustromverstärker, witterungsgeschützte Montage.
Beleuchtung: Hauptverkehrswege innen
Beleuchtungsstärke: gem. Vorgaben der BG Bau und der Arbeitsstättenrichtlinie mind. 20 lx
Anzahl der Leuchten: .....
Stromzwischenzähler: ja
Montage an: Wänden, Decken
Vorhaltedauer: ..... Wochen

994€ 2.039€ **2.537**€ 4.056€ 5.940€ [psch] ⏱ 20,00 h/psch 000.000.090

A 3 Container Bauleitung Beschreibung für Pos. **33-34**

Bauleitungscontainer aufstellen, betreiben, vorhalten und abfahren.
Ausführung: Bauleitungscontainer, beheizbar, wärmegedämmt, mit Innenausstattung, als komplett funktionierendes Büro, Container dient als Arbeits- und Besprechungsraum
Ausstattung:

- Telefon- und Faxanschluss, sowie DSL-Internetanschluss (mind. ..... MBit/s)
- .... St Steckdosen und Büro-Beleuchtung
- Schreibtisch mit abschließbarer Schublade
- Besprechungstisch mit mind. ..... Stühlen
- abschließbarer Aktenschrank
- Pinnwand, mind. 2,0 m²
- Mülleimer
- Stiefelknecht und Garderobe

Nutzung / Reinigung:

- Reinigung wird gesondert vergütet
- Aufgrund üblicher Abnutzung nicht funktionstüchtige Einrichtungsgegenstände müssen innerhalb eines Tages repariert bzw. gegen funktionstüchtige Geräte ausgetauscht werden
- Abrechnung der Telefon- und Telefaxgebühren erfolgt mit dem AG auf Nachweis
- Internet- und Telefonanschlussgebühr, sowie Stromkosten sind in den EP einzukalkulieren
- abschließbar, 3 gleichschließende Schlüssel

Aufstellort: gem. Baustelleneinrichtungsplan bzw. Absprache mit Bauüberwachung
Vorhaltedauer: ..... Wochen

000 001 002 006 008 009 010 012 013 014 016 017 018 020 021 022

Nr.	Kurztext / Langtext							Kostengruppe
▶	▷	**ø netto €**	◁	◀		[Einheit]	Ausf.-Dauer	Positionsnummer

33 Container, Bauleitung, 15m² KG **391**

Wie Ausführungsbeschreibung A 3
Containergröße: ca.15 m²
Ausstattung:
WC-Kabine: ohne

949€ 1.379€ **1.492**€ 1.814€ 2.303€ [St] ⏱ 20,00 h/St 000.000.091

34 Container, Bauleitung, 40m² KG **391**

Wie Ausführungsbeschreibung A 3
Containergröße: über 15 m² bis 40 m² (aus 2 Container zusammengesetzt)
Ausstattung:
WC-Kabine: 1 Stück

1.205€ 1.831€ **2.104**€ 2.450€ 3.138€ [St] ⏱ 20,00 h/St 000.000.092

Kosten:
Stand 1.Quartal 2020
Bundesdurchschnitt

35 WC-Kabine KG **391**

WC-Kabine aufstellen und nach Abruf wieder entfernen. Toiletteneinheit für alle Gewerke mit je 1 WC-Sitz, inkl. aller Verbrauchsmaterialien etc.
Vorhaltedauer: ca. ..... Wochen
Reinigung wird gesondert vergütet.

20€ 49€ **63**€ 78€ 117€ [St] ⏱ 2,00 h/St 000.000.006

36 Sanitärcontainer KG **391**

Sanitärcontainer aufstellen, vorhalten und abfahren, beheizbar und wärmegedämmt, geeignet für die Nutzung der am Bau beteiligten Fremdfirmen, inkl. Reinigung, Dokumentation der Reinigung und 9 gleichschließender Schlüssel, übergeben an die Bauüberwachung; Verbrauchsmaterialien, Strom- und Heizkosten sind in den EP einzukalkulieren.
Ausstattung:

- Toilettenraum, Waschplatz und Vorraum
- 2 WC-Kabinen, 2 Waschrinnen mit je 3 Waschplätzen
- Garderobe
- Beleuchtung, Strom- und Wasseranschluss
- Abwasseranschluss an bauseitig zur Verfügung gestellte Abwasserleitung
- Warmwasserbereiter für mind. 150 l
- Heizung
- Mülleimer

Reinigung: wird gesondert vergütet
Vorhaltedauer: ..... Wochen
Aufstellort: siehe Baustelleneinrichtungsplan bzw. nach Absprache mit der Bauüberwachung
Anmerkung: Aufgrund üblicher Abnutzung nicht mehr funktionstüchtige Einrichtungsgegenstände müssen innerhalb eines Tages repariert bzw. gegen funktionstüchtige Geräte ausgetauscht werden.

465€ 980€ **1.167**€ 1.457€ 2.056€ [St] ⏱ 20,00 h/St 000.000.044

▶ min
▷ von
ø Mittel
◁ bis
◀ max

37 Sanitärcontainer vorhalten KG **391**

Vor beschriebenen Sanitärcontainer wöchentlich vorhalten, komplett reinigen, Verbrauchsmaterialien auffüllen und Betriebsfähigkeit überprüfen, sowie ggf. Mängel beseitigen nach Abstimmung mit der Bauüberwachung des Architekten.
Einheitspreis für Vorhaltedauer von 1 Woche
Anzahl der Sanitäreinheiten: .....

47€ 66€ **70**€ 76€ 91€ [StWo] ⏱ 1,50 h/StWo 000.000.102

38 Kranaufstandsfläche herstellen KG **391**

Kranaufstandsfläche inkl. Kranfundamente, geeignet für Baustellenkran, inkl. Erdarbeiten. Nach dem Kranabbau sind die Flächen und Fundamente zurückzubauen und zu entsorgen.
Max. Tragfähigkeit Kran: .....
Ausladung: .....
Boden / Homogenbereich: .....
Gelände: eben, ohne Gefälle

6€ 10€ **12**€ 14€ 18€ [m²] ⏱ 0,20 h/m² 000.000.069

39 Krannutzung KG **391**

Baukran mit Bedienung, als Leistung für Dritte, Leistung auf Anweisung der Bauüberwachung.

43€ 85€ **107**€ 125€ 169€ [h] ⏱ 1,00 h/h 000.000.041

40 Autokran KG **391**

Autokran bereitstellen, betreiben und abbauen. Abrechnung nach festgestellten Betriebsstunden. Leistung inkl. An- und Abfahrt, sowie Betriebspersonal.
Hakenhöhe / Hubhöhe: .....
Max. Traglast: 50-70 t
Max. Ausladung: .....

87€ 128€ **147**€ 152€ 216€ [h] ⏱ 1,00 h/h 000.000.045

41 Bauaufzug, 200kg, Material und Personen KG **391**

Baustellenaufzug für Personen und Material, liefern, aufstellen und wieder räumen.
Förderhöhe: 15,00 m
Nutzlast: bis 200 kg
Befestigung: .....
Haltestellen: ..... St
Fahrkorbfläche: 2,00 m²
Vorhaltedauer: ..... Wochen

399€ 623€ **694**€ 854€ 1.197€ [St] ⏱ 12,00 h/St 000.000.093

42 Bauaufzug, 500kg, Material und Personen KG **391**

Baustellenaufzug für Material, liefern, aufstellen und wieder räumen.
Förderhöhe: 15,00 m
Nutzlast: bis 500 kg
Befestigung: .....
Haltestellen: ..... St
Fahrkorbfläche: 2,00 m²
Vorhaltedauer: ..... Wochen

789€ 1.212€ **1.482**€ 1.604€ 2.159€ [St] ⏱ 13,00 h/St 000.000.094

Kosten:
Stand 1.Quartal 2020
Bundesdurchschnitt

▶ min
▷ von
ø Mittel
◁ bis
◀ max

Nr.	**Kurztext** / Langtext						Kostengruppe
▶	▷	**ø netto €**	◁	◀	[Einheit]	Ausf.-Dauer	Positionsnummer

43 Bauaufzug, 1.000kg, Material und Personen KG **391**

Baustellenaufzug für Personen und Material, liefern, aufstellen und wieder räumen.
Förderhöhe: 15,00 m
Nutzlast: bis 1.000 kg
Befestigung: .....
Haltestellen: ..... St
Fahrkorbfläche: ..... m²
Vorhaltedauer: ..... Wochen

1.432€ 2.093€ **2.390**€ 2.712€ 3.667€ [St] ⏱ 14,00 h/St 000.000.027

44 Bauaufzug, 1.500kg Material KG **391**

Baustellenaufzug für Material, liefern, aufstellen und wieder räumen.
Förderhöhe: 15,00 m
Nutzlast: bis 1.500 kg
Befestigung: .....
Haltestellen: ..... St
Fahrkorbfläche: 2,00 m²
Vorhaltedauer: ..... Wochen

2.743€ 4.304€ **6.405**€ 7.441€ 11.162€ [St] ⏱ 15,00 h/St 000.000.095

45 Bauaufzug, Gebrauchsüberlassung KG **391**

Baustellenaufzug betreiben und bedienen, nach besonderer Anordnung des AG, an Werktagen, in der Zeit von 5 bis 20 Uhr.
Gebrauchsüberlassung: 1 Woche

–€ 276€ **446**€ 604€ –€ [Wo] – 000.000.028

46 Schutzabdeckung, Boden, Holzplatten KG **397**

Böden vollflächig mit Holzplatten, mehrlagig, nicht verrutschend abdecken und nach Aufforderung durch die Bauleitung wieder entfernen.
Unterseitige Lage: nicht kondenswasserbildend
Oberseitige Lage: Holzplatten mit Nut-Feder-Verbindung
Vorhaltedauer: ..... Wochen

7€ 15€ **19**€ 32€ 49€ [m²] ⏱ 0,16 h/m² 000.000.009

47 Bautrocknung, Kondensationstrockner KG **397**

Bautrockengerät mit mobilem Kondensationstrockner und eingebauter Heizung aufstellen, betreiben und wieder entfernen. Leistung einschl. aller Komponenten für die Funktionstüchtigkeit der Anlage; Betriebsenergie nach gesonderter Abrechnung.
Anlage bestehend aus:
- integriertem Auffangbehälter, überlaufgesichert, vollautomatisch
- Bedien- und Kontrollfeld mit Betriebsstundenzähler auf der Oberseite
- vorbereitet für Anschluss von zwei Schläuchen (max. 5 m)
- zuschaltbare elektrische Heizung (1 kW)

Betriebsart: **elektrisch / Brennstoff**
Entfeuchtungsleistung bei + 15°C / 60% rF: 10 Liter/Tag
Kondensatbehälter Größe: 15,0 Liter
Arbeitsbereich: von + 3°C bis + 30°C / von 40% rF bis 100% rF
Heizleistung: 1.000 W
Schalldruckpegel in 1m Abstand: 60 dB(A)
IP-Schutzart: X4 (für elektrischen Betrieb)
Gebrauchsüberlassung: ..... Tage
Angebotenes Produkt: .....
104€ 157€ **180**€ 213€ 312€ [St] ⏱ 0,60 h/St 000.000.038

48 Reinigen grobe Verschmutzung KG **391**
Reinigen der Baustelle von grober Verschmutzung, Abfällen und Rückständen, die nicht durch den AN zu verantworten sind. Abrechnung nach Aufwand.
Bauteil: Stahlbeton-Böden
20€ 27€ **30**€ 32€ 38€ [m²] ⏱ 1,00 h/m² 000.000.105

49 Bautreppe, zweiläufig KG **391**
Bautreppe DGUV Regel 101-002 herstellen, vorhalten und wieder demontieren, zweiläufig, über mehrere Geschosse, mit Podesten.
Konstruktion: .....
Nutzung: **für den Bauverkehr / für öffentliche Nutzung**
Geschosshöhe: bis 3,00 m
Treppenbreite: mind. 0,90 m
Steigungen: .....
Geländer: zweiseitig an Treppe und dreiseitig an Podesten
Vorhaltedauer: ..... Wochen
127€ 326€ **423**€ 556€ 923€ [St] ⏱ 6,20 h/St 000.000.023

50 Schutzwand, Folienbespannung KG **397**
Staubschutzwand als Folienschutzwand im Gebäude, einschl. Vorhalten und wieder Beseitigen, diverse Raumhöhen, bestehend aus Trag- und Unterkonstruktion aus Holz, Bespannung mit verstärkter Gitterfolie, Anschlüsse an umfassende Massivbauteile zusätzlich abgeklebt.
Geschosshöhe: ..... (max. 3,50 m)
Einzelgröße: mind. 5 m²
Foliendicke: mind. 0,5 mm
Vorhaltedauer: ..... Wochen
6€ 14€ **16**€ 19€ 28€ [m²] ⏱ 0,30 h/m² 000.000.010

51 Schutzwand, Holz beplankt KG **391**
Bauschutzwand im Gebäude, als Einbruch-, Staub- und Sichtschutz, einschl. Vorhalten und wieder Beseitigen, für diverse Raumhöhen, bestehend aus Holzkonstruktion beidseitig beplankt mit Holzwerkstoffplatten, Anschlüsse an umfassende Bauteile zusätzlich abgeklebt.
Geschosshöhe: ..... (max. 3,00 m)
Plattendicke: mind. 15 mm
Vorhaltedauer: ..... Wochen
11€ 32€ **43**€ 77€ 130€ [m²] ⏱ 0,80 h/m² 000.000.011

000 001 002 006 008 009 010 012 013 014 016 017 018 020 021 022

Kosten:
Stand 1.Quartal 2020
Bundesdurchschnitt

▶ min
▷ von
ø Mittel
◁ bis
◀ max

Nr.	**Kurztext** / Langtext						Kostengruppe
▶	▷	**ø netto €**	◁	◀	[Einheit]	Ausf.-Dauer	Positionsnummer

52 Bautür, Stahlblech KG **391**

Bautür an bauseitigen Öffnungen, montieren und wieder demontieren, bestehend aus Stahlblechkonstruktion, abschließbar mit Schloss und Drückergarnitur und vorgerüstet für bauseitige Profilzylinder.
Abmessung: 1,26 x 2,26 m
Vorhaltedauer: ..... Wochen

49€ | 136€ | **175**€ | 244€ | 418€ | [St] | ⏱ 0,50 h/St | 000.000.025

53 Bautür, Holz KG **391**

Bautür an bauseitigen Öffnungen, montieren und wieder demontieren, bestehend aus Holz, abschließbar mit Schloss und Drückergarnitur und vorgerüstet für bauseitige Profilzylinder.
Abmessung: 1,00 x 2,00 m
Vorhaltedauer: ..... Wochen

53€ | 124€ | **150**€ | 211€ | 335€ | [St] | ⏱ 0,45 h/St | 000.000.096

54 Witterungsschutz, Fensteröffnung KG **397**

Öffnungen in Fassade behelfsmäßig schließen, als Witterungsschutz, mittels Holzunterkonstruktion mit PE-Folienbespannung. Die Konstruktion ist auf Anweisung der Bauleitung kurz vor Einbau der Fassaden- / Fensterelemente wieder zu demontieren und zu entsorgen.
Foliendicke: 0,5 mm
Vorhaltedauer: ..... Wochen

6€ | 14€ | **17**€ | 25€ | 38€ | [m²] | ⏱ 0,35 h/m² | 000.000.012

55 Meterriss KG **391**

Meterriss, für die Leistungen Dritter, innerhalb der Baustelle unverrückbar herstellen. Lage und Festlegung gemeinsam mit Bauüberwachung des Architekten vor Baubeginn.

4€ | 14€ | **19**€ | 26€ | 42€ | [St] | ⏱ 0,22 h/St | 000.000.026

56 Höhenfestpunkt, Einschlagbolzen KG **391**

Höhenfestpunkt mittels Einschlagbolzen außerhalb der Baustelle unverrückbar herstellen. Lage und Festlegung gemeinsam mit Bauüberwachung des Architekten vor Baubeginn.

11€ | 29€ | **38**€ | 55€ | 96€ | [St] | ⏱ 1,20 h/St | 000.000.034

57 Bauschuttcontainer, bereitstellen, an- und abfahren KG **391**

Bauschuttcontainer (bzw. Absetzmulde) für sortierten Bauschutt, aufstellen, vorhalten und abfahren, entsprechend den Vorschriften für Bauschutt- und Abfallbeseitigung.
Volumen: 7 m³
Abdeckung abschließbar.

–€ | 46€ | **66**€ | 97€ | –€ | [St] | – | 000.000.113

58 Deponiegebühr, gemischter Bauschutt KG **391**

Deponiegebühren für Entsorgung durch AN, Abrechnung nach Wiegekarte. Entsorgung des Materials auf einer Deponie nach Wahl des Auftragnehmers.
Bau- und Abbruchabfälle aus: AVV .....
Material nicht schadstoffbelastet, Zuordnung Z 0 (uneingeschränkte Deponierung).

19€ | 38€ | **47**€ | 68€ | 107€ | [m³] | – | 000.000.071

Nr.	Kurztext / Langtext						Kostengruppe
▶	▷	**ø netto €**	◁	◀	[Einheit]	Ausf.-Dauer	Positionsnummer

59 Bauschild, Grundplatte KG **391**

Bauschild, vom Auftraggeber bereitgestellt, aufstellen, vorhalten und wieder abbauen.
Unterkonstruktion bestehend aus:

- stabilem Fundament aus Stahlbeton, inkl. notwendiger Erdarbeiten.
- Unterkonstruktion geeignet für Bauschild aus Mehrschichtplatte (B x H): 5,00 x 2,50 m
- Montage: ca. 2,00 m über OK Gelände, sturmsicher befestigt

Vorhaltedauer: ..... Wochen

748€ | 1.499€ | **1.771**€ | 2.314€ | 3.574€ | [St] | ⏱ 15,00 h/St | 000.000.018

60 Bauschild, Firmenleiste KG **391**

Firmenschild für Ausbaugewerke, vom AG bereitgestellt, montieren und demontieren.
Einzelgröße: ca. 2,50 x 0,15 m

24€ | 53€ | **68**€ | 98€ | 158€ | [St] | ⏱ 0,40 h/St | 000.000.019

61 Schuttabwurfschacht, ca. 60cm KG **391**

Schuttrutsche, staubdicht über Schuttcontainer montieren und wieder demontieren. Abrechnung je Höhenmeter erstellter Schuttrohr-Anlage.
Durchmesser: 60 cm
Höhe: ..... m
Einbauort: **innerhalb / außerhalb** des Gebäudes
Grundvorhaltedauer: ..... Wochen

9€ | 32€ | **41**€ | 87€ | 138€ | [m] | ⏱ 0,40 h/m | 000.000.020

62 Schuttabwurfschacht, bis 8,00m KG **391**

Schuttrutsche, staubdicht über Schuttcontainer montieren und wieder demontieren. Abrechnung je Stück Schuttrohr-Anlage.
Durchmesser: 60 cm
Einbauort: **innerhalb / außerhalb** des Gebäudes
Höhe: 4,00 bis 8,00 m
Grundvorhaltedauer: ..... Wochen

79€ | 188€ | **216**€ | 232€ | 457€ | [St] | ⏱ 4,00 h/St | 000.000.021

63 Stundensatz Facharbeiter, Baugewerbe

Stundenlohnarbeiten für Facharbeiter, Spezialfacharbeiter, Vorarbeiter und jeweils Gleichgestellte. Der Verrechnungssatz für die jeweilige Arbeitskraft umfasst sämtliche Aufwendungen wie Lohn- und Gehaltskosten, lohn- und gehaltsgebundene Kosten, Lohn- und Gehaltsnebenkosten, Gemeinkosten, Wagnis und Gewinn. Leistung nach besonderer Anordnung der Bauüberwachung. Nachweis und Anmeldung gem. VOB/B.

32€ | 47€ | **53**€ | 58€ | 68€ | [h] | ⏱ 1,00 h/h | 000.000.072

64 Stundensatz Helfer, Baugewerbe

Stundenlohnarbeiten für Werker, Helfer und Gleichgestellte (z.B. Baufachwerker, Helfer, Hilfsmonteure, Ungelernte, Angelernte). Der Verrechnungssatz für die jeweilige Arbeitskraft umfasst sämtliche Aufwendungen wie Lohn- und Gehalts-kosten, Lohn- und Gehaltsnebenkosten, lohngebundene und lohnabhängige Kosten, sonstige Sozialkosten, Gemeinkosten, Wagnis und Gewinn. Leistung nach besonderer Anordnung der Bauüberwachung. Anmeldung und Nachweis gemäß VOB/B.

28€ | 41€ | **46**€ | 50€ | 58€ | [h] | ⏱ 1,00 h/h | 000.000.073

001

Kosten:
Stand 1.Quartal 2020
Bundesdurchschnitt

▶ min
▷ von
ø Mittel
◁ bis
◀ max

Nr.	Positionen	Einheit	▶	▷	ø brutto € / ø netto €	◁	◀
1	Fassadengerüst, LK3, SW06	m²	4,6	6,6	**7,3**	8,3	11
			3,9	5,5	**6,1**	7,0	9,3
2	Fassadengerüst, LK4, SW09	m²	6,6	9,2	**10**	12	16
			5,5	7,7	**8,5**	9,9	13
3	Fassadengerüst, LK5, SW09	m²	7,7	10	**11**	12	16
			6,5	8,5	**9,4**	10	13
4	Fassadengerüst, Gebrauchsüberlassung	m²Wo	0,1	0,2	**0,2**	0,3	0,4
			0,1	0,1	**0,2**	0,2	0,4
5	Fassadengerüst umsetzen	m²	3	6	**7**	8	11
			3	5	**6**	7	10
6	Fassadengerüst, Auf-/Abbau, abschnittsweise	m²	0,3	0,7	**0,9**	1,1	1,8
			0,2	0,6	**0,7**	1,0	1,5
7	Abstützung, freistehendes Gerüst	m²	0,4	2,7	**3,1**	5,5	8,6
			0,4	2,2	**2,6**	4,6	7,2
8	Standfläche herstellen, Hilfsgründung	m	0,5	2,8	**3,2**	6,4	11
			0,4	2,3	**2,7**	5,4	9,2
9	Schutzlage, Dachabdichtung	m²	4	7	**8**	11	18
			3	6	**7**	9	15
10	Standgerüst, innen	m²	6	8	**9**	13	21
			5	7	**8**	11	18
11	Raumgerüst, LK3	m³	4	6	**7**	10	16
			3	5	**6**	8	13
12	Raumgerüst, Gebrauchsüberlassung	m³Wo	0,1	0,1	**0,2**	0,3	0,5
			0,1	0,1	**0,2**	0,3	0,4
13	Fahrgerüst, LK3	St	136	232	**281**	351	497
			114	195	**236**	295	417
14	Gerüstverbreiterung, bis 30cm	m	3,0	5,6	**6,6**	8,6	16
			2,5	4,7	**5,5**	7,2	13
15	Gerüstverbreiterung, bis 70cm	m	5,2	8,7	**10**	13	21
			4,4	7,3	**8,7**	11	17
16	Gerüstverbreiterung, Gebrauchsüberlassung	mWo	0,1	0,2	**0,2**	0,4	1,2
			0,1	0,2	**0,2**	0,4	1,0
17	Dachfanggerüst, Erweiterung, Arbeitsgerüst	m	5	10	**13**	16	23
			4	9	**11**	13	20
18	Dachfanggerüst, Gebrauchsüberlassung	mWo	<0,1	0,3	**0,3**	0,5	0,9
			<0,1	0,2	**0,3**	0,4	0,8
19	Kamineinrüstung, Dachgerüst, LK4	St	235	434	**551**	684	971
			197	364	**463**	575	816
20	Gerüsttreppe, Treppenturm	St	497	871	**1.116**	1.333	1.886
			418	732	**937**	1.120	1.585
21	Leitergang, Gerüst	St	17	26	**30**	34	43
			15	22	**25**	28	36
22	Leitergang, Gebrauchsüberlassung	StWo	0,6	7,9	**10**	13	19
			0,5	6,7	**8,8**	11	16
23	Überbrückung, Gerüst	m	12	27	**34**	49	100
			10	23	**28**	41	84
24	Überbrückung, Gebrauchsüberlassung	mWo	0,1	0,7	**0,9**	1,6	3,1
			0,1	0,6	**0,8**	1,4	2,6

Nr.	Positionen	Einheit	▶	▷ ø brutto € / ø netto €	◁	◀
25	Seitenschutz, Arbeitsgerüst	m	2	5	**6**	13	24
			2	4	**5**	11	20
26	Sondergerüstanker, Vbl-Mauerwerk	St	30	39	**42**	47	55
			25	32	**35**	39	46
27	Fußgängertunnel, Gerüst	m	17	28	**32**	46	69
			14	23	**27**	38	58
28	Fußgängertunnel, Gebrauchsüberlassung	mWo	0,3	0,5	**0,6**	0,8	1,0
			0,3	0,4	**0,5**	0,7	0,9
29	Schutzdach, Gerüst	m	24	28	**28**	31	41
			20	23	**24**	26	35
30	Schutzdach, Gebrauchsüberlassung	mWo	0,2	1,0	**1,1**	2,9	4,9
			0,2	0,8	**0,9**	2,5	4,1
31	Gerüstbekleidung, PE-Folie	m²	1	4	**5**	7	13
			0,9	3,4	**4,1**	6,3	11
32	Gerüstbekleidung, Staubschutznetz/Schutzgewebe	m²	0,7	2,3	**3,0**	4,8	8,6
			0,6	1,9	**2,6**	4,1	7,2
33	Gerüstbekleidung, Gebrauchsüberlassung	m²Wo	<0,1	0,1	**0,1**	0,1	0,2
			<0,1	0,1	**0,1**	0,1	0,2
34	Kabelbrücke, Strom-/Wasserleitung	St	916	1.529	**1.811**	2.060	2.705
			770	1.285	**1.522**	1.731	2.273
35	Statische Berechnung, Fassadengerüst	St	284	992	**1.429**	2.243	3.908
			239	834	**1.200**	1.885	3.284
36	Stundensatz Facharbeiter, Gerüstbau	h	40	56	**61**	65	76
			33	47	**51**	55	64
37	Stundensatz Helfer, Gerüstbau	h	27	43	**49**	54	66
			23	36	**41**	45	56

Nr. **Kurztext** / Langtext — Kostengruppe
▶ ▷ **ø netto €** ◁ ◀ [Einheit] Ausf.-Dauer Positionsnummer

A 1 Fassadengerüst — Beschreibung für Pos. **1-3**

Arbeitsgerüst DIN EN 12811-1 als längenorientiertes Standgerüst aus vorgefertigten Bauteilen, Fassadengerüst DIN EN 12810, mit durchlaufenden Gerüstlagen und Verankerung am Gebäude, auf tragfähiger Standfläche, Nutzung aller Gerüstlagen. Grundeinsatzzeit 4 Wochen.

1 Fassadengerüst, LK3, SW06 — KG **392**

Wie Ausführungsbeschreibung A 1
Einsatz für: .....
Lastklasse: 3 (2,0 kN/m²)
Breitenklasse: SW06 (Mindestbelagsbreite 0,60 m)
Höhenklasse: H1
Verankerungsgrund: .....
Standfläche: **eben / geneigt .....°**
Abstand Belag zum Bauwerk: .....
Gebäudeabmessung / Aufbauhöhe: .....

4€ 6€ **6€** 7€ 9€ [m²] ⏱ 0,10 h/m² 001.000.061

000 | **001** | 002 | 006 | 008 | 009 | 010 | 012 | 013 | 014 | 016 | 017 | 018 | 020 | 021 | 022

Nr.	Kurztext / Langtext						Kostengruppe
▶	▷	ø netto €	◁	◀	[Einheit]	Ausf.-Dauer	Positionsnummer

2 Fassadengerüst, LK4, SW09 KG **392**

Wie Ausführungsbeschreibung A 1
Einsatz für: .....
Lastklasse: 4 (3,0 kN/m²)
Breitenklasse: SW09 (Mindestbelagsbreite 0,90 m)
Verankerungsgrund: .....
Höhenklasse: H1
Standfläche: **eben / geneigt .....°**
Abstand Belag zum Bauwerk: .....
Gebäudeabmessung / Aufbauhöhe: .....

▶	▷	ø	◁	◀	Einheit	Ausf.-Dauer	Positionsnummer
6€	8€	**8**€	10€	13€	[m²]	⏱ 0,12 h/m²	001.000.003

Kosten:
Stand 1.Quartal 2020
Bundesdurchschnitt

3 Fassadengerüst, LK5, SW09 KG **392**

Wie Ausführungsbeschreibung A 1
Einsatz für: .....
Lastklasse: 5 (4,5 kN/m²)
Breitenklasse: SW09 (Mindestbelagsbreite 0,90 m)
Höhenklasse: H1
Verankerungsgrund: .....
Standfläche: **eben / geneigt .....°**
Abstand Belag zum Bauwerk: .....
Gebäudeabmessung / Aufbauhöhe: .....

▶	▷	ø	◁	◀	Einheit	Ausf.-Dauer	Positionsnummer
6€	9€	**9**€	10€	13€	[m²]	⏱ 0,14 h/m²	001.000.004

4 Fassadengerüst, Gebrauchsüberlassung KG **392**

Gebrauchsüberlassung des Fassadengerüsts, längenorientiert, LK 3, SW06, H1, Nutzung alle Gerüstlagen, über die Grundeinsatzzeit hinaus, für weitere ..... Woche(n).

▶	▷	ø	◁	◀	Einheit	Ausf.-Dauer	Positionsnummer
0,1€	0,1€	**0,2**€	0,2€	0,4€	[m²Wo]	–	001.000.008

5 Fassadengerüst umsetzen KG **392**

Arbeitsgerüst umsetzen, längenorientiertes Standgerüst aus vorgefertigten Bauteilen.
Umsetzarbeit: **im Ganzen / in ..... Abschnitten**
Transportweg: i. M. ..... m
Beschreibung Gerüst: **abgetreppt / durchlaufend**
Lastklasse: .....
Breitenklasse: .....
Höhenklasse: H1
Verankerung: am Gebäude
Verankerungsgrund: .....
Abstand Belag zum Bauwerk: .....
Standfläche: **eben / geneigt .....°**
Gebäudeabmessung / Aufbauhöhe: .....

▶	▷	ø	◁	◀	Einheit	Ausf.-Dauer	Positionsnummer
3€	5€	**6**€	7€	10€	[m²]	⏱ 0,16 h/m²	001.000.032

▶ min
▷ von
ø Mittel
◁ bis
◀ max

6 Fassadengerüst, Auf-/Abbau, abschnittsweise KG **392**

Mehrpreis für abschnittsweisen Aufbau oder Abbau des Arbeits- / Schutzgerüsts.
Arbeiten gem. beiliegender Sonderbeschreibung: .....
Ausführung: **Aufbau / Abbau**
Gerüstart: .....
Last- und Breitenklasse: .....

0,2€ 0,6€ **0,7**€ 1,0€ 1,5€ [m²] ⏱ 0,02 h/m² 001.000.045

7 Abstützung, freistehendes Gerüst KG **392**

Freistehendes Gerüst ohne Verankerung am Bauwerk, Ausführung mit Abstützung oder Stützgerüst, gem. statischer Berechnung, Freiraum für Abstützung oder Stützgerüste umlaufend vorhanden, Standfläche waagrecht auf Gelände über Lastverteiler belastbar. Der Tragfähigkeits- und Standsicherheitsnachweis wird gesondert vergütet.
Gerüstart: .....
Last- und Breitenklasse: .....
Grundeinsatzzeit: 4 Wochen
Stütze: **Abstützung / Stützgerüst**

0,4€ 2,2€ **2,6**€ 4,6€ 7,2€ [m²] ⏱ 0,04 h/m² 001.000.031

8 Standfläche herstellen, Hilfsgründung KG **392**

Unterbau für beschriebenes Gerüst, zur Herstellung einer belastbaren Standfläche.
Standfläche: .....
Neigung: eben
Gerüstbreite: .....

0,4€ 2,3€ **2,7**€ 5,4€ 9,2€ [m] ⏱ 0,05 h/m 001.000.042

9 Schutzlage, Dachabdichtung KG **363**

Schutzlage über bauseitiger Dachabdichtung, lose verlegt, nach Rückbau des Gerüstes komplett entfernen.
Schutzlage aus: Gummischrotmatte 6 mm

3€ 6€ **7**€ 9€ 15€ [m²] ⏱ 0,03 h/m² 001.000.056

10 Standgerüst, innen KG **392**

Arbeitsgerüst als längenorientiertes Standgerüst aus vorgefertigten Bauteilen, im Innenraum, einschl. Demontage, auf tragfähiger, ebener Standfläche, Arbeitsfläche durchlaufend, mit Seitenschutz.
Grundeinsatzzeit: 4 Wochen
Einsatz für: .....
Lastklasse: 3 (2,0 kN/m²)
Breitenklasse: .....
Höhenklasse: H1
Anzahl der Gerüstlagen: .....
Verankerung: am Gebäude
Verankerungsgrund: .....
Abstand Belag zum Bauwerk: .....
Standfläche: **eben / geneigt .....°**
Gebäudeabmessung / Aufbauhöhe: .....
Angeb. System: .....

5€ 7€ **8**€ 11€ 18€ [m²] ⏱ 0,12 h/m² 001.000.005

000
001
002
006
008
009
010
012
013
014
016
017
018
020
021
022

Nr.	Kurztext / Langtext					Kostengruppe
▶	▷	ø netto €	◁	◀	[Einheit]	Ausf.-Dauer Positionsnummer

11 **Raumgerüst, LK3** KG **392**

Arbeitsgerüst als flächenorientiertes Standgerüst, aus vorgefertigten Bauteilen, auf tragfähiger Standfläche, mit einer Arbeitslage durchlaufend, mit Seitenschutz.
Grundeinsatzzeit: 4 Wochen
Einsatzort: **innerhalb / außerhalb** des Gebäudes
Lastklasse: 3 (2,0 kN/m²)
Höhenklasse: H1
Anzahl der Gerüstlagen: .....
Seitenschutz: **einseitig / zweiseitig / umlaufend**
Verankerung: am Gebäude
Verankerungsgrund: .....
Abstand Belag zum Bauwerk: .....
Standfläche: **eben / geneigt .....°**
Grundfläche / Aufbauhöhe: .....
Angeb. System: .....

3€ 5€ **6**€ 8€ 13€ [m³] ⏱ 0,13 h/m³ 001.000.022

Kosten:
Stand 1.Quartal 2020
Bundesdurchschnitt

12 **Raumgerüst, Gebrauchsüberlassung** KG **392**

Gebrauchsüberlassung Raumgerüst, LK3, H1, wie beschrieben, über die Grundeinsatzzeit hinaus, für jede weitere Woche.
Anzahl Gerüstlagen: .....

0,1€ 0,1€ **0,2**€ 0,3€ 0,4€ [m³Wo] – 001.000.048

13 **Fahrgerüst, LK3** KG **392**

Fahrbares Gerüst nach DIN 4420-3 als Arbeitsgerüst mit einer Arbeitslage, Seitenschutz und Zugang, Standflächen eben, einschl. Abbau. Grundeinsatzzeit 4 Wochen.
Lastklasse: 3 (2,0 kN/m²)
Abmessung: .....
Aufbauhöhe: ..... (geeignet für Arbeitshöhe bis ..... m)
Aufstellort: .....

114€ 195€ **236**€ 295€ 417€ [St] ⏱ 2,20 h/St 001.000.006

A 2 **Gerüstverbreiterung** Beschreibung für Pos. **14-15**

Gerüstverbreiterung des Arbeitsgerüsts, mit Systemteilen, einschl. der notwendigen Beläge, Seitenschutz, notwendigen Absteifungen, Zugänge und Sicherungen sowie Verstärkung der Anker.

14 **Gerüstverbreiterung, bis 30cm** KG **392**

Wie Ausführungsbeschreibung A 2
Grundeinsatzzeit: 4 Wochen
Gerüstart / Lastklasse: .....
Verbreiterung: bis 0,30 m
Einbauhöhe: .....

3€ 5€ **6**€ 7€ 13€ [m] ⏱ 0,12 h/m 001.000.046

▶ min
▷ von
ø Mittel
◁ bis
◀ max

15 Gerüstverbreiterung, bis 70cm KG **392**

Wie Ausführungsbeschreibung A 2
Grundeinsatzzeit: 4 Wochen
Gerüstart / Lastklasse: .....
Verbreiterung: über 0,30 bis 0,70 m
Einbauhöhe: .....

4€ 7€ **9**€ 11€ 17€ [m] ⏱ 0,14 h/m 001.000.009

16 Gerüstverbreiterung, Gebrauchsüberlassung KG **392**

Gebrauchsüberlassung der Gerüstverbreiterung, über die Grundeinsatzzeit hinaus, für weitere ..... Woche(n).
Auskragung: .....
Gerüstart / Lastklasse: .....

0,1€ 0,2€ **0,2**€ 0,4€ 1,0€ [mWo] – 001.000.010

17 Dachfanggerüst, Erweiterung, Arbeitsgerüst KG **392**

Erweiterung des Fassadengerüsts zum Dachfanggerüst DIN 4420-1, Ausbau der obersten Gerüstlage mit Systemteilen.
Dachüberstand Breite: .....
Schutzwand mit Fanglage aus: **Geflecht / Schutznetz**
Grundeinsatzzeit: 4 Wochen
Gerüstart / Lastklasse: .....

4€ 9€ **11**€ 13€ 20€ [m] ⏱ 0,16 h/m 001.000.011

18 Dachfanggerüst, Gebrauchsüberlassung KG **392**

Gebrauchsüberlassung des Dachfanggerüsts, über die Grundeinsatzzeit hinaus, für weitere ..... Woche(n).
Ausführung: .....
Gerüstart / Lastklasse: .....

<0,1€ 0,2€ **0,3**€ 0,4€ 0,8€ [mWo] – 001.000.021

19 Kamineinrüstung, Dachgerüst, LK4 KG **392**

Kamingerüst, über schrägen Dachflächen, mittels geeigneter Dachgerüstkonsolen, mit dreiteiligem Seitenschutz, geeignet für Abbruch und Neubau des Kamins.
Grundeinsatzzeit: 4 Wochen
Lastklasse: 4 (3,0 kN/m^2)
Breitenklasse: W09 (Mindestbelagsbreite 0,90 m)
Höhe: 2,00 m

197€ 364€ **463**€ 575€ 816€ [St] ⏱ 8,00 h/St 001.000.012

20 Gerüsttreppe, Treppenturm KG **392**

Treppenturm für Gerüst, am Gerüst anbauen und verankern, mit Zwischenpodesten im vertikalen Raster von 2,00m, einschl. Innen- und Außengeländern.
Gerüstart / Lastklasse: Klasse **A / B**
Steigmaß: .....
Grundeinsatzzeit: 4 Wochen
Aufbauhöhe: ......
Treppe: **einläufig / zweiläufig**
Laufbreite: über 500 bis 750 mm

418€ 732€ **937**€ 1.120€ 1.585€ [St] ⏱ 12,00 h/St 001.000.025

000
001
002
006
008
009
010
012
013
014
016
017
018
020
021
022

Nr.	Kurztext / Langtext					Kostengruppe
▶	▷	ø netto €	◁	◀	[Einheit]	Ausf.-Dauer Positionsnummer

21 Leitergang, Gerüst KG **392**

Zusätzlichen Leitergang (je Gerüstlage h=2,00m) in die Gerüstkonstruktion einbauen, gebrauchsüberlassen und wieder abbauen.
Einbauort: .....
Gerüstart / Lastklasse: .....
Grundeinsatzzeit: 4 Wochen

15€ 22€ **25€** 28€ 36€ [St] ⏱ 0,22 h/St 001.000.013

22 Leitergang, Gebrauchsüberlassung KG **392**

Gebrauchsüberlassung des Leitergangs (je Gerüstlage h=2,0m), über die Grundeinsatzzeit hinaus, für weitere ..... Woche(n).

0,5€ 6,7€ **8,8€** 11€ 16€ [StWo] – 001.000.014

Kosten:
Stand 1.Quartal 2020
Bundesdurchschnitt

23 Überbrückung, Gerüst KG **392**

Überbrückung in Gerüst aus Gitterträger, im Gerüstsystem, einschl. Gerüstbelag und Seitenschutz.
Grundeinsatzzeit: 4 Wochen
Gerüstart / Lastklasse: .....
Spannweite: .....
Höhe über Standfläche: .....
Einbauort: über **Eingang / Durchfahrt**

10€ 23€ **28€** 41€ 84€ [m] ⏱ 0,50 h/m 001.000.015

24 Überbrückung, Gebrauchsüberlassung KG **392**

Gebrauchsüberlassung der Gerüstüberbrückung, über die Grundeinsatzzeit hinaus, für weitere ..... Woche(n).

0,1€ 0,6€ **0,8€** 1,4€ 2,6€ [mWo] – 001.000.016

25 Seitenschutz, Arbeitsgerüst KG **392**

Zusätzlicher Seitenschutz im Arbeitsgerüst, aus Systemteilen, Einbau bei einem Abstand von mehr als 0,30m zwischen Belag und Bauwerk.
Einbau**: wandseitig / .....**
Grundeinsatzzeit: 4 Wochen
Ausführung: **mit Geländer, Zwischenholm und Bordbrett / ohne Bordbrett**
Lagenanzahl: .....

2€ 4€ **5€** 11€ 20€ [m] ⏱ 0,05 h/m 001.000.023

26 Sondergerüstanker, Vbl-Mauerwerk KG **392**

Sondergerüstanker und Ringösenschraube für Einbau in hinterlüftete Verblend-Mauerwerk, zur Aufnahme der aus dem Gerüst auftretenden Zug-, Druck- und Querkräften, mit Kunststoff-Schutzstopfen, Gewinde M12.
Material: nichtrostender Stahl
Befestigung: gedübelt, thermisch getrennt
Untergrund: **Mauerwerk / gerissener Beton**
Schalen Abstand (Vorderkante Vormauerung bis Tragschale): bis ..... mm
Einbau nach: **vorgegebenem Ankerplan / Ausführung gem. Zeichnung**

25€ 32€ **35€** 39€ 46€ [St] ⏱ 0,10 h/St 001.000.063

▶ min
▷ von
ø Mittel
◁ bis
◀ max

27 Fußgängertunnel, Gerüst KG **392**

Fußgängertunnel, als Erweiterung des vorbeschriebenen Fassadengerüsts, Abdeckung aus Gerüstbelägen und Folien, seitliche Bekleidung aus Brettern und Folien.
Grundeinsatzzeit: 4 Wochen
Bekleidung: **einseitig / zweiseitig**
Lichte Breite: .....
Lichte Höhe: .....

14€ | 23€ | **27**€ | 38€ | 58€ | [m] | ⏱ 0,80 h/m | 001.000.024

28 Fußgängertunnel, Gebrauchsüberlassung KG **392**

Gebrauchsüberlassung Fußgängertunnel für die Dauer von ..... Wochen über die Grundeinsatzzeit von 4 Wochen hinaus.

0,3€ | 0,4€ | **0,5**€ | 0,7€ | 0,9€ | [mWo] | – | 001.000.059

29 Schutzdach, Gerüst KG **392**

Schutzdach nach DIN 4420-1 an Arbeitsgerüst, mit seitlicher Bordwand, einschl. Abdeckung der Schutzdachbeplankung mit Rieselschutzfolie, überlappend verlegt.
Grundeinsatzzeit: 4 Wochen
Schutzdachbreite ist Gerüstbreite plus zusätzlich mind. 0,60 m
Nutzung: Sicherung von **Arbeitsbereichen / Fahrwegen**
Einbauort: ..... Gerüstebene
Höhe Bordwand: mind. 0,60 m
Material Bordwand: .....

20€ | 23€ | **24**€ | 26€ | 35€ | [m] | ⏱ 0,40 h/m | 001.000.029

30 Schutzdach, Gebrauchsüberlassung KG **392**

Gebrauchsüberlassung Schutzdach für die Dauer von ... Wochen über die Grundeinsatzzeit von 4 Wochen hinaus.

0,2€ | 0,8€ | **0,9**€ | 2,5€ | 4,1€ | [mWo] | – | 001.000.062

31 Gerüstbekleidung, PE-Folie KG **392**

Bekleidung von Gerüsten mit Plane aus wetterfester, UV-stabilisierter, gitterverstärkter PE-Folie, als vollflächige Gerüstbekleidung, montieren, gebrauchsüberlassen, sowie wieder demontieren.
Grundeinsatzzeit: 4 Wochen
Nutzung: Schutz vor **Staubentwicklung / herabfallenden Teilen / Niederschlägen**
Reißkraft: **500 N / 750 N** je 5 cm
Anmerkung: Für das Einplanen des Gerüst ist eine statische Berechnung als besondere Leistung notwendig.

0,9€ | 3,4€ | **4,1**€ | 6,3€ | 11€ | [m²] | ⏱ 0,08 h/m² | 001.000.050

32 Gerüstbekleidung, Staubschutznetz/Schutzgewebe KG **392**

Bekleidung von Gerüsten als vollflächige Gerüstbekleidung montieren, gebrauchsüberlassen, sowie wieder demontieren.
Grundeinsatzzeit: 4 Wochen
Bekleidung: randverstärktes **Staubschutznetz / Schutzgewebe**
Funktion: .....

0,6€ | 1,9€ | **2,6**€ | 4,1€ | 7,2€ | [m²] | ⏱ 0,04 h/m² | 001.000.017

000
001
002
006
008
009
010
012
013
014
016
017
018
020
021
022

Nr. **Kurztext** / Langtext — Kostengruppe
▶ ▷ **ø netto €** ◁ ◀ [Einheit] Ausf.-Dauer Positionsnummer

33 Gerüstbekleidung, Gebrauchsüberlassung KG **392**

Gebrauchsüberlassung der vor beschriebenen Gerüstbekleidung, für die Dauer von ..... Wochen über die Grundeinsatzzeit von 4 Wochen hinaus.

<0,1€ 0,1€ **0,1**€ 0,1€ 0,2€ [m²Wo] – 001.000.060

34 Kabelbrücke, Strom-/Wasserleitung KG **392**

Kabelbrücke, montieren, gebrauchsüberlassen, sowie wieder demontieren, mit Fachwerkträger zur Überspannung, Brücke aus zwei Feldern, unverrückbar und sturmsicher, Konstruktion einschl. notwendige Beschilderungen und Leitmale nach RSA.
Grundeinsatzzeit: 4 Wochen
Nutzung: **Strom- / Wasserleitung**
Nutzbreite: .....
Überbrückungsbreite: .....
Durchfahrtshöhe: mind. 4,20 m
Stabilisierung: **verankert / ballastiert**
Einbauort: Querung einer öffentlichen Straße
Tragfähigkeits- und Standsicherheitsnachweis für die Brückenkonstruktion werden gesondert vergütet.

770€ 1.285€ **1.522**€ 1.731€ 2.273€ [St] ⏱ 10,00 h/St 001.000.026

35 Statische Berechnung, Fassadengerüst KG **392**

Statische Berechnung für Fassadengerüst, Ausführung gem. Sonderbeschreibung, inkl. Ausführungszeichnung, aufstellen und 3-fach liefern.

239€ 834€ **1.200**€ 1.885€ 3.284€ [St] – 001.000.058

36 Stundensatz Facharbeiter, Gerüstbau

Stundenlohnarbeiten für Vorarbeiter, Geselle, Facharbeiter und Gleichgestellte, sowie ähnliche Fachkräfte. Der Verrechnungssatz für die jeweilige Arbeitskraft umfasst sämtliche Aufwendungen wie Lohn- und Gehaltskosten, Lohn- und Gehaltsnebenkosten, lohngebundene und lohnabhängige Kosten, sonstige Sozialkosten, Gemeinkosten, Wagnis und Gewinn. Leistung nach besonderer Anordnung der Bauüberwachung. Anmeldung und Nachweis gem. VOB/B.

33€ 47€ **51**€ 55€ 64€ [h] ⏱ 1,00 h/h 001.000.052

37 Stundensatz Helfer, Gerüstbau

Stundenlohnarbeiten für Werker, Helfer und Gleichgestellte (z.B. Baufachwerker, Helfer, Hilfsmonteure, Ungelernte, Angelernte). Der Verrechnungssatz für die jeweilige Arbeitskraft umfasst sämtliche Aufwendungen wie Lohn- und Gehaltskosten, Lohn- und Gehaltsnebenkosten, lohngebundene und lohnabhängige Kosten, sonstige Sozialkosten, Gemeinkosten, Wagnis und Gewinn. Leistung nach besonderer Anordnung der Bauüberwachung. Anmeldung und Nachweis gem. VOB/B.

23€ 36€ **41**€ 45€ 56€ [h] ⏱ 1,00 h/h 001.000.053

Kosten:
Stand 1.Quartal 2020
Bundesdurchschnitt

▶ min
▷ von
ø Mittel
◁ bis
◀ max

002

Kosten:
Stand 1.Quartal 2020
Bundesdurchschnitt

▶ min
▷ von
ø Mittel
◁ bis
◀ max

Nr.	Positionen	Einheit	▶	▷	ø brutto € / ø netto €	◁	◀
1	Aushub, Schlitzgraben/Suchgraben	m³	36	53	**65**	68	85
			30	44	**54**	57	71
2	Aushub, Schlitzgraben/Suchgraben	m	28	32	**33**	35	39
			23	27	**28**	30	33
3	Sichern von Leitungen/Kabeln	m	7	14	**17**	22	36
			6	12	**14**	19	30
4	Oberboden abtragen, entsorgen, 30cm	m³	12	17	**20**	21	25
			10	15	**17**	18	21
5	Baugrubenaushub, bis 1,75m, lagern, GK1	m³	3,9	6,8	**8,1**	9,6	13
			3,3	5,7	**6,8**	8,1	11
6	Baugrubenaushub, bis 2,50m, lagern, GK1	m³	7,8	8,5	**12**	13	15
			6,6	7,1	**9,7**	11	12
7	Baugrubenaushub, bis 3,50m, lagern, GK1	m³	9,7	14	**15**	15	17
			8,2	12	**13**	13	14
8	Baugrubenaushub, bis 2,50m, entsorgen, GK1	m³	15	18	**20**	22	26
			13	15	**17**	19	22
9	Baugrubenaushub, bis 3,50m, entsorgen, GK1	m³	16	21	**24**	27	30
			14	18	**20**	23	26
10	Baugrubenaushub, Fels, bis 1,75m, lagern, GK1	m³	20	28	**32**	35	45
			17	24	**26**	29	38
11	Baugrubenaushub, Fels, bis 3,50m, lagern, GK1	m³	22	30	**34**	41	53
			19	25	**29**	34	44
12	Baugrubenaushub, Fels, entsorgen, GK1	m³	48	56	**63**	70	85
			40	47	**53**	59	71
13	Baugrubenaushub, Handschachtung, bis 1,75m, lagern, GK1	m³	69	79	**83**	93	111
			58	66	**70**	78	94
14	Baugrube sichern, Folienabdeckung	m²	1	2	**3**	3	5
			0,9	1,9	**2,3**	2,8	4,0
15	Fundamentaushub, bis 1,25m, lagern, GK1	m³	21	27	**31**	34	39
			18	23	**26**	28	33
16	Fundamentaushub, bis 1,75m, lagern, GK1	m³	27	33	**35**	38	43
			23	28	**29**	32	37
17	Fundamentaushub, bis 1,25m, entsorgen, GK1	m³	30	35	**36**	40	51
			26	29	**30**	34	43
18	Fundamentaushub, bis 1,75m, entsorgen, GK1	m³	33	39	**42**	48	57
			28	33	**35**	41	48
19	Einzelfundamentaushub, bis 1,75m, lagern, GK1	m³	25	35	**37**	41	49
			21	29	**31**	35	41
20	Einzelfundamentaushub, bis 1,75m, entsorgen, GK1	m³	30	43	**49**	51	60
			25	36	**41**	43	51
21	Streifenfundamentaushub, bis 1,75m, lagern, GK1	m³	23	32	**36**	37	47
			19	27	**30**	31	39
22	Streifenfundamentaushub, bis 1,75m, entsorgen, GK1	m³	27	41	**44**	48	53
			22	34	**37**	40	45
23	Fundament, Hinterfüllung, Lagermaterial, bis 1,00m	m³	14	20	**21**	26	31
			12	17	**18**	22	26

Nr.	Positionen	Einheit	▶	▷	ø brutto € ø netto €	◁	◀
24	Fundament, Hinterfüllung, Liefermaterial, bis 1,00m	m³	16	21	**24**	29	33
			14	18	**20**	24	28
25	Kabelgraben ausheben, bis 1,00m, lagern, GK1	m³	15	19	**23**	25	31
			13	16	**19**	21	26
26	Kabelgraben ausheben, bis 1,25m, lagern, GK1	m³	16	20	**24**	28	32
			14	17	**20**	23	27
27	Kabelgraben ausheben, bis 1,00m, entsorgen, GK1	m³	16	22	**25**	28	34
			13	18	**21**	24	28
28	Hindernisse beseitigen, Gräben	m³	59	88	**101**	116	148
			50	74	**85**	97	124
29	Aushub lagernd, entsorgen	m³	16	21	**23**	25	29
			13	18	**19**	21	24
30	Bodenaustausch, Liefermaterial	m³	26	34	**36**	47	72
			21	28	**30**	40	61
31	Bodenverbesserung, Liefermaterial	m²	19	25	**27**	31	38
			16	21	**23**	26	32
32	Planum, Baugrube	m²	0,8	1,5	**1,9**	2,3	3,3
			0,7	1,3	**1,6**	1,9	2,8
33	Planum, Wege/Fahrstraßen, verdichten	m²	0,4	0,9	**1,2**	2,0	3,2
			0,3	0,8	**1,0**	1,7	2,7
34	Gründungssohle verdichten, Baugrube	m²	0,4	1,5	**2,0**	2,4	3,6
			0,4	1,2	**1,6**	2,0	3,1
35	Lastplattendruckversuch, Baugrube	St	121	163	**177**	187	247
			102	137	**148**	157	207
36	Trennlage, Filtervlies	m²	1	2	**3**	3	5
			1,0	2,0	**2,4**	2,9	4,6
37	Kies 16/32, frei Baustelle, liefern	m³	42	50	**52**	55	61
			36	42	**44**	46	51
38	Rohrgraben/Arbeitsraum verfüllen, Kies 0/32mm	m³	25	33	**36**	42	54
			21	28	**30**	36	46
39	Rohrgraben/Arbeitsraum verfüllen, Liefermaterial	m³	26	35	**41**	45	54
			22	29	**35**	38	45
40	Leitungen/Fundamente verfüllen, Lagermaterial	m³	13	21	**22**	25	32
			11	18	**19**	21	27
41	Rohrgraben/Fundamente verfüllen, Liefermaterial	m³	20	31	**35**	44	63
			17	26	**30**	37	53
42	Kabelgraben verfüllen, Liefermaterial Sand 0/2	m	8	11	**13**	16	19
			7	9	**11**	13	16
43	Ummantelung, Rohrleitung, Beton	m	28	33	**35**	42	52
			23	28	**30**	36	44
44	Kabelschutzrohr, Kunststoff	m	5	8	**8**	10	12
			4	6	**7**	8	10
45	Zugdraht für Kabelschutzrohr	m	0,3	0,7	**0,9**	1,1	1,5
			0,3	0,6	**0,8**	0,9	1,3
46	Warnband, Leitungsgräben	m	0,5	0,9	**1,1**	1,4	1,9
			0,4	0,8	**0,9**	1,2	1,6
47	Arbeitsräume verfüllen, verdichten, Lagermaterial	m³	7	12	**15**	20	32
			6	10	**12**	17	27

Nr.	Positionen	Einheit	▶	▷ ø brutto € / ø netto €		◁	◀
48	Arbeitsräume verfüllen, verdichten, Liefermaterial	m^3	12	26	**31**	35	42
			10	22	**26**	29	35
49	Feinplanum herstellen	m^2	1	1	**2**	2	3
			0,9	1,2	**1,4**	2,0	2,8
50	Stundensatz Facharbeiter, Erdbau	h	49	58	**61**	65	74
			42	49	**51**	55	62
51	Stundensatz Helfer, Erdbau	h	43	50	**53**	53	59
			36	42	**44**	45	50

Kosten:
Stand 1.Quartal 2020
Bundesdurchschnitt

Nr. **Kurztext** / Langtext — Kostengruppe
▶ ▷ **ø netto €** ◁ ◀ [Einheit] Ausf.-Dauer Positionsnummer

1 Aushub, Schlitzgraben/Suchgraben KG **211**

Boden für Suchgraben ausheben, zur Freilegung von Kabeln und Rohrleitungen, einschl. Verbau, Handaushub ist einzukalkulieren; Aushub seitlich lagern, wieder verfüllen und verdichten. Laden und Abfuhr von überschüssigem Boden nach getrennter Position.
Abmessung: ....
Bodeneigenschaften und Kennwerte: .....

30€ 44€ **54**€ 57€ 71€ [m^3] ⏱ 1,20 h/m^3 002.000.007

2 Aushub, Schlitzgraben/Suchgraben KG **211**

Boden für Suchgraben ausheben zur Freilegung von Kabeln und Rohrleitungen, nach Abtrag der Oberflächenbefestigung, Handaushub ist einzukalkulieren. Aushub seitlich lagern, wieder verfüllen und verdichten. Leistung einschl. Verbau. Laden und Abfuhr von überschüssigem Boden nach getrennter Position.
Aushubtiefe: bis 1,75 m
Sohlenbreite: bis 0,80 m
Sohlenlänge: bis 4,00 m
Bodeneigenschaften und Kennwerte: .....

23€ 27€ **28**€ 30€ 33€ [m] ⏱ 0,80 h/m 009.000.001

3 Sichern von Leitungen/Kabeln KG **211**

Kabelbündel aus Elektrokabel / Entwässerungsleitung aus Steinzeugrohr / ....., sichern und spannungsfrei unterstützen.
Kabel- / Leitungsdurchmesser: ..... mm
Einzellängen: über 5 bis 10 m
Höhenlage der Kabel- / Leitungsachse unter Gelände: bis 1,25 m

6€ 12€ **14**€ 19€ 30€ [m] ⏱ 0,25 h/m 002.001.096

▶ min
▷ von
ø Mittel
◁ bis
◀ max

4 **Oberboden abtragen, entsorgen, 30cm** KG **214**

Oberboden, profilgerecht lösen, fördern und laden, mit LKW des AN zur zugelassenen Lagerstelle abfahren, dort lagenweise einarbeiten.
Bodenzuordnung lt. Aufstellung / Bericht / gemeinsamer Feststellung
Bodengruppen: ..... DIN 18196
Gesamtabtragstiefe i.M.: 30 cm
Aushub: nicht schadstoffbelastet
Zuordnung: Z 0
Lagerstätte (Bezeichnung/Ort): .....
Förderweg: bis ..... km
Mengenermittlung nach Aufmaß an der Entnahmestelle.

10€ 15€ **17**€ 18€ 21€ [m³] ⏱ 0,20 h/m³ 002.000.049

A 1 **Baugrubenaushub, GK1** Beschreibung für Pos. **5-9**

Boden der Baugrube profilgerecht ausheben.
Gesamtbreite: ..... m
Gesamtlänge: ..... m
Baumaßnahmen der Geotechnischen Kategorie 1 DIN 4020
Homogenbereich: 1
Homogenbereich 1 oben: ..... m
Homogenbereich 1 unten: ..... m
Anzahl der Bodengruppen: ..... St
Bodengruppen DIN 18196: .....
Massenanteile der Steine DIN EN ISO 14688-1: über .....% bis .....%
Massenanteile der Blöcke DIN EN ISO 14688-1: über .....% bis .....%
Konsistenz DIN EN ISO 14688-1: .....
Lagerungsdichte: .....
Homogenbereiche lt.: .....

5 **Baugrubenaushub, bis 1,75m, lagern, GK1** KG **311**

Wie Ausführungsbeschreibung A 1
Leistungsumfang: lösen, fördern, auf der Baustelle lagern
Gesamtabtragstiefe: bis 1,75 m
Förderweg: ..... m
Mengenermittlung nach Aufmaß an der Entnahmestelle.

3€ 6€ **7**€ 8€ 11€ [m³] ⏱ 0,10 h/m³ 002.001.106

6 **Baugrubenaushub, bis 2,50m, lagern, GK1** KG **311**

Wie Ausführungsbeschreibung A 1
Leistungsumfang: lösen, fördern, auf der Baustelle lagern
Gesamtabtragstiefe: bis 2,50 m
Förderweg: ..... m
Mengenermittlung nach Aufmaß an der Entnahmestelle.

7€ 7€ **10**€ 11€ 12€ [m³] ⏱ 0,12 h/m³ 002.001.177

Kosten:
Stand 1.Quartal 2020
Bundesdurchschnitt

Nr.	Kurztext / Langtext						Kostengruppe
▶	▷	**ø netto €**	◁	◀	[Einheit]	Ausf.-Dauer	Positionsnummer

7 Baugrubenaushub, bis 3,50m, lagern, GK1 KG **311**

Wie Ausführungsbeschreibung A 1
Leistungsumfang: lösen, fördern, auf der Baustelle lagern
Gesamtabtragstiefe: bis 3,50 m
Förderweg: ..... m
Mengenermittlung nach Aufmaß an der Entnahmestelle.

▶	▷	ø	◁	◀	Einheit	Ausf.-Dauer	Positionsnummer
8€	12€	**13**€	13€	14€	[m³]	0,12 h/m³	002.001.107

8 Baugrubenaushub, bis 2,50m, entsorgen, GK1 KG **311**

Wie Ausführungsbeschreibung A 1
Leistungsumfang: lösen, fördern, mit LKW des AN zur zugelassenen Lagerstelle abfahren, dort lagenweise einarbeiten
Gesamtabtragstiefe: bis 2,50 m
Aushub: nicht schadstoffbelastet
Zuordnung: Z 0
Lagerstätte (Bezeichnung/Ort): .....
Förderweg: bis ..... km
Mengenermittlung nach Aufmaß an der Entnahmestelle.

▶	▷	ø	◁	◀	Einheit	Ausf.-Dauer	Positionsnummer
13€	15€	**17**€	19€	22€	[m³]	0,26 h/m³	002.001.112

9 Baugrubenaushub, bis 3,50m, entsorgen, GK1 KG **311**

Wie Ausführungsbeschreibung A 1
Leistungsumfang: lösen, fördern, mit LKW des AN zur zugelassenen Lagerstelle abfahren, dort lagenweise einarbeiten
Gesamtabtragstiefe: bis 3,50 m
Aushub: nicht schadstoffbelastet
Zuordnung: Z 0
Lagerstätte (Bezeichnung/Ort): .....
Förderweg: bis ..... km
Mengenermittlung nach Aufmaß an der Entnahmestelle.

▶	▷	ø	◁	◀	Einheit	Ausf.-Dauer	Positionsnummer
14€	18€	**20**€	23€	26€	[m³]	0,14 h/m³	002.001.176

▶ min
▷ von
ø Mittel
◁ bis
◀ max

A 2 Baugrubenaushub, Fels, GK1 — Beschreibung für Pos. **10-12**

Felsigen Boden der Baugrube ausheben.
Aushubtiefe: bis ..... m
Gesamtbreite: ..... m
Gesamtlänge: ..... m
Baumaßnahmen der Geotechnischen Kategorie 1 DIN 4020
Homogenbereich: 1
Homogenbereich 1 oben: ..... m
Homogenbereich 1 unten: ..... m
Anzahl Gesteinsarten: .....
Gesteinsarten: .....
Veränderlichkeit DIN EN ISO 14689-1: .....
Geologische Struktur DIN EN ISO 14689-1: .....
Abstand Trennflächen DIN EN ISO 14689-1: .....
Trennflächen, Gesteinskörperform: ....
Fallrichtung Trennflächen: .....°
Fallwinkel Trennflächen: .....°
Homogenbereiche lt.: .....

10 Baugrubenaushub, Fels, bis 1,75m, lagern, GK1 — KG **311**

Wie Ausführungsbeschreibung A 2
Leistungsumfang: lösen, fördern, auf der Baustelle lagern
Abrechnung: nach dem gelösten Boden, auch außerhalb des Profils
Aushubtiefe: bis 1,75 m
Mengenermittlung nach Aufmaß an der Entnahmestelle.

17€ | 24€ | **26**€ | 29€ | 38€ | [m³] | ⏱ 0,30 h/m³ | 002.000.041

11 Baugrubenaushub, Fels, bis 3,50m, lagern, GK1 — KG **311**

Wie Ausführungsbeschreibung A 2
Leistungsumfang: lösen, fördern, auf der Baustelle lagern
Förderweg: bis 50m
Abrechnung: nach dem gelösten Boden, auch außerhalb des Profils
Aushubtiefe: über 1,75 bis 3,50 m
Mengenermittlung nach Aufmaß an der Entnahmestelle.

19€ | 25€ | **29**€ | 34€ | 44€ | [m³] | ⏱ 0,45 h/m³ | 002.000.043

12 Baugrubenaushub, Fels, entsorgen, GK1 — KG **311**

Wie Ausführungsbeschreibung A 2
Leistungsumfang: lösen, laden, fördern, entsorgen, inkl. Deponiegebühren und Entsorgungsnachweis
Gesamtabtragstiefe: ..... m
Abrechnung: Wiegescheine der Deponie

40€ | 47€ | **53**€ | 59€ | 71€ | [m³] | ⏱ 0,60 h/m³ | 002.000.013

000 001 **002** 006 008 009 010 012 013 014 016 017 018 020 021 022

Nr.	Kurztext / Langtext					Kostengruppe
▶	▷	**ø netto €**	◁	◀	[Einheit]	Ausf.-Dauer Positionsnummer

Kosten:
Stand 1.Quartal 2020
Bundesdurchschnitt

13 Baugrubenaushub, Handschachtung, bis 1,75m, lagern, GK1 KG **311**

Baugrubenaushub in Handschachtung, Aushub seitlich lagern.
Gesamtbreite: ..... m
Gesamtlänge: ..... m
Gesamtabtragstiefe: bis 1,75 m
Förderweg: ..... m
Baumaßnahmen der Geotechnischen Kategorie 1 DIN 4020
Homogenbereich: 1
Homogenbereich 1 oben: ..... m
Homogenbereich 1 unten: ..... m
Anzahl der Bodengruppen: ..... St
Bodengruppen DIN 18196: .....
Massenanteile der Steine DIN EN ISO 14688-1: über .....% bis .....%
Massenanteile der Blöcke DIN EN ISO 14688-1: über .....% bis .....%
Konsistenz DIN EN ISO 14688-1: .....
Lagerungsdichte: .....
Homogenbereiche lt.: .....
Mengenermittlung nach Aufmaß an der Entnahmestelle.

58€ 66€ **70€** 78€ 94€ [m³] ⏱ 1,90 h/m³ 002.001.115

14 Baugrube sichern, Folienabdeckung KG **312**

Baugrubenwände (Böschungen) während der Bauzeit mit Planen abdecken, Planen gegen Witterung sichern und bis zum Auffüllen des Arbeitsraums bzw. Abschluss der Verbauarbeiten unterhalten und nach Aufforderung Folie aufnehmen und entsorgen, inkl. Entsorgungsgebühr.

0,9€ 1,9€ **2,3€** 2,8€ 4,0€ [m²] ⏱ 0,05 h/m² 002.000.042

A 3 Fundamentaushub, GK1 Beschreibung für Pos. **15-22**

Boden für Fundamente ausheben und Fundamentsohle planieren.
Gesamtbreite: ..... m
Gesamtlänge: ..... m
Gesamtabtragstiefe: bis 1,25 m
Förderweg: ..... m
Baumaßnahmen der Geotechnischen Kategorie 1 DIN 4020
Homogenbereich: 1
Homogenbereich 1 oben: ..... m
Homogenbereich 1 unten: ..... m
Anzahl der Bodengruppen: ..... St
Bodengruppen DIN 18196: .....
Massenanteile der Steine DIN EN ISO 14688-1: über .....% bis .....%
Massenanteile der Blöcke DIN EN ISO 14688-1: über .....% bis .....%
Konsistenz DIN EN ISO 14688-1: .....
Lagerungsdichte: .....
Homogenbereiche lt.: .....

▶ min
▷ von
ø Mittel
◁ bis
◀ max

Nr.	**Kurztext** / Langtext						Kostengruppe
▶	▷	**ø netto €**	◁	◀	[Einheit]	Ausf.-Dauer	Positionsnummer

15 Fundamentaushub, bis 1,25m, lagern, GK1 KG **322**

Wie Ausführungsbeschreibung A 3
Leistungsumfang: lösen, fördern, auf der Baustelle lagern
Gesamtabtragstiefe: bis 1,25 m
Förderweg: ..... m
Mengenermittlung nach Aufmaß an der Entnahmestelle.

18€ 23€ **26**€ 28€ 33€ [m3] ⏱ 0,42 h/m3 002.001.179

16 Fundamentaushub, bis 1,75m, lagern, GK1 KG **322**

Wie Ausführungsbeschreibung A 3
Leistungsumfang: lösen, fördern, auf der Baustelle lagern
Gesamtabtragstiefe: bis 1,75 m
Förderweg: ..... m
Mengenermittlung nach Aufmaß an der Entnahmestelle.

23€ 28€ **29**€ 32€ 37€ [m3] ⏱ 0,44 h/m3 002.001.183

17 Fundamentaushub, bis 1,25m, entsorgen, GK1 KG **322**

Wie Ausführungsbeschreibung A 3
Leistungsumfang: lösen, fördern, zur Verwertungsanlage abfahren
Gesamtabtragstiefe: bis 1,25 m
Abrechnung: **nach Verdrängung / auf Nachweisrapport / Wiegescheine der Deponie**

26€ 29€ **30**€ 34€ 43€ [m3] ⏱ 0,40 h/m3 002.001.180

18 Fundamentaushub, bis 1,75m, entsorgen, GK1 KG **322**

Wie Ausführungsbeschreibung A 3
Leistungsumfang: lösen, fördern, zur Verwertungsanlage abfahren
Gesamtabtragstiefe: bis 1,75 m
Abrechnung: **nach Verdrängung / auf Nachweisrapport / Wiegescheine der Deponie**

28€ 33€ **35**€ 41€ 48€ [m3] ⏱ 0,42 h/m3 002.001.184

19 Einzelfundamentaushub, bis 1,75m, lagern, GK1 KG **322**

Wie Ausführungsbeschreibung A 3
Fundamentart: Einzelfundament
Leistungsumfang: lösen, fördern, auf der Baustelle lagern
Gesamtabtragstiefe: bis 1,75 m
Förderweg: ..... m
Mengenermittlung nach Aufmaß an der Entnahmestelle.

21€ 29€ **31**€ 35€ 41€ [m3] ⏱ 0,37 h/m3 002.001.125

20 Einzelfundamentaushub, bis 1,75m, entsorgen, GK1 KG **322**

Wie Ausführungsbeschreibung A 3
Fundamentart: Einzelfundament
Leistungsumfang: lösen, fördern, zur Verwertungsanlage abfahren
Gesamtabtragstiefe: bis 1,25 m
Abrechnung: **nach Verdrängung / auf Nachweisrapport / Wiegescheine der Deponie**

25€ 36€ **41**€ 43€ 51€ [m3] ⏱ 0,37 h/m3 002.001.127

Nr.	Kurztext / Langtext						Kostengruppe
▶	▷	ø netto €	◁	◀	[Einheit]	Ausf.-Dauer	Positionsnummer

21 **Streifenfundamentaushub, bis 1,75m, lagern, GK1** KG **322**

Wie Ausführungsbeschreibung A 3
Fundamentart: Streifenfundament
Leistungsumfang: lösen, fördern, auf der Baustelle lagern
Gesamtabtragstiefe: bis 1,75 m
Förderweg: ..... m
Mengenermittlung nach Aufmaß an der Entnahmestelle.

19€ | 27€ | **30**€ | 31€ | 39€ | [m³] | ⏱ 0,37 h/m³ | 002.001.134

22 **Streifenfundamentaushub, bis 1,75m, entsorgen, GK1** KG **322**

Wie Ausführungsbeschreibung A 3
Fundamentart: Streifenfundament
Leistungsumfang: lösen, fördern, zur Verwertungsanlage abfahren
Gesamtabtragstiefe: bis 1,75 m
Abrechnung: **nach Verdrängung / auf Nachweisrapport / Wiegescheine der Deponie**

22€ | 34€ | **37**€ | 40€ | 45€ | [m³] | ⏱ 0,37 h/m³ | 002.001.123

23 **Fundament, Hinterfüllung, Lagermaterial, bis 1,00m** KG **322**

Hinterfüllung für Einzel- und Streifenfundamente. Gelagerten Aushub aufnehmen, fördern und lagenweise verfüllen und verdichten.
Förderweg: bis ..... m
Aushubtiefe/Einbauhöhe: bis ..... m
Bodengruppen: .....
Bodenprofil: .....
Fundamentgröße: .....
Verdichtungsgrad: DPr mind. 97%

12€ | 17€ | **18**€ | 22€ | 26€ | [m³] | ⏱ 0,35 h/m³ | 002.001.130

24 **Fundament, Hinterfüllung, Liefermaterial, bis 1,00m** KG **322**

Hinterfüllung für Einzel- und Streifenfundamente. Boden liefern lagenweise verfüllen und verdichten.
Aushubtiefe/Einbauhöhe: bis 1,00 m
Bodengruppen: .....
Bodenprofil: .....
Fundamentgröße: .....
Verdichtungsgrad: DPr mind. 97%

14€ | 18€ | **20**€ | 24€ | 28€ | [m³] | ⏱ 0,30 h/m³ | 002.001.170

Kosten:
Stand 1.Quartal 2020
Bundesdurchschnitt

▶ min
▷ von
ø Mittel
◁ bis
◀ max

25 Kabelgraben ausheben, bis 1,00m, lagern, GK1 KG **511**

Boden für Kabelgraben profilgerecht lösen, Aushub seitlich lagern.
Gesamtabtragstiefe: bis 1,00 m
Sohlenbreite: bis 50 cm
Förderweg: ..... m
Baumaßnahmen der Geotechnischen Kategorie 1 DIN 4020
Homogenbereich: 1
Homogenbereich 1 oben: ..... m
Homogenbereich 1 unten: ..... m
Anzahl der Bodengruppen: ..... St
Bodengruppen DIN 18196: .....
Massenanteile der Steine DIN EN ISO 14688-1: über .....% bs .....%
Massenanteile der Blöcke DIN EN ISO 14688-1: über .....% bis .....%
Konsistenz DIN EN ISO 14688-1: .....
Lagerungsdichte: .....
Homogenbereiche lt.: .....
Mengenermittlung nach Aufmaß an der Entnahmestelle.

13€	16€	**19**€	21€	26€	[m³]	⏱ 0,32 h/m³	002.001.140

26 Kabelgraben ausheben, bis 1,25m, lagern, GK1 KG **511**

Boden für Kabelgraben profilgerecht lösen, Aushub seitlich lagern.
Gesamtabtragstiefe: bis 1,25 m
Sohlenbreite: bis 50 cm
Förderweg: ..... m
Baumaßnahmen der Geotechnischen Kategorie 1 DIN 4020
Homogenbereich: 1
Homogenbereich 1 oben: ..... m
Homogenbereich 1 unten: ..... m
Anzahl der Bodengruppen: ..... St
Bodengruppen DIN 18196: .....
Massenanteile der Steine DIN EN ISO 14688-1: über .....% bis .....%
Massenanteile der Blöcke DIN EN ISO 14688-1: über .....% bis .....%
Konsistenz DIN EN ISO 14688-1: .....
Lagerungsdichte: .....
Homogenbereiche lt.: .....
Mengenermittlung nach Aufmaß an der Entnahmestelle.

14€	17€	**20**€	23€	27€	[m³]	⏱ 0,32 h/m³	002.001.171

000
001
002
006
008
009
010
012
013
014
016
017
018
020
021
022

Nr.	Kurztext / Langtext					Kostengruppe
▶	▷	ø netto €	◁	◀	[Einheit]	Ausf.-Dauer Positionsnummer

Kosten:
Stand 1.Quartal 2020
Bundesdurchschnitt

▶ min
▷ von
ø Mittel
◁ bis
◀ max

27 Kabelgraben ausheben, bis 1,00m, entsorgen, GK1 KG **511**

Boden für Kabelgraben profilgerecht lösen, Aushub ist zu entsorgen. Aushub nicht schadstoffbelastet oder gefährlich.
Gesamtabtragstiefe: bis 1,00 m
Sohlenbreite:bis 50 cm
Förderweg: ..... m
Baumaßnahmen der Geotechnischen Kategorie 1 DIN 4020
Homogenbereich: 1
Homogenbereich 1 oben: ..... m
Homogenbereich 1 unten: ..... m
Anzahl der Bodengruppen: ..... St
Bodengruppen DIN 18196: .....
Massenanteile der Steine DIN EN ISO 14688-1: über .....% bis .....%
Massenanteile der Blöcke DIN EN ISO 14688-1: über .....% bis .....%
Konsistenz DIN EN ISO 14688-1: .....
Lagerungsdichte: .....
Homogenbereiche lt.: .....
Abrechnung: **nach Verdrängung / auf Nachweisrapport / Wiegescheine der Deponie**

13€ 18€ **21**€ 24€ 28€ [m³] ⏱ 0,32 h/m³ 002.001.143

28 Hindernisse beseitigen, Gräben KG **212**

Hindernis in Graben beseitigen und seitlich lagern, Hindernis aus Mauerwerk, einzelnen Steinen oder Fundamentresten aus Beton. Abfuhr und Entsorgung in gesonderter Position.
Grabenbreite: bis 0,80 m
Hindernis: unter 0,01 m³

50€ 74€ **85**€ 97€ 124€ [m³] ⏱ 1,65 h/m³ 002.000.014

29 Aushub lagernd, entsorgen KG **311**

Überschüssigen Aushub, bauseits gelagert, laden, abfahren und auf zugelassenen Lagerstätte nach Wahl des Auftragnehmers lagenweise einarbeiten.
Bodengruppen: ..... DIN 18196
Aushub: nicht schadstoffbelastet
Zuordnung: Z 0
Verwertungsanlage (Bezeichnung/Ort/Fahrweg): .....
Lagergebühren werden vom AN übernommen
Abrechnung: **nach Verdrängung / auf Nachweisrapport / Wiegescheine der Deponie**

13€ 18€ **19**€ 21€ 24€ [m³] ⏱ 0,34 h/m³ 002.001.182

30 Bodenaustausch, Liefermaterial KG **321**

Austauschen von nicht tragfähigem Boden im Aushubbereich:
- Aushub und Entsorgung des nicht brauchbaren Bodenmaterials, Deponiegebühren werden vom AN übernommen
- Lieferung und Einbau von tragfähigem, gut verdichtbarem Ersatzmaterial, inkl. Verdichtung in Lagen bis 30 cm

Neuboden: z.B. kornabgestufter Kiessand (Bodengruppe GW/GU) - natürliche Gesteinskörnung
Verdichtung: 103% Proctordichte
Aushubtiefe: .....
Austauschfläche: .....
Geländeprofil: .....

21€	28€	**30**€	40€	61€	[m³]	⏱ 0,25 h/m³	002.000.022

31 Bodenverbesserung, Liefermaterial KG **321**

Bodenverbesserung, durch Einarbeiten von Baustoffen, inkl. Verdichten, Boden und Ausführung gem. Bodengutachten (von AG zur Verfügung gestellt).
Baustoff: **Recycling-Kies 0/56 / Kalkschotter 5/30** - natürliche Gesteinskörnung
Schichtdicke: bis 30 cm
Verdichtungsgrad DPr: 95%
Verformungsmodul EV2: .....MN/m²

16€	21€	**23**€	26€	32€	[m²]	⏱ 0,14 h/m²	002.000.038

32 Planum, Baugrube KG **311**

Planum in Baugrube herstellen, einschl. Verdichten
zulässige Abweichung von Sollhöhe: +/-2 cm
Verformungsmodul EV2: .....MN/m²

0,7€	1,3€	**1,6**€	1,9€	2,8€	[m²]	⏱ 0,02 h/m²	002.000.021

33 Planum, Wege/Fahrstraßen, verdichten KG **530**

Planum von Verkehrsflächen herstellen, einschl. Verdichten; Planum als einwandfreie Trassierung für den Belagsunterbau in den erforderlichen Gefällen nach Regelschnitten, Abrechnung nach Belagsfläche.
zulässige Abweichung von Sollhöhe: +/-20 mm
Verformungsmodul: mind. EV2 45 MN/m²

0,3€	0,8€	**1,0**€	1,7€	2,7€	[m²]	⏱ 0,02 h/m²	002.000.035

34 Gründungssohle verdichten, Baugrube KG **311**

Gründungssohle verdichten, in Baugrube.
Verdichtungsgrad: DPr 97%
Bodengruppe: ..... DIN 18196

0,4€	1,2€	**1,6**€	2,0€	3,1€	[m²]	⏱ 0,02 h/m²	002.000.020

35 Lastplattendruckversuch, Baugrube KG **319**

Statischer Lastplattendruckversuch DIN 18134, Nachweis der geforderten Verdichtung des Bodens; Durchführung und Auswertung sowie Gerätestellung erfolgt durch ein neutrales Prüflabor nach Wahl des Auftragnehmers. Abrechnung je Versuch, inkl. aller Geräte, Honorare und Nebenkosten.

102€	137€	**148**€	157€	207€	[St]	⏱ 2,20 h/St	002.000.027

36 Trennlage, Filtervlies KG **325**

Filtervlies aus Geotextilien, als Trennlage, auf Erdplanum, unter Frostschutz- / Tragschicht.
GRK-Klasse: .....
Überlappung: mind. 20 cm
Einbauort: Baugrube

1€	2,0€	**2,4**€	2,9€	4,6€	[m²]	⏱ 0,04 h/m²	002.000.029

Nr.	Kurztext / Langtext						Kostengruppe
▶	▷	ø netto €	◁	◀	[Einheit]	Ausf.-Dauer	Positionsnummer

37 Kies 16/32, frei Baustelle, liefern — KG **325**

Liefern von Stoffen frei Baustelle. Abrechnung nach Lieferschein und Umrechnungstabelle ..... von t nach m³, (trockener, geschütteter Zustand).
Material: Kies 16/32 - natürliche Gesteinskörnung

36€	42€	**44**€	46€	51€	[m³]	–	002.001.185

38 Rohrgraben/Arbeitsraum verfüllen, Kies 0/32mm — KG **311**

Verfüllen von Rohrgraben / Arbeitsraum an Rohrleitungen, schichtweise, inkl. Verdichten.
Einbaumaterial: Lieferkies 0/32 mm - natürliche Gesteinskörnung
Verdichtungsgrad: DPr mind. 97%
Einbauort: .....
Einbauhöhe: bis ..... m

21€	28€	**30**€	36€	46€	[m³]	⏱ 0,35 h/m³	009.001.080

Kosten:
Stand 1.Quartal 2020
Bundesdurchschnitt

39 Rohrgraben/Arbeitsraum verfüllen, Liefermaterial — KG **311**

Verfüllen von Rohrgraben / Arbeitsraum an Rohrleitungen, schichtweise, inkl. Verdichten.
Einbaumaterial: Lieferboden der Bodengruppe: .....
Verdichtungsgrad: DPr mind. 97%
Einbauort: .....
Einbauhöhe: bis ..... m

22€	29€	**35**€	38€	45€	[m³]	⏱ 0,30 h/m³	009.001.079

40 Leitungen/Fundamente verfüllen, Lagermaterial — KG **311**

Verfüllen von Fundamenten und Leitungen, schichtweise, inkl. Verdichten.
Einbaumaterial: gelagerter Boden der Bodengruppe .....
Verdichtungsgrad: DPr mind. 97%
Einbauort: .....
Einbauhöhe: bis ..... m
Förderweg: bis 50 m

11€	18€	**19**€	21€	27€	[m³]	⏱ 0,25 h/m³	002.000.023

41 Rohrgraben/Fundamente verfüllen, Liefermaterial — KG **311**

Verfüllen von Fundamenten und Leitungen, schichtweise, inkl. Verdichten.
Einbaumaterial: Lieferboden der Bodengruppe: .....
Verdichtungsgrad: DPr mind. 97%
Einbauort: .....
Einbauhöhe: bis ..... m

17€	26€	**30**€	37€	53€	[m³]	⏱ 0,28 h/m³	002.000.026

42 Kabelgraben verfüllen, Liefermaterial Sand 0/2 — KG **440**

Verfüllen von Leitungen, schichtweise, mit anzulieferndem Kabelsand, inkl. Verdichten.
Einbaumaterial: Kabelsand - natürliche Gesteinskörnung
Körnung: 0/2 mm
Verdichtungsgrad: DPr mind. 97%
Einbauhöhe: bis 1,00 m
Grabenbreite: ..... m

7€	9€	**11**€	13€	16€	[m]	⏱ 0,20 h/m	002.001.086

▶ min
▷ von
ø Mittel
◁ bis
◀ max

43 Ummantelung, Rohrleitung, Beton KG **551**

Ortbeton für Betonummantelung von Rohrleitungen, unbewehrt, ohne Anforderung an die Frostsicherheit, inkl. Abschalung. Abrechnung nach Länge ummanteltes Rohr.
Querschnitt: ca. 300 x 300 mm
Rohrgröße: DN100
Betongüte: C8/10
Expositionsklasse: X0

23€ 28€ **30**€ 36€ 44€ [m] ⏱ 0,28 h/m 009.001.082

44 Kabelschutzrohr, Kunststoff KG **556**

Kabelschutzrohr, in Graben, verbunden mit Doppelsteckmuffen.
Werkstoff: **PE / PVC-P**
Rohrgröße: DN.....
Verlegung in: **Erdreich / Beton**
Ausführung: **starr / biegsam**
Muffen: **sanddicht / wasserdicht**
Überdeckung: ..... m

4€ 6€ **7**€ 8€ 10€ [m] ⏱ 0,22 h/m 002.001.087

45 Zugdraht für Kabelschutzrohr KG **556**

Zugdraht in verlegtes Kabelschutzrohr einlegen.
Kabelschutzrohr: .....

0,3€ 0,6€ **0,8**€ 0,9€ 1,3€ [m] ⏱ 0,02 h/m 002.001.088

46 Warnband, Leitungsgräben KG **556**

Trassen-Warnband aus Verbundfolie liefern, alterungs- und kältebeständig, farbecht und mit dauerhaft lesbarer Beschriftung, im Zuge der Grabenverfüllung ca. 40cm mittig über Leitung verlegen.
Farbe: .....
Art der Leitung: .....

0,4€ 0,8€ **0,9**€ 1,2€ 1,6€ [m] ⏱ 0,03 h/m 002.000.051

47 Arbeitsräume verfüllen, verdichten, Lagermaterial KG **311**

Verfüllen von Arbeitsräumen, mit gelagertem Bodenmaterial, schichtweise einbauen, einschl. Fördern des Lagermaterials und Verdichten.
Bodengruppen: gem. Einzelbeschreibung
Verdichtungsgrad: DPr mind. 97%
Einbauhöhe: ..... m
Förderweg: bis 50 m

6€ 10€ **12**€ 17€ 27€ [m³] ⏱ 0,26 h/m³ 002.000.025

48 Arbeitsräume verfüllen, verdichten, Liefermaterial KG **311**

Verfüllen von Arbeitsräumen, mit anzulieferndem Bodenmaterial, schichtweise einbauen, einschl. Fördern des Lagermaterials und Verdichten.
Bodengruppe: **GU (Kies-Schluff-Gemisch) / .....** gem. Einzelbeschreibung
Verdichtungsgrad: DPr mind. 97%
Einbauhöhe: ..... m

10€ 22€ **26**€ 29€ 35€ [m³] ⏱ 0,30 h/m³ 002.000.024

000 001 **002** 006 008 009 010 012 013 014 016 017 018 020 021 022

Nr.	Kurztext / Langtext						Kostengruppe
▶	▷	ø netto €	◁	◀	[Einheit]	Ausf.-Dauer	Positionsnummer

49 Feinplanum herstellen KG **530**

Planum herstellen, zur Aufnahme einer ungebundenen Tragschicht, überschüssigen Boden seitlich lagern.
Auf- und Abtrag: bis 5cm
Zul. Abweichung von Nennhöhe: +/-3 cm
Leistungsbereich: Zufahrt

0,9€	1,2€	**1,4**€	2,0€	2,8€	[m²]	⏱ 0,02 h/m²	002.000.034

50 Stundensatz Facharbeiter, Erdbau

Stundenlohnarbeiten für Facharbeiter, Spezialfacharbeiter, Vorarbeiter und jeweils Gleichgestellte. Der Verrechnungssatz für die jeweilige Arbeitskraft umfasst sämtliche Aufwendungen wie Lohn- und Gehaltskosten, lohn- und gehaltsgebundene Kosten, Lohn- und Gehaltsnebenkosten, Gemeinkosten, Wagnis und Gewinn. Leistung nach besonderer Anordnung der Bauüberwachung. Anmeldung und Nachweis gem. VOB/B.

42€	49€	**51**€	55€	62€	[h]	⏱ 1,00 h/h	002.001.094

51 Stundensatz Helfer, Erdbau

Stundenlohnarbeiten für Werker, Fachwerker und jeweils Gleichgestellte. Der Verrechnungssatz für die jeweilige Arbeitskraft umfasst sämtliche Aufwendungen wie Lohn- und Gehaltskosten, lohn- und gehaltsgebundene Kosten, Lohn- und Gehaltsnebenkosten, Gemeinkosten, Wagnis und Gewinn. Leistung nach besonderer Anordnung der Bauüberwachung. Anmeldung und Nachweis gem. VOB/B.

36€	42€	**44**€	45€	50€	[h]	⏱ 1,00 h/h	002.001.095

Kosten:
Stand 1.Quartal 2020
Bundesdurchschnitt

▶ min
▷ von
ø Mittel
◁ bis
◀ max

006

Kosten:
Stand 1.Quartal 2020
Bundesdurchschnitt

Nr.	Positionen	Einheit	▶	▷	ø brutto € / ø netto €	◁	◀
1	Graben-Normverbau, senkrecht, bis 3,0m	m²	21	24	**26**	31	33
			18	20	**22**	26	28
2	Grabenverbau, Dielen, senkrecht, bis 3,0m	m²	–	55	**61**	71	–
			–	46	**51**	60	–
3	Messung, Erschütterung, Dokumentation	St	–	3.169	**3.372**	3.911	–
			–	2.663	**2.833**	3.287	–
4	Messung, Lärmpegel, Dokumentation	St	–	2.535	**2.697**	3.129	–
			–	2.131	**2.267**	2.629	–
5	Auf-/Umstellen Geräteeinheit	St	–	99	**109**	119	–
			–	84	**92**	100	–
6	Dokumentation, Ramm- / Bohr- / Rüttelergebnisse	St	–	1.881	**2.023**	2.347	–
			–	1.581	**1.700**	1.972	–
7	Gussrammpfähle, Mantelverpressung	m	89	105	**112**	118	133
			74	88	**94**	100	112
8	Bohrloch herstellen	m	59	89	**101**	117	144
			49	75	**85**	99	121
9	Verbauträger, Stahlprofile	t	–	998	**1.295**	1.726	–
			–	839	**1.088**	1.451	–
10	Baustelle einrichten, Geräteeinheit/Kolonne	St	10.563	18.312	**21.454**	24.863	37.500
			8.876	15.389	**18.029**	20.894	31.513
11	Träger einbinden, Beton	m	–	24	**27**	30	–
			–	20	**22**	25	–
12	Bohrloch verfüllen	m	–	9	**10**	11	–
			–	8	**9**	9	–
13	Verbauausfachung, Holzbohlen	m²	53	76	**92**	101	143
			44	64	**78**	85	120
14	Verbauausfachung, Spritzbeton	m²	–	20	**26**	32	–
			–	17	**22**	27	–
15	Verpressanker, Trägerbohlwand	m	–	69	**88**	100	–
			–	58	**74**	84	–
16	Verbauträger-/Bohrköpfe kappen	St	50	93	**112**	118	148
			42	78	**94**	99	124
17	Verbau, Trägerbohlwand, rückverankert	m²	144	202	**225**	266	349
			121	170	**189**	224	293
18	Verbau, Spundwand, Stahlprofile	m²	–	87	**125**	195	–
			–	73	**105**	164	–
19	Stillstand Geräteeinheit, inkl. Personal	h	70	289	**456**	533	701
			59	243	**384**	448	589
20	Stundensatz Facharbeiter, Maschinist	h	53	60	**61**	64	70
			44	50	**51**	54	59

▶ min
▷ von
ø Mittel
◁ bis
◀ max

Nr.	Kurztext / Langtext						Kostengruppe
▶	▷	**ø netto €**	◁	◀	[Einheit]	Ausf.-Dauer	Positionsnummer

A 1 Graben-Normverbau, senkrecht — Beschreibung für Pos. **1**

Senkrechter Normverbau für Graben herstellen, vorhalten und wieder entfernen.
Anzahl Bodengruppen: eine Bodengruppe
Bodengruppe 1: GU DIN 18196 (Kies-Schluff-Gemisch)
Vorhaltezeit: ..... Wochen

1 Graben-Normverbau, senkrecht, bis 3,0m — KG **411**

Wie Ausführungsbeschreibung A 1
Höhe: bis 3,0 m
Sohlbreite: bis 1,5 m

▶	▷	ø netto €	◁	◀	[Einheit]	Ausf.-Dauer	Positionsnummer
18€	20€	**22**€	26€	28€	[m2]	0,24 h/m2	006.000.021

A 2 Grabenverbau, Kanaldielen, senkrecht — Beschreibung für Pos. **2**

Senkrechter Verbau für Graben mit Kanaldielen herstellen, vorhalten und wieder entfernen.
Anzahl Bodengruppen: eine Bodengruppe
Bodengruppe 1: GU DIN 18196 (Kies-Schluff-Gemisch)
Vorhaltezeit: ..... Wochen

2 Grabenverbau, Dielen, senkrecht, bis 3,0m — KG **411**

Wie Ausführungsbeschreibung A 2
Höhe: bis 3,0 m
Sohlbreite: bis 1,5 m

▶	▷	ø netto €	◁	◀	[Einheit]	Ausf.-Dauer	Positionsnummer
–€	46€	**51**€	60€	–€	[m2]	0,54 h/m2	006.000.022

3 Messung, Erschütterung, Dokumentation — KG **312**

Durchführung und Dokumentation einer repräsentativen Erschütterungsmessung während der Rammarbeiten. Erschütterungs- und Schwingungsmessung an bestehenden Gebäuden nach DIN 4150 - 3 mit Geräten gem. DIN 45669. Die Messung beinhaltet An- und Abfahrt, sowie Vorhalten der notwendigen Geräte, Messung an mehreren Standorten bzw. Bauteilen.

▶	▷	ø netto €	◁	◀	[Einheit]	Ausf.-Dauer	Positionsnummer
–€	2.663€	**2.833**€	3.287€	–€	[St]	1,00 h/St	006.000.002

4 Messung, Lärmpegel, Dokumentation — KG **312**

Durchführen und Dokumentation einer Lärmpegelmessung während der Rammarbeiten, auszuführen durch einen anerkannten Sachverständigen. Leistung inkl. An- und Abfahrt, Messung an verschiedenen Standorten, im Bereich der Lärmimmision, inkl. Dokumentation und Beurteilung des Messergebnisses in schriftlicher Form.

▶	▷	ø netto €	◁	◀	[Einheit]	Ausf.-Dauer	Positionsnummer
–€	2.131€	**2.267**€	2.629€	–€	[St]	0,50 h/St	006.000.003

5 Auf-/Umstellen Geräteeinheit — KG **312**

Auf- und Umstellen der Geräteeinheit von Ansatzpunkt zu Ansatzpunkt. Leistung inkl. Einmessen des Ansatzpunkte. Fixpunkte werden bauseits zur Verfügung gestellt.
Geräteeinheit für: **Bohr- / Verpress- / Ramm- / Rüttelarbeiten**
Transportentfernung: bis 50 m

▶	▷	ø netto €	◁	◀	[Einheit]	Ausf.-Dauer	Positionsnummer
–€	84€	**92**€	100€	–€	[St]	0,25 h/St	006.000.004

6 Dokumentation, Ramm- / Bohr- / Rüttelergebnisse — KG **312**

Dokumentation inkl. Erläuterungsbericht über die Ramm- / Bohr- / Rüttelergebnisse.
Übergabe an den AG auf Datenträger.

▶	▷	ø netto €	◁	◀	[Einheit]	Ausf.-Dauer	Positionsnummer
–€	1.581€	**1.700**€	1.972€	–€	[St]	–	006.000.005

000 001 002 **006** 008 009 010 012 013 014 016 017 018 020 021 022

Kosten:
Stand 1.Quartal 2020
Bundesdurchschnitt

Nr.	Kurztext / Langtext						Kostengruppe
▶	▷	ø netto €	◁	◀	[Einheit]	Ausf.-Dauer	Positionsnummer

7 Gussrammpfähle, Mantelverpressung KG **312**

Fertigteil-Rammpfahl aus duktilem Gusseisen DIN EN 545, inkl. Mantelverpressung und höhengenau ablängen.
Verpressmaterial: Betonsupension bzw. Zementmörtel C ..../.....
Ansatz verpresste Betonmenge: bis ..... l/m
Geforderte Lastaufnahme: ..... KN je Pfahl
Pfahllänge: über ..... bis ..... m
Schaft-Außendurchmesser und Wandstärke gem. Anforderung und Zulassung.
Einbau senkrecht, ab Geländeoberfläche
Baumaßnahme Geotechnischen Kategorie: **1 / 2** DIN 4020
Bodenzuordnung lt.: **Aufstellung / Bericht / Einzelbeschreibung**
Beschreibung und Höhenlagen der Homogenbereiche / Schichtungen: .....
Aufgemessen wird vom planmäßigen Ansatzpunkt bis zur planmäßigen Endtiefe.

74€ 88€ **94**€ 100€ 112€ [m] ⏱ 0,20 h/m 006.000.006

8 Bohrloch herstellen KG **312**

Bohrlochherstellung, für Einstellen der Verbauträger.
Bohrloch-Durchmesser: ..... cm
Bohrlängen: ..... m
Bohrabstand: ...... m
Bohrgut: seitlich lagern
Bodenzuordnung lt.: **Aufstellung / Bericht / Einzelbeschreibung**

49€ 75€ **85**€ 99€ 121€ [m] ⏱ 0,10 h/m 006.000.007

9 Verbauträger, Stahlprofile KG **312**

Verbauträger, als verlorener Träger.
Stahlprofile: **Doppel-U-Profil ..... / HEB ..... / HEA .....**
Material: Stahl nach DIN EN 10025, Güte: S235JR (+AR .....)

–€ 839€ **1.088**€ 1.451€ –€ [t] – 006.000.008

10 Baustelle einrichten, Geräteeinheit/Kolonne KG **312**

Einmaliges Einrichten und Räumen der Baustelle mit allen zur Durchführung der Arbeiten und aller erforderlichen Geräte.
Art der Arbeiten: **Bohr- / Ramm- / Rüttelarbeiten**
Einheit: 1 Kolonne inkl. Gerät

8.876€ 15.389€ **18.029**€ 20.894€ 31.513€ [St] ⏱ 2,00 h/St 006.000.001

11 Träger einbinden, Beton KG **312**

Trägereinbindung und Fußauflager aus Ortbeton.
Betongüte: C20/25

–€ 20€ **22**€ 25€ –€ [m] ⏱ 0,05 h/m 006.000.009

12 Bohrloch verfüllen KG **312**

Bohrlochverfüllung
Material: **hydraulisch gebundener Siebschutt / .....**

–€ 8€ **9**€ 9€ –€ [m] ⏱ 0,04 h/m 006.000.010

▶ min
▷ von
ø Mittel
◁ bis
◀ max

13 Verbauausfachung, Holzbohlen KG **312**

Holzausfachung des Verbaus liefern, einbauen und vorhalten. Ausfachung kraftschlüssig verkeilen und verlatten, Hilfsstoffe sind mit einzurechnen. Leistung inkl. komplettem Rückbau der Ausfachung.
Verbauart: **Graben / Baugrube**
Ausfachung: Nadelholzbohlen, Abmessung nach statischer und konstruktiver Vorgabe
Holzdicke: ca. ..... cm
Holzlänge bis: ..... m
Vorhaltezeit: bis zum Verfüllen der Baugrube (siehe Terminplan)

44€ | 64€ | **78**€ | 85€ | 120€ | [m2] | ⏱ 0,35 h/m2 | 006.000.011

14 Verbauausfachung, Spritzbeton KG **312**

Spritzbeton als Ausfachung des Verbaus, bewehrter Spritzbeton, liefern und im Zuge der Aushubarbeiten, zwischen den Verbauträgern einbauen und vorhalten, Bewehrung nach gesonderter Position.
Betongüte: Spritzbeton C .....
Dicke: bis ..... cm
Vorhaltezeit: bis zum Verfüllen der Baugrube (siehe Terminplan)

–€ | 17€ | **22**€ | 27€ | –€ | [m2] | ⏱ 0,10 h/m2 | 006.000.012

15 Verpressanker, Trägerbohlwand KG **312**

Verpressanker (Temporäranker) mit Nachverpresseinrichtungen, gem. DIN 4125, DIN EN 1537 und den Zulassungsbescheiden bohren, einbauen, ggf. mehrmalig verpressen und vorspannen, inkl. Verrohrung und Verpressmörtel, freie Ankerlänge mit geeignetem Material setzungsfrei verfüllen, nach Fertigstellung des Untergeschosses Anker auf Anordnung der Bauleitung entspannen.
Einbaubereich: Trägerbohlwand, Bereich der Gurtungs-Konstruktion
Neigung: nach Plan
Ankerkraft - Bemessungswert: Pd bis ..... KN
Ankerlänge nach Plan: ca. ..... m
Ankerköpfe: **zurückbauen / verloren**
Bohrdurchmesser: ..... mm
Bodenaufbau und Bodengruppen lt. anliegender Verbau-Berechnung und Baugrundgutachten
Für die Ausführung werden vom AG folgende Unterlagen zur Verfügung gestellt:
- Verbau-Statik, Anlage-Nr. .....
- Baugrundgutachten, Anlage-Nr. .....
- Übersichtszeichnungen, Anlage-Nr. .....

–€ | 58€ | **74**€ | 84€ | –€ | [m] | ⏱ 0,40 h/m | 006.000.013

16 Verbauträger-/Bohrköpfe kappen KG **312**

Ramm- / Verdrängungs-Pfahlkopf auf Sollhöhe abbrennen / abstemmen, anfallende Stoffe aufnehmen, fördern und im Behälter des AG sammeln.
Material: **Stahl / Gusseisen / Beton**
Durchmesser: über ..... bis ..... mm
Abtragsdicke: bis 0,5 m
zulässige Toleranz: +/- 2 cm

42€ | 78€ | **94**€ | 99€ | 124€ | [St] | ⏱ 0,50 h/St | 006.000.014

000 001 002 **006** 008 009 010 012 013 014 016 017 018 020 021 022

Nr.	Kurztext / Langtext					Kostengruppe
▶	▷	**ø netto €**	◁	◀	[Einheit]	Ausf.-Dauer Positionsnummer

17 Verbau, Trägerbohlwand, rückverankert KG **312**

Baugrundverbau als Trägerbohlwand bohren, herstellen (Genauigkeit 1% Abweichung von der Lotrechten), vorhalten und zurückbauen. Bemessung, Bodenaufbau und Bodengruppen gem. anliegender Verbau-Berechnung und Baugrundgutachten.
Folgende Einzelleistungen:
- Bohrungen im notwendigen Durchmesser, auf die statisch erforderliche Tiefe, Gesamtlänge Bohrungen: ..... m, Einbindetiefe je Verbau-Stahlträgern: ..... m, Bohrgut seitlich lagern.
- Verbau-Stahlträgern aus Stahlprofile: **Doppel-U-Profil ..... / HEB ..... / HEA .....**, Material: Stahl nach DIN EN 10025, Güte: ....., Einzellänge bis l=..... m, Abstand b= ...... m
- Trägereinbindung mit Beton C ..... und Bohrlochverfüllung aus .....
- Verbau-Ausfachung: Nadelholzbohlen, d= ..... cm, Abmessung nach statisch und konstruktiver Vorgabe
- Vergurtungskonstruktion zum Übertragen der Ankerkräfte auf die Verbauwand, inkl. aller Materiallieferungen wie Konsolen, Längsträger, Ankerkopfunterkonstruktionen usw., in den statisch erforderl. Dimensionen, Material: Stahl nach DIN EN 10025, Güte: S235JR (+AR .....)
- Rückverankerung der Bohlwand, Ausführung gem. anliegender Verbau-Berechnung
- Anker lösen und Vergurtungskonstruktion ausbauen
- Ausfachung zurückbauen.

Gesamtlänge Stahlträger: ..... m
Höhe verbaute Ansichtsfläche: h= ..... m
Abrechnung Trägerbohlwand: Ansichtsfläche (UK vorgegebene Baugrubensohle bis OK Verbau)
Vorhaltezeit: ..... Monate
Für die Ausführung werden vom AG folgende Unterlagen zur Verfügung gestellt:
- Verbau-Statik, Anlage-Nr. .....
- Baugrundgutachten, Anlage-Nr. .....
- Übersichtszeichnungen, Anlage-Nr. .....

121€ 170€ **189**€ 224€ 293€ [m²] ⏱ 2,10 h/m² 006.000.015

18 Verbau, Spundwand, Stahlprofile KG **312**

Baugrubenverbau aus Spundwandprofilen aus Stahl. Einbau in hindernisfreien Boden durch alle Bodenschichten.
Verbautiefe: über 3 bis 6 m
Einbringgenauigkeit: max. 1%, lotrecht
Gesamteindringtiefe: bis 2,0 m
Spundwandprofil: .....
Widerstandsmoment Wy: über 400 bis 500 cm³/m
Vorhaltedauer: .....
Ausführung: gem. Statik und Zeichnung
Baumaßnahme Geotechnischen Kategorie: **1 / 2** DIN 4020
Bodenzuordnung lt.: **Aufstellung / Bericht / Einzelbeschreibung**
Beschreibung und Höhenlagen der Homogenbereiche / Schichtungen: .....

–€ 73€ **105**€ 164€ –€ [m²] ⏱ 1,15 h/m² 006.000.042

19 Stillstand Geräteeinheit, inkl. Personal KG **312**

Stillstand für Kolonne und Gerät, der nicht vom AN zu vertreten ist, bei **Bohr- / Ramm- / Verpress- / Rüttelarbeiten.**

59€ 243€ **384**€ 448€ 589€ [h] ⏱ 1,00 h/h 006.000.018

Kosten:
Stand 1.Quartal 2020
Bundesdurchschnitt

▶ min
▷ von
ø Mittel
◁ bis
◀ max

20 Stundensatz Facharbeiter, Maschinist

Stundenlohnarbeiten für Kolonnenführer, Facharbeiter und Gleichgestellte (z.B. Spezialbaufacharbeiter, Baufacharbeiter, Obermonteure, Monteure, Gesellen, Maschinenführer, Fahrer und ähnliche Fachkräfte). Der Verrechnungssatz für die jeweilige Arbeitskraft umfasst sämtliche Aufwendungen wie Lohn- und Gehaltskosten, lohn- und gehaltsgebundene Kosten, Lohn- und Gehaltsnebenkosten, Gemeinkosten, Wagnis und Gewinn. Leistung nach besonderer Anordnung der Bauüberwachung. Anmeldung und Nachweis gem. VOB/B.

44€ 50€ **51**€ 54€ 59€ [h] ⏱ 1,00 h/h 006.000.017

Nr.	Positionen	Einheit	▶	▷ ø brutto € / ø netto €		◁	◀
1	Pumpensumpf, Betonfertigteil	St	145	540	**676**	1.347	2.431
			122	454	**568**	1.132	2.043
2	Tauchpumpe, Fördermenge bis 10m³/h	St	47	194	**235**	345	652
			39	163	**198**	290	548
3	Betrieb, Pumpe bis 10m³/h	h	0,2	4,8	**6,2**	8,9	15
			0,1	4,1	**5,2**	7,5	12
4	Saugpumpe, Fördermenge bis 20m³/h	St	140	375	**442**	632	898
			118	315	**371**	531	755
5	Betrieb, Pumpe über 10m³/h	h	0,7	4,3	**6,2**	8,2	13
			0,6	3,6	**5,2**	6,9	11
6	Brunnenschacht, Grundwasserabsenkung	St	763	1.658	**2.067**	2.734	3.872
			641	1.394	**1.737**	2.298	3.254
7	Druckrohrleitung, DN100	m	8	20	**24**	25	49
			7	17	**20**	21	41
8	Saugleitungen, DN100	m	7	11	**15**	18	25
			6	10	**12**	16	21
9	Stromerzeuger, 10-20kW	St	1.461	2.478	**2.327**	2.478	3.398
			1.228	2.082	**1.955**	2.082	2.856
10	Absetzbecken, Wasserhaltung	St	1.282	1.558	**2.053**	2.407	2.804
			1.077	1.309	**1.725**	2.023	2.356
11	Messeinrichtung, Wassermenge	St	181	371	**494**	775	1.194
			152	312	**415**	651	1.003
12	Wasserhaltung, Betrieb 10-20l/s	h	0,7	9,4	**12**	20	33
			0,6	7,9	**10**	17	28
13	Stundensatz Facharbeiter, Wasserhaltung	h	45	50	**53**	55	60
			38	42	**45**	46	51

Nr. **Kurztext** / Langtext Kostengruppe
▶ ▷ **ø netto €** ◁ ◀ [Einheit] Ausf.-Dauer Positionsnummer

1 Pumpensumpf, Betonfertigteil KG **313**

Pumpensumpf aus Betonfertigteilringen herstellen, während der gesamten Bauzeit vorhalten und wieder entfernen, inkl. erforderlichem Aushub, seitlicher Lagerung und Wiederverfüllung.
Lage: innerhalb der Baugrube
Tiefe: bis 3,00 m
Durchmesser: DN1.000
Lichter Sohlenquerschnitt: bis 1,00 m²
Boden: Homogenbereich ....., mit einer Bodengruppe, Bodengruppe: ..... DIN 18196
- Steinanteil: bis .....% Massenanteil DIN EN ISO 14688-1
- Konsistenz DIN EN ISO 14688-1: .....
- Lagerungsdichte: .....

Aushubprofil: .....

122€ 454€ **568**€ 1.132€ 2.043€ [St] ⏱ 2,40 h/St 008.000.002

008

Kosten:
Stand 1.Quartal 2020
Bundesdurchschnitt

▶ min
▷ von
ø Mittel
◁ bis
◀ max

2 Tauchpumpe, Fördermenge bis 10m³/h KG **313**

Tauchpumpe mit Schwimmer an Druckrohrleitung anschließen, einbauen, vorhalten, betreiben und entfernen.
Fördermenge: 10 m³/h
Förderhöhe: bis 5,00 m
Einbauort: Pumpensumpf in Baugrube
Vorhaltedauer: ..... Wochen

39€ | 163€ | **198**€ | 290€ | 548€ | [St] | ⏱ 2,00 h/St | 008.000.003

3 Betrieb, Pumpe bis 10m³/h KG **313**

Tauchpumpe betreiben, elektrischer Antrieb.
Förderhöhe: bis 5,00 m
Fördermenge: bis 10 m³/h

0,1€ | 4,1€ | **5,2**€ | 7,5€ | 12€ | [h] | ⏱ 1,00 h/h | 008.000.005

4 Saugpumpe, Fördermenge bis 20m³/h KG **313**

Tauchpumpe mit Schwimmer an Druckrohrleitung anschließen, einbauen, vorhalten, betreiben und entfernen.
Fördermenge: 20 m³/h
Förderhöhe: bis 10,0 m
Einbauort: Pumpensumpf in Baugrube
Vorhaltedauer: ..... Wochen

118€ | 315€ | **371**€ | 531€ | 755€ | [St] | ⏱ 2,00 h/St | 008.000.004

5 Betrieb, Pumpe über 10m³/h KG **313**

Saugpumpe betreiben, elektrischer Antrieb.
Förderhöhe: bis 10,00 m
Fördermenge: bis 20 m³/h

0,6€ | 3,6€ | **5,2**€ | 6,9€ | 11€ | [h] | ⏱ 1,00 h/h | 008.000.006

6 Brunnenschacht, Grundwasserabsenkung KG **313**

Absenkung des Grundwasserspiegels, mittels Bohrungen samt Brunneneinbauten:
- Abteufen der verrohrten Brunnenbohrung, einschl. Ziehen der Bohrrohre, das Bohrgut ist abzutransportieren
- anfallendes Bohrwasser ableiten und klären; Klarspülen der verrohrten Bohrlöcher
- Filterrohre mit Schlitzbrückenlochung und stufenloser Verbindung
- Filterkiespackung als Ummantelung und Sohlschichtung entsprechend dem vorhandenen Boden
- inkl. Grundvorhaltung; weitere Vorhaltung nach getrennter Position
- nach Vorhaltung gesamte Anlage wieder abbauen, inkl. Verfüllen der Bohrlöcher

Boden / Homogenbereich / Geländeprofil: siehe anliegendes Bodengutachten
Bohrlochlänge: ..... m
Bohrlochdurchmesser: ..... mm
Vorhaltedauer: ..... Wochen

641€ | 1.394€ | **1.737**€ | 2.298€ | 3.254€ | [St] | ⏱ 12,00 h/St | 008.000.007

Nr.	Kurztext / Langtext						Kostengruppe
▶	▷	**ø netto €**	◁	◀	[Einheit]	Ausf.-Dauer	Positionsnummer

7 Druckrohrleitung, DN100 KG **313**

Druckrohrleitung betriebsfertig herstellen, vorhalten und wieder entfernen, inkl. aller notwendigen Formstücke, Anschlüsse und Armaturen.
Vorhaltedauer: ..... Wochen
Nenngröße: DN100

▶	▷	ø	◁	◀	Einheit	Ausf.-Dauer	Positionsnummer
7€	17€	**20**€	21€	41€	[m]	⏱ 0,35 h/m	008.000.008

8 Saugleitungen, DN100 KG **313**

Saugschläuche betriebsfertig herstellen, vorhalten und wieder entfernen, inkl. aller notwendigen Formstücke, Anschlüsse und Armaturen.
Vorhaltedauer: ..... Wochen
Nenngröße: DN100

▶	▷	ø	◁	◀	Einheit	Ausf.-Dauer	Positionsnummer
6€	10€	**12**€	16€	21€	[m]	⏱ 0,12 h/m	008.000.009

Kosten:
Stand 1.Quartal 2020
Bundesdurchschnitt

9 Stromerzeuger, 10-20kW KG **313**

Stromaggregat für Betrieb von Wasserpumpen, aufstellen, anschließen und abbauen, inkl. Betriebsstoffe und Aufsichtspersonal; Betrieb nach gesonderter Abrechnung.
Leistung: 10-20 kW

▶	▷	ø	◁	◀	Einheit	Ausf.-Dauer	Positionsnummer
1.228€	2.082€	**1.955**€	2.082€	2.856€	[St]	⏱ 15,00 h/St	008.000.001

10 Absetzbecken, Wasserhaltung KG **313**

Absetzbecken für Reinigung von abgepumptem Grund- und Tagwassers, aufbauen und wieder abbauen; inkl. Messeinrichtung und Feststellen des geförderten Wassers. Beseitigung abgesetztes Material nach gesonderter Leistung.
Volumen: 5 m³
Durchflussmenge: ..... l/s

▶	▷	ø	◁	◀	Einheit	Ausf.-Dauer	Positionsnummer
1.077€	1.309€	**1.725**€	2.023€	2.356€	[St]	⏱ 12,00 h/St	008.000.011

11 Messeinrichtung, Wassermenge KG **313**

Messeinrichtung einbauen, vorhalten und ausbauen. Protokollierung des abgepumpten Wassers als gesonderte Leistung.
Einbauort: nach Absetzmulde und vor Einleitung ins öffentliche Entwässerungsnetz
Vorhaltedauer: ..... Wochen

▶	▷	ø	◁	◀	Einheit	Ausf.-Dauer	Positionsnummer
152€	312€	**415**€	651€	1.003€	[St]	⏱ 0,50 h/St	008.000.015

12 Wasserhaltung, Betrieb 10-20l/s KG **313**

Wasserhaltung / Grundwasserabsenkung betreiben, inkl. Betriebs- und Energiekosten.
Durchflussmenge: 10-20 l/s

▶	▷	ø	◁	◀	Einheit	Ausf.-Dauer	Positionsnummer
0,6€	7,9€	**10**€	17€	28€	[h]	⏱ 1,00 h/h	008.000.013

13 Stundensatz Facharbeiter, Wasserhaltung

Stundenlohnarbeiten der Wasserhaltungsarbeiten, für Vorarbeiter, Facharbeiter und Gleichgestellte (z.B. Spezialbaufacharbeiter, Baufacharbeiter, Obermonteure, Monteure, Gesellen, Maschinenführer, Fahrer und ähnliche Fachkräfte). Der Verrechnungssatz für die jeweilige Arbeitskraft umfasst sämtliche Aufwendungen wie Lohn- und Gehaltskosten, lohn- und gehaltsgebundene Kosten, Lohn- und Gehaltsnebenkosten, Gemeinkosten, Wagnis und Gewinn. Leistung nach besonderer Anordnung der Bauüberwachung. Anmeldung und Nachweis gem. VOB/B.

▶	▷	ø	◁	◀	Einheit	Ausf.-Dauer	Positionsnummer
38€	42€	**45**€	46€	51€	[h]	⏱ 1,00 h/h	008.000.014

▶ min
▷ von
ø Mittel
◁ bis
◀ max

009

Kosten:
Stand 1.Quartal 2020
Bundesdurchschnitt

▶ min
▷ von
ø Mittel
◁ bis
◀ max

Nr.	Positionen	Einheit	▶	▷	ø brutto € / ø netto €	◁	◀
1	Asphalt schneiden	m	6	10	**13**	15	21
			5	9	**11**	12	18
2	Aufbruch, Gehwegfläche	m^2	7	19	**19**	23	34
			6	16	**16**	19	29
3	Rohrgrabenaushub, bis 1,25m, lagern, GK1	m^3	18	23	**25**	29	36
			15	19	**21**	24	30
4	Rohrgrabenaushub, bis 1,75m, lagern, GK1	m^3	20	27	**29**	34	43
			17	22	**25**	29	36
5	Rohrgrabenaushub, bis 1,00m, abfahren, GK1	m^3	15	21	**24**	27	33
			13	18	**20**	23	28
6	Rohrgrabenaushub, bis 1,25m, abfahren, GK1	m^3	20	24	**27**	29	37
			17	20	**22**	25	31
7	Rohrgrabenaushub, bis 1,75m, abfahren, GK1	m^3	22	28	**31**	33	40
			19	23	**26**	28	34
8	Aushub, Rohrgraben, schwerer Fels	m^3	26	42	**56**	74	101
			22	35	**47**	62	84
9	Handaushub, bis 1,25m	m^3	33	64	**77**	99	140
			28	54	**65**	84	118
10	Erdaushub, Schacht DN1.000, bis 1,25m, Verbau	m^3	28	33	**35**	39	47
			24	28	**29**	33	39
11	Erdaushub, Schacht DN1.000, bis 1,75m, Verbau	m^3	28	35	**38**	44	54
			24	30	**32**	37	45
12	Erdaushub, Schacht DN1.000, bis 3,50m, Verbau	m^3	41	51	**56**	68	88
			34	43	**47**	57	74
13	Ummantelung, Rohrleitung, Beton	m	12	25	**33**	40	52
			10	21	**28**	33	44
14	Anschluss, Abwasser, Kanalnetz	St	296	495	**539**	823	1.467
			249	416	**453**	692	1.232
15	Abwasserleitung, Betonrohre DN400	m	77	91	**94**	103	121
			65	77	**79**	87	102
16	Abwasserkanal, Steinzeugrohre, DN100	m	22	30	**34**	43	58
			19	25	**29**	36	48
17	Abwasserkanal, Steinzeugrohre, DN125	m	24	35	**40**	45	60
			20	29	**34**	38	50
18	Abwasserkanal, Steinzeugrohre, DN150	m	26	42	**46**	52	68
			22	35	**38**	44	57
19	Abwasserkanal, Steinzeugrohre, DN200	m	29	48	**56**	59	73
			24	40	**47**	50	62
20	Formstück, Steinzeugrohr, DN100, Bogen	St	24	28	**29**	32	38
			20	23	**24**	27	32
21	Formstück, Steinzeugrohr, DN125, Bogen	St	26	39	**42**	44	49
			22	33	**36**	37	41
22	Formstück, Steinzeugrohr, DN150, Bogen	St	33	40	**44**	55	75
			28	34	**37**	46	63
23	Formstück, Steinzeugrohr, DN200, Bogen	St	71	86	**87**	92	105
			60	72	**73**	77	89
24	Formstück, Steinzeugrohr, DN100, Abzweig	St	29	42	**47**	50	62
			24	35	**39**	42	52

Nr.	Positionen	Einheit	▶	▷ ø brutto € / ø netto €		◁	◀
25	Formstück, Steinzeugrohr, DN125, Abzweig	St	38	50	**54**	60	70
			32	42	**45**	50	59
26	Formstück, Steinzeugrohr, DN150, Abzweig	St	39	54	**61**	70	93
			33	45	**51**	59	78
27	Formstück, Steinzeugrohr, DN200, Abzweig	St	74	82	**84**	92	104
			63	69	**71**	77	87
28	Übergangsstück, Steinzeug, DN125/150	St	25	36	**41**	48	59
			21	30	**35**	41	49
29	Übergangsstück, Steinzeug, DN150/200	St	35	53	**63**	68	74
			29	45	**53**	57	62
30	Übergang, PE/PVC/Steinzeug auf Guss	St	21	32	**37**	45	56
			18	27	**31**	38	47
31	Abwasserkanal, Steinzeug, DN100, inkl. Bettung	m	25	35	**40**	46	57
			21	29	**34**	38	48
32	Abwasserkanal, Steinzeug, DN125, inkl. Bettung	m	27	38	**43**	49	61
			22	32	**36**	41	51
33	Abwasserkanal, Steinzeug, DN150, inkl. Bettung	m	31	39	**48**	54	67
			26	33	**40**	46	56
34	Abwasserkanal, Steinzeug, DN200, inkl. Bettung	m	39	51	**56**	63	75
			33	43	**47**	53	63
35	Abwasserkanal, PVC-U, DN/ID100, inkl. Bettung	m	13	23	**26**	31	44
			11	19	**22**	26	37
36	Abwasserkanal, PVC-U, DN/ID125, inkl. Bettung	m	14	26	**30**	36	47
			12	22	**25**	30	39
37	Abwasserkanal, PVC-U, DN/ID150, inkl. Bettung	m	22	31	**35**	41	50
			19	26	**29**	34	42
38	Abwasserkanal, PVC-U, DN/ID200, inkl. Bettung	m	25	46	**54**	60	76
			21	38	**46**	51	64
39	Abwasserkanal, PVC-U, DN/ID100	m	9,7	19	**22**	27	41
			8,2	16	**19**	22	35
40	Abwasserkanal, PVC-U, DN/ID125	m	11	21	**25**	32	45
			9,6	18	**21**	27	38
41	Abwasserkanal, PVC-U, DN/ID150	m	13	23	**28**	34	52
			11	19	**23**	28	43
42	Abwasserkanal, PVC-U, DN/ID200	m	18	33	**38**	46	62
			16	28	**32**	38	52
43	Formstück, PVC-U, DN/ID100, Abzweig	St	16	22	**26**	29	37
			13	18	**22**	24	31
44	Formstück, PVC-U, DN/ID125, Abzweig	St	17	26	**30**	31	42
			14	22	**25**	26	35
45	Formstück, PVC-U, DN/ID150, Abzweig	St	20	28	**32**	37	45
			17	23	**27**	31	38
46	Formstück, PVC-U, DN/ID200, Abzweig	St	29	35	**38**	43	51
			24	30	**32**	36	43
47	Formstück, PVC-U, DN/ID100, Bogen	St	8,0	11	**12**	18	27
			6,7	9,3	**10**	15	22
48	Formstück, PVC-U, DN/ID125, Bogen	St	8,8	14	**15**	21	35
			7,4	11	**13**	18	29

000
001
002
006
008
009
010
012
013
014
016
017
018
020
021
022

Kosten:
Stand 1.Quartal 2020
Bundesdurchschnitt

Nr.	Positionen	Einheit	▶	▷	ø brutto € / ø netto €	◁	◀
49	Formstück, PVC-U, DN/ID150, Bogen	St	8,7	16	**18**	28	40
			7,3	14	**15**	23	34
50	Formstück, PVC-U, DN/ID200, Bogen	St	10	22	**26**	34	53
			8,6	19	**22**	29	44
51	Übergang, PVC-U auf Steinzeug/Beton	St	15	33	**39**	49	74
			13	27	**32**	41	62
52	Abwasserkanal duktiles Gussrohr, DN/ID100	m	38	51	**57**	62	91
			32	43	**48**	52	77
53	Abwasserkanal duktiles Gussrohr, DN/ID125	m	72	97	**108**	147	202
			60	82	**91**	123	169
54	Abwasserkanal duktiles Gussrohr, DN/ID150	m	94	129	**143**	155	218
			79	108	**120**	130	184
55	Abwasserleitung, duktiles Gussrohr, DN/ID200	m	126	187	**212**	244	297
			106	157	**178**	205	250
56	Formstück, duktiles Gussrohr, Bogen, DN/ID100	St	17	19	**20**	22	24
			15	16	**17**	18	20
57	Formstück, duktiles Gussrohr, Übergangsstück	St	61	88	**108**	119	137
			51	74	**90**	100	115
58	Formstück, duktiles Gussrohr, Abzweig, DN/ID100	St	21	26	**28**	33	42
			18	22	**23**	28	35
59	Abwasserkanal, PP-Rohre, DN/OD110	m	16	22	**25**	33	46
			14	19	**21**	28	39
60	Abwasserkanal, PP-Rohre, DN/OD160	m	17	24	**27**	39	57
			14	20	**23**	33	48
61	Abwasserkanal, PP-Rohre, DN/OD200	m	20	30	**34**	45	60
			17	25	**29**	38	50
62	Abwasserleitung, PE-HD-Rohre, DN/ID100	m	17	21	**23**	28	34
			14	18	**19**	23	29
63	Abwasserkanal PE-HD-Rohre, DN/ID125	m	20	27	**33**	38	49
			17	23	**27**	32	41
64	Abwasserleitung, PE-HD-Rohre, DN/ID150	m	24	33	**37**	43	53
			20	28	**31**	36	45
65	Abwasserleitung, PE-HD-Rohre, DN/ID200	m	28	38	**44**	47	57
			24	32	**37**	40	48
66	Standrohr, duktiles Gussrohr/Grauguss	St	50	76	**89**	97	130
			42	64	**75**	82	109
67	Dichtheitsprüfung, Grundleitung	St	214	365	**436**	612	892
			180	307	**367**	514	750
68	Dichtheitsprüfung, Grundleitung	m	2	4	**5**	10	21
			1	4	**5**	8	18
69	Hofablauf, Polymerbeton, A15	St	186	245	**275**	302	360
			156	206	**231**	254	302
70	Straßenablauf, Polymerbeton, B125	St	250	330	**369**	386	468
			210	277	**310**	324	394
71	Straßenablauf, Polymerbeton, D400	St	332	426	**471**	519	694
			279	358	**396**	436	583
72	Bodenablauf, Gusseisen	St	80	162	**198**	296	414
			67	136	**166**	249	348

▶ min
▷ von
ø Mittel
◁ bis
◀ max

Nr.	Positionen	Einheit	▶	▷ ø brutto € / ø netto €	◁	◀
73	Reinigungsrohr, Putzstück, DN100	St	40	89	**111**	175	311
			33	74	**94**	147	261
74	Absperreinrichtung, Kanal, Gusseisen	St	171	300	**356**	543	784
			144	252	**299**	456	659
75	Rückstaudoppelverschluss, DN100, Kunststoff	St	172	251	**281**	416	568
			145	211	**236**	350	478
76	Schachtsohle, ausformen/Gerinne einbringen	St	113	284	**352**	504	681
			95	239	**295**	423	572
77	Schachtring, DN1.000, Beton, 250mm	St	75	104	**119**	136	164
			63	87	**100**	114	138
78	Schachtring, DN1.000, Beton, 500mm	St	104	145	**159**	187	260
			87	121	**134**	157	219
79	Schachthals, Kontrollschacht	St	88	145	**162**	183	251
			74	122	**136**	154	211
80	Steigeisen, Form A / B, Stb-Schacht	St	38	50	**58**	64	73
			32	42	**49**	54	62
81	Auflagering, DN625, Fertigteil	St	19	32	**38**	49	71
			16	27	**32**	41	60
82	Leistungsanschluss, Schacht	St	43	125	**172**	300	478
			37	105	**144**	252	402
83	Seitenzulauf zum Schacht	St	27	78	**103**	135	208
			23	65	**86**	113	175
84	Schachtabdeckung, Klasse A15	St	120	181	**210**	256	366
			101	152	**176**	215	308
85	Schachtabdeckung, Klasse C250	St	193	299	**339**	385	649
			162	251	**285**	324	546
86	Schachtabdeckung, Klasse D400	St	237	360	**400**	608	1.014
			199	302	**336**	511	852
87	Schmutzfangkorb, Schachtabdeckung	St	23	50	**55**	60	194
			20	42	**46**	50	163
88	Schachtabdeckung anpassen	St	32	107	**137**	203	369
			27	90	**115**	170	310
89	Kontrollschacht komplett, bis 3,5m	St	683	1.257	**1.487**	1.815	2.498
			574	1.057	**1.249**	1.525	2.099
90	Regenwasserspeicher, Stahlbeton	St	2.671	3.894	**4.270**	5.469	7.563
			2.244	3.272	**3.588**	4.595	6.356
91	Entwässerungsrinne, Klasse C250, Beton	m	85	157	**187**	223	305
			71	132	**157**	187	256
92	Entwässerungsrinne, Klasse D400, Beton	m	123	241	**285**	393	667
			103	203	**239**	331	561
93	Entwässerungsrinne, Abdeckung Guss, C250	m	55	76	**87**	100	129
			46	64	**73**	84	109
94	Entwässerungsrinne, Abdeckung Guss, C400	m	76	104	**126**	136	152
			64	87	**106**	114	128
95	Entwässerungsrinne, Abdeckung, Schlitzaufsatz	m	55	79	**88**	94	129
			46	67	**74**	79	109
96	Kanalreinigung, Hochdruckspülgerät	m	1	4	**6**	12	23
			1	4	**5**	10	20

Nr.	Positionen	Einheit	▶	▷ ø brutto € / ø netto €		◁	◀
97	Kanalprüfung, Kamera	m	2	5	**6**	7	9
			2	4	**5**	6	8
98	Stundensatz Facharbeiter, Kanalarbeiten	h	58	61	**62**	66	70
			48	51	**52**	55	59
99	Stundensatz Helfer, Kanalarbeiten	h	50	53	**55**	56	59
			42	45	**46**	47	49

Nr. **Kurztext** / Langtext Kostengruppe
▶ ▷ **ø netto €** ◁ ◀ [Einheit] Ausf.-Dauer Positionsnummer

Kosten:
Stand 1.Quartal 2020
Bundesdurchschnitt

1 Asphalt schneiden KG **221**

Befestigte Asphalt-Flächen streifenförmig schneiden.
Belagsstärke: ca. 150 mm

5€ 9€ **11**€ 12€ 18€ [m] ⏱ 0,16 h/m 009.000.002

2 Aufbruch, Gehwegfläche KG **221**

Bituminös befestigte Flächen streifenförmig aufbrechen, anfallendes Material laden, abfahren und entsorgen, inkl. exakter Schneidearbeiten des Belages und Deponiegebühren.
Belagsstärke: bis 15 cm
Streifenbreite: ca. 70-100 cm
Abfallschlüssel AVV: 170302
Deponie: nach Wahl des AN

6€ 16€ **16**€ 19€ 29€ [m²] ⏱ 0,40 h/m² 009.000.003

A 1 Rohrgrabenaushub, GK1 Beschreibung für Pos. **3-7**

Boden für Rohrgraben- und Schachtaushub profilgerecht lösen, laden, fördern und lagern. Gefälle gem. Entwässerungsplanung. Verbau wird gesondert vergütet.
Sohlenbreite: .....
Förderweg: ..... m
Baumaßnahmen der Geotechnischen Kategorie 1 DIN 4020.
Homogenbereich: 1
Homogenbereich 1 oben: ..... m
Homogenbereich 1 unten: ..... m
Anzahl der Bodengruppen: ..... St
Bodengruppen DIN 18196: .....
Massenanteile der Steine DIN EN ISO 14688-1: über .....% bis .....%
Massenanteile der Blöcke DIN EN ISO 14688-1: über .....% bis .....%
Konsistenz DIN EN ISO 14688-1: .....
Lagerungsdichte: .....
Homogenbereiche lt.: .....

▶ min
▷ von
ø Mittel
◁ bis
◀ max

3 **Rohrgrabenaushub, bis 1,25m, lagern, GK1** KG **511**

Wie Ausführungsbeschreibung A 1
Leistungsumfang: lösen, fördern, auf der Baustelle lagern
Gesamtabtragstiefe: bis 1,25 m
Förderweg: ..... m
Mengenermittlung nach Aufmaß an der Entnahmestelle.

15€ 19€ **21**€ 24€ 30€ [m3] ⏱ 0,32 h/m3 002.001.141

4 **Rohrgrabenaushub, bis 1,75m, lagern, GK1** KG **511**

Wie Ausführungsbeschreibung A 1
Leistungsumfang: lösen, fördern, auf der Baustelle lagern
Gesamtabtragstiefe: bis 1,25 m
Förderweg: ..... m
Mengenermittlung nach Aufmaß an der Entnahmestelle.

17€ 22€ **25**€ 29€ 36€ [m3] ⏱ 0,34 h/m3 002.000.070

5 **Rohrgrabenaushub, bis 1,00m, abfahren, GK1** KG **511**

Wie Ausführungsbeschreibung A 1
Leistungsumfang: lösen, fördern, zur Verwertungsanlage abfahren
Gesamtabtragstiefe: bis 1,00 m
Abrechnung: **nach Verdrängung / auf Nachweisrapport / Wiegescheine der Deponie**

13€ 18€ **20**€ 23€ 28€ [m3] ⏱ 0,32 h/m3 002.001.151

6 **Rohrgrabenaushub, bis 1,25m, abfahren, GK1** KG **511**

Wie Ausführungsbeschreibung A 1
Leistungsumfang: lösen, fördern, zur Verwertungsanlage abfahren
Gesamtabtragstiefe: bis 1,20 m
Abrechnung: **nach Verdrängung / auf Nachweisrapport / Wiegescheine der Deponie**

17€ 20€ **22**€ 25€ 31€ [m3] ⏱ 0,32 h/m3 002.001.149

7 **Rohrgrabenaushub, bis 1,75m, abfahren, GK1** KG **511**

Wie Ausführungsbeschreibung A 1
Leistungsumfang: lösen, fördern, zur Verwertungsanlage abfahren
Gesamtabtragstiefe: bis 1,75 m
Abrechnung: **nach Verdrängung / auf Nachweisrapport / Wiegescheine der Deponie**

19€ 23€ **26**€ 28€ 34€ [m3] ⏱ 0,34 h/m3 002.001.150

000 001 002 006 008 **009** 010 012 013 014 016 017 018 020 021 022

Nr.	Kurztext / Langtext					Kostengruppe
▶	▷	ø netto €	◁	◀	[Einheit]	Ausf.-Dauer Positionsnummer

8 Aushub, Rohrgraben, schwerer Fels KG **511**

Aushub der Rohrgräben - für Aushubmassen schwer lösbarer Fels Lockerung ggf. mit geeignetem Werkzeug. Abrechnung nach dem gelöstem Boden, auch außerhalb des Profils.
Aushubtiefe: bis 1,75 m
Gesamtbreite: ..... m
Gesamtlänge: ..... m
Förderweg: ..... m
Mengenermittlung nach Aufmaß an der Entnahmestelle
Baumaßnahmen der Geotechnischen Kategorie 1 DIN 4020
Homogenbereich: 1
Homogenbereich 1 oben: ..... m
Homogenbereich 1 unten: ..... m
Anzahl Gesteinsarten: .....
Gesteinsarten: .....
Veränderlichkeit DIN EN ISO 14689-1: .....
Geologische Struktur DIN EN ISO 14689-1: .....
Abstand Trennflächen DIN EN ISO 14689-1: .....
Trennflächen, Gesteinskörperform: ....
Fallrichtung Trennflächen: .....°
Fallwinkel Trennflächen: .....°
Homogenbereiche lt.: .....

22€ 35€ **47€** 62€ 84€ [m³] ⏱ 0,55 h/m³ 009.000.007

9 Handaushub, bis 1,25m KG **511**

Handaushub von **Rohrgräben / Fundamenten / Vertiefungen**, Aushubmaterial seitlich lagern, Feinabtrag profilgerecht gem. Entwässerungs- oder Fundamentplänen, einschl. aller Nebenarbeiten.
Aushubtiefe: bis 1,25 m
Lichte Breite: ..... m
Boden: Homogenbereich 1, mit einer Bodengruppe, Bodengruppe: ..... DIN 18196
- Steinanteil: bis .....% Massenanteil DIN EN ISO 14688-1
- Konsistenz DIN EN ISO 14688-1: .....
- Lagerungsdichte: .....
- Homogenbereiche lt.: .....

Bauteil: .....

28€ 54€ **65€** 84€ 118€ [m³] ⏱ 1,20 h/m³ 009.000.006

A 2 Erdaushub, Schacht DN1.000, Verbau Beschreibung für Pos. **10-12**

Aushub und Wiederverfüllen von Schachtgruben, im Außenbereich, Boden der Schächte profilgerecht ausheben, Aushub seitlich lagern, nach Versetzen und Abdichten des Schachtes mit Aushubmaterial wiederverfüllen und verdichten. Leistung einschl. Verbau, zusätzlicher Vertiefungen, Planieren der Grubensohle, sowie Fördern und Lagern von überschüssigem Aushubmaterial. Laden, Abfuhr und Entsorgung des überschüssigen Bodens, inkl. Deponiegebühren, nach getrennter Position, Nachweis nach Wiegeschein.
Aushubprofil: .....
Verdichtung Schachtsohle: DPr=95%
Verdichtung Verfüllung: DPr=100%
Förderweg Lager: bis 50 m
Geländeprofil: .....

Kosten:
Stand 1.Quartal 2020
Bundesdurchschnitt

▶ min
▷ von
ø Mittel
◁ bis
◀ max

Boden: Homogenbereich ....., mit einer Bodengruppe, Bodengruppe: ..... DIN 18196
- Steinanteil: bis .....% Massenanteil DIN EN ISO 14688-1
- Konsistenz DIN EN ISO 14688-1: .....
- Lagerungsdichte: .....
- Homogenbereiche lt.: .....

10 Erdaushub, Schacht DN1.000, bis 1,25m, Verbau KG **511**

Wie Ausführungsbeschreibung A 2
Aushubtiefe: bis 1,25 m

24€ | 28€ | **29**€ | 33€ | 39€ | [m3] | ⏱ 0,70 h/m3 | 002.001.162

11 Erdaushub, Schacht DN1.000, bis 1,75m, Verbau KG **511**

Wie Ausführungsbeschreibung A 2
Aushubtiefe: bis 1,75 m

24€ | 30€ | **32**€ | 37€ | 45€ | [m3] | ⏱ 0,80 h/m3 | 002.001.163

12 Erdaushub, Schacht DN1.000, bis 3,50m, Verbau KG **511**

Wie Ausführungsbeschreibung A 2
Aushubtiefe: bis 3,50 m

34€ | 43€ | **47**€ | 57€ | 74€ | [m3] | ⏱ 1,95 h/m3 | 002.001.165

13 Ummantelung, Rohrleitung, Beton KG **511**

Ortbeton für Betonummantelung von Rohrleitung, unbewehrt, ohne Anforderung an die Frostsicherheit, inkl. Abschalung. Abrechnung nach Länge ummanteltes Rohr.
Betongüte: C8/10
Expositionsklasse: X0
Rohrgröße: DN100
Ummantelung: ca. 300 x 300 mm

10€ | 21€ | **28**€ | 33€ | 44€ | [m] | ⏱ 0,20 h/m | 009.000.061

14 Anschluss, Abwasser, Kanalnetz KG **551**

Abwasseranschluss an den vorhandenen Anschlusskanal, mit erforderlichen Dichtungs- und Anschlussmaterialien, einschl. Anschlussöffnung herstellen. Freilegen Kanal, Erd- und Verfüllarbeiten in gesonderter Position.
Kanalnennweite: DN150
Anschluss: DN.....
Kanallage / Tiefe: .....

249€ | 416€ | **453**€ | 692€ | 1.232€ | [St] | ⏱ 2,40 h/St | 009.000.013

15 Abwasserleitung, Betonrohre DN400 KG **551**

Betonrohr für Abwasserkanal, Kreisquerschnitt, wandverstärkt mit Muffe, mit Gleitringdichtung, Verlegung in vorhandenem Graben mit Verbau, Bettungsschicht in gesonderter Position.
Grabentiefe: 1,75 bis 4,00 m
Betonrohr: KW-M
Nenngröße: DN400

65€ | 77€ | **79**€ | 87€ | 102€ | [m] | ⏱ 1,40 h/m | 009.000.014

000
001
002
006
008
009
010
012
013
014
016
017
018
020
021
022

Nr.	Kurztext / Langtext						Kostengruppe
▶	▷	**ø netto €**	◁	◀	[Einheit]	Ausf.-Dauer	Positionsnummer

A 3 Abwasserkanal, Steinzeugrohre — Beschreibung für Pos. **16-19**

Abwasserkanal aus Steinzeugrohren, Rohrverbindung mit Steckmuffe nach Verbindungssystem F, in vorhandenen Graben mit Verbau und Aussteifungen; Rohrbettung, Form- und Verbindungsstücke werden gesondert vergütet.

16 Abwasserkanal, Steinzeugrohre, DN100 — KG **551**

Wie Ausführungsbeschreibung A 3
Nenndurchmesser: DN100
Scheiteldruckkraft: FN 34
Grabentiefe: bis 4,00 m

19€	25€	**29**€	36€	48€	[m]	⏱ 0,30 h/m	009.000.015

Kosten:
Stand 1.Quartal 2020
Bundesdurchschnitt

17 Abwasserkanal, Steinzeugrohre, DN125 — KG **551**

Wie Ausführungsbeschreibung A 3
Nenngröße: DN125
Scheiteldruckkraft: FN 34
Grabentiefe: bis 4,00 m

20€	29€	**34**€	38€	50€	[m]	⏱ 0,30 h/m	009.001.090

18 Abwasserkanal, Steinzeugrohre, DN150 — KG **551**

Wie Ausführungsbeschreibung A 3
Nenngröße: DN150
Scheiteldruckkraft: FN 34
Grabentiefe: bis 4,00 m

22€	35€	**38**€	44€	57€	[m]	⏱ 0,40 h/m	009.000.016

19 Abwasserkanal, Steinzeugrohre, DN200 — KG **551**

Wie Ausführungsbeschreibung A 3
Nenngröße: DN200
Scheiteldruckkraft: FN 34
Grabentiefe: bis 4,00 m

24€	40€	**47**€	50€	62€	[m]	⏱ 0,50 h/m	009.000.017

A 4 Formstück, Steinzeugrohr, Bogen — Beschreibung für Pos. **20-23**

Form- und Verbindungsstücke von Steinzeugrohren der Abwasserleitungen.
Formteil: Bogen mit Steckmuffe

20 Formstück, Steinzeugrohr, DN100, Bogen — KG **551**

Wie Ausführungsbeschreibung A 4
Bogenwinkel: **45° / .....°**
Nenngröße: DN100

20€	23€	**24**€	27€	32€	[St]	⏱ 0,30 h/St	009.000.066

21 Formstück, Steinzeugrohr, DN125, Bogen — KG **551**

Wie Ausführungsbeschreibung A 4
Bogenwinkel: **45° / .....°**
Nennweite: DN125

22€	33€	**36**€	37€	41€	[St]	⏱ 0,35 h/St	009.000.067

▶ min
▷ von
ø Mittel
◁ bis
◀ max

22 Formstück, Steinzeugrohr, DN150, Bogen KG **551**
Wie Ausführungsbeschreibung A 4
Bogenwinkel: **45° / .....°**
Nennweite: DN150
28€ 34€ **37**€ 46€ 63€ [St] ⏱ 0,40 h/St 009.000.068

23 Formstück, Steinzeugrohr, DN200, Bogen KG **551**
Wie Ausführungsbeschreibung A 4
Bogenwinkel: **45° / .....°**
Nennweite: DN200
60€ 72€ **73**€ 77€ 89€ [St] ⏱ 0,50 h/St 009.000.069

A 5 Formstück, Steinzeugrohr, Abzweig Beschreibung für Pos. **24-27**
Form- und Verbindungsstücke von Steinzeugrohren der Abwasserleitungen.
Formteil: Abzweig mit Steckmuffe

24 Formstück, Steinzeugrohr, DN100, Abzweig KG **551**
Wie Ausführungsbeschreibung A 5
Nennweite: DN100
24€ 35€ **39**€ 42€ 52€ [St] ⏱ 0,30 h/St 009.000.070

25 Formstück, Steinzeugrohr, DN125, Abzweig KG **551**
Wie Ausführungsbeschreibung A 5
Nennweite: DN125
32€ 42€ **45**€ 50€ 59€ [St] ⏱ 0,30 h/St 009.000.071

26 Formstück, Steinzeugrohr, DN150, Abzweig KG **551**
Wie Ausführungsbeschreibung A 5
Nennweite: DN150
33€ 45€ **51**€ 59€ 78€ [St] ⏱ 0,35 h/St 009.000.072

27 Formstück, Steinzeugrohr, DN200, Abzweig KG **551**
Wie Ausführungsbeschreibung A 5
Nennweite: DN200
63€ 69€ **71**€ 77€ 87€ [St] ⏱ 0,40 h/St 009.000.073

28 Übergangsstück, Steinzeug, DN125/150 KG **551**
Übergangsstück für Steinzeugrohre von Abwasserleitungen, mit Steckmuffe.
Übergang: DN125 nach DN150
21€ 30€ **35**€ 41€ 49€ [St] ⏱ 0,25 h/St 009.000.021

29 Übergangsstück, Steinzeug, DN150/200 KG **551**
Übergangsstück für Steinzeugrohre von Abwasserleitungen, mit Steckmuffe.
Übergang: DN150 nach DN200
29€ 45€ **53**€ 57€ 62€ [St] ⏱ 0,30 h/St 009.000.022

000
001
002
006
008
009
010
012
013
014
016
017
018
020
021
022

Kosten:
Stand 1.Quartal 2020
Bundesdurchschnitt

Nr.	**Kurztext** / Langtext						Kostengruppe
▶	▷	**ø netto €**	◁	◀	[Einheit]	Ausf.-Dauer	Positionsnummer

30 Übergang, PE/PVC/Steinzeug auf Guss KG **551**

Übergangsstück von Abwasserleitungen.
Übergang von: **PE- / PVC-Rohr / Steinzeug** auf Gussrohre
Nennweite: DN100 nach DN100

18€	27€	**31**€	38€	47€	[St]	⏱ 0,30 h/St	009.000.029

A 6 Abwasserkanal, Steinzeugrohre, inkl. Bettung Beschreibung für Pos. **31-34**

Abwasserkanal aus Steinzeugrohren, Rohrverbindung mit Steckmuffe, auf vorhandener Sohle, inkl. Bettung Typ 1, untere Rohrbettung aus gebrochenen Stoffen, oberer Rohrbettung aus Sand.
Bettungsschicht unten: mind. 15 cm

31 Abwasserkanal, Steinzeug, DN100, inkl. Bettung KG **551**

Wie Ausführungsbeschreibung A 6
Nenngröße: DN100
Scheiteldruckkraft: **FN 34 / FN28**
Rohrverbinder: **Typ F / E / .....**
Bettungsschicht unten: mind. 15 cm
Grabentiefe: 1,00 bis 1,25 m

21€	29€	**34**€	38€	48€	[m]	⏱ 0,30 h/m	009.001.091

32 Abwasserkanal, Steinzeug, DN125, inkl. Bettung KG **551**

Wie Ausführungsbeschreibung A 6
Nenngröße: DN125
Scheiteldruckkraft: **FN 34 / FN28**
Rohrverbinder: **Typ F / E / .....**
Bettungsschicht unten: mind. 15 cm
Grabentiefe: 1,00 bis 1,25 m

22€	32€	**36**€	41€	51€	[m]	⏱ 0,30 h/m	009.001.092

33 Abwasserkanal, Steinzeug, DN150, inkl. Bettung KG **551**

Wie Ausführungsbeschreibung A 6
Nenngröße: DN150
Scheiteldruckkraft: **FN 34 / FN28**
Rohrverbinder: **Typ F / E / .....**
Bettungsschicht unten: mind. 15 cm
Grabentiefe: 1,00 bis 1,25 m

26€	33€	**40**€	46€	56€	[m]	⏱ 0,35 h/m	009.001.093

34 Abwasserkanal, Steinzeug, DN200, inkl. Bettung KG **551**

Wie Ausführungsbeschreibung A 6
Nenngröße: DN200
Scheiteldruckkraft: **FN 34 / FN28**
Rohrverbinder: **Typ F / E / .....**
Grabentiefe: 1,00 bis 1,25 m

33€	43€	**47**€	53€	63€	[m]	⏱ 0,37 h/m	009.001.094

▶ min
▷ von
ø Mittel
◁ bis
◀ max

A 7 Abwasserkanal, PVC-U, inkl. Bettung — Beschreibung für Pos. **35-38**

Abwasserleitung aus PVC-U-Rohren, 100% recycelbar, mit Mehrlippendichtung, Rohrverbindung mit Steckmuffe, einschl. Schweiß- oder Klebe- sowie Dichtungsmaterial, auf vorhandener Sohle, inkl. unterer Rohrbettung aus gebrochenen Stoffen und oberer Rohrbettung aus Sand. Form- und Verbindungsstücke werden gesondert vergütet.
Bettungsschicht unten: mind. 15 cm

35 Abwasserkanal, PVC-U, DN/ID100, inkl. Bettung — KG **551**

Wie Ausführungsbeschreibung A 7
Nenngröße: DN/ID100
Steifigkeitsklasse: SN 8 kN/m²
Bettungsschicht unten: mind. 15 cm
Grabentiefe: 1,00 bis 1,25 m

11€ | 19€ | **22**€ | 26€ | 37€ | [m] | ⏱ 0,27 h/m | 009.001.095

36 Abwasserkanal, PVC-U, DN/ID125, inkl. Bettung — KG **551**

Wie Ausführungsbeschreibung A 7
Nenngröße: DN/ID125
Steifigkeitsklasse: SN 8 kN/m²
Bettungsschicht unten: mind. 15 cm
Grabentiefe: 1,00 bis 1,25 m

12€ | 22€ | **25**€ | 30€ | 39€ | [m] | ⏱ 0,25 h/m | 009.001.096

37 Abwasserkanal, PVC-U, DN/ID150, inkl. Bettung — KG **551**

Wie Ausführungsbeschreibung A 7
Nenngröße: Nenngröße: DN/ID100
Steifigkeitsklasse: SN 8 kN/m²
Bettungsschicht unten: mind. 15 cm
Grabentiefe: 1,00 bis 1,25 m

19€ | 26€ | **29**€ | 34€ | 42€ | [m] | ⏱ 0,30 h/m | 009.001.097

38 Abwasserkanal, PVC-U, DN/ID200, inkl. Bettung — KG **551**

Wie Ausführungsbeschreibung A 7
Nenngröße: DN/ID200
Steifigkeitsklasse: SN 8 kN/m²
Bettungsschicht unten: mind. 15 cm
Grabentiefe: 1,00 bis 1,25 m

21€ | 38€ | **46**€ | 51€ | 64€ | [m] | ⏱ 0,32 h/m | 009.001.098

A 8 Abwasserkanal, PVC-U — Beschreibung für Pos. **39-42**

Abwasserleitung aus PVC-U-Rohren, 100% recycelbar, mit Mehrlippendichtung, Rohrverbindung mit Steckmuffe, einschl. Schweiß- oder Klebe- sowie Dichtungsmaterial, in vorhandenem Graben. Form- und Verbindungsstücke, sowie Bettung und Verfüllung werden gesondert vergütet.

000
001
002
006
008
009
010
012
013
014
016
017
018
020
021
022

Kosten:
Stand 1.Quartal 2020
Bundesdurchschnitt

▶ min
▷ von
ø Mittel
◁ bis
◀ max

Nr.	**Kurztext** / Langtext					Kostengruppe
▶	▷	**ø netto €**	◁	◀	[Einheit]	Ausf.-Dauer Positionsnummer

39 Abwasserkanal, PVC-U, DN/ID100 KG **551**
Wie Ausführungsbeschreibung A 8
Nenngröße: DN/ID100
Steifigkeitsklasse: SN 8 kN/m²
Grabentiefe: ..... m
8€ 16€ **19**€ 22€ 35€ [m] ⏱ 0,25 h/m 009.000.024

40 Abwasserkanal, PVC-U, DN/ID125 KG **551**
Wie Ausführungsbeschreibung A 8
Nenngröße: DN/ID125
Steifigkeitsklasse: SN 8 kN/m²
Grabentiefe: ..... m
10€ 18€ **21**€ 27€ 38€ [m] ⏱ 0,27 h/m 009.000.064

41 Abwasserkanal, PVC-U, DN/ID150 KG **551**
Wie Ausführungsbeschreibung A 8
Nenngröße: DN/ID150
Steifigkeitsklasse: SN 8 kN/m²
Grabentiefe: ..... m
11€ 19€ **23**€ 28€ 43€ [m] ⏱ 0,27 h/m 009.000.025

42 Abwasserkanal, PVC-U, DN/ID200 KG **551**
Wie Ausführungsbeschreibung A 8
Nenngröße: DN/ID200
Steifigkeitsklasse: SN 8 kN/m²
Grabentiefe: .....
16€ 28€ **32**€ 38€ 52€ [m] ⏱ 0,30 h/m 009.000.065

A 9 Formstück, PVC-U, Abzweig Beschreibung für Pos. **43-46**
Form- und Verbindungsstücke von PVC-U-Rohren der Abwasserleitungen, mit Steckmuffe.
Formteil: Abzweig

43 Formstück, PVC-U, DN/ID100, Abzweig KG **551**
Wie Ausführungsbeschreibung A 9
Nennweite: DN/ID 100
13€ 18€ **22**€ 24€ 31€ [St] ⏱ 0,20 h/St 009.001.099

44 Formstück, PVC-U, DN/ID125, Abzweig KG **551**
Wie Ausführungsbeschreibung A 9
Nennweite: DN/ID 125
14€ 22€ **25**€ 26€ 35€ [St] ⏱ 0,20 h/St 009.001.100

45 Formstück, PVC-U, DN/ID150, Abzweig KG **551**
Wie Ausführungsbeschreibung A 9
Nennweite: DN/ID150
17€ 23€ **27**€ 31€ 38€ [St] ⏱ 0,20 h/St 009.001.101

46 Formstück, PVC-U, DN/ID200, Abzweig KG **551**

Wie Ausführungsbeschreibung A 9
Nennweite: DN/ID200

24€ 30€ **32**€ 36€ 43€ [St] 0,20 h/St 009.001.102

A 10 Formstück, PVC-U, Bogen Beschreibung für Pos. **47-50**

Form- und Verbindungsstücke von PVC-U-Rohren der Abwasserleitungen, mit Steckmuffe.
Formteil: Bogen

47 Formstück, PVC-U, DN/ID100, Bogen KG **551**

Wie Ausführungsbeschreibung A 10
Bogenwinkel: **45° / .....°**
Nennweite: DN/ID100

7€ 9€ **10**€ 15€ 22€ [St] 0,20 h/St 009.000.077

48 Formstück, PVC-U, DN/ID125, Bogen KG **551**

Wie Ausführungsbeschreibung A 10
Bogenwinkel: **45° / .....°**
Nennweite: DN/ID125

7€ 11€ **13**€ 18€ 29€ [St] 0,23 h/St 009.000.078

49 Formstück, PVC-U, DN/ID150, Bogen KG **551**

Wie Ausführungsbeschreibung A 10
Bogenwinkel: **45° / .....°**
Nennweite: DN/ID150

7€ 14€ **15**€ 23€ 34€ [St] 0,26 h/St 009.000.079

50 Formstück, PVC-U, DN/ID200, Bogen KG **551**

Wie Ausführungsbeschreibung A 10
Bogenwinkel: **45° / .....°**
Nennweite: DN/ID200

9€ 19€ **22**€ 29€ 44€ [St] 0,30 h/St 009.000.080

51 Übergang, PVC-U auf Steinzeug/Beton KG **551**

Übergangsstücke von PVC-U-Rohren der Abwasserleitungen auf Steinzeug- oder Betonrohre.
Nennweite ID: **DN100 nach DN100 / DN150 nach DN150**
Anschlussrohre: **Steinzeug / Betonrohr**

13€ 27€ **32**€ 41€ 62€ [St] 0,30 h/St 009.000.028

A 11 Abwasserleitung, duktiles Gussrohr Beschreibung für Pos. **52-55**

Entwässerungskanalleitung aus muffenlosen Rohren aus duktilem Gusseisen (SML), innen mit Teer-Epoxidharzbeschichtung, Rohraußenschutz mit Zementmörtelumhüllung; Verbindung mit Gummimanschette und Spannhülse aus nichtrostendem Stahl. Auflager in nichtbindigem Boden, in vorhandenem Graben mit Verbau und Aussteifungen. Form- und Verbindungsstücken werden gesondert vergütet.

000
001
002
006
008
009
010
012
013
014
016
017
018
020
021
022

Kosten:
Stand 1.Quartal 2020
Bundesdurchschnitt

▶ min
▷ von
ø Mittel
◁ bis
◀ max

Nr.	Kurztext / Langtext						Kostengruppe
▶	▷	**ø netto €**	◁	◀	[Einheit]	Ausf.-Dauer	Positionsnummer

52 Abwasserkanal duktiles Gussrohr, DN/ID100 KG **551**

Wie Ausführungsbeschreibung A 11
Durchmesser: DN/ID100
Auflagerwinkel: 90°
Grabentiefe: bis 1,75 m

32€	43€	**48**€	52€	77€	[m]	⏱ 0,32 h/m	009.000.030

53 Abwasserkanal duktiles Gussrohr, DN/ID125 KG **551**

Wie Ausführungsbeschreibung A 11
Durchmesser: DN/ID125
Auflagerwinkel: 90°
Grabentiefe: bis 1,75 m

60€	82€	**91**€	123€	169€	[m]	⏱ 0,42 h/m	009.000.081

54 Abwasserkanal duktiles Gussrohr, DN/ID150 KG **551**

Wie Ausführungsbeschreibung A 11
Durchmesser: DN/ID150
Auflagerwinkel: 90°
Grabentiefe: bis 1,75 m

79€	108€	**120**€	130€	184€	[m]	⏱ 0,50 h/m	009.000.031

55 Abwasserleitung, duktiles Gussrohr, DN/ID200 KG **551**

Wie Ausführungsbeschreibung A 11
Durchmesser: DN/ID200
Auflagerwinkel: 90°
Grabentiefe: bis 1,75 m

106€	157€	**178**€	205€	250€	[m]	⏱ 0,60 h/m	009.000.082

56 Formstück, duktiles Gussrohr, Bogen, DN/ID100 KG **551**

Form- und Verbindungsstücke der Abwasserleitungen aus duktilem Gussrohr.
Formteil: Bogen
Bogenwinkel: **45° / .....°**
Nennweite: DN/ID100

15€	16€	**17**€	18€	20€	[St]	⏱ 0,20 h/St	009.000.032

57 Formstück, duktiles Gussrohr, Übergangsstück KG **551**

Übergangsstücke von Abwasserleitungen aus duktilem Gussrohr.
Nennweite: DN/ID.....

51€	74€	**90**€	100€	115€	[St]	⏱ 0,40 h/St	009.000.083

58 Formstück, duktiles Gussrohr, Abzweig, DN/ID100 KG **551**

Abzweig von Abwasserleitungen aus duktilem Gussrohr.
Nennweite: DN/ID100

18€	22€	**23**€	28€	35€	[St]	⏱ 0,25 h/St	009.000.084

A 12 Abwasserkanal, PP-Rohre — Beschreibung für Pos. **59-61**

Abwasserleitung aus Polypropylen PP-Rohren, mit EPDM-Dichtung, Rohrverbindung mit Steckmuffe, einschl. Schweiß- oder Klebe-, sowie Dichtungsmaterial, in vorhandenem Graben auf bauseitige Bettung Typ 1.
Steifigkeitsklasse: SN **8 / 10** kN/m²
Form- und Verbindungsstücke werden gesondert vergütet.

59 Abwasserkanal, PP-Rohre, DN/OD110 — KG **551**

Wie Ausführungsbeschreibung A 12
Nenngröße: DN/OD110
Grabentiefe: bis 1,75

14€ | 19€ | **21**€ | 28€ | 39€ | [m] | ⏱ 0,23 h/m | 009.001.104

60 Abwasserkanal, PP-Rohre, DN/OD160 — KG **551**

Wie Ausführungsbeschreibung A 12
Nenngröße: DN/OD160
Grabentiefe: bis 1,75

14€ | 20€ | **23**€ | 33€ | 48€ | [m] | ⏱ 0,23 h/m | 009.000.062

61 Abwasserkanal, PP-Rohre, DN/OD200 — KG **551**

Wie Ausführungsbeschreibung A 12
Nenngröße: DN/OD200
Grabentiefe: bis 1,75

17€ | 25€ | **29**€ | 38€ | 50€ | [m] | ⏱ 0,23 h/m | 009.001.105

A 13 Abwasserkanal PE-HD-Rohre — Beschreibung für Pos. **62-65**

Abwasserleitung aus PE-Rohren, mit Mehrlippendichtung, Rohrverbindung mit Steckmuffe, einschl. Schweiß- oder Klebe- sowie Dichtungsmaterial, in vorhandenem Graben auf bauseitige Bettung Typ 1.
Steifigkeitsklasse: SN **4 / 8 / .....** kN/m²
Form- und Verbindungsstücke werden gesondert vergütet.

62 Abwasserleitung, PE-HD-Rohre, DN/ID100 — KG **551**

Wie Ausführungsbeschreibung A 13
Nenngröße: DN/ID100
Grabentiefe: bis 1,75

14€ | 18€ | **19**€ | 23€ | 29€ | [m] | ⏱ 0,25 h/m | 009.001.106

63 Abwasserkanal PE-HD-Rohre, DN/ID125 — KG **551**

Wie Ausführungsbeschreibung A 13
Nenngröße: DN/ID125
Grabentiefe: bis 1,75

17€ | 23€ | **27**€ | 32€ | 41€ | [m] | ⏱ 0,35 h/m | 009.001.107

64 Abwasserleitung, PE-HD-Rohre, DN/ID150 — KG **551**

Wie Ausführungsbeschreibung A 13
Nenngröße: DN/ID150
Grabentiefe: bis 1,75

20€ | 28€ | **31**€ | 36€ | 45€ | [m] | ⏱ 0,35 h/m | 009.001.108

000 001 002 006 008 **009** 010 012 013 014 016 017 018 020 021 022

Nr.	Kurztext / Langtext						Kostengruppe
▶	▷	**ø netto €**	◁	◀	[Einheit]	Ausf.-Dauer	Positionsnummer

65 Abwasserleitung, PE-HD-Rohre, DN/ID200 KG **551**

Wie Ausführungsbeschreibung A 13
Nenngröße: DN/ID200
Grabentiefe: bis 1,75

24€ 32€ **37**€ 40€ 48€ [m] ⏱ 0,37 h/m 009.001.109

66 Standrohr, duktiles Gussrohr/Grauguss KG **551**

Standrohr, rund, im Sockelbereich einbauen, Übergang zur Grundleitung herstellen, mit lösbaren Rohrschellen am Gebäude befestigen, inkl. Anschluss an Rohrleitungsnetz.
Material: **duktiles Guss- / Grauguss**-Rohr
Nenngröße: DN/ID .....
Oberfläche: **..... / schwarz**

42€ 64€ **75**€ 82€ 109€ [St] ⏱ 0,30 h/St 009.001.083

Kosten:
Stand 1.Quartal 2020
Bundesdurchschnitt

67 Dichtheitsprüfung, Grundleitung KG **551**

Hofablauf als Einlaufkastenkombination, ohne Geruchsverschluss, mit Wasserspiegelgefälle, setzen in Beton.
Einlaufkombination aus:
- Oberteil aus Polymerbeton P, anthrazitschwarz
- Abdeckrost und Kantenschutz aus GFK
- Unterteil aus Polymerbeton P, mit Schlammeimer aus Kunststoff

Nennweite: 10 cm
Abmessungen (L x B): 500 x 300 mm
Belastungsklasse: A15
Beton: Festigkeitsklasse C12/15, X0, WF
Bettungsdicke: 15 cm

180€ 307€ **367**€ 514€ 750€ [St] ⏱ 6,00 h/St 009.000.056

68 Dichtheitsprüfung, Grundleitung KG **551**

Dichtheitsprüfung von neu verlegten Grundleitungen, einschl. aller notwendigen Gerätschaften, Aufstellung eines Protokolls der Prüfung, sowie schadlose Entfernung aller Gerätschaften nach der Prüfung; Dokumentation der Prüfung per Prüfprotokoll.
Nennweite Grundleitungen: **bis DN200 / größer DN200**
Prüfung mittels: **Wasser / Luft**

1€ 4€ **5**€ 8€ 18€ [m] ⏱ 0,20 h/m 009.000.063

69 Hofablauf, Polymerbeton, A15 KG **551**

Hofablauf als Einlaufkastenkombination, mit Wasserspiegelgefälle, liefern und in Beton setzen. Einlaufkombination bestehend aus:
- Oberteil aus Polymerbeton P, anthrazitschwarz
- Abdeckrost und Kantenschutz aus GFK
- Unterteil aus Polymerbeton P, mit Schlammeimer aus Kunststoff

Nennweite: 10 cm
Abmessungen (L x B): 500 x 300 mm
Belastungsklasse: A15
Beton: Festigkeitsklasse C12/15, X0, WF
Dicke: 15 cm

156€ 206€ **231**€ 254€ 302€ [St] ⏱ 1,30 h/St 009.001.110

▶ min
▷ von
ø Mittel
◁ bis
◀ max

A 14 Straßenablauf, Polymerbeton — Beschreibung für Pos. **70-71**

Straßenablauf als Einlaufkastenkombination, ohne Geruchsverschluss, mit Wasserspiegelgefälle, liefern und in Beton setzen. Einlaufkombination bestehend aus:
- Oberteil aus Polymerbeton P, anthrazitschwarz
- Abdeckrost und Kantenschutz aus GFK
- Unterteil aus Polymerbeton P, mit Schlammeimer aus Kunststoff

Beton: Festigkeitsklasse C12/15, X0, WF
Bettungsdicke: 15 cm

70 Straßenablauf, Polymerbeton, B125 — KG **551**

Wie Ausführungsbeschreibung A 14
Nennweite: 10 cm
Abmessungen (L x B): 500 x 300 cm
Belastungsklasse: B125

▶	▷	ø	◁	◀	Einheit	Ausf.-Dauer	Positionsnummer
210€	277€	**310**€	324€	394€	[St]	⏱ 1,56 h/St	009.001.111

71 Straßenablauf, Polymerbeton, D400 — KG **551**

Wie Ausführungsbeschreibung A 14
Nennweite: 10 cm
Abmessungen (L x B): 500 x 300 cm
Belastungsklasse: D400

▶	▷	ø	◁	◀	Einheit	Ausf.-Dauer	Positionsnummer
279€	358€	**396**€	436€	583€	[St]	⏱ 2,80 h/St	009.001.123

72 Bodenablauf, Gusseisen — KG **551**

Bodenablauf mit Rückstauverschluss, mit handverriegelbarem Notverschluss, für fäkalienfreies Abwasser, dreh- und höhenverstellbar, mit Schlammeimer, Geruchsverschluss und Gitterrost
Material Gehäuse: Gusseisen
Abflussleistung: 1,6 l/s
Rohranschluss: DN/ID 100
Durchmesser: 110 mm
Aufsatzstück: 197 x 197 mm
Höhe: ..... mm
Länge: ..... mm
Material Rost: nichtrostender Stahl - Werkstoff 1.4301 - Klasse K3

▶	▷	ø	◁	◀	Einheit	Ausf.-Dauer	Positionsnummer
67€	136€	**166**€	249€	348€	[St]	⏱ 1,50 h/St	009.001.126

73 Reinigungsrohr, Putzstück, DN100 — KG **551**

Putzstück für Steinzeugleitungen, aus Guss, in Kontrollschacht, inkl. Eindichten und Betonbettung mit Zementglattstrich.
Nenngröße: DN100

▶	▷	ø	◁	◀	Einheit	Ausf.-Dauer	Positionsnummer
33€	74€	**94**€	147€	261€	[St]	⏱ 0,30 h/St	009.000.023

74 Absperreinrichtung, Kanal, Gusseisen — KG **551**

Absperreinrichtung aus Gusseisen für Grundleitungsrohr, manuell nutzbar, einschl. Einbau aller Komponenten.
Nenngröße: DN100

▶	▷	ø	◁	◀	Einheit	Ausf.-Dauer	Positionsnummer
144€	252€	**299**€	456€	659€	[St]	⏱ 0,70 h/St	009.000.058

000
001
002
006
008
009
010
012
013
014
016
017
018
020
021
022

Nr.	Kurztext / Langtext						Kostengruppe
▶	▷	ø netto €	◁	◀	[Einheit]	Ausf.-Dauer	Positionsnummer

75 Rückstaudoppelverschluss, DN100, Kunststoff KG **551**

Rückstau-Doppelverschluss für fäkalienfreies Abwasser, mit automatischen Rückstauklappen und Handbetätigung, mit Reinigungsöffnung, für den Einsatz in horizontaler, abwasserführender Leitung, einschl. Anschluss.
Werkstoff: Kunststoff
Nenngröße: DN100
Einsatzbereich: Typ 2

145€ 211€ **236**€ 350€ 478€ [St] ⏱ 0,60 h/St 009.001.112

76 Schachtsohle, ausformen/Gerinne einbringen KG **551**

Schachtsohle ausformen und Gerinne einbringen, gem. DWA-A 157, mit muffenlose Steinzeug-Halbschalen, eingebettet in Mörtel MG III mit Trasszusatz.
Rohrdurchmesser: DN.....

95€ 239€ **295**€ 423€ 572€ [St] ⏱ 1,60 h/St 009.001.084

Kosten:
Stand 1.Quartal 2020
Bundesdurchschnitt

77 Schachtring, DN1.000, Beton, 250mm KG **551**

Schachtring als Betonfertigteil, mit Steigeisen. Ringe mit Muffe, verbunden mit elastischen Dichteinlagen.
Bauhöhe: 250mm
Durchmesser: DN1.000
Form: E, mit beidseitigem Steg
Steigmaß: 250 mm

63€ 87€ **100**€ 114€ 138€ [St] ⏱ 0,60 h/St 009.000.040

78 Schachtring, DN1.000, Beton, 500mm KG **551**

Schachtring als Betonfertigteil, mit Steigeisen. Ringe mit Muffe, verbunden mit elastischen Dichteinlagen.
Bauhöhe: 500mm
Durchmesser: DN1.000
Form: E, mit beidseitigem Steg
Steigmaß: 250 mm

87€ 121€ **134**€ 157€ 219€ [St] ⏱ 0,70 h/St 009.000.041

79 Schachthals, Kontrollschacht KG **551**

Schachthals (Konus) für Kontrollschacht, als Betonfertigteil, mit Steigeisen. Hals mit Muffe, Schachtring verbunden mit elastischen Dichteinlagen.
Wanddicke:120 mm
Durchmesser: DN1.000/625 mm
Steigmaß: 250 mm

74€ 122€ **136**€ 154€ 211€ [St] ⏱ 1,90 h/St 009.000.042

80 Steigeisen, Form A / B, Stb.-Schacht KG **551**

Steigeisen, geeignet für einläufige Steigeisengänge (Steigbügel), Ausführung B, liefern und in runden und geraden Schacht aus Betonfertigteile einbauen, Leistung inkl. Stemmarbeiten und Befestigungsmaterial.
Form: **A / B**
Auftrittsbreite: mind. 300 mm
Material: Edelstahl - PP-ummantelt
Steigmaß: max. 280 mm
Schachtinnendurchmesser: über ...... m

32€ 42€ **49**€ 54€ 62€ [St] ⏱ 0,25 h/St 009.001.121

▶ min
▷ von
ø Mittel
◁ bis
◀ max

81 Auflagering, DN625, Fertigteil KG **551**

Auflagering für höhenexakte Nivellierung der Schachtabdeckung, Material: Stahlbetonfertigteil, aufgesetzt auf Konus bzw. weitere Auflageringe.
Bauhöhe: **60 / 80 / .....** mm
Weite: DN625

16€ | 27€ | **32**€ | 41€ | 60€ | [St] | ⏱ 0,10 h/St | 009.001.087

82 Leistungsanschluss, Schacht KG **551**

Anschluss der Abwasserkanalleitung an Abwasser-Sammelschacht aus Beton, Anschlussöffnung im Schachtkörper herstellen, inkl. Dichtungsarbeiten.
Kanalleitung: ......
Nenngröße: DN.....
Anschlusswinkel: 45°

37€ | 105€ | **144**€ | 252€ | 402€ | [St] | ⏱ 1,95 h/St | 009.000.033

83 Seitenzulauf zum Schacht KG **551**

Seitenzulauf zum Schacht, Ausführung mit gelenkiger Rohreinbindung, Gerinneausführung nach den Grundsätzen des Arbeitsblatts DWA-A 157
Seitenzulauf: DN.....

23€ | 65€ | **86**€ | 113€ | 175€ | [St] | ⏱ 1,10 h/St | 009.001.085

84 Schachtabdeckung, Klasse A15 KG **551**

Schachtabdeckung mit rundem Rahmen, höhengerecht in Mörtel (MG III) versetzen.
Deckel: **ohne / mit** Lüftungsöffnungen
Klasse: A15
Größe: DN800

101€ | 152€ | **176**€ | 215€ | 308€ | [St] | ⏱ 0,20 h/St | 009.001.115

85 Schachtabdeckung, Klasse C250 KG **551**

Schachtabdeckung mit rundem Rahmen, Deckel aus Gusseisen mit Lüftungsöffnungen und Betonfüllung, mit dämpfender Einlage, verschließbar, mit Schmutzfänger F, höhengerecht in Mörtel MG III versetzen.
Klasse: C250
Größe: DN800

162€ | 251€ | **285**€ | 324€ | 546€ | [St] | ⏱ 0,25 h/St | 009.000.044

86 Schachtabdeckung, Klasse D400 KG **551**

Schachtabdeckung mit rundem Rahmen, Deckel aus Gusseisen mit Lüftungsöffnungen und Betonfüllung, mit dämpfender Einlage, verschließbar, mit Schmutzfänger F, höhengerecht in Mörtel MG III versetzen.
Klasse: D400
Größe: DN800

199€ | 302€ | **336**€ | 511€ | 852€ | [St] | ⏱ 0,25 h/St | 009.000.045

87 Schmutzfangkorb, Schachtabdeckung KG **551**

Schmutzfangkorb für Schachtabdeckung mit Lüftungsöffnung, **leichte / schwere** Ausführung aus verzinktem Stahlblech, Boden und Mantel aus einem Stück gezogen.
Durchmesser: **600 / .....** mm

20€ | 42€ | **46**€ | 50€ | 163€ | [St] | ⏱ 0,10 h/St | 009.001.086

000 001 002 006 008 **009** 010 012 013 014 016 017 018 020 021 022

Nr.	Kurztext / Langtext						Kostengruppe
▶	▷	ø netto €	◁	◀	[Einheit]	Ausf.-Dauer	Positionsnummer

88 Schachtabdeckung anpassen KG **551**

Bestehende Schachtabdeckung von Revisions- und Kontrollschächten an neue Höhe anpassen.
Anpassungshöhe: bis 500 mm

27€ 90€ **115**€ 170€ 310€ [St] ⏱ 2,40 h/St 009.000.046

89 Kontrollschacht komplett, bis 3,5m KG **551**

Kontrollschacht als komplette Leistung, rund, aus Fertigteilen, ohne Deckel:

- Schachtbettung aus Ortbeton
- Schachtunterteil für Kontrollschacht und Durchlaufschacht, aus wasserdichtem Beton mit hohem Wassereindringwiderstand, mind. 25 cm hoch (über Rohrscheitel)
- Auftritt in Höhe des Rohrscheitels
- Schachtoberteil aus Betonfertigteilen, bestehend aus Schachtringen, Schachthals und Auflagerring
- Bauteilverbindung als Kompressionsdichtung mit Dichtringen aus Elastomeren, Dichtringe werkseitig fest eingebaut
- Außenwände beschichtet mit: ....., für Wassereinwirkungsklasse: .....
- Anschlüsse mit Muffe, für gelenkige Anbindung Zu- und Abläufe DN/ID......
- Schachtkörper mit Steigeisen
- Schachtsohle mit Gerinne gerade, Auskleidung Gerinne und Auftritt mit Halbschalen und Klinkerriemchen

Beton: Festigkeitsklasse C20/25
Dicke Bodenplatte: mind. 20 cm
Wanddicke: .....
Steigmaß Steigeisen: 333 mm
Schachttiefe: ..... m

574€ 1.057€ **1.249**€ 1.525€ 2.099€ [St] ⏱ 12,00 h/St 009.000.047

90 Regenwasserspeicher, Stahlbeton KG **551**

Regenwasserzisterne aus Stahlbeton, monolithischer Betonguss, einschl. Konus und befahrbarer Abdeckung und allen Passelementen, inkl. revisionierbaren Filter. Ausstattung mit eingebautem Dichtelement für steckfertigen Anschluss aller Leitungen, für Zu- und Ablauf sowie für Leerrohr.
Elastomerdichtung, verschraubbar, Behälter DN..... mm
Wassernutzung: **Toilettenspülung / Gartenwasser / .....**
Bauteilhöhe: ca. ..... m
Volumen: ca. ..... m³
Angeschlossene Entwässerungsfläche: ca. ..... m²
Konstruktion bestehend aus:

- Schachtringen mit Falz DIN 4034, Innendurchmesser **3.000 / .....** mm, Höhe **750 / .....** mm
- Konus mit Falz DIN 4034, exzentrisch, Innendurchmesser **3.000 / .....** mm, Höhe **600 / .....** mm
- Schachtabdeckung: DIN 1229, DN600, Klasse **A15 / B250 / D400**, ohne Lüftung

Aufstellung: unterirdisch, in bauseitig vorbereiteter Baugrubensohle.

2.244€ 3.272€ **3.588**€ 4.595€ 6.356€ [St] ⏱ 3,00 h/St 009.001.088

Kosten:
Stand 1.Quartal 2020
Bundesdurchschnitt

▶ min
▷ von
ø Mittel
◁ bis
◀ max

A 15 **Entwässerungsrinne, Beton** Beschreibung für Pos. **91-92**

Entwässerungsrinne für Regenwasser als Kastenrinne, mit Kantenschutz aus verzinktem Stahl sowie End- und Anfangsteil, inkl. Abgang und Abdeckung mit schraublos arretiertem Stegrost aus verzinktem Stahl; verlegt auf bauseitiges Betonauflager, mit seitlicher Verfüllung.

91 **Entwässerungsrinne, Klasse C250, Beton** KG **551**

Wie Ausführungsbeschreibung A 15
Klasse: C250
Verfüllung: **mit / ohne** Beton C12/15
Nenngröße: .....
Rinnenkörper: aus **Stahlbeton / Kunstharzbeton / .....**
Rinnensohle: **ohne / mit** Gefälle
Abgang: **seitlich / waagrecht / mit Sinkkasten**
Schlitzweite Rost: 8 bis 18 mm

71€ 132€ **157**€ 187€ 256€ [m] ⏱ 0,50 h/m 009.000.053

92 **Entwässerungsrinne, Klasse D400, Beton** KG **551**

Wie Ausführungsbeschreibung A 15
Klasse: D400
Verfüllung: **mit / ohne** Beton C12/15
Nenngröße: .....
Rinnenkörper: aus **Stahlbeton / Kunstharzbeton / .....**
Rinnensohle: **ohne / mit** Gefälle
Abgang: **seitlich / waagrecht / mit Sinkkasten**
Schlitzweite Rost: 8 bis 18 mm

103€ 203€ **239**€ 331€ 561€ [m] ⏱ 0,60 h/m 009.000.054

93 **Entwässerungsrinne, Abdeckung Guss, C250** KG **551**

Abdeckung für Entwässerungsrinne, schraublos arretiert. Passend zu System.
Material: Gusseisen
Nennweite: .....
Klasse: C250
Ausführung: **Lochrost / Stegros**t

46€ 64€ **73**€ 84€ 109€ [m] ⏱ 0,18 h/m 009.001.119

94 **Entwässerungsrinne, Abdeckung Guss, C400** KG **551**

Abdeckung für Entwässerungsrinne, schraublos arretiert. Passend zu System.
Material: Gusseisen
Nennweite: .....
Klasse: D400
Ausführung: **Lochrost / Stegrost**

64€ 87€ **106**€ 114€ 128€ [m] ⏱ 0,18 h/m 009.001.120

000
001
002
006
008
009
010
012
013
014
016
017
018
020
021
022

Nr.	Kurztext / Langtext						Kostengruppe
▶	▷	**ø netto €**	◁	◀	[Einheit]	Ausf.-Dauer	Positionsnummer

95 Entwässerungsrinne, Abdeckung, Schlitzaufsatz KG **551**

Abdeckung für Entwässerungsrinne, schraublos arretiert.
Material: Stahlguss
Nennweite: .....
Klasse: .....
Ausführung: als Schlitzaufsatz
Schlitzbreite: .....

46€ 67€ **74**€ 79€ 109€ [m] ⏱ 0,15 h/m 009.000.055

96 Kanalreinigung, Hochdruckspülgerät KG **551**

Grundleitung zwischen zwei Prüfpunkten mit Hochdruckspülgerät durchspülen, Abfall aufsaugen, laden und entsorgen, inkl. aller erforderlichen Geräte Aufstellung eines Protokolls über Beseitigung und Spülung, sowie schadloses Entfernen der Geräte nach der Prüfung.
Abwasserkanal aus: .....
Haltungslänge: ..... m
Rohrdurchmesser: bis DN....
Nutzung Kanal: Mischwasser

1€ 4€ **5**€ 10€ 20€ [m] ⏱ 0,10 h/m 009.000.057

97 Kanalprüfung, Kamera KG **551**

Kameraprüfung der neu verlegten Grundleitungen, mit Video-Aufzeichnung, inkl. Dokumentieren und Einmessen der Beschädigungen (Muffenversätze, Durchwurzelung, Einmündungen, Verstopfungen, Risse, Brüche, u.dgl.) der Grundleitungen und Aufstellen eines Video- und Prüfprotokolls sowie Übergeben der Unterlagen in einfacher Ausführung. Leistung einschl. aller erforderlichen Gerätschaften, Aufstellung eines Prüfprotokolls, sowie schadloses Entfernen der Gerätschaften nach der Prüfung.
Nennweite der Grundleitungen: **bis DN/ID 200 / über DN/ID 200 bis .....**

2€ 4€ **5**€ 6€ 8€ [m] ⏱ 0,05 h/m 009.000.059

98 Stundensatz Facharbeiter, Kanalarbeiten

Stundenlohnarbeiten für Facharbeiter, Spezialfacharbeiter, Vorarbeiter und jeweils Gleichgestellte. Der Verrechnungssatz für die jeweilige Arbeitskraft umfasst sämtliche Aufwendungen wie Lohn- und Gehaltskosten, lohn- und gehaltsgebundene Kosten, Lohn- und Gehaltsnebenkosten, Gemeinkosten, Wagnis und Gewinn. Leistung nach besonderer Anordnung der Bauüberwachung. Anmeldung und Nachweis gem. VOB/B.

48€ 51€ **52**€ 55€ 59€ [h] ⏱ 1,00 h/h 009.000.089

99 Stundensatz Helfer, Kanalarbeiten

Stundenlohnarbeiten für Werker, Fachwerker und jeweils Gleichgestellte. Der Verrechnungssatz für die jeweilige Arbeitskraft umfasst sämtliche Aufwendungen wie Lohn- und Gehaltskosten, lohn- und gehaltsgebundene Kosten, Lohn- und Gehaltsnebenkosten, Gemeinkosten, Wagnis und Gewinn. Leistung nach besonderer Anordnung der Bauüberwachung. Anmeldung und Nachweis gem. VOB/B.

42€ 45€ **46**€ 47€ 49€ [h] ⏱ 1,00 h/h 009.000.090

Kosten:
Stand 1.Quartal 2020
Bundesdurchschnitt

▶ min
▷ von
ø Mittel
◁ bis
◀ max

010

Kosten:
Stand 1.Quartal 2020
Bundesdurchschnitt

Nr.	Positionen	Einheit	▶	▷	ø brutto € / ø netto €	◁	◀
1	Handaushub, Drängraben, GK1	m³	49	69	**80**	94	118
			41	58	**67**	79	99
2	Aushub, Drängraben, GK1, lagern	m³	17	19	**19**	20	22
			14	16	**16**	17	18
3	Aushub, Dränarbeiten, GK1, lagern/verfüllen	m³	26	32	**34**	38	48
			22	27	**29**	32	40
4	Filtervlies, Erdplanum/Frostschutz	m²	1	3	**3**	4	8
			1	2	**3**	4	7
5	Tragschicht, kapillarbrechend	m²	4	8	**9**	10	13
			3	6	**8**	9	11
6	Kiesfilter, Flächendränage	m³	29	51	**62**	70	86
			25	43	**52**	59	72
7	Dränleitung, PVC-U, DN100	m	5,5	8,6	**9,9**	12	17
			4,6	7,2	**8,3**	9,9	14
8	Dränleitung, PVC-U, DN125	m	6,3	9,2	**10**	13	17
			5,3	7,7	**8,7**	11	14
9	Dränleitung, PVC-U, DN160	m	9,5	13	**14**	16	22
			8,0	11	**11**	14	18
10	Dränleitung, PVC-U, DN200	m	14	21	**24**	29	36
			12	18	**20**	24	30
11	Formstück, Dränleitung, Abzweig	St	10	21	**27**	33	44
			8	18	**22**	28	37
12	Formstück, Dränleitung, Bogen	St	8	15	**18**	22	32
			7	13	**15**	19	27
13	Formstück, Dränleitung, Verschlussstopfen	St	3	6	**8**	13	24
			3	5	**6**	11	20
14	Formstück, Dränleitung, Verbindungsmuffe	St	8	11	**14**	17	24
			7	10	**11**	14	20
15	Formstück, Dränleitung, Reduzierstück	St	8	16	**18**	23	33
			7	13	**15**	19	27
16	Formstück, Dränleitung, T-Stück	St	10	15	**18**	18	31
			8	12	**15**	16	26
17	Anschluss, Dränleitung/Schacht	St	28	65	**79**	99	150
			24	55	**66**	84	126
18	Spülschacht PP, DN315	St	133	228	**268**	347	518
			112	191	**225**	292	435
19	Schachtverlängerung, PP, DN315	m	67	72	**75**	78	85
			56	60	**63**	66	71
20	Schachtabdeckung, Alu, mit Arretierung	St	74	92	**100**	112	121
			62	77	**84**	94	102
21	Schachtabdeckung, Guss, DN315, Klasse B	St	122	193	**206**	236	318
			103	162	**173**	198	267
22	Dichtung, Schachtdeckung	St	8	14	**17**	22	30
			7	12	**15**	19	25
23	Sickerpackung, Dränleitung	m	7	13	**15**	17	24
			6	11	**12**	15	20
24	Sickerpackung, Dränleitung	m³	41	56	**63**	77	107
			34	47	**53**	65	90

▶ min
▷ von
ø Mittel
◁ bis
◀ max

Nr.	Positionen	Einheit	▶	▷	ø brutto € / ø netto €	◁	◀
25	Sickerschacht, Betonfertigteilringe, B125	St	862	1.519	**1.754**	2.186	3.530
			724	1.277	**1.474**	1.837	2.966
26	Sickerschicht, Kies	m³	36	51	**60**	70	86
			30	43	**51**	59	72
27	Filterschicht, Filtermatten, Wand	m²	4	10	**12**	16	24
			3	9	**10**	13	20
28	Filter-/Dränageschicht, Vlies/Noppenbahn, Wand	m²	3	8	**11**	12	16
			3	7	**9**	10	14
29	Sickerschicht, Perimeterplatte, vlieskaschiert	m²	10	14	**16**	18	21
			9	12	**13**	15	17
30	Filter, Vlies, Dränkörper	m²	2	3	**3**	4	5
			1	2	**3**	3	5
31	Filterschicht, Kiessand, Wand	m³	41	47	**50**	54	65
			34	39	**42**	45	55
32	Grobkiesstreifen, Sockelbereich	m³	43	60	**67**	88	115
			36	51	**57**	74	97
33	Dränleitung spülen, Hochdruckgerät	m	1	3	**4**	6	9
			1	2	**3**	5	7
34	Stundensatz Facharbeiter, Dränarbeiten	h	44	50	**54**	61	72
			37	42	**45**	51	61

Nr. **Kurztext** / Langtext — Kostengruppe

▶ ▷ **ø netto €** ◁ ◀ [Einheit] Ausf.-Dauer Positionsnummer

1 Handaushub, Drängraben, GK1 KG **311**

Handaushub von Drängraben, Aushubmaterial seitlich lagern, Feinabtrag profilgerecht gem. Dränageplanung, einschl. aller Nebenarbeiten.
Aushubtiefe: bis ..... m
Lichte Breite: ..... m
Geotechnische Kategorie: 1
Boden: Homogenbereich 1, mit einer Bodengruppe
Bodengruppe: ..... DIN 18196
- Steinanteil: bis .....% Massenanteil DIN EN ISO 14688-1
- Konsistenz DIN EN ISO 14688-1: .....
- Lagerungsdichte: .....
- Homogenbereiche lt.: .....

Bauteil: .....

41€ 58€ **67**€ 79€ 99€ [m³] ⏱ 1,40 h/m³ 010.000.030

2 Aushub, Drängraben, GK1, lagern KG **311**

Handaushub von Drängraben, Aushubmaterial seitlich lagern, Feinabtrag profilgerecht gem. Dränageplanung, einschl. aller Nebenarbeiten.
Aushubtiefe: bis ..... m
Lichte Breite: ..... m
Geotechnische Kategorie: 1
Boden: Homogenbereich 1, mit einer Bodengruppe

000 001 002 006 008 009 010 012 013 014 016 017 018 020 021 022

Nr.	Kurztext / Langtext						Kostengruppe
▶	▷	ø netto €	◁	◀	[Einheit]	Ausf.-Dauer	Positionsnummer

Bodengruppe: ..... DIN 18196
- Steinanteil: bis .....% Massenanteil DIN EN ISO 14688-1
- Konsistenz DIN EN ISO 14688-1: .....
- Lagerungsdichte: .....
- Homogenbereiche lt.: .....

Bauteil: .....

14€ | 16€ | **16**€ | 17€ | 18€ | [m³] | ⏱ 1,40 h/m³ | 010.000.049

3 Aushub, Dränarbeiten, GK1, lagern/verfüllen KG **311**

Boden für Gruben, Schächte, Kanäle u. dgl. profilgerecht lösen, laden, fördern und lagern; seitlich gelagerten Aushub nach Verlegen der Dränleitung wieder aufnehmen und lagenweise verfüllen, inkl. verdichten.
Aushubtiefe / Einbauhöhe: von ..... bis ..... m
Aushubprofil: .....
Sohlenbreite: .....
Förderweg: bis 50 m
Verfüllen Verdichtungsgrad: .....
Geotechnische Kategorie: 1
Boden: Homogenbereich 1, mit einer Bodengruppe
Bodengruppe: ..... DIN 18196
- Steinanteil: bis .....% Massenanteil DIN EN ISO 14688-1
- Konsistenz DIN EN ISO 14688-1: .....
- Lagerungsdichte: .....

Homogenbereiche lt.: .....

22€ | 27€ | **29**€ | 32€ | 40€ | [m³] | ⏱ 0,30 h/m³ | 010.000.001

Kosten:
Stand 1.Quartal 2020
Bundesdurchschnitt

4 Filtervlies, Erdplanum/Frostschutz KG **326**

Filtervlies als Trennlage zwischen verdichtetem Erdplanum und Frostschutzschicht bzw. einzubauender Filterschicht, Stöße überlappt.
Material: .....
Flächengewicht: 125 g/m²
Dicke: mind. 1,1 mm
GRK-Klasse: 2
Dränleistung: 90 l/(s x m²)

1€ | 2€ | **3**€ | 4€ | 7€ | [m²] | ⏱ 0,02 h/m² | 010.000.002

5 Tragschicht, kapillarbrechend KG **325**

Tragschicht, kapillarbrechend, unter Bodenplatte oder Fundament, schichtweise einbringen und verdichten, Oberfläche abgewalzt.
Körnung/Sieblinie: .....
Schichtdicke: i. M. 30 cm
Planum: +/-2 cm
Proctordichte: 103%
Material: **gebrochenes Mineralgemisch / Kies-Schotter-Gemisch / Recyclingstoffe**

3€ | 6€ | **8**€ | 9€ | 11€ | [m²] | ⏱ 0,08 h/m² | 010.000.003

▶ min
▷ von
ø Mittel
◁ bis
◀ max

6 Kiesfilter, Flächendränage KG **326**

Füllmaterial für Filterschichten, zwischen Fundamenten.
Material: Filterkies - natürliche Gesteinskörnung
Körnung / Sieblinie: 8/16
Schichtdicke: mind. 15 cm

25€	43€	**52**€	59€	72€	[m³]	0,60 h/m³	010.000.004

A 1 Dränleitung, PVC-U Beschreibung für Pos. **7-10**

Dränleitung aus PVC-Stangenrohren für Gebäudedränage mit Doppelsteckmuffen.
Dränrohr: PVC-U
Wassereintrittsfläche: mind. 80 cm²/m
Einbauort: **Arbeitsraum / Graben / Baugrube**

7 Dränleitung, PVC-U, DN100 KG **326**

Wie Ausführungsbeschreibung A 1
Typ/Form: .....
Nenngröße: DN100

5€	7€	**8**€	10€	14€	[m]	0,10 h/m	010.000.033

8 Dränleitung, PVC-U, DN125 KG **326**

Wie Ausführungsbeschreibung A 1
Typ/Form: .....
Nenngröße: DN125

5€	8€	**9**€	11€	14€	[m]	0,11 h/m	010.000.034

9 Dränleitung, PVC-U, DN160 KG **326**

Wie Ausführungsbeschreibung A 1
Typ/Form: .....
Nenngröße: DN160

8€	11€	**11**€	14€	18€	[m]	0,12 h/m	010.000.035

10 Dränleitung, PVC-U, DN200 KG **326**

Wie Ausführungsbeschreibung A 1
Typ/Form: .....
Nenngröße: DN200

12€	18€	**20**€	24€	30€	[m]	0,13 h/m	010.000.037

11 Formstück, Dränleitung, Abzweig KG **326**

Form- und Verbindungsstücke für Dränageleitung, aus PVC-U Stangendränrohren.
Formteil: Abzweig 45°
Durchmesser: DN.....
Rohrtyp: .....

8€	18€	**22**€	28€	37€	[St]	0,25 h/St	010.000.041

Kosten:
Stand 1.Quartal 2020
Bundesdurchschnitt

▶ min
▷ von
ø Mittel
◁ bis
◀ max

Nr. **Kurztext** / Langtext — Kostengruppe
▶ ▷ **ø netto €** ◁ ◀ [Einheit] Ausf.-Dauer Positionsnummer

12 Formstück, Dränleitung, Bogen KG **326**

Form- und Verbindungsstücke für Dränageleitung, aus PVC-U Stangendränrohren, mit Steckmuffe.
Formteil: Bogen.....°
Durchmesser: DN.....
Rohrtyp: .....

7€ 13€ **15**€ 19€ 27€ [St] ⏱ 0,20 h/St 010.000.024

13 Formstück, Dränleitung, Verschlussstopfen KG **326**

Form- und Verbindungsstücke für Dränageleitung, aus PVC-U Stangendränrohren, mit Steckmuffe.
Formteil: Verschlussstopfen
Durchmesser: DN.....
Rohrtyp: .....

3€ 5€ **6**€ 11€ 20€ [St] ⏱ 0,14 h/St 010.000.020

14 Formstück, Dränleitung, Verbindungsmuffe KG **326**

Form- und Verbindungsstücke für Dränageleitung, aus PVC-U Stangendränrohren, mit Steckmuffe.
Formteil: Verbindungsmuffe
Rohrtyp: .....

7€ 10€ **11**€ 14€ 20€ [St] ⏱ 0,14 h/St 010.000.038

15 Formstück, Dränleitung, Reduzierstück KG **326**

Form- und Verbindungsstücke für Dränageleitung, aus PVC-U Stangendränrohren, mit Steckmuffe.
Formteil: Reduzierstück
Rohrtyp: .....
Durchmesser: von DN..... auf DN.....

7€ 13€ **15**€ 19€ 27€ [St] ⏱ 0,14 h/St 010.000.039

16 Formstück, Dränleitung, T-Stück KG **326**

Form- und Verbindungsstücke für Dränageleitung, aus PVC-U Stangendränrohren, mit Steckmuffe.
Formteil: Anschluss bzw. T-Stück
Rohrtyp: .....
Durchmesser: .....

8€ 12€ **15**€ 16€ 26€ [St] ⏱ 0,25 h/St 010.000.040

17 Anschluss, Dränleitung/Schacht KG **326**

Anschluss von Dränleitung aus PVC-U an vorhandenen Sickerschacht aus Betonringen, einschl. aller erforderlichen Dichtungs- und Anschlussmaterialien. Aushub- und Verfüllarbeiten in gesonderter Position.
Nenngröße: .....
Schachtgröße: DN.....

24€ 55€ **66**€ 84€ 126€ [St] ⏱ 1,50 h/St 010.000.019

Nr.	Kurztext / Langtext						Kostengruppe
▶	▷	**ø netto €**	◁	◀	[Einheit]	Ausf.-Dauer	Positionsnummer

18 Spülschacht PP, DN315 KG **326**

Spül- und Kontrollschacht aus Polypropylen, aufgehend, für Dränage, mit 3 Anschlüssen für Dränleitung, 1 PP-Abdeckung mit Arretierung, 1 Blindstopfen, sowie mit Sandfang.
Einbauort: an **Richtungswechsel / Tiefpunkt der Dränage-Ringleitung**
Nutzhöhe: ca. 0,80 m
Spülschachtgröße: DN315
Anschlüsse: **DN100 / ..... / DN200**
Blindstopfen: **DN100 / ..... / DN200**

112€ | 191€ | **225**€ | 292€ | 435€ | [St] | ⏱ 0,30 h/St | 010.000.011

19 Schachtverlängerung, PP, DN315 KG **326**

Verlängerung / Aufsetzrohr für Dränagespül- und Kontrollschacht, PVC-U, aufgehend.
Nutzhöhe: ca. 0,8 m
Spülschachtgröße: DN315

56€ | 60€ | **63**€ | 66€ | 71€ | [m] | ⏱ 0,10 h/m | 010.000.047

20 Schachtabdeckung, Alu, mit Arretierung KG **326**

Schachtabdeckung für Drainschacht DN315, mit Deckel geschlossen, mit Arretierung.
Material: Aluminium

62€ | 77€ | **84**€ | 94€ | 102€ | [St] | ⏱ 0,25 h/St | 010.000.042

21 Schachtabdeckung, Guss, DN315, Klasse B KG **326**

Schachtabdeckung für Drainschacht DN315, mit Rahmen, Deckel geschlossen.
Material: Guss
Klasse: B125

103€ | 162€ | **173**€ | 198€ | 267€ | [St] | ⏱ 0,25 h/St | 010.000.043

22 Dichtung, Schachtdeckung KG **326**

Profildichtung für Dränschacht DN315, wasser- und gasdichter Verschluss.

7€ | 12€ | **15**€ | 19€ | 25€ | [St] | ⏱ 0,05 h/St | 010.000.045

23 Sickerpackung, Dränleitung KG **326**

Sickerpackung für Ummantelung der Dränleitung.
Abmessung (H x B): ..... x ..... m
Körnung: 8/16 nach DIN 4095
Material: Kies aus natürlicher Gesteinskörnung

6€ | 11€ | **12**€ | 15€ | 20€ | [m] | ⏱ 0,10 h/m | 010.000.007

24 Sickerpackung, Dränleitung KG **326**

Sickerpackung für Ummantelung der Dränleitung.
Körnung: 8/16 nach DIN 4095
Material: Kies aus natürlicher Gesteinskörnung

34€ | 47€ | **53**€ | 65€ | 90€ | [m³] | ⏱ 0,30 h/m³ | 010.000.005

000
001
002
006
008
009
010
012
013
014
016
017
018
020
021
022

Kosten:
Stand 1.Quartal 2020
Bundesdurchschnitt

Nr.	Kurztext / Langtext						Kostengruppe
▶	▷	ø netto €	◁	◀	[Einheit]	Ausf.-Dauer	Positionsnummer

25 Sickerschacht, Betonfertigteilringe, B125 KG **326**

Sickerschacht aus gelochten Betonfertigteil-Schachtringen, inkl. Sickerpackung, bestehend aus:

- Sauberkeitsschicht aus Kiessand 0/4, Schichtdicke 100 mm
- Schachtringe in Höhen von 250, 500 und 1.000 mm, mit Steigeisen
- Schachthals mit Steigeisen
- Auflagering
- Schachtaufsatz mit Rahmen und Deckel aus Gusseisen, mit Schmutzfänger sowie T-Stück
- eingesetztes Sickerrohr und Prallplatte,
- inkl. Sickerpackung aus Kies aus natürlicher Gesteinskörnung

Sauberkeitsschicht: Körnung 0/32 mm
Schachtringe: DN1.000
Schachthals: DN1.000/625, H= 800 mm
Auflagering: DN625, H= 100 mm
Sickerrohr: DN100
Sickerpackung: aus natürlichem Material, Körnung 32/64mm, H= 1,00 m
Belastungsklasse: B125
Schachttiefe: bis 2,00 m

724€ 1.277€ **1.474€** 1.837€ 2.966€ [St] ⏱ 14,00 h/St 010.000.009

26 Sickerschicht, Kies KG **326**

Sickerpackung aus Kies, für Schacht, inkl. Abdeckung mit Filtervlies.
Körnung: 32/64 mm, natürliche Gesteinskörnung
Schachtgröße: DN.....
Schichthöhe: 1,00 m
Filtervlies: .....

30€ 43€ **51€** 59€ 72€ [m³] ⏱ 0,70 h/m³ 010.000.010

27 Filterschicht, Filtermatten, Wand KG **326**

Schutz- und Dränagesystem auf Bauwerksabdichtung, Bahnen überlappt. Filtervlies nach gesonderter Position.
Einbauort: erdberührte Wand
Arbeitshöhe: bis ..... m
Dränagesystem: .....

3€ 9€ **10€** 13€ 20€ [m²] ⏱ 0,14 h/m² 010.000.013

28 Filter-/Dränageschicht, Vlies/Noppenbahn, Wand KG **335**

Dränage-, Schutz- und Filterschicht aus Kunststoffnoppenbahn mit Vlies und Gleitfolie, auf Bauwerksabdichtung.
Einbauort: erdberührte Wand
Arbeitshöhe: bis ..... m

3€ 7€ **9€** 10€ 14€ [m²] ⏱ 0,12 h/m² 010.000.032

▶ min
▷ von
ø Mittel
◁ bis
◀ max

29 Sickerschicht, Perimeterplatte, vlieskaschiert — KG **335**

Sickerschicht vor Außenwand, aus druckstabilen Polystyrol-Platten, profiliert, mit Vlieskaschierung, Einbau dicht gestoßen, auf senkrechte Bauwerksabdichtung kleben, Einstand in Kiesfilterschicht mind. 30cm.
Plattenmaterial: EPS
Nennwert Wärmeleitfähigkeit: 0,034 W/mK
Dränleistung: <0,3 l/(s x m)
Kante: umlaufend Stufenfalz
Anwendung: PW und Dränage DIN 4095
Einbauhöhe: **bis 4,00 / über 4,00** m
Plattendicke: **50 / 60 / 80 / .....** mm

9€	12€	**13€**	15€	17€	[m^2]	⏱ 0,10 h/m^2	010.000.017

30 Filter, Vlies, Dränkörper — KG **335**

Vlies, filterstabile Trennschicht zwischen Dränkörper und anstehendem Erdreich, vollständige Ummantelung des Dränkörpers, mit Überlappung.
Material: .....
Flächengewicht: ..... g/m^2
Dicke: mind. ..... mm
GRK-Klasse: **2 /** 3

1€	2€	**3€**	3€	5€	[m^2]	⏱ 0,10 h/m^2	010.000.016

31 Filterschicht, Kiessand, Wand — KG **326**

Verfüllmaterial aus Kiessand, humusfrei, lagenweise vor aufgehender Außenwand, inkl. verdichten.
Material: Kiessand, natürlicher Mineralstoff
Verfüllhöhe: .....

34€	39€	**42€**	45€	55€	[m^3]	⏱ 0,50 h/m^3	010.000.014

32 Grobkiesstreifen, Sockelbereich — KG **326**

Auffüllung aus gewaschenem Rundkies, umlaufend um das Gebäude sowie im Bereich von Lichtschächten, verlegt auf Filtervlies.
Anmerkung: Einbau erst nach Fertigstellung des Sockelputzes
Körnung: 32/64 mm, natürliche Gesteinskörnung
Breite: ..... cm
Tiefe: ca. ..... cm

36€	51€	**57€**	74€	97€	[m^3]	⏱ 0,50 h/m^3	010.000.015

33 Dränleitung spülen, Hochdruckgerät — KG **326**

Grundleitung zwischen zwei Prüfpunkten mit Hochdruckspülgerät durchspülen, inkl. aller notwendigen Gerätschaften, inkl. Aufstellung eines Protokolls, sowie schadloser Entfernung aller Gerätschaften nach Abschluss der Arbeiten.

1€	2€	**3€**	5€	7€	[m]	⏱ 0,08 h/m	010.000.031

000
001
002
006
008
009
010
012
013
014
016
017
018
020
021
022

Nr.	Kurztext / Langtext					Kostengruppe
▶	▷	**ø netto €**	◁	◀	[Einheit]	Ausf.-Dauer Positionsnummer

34 Stundensatz Facharbeiter, Dränarbeiten

Stundenlohnarbeiten für Facharbeiter, Spezialfacharbeiter, Vorarbeiter und jeweils Gleichgestellte. Der Verrechnungssatz für die jeweilige Arbeitskraft umfasst sämtliche Aufwendungen wie Lohn- und Gehaltskosten, lohn- und gehaltsgebundene Kosten, Lohn- und Gehaltsnebenkosten, Gemeinkosten, Wagnis und Gewinn. Leistung nach besonderer Anordnung der Bauüberwachung. Nachweis gem. §15 Nr. 3 VOB/B, Anmeldung gem. §2 Nr.10 VOB/B.

37€	42€	**45€**	51€	61€	[h]	⏱ 1,00 h/h	010.000.048

Kosten:
Stand 1.Quartal 2020
Bundesdurchschnitt

- ▶ min
- ▷ von
- ø Mittel
- ◁ bis
- ◀ max

012

Kosten:
Stand 1.Quartal 2020
Bundesdurchschnitt

Nr.	Positionen	Einheit	▶	▷	ø brutto € / ø netto €	◁	◀
1	Querschnittsabdichtung, Mauerwerk bis 11,5cm	m	1,0	2,3	**2,7**	3,6	5,4
			0,8	2,0	**2,3**	3,0	4,6
2	Querschnittsabdichtung, Mauerwerk bis 17,5cm	m	1,6	3,4	**4,1**	5,3	7,0
			1,3	2,9	**3,5**	4,4	5,9
3	Querschnittsabdichtung, Mauerwerk bis 36,5cm	m	3,6	5,5	**6,4**	7,8	11
			3,0	4,6	**5,4**	6,6	9,4
4	Dämmstein, Mauerwerk, 11,5cm	m	19	32	**38**	45	57
			16	27	**32**	37	48
5	Dämmstein, Mauerwerk, 17,5cm	m	23	39	**45**	56	85
			20	33	**38**	47	72
6	Dämmstein, Mauerwerk, 24cm	m	35	55	**62**	81	114
			30	46	**52**	68	96
7	Dämmstein, KS-Mauerwerk, 11,5cm	m	23	26	**28**	30	33
			20	22	**23**	25	28
8	Dämmstein, KS-Mauerwerk 17,5cm	m	30	37	**41**	48	60
			25	31	**35**	40	51
9	Dämmstein, KS-Mauerwerk, 24,0cm	m	38	51	**52**	57	70
			32	43	**43**	48	59
10	Innenwand, Mauerziegel, 11,5cm	m²	44	52	**57**	60	79
			37	43	**48**	50	67
11	Innenwand, Mauerziegel, 24cm	m²	73	79	**82**	86	94
			61	67	**69**	72	79
12	Innenwand, Hlz-Planstein 11,5cm, 8 DF	m²	43	55	**59**	63	77
			36	46	**50**	53	64
13	Innenwand, Hlz-Planstein 24cm	m²	56	78	**85**	101	135
			47	66	**72**	85	113
14	Innenwand, KS L 11,5cm, bis 3DF	m²	41	57	**63**	72	95
			34	48	**53**	60	80
15	Innenwand, KS L 17,5cm, 3DF	m²	62	71	**74**	85	108
			52	59	**62**	72	91
16	Innenwand, KS-Sichtmauerwerk 11,5cm	m²	67	81	**87**	92	107
			56	68	**73**	77	90
17	Innenwand, KS Planstein 11,5cm, 3DF	m²	43	55	**59**	64	74
			36	46	**49**	53	62
18	Innenwand, KS Planstein 17,5cm, 6DF	m²	49	64	**72**	80	101
			41	54	**60**	68	85
19	Innenwand, KS Planstein 24cm, 8DF	m²	57	75	**84**	91	114
			48	63	**70**	77	96
20	Innenwand, KS Rasterelement 11,5cm	m²	34	48	**55**	62	82
			29	41	**46**	52	69
21	Innenwand, KS Rasterelement 24cm	m²	65	78	**86**	99	128
			55	66	**72**	83	107
22	Innenwand, KS Sichtmauerwerk 11,5cm	m²	70	87	**98**	99	107
			59	73	**82**	83	90
23	Innenwand, Porenbeton Planbauplatte 5cm	m²	40	46	**49**	53	62
			34	39	**41**	45	52
24	Innenwand, Porenbeton Planbauplatte 10cm	m²	53	59	**63**	70	80
			44	50	**53**	59	67

▶ min
▷ von
ø Mittel
◁ bis
◀ max

Nr.	Positionen	Einheit	►	▷	ø brutto € / ø netto €	◁	◄
25	Innenwand, Porenbeton 11,5cm, nichttragend	m²	48	55	**57**	61	73
			40	46	**48**	51	61
26	Innenwand, Porenbeton 17,5cm, nichttragend	m²	52	63	**68**	72	81
			43	53	**57**	61	68
27	Innenwand, Poren-Planelement 24cm, nichttragend	m²	60	74	**81**	83	95
			50	62	**68**	70	80
28	Innenwand, Poren-Planelement 30cm, nichttragend	m²	83	95	**101**	110	123
			70	80	**85**	92	103
29	Innenwand, Gipswandbauplatte, 6cm	m²	39	45	**48**	52	60
			32	38	**41**	44	51
30	Innenwand, Gipswandbauplatte, 10cm	m²	50	57	**60**	64	72
			42	48	**50**	54	61
31	Brüstungsmauerwerk, Breite 11,5cm	m²	54	63	**68**	68	82
			45	53	**57**	58	69
32	Brüstungsmauerwerk, Breite 24,0cm	m²	59	86	**93**	99	112
			50	72	**78**	83	94
33	Brüstungsmauerwerk, Breite 36,5cm	m²	93	114	**127**	143	191
			78	96	**107**	120	160
34	Öffnungen, Mauerwerk bis 17,5cm, 88,5/2,13	St	15	30	**36**	45	64
			12	25	**31**	37	54
35	Öffnungen, Mauerwerk bis 24cm, 1,01/2,13	St	22	40	**44**	54	73
			18	33	**37**	45	61
36	Türöffnung, Mauerwerk über 2,50m²	m²	6	9	**10**	14	19
			5	7	**8**	11	16
37	Fensteröffnung, Mauerwerk über 2,50m²	m²	7	10	**11**	15	20
			6	8	**9**	13	17
38	Öffnungen schließen, Mauerwerk	m²	80	106	**117**	135	172
			67	89	**99**	114	144
39	Türöffnung schließen, Mauerwerk	m²	61	111	**129**	163	231
			51	93	**108**	137	194
40	Aussparung schließen, bis 0,04m²	St	16	32	**35**	46	70
			14	27	**30**	39	59
41	Aussparung schließen, bis 0,25m²	St	17	37	**44**	54	80
			15	31	**37**	46	67
42	Aussparung schließen, bis 0,80m²	St	26	52	**63**	73	95
			22	44	**53**	61	80
43	Schachtwand, Kalksandsteine	m²	44	67	**80**	90	108
			37	57	**68**	75	90
44	Schacht, gemauert, Formteile	m	79	111	**127**	144	194
			67	93	**107**	121	163
45	Schachtwand, Kalksandsteine, Brandwand	m²	69	89	**93**	97	118
			58	75	**78**	82	99
46	Öffnung überdecken, Ziegelsturz	m	12	20	**24**	31	43
			10	17	**20**	26	36
47	Öffnung überdecken, KS-Sturz, 17,5cm	m	10	25	**32**	46	69
			9	21	**27**	38	58
48	Öffnung überdecken, Betonsturz, 24cm	m	19	54	**63**	77	102
			16	45	**53**	64	85

Nr.	Positionen	Einheit	▶	▷	ø brutto € / ø netto €	◁	◀
49	Öffnung überdecken, Außenwand, Ziegelsturz, 36,5cm	m	43	57	**64**	68	79
			36	48	**54**	58	67
50	Öffnung überdecken, Flachbogen/Segmentbogen	St	167	191	**205**	234	272
			140	161	**172**	196	229
51	Laibung beimauern, Sichtmauerwerk	m	8	10	**12**	15	18
			6	9	**10**	12	15
52	Glattstrich, Laibungen/Brüstungen	m	5	6	**7**	8	9
			4	5	**6**	6	8
53	Schlitze herstellen, Mauerwerk	m	8	15	**17**	22	36
			7	12	**14**	18	30
54	Schlitze schließen, Mauerwerk	m	6	14	**17**	22	29
			5	11	**14**	19	25
55	Deckenrandschale, Mineralwolledämmung	m	12	18	**19**	21	29
			10	15	**16**	18	24
56	Deckenanschluss, Mauerwerkswand	m	9	11	**12**	15	19
			8	9	**10**	13	16
57	Deckenanschlussfuge feuerhemmend	m	17	31	**42**	49	60
			15	26	**35**	41	51
58	Deckenanschluss gleitend, ohne Brandschutz	m	2	3	**4**	7	10
			2	3	**4**	6	9
59	Deckenanschluss gleitend, mit Brandschutz	m	25	39	**41**	46	60
			21	33	**34**	39	51
60	Mauerwerksanschluss stumpf	m	4	8	**10**	12	18
			3	6	**9**	10	15
61	Maueranschlussschiene, 25/15	m	6,1	12	**14**	17	23
			5,1	9,8	**12**	14	20
62	Maueranschlussschiene, 28/15	m	7,3	15	**18**	21	28
			6,1	13	**15**	18	24
63	Maueranschlussschiene, 38/17	m	16	22	**25**	31	42
			13	19	**21**	26	35
64	Maueranker, beim Aufmauern einlegen	St	0,7	1,5	**2,0**	2,5	3,8
			0,6	1,3	**1,7**	2,1	3,2
65	Mauerwerk verzahnen	m	5	10	**11**	14	20
			4	8	**9**	12	17
66	Außenwand, LHlz 36,5cm, tragend	m²	98	120	**128**	142	180
			83	101	**107**	119	151
67	Außenwand, LHlz 42,5cm, tragend	m²	122	140	**149**	158	187
			103	118	**126**	133	157
68	Außenwand, LHlz 36,5cm, tragend, gefüllt	m²	110	128	**136**	144	170
			93	108	**114**	121	143
69	Außenwand, LHlz 42,5cm, tragend, gefüllt	m²	128	148	**158**	167	197
			107	125	**133**	141	166
70	Außenwand, KS L-R 17,5cm, tragend	m²	47	67	**73**	83	109
			39	56	**62**	69	91
71	Außenwand, KS L-R 24cm, tragend	m²	57	82	**92**	101	126
			48	69	**77**	85	106

Kosten:
Stand 1.Quartal 2020
Bundesdurchschnitt

▶ min
▷ von
ø Mittel
◁ bis
◀ max

Nr.	Positionen	Einheit	▶	▷	ø brutto € / ø netto €	◁	◀
72	Außenwand, Betonsteine 17,5cm, tragend	m²	51	62	**66**	76	91
			43	52	**56**	64	77
73	Mauerpfeiler, rechteckig, freitragend	m	49	74	**86**	102	142
			41	62	**72**	85	119
74	Kerndämmung, MW 040, 80mm, Außenwand	m²	13	15	**17**	18	22
			11	13	**14**	15	19
75	Kerndämmung, MW 040, 140mm, Außenwand	m²	26	29	**31**	34	39
			22	25	**26**	28	33
76	Gebäudetrennfugen, MW, 20mm, Außenwand	m²	6,6	8,1	**8,7**	9,1	11
			5,6	6,8	**7,4**	7,7	9,1
77	Gebäudetrennfugen, MW, 50mm, Außenwand	m²	14	19	**21**	25	32
			12	16	**18**	21	27
78	Deckenranddämmung, Mehrschichtleichtbauplatte	m	7	14	**15**	18	26
			6	12	**12**	15	22
79	Drahtanker, Hintermauerung/Tragschale	m²	2	6	**7**	10	15
			2	5	**6**	8	12
80	Verblendmauerwerk, Abfangung, Winkelkonsole	St	97	203	**251**	273	398
			82	171	**211**	230	334
81	Verblendmauerwerk, Abfangung Einzelkonsole	St	22	40	**51**	61	77
			18	34	**43**	51	65
82	Vbl-Mauerwerk, VMz, 115mm	m²	102	142	**161**	178	230
			86	119	**135**	150	193
83	Sparverblendung WDVS, Klinkerriemchen	m²	114	139	**148**	172	209
			96	117	**124**	144	176
84	Verblendmauerwerk, Betonsteine	m²	181	211	**213**	223	243
			152	178	**179**	188	204
85	Verblendmauerwerk, Kalksandsteine	m²	91	140	**165**	184	230
			76	118	**139**	154	193
86	Verblendmauerwerk, Öffnungen	m²	21	27	**31**	41	57
			18	23	**26**	35	48
87	Verblendmauerwerk, Rollschicht	m	19	40	**51**	61	77
			16	33	**43**	51	65
88	Mauerwerk abgleichen, bis 17,5cm	m	3	9	**13**	16	23
			3	8	**11**	14	20
89	Mauerwerk abgleichen, bis 24cm	m	4	12	**15**	19	31
			3	10	**13**	16	26
90	Mauerwerk abgleichen, bis 36,5cm	m	5	14	**17**	23	36
			5	11	**14**	20	30
91	Ringanker, U-Schale, 11,5cm	m	24	35	**38**	41	47
			20	29	**32**	34	40
92	Ringanker, U-Schale, 24cm	m	29	40	**48**	54	69
			24	33	**40**	46	58
93	Ringanker, U-Schale, 36,5cm	m	42	50	**54**	63	80
			35	42	**45**	53	67
94	Ausmauerung, Sparren	m	20	36	**42**	53	80
			17	30	**36**	45	67
95	Schornstein, Formstein, einzügig	m	159	229	**260**	325	493
			134	193	**219**	273	415

000
001
002
006
008
009
010
012
013
014
016
017
018
020
021
022

Mauerarbeiten — Preise €

Nr.	Positionen	Einheit	▶	▷	ø brutto € / ø netto €	◁	◀
96	Schornstein, Formsteine, zweizügig	m	187	292	**326**	368	458
			157	245	**274**	310	385
97	Schornsteinkopf, Mauerwerk	m²	201	278	**280**	280	356
			169	233	**235**	235	299
98	Schornsteinkopfabdeckung, Faserzement	St	269	448	**510**	611	798
			226	377	**428**	513	670
99	Ziegel-Elementdecke, ZST 1,0 - 22,5	m²	112	130	**141**	144	157
			94	109	**119**	121	132
100	Stundensatz Facharbeiter, Mauerarbeiten	h	47	57	**60**	65	77
			39	48	**51**	54	64
101	Stundensatz Werker/Helfer, Mauerarbeiten	h	38	51	**56**	58	65
			32	43	**47**	49	55

Kosten:
Stand 1.Quartal 2020
Bundesdurchschnitt

Nr. **Kurztext** / Langtext — Kostengruppe
▶ ▷ **ø netto €** ◁ ◀ [Einheit] Ausf.-Dauer Positionsnummer

A 1 Querschnittsabdichtung, Mauerwerk — Beschreibung für Pos. **1-3**

Abdichtung, einlagig, gegen Bodenfeuchte DIN 18533, in/unter Mauerwerkswänden; inkl. Abgleichen der Auflagerfläche.
Raumnutzungsklasse: RN1-E (geringe Anforderung)
Wassereinwirkungsklasse: W4-E (Bodenfeuchte am Wandsockel, sowie Kapillarwasser in und unter Wänden)
Rissklasse: R1-E (gering),
Rissüberbrückungsklasse: RÜ1-E (geringe Rissüberbrückung bis 0,2 mm)

1 Querschnittsabdichtung, Mauerwerk bis 11,5cm — KG **342**

Wie Ausführungsbeschreibung A 1
Mauerdicke: bis 11,5 cm
Abdichtung: Bitumendichtungsbahn G 200 DD
0,8€ 2,0€ **2,3€** 3,0€ 4,6€ [m] ⏱ 0,04 h/m 012.000.093

2 Querschnittsabdichtung, Mauerwerk bis 17,5cm — KG **342**

Wie Ausführungsbeschreibung A 1
Mauerdicke: bis 17,5 cm
Abdichtung: Bitumendichtungsbahn G 200 DD
1€ 3€ **3€** 4€ 6€ [m] ⏱ 0,04 h/m 012.000.206

3 Querschnittsabdichtung, Mauerwerk bis 36,5cm — KG **331**

Wie Ausführungsbeschreibung A 1
Mauerdicke: von 24 bis 36,5 cm
Abdichtung: Bitumendichtungsbahn G 200 DD
3€ 5€ **5€** 7€ 9€ [m] ⏱ 0,08 h/m 012.000.095

▶ min
▷ von
ø Mittel
◁ bis
◀ max

A 2 **Dämmstein, Mauerwerk** Beschreibung für Pos. **4-6**

Dämmstein als Wärmedämmelement im Mauerwerk.
Steinart: .....
Steinhöhe: 113 mm
Brandverhalten: Klasse .....
Bauaufsichtliche Zulassung: .....

4 **Dämmstein, Mauerwerk, 11,5cm** KG **342**

Wie Ausführungsbeschreibung A 2
Einbauort: .....
Wanddicke: 11,5 cm
Druckfestigkeit: **6 / 20**
Nennwert der Wärmeleitfähigkeit:
- horizontal: ..... W/(mK)
- vertikal: ..... W/(mK)

16€ 27€ **32**€ 37€ 48€ [m] ⏱ 0,10 h/m 012.000.067

5 **Dämmstein, Mauerwerk, 17,5cm** KG **341**

Wie Ausführungsbeschreibung A 2
Einbauort: .....
Wanddicke: 17,5 cm
Druckfestigkeit: **6 / 20**
Nennwert der Wärmeleitfähigkeit:
- horizontal: ..... W/(mK)
- vertikal: ..... W/(mK)

20€ 33€ **38**€ 47€ 72€ [m] ⏱ 0,12 h/m 012.000.090

6 **Dämmstein, Mauerwerk, 24cm** KG **341**

Wie Ausführungsbeschreibung A 2
Einbauort: .....
Wanddicke: 24 cm
Druckfestigkeit: **6 / 20**
Nennwert der Wärmeleitfähigkeit:
- horizontal: ..... W/(mK)
- vertikal: ..... W/(mK)

30€ 46€ **52**€ 68€ 96€ [m] ⏱ 0,14 h/m 012.000.089

A 3 **Dämmstein, KS-Mauerwerk** Beschreibung für Pos. **7-9**

Kalksand- Dämmstein als Wärmedämmelement im KS-Mauerwerk.
Steinart: KS-ISO-Kimmstein
Rohdichteklasse: 1,2
Druckfestigkeit: 20
Steinhöhe: 113 mm
Brandverhalten: Klasse .....
Bauaufsichtliche Zulassung: .....

7 **Dämmstein, KS-Mauerwerk, 11,5cm** KG **342**

Wie Ausführungsbeschreibung A 3
Einbauort: .....
Wanddicke: 11,5 cm

000
001
002
006
008
009
010
012
013
014
016
017
018
020
021
022

Nr.	**Kurztext** / Langtext					Kostengruppe
▶	▷	**ø netto €**	◁	◀	[Einheit]	Ausf.-Dauer Positionsnummer

Nennwert der Wärmeleitfähigkeit:
- horizontal: .... W/(mK)
- vertikal: ..... W/(mK)

20€ 22€ **23**€ 25€ 28€ [m] ⏱ 0,14 h/m 012.000.207

8 Dämmstein, KS-Mauerwerk 17,5cm KG **342**

Wie Ausführungsbeschreibung A 3
Einbauort: .....
Wanddicke: 17,5 cm
Nennwert der Wärmeleitfähigkeit:
- horizontal: .... W/(mK)
- vertikal: ..... W/(mK)

25€ 31€ **35**€ 40€ 51€ [m] ⏱ 0,15 h/m 012.000.208

Kosten:
Stand 1.Quartal 2020
Bundesdurchschnitt

9 Dämmstein, KS-Mauerwerk, 24,0cm KG **341**

Wie Ausführungsbeschreibung A 3
Einbauort: .....
Wanddicke: 24 cm
Nennwert der Wärmeleitfähigkeit:
- horizontal: .... W/(mK)
- vertikal: ..... W/(mK)

32€ 43€ **43**€ 48€ 59€ [m] ⏱ 0,24 h/m 012.000.209

10 Innenwand, Mauerziegel, 11,5cm KG **342**

Mauerwerk der Innenwand nach Normenreihe DIN EN 1996, aus Mauerziegel (Vollziegel), für späteren Putzauftrag, mit Stoßfugenvermörtelung.
Wanddicke: 11,5 cm
Wandhöhe: bis ..... m
Steinart: Mz
Festigkeitsklasse: 20 N/mm²
Rohdichteklasse: 1,6 kg/dm³
Format: NF (240 x 115 x 71 mm)
Mörtelgruppe: NM III
Einbauort: in allen Geschossen

37€ 43€ **48**€ 50€ 67€ [m²] ⏱ 0,60 h/m² 012.000.071

11 Innenwand, Mauerziegel, 24cm KG **342**

Mauerwerk der Innenwand nach Normenreihe DIN EN 1996, aus Mauerziegel (Vollziegel), für späteren Putzauftrag, mit Stoßfugenvermörtelung.
Wanddicke: 24,0 cm
Wandhöhe: bis ..... m
Steinart: Mz
Festigkeitsklasse: 20 N/mm²
Rohdichteklasse: 1,6 kg/dm³
Format: 2 DF (240 x 115 x 113 mm)
Mörtelgruppe: NM III
Einbauort: in allen Geschossen

61€ 67€ **69**€ 72€ 79€ [m²] ⏱ 0,65 h/m² 012.000.139

▶ min
▷ von
ø Mittel
◁ bis
◀ max

12 Innenwand, Hlz-Planstein 11,5cm, 8 DF KG **342**

Mauerwerk der Innenwand nach Normenreihe DIN EN 1996, aus Hochlochziegel, für späteren Putzauftrag, ohne Stoßfugenvermörtelung; Wand stumpf angeschlossen, mit Flachanker aus nichtrostendem Stahl; Flachanker in getrennter Position.
Wanddicke: 11,5 cm
Wandhöhe: bis ..... m
Steinart: Hlz - Planstein
Festigkeitsklasse: 8 N/mm²
Rohdichteklasse: 0,8 kg/dm³
Format: 8 DF (498 x 115 x 249 mm)
Mörtelgruppe: Dünnbettmörtel gem. Zulassung
Einbauort: in allen Geschossen

36€ 46€ **50**€ 53€ 64€ [m²] ⏱ 0,40 h/m² 012.000.199

13 Innenwand, Hlz-Planstein 24cm KG **342**

Mauerwerk der Innenwand nach Normenreihe DIN EN 1996, aus Hochlochziegel, für späteren Putzauftrag, mit Stoßfugenvermörtelung; Wand stumpf angeschlossen, mit Flachanker aus nichtrostendem Stahl; Flachanker in getrennter Position.
Wanddicke: 24,0 cm
Wandhöhe: bis ..... m
Steinart: Hlz - Planstein
Festigkeitsklasse: 10-14 N/mm²
Rohdichteklasse: 0,8-1,4 kg/dm³
Format: 12 DF (373 x 240 x 249 mm)
Mörtelgruppe: Dünnbettmörtel gem. Zulassung
Einbauort: in allen Geschossen

47€ 66€ **72**€ 85€ 113€ [m²] ⏱ 0,65 h/m² 012.000.141

14 Innenwand, KS L 11,5cm, bis 3DF KG **342**

Mauerwerk der Innenwand nach Normenreihe DIN EN 1996, aus Kalksandstein, für späteren Putzauftrag, mit Stoßfugenvermörtelung. Leistung inkl. dem Aufmauern der obersten Mauerschicht nach dem Ausschalen der darüber liegenden Decke.
Wanddicke: 11,5 cm
Wandfunktion: **nichttragend / tragend**
Wandhöhe: bis ..... m
Steinart: KS L
Festigkeitsklasse: 12 N/mm²
Rohdichteklasse: **1,4 / 1,6** kg/dm³
Format: bis 3 DF (240 x 115 x 113 mm)
Mörtelgruppe: NM II
Einbauort: in allen Geschossen

34€ 48€ **53**€ 60€ 80€ [m²] ⏱ 0,40 h/m² 012.000.200

Nr.	Kurztext / Langtext						Kostengruppe
▶	▷	ø netto €	◁	◀	[Einheit]	Ausf.-Dauer	Positionsnummer

15 **Innenwand, KS L 17,5cm, 3DF** KG **341**

Mauerwerk der Innenwand nach Normenreihe DIN EN 1996, aus Kalksandstein, für späteren Putzauftrag, mit Stoßfugenvermörtelung.
Wanddicke: 17,5 cm
Wandfunktion: **nichttragend / tragend**
Wandhöhe: bis ..... m
Steinart: KS L
Festigkeitsklasse: 12 N/mm^2
Rohdichteklasse: **1,4 / 1,6** kg/dm^3
Format: 3 DF (240 x 175 x 113 mm)
Mörtelgruppe: NM II
Einbauort: in allen Geschossen

Kosten:
Stand 1.Quartal 2020
Bundesdurchschnitt

52€ 59€ **62€** 72€ 91€ [m^2] ⏱ 0,30 h/m^2 012.000.201

16 **Innenwand, KS-Sichtmauerwerk 11,5cm** KG **342**

Mauerwerk nach Normenreihe DIN EN 1996, als einseitiges Sichtmauerwerk aus Kalksandstein. Rückseite für Verputz, mit Stoßfugenvermörtelung und gleichmäßigen Fugendicken; Sichtseite nur mit ausgesuchten Steinen vom selben Lieferwerk, beim Aufmauern sind Steine aus mehreren Paketen zu mischen.
Wanddicke: 11,5 cm
Wandhöhe: bis ..... m
Steinart: **KS Vm / KS Vb**
Festigkeitsklasse: **16 / 20** N/mm^2
Rohdichteklasse: 1,8 kg/dm^3
Format: **DF / NF / 2 DF**
Mörtelgruppe: NM II
Verband: .....
Fugenbreite: Stoß 10 mm, Lager 12 mm
Einbauort: Wohnräume, in allen Geschossen

56€ 68€ **73€** 77€ 90€ [m^2] ⏱ 0,62 h/m^2 012.000.006

17 **Innenwand, KS Planstein 11,5cm, 3DF** KG **342**

Mauerwerk der Innenwand nach Normenreihe DIN EN 1996, aus Kalksandstein, für späteren Putzauftrag, mit Nut- und Feder-System, ohne Stoßfugenvermörtelung. Leistung inkl. dem Aufmauern der obersten Mauerschicht nach dem Ausschalen der darüber liegenden Decke.
Wanddicke: 11,5 cm
Wandhöhe: bis ..... m
Steinart: **KS-L-R- / KS-R-**Planstein
Festigkeitsklasse: 12 N/mm^2
Rohdichteklasse: 1,6 kg/dm^3
Format: 3 DF (240 x 115 x 113 mm)
Mörtelgruppe: DM
Einbauort: in allen Geschossen

36€ 46€ **49€** 53€ 62€ [m^2] ⏱ 0,30 h/m^2 012.000.078

▶ min
▷ von
ø Mittel
◁ bis
◀ max

18 Innenwand, KS Planstein 17,5cm, 6DF KG **341**

Mauerwerk der Innenwand nach Normenreihe DIN EN 1996, aus Kalksandstein, für späteren Putzauftrag, mit Nut- und Feder-System, ohne Stoßfugenvermörtelung.
Wanddicke: 17,5 cm
Wandfunktion: **nichttragend / tragend**
Wandhöhe: bis ..... m
Steinart: KS R Planstein
Festigkeitsklasse: 20 N/mm2
Rohdichteklasse: **1,8 / 2,0** kg/dm3
Format: 6 DF (248 x 175 x 248 mm)
Mörtelgruppe: DM
Einbauort: in allen Geschossen

41€ 54€ **60**€ 68€ 85€ [m2] ⏱ 0,35 h/m2 012.000.097

19 Innenwand, KS Planstein 24cm, 8DF KG **341**

Mauerwerk der Innenwand nach Normenreihe DIN EN 1996, aus Kalksandstein, für späteren Putzauftrag, mit Nut- und Feder-System, ohne Stoßfugenvermörtelung.
Wanddicke: 24,0 cm
Wandfunktion: **nichttragend / tragend**
Wandhöhe: bis ..... m
Steinart: KS R Planstein
Festigkeitsklasse: 20 N/mm2
Rohdichteklasse: **1,8 / 2,0** kg/dm3
Format: 8 DF (248 x 175 x 248 mm)
Mörtelgruppe: DM
Einbauort: in allen Geschossen

48€ 63€ **70**€ 77€ 96€ [m2] ⏱ 0,37 h/m2 012.000.098

A 4 Innenwand, KS Rasterelement Beschreibung für Pos. **20-21**

Mauerwerk der Innenwand nach Normenreihe DIN EN 1996, aus Kalksandstein, für späteren Putzauftrag, mit Nut- und Feder-System, ohne Stoßfugenvermörtelung.

20 Innenwand, KS Rasterelement 11,5cm KG **341**

Wie Ausführungsbeschreibung A 4
Wanddicke: 11,5 cm
Wandfunktion: **nichttragend / tragend**
Wandhöhe: bis ..... m
Steinart: KS XL-RE
Festigkeitsklasse: **16 / 20** N/mm2
Rohdichteklasse: 2,0 kg/dm3
Format: 16 DF (498 x 115 x 498 mm)
Mörtelgruppe: DM
Einbauort: in allen Geschossen

29€ 41€ **46**€ 52€ 69€ [m2] ⏱ 0,37 h/m2 012.000.143

Nr. **Kurztext** / Langtext — Kostengruppe
▶ ▷ **ø netto €** ◁ ◀ [Einheit] Ausf.-Dauer Positionsnummer

21 Innenwand, KS Rasterelement 24cm — KG **341**

Wie Ausführungsbeschreibung A 4
Wanddicke: 24 cm
Wandfunktion: **nichttragend / tragend**
Wandhöhe: bis ..... m
Steinart: KS XL-RE
Festigkeitsklasse: **16 / 20** N/mm²
Rohdichteklasse: 2,0 kg/dm³
Format: 498 x 240 x 498 mm
Mörtelgruppe: DM
Einbauort: in allen Geschossen

55€ 66€ **72**€ 83€ 107€ [m²] ⏱ 0,37 h/m² 012.000.146

Kosten:
Stand 1.Quartal 2020
Bundesdurchschnitt

22 Innenwand, KS Sichtmauerwerk 11,5cm — KG **342**

Mauerwerk nach Normenreihe DIN EN 1996, als zweiseitiges Sichtmauerwerk aus Kalksandstein mit Stoßfugenvermörtelung und gleichmäßigen Fugendicken. Sichtseite nur mit ausgesuchten Steinen vom selben Lieferwerk, beim Aufmauern sind Steine aus mehreren Paketen zu mischen.
Wanddicke: 11,5 cm
Wandhöhe: bis ..... m
Steinart: **KS Vm / KS Vb**
Festigkeitsklasse: **12 / 20** N/mm²
Rohdichteklasse: 1,8 kg/dm³
Format: .....
Mörtelgruppe: NM II
Verband: .....
Fugen: glatt gestrichen
Fugenbreite: Stoß 10 mm, Lager 12 mm
Einbauort: .....

59€ 73€ **82**€ 83€ 90€ [m²] ⏱ 0,38 h/m² 012.000.184

A 5 Innenwand, Porenbeton Planbauplatte — Beschreibung für Pos. **23-24**

Mauerwerk der nichttragenden Innenwand, aus Porenbeton-Planplatte, für späteren Putzauftrag. Leistung inkl. Passstücke und Aufmauern der obersten Mauerschicht nach dem Ausschalen der darüber liegenden Decke.

23 Innenwand, Porenbeton Planbauplatte 5cm — KG **342**

Wie Ausführungsbeschreibung A 5
Wanddicke: 5 cm
Material: Porenbeton PP 4/0,55
Geschosshöhe: bis ..... m
Festigkeitsklasse: 4 N/mm²
Rohdichteklasse: 0,55 kg/dm³
Format: 624 x 50 x 249 mm
Stoßfugenvermörtelung: **mit / ohne**
Stoßfugenausbildung: .....
Lagerfugenausbildung: .....
Mörtel: Dünnbettmörtel DM
Einbauort: in allen Geschossen

34€ 39€ **41**€ 45€ 52€ [m²] ⏱ 0,30 h/m² 012.000.153

▶ min
▷ von
ø Mittel
◁ bis
◀ max

24 **Innenwand, Porenbeton Planbauplatte 10cm** KG **342**

Wie Ausführungsbeschreibung A 5
Wanddicke: 10 cm
Material: Porenbeton PP 4/0,55
Geschosshöhe: bis ..... m
Festigkeitsklasse: 4 N/mm²
Rohdichteklasse: 0,55 kg/dm³
Format: 624 x 100 x 249 mm
Stoßfugenvermörtelung: **mit / ohne**
Stoßfugenausbildung: .....
Lagerfugenausbildung: .....
Mörtel: Dünnbettmörtel DM
Einbauort: in allen Geschossen

44€ 50€ **53**€ 59€ 67€ [m²] ⏱ 0,30 h/m² 012.000.155

25 **Innenwand, Porenbeton 11,5cm, nichttragend** KG **342**

Mauerwerk der nichttragenden Innenwand, aus Porenbeton-Plansteinen, für späteren Putzauftrag. Leistung inkl. dem Aufmauern der obersten Mauerschicht nach dem Ausschalen der darüber liegenden Decke.
Wanddicke: 11,5 cm
Geschosshöhe: bis ..... m
Festigkeitsklasse: ..... N/mm²
Rohdichteklasse: ..... kg/dm³
Format: 249 x 115 x 249 mm
Stoßfugenvermörtelung: **mit / ohne**
Stoßfugenausbildung: .....
Lagerfugenausbildung: .....
Mörtel: Dünnbettmörtel DM
Einbauort: in allen Geschossen

40€ 46€ **48**€ 51€ 61€ [m²] ⏱ 0,30 h/m² 012.000.034

26 **Innenwand, Porenbeton 17,5cm, nichttragend** KG **342**

Mauerwerk der nichttragenden Innenwand, aus Porenbeton-Plansteinen, für späteren Putzauftrag. Leistung inkl. dem Aufmauern der obersten Mauerschicht nach dem Ausschalen der darüber liegenden Decke.
Wanddicke: 17,5 cm
Geschosshöhe: bis ..... m
Festigkeitsklasse: ..... N/mm²
Rohdichteklasse: ..... kg/dm³
Format: 249 x 175 x 249 mm
Stoßfugenvermörtelung: **mit / ohne**
Stoßfugenausbildung: .....
Lagerfugenausbildung: .....
Mörtel: Dünnbettmörtel DM
Einbauort: in allen Geschossen

43€ 53€ **57**€ 61€ 68€ [m²] ⏱ 0,35 h/m² 012.000.079

Nr.	**Kurztext** / Langtext					Kostengruppe
▶	▷	**ø netto €**	◁	◀	[Einheit]	Ausf.-Dauer Positionsnummer

27 Innenwand, Poren-Planelement 24cm, nichttragend KG **342**

Mauerwerk der nichttragenden Innenwand, aus Porenbeton-Planelementen, für späteren Dünnputzauftrag. Leistung inkl. dem Aufmauern der obersten Mauerschicht nach dem Ausschalen der darüber liegenden Decke.
Wanddicke: 17,5 cm
Geschosshöhe: bis 3,00 m
Steinart: PP
Festigkeitsklasse: ..... N/mm²
Rohdichteklasse: ..... kg/dm³
Format: 999 x 175 x 624 mm
Stoßfugenvermörtelung: **mit / ohne**
Stoßfugenausbildung: .....
Lagerfugenausbildung: .....
Mörtel: Dünnbettmörtel DM
Einbauort: in allen Geschossen

50€ 62€ **68**€ 70€ 80€ [m²] ⏱ 0,35 h/m² 012.000.035

Kosten:
Stand 1.Quartal 2020
Bundesdurchschnitt

28 Innenwand, Poren-Planelement 30cm, nichttragend KG **342**

Mauerwerk der nichttragenden Innenwand, aus Porenbeton-Planelementen, für späteren Dünnputzauftrag. Leistung inkl. dem Aufmauern der obersten Mauerschicht nach dem Ausschalen der darüber liegenden Decke.
Wanddicke: 30,0 cm
Geschosshöhe: bis 3,00 m
Steinart: PP
Festigkeitsklasse: ..... N/mm²
Rohdichteklasse: ..... kg/dm³
Format: 999 x 300 x 624 mm
Stoßfugenvermörtelung: **mit / ohne**
Stoßfugenausbildung: .....
Lagerfugenausbildung: .....
Mörtel: Dünnbettmörtel DM
Einbauort: in allen Geschossen

70€ 80€ **85**€ 92€ 103€ [m²] ⏱ 0,40 h/m² 012.000.080

A 6 Innenwand, Gipswandbauplatte Beschreibung für Pos. **29-30**

Mauerwerk der nichttragenden Trennwand, aus Gipswandbauplatten, für späteren Putzauftrag, Stoßfugen eben abgezogen.
Oberflächenqualität: Q2
Format: 666 x 500 mm
Brandverhalten: A1
Rohdichteklasse: **M / D**
Wasseraufnahmeklasse: **H3 / H2**
Einbauort: in allen Geschossen
Einbaubereich: **1 / 2**
Einbauhöhe: bis ..... m
Wandanschluss: .....
Mörtel: Gipskleber für Gips-Wandbauplatten

▶ min
▷ von
ø Mittel
◁ bis
◀ max

29 Innenwand, Gipswandbauplatte, 6cm KG **342**

Wie Ausführungsbeschreibung A 6
Wanddicke: 6 cm
Feuerwiderstand: **F30 / EI30**
Schalldämm-Maß RwP: ..... dB

▶	▷	ø netto €	◁	◀	[Einheit]	Ausf.-Dauer	Positionsnummer
32€	38€	**41**€	44€	51€	[m²]	⏱ 0,25 h/m²	012.000.061

30 Innenwand, Gipswandbauplatte, 10cm KG **342**

Wie Ausführungsbeschreibung A 6
Wanddicke: 10 cm
Feuerwiderstand: **F180 / EI180**
Schalldämm-Maß RwP: ..... dB

▶	▷	ø netto €	◁	◀	[Einheit]	Ausf.-Dauer	Positionsnummer
42€	48€	**50**€	54€	61€	[m²]	⏱ 0,25 h/m²	012.000.205

31 Brüstungsmauerwerk, Breite 11,5cm KG **359**

Brüstung aus Mauersteinen aufmauern.
Wanddicke: 11,5 cm
Steinart: **Mz / Hlz**
Format: 2DF (240 x 115 x 113 mm)
Brüstungshöhe: bis 1,00 m
Einbauort: in allen Geschossen

▶	▷	ø netto €	◁	◀	[Einheit]	Ausf.-Dauer	Positionsnummer
45€	53€	**57**€	58€	69€	[m²]	⏱ 0,40 h/m²	012.000.121

32 Brüstungsmauerwerk, Breite 24,0cm KG **359**

Brüstung aus Mauersteinen aufmauern.
Wanddicke: 24 cm
Steinart: **Mz / Hlz**
Format: 4DF (240 x 240 x 113 mm)
Brüstungshöhe: bis 1,00 m
Einbauort: in allen Geschossen

▶	▷	ø netto €	◁	◀	[Einheit]	Ausf.-Dauer	Positionsnummer
50€	72€	**78**€	83€	94€	[m²]	⏱ 0,46 h/m²	012.000.156

33 Brüstungsmauerwerk, Breite 36,5cm KG **359**

Brüstung aus Mauersteinen aufmauern.
Wanddicke: 36,5 cm
Steinart: **Mz / Hlz**
Format: **kleinformatig / großformatig**
Brüstungshöhe: bis 1,00 m
Einbauort: in allen Geschossen

▶	▷	ø netto €	◁	◀	[Einheit]	Ausf.-Dauer	Positionsnummer
78€	96€	**107**€	120€	160€	[m²]	⏱ 0,80 h/m²	012.000.127

Nr.	Kurztext / Langtext					Kostengruppe
▶	▷	**ø netto €**	◁	◀	[Einheit]	Ausf.-Dauer Positionsnummer

Kosten:
Stand 1.Quartal 2020
Bundesdurchschnitt

34 Öffnungen, Mauerwerk bis 17,5cm, 88,5/2,13 — KG **341**

Öffnung in Mauerwerkswand beim Aufmauern anlegen; Herstellen der Laibungen in getrennter Position.
Öffnungsart: **Türöffnung / Fensteröffnung**
Lichte Breite: 0,885 m
Lichte Höhe: 2,13 m
Wanddicke: 17,5 cm
Ausführung Wand: .....

12€ 25€ **31**€ 37€ 54€ [St] ⏱ 0,25 h/St 012.000.099

35 Öffnungen, Mauerwerk bis 24cm, 1,01/2,13 — KG **341**

Öffnung in Mauerwerkswand beim Aufmauern anlegen; Herstellen der Laibungen in getrennter Position.
Öffnungsart: **Türöffnung / Fensteröffnung**
Lichte Breite: 1,01 m
Lichte Höhe: 2,13 m
Wanddicke: 24,0 cm
Ausführung Wand: .....

18€ 33€ **37**€ 45€ 61€ [St] ⏱ 0,30 h/St 012.000.101

36 Türöffnung, Mauerwerk über 2,50m² — KG **341**

Öffnung in Mauerwerkswand beim Aufmauern anlegen; Herstellen der Laibungen in getrennter Position.
Öffnungsart: Türöffnung
Öffnungsgröße: ..... m² (über 2,5m²)
Wanddicke: ..... cm
Ausführung Wand: .....

5€ 7€ **8**€ 11€ 16€ [m²] ⏱ 0,12 h/m² 012.000.185

37 Fensteröffnung, Mauerwerk über 2,50m² — KG **341**

Öffnung in Mauerwerkswand beim Aufmauern anlegen; Herstellen der Laibungen in getrennter Position.
Öffnungsart: Fensteröffnung
Öffnungsgröße: ..... m² (über 2,5m²)
Wanddicke: ..... cm
Ausführung Wand: .....

6€ 8€ **9**€ 13€ 17€ [m²] ⏱ 0,12 h/m² 012.000.186

38 Öffnungen schließen, Mauerwerk — KG **340**

Öffnung im Mauerwerk, sowie Mauerwerksnischen schließen, bündig mit Vorderkante der angrenzenden Bauteile.
Mauerdicke: 11,5 cm
Format: 2 DF (240 x 115 x 113 mm)
Steinart: LD-Ziegel
Festigkeitsklasse: 12 N/mm²
Rohdichteklasse: 1,8 kg/dm³
Mörtelgruppe: NM II
Einbauort: in allen Geschossen
Angeb. Fabrikat: .....

67€ 89€ **99**€ 114€ 144€ [m²] ⏱ 1,10 h/m² 012.000.115

▶ min
▷ von
ø Mittel
◁ bis
◀ max

39 **Türöffnung schließen, Mauerwerk** KG **340**

Türöffnung im Mauerwerk schließen, mit Hochlochziegeln, Mauerwerk verzahnt, bündig mit Vorderkante der angrenzenden Bauteile.
Mauerdicke: 11,5 cm
Format: 2 DF (240 x 115 x 113 mm)
Steinart: Hlz
Festigkeitsklasse: 12 N/mm²
Rohdichteklasse: 1,8 kg/dm³
Mörtelgruppe: NM II
Einbauort: in allen Geschossen
Angeb. Fabrikat: .....

51€ 93€ **108**€ 137€ 194€ [m²] ⏱ 1,00 h/m² 012.000.010

A 7 **Aussparung schließen, Mauerwerksfläche** Beschreibung für Pos. **40-42**

Aussparungen in Mauerwerksflächen schließen, mit Hochlochziegeln; Oberflächenausführung wie Wandfläche.
Bauteil: Innenwand
Arbeitshöhe: bis 3,50 m

40 **Aussparung schließen, bis 0,04m²** KG **340**

Wie Ausführungsbeschreibung A 7
Aussparungsgröße: bis 0,04 m²
Ausrichtung: **waagrecht / senkrecht**
Mauerdicke: 11,5 cm
Format: 2 DF (240 x 115 x1 13 mm)
Steinart: Hlz
Festigkeitsklasse: 12 N/mm²
Rohdichteklasse: 1,8 kg/dm³
Mörtelgruppe: NM II
Einbauort / Geschoss: ......

14€ 27€ **30**€ 39€ 59€ [St] ⏱ 0,20 h/St 012.000.102

41 **Aussparung schließen, bis 0,25m²** KG **340**

Wie Ausführungsbeschreibung A 7
Aussparungsgröße: 0,04 bis 0,25 m²
Ausrichtung: **waagrecht / senkrecht**
Mauerdicke: 11,5 cm
Format: 2 DF (240 x 115 x 113 mm)
Steinart: Hlz
Festigkeitsklasse: 12 N/mm²
Rohdichteklasse: 1,8 kg/dm³
Mörtelgruppe: NM II
Einbauort / Geschoss: ......

15€ 31€ **37**€ 46€ 67€ [St] ⏱ 0,30 h/St 012.000.103

000
001
002
006
008
009
010
012
013
014
016
017
018
020
021
022

Nr.	Kurztext / Langtext						Kostengruppe
▶	▷	ø netto €	◁	◀	[Einheit]	Ausf.-Dauer	Positionsnummer

42 Aussparung schließen, bis 0,80m² KG **340**

Wie Ausführungsbeschreibung A 7
Aussparungsgröße: 0,25 bis 0,80 m²
Ausrichtung: **waagrecht / senkrecht**
Mauerdicke: 11,5 cm
Format: 2 DF (240 x 115 x 113 mm)
Steinart: Hlz
Festigkeitsklasse: 12 N/mm²
Rohdichteklasse: 1,8 kg/dm³
Mörtelgruppe: NM II
Einbauort / Geschoss: ......

▶	▷	ø	◁	◀	Einheit	Ausf.-Dauer	Positionsnummer
22€	44€	**53**€	61€	80€	[St]	⏱ 0,60 h/St	012.000.066

Kosten:
Stand 1.Quartal 2020
Bundesdurchschnitt

43 Schachtwand, Kalksandsteine KG **342**

Schachtwand als Mauerwerk der tragenden Innenwand aus Kalksandstein nach erfolgten Installationen, als getrennter Arbeitsgang aufmauern. Oberste Steinlage ist gem. Brandschutzvorgabe auszuführen. Wand für einseitigen Putzauftrag vorgesehen.
Wanddicke: **11,5 / 17,5** cm
Steinart: KS L
Festigkeitsklasse: 12 N/mm²
Rohdichteklasse: 1,8 kg/dm³
Format: 2-3 DF (240 x 115/175 x 113 mm)
Mörtelklasse: Dünnbettmörtel DM
Einbauort / Geschoss: ......
Brandschutz: REI .....
Arbeitshöhe: bis ..... m

▶	▷	ø	◁	◀	Einheit	Ausf.-Dauer	Positionsnummer
37€	57€	**68**€	75€	90€	[m²]	⏱ 0,42 h/m²	012.000.068

44 Schacht, gemauert, Formteile KG **342**

Schacht aus Fertigteil-Formsteinen, in Montagebauweise gemauert, nicht tragende Wand, inkl. Anarbeiten an begrenzende Bauteile und je 1 Öffnung pro Geschoss.
Formsteine: **Ziegel / Leichtbeton**
Ausführung: **einzügig / zweizügig**
Schachthöhe: .....
Querschnitt: .....
Einbauort / Geschoss: ......
Brandschutz: EI .....

▶	▷	ø	◁	◀	Einheit	Ausf.-Dauer	Positionsnummer
67€	93€	**107**€	121€	163€	[m]	⏱ 0,45 h/m	012.000.123

▶ min
▷ von
ø Mittel
◁ bis
◀ max

45 Schachtwand, Kalksandsteine, Brandwand KG **342**

Schachtwand als Mauerwerk aus Kalksandstein, Ausführung als Brandwand; Wand für einseitigen Putzauftrag vorgesehen, oberste Steinlage gem. Brandschutzvorgabe ausführen.
Wanddicke: 17,5 cm
Bauteil: **tragend / nicht tragend**
Steinart: KS L
Festigkeitsklasse: 12 N/mm²
Rohdichteklasse: 1,8 kg/dm³
Format: 3 DF (240 x 175 x 113 mm)
Mörtelgruppe: NM II
Einbauort / Geschoss: ......
Brandschutz: **tragende Wand REI-M 90 / nichttragende Wand EI-M 90**
Gebäudeklasse: .... (gem. örtlicher Bauordnung)
Arbeitshöhe: bis ..... m

58€ 75€ **78€** 82€ 99€ [m²] ⏱ 0,45 h/m² 012.000.091

46 Öffnung überdecken, Ziegelsturz KG **342**

Öffnung in Ziegelmauerwerk mit Ziegelflachstürzen überdecken, Bemessung nach Zulassung bzw. Statik.
Mauerwerksbreite: .....
Sturzhöhe: **71 / 113** mm
Lichte Öffnungsweite: .....

10€ 17€ **20€** 26€ 36€ [m] ⏱ 0,25 h/m 012.000.069

47 Öffnung überdecken, KS-Sturz, 17,5cm KG **341**

Öffnung mit Kalksandsteinsturz überdecken, tragend, Bemessung nach Zulassung bzw. Statik.
Wanddicke: 17,5 cm
Sturzquerschnitt: .....
Lichte Öffnungsweite: .....

9€ 21€ **27€** 38€ 58€ [m] ⏱ 0,30 h/m 012.000.075

48 Öffnung überdecken, Betonsturz, 24cm KG **341**

Fertigteilsturz aus Stahlbeton, bewehrt, über Öffnung in Mauerwerkswand, Bemessung nach Zulassung bzw. Statik.
Wanddicke: .....
Sturzquerschnitt: .....
Lichte Öffnungsweite: .....
Oberfläche: .....
Kanten: **scharfkantig / Dreiecksleiste**

16€ 45€ **53€** 64€ 85€ [m] ⏱ 0,35 h/m 012.000.070

000
001
002
006
008
009
010
012
013
014
016
017
018
020
021
022

Nr.	Kurztext / Langtext					Kostengruppe
▶	▷	**ø netto €**	◁	◀	[Einheit]	Ausf.-Dauer Positionsnummer

49 Öffnung überdecken, Außenwand, Ziegelsturz, 36,5cm KG **331**

Öffnung in Ziegelmauerwerk mit Wärmedämm-Ziegelsturz überdecken, Bemessung nach Zulassung bzw. Statik, inkl. Wärmedämmung. Füllung mit Ortbeton und Bewehrung werden gesondert vergütet.
Breite: 36,5 cm
Höhe: 238 mm
Lichte Öffnungsweite: .....
Anschlag: **mit / ohne**
Material: LD-Ziegel
Wärmedämmung: .....
U-Wert: ..... W/m²K
Einbauort: .....

36€ 48€ **54**€ 58€ 67€ [m] ⏱ 0,35 h/m 012.000.188

Kosten:
Stand 1.Quartal 2020
Bundesdurchschnitt

50 Öffnung überdecken, Flachbogen/Segmentbogen KG **342**

Öffnungen im Mauerwerk übermauern, mit **Flachbogen / Segmentbogen**.
Mauerdicke: 24 cm
Lichte Öffnungsweite: bis 2,0 m
Material: **KS-Mauersteine / VMz-Mauerziegel**
Bogenmaße entsprechend Einzelbeschreibung siehe Plan .....

140€ 161€ **172**€ 196€ 229€ [St] ⏱ 1,55 h/St 012.000.074

51 Laibung beimauern, Sichtmauerwerk KG **330**

Fensterlaibungen von Sichtmauerwerk beimauern, einseitige Sichtfläche.
Steinart: VMz
Format: NF (240 x 115 x 71 mm)
Laibungstiefe: bis 115 mm
Einbauort / Geschoss: .....

6€ 9€ **10**€ 12€ 15€ [m] ⏱ 0,80 h/m 012.000.051

52 Glattstrich, Laibungen/Brüstungen KG **330**

Glattstrich mit Mörtel, an Laibungen, Brüstungen und Stürzen, zur Erzielung eines ebenen und tragfähigen Untergrunds für die überputzbare Anschlussfolie.
Laibungstiefe: .....
Untergrund: .....
Mörtel: Kalkzement
Putzstärke: bis 5 mm

4€ 5€ **6**€ 6€ 8€ [m] ⏱ 0,12 h/m 012.000.189

53 Schlitze herstellen, Mauerwerk KG **341**

Vertikale Schlitze in Mauerwerk herstellen, Ausbruchmaterial aufnehmen und in Container des AN sammeln und abfahren. Deponierung, sowie Schließen des Schlitzes wird gesondert vergütet.
Steinart: .....
Schlitztiefen: bis 80mm
Schlitzbreite: .....
Arbeitshöhe: bis 1,5 m über Fußboden

7€ 12€ **14**€ 18€ 30€ [m] ⏱ 0,20 h/m 012.000.012

▶ min
▷ von
ø Mittel
◁ bis
◀ max

54 Schlitze schließen, Mauerwerk KG **341**

Schlitz schließen, Ausführung in MW-Innenwand.
Untergrund: **Ziegel- / KS-Mauerwerk**
Breite: ..... cm
Tiefe: ..... cm

5€ | 11€ | **14**€ | 19€ | 25€ | [m] | ⏱ 0,20 h/m | 012.000.191

55 Deckenrandschale, Mineralwolledämmung KG **331**

Ziegel-Deckenrandschale mit aufgeklebter, hydrophobierter Mineralwolledämmung, bei monolithischem Mauerwerk.
Dämmung: MW
Nennwert der Wärmeleitfähigkeit: 0,034 W/(mK)
Dämmdicke: 80 mm
Deckendicke: ..... cm
Ziegeldicke: 60 mm
Abmessung (L x B): 498 x 140 mm

10€ | 15€ | **16**€ | 18€ | 24€ | [m] | ⏱ 0,20 h/m | 012.000.134

56 Deckenanschluss, Mauerwerkswand KG **342**

Deckenanschlussfuge von nichttragenden Mauerwerkswänden dicht verstopfen, mit nichtbrennbarem, mineralischem Faserdämmstoff, inkl. Fugen versiegeln.
Dämmstoff: MW
Brandverhalten: A1
Schmelzpunkt: mind. 1.000°C
Rohdichte: mind. 30 kg/m^3
Wanddicke: ..... cm
Wandhöhe: ..... m
Fugenverschluss: .....
Untergrund: .....

8€ | 9€ | **10**€ | 13€ | 16€ | [m] | ⏱ 0,20 h/m | 012.000.014

57 Deckenanschlussfuge feuerhemmend KG **342**

Deckenanschluss von nichttragenden Mauerwerkswänden rauchdicht herstellen. Fugenverschluss mit Fugendichtmaterial, beidseitig dauerelastisch versiegeln mit überstreichbarem Baustoff.
Brandwiderstand: **F30-A / F60-A bzw. EI30 / EI60**
Wanddicke: 24 cm
Wandhöhe: ..... m
Fugenverschluss: .....
Untergrund: .....

15€ | 26€ | **35**€ | 41€ | 51€ | [m] | ⏱ 0,10 h/m | 012.000.159

58 Deckenanschluss gleitend, ohne Brandschutz KG **342**

Gleitender Deckenanschluss des Mauerwerks, mit Anker und Ausbilden der Anschlussfuge.
Höhe: bis 2,75 m
Mauerwerk: .....
Wanddicke: **11,5 / 17,5** cm
Format: ..... DF

2€ | 3€ | **4**€ | 6€ | 9€ | [m] | ⏱ 0,12 h/m | 012.000.194

000
001
002
006
008
009
010
012
013
014
016
017
018
020
021
022

Nr.	Kurztext / Langtext						Kostengruppe
▶	▷	ø netto €	◁	◀	[Einheit]	Ausf.-Dauer	Positionsnummer

59 Deckenanschluss gleitend, mit Brandschutz KG **342**

Gleitender Deckenanschluss des Mauerwerks, Anker und Ausbilden der Anschlussfuge.
Höhe: bis 2,75 m
Mauerwerk: .....
Wanddicke: **11,5 / 17,5** cm
Format: ..... DF
Brandschutzanforderungen: .....

21€ 33€ **34€** 39€ 51€ [m] ⏱ 0,16 h/m 012.000.210

60 Mauerwerksanschluss stumpf KG **342**

Mauerwerksanschluss an vorhandenes Mauerwerk, stumpf stoßen, mittels Flachanker anschließen.
Steinart: .....
Steinformat / -höhe: .....
Mauerdicke: .....
Einbauort: Innenwand
Einbauhöhe: bis 2,75 m

3€ 6€ **9€** 10€ 15€ [m] ⏱ 0,20 h/m 012.000.177

A 8 Maueranschlussschiene Beschreibung für Pos. **61-63**

Anschlussschiene für den Anschluss gemauerter Wände, in Lagerlänge, auf die benötigte Länge ablängen, ausgebrochene Vollschaumfüllung aufnehmen und in Container sammeln; inkl. 4 Stück Anschlussanker je m Maueranschluss.

61 Maueranschlussschiene, 25/15 KG **341**

Wie Ausführungsbeschreibung A 8
Profil/Typ: 25/15
Material: **verzinkter / nichtrostender** Stahl

5€ 10€ **12€** 14€ 20€ [m] ⏱ 0,20 h/m 012.000.001

62 Maueranschlussschiene, 28/15 KG **341**

Wie Ausführungsbeschreibung A 8
Profil/Typ: 28/15
Material: **verzinkter / nichtrostender** Stahl

6€ 13€ **15€** 18€ 24€ [m] ⏱ 0,20 h/m 012.000.160

63 Maueranschlussschiene, 38/17 KG **341**

Wie Ausführungsbeschreibung A 8
Profil/Typ: 38/17
Material: **verzinkter / nichtrostender** Stahl

13€ 19€ **21€** 26€ 35€ [m] ⏱ 0,20 h/m 012.000.077

64 Maueranker, beim Aufmauern einlegen KG **341**

Maueranker beim Aufmauern einlegen in bauseitige Schiene, Anschluss des stumpf gestoßenen Mauerwerks.
Vorh. Anschlussschiene: Profil/Typ .....
Material: Stahl **verzinkt / rostfrei**

0,6€ 1,3€ **1,7€** 2,1€ 3,2€ [St] ⏱ 0,04 h/St 012.000.064

Kosten:
Stand 1.Quartal 2020
Bundesdurchschnitt

▶ min
▷ von
ø Mittel
◁ bis
◀ max

65 **Mauerwerk verzahnen** KG **341**

Mauerwerksanschluss an vorhandenes Mauerwerk durch Verzahnen, nichttragend.
Steinart: .....
Steinformat / -höhe: .....
Mauerdicke: .....
Einbauort / Geschoss: **Innenwand / .....**
Einbauhöhe: bis 2,75 m

4€ 8€ **9**€ 12€ 17€ [m] ⏱ 0,20 h/m 012.000.050

A 9 **Außenwand, LHlz, tragend** Beschreibung für Pos. **66-67**

Mauerwerk der tragenden Außenwand aus Leichthochlochziegel, ungefüllt, für Putzauftrag, ohne Stoßfugenvermörtelung, Steine mit Nut und Feder.
Steinart: LHlz - Planstein
Arbeitshöhe: ..... m

66 **Außenwand, LHlz 36,5cm, tragend** KG **331**

Wie Ausführungsbeschreibung A 9
Außenwand: monolithisch
Wanddicke: 36,5 cm
Nennwert Wärmeleitfähigkeit: 0,08 W/(mK)
Festigkeitsklasse: 6 N/mm²
Rohdichteklasse: 0,6 kg/dm³
Format: 12 DF (248 x 365 x 249 mm)
Mörtelgruppe: Dünnbettmörtel DM
Einbauort: in allen Geschossen

83€ 101€ **107**€ 119€ 151€ [m²] ⏱ 0,90 h/m² 012.000.203

67 **Außenwand, LHlz 42,5cm, tragend** KG **331**

Wie Ausführungsbeschreibung A 9
Außenwand: monolithisch
Wanddicke: 42,5 cm
Nennwert Wärmeleitfähigkeit: 0,08 W/(mK)
Festigkeitsklasse: 6 N/mm²
Rohdichteklasse: 0,65 kg/dm³
Format: 14 DF (248 x 425x 249 mm)
Mörtelgruppe: DM
Einbauort: in allen Geschossen

103€ 118€ **126**€ 133€ 157€ [m²] ⏱ 0,90 h/m² 012.000.165

A 10 **Außenwand, LHlz, tragend, gefüllt** Beschreibung für Pos. **68-69**

Mauerwerk der tragenden Außenwand aus Leichthochlochziegel, verfüllt, für Putzauftrag, ohne Stoßfugenvermörtelung, Steine mit Nut und Feder.
Steinart: LHlz - Planstein mit Dämmfüllung
Arbeitshöhe: .....

Nr.	**Kurztext** / Langtext						Kostengruppe
▶	▷	**ø netto €**	◁	◀	[Einheit]	Ausf.-Dauer	Positionsnummer

68 **Außenwand, LHlz 36,5cm, tragend, gefüllt** KG **331**

Wie Ausführungsbeschreibung A 10
Wanddicke: 36,5 cm
Füllung: **Perlite / Mineralwolle**
Nennwert Wärmeleitfähigkeit: **0,07 / 0,10** W/(mK)
Festigkeitsklasse: **6 / 12** N/mm²
Rohdichteklasse: **0,55 / 0,80** kg/dm³
Format: 12 DF (248 x 365 x 249 mm)
Mörtelgruppe: Dünnbettmörtel DM
Einbauort: in allen Geschossen

93€ 108€ **114€** 121€ 143€ [m²] ⏱ 0,90 h/m² 012.000.164

Kosten:
Stand 1.Quartal 2020
Bundesdurchschnitt

69 **Außenwand, LHlz 42,5cm, tragend, gefüllt** KG **331**

Wie Ausführungsbeschreibung A 10
Wanddicke: 42,5 cm
Füllung: **Perlite / Mineralwolle**
Nennwert Wärmeleitfähigkeit: **0,07 / 0,10** W/(mK)
Festigkeitsklasse: **6 / 12** N/mm²
Rohdichteklasse: **0,55 / 0,80** kg/dm³
Format: 14 DF (248 x 425x 249 mm)
Mörtelgruppe: Dünnbettmörtel DM
Einbauort: in allen Geschossen

107€ 125€ **133€** 141€ 166€ [m²] ⏱ 0,90 h/m² 012.000.166

A 11 **Außenwand, KS L-R, tragend** Beschreibung für Pos. **70-71**

Mauerwerk der tragenden Außenwand aus Kalksandstein KS L-R, für zweischaliges, hinterlüftetes Mauerwerk, für einseitigen Putzauftrag, ohne Stoßfugenvermörtelung, Steine mit Nut- und Feder., Drahtanker in gesonderter Position.
Steinart: KS L-R
Arbeitshöhe: ..... m

70 **Außenwand, KS L-R 17,5cm, tragend** KG **331**

Wie Ausführungsbeschreibung A 11
Wandfunktion: **Hintermauerung / Tragschale**
Wanddicke: 17,5 cm
Festigkeitsklasse: 12 N/mm²
Rohdichteklasse: 1,6 kg/dm³
Format: 12 DF (373 x 175 x 248 mm)
Mörtelgruppe: Dünnbettmörtel DM
Einbauort: in allen Geschossen

39€ 56€ **62€** 69€ 91€ [m²] ⏱ 0,50 h/m² 012.000.204

▶ min
▷ von
ø Mittel
◁ bis
◀ max

71 Außenwand, KS L-R 24cm, tragend KG **331**

Wie Ausführungsbeschreibung A 11
Wandfunktion: **Hintermauerung / Tragschale**
Wanddicke: 24,0 cm
Festigkeitsklasse: 12 N/mm²
Rohdichteklasse: 1,8 kg/dm³
Format: 4 DF (240 x 240 x 248 mm)
Mörtelgruppe: Dünnbettmörtel DM
Einbauort: in allen Geschossen

48€ 69€ **77**€ 85€ 106€ [m²] ⏱ 0,60 h/m² 012.000.057

72 Außenwand, Betonsteine 17,5cm, tragend KG **331**

Mauerwerk der Außenwand aus Leichtbetonsteinen Hbl, für zweischaliges, hinterlüftetes Mauerwerk, für Putzauftrag, ohne Stoßfugenvermörtelung, Drahtanker in gesonderter Position.
Wandfunktion: **Hintermauerung / Tragschale**
Wanddicke: 17,5 cm
Steinart: Hbl
Festigkeitsklasse: 12 N/mm²
Rohdichteklasse: 1,6 kg/d,3
Format: 12 DF (248 x 175 x 238 mm)
Mörtelgruppe: NM IIa
Einbauort / Geschoss: .....
Arbeitshöhe: ..... m

43€ 52€ **56**€ 64€ 77€ [m²] ⏱ 0,50 h/m² 012.000.058

73 Mauerpfeiler, rechteckig, freitragend KG **333**

Mauerpfeiler aus Mauerziegel, freitragend, rechteckiger Grundriss, mit Stoßfugenvermörtelung.
Querschnitt: ..... x ..... mm
Steinart: .....
Festigkeitsklasse: 20 N/mm²
Rohdichteklasse: 1,8 kg/dm³
Format: ..... DF
Einbauort / Geschoss: .....
Arbeitshöhe: ..... m

41€ 62€ **72**€ 85€ 119€ [m] ⏱ 0,50 h/m 012.000.046

A 12 Kerndämmung, Mineralwolle, Außenwand Beschreibung für Pos. **74-75**

Kerndämmung für 2-schalige Außenwand, aus Mineralwolle, MW DIN EN 13162, einlagig, als Platte, Anwendungsgebiet DIN 4108-10 WZ, auf vorh. Drahtanker.
Nennwert Wärmeleitfähigkeit: max. 0,034 W/(mK)
Brandverhalten: nicht brennbar, Klasse A
Arbeitshöhe: ..... m

74 Kerndämmung, MW 040, 80mm, Außenwand KG **330**

Wie Ausführungsbeschreibung A 12
Gesamtdicke: 80 mm

11€ 13€ **14**€ 15€ 19€ [m²] ⏱ 0,12 h/m² 012.000.168

000 001 002 006 008 009 010 **012** 013 014 016 017 018 020 021 022

Nr.	Kurztext / Langtext					Kostengruppe
▶	▷	**ø netto €**	◁	◀	[Einheit]	Ausf.-Dauer Positionsnummer

75 Kerndämmung, MW 040, 140mm, Außenwand KG **330**

Wie Ausführungsbeschreibung A 12
Gesamtdicke: 140 mm

22€ 25€ **26**€ 28€ 33€ [m²] 0,16 h/m² 012.000.120

A 13 Gebäudetrennfugen, Mineralwolle, Außenwand Beschreibung für Pos. **76-77**

Dämmung zwischen Haustrennwänden mit Schallschutzanforderung.
Dämmstoff: Mineralwolle - MW
Anwendung: WTH
Brandverhalten: A1, nicht brennbar
Nennwert Wärmeleitfähigkeit: 0,034 W/mK
dynamische Steifigkeit: SD = 18 MN/m³
Zusammendrückbarkeit: sh
Arbeitshöhe: .....

Kosten:
Stand 1.Quartal 2020
Bundesdurchschnitt

76 Gebäudetrennfugen, MW, 20mm, Außenwand KG **341**

Wie Ausführungsbeschreibung A 13
Dicke: 20 mm

6€ 7€ **7**€ 8€ 9€ [m²] 0,14 h/m² 012.000.072

77 Gebäudetrennfugen, MW, 50mm, Außenwand KG **341**

Wie Ausführungsbeschreibung A 13
Dicke: 50 mm

12€ 16€ **18**€ 21€ 27€ [m²] 0,15 h/m² 012.000.092

78 Deckenranddämmung, Mehrschichtleichtbauplatte KG **351**

Dämmung Deckenrand, mit Mehrschicht-Leichtbauplatten, in Schalung eingelegt und befestigt, dicht gestoßen.
Plattentyp: Mehrschicht-Leichtbauplatte mit Mineralwolledämmschicht - Typ: WW-C
Brandverhalten: schwer entflammbar - Klasse .....
Anwendungstyp: DI-dm
Nennwert Wärmeleitfähigkeit: 0,034 W/(mK)
Deckendicke: ..... mm
Dämmdicke: ..... mm
Einbauort / Geschoss: **Deckenrand / .....**

6€ 12€ **12**€ 15€ 22€ [m] 0,10 h/m 012.000.073

79 Drahtanker, Hintermauerung/Tragschale KG **335**

Drahtanker für zweischaliges Mauerwerk, beim Aufmauern über Drahtanker darf keine Feuchte in die Dämmung geleitet werden.
Untergrund: **Mauerwerk aus ..... / Tragschale aus Stahlbeton**
Höhe über Gelände: bis 12,0 m
Schalenabstand: 160 mm
Arbeitshöhe: ..... m

2€ 5€ **6**€ 8€ 12€ [m²] 0,18 h/m² 012.000.023

▶ min
▷ von
ø Mittel
◁ bis
◀ max

80 Verblendmauerwerk, Abfangung, Winkelkonsole — KG **335**

Winkelkonsolanker zur Abfangung von Verblendmauerwerk, Element mit zwei Konsolrücken und Versatzmaß, mit allgemeiner bauaufsichtlicher Zulassung für den Konsolkopf, mit CE-Kennzeichen, versehen mit RAL Gütezeichen der Gütegemeinschaft Fassadenbefestigungstechnik e.V.
Material: nichtrostender Stahl
Korrosionswiderstandsklasse: III nach EN 1993-1-4: 2006, Tabelle A.1, Zeile 3
Höhenverstellbar: ±35 mm
Winkellänge: ..... m
Versatzmaß: ..... mm
Laststufe je Konsolrücken: ..... kN
Kragmaß: ..... mm
Wandabstand: .....
Arbeitshöhe: .....

82€ | 171€ | **211€** | 230€ | 334€ | [St] | ⏱ 0,40 h/St | 012.000.130

81 Verblendmauerwerk, Abfangung Einzelkonsole — KG **335**

Einzelkonsolanker zur Abfangung von Verblendmauerwerk, Element mit zwei Konsolrücken, mit allgemeiner bauaufsichtlicher Zulassung für den Konsolkopf, mit CE-Kennzeichen, versehen mit RAL Gütezeichen der Gütegemeinschaft Fassadenbefestigungstechnik e.V.
Material: nichtrostender Stahl
Korrosionswiderstandsklasse: III nach EN 1993-1-4: 2006, Tabelle A.1, Zeile 3
Höhenverstellbar: ±35 mm
Winkellänge: ..... m
Laststufe je Konsolrücken: ..... kN
Kragmaß: ..... mm
Wandabstand: .....
Arbeitshöhe: .....

18€ | 34€ | **43€** | 51€ | 65€ | [St] | ⏱ 0,20 h/St | 012.000.174

82 Vbl-Mauerwerk, VMz, 115mm — KG **335**

Verblendmauerwerk DIN EN 1996 vor Luftschicht und Dämmung, Schalenabstand 200mm, vor Außenwand, Drahtanker beim Aufmauern einlegen, mit Ergänzungssteinen, mit Stoßfugenvermörtelung und Fugenglattstrich, sowie Lüftungs- und Entwässerungsöffnungen.
Dämmung und Drahtanker werden gesonderter vergütet.
Steinart: VMz
Oberfläche / Farbe: .....
Festigkeitsklasse: 20
Rohdichteklasse: 2,0
Format: NF (240 x 115 x 71 mm)
Mörtelgruppe: NM IIa
Arbeitshöhe: bis 3,5 m
Verband: .....
Verfugung: Fugenglattstrich, leicht zurückliegend
Angeb. Fabrikat: ..... (Steinhersteller / Steinart / Format)

86€ | 119€ | **135€** | 150€ | 193€ | [m²] | ⏱ 0,95 h/m² | 012.000.024

Nr.	Kurztext / Langtext					Kostengruppe
▶	▷	ø netto €	◁	◀	[Einheit]	Ausf.-Dauer Positionsnummer

Kosten:
Stand 1.Quartal 2020
Bundesdurchschnitt

83 Sparverblendung WDVS, Klinkerriemchen KG **335**

Klinkerriemchen als Sparverblendung des Wärmedämmverbundsystems, als geklebte Wetterschicht, nach Herstellervorgabe aufgebracht, inkl. Verfugung und Vorbehandlung des Untergrunds. Verblendung von Mauerpfeilern, Öffnungen anlegen und überdecken, Sturzausbildungen und Laibungen nach gesonderter Position.
Untergrund: Wärmedämmverbundsystem, d= ..... mm
Steinart: Vormauerziegel VMz DIN 105-100
Oberfläche: .....
Farbe: .....
Format: **Waalformat WF L210 x H50 x T.... / Dünnformat DF L240 x H52 x T.... mm / ......**
Fugenbreite: **12,5 / 10,5 / .....** mm
Mörtel: Klasse M 2,5 DIN EN 998-2
Verband: .....
Verfugung: Fugenglattstrich, leicht zurückliegend
Angeb. Fabrikat: ..... (**Steinhersteller / Steinart / Format)**

96€ 117€ **124**€ 144€ 176€ [m²] ⏱ 0,80 h/m² 012.000.132

84 Verblendmauerwerk, Betonsteine KG **335**

Verblendmauerwerk der Außenwand aus Beton-Modulsteinen, vor Luftschicht und Dämmung mit 200mm Abstand. Drahtanker beim Aufmauern einlegen, mit Ergänzungssteinen, mit Stoßfugenvermörtelung und Fugenglattstrich. Dämmung und Drahtanker werden gesonderter vergütet.
Steinart: Betonsteinverblender
Oberfläche / Farbe: **steingrau / weiß / .....**
Festigkeitsklasse: 20
Rohdichteklasse: 2,0
Format: 290 x 190 x 90 mm
Mörtelgruppe: NM IIa
Arbeitshöhe: bis 3,5 m
Verband: .....
Verfugung: Fugenglattstrich, leicht zurückliegend

152€ 178€ **179**€ 188€ 204€ [m²] ⏱ 0,85 h/m² 012.000.025

85 Verblendmauerwerk, Kalksandsteine KG **335**

Verblendmauerwerk aus Kalksandstein, als äußere hinterlüftete Schale des zweischaligen Mauerwerks, vor Mineralwolleplatten, Drahtanker beim Aufmauern einlegen, mit Stoßfugenvermörtelung; Fugenglattstrich bzw. Verfugung in gesonderter Position.
Verblenderschicht: 11,5 cm
Verband: .....
Steinart: KS Vb
Festigkeitsklasse: 20 N/mm²
Rohdichteklasse: 1,8 kg/dm³
Format: 2 DF (240 x 115 x 113 mm)
Mörtelgruppe: NM IIa
Farbe: **steingrau / weiß / .....**
Einbauhöhe: bis 4,00 m

76€ 118€ **139**€ 154€ 193€ [m²] ⏱ 1,20 h/m² 012.000.026

▶ min
▷ von
ø Mittel
◁ bis
◀ max

86 Verblendmauerwerk, Öffnungen KG **335**

Öffnung in Verblendmauerwerk mit Sichtbeton-Flachsturz, gem. Statik des Herstellers, herstellen.
Querschnitt Sturz: 115 x 113 mm
Lichte Öffnung: ..... cm
Einbauort: .....
Arbeitshöhe: .....

18€ 23€ **26**€ 35€ 48€ [m²] ⏱ 0,30 h/m² 012.000.027

87 Verblendmauerwerk, Rollschicht KG **335**

Fensterbank als Rollschicht in Verblendmauerwerk herstellen, Steinformat mit Oberfläche und Farbe wie vor beschriebenes Verblendmauerwerk, einschl. Verfugung und Endstein geschlossen.
Ausführung: **waagrechte / geneigt mit .....°**

16€ 33€ **43**€ 51€ 65€ [m] ⏱ 0,65 h/m 012.000.059

A 14 Mauerwerk abgleichen Beschreibung für Pos. **88-90**

Abgleichen von geneigten Giebelmauerwerkabschlüssen mit Beton, inkl. beidseitiger nichtsaugender, glatter Schalung.
Untergrund: abgetreppt, Mauerwerk aus .....
Oberfläche: abgerieben
Betongüte: C20/25
Arbeitshöhe: .....

88 Mauerwerk abgleichen, bis 17,5cm KG **331**

Wie Ausführungsbeschreibung A 14
Mauerdicke: 17,5 cm

3€ 8€ **11**€ 14€ 20€ [m] ⏱ 0,20 h/m 012.000.082

89 Mauerwerk abgleichen, bis 24cm KG **331**

Wie Ausführungsbeschreibung A 14
Mauerdicke: 24,0 cm

3€ 10€ **13**€ 16€ 26€ [m] ⏱ 0,25 h/m 012.000.114

90 Mauerwerk abgleichen, bis 36,5cm KG **331**

Wie Ausführungsbeschreibung A 14
Mauerdicke: 36,0 cm

5€ 11€ **14**€ 20€ 30€ [m] ⏱ 0,28 h/m 012.000.037

91 Ringanker, U-Schale, 11,5cm KG **331**

Ringanker aus U-Schale, ohne integrierte Wärmedämmung; Füllung mit Beton und Bewehrung wird gesondert vergütet.
Wanddicke: 11,5 cm
Material: **Ziegel / Porenbeton / Kalksandstein**

20€ 29€ **32**€ 34€ 40€ [m] ⏱ 0,20 h/m 012.000.112

000 001 002 006 008 009 010 **012** 013 014 016 017 018 020 021 022

Nr.	Kurztext / Langtext					Kostengruppe
▶	▷	ø netto €	◁	◀	[Einheit]	Ausf.-Dauer Positionsnummer

92 Ringanker, U-Schale, 24cm KG **331**

Ringanker aus U-Schale; Füllung mit Beton und Bewehrung wird gesondert vergütet.
Wanddicke: 24,0 cm
Material: **Ziegel / Porenbeton / Kalksandstein**
Integrierte Wärmedämmung: **mit / ohne**

24€ 33€ **40**€ 46€ 58€ [m] ⏱ 0,22 h/m 012.000.043

93 Ringanker, U-Schale, 36,5cm KG **331**

Ringanker aus U-Schale, ohne integrierte Wärmedämmung; Füllung mit Beton und Bewehrung wird gesondert vergütet.
Wanddicke: 36,5 cm
Material: **Ziegel / Porenbeton / Kalksandstein**
Integrierte Wärmedämmung: **mit / ohne**

35€ 42€ **45**€ 53€ 67€ [m] ⏱ 0,25 h/m 012.000.084

94 Ausmauerung, Sparren KG **332**

Mauerwerk zwischen Holzsparren, als Sparrenfußausmauerung, aus Hochlochziegel; mit Stoßfugenvermörtelung.
Wanddicke: 11,5 cm
Steinart: Hlz 12
Festigkeitsklasse: 12 N/mm²
Rohdichteklasse: 1,2 kg/dm³
Format: 2DF (240 x 115 x 113 mm)
Mörtelgruppe: NM II
Arbeitshöhe: unter 1,5 m

17€ 30€ **36**€ 45€ 67€ [m] ⏱ 0,30 h/m 012.000.044

95 Schornstein, Formstein, einzügig KG **429**

Einzügiges Schornsteinsystem, mehrschalig, Montagebauweise, feuchteunempfindlich, für Gegenstrombetrieb und überdruckdicht; Leistung komplett inkl. aller erforderlichen Anschlüsse und Zubehörteile.
Abgasanlage: (Betriebsstoff, Bauweise, Temperaturklasse, Gasdichtheitsklasse, Nominaldruck, etc.) gem. Einzelbeschreibung
System bestehend aus:

- Keramikrohr
- Distanzhalter
- Dämmung
- Mantelstein
- Heizraumabluftschacht
- Sockelstein mit Kondensatablauf
- Reinigungsöffnungen (2 Stück)
- Anschlussöffnung

Ausführung: einzügig
Abzugsöffnungen: .....
Mantelstein: **Ziegel / Leichtbeton**
Abgasrohr: D = ... mm
Abluftschacht: 10 x 25 cm
Schornsteinhöhe: bis 11,00 m
Arbeitshöhe: bis 3,50 m

134€ 193€ **219**€ 273€ 415€ [m] ⏱ 1,50 h/m 012.000.173

Kosten:
Stand 1.Quartal 2020
Bundesdurchschnitt

▶ min
▷ von
ø Mittel
◁ bis
◀ max

96 Schornstein, Formsteine, zweizügig KG **429**

Zweizügiges Schornsteinsystem, mehrschalig, Montagebauweise, feuchteunempfindlich, für Gegenstrombetrieb und überdruckdicht; Leistung komplett inkl. aller erforderlichen Anschlüsse und Zubehörteile.
Abgasanlage: (Betriebsstoff, Bauweise, Temperaturklasse, Gasdichtheitsklasse, Nominaldruck, etc.) gem. Einzelbeschreibung
System bestehend aus:

- Keramikrohr
- Distanzhalter
- Dämmung
- Mantelstein
- Heizraumabluftschacht
- Sockelstein mit Kondensatabläufen
- Reinigungsöffnungen (je 2 Stück je Zug)
- Anschlussöffnung

Ausführung: zweizügig
Abzugsöffnungen: .....
Mantelstein: **Ziegel / Leichtbeton**
Abgasrohr 1: D = ... mm
Abgasrohr 2: D = ... mm
Abluftschacht: 10 x 25 cm
Schornsteinhöhe: bis 11,00 m
Arbeitshöhe: bis 3,50 m

157€ 245€ **274**€ 310€ 385€ [m] ⏱ 1,50 h/m 012.000.029

97 Schornsteinkopf, Mauerwerk KG **429**

Schornsteinkopfmauerwerk aus Klinkerziegel KMZ, für Montageschornstein, auf vorhandener Kragplatte.
Ausführung: als **Aufmauerung / Ummauerung**
Mauerdicke: 11,5 cm
Schornsteinabmessung: .....
Steinart: KMz
Festigkeitsklasse: 28 N/mm²
Rohdichteklasse: 1,6 kg/dm³
Format: NF
Mörtelgruppe: NM IIa
Struktur: .....
Farbe: .....
Höhe über Dach: 0,70m i.M.

169€ 233€ **235**€ 235€ 299€ [m²] ⏱ 2,30 h/m² 012.000.030

98 Schornsteinkopfabdeckung, Faserzement KG **429**

Stülpkopf aus beschichtetem Faserzement, passend zu Schornstein-System.
Ausführung: **im Ziegelmantelstein / im Leichtbetonmantelstein**
Struktur: .....
Farbe: .....

226€ 377€ **428**€ 513€ 670€ [St] ⏱ 1,00 h/St 012.000.031

000 001 002 006 008 009 010 **012** 013 014 016 017 018 020 021 022

Nr.	Kurztext / Langtext					Kostengruppe
▶	▷	ø netto €	◁	◀	[Einheit]	Ausf.-Dauer Positionsnummer

Kosten:
Stand 1.Quartal 2020
Bundesdurchschnitt

99 Ziegel-Elementdecke, ZST 1,0 - 22,5 KG **351**

Ziegel-Elementdecke, mit mittragenden Deckenziegeln, einschl. prüffähigem Tragfähigkeitsnachweis und Verlegeplan sowie erforderlicher Montagejoche und Zwischenunterstützungen; Bemessung nach typengeprüften Traglasttabellen. Auf- und Vergussbeton, Bewehrung und Ausbilden von Durchbrüchen werden gesondert vergütet.
Deckensystem: .....
Deckenziegel: ZST 1,0-22,5
Elementbreiten: 0,50-2,50 m
Spannweite: .....
Nutzlast: .....
Deckendicke: .....
Schalldämmmaß (inkl. schw. Estrich + Putz): .....
Brandschutz: **F90A / REI 90**
Einbauort / Geschoss: ......
Arbeitshöhe über Standebene: .....

94€ 109€ **119**€ 121€ 132€ [m²] ⏱ 0,70 h/m² 012.000.054

100 Stundensatz Facharbeiter, Mauerarbeiten

Stundenlohnarbeiten für Facharbeiter, Spezialfacharbeiter, Vorarbeiter und jeweils Gleichgestellte. Der Verrechnungssatz für die jeweilige Arbeitskraft umfasst sämtliche Aufwendungen wie Lohn- und Gehaltskosten, lohn- und gehaltsgebundene Kosten, Lohn- und Gehaltsnebenkosten, Gemeinkosten, Wagnis und Gewinn. Leistung nach besonderer Anordnung des Auftraggebers. Nachweis und Anmeldung gem. VOB/B.

39€ 48€ **51**€ 54€ 64€ [h] ⏱ 1,00 h/h 012.000.128

101 Stundensatz Werker/Helfer, Mauerarbeiten

Stundenlohnarbeiten für Werker, Fachwerker und jeweils Gleichgestellte. Der Verrechnungssatz für die jeweilige Arbeitskraft umfasst sämtliche Aufwendungen wie Lohn- und Gehaltskosten, lohn- und gehaltsgebundene Kosten, Lohn- und Gehaltsnebenkosten, Gemeinkosten, Wagnis und Gewinn. Leistung nach besonderer Anordnung des Auftraggebers. Nachweis und Anmeldung gem. VOB/B.

32€ 43€ **47**€ 49€ 55€ [h] ⏱ 1,00 h/h 012.000.129

▶ min
▷ von
ø Mittel
◁ bis
◀ max

013

Kosten:
Stand 1.Quartal 2020
Bundesdurchschnitt

▶ min
▷ von
ø Mittel
◁ bis
◀ max

Nr.	Positionen	Einheit	▶	▷	ø brutto € / ø netto €	◁	◀
1	Tragschicht, Schotter 0/45, 30cm	m²	8	14	**17**	17	29
			7	12	**14**	14	25
2	Trennlage, PE-Folie, auf Kiesfilter	m²	0,6	1,6	**1,9**	2,6	4,4
			0,5	1,4	**1,6**	2,2	3,7
3	Glasschotter, unter Bodenplatte, 30cm	m³	92	117	**128**	148	185
			77	99	**108**	124	155
4	Glasschotter, unter Bodenplatte, 30cm	m²	26	44	**50**	55	70
			22	37	**42**	46	59
5	Sauberkeitsschicht, Beton, 5cm	m²	7	10	**11**	14	22
			6	8	**9**	12	19
6	Sauberkeitsschicht, Beton, 10cm	m²	9	16	**19**	28	50
			7	14	**16**	24	42
7	Sauberkeitsschicht, Sand, 10 cm	m²	4	6	**7**	8	10
			3	5	**6**	7	8
8	Fundament, Ortbeton C25/30, bewehrt	m³	89	173	**200**	294	496
			75	145	**168**	247	417
9	Fundament, Ortbeton C30/35, bewehrt	m³	133	211	**240**	370	576
			112	177	**201**	311	484
10	Schalung, Fundament, rau	m²	17	31	**37**	43	58
			14	26	**31**	36	49
11	Schalung, Fundament, verloren	m²	31	42	**45**	56	78
			26	35	**38**	47	66
12	Aufzugsunterfahrt, Ortbeton C25/30, Schalung	m³	171	502	**523**	717	1.097
			143	422	**440**	602	922
13	Bodenplatte, Ortbeton, C25/30, bis 20cm	m³	120	164	**179**	191	222
			101	138	**150**	160	187
14	Bodenplatte, Ortbeton, C25/30, bis 35cm	m³	127	161	**174**	190	235
			107	135	**146**	160	198
15	Bodenplatte, WU-Beton C30/37, bis 35cm	m³	152	177	**191**	215	252
			128	149	**160**	181	212
16	Bodenplatte, WU-Ortbeton, C25/30, bis 25cm, Randschalung	m²	31	39	**41**	53	70
			26	33	**35**	44	58
17	Bodenplatte, WU-Ortbeton, C25/30, bis 30cm, Randschalung	m²	42	52	**55**	65	87
			35	44	**47**	55	73
18	Bodenplatte, WU-Ortbeton, C25/30, über 30cm, Randschalung	m²	49	59	**65**	82	107
			41	49	**55**	69	90
19	Bodenplatte, Ortbeton, C25/30, bis 25cm, Randschalung	m²	33	42	**46**	55	77
			28	35	**39**	46	65
20	Bodenplatte, Ortbeton, C25/30, bis 30cm, Randschalung	m²	42	54	**60**	69	85
			35	45	**50**	58	72
21	Randschalung, Bodenplatte	m	5	11	**13**	17	24
			4	9	**11**	14	20

Nr.	Positionen	Einheit	▶	▷	ø brutto € / ø netto €	◁	◀
22	Fugenband, Blechband	m	15	23	**26**	33	48
			12	20	**22**	28	41
23	Fugenband, Blech, Formstück	St	27	53	**61**	73	100
			23	45	**52**	61	84
24	Fugenband, Kunststoff	m	16	24	**28**	33	42
			13	20	**24**	28	35
25	Fugenband, Kunststoff, Formstück	St	24	41	**52**	62	78
			20	35	**44**	52	66
26	Fugenband, Bewegungsfugen	m	24	34	**39**	46	63
			20	28	**33**	39	53
27	Fugenband, Injektionsschlauch	m	12	22	**27**	33	49
			10	19	**22**	27	41
28	Verpressung, Injektionsschlauch	m	24	35	**43**	54	70
			20	30	**36**	46	59
29	Innenwand, Ortbeton, C25/30, bis 25cm	m^3	120	148	**156**	170	202
			101	124	**131**	143	170
30	Außenwand, Ortbeton, C25/30, bis 25cm	m^3	118	149	**164**	183	220
			99	126	**138**	154	185
31	Außenwand, WU-Ortbeton, C25/30, bis 25cm	m^3	128	155	**168**	194	257
			108	130	**141**	163	216
32	Schalung, Aufzugsschacht	m^2	40	49	**52**	72	112
			33	41	**44**	60	94
33	Schalung, Wand, rau	m^2	18	32	**39**	46	60
			15	27	**33**	39	50
34	Schalung, Wand, glatt	m^2	20	34	**40**	46	67
			17	29	**33**	39	56
35	Schalung, Wand, SB3	m^2	41	48	**52**	55	68
			35	40	**44**	46	57
36	Schalung, Dreiecksleiste	m	2	4	**5**	7	11
			2	3	**4**	6	9
37	Wandschalung, Türe 0,885m	St	42	86	**105**	116	173
			35	72	**88**	97	146
38	Wandschalung, Türe 1,135m	St	54	81	**94**	154	230
			46	68	**79**	129	194
39	Wandschalung, Türe 2,01m	St	85	176	**190**	236	320
			72	148	**159**	198	269
40	Wandschalung, Fenster bis 2,00m^2	St	32	79	**101**	157	282
			27	66	**85**	132	237
41	Wandschalung, Fenster bis 4,00m^2	St	53	136	**167**	214	330
			44	114	**141**	180	277
42	Wandschalung, Stirnfläche	m	6	15	**20**	26	36
			5	13	**17**	22	30
43	Aussparung, bis 0,10m^2, Betonbauteile	St	14	32	**40**	56	95
			12	27	**33**	47	80
44	Öffnung, über 2,5m^2, Wand	m^2	62	67	**70**	72	85
			52	56	**58**	60	71
45	Kernbohrung, Stb-Decke, Durchmesser 55-80mm	St	126	152	**175**	196	215
			106	128	**147**	165	181

000
001
002
006
008
009
010
012
013
014
016
017
018
020
021
022

Kosten:
Stand 1.Quartal 2020
Bundesdurchschnitt

Nr.	Positionen	Einheit	▶	▷	ø brutto € / ø netto €	◁	◀
46	Kernbohrung, Stb-Decke, Durchmesser 115-130mm	St	140	169	**195**	218	239
			118	142	**164**	183	201
47	Kernbohrung, Stb-Decke, Durchmesser 200-220mm	St	216	260	**299**	335	368
			181	219	**252**	282	309
48	Kernbohrung, Stahlschnitte, 16-28mm	St	3	4	**4**	5	6
			3	3	**4**	4	5
49	Betonschneidearbeiten, bis 43cm	m	112	135	**156**	174	191
			94	114	**131**	147	161
50	Unterzug/Sturz, Stahlbeton C25/30	m³	129	204	**229**	372	887
			109	171	**193**	313	745
51	Schalung, Unterzug/Sturz	m²	50	72	**81**	96	143
			42	60	**68**	81	120
52	Stütze, Stahlbeton C25/30	m³	150	215	**237**	273	387
			126	181	**199**	229	325
53	Stütze, Ortbeton, Schalung. 25cm, rund	m	47	87	**111**	123	163
			40	73	**93**	103	137
54	Stütze, Ortbeton, Schalung, 30cm, rund	m	74	101	**119**	137	170
			62	85	**100**	115	143
55	Schalung, Stütze, rechteckig, rau	m²	41	69	**78**	91	119
			35	58	**66**	76	100
56	Schalung, Stütze, rechteckig, glatt	m²	43	68	**76**	94	131
			36	57	**63**	79	110
57	Schalung, Stütze, rund, glatt	m²	43	73	**87**	130	224
			36	61	**73**	109	188
58	Schalung, Stütze, rund, glatt, bis 250mm	m	40	80	**96**	108	138
			33	67	**81**	91	116
59	Decke, Ortbeton, C25/30, bis 25cm	m³	129	149	**157**	165	194
			108	125	**132**	138	163
60	Decke, Ortbeton, SB2, C25/30, WO	m³	148	168	**176**	182	199
			125	141	**148**	153	167
61	Decke, Ortbeton, SB2, C25/30	m³	–	176	**183**	193	–
			–	148	**154**	162	–
62	Schalung, Decken, glatt	m²	25	40	**44**	52	76
			21	34	**37**	44	64
63	Dämmung, Deckenrand, PS	m	6	10	**12**	18	27
			5	9	**10**	15	23
64	Dämmung, Deckenrand, Mehrschichtplatte	m²	18	29	**36**	43	52
			15	24	**30**	36	44
65	Randschalung, Deckenplatte	m	7	14	**16**	20	30
			6	12	**14**	17	25
66	Überzug/Attika, Ortbeton, C25/30	m³	135	177	**198**	231	298
			114	149	**166**	194	251
67	Unterzug, rechteckig, Ortbeton, Schalung	m	56	84	**95**	124	205
			47	71	**80**	104	172
68	Schalung, Ringbalken/Überzug/Attika, glatt	m²	38	61	**69**	89	130
			32	51	**58**	75	109
69	Stb-Fertigteilsturz, Breite 11,5cm	m	9	27	**37**	47	63
			8	23	**31**	40	53

▶ min
▷ von
ø Mittel
◁ bis
◀ max

Nr.	Positionen	Einheit	►	▷	ø brutto € / ø netto €	◁	◄
70	Stb-Fertigteilsturz, Breite 17,5cm	m	14	50	**67**	78	102
			12	42	**56**	66	85
71	Stb-Fertigteilsturz, Breite 24cm	m	33	73	**92**	111	155
			28	62	**77**	93	130
72	Treppenlauf, Ortbeton, C35/37	m^3	216	250	**259**	318	414
			181	210	**218**	267	348
73	Schalung, Treppenlauf	m^2	70	115	**131**	141	165
			59	97	**110**	119	139
74	Treppenpodest, Ortbeton, C30/37	m^3	167	195	**208**	241	303
			140	164	**175**	202	254
75	Schalung, glatt, Treppenpodest	m^2	47	72	**81**	96	135
			40	60	**68**	81	113
76	Stb-Fertigteil, Treppenpodest	St	822	1.506	**1.747**	2.117	2.831
			690	1.266	**1.468**	1.779	2.379
77	Stb-Fertigteil, Treppe, einläufig, 7 Stufen	St	731	986	**1.090**	1.206	1.922
			614	829	**916**	1.014	1.615
78	Stb-Fertigteil, Treppe, einläufig, 16 Stufen	St	1.980	2.565	**2.706**	3.010	3.580
			1.664	2.155	**2.274**	2.529	3.008
79	Blockstufe, Betonfertigteil	St	89	194	**234**	339	598
			75	163	**197**	284	503
80	Elementdecke, 18cm, inkl. Aufbeton	m^2	47	72	**79**	87	108
			39	60	**66**	74	90
81	Elementdecke, 22cm, inkl. Aufbeton	m^2	55	78	**84**	106	146
			46	65	**71**	89	122
82	Elementwand, 18cm, inkl. Wandbeton	m^2	–	115	**126**	143	–
			–	96	**106**	120	–
83	Gleitfolie, Decken/Wände	m	4	7	**9**	11	16
			3	6	**8**	9	13
84	Stb-Fertigteil, Balkonplatte	m^2	138	190	**226**	250	294
			116	160	**190**	210	247
85	Stb-Fertigteil, Brüstung	m^2	134	186	**206**	225	260
			112	156	**173**	189	219
86	Maschinenfundament, Ortbeton, Schalung, bis 3,0m^2	m^2	34	79	**96**	108	148
			29	66	**80**	91	125
87	Gefällebeton, C12/15, XC4/XF1	m^2	15	24	**29**	32	38
			12	20	**25**	27	32
88	Kellerlichtschacht, Kunststoffelement	St	129	234	**275**	351	507
			108	197	**231**	295	426
89	Kellerlichtschacht, Betonfertigteil	St	259	633	**806**	1.015	1.526
			218	532	**677**	853	1.282
90	Kellerfenster, einflüglig bis 0,60m^2, in Schalung	St	205	264	**298**	328	384
			173	222	**250**	276	323
91	Kellerfenster, einflüglig bis 1,50m^2, in Schalung	St	238	339	**363**	389	443
			200	285	**305**	327	372
92	Fassadenplatte, Fertigteil	St	1.110	2.055	**2.220**	2.568	3.647
			933	1.727	**1.865**	2.158	3.065

Kosten:
Stand 1.Quartal 2020
Bundesdurchschnitt

Nr.	Positionen	Einheit	▶	▷	ø brutto € / ø netto €	◁	◀
93	Fundamenterder, Stahlband	m	4	6	**7**	9	16
			3	5	**6**	8	14
94	Rohrdurchführung, Kunststoff	St	17	39	**44**	51	74
			15	33	**37**	43	63
95	Elektrogerätedose, 53mm	St	2	9	**11**	15	26
			1	7	**9**	13	22
96	Elektroleerrohr, flexibel, DN25	m	3	7	**9**	18	39
			2	6	**7**	15	33
97	Leuchten-Einbaugehäuse/-Eingießtopf	St	34	70	**83**	92	131
			29	59	**70**	77	110
98	Hauseinführung/Wanddurchführung, Medien	St	91	340	**409**	644	1.124
			76	286	**344**	541	944
99	Deckenschlitz, Beton	m	10	22	**26**	34	49
			8	18	**21**	29	41
100	Wandaussparung schließen	m²	52	112	**146**	178	228
			44	94	**122**	150	191
101	Deckendurchbruch schließen, bis 250cm²	St	12	24	**29**	35	51
			10	20	**24**	29	42
102	Deckendurchbruch schließen, 500 bis 1.000cm²	St	14	29	**35**	43	61
			12	24	**29**	36	51
103	Deckendurchbruch schließen, 1.000 bis 2.500cm²	St	16	44	**51**	67	93
			13	37	**43**	56	78
104	Perimeterdämmung, Wand, XPS 040, 80mm	m²	26	30	**36**	41	49
			22	26	**30**	34	41
105	Perimeterdämmung, Wand, XPS 040, 120mm	m²	33	41	**48**	54	64
			28	34	**40**	45	54
106	Schaumglasdämmung, Bodenplatte, 50-100mm	m²	43	55	**64**	70	90
			36	46	**54**	59	76
107	Schaumglasdämmung, Bodenplatte, 120-140mm	m²	74	85	**91**	96	114
			62	72	**76**	81	96
108	Mehrschichtdämmplatte, 50mm, in Schalung	m²	15	24	**29**	36	48
			12	20	**24**	30	41
109	Trennwanddämmung, MW, schallbrückenfrei	m²	7	12	**13**	16	22
			6	10	**11**	14	18
110	Betonstahlmatten, Bst500A/500B	t	1.203	1.565	**1.751**	1.887	2.362
			1.011	1.315	**1.471**	1.586	1.985
111	Betonstabstahl, Bst 500B	t	1.115	1.611	**1.839**	2.266	3.553
			937	1.354	**1.545**	1.904	2.986
112	Bewehrungszubehör, Abstandshalter	kg	2	4	**4**	7	11
			2	3	**3**	6	9
113	Bewehrung, Gitterträger	t	1.621	1.821	**1.880**	1.978	2.151
			1.362	1.530	**1.580**	1.662	1.808
114	Bewehrungsstoß, 10-14mm	St	16	26	**30**	33	49
			13	22	**25**	28	41
115	Bewehrungsstoß, 22-32mm	St	41	55	**60**	65	81
			34	46	**51**	54	68
116	Klebeanker, M16	St	11	18	**23**	29	39
			9	15	**19**	25	33

▶ min
▷ von
ø Mittel
◁ bis
◀ max

Nr.	Positionen	Einheit	▶	▷	ø brutto € / ø netto €	◁	◀
117	Dübelleiste, Durchstanzbewehrung	St	12	30	**37**	53	94
			10	25	**31**	44	79
118	Kleineisenteile, Baustahl S235JR	kg	1	6	**8**	15	34
			1	5	**6**	12	28
119	Stahlkonstruktion, Profilstahl S235JR	kg	2	5	**6**	8	14
			2	4	**5**	6	12
120	Stahlkonstruktion, Baustahl S235JR(AR)	kg	6	12	**13**	15	22
			5	10	**11**	12	18
121	Stahlteile feuerverzinken	kg	0,6	1,2	**1,6**	2,3	3,4
			0,5	1,0	**1,3**	1,9	2,9
122	Kleineisenteile, Edelstahl	kg	15	28	**32**	42	55
			12	24	**27**	35	46
123	Ankerschiene 28/15	m	12	20	**23**	30	58
			10	17	**19**	25	49
124	Ankerschiene 38/17	m	17	32	**38**	45	63
			14	27	**32**	38	53
125	Bewehrungs-/Rückbiegeanschluss 55/85	m	11	24	**26**	30	43
			8,9	20	**22**	25	36
126	Bewehrungs-/Rückbiegeanschluss, 80/120	m	20	30	**35**	39	56
			17	25	**30**	33	47
127	Bewehrungs-/Rückbiegeanschluss, 150/190	m	20	34	**39**	62	116
			16	29	**32**	52	97
128	Balkonanschluss, Wärmedämmelement	m	114	281	**327**	396	553
			96	236	**275**	333	465
129	Trittschalldämmelement, Fertigteiltreppen	m	43	100	**123**	172	354
			36	84	**103**	145	297
130	Stundensatz Facharbeiter, Betonbau	h	47	56	**61**	65	77
			40	47	**52**	55	64
131	Stundensatz Helfer, Betonbau	h	33	47	**53**	58	71
			28	40	**44**	49	59

000 001 002 006 008 009 010 012 **013** 014 016 017 018 020 021 022

Nr.	**Kurztext** / Langtext						Kostengruppe
▶	▷	**ø netto €**	◁	◀	[Einheit]	Ausf.-Dauer	Positionsnummer

1 **Tragschicht, Schotter 0/45, 30cm** KG **325**

Tragschicht aus Schotter, auf vorhandenes Filtervlies unter Bodenplatte und Fundament, schichtweise einbringen und verdichten, Oberfläche eben abgewalzt (+/-3cm).
Schichtdicke i.M.: 30 cm
Proctordichte: 103%
Körnung: 0/45
Sieblinie: .....

7€ 12€ **14**€ 14€ 25€ [m2] ⏱ 0,10 h/m2 013.000.092

Nr.	**Kurztext** / Langtext						Kostengruppe
▶	▷	**ø netto €**	◁	◀	[Einheit]	Ausf.-Dauer	Positionsnummer

2 Trennlage, PE-Folie, auf Kiesfilter KG **325**

Trennlage aus PE-Folie, Stoßüberlappung ca. 15cm, Stöße gegen Verschieben sichern.
Foliendicke: 0,2 mm
Verlegung: **einlagig / zweilagig**
Untergrund: **Kiesfilter / Sauberkeitsschicht**

0,5€ 1,4€ **1,6€** 2,2€ 3,7€ [m²] ⏱ 0,02 h/m² 013.000.001

3 Glasschotter, unter Bodenplatte, 30cm KG **325**

Schüttung aus Glasschaum-Granulat, lastabtragend und kapillarbrechend, auf vorhandenes Geotextil unter Bodenplatte und Fundament, schichtweise einbringen und verdichten, Oberfläche eben abgewalzt (±3cm).
Dicke verdichtet: 30 cm
Nennwert der Wärmeleitfähigkeit: **0,08 / 0,11 W/(mK)**

77€ 99€ **108€** 124€ 155€ [m³] ⏱ 0,80 h/m³ 013.000.091

Kosten:
Stand 1.Quartal 2020
Bundesdurchschnitt

4 Glasschotter, unter Bodenplatte, 30cm KG **325**

Schüttung aus Glasschaum-Granulat, lastabtragend und kapillarbrechend, auf vorhandenes Geotextil unter Bodenplatte und Fundament, schichtweise einbringen und verdichten, Oberfläche eben abgewalzt (±3cm).
Dicke verdichtet: 30 cm
Nennwert der Wärmeleitfähigkeit: **0,08 / 0,11 W/(mK)**

22€ 37€ **42€** 46€ 59€ [m²] ⏱ 0,30 h/m² 013.000.094

5 Sauberkeitsschicht, Beton, 5cm KG **325**

Sauberkeitsschicht aus unbewehrtem Beton, unter Gründungsbauteilen.
Zuschlagstoff: natürliche Gesteinskörnung
Betongüte: **C8/10 / C12/15**
Dicke: 5 cm

6€ 8€ **9€** 12€ 19€ [m²] ⏱ 0,05 h/m² 013.000.083

6 Sauberkeitsschicht, Beton, 10cm KG **325**

Sauberkeitsschicht aus unbewehrtem Beton, unter Gründungsbauteilen, Mehrdicken von ca. 3cm sind wegen Unebenheiten des Untergrunds einzurechnen.
Zuschlagstoff: natürliche Gesteinskörnung
Betongüte: **C8/10 / C12/15**
Dicke: 10 cm

7€ 14€ **16€** 24€ 42€ [m²] ⏱ 0,07 h/m² 013.000.117

7 Sauberkeitsschicht, Sand, 10 cm KG **325**

Sandbettung unter Bodenplattendämmung, auf profilgerechtem Planum, Sand eben abziehen und verdichten.
Körnung: .....
Verdichtungsgrad: mind. DPr 97%
Dicke: 10cm
Nachfolgende Dämmung: .....

3€ 5€ **6€** 7€ 8€ [m²] ⏱ 0,06 h/m² 013.000.098

▶ min
▷ von
ø Mittel
◁ bis
◀ max

8 Fundament, Ortbeton C25/30, bewehrt KG **322**

Bewehrtes Fundament aus Ortbeton, unter GOK, auf Sauberkeitsschicht bzw. Unterbeton betoniert, Schalung und Bewehrung in gesonderten Positionen.
Festigkeitsklasse: C25/30
Expositionsklasse: XC2/XA1
Feuchtigkeitsklasse: WF
Zuschlagstoff: natürliche Gesteinskörnung
Untergrund: .....
Abmessung: ....

75€ 145€ **168**€ 247€ 417€ [m³] ⏱ 0,80 h/m³ 013.000.005

9 Fundament, Ortbeton C30/35, bewehrt KG **322**

Bewehrtes Fundament aus Ortbeton, unter GOK, mit Anforderung an Frostsicherheit, ohne Taumittel. Schalung und Bewehrung in gesonderter Position.
Festigkeitsklasse: C30/37
Expositionsklasse: XC2/XF1
Feuchtigkeitsklasse: WF
Zuschlagstoff: natürliche Gesteinskörnung
Untergrund: .....
Abmessung: ....

112€ 177€ **201**€ 311€ 484€ [m³] ⏱ 0,80 h/m³ 013.000.239

10 Schalung, Fundament, rau KG **322**

Schalung, rau, für Einzel- und Streifenfundamente, Fundamentplatten und sonstige Abschalungen im Gründungsbereich.
Bauteil: .....
Schalung: .....

14€ 26€ **31**€ 36€ 49€ [m²] ⏱ 0,60 h/m² 013.000.006

11 Schalung, Fundament, verloren KG **322**

Verlorene Schalung, rau, für Einzel- und Streifenfundamente, Fundamentplatten und sonstige Abschalungen im Gründungsbereich.
Bauteil: .....
Schalung: .....

26€ 35€ **38**€ 47€ 66€ [m²] ⏱ 0,60 h/m² 013.000.061

12 Aufzugsunterfahrt, Ortbeton C25/30, Schalung KG **322**

Bewehrtes Bauteil der Aufzugsunterfahrt in Ortbeton, WU-Beton mit hohem Wassereindringwiderstand, Ausführung gem. DAfStb-Richtlinie „Wasserundurchlässige Bauwerke aus Beton (WU-Richtlinie)". Schalung und Bewehrung in gesonderter Position.
Festigkeitsklasse: C25/30
Expositionsklassen: XC2
Feuchtigkeitsklasse: WF
Zuschlagstoff: natürliche Gesteinskörnung
Dicke: .....

143€ 422€ **440**€ 602€ 922€ [m³] ⏱ 1,05 h/m³ 013.000.241

Nr.	**Kurztext** / Langtext						Kostengruppe
▶	▷	**ø netto €**	◁	◀	[Einheit]	Ausf.-Dauer	Positionsnummer

13 Bodenplatte, Ortbeton, C25/30, bis 20cm KG **322**

Bodenplatte bewehrt, in Ortbeton, unter GOK, ohne Frost, schwacher chem. Angriff, Schalung und Bewehrung in gesonderter Position.
Festigkeitsklasse: C25/30
Expositionsklasse: XC2/XA1
Feuchtigkeitsklasse: WF
Zuschlagstoff: natürliche Gesteinskörnung
Plattendicke: bis 20 cm
Untergrund: waagrecht
Oberfläche: waagrecht

101€ | 138€ | **150€** | 160€ | 187€ | [m³] | ⏱ 0,80 h/m³ | 013.000.197

Kosten:
Stand 1.Quartal 2020
Bundesdurchschnitt

14 Bodenplatte, Ortbeton, C25/30, bis 35cm KG **322**

Bodenplatte bewehrt, in Ortbeton, unter GOK, ohne Frost, schwacher chem. Angriff, Schalung und Bewehrung in gesonderter Position.
Festigkeitsklasse: C25/30
Expositionsklasse: XC2/XA1
Feuchtigkeitsklasse: WF
Zuschlagstoff: natürliche Gesteinskörnung
Plattendicke: über 25-35 cm
Untergrund: waagrecht
Oberfläche: waagrecht

107€ | 135€ | **146€** | 160€ | 198€ | [m³] | ⏱ 0,80 h/m³ | 013.000.008

15 Bodenplatte, WU-Beton C30/37, bis 35cm KG **322**

Bodenplatte bewehrt, in Ortbeton, unter GOK, WU-Beton, mit hohem Wassereindringwiderstand, Ausführung gem. DAfStb-Richtlinie „Wasserundurchlässige Bauwerke aus Beton (WU-Richtlinie)", Gründungsbauteil in nasser, selten trockener Umgebung, mit hohem Wassereindringwiderstand, schwachem chem. Angriff, mäßiger Wassersättigung ohne Taumittel, Schalung und Bewehrung in gesonderter Position.
Festigkeitsklasse: C30/37
Expositionsklassen: XC2/XA1/XF1
Feuchtigkeitsklasse: WF
Zuschlagstoff: natürliche Gesteinskörnung
Dicke: über 25 bis 35 cm
Untergrund: waagrecht
Oberfläche: waagrecht

128€ | 149€ | **160€** | 181€ | 212€ | [m³] | ⏱ 1,00 h/m³ | 013.000.009

▶ min
▷ von
ø Mittel
◁ bis
◀ max

A 1 Bodenplatte, WU-Ortbeton, C25/30, Randschalung Beschreibung für Pos. **16-18**

Bodenplatte bewehrt, in Ortbeton, WU-Beton, mit hohem Wassereindringwiderstand, Ausführung gem. DAfStb-Richtlinie „Wasserundurchlässige Bauwerke aus Beton (WU-Richtlinie)", inkl. Randschalung, Abstandshalter in wasserdichter Ausführung sowie Verdichtung; Bewehrung in gesonderter Position.
Hinweis: Nach VOB müssen Beton, Schalung und Bewehrung getrennt ausgeschrieben werden.

16 Bodenplatte, WU-Ortbeton, C25/30, bis 25cm, Randschalung KG **322**

Wie Ausführungsbeschreibung A 1
Festigkeitsklasse: C25/30
Expositionsklasse: XC2/XA1
Feuchtigkeitsklasse: WF
Zuschlagstoff: natürliche Gesteinskörnung
Dicke Bodenplatte: bis 25 cm
Abwicklung Rand: ..... m
Untergrund: waagrecht
Oberfläche: waagrecht

▶	▷	ø netto €	◁	◀	[Einheit]	Ausf.-Dauer	Positionsnummer
26€	33€	**35**€	44€	58€	[m²]	⏱ 0,28 h/m²	013.000.198

17 Bodenplatte, WU-Ortbeton, C25/30, bis 30cm, Randschalung KG **322**

Wie Ausführungsbeschreibung A 1
Festigkeitsklasse: C25/30
Expositionsklasse: XC2/XA1
Feuchtigkeitsklasse: WF
Zuschlagstoff: natürliche Gesteinskörnung
Dicke Bodenplatte: bis 30 cm
Abwicklung Rand: ..... m
Untergrund: waagrecht
Oberfläche: waagrecht

▶	▷	ø netto €	◁	◀	[Einheit]	Ausf.-Dauer	Positionsnummer
35€	44€	**47**€	55€	73€	[m²]	⏱ 0,30 h/m²	013.000.199

18 Bodenplatte, WU-Ortbeton, C25/30, über 30cm, Randschalung KG **322**

Wie Ausführungsbeschreibung A 1
Festigkeitsklasse: C25/30
Expositionsklasse: XC2/XA1
Feuchtigkeitsklasse: WF
Zuschlagstoff: natürliche Gesteinskörnung
Dicke Bodenplatte: ..... cm
Abwicklung Rand: ..... m
Untergrund: waagrecht
Oberfläche: waagrecht

▶	▷	ø netto €	◁	◀	[Einheit]	Ausf.-Dauer	Positionsnummer
41€	49€	**55**€	69€	90€	[m²]	⏱ 0,34 h/m²	013.000.200

000
001
002
006
008
009
010
012
013
014
016
017
018
020
021
022

Nr.	**Kurztext** / Langtext					Kostengruppe
▶	▷	**ø netto €**	◁	◀	[Einheit]	Ausf.-Dauer Positionsnummer

A 2 Bodenplatte, Ortbeton, C25/30, Randschalung — Beschreibung für Pos. **19-20**

Bodenplatte aus Stahlbeton, einschl. Randschalung, Bewehrung in gesonderter Position.
Hinweis: Nach VOB müssen Beton, Schalung und Bewehrung getrennt ausgeschrieben werden.

19 Bodenplatte, Ortbeton, C25/30, bis 25cm, Randschalung — KG **322**

Wie Ausführungsbeschreibung A 2
Festigkeitsklasse: C25/30
Expositionsklasse: XC2/XA1
Zuschlagstoff: natürliche Gesteinskörnung
Plattendicke: 25 cm
Sichtbetonklasse: .....
Kanten: .....
Länge Randschalung: ..... m
Hintergrund: waagrecht
Oberfläche: waagrecht

28€ 35€ **39**€ 46€ 65€ [m²] ⏱ 0,30 h/m² 013.000.095

20 Bodenplatte, Ortbeton, C25/30, bis 30cm, Randschalung — KG **322**

Wie Ausführungsbeschreibung A 2
Festigkeitsklasse: C25/30
Expositionsklasse: XC2/XA1
Zuschlagstoff: natürliche Gesteinskörnung
Plattendicke: 30 cm
Sichtbetonklasse: .....
Kanten: .....
Länge Randschalung: ..... m
Untergrund: waagrecht
Oberfläche: waagrecht

35€ 45€ **50**€ 58€ 72€ [m²] ⏱ 0,32 h/m² 013.000.121

21 Randschalung, Bodenplatte — KG **322**

Randschalung der Bodenplatte, ohne Anforderungen an die Sichtfläche.
Plattendicke: 22-30 cm

4€ 9€ **11**€ 14€ 20€ [m] ⏱ 0,10 h/m 013.000.025

22 Fugenband, Blechband — KG **331**

Fugenblech, einseitig / beidseitig beschichtet, eingelegt in Arbeitsfuge, zwischen Bauteilen, sowie zwischen zwei Betonierabschnitten, für dichte Ausführung der Betonarbeitsfugen, inkl. aller Befestigungsteile und Verbindungen.
Material: .....
Abmessung: .....
Einsatzbereich: DIN 18533
Wassereinwirkungsklasse: W2.1-E
Einbauort: zwischen Bodenplatte und aufgehender Wand, sowie zwischen Wandbauteilen
Arbeitshöhe: ..... m

12€ 20€ **22**€ 28€ 41€ [m] ⏱ 0,20 h/m 013.000.148

Kosten:
Stand 1.Quartal 2020
Bundesdurchschnitt

▶ min
▷ von
ø Mittel
◁ bis
◀ max

23 **Fugenband, Blech, Formstück** KG **331**

Formstück des vorbeschriebenen Fugenblechs.
Formstück: **Eckausführung / T-Stoß**

23€ 45€ **52**€ 61€ 84€ [St] ⏱ 0,30 h/St 013.000.149

24 **Fugenband, Kunststoff** KG **351**

Fugenband, aus Kunststoff, eingelegt in Arbeitsfuge, zwischen Bauteilen, sowie zwischen zwei Betonierabschnitten, für dichte Ausführung der Betonarbeitsfugen, inkl. aller Befestigungsteile und Verbindungen.
Material: .....
Abmessung: .....
Einsatzbereich: DIN 18533
Wassereinwirkungsklasse: W2.1-E
Einbauort: zwischen Bodenplatte und aufgehender Wand, sowie zwischen Wandbauteilen
Arbeitshöhe: ..... m

13€ 20€ **24**€ 28€ 35€ [m] ⏱ 0,20 h/m 013.000.201

25 **Fugenband, Kunststoff, Formstück** KG **351**

Formstück des vorbeschriebenen Fugenbandes aus Kunststoff.
Formstück: **Eckausführung / T-Stoß**

20€ 35€ **44**€ 52€ 66€ [St] ⏱ 0,30 h/St 013.000.202

26 **Fugenband, Bewegungsfugen** KG **331**

Abdichtung von Bewegungsfugen an außenliegenden Bauteilen bei drückendem Wasser mit Fugenband.
Einsatzbereich: DIN 18533
Wassereinwirkungsklasse: W2.2-E
Einbauort: zwischen Bodenplatte und aufgehender Wand, sowie zwischen Wandbauteilen
Arbeitshöhe: ..... m

20€ 28€ **33**€ 39€ 53€ [m] ⏱ 0,25 h/m 013.000.150

27 **Fugenband, Injektionsschlauch** KG **331**

Injektionsschlauch, für Einfach- oder Mehrfachverpressung, eingelegt in Arbeitsfuge, zwischen Bauteilen, sowie zwischen zwei Betonierabschnitten, zum nachträglichen dichten Ausführung der Betonarbeitsfugen, inkl. aller Befestigungsteile und Verbindungen. Leistung ohne Verpressen.
Einsatzbereich: DIN 18533
Wassereinwirkungsklasse: W2.2-E
Einbauort: zwischen Bodenplatte und aufgehender Wand, sowie zwischen Wandbauteilen
Dichtmittel: .....

10€ 19€ **22**€ 27€ 41€ [m] ⏱ 0,20 h/m 013.000.151

28 **Verpressung, Injektionsschlauch** KG **331**

Verpressen der bauseitig verlegten Injektionsschläuche in Fugen. Ausführungszeitpunkt nach Angaben von Hersteller und Bauüberwachung (abhängig von Betonschwund und Bauwerkssetzung).
Einsatzbereich: DIN 18533
Wassereinwirkungsklasse: W2.2-E
Dichtmittel: .....
Dichtmittelverbrauch: ...... kg/m

20€ 30€ **36**€ 46€ 59€ [m] ⏱ 0,40 h/m 013.000.152

000
001
002
006
008
009
010
012
013
014
016
017
018
020
021
022

Nr. **Kurztext** / Langtext — Kostengruppe
▶ ▷ **ø netto €** ◁ ◀ [Einheit] Ausf.-Dauer Positionsnummer

29 Innenwand, Ortbeton, C25/30, bis 25cm — KG **341**

Bewehrtes Innenwandbauteil in Ortbeton, Normalbeton, als Sichtbeton, mit normalen Anforderungen, Klasse SB 2 gem. DBV-Merkblatt "Sichtbeton". Erprobungsflächen, Schalung und Bewehrung in gesonderter Position. Bauteil in trockner Umgebung, ohne Frostangriff.
Festigkeitsklasse: C25/30
Expositionsklassen: XC1
Feuchtigkeitsklasse: WO
Zuschlagstoff: natürliche Gesteinskörnung
Dicke: über 15 bis 25 cm

101€ 124€ **131**€ 143€ 170€ [m³] ⏱ 0,70 h/m³ 013.000.244

30 Außenwand, Ortbeton, C25/30, bis 25cm — KG **331**

Außenwandbauteil bewehrt, in Ortbeton, aus Sichtbeton; Bauteil wechselnd nass und trocken, ohne Tausalz; Schalung und Bewehrung in gesonderten Positionen.
Festigkeitsklasse: C25/30
Expositionsklasse: XC4 / XF1
Zuschlagstoff: natürliche Gesteinskörnung
Wanddicke: 20-25 cm
Wandhöhe: bis 3,00 m
SB-Klasse: .....

99€ 126€ **138**€ 154€ 185€ [m³] ⏱ 0,80 h/m³ 013.000.231

31 Außenwand, WU-Ortbeton, C25/30, bis 25cm — KG **331**

Außenwandbauteil, bewehrt, in Ortbeton, WU-Beton mit hohem Wassereindringwiderstand, Ausführung gem. DAfStb-Richtlinie „Wasserundurchlässige Bauwerke aus Beton (WU-Richtlinie)", mit direkter Beregnung; Schalung und Bewehrung in gesonderten Positionen.
Betongüte: C25/30 WU
Expositionsklasse: XC4/XF1
Feuchtigkeitsklasse: WF
Zuschlagstoff: natürliche Gesteinskörnung
Wanddicke: 20-25cm
Wandhöhe: bis 3,00 m
Oberfläche: nicht sichtbar bleibend
Schalhaut: .....

108€ 130€ **141**€ 163€ 216€ [m³] ⏱ 0,90 h/m³ 013.000.012

32 Schalung, Aufzugsschacht — KG **341**

Schalung des Aufzugsinnenraums, als Kletterschalung.
Geschosshöhe: bis 3,50 m
Oberfläche: innen nicht sichtbar bleibend
Schalhaut: Sichtbetonklasse .....

33€ 41€ **44**€ 60€ 94€ [m²] ⏱ 0,90 h/m² 013.000.153

Kosten:
Stand 1.Quartal 2020
Bundesdurchschnitt

▶ min
▷ von
ø Mittel
◁ bis
◀ max

33 **Schalung, Wand, rau** KG **331**

Schalung der Wand für sichtbar bleibende Betonflächen.
Anforderung: Klasse SB.... gem. DBV-Merkblatt
Schalsystem: .....
Schalhaut: .....
Oberfläche: rau
Schalhautstöße: geordnet, stumpf, ohne zusätzliche Dichtung
Ankerlage: bündig
Bauteilhöhe: bis ..... m

15€	27€	**33**€	39€	50€	[m²]	⏱ 0,70 h/m²	013.000.013

34 **Schalung, Wand, glatt** KG **331**

Schalung der Wand für sichtbar bleibende Betonflächen.
Anforderung: Klasse SB ..... gem. DBV-Merkblatt "Sichtbeton"
Schalsystem: **Träger- / Rahmenschalung**
Schalhaut: GF-Schalungsplatte
Oberfläche: .....
Beschichtung: .....
Schalhautstöße: geordnet, stumpf, mit zusätzlicher Dichtung
Hüllrohr: Faserzement
Verschluss der Ankerstellen: Stopfen aus Faserzement
Ankerlage: .....
Kanten: **scharfkantig / gefast / Dreikantleiste**
Bauteilhöhe: bis ..... m

17€	29€	**33**€	39€	56€	[m²]	⏱ 0,80 h/m²	013.000.060

35 **Schalung, Wand, SB3** KG **331**

Schalung der Wand für sichtbar bleibende Betonflächen.
Anforderung: Klasse SB 3 gem. DBV-Merkblatt "Sichtbeton"
Schalsystem: **Träger- / Rahmenschalung**
Schalhaut: .....
Oberfläche: .....
Beschichtung: .....
Schalhautstöße: geordnet, stumpf, mit zusätzlicher Dichtung
Hüllrohr: Faserzement
Verschluss der Ankerstellen: Stopfen aus Faserzement
Ankerlage: .....
Kanten: **scharfkantig / gefast / Dreikantleiste**
Bauteilhöhe: bis ..... m
Für die Ausführung werden vom AG folgende Unterlagen zur Verfügung gestellt:
- Entwurfszeichnungen, Plannr.: .....
- Übersichtszeichnungen, Plannr.: .....

35€	40€	**44**€	46€	57€	[m²]	⏱ 0,85 h/m²	013.000.204

000
001
002
006
008
009
010
012
013
014
016
017
018
020
021
022

Nr.	Kurztext / Langtext						Kostengruppe
▶	▷	ø netto €	◁	◀	[Einheit]	Ausf.-Dauer	Positionsnummer

36 Schalung, Dreiecksleiste KG **331**

Eck- oder Kantenausbildung von Betonteilen, mittels Profilleiste in Schalung, Oberfläche glatt und nichtsaugend.
Leiste: Dreiecksleiste
Abmessung: 15 x 15 mm
Werkstoff: **Holz / Kunststoff**
Bauteil: **Ecke / Kante**

2€ 3€ **4**€ 6€ 9€ [m] ⏱ 0,60 h/m 013.000.066

A 3 Wandschalung, Türe Beschreibung für Pos. **37-39**

Türöffnung in Stahlbetonwand, inkl. Sturzausbildung, mit umlaufender glatter, nichtsaugender Schalung mit regelmäßigen Stößen und Nagelstellen, verbleibende Betonwarzen und Grate abgeschliffen.

Kosten:
Stand 1.Quartal 2020
Bundesdurchschnitt

37 Wandschalung, Türe 0,885m KG **341**

Wie Ausführungsbeschreibung A 3
Kantenausbildung: **scharfkantig / Dreiecksleiste**
Öffnungsbreite: 0,885 m
Öffnungshöhe: ..... m
Wanddicke: **20 / 25** cm

35€ 72€ **88**€ 97€ 146€ [St] ⏱ 1,50 h/St 013.000.175

38 Wandschalung, Türe 1,135m KG **341**

Wie Ausführungsbeschreibung A 3
Kantenausbildung: **scharfkantig / Dreiecksleiste**
Öffnungsbreite: 1,135 m
Öffnungshöhe: ..... m
Wanddicke: **20 / 25** cm

46€ 68€ **79**€ 129€ 194€ [St] ⏱ 1,70 h/St 013.000.177

39 Wandschalung, Türe 2,01m KG **341**

Wie Ausführungsbeschreibung A 3
Kantenausbildung: **scharfkantig / Dreiecksleiste**
Öffnungsgröße: 2,01 x 2,13 m
Öffnungshöhe: ..... m
Wanddicke: **20 / 25** cm

72€ 148€ **159**€ 198€ 269€ [St] ⏱ 2,20 h/St 013.000.133

▶ min
▷ von
ø Mittel
◁ bis
◀ max

A 4 Wandschalung, Fenster Beschreibung für Pos. **40-41**

Fensteröffnung in Stahlbetonwand, inkl. Sturzausbildung, mit umlaufender glatter, nichtsaugender Schalung mit regelmäßigen Stößen und Nagelstellen, verbleibende Betonwarzen und Grate abgeschliffen.

40 Wandschalung, Fenster bis 2,00m² KG **331**

Wie Ausführungsbeschreibung A 4
Kantenausbildung: **scharfkantig / Dreiecksleiste**
Öffnungsgröße: ..... (bis 2,00 m²)
Wanddicke: **20 / 25** cm

27€ 66€ **85**€ 132€ 237€ [St] ⏱ 1,60 h/St 013.000.016

41 Wandschalung, Fenster bis 4,00m² KG **331**

Wie Ausführungsbeschreibung A 4
Kantenausbildung: **scharfkantig / Dreiecksleiste**
Öffnungsgröße: ..... (bis 4,00 m²)
Wanddicke: **20 / 25** cm

44€ | 114€ | **141**€ | 180€ | 277€ | [St] | ⏱ 2,40 h/St | 013.000.101

42 Wandschalung, Stirnfläche KG **331**

Schalung an freiem Wandende, Stirnfläche.
Wanddicke: ..... cm
Schalungshaut: **nicht sichtbar / sichtbar bleibend**
Anforderung: Klasse SB.... gem. DBV-Merkblatt
Schalsystem: .....
Schalhaut: .....
Oberfläche: .....
Schalhautstöße: .....
Bauteilhöhe: ..... m

5€ | 13€ | **17**€ | 22€ | 30€ | [m] | ⏱ 0,16 h/m | 013.000.188

43 Aussparung, bis 0,10m², Betonbauteile KG **351**

Aussparung in Betonbauteil, mit umlaufender, beidseitiger Kantenausbildung.
Kanten: .....
Abmessung:
Bauteildicke: .....
Oberfläche, Schalhaut: .....

12€ | 27€ | **33**€ | 47€ | 80€ | [St] | ⏱ 0,30 h/St | 013.000.077

44 Öffnung, über 2,5m², Wand KG **351**

Wandöffnung in Ortbetonwand, inkl. Sturzausbildung, mit umlaufender Schalung geeignet für sichtbar bleibende Betonflächen, mit besonderen Anforderungen.
Sichtbeton Klasse: SB ..... gem. DBV-Merkblatt
Kantenausbildung: **scharfkantig / Dreiecksleiste**
Öffnungsgröße: ..... m² (über 2,5m²)
Wanddicke: ..... cm

52€ | 56€ | **58**€ | 60€ | 71€ | [m²] | ⏱ 0,85 h/m² | 013.000.205

A 5 Kernbohrung, Stb-Decke Beschreibung für Pos. **45-47**

Kernbohrung in Stahlbetonbauteil, inkl. Bohrkern ausbauen, aufnehmen, sammeln und abfahren. Deponierung wird gesondert vergütet.
Entfernung Deponie: ..... km
Bauteil: Decke
Ausrichtung: **senkrecht / schräg**
Einbauort / Geschoss: ......
Arbeitshöhe über Standebene: .....

Kosten:
Stand 1.Quartal 2020
Bundesdurchschnitt

Nr.	**Kurztext** / Langtext						Kostengruppe
▶	▷	**ø netto €**	◁	◀	[Einheit]	Ausf.-Dauer	Positionsnummer

45 Kernbohrung, Stb-Decke, Durchmesser 55-80mm — KG **351**

Wie Ausführungsbeschreibung A 5
Durchmesser: 55-80 mm

106€ | 128€ | **147**€ | 165€ | 181€ | [St] | ⏱ 2,05 h/St | 013.000.224

46 Kernbohrung, Stb-Decke, Durchmesser 115-130mm — KG **351**

Wie Ausführungsbeschreibung A 5
Durchmesser: 115-130 mm

118€ | 142€ | **164**€ | 183€ | 201€ | [St] | ⏱ 2,45 h/St | 013.000.225

47 Kernbohrung, Stb-Decke, Durchmesser 200-220mm — KG **351**

Wie Ausführungsbeschreibung A 5
Durchmesser: 200-220 mm

181€ | 219€ | **252**€ | 282€ | 309€ | [St] | ⏱ 3,65 h/St | 013.000.227

48 Kernbohrung, Stahlschnitte, 16-28mm — KG **351**

Schnitte des Stabstahls als Mehrpreis zu Kernbohrungen.
Stahldurchmesser: 16-28 mm

3€ | 3€ | **4**€ | 4€ | 5€ | [St] | ⏱ 0,05 h/St | 013.000.228

49 Betonschneidearbeiten, bis 43cm — KG **351**

Schnitte in Stahlbetonbauteil, inkl. Ausschnitt ausbauen, aufnehmen, sammeln und abfahren. Deponierung wird gesondert vergütet.
Entfernung Deponie: .... km
Bauteil: Decke
Untergrund: eben
Schnitttiefe: bis 43 cm
Ausrichtung: **rechtwinklig zum Bauteil / schräg**
Einbauort / Geschoss: ......
Arbeitshöhe über Standebene: .....

94€ | 114€ | **131**€ | 147€ | 161€ | [m] | ⏱ 1,70 h/m | 013.000.229

50 Unterzug/Sturz, Stahlbeton C25/30 — KG **351**

Unterzüge, Überzüge, Ringanker, Stürze, Konsolen und Riegel aus Stahlbeton, mit Ortbeton, vor Außenwetter geschützt (für Innen- und Außenwände); Schalung und Bewehrung in gesonderten Positionen.
Festigkeitsklasse: C25/30
Expositionsklasse: XC1
Zuschlagstoff: natürliche Gesteinskörnung
Querschnitte: .....
Betonqualität: **Normalbeton / Sichtbeton, Klasse .....**
Arbeitshöhe: bis ..... m

109€ | 171€ | **193**€ | 313€ | 745€ | [m³] | ⏱ 0,90 h/m³ | 013.000.017

▶ min
▷ von
ø Mittel
◁ bis
◀ max

51 **Schalung, Unterzug/Sturz** KG **351**

Schalung für Unterzüge, Stürze und dgl., mit rechteckigem Querschnitt, glatt.
Oberfläche: **glatt, nichtsaugend / Sichtbeton Klasse .....**
Schalhaut: .....
Querschnitt: .....
Arbeitshöhe: 2,00-3,00 m

▶	▷	ø netto €	◁	◀	[Einheit]	Ausf.-Dauer	Positionsnummer
42€	60€	**68**€	81€	120€	[m²]	⏱ 1,00 h/m²	013.000.018

52 **Stütze, Stahlbeton C25/30** KG **333**

Stützen aus Stahlbeton, Ortbeton, im Außenbereich, Frost; Schalung und Bewehrung in gesonderten Positionen.
Festigkeitsklasse: C25/30
Expositionsklasse: XC4/XF1
Feuchtigkeitsklasse: WF
Zuschlagstoff: natürliche Gesteinskörnung
Querschnitte: .....
Oberfläche: .....

▶	▷	ø netto €	◁	◀	[Einheit]	Ausf.-Dauer	Positionsnummer
126€	181€	**199**€	229€	325€	[m³]	⏱ 1,20 h/m³	013.000.019

53 **Stütze, Ortbeton, Schalung, 25cm, rund** KG **333**

Stütze, rund, Außenbauteil, in Ortbeton, mit Schalung; Bewehrung in gesonderten Positionen.
Durchmesser: 25 cm
Festigkeitsklasse: C25/30
Expositionsklasse: XC4/XF1
Feuchtigkeitsklasse: WF
Zuschlagstoff: natürliche Gesteinskörnung
Bauteilhöhe: ..... m
Oberfläche: .....
Hinweis: Nach VOB, Teil C müssen Beton, Schalung und Bewehrung getrennt ausgeschrieben werden. Entsprechende Mustertexte sind ebenfalls im LB 013 Betonarbeiten enthalten.

▶	▷	ø netto €	◁	◀	[Einheit]	Ausf.-Dauer	Positionsnummer
40€	73€	**93**€	103€	137€	[m]	⏱ 1,20 h/m	013.000.087

54 **Stütze, Ortbeton, Schalung, 30cm, rund** KG **333**

Stütze, rund, Außenbauteil, in Ortbeton, mit Schalung; Bewehrung in gesonderter Position. Abrechnung nach Länge der Stütze.
Durchmesser: 30 cm
Festigkeitsklasse: C25/30
Expositionsklasse: XC4/XF1
Feuchtigkeitsklasse: WF
Zuschlagstoff: natürliche Gesteinskörnung
Bauteilhöhe: bis ..... m
Oberfläche: .....
Hinweis: Nach VOB, Teil C müssen Beton, Schalung und Bewehrung getrennt ausgeschrieben werden. Entsprechende Mustertexte sind ebenfalls im LB 013 Betonarbeiten enthalten.

▶	▷	ø netto €	◁	◀	[Einheit]	Ausf.-Dauer	Positionsnummer
62€	85€	**100**€	115€	143€	[m]	⏱ 1,30 h/m	013.000.119

Nr.	Kurztext / Langtext					Kostengruppe
▶	▷	ø netto €	◁	◀	[Einheit]	Ausf.-Dauer Positionsnummer

55 Schalung, Stütze, rechteckig, rau KG **343**

Schalung für Stützen und dgl., Betonfläche nicht sichtbar bleibend, mit rechteckigem Querschnitt.
Bauteilhöhe: 2,00-3,00 m
Oberfläche: rau
Schalhaut: nach Wahl des Bieters
Stützenquerschnitt: .....

35€ 58€ **66**€ 76€ 100€ [m2] ⏱ 1,00 h/m2 013.000.020

56 Schalung, Stütze, rechteckig, glatt KG **343**

Schalung für Stützen und dgl., Sichtbeton, mit rechteckigem Querschnitt.
Bauteilhöhe: 2,00-3,00 m
Oberfläche: glatt.....
Schalhaut: absatzfrei, mit einheitlicher Farbtönung und porenlos
Stützenquerschnitt: .....

36€ 57€ **63**€ 79€ 110€ [m2] ⏱ 1,10 h/m2 013.000.021

57 Schalung, Stütze, rund, glatt KG **343**

Schalung für Stützen und dgl., Sichtbeton, mit rundem Querschnitt, verlorene, nichtsaugende Schalung aus Papp-Schalrohren mit innerer Beschichtung.
Bauteilhöhe: 2,00-3,00 m
Oberfläche: glatt .....
Schalhaut: verlorene, nichtsaugende Schalung aus Papp-Schalrohr mit innerer Beschichtung
Stützendurchmesser: .....

36€ 61€ **73**€ 109€ 188€ [m2] ⏱ 1,30 h/m2 013.000.022

58 Schalung, Stütze, rund, glatt, bis 250mm KG **343**

Schalung für Stützen und dgl., Sichtbeton, mit rundem Querschnitt, verlorene, nichtsaugende Schalung aus Papp-Schalrohren mit innerer Beschichtung.
Bauteilhöhe: 2,00-3,00 m
Oberfläche: glatt .....
Schalhaut: verlorene, nichtsaugende Schalung aus Papp-Schalrohr mit innerer Beschichtung
Stützendurchmesser: 200-250 mm

33€ 67€ **81**€ 91€ 116€ [m] ⏱ 1,30 h/m 013.000.088

59 Decke, Ortbeton, C25/30, bis 25cm KG **351**

Decke aus Stahlbeton, mit Ortbeton, Bauteil in trockner Umgebung, ohne Frostangriff, Betonflächen oben waagrecht, unten sichtbar bleibend. Schalung und Bewehrung in gesonderten Positionen.
Festigkeitsklasse: C25/30
Expositionsklasse: XC1
Feuchtigkeitsklasse: WO
Zuschlagstoff: natürliche Gesteinskörnung
Oberfläche: .....
Deckenstärke: 18-25 cm

108€ 125€ **132**€ 138€ 163€ [m3] ⏱ 0,80 h/m3 013.000.023

Kosten:
Stand 1.Quartal 2020
Bundesdurchschnitt

▶ min
▷ von
ø Mittel
◁ bis
◀ max

60 Decke, Ortbeton, SB2, C25/30, WO KG **351**

Decke aus Stahlbeton, mit Ortbeton, Bauteil in trockner Umgebung, ohne Frostangriff, Betonflächen oben waagrecht, geschalte Oberfläche in Sichtbeton, mit normalen Anforderungen. Schalung und Bewehrung in gesonderter Position.
Festigkeitsklasse: C25/30
Expositionsklassen: XC1
Feuchtigkeitsklasse: W0
Zuschlagstoff: natürliche Gesteinskörnung
Oberfläche: Sichtbeton Klasse SB2
Dicke: 18 bis 25 cm

125€	141€	**148€**	153€	167€	[m³]	⏱ 0,80 h/m³	013.000.235

61 Decke, Ortbeton, SB2, C25/30 KG **351**

Schalung der Deckenplatte, mit Sichtbetonanforderung.
Oberfläche: SB2
Schalhaut: .....
Abstützhöhe: bis ..... m

–€	148€	**154€**	162€	–€	[m³]	–	013.000.236

62 Schalung, Decken, glatt KG **351**

Schalung der Deckenplatte, Oberfläche zum Auftrag einer Beschichtung.
Oberfläche: glatt .....
Schalhaut: .....
Höhe der Betonunterseite: bis 3,00 m

21€	34€	**37€**	44€	64€	[m²]	⏱ 0,80 h/m²	013.000.024

63 Dämmung, Deckenrand, PS KG **351**

Dämmung des Deckenrands aus extrudierten Polystyrol-Hartschaum-Dämmplatten, in Schalung eingelegt, einschl. Rückverankerung zur Deckenplatte.
Plattendicke: **35 / 50** mm
Höhe: ..... mm
Anwendungstyp: DAA - Druckfestigkeit **dm / ds**
Nennwert Wärmeleitfähigkeit: ..... W/(mK)
Brandverhalten: Klasse E nach DIN EN 13501-1

5€	9€	**10€**	15€	23€	[m]	⏱ 0,20 h/m	013.000.075

64 Dämmung, Deckenrand, Mehrschichtplatte KG **351**

Dämmung des Deckenrandes aus zementgebundene Mehrschicht-Leichtbauplatte mit Dämmkern, in Schalung eingelegt, einschl. Rückverankerung zur Deckenplatte.
Plattendicke: 50 mm
Höhe: .....mm
Dämmkern: XPS, 35mm
Anwendungstyp: DAA - Druckfestigkeit .....
Nennwert Wärmeleitfähigkeit: ..... (W/mK)
Brandverhalten: Klasse E nach DIN EN 13501-1

15€	24€	**30€**	36€	44€	[m²]	⏱ 0,20 h/m²	013.000.189

Nr.	**Kurztext** / Langtext					Kostengruppe
▶	▷	**ø netto €**	◁	◀	[Einheit]	Ausf.-Dauer Positionsnummer

65 Randschalung, Deckenplatte KG **351**

Randschalung der Deckenplatte.
Oberfläche Schalung: rau
Plattendicke: bis 30 cm

6€ | 12€ | **14**€ | 17€ | 25€ | [m] | ⏱ 0,10 h/m | 013.000.102

66 Überzug/Attika, Ortbeton, C25/30 KG **331**

Überzüge, Attiken, Ringanker, Konsolen etc. in Ortbeton, Schalung und Bewehrung in gesonderten Positionen.
Festigkeitsklasse: C25/30
Expositionsklasse: XC4/XF1
Betonoberfläche: **unsichtbar / sichtbar** bleibend, Sichtbeton Klasse .....
Querschnitt: .....

114€ | 149€ | **166**€ | 194€ | 251€ | [m³] | ⏱ 0,90 h/m³ | 013.000.026

Kosten:
Stand 1.Quartal 2020
Bundesdurchschnitt

67 Unterzug, rechteckig, Ortbeton, Schalung KG **331**

Unterzug aus Stahlbeton, in Ortbeton, mit Schalung, einschl. ggf. zusätzlicher Maßnahmen beim Herstellen und Verarbeiten des Betons; als komplettes Bauteil mit rechteckigem Querschnitt, im Innenbereich; Bewehrung in gesonderter Position. Abrechnung nach Länge des Unterzugs.
Festigkeitsklasse: C25/30
Expositionsklasse: XC1
Zuschlagstoff: natürliche Gesteinskörnung
Oberfläche Schalung: .....
Querschnitte: .....
Höhe Betonteile: 2,00-3,00 m
Hinweis: Nach VOB, Teil C müssen Beton, Schalung und Bewehrung getrennt ausgeschrieben werden. Entsprechende Mustertexte sind ebenfalls im LB 013 Betonarbeiten enthalten.

47€ | 71€ | **80**€ | 104€ | 172€ | [m] | ⏱ 1,30 h/m | 013.000.155

68 Schalung, Ringbalken/Überzug/Attika, glatt KG **351**

Schalung der Überzüge, Aufkantungen und dgl., glatt, mit rechteckigem Querschnitt, Betonfläche sichtbar bleibend.
Höhe Betonunterseite: bis 2,50 m
Querschnitte: .....
Oberfläche Schalung: .....

32€ | 51€ | **58**€ | 75€ | 109€ | [m²] | ⏱ 0,90 h/m² | 013.000.027

69 Stb-Fertigteilsturz, Breite 11,5cm KG **331**

Fertigteilsturz aus Stahlbeton, inkl. Bewehrung gem. statischer Bemessung, in nichttragender Wand.
Belastung: ..... kN/m
Sturzbreite: 11,5 cm
Überspannte Öffnungsbreite: max. 1,01 m
Schalhaut: **rau / Sichtbeton, Klasse .....**
Kanten: **scharfkantig / Dreiecksleiste**

8€ | 23€ | **31**€ | 40€ | 53€ | [m] | ⏱ 0,30 h/m | 013.000.210

▶ min
▷ von
ø Mittel
◁ bis
◀ max

70 Stb-Fertigteilsturz, Breite 17,5cm KG **331**

Fertigteilsturz aus Stahlbeton, inkl. Bewehrung gem. statischer Bemessung, in nichttragender Wand.
Belastung: ..... kN/m
Sturzbreite: 17,5 cm
Überspannte Öffnungsbreite: max. 1,01 m
Schalhaut: **rau / Sichtbeton, Klasse .....**
Kanten: **scharfkantig / Dreiecksleiste**

12€ | 42€ | **56**€ | 66€ | 85€ | [m] | ⏱ 0,30 h/m | 013.000.211

71 Stb-Fertigteilsturz, Breite 24cm KG **331**

Fertigteilsturz aus Stahlbeton, inkl. Bewehrung gem. statischer Bemessung, in nichttragender Wand.
Belastung: ..... kN/m
Sturzbreite: 24 cm
Überspannte Öffnungsbreite: max. 1,01 m
Schalhaut: **rau / Sichtbeton, Klasse .....**
Kanten: **scharfkantig / Dreiecksleiste**

28€ | 62€ | **77**€ | 93€ | 130€ | [m] | ⏱ 0,30 h/m | 013.000.212

72 Treppenlauf, Ortbeton, C35/37 KG **351**

Treppenlaufplatte aus Stahlbeton, mit Ortbeton.
Festigkeitsklasse: C35/37
Expositionsklasse: XC1
Feuchtigkeitsklasse: WO
Zuschlagstoff: natürliche Gesteinskörnung
Treppenplattendicke: 25 cm
Oberflächenbehandlung: gescheibt
Einbauort / Geschoss: .....

181€ | 210€ | **218**€ | 267€ | 348€ | [m³] | ⏱ 2,20 h/m³ | 013.000.028

73 Schalung, Treppenlauf KG **351**

Schalung der Treppenläufe, aus nichtsaugendem Material, möglichst absatzfrei, mit einheitlicher Farbtönung und weitgehend porenlos.
Oberfläche Schalhaut: **rau / Sichtbeton**
Geeignet für: **Beschichtung / Betonfläche sichtbar bleibend**
Kanten: **scharfkantig / Dreiecksleiste**
Breite Treppenlauf: .....
Höhe Betonunterseite: bis 3,00 m

59€ | 97€ | **110**€ | 119€ | 139€ | [m²] | ⏱ 1,50 h/m² | 013.000.029

000 001 002 006 008 009 010 012 **013** 014 016 017 018 020 021 022

Nr. **Kurztext** / Langtext — Kostengruppe
▶ ▷ **ø netto €** ◁ ◀ [Einheit] Ausf.-Dauer Positionsnummer

74 Treppenpodest, Ortbeton, C30/37 KG **351**

Treppenpodestplatte aus Stahlbeton, mit Ortbeton, Schalung und Bewehrung in gesonderter Position.
Festigkeitsklasse: C30/37
Expositionsklasse: XC1
Feuchtigkeitsklasse: WO
Zuschlagstoff: natürliche Gesteinskörnung
Podestplattendicke: ca. 25 cm
Oberflächenbehandlung: gescheibt
Einbauort / Geschoss: .....

140€ 164€ **175€** 202€ 254€ [m³] ⏱ 1,80 h/m³ 013.000.030

75 Schalung, glatt, Treppenpodest KG **351**

Schalung der Deckenplatte, aus Schalungsplatten, Betonfläche sichtbar bleibend.
Oberfläche Schalhaut: .....
Abmessung (L x B): ..... x ..... m
Höhe Betonunterseite: 2,50-3,00 m

40€ 60€ **68€** 81€ 113€ [m²] ⏱ 1,00 h/m² 013.000.031

76 Stb-Fertigteil, Treppenpodest KG **351**

Fertigteiltreppenpodest aus Stahlbeton. Ausbildung der Konsolen, Auflager, Schallentkoppelung und Bewehrung in gesonderten Positionen.
Festigkeitsklasse: C.....
Expositionsklasse: XC1
Feuchtigkeitsklasse: WO
Zuschlagstoff: natürliche Gesteinskörnung
Breite: ..... cm
Länge: ..... cm
Oberfläche Unterseite: Sichtbetonklasse SB .....
Oberfläche Oberseite: abgerieben und gespachtelt
Kanten: **scharfkantig / Dreiecksleiste**
Verkehrslast: **3,5 / 5,0** kN/m²
Auflagerausbildung: **gem. Skizze / gem. Systemdetail**
Einbauort / Geschoss: .....

690€ 1.266€ **1.468€** 1.779€ 2.379€ [St] ⏱ 1,80 h/St 013.000.213

Kosten:
Stand 1.Quartal 2020
Bundesdurchschnitt

▶ min
▷ von
ø Mittel
◁ bis
◀ max

77 **Stb-Fertigteil, Treppe, einläufig, 7 Stufen** KG **351**

Fertigteiltreppe aus Stahlbeton, einläufig, mit Konsolauflager, zur Auflage auf bauseitige Ortbetonpodeste, inkl. Schallentkoppelung im Podestbereich. Ausbildung der Auflager und Bewehrung in gesonderten Positionen.
Festigkeitsklasse: C.....
Expositionsklasse: XC1
Feuchtigkeitsklasse: WO
Zuschlagstoff: natürliche Gesteinskörnung
Treppenlaufbreite: 100 cm
Stufen: 7 Stück
Steigungsverhältnis: 16 bis 17,5 x 27 bis 28 cm
Oberfläche Unterseite und Seiten: Sichtbetonklasse SB .....
Oberfläche Oberseite: abgerieben und gespachtelt
Kanten: **scharfkantig / Dreiecksleiste**
Verkehrslast: **3,5 / 5,0** kN/m²
Auflagerausbildung: **gem. Skizze / gem. Systemdetail**
Einbauort / Geschoss: .....

614€ 829€ **916**€ 1.014€ 1.615€ [St] ⏱ 1,40 h/St 013.000.033

78 **Stb-Fertigteil, Treppe, einläufig, 16 Stufen** KG **351**

Fertigteiltreppe aus Stahlbeton, einläufig, mit Konsolauflager, zur Auflage auf bauseitige Ortbetonpodeste. Ausbildung der Auflager, Schallentkoppelung und Bewehrung in gesonderten Positionen.
Festigkeitsklasse: C.....
Expositionsklasse: XC1
Feuchtigkeitsklasse: WO
Zuschlagstoff: natürliche Gesteinskörnung
Treppenlaufbreite: 100 cm
Stufen: 16 Stück
Steigungsverhältnis: 16 bis 17,5 x 27 bis 28 cm
Oberfläche Unterseite und Seiten: Sichtbetonklasse SB .....
Oberfläche Oberseite: abgerieben und gespachtelt
Kanten: **scharfkantig / Dreiecksleiste**
Verkehrslast: **3,5 / 5,0** kN/m²
Auflagerausbildung: **gem. Skizze / gem. Systemdetail**
Einbauort / Geschoss: .....

1.664€ 2.155€ **2.274**€ 2.529€ 3.008€ [St] ⏱ 2,20 h/St 013.000.214

79 **Blockstufe, Betonfertigteil** KG **544**

Blockstufen als Fertigteilstufen aus Stahlbeton, Schalungsmatrize nach Bemusterung, ohne Kiesnester und Löcher, Kanten scharfkantig.
Festigkeitsklasse: C20/25
Expositionsklasse: XC4/XF1
Feuchtigkeitsklasse: WF
Zuschlagstoff: natürliche Gesteinskörnung
Stufengröße: 18 x 33 x 100 cm
Oberfläche Rutschfestigkeit: R11
Einbauort / Geschoss: auf bauseitigem Fundament / Außenbereich

75€ 163€ **197**€ 284€ 503€ [St] ⏱ 0,90 h/St 013.000.034

000 001 002 006 008 009 010 012 **013** 014 016 017 018 020 021 022

Nr.	Kurztext / Langtext					Kostengruppe
▶	▷	ø netto €	◁	◀	[Einheit]	Ausf.-Dauer Positionsnummer

A 6 Elementdecke, inkl. Aufbeton — Beschreibung für Pos. **80-81**

Element-Decke aus Halbfertigteilen, mit bauaufsichtlicher Zulassung, Untersicht der Decke sichtbar bleibend, bestehend aus einschaliger, bewehrter Fertigteilplatte und Aufbeton aus Ortbeton.
Zuschlagstoff: natürliche Gesteinskörnung
Bewehrung und des flächenbündigem Verspachteln der Element-Stöße in gesonderter Position.

80 Elementdecke, 18cm, inkl. Aufbeton — KG **351**

Wie Ausführungsbeschreibung A 6
Schalendicke: 5 cm
Oberfläche Schalhaut: Sichtbeton Klasse: .....
Element als Scheibe wirkend: **ja / nein**
Festigkeitsklasse: C30/37
Expositionsklasse: XC1
Plattendicke: 18 cm
Einbauort / Geschoss: .....

▶	▷	ø	◁	◀	Einheit	Ausf.-Dauer	Positionsnummer
39€	60€	**66**€	74€	90€	[m²]	0,60 h/m²	013.000.036

81 Elementdecke, 22cm, inkl. Aufbeton — KG **351**

Wie Ausführungsbeschreibung A 6
Schalendicke: 5 cm
Oberfläche Schalhaut: Sichtbeton Klasse: .....
Element als Scheibe wirkend: **ja / nein**
Festigkeitsklasse: C30/37
Expositionsklasse: XC1
Plattendicke: 22 cm
Einbauort / Geschoss: .....

▶	▷	ø	◁	◀	Einheit	Ausf.-Dauer	Positionsnummer
46€	65€	**71**€	89€	122€	[m²]	0,65 h/m²	013.000.035

A 7 Elementwand, inkl. Wandbeton — Beschreibung für Pos. **82**

Elementwand aus zweischaligem Halbfertigteil, mit bauaufsichtlicher Zulassung, Betonfläche sichtbar bleibend, bestehend aus zwei aufgehenden, bewehrten Betonschalen und Betonfüllung aus Ortbeton.
Zuschlagstoff: natürliche Gesteinskörnung
Abrechnung der Bewehrung und des flächenbündigen Verspachtelns der Element-Stöße in gesonderter Position.

82 Elementwand, 18cm, inkl. Wandbeton — KG **331**

Wie Ausführungsbeschreibung A 7
Schalendicke: 2 x 5 cm
Wandhöhe: ..... m
Schalhaut: **nicht sichtbar / sichtbar bleibend**
Sichtbeton: Klasse SB...........
Festigkeitsklasse: C25/30 bis C35/37
Expositionsklasse: XC1
Plattendicke: 18 cm
Einbauort / Geschoss: .....

▶	▷	ø	◁	◀	Einheit	Ausf.-Dauer	Positionsnummer
–€	96€	**106**€	120€	–€	[m²]	1,80 h/m²	013.000.179

Kosten:
Stand 1.Quartal 2020
Bundesdurchschnitt

▶ min
▷ von
ø Mittel
◁ bis
◀ max

83 Gleitfolie, Decken/Wände KG **361**

Gleitfolie auf Wänden als gleitende Auflagerung von Decken. Ausführung mit 2 Kunststoff-Folien, regeneratfrei, Gleitbeschichtung mit Spezialfett, zweiseitig kaschiert, bauaufsichtlich zugelassen.
Decke: .....
Spannweite: bis 6,0 m
Gleitreibungszahl ..... (0,05 bis 0,10)
Zul. Belastung: ...... N/mm²
Temperaturbereich: -30 bis +50°C
Arbeitshöhe: .....

3€ | 6€ | **8**€ | 9€ | 13€ | [m] | ⏱ 0,10 h/m | 013.000.096

84 Stb-Fertigteil, Balkonplatte KG **351**

Balkonplatte aus Stahlbeton-Fertigteil, mit Bewitterung, mit Gefälle abgezogen, Unterseite und Seitenansichten aus Sichtbeton, mit dreiseitig umlaufender Tropfnut aus Viertelstab, inkl. Bewehrungselemente gem. beiliegender Statik.
Festigkeitsklasse: C25/30
Expositionsklasse: XC4/XF1
Feuchtigkeitsklasse: WF
Zuschlagstoff: .....
Plattendicke: 20-24 cm
Oberflächenneigung: .....
Sichtbetonklasse: .....

116€ | 160€ | **190**€ | 210€ | 247€ | [m²] | ⏱ 1,50 h/m² | 013.000.081

85 Stb-Fertigteil, Brüstung KG **359**

Balkonbrüstung oder -attika aus Stahlbeton-Fertigteil, mit dreiseitig umlaufender Tropfnut aus Viertelstab, inkl. flächenbündigem Verspachteln der Element-Stöße; Bewehrung in gesonderter Position.
Festigkeitsklasse: C25/30
Expositionsklasse: XC4/XF1
Feuchtigkeitsklasse: WF
Zuschlagstoff: .....
Brüstungsdicke: 20 cm
Abmessungen: .....
Oberfläche: Sichtbeton
Sichtbetonklasse: .....

112€ | 156€ | **173**€ | 189€ | 219€ | [m²] | ⏱ 0,90 h/m² | 013.000.157

000 001 002 006 008 009 010 012 **013** 014 016 017 018 020 021 022

Kosten:
Stand 1.Quartal 2020
Bundesdurchschnitt

Nr.	**Kurztext** / Langtext					Kostengruppe
▶	▷	**ø netto €**	◁	◀	[Einheit]	Ausf.-Dauer Positionsnummer

86 Maschinenfundament, Ortbeton, Schalung, bis 3,0m² KG **322**

Maschinenfundament im Innenraum aus Stahlbeton, mit Ortbeton und Schalung, auf bauseitiger Unterkonstruktion; Randschalung des Fundaments mit glatter, nichtsaugender Schalung, Kanten gefast, Oberfläche eben abgescheibt, Betonfläche sichtbar bleibend. Bewehrung nach gesonderter Position.
Abmessung: bis 3,00 m²
Bauhöhe: 25 cm
Festigkeitsklasse: C20/25
Expositionsklasse: XC1
Feuchtigkeitsklasse: WO
Zuschlagstoff: .....
Hinweis: Nach VOB, Teil C müssen Beton, Schalung und Bewehrung getrennt ausgeschrieben werden. Entsprechende Mustertexte sind ebenfalls im LB 013 Betonarbeiten enthalten.

29€ 66€ **80**€ 91€ 125€ [m²] ⏱ 0,42 h/m² 013.000.162

87 Gefällebeton, C12/15, XC4/XF1 KG **361**

Aufbetonschicht zur Herstellung von Gefälle, aus unbewehrtem Beton, Oberfläche abgezogen, nicht sichtbar bleibend; Schalung in gesonderter Position.
Festigkeitsklasse: C12/15
Expositionsklasse: XC/XF1
Zuschlagstoff: natürliche Gesteinskörnung
Schichtdicke: 100 mm
Untergrund: **eben / geneigt**
Neigung: .....
Einbausituation: **auf Abdichtung / auf Schutzschicht**.
Für die Ausführung werden vom AG folgende Unterlagen zur Verfügung gestellt:
- Entwurfszeichnungen, Plannr.: .....
- Übersichtszeichnungen, Plannr.: .....

12€ 20€ **25**€ 27€ 32€ [m²] ⏱ 0,25 h/m² 013.000.071

88 Kellerlichtschacht, Kunststoffelement KG **339**

Kellerlichtschacht aus glasfaserverstärktem Polyester mit integriertem, höhenverstellbarem Aufsatzelement, einschl. feuerverzinktem Abdeckrost mit integrierter Einrastsicherung, inkl. Befestigungsset.
Abdeckrost: .....
Abmessung Schacht: 80 x 60 cm
Schachthöhe: 95 cm
Höhenverstellbar bis: 25 cm
Entwässerungsöffnung: 60 mm
Angeb. Fabrikat: .....

108€ 197€ **231**€ 295€ 426€ [St] ⏱ 1,10 h/St 013.000.039

▶ min
▷ von
ø Mittel
◁ bis
◀ max

89 Kellerlichtschacht, Betonfertigteil KG **339**

Kellerlichtschacht aus Betonfertigteil, nach Maß gefertigt, als einteiliges Schachtelement inkl. Befestigungsmaterial.
Breite: .....
Bauhöhe: .....
Wandstärke: .....
Wandabstand: .....
Boden: **mit / ohne**
Ablauf: **mit / ohne**
Aussparung: **mit / ohne**
Hinterfüllplatte: **mit / ohne**
Höhe Hinterfüllplatte: .....
Mittelsteg: **mit / ohne**
Steigleiter für Notausstieg: **mit / ohne**
Gitterrost: .....
Befestigung: an Betonwand
Ausführung: **U-Lichtschacht / L-Lichtschacht / E-Lichtschacht**
Angeb. Fabrikat: .....

218€ 532€ **677**€ 853€ 1.282€ [St] ⏱ 1,80 h/St 013.000.040

A 8 Kellerfenster, einflüglig, in Schalung Beschreibung für Pos. **90-91**

Kellerfenster aus Wechselzarge und Fenstereinsatz, einflüglig, als Dreh-Kipp-Fenster mit Isolierglas, inkl. Schraubsystem zur nachträglichen Montage von Fenstereinsätzen.
Rahmen: Kunststoff, 3-Kammer-Profil
Dichtung: umlaufend, Gummiprofil

90 Kellerfenster, einflüglig bis 0,60m², in Schalung KG **334**

Wie Ausführungsbeschreibung A 8
Wechselzarge: bis 100 x 80 cm
Wandstärke: ..... cm
Farbe: weiß
Fenstergröße: passend zu Zarge
DIN-Richtung: **rechts / links**
Verglasung: 24 mm
Wärmeschutz: U_g = 1,1 W/(m²K)
Angeb. Fabrikat: .....

173€ 222€ **250**€ 276€ 323€ [St] ⏱ 1,00 h/St 013.000.041

000 001 002 006 008 009 010 012 **013** 014 016 017 018 020 021 022

Nr.	Kurztext / Langtext						Kostengruppe
▶	▷	ø netto €	◁	◀	[Einheit]	Ausf.-Dauer	Positionsnummer

Kosten:
Stand 1.Quartal 2020
Bundesdurchschnitt

91 Kellerfenster, einflüglig bis 1,50m², in Schalung — KG **334**

Wie Ausführungsbeschreibung A 8
Wechselzarge: bis 120 x 100 cm
Wandstärke: ..... cm
Farbe: weiß
Fenstergröße: passend zu Zarge
DIN-Richtung: **rechts / links**
Verglasung: 24 mm
Wärmeschutz: U_g = 1,1 W/(m²K)
Angeb. Fabrikat: .....

200€ | 285€ | **305**€ | 327€ | 372€ | [St] | ⏱ 1,20 h/St | 013.000.134

92 Fassadenplatte, Fertigteil — KG **335**

Fassadenbekleidung mit Normalplatten, als Fertigteil für Vorhangfassade, aus Stahlbeton nach DIN EN 206-1, mit Befestigung im Verankerungsgrund, vertikal eingebaut. Leistung inkl. Bohrungen, Klebedübel und bauaufsichtlich zugelassene Verankerungsmittel.
Festigkeitsklasse: .....
Expositionsklasse: .....
Abmessung: ..... cm
Feuchtigkeitsklasse: WA
Form: .....
Betonfarbe: .....
Oberfläche: Sicht- und Seitenflächen in Sichtbeton Klasse......gem. DBV-Merkblatt, Rückseite geglättet
Oberflächenstruktur / Schalhaut: .....
Schutz Oberfläche: .....
Für die Ausführung werden vom AG folgende Unterlagen zur Verfügung gestellt:
- Entwurfszeichnungen, Plannr.: .....
- Übersichtszeichnungen, Plannr.: .....

Statische Berechnung Anlage Nr.: .....

933€ | 1.727€ | **1.865**€ | 2.158€ | 3.065€ | [St] | ⏱ 1,00 h/St | 013.000.163

93 Fundamenterder, Stahlband — KG **446**

Fundamenterder DIN 18014, DIN EN 62561-2 (VDE 0185-561-2), unter Aufsicht Fachplaner verlegen, aus Bandstahl, in Fundamentlage, mit Bewehrung verschrauben, mit Abstandshaltern, einschl. Dokumentation.
Bandstahl: feuerzinkt
Querschnitt: **30 x 3,5 / 26 x 4** mm
Freies Ende: ca. 1,50 m
Aufsicht durch: .....

3€ | 5€ | **6**€ | 8€ | 14€ | [m] | ⏱ 0,10 h/m | 013.000.043

94 Rohrdurchführung, Kunststoff — KG **444**

Kunststoff-Leerrohr in Schalung von Ortbetonbauteilen einbauen.
Durchmesser: DN100
Rohrlänge: .....
Bauteil: .....
Angeb. Fabrikat: .....

15€ | 33€ | **37**€ | 43€ | 63€ | [St] | ⏱ 0,20 h/St | 013.000.080

▶ min
▷ von
ø Mittel
◁ bis
◀ max

95 Elektrogerätedose, 53mm KG **444**

Elektroleerdose für Ortbeton (Schalter), mit 4 Schraubdomen zur Gerätebefestigung, Geräte- und Geräte-Verbindungsdosen verdrehungssicher anreihbar mit Kombinationsabstand von 71 mm, mit Leitungsübergang bei Kombinationen auch für Spreizbefestigung der Geräte geeignet, Dosen-Rückteil mit Aufnahme für Stützrohr auch als Verbindungsdosen mit Schraubdeckel verwendbar.
Einbauhöhe: 53 mm
Abstand: 60 mm, zweiteilig
Markierungen: 2 St bis D= 25 mm
Flammwidrigkeit: 650°C nach VDE 0606
Schutzart: IP 3X
Angeb. Fabrikat: .....

1€ 7€ **9**€ 13€ 22€ [St] ⏱ 0,10 h/St 013.000.079

96 Elektroleerrohr, flexibel, DN25 KG **444**

Flexibles Elektro-Leerrohr, einschl. Muffen und Bögen, in Schalung von Ortbetonbauteilen, Rohr in Teillängen, gewellt, mit Zugdraht, inkl. Einziehen und Sichern der Zugdrähte.
Außendurchmesser: 25 mm
Druckfestigkeit: Klasse 3 - mittel (750 N)
Schlagbeanspruchung: Klasse 3 - mittel Gebrauchstemperatur: Klasse 1 (max. 60°C)
Einbaulängen: .....

2€ 6€ **7**€ 15€ 33€ [m] ⏱ 0,10 h/m 013.000.045

97 Leuchten-Einbaugehäuse/-Eingießtopf KG **445**

Leuchten-Einbaugehäuse in Stahlbetonbauteil einbauen, ohne Lieferung.
Gehäusegröße: .....
Bauteil: .....

29€ 59€ **70**€ 77€ 110€ [St] ⏱ 0,30 h/St 013.000.158

98 Hauseinführung/Wanddurchführung, Medien KG **331**

Hauseinführung inkl. Dichtstück, zum Einbetonieren in Wände oder Decken oder zum Trockeneinbau in Kernbohrungen, bestehend aus spiralförmig verstärktem Schlauchstück und vormontierter Gummipressdichtung, eine Seite mit montierter Steckmuffe, Gegenseite mit lose beigelegter Kaltschrumpfmuffe, beidseitig mit PE-Deckel verschlossen, inkl. Zubehör, geeignet zur Paketbildung. Gas- und Wasserdichtheit bis 1,5 bar geprüft.
Bauteil: .....
Einbauart: .....
Gesamtlänge: 700 mm
Muffe für Durchmesser: 63 mm
Medien: .....

76€ 286€ **344**€ 541€ 944€ [St] ⏱ 1,00 h/St 013.000.044

99 Deckenschlitz, Beton KG **351**

Schalen eines Schlitzes in Deckenbauteil, unterseitig, Kanten mit Dreiecksleiste, Schalmaterial nichtsaugend.
Ausrichtung: **waagrecht / senkrecht**
Querschnitt: .....

8€ 18€ **21**€ 29€ 41€ [m] ⏱ 0,42 h/m 013.000.159

Nr.	**Kurztext** / Langtext					Kostengruppe
▶	▷	**ø netto €**	◁	◀	[Einheit]	Ausf.-Dauer Positionsnummer

100 Wandaussparung schließen KG **341**

Schließen von Aussparungen in Betonwänden, mit Ortbeton, inkl. Bewehrung und Schalung, Oberfläche wie Wandfläche.
Betongüte: C25/30
Wanddicke: 200-250 mm
Ausrichtung: **waagrecht / senkrecht**
Arbeitshöhe: bis 3,50 m

44€ 94€ **122**€ 150€ 191€ [m²] ⏱ 1,20 h/m² 013.000.063

A 9 Deckendurchbruch schließen Beschreibung für Pos. **101-103**

Aussparungen / Durchbrüche in Betondecken schließen, mit Ortbeton, inkl. Schalung, Oberfläche wie Deckenfläche.
Festigkeitsklasse: C20/25
Expositionsklasse: XC1
Feuchtigkeitsklasse: WO

101 Deckendurchbruch schließen, bis 250cm² KG **351**

Wie Ausführungsbeschreibung A 9
Größe Aussparung: bis 250 cm²
Deckendicke: 250 mm
Ausrichtung: **waagrecht in der Decke**
Arbeitshöhe: bis 3,50 m

10€ 20€ **24**€ 29€ 42€ [St] ⏱ 0,40 h/St 013.000.165

102 Deckendurchbruch schließen, 500 bis 1.000cm² KG **351**

Wie Ausführungsbeschreibung A 9
Größe Aussparung: über 500-1.000 cm²
Deckendicke: 250 mm
Ausrichtung: waagrecht in der Decke
Arbeitshöhe: bis 3,50

12€ 24€ **29**€ 36€ 51€ [St] ⏱ 0,45 h/St 013.000.164

103 Deckendurchbruch schließen, 1.000 bis 2.500cm² KG **351**

Wie Ausführungsbeschreibung A 9
Größe Aussparung: über 1.000 bis 2.500 cm²
Deckendicke: über 200 bis 250 mm
Ausrichtung: waagrecht in der Decke
Arbeitshöhe: bis 3,50 m

13€ 37€ **43**€ 56€ 78€ [St] ⏱ 0,48 h/St 013.000.233

Kosten:
Stand 1.Quartal 2020
Bundesdurchschnitt

▶ min
▷ von
ø Mittel
◁ bis
◀ max

A 10 Perimeterdämmung, Wand, XPS Beschreibung für Pos. **104-105**

Perimeterdämmung aus extrudierten Polystyrolplatten, als äußere Wärmedämmung vor Wänden im Erdreich, geklebt, bauaufsichtlich zugelassen.
Untergrund: .....
Wassereinwirkungsklasse: W1.2-E - (Bodenfeuchte und nichtdrückendes Wasser bei erdberührten Wänden mit Dränung)
Dämmstoff: XPS
Anwendungstyp: PW
Ausführung Kante: umlaufender Stufenfalz
Brandverhalten: Klasse E
Druckbelastbarkeit: **ds / dx**
Nennwert der Wärmeleitfähigkeit: 0,039 W/(mK)

104 Perimeterdämmung, Wand, XPS 040, 80mm KG **335**

Wie Ausführungsbeschreibung A 10
Dämmstoffdicke: 80 mm

22€ 26€ **30€** 34€ 41€ [m²] ⏱ 0,30 h/m² 013.000.143

105 Perimeterdämmung, Wand, XPS 040, 120mm KG **335**

Wie Ausführungsbeschreibung A 10
Dämmstoffdicke: 120 mm

28€ 34€ **40€** 45€ 54€ [m²] ⏱ 0,32 h/m² 013.000.145

106 Schaumglasdämmung, Bodenplatte, 50-100mm KG **325**

Wärmedämmung aus diffusionsdichten Schaumglas-Dämmplatten, hoch druckbelastbar, einlagig unter Bodenplatte, Platten mit versetzten, pressgestoßenen Fugen, verbleibende Fugen mit Sand füllen und eben abziehen.
Untergrund: ....
Wassereinwirkungsklasse: W1.1-E - (Bodenfeuchte und nichtdrückendes Wasser)
Anwendungstyp: PB - dh
Nennwert Wärmeleitfähigkeit: **0,040 / 0,045** W/(mK)
Brandverhalten: nicht brennbar, Klasse A1
Dämmstoffdicke: **50 / ..... / 100**

36€ 46€ **54€** 59€ 76€ [m²] ⏱ 0,15 h/m² 013.000.078

107 Schaumglasdämmung, Bodenplatte, 120-140mm KG **325**

Wärmedämmung aus diffusionsdichten Schaumglas-Dämmplatten, hoch druckbelastbar, einlagig unter Bodenplatte, Platten mit versetzten, pressgestoßenen Fugen, verbleibende Fugen mit Sand füllen und eben abziehen.
Untergrund: ....
Wassereinwirkungsklasse: W1.1-E - (Bodenfeuchte und nichtdrückendes Wasser)
Anwendung bei: **Bodenfeuchte / drückendem Wasser**
Anwendungstyp: PB - dh
Nennwert Wärmeleitfähigkeit: 0,040 / 0,045 W/(mK)
Brandverhalten: nicht brennbar, Klasse A1
Dämmstoffdicke: **120 / 140**

62€ 72€ **76€** 81€ 96€ [m²] ⏱ 0,15 h/m² 013.000.186

Nr.	Kurztext / Langtext						Kostengruppe
▶	▷	**ø netto €**	◁	◀	[Einheit]	Ausf.-Dauer	Positionsnummer

Kosten:
Stand 1.Quartal 2020
Bundesdurchschnitt

108 Mehrschichtdämmplatte, 50mm, in Schalung KG **351**

Wärmedämmung aus Mehrschicht-Leichtbauplatten mit Dämmkern, dicht gestoßen, in Schalung einlegen.
Typ: WW-C
Schale: beidseitig, zementgebundene Holzwolle
Dämmkern: expandiertes Polystyrol - EPS
Nennwert Wärmeleitfähigkeit: 0,040 W/(mK)
Brandverhalten Platte: A1
Plattendicke: 50 mm
Dämmstoffdicke: 40 mm
Bauteil: .....

12€ 20€ **24**€ 30€ 41€ [m²] ⏱ 0,20 h/m² 013.000.113

109 Trennwanddämmung, MW, schallbrückenfrei KG **331**

Dämmung zwischen Haustrennwänden mit Schallschutzanforderung.
Dämmstoff: Mineralwolle - MW
Brandverhalten: nicht brennbar, A1
Anwendungsgebiet: WTH
dynamische Steifigkeit: SD = ... MN/m³
Zusammendrückbarkeit: **sh / sg**
Dämmstoffdicke: **20 / 30** mm

6€ 10€ **11**€ 14€ 18€ [m²] ⏱ 0,14 h/m² 013.000.218

110 Betonstahlmatten, Bst500A/500B KG **351**

Bewehrung aus Betonstahlmatten, in unterschiedlichen Mattenabmessungen.
Betonstahl: Bst **500A / 500B**
Lieferform: **als Lagermatte (A) / als Listenmatte (A)**
Einbauort / Bauteil: .....

1.011€ 1.315€ **1.471**€ 1.586€ 1.985€ [t] ⏱ 0,18 h/t 013.000.219

111 Betonstabstahl, Bst 500B KG **351**

Bewehrung aus Betonstabstahl.
Betonstabstahl: Bst 500B
Durchmesser: .....
Längen: über ..... bis ..... m
Einbauort / Bauteil: .....
Hinweis: Gemäß ATV DIN 18331 Abs. 0.2.11 ist die Bewehrung nach Mengen und Maßen auszuschreiben!

937€ 1.354€ **1.545**€ 1.904€ 2.986€ [t] ⏱ 0,25 h/t 013.000.230

112 Bewehrungszubehör, Abstandshalter KG **351**

Bewehrungszubehör aus Stahl (z.B. Unterstützungen) für Stahlbetonbauteile.
Schalungshaut: **nicht sichtbar/ sichtbar**
Anforderung: Klasse SB.... gem. DBV-Merkblatt
Abrechnung nach Stahlliste

2€ 3€ **3**€ 6€ 9€ [kg] ⏱ 0,05 h/kg 013.000.049

▶ min
▷ von
ø Mittel
◁ bis
◀ max

113 Bewehrung, Gitterträger KG **351**

Gitterträger als Bewehrung, aus **Betonstahl / Stahlband DIN 488-5.**
Einbauort / Bauteil: .....

1.362€ | 1.530€ | **1.580**€ | 1.662€ | 1.808€ | [t] | ⏱ 0,08 h/t | 013.000.220

114 Bewehrungsstoß, 10-14mm KG **351**

Bewehrungsstoß, als Betonstabstahlverbindung.
Stabdurchmesser: 10-14 mm
Verbindung: **geschraubt / geklemmt**
Einbauort / Bauteil: .....

13€ | 22€ | **25**€ | 28€ | 41€ | [St] | ⏱ 0,20 h/St | 013.000.069

115 Bewehrungsstoß, 22-32mm KG **341**

Bewehrungsstoß, als Betonstabstahlverbindung.
Stabdurchmesser: 22-32 mm
Verbindung: **geschraubt / geklemmt**
Einbauort / Bauteil: .....

34€ | 46€ | **51**€ | 54€ | 68€ | [St] | ⏱ 0,30 h/St | 013.000.126

116 Klebeanker, M16 KG **331**

Klebedübel-Set, aus Dübel, Gewindestange, Schraube und Unterlegscheibe, inkl. Bohrarbeiten.
Material: nichtrostender Stahl, Werkstoff .....
Dübelgröße: M16
Einbauort / Bauteil: .....
Arbeitshöhe: bis 3,50 m

9€ | 15€ | **19**€ | 25€ | 33€ | [St] | ⏱ 0,10 h/St | 013.000.115

117 Dübelleiste, Durchstanzbewehrung KG **351**

Dübelleiste, als Durchstanzbewehrung im Stützenbereich von Flachdecken oder in Fundamentplatten, inkl. Klemmbügeln oder Abstandshalter.
Typ: .....
Ankerdurchmesser: .....
Ankerhöhe: .....
Ankeranzahl: .....
Länge Dübelleiste: .....
Ankerabstände: ......
Einbauort / Bauteil: .....
Arbeitshöhe: bis 3,50 m

10€ | 25€ | **31**€ | 44€ | 79€ | [St] | ⏱ 0,20 h/St | 013.000.129

118 Kleineisenteile, Baustahl S235JR KG **351**

Profilstahlkonstruktion, zur Unterstützung für schwere Bewehrung und als einbetonierte Profilstähle und sonstiger Konstruktionen, inkl. Zuschnitt, Grundierung und einschl. aller notwendigen Befestigungsmittel. Verzinken nach gesonderter Position.
Stahlsorte: S235JR (+AR.....), Werkstoff ......
Ausführungsklasse DIN EN 1090: EXC .....
Einbauort / Bauteil: .....
Abmessungen: .....

000 001 002 006 008 009 010 012 **013** 014 016 017 018 020 021 022

Nr.	Kurztext / Langtext					Kostengruppe
▶	▷	ø netto €	◁	◀	[Einheit]	Ausf.-Dauer Positionsnummer

Für die Ausführung werden vom AG folgende Unterlagen zur Verfügung gestellt:
- Entwurfszeichnungen, Plannr.: .....
- Übersichtszeichnungen, Plannr.: .....
- Stahlliste, Plannr.: .....

1€ | 5€ | **6**€ | 12€ | 28€ | [kg] | ⏱ 0,03 h/kg | 013.000.051

119 Stahlkonstruktion, Profilstahl S235JR KG **333**

Profilstahlkonstruktion, zur Unterstützung für schwere Bewehrung und als einbetonierte Profilstähle und sonstiger Konstruktionen, inkl. Zuschnitt, Grundierung und einschl. aller notwendigen Befestigungsmittel. Verzinken nach gesonderter Position.
Stahlsorte: S235JR (+AR.....), Werkstoff ......
Ausführungsklasse DIN EN 1090: EXC .....
Einbauort / Bauteil: .....
Abmessungen: .....
Für die Ausführung werden vom AG folgende Unterlaen zur Verfügung gestellt:
- Entwurfszeichnungen, Plannr.: .....
- Übersichtszeichnungen, Plannr.: .....
- Stahlliste, Plannr.: .....

2€ | 4€ | **5**€ | 6€ | 12€ | [kg] | ⏱ 0,02 h/kg | 013.000.050

120 Stahlkonstruktion, Baustahl S235JR(AR) KG **333**

Stahlkonstruktion aus Baustahl, für Konstruktionen, für Sondertragglieder inkl. Zuschnitt, Grundierung, Verschweißen, sowie Schweißnähte schleifen und aller notwendigen Befestigungsmittel. Verzinken nach gesonderter Position.
Stahlsorte: S235JR (+AR.....), Werkstoff ......
Ausführungsklasse DIN EN 1090: EXC .....
Einbauort / Bauteil: .....
Abmessungen: .....
Für die Ausführung werden vom AG folgende Unterlagen zur Verfügung gestellt:
- Entwurfszeichnungen, Plannr.: .....
- Übersichtszeichnungen, Plannr.: .....
- Stahlliste, Plannr.: .....

5€ | 10€ | **11**€ | 12€ | 18€ | [kg] | ⏱ 0,05 h/kg | 013.000.052

121 Stahlteile feuerverzinken KG **351**

Feuerverzinken von Stahlteilen.
Korrosivitätskategorie: mäßig - C3 (z.B. Stadt- und Industrieatmosphäre mit mäßiger Luftverunreinigung)
Schutzdauerklasse: sehr hoch - VH
Bauteil: Profil-Stahlträger

0,5€ | 1,0€ | **1,3**€ | 1,9€ | 2,9€ | [kg] | ⏱ 0,01 h/kg | 013.000.053

122 Kleineisenteile, Edelstahl KG **351**

Kleineisenteile aus nichtrostendem Stahl, gem. beiliegender Stahlliste, inkl. Montage.
Werkstoff-Nummer: .....
Bauteil: .....
Abmessungen: .....

12€ | 24€ | **27**€ | 35€ | 46€ | [kg] | ⏱ 0,15 h/kg | 013.000.054

Kosten:
Stand 1.Quartal 2020
Bundesdurchschnitt

▶ min
▷ von
ø Mittel
◁ bis
◀ max

A 11 Ankerschiene — Beschreibung für Pos. **123-124**

Ankerschiene TA aus Stahl feuerverzinkt, kaltgewalzt.

123 Ankerschiene 28/15 — KG **331**

Wie Ausführungsbeschreibung A 11
Ausführung: **feuerverzinkt / nichtrostender Stahl**, Werkstoffnummer: .....
Typ / Profil: 28/15

10€ | 17€ | **19€** | 25€ | 49€ | [m] | ⏱ 0,20 h/m | 013.000.055

124 Ankerschiene 38/17 — KG **331**

Wie Ausführungsbeschreibung A 11
Ausführung: **feuerverzinkt / nichtrostender Stahl**, Werkstoffnummer: .....
Typ / Profil: 38/17

14€ | 27€ | **32€** | 38€ | 53€ | [m] | ⏱ 0,20 h/m | 013.000.056

A 12 Bewehrungs-/Rückbiegeanschluss — Beschreibung für Pos. **125-127**

Bewehrungsanschluss oder Rückbiegeanschluss, einlagig, für Wände, in korrosionsfreier Ausführung inkl. Vollschaumfüllung, an Wandschalung befestigen, inkl. Entfernen der Gehäusedeckel sowie Rückbiegen der Anschlussbewehrung.

125 Bewehrungs-/Rückbiegeanschluss 55/85 — KG **331**

Wie Ausführungsbeschreibung A 12
Stabdurchmesser: .....
Stababstand: ....., **ein- / zweireihig**
Gehäusebreite: **55 / 85**

9€ | 20€ | **22€** | 25€ | 36€ | [m] | ⏱ 0,22 h/m | 013.000.057

126 Bewehrungs-/Rückbiegeanschluss, 80/120 — KG **331**

Wie Ausführungsbeschreibung A 12
Stabdurchmesser: .....
Stababstand: ....., **ein- / zweireihig**
Gehäusebreite: **80 / 120**

17€ | 25€ | **30€** | 33€ | 47€ | [m] | ⏱ 0,25 h/m | 013.000.109

127 Bewehrungs-/Rückbiegeanschluss, 150/190 — KG **331**

Wie Ausführungsbeschreibung A 12
Stabdurchmesser: .....
Stababstand: ....., **ein- / zweireihig**
Gehäusebreite: **150 / 190**

16€ | 29€ | **32€** | 52€ | 97€ | [m] | ⏱ 0,30 h/m | 013.000.110

Nr.	Kurztext / Langtext						Kostengruppe
▶	▷	ø netto €	◁	◀	[Einheit]	Ausf.-Dauer	Positionsnummer

Kosten:
Stand 1.Quartal 2020
Bundesdurchschnitt

128 Balkonanschluss, Wärmedämmelement — KG **351**

Tragendes Wärmedämmelement, für unterstützte Balkone und Loggia-Platten, zur thermischen und trittschalltechnischen Trennung der Balkonplatte von der Deckenplatte bzw. dem Unterzug, querkraftverstärkter Typ.
Wärmedämm-Element: Typ .....
Dämmung: EPS
Nennwert Wärmeleitfähigkeit: **0,034 / 0,031** W/(mK)
Dämmschichtdicke: **80 / 120** mm
Balkonplattendicke: .....
Betondeckung: .....
Elementlänge: 1,00 m
Einbauort / Geschoss: .....

96€ | 236€ | **275**€ | 333€ | 465€ | [m] | ⏱ 0,70 h/m | 013.000.059

129 Trittschalldämmelement, Fertigteiltreppen — KG **351**

Trittschalldämmelement zwischen Treppenlauf und Podest oder Wand, für geraden Treppenlauf und zur zusätzlichen Aufnahme horizontaler Querkräfte, in bauseitige Aussparung.
Dämmstoff: ......
Nennwert Wärmeleitfähigkeit: ..... W/(mK)
Material: Elastomer
Auflast: 200 kN/m²
Trittschallverbesserungsmaß: mind. 20 dB
Brandverhalten: .....
Baustoffklasse: normal entflammbar - B2
Bauteil: **Podest / Hauswand**
Einbauort / Geschoss: .....

36€ | 84€ | **103**€ | 145€ | 297€ | [m] | ⏱ 0,54 h/m | 013.000.070

130 Stundensatz Facharbeiter, Betonbau

Stundenlohnarbeiten für Facharbeiter, Spezialfacharbeiter, Vorarbeiter und jeweils Gleichgestellte. Der Verrechnungssatz für die jeweilige Arbeitskraft umfasst sämtliche Aufwendungen wie Lohn- und Gehaltskosten, lohn- und gehaltsgebundene Kosten, Lohn- und Gehaltsnebenkosten, Gemeinkosten, Wagnis und Gewinn. Leistung nach besonderer Anordnung desAuftraggebers. Nachweis und Anmeldung gem. VOB/B.

40€ | 47€ | **52**€ | 55€ | 64€ | [h] | ⏱ 1,00 h/h | 013.000.160

131 Stundensatz Helfer, Betonbau

Stundenlohnarbeiten für Werker, Fachwerker und jeweils Gleichgestellte. Der Verrechnungssatz für die jeweilige Arbeitskraft umfasst sämtliche Aufwendungen wie Lohn- und Gehaltskosten, lohn- und gehaltsgebundene Kosten, Lohn- und Gehaltsnebenkosten, Gemeinkosten, Wagnis und Gewinn. Leistung nach besonderer Anordnung des Auftraggebers. Nachweis und Anmeldung gem. VOB/B.

28€ | 40€ | **44**€ | 49€ | 59€ | [h] | ⏱ 1,00 h/h | 013.000.161

▶ min
▷ von
ø Mittel
◁ bis
◀ max

 Erläuterungen zu den Tabellen siehe Seite 42

Nr.	Positionen	Einheit	▶	▷	ø brutto € / ø netto €	◁	◀
1	Unterboden reinigen	m²	0,3	1,3	**1,8**	2,9	5,3
			0,3	1,1	**1,5**	2,4	4,5
2	Betonwerksteinbeläge fluatieren	m²	3	4	**5**	5	6
			3	4	**4**	4	5
3	Außenbelag, Betonwerksteinplatten	m²	32	70	**82**	92	117
			27	59	**69**	78	98
4	Außenbelag, Betonwerkstein, Balkon, auf Splitt	m²	–	72	**88**	113	–
			–	61	**74**	95	–
5	Außenbelag, Naturstein, Pflaster	m²	87	126	**147**	153	178
			73	106	**124**	129	149
6	Stelzlager, Kunststoff	m²	–	27	**30**	38	–
			–	23	**25**	32	–
7	Innenbelag, Terrazzoplatten	m²	95	114	**123**	138	161
			80	96	**103**	116	135
8	Innenbelag, Betonwerkstein	m²	82	101	**106**	124	156
			69	85	**89**	104	131
9	Innenbelag, Naturwerkstein, Granit	m²	115	142	**157**	161	190
			97	119	**132**	136	160
10	Innenbelag, Naturwerkstein, Marmor	m²	88	109	**121**	125	146
			74	92	**101**	105	123
11	Innenbelag, Naturwerkstein, Kalkstein	m²	74	105	**114**	120	148
			62	88	**95**	101	124
12	Innenbelag, Naturwerkstein, Solnhofer Kalkstein	m²	158	166	**173**	185	199
			132	140	**145**	155	167
13	Innenbelag, Naturwerkstein, Schiefer	m²	82	97	**108**	111	125
			69	82	**91**	94	105
14	Innenbelag, Naturwerkstein, Travertin	m²	109	140	**162**	192	206
			91	117	**137**	161	173
15	Innenbelag, Naturwerkstein, Kalkstein, R10	m²	97	127	**144**	167	200
			81	107	**121**	140	168
16	Sockel, Naturwerkstein, magmatisches Gestein	m	13	24	**26**	33	47
			11	20	**22**	27	39
17	Randplatte, Naturwerkstein, innen	m	45	68	**77**	85	106
			38	57	**65**	72	89
18	Randplatte, Naturwerkstein, Treppenauge, innen	m	41	86	**106**	137	205
			34	73	**89**	115	172
19	Bodenprofil, Bewegungsfugen, Plattenbelag	m	21	35	**39**	44	70
			18	30	**33**	37	59
20	Trennschiene, Messing	m	19	30	**32**	32	43
			16	26	**27**	27	36
21	Trennschiene, Aluminium	m	12	20	**23**	29	40
			10	16	**20**	25	33
22	Trennschiene, nichtrostender Stahl	m	17	27	**30**	36	50
			14	23	**26**	30	42
23	Fugenabdichtung, elastisch, Silikon	m	4	6	**7**	8	11
			3	5	**6**	7	9
24	Blockstufe, Naturwerkstein	m	133	201	**230**	289	392
			112	169	**194**	243	329

014

Kosten:
Stand 1.Quartal 2020
Bundesdurchschnitt

▶ min
▷ von
ø Mittel
◁ bis
◀ max

Nr.	Positionen	Einheit	▶	▷ ø brutto € / ø netto €		◁	◀
25	Blockstufe, Betonwerkstein	m	86	129	**146**	196	306
			73	108	**123**	165	257
26	Treppe, Naturwerkstein, Winkelstufe, 1,00m	St	99	146	**158**	186	240
			83	122	**132**	157	201
27	Treppenbelag, Naturwerkstein, Tritt-/Setzstufe	m	114	141	**151**	181	246
			96	118	**127**	152	207
28	Stufengleitschutzprofil, Treppe	m	11	17	**20**	27	38
			9	15	**17**	23	32
29	Rillenfräsung, Stufenkante	m	25	28	**33**	41	46
			21	23	**28**	34	39
30	Aufmerksamkeitsstreifen, Stufenkante	m	–	38	**43**	54	–
			–	32	**36**	45	–
31	Verblendmauerwerk, Granit/Basalt, außen	m²	251	347	**389**	405	644
			211	292	**327**	340	541
32	Kerndämmung, Natursteinbekleidung	m²	22	29	**33**	35	48
			19	25	**27**	30	40
33	Trockenmauerwerk, Naturwerksteine	m²	99	246	**317**	371	531
			83	207	**267**	312	447
34	Bohrung, Plattenbelag	St	7	18	**22**	32	48
			6	15	**19**	27	40
35	Ausklinkung, Plattenbelag	St	7	16	**20**	41	70
			6	14	**17**	35	59
36	Kanten bearbeiten, Plattenbelag	m	7	11	**12**	16	25
			5	9	**11**	14	21
37	Schrägschnitte, Plattenbelag	m	5	17	**23**	33	52
			4	14	**19**	27	43
38	Rundschnittbogen, Plattenbelag	m	33	41	**48**	54	72
			28	34	**40**	45	60
39	Fries, Plattenbelag	m	44	72	**90**	96	122
			37	60	**75**	81	103
40	Trittschalldämmung, Randstreifen, MW	m²	5	8	**9**	11	14
			4	7	**8**	9	12
41	Erstreinigung, Bodenbelag	m²	4	10	**12**	15	26
			4	8	**10**	12	22
42	Oberfläche, laserstrukturiert, Mehrpreis	m²	–	27	**33**	42	–
			–	23	**28**	36	–
43	Mauerabdeckung, Naturstein, außen	m	40	74	**85**	96	122
			34	62	**71**	81	103
44	Fensterbank, Naturstein, außen	m	45	66	**72**	99	138
			37	56	**60**	83	116
45	Fensterbank, Betonwerkstein, außen	m	51	58	**68**	78	92
			43	49	**57**	66	77
46	Fensterbank, Betonwerkstein, innen	m	32	51	**57**	66	94
			27	43	**48**	56	79
47	Leitsystem, innen, Rippenfliesen, Edelstahl, 3 Rippen	m	–	117	**138**	172	–
			–	98	**116**	144	–
48	Leitsystem, innen, Rippenfliesen, Edelstahl, 7 Rippen	m	–	146	**171**	214	–
			–	122	**144**	180	–

000 001 002 006 008 009 010 012 013 **014** 016 017 018 020 021 022

Kosten:
Stand 1.Quartal 2020
Bundesdurchschnitt

Nr.	Positionen	Einheit	▶	▷	ø brutto € / ø netto €	◁	◀
49	Kontraststreifen, Noppenfliesen, Edelstahl, 300mm	m	–	46	**54**	67	–
			–	39	**45**	57	–
50	Kontraststreifen, Noppenfliesen, Edelstahl, 600mm	m	–	41	**49**	61	–
			–	35	**41**	51	–
51	Aufmerksamkeitsfeld, 600/600, Noppenfliesen, Edelstahl	St	–	236	**278**	347	–
			–	198	**233**	292	–
52	Aufmerksamkeitsfeld, 1.200/1.200, Noppenfliesen, Edelstahl	St	–	659	**775**	969	–
			–	554	**652**	815	–
53	Leitsystem, Rippenfliese/Begleitstreifen, Edelstahl, 200mm	m	–	149	**175**	219	–
			–	125	**147**	184	–
54	Leitsystem, Rippenfliese/Begleitstreifen, Edelstahl, 400mm	m	–	186	**218**	273	–
			–	156	**184**	229	–
55	Edelstahlrippen, 16mm, Streifen, dreireihig	m	–	156	**183**	229	–
			–	131	**154**	193	–
56	Edelstahlrippen, 35mm, Streifen, dreireihig	m	–	173	**204**	255	–
			–	145	**171**	214	–
57	Kunststoffrippen, 16mm, Streifen, dreireihig	m	–	46	**53**	65	–
			–	38	**44**	54	–
58	Kunststoffrippen, 35mm, Streifen, dreireihig	m	–	54	**62**	76	–
			–	45	**52**	64	–
59	Aufmerksamkeitsfeld, 600/600, Noppen, Edelstahl	St	–	436	**507**	634	–
			–	366	**426**	533	–
60	Aufmerksamkeitsfeld, 900/900, Noppen, Edelstahl	St	–	926	**1.076**	1.345	–
			–	778	**904**	1.130	–
61	Aufmerksamkeitsfeld, 600/600, Noppen, Kunststoff	St	–	204	**237**	297	–
			–	172	**199**	249	–
62	Aufmerksamkeitsfeld, 900/900, Noppen, Kunststoff	St	–	375	**436**	544	–
			–	315	**366**	458	–
63	Stundensatz Facharbeiter, Natursteinarbeiten	h	51	60	**65**	69	78
			43	51	**54**	58	65
64	Stundensatz Helfer, Natursteinarbeiten	h	39	50	**55**	58	68
			33	42	**46**	49	57

▶ min
▷ von
ø Mittel
◁ bis
◀ max

Nr. **Kurztext** / Langtext — Kostengruppe
▶ ▷ **ø netto €** ◁ ◀ [Einheit] Ausf.-Dauer Positionsnummer

1 Unterboden reinigen KG **324**

Unterboden von groben Verschmutzungen reinigen, sammeln und in Container des AG lagern. Abfall nicht schadstoffbelastet und gefährlich.
Dicke: .....

0,3€ 1,1€ **1,5**€ 2,4€ 4,5€ [m²] ⏱ 0,03 h/m² 014.000.001

Nr.	**Kurztext** / Langtext							Kostengruppe
▶	▷	**ø netto €**	◁	◀	[Einheit]		Ausf.-Dauer	Positionsnummer

2 Betonwerksteinbeläge fluatieren KG **353**

Zusätzliche Oberflächenbehandlung von Betonwerksteinflächen durch Fluatieren mit Härtefluat.
Bauteil: **Boden / Wand**
Einbauort: **innen / außen**
Steinoberfläche: .....
Auftragsmenge: .....

3€	4€	**4**€	4€	5€	[m²]	⏱ 0,10 h/m²	014.000.041

3 Außenbelag, Betonwerksteinplatten KG **533**

Bodenbelag aus Betonwerksteinplatten, einschichtig, im Außenbereich in ungebundener Bauweise auf Sandbett mit Fugenfüllung aus Sand.
Einbauort: Terrasse
Witterungsbeständigkeitsklasse: .....
Untergrund: eben
Plattenmaterial: Sandstein
Verlegeart: .....
Fugenanordnung: .....
Plattenabmessung: .... mm
Plattendicke: .... mm
Oberfläche: .....
Angeb. Fabrikat / Lieferant: .....

27€	59€	**69**€	78€	98€	[m²]	⏱ 0,70 h/m²	014.000.013

4 Außenbelag, Betonwerkstein, Balkon, auf Splitt KG **353**

Balkonbelag aus Betonwerksteinplatten, im Außenbereich, einschichtig, in ungebundener Bauweise auf Sandbett mit Fugenfüllung aus Sand.
Einbauort: Balkon
Untergrund: Betondecke und Abdichtung
Gefälle: .....
Verlegeart: .....
Fugenanordnung: .....
Plattenabmessung: ..... mm
Plattendicke: .....
Oberfläche: .....
Angeb. Fabrikat / Lieferant: .....

–€	61€	**74**€	95€	–€	[m²]	⏱ 1,00 h/m²	014.000.048

000
001
002
006
008
009
010
012
013
014
016
017
018
020
021
022

Nr.	Kurztext / Langtext					Kostengruppe
▶	▷	**ø netto €**	◁	◀	[Einheit]	Ausf.-Dauer Positionsnummer

5 Außenbelag, Naturstein, Pflaster KG **534**

Bodenbelag aus kleinformatigen Natursteinpflaster im Außenbereich, in ungebundener Bauweise auf Brechsand-Splitt-Gemisch und Fugenfüllung aus Splitt.
Einbauort: Stellplätze
Gefälle: .....
Steinmaterial: Granit
Verlegeart: in Reihen
Fugenanordnung: versetzt
Maße: bis 220 x 160mm
Nenndickenabweichung: Klasse .....
Oberfläche: trittsicher rau
Bettung: Körnung 0/5 - natürliche Gesteinskörnung
TL-Pflaster StB Kategorie: GN
Angeb. Stein / Lieferant: .....

73€ 106€ **124**€ 129€ 149€ [m2] ⏱ 0,80 h/m2 014.000.015

6 Stelzlager, Kunststoff KG **353**

Stelzlager aus Kunststoff für Außenbereich, höhenverstellbar, im Raster des Plattenbelags.
Höhenverstellbarkeit: ..... mm
Plattengröße: 40 x 40 cm

–€ 23€ **25**€ 32€ –€ [m2] ⏱ 0,18 h/m2 014.000.058

7 Innenbelag, Terrazzoplatten KG **353**

Bodenbelag aus mineralischen Kunststeinplatten im Innenbereich, im Verband auf Dickbett mit Verfugung mit Fugenmörtel.
Einbauort: .....
Untergrund: .....
Kunststeinplatten: Terrazzo
Verlegeart: .....
Mörtel: 30 mm
Fugenanordnung: .....
Fugenbreite: 3 mm
Plattenabmessung: ..... mm
Plattendicke: ..... mm
Farbe/Textur: .....
Oberfläche: .....
Angeb. Stein / Lieferant: .....

80€ 96€ **103**€ 116€ 135€ [m2] ⏱ 1,50 h/m2 014.000.045

Kosten:
Stand 1.Quartal 2020
Bundesdurchschnitt

▶ min
▷ von
ø Mittel
◁ bis
◀ max

8 Innenbelag, Betonwerkstein KG **353**

Bodenbelag aus Betonwerksteinplatten im Innenbereich, einschichtig, als kalibrierte Platte, im Verband auf Dickbett mit Verfugung mit Fugenmörtel.
Einbauort: .....
Untergrund: .....
Mörtel: 30 mm
Verlegeart: .....
Fugenanordnung: .....
Fugenbreite: 3 mm
Plattenabmessung: ..... mm
Plattendicke: ..... mm
Farbe/Textur: .....
Oberfläche: feingeschliffen
Angeb. Stein / Lieferant: .....

69€	85€	**89**€	104€	131€	[m²]	⏱ 1,10 h/m²	014.000.026

9 Innenbelag, Naturwerkstein, Granit KG **353**

Bodenbelag aus Naturwerkstein im Innenbereich, im Verband auf Dünnbett mit Fugenmörtel.
Einbauort: .....
Untergrund: waagerecht
Plattenmaterial: Granit
Farbe/Textur: .....
Verlegeart: .....
Mörtel: .....
Fugenanordnung: .....
Fügenmörtel: .....
Plattenabmessung: ..... mm
Plattendicke: bis 30 mm
Oberfläche: poliert
Angeb. Stein: .....
Steinbruch: .....

97€	119€	**132**€	136€	160€	[m²]	⏱ 1,10 h/m²	014.000.061

10 Innenbelag, Naturwerkstein, Marmor KG **353**

Bodenbelag aus Naturwerkstein im Innenbereich, im Verband auf Dünnbett mit Fugenmörtel.
Einbauort: .....
Untergrund: waagerecht
Plattenmaterial: Marmor
Farbe/Textur: .....
Verlegeart: .....
Mörtel: .....
Fugenanordnung: .....
Fügenmörtel: .....
Plattenabmessung: ..... mm
Plattendicke: 10 mm
Oberfläche: poliert
Angeb. Stein: .....
Steinbruch: .....

74€	92€	**101**€	105€	123€	[m²]	⏱ 1,10 h/m²	014.000.062

000
001
002
006
008
009
010
012
013
014
016
017
018
020
021
022

Nr.	Kurztext / Langtext					Kostengruppe
▶	▷	ø netto €	◁	◀	[Einheit]	Ausf.-Dauer Positionsnummer

11 Innenbelag, Naturwerkstein, Kalkstein KG **353**

Bodenbelag aus Naturwerkstein im Innenbereich, im Verband auf Dünnbett mit Fugenmörtel.
Einbauort: .....
Untergrund: waagerecht
Plattenmaterial: Kalkstein
Farbe/Textur: .....
Verlegeart: .....
Mörtel: .....
Fugenanordnung: .....
Fügenmörtel: .....
Plattenabmessung: ..... mm
Plattendicke: bis 20 mm
Oberfläche: gebürstet
Angeb. Stein: .....
Steinbruch: .....

62€ 88€ **95**€ 101€ 124€ [m²] ⏱ 1,10 h/m² 014.000.063

12 Innenbelag, Naturwerkstein, Solnhofer Kalkstein KG **353**

Bodenbelag aus Naturwerkstein im Innenbereich, im Verband auf Dickbett mit Fugenmörtel.
Einbauort: .....
Untergrund: waagerecht
Steinart: Solnhofer Kalkstein
Farbe/Textur: .....
Verlegeart: .....
Mörtel: .....
Fugenanordnung: .....
Fügenmörtel: .....
Plattenabmessung: ..... mm
Plattendicke: bis 25 mm
Oberfläche: gebürstet
Angeb. Stein: .....

132€ 140€ **145**€ 155€ 167€ [m²] ⏱ 1,20 h/m² 024.000.043

13 Innenbelag, Naturwerkstein, Schiefer KG **353**

Bodenbelag aus Naturwerkstein im Innenbereich, im Verband auf Mittelbett mit Fugenmörtel.
Einbauort: .....
Untergrund: waagerecht
Steinart: Schiefer
Farbe/Textur: .....
Verlegeart: .....
Mörtel: .....
Fugenanordnung: .....
Fügenmörtel: .....
Plattenabmessung: ..... mm
Plattendicke: 10 mm
Oberfläche: spaltrau
Angeb. Stein: .....
Steinbruch: .....

69€ 82€ **91**€ 94€ 105€ [m²] ⏱ 1,10 h/m² 014.000.055

Kosten:
Stand 1.Quartal 2020
Bundesdurchschnitt

▶ min
▷ von
ø Mittel
◁ bis
◀ max

14 Innenbelag, Naturwerkstein, Travertin KG **353**

Bodenbelag aus Naturwerkstein im Innenbereich, im Verband auf Mittelbett mit Fugenmörtel.
Einbauort: .....
Untergrund: waagerecht
Steinart: Travertin
Farbe/Textur: .....
Verlegeart: .....
Mörtel: .....
Fugenanordnung: .....
Fügenmörtel: .....
Plattenabmessung: ..... mm
Plattendicke: ca. 1,5 mm
Oberfläche: geschliffen
Angeb. Stein: .....
Steinbruch: .....

91€ 117€ **137**€ 161€ 173€ [m²] ⏱ 1,20 h/m² 014.000.056

15 Innenbelag, Naturwerkstein, Kalkstein, R10 KG **353**

Bodenbelag aus Naturwerkstein im Innenbereich, rutschsicher, im Verband auf Dünnbett mit Fugenmörtel.
Einbauort: .....
Untergrund: waagerecht
Plattenmaterial: Kalkstein
Farbe/Textur: .....
Verlegeart: .....
Mörtel: .....
Fugenanordnung: .....
Fügenmörtel: .....
Plattenabmessung: ..... mm
Plattendicke: bis 20 mm
Oberfläche: gebürstet
Rutschgefahr: R 10
Angeb. Stein: .....
Steinbruch: .....

81€ 107€ **121**€ 140€ 168€ [m²] ⏱ 1,10 h/m² 014.000.059

16 Sockel, Naturwerkstein, magmatisches Gestein KG **353**

Sockelleiste aus Naturwerkstein, vorstehend an Wänden im Innenbereich, auf Dünnbett, mit Verfugung auf Flächenbelag abgestimmt.
Querschnitt: 80/15 mm
Plattendicke: bis 15 mm
Steinart: Magmatisches Gestein - .....
Oberfläche: feingeschliffen
Kanten: .....

11€ 20€ **22**€ 27€ 39€ [m] ⏱ 0,25 h/m 014.000.023

000
001
002
006
008
009
010
012
013
014
016
017
018
020
021
022

Nr.	Kurztext / Langtext					Kostengruppe
▶	▷	ø netto €	◁	◀	[Einheit]	Ausf.-Dauer Positionsnummer

17 Randplatte, Naturwerkstein, innen KG **353**

Randplatte aus Naturwerkstein, ein Kopf sichtbar, im Innenbereich, auf Dünnbett mit Verfugung.
Einbauort: .....
Untergrund: Zementestrich
Steinart: Magmatisches Gestein - .....
Plattenbreite: 280 mm
Plattendicke: ..... mm
Oberfläche: .....
Kanten: .....

38€ 57€ **65**€ 72€ 89€ [m] ⏱ 0,40 h/m 014.000.032

18 Randplatte, Naturwerkstein, Treppenauge, innen KG **353**

Randplatte aus Naturwerkstein, Platte an den Rändern ca. 10 mm auskragend, Kopf sichtbar, im Innenbereich, auf Dünnbett mit Verfugung.
Einbauort: Treppenauge
Untergrund: Betontreppe ....
Steinart: Magmatisches Gestein - .....
Plattenbreite: 280 mm
Plattendicke: ..... mm
Oberfläche: .....
Kanten: .....

34€ 73€ **89**€ 115€ 172€ [m] ⏱ 0,60 h/m 014.000.033

19 Bodenprofil, Bewegungsfugen, Plattenbelag KG **353**

Bewegungsfuge in Bodenbelag nach IVD-Merkblatt Nr.1, mit elastischem Fugendichtstoff PW und Fugenabdeckprofil aus Aluminium.
Volumenschwund: kleiner gleich 5%
Fugenbreite: über 5 bis 10 mm
Fugentiefe bis 10 mm

18€ 30€ **33**€ 37€ 59€ [m] ⏱ 0,14 h/m 014.000.035

20 Trennschiene, Messing KG **353**

Trennschiene aus Metall in Werkstein-Bodenbelag, im Innenbereich.
Einbauort: .....
Untergrund: .....
Material: Messing
Oberfläche: .....

16€ 26€ **27**€ 27€ 36€ [m] ⏱ 0,12 h/m 014.000.036

21 Trennschiene, Aluminium KG **353**

Trennschiene aus Metall in Werkstein-Bodenbelag, im Innenbereich.
Einbauort: .....
Untergrund: .....
Material: Aluminium
Oberfläche: .....

10€ 16€ **20**€ 25€ 33€ [m] ⏱ 0,12 h/m 014.000.037

Kosten:
Stand 1.Quartal 2020
Bundesdurchschnitt

▶ min
▷ von
ø Mittel
◁ bis
◀ max

22 Trennschiene, nichtrostender Stahl KG **353**

Trennschiene aus Metall in Werkstein-Bodenbelag, im Innenbereich.
Einbauort: .....
Untergrund: .....
Material: nichtrostender Stahl
Oberfläche: .....

14€ 23€ **26**€ 30€ 42€ [m] ⏱ 0,12 h/m 014.000.038

23 Fugenabdichtung, elastisch, Silikon KG **353**

Fuge in Bodenbelag mit elastischem Fugendichtstoff schließen.
Volumenschwund: kleiner gleich 15%
zulässige Gesamtverformung: 12,5%
Fugenbreite: über 5 bis 10 mm
Fugentiefe bis 10 mm

3€ 5€ **6**€ 7€ 9€ [m] ⏱ 0,05 h/m 014.000.039

24 Blockstufe, Naturwerkstein KG **544**

Blockstufe aus Naturwerkstein, im Außenbereich, auf Untergrund aus Stahlbeton in Zementmörtel.
Einbauort: .....
Steinart: .....
Farbe/Textur: .....
Stufenabmessung (L x B x H): 1.200 x 350 x 160 mm
Oberfläche: .....
Rutschgefahr: R9
Kantenausbildung: .....
Angeb. Stein: .....
Steinbruch: .....

112€ 169€ **194**€ 243€ 329€ [m] ⏱ 0,60 h/m 014.000.018

25 Blockstufe, Betonwerkstein KG **544**

Blockstufe aus Betonwerkstein, 2-schichtig, im Außenbereich, auf Untergrund aus Stahlbeton in Zementmörtel.
Einbauort: .....
Steinart: .....
Farbe/Textur: .....
Stufenabmessung (L x B x H): 1.200 x 350 x 160 mm
Oberfläche: .....
Rutschgefahr: R9
Kantenausbildung: .....
Angeb. Stein/Lieferant: .....
Ausführung nach Muster des AG

73€ 108€ **123**€ 165€ 257€ [m] ⏱ 0,60 h/m 014.000.019

Kosten:
Stand 1.Quartal 2020
Bundesdurchschnitt

Nr.	**Kurztext** / Langtext					Kostengruppe
▶	▷	**ø netto €**	◁	◀	[Einheit]	Ausf.-Dauer Positionsnummer

26 Treppe, Naturwerkstein, Winkelstufe, 1,00m KG **544**

Treppenstufe als Winkelstufe aus Naturwerkstein, auf Betonuntergrund, in Zementmörtel und mit Verfugung.
Einbauort: .....
Steinart: .....
Farbe/Textur: .....
Stufenabmessung (L x B x H): 1.000 x 290 x 175 mm
Materialdicke: 40 mm
Oberfläche: .....
Kantenausbildung: .....
Angeb. Stein: .....
Steinbruch: .....

83€ 122€ **132**€ 157€ 201€ [St] ⏱ 0,55 h/St 014.000.020

27 Treppenbelag, Naturwerkstein, Tritt-/Setzstufe KG **353**

Treppenstufe als Tritt- und Setzstufe aus Naturwerkstein, auf Betonuntergrund, in Zementmörtel und mit Verfugung. Trittstufe überkragend und Setzstufe stumpf gestoßen.
Einbauort: .....
Steinart: .....
Farbe/Textur: .....
Stufenabmessung (L x B x H): 1.000 x 290 x 175 mm
Trittstufe: 30 mm
Setzstufe: 20 mm
Sichtbare Köpfe: .....
Oberfläche: .....
Kantenausbildung: .....
Angeb. Stein: .....
Steinbruch: .....

96€ 118€ **127**€ 152€ 207€ [m] ⏱ 0,60 h/m 014.000.021

28 Stufengleitschutzprofil, Treppe KG **353**

Stufen-Gleitschutzprofil in Stufenvorderkante einlassen, Profil nach Mustervorlage.
Profil: rutschhemmendes Kunststoff-Profil
Breite: ca. 20mm
Farbe: schwarz
Steinart: **Naturstein / Betonwerkstein**
Abstand von Vorderkante: ..... mm
Angeb. Fabrikat: .....

9€ 15€ **17**€ 23€ 32€ [m] ⏱ 0,20 h/m 014.000.022

29 Rillenfräsung, Stufenkante KG **353**

Rillenfräsungen in der Plattenoberfläche an Stufenvorderkante als taktiles Erkennungsmerkmal gem. DIN 18040.
Ausführungsort: .....
Ausführung: 4 parallele Rillen
Breite/Tiefe: 20/2 mm
Steinart: **Naturstein / Betonwerkstein**
Abstand von Vorderkante: ..... mm
Angeb. Fabrikat: .....

21€ 23€ **28**€ 34€ 39€ [m] ⏱ 0,20 h/m 014.000.060

▶ min
▷ von
ø Mittel
◁ bis
◀ max

30 Aufmerksamkeitsstreifen, Stufenkante KG **353**

Rutschsicherer Aufmerksamkeitsstreifen als taktiles Erkennungsmerkmal gem. DIN 18040 auf Natursteinbelag mit geklebten Einzelrippen, im Kontrast zu Belag.
Anwendungsbereich: Treppen
Ausführungsort: .....
Ausführung: dreireihig
Untergrund: .....
Material: Kunststoffrippen, Polyurethan
Höhe: ..... mm
Format: ..... mm
Abstand von Vorderkante: ..... mm
Farbe: .....
Angeb. Fabrikat: .....

–€	32€	**36**€	45€	–€	[m]	⏱ 0,35 h/m	014.000.064

31 Verblendmauerwerk, Granit/Basalt, außen KG **335**

Verblendmauerwerk aus Naturwerkstein vor Außenwand, als regelmäßiges Schichtmauerwerk, mit Drahtankern und Luftschicht vor Wärmedämmung.
Gesteinsart: **Granit / Basalt**
Steinformat: 240 x 115 x 190 mm
Kanten: .....
Fugen: .....
Abstand Verblendmauerwerk: ....
Verankerung: .....
Mörtelgruppe: NM IIa
Sichtflächen: .....
Einbauhöhen: bis .....
Angeb. Stein: .....
Steinbruch: .....

211€	292€	**327**€	340€	541€	[m²]	⏱ 0,80 h/m²	014.000.005

32 Kerndämmung, Natursteinbekleidung KG **335**

Natursteinmauerwerk als Trockenmauerwerk der Außenwand, 2-seitig sichtbar.
Einbausituation: .....
Mauerdicke: .....
Mauerhöhe: .....
Steinart: .....
Mauerverband: .....
Steinformate: .....
Sichtflächen: .....
Steinbruch: .....

19€	25€	**27**€	30€	40€	[m²]	⏱ 0,12 h/m²	014.000.006

000
001
002
006
008
009
010
012
013
014
016
017
018
020
021
022

Kosten:
Stand 1.Quartal 2020
Bundesdurchschnitt

Nr.	Kurztext / Langtext						Kostengruppe
▶	▷	**ø netto €**	◁	◀	[Einheit]	Ausf.-Dauer	Positionsnummer

33 Trockenmauerwerk, Naturwerksteine KG **543**

Trockenmauerwerk aus Natursteinen, nicht verwittertes Material.
Steinart: **Sandstein / Kalkstein / Granit / Schiefer**
Mauerverband: **Bruchstein- / Schichten- / Quadermauerwerk**
Steinformate: .....
Mauerbreite: .....
Mauerhöhe .....
Einbauort: Außenbereich, auf bauseitiges Fundament
Steinbruch des angebotenen Materials: .....

▶	▷	ø	◁	◀	Einheit	Ausf.-Dauer	Positionsnummer
83€	207€	**267**€	312€	447€	[m²]	⏱ 1,90 h/m²	014.000.051

34 Bohrung, Plattenbelag KG **353**

Bohrungen im Natursteinplattenbelag.
Belag: **Bodenbelag / Wandbelag**
Bohrung: Durchmesser 25 mm
Steinart: .....
Plattendicke: .....

▶	▷	ø	◁	◀	Einheit	Ausf.-Dauer	Positionsnummer
6€	15€	**19**€	27€	40€	[St]	⏱ 0,20 h/St	014.000.028

35 Ausklinkung, Plattenbelag KG **353**

Ausklinkung in Naturstein- oder Betonwerksteinbelag.
Belag: **Bodenbelag / Wandbelag**
Größe Ausklinkung: .....
Steinart: .....
Belagdicke: .....

▶	▷	ø	◁	◀	Einheit	Ausf.-Dauer	Positionsnummer
6€	14€	**17**€	35€	59€	[St]	⏱ 0,18 h/St	014.000.029

36 Kanten bearbeiten, Plattenbelag KG **353**

Kanten an Platte als eckige Fase.
Plattenbelag: **Boden / Wand**
Steinart: .....
Plattendicke: .....

▶	▷	ø	◁	◀	Einheit	Ausf.-Dauer	Positionsnummer
5€	9€	**11**€	14€	21€	[m]	⏱ 0,18 h/m	014.000.030

37 Schrägschnitte, Plattenbelag KG **353**

Gehrungsschnitte an Platte mit Bearbeitung.
Plattenbelag: **Boden / Wand**
Steinart: .....
Plattendicke: .....
Schnittwinkel: .....

▶	▷	ø	◁	◀	Einheit	Ausf.-Dauer	Positionsnummer
4€	14€	**19**€	27€	43€	[m]	⏱ 0,40 h/m	014.000.031

▶ min
▷ von
ø Mittel
◁ bis
◀ max

Nr.	Kurztext / Langtext						Kostengruppe
▶	▷	**ø netto €**	◁	◀	[Einheit]	Ausf.-Dauer	Positionsnummer

38 Rundschnittbogen, Plattenbelag KG **353**

Rundschnitte an Platte mit Bearbeitung.
Plattenbelag: **Boden / Wand**
Steinart: .....
Plattendicke: .....
Schnittradius: .....

28€	34€	**40**€	45€	60€	[m]	0,50 h/m	014.000.049

39 Fries, Plattenbelag KG **353**

Fries in Bodenbelag aus Naturstein, im Innenbereich, im Dünnbettmörtel verlegt, inkl. Verfugung.
Platten: Breite 280 mm, Länge 500 mm
Plattendicke: 20 mm
Steinart: .....
Oberfläche: .....
Einbauort: .....
Angeb. Stein: .....
Steinbruch: .....

37€	60€	**75**€	81€	103€	[m]	0,40 h/m	014.000.034

40 Trittschalldämmung, Randstreifen, MW KG **353**

Trittschalldämmung für lotrechte Nutzlasten aus Mineralwolle.
Untergrund: .....
Dämmstoff: MW DES-sh
Lieferdicke: 25 mm
Zusammendrückbarkeit: .....
Steifigkeit: ..... MN/m²
Angeb. Fabrikat: .....

4€	7€	**8**€	9€	12€	[m²]	0,60 h/m²	014.000.042

41 Erstreinigung, Bodenbelag KG **353**

Reinigen von Böden im Innenbereich, Belag aus Naturwerksteinplatten.
Steinart: .....
Oberfläche: .....

4€	8€	**10**€	12€	22€	[m²]	0,25 h/m²	014.000.050

42 Oberfläche, laserstrukturiert, Mehrpreis KG **353**

Mehrkosten bei Natursteinen für Oberflächenstrukturgestaltung mit Laser.
Anforderung: mind. R10

–€	23€	**28**€	36€	–€	[m²]	0,10 h/m²	014.000.065

Nr.	Kurztext / Langtext						Kostengruppe
▶	▷	**ø netto €**	◁	◀	[Einheit]	Ausf.-Dauer	Positionsnummer

43 Mauerabdeckung, Naturstein, außen KG **543**

Mauerabdeckung aus Naturwerkstein mit einseitiger Wassernase, im Außenbereich mit Neigung im Mörtelbett verlegt, inkl. Verfugung.
Einbauort: .....
Untergrund: .....
Plattenmaterial: **Sandstein / Granit**
Plattendicke: ca. 30 mm
Oberfläche: .....
Kanten: .....
Angeb. Stein: .....

34€ | 62€ | **71**€ | 81€ | 103€ | [m] | ⏱ 0,20 h/m | 014.000.017

Kosten:
Stand 1.Quartal 2020
Bundesdurchschnitt

44 Fensterbank, Naturstein, außen KG **334**

Fensterbank aus Naturwerkstein, außen, einteilig mit Wassernase, vordere Kantenfläche voll und 2 Seitenflächen teilweise sichtbar, mit stumpfem Anschluss an Fensterrahmen, in Mörtelbett verlegen und verfugen.
Dicke: 3 cm
Breite: bis 30 mm
Auskragung: ..... cm
Material: **Granit / Sandstein**
Oberfläche: .....
Sichtbare Kanten: gefast
Angeb. Stein: .....
Steinbruch: .....

37€ | 56€ | **60**€ | 83€ | 116€ | [m] | ⏱ 0,45 h/m | 014.000.007

45 Fensterbank, Betonwerkstein, außen KG **334**

Fensterbank aus Betonwerkstein, einschichtig, außen, einteilig mit Wassernase, vordere Kantenfläche voll und 2 Seitenflächen teilweise sichtbar, mit stumpfem Anschluss an Fensterrahmen, mit leichtem Gefälle in Mörtelbett verlegen und verfugen.
Dicke: 5 cm
Breite: bis 30 mm
Auskragung: ..... cm
Oberfläche: .....
Sichtbare Kanten: gefast
Angeb. Fabrikat/Lieferant: .....

43€ | 49€ | **57**€ | 66€ | 77€ | [m] | ⏱ 0,45 h/m | 014.000.008

▶ min
▷ von
ø Mittel
◁ bis
◀ max

46 Fensterbank, Betonwerkstein, innen KG **334**

Fensterbank aus Betonwerkstein, einschichtig, innen, einteilig, vordere Kantenfläche voll und 2 Seitenflächen teilweise sichtbar, mit stumpfem Anschluss an Fensterrahmen, mit leichtem Gefälle in Mörtelbett verlegen und verfugen.
Dicke: 5 cm
Breite: bis 25 mm
Auskragung: ..... cm
Oberfläche: .....
Sichtbare Kanten: gefast
Angeb. Fabrikat/Lieferant: .....

27€ | 43€ | **48**€ | 56€ | 79€ | [m] | ⏱ 0,42 h/m | 014.000.009

Nr.	Kurztext / Langtext						Kostengruppe
▶	▷	**ø netto €**	◁	◀	[Einheit]	Ausf.-Dauer	Positionsnummer

A 1 Leitsystem, innen, Rippenfliesen, Edelstahl — Beschreibung für Pos. **47-48**

Bodenindikatoren als taktiles Blindenleitsystem aus Rippenfliesen, in Edelstahl auf Steinfeinzeug, im Innenbereich, zwischen Platten als Natursteinbelag.
Einbauort: .....
Untergrund: .....
Natursteinbelag: .....
Rippenfliese: Edelstahl, auf Fliese
Dicke: bis 12 mm

47 Leitsystem, innen, Rippenfliesen, Edelstahl, 3 Rippen — KG **353**

Wie Ausführungsbeschreibung A 1
Fliesenabmessung: ca. 122 x 600 mm
Rippenanzahl: 3

▶	▷	ø netto €	◁	◀	[Einheit]	Ausf.-Dauer	Positionsnummer
–€	98€	**116**€	144€	–€	[m]	⏱ 0,25 h/m	014.000.066

48 Leitsystem, innen, Rippenfliesen, Edelstahl, 7 Rippen — KG **353**

Wie Ausführungsbeschreibung A 1
Fliesenabmessung: ca. 298 x 600 mm
Rippenanzahl: 7

▶	▷	ø netto €	◁	◀	[Einheit]	Ausf.-Dauer	Positionsnummer
–€	122€	**144**€	180€	–€	[m]	⏱ 0,27 h/m	014.000.067

A 2 Kontraststreifen, Noppenfliesen, Edelstahl — Beschreibung für Pos. **49-50**

Kontraststreifen für Leitsystem mit Noppenfliesen aus Edelstahl, auf Steinfeinzeug, im Innenbereich, zwischen Platten als Natursteinbelag.
Gesamtdicke: 12 mm
Anschlüsse: **gerade / schräg**

49 Kontraststreifen, Noppenfliesen, Edelstahl, 300mm — KG **353**

Wie Ausführungsbeschreibung A 2
Abmessung: ca. 300 x 50 mm

▶	▷	ø netto €	◁	◀	[Einheit]	Ausf.-Dauer	Positionsnummer
–€	39€	**45**€	57€	–€	[m]	⏱ 0,16 h/m	014.000.068

50 Kontraststreifen, Noppenfliesen, Edelstahl, 600mm — KG **353**

Wie Ausführungsbeschreibung A 2
Abmessung: ca. 600 x 50 mm

▶	▷	ø netto €	◁	◀	[Einheit]	Ausf.-Dauer	Positionsnummer
–€	35€	**41**€	51€	–€	[m]	⏱ 0,18 h/m	014.000.069

A 3 Aufmerksamkeitsfeld, Noppenfliesen, Edelstahl — Beschreibung für Pos. **51-52**

Bodenindikatoren als taktiles Aufmerksamkeitsfeld aus Noppenfliesen, in Edelstahl auf Steinfeinzeug, im Innenbereich, zwischen Platten als Natursteinbelag.
Einbauort: .....
Untergrund: .....
Natursteinbelag: .....
Rippenfliese: Edelstahl, auf Fliese
Dicke: bis 12 mm

Nr.	Kurztext / Langtext						Kostengruppe
▶	▷	ø netto €	◁	◀	[Einheit]	Ausf.-Dauer	Positionsnummer

51 Aufmerksamkeitsfeld, 600/600, Noppenfliesen, Edelstahl KG **353**

Wie Ausführungsbeschreibung A 3
Fliesenabmessung: 4 St, ca. 300/300 mm
Feldfläche: 600 x 600 mm

–€ | 198€ | **233**€ | 292€ | –€ | [St] | ⏱ 0,35 h/St | 014.000.070

52 Aufmerksamkeitsfeld, 1.200/1.200, Noppenfliesen, Edelstahl KG **353**

Wie Ausführungsbeschreibung A 3
Fliesenabmessung: 16 St, ca. 300/300 mm
Feldfläche: 1.200 x 1.200 mm

–€ | 554€ | **652**€ | 815€ | –€ | [St] | ⏱ 1,20 h/St | 014.000.071

Kosten:
Stand 1.Quartal 2020
Bundesdurchschnitt

A 4 Leitsystem, Rippenfliese/Begleitstreifen, Edelstahl Beschreibung für Pos. **53-54**

Bodenindikatoren als taktiles Blindenleitsystem aus Rippenfliesen mit Kontraststreifen aus Noppenfliesen, in Edelstahl auf Steinfeinzeug, im Innenbereich, zwischen Platten als Natursteinbelag.
Einbauort: .....
Untergrund: .....
Natursteinbelag: .....
Rippenfliese: Edelstahl, auf Fliese
Dicke: bis 12 mm

53 Leitsystem, Rippenfliese/Begleitstreifen, Edelstahl, 200mm KG **353**

Wie Ausführungsbeschreibung A 4
Fliesenabmessung: ca. 200 x 600 mm
Rippenanzahl: 3

–€ | 125€ | **147**€ | 184€ | –€ | [m] | ⏱ 0,27 h/m | 014.000.072

54 Leitsystem, Rippenfliese/Begleitstreifen, Edelstahl, 400mm KG **353**

Wie Ausführungsbeschreibung A 4
Fliesenabmessung: ca. 400 x 600 mm
Rippenanzahl: 7

–€ | 156€ | **184**€ | 229€ | –€ | [m] | ⏱ 0,30 h/m | 014.000.073

A 5 Edelstahlrippen, Streifen, dreireihig Beschreibung für Pos. **55-56**

Rutschsicherer **Aufmerksamkeitsstreifen / Leitstreifen** auf Natursteinbelag mit geklebten Einzelrippen.
Anwendungsbereich: ....., innen
Material: nichtrostender Stahl, Werkstoff ......
Höhe: 3 mm
Querschnitt: trapezförmig, mit gerundeten Kanten
Schnitttiefe: ..... mm
Profil: .....

55 Edelstahlrippen, 16mm, Streifen, dreireihig KG **353**

Wie Ausführungsbeschreibung A 5
Einzelrippen: dreireihig
Format: 280 x 16 mm

–€ | 131€ | **154**€ | 193€ | –€ | [m] | ⏱ 0,25 h/m | 014.000.074

▶ min
▷ von
ø Mittel
◁ bis
◀ max

Nr.	Kurztext / Langtext						Kostengruppe
▶	▷	**ø netto €**	◁	◀	[Einheit]	Ausf.-Dauer	Positionsnummer

56 Edelstahlrippen, 35mm, Streifen, dreireihig KG **353**

Wie Ausführungsbeschreibung A 5
Einzelrippen: dreireihig
Format: 280 x 35 mm

▶	▷	ø netto €	◁	◀	[Einheit]	Ausf.-Dauer	Positionsnummer
–€	145€	**171**€	214€	–€	[m]	⏱ 0,28 h/m	014.000.075

A 6 Kunststoffrippen, Streifen, dreireihig Beschreibung für Pos. **57-58**

Rutschsicherer **Aufmerksamkeitsstreifen / Leitstreifen** auf Natursteinbelag mit geklebten Einzelrippen.
Anwendungsbereich: ....., innen
Material: Kunststoffrippen, Polyurethan
Höhe: 3,3 mm
Querschnitt: trapezförmig, mit gerundeten Kanten
Schnitttiefe: ..... mm
Profil: .....
Farbe: schwarz

57 Kunststoffrippen, 16mm, Streifen, dreireihig KG **353**

Wie Ausführungsbeschreibung A 6
Einzelrippen: dreireihig
Format: 295 x 16 mm

▶	▷	ø netto €	◁	◀	[Einheit]	Ausf.-Dauer	Positionsnummer
–€	38€	**44**€	54€	–€	[m]	⏱ 0,25 h/m	014.000.076

58 Kunststoffrippen, 35mm, Streifen, dreireihig KG **353**

Wie Ausführungsbeschreibung A 6
Einzelrippen: dreireihig
Format: 295 x 35 mm

▶	▷	ø netto €	◁	◀	[Einheit]	Ausf.-Dauer	Positionsnummer
–€	45€	**52**€	64€	–€	[m]	⏱ 0,28 h/m	014.000.077

A 7 Aufmerksamkeitsfeld, Noppen, Edelstahl Beschreibung für Pos. **59-60**

Bodenindikatoren als taktiles Aufmerksamkeitsfeld aus diagonal verlegten Einzelnoppen mit rutschhemmender Oberfläche im Innenbereich.
Einbauort: .....
Belagsart: .....
Material: nichtrostender Stahl, Werkstoff ......
Durchmesser: 35 mm
Dicke: 5 mm

59 Aufmerksamkeitsfeld, 600/600, Noppen, Edelstahl KG **353**

Wie Ausführungsbeschreibung A 7
Feldfläche: 600 x 600 mm
Noppen: 145 St

▶	▷	ø netto €	◁	◀	[Einheit]	Ausf.-Dauer	Positionsnummer
–€	366€	**426**€	533€	–€	[St]	⏱ 1,00 h/St	014.000.078

60 Aufmerksamkeitsfeld, 900/900, Noppen, Edelstahl KG **353**

Wie Ausführungsbeschreibung A 7
Feldfläche: 900 x 900 mm
Noppen: 313 St

▶	▷	ø netto €	◁	◀	[Einheit]	Ausf.-Dauer	Positionsnummer
–€	778€	**904**€	1.130€	–€	[St]	⏱ 1,80 h/St	014.000.079

Nr.	Kurztext / Langtext						Kostengruppe
▶	▷	ø netto €	◁	◀	[Einheit]	Ausf.-Dauer	Positionsnummer

A 8 Aufmerksamkeitsfeld, Noppen, Kunststoff — Beschreibung für Pos. **61-62**

Bodenindikatoren als taktiles Aufmerksamkeitsfeld aus diagonal verlegten Einzelnoppen in Kunststoff mit rutschhemmender Oberfläche im Innenbereich.
Einbauort: .....
Belagsart: .....
Durchmesser: 35 mm
Dicke: 5 mm

61 Aufmerksamkeitsfeld, 600/600, Noppen, Kunststoff — KG **353**

Wie Ausführungsbeschreibung A 8
Feldfläche: 600 x 600 mm
Noppen: 145 St

–€ | 172€ | **199**€ | 249€ | –€ | [St] | ⏱ 1,00 h/St | 014.000.080

Kosten:
Stand 1.Quartal 2020
Bundesdurchschnitt

62 Aufmerksamkeitsfeld, 900/900, Noppen, Kunststoff — KG **353**

Wie Ausführungsbeschreibung A 8
Feldfläche: 900 x 900 mm
Noppen: 313 St

–€ | 315€ | **366**€ | 458€ | –€ | [St] | ⏱ 1,80 h/St | 014.000.081

63 Stundensatz Facharbeiter, Natursteinarbeiten

Stundenlohnarbeiten für Vorarbeiter, Facharbeiter und Gleichgestellte (z.B. Spezialbaufacharbeiter, Baufacharbeiter, Obermonteure, Monteure, Gesellen, Maschinenführer, Fahrer und ähnliche Fachkräfte). Der Verrechnungssatz für die jeweilige Arbeitskraft umfasst sämtliche Aufwendungen wie Lohn- und Gehaltskosten, Lohn- und Gehaltsnebenkosten, Zuschläge, lohngebundene und lohnabhängige Kosten, sonstige Sozialkosten, Gemeinkosten, Wagnis und Gewinn. Leistung nach besonderer Anordnung der Bauüberwachung. Anmeldung und Nachweis gem. VOB/B.

43€ | 51€ | **54**€ | 58€ | 65€ | [h] | ⏱ 1,00 h/h | 014.000.053

64 Stundensatz Helfer, Natursteinarbeiten

Stundenlohnarbeiten für Werker, Helfer und Gleichgestellte (z.B. Baufachwerker, Helfer, Hilfsmonteure, Ungelernte, Angelernte). Der Verrechnungssatz für die jeweilige Arbeitskraft umfasst sämtliche Aufwendungen wie Lohn- und Gehaltskosten, Lohn- und Gehaltsnebenkosten, Zuschläge, lohngebundene und lohnabhängige Kosten, sonstige Sozialkosten, Gemeinkosten, Wagnis und Gewinn. Leistung nach besonderer Anordnung der Bauüberwachung. Anmeldung und Nachweis gem. VOB/B.S

33€ | 42€ | **46**€ | 49€ | 57€ | [h] | ⏱ 1,00 h/h | 014.000.054

▶ min
▷ von
ø Mittel
◁ bis
◀ max

Kosten:
Stand 1.Quartal 2020
Bundesdurchschnitt

Nr.	Positionen	Einheit	▶	▷	ø brutto € / ø netto €	◁	◀
1	Schutzabdeckung, Folie	m²	3	5	**6**	8	10
			2	4	**5**	6	8
2	Bauschnittholz, C24, Nadelholz	m³	339	442	**477**	532	666
			285	372	**401**	447	560
3	Bauschnittholz, D30, Eiche	m³	1.257	1.425	**1.527**	1.562	1.685
			1.056	1.197	**1.283**	1.313	1.416
4	Konstruktionsvollholz, KVH-SI, Nadelholz	m³	418	526	**570**	638	929
			351	442	**479**	536	781
5	Balkenschichtholz, Nadelholz	m³	578	673	**683**	698	758
			485	566	**574**	587	637
6	Brettschichtholz, GL24h, Nadelholz, Industriequalität	m³	671	832	**900**	956	1.110
			564	699	**756**	804	932
7	Brettschichtholz, GL24h, Nadelholz, Sicht-/Auslese-qualität	m³	704	1.068	**1.206**	1.970	2.947
			592	897	**1.013**	1.656	2.477
8	Holzstütze, BSH, GL24h, Nadelholz	m³	776	960	**990**	1.057	1.249
			652	806	**832**	888	1.050
9	Holzstegträger, Nadelholz, inkl. Abbinden	m	16	21	**24**	32	43
			13	18	**20**	27	36
10	Abbund, Bauschnittholz/Konstruktionsvollholz, Decken	m	6	9	**10**	12	19
			5	7	**8**	10	16
11	Abbund, Bauschnittholz/Konstruktionsvollholz, Dach	m	6	9	**10**	12	20
			5	7	**8**	10	16
12	Abbund und Aufstellen, Brettschichtholz	m	6	11	**14**	17	25
			5	9	**12**	14	21
13	Abbund und Aufstellen, Kehl-/Gratsparren	m	7	12	**14**	18	24
			6	10	**12**	15	20
14	Hobeln, Bauschnittholz	m	2	3	**4**	6	9
			1	3	**4**	5	8
15	Schrägschnitt, Sparren	St	0,6	5,3	**7,3**	10	17
			0,5	4,5	**6,1**	8,7	14
16	Holzschutz, Kanthölzer, farblos	m	0,6	1,3	**1,5**	2,7	4,6
			0,5	1,1	**1,3**	2,3	3,9
17	Holzschutz, Flächen, farblos	m²	0,8	3,8	**5,2**	7,2	12
			0,7	3,2	**4,4**	6,1	10
18	Dachschalung, Nadelholz, Nut und Feder, gehobelt	m²	21	26	**28**	30	37
			18	22	**23**	25	31
19	Dachschalung, Nadelholz, Glattkantbrett, gehobelt	m²	38	42	**47**	46	57
			32	36	**39**	39	48
20	Dachschalung, Rauspund, 28mm	m²	14	19	**21**	23	29
			11	16	**18**	20	24
21	Dachschalung, Holzspanplatte P5, 25mm, Nut-Feder-Profil	m²	18	21	**24**	27	36
			15	18	**20**	23	31
22	Dachschalung, Holzspanplatte P7, 25mm, Nut-Feder-Profil	m²	18	23	**25**	30	41
			15	19	**21**	25	34

▶ min
▷ von
ø Mittel
◁ bis
◀ max

Nr.	Positionen	Einheit	►	▷ ø brutto € / ø netto €		◁	◄
23	Innenbekleidung, OSB/2, 18mm	m²	13	22	**22**	24	29
			11	18	**18**	20	24
24	Innenbekleidung, OSB/3, 15mm	m²	15	21	**24**	25	30
			13	18	**20**	21	25
25	Innenbekleidung, OSB/3, 22mm	m²	22	26	**28**	31	39
			18	22	**24**	26	32
26	Innenbekleidung, OSB/4, 22mm, Feuchtebereich	m²	22	27	**30**	33	38
			19	23	**25**	27	32
27	Innenbekleidung, OSB/4, Flachpressplatte, 28mm, Feuchtebereich	m²	23	29	**31**	37	50
			20	24	**26**	31	42
28	Außenbekleidung, Sperrholz, 24mm, Feuchtebereich	m²	31	45	**51**	59	74
			26	38	**43**	50	62
29	Innenbekleidung, Sperrholz, 20mm, Trockenbereich	m²	27	42	**48**	53	69
			23	35	**41**	45	58
30	Dachschalung, Kehle, Rauspund, 24mm	m²	23	26	**28**	31	37
			20	22	**23**	26	31
31	Deckenschalung, OSB/3, 25mm	m²	16	22	**25**	28	36
			14	19	**21**	24	30
32	Deckenschalung, Sperrholzplatte, 24mm	m²	28	38	**41**	46	56
			23	32	**35**	38	47
33	Innenbekleidung, Furnierschichtholzplatte, 27mm	m²	36	48	**52**	56	66
			31	40	**44**	47	55
34	Innenbekleidung, Massivholzplatte, 26mm	m²	38	57	**67**	78	97
			32	48	**56**	65	82
35	Dachschalung, Traufe, gehobelt, 24mm	m	11	17	**18**	21	28
			9	14	**15**	18	23
36	Fußbodeneinschub, Nadelholz, 24mm, auf Auflager	m²	25	38	**44**	50	62
			21	32	**37**	42	52
37	Kanthölzer, Nadelholz, scharfkantig, gehobelt	m	13	17	**18**	22	30
			11	14	**15**	18	25
38	Zwischensparrendämmung MW, DZ-034, 120mm	m²	15	17	**21**	21	22
			13	15	**17**	18	19
39	Zwischensparrendämmung MW, DZ-034, 180mm	m²	17	20	**24**	26	27
			15	17	**20**	22	23
40	Zwischensparrendämmung MW, DZ-034, 220mm	m²	24	25	**26**	27	28
			20	21	**22**	23	24
41	Zwischensparrendämmung WF, DZ-038, 180mm	m²	37	41	**44**	46	49
			31	35	**37**	39	41
42	Zwischensparrendämmung WF, DZ-038, 220mm	m²	41	46	**49**	52	55
			35	39	**42**	44	46
43	Traufbohle, konisch	m	7	10	**11**	14	21
			6	8	**9**	12	18
44	Bohle, S13TS K, Nadelholz	m	6	10	**11**	12	16
			5	8	**9**	10	13
45	Stellbrett, zwischen Sparren	m	13	18	**20**	23	30
			11	15	**16**	19	25

Nr.	Positionen	Einheit	▶	▷	ø brutto € / ø netto €	◁	◀
46	Bauteilanschluss, Dichtungsband, vorkomprimiert	m	2	3	**4**	5	7
			2	3	**3**	4	6
47	Dampfsperrbahn, Alu-Verbund-Folie	m²	3	6	**8**	10	14
			3	5	**7**	8	12
48	Dampfbremsbahn, PE-Folie	m²	5	8	**10**	14	24
			4	7	**8**	11	20
49	Dampfsperre, feuchteadaptiv, sd-variabel	m²	6	11	**13**	16	24
			5	9	**11**	14	20
50	Abdichtungsanschluss verkleben, Dampfsperrbahn	m	2	4	**4**	6	11
			1	3	**4**	5	9
51	Abdichtungsanschluss verkleben, Dampfbremsbahn	m	3	6	**8**	9	14
			2	5	**7**	8	12
52	Abdichtungsanschluss, Butyl-Band, Dicht-/Dampfsperrbahn	m	7	12	**12**	13	16
			6	10	**10**	11	13
53	Außenwanddämmung, WF bis 20mm, regensicher	m²	22	26	**28**	33	40
			19	22	**24**	27	33
54	Außenwanddämmung, WF 80mm, regensicher	m²	28	37	**39**	46	54
			24	31	**33**	38	46
55	Unterdeckbahn, hinterlüftetes Dach	m²	4	6	**7**	9	12
			3	5	**6**	7	10
56	Einblasdämmung, Dach, Zellulose 039, 220mm	m²	16	25	**28**	32	38
			13	21	**24**	27	32
57	Einblasdämmung, Dach, Zellulose 039, 240mm	m²	17	26	**30**	34	41
			14	22	**25**	29	34
58	Einblasdämmung, Dach, Zellulose 039, 300mm	m²	24	30	**31**	36	44
			20	25	**26**	30	37
59	Dämmung, Außenwand WH, MW 035, 200mm	m²	15	19	**22**	23	27
			13	16	**18**	19	23
60	Dämmung, Außenwand WH, MW 035, 240mm	m²	19	24	**26**	29	34
			16	20	**22**	25	29
61	Dämmung, Holzfaserplatte, 80mm	m²	23	32	**38**	45	54
			19	27	**32**	38	46
62	Außenwanddämmung WF, WDVS, bis 100mm	m²	23	35	**39**	45	54
			19	29	**32**	38	46
63	Außenwanddämmung WF, WDVS, 160mm	m²	–	61	**68**	82	–
			–	51	**57**	69	–
64	Aufsparrendämmung PUR, 120-160mm	m²	49	53	**55**	57	60
			41	45	**46**	48	50
65	Rieselschutz, Glasfaser	m²	2	4	**5**	6	8
			2	3	**4**	5	7
66	Konterlattung, Nadelholz, 30x50mm	m	2	3	**3**	4	6
			1	2	**3**	3	5
67	Konterlattung, Nadelholz, 40x60mm	m	2	4	**5**	6	10
			2	3	**4**	5	9
68	Traglattung, Nadelholz, 30x50mm	m²	3	5	**6**	8	12
			2	4	**5**	7	10

Kosten:
Stand 1.Quartal 2020
Bundesdurchschnitt

▶ min
▷ von
ø Mittel
◁ bis
◀ max

Nr.	Positionen	Einheit	▶	▷ ø brutto € / ø netto €		◁	◀
69	Traglattung, Nadelholz, 40x60mm	m²	5	8	**8**	10	14
			4	7	**7**	9	11
70	Nageldichtband, Konterlattung	m	2	3	**3**	4	6
			2	2	**3**	3	5
71	Wohndachfenster, bis 1,00m², U_w=1,4	St	736	933	**1.038**	1.126	1.311
			619	784	**872**	946	1.102
72	Wohndachfenster, bis 1,85m², U_w=1,4	St	866	1.121	**1.212**	1.511	1.898
			728	942	**1.019**	1.270	1.595
73	Außenwand, Holzrahmen, 16cm, OSB, WF	m²	102	127	**138**	154	198
			86	107	**116**	129	166
74	Außenwand, Holzstegträger, OSB-/ WF-Bekleidung	m²	120	151	**168**	214	276
			101	127	**142**	180	232
75	Innenwand, Holzständer, 11,5cm, Sperrholz, WF	m²	61	76	**84**	99	123
			52	64	**71**	83	103
76	Türöffnung, Holz-Innenwand, 1.000x2.000mm	St	29	39	**45**	56	80
			25	32	**38**	47	67
77	Lattenverschlag, Nadelholz, 30/50mm	m²	24	43	**52**	58	74
			20	36	**43**	49	63
78	Massivholzdecke, Brettstapel, 140mm, gehobelt	m²	96	115	**122**	138	163
			81	97	**102**	116	137
79	Massivholzdecke, Brettstapel, 160mm, gehobelt	m²	125	145	**149**	157	181
			105	122	**125**	132	152
80	Massivholzdecke, Brettstapel, 200mm, gehobelt	m²	135	181	**201**	220	257
			113	152	**169**	185	216
81	Massivholzdecke, Brettstapel, Aussparung bis 0,5m²	St	35	43	**49**	58	69
			29	36	**41**	49	58
82	Massivholzdecke, Brettstapel, Aussparung bis 2,5m²	St	42	53	**60**	70	84
			35	44	**50**	59	70
83	Schüttung, Sand, in Decken	m²	10	13	**14**	15	23
			8	11	**12**	13	19
84	Schüttung, Splitt, in Decken	m²	14	17	**24**	25	33
			12	14	**20**	21	27
85	Wangentreppe, Holz	St	3.267	5.227	**5.974**	7.115	8.927
			2.745	4.393	**5.020**	5.979	7.502
86	Einschubtreppe, gedämmt	St	654	1.214	**1.340**	2.399	4.232
			550	1.020	**1.126**	2.016	3.556
87	Einschubtreppe, EI30	St	565	802	**898**	1.331	2.115
			475	674	**754**	1.118	1.778
88	Scherentreppe, Aluminium	St	839	1.636	**1.757**	1.925	2.425
			705	1.374	**1.476**	1.617	2.038
89	Wechsel, Kamindurchgang	St	17	34	**37**	50	72
			14	29	**31**	42	61
90	Windrispenband, 40x2mm	m	2	5	**6**	7	9
			1	4	**5**	6	8
91	Windrispenband, 60x3mm	m	3	6	**7**	8	10
			3	5	**6**	7	9
92	Aussteifungsverband, diagonal	m	–	34	**37**	41	–
			–	28	**31**	34	–

000
001
002
006
008
009
010
012
013
014
016
017
018
020
021
022

Nr.	Positionen	Einheit	▶	▷ ø brutto € / ø netto €		◁	◀
93	Winkelverbinder/Knaggen	kg	3	7	**8**	12	21
			2	6	**7**	10	18
94	Verankerung, Profilanker, Schwelle	St	3	6	**7**	10	16
			2	5	**6**	8	14
95	Stabdübel, Edelstahl	St	2	3	**4**	7	13
			1	3	**3**	6	11
96	Gewindestange, M12, verzinkt	St	4	11	**13**	19	31
			4	9	**11**	16	26
97	Stundensatz Facharbeiter, Holzbau	h	54	61	**63**	65	69
			45	51	**53**	55	58
98	Stundensatz Helfer, Holzbau	h	36	45	**52**	54	58
			30	38	**44**	46	49

Kosten:
Stand 1.Quartal 2020
Bundesdurchschnitt

Nr. **Kurztext** / Langtext — Kostengruppe
▶ ▷ **ø netto €** ◁ ◀ [Einheit] Ausf.-Dauer Positionsnummer

1 Schutzabdeckung, Folie KG **397**

Schutzabdeckung der Dachfläche aus Folien, herstellen und beseitigen.
Dachfläche: Steildach
Folien: 0,5 mm
Arbeitshöhe: ..... m
Vorhaltedauer: .....

2€ 4€ **5€** 6€ 8€ [m2] ⏱ 0,05 h/m2 016.000.055

2 Bauschnittholz, C24, Nadelholz KG **361**

Liefern von Bauschnittholz, Nadelholz, scharfkantig, **markhaltig / herzgetrennt / markfrei**.
Gebrauchsklasse DIN 68800: GK 0
Festigkeitsklasse: C24
Sortierklasse: S10
Güteklasse: 2
Holzfeuchte bis 20%
Oberfläche: .....
Querschnitt: 6 x 12 cm
Einzellänge: bis 8,00 m, gem. Holzliste des AG

285€ 372€ **401€** 447€ 560€ [m3] – 016.001.127

3 Bauschnittholz, D30, Eiche KG **361**

Liefern von Bauschnittholz, Laubholz, scharfkantig, herzgetrennt.
Gebrauchsklasse DIN 68800: GK 0
Festigkeitsklasse: D30
Sortierklasse: LS10
Holzfeuchte: .....
Oberfläche: .....
Querschnitt: .....
Einzellänge: bis 8,00 m, gem. Holzliste des AG

1.056€ 1.197€ **1.283€** 1.313€ 1.416€ [m3] – 016.000.058

▶ min
▷ von
ø Mittel
◁ bis
◀ max

4 Konstruktionsvollholz, KVH-SI, Nadelholz KG **361**

Liefern von Konstruktionsvollholz, sichtbar, Nadelholz, herzfrei, scharfkantig, Ästigkeit bis 2/5, Rissbreite bis 3% der Querschnittsseite, Harzgallen bis 5mm, Verfärbungen und Insektenbefall nicht zulässig.
Gebrauchsklasse DIN 68800: GK 0
Festigkeitsklasse: C24
Sortierklasse: S10
Holzfeuchte: 15% ±3%
Oberfläche: allseitig egalisiert und gefast
Breite: bis 10 cm
Höhe: bis 30 cm
Einzellänge: bis 6,00 m, gem. Holzliste des AG

▶	▷	ø netto €	◁	◀	[Einheit]	Ausf.-Dauer	Positionsnummer
351€	442€	**479**€	536€	781€	[m³]	–	016.000.002

5 Balkenschichtholz, Nadelholz KG **361**

Liefern von Balkenschichtholz aus Nadelholz, allseitig gehobelt und gefast.
Gebrauchsklasse DIN 68800: GK 0
Sortierklasse: S10
Festigkeitsklasse: C24
Oberfläche: .....
Breite: bis 24cm
Höhe: bis 28 cm
Einzellänge: bis ..... m, gem. Holzliste des AG

▶	▷	ø netto €	◁	◀	[Einheit]	Ausf.-Dauer	Positionsnummer
485€	566€	**574**€	587€	637€	[m³]	–	016.001.113

6 Brettschichtholz, GL24h, Nadelholz, Industriequalität KG **361**

Liefern von Brettschichtholz aus Nadelholz, gehobelt, Bläue und Rotstreifigkeit auf 10% der Oberfläche und fest verwachsene Äste zulässig, ohne extreme klimatische Wechselbeanspruchung.
Gebrauchsklasse DIN 68800: GK .....
Festigkeitsklasse: GL 24h
Nutzungsklasse DIN EN 1995-1-1: NK .....
Lamellendicke: bis 45 mm
Oberflächenqualität: Industriequalität
Breite: bis 20 cm
Höhe: bis 40 cm
Einzellänge: bis 12,00 m, gem. Holzliste des AG

▶	▷	ø netto €	◁	◀	[Einheit]	Ausf.-Dauer	Positionsnummer
564€	699€	**756**€	804€	932€	[m³]	–	016.000.003

7 Brettschichtholz, GL24h, Nadelholz, Sicht-/Auslesequalität KG **361**

Liefern von Brettschichtholz aus Nadelholz, gehobelt, Bläue und Rotstreifigkeit auf 10% der Oberfläche und fest verwachsene Äste zulässig, ohne extreme klimatische Wechselbeanspruchung.
Gebrauchsklasse DIN 68800: GK .....
Festigkeitsklasse: GL 24h
Nutzungsklasse DIN EN 1995-1-1: NK .....
Lamellendicke: bis 45 mm
Oberflächenqualität: Sicht- / Auslesequalität
Breite: bis 20 cm
Höhe: bis 40 cm
Einzellänge: bis 12,00 m, gem. Holzliste des AG

▶	▷	ø netto €	◁	◀	[Einheit]	Ausf.-Dauer	Positionsnummer
592€	897€	**1.013**€	1.656€	2.477€	[m³]	–	016.001.114

Nr.	**Kurztext** / Langtext						Kostengruppe
▶	▷	**ø netto €**	◁	◀	[Einheit]	Ausf.-Dauer	Positionsnummer

8 Holzstütze, BSH, GL24h, Nadelholz KG **333**

Liefern von Brettschichtholz für Holzstützen, aus Nadelholz, gehobelt, Bläue und Rotstreifigkeit auf 10% der Oberfläche und fest verwachsene Äste zulässig.
Gebrauchsklasse DIN 68800: GK 0
Festigkeitsklasse: GL 24h
Nutzungsklasse DIN EN 1995-1-1: NK .....
Lamellendicke: bis 45 mm
Oberflächenqualität: .....
Stützenabmessung: 20 x 20 cm
Einzellänge: bis 4,00 m, gem. Holzliste des AG

652€ | 806€ | **832€** | 888€ | 1.050€ | [m³] | – | 016.000.056

9 Holzstegträger, Nadelholz, inkl. Abbinden KG **361**

Stegträger aus zusammengesetzten Holzbauteilen gem. Zulassung, ohne extreme klimatische Wechselbeanspruchung, inkl. Abbund und Vormontage der Trägerelemente in allen Bauteilen. Ausführung gem. Zeichnung und Einzelbeschreibung, Verbindungsmittel nach gesonderter Position.
Ständertyp: .....
Gebrauchsklasse DIN 68800-1: GK 0
Material: Nadelholz C24 / BSH GL24h
Nutzungsklasse 1 DIN EN 1995-1-1
Holzfeuchte: 9% ±2%
Ständerhöhe: ..... mm
Ständerbreite: ..... mm
Dicke Gurt innen: ..... mm
Dicke Gurt außen: ..... mm
Länge: bis 10 m

13€ | 18€ | **20€** | 27€ | 36€ | [m] | ⏱ 0,25 h/m | 016.000.085

10 Abbund, Bauschnittholz/Konstruktionsvollholz, Decken KG **361**

Abbinden und Verlegen von Bauschnittholz und Konstruktionsvollholz, für Deckenkonstruktionen, Anschlüsse lt. statischer Berechnung und Konstruktionszeichnungen.
Querschnitt: bis 14 x 24 cm
Einzellänge: bis 8,00 m

5€ | 7€ | **8€** | 10€ | 16€ | [m] | ⏱ 0,20 h/m | 016.000.086

11 Abbund, Bauschnittholz/Konstruktionsvollholz, Dach KG **361**

Abbinden und Aufstellen von Bauschnittholz und Konstruktionsvollholz, für Dachkonstruktionen, Anschlüsse lt. statischer Berechnung und Konstruktionszeichnungen.
Querschnitt: bis 20 x 30 cm
Einzellänge: bis 8,00 m

5€ | 7€ | **8€** | 10€ | 16€ | [m] | ⏱ 0,22 h/m | 016.001.128

Kosten:
Stand 1.Quartal 2020
Bundesdurchschnitt

▶ min
▷ von
ø Mittel
◁ bis
◀ max

Nr.	Kurztext / Langtext						Kostengruppe
▶	▷	**ø netto €**	◁	◀	[Einheit]	Ausf.-Dauer	Positionsnummer

12 Abbund und Aufstellen, Brettschichtholz KG **361**

Abbinden und Aufstellen oder Verlegen von Brettschichtholz, Anschlüsse lt. statischer Berechnung und Konstruktionszeichnungen.
Funktion: **Dachkonstruktion / Deckenkonstruktion**
Querschnitt: bis 10 x 40 cm
Einzellänge: bis 12,00 m

5€	9€	**12**€	14€	21€	[m]	⏱ 0,25 h/m	016.000.005

13 Abbund und Aufstellen, Kehl-/Gratsparren KG **361**

Abbinden und Aufstellen von Bauschnittholz als Kehl- und Gratsparren, Anschlüsse lt. statischer Berechnung und Konstruktionszeichnungen.
Funktion: **Kehl- / Gratsparren**
Querschnitt: bis 16 x 34 cm
Einzellänge: bis 6,00 m

6€	10€	**12**€	15€	20€	[m]	⏱ 0,30 h/m	016.000.035

14 Hobeln, Bauschnittholz KG **361**

Hobeln von Bauschnittholz, allseitig.
Abmessung: .....
Bauteil: .....

1€	3€	**4**€	5€	8€	[m]	⏱ 0,08 h/m	016.000.006

15 Schrägschnitt, Sparren KG **361**

Schrägschnitt für Querschnittsprofilierung, wechselnde Schnittwinkel, der Sparrenköpfe
Schnitttiefe: bis 20 cm

0,5€	4,5€	**6,1**€	8,7€	14€	[St]	⏱ 0,20 h/St	016.000.036

16 Holzschutz, Kanthölzer, farblos KG **361**

Vorbeugender chemischer Holzschutz für konstruktive Bauteile, Kanthölzer, farblos.
Abmessung: .....
Gebrauchsklasse: 3.1
Prüfprädikat: Iv, P, W

0,5€	1,1€	**1,3**€	2,3€	3,9€	[m]	⏱ 0,08 h/m	016.000.032

17 Holzschutz, Flächen, farblos KG **361**

Vorbeugender chemischer Holzschutz für konstruktive Bauteile, farblos.
Gebrauchsklasse: 3.1
Prüfprädikat: Iv, P, W

0,7€	3,2€	**4,4**€	6,1€	10€	[m²]	⏱ 0,10 h/m²	016.000.033

Kosten:
Stand 1.Quartal 2020
Bundesdurchschnitt

▶ min
▷ von
ø Mittel
◁ bis
◀ max

Nr.	**Kurztext** / Langtext					Kostengruppe
▶	▷	**ø netto €**	◁	◀	[Einheit]	Ausf.-Dauer Positionsnummer

18 Dachschalung, Nadelholz, Nut und Feder, gehobelt KG **361**

Schalung, tragend, aus Brettern, Nadelholz, Befestigung mit Nägeln.
Einbauort: Steildach unter Dachdeckung, sichtbar bleibend
Oberfläche: einseitig gehobelt
Sortierklasse: S10
Profil: gespundet, Nut-Feder
Brettdicke: 24 mm
Breite: **kleiner / gleich** 200 mm
Untergrund: Holz

18€ 22€ **23€** 25€ 31€ [m²] ⏱ 0,28 h/m² 016.000.007

19 Dachschalung, Nadelholz, Glattkantbrett, gehobelt KG **363**

Schalung, tragend, aus Brettern, Nadelholz, Befestigung mit Nägeln.
Einbauort: Steildach unter Deckung, sichtbar bleibend
Oberfläche: einseitig gehobelt
Sortierklasse: S10
Brettdicke: 24 mm
Breite: 160 mm
Untergrund: Holz

32€ 36€ **39€** 39€ 48€ [m²] ⏱ 0,25 h/m² 016.000.110

20 Dachschalung, Rauspund, 28mm KG **363**

Schalung, tragend, aus Rauspund, Nadelholz, Befestigung mit Nägeln.
Einbauort: Steildach unter Deckung
Sortierklasse: S10
Brettdicke: bis 28 mm
Breite: von 120 bis 200 mm
Untergrund: Holz

11€ 16€ **18€** 20€ 24€ [m²] ⏱ 0,25 h/m² 016.000.008

21 Dachschalung, Holzspanplatte P5, 25mm, Nut-Feder-Profil KG **363**

Schalung als Unterlage für Deckung, Befestigung mit Nägeln, aus kunstharzgebundenen Spanplatten DIN EN 312 mit Nut-Feder-Verbindung, auf Holzuntergrund.
Plattentyp: P5
Dicke: bis 25 mm

15€ 18€ **20€** 23€ 31€ [m²] ⏱ 0,20 h/m² 016.001.101

22 Dachschalung, Holzspanplatte P7, 25mm, Nut-Feder-Profil KG **363**

Schalung als Unterlage für Deckung, Befestigung mit Nägeln, aus kunstharzgebundenen Spanplatten DIN EN 312, mit Nut-Feder-Verbindung, auf Holzuntergrund.
Plattentyp: P7
Dicke: bis 25 mm

15€ 19€ **21€** 25€ 34€ [m²] ⏱ 0,20 h/m² 016.000.009

23 **Innenbekleidung, OSB/2, 18mm** KG **336**

Innenbekleidung aus OSB-Platten im Trockenbereich auf Holzuntergrund. Befestigung nach statischer Berechnung und Konstruktionszeichnungen.
Einbauort: .....
Plattentyp: OSB/2
Anforderungen: .....
Dicke: 18 mm

11€ 18€ **18€** 20€ 24€ [m²] ⏱ 0,20 h/m² 016.000.150

24 **Innenbekleidung, OSB/3, 15mm** KG **336**

Innenbekleidung aus OSB-Platten im Trockenbereich auf Holzuntergrund. Befestigung nach statischer Berechnung und Konstruktionszeichnungen.
Einbauort: .....
Plattentyp: OSB/3
Anforderung: .....
Dicke: 15 mm

13€ 18€ **20€** 21€ 25€ [m²] ⏱ 0,20 h/m² 016.000.084

25 **Innenbekleidung, OSB/3, 22mm** KG **336**

Innenbekleidung aus OSB-Platten im Trockenbereich auf Holzuntergrund. Befestigung nach statischer Berechnung und Konstruktionszeichnungen.
Einbauort: .....
Plattentyp: OSB/3
Anforderung: .....
Dicke: 22 mm

18€ 22€ **24€** 26€ 32€ [m²] ⏱ 0,22 h/m² 016.000.101

26 **Innenbekleidung, OSB/4, 22mm, Feuchtebereich** KG **353**

Innenbekleidung aus OSB-Platten, für tragende Anwendung im Feuchtebereich, im Trockenbereich auf Holzuntergrund. Befestigung nach statischer Berechnung und Konstruktionszeichnungen.
Einbauort: .....
Plattentyp: OSB/4
Dicke: 22 mm
Oberfläche: .....
Untergrund: Holz

19€ 23€ **25€** 27€ 32€ [m²] ⏱ 0,22 h/m² 016.000.075

27 **Innenbekleidung, OSB/4, Flachpressplatte, 28mm, Feuchtebereich** KG **353**

Innenbekleidung aus OSB-Platten, für tragende Anwendung im Feuchtebereich, im Trockenbereich auf Holzuntergrund. Befestigung nach statischer Berechnung und Konstruktionszeichnungen.
Einbauort: .....
Plattentyp: OSB/4
Dicke: 28 mm
Oberfläche: .....
Untergrund: Beton

20€ 24€ **26€** 31€ 42€ [m²] ⏱ 0,25 h/m² 016.000.102

000
001
002
006
008
009
010
012
013
014
016
017
018
020
021
022

Nr.	Kurztext / Langtext					Kostengruppe
▶	▷	ø netto €	◁	◀	[Einheit]	Ausf.-Dauer Positionsnummer

28 Außenbekleidung, Sperrholz, 24mm, Feuchtebereich KG **364**

Bekleidung im Außenbereich, tragend, aus Sperrholzplatten, auf Holzuntergrund. Befestigung nach statischer Berechnung.
Einbauort: Dachüberstand
Dachneigung: .....°
Oberfläche: .....
Dicke: 24 mm

26€ 38€ **43**€ 50€ 62€ [m2] ⏱ 0,25 h/m2 016.000.087

29 Innenbekleidung, Sperrholz, 20mm, Trockenbereich KG **364**

Innenbekleidung aus Sperrholzplatten für allgemeine Zwecke, im Trockenbereich auf Holzuntergrund. Befestigung nach statischer Berechnung und Konstruktionszeichnungen.
Einbauort: .....
Oberfläche: .....
Dicke: 20 mm

23€ 35€ **41**€ 45€ 58€ [m2] ⏱ 0,26 h/m2 016.000.010

30 Dachschalung, Kehle, Rauspund, 24mm KG **363**

Dachschalung aus Rauspund, Nadelholz, als Unterlage für Deckung, allseitig gehobelt, Befestigung mit Nägeln auf Holzuntergrund.
Einbauort: Kehle
Brettdicke: 24 mm
Breite: bis 200 mm

20€ 22€ **23**€ 26€ 31€ [m2] ⏱ 0,20 h/m2 016.001.098

31 Deckenschalung, OSB/3, 25mm KG **363**

Deckenschalung aus OSB-Platten mit Nut-Feder-Profilverbindung, Befestigung mit Nägeln auf Holzuntergrund.
Einbauort: .....
Plattentyp: OSB/3
Dicke: 25 mm

14€ 19€ **21**€ 24€ 30€ [m2] ⏱ 0,20 h/m2 016.001.099

32 Deckenschalung, Sperrholzplatte, 24mm KG **335**

Deckenschalung aus Sperrholzplatten ohne Anforderung an die Sichtbarkeit, auf Holzuntergrund.
Einbauort: .....
Schalungsdicke: bis 24 mm

23€ 32€ **35**€ 38€ 47€ [m2] ⏱ 0,22 h/m2 016.000.037

33 Innenbekleidung, Furnierschichtholzplatte, 27mm KG **364**

Innenbekleidung für allgemeine Zwecke im Trockenbereich aus Furnierschichtholzplatte, befestigt mit Klammern auf Holzuntergrund.
Furnierlagen: .....
Dicke: 27 mm
Oberfläche: .....

31€ 40€ **44**€ 47€ 55€ [m2] ⏱ 0,33 h/m2 016.000.063

Kosten:
Stand 1.Quartal 2020
Bundesdurchschnitt

▶ min
▷ von
ø Mittel
◁ bis
◀ max

34 **Innenbekleidung, Massivholzplatte, 26mm** KG **335**

Innenbekleidung im Trockenbereich aus 3-Schicht-Massivholzplatte, tragend, sichtbar befestigt mit Schrauben auf Holzuntergrund.
Einbauort: .....
Dicke: 26 mm
Sichtseite: Klasse A

32€ | 48€ | **56**€ | 65€ | 82€ | [m²] | ⏱ 0,38 h/m² | 016.000.096

35 **Dachschalung, Traufe, gehobelt, 24mm** KG **363**

Dachschalung der Traufe als Unterlage für Dachdeckung aus Nadelholz-Brettern, befestigt mit Nägeln auf Holzuntergrund.
Sortierklasse: S10
Oberfläche: einseitig gehobelt
Schalungsdicke: 24 mm
Breite: bis 200 mm

9€ | 14€ | **15**€ | 18€ | 23€ | [m] | ⏱ 0,35 h/m | 016.000.021

36 **Fußbodeneinschub, Nadelholz, 24mm, auf Auflager** KG **351**

Fußbodeneinschub aus gespundeter Schalung aus Nadelholz, befestigt auf Auflager aus Holz.
Balkenabstand: bis 800 mm
Auflager: .....
Güteklasse: .....
Schalungsdicke: 24 mm

21€ | 32€ | **37**€ | 42€ | 52€ | [m²] | ⏱ 0,35 h/m² | 016.000.030

37 **Kanthölzer, Nadelholz, scharfkantig, gehobelt** KG **335**

Liefern von Kantholz, scharfkantig.
Holzart: **Fichte / Tanne**
Festigkeitsklasse C24
Oberfläche: allseitig gehobelt
Querschnitt: 60 x 120 mm
Einzellänge: bis 8,0 m, gem. Holzliste des AG

11€ | 14€ | **15**€ | 18€ | 25€ | [m] | ⏱ 0,10 h/m | 016.000.013

A 1 **Zwischensparrendämmung MW DZ-035** Beschreibung für Pos. **38-40**

Wärmedämmung zwischen Sparren, aus Mineralwolle.
Dämmstoff: MW
Anwendungsgebiet: DZ
Nennwert Wärmeleitfähigkeit: 0,034 W/(mK)
Brandverhalten: nicht brennbar, Klasse A1
Abstand Sparren: 600 mm
Sparrenbreite: 60 mm

38 **Zwischensparrendämmung MW, DZ-034, 120mm** KG **363**

Wie Ausführungsbeschreibung A 1
Dämmschichtdicke: 120 mm

13€ | 15€ | **17**€ | 18€ | 19€ | [m²] | ⏱ 0,20 h/m² | 016.000.131

000 001 002 006 008 009 010 012 013 014 **016** 017 018 020 021 022

Nr.	Kurztext / Langtext						Kostengruppe
▶	▷	**ø netto €**	◁	◀	[Einheit]	Ausf.-Dauer	Positionsnummer

39 Zwischensparrendämmung MW, DZ-034, 180mm KG **363**

Wie Ausführungsbeschreibung A 1
Dämmschichtdicke: 180 mm

15€ | 17€ | **20**€ | 22€ | 23€ | [m²] | 0,22 h/m² | 016.000.134

40 Zwischensparrendämmung MW, DZ-034, 220mm KG **363**

Wie Ausführungsbeschreibung A 1
Dämmschichtdicke: 220 mm

20€ | 21€ | **22**€ | 23€ | 24€ | [m²] | 0,25 h/m² | 016.000.136

A 2 Zwischensparrendämmung WF, DZ-038 Beschreibung für Pos. **41-42**

Wärmedämmung zwischen Sparren, aus Holzfasern, einlagig.
Dämmstoff: WF
Anwendungsgebiet: DZ
Nennwert Wärmeleitfähigkeit: 0,038 W/(mK)
Brandverhalten: normal entflammbar - Klasse E
Abstand Sparren: bis 600 mm
Sparrenbreite: 60 mm

41 Zwischensparrendämmung WF, DZ-038, 180mm KG **363**

Wie Ausführungsbeschreibung A 2
Dämmschichtdicke: 180 mm

31€ | 35€ | **37**€ | 39€ | 41€ | [m²] | 0,24 h/m² | 016.000.128

42 Zwischensparrendämmung WF, DZ-038, 220mm KG **363**

Wie Ausführungsbeschreibung A 2
Dämmschichtdicke: 220 mm

35€ | 39€ | **42**€ | 44€ | 46€ | [m²] | 0,25 h/m² | 016.000.139

43 Traufbohle, konisch KG **363**

Traufbohle mit trapezförmigen Zuschnitt, gehobelt und parallel besäumt, auf Holzuntergrund.
Holzart: Fichte
Sortierklasse: S13
Querschnitt: 40 x 120 mm
Einzellänge: bis ..... m, gem. Holzliste des AG

6€ | 8€ | **9**€ | 12€ | 18€ | [m] | 0,10 h/m | 016.001.119

44 Bohle, S13TS K, Nadelholz KG **335**

Liefern von Kantholz.
Holzart: **Fichte / Tanne**
Sortierklasse: S13TS K, DIN 4074-1 scharfkantig
Oberfläche: allseitig gehobelt
Querschnitt: 60 x 120 mm
Einzellänge: bis 8 m, gem. Holzliste des AG

5€ | 8€ | **9**€ | 10€ | 13€ | [m] | 0,10 h/m | 016.000.151

Kosten:
Stand 1.Quartal 2020
Bundesdurchschnitt

▶ min
▷ von
ø Mittel
◁ bis
◀ max

45 **Stellbrett, zwischen Sparren** KG **363**

Stellbrett zwischen Sparren der Dachkonstruktion, aus Nadelholz, gehobelt und parallel besäumt, auf Holzuntergrund.
Einbauort: .....
Gebrauchsklasse DIN 68800-1: 3.1
Güteklasse DIN 68365: 2
Sortierklasse: S10
Höhe: 120 mm
Dicke: 24 mm

11€ 15€ **16€** 19€ 25€ [m] ⏱ 0,04 h/m 016.000.152

46 **Bauteilanschluss, Dichtungsband, vorkomprimiert** KG **361**

Bauteilanschluss im Außenbereich mit vorkomprimiertem Dichtungsband, inkl. Fugen reinigen und ggf. grundieren.
Einbauort: .....
Fugenbreite: bis 15mm
Beanspruchungsgruppe: BG1 nach DIN 18452
Schlagregendichtheit EN 1027: mind. 600 PA

2€ 3€ **3€** 4€ 6€ [m] ⏱ 0,04 h/m 016.000.034

47 **Dampfsperrbahn, Alu-Verbund-Folie** KG **363**

Dampfsperrbahn aus Metallfolie. Seitenüberdeckung und Überlappungen verklebt/verschweißt. Wind- und luftdichte Anschlüsse an aufgehende, durchdringende und begrenzende Bauteile in gesonderter Position.
Einbauort: innenseitig, bei unbelüftetem Dach
Dampfsperrbahn: Alu-Verbund-Folie
Sd-Wert: mind. 1.500 m

3€ 5€ **7€** 8€ 12€ [m²] ⏱ 0,08 h/m² 016.000.014

48 **Dampfbremsbahn, PE-Folie** KG **364**

Luftdichtungs- und Dampfbremsbahn, Seitenüberdeckung und Überlappungen **verklebt / verschweißt**. Wind- und luftdichte Anschlüsse an aufgehende, durchdringende und begrenzende Bauteile in gesonderter Position.
Einbauort: innenseitig, in belüftetes Dach
Dampfsperrbahn: PE-Folie
Sd-Wert: über 0,5 bis 100 m

4€ 7€ **8€** 11€ 20€ [m²] ⏱ 0,08 h/m² 016.000.090

49 **Dampfsperre, feuchteadaptiv, sd-variabel** KG **364**

Dampfbremsbahn, feuchteadaptiv, mit variablem sd-Wert, an Dach innenseitig, Seitenüberdeckung und Überlappungen verklebt.
Dampfsperrbahn: PE-Folie
Sd-Wert: größer 0,5 m

5€ 9€ **11€** 14€ 20€ [m²] ⏱ 0,08 h/m² 016.000.065

000 001 002 006 008 009 010 012 013 014 **016** 017 018 020 021 022

Nr.	Kurztext / Langtext						Kostengruppe
▶	▷	**ø netto €**	◁	◀	[Einheit]	Ausf.-Dauer	Positionsnummer

50 Abdichtungsanschluss verkleben, Dampfsperrbahn KG **363**

Luftdichter Anschluss der Dampfsperrbahn, Verklebung auf Holzwerkstoff mit abgestimmtem Dichtmittel.
Bauteil: .....
Dichtmittel: .....

1€ 3€ **4€** 5€ 9€ [m] ⏱ 0,10 h/m 016.000.038

51 Abdichtungsanschluss verkleben, Dampfbremsbahn KG **363**

Luftdichter Anschluss der Dampfbremsbahn, Verklebung auf Holzwerkstoff mit abgestimmtem Dichtmittel.
Bauteil: .....
Dichtmittel: .....

2€ 5€ **7€** 8€ 12€ [m] ⏱ 0,10 h/m 016.000.113

Kosten:
Stand 1.Quartal 2020
Bundesdurchschnitt

52 Abdichtungsanschluss, Butyl-Band, Dicht-/Dampfsperrbahn KG **363**

Luftdichter Anschluss der Dampfsperrbahn, auf saugenden Untergründen, Verklebung mit Butylband, Band als metallisierte Polypropylenfolie mit hochreißfestem Polyethylennetz und heißkalandriertem Butylkautschuk, kaltverschweißend und wasserdicht.

6€ 10€ **10€** 11€ 13€ [m] ⏱ 0,04 h/m 016.000.039

A 3 Außenwanddämmung WF, regensicher Beschreibung für Pos. **53-54**

Außenwanddämmung mit paraffinierten Holzfaserplatten, diffusionsoffen, mit versetzten Fugen.
Untergrund: .....
Dämmstoff: WF
Anwendungsgebiet: WH
Brandverhalten: Klasse E
Rohdichte: 240 kg/m^3
Nennwert Wärmeleitfähigkeit: 0,047 W/(mK)
Frei bewitterbar: mind. 3 Monate
Kanten-Profil: Nut-Feder

53 Außenwanddämmung, WF bis 20mm, regensicher KG **335**

Wie Ausführungsbeschreibung A 3
Rohdichte: ..... kg/m^3
Plattendicke: bis 20 mm
Plattenkante: .....

19€ 22€ **24€** 27€ 33€ [m^2] ⏱ 0,20 h/m^2 016.000.062

▶ min
▷ von
ø Mittel
◁ bis
◀ max

54 Außenwanddämmung, WF 80mm, regensicher KG **335**

Wie Ausführungsbeschreibung A 3
Rohdichte: ..... kg/m^3
Plattendicke: 80 mm
Plattenkante: .....

24€ 31€ **33€** 38€ 46€ [m^2] ⏱ 0,24 h/m^2 016.000.120

55 Unterdeckbahn, hinterlüftetes Dach KG **363**

Unterdeckbahn, diffusionsoffen, nach Merkblatt ZVDH – Produktdatenblatt, für belüftetes Dach, über Dachdämmung gespannt, auf Sparren befestigt.
Sd-Wert: ca. 0,50 m
Unterdeckbahn Klasse: UDB-A
Brandverhalten: Klasse E
Stöße: nahtgesichert, Klasse 4

3€ 5€ **6**€ 7€ 10€ [m²] ⏱ 0,08 h/m² 016.001.120

A 4 Einblasdämmung, Dach, Zellulose Beschreibung für Pos. **56-58**

Wärmedämmschicht aus Zellulosefasern zwischen Sparren, im Einblasverfahren, mit bauaufsichtlicher Zulassung.
Anwendungsgebiet: DZ
Nennwert Wärmeleitfähigkeit: 0,039 W/(mK)
Brandverhalten: normal entflammbar, Klasse E
Schimmelresitenz: Stufe 0
Sparrenabstand: 800 bis 900 mm

56 Einblasdämmung, Dach, Zellulose 039, 220mm KG **363**

Wie Ausführungsbeschreibung A 4
Dämmschichtdicke: 220 mm

13€ 21€ **24**€ 27€ 32€ [m²] ⏱ 0,14 h/m² 016.001.108

57 Einblasdämmung, Dach, Zellulose 039, 240mm KG **363**

Wie Ausführungsbeschreibung A 4
Dämmschichtdicke: 240 mm

14€ 22€ **25**€ 29€ 34€ [m²] ⏱ 0,16 h/m² 016.000.124

58 Einblasdämmung, Dach, Zellulose 039, 300mm KG **363**

Wie Ausführungsbeschreibung A 4
Dämmschichtdicke: 300 mm

20€ 25€ **26**€ 30€ 37€ [m²] ⏱ 0,20 h/m² 016.000.127

A 5 Dämmung, Außenwand WH, MW 035 Beschreibung für Pos. **59-60**

Wärmedämmung zwischen Ständern in Holzwänden, aus Mineralwolle, einlagig.
Ständerabstand: 600 mm
Dämmstoff: MW
Anwendungsgebiet: WH
Nennwert Wärmeleitfähigkeit: 0,034 W/(mK)
Brandverhalten: nicht brennbar, Klasse A1
Einbauort: Außenwand
Arbeitshöhe: .....

59 Dämmung, Außenwand WH, MW 035, 200mm KG **335**

Wie Ausführungsbeschreibung A 5
Plattendicke: 200 mm

13€ 16€ **18**€ 19€ 23€ [m²] ⏱ 0,22 h/m² 016.000.143

Nr.	**Kurztext** / Langtext					Kostengruppe
▶	▷	**ø netto €**	◁	◀	[Einheit]	Ausf.-Dauer Positionsnummer

60 Dämmung, Außenwand WH, MW 035, 240mm KG **335**

Wie Ausführungsbeschreibung A 5
Plattendicke: 240 mm

16€ 20€ **22**€ 25€ 29€ [m²] ⏱ 0,22 h/m² 016.000.061

61 Dämmung, Holzfaserplatte, 80mm KG **364**

Wärmedämmung der Außenwand mit Holzfaserplatte, einlagig, auf Holz-Unterkonstruktion.
Ständerabstand: 625 mm
Dämmstoff: WF
Anwendung: .....
Brandverhalten: normal entflammbar, Klasse E
Rohdichte: 110 kg/m³
Nennwert Wärmeleitfähigkeit: 0,038 W/(mK)
Plattendicke: 80 mm
Arbeitshöhe: .....

19€ 27€ **32**€ 38€ 46€ [m²] ⏱ 0,22 h/m² 016.000.153

62 Außenwanddämmung WF, WDVS, bis 100mm KG **335**

Wärmedämmung der Außenwand als Putzträger für Wärmedämm-Verbundsystem (WDVS), auf Holz-Unterkonstruktion mit Holzfaserplatten, einlagig, dicht gestoßen und fugenfrei einbauen.
Dämmstoff: WF
Anwendung: WAP
Brandverhalten: normal entflammbar, Klasse E
Rohdichte: ca. 130 bis 205 kg/m³
Nennwert Wärmeleitfähigkeit: 0,040 W/(mK)
Kantenausbildung: Nut und Feder
Plattendicke: bis 100 mm
Arbeitshöhe: .....

19€ 29€ **32**€ 38€ 46€ [m²] ⏱ 0,24 h/m² 016.000.064

63 Außenwanddämmung WF, WDVS, 160mm KG **335**

Wärmedämmung der Außenwand als Putzträger für Wärmedämm-Verbundsystem (WDVS), auf Holz-Unterkonstruktion mit Holzfaserplatten, einlagig, dicht gestoßen und fugenfrei einbauen.
Dämmstoff: WF
Anwendung: WAP
Brandverhalten: normal entflammbar, Klasse E
Rohdichte: ca. 130 bis 205 kg/m³
Nennwert Wärmeleitfähigkeit: 0,040 W/(mK)
Kantenausbildung: Nut und Feder
Plattendicke: 160 mm
Arbeitshöhe: .....

–€ 51€ **57**€ 69€ –€ [m²] ⏱ 0,30 h/m² 016.000.121

Kosten:
Stand 1.Quartal 2020
Bundesdurchschnitt

▶ min
▷ von
ø Mittel
◁ bis
◀ max

 Erläuterungen zu den Tabellen siehe Seite 42

64 Aufsparrendämmung PUR, 120-160mm KG **363**

Aufsparrendämmung aus Polyurethan-Hartschaumplatten, beidseitig vliesbeschichtet.
Untergrund: .....
Dämmstoff: PUR
Anwendungsgebiet: DAD
Nennwert Wärmeleitfähigkeit: 0,025 W/(mK)
Brandverhalten: normal entflammbar, Klasse E
Dämmdicke: 160 mm

41€	45€	**46**€	48€	50€	[m2]	⏱ 0,20 h/m2	020.000.141

65 Rieselschutz, Glasfaser KG **363**

Rieselschutz für Mineralwolledämmung, von unten auf ebene Flächen, aus Glasvlies.
Einbauort: .....
Farbton: .....
Angeb. Fabrikat: .....

2€	3€	**4**€	5€	7€	[m2]	⏱ 0,10 h/m2	016.000.057

66 Konterlattung, Nadelholz, 30x50mm KG **363**

Konterlattung aus Nadelholz, für Dachziegel- oder Betondachsteindeckung, auf Holzunterkonstruktion, Befestigung mit korrosionsgeschützten Klammern, Nägeln und Schrauben.
Sortierklasse: S10
Oberfläche: sägerau
Lattenabstand: ca. 330 mm
Sparrenabstand: bis 800 mm
Dachdeckung: .....
Dachfläche: .....
Dachneigung: .....°
Lattenquerschnitt: 30 x 50 mm

1€	2€	**3**€	3€	5€	[m]	⏱ 0,10 h/m	016.000.022

67 Konterlattung, Nadelholz, 40x60mm KG **363**

Konterlattung aus Nadelholz, für Dachziegel- oder Betondachsteindeckung, auf Holzunterkonstruktion, Befestigung mit korrosionsgeschützten Klammern, Nägeln und Schrauben.
Sortierklasse: S10
Oberfläche: sägerau
Lattenabstand: ca. 330 mm
Sparrenabstand: bis 800 mm
Dachdeckung: .....
Dachfläche: .....
Dachneigung: .....°
Lattenquerschnitt: 40 x 60 mm

2€	3€	**4**€	5€	9€	[m]	⏱ 0,10 h/m	016.000.091

000
001
002
006
008
009
010
012
013
014
016
017
018
020
021
022

Nr.	Kurztext / Langtext					Kostengruppe
▶	▷	**ø netto €**	◁	◀	[Einheit]	Ausf.-Dauer Positionsnummer

68 Traglattung, Nadelholz, 30x50mm KG **363**

Traglattung aus Nadelholz, für Dachziegel- oder Betondachsteindeckung, auf Holzunterkonstruktion, Befestigung mit korrosionsgeschützten Klammern, Nägeln und Schrauben.
Sortierklasse: S10
Oberfläche: sägerau
Lattenabstand: ca. 330 mm
Sparrenabstand: bis 800 mm
Dachdeckung: .....
Dachfläche: .....
Dachneigung: .....°
Lattenquerschnitt: 30 x 50 mm

2€ 4€ **5€** 7€ 10€ [m²] ⏱ 0,10 h/m² 016.000.078

Kosten:
Stand 1.Quartal 2020
Bundesdurchschnitt

69 Traglattung, Nadelholz, 40x60mm KG **363**

Traglattung aus Nadelholz, für Dachziegel- oder Betondachsteindeckung, auf Holzunterkonstruktion, Befestigung mit korrosionsgeschützten Klammern, Nägeln und Schrauben.
Sortierklasse: S10TS
Oberfläche: sägerau
Lattenabstand: ca. 330 mm
Sparrenabstand: bis 800 mm
Dachdeckung: .....
Dachfläche: .....
Dachneigung: .....°
Lattenquerschnitt: 40 x 60 mm

4€ 7€ **7€** 9€ 11€ [m²] ⏱ 0,10 h/m² 016.000.103

70 Nageldichtband, Konterlattung KG **363**

Zusätzliche Nageldichtung unter Grundlattung, passend zur Unterdeckung/Unterspannung.
Lattenabstand: 0,75 m
Dachneigung: .....
Lattenquerschnitt: 30/50 mm

2€ 2€ **3€** 3€ 5€ [m] ⏱ 0,01 h/m 016.000.079

71 Wohndachfenster, bis 1,00m², U_W=1,4 KG **362**

Dachflächenfenster als Schwingflügel, Öffnung manuell, aus Nadelholz, beschichtet. Verglasung aus Mehrscheibenisolierglas, Verglasung mit Hagel- und Sonnenschutz. Außenabdeckung aus beschichtetem Aluminium. Der Eindeckrahmen wird gesondert vergütet.
Wärmeschutz: U_W <= 1,4 W/m²K
Schalldämmung: SSK 1 (R_W 25 bis 29 dB)
Abmessung: 780 x 1.180 mm

619€ 784€ **872€** 946€ 1.102€ [St] ⏱ 1,90 h/St 016.000.045

▶ min
▷ von
ø Mittel
◁ bis
◀ max

72 Wohndachfenster, bis 1,85m², U_w=1,4 KG **362**

Dachflächenfenster als Schwingflügel, Öffnung manuell, aus Nadelholz, beschichtet., Verglasung aus Mehrscheibenisolierglas, Verglasung mit Hagel- und Sonnenschutz. Außenabdeckung aus beschichtetem Aluminium. Der Eindeckrahmen wird gesondert vergütet.
Wärmeschutz: U_W <= 1,4 W/m²K
Schalldämmung: SSK 1 (R_W 25 bis 29 dB)
Abmessung: 1.140 x 1.600 mm

728€	942€	**1.019**€	1.270€	1.595€	[St]	⏱ 2,20 h/St	016.000.125

73 Außenwand, Holzrahmen, 16cm, OSB, WF KG **337**

Außenwand als tragende Holzrahmenkonstruktion mit Rahmen aus Nadelholz, innenseitige Beplankung aus OSB-Platten, abgeklebt, außenseitige Beplankung aus poröser Holzfaserplatte, diffusionsoffen, mit Wärmedämmung aus Holzwolleplatten. Leistung einschl. Verbindung der Elemente untereinander. Anschluss an vorhandene Bauteile in gesonderter Position. Ausführung gem. Zeichnung und Einzelbeschreibung.
Regelquerschnitt: 6/16 cm
Sortierklasse: S10
Wanddicke: 160 mm
Achsabstand Ständer: über 60 bis 62,5 cm
Dämmstoff: WF
Anwendungsgebiet: WH
Plattendicke: 160 mm
Nennwert der Wärmeleitfähigkeit: 0,038 W/(mK)
Innenbekleidung: OSB/2
Sd-Wert: >=2,0m
Plattendicke: 15 mm
Außenbekleidung: Holzfaserplatte SB.E-E1
Dicke: 25 mm
Nennwert der Wärmeleitfähigkeit: 0,050 W/(mK)

86€	107€	**116**€	129€	166€	[m²]	⏱ 0,80 h/m²	016.000.025

000
001
002
006
008
009
010
012
013
014
016
017
018
020
021
022

Nr.	Kurztext / Langtext						Kostengruppe
▶	▷	ø netto €	◁	◀	[Einheit]	Ausf.-Dauer	Positionsnummer

74 Außenwand, Holzstegträger, OSB-/ WF-Bekleidung KG **337**

Außenwand als tragende Holzkonstruktion aus Stegträgern mit innerer und äußerer Beplankung, sowie Wärmedämmung, inkl. Montage. Tragkonstruktion aus Doppel-Steg-Trägern, einschl. notwendiger Füllhölzer, Randbalken aus Furnierschichtholz, mit Wärmedämmung in Holzwand aus Schüttung aus Zellulosefasern. Innenbekleidung mit aussteifender Holzwerkstoffplatte, Stöße winddicht abgeklebt. Außenbekleidung mit Holzfaserdämmplatten als diffusionsoffene Wärmedämmung des Wärmedämm-Verbundsystem. Armierung und Putz in gesonderten Positionen. Ausführung gem. Zeichnung und Einzelbeschreibung.
Trägertyp: .....
Höhe: ..... mm
Trägerabstand: .....
Elementbreite: .....
Elementlänge: .....
Wärmedämmung: Zellulosefasern
Anwendung: DZ
Nennwert der Wärmeleitfähigkeit: 0,040 W/(mK)
Brandverhalten: Klasse E
Dämmdicke: .....
Innenbekleidung: OSB/4
Dicke: ..... mm, einlagig
Sd-Wert: .....
Rand: N+F
Außenbekleidung: WF
Sd-Wert: ..... m
Dämmstoff: WF / Anwendung: WAP
Dicke: ..... mm
Nennwert der Wärmeleitfähigkeit: 0,040 W/(mK)
Brandverhalten: E
Rand: stumpf

101€	127€	**142**€	180€	232€	[m²]	⏱ 1,30 h/m²	016.000.066

75 Innenwand, Holzständer, 11,5cm, Sperrholz, WF KG **342**

Holzrahmenbaukonstruktion als Innenwand, nichttragend, innen einseitig beplankt, innen, einschl. Verbindung der Elemente untereinander, Anschluss an vorhandene Bauteile wird gesondert vergütet. Beplankung der zweiten Seite nach erfolgter Installation. Ausführung gem. Zeichnung und Einzelbeschreibung.
Elementhöhe: bis 2,50m
Elementdicke: 15 mm
Rahmen: 60 x 100 mm
Abstand Rahmen: 625 mm
Material: Nadelholz
Festigkeitsklasse C24
Sortierklasse: S10
Dämmschicht: Holzfaser WF
Anwendungsgebiet: WH
Dicke: 100 mm
Nennwert der Wärmeleitfähigkeit: 0,038 W/(mK)

52€	64€	**71**€	83€	103€	[m²]	⏱ 0,65 h/m²	016.000.023

Kosten:
Stand 1.Quartal 2020
Bundesdurchschnitt

▶ min
▷ von
ø Mittel
◁ bis
◀ max

76 **Türöffnung, Holz-Innenwand, 1.000x2.000mm** KG **340**

Türöffnung in Holzrahmenbaukonstruktion, nichttragend, in Gesamttiefe des Bauteils, einschl. Einbau Füllhölzer/Wechsel als Fassung.
Baurichtmaß (B x H): 1.000 x 2.000 mm
Wanddicke: ...... mm
Wandschichten: ......

25€ | 32€ | **38**€ | 47€ | 67€ | [St] | ⏱ 1,10 h/St | 016.000.104

77 **Lattenverschlag, Nadelholz, 30/50mm** KG **346**

Lattenverschlag, Holzrahmen und senkrechter Holzlattung aus Nadelholz, allseitig gehobelt und sichtbar bleibend, oben und unten befestigt mit verzinkten Stahlwinkeln. Ausführung gem. Zeichnung und Einzelbeschreibung.
Holzart: Nadelholz
Sortierklasse: S10
Oberfläche: scharfkantig, gehobelt
Holzpfosten: 60 x 60 mm
Abstand bis 1,0 m
Holzlatten: 30 x 50 mm
Lattenabstand: 50 mm
Höhe des Verschlags: bis 2,50 m
Untergrund: Stahlbeton

20€ | 36€ | **43**€ | 49€ | 63€ | [m²] | ⏱ 0,70 h/m² | 016.000.029

A 6 **Massivholzdecke, Brettstapel, gehobelt** Beschreibung für Pos. **78-80**

Brettstapeldecke aus Einzellamellen aus Nadelholz, Sichtseite gehobelt; inkl. aller Aussparungen und, Anschlussausformungen, Verbindungsmittel werden gesondert vergütet. Ausführung gem. Zeichnung und Einzelbeschreibung.
Einbauort: .....
Untergrund: .....
Sortierklasse: S10
Holzfeuchte: 15% +/-3%
Lamellenbreite: ..... cm

78 **Massivholzdecke, Brettstapel, 140mm, gehobelt** KG **351**

Wie Ausführungsbeschreibung A 6
Lamellenprofil: **gefast / profiliert / mit Akustikprofil**
Dicke: 140 mm
Unterseite: **sichtbar bleibend / nicht sichtbar**

81€ | 97€ | **102**€ | 116€ | 137€ | [m²] | ⏱ 0,20 h/m² | 016.001.109

79 **Massivholzdecke, Brettstapel, 160mm, gehobelt** KG **351**

Wie Ausführungsbeschreibung A 6
Lamellenprofil: **gefast / profiliert / mit Akustikprofil**
Dicke: 160 mm
Unterseite: **sichtbar bleibend / nicht sichtbar**

105€ | 122€ | **125**€ | 132€ | 152€ | [m²] | ⏱ 0,20 h/m² | 016.000.024

000
001
002
006
008
009
010
012
013
014
016
017
018
020
021
022

Nr.	Kurztext / Langtext						Kostengruppe
▶	▷	**ø netto €**	◁	◀	[Einheit]	Ausf.-Dauer	Positionsnummer

80 Massivholzdecke, Brettstapel, 200mm, gehobelt KG **351**

Wie Ausführungsbeschreibung A 6
Lamellenprofil: **gefast / profiliert / mit Akustikprofil**
Dicke: 200 mm
Unterseite: **sichtbar bleibend / nicht sichtbar**

113€ | 152€ | **169**€ | 185€ | 216€ | [m²] | ⏱ 0,22 h/m² | 016.000.092

81 Massivholzdecke, Brettstapel, Aussparung bis 0,5m² KG **351**

Aussparungen in Brettstapeldecke, inkl. erforderlicher Randprofilierung.
Abmessung: bis 0,5 m²
Element-Dicke: bis 200 mm

29€ | 36€ | **41**€ | 49€ | 58€ | [St] | ⏱ 0,70 h/St | 016.001.112

82 Massivholzdecke, Brettstapel, Aussparung bis 2,5m² KG **351**

Aussparungen in Brettstapeldecke, inkl. erforderlicher Randprofilierung.
Abmessung: über 0,5 bis 2,5 m²
Element-Dicke: bis 200 mm

35€ | 44€ | **50**€ | 59€ | 70€ | [St] | ⏱ 0,90 h/St | 016.001.138

83 Schüttung, Sand, in Decken KG **351**

Schüttung aus Sand, trocken, zwischen Sparren.
Sparrenabstand: ca. 0,60 m
Schichtdicke: 60 mm
Körnung 0,6 mm

8€ | 11€ | **12**€ | 13€ | 19€ | [m²] | ⏱ 0,16 h/m² | 016.000.106

84 Schüttung, Splitt, in Decken KG **351**

Schüttung aus Splitt, trocken, zwischen Sparren.
Sparrenabstand: ca. 0,60 m
Schichtdicke: 60 mm
Körnung: 2 bis 4 mm

12€ | 14€ | **20**€ | 21€ | 27€ | [m²] | ⏱ 0,16 h/m² | 016.000.107

85 Wangentreppe, Holz KG **352**

Wangentreppe aus Holz, innen, im Trockenbereich, gerade, einläufig, ohne Podest, Stufen eingestemmt mit Unterschneidung, ohne Setzstufen, befestigt an Antritt und Austritt. Geländer wird in gesonderter Position vergütet.
Einbauort: Betondecke
Nutzlast: 3 kN/m²
Holzart: Eiche
Oberfläche: geölt
Stufendicke: 40 mm
Steigungen: 15 Stufen
Steigungsverhältnis: 175 x 280 mm
Laufbreite: 800 mm
Untersicht: .....

2.745€ | 4.393€ | **5.020**€ | 5.979€ | 7.502€ | [St] | ⏱ 20,00 h/St | 016.000.048

Kosten:
Stand 1.Quartal 2020
Bundesdurchschnitt

▶ min
▷ von
ø Mittel
◁ bis
◀ max

86 Einschubtreppe, gedämmt KG **352**

Einschubtreppe aus Holz, 2-teilig, einschiebbar, von oben und unten zu öffnen, mit einseitigem Handlauf und Lukenkasten, sowie wärmegedämmtem Deckel, vorgerichtet für Bekleidung von unten.
Stufen: Hartholz
Einbauort: .....
Dämmwert: ..... W/m²K
Dichtheit: ..... m³/hm
Oberflächen: .....
Raumhöhe: bis 2,75 m
Rohbauöffnungsmaß: 700 x 1.400 mm
Kastenhöhe: 180 mm

550€ 1.020€ **1.126**€ 2.016€ 3.556€ [St] ⏱ 3,80 h/St 016.001.096

87 Einschubtreppe, EI30 KG **352**

Einschubtreppe aus Holz, 2-teilig, einschiebbar, von oben und unten zu öffnen, mit einseitigem Handlauf und Lukenkasten, sowie wärmegedämmtem Deckel, vorgerichtet für Bekleidung von unten.
Stufen: Hartholz
Einbauort: .....
Dämmwert: ..... W/m²K
Dichtheit: ..... m³/hm
Feuerwiderstand: EI30 von **unten / von oben und unten**
Oberflächen: .....
Raumhöhe: bis 2,75 m
Rohbauöffnungsmaß: 700 x 1.400 mm
Kastenhöhe: 180 mm

475€ 674€ **754**€ 1.118€ 1.778€ [St] ⏱ 5,00 h/St 016.000.049

88 Scherentreppe, Aluminium KG **359**

Scherentreppe aus Aluminium, einschiebbar, von oben und unten zu öffnen, mit einseitigem Handlauf und Lukenkasten, sowie wärmegedämmtem Deckel, vorgerichtet für Bekleidung von unten.
Stufen: Metall
Einbauort: .....
Dämmwert: ..... W/m²K
Dichtheit: ..... m³/hm
Oberflächen: .....
Raumhöhe: bis 2,75 m
Rohbauöffnungsmaß: 700 x 700 mm
Kastenhöhe: 180 mm

705€ 1.374€ **1.476**€ 1.617€ 2.038€ [St] ⏱ 2,50 h/St 016.001.095

89 Wechsel, Kamindurchgang KG **361**

Auswechselung für Kamin herstellen und seitliche Wechsel einbauen, bündig in Gebälk.
Kaminabmessung: ..... x ..... m
Einbauort: **Dachstuhl / Geschossdecke**
Konstruktionsdicke: ..... mm

14€ 29€ **31**€ 42€ 61€ [St] ⏱ 0,30 h/St 016.001.122

000
001
002
006
008
009
010
012
013
014
016
017
018
020
021
022

Nr.	**Kurztext** / Langtext						Kostengruppe
▶	▷	**ø netto €**	◁	◀	[Einheit]	Ausf.-Dauer	Positionsnummer

Kosten:
Stand 1.Quartal 2020
Bundesdurchschnitt

90 Windrispenband, 40x2mm — KG **361**

Windrispenband zur Diagonalaussteifung, inkl. Befestigung mit Ankernägeln.
Maße (B x D): 40 x 3 mm
Ankernägel: 4 x 40 bis 4 x 60 mm

1€ 4€ **5€** 6€ 8€ [m] ⏱ 0,05 h/m 016.000.044

91 Windrispenband, 60x3mm — KG **361**

Windrispenband zur Diagonalaussteifung, inkl. Befestigung mit Ankernägeln.
Maße (B x D): 60 x 3 mm
Ankernägel: 4 x 40 bis 4 x 60 mm

3€ 5€ **6€** 7€ 9€ [m] ⏱ 0,05 h/m 016.000.094

92 Aussteifungsverband, diagonal — KG **361**

Diagonalaussteifung, aus Stabstahl, mit Gewindeschloss, einschl. aller Anschlussbleche, Steifen, Bohrungen, Verbindungsmittel und Schweißnähte, sowie Bohrungen für die Verschraubung mit den bauseitigen Anschlüssen.
Einbauort: **Dachebene / zwischen Außenstützen**
Materialgüte: Stahl S355J0 (+N .....)
Durchmesser: Vollprofil 16 mm
Einzellänge: Rundstahl .....
Oberfläche: grundiert
Baustellenverbindungen: **geschraubt / geschweißt**
Für die Ausführung werden vom AG folgende Unterlagen zur Verfügung gestellt:
– statische Berechnung mit Positionsplänen, Plannr.: .....

–€ 28€ **31€** 34€ –€ [m] ⏱ 0,25 h/m 016.000.052

93 Winkelverbinder/Knaggen — KG **361**

Winkelverbinder, für Holzkonstruktion, einschl. Ausnagelung mit Verbindungsmittel nach Zulassung.
Nagelquerschnitt: 4mm
Winkelform: **mit / ohne** Rippenverstärkung
Typ / Länge: **90 / 105 / .....**
Material: feuerverzinkter Stahl
Einzelgewicht: bis 0,3 kg
Ankernägel: 4 x 40 bis 4 x 60 mm
Einbauort: .....

2€ 6€ **7€** 10€ 18€ [kg] ⏱ 0,14 h/kg 016.000.050

94 Verankerung, Profilanker, Schwelle — KG **361**

Verankerung von Holzschwellen an vorhandener Ankerschiene, mit Profilanker, einschl. Verbindungsmittel nach statischer Berechnung.
Mindestlastaufnahme der Verbindung: 0,48 kN
Ankerschienenprofil: 28 x 15 mm
Befestigung an Holz mit: 4 Ankernägel 4 x 40 mm

2€ 5€ **6€** 8€ 14€ [St] ⏱ 0,12 h/St 016.000.071

▶ min
▷ von
ø Mittel
◁ bis
◀ max

95 Stabdübel, Edelstahl KG **361**

Stabdübel, Oberfläche an den Enden gefast, inkl. mehrschnittige Bohrung durch 20mm starkes Stahlblech-Bauteil.
Material: nichtrostender Stahl
Werkstoffnummer: 1.4571
Länge: bis 80 mm
Durchmesser: 12 mm

1€ | 3€ | **3**€ | 6€ | 11€ | [St] | ⏱ 0,05 h/St | 016.000.027

96 Gewindestange, M12, verzinkt KG **361**

Gewindestange, in Holzbauteil, inkl. Bohrung im Bauteil, zwei Unterlegscheiben und Muttern.
Oberfläche: feuerverzinkt
Größe: M12
Länge: 1000 mm

4€ | 9€ | **11**€ | 16€ | 26€ | [St] | ⏱ 0,10 h/St | 016.000.028

97 Stundensatz Facharbeiter, Holzbau

Stundenlohnarbeiten für Vorarbeiter, Facharbeiter und Gleichgestellte (z.B. Spezialbaufacharbeiter, Baufacharbeiter, Obermonteure, Monteure, Gesellen, Maschinenführer, Fahrer und ähnliche Fachkräfte). Verrechnungssatz für die jeweilige Arbeitskraft inkl. aller Aufwendungen wie Lohn- und Gehaltskosten, Lohn- und Gehaltsnebenkosten, Zuschläge, lohngebundene und lohnabhängige Kosten, sonstige Sozialkosten, Gemeinkosten, Wagnis und Gewinn. Leistung nach besonderer Anordnung der Bauüberwachung. Anmeldung und Nachweis gem. VOB/B.

45€ | 51€ | **53**€ | 55€ | 58€ | [h] | ⏱ 1,00 h/h | 016.000.147

98 Stundensatz Helfer, Holzbau

Stundenlohnarbeiten für Werker, Fachwerker und jeweils Gleichgestellte. Der Verrechnungssatz für die jeweilige Arbeitskraft umfasst sämtliche Aufwendungen wie Lohn- und Gehaltskosten, lohn- und gehaltsgebundene Kosten, Lohn- und Gehaltsnebenkosten, Gemeinkosten, Wagnis und Gewinn. Leistung nach besonderer Anordnung der Bauüberwachung. Nachweis und Anmeldung gem. VOB/B.

30€ | 38€ | **44**€ | 46€ | 49€ | [h] | ⏱ 1,00 h/h | 016.000.148

017

Kosten:
Stand 1.Quartal 2020
Bundesdurchschnitt

Nr.	Positionen	Einheit	▶	▷	ø brutto € / ø netto €	◁	◀
1	Handlauf, Rohrprofil, beschichtet	m	66	74	**80**	84	91
			56	62	**67**	71	76
2	Profilstahl-Konstruktion, Profile UNP/UPE, feuerverzinkt	kg	2	4	**4**	4	5
			2	3	**3**	3	4
3	Profilstahl-Konstruktion, Profile IPE, feuerverzinkt	kg	3	4	**4**	5	6
			2	3	**4**	4	5
4	Profilstahl-Konstruktion, Profile HEA 160, feuerverzinkt	kg	2	3	**4**	4	6
			2	3	**3**	4	5
5	Rundstahl, Zugstab, D=36mm, verzinkt	kg	4	5	**6**	7	12
			4	4	**5**	6	10
6	Stahlstütze, Rundrohrprofil	kg	3	5	**5**	7	10
			3	4	**4**	6	8
7	Fußplatte, Stahlblech	kg	3	5	**6**	9	15
			2	4	**5**	8	12
8	Trapezblechdach, Stahlblech	m²	27	35	**38**	42	52
			23	29	**32**	35	43
9	Trapezblechdach, Randverstärkung, Übergangsblech	m	16	24	**28**	35	46
			14	20	**24**	29	39
10	Trapezblechdach, Dachausschnitt	St	48	90	**95**	109	129
			40	76	**80**	92	108
11	Bohrungen, Stahl bis 16mm	St	3	11	**13**	21	33
			3	10	**11**	18	27
12	Gitterroste, verzinkt, rutschhemmend, verankert	m²	89	108	**116**	130	166
			75	91	**98**	110	139
13	Verzinken, Stahlprofile	kg	0,4	0,6	**0,7**	0,9	1,5
			0,3	0,5	**0,6**	0,7	1,2
14	Stundensatz Facharbeiter, Stahlbau	h	59	65	**67**	73	85
			49	54	**57**	61	71
15	Stundensatz Helfer, Stahlbau	h	37	49	**54**	60	72
			31	41	**46**	51	61

Nr. **Kurztext** / Langtext — Kostengruppe
▶ ▷ **ø netto €** ◁ ◀ [Einheit] Ausf.-Dauer Positionsnummer

▶ min
▷ von
ø Mittel
◁ bis
◀ max

1 Handlauf, Rohrprofil, beschichtet KG **359**

Stahl-Handlauf aus Rohrprofil, mit Wandhalterung, Handlauf steigend, mit Konsolen befestigt an aufgehenden Bauteile, Handlaufrohr von unten angeschweißt.
Einbauort: Außenraum
Stahlgüte: S235JR - Werkstoff-Nr. 1.0038
Durchmesser Handlauf: 42,4 mm
Wanddicke: 2,0 mm
Form: Rundrohr
Durchmesser Konsole: ..... mm
Abstand zw. Konsolen: ..... mm
Abstand aufgehendes Bauteil: ..... mm

Oberfläche: feuerverzinkt
- Korrosionsbelastung DIN EN 12944: Klasse **C1 / C2**
- Korrosionsschutz für Zeitraum Klasse: **L = 2-5 Jahre / M = 5-15 Jahre / H = über 15 Jahre**

Für die Ausführung werden vom AG folgende Unterlagen zur Verfügung gestellt:
- Entwurfszeichnungen, Plannr.: .....
- Übersichtszeichnungen, Plannr.: .....
- statische Berechnung mit Positionsplänen, Plannr.: .....

56€	62€	**67**€	71€	76€	[m]	⏱ 0,30 h/m	017.000.009

2 Profilstahl-Konstruktion, Profile UNP/UPE, feuerverzinkt KG **351**

Stahlträger aus Walzprofil U nach DIN EN 10279, als Träger der Deckenkonstruktion, einschl. aller Kopfplatten, Steifen, Bohrungen, Verbindungsmittel und Schweißnähte, sowie einschl. Bohrungen für die Verschraubung mit den bauseitigen Anschlüssen.
Einbauort: ..... / Einbauhöhe: .....
Profile: UNP/UPE
Konstruktion der Ausführungsklasse DIN EN 1090: EXC .....
Material: Stahl nach DIN EN 10025-2
Güte: S235JR - Werkstoff Nr. 1.0038
Masse Stahlprofil: ..... kg/m
Korrosionsbelastung DIN EN 12944: Klasse **C1 / C2 / .....**
Korrosionsschutz für Zeitraum Klasse: **L = 2-5 Jahre / M = 5-15 Jahre / H = über 15 Jahre**
Oberflächenbeschichtung: wird gesondert vergütet
Baustellenverbindungen: geschraubt
Für die Ausführung werden vom AG folgende Unterlagen zur Verfügung gestellt:
- Entwurfszeichnungen, Plannr.: .....
- Übersichtszeichnungen, Plannr.: .....
- statische Berechnung mit Positionsplänen, Plannr.: .....

2€	3€	**3**€	3€	4€	[kg]	⏱ 0,02 h/kg	017.000.001

3 Profilstahl-Konstruktion, Profile IPE, feuerverzinkt KG **351**

Stahlträger aus Walzprofil nach DIN EN 10279, als Träger der Deckenkonstruktion, einschl. aller Kopfplatten, Steifen, Bohrungen, Verbindungsmittel und Schweißnähte, sowie einschl. Bohrungen für die Verschraubung mit den bauseitigen Anschlüssen.
Einbauort: Decke / Einbauhöhe: .....
Profil: IPE
Konstruktion der Ausführungsklasse DIN EN 1090: EXC .....
Material: Stahl nach DIN EN 10025
Güte: S235JR - Werkstoff-Nr. 1.0038
Masse Stahlprofil: ..... kg/m
Korrosionsbelastung DIN EN 12944: Klasse **C1 / C2 / .....**
Korrosionsschutz für Zeitraum Klasse: **L = 2-5 Jahre / M = 5-15 Jahre / H = über 15 Jahre**
Oberfläche: feuerverzinkt
Baustellenverbindungen: geschraubt
Für die Ausführung werden vom AG folgende Unterlagen zur Verfügung gestellt:
- Entwurfszeichnungen, Plannr.: .....
- Übersichtszeichnungen, Plannr.: .....
- statische Berechnung mit Positionsplänen, Plannr.: .....

2€	3€	**4**€	4€	5€	[kg]	⏱ 0,02 h/kg	017.000.016

Nr.	**Kurztext** / Langtext						Kostengruppe
▶	▷	**ø netto €**	◁	◀	[Einheit]	Ausf.-Dauer	Positionsnummer

4 **Profilstahl-Konstruktion, Profile HEA 160, feuerverzinkt** KG **351**

Stahlträger aus Walzprofil nach DIN EN 10034, als Träger der Deckenkonstruktion, einschl. aller Kopfplatten, Steifen, Bohrungen, Verbindungsmittel und Schweißnähte, sowie einschl. Bohrungen für die Verschraubung mit den bauseitigen Anschlüssen.
Einbauort: ..... / Einbauhöhe: .....
Profil: HEA 160
Konstruktion der Ausführungsklasse DIN EN 1090: EXC .....
Material: Stahl nach DIN EN 10027-1
Güte: S235JR - Werkstoff-Nr. 1.0038
Masse Stahlprofil: 30,4 kg/m
Korrosionsbelastung DIN EN 12944: Klasse **C1 / C2 / .....**
Korrosionsschutz für Zeitraum Klasse: **L = 2-5 Jahre / M = 5-15 Jahre / H = über 15 Jahre**
Oberfläche: feuerverzinkt
Baustellenverbindungen: geschraubt
Für die Ausführung werden vom AG folgende Unterlagen zur Verfügung gestellt:
- Entwurfszeichnungen, Plannr.: .....
- Übersichtszeichnungen, Plannr.: .....
- statische Berechnung mit Positionsplänen, Plannr.: .....

2€ 3€ **3**€ 4€ 5€ [kg] ⏱ 0,02 h/kg 017.000.017

5 **Rundstahl, Zugstab, D=36mm, verzinkt** KG **361**

Zugstange aus Rund-Stabstahl nach DIN EN 10060 mit Gewindeschloss, als Diagonalaussteifungssystem, einschl. aller Anschlussbleche, Steifen, Bohrungen, Verbindungsmittel, Schweißnähte, sowie einschl. Bohrungen für die Verschraubung mit den bauseitigen Anschlüssen.
Einbauort: ..... / Einbauhöhe: .....
Durchmesser: .....
Einzellänge: .....
Konstruktion der Ausführungsklasse DIN EN 1090: EXC .....
Material: Stahl nach DIN EN 10025-2
Güte: Stabstahl mit Grenzzugkraft von ..... KN
Masse Stahlprofil: ..... kg/m
Korrosionsbelastung DIN EN 12944: Klasse **C1 / C2 / .....**
Korrosionsschutz für Zeitraum Klasse: **L = 2-5 Jahre / M = 5-15 Jahre / H = über 15 Jahre**
Oberfläche: feuerverzinkt
Baustellenverbindungen: geschraubt
Für die Ausführung werden vom AG folgende Unterlagen zur Verfügung gestellt:
- Entwurfszeichnungen, Plannr.: .....
- Übersichtszeichnungen, Plannr.: .....
- statische Berechnung mit Positionsplänen, Plannr.: .....

4€ 4€ **5**€ 6€ 10€ [kg] ⏱ 0,04 h/kg 017.000.002

Kosten:
Stand 1.Quartal 2020
Bundesdurchschnitt

▶ min
▷ von
ø Mittel
◁ bis
◀ max

6 **Stahlstütze, Rundrohrprofil** KG **333**

Rundrohrprofil nach DIN EN 10210 / DIN EN 10219, als Stahlstütze der Deckenkonstruktion, einschl. aller Anschlussbleche, Steifen, Bohrungen, Verbindungsmittel, Schweißnähte, sowie einschl. Bohrungen für die Verschraubung mit den bauseitigen Anschlüssen.
Einbauort: ..... / Einbauhöhe: .....
Durchmesser: 114,3 mm
Wandungsdicke: 6,3 mm
Einzellänge: .....
Konstruktion der Ausführungsklasse DIN EN 1090: EXC .....
Material: Stahl DIN 10025-2
Güte: S235 J2 (+N .....) - Werkstoff-Nr. 1.0117
Masse Stahlprofil: 15,0 kg/m
Korrosionsbelastung DIN EN 12944: Klasse **C1 / C2 / .....**
Korrosionsschutz für Zeitraum Klasse: **L = 2-5 Jahre / M = 5-15 Jahre / H = über 15 Jahre**
Oberfläche: **verzinkt / grundiert**
Baustellenverbindungen: geschraubt und geschweißt

3€ 4€ **4€** 6€ 8€ [kg] ⏱ 20,00 h/kg 017.000.003

7 **Fußplatte, Stahlblech** KG **351**

Fußplatte aus Stahlblech, einschl. aller Bohrungen, Verbindungsmittel, Schweißnähte, sowie einschl. Bohrungen für die Verschraubung mit den bauseitigen Anschlüssen.
Bauteil: .....
Einbauort: .....
Einbauhöhe: .....
Material: Stahl S235JR DIN EN 10025-2, Werkstoff-Nr 1.0038
Dicke: ..... mm
Oberflächenbehandlung und Korrosionsschutz werden gesondert vergütet.

2€ 4€ **5€** 8€ 12€ [kg] ⏱ 0,02 h/kg 017.000.005

8 **Trapezblechdach, Stahlblech** KG **363**

Stahltrapezblech für einschaliges, ebenes Flachdach, befestigt auf bauseitigem Untergrund, in den Längsstößen verbunden, mit eingelassenem Flachstahl; einschl. aller Verbindungsmittel sowie Ausbildung der Längs- und Querstöße.
Einbauort: .....
Einbauhöhe: bis 6,00 m
Stat. System: **Einfeld- / Zweifeld-/ Dreifeld- / Fünffeldträger** (mit biegesteifem Stoß) in Positivlage
Stützweite: 3,0 bis 4,0 m
Ständige Last ohne Blecheigengewicht: ..... kN/m²
Verkehrslast: ..... kN/m²
Schneelast: ..... kN/m²
Horizontallast: ..... kN/m²
Durchbiegung: max. l/300
Material: Stahlblech DIN EN 10346 S320GD
Blechstärke: 0,88 mm
Profil: 161,5/250 mm (Höhe/Rippenbreite)
Korrosionschutz: Klasse II
Oberfläche: **sendzimirverzinkt, beidseitig / Bandbeschichtung, beidseitig, RAL .....**
Dachneigung: bis 10°

000
001
002
006
008
009
010
012
013
014
016
017
018
020
021
022

Nr.	Kurztext / Langtext					Kostengruppe
▶	▷	ø netto €	◁	◀	[Einheit]	Ausf.-Dauer Positionsnummer

Für die Ausführung werden vom AG folgende Unterlagen zur Verfügung gestellt:
- Entwurfszeichnungen, Plannr.: .....
- Übersichtszeichnungen, Plannr.: .....
- statische Berechnung mit Positionsplänen, Plannr.: .....

23€ 29€ **32**€ 35€ 43€ [m²] ⏱ 0,15 h/m² 017.000.006

9 Trapezblechdach, Randverstärkung, Übergangsblech KG **363**

Randverstärkung der Trapezblechdeckung an Attika, aus bandverzinkten Formblechen nach DIN EN 10327, inkl. Verbindung mit Trapezblechdeckung mit nichtrostenden Befestigungsmitteln sowie Ausbildung der Längs- und Querstöße. Sonderteile und Ecken in getrennter Position.
Untergrund: Stahlbeton
Material: Stahl-Blech
Blechstärke: 0,88 mm
Zuschnitt: 333 mm
Kantungen: dreifach
Oberfläche: **sendzimirverzinkt, beidseitig / Bandbeschichtung, beidseitig, RAL .....**
Querneigung: **mit / ohne**
Traufhöhe: bis 6,00 m

14€ 20€ **24**€ 29€ 39€ [m] ⏱ 0,20 h/m 017.000.008

10 Trapezblechdach, Dachausschnitt KG **363**

Dachausschnitt herstellen in Trapezprofil, Werkstoff und Korrosionsschutz wie vor beschriebene Tragschale, oberseitig mit Verstärkungsblech, Ausführung DIN 18807-3.
Blechdicke: bis 1 mm
Form: rechteckig
Ausschnitt-Abmessung: ..... mm

40€ 76€ **80**€ 92€ 108€ [St] ⏱ 0,15 h/St 017.000.024

11 Bohrungen, Stahl bis 16mm KG **359**

Bohrungen in Stahlblechen, Stegen oder Flanschen von Stahlträgern oder -stützen, für Installationsleitungen.
Ausführung: **in der Werkstatt / auf der Baustelle**
Durchmesser: bis 30 mm
Materialstärke: ..... mm

3€ 10€ **11**€ 18€ 27€ [St] ⏱ 0,20 h/St 017.000.010

12 Gitterroste, verzinkt, rutschhemmend, verankert KG **339**

Gitterrostbelag als Treppenpodestabdeckung, rutschhemmend und abhebesicher, auf bauseitiger Stahlkonstruktion; einschl. Bohrungen und Verbindungsmitteln für die Verschraubung mit den herzustellenden Anschlüssen.
Einbauort: .....
Gitterrost-Außenmaß (B x L): 500 x 1.000 mm
Maschenteilung: 30 x 10 mm
Tragstab: 30 x 3 mm
Randstab / Einfassung: umlaufend, Profil 30 x 3 mm
Oberfläche: verzinkt
Anforderung: R9

Kosten:
Stand 1.Quartal 2020
Bundesdurchschnitt

▶ min
▷ von
ø Mittel
◁ bis
◀ max

Für die Ausführung werden vom AG folgende Unterlagen zur Verfügung gestellt:
- Entwurfszeichnungen, Plannr.: .....
- Übersichtszeichnungen, Plannr.: .....
- statische Berechnung mit Positionsplänen, Plannr.: .....

75€ | 91€ | **98**€ | 110€ | 139€ | [m²] | ⏱ 0,45 h/m² | 017.000.015

13 Verzinken, Stahlprofile KG **333**

Korrosionsschutz für Stahlkonstruktion, inkl. Entrostung; bei der Montage beschädigte Stellen sind vom AN auszubessern.
Bauteil: IPE-Träger
Ausführungsart: Stückverzinkung nach **DASt-Richtlinie 022 (mit DIN EN ISO 1461) / DIN EN ISO 12944**
Korrosivitätskategorie: C5
Schutzdauer: Klasse H (hoch = 15-25 J.)

0,3€ | 0,5€ | **0,6**€ | 0,7€ | 1,2€ | [kg] | ⏱ 0,01 h/kg | 017.000.004

14 Stundensatz Facharbeiter, Stahlbau

Stundenlohnarbeiten für Vorarbeiter, Facharbeiter und Gleichgestellte (z.B. Spezialbaufacharbeiter, Baufacharbeiter, Obermonteure, Monteure, Gesellen, Maschinenführer, Fahrer und ähnliche Fachkräfte). Leistung nach besonderer Anordnung der Bauüberwachung. Der Verrechnungssatz für die jeweilige Arbeitskraft umfasst sämtliche Aufwendungen wie Lohn- und Gehaltskosten, Lohn- und Gehaltsnebenkosten, Zuschläge, lohngebundene und lohnabhängige Kosten, sonstige Sozialkosten, Gemeinkosten, Wagnis und Gewinn.

49€ | 54€ | **57**€ | 61€ | 71€ | [h] | ⏱ 1,00 h/h | 017.000.022

15 Stundensatz Helfer, Stahlbau

Stundenlohnarbeiten für Werker, Helfer und Gleichgestellte (z.B. Baufachwerker, Helfer, Hilfsmonteure, Ungelernte, Angelernte). Leistung nach besonderer Anordnung der Bauüberwachung. Der Verrechnungssatz für die jeweilige Arbeitskraft umfasst sämtliche Aufwendungen wie Lohn- und Gehaltskosten, Lohn- und Gehaltsnebenkosten, Zuschläge, lohngebundene und lohnabhängige Kosten, sonstige Sozialkosten, Gemeinkosten, Wagnis und Gewinn.

31€ | 41€ | **46**€ | 51€ | 61€ | [h] | ⏱ 1,00 h/h | 017.000.023

018

Kosten:
Stand 1.Quartal 2020
Bundesdurchschnitt

Nr.	Positionen	Einheit	►	▷	ø brutto € / ø netto €	◁	◀
1	Untergrund reinigen	m²	0,2	1,3	**1,8**	3,2	6,3
			0,2	1,1	**1,5**	2,7	5,3
2	Voranstrich, Abdichtung, Betonbodenplatte	m²	1	2	**3**	4	7
			1	2	**3**	4	6
3	Wandanschluss, Bitumen-Dichtbahn	m	4	6	**6**	7	9
			4	5	**5**	6	8
4	Wandanschluss, Dickbeschichtung	m	7	9	**11**	15	17
			6	7	**9**	13	15
5	Dichtungsanschluss, Anschweißflansch	St	10	15	**18**	20	26
			8	13	**15**	17	22
6	Dichtungsanschluss, Klemm-/Klebeflansch	St	12	34	**42**	50	71
			10	29	**36**	42	59
7	Perimeterdämmung, XPS, bis 60mm, Fundament	m²	19	25	**26**	30	36
			16	21	**22**	26	30
8	Perimeterdämmung, XPS bis 100mm, Bodenplatte	m²	21	25	**27**	29	34
			17	21	**23**	24	28
9	Perimeterdämmung, XPS bis 150mm, Bodenplatte	m²	27	33	**36**	38	45
			23	28	**30**	32	37
10	Perimeterdämmung, XPS bis 240mm, Bodenplatte	m²	53	60	**60**	63	69
			45	50	**51**	53	58
11	Perimeterdämmung, XPS 100mm, Wand	m²	–	28	**37**	46	–
			–	24	**31**	38	–
12	Perimeterdämmung, XPS 160mm, Wand	m²	30	41	**44**	54	70
			26	34	**37**	45	59
13	Perimeterdämmung, CG, 120mm, Wand	m²	73	79	**84**	93	105
			61	66	**71**	78	88
14	Perimeterdämmung, CG, 200mm, Wand	m²	97	105	**112**	124	140
			82	88	**94**	104	117
15	Trennlage, PE-Folie, unter Bodenplatte	m²	1	2	**2**	3	4
			0,9	1,5	**1,8**	2,4	3,5
16	Querschnittsabdichtung, G200DD, Mauerwerk 11,5cm	m	0,9	1,8	**2,2**	3,5	5,4
			0,8	1,5	**1,9**	2,9	4,6
17	Querschnittsabdichtung, G200DD, Mauerwerk 24cm	m	3,8	5,8	**6,8**	10	15
			3,2	4,9	**5,7**	8,6	12
18	Querschnittsabdichtung, G200DD, Mauerwerk 36,5cm	m	5,1	12	**13**	16	27
			4,3	10	**11**	13	22
19	Bodenabdichtung, Bodenfeuchte, G200DD	m²	12	14	**15**	16	17
			10	12	**13**	13	15
20	Bodenabdichtung, Bodenfeuchte, PMBC	m²	21	23	**25**	27	30
			18	19	**21**	23	25
21	Bodenabdichtung, Bodenfeuchte, Schlämme, starr	m²	20	22	**23**	26	29
			17	19	**20**	22	24
22	Bodenabdichtung, Bodenfeuchte, Schlemme, flexibel	m²	27	29	**31**	35	38
			23	25	**26**	29	32

► min
▷ von
ø Mittel
◁ bis
◀ max

Nr.	Positionen	Einheit	▶	▷	**ø brutto €** / ø netto €	◁	◀
23	Bodenabdichtung, Bodenfeuchte, PV200 DD	m²	21	22	**24**	26	29
			17	19	**20**	22	25
24	Bodenabdichtung, Bodenfeuchte, PYE G200S4	m²	20	21	**23**	25	28
			17	18	**19**	21	23
25	Bodenabdichtung, nicht drückendes Wasser, PMBC	m²	34	36	**39**	43	48
			28	31	**33**	36	40
26	Bodenabdichtung, nicht drückendes Wasser, Schlämme, starr	m²	29	31	**33**	37	41
			24	26	**28**	31	34
27	Bodenabdichtung, nicht drückendes Wasser, Schlämme, flexibel	m²	33	35	**38**	42	46
			27	30	**32**	35	39
28	Hohlkehle, Schlämme	m	4	7	**8**	11	18
			3	6	**7**	9	15
29	Voranstrich, Wandabdichtung	m²	1,0	2,9	**3,6**	5,0	8,0
			0,8	2,5	**3,0**	4,2	6,7
30	Wandabdichtung, Bodenfeuchte, Schlämme, flexibel	m²	23	25	**27**	30	33
			20	21	**23**	25	28
31	Wandabdichtung, Bodenfeuchte, PMBC	m²	22	24	**26**	28	32
			19	20	**22**	24	27
32	Wandabdichtung, nicht drückendes Wasser, MDS flexibel	m²	25	27	**29**	32	35
			21	23	**24**	27	29
33	Wandabdichtung, nicht drückendes Wasser, PMBC	m²	23	25	**27**	30	33
			20	21	**23**	25	28
34	Wandabdichtung, nicht drückendes Wasser, KSP	m²	23	27	**28**	31	35
			19	22	**24**	26	29
35	Wandabdichtung, drückendes Wasser, G200DD/ PYE-PV200DD	m²	33	35	**38**	42	46
			27	30	**32**	35	39
36	Wandabdichtung, drückendes Wasser, PYE-PV200S5	m²	26	28	**30**	33	37
			22	24	**25**	28	31
37	Wandabdichtung, drückendes Wasser, R500N Kupfer	m²	44	47	**50**	56	62
			37	40	**42**	47	52
38	Wandabdichtung, drückendes Wasser, R500N, 3-lagig	m²	46	50	**53**	59	66
			39	42	**45**	50	55
39	Fugenabdichtung, Wand, Feuchte, Dichtmasse	m	10	11	**13**	14	16
			8	9	**11**	12	13
40	Fugenabdichtung, Wand, Feuchte, Fugenband	m	24	27	**31**	35	39
			21	23	**26**	29	32
41	Fugenabdichtung, Wand, Feuchte, Kunststoffbahn	m	17	19	**22**	25	27
			15	16	**19**	21	23
42	Fugenabdichtung, Bodenplatte, Feuchte, Schweiß-bahn, PYE-PV200S	m	24	27	**31**	35	39
			21	23	**26**	29	32
43	Fugenabdichtung, Bodenplatte, Feuchte, KSP-Streifen	m	16	18	**21**	23	26
			14	15	**18**	20	22

Nr.	Positionen	Einheit	▶	▷	ø brutto € / ø netto €	◁	◀
44	Fugenabdichtung, Wand, drückendes Wasser, Schweißbahn	m	21	23	**27**	30	33
			17	19	**22**	25	27
45	Bewegungsfuge, Wand, drückendes Wasser, Kupferband	m	24	26	**30**	34	37
			20	22	**26**	28	31
46	Bewegungsfuge, Wand, drückendes Wasser, Kunststoffbahn	m	20	23	**26**	29	32
			17	19	**22**	24	27
47	Bewegungsfuge, Wand, drückendes Wasser, Kupferband/Bitumen	m	28	31	**36**	40	44
			24	26	**30**	33	37
48	Bewegungsfuge, Decke, drückendes Wasser, 4-stegiges Fugenband	m	32	36	**41**	45	50
			27	30	**34**	38	42
49	Bewegungsfuge, drückendes Wasser, Los-Festflansch	m	39	43	**50**	55	61
			33	36	**42**	46	51
50	Rohrdurchführung, Los-/Festflansch, Faserzementrohr	St	135	247	**287**	291	447
			113	208	**241**	244	376
51	Abdichtungsanschluss, Decke, Anschweißflansch DN100	St	11	20	**27**	33	46
			9	17	**22**	27	39
52	Abdichtungsanschluss, Anschweißflansch DN250	St	18	33	**41**	50	67
			15	27	**35**	42	56
53	Dränschicht, EPS-Polystyrolplatte/Vlies	m²	9	18	**21**	25	35
			8	15	**18**	21	29
54	Sickerschicht, Kunststoffnoppenbahn/Vlies	m²	4	8	**10**	12	16
			4	7	**8**	10	14
55	Sickerschicht, poröse Sickersteine	m²	–	26	**29**	33	–
			–	22	**25**	28	–
56	Rohrdurchführung, Faserzementrohr	St	206	442	**502**	639	921
			173	371	**422**	537	774
57	Dichtsatz, Rohrdurchführung	St	72	144	**197**	226	282
			61	121	**166**	190	237
58	Stundensatz Facharbeiter, Abdichtungsarbeiten	h	50	57	**63**	66	74
			42	48	**53**	56	62
59	Stundensatz Helfer, Abdichtungsarbeiten	h	42	48	**52**	54	58
			36	40	**44**	45	49

Kosten:
Stand 1.Quartal 2020
Bundesdurchschnitt

▶ min
▷ von
ø Mittel
◁ bis
◀ max

Nr.	Kurztext / Langtext						Kostengruppe
▶	▷	**ø netto €**	◁	◀	[Einheit]	Ausf.-Dauer	Positionsnummer

1 Untergrund reinigen KG **324**

Betondecke von Staub, groben Verschmutzungen und losen Teilen besenrein abkehren, Schutt aufnehmen, sammeln, sortieren und artenrein entsorgen, inkl. Deponiegebühren.

0,2€ | 1,1€ | **1,5€** | 2,7€ | 5,3€ | [m²] | 0,02 h/m² | 018.000.001

2 Voranstrich, Abdichtung, Betonbodenplatte KG **324**

Voranstrich bzw. Haftgrund für Bitumendichtbahn, auf gereinigte, oberflächentrockene Bodenflächen, vollflächig.
Haftgrund: als **kalt streichbarer Bitumen-Voranstrich / Bitumen-Emulsion**
Verbrauch: 300 g/m²
Einbauort: vorgereinigte Stahlbeton-Bodenplatte

1,1€ | 2€ | **3€** | 4€ | 6€ | [m²] | 0,03 h/m² | 018.000.002

3 Wandanschluss, Bitumen-Dichtbahn KG **325**

Abdichtungsanschluss an aufgehende Bauteile, an Übergang zwischen Bodenplatte / Sohle und aufgehender Wand, rechtwinklig, Abdichtung geklebt.
Unterlage: .....
Ausführung: .....

4€ | 5€ | **5€** | 6€ | 8€ | [m] | 0,08 h/m | 018.000.004

4 Wandanschluss, Dickbeschichtung KG **325**

Abdichtungsanschluss an aufgehende Bauteile, an Übergang zwischen Bodenplatte / Sohle und aufgehender Wand, rechtwinklig.
Abdichtung: Dickbeschichtung ......
Unterlage: .....
Ausführung: .....

6€ | 7€ | **9€** | 13€ | 15€ | [m] | 0,10 h/m | 018.000.046

5 Dichtungsanschluss, Anschweißflansch KG **324**

Abdichtungsanschluss an Durchdringungen, mit Anschweißflansch, inkl. Dichtungsbeilage.
Wassereinwirkungsklasse: W1.1-E
Durchdringung: DN100 bis DN250
Einbauort: Bodenplatte

8€ | 13€ | **15€** | 17€ | 22€ | [St] | 0,20 h/St | 018.000.005

6 Dichtungsanschluss, Klemm-/Klebeflansch KG **324**

Abdichtungsanschluss an Durchdringungen mit Klemm- oder Klebeflansch.
Wassereinwirkungsklasse: W1.1-E
Durchdringung: DN100
Flanschart: .....
Einbauort: Bodenplatte

10€ | 29€ | **36€** | 42€ | 59€ | [St] | 0,40 h/St | 018.000.006

Nr. **Kurztext** / Langtext — Kostengruppe
▶ ▷ **ø netto €** ◁ ◀ [Einheit] Ausf.-Dauer Positionsnummer

7 Perimeterdämmung, XPS, bis 60mm, Fundament KG **325**

Perimeterdämmung aus extrudierten Polystyrolplatten, als Wärmedämmung vor Fundamenten im Erdreich, geklebt, mit umlaufendem Stufenfalz, dicht gestoßen.
Untergrund: abgedichtete Stahlbeton-Fundamente und -Außenwände
Wassereinwirkungsklasse: **W1-E Bodenfeuchte / W2-E drückendes Wasser**
Dämmstoff: XPS
Anwendungstyp: PW - .....
Druckbelastbarkeit: **dh / ds / dx**
Brandverhalten: E - normal entflammbar
Nennwert der Wärmeleitfähigkeit: ..... W/(mK)
Dämmstoffdicke: 60 mm
Ausführung Kante: umlaufender Stufenfalz
Einbauort: Stahlbeton-Fundamente

16€ 21€ **22**€ 26€ 30€ [m2] ⏱ 0,11 h/m2 018.000.022

Kosten:
Stand 1.Quartal 2020
Bundesdurchschnitt

A 1 Perimeterdämmung, XPS, Bodenplatte Beschreibung für Pos. **8-10**

Perimeterdämmung aus extrudierten Polystyrolplatten, als Wärmedämmung unterhalb der Bodenplatte, mit umlaufendem Stufenfalz, Platten dicht gestoßen.
Untergrund: .....
Dämmstoff: XPS
Anwendungstyp: PB
Wassereinwirkungsklasse: **W1-E Bodenfeuchte / W2-E drückendes Wasser**
Druckbelastbarkeit: **dh / ds / dx**
Nennwert der Wärmeleitfähigkeit: ..... W/(mK)

8 Perimeterdämmung, XPS bis 100mm, Bodenplatte KG **325**

Wie Ausführungsbeschreibung A 1
Dämmstoffdicke: bis 100 mm

17€ 21€ **23**€ 24€ 28€ [m2] ⏱ 0,10 h/m2 018.000.032

9 Perimeterdämmung, XPS bis 150mm, Bodenplatte KG **325**

Wie Ausführungsbeschreibung A 1
Dämmstoffdicke: bis 150 mm

23€ 28€ **30**€ 32€ 37€ [m2] ⏱ 0,11 h/m2 018.000.033

10 Perimeterdämmung, XPS bis 240mm, Bodenplatte KG **325**

Wie Ausführungsbeschreibung A 1
Dämmstoffdicke: über bis 240 mm

45€ 50€ **51**€ 53€ 58€ [m2] ⏱ 0,12 h/m2 018.000.034

▶ min
▷ von
ø Mittel
◁ bis
◀ max

A 2 Perimeterdämmung, XPS, Wand Beschreibung für Pos. **11-12**

Perimeterdämmung aus extrudierten Polystyrolplatten, als Wärmedämmung vor Wänden im Erdreich, geklebt, Platten mit umlaufendem Stufenfalz, dicht gestoßen.
Untergrund: abgedichtete Stahlbeton-Fundamente und -Außenwände
Dämmstoff: XPS
Anwendungstyp: PW
Wassereinwirkungsklasse: **W1-E Bodenfeuchte / W2-E drückendes Wasser**
Druckbelastbarkeit: **dh / ds / dx**
Nennwert der Wärmeleitfähigkeit: ..... W/(mK)

Nr.	Kurztext / Langtext						Kostengruppe
▶	▷	**ø netto €**	◁	◀	[Einheit]	Ausf.-Dauer	Positionsnummer

11 Perimeterdämmung, XPS 100mm, Wand KG **335**

Wie Ausführungsbeschreibung A 2
Dämmstoffdicke: 100 mm

▶	▷	ø netto €	◁	◀	[Einheit]	Ausf.-Dauer	Positionsnummer
–€	24€	**31**€	38€	–€	[m2]	0,25 h/m2	018.000.083

12 Perimeterdämmung, XPS 160mm, Wand KG **335**

Wie Ausführungsbeschreibung A 2
Dämmstoffdicke: 160 mm

▶	▷	ø netto €	◁	◀	[Einheit]	Ausf.-Dauer	Positionsnummer
26€	34€	**37**€	45€	59€	[m2]	0,28 h/m2	018.000.031

A 3 Perimeterdämmung, CG, Wand Beschreibung für Pos. **13-14**

Perimeterdämmung aus Schaumglas, als Wärmedämmung vor Wänden im Erdreich, punktförmig geklebt, Platten mit umlaufendem Stufenfalz, dicht gestoßen.
Untergrund: abgedichtete Stahlbeton-Fundamente und -Außenwände
Dämmstoff: CG
Anwendungstyp: PW
Wassereinwirkungsklasse: **W1-E Bodenfeuchte / W2-E drückendes Wasser**
Druckbelastbarkeit: **ds / dx**
Nennwert der Wärmeleitfähigkeit: ..... W/(mK)

13 Perimeterdämmung, CG, 120mm, Wand KG **335**

Wie Ausführungsbeschreibung A 3
Dämmschichtdicke: 120 mm

▶	▷	ø netto €	◁	◀	[Einheit]	Ausf.-Dauer	Positionsnummer
61€	66€	**71**€	78€	88€	[m2]	0,25 h/m2	018.000.047

14 Perimeterdämmung, CG, 200mm, Wand KG **335**

Wie Ausführungsbeschreibung A 3
Dämmschichtdicke: 200 mm

▶	▷	ø netto €	◁	◀	[Einheit]	Ausf.-Dauer	Positionsnummer
82€	88€	**94**€	104€	117€	[m2]	0,28 h/m2	018.000.050

15 Trennlage, PE-Folie, unter Bodenplatte KG **325**

Trennlage aus PE-Folie, einlagig, Stoßüberlappung ca. 15cm, Stöße gegen Verschieben sichern.
Foliendicke: 0,2 mm
Untergrund: .....

▶	▷	ø netto €	◁	◀	[Einheit]	Ausf.-Dauer	Positionsnummer
0,9€	1,5€	**1,8**€	2,4€	3,5€	[m2]	0,03 h/m2	018.000.008

A 4 Querschnittsabdichtung, G200DD, Mauerwerk Beschreibung für Pos. **16-18**

Abdichtung aus bitumenverträglicher Bahn einlagig, gegen aufsteigende Feuchtigkeit in / unter Mauerwerkswänden, mit seitlichem Überstand und Überdeckung von je mind. 20cm; inkl. Abgleichen der Auflagerfläche.
Abdichtung: G 200 DD

16 Querschnittsabdichtung, G200DD, Mauerwerk 11,5cm KG **342**

Wie Ausführungsbeschreibung A 4
Mauerdicke: bis 11,5 cm

▶	▷	ø netto €	◁	◀	[Einheit]	Ausf.-Dauer	Positionsnummer
0,8€	1,5€	**1,9**€	2,9€	4,6€	[m]	0,04 h/m	018.000.035

Nr.	Kurztext / Langtext						Kostengruppe
▶	▷	ø netto €	◁	◀	[Einheit]	Ausf.-Dauer	Positionsnummer

17 Querschnittsabdichtung, G200DD, Mauerwerk 24cm KG **341**

Wie Ausführungsbeschreibung A 4
Mauerdicke: bis 24,0 cm

3€ 5€ **6**€ 9€ 12€ [m] 0,06 h/m 018.000.037

18 Querschnittsabdichtung, G200DD, Mauerwerk 36,5cm KG **331**

Wie Ausführungsbeschreibung A 4
Mauerdicke: bis 36,5 cm

4€ 10€ **11**€ 13€ 22€ [m] 0,08 h/m 018.000.038

19 Bodenabdichtung, Bodenfeuchte, G200DD KG **324**

Abdichtung von Bodenplatten gegen Bodenfeuchte, mit einlagiger Bitumen-Schweißbahn, Stöße überlappend, vollflächig verklebt.
Wassereinwirkungsklasse: W1-E
Rissklasse: R1-E (geringe Anforderung)
Rissüberbrückungsklasse: RÜ1-E (<=0,2 mm)
Raumnutzungsklasse: **RN1-E / RN2-E**
Unterlage: Betonbodenflächen mit Bitumenvoranstrich
Abdichtung: G200DD, einlagig
Einbauort: Bodenplatte
Angeb. Fabrikat: .....

10€ 12€ **13**€ 13€ 15€ [m²] 0,20 h/m² 018.000.086

20 Bodenabdichtung, Bodenfeuchte, PMBC KG **325**

Abdichtung von Bodenflächen gegen Bodenfeuchte mit kunststoffmodifizierter Bitumendickbeschichtung als Spachtelmasse in zwei Arbeitsgängen.
Wassereinwirkungsklasse: W1-E (Bodenfeuchte)
Rissklasse: R1-E (geringe Anforderung)
Rissüberbrückungsklasse: RÜ1-E (<=0,2 mm)
Raumnutzungsklasse: **RN1-E / RN2-E**
Untergrund: Beton
Lage: Kellersohle
Trockenschichtdicke: mind. 3 mm
Angeb. Fabrikat: .....

18€ 19€ **21**€ 23€ 25€ [m²] 0,16 h/m² 018.000.051

21 Bodenabdichtung, Bodenfeuchte, Schlämme, starr KG **325**

Abdichtung von Bodenflächen gegen Bodenfeuchte mit starrer mineralischer Schlämme in zwei Arbeitsgängen.
Wassereinwirkungsklasse: W1-E (Bodenfeuchte)
Rissklasse: R1-E (geringe Anforderung)
Rissüberbrückungsklasse: RÜ1-E (<=0,2 mm)
Raumnutzungsklasse: **RN1-E / RN2-E**
Untergrund: Beton
Lage: Kellersohle
Trockenschichtdicke: mind. 3 mm

17€ 19€ **20**€ 22€ 24€ [m²] 0,16 h/m² 018.000.052

Kosten:
Stand 1.Quartal 2020
Bundesdurchschnitt

▶ min
▷ von
ø Mittel
◁ bis
◀ max

22 Bodenabdichtung, Bodenfeuchte, Schlemme, flexibel KG **325**

Abdichtung von Bodenflächen gegen Bodenfeuchte mit flexibler mineralischer Schlämme in zwei Arbeitsgängen.
Wassereinwirkungsklasse: W1-E (Bodenfeuchte)
Rissklasse: R1-E (geringe Anforderung)
Rissüberbrückungsklasse: RÜ1-E (<=0,2 mm)
Raumnutzungsklasse: **RN1-E / RN2-E**
Untergrund: Beton
Lage: Kellersohle
Trockenschichtdicke: mind. 3 mm
Angeb. Fabrikat: .....

23€ 25€ **26**€ 29€ 32€ [m2] ⏱ 0,18 h/m2 018.000.053

23 Bodenabdichtung, Bodenfeuchte, PV200 DD KG **325**

Abdichtung von Bodenflächen gegen Bodenfeuchte mit Bitumen-Dachdichtungsbahn.
Wassereinwirkungsklasse: W1-E (Bodenfeuchte)
Rissklasse: R1-E (geringe Anforderung)
Rissüberbrückungsklasse: RÜ1-E (<=0,2 mm)
Raumnutzungsklasse: **RN1-E / RN2-E**
Untergrund: Beton
Lage: Kellersohle
Dichtungsbahn: PV 200 DD
Angeb. Fabrikat: .....

17€ 19€ **20**€ 22€ 25€ [m2] ⏱ 0,17 h/m2 018.000.054

24 Bodenabdichtung, Bodenfeuchte, PYE G200S4 KG **325**

Abdichtung von Bodenflächen gegen Bodenfeuchte mit Elastomerbitumen-Schweißbahn.
Wassereinwirkungsklasse: W1-E (Bodenfeuchte)
Rissklasse: R1-E (geringe Anforderung)
Rissüberbrückungsklasse: RÜ1-E (<=0,2 mm)
Raumnutzungsklasse: **RN1-E / RN2-E**
Untergrund: Beton
Lage: Kellersohle
Dichtungsbahn: PYE G 200 S4
Angeb. Fabrikat: .....

17€ 18€ **19**€ 21€ 23€ [m2] ⏱ 0,17 h/m2 018.000.055

25 Bodenabdichtung, nicht drückendes Wasser, PMBC KG **325**

Abdichtung von Bodenflächen gegen nicht drückendes Wasser, mäßige Beanspruchung, mit kunststoffmodifizierter Bitumendickbeschichtung als Spachtelmasse in zwei Arbeitsgängen mit Gewebeeinlage.
Wassereinwirkungsklasse: W1-E (Bodenfeuchte)
Rissklasse: R1-E (geringe Anforderung)
Rissüberbrückungsklasse: RÜ1-E (<=0,2 mm)
Raumnutzungsklasse: **RN1-E / RN2-E**
Untergrund: Beton
Bauteil: Boden in Nassraum
Trockenschichtdicke: mind. 3 mm
Angeb. Fabrikat: .....

28€ 31€ **33**€ 36€ 40€ [m2] ⏱ 0,22 h/m2 018.000.057

000 001 002 006 008 009 010 012 013 014 016 017 **018** 020 021 022

Nr.	Kurztext / Langtext						Kostengruppe
▶	▷	**ø netto €**	◁	◀	[Einheit]	Ausf.-Dauer	Positionsnummer

26 Bodenabdichtung, nicht drückendes Wasser, Schlämme, starr — KG **325**

Abdichtung von Bodenflächen gegen nicht drückendes Wasser, mäßige Beanspruchung, mit starrer mineralischer Schlämme in zwei Arbeitsgängen.
Wassereinwirkungsklasse: W1-E (Bodenfeuchte)
Rissklasse: R1-E (geringe Anforderung)
Rissüberbrückungsklasse: RÜ1-E (<=0,2 mm)
Raumnutzungsklasse: **RN1-E / RN2-E**
Untergrund: Beton
Bauteil: Boden in Nassraum
Trockenschichtdicke: mind. 4 mm

24€ | 26€ | **28**€ | 31€ | 34€ | [m²] | ⏱ 0,17 h/m² | 018.000.058

Kosten:
Stand 1.Quartal 2020
Bundesdurchschnitt

27 Bodenabdichtung, nicht drückendes Wasser, Schlämme, flexibel — KG **325**

Abdichtung von Bodenflächen gegen nicht drückendes Wasser, mäßige Beanspruchung, mit flexibler mineralischer Dichtungsschlämme in zwei Arbeitsgängen.
Wassereinwirkungsklasse: W1-E (Bodenfeuchte)
Rissklasse: R1-E (geringe Anforderung)
Rissüberbrückungsklasse: RÜ1-E (<=0,2 mm)
Raumnutzungsklasse: **RN1-E / RN2-E**
Untergrund: Beton
Bauteil: Boden in Nassraum
Trockenschichtdicke: mind. 4 mm
Angeb. Fabrikat: .....

27€ | 30€ | **32**€ | 35€ | 39€ | [m²] | ⏱ 0,19 h/m² | 018.000.059

28 Hohlkehle, Schlämme — KG **335**

Hohlkehle aus Schlämme zwischen Fundament und Wand, inkl. Grundierung, Hohlkehle gerundet, in die Flächenabdichtung eingebunden.
Material: .....

3€ | 6€ | **7**€ | 9€ | 15€ | [m] | ⏱ 0,13 h/m | 018.000.014

29 Voranstrich, Wandabdichtung — KG **335**

Voranstrich bzw. Haftgrund für Wandabdichtung, auf gereinigte oberflächentrockene Wandfläche, vollflächig.
Haftgrund: **Bitumenlösung / Bitumen-Emulsion**
Bauteil: erdberührte Außenwand, mit Dränung
Untergrund: .....

0,8€ | 2,5€ | **3,0**€ | 4,2€ | 6,7€ | [m²] | ⏱ 0,08 h/m² | 018.000.015

▶ min
▷ von
ø Mittel
◁ bis
◀ max

30 Wandabdichtung, Bodenfeuchte, Schlämme, flexibel — KG **335**

Außenabdichtung von erdberührten Wänden gegen Bodenfeuchte mit zementgebundener flexibler Schlämme in zwei Arbeitsgängen.
Wassereinwirkungsklasse: W1.2-E
Rissklasse: R1-E (geringe Anforderung)
Rissüberbrückungsklasse: RÜ1-E (bis 0,2 mm)
Raumnutzungsklasse: **RN1-E / RN2-E**
Untergrund: Beton
Trockenschichtdicke: mind. 2 mm

20€ | 21€ | **23**€ | 25€ | 28€ | [m²] | ⏱ 0,17 h/m² | 018.000.061

31 **Wandabdichtung, Bodenfeuchte, PMBC** KG **335**

Außenabdichtung von erdberührten Wänden gegen Bodenfeuchte mit kunststoffmodifizierter Bitumendickbeschichtung als Spachtelmasse in zwei Arbeitsgängen.
Wassereinwirkungsklasse: W1.2-E
Rissklasse: R2-E (mäßige Anforderung)
Rissüberbrückungsklasse: RÜ1-E (bis 0,5 mm)
Raumnutzungsklasse: **RN1-E / RN2-E**
Untergrund: Mauerwerk
Trockenschichtdicke: mind. 3 mm
Angeb. Fabrikat: ....

19€ 20€ **22**€ 24€ 27€ [m²] ⏱ 0,15 h/m² 018.000.062

32 **Wandabdichtung, nicht drückendes Wasser, MDS flexibel** KG **335**

Außenabdichtung von erdberührten Wänden mit Dränung gegen nicht drückendes Wasser, mit zementgebundener flexibler Dichtungsschlämme in zwei Arbeitsgängen.
Wassereinwirkungsklasse: W1.2-E
Rissklasse: R1-E (geringe Anforderung)
Rissüberbrückungsklasse: RÜ1-E (bis 0,2 mm)
Raumnutzungsklasse: **RN1-E / RN2-E**
Untergrund: Beton
Trockenschichtdicke: mind. 2 mm
Angeb. Fabrikat: .....

21€ 23€ **24**€ 27€ 29€ [m²] ⏱ 0,17 h/m² 018.000.064

33 **Wandabdichtung, nicht drückendes Wasser, PMBC** KG **335**

Außenabdichtung von erdberührten Wänden mit Dränung gegen nicht drückendes Wasser mit kunststoffmodifizierter Bitumendickbeschichtung (PMBC) als Spachtelmasse in zwei Arbeitsgängen mit Gewebeeinlage.
Wassereinwirkungsklasse: W1.2-E
Rissklasse: R2-E (mäßige Anforderung)
Rissüberbrückungsklasse: RÜ1-E (bis 0,5 mm)
Raumnutzungsklasse: **RN1-E / RN2-E**
Untergrund: Mauerwerk
Trockenschichtdicke: mind. 3 mm
Angeb. Fabrikat: ....

20€ 21€ **23**€ 25€ 28€ [m²] ⏱ 0,18 h/m² 018.000.065

34 **Wandabdichtung, nicht drückendes Wasser, KSP** KG **335**

Außenabdichtung von erdberührten Wänden mit Dränung gegen nicht drückendes Wasser mit kaltselbstklebenden Polymerbitumenbahn mit Trägereinlage.
Wassereinwirkungsklasse: W1.2-E
Rissklasse: R2-E (mäßige Anforderung)
Rissüberbrückungsklasse: RÜ1-E (<=0,2mm)
Raumnutzungsklasse: **RN1-E / RN2-E**
Untergrund: Mauerwerk
Ausführung: PYE KTG KSP 2,8, 1-lagig
Angeb. Fabrikat: .....

19€ 22€ **24**€ 26€ 29€ [m²] ⏱ 0,16 h/m² 018.000.066

Kosten:
Stand 1.Quartal 2020
Bundesdurchschnitt

▶ min
▷ von
ø Mittel
◁ bis
◀ max

Nr.	**Kurztext** / Langtext						Kostengruppe
▶	▷	**ø netto €**	◁	◀	[Einheit]	Ausf.-Dauer	Positionsnummer

35 Wandabdichtung, drückendes Wasser, G200DD/PYE-PV200DD KG **335**

Außenabdichtung von erdberührten Wänden gegen drückendes Wasser mit Polymerbitumen-Schweißbahn.
Wassereinwirkungsklasse: W2.1-E
Rissklasse: R2-E (mäßige Anforderung)
Rissüberbrückungsklasse: RÜ3-E (hohe Rissüberbrückung)
Raumnutzungsklasse: RN1-E
Untergrund: Mauerwerk
Abdichtung: G 200 DD und PYE PV 200 DD, 2-lagig
Eintauchtiefe: bis 3,00 m
Angeb. Fabrikat: .....

27€ 30€ **32**€ 35€ 39€ [m²] ⏱ 0,30 h/m² 018.000.067

36 Wandabdichtung, drückendes Wasser, PYE-PV200S5 KG **335**

Außenabdichtung von erdberührten Wänden gegen drückendes Wasser mit Polymerbitumen-Schweißbahn.
Wassereinwirkungsklasse: W2.1-E
Rissklasse: R1-E (mäßige Anforderung)
Rissüberbrückungsklasse: RÜ3-E (hohe Rissüberbrückung)
Raumnutzungsklasse: RN1-E
Untergrund: Mauerwerk
Abdichtung: PYE-PV200 S5, 1-lagig
Eintauchtiefe: bis 3,00 m
Angeb. Fabrikat: .....

22€ 24€ **25**€ 28€ 31€ [m²] ⏱ 0,24 h/m² 018.000.068

37 Wandabdichtung, drückendes Wasser, R500N Kupfer KG **335**

Außenabdichtung von erdberührten Wänden gegen drückendes Wasser mit nackten Bitumenbahnen und Metallbändern.
Wassereinwirkungsklasse: W2.2-E
Rissklasse: R4-E (sehr hohe Anforderung)
Rissüberbrückungsklasse: RÜ4-E (sehr hohe Rissüberbrückung)
Raumnutzungsklasse: RN2-E
Untergrund: Mauerwerk
Abdichtung: R500N, 2 lagig, mit Kupferband .....
Eintauchtiefe: > 9,00 m

37€ 40€ **42**€ 47€ 52€ [m²] ⏱ 0,28 h/m² 018.000.070

38 Wandabdichtung, drückendes Wasser, R500N, 3-lagig KG **335**

Außenabdichtung von erdberührten Wänden gegen drückendes Wasser mit nackten Bitumenbahnen.
Wassereinwirkungsklasse: W2.2-E
Rissklasse: R2-E (mäßige Anforderung)
Rissüberbrückungsklasse: RÜ4-E (sehr hohe Rissüberbrückung)
Raumnutzungsklasse: RN1-E
Untergrund: Mauerwerk
Abdichtung: R500N, 3 lagig, + 1 Lage Kupferband Dicke 0,1 mm
Eintauchtiefe: > 9,00 m

39€ 42€ **45**€ 50€ 55€ [m²] ⏱ 0,32 h/m² 018.000.071

39 Fugenabdichtung, Wand, Feuchte, Dichtmasse KG **325**

Abdichtung von Fugen mit elastischer Dichtungsmasse, flexibler mineralischer Dichtschlämme und Gewebeband. Leistung mit Fugenvorbereitung und Hinterfüllprofil.
Bauteil: erdberührte Außenwand.
Wassereinwirkungsklasse: W1-E (Bodenfeuchte)
Untergrund: .....
Fugenbreite: 15 mm
Bewegung: ..... mm
Fugentyp: .....
Verformungsklasse: .....
Angeb. Fabrikat: .....

8€	9€	**11**€	12€	13€	[m]	⏱ 0,13 h/m	018.000.072

40 Fugenabdichtung, Wand, Feuchte, Fugenband KG **325**

Abdichtung über Fugen mit elastischem Fugenband.
Bauteil: erdberührte Außenwand
Wassereinwirkungsklasse: W1-E (Bodenfeuchte)
Untergrund: .....
Fugenbreite: .....
Bewegung: ..... mm
Fugentyp: .....
Verformungsklasse: .....
Angeb. Fabrikat: .....

21€	23€	**26**€	29€	32€	[m]	⏱ 0,17 h/m	018.000.073

41 Fugenabdichtung, Wand, Feuchte, Kunststoffbahn KG **325**

Abdichtung über Fugen mit bitumenverträglichen Streifen aus Kunststoff-Dichtungsbahnen. Dichtungsbahn mit Vlies-/Gewebekaschierung zum Einbetten in Bitumendickbeschichtung.
Bauteil: erdberührte Außenwand.
Wassereinwirkungsklasse: W1-E (Bodenfeuchte)
Untergrund: .....
Fugenbreite: .....
Verformungsklasse: .....
Fugentyp: .....

15€	16€	**19**€	21€	23€	[m]	⏱ 0,20 h/m	018.000.074

42 Fugenabdichtung, Bodenplatte, Feuchte, Schweißbahn, PYE-PV200S KG **325**

Abdichtung über Fugen auf Bodenplatten mit Schweißbahn. Flächenabdichtung an beiden Seiten der Abdichtung mit Bitumen-Schweißbahnen über der Fuge verstärken.
Bauteil: Bodenplatte
Wassereinwirkungsklasse: W1-E (Bodenfeuchte)
Untergrund: .....
Fugentyp: .....
Verformungsklasse: .....
Schweißbahn: Bitumenbahnen, Polymerbitumen-Schweißbahn DIN EN 13969 - PYE - PV 200 S5, Anwendungstyp DIN SPEC 20000-202 BA (Bahn für Bauwerksabdichtung)
Bahnenbreite: 300 mm

21€	23€	**26**€	29€	32€	[m]	⏱ 0,30 h/m	018.000.075

000
001
002
006
008
009
010
012
013
014
016
017
018
020
021
022

Nr.	Kurztext / Langtext						Kostengruppe
▶	▷	ø netto €	◁	◀	[Einheit]	Ausf.-Dauer	Positionsnummer

43 Fugenabdichtung, Bodenplatte, Feuchte, KSP-Streifen KG **325**

Abdichtung über Bewegungsfugen mit kaltselbstklebender Polymerbitumenbahn. Flächenabdichtung an beiden Seiten der Abdichtung mit Streifen über der Fuge verstärken.
Bauteil: Bodenplatte
Wassereinwirkungsklasse: W1-E (Bodenfeuchte)
Untergrund: .....
Fugentyp: I
Verformungsklasse: .....
Bitumenbahn: PYE KTG KSP 2,8, 1-lagig
Bahnenbreite: 300 mm
Angeb. Fabrikat: .....

14€ 15€ **18**€ 20€ 22€ [m] ⏱ 0,20 h/m 018.000.076

Kosten:
Stand 1.Quartal 2020
Bundesdurchschnitt

44 Fugenabdichtung, Wand, drückendes Wasser, Schweißbahn KG **325**

Abdichtung über Fugen mit Schweißbahn. Flächenabdichtung an beiden Seiten der Abdichtung mit Bitumen-Schweißbahnen über der Fuge verstärken.
Bauteil: erdberührte Außenwand
Wassereinwirkungsklasse: W2-E (drückendes Wasser)
Untergrund: .....
Fugentyp: .....
Verformungsklasse: .....
Schweißbahn: PYE-PV 200 S5
Bahnenbreite: 300 mm
Angeb. Fabrikat: .....

17€ 19€ **22**€ 25€ 27€ [m] ⏱ 0,30 h/m 018.000.077

45 Bewegungsfuge, Wand, drückendes Wasser, Kupferband KG **325**

Abdichtung über Bewegungsfugen mit geriffeltem Kupferband. Flächenabdichtung an beiden Seiten der Abdichtung mit Streifen über der Fuge verstärken.
Bauteil: erdberührte Außenwand
Wassereinwirkungsklasse: W2-E (drückendes Wasser)
Fugentyp: I
Verformungsklasse: .....
Kupferband: 0,2 mm, CU-DHP
Bahnenbreite: 300 mm
Angeb. Fabrikat: .....

20€ 22€ **26**€ 28€ 31€ [m] ⏱ 0,30 h/m 018.000.078

▶ min
▷ von
ø Mittel
◁ bis
◀ max

46 **Bewegungsfuge, Wand, drückendes Wasser, Kunststoffbahn** KG **325**

Abdichtung über Bewegungsfugen mit Kunststoffbahn. Flächenabdichtung an beiden Seiten der Abdichtung mit Streifen über der Fuge verstärken.
Bauteil: erdberührte Außenwand
Wassereinwirkungsklasse: W2-E (drückendes Wasser)
Fugentyp: I
Verformungsklasse: .....
Kunststoffbahn: .....
Bahnendicke: 2,0 mm
Bahnenbreite: 300 mm
Angeb. Fabrikat: .....

17€ 19€ **22**€ 24€ 27€ [m] ⏱ 0,30 h/m 018.000.079

47 **Bewegungsfuge, Wand, drückendes Wasser, Kupferband/Bitumen** KG **325**

Abdichtung über Bewegungsfugen mit geriffeltem Kupferband und Schutzlage aus aufgeschweißter Bitumenbahn.
Bauteil: erdberührte Außenwand
Wassereinwirkungsklasse: W2-E (drückendes Wasser)
Fugentyp: I
Verformungsklasse: .....
Kunststoffbahn: .....
Kupferband: CU-DHP 0,1 mm
Bitumenbahn: G 200 S4
Bahnenbreite: 300 mm
Angeb. Fabrikat: .....

24€ 26€ **30**€ 33€ 37€ [m] ⏱ 0,30 h/m 018.000.080

48 **Bewegungsfuge, Decke, drückendes Wasser, 4-stegiges Fugenband** KG **325**

Abdichtung über Bewegungsfugen mit 4-stegigen, verschweißten Fugenbändern. Flächenabdichtung mit lose verlegten Kunststoffbahnen.
Bauteil: Terrasse bzw. Tiefgarage
Wassereinwirkungsklasse: W2-E (drückendes Wasser)
Fugentyp: I
Verformungsklasse: .....
Breite Fugenband: ....
Angeb. Fabrikat: .....

27€ 30€ **34**€ 38€ 42€ [m] ⏱ 0,30 h/m 018.000.081

49 **Bewegungsfuge, drückendes Wasser, Los-Festflansch** KG **325**

Abdichtung über Bewegungsfugen mit Los-Festflansch in doppelter Ausführung.
Bauteil: .....
Wassereinwirkungsklasse: W2-E (drückendes Wasser)
Fugentyp: II
Verformungsklasse: .....
Flanschbreite: ....
Angeb. Fabrikat: .....

33€ 36€ **42**€ 46€ 51€ [m] ⏱ 0,50 h/m 018.000.082

Nr.	Kurztext / Langtext					Kostengruppe
▶	▷	ø netto €	◁	◀	[Einheit]	Ausf.-Dauer Positionsnummer

50 Rohrdurchführung, Los-/Festflansch, Faserzementrohr KG **335**

Durchführung der Abdichtung, als Faserzement-Futterrohr, für Medienrohr, Ausführung mit Los- und Festflansch, einseitig zum Einklemmen der Abdichtung.
Bauteil: .....
Wassereinwirkungsklasse: W2-E (drückendes Wasser)
Bauteildicke: 25 cm
Baulänge FZ-Rohr: 200-300 mm
Nenndicke: DN100
Abdichtungssystem: .....
Angeb. Fabrikat: .....

113€ 208€ **241**€ 244€ 376€ [St] ⏱ 1,50 h/St 018.000.020

Kosten:
Stand 1.Quartal 2020
Bundesdurchschnitt

51 Abdichtungsanschluss, Decke, Anschweißflansch DN100 KG **335**

Abdichtungsanschluss an Bauteil-Durchdringungen, für Rohrleitungen mit Anschweißflansch.
Bauteil: Deckenflächen
Wassereinwirkungsklasse: W3-E (nicht drückendes Wasser aus erdüberschütteten Bauteilen)
Durchdringung: DN100
Abdichtungssystem: .....
Angeb. Fabrikat: .....

9€ 17€ **22**€ 27€ 39€ [St] ⏱ 0,24 h/St 018.000.019

52 Abdichtungsanschluss, Anschweißflansch DN250 KG **335**

Abdichtungsanschluss an Durchdringungen, inkl. Dichtungsbeilage, für Rohrleitungen mit Anschweißflansch.
Bauteil: .....
Wassereinwirkungsklasse: W1-E (Bodenfeuchte und nicht drückendes Wasser)
Durchdringung: bis DN250
Abdichtungssystem: .....
Angeb. Fabrikat: .....

15€ 27€ **35**€ 42€ 56€ [St] ⏱ 0,50 h/St 018.000.021

53 Dränschicht, EPS-Polystyrolplatte/Vlies KG **335**

Sickerschicht vor Außenwand, aus druckstabilen Polystyrol-Platten, profiliert, mit Vlieskaschierung, Einbau dicht gestoßen, punktförmig auf senkrechte Bauwerksabdichtung kleben, Einstand in Kiesfilterschicht mind. 30cm.
Wassereinwirkungsklasse: W1.2-E (nicht drückendes Wasser, mit Dränung)
Abdichtungssystem: .....
Einbauhöhe: **bis 4,0** m **/ über 4,0** m
Plattenmaterial: EPS
Plattendicke: bis 65 mm
Nennwert Wärmeleitfähigkeit: 0,034 W/mK
Anwendung: PW und Dränge DIN 4095
Dränleistung: <0,3 l/(s x m)
Kante: umlaufend Stufenfalz

8€ 15€ **18**€ 21€ 29€ [m²] ⏱ 0,18 h/m² 018.000.023

▶ min
▷ von
ø Mittel
◁ bis
◀ max

54 Sickerschicht, Kunststoffnoppenbahn/Vlies KG **335**

Sickerschicht aus druckstabiler Kunststoffnoppenbahn mit Filtervlieskaschierung, Bahnen dicht gestoßen, auf senkrechte Bauwerksabdichtung, mind. 30cm in Kiesfilter eingebunden.
Bauteil: erdverbundene Außenwand
Abdichtungssystem: .....
Material: PE, d= 8 mm
Nennwert Wärmeleitfähigkeit: 0,034 W/mK
Anwendung: PW und Dränge DIN 4095
Dränleistung: <1,2 l/(s x m)
Kante: umlaufend Stufenfalz

4€ | 7€ | **8€** | 10€ | 14€ | [m²] | ⏱ 0,12 h/m² | 018.000.024

55 Sickerschicht, poröse Sickersteine KG **335**

Sickerschicht aus porösen Sickersteinen, senkrecht vor der Wärmedämmung oder Außenwandbeschichtung im Läuferverband aufmauern, obere Steinlage vor Eindringen von Auffüll- / Verfüllmaterial schützen (z.B. durch Schutzschicht aus Betonplatten d=50mm).
Bauteil: erdverbundene Außenwand
Steingröße: 50 x 25 x 10 cm
Anwendung: PW und Dränge DIN 4095
Dränleistung: ..... l/(s x m)

–€ | 22€ | **25€** | 28€ | –€ | [m²] | ⏱ 0,15 h/m² | 018.000.025

56 Rohrdurchführung, Faserzementrohr KG **411**

Außenwand-Durchführung als Futterrohr aus Faserzement, gegen drückendes Wasser, für Medienrohr, mit Los- und Festflansch einseitig zum Einklemmen der Abdichtung.
Bauteil: Außenwand gegen Erdreich
Wassereinwirkungsklasse: W1.2-E (nicht drückendes Wasser, mit Dränung)
Abdichtungssystem: .....
Untergrund: Beton
Wanddicke: **25 / 30** cm
Baulänge: über 200 bis 300 mm
Durchmesser: **DN100 / DN125 / DN150**
Angeb. Fabrikat: .....

173€ | 371€ | **422€** | 537€ | 774€ | [St] | ⏱ 1,00 h/St | 009.000.034

57 Dichtsatz, Rohrdurchführung KG **411**

Abdichten des Ringraumes durch Dichtring aus Elastomeren (EPDM).
Bauteil: **Wand- / Deckendurchführung**
Werkstoff Rohrdurchführung: .....
Anwendung: ..... (z.B. für 1 Kabel mit Außendurchmesser 24-48 mm)

61€ | 121€ | **166€** | 190€ | 237€ | [St] | ⏱ 0,35 h/St | 009.000.035

58 Stundensatz Facharbeiter, Abdichtungsarbeiten

Stundenlohnarbeiten für Vorarbeiter, Geselle, Facharbeiter und Gleichgestellte, sowie ähnliche Fachkräfte. Der Verrechnungssatz für die jeweilige Arbeitskraft umfasst sämtliche Aufwendungen wie Lohn- und Gehaltskosten, lohn- und gehaltsgebundene Kosten, Lohn- und Gehaltsnebenkosten, Gemeinkosten, Wagnis und Gewinn. Leistung nach besonderer Anordnung der Bauüberwachung. Anmeldung und Nachweis gem. VOB/B.

42€ | 48€ | **53€** | 56€ | 62€ | [h] | ⏱ 1,00 h/h | 018.000.043

Nr.	Kurztext / Langtext					Kostengruppe
▶	▷	**ø netto €**	◁	◀	[Einheit]	Ausf.-Dauer Positionsnummer

59 Stundensatz Helfer, Abdichtungsarbeiten

Stundenlohnarbeiten für Arbeitnehmer ohne Facharbeiterqualifikation (Helfer, Hilfsarbeiter, Ungelernte, Angelernte). Der Verrechnungssatz für die jeweilige Arbeitskraft umfasst sämtliche Aufwendungen wie Lohn- und Gehaltskosten, lohn- und gehaltsgebundene Kosten, Lohn- und Gehaltsnebenkosten, Gemeinkosten, Wagnis und Gewinn. Leistung nach besonderer Anordnung der Bauüberwachung. Anmeldung und Nachweis gem. VOB/B.

36€ 40€ **44**€ 45€ 49€ [h] ⏱ 1,00 h/h 018.000.044

Kosten:
Stand 1.Quartal 2020
Bundesdurchschnitt

▶ min
▷ von
ø Mittel
◁ bis
◀ max

020

Kosten:
Stand 1.Quartal 2020
Bundesdurchschnitt

▶ min
▷ von
ø Mittel
◁ bis
◀ max

Nr.	Positionen	Einheit	▶	▷	ø brutto € / ø netto €	◁	◀
1	Witterungsschutz, Dachplane	m²	4	5	**5**	7	9
			3	5	**5**	6	7
2	Zwischensparrendämmung, MW, 140m	m²	17	19	**22**	22	23
			14	16	**18**	18	19
3	Zwischensparrendämmung, MW, 220m	m²	20	24	**27**	27	29
			17	20	**22**	23	25
4	Zwischensparrendämmung, WF, 180m	m²	37	41	**44**	46	49
			31	35	**37**	39	41
5	Zwischensparrendämmung, WF, 240m	m²	44	49	**49**	55	58
			37	41	**42**	46	48
6	Aufsparrendämmung, DAD, PUR, 140m	m²	51	57	**61**	65	70
			43	48	**51**	54	59
7	Aufsparrendämmung, DAD, PUR, 180m	m²	60	68	**72**	76	82
			51	57	**60**	64	69
8	Einblasdämmung, Zellulosefaser	m³	77	95	**106**	106	118
			65	80	**89**	89	99
9	Unterdach, Behelfsdeckung, Bitumenbahn V13	m²	3	6	**7**	8	12
			2	5	**6**	7	10
10	Vordeckung, unter Stehfalzdeckung	m²	5	7	**8**	9	10
			4	6	**7**	7	9
11	Unterdeckplatte UDP-A, WF, bis 22mm	m²	17	20	**20**	21	22
			14	17	**17**	18	19
12	Unterdeckplatte UDP-A, WF, bis 35mm	m²	21	25	**27**	28	31
			18	21	**23**	24	26
13	Unterdeckbahn UDB-A, diffusionsoffen	m²	4	6	**7**	9	13
			3	5	**6**	8	11
14	Unterspannbahn USB-A, hinterlüftetes Dach	m²	4	7	**7**	7	9
			3	6	**6**	6	7
15	Anschluss, Unterspannbahn, Klebeband	m	1	5	**6**	11	20
			1	4	**5**	10	17
16	Dampfbremse, feuchtevariabel	m²	4	7	**8**	10	18
			3	6	**6**	9	15
17	Dampfbremse, sd 2,3m	m²	4	7	**8**	10	14
			3	6	**7**	8	11
18	Anschluss, Dampfsperre/-bremse, Klebeband	m	2	7	**9**	13	20
			1	5	**7**	11	17
19	Konterlattung, 30x50mm, Dach	m	2	2	**3**	3	4
			1	2	**2**	2	3
20	Konterlattung, 40x60mm, Dach	m	2	3	**4**	4	6
			2	3	**3**	4	5
21	Dachlattung, 30x50mm, Dachziegel/Betondachstein	m²	5	7	**7**	9	13
			4	5	**6**	7	11
22	Dachlattung, 40x60mm, Dachziegel/Betondachstein	m²	7	8	**9**	11	15
			6	7	**8**	9	13
23	Dachlattung, 30x50mm, Biberschwanzdeckung	m²	9	12	**13**	15	18
			7	10	**11**	12	15
24	Dachlattung, 40x60mm, Biberschwanzdeckung	m²	–	13	**15**	18	–
			–	11	**13**	15	–

Nr.	Positionen	Einheit	▶	▷	ø brutto € / ø netto €	◁	◀
25	Nagelabdichtung, Konterlattung	m	2	3	**3**	4	6
			2	2	**3**	3	5
26	Kantholz, Nadelholz S10, 60/120mm, scharfkantig	m	8	12	**12**	14	18
			7	10	**10**	12	15
27	Dachschalung, Nadelholz, Rauspund 24mm	m²	16	21	**23**	25	29
			14	18	**19**	21	24
28	Dachschalung, Nadelholz, Rauspund 28mm	m²	20	25	**28**	35	43
			17	21	**23**	29	36
29	Dachschalung, Holzspanplatte P5, bis 25mm	m²	21	24	**26**	30	35
			17	21	**22**	25	29
30	Dachschalung, Holzspanplatte P7, bis 25mm	m²	18	23	**25**	30	41
			15	19	**21**	25	34
31	Schalung, OSB/3 tragend, Feuchtbereich, 22mm	m²	22	27	**29**	29	32
			18	23	**24**	25	27
32	Schalung, OSB/3 tragend, Feuchtbereich, 25mm	m²	22	29	**32**	40	51
			18	24	**27**	33	43
33	Traufbohle, Nadelholz, bis 60/240mm	m	4	9	**10**	12	18
			3	7	**8**	10	15
34	Trauf-/Ortgangschalung, N+F, bis 28mm, gehobelt	m²	21	30	**33**	39	49
			17	25	**27**	32	41
35	Ortgangbrett, Windbrett, bis 28mm, gehobelt	m	9	16	**18**	25	35
			7	13	**16**	21	30
36	Zuluft-/Insektenschutzgitter, Traufe	m	3	7	**8**	12	24
			3	6	**7**	10	20
37	Zahnleiste, Nadelholz, gehobelt	m	13	28	**35**	42	60
			11	23	**29**	35	50
38	Dachdeckung, Hohlfalzziegel	m²	28	33	**35**	37	42
			23	27	**30**	31	35
39	Dachdeckung, Doppelmuldenfalzziegel	m²	23	31	**35**	38	45
			19	26	**29**	32	38
40	Dachdeckung, Flachdachziegel	m²	22	29	**31**	33	38
			19	24	**26**	27	32
41	Dachdeckung, Glattziegel	m²	25	30	**32**	34	39
			21	25	**27**	29	33
42	Dachdeckung, Biberschwanzziegel	m²	27	40	**46**	48	57
			23	34	**39**	41	48
43	Dachdeckung, Betondachsteine	m²	18	24	**27**	29	35
			15	20	**23**	25	29
44	Dachdeckung, Dachsteine, eben	m²	26	30	**31**	35	42
			21	25	**26**	30	35
45	Dachdeckung, Faserzement, Wellplatte	m²	31	38	**40**	42	48
			26	32	**33**	35	40
46	Dachdeckung, Faserzement, Doppeldeckung	m²	–	59	**69**	83	–
			–	49	**58**	70	–
47	Dachdeckung, Faserzement, Deutsche Deckung	m²	–	68	**80**	96	–
			–	57	**67**	81	–
48	Dachdeckung, Holzschindeln	m²	77	97	**106**	114	145
			65	81	**89**	96	122

000 001 002 006 008 009 010 012 013 014 016 017 018 020 021 022

Kosten:
Stand 1.Quartal 2020
Bundesdurchschnitt

Nr.	Positionen	Einheit	▶	▷	ø brutto € / ø netto €	◁	◀
49	Dachdeckung, Schiefer	m²	79	88	**91**	93	106
			67	74	**77**	78	89
50	Dachdeckung, Bitumenschindeln	m²	25	30	**34**	41	55
			21	26	**29**	35	46
51	Ortgang, Ziegeldeckung, Formziegel	m	29	39	**44**	51	68
			25	33	**37**	43	57
52	Ortgang, Biberschwanzdeckung, Formziegel	m	30	42	**47**	56	70
			25	35	**40**	47	59
53	Kehle eingebunden, Biberschwanz	m	53	62	**73**	81	93
			44	52	**61**	68	78
54	Ortgang, Dachsteindeckung, Formziegel	m	26	37	**41**	47	66
			22	31	**34**	39	56
55	Ortgang, Schiefer	m	16	26	**34**	37	48
			13	22	**28**	31	40
56	Firstanschluss, Ziegeldeckung, Formziegel	m	12	19	**22**	23	38
			11	16	**19**	19	32
57	First, Firstziegel, mörtellos, inkl. Lüfter	m	36	51	**57**	64	78
			30	43	**48**	54	65
58	First, Firstziegel, vermörtelt	m	38	51	**60**	65	76
			32	43	**50**	55	64
59	First, Firststein, geklammert, Dachstein	m	25	47	**54**	62	83
			21	39	**46**	52	70
60	Pultdachabschluss, Abschlussziegel	m	43	67	**75**	81	113
			36	56	**63**	68	95
61	Pultdachanschluss, Metallblech Z333	m	21	43	**49**	54	66
			17	36	**41**	45	56
62	Grateindeckung, Ziegel, mörtellos	m	49	60	**63**	76	93
			41	50	**53**	63	78
63	Grateindeckung, Ziegel, vermörtelt	m	42	57	**65**	75	90
			35	48	**55**	63	76
64	Gratdeckung, Schiefer	m	20	23	**27**	30	51
			17	19	**23**	25	42
65	Durchgangsziegel, Dunstrohr, DN100	St	89	132	**145**	164	215
			74	111	**122**	138	180
66	Durchgangselement, Dunstrohr, Kunststoff, DN100	St	43	78	**88**	104	135
			36	66	**74**	87	114
67	Durchgangselement, Solarleitung	St	34	74	**90**	148	251
			29	62	**76**	125	211
68	Lüfterelement, Dachziegel	St	9	18	**22**	26	33
			8	15	**18**	22	28
69	Durchgangselement, Antenne, Formziegel	St	35	67	**85**	109	159
			29	56	**71**	91	134
70	Tonziegel, Reserve	St	2	5	**8**	10	13
			2	5	**6**	8	11
71	Wandanschluss Ziegel / Dachstein	m	13	29	**34**	57	85
			11	25	**29**	48	72
72	Ziegel beidecken, Dachdeckung	m	5	15	**18**	27	52
			4	13	**15**	23	44

▶ min
▷ von
ø Mittel
◁ bis
◀ max

Nr.	Positionen	Einheit	▶	▷ ø brutto € / ø netto €		◁	◀
73	Verklammerung, Dachdeckung	m²	1	4	**5**	9	18
			0,9	3,2	**4,4**	7,6	15
74	Wandbekleidung Holzschindel	m²	95	141	**163**	208	267
			80	119	**137**	175	225
75	Eckausbildung Holzschindelbekleidung	m	11	26	**27**	31	45
			9	22	**23**	26	38
76	Randanschluss Holzschindelbekleidung	m	9	26	**27**	29	45
			8	22	**22**	24	38
77	Dachfenster/Dachausstieg, Holz	St	187	336	**434**	534	947
			157	283	**365**	449	796
78	Dachflächenfenster, gedämmt, Holz, Lasur	St	553	891	**1.035**	1.198	1.762
			465	749	**870**	1.007	1.481
79	Stundensatz Facharbeiter, Dachdeckung	h	50	60	**65**	70	82
			42	50	**54**	59	69
80	Stundensatz Helfer, Dachdeckung	h	46	52	**54**	56	63
			39	44	**45**	47	53

Nr. **Kurztext** / Langtext — Kostengruppe
▶ ▷ **ø netto €** ◁ ◀ [Einheit] Ausf.-Dauer Positionsnummer

1 Witterungsschutz, Dachplane KG **397**

Behelfsdeckung mit Planen, auf Anordnung der Bauüberwachung, Wind-Sog-gesichert anbringen; Abrechnung nach m² abgedeckter Bauteilfläche.
Bauteil: .....
Windzone: **1 / 2 / 3 / 4**
Plane: .....
Vorhaltedauer: ..... Wochen

3€ 5€ **5**€ 6€ 7€ [m²] ⏱ 0,03 h/m² 020.000.045

A 1 Zwischensparrendämmung, MW Beschreibung für Pos. **2-3**

Wärmedämmung zwischen Sparren bzw. Holzbalken, aus Mineralwolle.
Anwendung: DZ
Dämmstoff: MW
Brandverhalten: A1 - DIN EN 13501-1

2 Zwischensparrendämmung, MW, 140m KG **361**

Wie Ausführungsbeschreibung A 1
Nennwert der Wärmeleitfähigkeit: 0,031 W/(mk)
Dämmschichtdicke: 140 mm
Balkenabstand: 600 mm
Einbauort: .....

14€ 16€ **18**€ 18€ 19€ [m²] ⏱ 0,20 h/m² 020.000.079

000 001 002 006 008 009 010 012 013 014 016 017 018 **020** 021 022

Nr.	Kurztext / Langtext					Kostengruppe
▶	▷	ø netto €	◁	◀	[Einheit]	Ausf.-Dauer Positionsnummer

3 Zwischensparrendämmung, MW, 220m KG **361**

Wie Ausführungsbeschreibung A 1
Nennwert der Wärmeleitfähigkeit: 0,031 W/(mk)
Dämmschichtdicke: 220 mm
Balkenabstand: 600 mm
Einbauort: .....

17€ 20€ **22**€ 23€ 25€ [m²] ⏱ 0,25 h/m² 020.000.042

A 2 Zwischensparrendämmung, WF 040 Beschreibung für Pos. **4-5**

Wärmedämmung zwischen Sparren bzw. Holzbalken, aus Holzfasern.
Anwendung: DZ
Dämmstoff: WF
Brandverhalten: E - DIN EN 13501-1

4 Zwischensparrendämmung, WF, 180m KG **361**

Wie Ausführungsbeschreibung A 2
Nennwert der Wärmeleitfähigkeit: 0,033 W/(mk)
Dämmschichtdicke: 180 mm
Balkenabstand: 600 mm
Einbauort: .....

31€ 35€ **37**€ 39€ 41€ [m²] ⏱ 0,24 h/m² 020.000.085

5 Zwischensparrendämmung, WF, 240m KG **361**

Wie Ausführungsbeschreibung A 2
Nennwert der Wärmeleitfähigkeit: 0,033 W/(mk)
Dämmschichtdicke: 240 mm
Balkenabstand: 600 mm
Einbauort: .....

37€ 41€ **42**€ 46€ 48€ [m²] ⏱ 0,25 h/m² 020.000.088

A 3 Aufsparrendämmung DAD, PUR Beschreibung für Pos. **6-7**

Aufsparrendämmung, aus Polyurethan-Hartschaumplatten, mit oberseitiger Kaschierung und beidseitiger Vliesbeschichtung, einlagig, Platten umlaufend mit Stufenfalz.
Dämmstoff: PUR (PIR)
Anwendung: DAD
Brandverhalten: E - DIN EN 13501-1

6 Aufsparrendämmung, DAD, PUR, 140m KG **363**

Wie Ausführungsbeschreibung A 3
Sparrenabstand: ca. 600 mm
Dämmstoffdicke: 140 mm
Nennwert der Wärmeleitfähigkeit: 0,024 W/(mK)
Kaschierung: UDB-A, als Behelfsdeckung, sd-Wert <=0,1m

43€ 48€ **51**€ 54€ 59€ [m²] ⏱ 0,22 h/m² 020.000.091

Kosten:
Stand 1.Quartal 2020
Bundesdurchschnitt

▶ min
▷ von
ø Mittel
◁ bis
◀ max

7 Aufsparrendämmung, DAD, PUR, 180m KG **363**

Wie Ausführungsbeschreibung A 3
Sparrenabstand: ca. 600 mm
Dämmstoffdicke: 180 mm
Nennwert der Wärmeleitfähigkeit: 0,024 W/(mK)
Kaschierung: UDB-A, als Behelfsdeckung, sd-Wert <=0,1m

51€ 57€ **60**€ 64€ 69€ [m2] ⏱ 0,22 h/m2 020.000.093

8 Einblasdämmung, Zellulosefaser KG **363**

Wärmedämmung aus Zellulosefasern, zwischen Sparren und Wandpfosten; Einblasdämmung.
Sparren- / Pfostenabstand: bis 90 cm
Querschnitt Sparren (B x H): 80 x 240 mm
Dämmstoff: WF
Anwendung: DZ
Dämmstoffdicke: 240 mm
Nennwert der Wärmeleitfähigkeit: 0,038 W/(mK)
Brandverhalten: E - normal entflammbar

65€ 80€ **89**€ 89€ 99€ [m3] ⏱ 0,60 h/m3 020.000.069

9 Unterdach, Behelfsdeckung, Bitumenbahn V13 KG **363**

Unterdeckung für belüftete, überdeckte Dächer, als Behelfsdeckung, Bitumenbahn mit Glasvlieseinlage.
Bahnenart: V13
Überdeckung: mind. 80 mm (Dachfläche)
Anschlüsse an Durchdringungen und Bauteile als gesonderte Position

2€ 5€ **6**€ 7€ 10€ [m2] ⏱ 0,08 h/m2 020.000.036

10 Vordeckung, unter Stehfalzdeckung KG **363**

Vordeckung aus Bitumenbahn mit Glasvlieseinlage, unter Stehfalzdeckungen.
Bahnenart: V13
Verlegung: horizontal
Überdeckung: mind. 80 mm (Dachfläche)

4€ 6€ **7**€ 7€ 9€ [m2] ⏱ 0,08 h/m2 020.000.077

11 Unterdeckplatte UDP-A, WF, bis 22mm KG **363**

Unterdeckung aus poröser Holzfaserplatte, regensicher, als äußere, bewitterbare Schicht der Dachkonstruktion, Platten dicht stoßen.
Unterdeckplatte: UDP-A, Klasse 5
frei bewitterbar: bis 3 Monate
Plattenart: WF
Nennwert der Wärmeleitfähigkeit: 0,045 W/(mK)
Brandverhalten: E
Plattendicke: 18 mm
Ränder: verfalzt
Dachneigung: .....°
Untergrund: Holz

14€ 17€ **17**€ 18€ 19€ [m2] ⏱ 0,16 h/m2 020.000.003

Nr.	**Kurztext** / Langtext					Kostengruppe
▶	▷	**ø netto €**	◁	◀	[Einheit]	Ausf.-Dauer Positionsnummer

Kosten:
Stand 1.Quartal 2020
Bundesdurchschnitt

12 Unterdeckplatte UDP-A, WF, bis 35mm — KG **363**

Unterdeckung aus Holzfaserplatten, regensicher, als äußere, bewitterbare Schicht der Dachkonstruktion, Platten dicht stoßen.
Unterdeckplatte Klasse: UDP-A
frei bewitterbar: bis 3 Monate
Plattenart: WF
Nennwert der Wärmeleitfähigkeit: 0,045 W/(mK)
Brandverhalten: E
Plattendicke: **28 / 35** mm
Stöße: .....
Dachneigung: .....°
Angeb. Fabrikat: .....

18€ 21€ **23**€ 24€ 26€ [m²] ⏱ 0,16 h/m² 020.001.103

13 Unterdeckbahn UDB-A, diffusionsoffen — KG **363**

Diffusionsoffene Unterdeckbahn, für unbelüftetes, geneigtes Dach, verlegt auf Dachdämmung, Dachraum über Unterdeckbahn hinterlüftet. Anschluss an Durchdringungen und aufgehende Bauteile in gesonderter Position.
frei bewitterbar: ..... Wochen
Unterdeckbahn: UDB-A, Klasse 3, naht- und perforationsgesichert
Sd-Wert: **kleiner / gleich**
Brandverhalten: Klasse E
Dachneigung: .....°
Untergrund: Dämmung aus .....
Angeb. Fabrikat: .....

3€ 5€ **6**€ 8€ 11€ [m²] ⏱ 0,08 h/m² 020.001.115

14 Unterspannbahn USB-A, hinterlüftetes Dach — KG **363**

Unterspannbahn für belüftete Dächer, frei hängend hinterlüftet, überlappend verlegt. Anschluss an Durchdringungen und aufgehende Bauteile in gesonderter Position.
frei bewitterbar: ..... Wochen
Unterspannbahn: USB-A, Klasse 6
Brandverhalten: Klasse E
Unterspannbahn Typ: PUR-Folie, gewebeverstärkt
Dachneigung: .....°
Untergrund: Holz

3€ 6€ **6**€ 6€ 7€ [m²] ⏱ 0,08 h/m² 020.000.001

15 Anschluss, Unterspannbahn, Klebeband — KG **363**

Anschlüsse der Unterspannbahn, Verklebung mit auf die Unterspannbahn abgestimmtem Klebeband, inkl. Nebenarbeiten.
Anschluss an:
- aufgehende Bauteile
- Durchdringungen

Unterspannbahn: .....
Dichtband: .....
Untergrund: .....

1€ 4€ **5**€ 10€ 17€ [m] ⏱ 0,06 h/m 020.000.064

▶ min
▷ von
ø Mittel
◁ bis
◀ max

16 Dampfbremse, feuchtevariabel KG **363**

Luftdichtungs- und Dampfbremsbahn, mit variablem sd-Wert, für belüftete Dächer, Nähte und Stöße luftdicht verbinden.
Werkstoff: .....
sd-Wert: .....
Anwendungsbereich: .....
Untergrund: Holzsparren, Montage von unten

3€	6€	**6**€	9€	15€	[m²]	⏱ 0,08 h/m²	020.000.002

17 Dampfbremse, sd 2,3m KG **363**

Luftdichtungs- und Dampfbremsbahn, überlappend verlegt, Nähte und Stöße luftdicht mit geeignetem Material gesichert. Was bedeutet verbinden; deshalb Nähte und Stöße mit geeignetem Zubehör gesichert.
Dampfbremsbahn: Polyethylenfolie, 0,2 mm
sd-Wert: 2,30 m
Untergrund: Holzsparren, Montage von unten

3€	6€	**7**€	8€	11€	[m²]	⏱ 0,08 h/m²	020.000.037

18 Anschluss, Dampfsperre/-bremse, Klebeband KG **363**

Anschluss der Dampfsperr- und Luftdichtheitsschicht an Durchdringungen und Einbauten, mit geeignetem Klebe-/Dichtmittel, inkl. Nebenarbeiten.
Anschluss an: .....
Dampfsperrbahn: .....
Dichtband: .....
Untergrund: Beton

1€	5€	**7**€	11€	17€	[m]	⏱ 0,08 h/m	020.000.043

19 Konterlattung, 30x50mm, Dach KG **363**

Konterlattung, Einbau als Hinterlüftungsschicht der Dachfläche, aus Nadelholz, Befestigung mit korrosionsgeschützten Schrauben oder Nägeln.
Sortierklasse: S10
Holzquerschnitt: 30 x 50 mm
Oberfläche: **allseitig gehobelt / sägerau**
Sparrenabstand: ..... mm
Untergrund: .....

1€	2€	**2**€	2€	3€	[m]	⏱ 0,04 h/m	020.000.004

20 Konterlattung, 40x60mm, Dach KG **363**

Hinterlüftungsschicht der Dachfläche, aus Nadelholz, Befestigung mit korrosionsgeschützten Schrauben oder Nägeln.
Sortierklasse: S10
Querschnitt: 30 x 50 mm
Abstand: 600 mm
Untergrund: Holz

2€	3€	**3**€	4€	5€	[m]	⏱ 0,05 h/m	020.000.076

000 001 002 006 008 009 010 012 013 014 016 017 018 **020** 021 022

Nr.	Kurztext / Langtext					Kostengruppe
▶	▷	**ø netto €**	◁	◀	[Einheit]	Ausf.-Dauer Positionsnummer

21 Dachlattung, 30x50mm, Dachziegel/Betondachstein KG **363**

Dachlattung aus Nadelholz, für Dachziegel- oder Betondachsteindeckung, Befestigung mit korrosionsgeschützten Schrauben bzw. Nägeln.
Sortierklasse: S10
Abstand: ca. 330 mm
Sparrenabstand: ..... mm
Dachdeckung: .....
Dachfläche: eben
Dachneigung: .....°
Lattenquerschnitt: 30 x 50 mm
Untergrund: Holz

4€ 5€ **6**€ 7€ 11€ [m2] ⏱ 0,06 h/m2 020.000.005

Kosten:
Stand 1.Quartal 2020
Bundesdurchschnitt

22 Dachlattung, 40x60mm, Dachziegel/Betondachstein KG **363**

Dachlattung aus Nadelholz, für Dachziegel- oder Betondachsteindeckung, Befestigung mit korrosionsgeschützten Schrauben bzw. Nägeln.
Sortierklasse: S10
Abstand: ca. 330 mm
Sparrenabstand: ..... mm
Dachdeckung: .....
Dachfläche: eben
Dachneigung: .....°
Lattenquerschnitt: 40 x 60 mm
Untergrund: Holz

6€ 7€ **8**€ 9€ 13€ [m2] ⏱ 0,08 h/m2 020.000.071

23 Dachlattung, 30x50mm, Biberschwanzdeckung KG **363**

Dachlattung aus Nadelholz, für Biberschwanz-Doppeldeckung, Befestigung mit korrosionsgeschützten Schrauben bzw. Nägeln.
Sortierklasse: S10
Abstand: ca. 150 mm
Sparrenabstand: ..... mm
Dachdeckung: .....
Dachfläche: eben
Dachneigung: .....°
Lattenquerschnitt: 30 x 50 mm
Untergrund: Holz

7€ 10€ **11**€ 12€ 15€ [m2] ⏱ 0,10 h/m2 020.000.006

▶ min
▷ von
ø Mittel
◁ bis
◀ max

24 Dachlattung, 40x60mm, Biberschwanzdeckung KG **363**

Dachlattung aus Nadelholz, für Biberschwanz-Doppeldeckung, Befestigung mit korrosionsgeschützten Schrauben bzw. Nägeln.
Sortierklasse: S10
Abstand: ca. 150 mm
Sparrenabstand: ..... mm
Dachdeckung: .....
Dachfläche: eben
Dachneigung: .....°
Lattenquerschnitt: 40 x 60 mm
Untergrund: Holz

–€	11€	**13€**	15€	–€	[m²]	⏱ 0,12 h/m²	020.000.062

25 Nagelabdichtung, Konterlattung KG **363**

Konterlattung mit zusätzlichem Nageldichtstreifen, auf Unterdeckung bzw. Unterspannung.
Lattenquerschnitt: 40 x 60 mm
Dichtmaterial: selbstklebender, elastischer Dichtstreifen, Unterdeckung: .....

2€	2€	**3€**	3€	5€	[m]	⏱ 0,01 h/m	020.000.053

26 Kantholz, Nadelholz S10, 60/120mm, scharfkantig KG **361**

Kantholz aus Bauschnittholz.
Holzart: Kiefer,
Festigkeitsklasse: C24
Holzgüte: S10
Oberfläche: scharfkantig, allseitig gehobelt
Querschnitt: 60 x 120 mm
Einzellänge: bis 8,0 m, gem. Holzliste des AG
Chem. Holzschutz: ohne
Gebrauchsklasse: .....
Einbau: sichtbar
Einbauort: Carport

7€	10€	**10€**	12€	15€	[m]	⏱ 0,10 h/m	020.000.073

27 Dachschalung, Nadelholz, Rauspund 24mm KG **363**

Dachschalung als Rauspund, Unterlage für Deckung, mechanisch befestigt mit korrosionsgeschützten Schrauben bzw. Nägeln.
Holzart: Nadelholz, Sortierklasse: S10
Schalungsdicke: 24 mm
Brettbreite: 80-160 mm
Chem. Holzschutz: **ohne / mit**
Gebrauchsklasse: .....
Untergrund: Holz

14€	18€	**19€**	21€	24€	[m²]	⏱ 0,25 h/m²	020.000.049

000 001 002 006 008 009 010 012 013 014 016 017 018 **020** 021 022

Nr.	Kurztext / Langtext						Kostengruppe
▶	▷	**ø netto €**	◁	◀	[Einheit]	Ausf.-Dauer	Positionsnummer

28 Dachschalung, Nadelholz, Rauspund 28mm KG **363**

Dachschalung als Rauspund, Unterlage für Deckung, mechanisch befestigt mit korrosionsgeschützten Schrauben bzw. Nägeln.
Holzart: Nadelholz, Sortierklasse: S10
Schalungsdicke: 28 mm
Brettbreite: 80-160 mm
Chem. Holzschutz: **ohne / mit**
Gebrauchsklasse: .....
Untergrund: Holz

17€ 21€ **23**€ 29€ 36€ [m²] ⏱ 0,27 h/m² 020.000.038

Kosten:
Stand 1.Quartal 2020
Bundesdurchschnitt

29 Dachschalung, Holzspanplatte P5, bis 25mm KG **363**

Dachschalung aus kunstharzgebundenen Spanplatten, Unterlage für Deckung, mechanisch befestigt.
Einsatzbereich: tragende Anwendung im Feuchtbereich
Plattentyp: P5
Plattendicke: 25 mm
Kante: .....
Untergrund: Holz

17€ 21€ **22**€ 25€ 29€ [m²] ⏱ 0,20 h/m² 020.000.063

30 Dachschalung, Holzspanplatte P7, bis 25mm KG **363**

Dachschalung aus kunstharzgebundenen Spanplatten, Unterlage für Deckung, mechanisch befestigt.
Einsatzbereich: tragende Anwendung im Feuchtbereich
Plattentyp: P7
Plattendicke: 25 mm
Kante: .....
Untergrund: Holz

15€ 19€ **21**€ 25€ 34€ [m²] ⏱ 0,20 h/m² 020.001.104

31 Schalung, OSB/3 tragend, Feuchtbereich, 22mm KG **363**

Dachschalung aus OSB-Platten Spanplatten, Unterlage für Deckung, mechanisch befestigt.
Einsatzbereich: tragende Anwendung im Feuchtbereich
Plattentyp: OSB/3
Plattendicke: 22 mm
Oberfläche: .....
Kante: .....
Untergrund: Holz

18€ 23€ **24**€ 25€ 27€ [m²] ⏱ 0,20 h/m² 020.000.072

▶ min
▷ von
ø Mittel
◁ bis
◀ max

32 Schalung, OSB/3 tragend, Feuchtbereich, 25mm KG **363**

Dachschalung aus OSB-Platten Spanplatten, Unterlage für Deckung, mechanisch befestigt.
Einsatzbereich: tragende Anwendung im Feuchtbereich
Plattentyp: OSB/3
Plattendicke: 25 mm
Oberfläche: .....
Kante: .....
Untergrund: Holz

18€ 24€ **27**€ 33€ 43€ [m²] ⏱ 0,20 h/m² 020.001.105

33 Traufbohle, Nadelholz, bis 60/240mm KG **363**

Traufbohle, trapezförmig, auf Holzkonstruktion, einschl. Höhenausgleich bis 30mm, Befestigung mit korrosionsgeschützten Nägeln.
Holzart: Nadelholz
Abmessung: Höhe 20-60 mm, Breite 160-240 mm
Oberfläche: .....
Chem. Holzschutz: .....
Gebrauchsklasse: .....
Einbau: **sichtbar / unsichtbar**

3€ 7€ **8€** 10€ 15€ [m] ⏱ 0,10 h/m 020.000.035

34 Trauf-/Ortgangschalung, N+F, bis 28mm, gehobelt KG **363**

Dachschalung an Traufe, Nadelholz, gespundet, sichtbar bleibend, mit chem. Holzschutz, Vergütung nach gesonderter Position.
Schalungsdicke: 24 mm
Oberfläche: einseitig gehobelt
Gebrauchsklasse: 2
Untergrund: Holz

17€ 25€ **27€** 32€ 41€ [m²] ⏱ 0,30 h/m² 020.000.051

35 Ortgangbrett, Windbrett, bis 28 mm, gehobelt KG **363**

Ortgangbrett aus Nadelholz, Unterseite mit schrägem Anschnitt als Tropfkante.
Holzart: Kiefer
Sortierklasse: S10
Güteklasse: 1
Brettdicke: 28 mm
Breite: ca. 120 mm
Oberfläche: parallel besäumt, gehobelt
Chem. Holzschutz: ohne
Gebrauchsklasse: .....
Untergrund: Holz

7€ 13€ **16€** 21€ 30€ [m] ⏱ 0,20 h/m 020.000.008

36 Zuluft-/Insektenschutzgitter, Traufe KG **363**

Insektenschutz und Zuluftöffnungen der Traufe, geeignet als Auflager für die erste Ziegelreihe und passend zur Deckung, inkl. erforderliche Befestigungsmittel.
Breite: ca. 150 mm
Kantung: .....
Material: .....
Deckung: Biberschwanz-Dachziegel

3€ 6€ **7€** 10€ 20€ [m] ⏱ 0,05 h/m 020.000.009

Nr.	Kurztext / Langtext					Kostengruppe
▶	▷	ø netto €	◁	◀	[Einheit]	Ausf.-Dauer Positionsnummer

37 Zahnleiste, Nadelholz, gehobelt KG **363**

Zahnleiste aus Nadelholz, am Ortgang passgenau zur Dachdeckung, Unterseite mit schrägem Anschnitt als Tropfkante, Oberseite profiliert.
Holzart: Fichte
Sortierklasse: S10
Güteklasse: 1
Dicke: 30 mm
Breite: 120 mm
Oberfläche: parallel besäumt, gehobelt
Chem. Holzschutz: ohne
Gebrauchsklasse: .....
Dachdeckung: .....
Deckweite: .....

11€ 23€ **29**€ 35€ 50€ [m] ⏱ 0,30 h/m 020.000.010

38 Dachdeckung, Hohlfalzziegel KG **363**

Dachdeckung mit Hohlfalzziegeln, auf vorhandene Lattung.
Falzziegel-Form: .....
Oberfläche: .....
Farbton: naturfarben, rot
Verlegung: .....
Dachneigung: über 40 bis 45°
Dachform: .....
Frostwiderstand: B
Hagelwiderstand: Klasse .....

23€ 27€ **30**€ 31€ 35€ [m²] ⏱ 0,30 h/m² 020.001.108

39 Dachdeckung, Doppelmuldenfalzziegel KG **363**

Dachdeckung mit Doppelmuldenfalzziegeln, auf vorhandene Lattung.
Falzziegel-Form: Standardformat, **kleiner / gleich** 10 St/m
Oberfläche: .....
Farbton: naturfarben, rot
Verlegung: .....
Dachneigung: über 40 bis 45°
Dachform: .....
Frostwiderstand: B
Hagelwiderstand: Klasse .....

19€ 26€ **29**€ 32€ 38€ [m²] ⏱ 0,30 h/m² 020.001.109

Kosten:
Stand 1.Quartal 2020
Bundesdurchschnitt

▶ min
▷ von
ø Mittel
◁ bis
◀ max

Nr.	Kurztext / Langtext						Kostengruppe
▶	▷	**ø netto €**	◁	◀	[Einheit]	Ausf.-Dauer	Positionsnummer

40 Dachdeckung, Flachdachziegel KG **363**

Dachdeckung mit Flachdachziegeln, auf vorhandene Lattung.
Form: Standardformat, **kleiner / gleich** 10 St/m
Oberfläche: .....
Farbton: naturfarben, rot
Verlegung: .....
Dachneigung: über 40 bis 45°
Dachform: .....
Frostwiderstand: B
Hagelwiderstand: Klasse .....

▶	▷	ø netto €	◁	◀	[Einheit]	Ausf.-Dauer	Positionsnummer
19€	24€	**26**€	27€	32€	[m2]	0,30 h/m2	020.001.110

41 Dachdeckung, Glattziegel KG **363**

Dachdeckung mit Glattziegeln, auf vorhandene Lattung.
Form: Standardformat, **kleiner / gleich** 11 St/m2
Oberfläche: .....
Farbton: naturfarben, rot
Verlegung: .....
Dachneigung: über 40 bis 45°
Dachform: .....
Frostwiderstand: B
Hagelwiderstand: Klasse .....

▶	▷	ø netto €	◁	◀	[Einheit]	Ausf.-Dauer	Positionsnummer
21€	25€	**27**€	29€	33€	[m2]	0,30 h/m2	020.001.111

42 Dachdeckung, Biberschwanzziegel KG **363**

Dachdeckung mit Biberschwanzziegeln, auf vorhandene Lattung.
Deckungsart: Doppeldeckung
Form: gerader Schnitt
Format: 180 x 380 mm
Oberfläche: .....
Farbton: naturfarben, rot
Verlegung: .....
Dachneigung: über 40 bis 45°
Dachform: .....
Frostwiderstand: B
Hagelwiderstand: Klasse .....

▶	▷	ø netto €	◁	◀	[Einheit]	Ausf.-Dauer	Positionsnummer
23€	34€	**39**€	41€	48€	[m2]	0,35 h/m2	020.001.112

Nr.	**Kurztext** / Langtext						Kostengruppe
▶	▷	**ø netto €**	◁	◀	[Einheit]	Ausf.-Dauer	Positionsnummer

43 Dachdeckung, Betondachsteine KG **363**

Dachdeckung mit Betondachsteinen, auf vorhandene Lattung.
Dachstein-Form: mit symetrischen Mittelwulst
Format: 330 x 400 mm..... St/m²
Oberfläche: matt
Farbe: rot
Vorderkante: regelmäßig
Profilhöhe: .....
Verlegung: .....
Dachneigung: über 35 bis 40°
Dachform: .....
Hagelwiderstand: Klasse .....

15€ 20€ **23**€ 25€ 29€ [m²] ⏱ 0,25 h/m² 020.000.013

Kosten:
Stand 1.Quartal 2020
Bundesdurchschnitt

44 Dachdeckung, Dachsteine, eben KG **363**

Dachdeckung mit Betondachsteinen, auf vorhandene Lattung.
Dachstein-Form: eben
Format: 330 x 420 mm..... St/m²
Oberfläche: matt
Farbe: .....
Vorderkante: abgerundete Schnittkante
Profilhöhe: .....
Verlegung: .....
Dachneigung: über 35 bis 40°
Dachform: .....
Hagelwiderstand: Klasse .....

21€ 25€ **26**€ 30€ 35€ [m²] ⏱ 0,30 h/m² 020.001.124

45 Dachdeckung, Faserzement, Wellplatte KG **363**

Dachdeckung mit Faserzement-Wellplatten, auf vorhandene Pfetten, Stöße mit Dichtband hinterlegt, dauerplastischem Kitt in der Höhenüberdeckung, mechanisch befestigt mit verzinkten Schrauben, mind. 50mym.
Untergrund: Holz
Pfettenabstand: .....
Profil: 177 x 51
Zahl der Wellen: Profil 5
Produkttyp: .....
Profilhöhe: 51 mm
Bruchlast / Biegemoment: .....
Brandverhalten: A1
Hagelwiderstand: Klasse .....
Farbe: .....
Dachneigung: 10 bis kleiner 15°
Sparrenlänge: 10,0 m

26€ 32€ **33**€ 35€ 40€ [m²] ⏱ 0,20 h/m² 020.000.039

▶ min
▷ von
ø Mittel
◁ bis
◀ max

46 Dachdeckung, Faserzement, Doppeldeckung KG **363**

Dachdeckung mit Faserzement-Dachplatten, auf vorhandene Lattung, mechanisch befestigt.
Untergrund: Holz
Lattenabstand: .....
Deckungsart: waagrechte Doppeldeckung
Form: vollkantig,
Format: 20 x 40 cm
Oberfläche: glatt
Bruchlast / Biegemoment: .....
Brandverhalten: A1
Hagelwiderstand: Klasse .....
Farbe: anthrazit,
Dachneigung: über 30 bis 35°

–€	49€	**58**€	70€	–€	[m2]	⏱ 0,60 h/m2	020.001.113

47 Dachdeckung, Faserzement, Deutsche Deckung KG **363**

Dachdeckung mit Faserzement-Dachplatten, auf vorhandene Lattung, mechanisch befestigt.
Unterkonstruktion: .....
Deckungsart: Deutsche Deckung
Form: mit Bogenschnitt
Format: 30 x 30 cm
Oberfläche: glatt,
Farbe: anthrazit,
Hagelwiderstand: Klasse .....
Dachform: .....
Dachneigung: über 30 bis 35°

–€	57€	**67**€	81€	–€	[m2]	⏱ 0,65 h/m2	020.001.114

48 Dachdeckung, Holzschindeln KG **363**

Dachdeckung aus gespaltenen Holzschindeln auf bauseitigem Unterdach, Verlegung nach Fachregeln, mit nichtrostenden Befestigungsmitteln.
Verlegung gem. Verlegeplan: im .....-Verband als **Doppeldeckung >71-90° / Dreifachdeckung >22-90°**
Bauseitige Unterkonstruktion:
- Konterlattung 40 x 60
- Traglattung **30 x 50 / 40 x 60** mm

Holzart Schindel: **Fichte / Weißtanne / Lärche / Rotzeder / .....**
Güteklasse: 1
Spaltung: .....
Form: .....
Schindellänge / Reihenabstand: ..... / ..... mm
Mindestdicke: ..... mm
Breite: ..... mm
Oberfläche: spaltrau
Unterseite: **gefast / rechtwinklig**
Dachneigung: .....°
Höhe: über Gelände bis ..... m
Für die Ausführung werden vom AG folgende Unterlagen zur Verfügung gestellt:
- Entwurfszeichnungen, Plannr.: .....
- Übersichtszeichnungen, Plannr.: .....

Nr.	Kurztext / Langtext						Kostengruppe
▶	▷	ø netto €	◁	◀	[Einheit]	Ausf.-Dauer	Positionsnummer

Angeb. Fabrikat: .....

65€ 81€ **89**€ 96€ 122€ [m²] ⏱ 0,85 h/m² 020.001.116

49 Dachdeckung, Schiefer KG **363**

Dachdeckung mit Schiefer, auf vorhandene Schalung mit Vordeckung, mit korrosionsgeschützten Befestigungsmitteln.
Deckung als: Rechteck-Doppeldeckung
Format / Hieb: 40 x 40 cm
Ursprung Schiefer: .....
Karbonatgehalt: >5% Masseanteil
Frost-Tau-Wechsel-Beständigkeit: W1
Temperatur-Wechsel-Beständigkeit: T1
Säurebeständigkeit: S2
Verlegung: geschraubt
Dachneigung: >50-55°
Dachform: .....

67€ 74€ **77**€ 78€ 89€ [m²] ⏱ 0,80 h/m² 020.000.040

50 Dachdeckung, Bitumenschindeln KG **363**

Dachdeckung mit Bitumenschindeln, mechanisch befestigt mit korrosionsbestängigen Breitkopfstiften.
Anschlüsse, Abschlüsse und Anarbeiten an Dachdurchdringungen in gesonderten Positionen.
Unterlage: Holzschalung und Vordeckung
Schindelform: rechteckig
Dicke: über 3 mm
Einlage: Glasvlies
Material: Bitumen
Format: 1.000 x 330 mm
Farbe: blauschwarz
Oberfläche: mineralisches Granulat
Dachneigung: >15-20°
Länge: bis 10,0 m

21€ 26€ **29**€ 35€ 46€ [m²] ⏱ 0,30 h/m² 020.000.044

51 Ortgang, Ziegeldeckung, Formziegel KG **363**

Ortgang der Dachfläche mit Form-Ziegel, passend zur vorhandener Dachdeckung.
Dachdeckung: .....
Deckung der Ortgangkanten: Doppelwulstziegel
Oberfläche: .....
Farbe: .....
Verlegung: .....
Dachneigung: .....°

25€ 33€ **37**€ 43€ 57€ [m] ⏱ 0,10 h/m 020.000.014

Kosten:
Stand 1.Quartal 2020
Bundesdurchschnitt

▶ min
▷ von
ø Mittel
◁ bis
◀ max

52 Ortgang, Biberschwanzdeckung, Formziegel KG **363**

Ortgang der Dachfläche mit Form-Ziegel, passend zur vorhandener Biberschwanz-Dachdeckung.
Dachdeckung: .....
Deckung der Ortgangkanten: Beidecken mit halben und ganzen Biberschwanzziegeln
Oberfläche / Form: .....
Verlegung: .....
Dachneigung: .....°

25€ 35€ **40**€ 47€ 59€ [m] ⏱ 0,16 h/m 020.000.015

53 Kehle eingebunden, Biberschwanz KG **363**

Kehlausbildung für vor beschriebenes Biberschwanzdach, gem. Fachregeln eindecken, mit allen Nebenarbeiten.
Kehlbleche werden in gesonderter Position vergütet.
Deckungsart: .....
Ausführung: eingebundene Kehlen, gleichhüftig
Breite Kehle: 3 Ziegel breit,
Befestigung: Schraubstifte und Draht
Neigung: .....°

44€ 52€ **61**€ 68€ 78€ [m] ⏱ 0,35 h/m 020.001.099

54 Ortgang, Dachsteindeckung, Formziegel KG **363**

Ortgang der Dachfläche mit Formsteinen, passend zur vorhandener Betonstein-Dachdeckung.
Deckung der Ortgangkanten: mit Schlusssteinen
Oberfläche / Form: .....
Verlegung: trocken verlegt
Dachneigung: .....°

22€ 31€ **34**€ 39€ 56€ [m] ⏱ 0,18 h/m 020.000.016

55 Ortgang, Schiefer KG **363**

Ortgangdeckung für vor beschriebenes Schieferdach als eingebundener Anfangs- oder Endort, gem. Fachregeln eindecken.
Ausführung: Anfangortstein und Stichstein, sowie ggf. mit Zwischenstein, Endort mit Doppelort
Dachneigung: .....°

13€ 22€ **28**€ 31€ 40€ [m] ⏱ 0,40 h/m 020.001.098

56 Firstanschluss, Ziegeldeckung, Formziegel KG **363**

First-Anschluss der Dachdeckung, mit Anschluss-Formziegeln, passend zur Deckung.
Dachdeckung: .....
Dachneigung: .....°

11€ 16€ **19**€ 19€ 32€ [m] ⏱ 0,10 h/m 020.000.017

57 First, Firstziegel, mörtellos, inkl. Lüfter KG **363**

Firstdeckung mit konischen Formziegeln, passend zur Deckung, einschl. Anfängerziegel, Lüfterelement, Firstlatte und Lattenhalter.
Dachdeckung: .....
Dachneigung: .....°
Befestigung: nichtrostende, systemgeeignete Klammern, mit zwei Schrauben an der UK befestigt

30€ 43€ **48**€ 54€ 65€ [m] ⏱ 0,35 h/m 020.000.018

000 001 002 006 008 009 010 012 013 014 016 017 018 **020** 021 022

Nr.	Kurztext / Langtext					Kostengruppe
▶	▷	ø netto €	◁	◀	[Einheit]	Ausf.-Dauer Positionsnummer

58 First, Firstziegel, vermörtelt KG **363**

Firstdeckung mit konischen Formziegeln, passend zur Deckung. Ziegel vermörtelt und zusätzlich mit nichtrostenden Klammern gesichert, einschl. Anfängerziegel, Latte, Lattenhalter. Mörtel der Ziegelfarbe angepasst.
Dachneigung: .....°

32€ 43€ **50€** 55€ 64€ [m] ⏱ 0,32 h/m 020.000.019

59 First, Firststein, geklammert, Dachstein KG **363**

Firstdeckung mit konischen Formsteinen, passend zur Deckung, einschl. Anfängerstein, Lüfterelement, Firstlatte und Lattenhalter.
Dachdeckung: .....
Dachneigung: .....°

21€ 39€ **46€** 52€ 70€ [m] ⏱ 0,36 h/m 020.000.020

Kosten:
Stand 1.Quartal 2020
Bundesdurchschnitt

60 Pultdachabschluss, Abschlussziegel KG **363**

Pultfirstdeckung mit Pultfirstziegeln, bei oberen Abschlüssen von Pultdächern, ohne Verblechung, passend zur Deckung, einschl. Pult-Ortgangziegel, Lüfterelement, Firstlatte und Lattenhalter.
Dachdeckung: .....
Dachneigung: .....°

36€ 56€ **63€** 68€ 95€ [m] ⏱ 0,15 h/m 020.000.021

61 Pultdachanschluss, Metallblech Z333 KG **363**

Firstdeckung mit Abdeckblech, passend zur Dachdeckung, mechanisch befestigt, einschl. Holzleiste: S10, 60x60mm.
Metallblech: Titanzink
Blechdicke: 0,7 mm
Zuschnitt: ca. 333 mm
Kantungen: 4-fach
Oberfläche: vorbewittert

17€ 36€ **41€** 45€ 56€ [m] ⏱ 0,25 h/m 020.000.022

62 Grateindeckung, Ziegel, mörtellos KG **363**

Gratdeckung mit konischen Formziegeln, passend zur Dachdeckung, mit Gratlatte und Gratlattenhalter, einschl. Anfängerziegel und Lüfterelementen.
Gratneigung: .....°
Befestigung: nichtrostende, systemgeeignete Klammern, mit zwei Schrauben an der UK befestigt

41€ 50€ **53€** 63€ 78€ [m] ⏱ 0,35 h/m 020.000.023

▶ min
▷ von
ø Mittel
◁ bis
◀ max

63 Grateindeckung, Ziegel, vermörtelt KG **363**

Gratdeckung mit Formziegeln, passend zur Dachdeckung, vermörtel, einschl. Anfängerziegel und Mörtel in Ziegelfarbe.
Gratneigung: .....°
Befestigung: nichtrostende, systemgeeignete Klammern, mit zwei Schrauben an der UK befestigt

35€ 48€ **55€** 63€ 76€ [m] ⏱ 0,32 h/m 020.000.024

Nr.	Kurztext / Langtext						Kostengruppe
▶	▷	**ø netto €**	◁	◀	[Einheit]	Ausf.-Dauer	Positionsnummer

64 Gratdeckung, Schiefer KG **363**

Gratdeckung mit Überstand, passend zur Schiefer-Dachdeckung.
Dachdeckung: Altdeutsche Deckung mit normalem Hieb
Ausführung: Anfangort als Stichort, Endort als Doppelort
Gratneigung: .....°

17€ 19€ **23**€ 25€ 42€ [m] ⏱ 0,45 h/m 020.001.097

65 Durchgangsziegel, Dunstrohr, DN100 KG **363**

Dunstrohr-Formziegel, passend zur Dachdeckung, mit schlagregensicherem Dunstrohraufsatz.
Material: Ton
Dunstrohr: DN100
Farbe / Oberfläche: passend zur Dacheindeckung

74€ 111€ **122**€ 138€ 180€ [St] ⏱ 0,45 h/St 020.000.025

66 Durchgangselement, Dunstrohr, Kunststoff, DN100 KG **363**

Dunstrohr-Durchgangsformstück, einstellbar auf Dachneigung, mit schlagregensicherer Abdeckhaube.
Material: Kunststoff
Dunstrohr: DN100
Farbe: passend zur Dachziegel-Deckung

36€ 66€ **74**€ 87€ 114€ [St] ⏱ 0,30 h/St 020.000.026

67 Durchgangselement, Solarleitung KG **363**

Durchgangselement / Formziegel mit Adapter für Solarträger, Einbau in Dachaufbau.
Material: ...., geeignet für sparrenunabhängigen Anschluss eines Solarträger
Typ: .....
Adapter - Farbe / - Oberfläche: passend zur Dacheindeckung

29€ 62€ **76**€ 125€ 211€ [St] ⏱ 0,25 h/St 020.001.119

68 Lüfterelement, Dachziegel KG **363**

Lüfterziegel, passend zur Ziegel-Dachdeckung, inkl. Lüftungsprofil (Insektenschutz) aus korrosionsgeschütztem Material.
freier Lüftungsquerschnitt: .....
Baustoff: **Keramik / Kunststoff**

8€ 15€ **18**€ 22€ 28€ [St] ⏱ 0,01 h/St 020.000.027

69 Durchgangselement, Antenne, Formziegel KG **363**

Formziegel (Antennenziegel) für Leitungsdurchgang, passend zur Ziegel-Dachdeckung, Einbau in Dachaufbau, Durchgang eines Antennenfußes.
Material: Ton, mit Aufsatz aus PVC

29€ 56€ **71**€ 91€ 134€ [St] ⏱ 0,40 h/St 020.000.028

70 Tonziegel, Reserve KG **363**

Reserveziegel, passend zur Dachdeckung, liefern und nach Vorgabe durch den Auftraggeber im Gebäude lagern.

2€ 5€ **6**€ 8€ 11€ [St] – 020.000.029

Kosten:
Stand 1.Quartal 2020
Bundesdurchschnitt

Nr.	**Kurztext** / Langtext					Kostengruppe
▶	▷	**ø netto €**	◁	◀	[Einheit]	Ausf.-Dauer Positionsnummer

71 Wandanschluss Ziegel / Dachstein — KG **363**

Anarbeiten der Dachdeckung an aufgehende Wand, inkl. erforderlicher Zuschneide- oder Fräßarbeiten. Anschlussbleche nach gesonderter Position.
Dachdeckung: **Ziegel / Dachstein**
Bauteilanschluss: aufgehende Wand, trocken verlegt
Abrechnung: m

11€ 25€ **29**€ 48€ 72€ [m] ⏱ 0,35 h/m 020.001.120

72 Ziegel beidecken, Dachdeckung — KG **363**

Beidecken der Ziegel-Dachdeckung.
Bauteilanschluss: Dachflächenfenster, Kehlen, Schornsteine, Dachgauben, aufgehende Wand

4€ 13€ **15**€ 23€ 44€ [m] ⏱ 0,20 h/m 020.000.030

73 Verklammerung, Dachdeckung — KG **363**

Dachdeckung im Flächenbereich zusätzlich sturmsicher verklammern; Klammeranzahl gem. Regelwerk des Deutschen Dachdeckerhandwerks DDH.
Windzone: **1 / 2 / 3 / 4**
Gebäudehöhe: .....
Gebäudelage: .....
Verklammerung: .....
Befestigung: **korrosionsgeschützt / nichtrostend**

0,9€ 3,2€ **4,4**€ 7,6€ 15€ [m²] ⏱ 0,06 h/m² 020.000.031

74 Wandbekleidung Holzschindel — KG **335**

Fassadenbekleidung als vorgehängte, hinterlüftete Fassade aus gespaltenen Holzschindeln nach DIN 18516-1 auf vorhanden Holzschalung, mit nichtrostenden Befestigungsmitteln.
Vorh. Unterkonstruktion: Holzschalung mit Bitumenvordeckung
Holzart: Rotzeder
Güteklasse: 1
Spaltung: mit Hand
Form: Keilförmig
Reihenabstand: ..... mm
Mindestdicke am Fuß: 8 mm, Breite: ..... mm
Oberfläche: spaltrau
Unterseite: gefast
Verlegung gem. Verlegeplan: im .....-Verband als Dreifachdeckung
Wandhöhe: über Gelände bis ..... m
Für die Ausführung werden vom AG folgende Unterlagen zur Verfügung gestellt:
- Entwurfszeichnungen, Plannr.: .....
- Übersichtszeichnungen, Plannr.: .....

80€ 119€ **137**€ 175€ 225€ [m²] ⏱ 1,50 h/m² 020.001.100

▶ min
▷ von
ø Mittel
◁ bis
◀ max

75 Eckausbildung Holzschindelbekleidung KG **335**

Außenecke, passend zur Bekleidung aus Holzschindeln, mit profiliertem Holz-Eckprofil, Profil gem. anliegender Skizze.
Skizze: Nr. ......
Oberfläche: allseitig gehobelt
Befestigung: korrosionsbeständige Schrauben

9€ 22€ **23**€ 26€ 38€ [m] ⏱ 0,30 h/m 020.001.101

76 Randanschluss Holzschindelbekleidung KG **335**

Seitlicher Abschluss, passend zur Bekleidung aus Holzschindeln, gem. anliegender Skizze.
Skizze: Nr. ......

8€ 22€ **22**€ 24€ 38€ [m] ⏱ 0,27 h/m 020.001.102

77 Dachfenster/Dachausstieg, Holz KG **362**

Dachausstiegs-Fenster aus Kunststoff, inkl. Eindeckrahmen, bestehend aus:
- Fenster mit stufenlosem 180°-Öffnungswinkel und Schwingfunktion
- Anschlag oben, Öffnungsgriff unten
- mit Sicherheitsöffnung und Teleskop-Montageschienen
- profilierte rutschsichere Trittfläche
- Blend- und Eindeckrahmen aus Polyurethan, wärmegedämmt
- inkl. dichtem Anschluss an Fensterrahmen und innenseitiger Luft- / Dampfsperre

Einbauort: Dachfläche, Neigung .....°
Dachdeckung mit: Falzziegel
Bauphysik Fenster:
Wärmeschutz: U_W .....
Schalldämmung: R_w,R ......
Nennmaß (L x B): ..... x ..... mm
Verglasung: .....
Hagelwiderstand: Klasse ....
Oberfläche: ......
Oberfläche Eindeckrahmen: .....

157€ 283€ **365**€ 449€ 796€ [St] ⏱ 1,80 h/St 020.000.033

78 Dachflächenfenster, gedämmt, Holz, lasur KG **362**

Dachflächenfenster aus Nadelholz, lasiert, als Klapp-Schwing-Fenster, inkl. Eindeck- und Dämmrahmen bestehend aus:
- Fenster mit stufenlosem 45°-Öffnungswinkel und stufenloser Schwingfunktion, Öffnungsgriff unten, mit Lüftungsklappe und Luftfilter, und manueller Öffnung
- Außenabdeckung aus Aluminium, einbrennlackiert
- Eindecken mit Nocken
- Verglasung bestehend aus Mehrscheiben-Isolierverlasung mit Hagel- und Sonnenschutzfunktion
- Dämmrahmen aus ..... mit Anschlussausbildung zur Dachdämmung
- Anschlussschürze aus diffusionsoffenem Material mit Wasserableitrinne

000
001
002
006
008
009
010
012
013
014
016
017
018
020
021
022

Nr.	Kurztext / Langtext					Kostengruppe
▶	▷	**ø netto €**	◁	◀	[Einheit]	Ausf.-Dauer Positionsnummer

Einbauort: Dachfläche, Neigung .....°
Deckung mit: gefälzte Betondachsteine
Bauphysik Fenster
Wärmeschutz: U_W .....
Schalldämmung: SSK 1 (RW 25-29 dB)
Einbruchhemmung: RC 2
Blendrahmen-Außenmaß: 1.340 x 1.180 mm
Oberfläche: 2-K-PU-Beschichtung
Farbe.....
Oberfläche Eindeckrahmen: .....

465€ 749€ **870**€ 1.007€ 1.481€ [St] ⏱ 6,25 h/St 020.000.034

Kosten:
Stand 1.Quartal 2020
Bundesdurchschnitt

79 Stundensatz Facharbeiter, Dachdeckung

Stundenlohnarbeiten für Vorarbeiter, Facharbeiter und Gleichgestellte (z.B. Spezialbaufacharbeiter, Baufacharbeiter, Gesellen, Maschinenführer, Fahrer und ähnliche Fachkräfte). Leistung nach besonderer Anordnung der Bauüberwachung. Anmeldung und Nachweis gem. VOB/B.

42€ 50€ **54**€ 59€ 69€ [h] ⏱ 1,00 h/h 020.001.095

80 Stundensatz Helfer, Dachdeckung

Stundenlohnarbeiten für Werker, Helfer und Gleichgestellte (z.B. Baufachwerker, Helfer, Ungelernte, Angelernte). Leistung nach besonderer Anordnung der Bauüberwachung. Anmeldung und Nachweis gem. VOB/B.

39€ 44€ **45**€ 47€ 53€ [h] ⏱ 1,00 h/h 020.001.096

▶ min
▷ von
ø Mittel
◁ bis
◀ max

000
001
002
006
008
009
010
012
013
014
016
017
018
020
021
022

021

Kosten:
Stand 1.Quartal 2020
Bundesdurchschnitt

Nr.	Positionen	Einheit	▶	▷	ø brutto € / ø netto €	◁	◀
1	Voranstrich, Dampfsperre	m²	0,7	1,8	**2,2**	3,0	5,5
			0,6	1,6	**1,9**	2,6	4,6
2	Trennlage/untere Lage, V13, auf Holz	m²	2	4	**5**	6	8
			1	3	**4**	5	7
3	Trennlage/untere Lage, G200 DD, auf Holz	m²	3	6	**9**	10	13
			3	5	**7**	8	11
4	Dampfsperre hochführen, aufgehende Bauteile	m	3	5	**6**	7	9
			3	4	**5**	6	8
5	Trennlage / Ausgleichsschicht, PE-Folie	m²	0,6	2,6	**3,6**	4,4	7,3
			0,5	2,2	**3,0**	3,7	6,2
6	Dampfsperre, V60S4 Al01, auf Beton	m²	8	11	**12**	13	19
			6	9	**10**	11	16
7	Dampfsperre, Alu-Verbundfolie, mind. 1.500m	m²	2	4	**5**	7	10
			2	4	**5**	6	8
8	Wärmedämmung DAA, EPS 035, bis 80mm	m²	15	19	**20**	23	30
			12	16	**17**	19	25
9	Wärmedämmung DAA, EPS 035, bis 140mm	m²	20	26	**28**	32	41
			17	22	**24**	27	34
10	Wärmedämmung DAA, EPS 035, bis 240mm	m²	25	38	**39**	45	55
			21	32	**32**	37	46
11	Wärmedämmung DAA, PUR 024 bis 120mm, Alu-kaschiert	m²	22	28	**32**	34	41
			19	24	**27**	29	34
12	Wärmedämmung DAA, PUR FD 024, 180mm, Alu-kaschiert	m²	36	45	**51**	60	71
			30	38	**43**	50	60
13	Gefälledämmung DAA, EPS, i. M. 160mm	m²	29	35	**38**	42	53
			25	30	**32**	35	44
14	Gefälledämmung DAA, PUR, i. M. bis 160mm	m²	31	43	**47**	55	68
			26	36	**40**	46	57
15	Wärmedämmung DAA, CG 045, 140mm	m²	76	92	**96**	104	128
			64	77	**81**	88	108
16	Wärmedämmung DUK, XPS 040, 140 mm	m²	24	36	**39**	47	61
			20	30	**33**	39	51
17	Wärmedämmung DAA, MW 038, 160mm	m²	–	26	**30**	36	–
			–	22	**25**	30	–
18	Übergang, Dämmkeil, EPS-Hartschaum, 60x60mm	m	1	3	**4**	7	15
			1	3	**3**	6	12
19	Unterkonstruktion, Kantholz, bis 100x60mm	m	7	10	**11**	12	13
			6	8	**9**	10	11
20	Unterkonstruktion, Holzbohlen, 40x120mm	m	11	17	**19**	24	33
			9	14	**16**	20	28
21	Fugenabdichtung, Silikon	m	2	4	**6**	7	8
			2	4	**5**	6	7
22	Bewegungsfuge, Typ I, Schleppstreifen, Bitumenbahn	m	25	30	**32**	40	53
			21	25	**27**	34	44

▶ min
▷ von
ø Mittel
◁ bis
◀ max

Nr.	Positionen	Einheit	▶	▷	ø brutto € / ø netto €	◁	◀
23	Dachabdichtung PYE G200, S4/S5, untere Lage	m²	10	13	**14**	16	21
			9	11	**12**	14	18
24	Dachabdichtung PYE PV200 S5, obere Lage	m²	13	16	**17**	19	24
			11	13	**15**	16	20
25	Dachabdichtung PYE PV 200 S5 Cu01, Wurzelschutz, obere Lage	m²	–	22	**26**	31	–
			–	19	**22**	26	–
26	Dachabdichtung zweilagig, Polymerbitumen-Schweißbahnen	m²	23	27	**28**	34	40
			20	22	**23**	28	34
27	Wandanschluss, gedämmt EPS 035, zweilagige Abdichtung	m	23	33	**37**	46	65
			19	28	**31**	38	55
28	Attikaabschluss, gedämmt, zweilagige Abdichtung	m	26	41	**49**	57	73
			22	34	**41**	48	61
29	Dachabdichtung, Kunststoffbahn, PVC 1,5mm, einlagig	m²	–	24	**28**	33	–
			–	20	**23**	28	–
30	Dachabdichtung, Kunststoffbahn, FPO, einlagig	m²	19	24	**26**	31	39
			16	21	**22**	26	33
31	Dachabdichtung, Kunststoffbahn, PIB, einlagig	m²	33	37	**38**	41	46
			28	31	**32**	35	38
32	Dachabdichtung, Kunststoffbahn, EVA, einlagig, 1,5mm	m²	17	25	**28**	31	38
			14	21	**23**	26	32
33	Dachabdichtung, Kunststoffbahn, EVA, einlagig, 2,0mm	m²	23	29	**32**	36	44
			19	25	**27**	30	37
34	Dachabdichtung, Kunststoffbahn, EPDM, einlagig, 2,5mm	m²	31	36	**38**	42	48
			26	30	**32**	35	40
35	Dachabdichtung, mechanische Befestigung, linear mit Schienen	m²	6	9	**11**	13	16
			5	7	**9**	11	14
36	Wandanschluss, gedämmt, Kunststoffbahn, einlagig	m	19	35	**40**	52	79
			16	29	**34**	43	66
37	Attikaanschluss, Kunststoffbahn, einlagig	m	18	32	**37**	42	52
			15	27	**31**	35	44
38	Balkonabdichtung, zweilagig, PYE PV 200 S5 und PYE G200 S5,	m²	28	34	**37**	44	54
			23	29	**31**	37	45
39	Wandanschluss, Abdichtung, Balkon	m	21	36	**43**	52	67
			17	30	**36**	43	57
40	Flüssigabdichtung, PMMA, 2,1mm	m²	–	45	**52**	63	–
			–	38	**43**	53	–
41	Flüssigabdichtung, PU-Harz/Vlies, 2,1mm	m²	74	100	**119**	133	158
			62	84	**100**	112	133

Kosten:
Stand 1.Quartal 2020
Bundesdurchschnitt

▶ min
▷ von
ø Mittel
◁ bis
◀ max

Nr.	Positionen	Einheit	▶	▷	ø brutto € / ø netto €	◁	◀
42	Abdichtungsanschluss, Fenstertür, Abdeckblech	m	35	52	**59**	72	92
			30	43	**49**	61	77
43	Wandanschluss, Dachabdichtung, Aluminiumprofil	m	10	15	**18**	20	27
			9	13	**15**	17	23
44	Notüberlauf, Attika, DN100, Freispiegel	St	74	199	**250**	391	726
			62	167	**210**	328	610
45	Flachdachablauf, mit Kiesfang, UP-GF, DN70, Freispiegel	St	56	91	**120**	128	154
			47	77	**101**	108	129
46	Flachdachablauf, mit Kiesfang, PUR, DN100, Druckstrom	St	81	229	**273**	417	690
			68	193	**229**	350	580
47	Aufstockelement, bauseitigen Dachablauf	St	55	69	**79**	92	126
			46	58	**67**	77	106
48	FD-Dunstrohreinfassung, bis 150mm	St	55	89	**103**	116	151
			46	75	**87**	97	127
49	Durchführung andichten, Anschweißflansch	St	24	41	**51**	60	75
			20	34	**43**	50	63
50	Blitzschutzdurchführung, Formteil, D=100	St	28	34	**39**	50	65
			24	29	**33**	42	55
51	Leitungseinfassung, Flachdach, Klemmanschluss	St	34	70	**81**	105	162
			29	59	**68**	88	136
52	Aufsetzkranz, rechteckig, Lichtkuppel 1,2x1,2m, Kunststoff, gedämmt	St	272	408	**465**	550	709
			228	343	**390**	463	595
53	Lichtkuppel, RWA, rechteckig, zweischalig Acrylglas, Aufsetzkranz, 1.200x1.200	St	790	1.341	**1.528**	2.037	3.163
			664	1.127	**1.284**	1.712	2.658
54	Anschluss Flachdachdichtung an Lichtkuppel	St	117	171	**184**	236	337
			98	144	**155**	199	283
55	Schutzmatte, Gummigranulat, Dachdichtung	m²	7	12	**14**	18	30
			6	10	**12**	16	25
56	Kiesschüttung, 16/32, Dach	m²	4	11	**13**	21	42
			4	9	**11**	18	35
57	Trennlage, PE-Folie, Dach	m²	0,6	2,7	**3,7**	4,8	7,9
			0,5	2,3	**3,1**	4,1	6,7
58	Stundensatz Facharbeiter, Dachdichtung	h	53	61	**64**	67	74
			44	51	**54**	56	62
59	Stundensatz Helfer, Dachdichtung	h	47	52	**55**	59	65
			39	44	**47**	50	55

Nr. **Kurztext** / Langtext Kostengruppe
▶ ▷ **ø netto €** ◁ ◀ [Einheit] Ausf.-Dauer Positionsnummer

1 Voranstrich, Dampfsperre KG **363**

Voranstrich bzw. Haftgrund für Dampfsperre aus Bitumenbahnen, vollflächig, auf oberflächentrockene Fläche.
Ausführung: Bitumenemulsion
Untergrund: Beton
Neigung: .....

0,6€ 1,6€ **1,9€** 2,6€ 4,6€ [m2] ⏱ 0,04 h/m2 021.000.003

2 Trennlage/untere Lage, V13, auf Holz KG **363**

Trennlage oder Vordeckung, aus Bitumenbahn mit Glasvlieseinlage, Nähte überlappend, im Nahtbereich mechanisch befestigt.
Funktion: .....
Untergrund: Holzwerkstoff aus .....
Ausführung Bahn: V13
Einbauort: Dach
Neigung: .....

1€ 3€ **4€** 5€ 7€ [m2] ⏱ 0,10 h/m2 021.000.004

3 Trennlage/untere Lage, G200 DD, auf Holz KG **363**

Trennlage oder Vordeckung, Bitumenbahn mit Glasvlieseinlage, Nähte überlappend, im Nahtbereich mechanisch befestigt.
Funktion: .....
Untergrund: Holz oder Holzwerkstoff aus .....
Ausführung Bahn: Bitumen-Dachdichtungsbahn - G 200 DD mit Glasgewebeeinlage 200 g/m2
Einbauort: Dach
Neigung: .....

3€ 5€ **7€** 8€ 11€ [m2] ⏱ 0,10 h/m2 021.000.054

4 Dampfsperre hochführen, aufgehende Bauteile KG **363**

Hochführen der Dampfsperre aus Bitumenbahn an aufgehenden Bauteilen, bis OK Wärmedämmung, starr anschließen.
Bauteil: Außenwand, Attika
Untergrund: Beton
Dampfsperre: Bitumenbahn V60S4+Al01

3€ 4€ **5€** 6€ 8€ [m] ⏱ 0,10 h/m 021.000.055

5 Trennlage / Ausgleichsschicht, PE-Folie KG **363**

Trennlage / Ausgleichsschicht, lose verlegt unter der lose verlegten Kunststoff-Dampfsperre.
Bahnentyp: PE-Folie, 0,2 mm
Untergrund: Betondecke

0,5€ 2,2€ **3,0€** 3,7€ 6,2€ [m2] ⏱ 0,02 h/m2 021.000.146

Kosten:
Stand 1.Quartal 2020
Bundesdurchschnitt

Nr.	**Kurztext** / Langtext						Kostengruppe
▶	▷	**ø netto €**	◁	◀	[Einheit]	Ausf.-Dauer	Positionsnummer

6 Dampfsperre, V60S4 Al01, auf Beton — KG **363**

Dampfsperre aus Bitumen-Schweißbahn mit Metalleinlage, Stöße und Nähte verschweißt.
Untergrund: Betondecke mit Bitumenvoranstrich
Einbauort: Flachdach, nicht belüftet
Bahnentyp: V60S4+Al01
Verklebung: punkt- oder streifenweise
sd-Wert: mind. 1.500 m

6€ | 9€ | **10**€ | 11€ | 16€ | [m²] | ⏱ 0,10 h/m² | 021.000.005

7 Dampfsperre, Alu-Verbundfolie, mind. 1.500m — KG **363**

Dampfsperre aus Kunststoffbahn, verschweißt, Stöße überlappend.
Untergrund: Betondecke
Bahnentyp: Polyolefin-Kunststoffbahn - FPO
Verklebung: punktförmig
Einbauort: .....

2€ | 4€ | **5**€ | 6€ | 8€ | [m²] | ⏱ 0,04 h/m² | 021.000.007

A 1 Wärmedämmung DAA, EPS 035 — Beschreibung für Pos. **8-10**

Wärmedämmung aus Polystyrol-Hartschaumplatten, für nichtbelüftetes Flachdach, einlagig und dicht gestoßen verlegen, streifenweise geklebt. verlegen, streifenweise geklebt.
Untergrund: Dampfsperre
Dämmstoff: EPS
Anwendungstyp: DAA - dm
Brandverhalten: Klasse E

8 Wärmedämmung DAA, EPS 035, bis 80mm — KG **363**

Wie Ausführungsbeschreibung A 1
Plattenrand: umlaufend gefalzt
Nennwert der Wärmeleitfähigkeit: 0,035 W/(mK)
Dämmstoffdicke: über 60 bis 80 mm
Angeb. Fabrikat: .....

12€ | 16€ | **17**€ | 19€ | 25€ | [m²] | ⏱ 0,14 h/m² | 021.000.008

9 Wärmedämmung DAA, EPS 035, bis 140mm — KG **363**

Wie Ausführungsbeschreibung A 1
Plattenrand: umlaufend gefalzt
Nennwert der Wärmeleitfähigkeit: 0,034 W/(mK)
Dämmstoffdicke: über 80 bis 140 mm

17€ | 22€ | **24**€ | 27€ | 34€ | [m²] | ⏱ 0,14 h/m² | 021.000.009

10 Wärmedämmung DAA, EPS 035, bis 240mm — KG **363**

Wie Ausführungsbeschreibung A 1
Plattenrand: umlaufend gefalzt
Nennwert der Wärmeleitfähigkeit: 0,034 W/(mK)
Dämmstoffdicke: 240 mm

21€ | 32€ | **32**€ | 37€ | 46€ | [m²] | ⏱ 0,15 h/m² | 021.000.096

▶ min
▷ von
ø Mittel
◁ bis
◀ max

A 2 Wärmedämmung DAA, PUR FD 024, Alu-kaschiert Beschreibung für Pos. **11-12**

Wärmedämmung aus Polyurethan-Hartschaumplatten mit beidseitiger Kaschierung aus Aluminium, für nichtbelüftetes Flachdach, einlagig und dicht gestoßen verlegen, streifenweise geklebt, Stöße der Kaschierung überlappt und verklebt.
Untergrund: Dampfsperre aus .....
Einbauort: Flachdach
Dämmstoff: PUR
Anwendungstyp: DAA - dh (Wert der Druckbelastbarkeit nach Leistungserklärung/CE-Kennzeichnung des Produkts bei einer Stauchung von 10%)
Brandverhalten: Klasse E-d2, normal entflammbar

11 Wärmedämmung DAA, PUR 024 bis 120mm, Alu-kaschiert KG **363**

Wie Ausführungsbeschreibung A 2
Plattenrand: umlaufend gefalzt
Nennwert der Wärmeleitfähigkeit: 0,023 W/(mK)
Dämmstoffdicke: **80 / 100 / 120** mm

19€ 24€ **27€** 29€ 34€ [m²] ⏱ 0,14 h/m² 021.000.010

12 Wärmedämmung DAA, PUR FD 024, 180mm, Alu-kaschiert KG **363**

Wie Ausführungsbeschreibung A 2
Plattenrand: umlaufend gefalzt
Nennwert der Wärmeleitfähigkeit: 0,023 W/(mK)
Dämmstoffdicke: 180 mm

30€ 38€ **43€** 50€ 60€ [m²] ⏱ 0,18 h/m² 021.000.097

13 Gefälledämmung DAA, EPS, i. M. 160mm KG **363**

Gefälledämmung aus Polystyrol-Hartschaumplatten, für nichtbelüftetes Flachdach, einlagig und dicht gestoßen gem. Verlegeplan verkleben.
Untergrund: Dampfsperre aus .....
Einbauort: Flachdach
Dämmstoff: EPS
Anwendungstyp: DAA - dm
Nennwert der Wärmeleitfähigkeit: 0,034 W/(mK)
Brandverhalten: Klasse E-d2, normal entflammbar
Dämmstoffdicke: ..... bis ..... mm, i. M. 160 mm
Gefälle: über 2 bis 2,5%
Plattenrand: .....

25€ 30€ **32€** 35€ 44€ [m²] ⏱ 0,20 h/m² 021.000.011

000 001 002 006 008 009 010 012 013 014 016 017 018 020 **021** 022

Nr.	**Kurztext** / Langtext					Kostengruppe
▶	▷	**ø netto €**	◁	◀	[Einheit]	Ausf.-Dauer Positionsnummer

Kosten:
Stand 1.Quartal 2020
Bundesdurchschnitt

14 Gefälledämmung DAA, PUR, i. M. bis 160mm — KG **363**

Gefälledämmung aus Polyurethan-Hartschaumplatten, für nichtbelüftetes Flachdach, aus vorgefertigten Dämmplatten, einlagig und dicht gestoßen gem. Verlegeplan verkleben.
Untergrund: Dampfsperre
Dämmstoff: **PUR / PIR**
Plattenrand: .....
Anwendungstyp: DAA - ds
Nennwert der Wärmeleitfähigkeit: 0,025 W/(mK)
Brandverhalten Klasse: E
Dämmstoffdicke: ..... bis ...... mm, i. M. 160 mm
Gefälle: .....
Angeb. Fabrikat: .....

26€ 36€ **40**€ 46€ 57€ [m²] ⏱ 0,20 h/m² 021.000.012

15 Wärmedämmung DAA, CG 045, 140mm — KG **363**

Wärmedämmung aus Schaumglas-Dämmplatten, hoch druckbelastbar, einlagig dicht stoßen und mit Heißbitumen vollflächig verkleben, Platten mit versetzten, pressgestoßenen und bitumengefüllten Fugen, inkl. Deckaufstrich aus Heißbitumen.
Untergrund: Rohbetondecke
Einbauort: Flachdach
Dämmstoff: CG
Anwendungstyp: DAA - ds
Nennwert der Wärmeleitfähigkeit: 0,044 W/(mK)
Brandverhalten Klasse: A1, nicht brennbar
Dämmstoffdicke: 140 mm
Plattenrand: ohne Profil

64€ 77€ **81**€ 88€ 108€ [m²] ⏱ 0,25 h/m² 021.000.013

16 Wärmedämmung DUK, XPS 040, 140 mm — KG **363**

Wärmedämmung aus extrudierten Polystyrol-Hartschaumplatten, für Umkehrdach, oberhalb der Dachabdichtung lose verlegt, einlagig.
Untergrund: Dachabdichtung mit Trennlage
Einbauort: Flachdach, Gefälle .....°
Nutzung: .....
Dämmstoff: XPS
Anwendungstyp: DUK - ds
Nennwert der Wärmeleitfähigkeit: 0,039 W/(mK)
Brandverhalten: Klasse E, normal entflammbar
Dämmstoffdicke: bis 140 mm
Plattenrand: umlaufend profiliert

20€ 30€ **33**€ 39€ 51€ [m²] ⏱ 0,20 h/m² 021.000.062

▶ min
▷ von
ø Mittel
◁ bis
◀ max

17 **Wärmedämmung DAA, MW 038, 160mm** KG **363**

Wärmedämmung aus Mineralwolle-Dämmplatten, für nichtbelüftetes Flachdach, dicht gestoßen und punktweise verklebt, einlagig.
Untergrund: Dampfsperre aus .....
Einbauort: Flachdach
Dämmstoff: MW
Anwendungstyp: DAA-dm
Nennwert der Wärmeleitfähigkeit: 0,036 W/(mK)
Brandverhalten: Klasse A1, nicht brennbar
Dämmstoffdicke: 160 mm
Plattenrand: ohne Profil

–€ 22€ **25**€ 30€ –€ [m²] ⏱ 0,22 h/m² 021.000.099

18 **Übergang, Dämmkeil, EPS-Hartschaum, 60x60mm** KG **363**

Dämmkeil aus Hartschaum, am Anschluss der Flachdachdämmung an aufgehende Bauteilen, Ecken mit Gehrungsschnitt.
Dämmstoff: EPS
Zuschnittwinkel: 45°
Abmessung: 60 x 60 mm

1€ 3€ **3**€ 6€ 12€ [m] ⏱ 0,04 h/m 021.000.014

19 **Unterkonstruktion, Kantholz, bis 100x60mm** KG **363**

Unterkonstruktion aus Kantholz, für Flachdach, Befestigung mit korrosionsgeschützten Befestigungsmitteln.
Chem. Holzschutz wird gesondert vergütet.
Einbauort: **Dachaufbau / Attika / Brüstung**
Funktion: .....
Untergrund: .....
Holzart: Nadelholz
Sortierklasse: S10 DIN 4074-1
Querschnitt (H x B): 60 x 100 mm
Gebrauchsklasse: 3.1
Oberfläche: .....

6€ 8€ **9**€ 10€ 11€ [m] ⏱ 0,10 h/m 021.000.015

20 **Unterkonstruktion, Holzbohlen, 40x120mm** KG **363**

Unterkonstruktion aus Holzbohle, für Flachdach, Befestigung mit korrosionsgeschützten Befestigungsmitteln.
Chem. Holzschutz wird gesondert vergütet.
Einbauort: Attika
Funktion: .....
Untergrund: .....
Holzart: Nadelholz
Festigkeitsklasse: C24 DG DIN EN 14081-1
Querschnitt (H x B): 40 x 120 mm
Gebrauchsklasse: 3.1
Oberfläche: .....

9€ 14€ **16**€ 20€ 28€ [m] ⏱ 0,20 h/m 021.000.016

000
001
002
006
008
009
010
012
013
014
016
017
018
020
021
022

Kosten:
Stand 1.Quartal 2020
Bundesdurchschnitt

Nr.	**Kurztext** / Langtext						Kostengruppe
▶	▷	**ø netto €**	◁	◀	[Einheit]	Ausf.-Dauer	Positionsnummer

21 Fugenabdichtung, Silikon KG **363**

Elastische Verfugung mit Silikon, inkl. notwendiger Flankenvorbehandlung an den Anschlussflächen und Hinterlegen der Fugenhohlräume mit geeignetem Hinterstopfmaterial.
Fuge: .....
Fugendicke: .....

2€ | 4€ | **5€** | 6€ | 7€ | [m] | ⏱ 0,05 h/m | 021.000.017

22 Bewegungsfuge, Typ I, Schleppstreifen, Bitumenbahn KG **363**

Bewegungsfuge für Flachdachaufbau, Ausbildung mit Schleppstreifen der Dachdichtungsbahnen.
Fugentyp: I
Fugenbewegung: max. 5 mm
Aufbau Flachdach: .....
Breite Schleppstreifen: 200 mm

21€ | 25€ | **27€** | 34€ | 44€ | [m] | ⏱ 0,35 h/m | 021.000.141

23 Dachabdichtung PYE G200, S4/S5, untere Lage KG **363**

Untere Lage der Dachabdichtung, für nicht genutzte Dächer, aus Polymerbitumen-Schweißbahn, Stöße überlappend, vollflächig verschweißen.
Flachdachgefälle: über 2%
Anwendungsklasse Flachdach: **K1 / K2** DIN 18531
Untergrund: EPS-Gefälledämmung
Bahnenart: PYE-G 200 **S4 / S5**
Eigenschaftsklasse: E1 - DIN 18351
Anwendungstyp: DU
Höhe Dachrand über Grund: ..... m

9€ | 11€ | **12€** | 14€ | 18€ | [m²] | ⏱ 0,12 h/m² | 021.000.019

24 Dachabdichtung PYE PV200 S5, obere Lage KG **363**

Obere Lage der Dachabdichtung, für **nicht genutzte / genutzte** Dächer, aus Polymerbitumen-Schweißbahn, Stöße überlappend, vollflächig verschweißen.
Flachdachgefälle: über 2%
Untergrund: Bitumenbahn
Bahnenart: PYE-PV 200 S5
Eigenschaftsklasse: E1 - DIN 18351
Anwendungstyp: DO
Brandverhalten: E
Höhe Dachrand über Grund: .....

11€ | 13€ | **15€** | 16€ | 20€ | [m²] | ⏱ 0,14 h/m² | 021.000.020

▶ min
▷ von
ø Mittel
◁ bis
◀ max

25 **Dachabdichtung PYE PV 200 S5 Cu01, Wurzelschutz, obere Lage** KG **363**

Obere Lage der Dachabdichtung als Wurzelschutzbahn, aus Polymerbitumen-Schweißbahn, Stöße überlappend, vollflächig verschweißen.
Flachdachgefälle: über 2%
Untergrund: PYE-Schweißbahn
Bahnenart: PYE-PV 200 S5+Cu01
Eigenschaftsklasse: E1 - DIN 18351
Anwendungstyp: DO
Brandverhalten: E
Höhe der Attika über Grund: .....

–€ 19€ **22**€ 26€ –€ [m²] ⏱ 0,20 h/m² 021.000.021

26 **Dachabdichtung zweilagig, Polymerbitumen-Schweißbahnen** KG **363**

Dachabdichtung aus Polymerbitumenbahnen, zweilagig, Stöße überlappend, vollflächig verschweißen.
Flachdachgefälle: über 2%
Untergrund: EPS-Gefälledämmung
1.Untere Lage: PYE-G 200 S4/S5
Anwendungstyp: DU/E1 - DIN 18531
2.Obere Lage: PYE-PV200 S5
Anwendungstyp: DO/E1 - DIN 18531
Höhe Attika über Grund: .....

20€ 22€ **23**€ 28€ 34€ [m²] ⏱ 0,25 h/m² 021.000.065

27 **Wandanschluss, gedämmt EPS 035, zweilagige Abdichtung** KG **363**

Dachabdichtung DIN 18531 gegen nichtdrückendes Wasser für hohe Beanspruchung, durchwurzelungsfest nach FLL-Verfahren, für genutzte Dachflächen mit Begrünung.
Neigung: mind. 2%
Anwendungsklasse Flachdach: K1
Unterlage: Beton
Abdichtung 2-lagig, aus
1. Untere Lage: PV 200 DD mit Polyestervlieseinlage 200/250 g/m²
Anwendungstyp: DU, in Polymer-Bitumen vollflächig vergossen
Eigenschaftsklasse: E1
punkt-/streifenweise kleben.
2. Obere Lage: PYE - PV 200 S5 mit Polyestervlieseinlage 200/250 g/m²
Anwendungstyp DO, vollflächig schweißen.

19€ 28€ **31**€ 38€ 55€ [m] ⏱ 0,40 h/m 021.000.022

28 **Attikaabschluss, gedämmt, zweilagige Abdichtung** KG **363**

Anschluss der Dachabdichtung aus Polymerbitumenbahnen an aufgehende Bauteile, zweilagige Bahnenausführung wie Flächenabdichtung, einschl.:
- hochgeführte Wärmedämmung aus Polystyrol-Hartschaumplatte
- Kantholz als oberer Abschluss der Dämmung
- Dämmstoffkeil
- Klemmschiene aus Aluminium als mechanischer Befestigung am oberen Rand des Anschlusses
- Schutz aus Überhangstreifen / Abdeckprofil, inkl. elastischer Versiegelung der Anschlussfuge

000 001 002 006 008 009 010 012 013 014 016 017 018 020 **021** 022

Nr.	Kurztext / Langtext					Kostengruppe
▶	▷	ø netto €	◁	◀	[Einheit]	Ausf.-Dauer Positionsnummer

Höhe ü. OK Dachbelag: mind. 150 mm
Aufgehendes Bauteil: Wand, aus .....
Anwendungskategorie Flachdach: **K1 / K2** DIN 18531
Abdichtungsbahnen Typ: **DU/E2 und DO/E1** bzw. **DU/E1 und DO/E1**
Einwirkungsklasse: IA
Wärmedämmung: EPS 035, 80 mm
Nennwert Wärmeleitfähigkeit: 0,034 W/(mK)
Dämmkeil: EPS 035, 60 x 60 mm
Nadelholz, Festigkeitsklasse: S10, 80 x 60 mm
Überhangblech: **Titanzink / Aluminium / .....**, Z = 250 mm, dreifach gekantet

22€ 34€ **41**€ 48€ 61€ [m] ⏱ 0,30 h/m 021.000.023

Kosten:
Stand 1.Quartal 2020
Bundesdurchschnitt

29 Dachabdichtung, Kunststoffbahn, PVC 1,5mm, einlagig KG **363**

Dachabdichtung für nicht genutztes Dach aus Kunststoffbahn, einlagig, mit Verstärkungslage, beidseitig beschichtet mit thermoplastischem Elastomer, Naht- und Stoßverbindungen verschweißen, Bahn lose verlegen und mechanisch befestigt. Mechanische Befestigung wird in gesonderter Position vergütet.
Untergrund: Dämmung aus .....
Anwendungsklasse Flachdach: K1
Einwirkungsklasse: IA
Flachdachgefälle: mind. 2%
Bahnenart: PVC-P (PVC-P-NB-V-GV), mit Verstärkungslage, beidseitig beschichtet mit thermoplastischem Elastomer
Bahnendicke: 1,5 mm
Eigenschaftsklasse: E1
Anwendungstyp: DE
Brandverhalten: E
Höhe Attika über Grund: .....

–€ 20€ **23**€ 28€ –€ [m²] ⏱ 0,18 h/m² 021.000.113

30 Dachabdichtung, Kunststoffbahn, FPO, einlagig KG **363**

Dachabdichtung für nicht genutztes Dach aus Kunststoffbahn, einlagig, Naht- und Stoßverbindungen verschweißen, Bahn lose verlegen und mechanisch befestigt. Mechanische Befestigung wird in gesonderter Position vergütet.
Untergrund: Dämmung aus .....
Anwendungsklasse Flachdach: K1
Einwirkungsklasse: IA
Flachdachgefälle: mind. 2%
Bahnenart: FPO, mit Glasvlieseinlage, beidseitig beschichtet mit thermoplastischem Elastomer
Bahnendicke: 2,0 mm
Eigenschaftsklasse: E1
Anwendungstyp: DE
Brandverhalten: E
Höhe Attika über Grund: .....

16€ 21€ **22**€ 26€ 33€ [m²] ⏱ 0,14 h/m² 021.000.114

▶ min
▷ von
ø Mittel
◁ bis
◀ max

31 Dachabdichtung, Kunststoffbahn, PIB, einlagig KG **363**

Dachabdichtung für nicht genutztes Dach aus Kunststoffbahn, einlagig, Naht- und Stoßverbindungen verschweißen, Bahn lose verlegen und mechanisch befestigt. Mechanische Befestigung wird in gesonderter Position vergütet.
Untergrund: Dämmung aus .....
Anwendungsklasse Flachdach: K1
Einwirkungsklasse: IA
Flachdachgefälle: mind. 2%
Bahnenart: PIB-BV-K-PV, beidseitig beschichtet mit thermoplastischem Elastomer
Bahnendicke: 1,5 mm
Eigenschaftsklasse: E1
Anwendungstyp: DE
Brandverhalten: E
Höhe Attika über Grund: .....

28€ 31€ **32**€ 35€ 38€ [m2] ⏱ 0,18 h/m2 021.000.115

32 Dachabdichtung, Kunststoffbahn, EVA, einlagig, 1,5mm KG **363**

Dachabdichtung für nicht genutztes Dach aus Kunststoffbahn, einlagig und wurzelfest FLL, Naht- und Stoßverbindungen selbstklebend, Bahn lose verlegen und mechanisch befestigt, inkl. korrosionsbeständige Befestiger.
Untergrund: Dämmung aus .....
Anwendungsklasse Flachdach: K1
Einwirkungsklasse: IA
Flachdachgefälle: mind. 2%
Bahnenart: Ethylen-Vinyl-Acetat Terpolymer - EVA-BV-SK
Bahnendicke: 1,5 mm
Eigenschaftsklasse: E1
Anwendungstyp: DE
Brandverhalten: E
Höhe Attika über Grund: .....

14€ 21€ **23**€ 26€ 32€ [m2] ⏱ 0,14 h/m2 021.000.024

33 Dachabdichtung, Kunststoffbahn, EVA, einlagig, 2,0mm KG **363**

Dachabdichtung für nicht genutztes Dach aus Kunststoffbahn, einlagig und wurzelfest FLL, Naht- und Stoßverbindungen selbstklebend, Bahn lose verlegen und mechanisch befestigt, inkl. korrosionsbeständige Befestiger.
Untergrund: Dämmung aus .....
Anwendungsklasse Flachdach: K1
Einwirkungsklasse: IA
Flachdachgefälle: mind. 2%
Bahnenart: Ethylen-Vinyl-Acetat Terpolymer - EVA-BV-SK
Bahnendicke: 2,0 mm
Eigenschaftsklasse: E1
Anwendungstyp: DE
Brandverhalten: E
Höhe Attika über Grund: .....

19€ 25€ **27**€ 30€ 37€ [m2] ⏱ 0,14 h/m2 021.000.044

Nr. **Kurztext** / Langtext — Kostengruppe
▶ ▷ **ø netto €** ◁ ◀ [Einheit] Ausf.-Dauer Positionsnummer

34 **Dachabdichtung, Kunststoffbahn, EPDM, einlagig, 2,5mm** — KG **363**

Dachabdichtung für nicht genutztes Dach aus Kunststoffbahn, einlagig, Naht- und Stoßverbindungen selbstklebend, Bahn lose verlegen und mechanisch befestigt, inkl. korrosionsbeständige Befestiger.
Untergrund: Dämmung aus .....
Anwendungsklasse Flachdach: K1
Einwirkungsklasse: IA
Flachdachgefälle: mind. 2%
Bahnenart: Ethylen-Propylen-Dien-Kautschuk- EPDM, mit Verstärkungslage
Bahnendicke: 2,5 mm
Eigenschaftsklasse: E1
Anwendungstyp: DE
Brandverhalten: E
Höhe Attika über Grund: .....

26€ 30€ **32**€ 35€ 40€ [m²] ⏱ 0,18 h/m² 021.000.142

35 **Dachabdichtung, mechanische Befestigung, linear mit Schienen** — KG **363**

Mechanische Befestigung der einlagigen Kunststoff-Dachdichtung, Ausführung nach Herstellervorgabe, Anzahl und Anordnung der Befestiger gem. Verlegeplan, befestigt durch Dämmung in den tragfähigen Untergrund, mit korrosionbeständigem Material.
Untergrund: .....
Befestigungsbereich: **Eckbereich / Randbereich / Feldmitte**
Befestigungen: linear mit Schienen

5€ 7€ **9**€ 11€ 14€ [m²] ⏱ 0,08 h/m² 021.000.045

36 **Wandanschluss, gedämmt, Kunststoffbahn, einlagig** — KG **363**

Anschluss der Dachabdichtung aus Kunststoffbahnen an aufgehende Bauteile, einlagig, einschl.:
- hochgeführte Wärmedämmung aus Polyurethan, kaschiert, mind. 200 mm über wasserführender Schicht
- Kantholz als oberer Abschluss der Dämmung
- Dämmstoffkeile
- Klemmprofil aus Aluminium zur mechanischen oberen Befestigung der Kunststoffbahn
- elastische Versiegelung der Anschlussfuge
- Abdeckprofil aus Metallblech über Dämmung, Kantholz und Klemmprofil

Aufgehendes Bauteil: **Wand / Brüstung**
Untergrund: **Leichtbeton / Beton / Ziegelmauerwerk**
Abdichtungsbahn: .....
Wärmedämmung: PUR, 60 mm
Nennwert der Wärmeleitfähigkeit: 0,025 W/(mK)
Dämmkeil: PUR 60 x 60 mm
Kantholz: S10 80 x 60 mm
Klemmschiene: Aluminium, natur
Abdeckprofil: **Titanzink / Kupfer / .....**
Zuschnitt: Z300, vierfach gekantet
Flachdachgefälle: >2°
Höhe Attika über Grund: .....
Angeb. Fabrikat: .....

16€ 29€ **34**€ 43€ 66€ [m] ⏱ 0,45 h/m 021.000.025

Kosten:
Stand 1.Quartal 2020
Bundesdurchschnitt

▶ min
▷ von
ø Mittel
◁ bis
◀ max

37 **Attikaanschluss, Kunststoffbahn, einlagig** KG **363**

Anschluss der Dachabdichtung an Attika, einlagige Kunststoffbahn, Ausführung wie Flächenabdichtung, einschl.:
- Wärmedämmung aus PUR- / PIR-Hartschaumplatte hochführen bis UK bauseitige Holzwerkstoffplatte
- Dämmstoffkeil
- Dachdichtungsbahn hochführen und Attika-Aufsicht abdecken

Aufgehendes Bauteil: Attika, aus .....
Zuschnitt h+b: ..... m
Anwendungskategorie Flachdach: **K1 / K2** DIN 18531
Abdichtungsbahnen Typ: DE
Einwirkungsklasse: IA
Wärmedämmung: PUR 025, 80 mm,
Nennwert Wärmeleitfähigkeit: 0,024 W/(mK)
Dämmkeil: EPS 035, 60 x 60 mm
Attikaabdeckung mit Halterung werden gesondert vergütet.

15€ 27€ **31**€ 35€ 44€ [m] ⏱ 0,40 h/m 021.000.026

38 **Balkonabdichtung, zweilagig, PYE PV 200 S5 und PYE G200 S5,** KG **353**

Abdichtung von Balkonflächen aus Bitumenschweißbahnen, zweilagig, Stöße überlappend; inkl. Voranstrich.
Untergrund: Stahlbetonbalkonplatte
Voranstrich: **Bitumen / Emulsion**, 300 g/m²
Untere Lage: PYE-PV 200 S5, DU-E1 DIN 18531, punkt-/ streifenweise schweißen
Obere Lage: PYE-G 200 S5, DO-E1 DIN 18531, vollflächig schweißen
Einwirkungsklasse: IA
Balkongefälle: größer 2%
Einbauort: in allen Geschossen

23€ 29€ **31**€ 37€ 45€ [m²] ⏱ 0,25 h/m² 021.000.042

39 **Wandanschluss, Abdichtung, Balkon** KG **353**

Anschluss der Balkonabdichtung aus Bitumenbahnen an aufgehende Bauteile, zweilagige Ausführung wie Flächenabdichtung, einschl.:
- hochgeführte Wärmedämmung aus Polystyrol-Hartschaumplatte
- Dämmstoffkeil
- Anschluss mind. 150 mm über Oberkante Belag
- Klemmprofil aus Aluminium, natur, mechanische obere Befestigung der Abdichtung,
- Schutz aus Abdeckprofil aus Metallblech, inkl. elastische Versiegelung der Anschlussfuge

Aufgehendes Bauteil: Wand, aus .....
Anwendungskategorie Flachdach: **K1 / K2** DIN 18531
Abdichtungsbahnen Typ: **DU/E2 und DO/E1** bzw. **DU/E1 und DO/E1**
Einwirkungsklasse: IA
Wärmedämmung: EPS 035, 80 mm
Nennwert Wärmeleitfähigkeit: 0,034 W/(mK)
Dämmkeil: EPS, 60 x 60 mm
Abdeckprofil: **Titanzink / Aluminium / .....**, Z=250 mm, dreifach gekantet

17€ 30€ **36**€ 43€ 57€ [m] ⏱ 0,50 h/m 021.000.043

000 001 002 006 008 009 010 012 013 014 016 017 018 020 **021** 022

Kosten:
Stand 1.Quartal 2020
Bundesdurchschnitt

Nr.	**Kurztext** / Langtext							Kostengruppe
▶	▷	**ø netto €**	◁	◀	[Einheit]		Ausf.-Dauer	Positionsnummer

40 Flüssigabdichtung, PMMA, 2,1mm KG **363**

Abdichtung mit zweikomponentigen Polymethylacrylat-Harz und Vlies, für nicht genutzte Dachflächen, mit Wurzelfestigkeit nach FLL-Richtlinien, lösemittelfrei und UV-stabil. Verarbeitung nach Verarbeitungsrichtlinien bzw. Herstellerrichtlinien und technischen Informationen.
Einbauort: .....
Dachneigung: mind. 2%
Anwendungsklasse: K1
Einwirkungsklasse: I A
Eigenschaftsklasse: E1
Dauerhaftigkeit: W3 (25 Jahre)
Temperaturbeständigkeit: TL4 (-30°C) - TH4 (+90°C)
Brandverhalten: E und B ROOF (t1) - DIN EN 13501-1 und -5
Schichtdicke: mind. 2,1 mm
Vlieseinlage: mind. 110 gr/m², μ-Wert 3.100
Farbton: **grüngrau / gelbgrau**
Öko. Anforderung: 80% der Harze aus nachwachsenden Rohstoffen

–€ 38€ **43€** 53€ –€ [m²] ⏱ 0,20 h/m² 021.000.121

41 Flüssigabdichtung, PU-Harz/Vlies, 2,1mm KG **363**

Abdichtung mit zweikomponentigen Polymethylacrylat-Harz und Vlies, für nicht genutzte Dachflächen, mit Wurzelfestigkeit nach FLL-Richtlinien, lösemittelfrei und UV-stabil. Verarbeitung nach Verarbeitungsrichtlinien bzw. Herstellerrichtlinien und technischen Informationen.
Einbauort: .....
Dachneigung: mind. 2%
Anwendungsklasse: K1
Einwirkungsklasse: I A
Eigenschaftsklasse: E1
Dauerhaftigkeit: W3 (25 Jahre)
Temperaturbeständigkeit: TL4 (-30°C) - TH4 (+90°C)
Brandverhalten: E und B ROOF (t1) - DIN EN 13501-1 und -5
Schichtdicke: mind. 2,1 mm
Vlieseinlage: mind. 110 gr/m², μ-Wert 3.100
Farbton: **grüngrau / gelbgrau**
Öko. Anforderung: 80% der Harze aus nachwachsenden Rohstoffen

62€ 84€ **100€** 112€ 133€ [m²] ⏱ 0,60 h/m² 021.000.084

42 Abdichtungsanschluss, Fenstertür, Abdeckblech KG **363**

Hochführen der Dachabdichtung und anschließen an Fenstertürprofil, Befestigung am unterem Querrahmen, mit Klemmprofil aus Metall und Überhangblech; einschl. Versiegelung der obenliegenden Fuge mit elastischem Dichtungsband.
Einbauort: .....
Art der Abdichtung: Bitumen-Dachdichtungsbahn, zweilagig
Klemmprofil: Aluminium, natur
Überhangprofil: Aluminium, Z ..... mm.....-fach gekante

30€ 43€ **49€** 61€ 77€ [m] ⏱ 0,60 h/m 021.000.049

▶ min
▷ von
ø Mittel
◁ bis
◀ max

43 Wandanschluss, Dachabdichtung, Aluminiumprofil KG **363**

Wandanschlussprofil aus stranggepresstem Aluminiumblech, für den Anschluss der Abdichtungsbahnen an aufgehendem Bauteil, Stöße hinterlegt, inkl. elastischer Versiegelung der obenliegenden Fuge.
Einbauort: .....
Material: Aluminium
Oberfläche: eloxiert .....
Art der Abdichtung: ....-lagig

9€ | 13€ | **15**€ | 17€ | 23€ | [m] | ⏱ 0,20 h/m | 021.000.028

44 Notüberlauf, Attika, DN100, Freispiegel KG **363**

Notüberlauf Attika, mit Gefällestrecke und eingeschäumter Anschlussmanschette, mit Klebeflansch. Anschließen der Dachbahnen wird gesondert vergütet.
Dachdichtungsbahn: .....
Entwässerungsart: Freispiegel
Nenngröße: DN100
Abflussvermögen: ca. ..... l/s
Attikabreite: ..... m

62€ | 167€ | **210**€ | 328€ | 610€ | [St] | ⏱ 0,80 h/St | 021.000.060

45 Flachdachablauf, mit Kiesfang, UP-GF, DN70, Freispiegel KG **363**

Flachdachablauf, mehrteilig, zum Anschluss an Abwasserleitung, mit Aufstockelement, stufenlos höhenverstellbar, mit Dichtringen und Anschlussmanschetten für Dampfsperre und Abdichtung, mit Kiesfang, Nivellierstück und Balkonrost. Anschließen der Dachbahnen wird gesondert vergütet.
Einbauort: .....
Dampfsperre: .....
Dachdichtungsbahn: .....
Dämmstoffstärke: 160 mm
Baustoff: glasfaserverstärkter Kunststoff UP-GF
Nenngröße: DN70
Abgang Bauteil: wärmegedämmt, 2,5°
Anschlusskragen: .....
Entwässerungsart: Freispiegel
Abflussvermögen: ..... l/s
Heizung: .....

47€ | 77€ | **101**€ | 108€ | 129€ | [St] | ⏱ 0,65 h/St | 021.000.036

000
001
002
006
008
009
010
012
013
014
016
017
018
020
021
022

Nr.	**Kurztext** / Langtext					Kostengruppe
▶	▷	**ø netto €**	◁	◀	[Einheit]	Ausf.-Dauer Positionsnummer

Kosten:
Stand 1.Quartal 2020
Bundesdurchschnitt

46 Flachdachablauf, mit Kiesfang, PUR, DN100, Druckstrom — KG **363**

Flachdachablauf, mehrteilig, zum Anschluss an Abwasserleitung, mit Aufstockelement, stufenlos höhenverstellbar, mit Dichtringen und Anschlussmanschetten für Dampfsperre und Abdichtung, mit Kiesfang, Nivellierstück und Balkonrost. Anschließen der Dachbahnen wird gesondert vergütet.
Einbauort: .....
Dampfsperre: .....
Dachdichtungsbahn: .....
Dämmstoffstärke: 160 mm
Baustoff: Polyurethan - PUR
Nenngröße: DN100
Abgang Bauteil: wärmegedämmt, 2,5°
Anschlusskragen: .....
Entwässerungsart: Druckströmung
Abflussvermögen: ..... l/s
Heizung: .....

68€ | 193€ | **229**€ | 350€ | 580€ | [St] | ⏱ 0,70 h/St | 021.000.035

47 Aufstockelement, bauseitigen Dachablauf — KG **363**

Aufstockelement für Flachdachablauf, zur Überbrückung der Dämmschicht, mit stufenlos einstellbarem Höhenausgleichstück, Dichtring, Dichtmanschetten und Schraubflansch zum Einklemmen von Dachdichtungsbahnen. Anschließen der Dachbahnen wird gesondert vergütet.
Einbauort: .....
Dampfsperre: .....
Dachdichtungsbahn: .....
Entwässerungsart: Freispiegel
Nennweite: **DN70 / DN100**
Dämmstoffdicke: **80 / ..... / 300** mm
Baustoff: **Gusseisen / Polyurethan**

46€ | 58€ | **67**€ | 77€ | 106€ | [St] | ⏱ 0,30 h/St | 021.000.061

48 FD-Dunstrohreinfassung, bis 150mm — KG **363**

Dunstrohreinfassung, wärmegedämmt, mit regensicherer Abdeckung, inkl. anschließen an Flachdachabdichtung, Klemmring und elastische Versiegelung.
Nennweite: 100-150 mm
Einbauort: .....

46€ | 75€ | **87**€ | 97€ | 127€ | [St] | ⏱ 0,40 h/St | 021.000.037

49 Durchführung andichten, Anschweißflansch — KG **363**

Anschluss der Dachdichtung, an Stab-/ Rohrdurchführung, mit Anschweiß-/Klebeflansch.
Dachdichtung: Bitumenbahn
Nennweite: bis DN100
Ausführung nach Herstellervorgabe.

20€ | 34€ | **43**€ | 50€ | 63€ | [St] | ⏱ 0,18 h/St | 021.000.147

▶ min
▷ von
ø Mittel
◁ bis
◀ max

50 **Blitzschutzdurchführung, Formteil, D=100** KG **363**

Anschluss Dachdichtung an Blitzschutzdurchführung, mit Anschweiß-/Klebeflansch, für Material der Dachdichtung.
Dachdichtung: Bitumenbahn
Durchmesser: bis 100 mm

24€ 29€ **33**€ 42€ 55€ [St] ⏱ 0,15 h/St 021.000.145

51 **Leitungseinfassung, Flachdach, Klemmanschluss** KG **363**

Leitungsdurchführung für Flachdach, zweiteilig, mit Manschette und Dichtring. Anarbeiten und anschließen des Dachaufbaus an Durchführung wird getrennt vergütet.
Nenngröße Durchführung: DN100
Material: nichtrostender Stahl
Werkstoffnummer: .....
Dicke: 0,7 mm
Länge: 150 mm

29€ 59€ **68**€ 88€ 136€ [St] ⏱ 0,30 h/St 021.000.038

52 **Aufsetzkranz, rechteckig, Lichtkuppel 1,2x1,2m, Kunststoff, gedämmt** KG **362**

Aufsetzkranz für Lichtkuppel, mit wärmegedämmter Laibung aus glasfaserverstärktem Kunststoff und mit ebenem Klebebefestigungsflansch, Aufsetzkranz vorbereitet für rechteckige Lichtkuppel. Anschlussarbeiten werden gesondert vergütet.
Untergrund: Stahlbeton
Aufsetzkranz-Höhe: 400 mm
Wärmedämmung U-Wert: 0,77 W/(m^{2}K)
Lichtkuppelgröße (L x B): 1,20 x 1,20 m
Dachaufbau: .....

228€ 343€ **390**€ 463€ 595€ [St] ⏱ 1,80 h/St 021.000.039

53 **Lichtkuppel, RWA, rechteckig, zweischalig Acrylglas, Aufsetzkranz, 1.200x1.200** KG **362**

Lichtkuppel für Flachdach, mit runder, zweischaliger Oberlichthaube, mit Aluminium-Einfassrahmen, mit nicht rostenden Öffnungseinrichtung und wärmegedämmtem Aufsetzkranz.
Untergrund: Stahlbeton
Funktion: RWA - Anlage, Rauchableitung
wirksame Abzugsfläche: Aw = 1,08 m^2
Kuppel: zweischalig, lichtdurchlässig, klar-farblos, Acrylglas
Kuppelgröße: 1.200 x 1.200 mm
Aufsatzkranz: Glasfaserkunststoff - UP-GF, Höhe ca. 500 mm, abgewickelte Fläche ca. ..... m^2
Anschlussdichtung: .....
Wärmedämmung:
- Kuppel U-Wert: 2,2 W/m^{2}K
- Aufsetzkranz U-Wert: 0,77 W/m^{2}K

Schalldämmwert: ..... dB
Hagelwiderstand: Klasse .....
Einbruchwiderstand: RC .....
Dachaufbau: .....

664€ 1.127€ **1.284**€ 1.712€ 2.658€ [St] ⏱ 5,50 h/St 021.000.041

000 001 002 006 008 009 010 012 013 014 016 017 018 020 **021** 022

Nr.	Kurztext / Langtext					Kostengruppe
▶	▷	**ø netto €**	◁	◀	[Einheit]	Ausf.-Dauer Positionsnummer

Kosten:
Stand 1.Quartal 2020
Bundesdurchschnitt

54 Anschluss Flachdachdichtung an Lichtkuppel — KG **363**

Lichtkuppel anschließen an Dachdichtung, mit Eckausbildungen und verfugen der Anschlussoberkante mit Dichtungsmasse.
Einbauort: Flachdach
Dachdichtung: Bitumenbahnen
Kuppelgröße (L x B): 1,0 x 1,0 m
Höhe der Einfassung: 500 mm
Anschlussprofil: Klebeflansch

98€ 144€ **155**€ 199€ 283€ [St] ⏱ 0,80 h/St 021.000.122

55 Schutzmatte, Gummigranulat, Dachdichtung — KG **363**

Bautenschutzmatte, Schutzlage über Dachdichtung, verrottungsfest, bitumenbeständig, Matten stumpf stoßen und lose verlegen.
Material: Polyurethan-Kautschuk (Gummischrotmatte)
Mattendicke: ca. 10 mm
Einbauort: Flachdach

6€ 10€ **12**€ 16€ 25€ [m²] ⏱ 0,10 h/m² 021.000.030

56 Kiesschüttung, 16/32, Dach — KG **363**

Kiesschüttung, aus gewaschenem Rollkies.
Unterlage: Bautenschutzmatte,
Körnung: 16/32 mm
Streifenbreite: ca. 50 cm
Schütthöhe i.M: bis 140 mm
Einbauort: begrüntes Flachdach
Höhe über Grund: ..... m

4€ 9€ **11**€ 18€ 35€ [m²] ⏱ 0,16 h/m² 021.000.032

57 Trennlage, PE-Folie, Dach — KG **363**

Schutzlage über Dachdichtung, lose verlegt, mit Nahtüberlappung.
Material: 0,2 mm PE-Folie
Einbauort: begrüntes Flachdach
Höhe über Grund: ..... m

0,5€ 2,3€ **3,1**€ 4,1€ 6,7€ [m²] ⏱ 0,03 h/m² 021.000.031

58 Stundensatz Facharbeiter, Dachdichtung

Stundenlohnarbeiten für Vorarbeiter, Facharbeiter und Gleichgestellte (z.B. Spezialbaufacharbeiter, Baufacharbeiter, Obermonteure, Monteure, Gesellen, Maschinenführer, Fahrer und ähnliche Fachkräfte). Leistung nach besonderer Anordnung der Bauüberwachung. Anmeldung und Nachweis gem. VOB/B.

44€ 51€ **54**€ 56€ 62€ [h] ⏱ 1,00 h/h 021.000.078

59 Stundensatz Helfer, Dachdichtung

Stundenlohnarbeiten für Werker, Helfer und Gleichgestellte (z.B. Baufachwerker, Helfer, Hilfsmonteure, Ungelernte, Angelernte). Leistung nach besonderer Anordnung der Bauüberwachung. Anmeldung und Nachweis gem. VOB/B.

39€ 44€ **47**€ 50€ 55€ [h] ⏱ 1,00 h/h 021.000.079

▶ min
▷ von
ø Mittel
◁ bis
◀ max

022

Kosten:
Stand 1.Quartal 2020
Bundesdurchschnitt

Nr.	Positionen	Einheit	▶	▷	ø brutto € / ø netto €	◁	◀
1	Kleintierschutz, Metall	m	4	10	**13**	16	24
			4	8	**11**	14	20
2	Kleintierschutz, Kunststoff	m	3	5	**6**	8	11
			3	4	**5**	7	9
3	Traufblech, Titanzink, Z 333	m	12	18	**20**	25	37
			9,8	15	**17**	21	31
4	Traufblech, Kupfer, Z 333	m	17	24	**28**	30	48
			14	21	**23**	25	41
5	Traufblech, Aluminium, Z 333	m	10	15	**18**	21	28
			8,7	13	**15**	17	23
6	Traufblech, Eckausbildung	St	15	17	**21**	26	28
			12	14	**18**	22	24
7	Dachrinne, Titanzink, Z 250	m	23	29	**32**	34	41
			19	24	**26**	29	35
8	Dachrinne, Titanzink, Z 400	m	27	35	**39**	43	51
			23	30	**33**	36	42
9	Dachrinne, Titanzink, Kastenrinne, bis Z 333	m	23	34	**37**	41	50
			20	28	**31**	34	42
10	Dachrinne, Kupfer, bis Z 333	m	25	32	**35**	39	49
			21	27	**29**	33	41
11	Dachrinne, Aluminium, bis Z 333	m	36	42	**45**	48	56
			31	35	**38**	41	47
12	Rinnenstutzen, Titanzink	St	12	20	**23**	28	43
			10	17	**19**	23	36
13	Rinnenstutzen, Kupfer	St	19	32	**36**	47	63
			16	27	**30**	40	53
14	Wasserfangkasten, Titanzink	St	72	127	**150**	169	245
			60	106	**126**	142	206
15	Wasserfangkasten, Kupfer	St	–	183	**214**	243	–
			–	154	**180**	205	–
16	Wasserspeier, bis DN100	St	46	98	**115**	143	217
			39	82	**97**	120	182
17	Rinnenendstück, Rinnenboden, Titanzink	St	3,4	8,4	**10**	15	25
			2,9	7,0	**8,8**	12	21
18	Rinnenendstück, Rinnenboden, Kupfer	St	3,2	7,3	**8,7**	15	25
			2,7	6,2	**7,3**	12	21
19	Eckausbildung Dachrinne	St	21	32	**37**	47	73
			18	27	**32**	39	61
20	Fallrohr, Titanzink, DN100	m	21	28	**31**	37	57
			17	24	**26**	31	48
21	Fallrohr, Kupfer, bis DN100	m	25	35	**38**	46	65
			21	29	**32**	39	55
22	Fallrohr, Aluminium, bis DN100	m	20	28	**30**	34	43
			16	24	**25**	28	36
23	Fallrohrabzweig, Titanzink, DN100	St	19	33	**39**	43	52
			16	28	**33**	37	43
24	Fallrohrbogen	St	7,4	16	**18**	25	45
			6,2	13	**16**	21	38

▶ min
▷ von
ø Mittel
◁ bis
◀ max

Nr.	Positionen	Einheit	►	▷	ø brutto € / ø netto €	◁	◄
25	Fallrohrbogen, Kupfer, bis DN100	St	8,7	21	**26**	33	50
			7,4	18	**22**	28	42
26	Etagen-/Sockelknie, Regenfallrohr	St	11	25	**30**	45	76
			9	21	**25**	38	64
27	Standrohrkappe, Fallrohr, Titanzink/Kupfer	St	3	6	**8**	10	16
			2	5	**7**	8	13
28	Fallrohrklappe, Fallrohr, Titanzink/Kupfer	St	28	39	**42**	48	61
			24	33	**36**	40	52
29	Fallrohrschelle, WDVS	St	5	10	**11**	15	21
			4	8	**10**	12	18
30	Laubfangkorb, Abläufe, Titanzink/Kupfer	St	4,5	7,5	**8,6**	11	18
			3,8	6,3	**7,3**	9,6	15
31	Standrohr, Guss/SML	St	53	66	**72**	81	103
			44	55	**60**	68	87
32	Standrohr, Titanzink/Kupfer	St	54	82	**91**	103	140
			45	69	**76**	87	118
33	Notüberlauf, Flachdach	St	64	154	**186**	309	547
			54	129	**156**	259	460
34	Traufstreifen, Kupfer, Z 333	m	14	23	**27**	33	48
			12	19	**22**	28	41
35	Traufstreifen, Titanzink, Z 333	m	8,0	17	**20**	28	44
			6,8	14	**17**	24	37
36	Verbundblech, gekantet, bis 500mm	m	16	38	**48**	63	94
			13	32	**40**	53	79
37	Kiesfangleiste, Lochblech	m	11	22	**25**	32	53
			9	19	**21**	27	45
38	Blechkehle, Titanzink, bis Z 667	m	25	35	**38**	49	81
			21	29	**32**	41	68
39	Blechkehle, Kupfer, bis Z 667	m	32	59	**64**	96	140
			27	49	**54**	81	118
40	Ortgangblech, Titanzink, Z 500	m	16	33	**39**	50	77
			13	28	**33**	42	65
41	Ortgangblech, Kupfer, Z 333	m	22	33	**38**	54	82
			18	28	**32**	45	69
42	Trauf-/Ortgangblech, Verbundblech, Z 500	m	16	24	**27**	39	79
			13	20	**23**	33	66
43	Attika-/Dachrand-UK, Holzbohle, imprägniert	m	9	18	**22**	26	36
			8	15	**19**	22	30
44	Attika-UK, Mehrschichtplatte	m	15	21	**25**	30	42
			12	18	**21**	25	35
45	Attikaabdeckung, Titanzink, bis Z 700	m	25	52	**61**	77	125
			21	43	**52**	65	105
46	Attikaabdeckung, Kupfer, bis Z 700	m	35	67	**84**	99	126
			30	56	**71**	83	106
47	Attikaabdeckung, Aluminium, bis Z 700	m	37	58	**67**	83	121
			31	49	**56**	69	102
48	Firstanschlussblech, Titanzink, gekantet, Z 500	m	15	36	**45**	62	90
			13	30	**38**	52	76

000 001 002 006 008 009 010 012 013 014 016 017 018 020 021 **022**

Kosten:
Stand 1.Quartal 2020
Bundesdurchschnitt

Nr.	Positionen	Einheit	▶	▷	ø brutto € / ø netto €	◁	◀
49	Firsthaube, mehrfach gekantet	m	30	67	**77**	93	141
			26	56	**65**	78	118
50	Überhangblech, bis Z 200	m	9,1	18	**21**	26	37
			7,7	15	**18**	22	31
51	Überhangblech, bis Z 400	m	19	25	**26**	32	46
			16	21	**22**	27	38
52	Wandanschlussblech, Titanzink	m	14	27	**33**	42	68
			12	23	**28**	35	57
53	Wandanschlussblech, Kupfer	m	24	43	**51**	68	99
			20	37	**43**	57	83
54	Wandanschluss, Verbundblech	m	24	37	**41**	60	88
			20	31	**35**	50	74
55	Fassadenrinne, Stahlblech	m	108	144	**156**	196	275
			90	121	**131**	165	231
56	Wandanschluss, Nocken, Titanzink	m	23	32	**36**	45	59
			19	27	**31**	38	49
57	Antennenmasteinfassung, Titanzink/Kupfer, mind. 300mm	St	74	95	**102**	115	170
			62	80	**86**	96	143
58	Schornsteinverwahrung, Kupfer, mind. 150mm	St	112	194	**230**	268	372
			94	163	**193**	225	312
59	Schornsteinverwahrung, Titanzink, mind. 150mm	m	47	67	**75**	92	134
			39	56	**63**	77	112
60	Schornsteinbekleidung, Winkel-/Stehfalzdeckung, Titanzink	m²	101	132	**146**	177	230
			85	111	**123**	148	193
61	Dachfenster /-oberlicht einfassen	St	297	346	**368**	425	519
			250	291	**309**	357	437
62	Walzbleianschluss, Blechstreifen	m²	37	52	**61**	67	78
			31	44	**51**	57	66
63	Trennlage, Blechflächen, V13	m²	4	8	**10**	12	17
			3	7	**8**	10	14
64	Trennlage, Kunststoffbahn, Gespinstlage	m²	8	10	**12**	13	16
			7	9	**10**	11	14
65	Gaubendeckung, Doppelstehfalz, Titanzink / Kupfer	m²	64	98	**117**	130	168
			54	82	**98**	109	141
66	Gaubendeckung, Doppelstehfalz, Edelstahl	m²	94	102	**116**	133	183
			79	86	**98**	112	154
67	Dachdeckung, Doppelstehfalz, Titanzink	m²	52	87	**103**	118	160
			43	73	**86**	99	134
68	Dachdeckung, Bandblech, Aluminium	m²	38	59	**62**	73	97
			32	50	**52**	61	81
69	Anschlüsse Blechdach, Titanzink	m	35	47	**55**	59	68
			29	39	**46**	50	57
70	Anschlüsse Blechdach, Kupfer	m	–	55	**63**	68	–
			–	46	**53**	57	–
71	Traufe, Blechdach, Titanzink	m	14	25	**29**	38	58
			12	21	**24**	32	49

▶ min
▷ von
ø Mittel
◁ bis
◀ max

Nr.	Positionen	Einheit	▶	▷	ø brutto € / ø netto €	◁	◀
72	Traufe, Blechdach, Kupfer	m	–	34	**41**	53	–
			–	28	**35**	45	–
73	Traufe, Blechdach, Aluminium	m	–	36	**43**	64	–
			–	30	**36**	54	–
74	Ortgang, Blechdach, Titanzink	m	23	43	**47**	57	77
			19	36	**39**	48	65
75	Ortgang, Blechdach, Kupfer	m	–	54	**60**	66	–
			–	45	**50**	55	–
76	Vorhangfassade, Bandblechscharen, Titanzink	m²	66	93	**103**	109	131
			56	78	**87**	91	111
77	Vorhangfassade, Bandblechscharen, Kupfer	m²	–	122	**138**	167	–
			–	103	**116**	140	–
78	Schneefangrohr, Stehfalzdeckung	m	24	36	**41**	47	61
			20	30	**34**	39	51
79	Schneefangrohr, Rundprofil	m	26	42	**49**	67	96
			22	35	**41**	57	81
80	Schneefanggitter, Titanzink	m	20	31	**36**	44	59
			17	26	**30**	37	49
81	Schneefanggitter, Kupfer	m	43	53	**59**	61	68
			36	45	**50**	52	57
82	Sicherheitsdachhaken, verzinkt	St	12	17	**19**	21	27
			10	14	**16**	18	22
83	Sicherheitstritt, Standziegel	St	62	81	**89**	94	111
			52	68	**75**	79	93
84	Dachleiter, Aluminium	St	100	236	**280**	305	486
			84	198	**235**	256	409
85	Stundensatz Facharbeiter, Flaschnerarbeiten	h	50	57	**60**	65	78
			42	48	**50**	55	66
86	Stundensatz Helfer, Flaschnerarbeiten	h	28	42	**48**	51	61
			24	35	**40**	43	51

Nr. **Kurztext** / Langtext — Kostengruppe

▶ ▷ **ø netto €** ◁ ◀ [Einheit] Ausf.-Dauer Positionsnummer

1 Kleintierschutz, Metall KG **363**

Kleintierschutz an der Traufe, passend zur Dachdeckung, freier Querschnitt gem. Klempnerfachregel des ZVSHK.
Untergrund: Holzunterkonstruktion
Material: Metall.....
Breite: bis 150 mm

4€ 8€ **11**€ 14€ 20€ [m] ⏱ 0,10 h/m 022.000.006

Nr.	Kurztext / Langtext					Kostengruppe
▶	▷	**ø netto €**	◁	◀	[Einheit]	Ausf.-Dauer Positionsnummer

2 Kleintierschutz, Kunststoff KG **363**

Kleintierschutz als Kammleiste an der Traufe, passend zur Dachdeckung, freier Querschnitt gem. Klempnerfachregel des ZVSHK.
Untergrund: Holzunterkonstruktion
Material: Kunststoff
Breite: .....

3€ | 4€ | **5**€ | 7€ | 9€ | [m] | ⏱ 0,10 h/m | 022.000.156

A 1 Traufblech Beschreibung für Pos. **3-5**

Traufblech als Einhängeblech, am Übergang von Dachfläche zu Dachrinne, mit Tropfkante, an den Stößen lose überlappt, aus Metallblech, verdeckt befestigen mit Haften, auf Holzuntergrund, mit Tropfkante, inkl. Befestigungsmittel.

3 Traufblech, Titanzink, Z 333 KG **363**

Wie Ausführungsbeschreibung A 1
Material: Titanzink
Blechdicke: .....
Zuschnitt: 333 mm
Kantungen: .....
Oberfläche: .....
Tropfkante: **gekantet / mit Wulst**

10€ | 15€ | **17**€ | 21€ | 31€ | [m] | ⏱ 0,20 h/m | 022.000.007

4 Traufblech, Kupfer, Z 333 KG **363**

Wie Ausführungsbeschreibung A 1
Material: Kupfer
Blechdicke: .....
Zuschnitt: 333 mm
Kantungen: .....
Oberfläche: .....
Tropfkante: **gekantet / mit Wulst**

14€ | 21€ | **23**€ | 25€ | 41€ | [m] | ⏱ 0,25 h/m | 022.000.008

5 Traufblech, Aluminium, Z 333 KG **363**

Wie Ausführungsbeschreibung A 1
Material: Aluminium
Blechdicke: .....
Zuschnitt: 333 mm
Kantungen: .....
Oberfläche: .....
Tropfkante: **gekantet / mit Wulst**

9€ | 13€ | **15**€ | 17€ | 23€ | [m] | ⏱ 0,20 h/m | 022.000.058

Kosten:
Stand 1.Quartal 2020
Bundesdurchschnitt

▶ min
▷ von
ø Mittel
◁ bis
◀ max

Nr.	Kurztext / Langtext						Kostengruppe
▶	▷	**ø netto €**	◁	◀	[Einheit]	Ausf.-Dauer	Positionsnummer

6 Traufblech, Eckausbildung KG **363**

Eckausbildung für Traufblech, verdeckt befestigen mit Haftstreifen, einschl. Befestigungsmittel.
Untergrund: Holz
Material: .....
Winkel: 90°
Oberfläche: .....

12€	14€	**18**€	22€	24€	[St]	⏱ 0,25 h/St	022.000.089

A 2 Dachrinne Titanzink Beschreibung für Pos. **7-8**

Dachrinne als Halbrundrinne, vorgehängt, mit Wulst und Falz, sowie Stoßverbindung, Rinne verlegt im Gefälle, inkl. geeigneter Rinnenhalter und Befestigungsmittel.
Material: Titanzink-Blech
Einbauort: Steildach

7 Dachrinne, Titanzink, Z 250 KG **363**

Wie Ausführungsbeschreibung A 2
Blechdicke: .....
Zuschnitt: 333 mm
Oberfläche: .....
Eingehängt in: **Traufstreifen / Einhängeblech**
Abstand Rinnenhalter / Sparrenabstand: ..... cm
Befestigung Rinnenhalter: in **Traufbohle / Sparrenköpfe**
Rinnenhalter in UK: **eingelassen / nicht eingelassen**

19€	24€	**26**€	29€	35€	[m]	⏱ 0,30 h/m	022.000.009

8 Dachrinne, Titanzink, Z 400 KG **363**

Wie Ausführungsbeschreibung A 2
Material: Titanzink-Blech
Blechdicke: .....
Zuschnitt: bis 333 mm
Oberfläche: .....
Eingehängt in: **Traufstreifen / Einhängeblech**
Abstand Rinnenhalter / Sparrenabstand: ..... cm
Befestigung Rinnenhalter: in **Traufbohle / Sparrenköpfe**
Rinnenhalter in UK: **eingelassen / nicht eingelassen**
Einbauort: Steildach

23€	30€	**33**€	36€	42€	[m]	⏱ 0,30 h/m	022.000.010

Nr.	Kurztext / Langtext					Kostengruppe
▶	▷	ø netto €	◁	◀	[Einheit]	Ausf.-Dauer Positionsnummer

9 Dachrinne, Titanzink, Kastenrinne, bis Z 333 KG **363**

Dachrinne als Kastenrinne, vorgehängt, mit Wulst und Falz sowie Stoßverbindung, Rinne verlegt im Gefälle, inkl. geeigneter Rinnenhalter und Befestigungsmittel.
Material: Titanzink-Blech
Blechdicke: .....
Zuschnitt: bis 333 mm
Oberfläche: .....
Eingehängt in: **Traufstreifen / Einhängeblech**
Abstand Rinnenhalter / Sparrenabstand: ..... cm
Befestigung Rinnenhalter: in **Traufbohle / Sparrenköpfe**
Rinnenhalter in UK: **eingelassen / nicht eingelassen**
Angeb. Fabrikat: .....

Kosten:
Stand 1.Quartal 2020
Bundesdurchschnitt

20€ 28€ **31**€ 34€ 42€ [m] ⏱ 0,34 h/m 022.000.011

A 3 Dachrinne, Halbrund Beschreibung für Pos. **10-11**

Dachrinne als Halbrundrinne, vorgehängt, mit Wulst und Falz, sowie Stoßverbindung, Rinne verlegt im Gefälle, inkl. geeigneter Rinnenhalter und Befestigungsmittel.
Untergrund: Holz
Einbauort: Steildach

10 Dachrinne, Kupfer, bis Z 333 KG **363**

Wie Ausführungsbeschreibung A 3
Material: Kupfer-Blech
Blechdicke: .....
Zuschnitt: bis 333 mm
Oberfläche: .....
Eingehängt in: **Traufstreifen / Einhängeblech**
Abstand Rinnenhalter / Sparrenabstand: ..... cm
Befestigung Rinnenhalter: in **Traufbohle / Sparrenköpfe**
Rinnenhalter in UK: **eingelassen / nicht eingelassen**

21€ 27€ **29**€ 33€ 41€ [m] ⏱ 0,30 h/m 022.000.012

11 Dachrinne, Aluminium, bis Z 333 KG **363**

Wie Ausführungsbeschreibung A 3
Material: Aluminium-Blech
Blechdicke: .....
Zuschnitt: bis 333 mm
Oberfläche: .....
Eingehängt in: **Traufstreifen / Einhängeblech**
Abstand Rinnenhalter / Sparrenabstand: ..... cm
Befestigung Rinnenhalter: in **Traufbohle / Sparrenköpfe**
Rinnenhalter in UK: **eingelassen / nicht eingelassen**

31€ 35€ **38**€ 41€ 47€ [m] ⏱ 0,30 h/m 022.000.059

▶ min
▷ von
ø Mittel
◁ bis
◀ max

A 4 Rinnenstutzen Beschreibung für Pos. **12-13**

Rinnenstutzen, in Dachrinne und Fallrohr eingepasst, inkl. aller notwendigen Anpass- und Fügearbeiten.

12 Rinnenstutzen, Titanzink KG **363**

Wie Ausführungsbeschreibung A 4
Material: Titanzink-Blech
Blechdicke: .....
Form: **G / S / zylindrisch**
Nenngröße: .....
Oberfläche: .....
Fallrohr: rund

10€ 17€ **19**€ 23€ 36€ [St] ⏱ 0,15 h/St 022.000.013

13 Rinnenstutzen, Kupfer KG **363**

Wie Ausführungsbeschreibung A 4
Material: Kupfer-Blech
Blechdicke: .....
Form: **G / S / zylindrisch**
Nenngröße: .....
Oberfläche: .....
Fallrohr: rund

16€ 27€ **30**€ 40€ 53€ [St] ⏱ 0,15 h/St 022.000.014

A 5 Wasserfangkasten Beschreibung für Pos. **14-15**

Wasserfangkasten für Fallrohre, in Dachrinne und Fallrohr eingepasst, inkl. aller notwendigen Anpass- und Fügearbeiten.

14 Wasserfangkasten, Titanzink KG **363**

Wie Ausführungsbeschreibung A 5
Material: Titanzink-Blech
Blechdicke: .....
Kesselgröße: .....
Nenngröße: .....
Oberfläche: .....
Ornament: .....
Fallrohr / Rinne: **rund / rechteckig**

60€ 106€ **126**€ 142€ 206€ [St] ⏱ 0,60 h/St 022.000.015

15 Wasserfangkasten, Kupfer KG **363**

Wie Ausführungsbeschreibung A 5
Material: Kupfer-Blech
Blechdicke: .....
Kesselgröße: .....
Nenngröße: .....
Oberfläche: .....
Ornament: .....
Fallrohr / Rinne: **rund / rechteckig**

–€ 154€ **180**€ 205€ –€ [St] ⏱ 0,60 h/St 022.000.097

000 001 002 006 008 009 010 012 013 014 016 017 018 020 021 **022**

Nr.	Kurztext / Langtext					Kostengruppe
▶	▷	**ø netto €**	◁	◀	[Einheit]	Ausf.-Dauer Positionsnummer

16 Wasserspeier, bis DN100 KG **363**

Wasserspeier, angeschlossen an Abdichtung.
Anschluss an Dachrinne / durch Attika.
Material: **Kupfer- / Zink- / Edelstahl- / Alu-**Blech
Blechdicke: .....
Nennnweite: DN100
Attikabreite: .....
Form: .....
Oberfläche: .....
Einbauort: **Dachrinne / Attikablech**

39€	82€	**97**€	120€	182€	[St]	⏱ 0,35 h/St	022.000.050

Kosten:
Stand 1.Quartal 2020
Bundesdurchschnitt

A 6 Rinnenendstück, Rinnenboden Beschreibung für Pos. **17-18**

Rinnenendstück für Dachrinne, passend zur Dachrinne, in Rinnenquerschnitt eingepasst und gefügt.

17 Rinnenendstück, Rinnenboden, Titanzink KG **363**

Wie Ausführungsbeschreibung A 6
Material: Titanzink-Blech
Blechdicke: .....
Oberfläche: .....
Nenngröße Rinne: .....

3€	7€	**9**€	12€	21€	[St]	⏱ 0,10 h/St	022.000.016

18 Rinnenendstück, Rinnenboden, Kupfer KG **363**

Wie Ausführungsbeschreibung A 6
Material: Kupfer-Blech
Blechdicke: .....
Oberfläche: .....
Nenngröße Rinne: .....

3€	6€	**7**€	12€	21€	[St]	⏱ 0,10 h/St	022.000.017

19 Eckausbildung Dachrinne KG **363**

Eckausbildung, passend zur vorgehängten Dachrinne.
Ecke: Innen- und Außenecke
Winkel: .....°
Material: .....

18€	27€	**32**€	39€	61€	[St]	⏱ 0,30 h/St	022.000.087

▶ min
▷ von
ø Mittel
◁ bis
◀ max

Nr.	**Kurztext** / Langtext						Kostengruppe
▶	▷	**ø netto €**	◁	◀	[Einheit]	Ausf.-Dauer	Positionsnummer

A 7 Fallrohr, Metallblech, rund — Beschreibung für Pos. **20-22**

Regenfallrohr, rund, aus Metallblech, befestigt mittels Rohrschellen und Schraubstift.

20 Fallrohr, Titanzink, DN100 — KG **363**

Wie Ausführungsbeschreibung A 7
Form: rund
Material: Titanzink-Blech
Blechdicke: .....
Nenngröße: DN100
Oberfläche: .....
Befestigungsuntergrund: .....
Verankerungstiefe: .....

▶	▷	ø netto €	◁	◀	[Einheit]	Ausf.-Dauer	Positionsnummer
17€	24€	**26**€	31€	48€	[m]	⏱ 0,21 h/m	022.000.167

21 Fallrohr, Kupfer, bis DN100 — KG **363**

Wie Ausführungsbeschreibung A 7
Form: rund
Material: Kupfer-Blech
Blechdicke: .....
Nenngröße: **DN60 / DN80 / DN100**
Oberfläche: .....
Befestigungsuntergrund: .....
Verankerungstiefe: .....

▶	▷	ø netto €	◁	◀	[Einheit]	Ausf.-Dauer	Positionsnummer
21€	29€	**32**€	39€	55€	[m]	⏱ 0,20 h/m	022.000.020

22 Fallrohr, Aluminium, bis DN100 — KG **363**

Wie Ausführungsbeschreibung A 7
Form: rund
Material: Aluminium-Blech
Blechdicke: .....
Nenngröße: **DN80 / DN100**
Oberfläche: .....
Befestigungsuntergrund: .....
Verankerungstiefe: .....

▶	▷	ø netto €	◁	◀	[Einheit]	Ausf.-Dauer	Positionsnummer
16€	24€	**25**€	28€	36€	[m]	⏱ 0,20 h/m	022.000.062

A 8 Fallrohrabzweig — Beschreibung für Pos. **23-23**

Fallrohrabzweig, rund, aus Metallblech, verbunden mit Fallrohr.

23 Fallrohrabzweig, Titanzink, DN100 — KG **363**

Wie Ausführungsbeschreibung A 8
Material: Titanzink-Blech
Blechdicke: .....
Nenngröße: DN100/80
Anschlusswinkel: .....°
Oberfläche: .....

▶	▷	ø netto €	◁	◀	[Einheit]	Ausf.-Dauer	Positionsnummer
16€	28€	**33**€	37€	43€	[St]	⏱ 0,08 h/St	022.000.161

Nr. **Kurztext** / Langtext — Kostengruppe
▶ ▷ **ø netto €** ◁ ◀ [Einheit] Ausf.-Dauer Positionsnummer

A 9 **Fallrohrbogen, Titanzink** — Beschreibung für Pos. **24-25**
Fallrohrbogen, rund, aus Metallblech, verbunden mit Fallrohr.

24 **Fallrohrbogen** — KG **363**
Wie Ausführungsbeschreibung A 9
Material: Titanzink-Blech
Blechdicke: .....
Nenngröße: **DN80 / DN100**
Bogenwinkel: .....°
Oberfläche: .....
6€ 13€ **16**€ 21€ 38€ [St] ⏱ 0,10 h/St 022.000.021

25 **Fallrohrbogen, Kupfer, bis DN100** — KG **363**
Wie Ausführungsbeschreibung A 9
Material: Kupfer-Blech
Blechdicke: .....
Nenngröße: **DN80 / DN100**
Bogenwinkel: .....
Anschlüsse: gelötet
Oberfläche: .....
7€ 18€ **22**€ 28€ 42€ [St] ⏱ 0,10 h/St 022.000.022

26 **Etagen-/Sockelknie, Regenfallrohr** — KG **363**
Etagen-/Sockelknie, rund, aus Metallblech, mit Fallrohr verbunden.
Material: .....
Blechdicke: .....
Nenngröße: **DN80 / DN87 / DN100**
Ausladung: ..... mm
Oberfläche: .....
9€ 21€ **25**€ 38€ 64€ [St] ⏱ 0,16 h/St 022.000.063

27 **Standrohrkappe, Fallrohr, Titanzink/Kupfer** — KG **363**
Standrohrkappe für Standrohre, passend zum angeschlossenen Fallrohr.
Material: **Titanzink- / Kupfer-**Blech
Oberfläche: .....
Ausführung: **mit / ohne Muffe**
2€ 5€ **7**€ 8€ 13€ [St] ⏱ 0,10 h/St 022.000.025

28 **Fallrohrklappe, Fallrohr, Titanzink/Kupfer** — KG **363**
Fallrohrklappe, passend zum Fallrohr.
Material: **Titanzink- / Kupfer-**Blech
Oberfläche: .....
Laubfang: **mit / ohne**
24€ 33€ **36**€ 40€ 52€ [St] ⏱ 0,15 h/St 022.000.026

Kosten:
Stand 1.Quartal 2020
Bundesdurchschnitt

▶ min
▷ von
ø Mittel
◁ bis
◀ max

29 **Fallrohrschelle, WDVS** KG **363**

Rohrschellen mit Schraubstift für Fallrohr DN100.
Fallrohr aus: .....
Material: .....
Untergrund: .....
Verankerungstiefe: inkl. WDVS d=.... mm

4€ 8€ **10**€ 12€ 18€ [St] ⏱ 0,12 h/St 022.000.155

A 10 **Laubfangkorb** Beschreibung für Pos. **30-30**

Laubfangkorb, für Dachrinnen-Ablauf.

30 **Laubfangkorb, Abläufe, Titanzink/Kupfer** KG **363**

Wie Ausführungsbeschreibung A 10
Material: **Titanzink- / Kupfer-**Blech
Oberfläche: .....
Ablaufgröße: .....
Angeb. Fabrikat: .....

4€ 6€ **7**€ 10€ 15€ [St] ⏱ 0,06 h/St 022.000.027

31 **Standrohr, Guss/SML** KG **363**

Standrohr, rund, im Sockelbereich der Dachentwässerung, als Übergang zur Grundleitung, Standrohr mit Rohrschellen am Gebäude befestigt, inkl. Anschluss an Rohrleitungsnetz.
Material: **Gussrohr / SML-Rohr**
Form: **rund / rechteckig**
Nenngröße: DN.....
Oberfläche: .....
Revisionsöffnung: **mit / ohne**
Angeb. Fabrikat: .....

44€ 55€ **60**€ 68€ 87€ [St] ⏱ 0,36 h/St 022.000.023

32 **Standrohr, Titanzink/Kupfer** KG **363**

Standrohr abgestimmt auf Fallrohr, vor Gebäudesockel einbauen, mit runder Revisionsöffnung einschl. Deckel und Schrauben, mit Muffe, wasserdicht verbunden mit Fallrohr.
Material: **Titanzink- / Kupfer-**Blech
Form: **rund / rechteckig**
Nenngröße: DN.....
Materialstärke: ..... mm
Oberfläche: .....
Angeb. Fabrikat: .....

45€ 69€ **76**€ 87€ 118€ [St] ⏱ 0,36 h/St 022.000.024

Nr.	Kurztext / Langtext					Kostengruppe
▶	▷	ø netto €	◁	◀	[Einheit]	Ausf.-Dauer Positionsnummer

33 Notüberlauf, Flachdach KG **363**

Notüberlauf in Attika, außenseitig mit Tropfnase, innenseitig mit Kragen, einschl. Anschluss an Dachdichtung.
Anschlussart / Eindichtung: .....
Abdichtung Dachfläche: .....
Einbau: waagrecht
Gefälle: ..... °
Material: .....
Materialdicke: ....
Anstauhöhe: .....
Abflussleistung: .....
Form: **rund / rechteckig**
Abmessung: .....
Länge: .... mm
Oberfläche: .....

54€ 129€ **156**€ 259€ 460€ [St] ⏱ 0,80 h/St 022.000.069

A 11 Traufblech/Traufstreifen Beschreibung für Pos. **34-35**

Traufstreifen aus Metalblech, mit Tropfkante, befestigt mit Haftstreifen auf Holzunterkonstruktion, an den Stößen lose überlappt, inkl. Befestigungsmittel. Ecken in gesonderter Position.

34 Traufstreifen, Kupfer, Z 333 KG **363**

Wie Ausführungsbeschreibung A 11
Material: Kupfer-Blech
Blechdicke: .....
Zuschnitt: ca. 333 mm
Kantungen: dreifach gekantet
Oberfläche: .....

12€ 19€ **22**€ 28€ 41€ [m] ⏱ 0,15 h/m 022.000.029

35 Traufstreifen, Titanzink, Z 333 KG **363**

Wie Ausführungsbeschreibung A 11
Material: Titanzink-Blech
Blechdicke: .....
Zuschnitt: ca. 333 mm
Kantungen: dreifach gekantet
Oberfläche: .....

7€ 14€ **17**€ 24€ 37€ [m] ⏱ 0,15 h/m 022.000.028

36 Verbundblech, gekantet, bis 500mm KG **363**

Verbundblech, als folienkaschiertes, verzinktes Stahlblech, auf Holzunterkonstruktion, an den Stößen überlappen, unter 10° Dachneigung mit Falzen verbinden. Endausbildungen und Ecken in gesonderter Position.
Blechdicke: .....
Zuschnitt: bis 500 mm
Kantungen: .....
Oberfläche: .....
Bauteil: **Dachrinne / Kehlblech**
Dachneigung: .....°

13€ 32€ **40**€ 53€ 79€ [m] ⏱ 0,35 h/m 022.000.072

Kosten:
Stand 1.Quartal 2020
Bundesdurchschnitt

▶ min
▷ von
ø Mittel
◁ bis
◀ max

37 **Kiesfangleiste, Lochblech** KG **363**

Kiesfangleiste, als Abschluss im Randbereich der Kiesschüttung, mit Montagehaltern fixiert, inkl. Anschluss an die Dachabdichtung.
Material: **Stahlblech / Aluminiumblech / Edelstahlblech**
Ausführung: verzinkt, gelocht
Abmessung: .....
Einbauort: Gründach

9€ 19€ **21**€ 27€ 45€ [m] ⏱ 0,10 h/m 022.000.053

A 12 **Kehlblech** Beschreibung für Pos. **38-39**

Kehle aus Metallblech, überlappend verlegt, befestigt auf Holzunterkonstruktion, inkl. Befestigungsmittel.

38 **Blechkehle, Titanzink, bis Z 667** KG **363**

Wie Ausführungsbeschreibung A 12
Blechdicke: .....
Ausführung: .....
Zuschnitt: ca. **400 / 500 / 667** mm
Kantungen: .....
Oberfläche: .....
Dachneigung: .....°

21€ 29€ **32**€ 41€ 68€ [m] ⏱ 0,20 h/m 022.000.030

39 **Blechkehle, Kupfer, bis Z 667** KG **363**

Wie Ausführungsbeschreibung A 12
Material: Kupfer-Blech
Blechdicke: .....
Ausführung: .....
Zuschnitt: ca. **400 / 500 / 667** mm
Kantungen: .....
Oberfläche: .....
Dachneigung: .....°

27€ 49€ **54**€ 81€ 118€ [m] ⏱ 0,20 h/m 022.000.031

A 13 **Ortgangblech** Beschreibung für Pos. **40-41**

Ortgangverblechung (Windleiste), verdeckt befestigt mit Vorstoßblechen auf Holzunterkonstruktion, inkl. Befestigungsmittel.

40 **Ortgangblech, Titanzink, Z 500** KG **363**

Wie Ausführungsbeschreibung A 13
Material: Titanzink-Blech
Blechdicke: .....
Ausführung: **gefalzt / glatt / .....**
Zuschnitt: 500 mm
Kantungen: .....
Oberfläche: .....
Dachneigung: .....°

13€ 28€ **33**€ 42€ 65€ [m] ⏱ 0,20 h/m 022.000.032

000
001
002
006
008
009
010
012
013
014
016
017
018
020
021
022

Nr. **Kurztext** / Langtext — Kostengruppe
▶ ▷ **ø netto €** ◁ ◀ [Einheit] Ausf.-Dauer Positionsnummer

41 Ortgangblech, Kupfer, Z 333 KG **363**

Wie Ausführungsbeschreibung A 13
Material: Kupfer-Blech
Blechdicke: .....
Ausführung: **gefalzt / glatt / .....**
Zuschnitt: 333 mm
Kantungen: .....
Oberfläche: .....
Dachneigung: .....°

18€ 28€ **32**€ 45€ 69€ [m] ⏱ 0,20 h/m 022.000.033

42 Trauf-/Ortgangblech, Verbundblech, Z 500 KG **363**

Trauf- oder Ortgangverblechung aus folienkaschiertem Verbundblech, mit Tropfkante, zum Anschluss an Dachabdichtung aus Kunststoffbahnen, auf Holzunterkonstruktion, inkl. Befestigungsmittel, an den Stößen verbunden, ggf. mit Schiebenähten.
Einbauort: **Traufe / Ortgang**
Blechdicke: .....
Zuschnitt: bis 500 mm
Kantungen: .....
Oberfläche: .....

13€ 20€ **23**€ 33€ 66€ [m] ⏱ 0,16 h/m 022.000.054

43 Attika-/Dachrand-UK, Holzbohle, imprägniert KG **363**

Unterkonstruktion des **Dachrandes / Mauerabdeckung**.
Befestigung: sichtbar, im Abstand von e= ..... cm
Gebäudehöhe: **bis 10 m / über 10 bis 18 m / über 18 bis 25 m / über 25 m**
Windzone: .....
Untergrund: **Holz / Beton**
Material: Nadelholz, Sortierklasse S13 K, visuell sortiert
Zuschnitt: konisch
Dicke: **40 / ..... mm**
Breite: ..... mm
Oberfläche: scharfkantig, allseitig auf Fertigmaß gehobelt
Einbau: tragend
Chem. Holzschutz: .....
Gebrauchsklasse: .....

8€ 15€ **19**€ 22€ 30€ [m] ⏱ 0,18 h/m 022.000.083

Kosten:
Stand 1.Quartal 2020
Bundesdurchschnitt

▶ min
▷ von
ø Mittel
◁ bis
◀ max

44 **Attika-UK, Mehrschichtplatte** KG **363**

Unterkonstruktion der **Attika- / Mauerabdeckung**.
Material: Furnierholzplatte nach DIN EN 14 374
Holzart: .....
Einbau: tragend
Verwendungsbereich: Außenbereich
Dicke: **20 / 26 / ..... mm**
Breite: ..... mm
Untergrund: **Holz / Beton**
Befestigung: .....
Gebäudehöhe: .....
Windzone: .....

12€ 18€ **21**€ 25€ 35€ [m] ⏱ 0,15 h/m 022.000.165

A 14 **Attikaabdeckung, Metallblech** Beschreibung für Pos. **45-47**

Attika- oder Mauerabdeckung aus Metallblech, verdeckt befestigt, inkl. Haftstreifen und Befestigungsmittel, an den Längenstößen verbunden, ggf. mittels Schiebenähten.

45 **Attikaabdeckung, Titanzink, bis Z 700** KG **363**

Wie Ausführungsbeschreibung A 14
Material: Titanzinkblech
Blechdicke: .....
Zuschnitt: **333 / 400 / 500 / 700** mm
Kantungen: .....
Oberfläche: .....
Bauteil: **Attika / Mauer**
Attika- / Mauerlänge: .....
Attika- / Mauerbreite: .....
Querneigung: ..... °
Untergrund: **Stahlbeton / Mauerwerk**
Gebäudehöhe: ..... m
Windzone: .....

21€ 43€ **52**€ 65€ 105€ [m] ⏱ 0,40 h/m 022.000.034

46 **Attikaabdeckung, Kupfer, bis Z 700** KG **363**

Wie Ausführungsbeschreibung A 14
Material: Kupfer-Blech
Blechdicke: .....
Zuschnitt: **333 / 400 / 500 / 700** mm
Kantungen: .....
Oberfläche: .....
Bauteil: **Attika / Mauer**
Attika- / Mauerlänge: .....
Attika- / Mauerbreite: .....
Querneigung: ..... °
Untergrund: **Stahlbeton / Mauerwerk**
Gebäudehöhe: ..... m
Windzone: .....

30€ 56€ **71**€ 83€ 106€ [m] ⏱ 0,45 h/m 022.000.035

Nr.	Kurztext / Langtext					Kostengruppe
▶	▷	ø netto €	◁	◀	[Einheit]	Ausf.-Dauer Positionsnummer

47 Attikaabdeckung, Aluminium, bis Z 700 KG **363**

Wie Ausführungsbeschreibung A 14
Material: Titanzink-Blech
Blechdicke: .....
Zuschnitt: **333 / 400 / 500 / 700** mm
Kantungen: .....
Oberfläche: .....
Bauteil: **Attika / Mauer**
Attika- / Mauerlänge: .....
Attika- / Mauerbreite: .....
Querneigung: ..... °
Untergrund: **Stahlbeton / Mauerwerk**
Gebäudehöhe: ..... m
Windzone: .....

31€ 49€ **56**€ 69€ 102€ [m] ⏱ 0,45 h/m 022.000.120

Kosten:
Stand 1.Quartal 2020
Bundesdurchschnitt

48 Firstanschlussblech, Titanzink, gekantet, Z 500 KG **363**

Firstanschlussblech, auf Holzunterkonstruktion, inkl. Befestigungsmittel.
Material: Titanzink-Blech
Blechdicke: .....
Zuschnitt: bis 500 mm
Kantungen: .....
Oberfläche: .....
Dachneigung: .....°

13€ 30€ **38**€ 52€ 76€ [m] ⏱ 0,30 h/m 022.000.073

49 Firsthaube, mehrfach gekantet KG **363**

Firstabdeckung bzw. Firsthaube aus Metallblech, auf Holzunterkonstruktion, inkl. Befestigungsmittel.
Material: .....
Blechdicke: .....
Zuschnitt: .....
Kantungen: .....
Oberfläche: .....
Dachneigung: .....°

26€ 56€ **65**€ 78€ 118€ [m] ⏱ 0,50 h/m 022.000.074

▶ min
▷ von
ø Mittel
◁ bis
◀ max

A 15 Überhangblech, Metalldach — Beschreibung für Pos. **50-51**

Überhangstreifen aus Metallblech, mit Tropfkante, an den Stößen verbunden, ggf. mit Schiebenähten, inkl. elastischer Fugendichtung.

50 Überhangblech, bis Z 200 — KG **363**

Wie Ausführungsbeschreibung A 15
Material: **Titanzink- / Kupfer-**Blech
Blechdicke: .....
Zuschnitt: **166 / 200** mm
Kantungen: .....
Oberfläche: .....
Anschluss an: **Putzprofil / Profilschiene**
Untergrund: **Stahlbeton / Mauerwerk**

▶	▷	ø netto €	◁	◀	[Einheit]	Ausf.-Dauer	Positionsnummer
8€	15€	**18**€	22€	31€	[m]	⏱ 0,15 h/m	022.000.036

51 Überhangblech, bis Z 400 — KG **363**

Wie Ausführungsbeschreibung A 15
Material: **Titanzink- / Kupfer-**Blech
Blechdicke: .....
Zuschnitt: bis 400 mm
Kantungen: .....
Oberfläche: .....
Anschluss an: **Putzprofil / Profilschiene**
Untergrund: **Stahlbeton / Mauerwerk**

▶	▷	ø netto €	◁	◀	[Einheit]	Ausf.-Dauer	Positionsnummer
16€	21€	**22**€	27€	38€	[m]	⏱ 0,20 h/m	022.000.037

A 16 Wandanschluss, Metalldach — Beschreibung für Pos. **52-53**

Wandanschluss aus Metallblech, Schutz aufgehende Dachabdichtung, an den Stößen verbunden, inkl. elastischer Fugendichtung.

52 Wandanschlussblech, Titanzink — KG **363**

Wie Ausführungsbeschreibung A 16
Material: Titanzink-Blech
Blechdicke: .....
Zuschnitt: 500 mm
Kantungen: .....
Oberfläche: .....
Untergrund: .....

▶	▷	ø netto €	◁	◀	[Einheit]	Ausf.-Dauer	Positionsnummer
12€	23€	**28**€	35€	57€	[m]	⏱ 0,35 h/m	022.000.038

53 Wandanschlussblech, Kupfer — KG **363**

Wie Ausführungsbeschreibung A 16
Material: Kupfer-Blech
Blechdicke: .....
Zuschnitt: 500 mm
Kantungen: .....
Oberfläche: .....
Untergrund: .....

▶	▷	ø netto €	◁	◀	[Einheit]	Ausf.-Dauer	Positionsnummer
20€	37€	**43**€	57€	83€	[m]	⏱ 0,35 h/m	022.000.039

Nr.	Kurztext / Langtext						Kostengruppe
▶	▷	ø netto €	◁	◀	[Einheit]	Ausf.-Dauer	Positionsnummer

54 Wandanschluss, Verbundblech KG **363**

Wandanschluss aus Verbundblech, Anschluss für aufgehender, einlagiger Dachdichtungsbahn aus Kunststoff, an den Stößen verbunden, inkl. elastischer Fugendichtung.
Material: folienkaschiertes Verbundblech
Blechdicke: .....
Dachdichtungsbahn: .....
Zuschnitt: 500 mm
Kantungen: .....
Oberfläche: .....
Untergrund: .....

20€ 31€ **35**€ 50€ 74€ [m] ⏱ 0,35 h/m 022.000.055

Kosten:
Stand 1.Quartal 2020
Bundesdurchschnitt

55 Fassadenrinne, Stahlblech KG **363**

Fassaden- / Terrassenrinne, begehbar und rollstuhlbefahrbar, gegen Ausheben gesichert, bestehend aus:
- beidseitiger Kiesleiste
- geschlossener Rinnenboden
- Dränschlitze 3-5 mm
- eingepasster Rost

Rinne stufenlos höhenverstellbar bis 80 mm
Endstücke und Ecken nach gesonderter Position
Material: Stahlblech, verzinkt
Rinnenbreite: .....
Rinnenhöhe: .....
Maschenweite 30 x 10 mm
Abflussleistung: ..... l/s*m

90€ 121€ **131**€ 165€ 231€ [m] ⏱ 0,80 h/m 022.000.064

56 Wandanschluss, Nocken, Titanzink KG **363**

Wandanschluss aus Nockenblechen; Endausbildungen und Ecken in gesonderter Position.
Untergrund: .....
Dachdeckung: .....
Material: Titanzink-Blech
Blechdicke: .....
Nockengröße: .....
Oberfläche: .....

19€ 27€ **31**€ 38€ 49€ [m] ⏱ 0,25 h/m 022.000.040

▶ min
▷ von
ø Mittel
◁ bis
◀ max

A 17 Antennenmasteinfassung Beschreibung für Pos. **57-57**

Antennenmasteinfassung, aus Metallblechen, ggf. mit Dichtungsband bei Dachneigung unter 7°, inkl. Befestigungsmittel.

57 Antennenmasteinfassung, Titanzink/Kupfer, mind. 300mm KG **363**

Wie Ausführungsbeschreibung A 17
Material: **Titanzink- / Kupfer-**Blech
Durchmesser: .....
Anschlusshöhe: mind. 300 mm
Blechdicke: .....
Oberfläche: .....
Flächendeckung: .....
Dachneigung: ..... °
Untergrund: .....

62€ 80€ **86**€ 96€ 143€ [St] ⏱ 0,70 h/St 022.000.071

A 18 Blecheinfassung Schornstein/Dachfenster Beschreibung für Pos. **58-59**

Einfassung von Dacheinbauten, aus Metallblech, traufseitig mit Brustblech, seitlich mit Winkelblechen, firstseitig mit Nackenblechen, überlappend, ggf. mit Dichtungsband bei Dachneigung unter 7°, inkl. Befestigungsmittel, Überhangblech und elastischer Fugenabdichtung.

58 Schornsteinverwahrung, Kupfer, mind.150mm KG **363**

Wie Ausführungsbeschreibung A 18
Bauteil: **Schornstein / Dachflächenfenster**
Abmessungen: .....
Material: Kupfer-Blech
Blechdicke: .....
Zuschnitt: .....
Zuschnitt Überhangblech: .....
Oberfläche: .....
Dachneigung: ..... °
Anschlusshöhe: mind. 150 mm
Untergrund: Holzkonstruktion

94€ 163€ **193**€ 225€ 312€ [St] ⏱ 1,20 h/St 022.000.065

59 Schornsteinverwahrung, Titanzink, mind. 150mm KG **363**

Wie Ausführungsbeschreibung A 18
Bauteil: **Schornstein / Dachflächenfenster**
Abmessungen: .....
Material: Titanzink-Blech
Blechdicke: .....
Zuschnitt: .....
Zuschnitt Überhangblech: .....
Oberfläche: .....
Dachneigung: ..... °
Anschlusshöhe: mind. 150 mm
Untergrund: Holzkonstruktion

39€ 56€ **63**€ 77€ 112€ [m] ⏱ 0,80 h/m 022.000.043

000
001
002
006
008
009
010
012
013
014
016
017
018
020
021
022

Nr.	Kurztext / Langtext					Kostengruppe
▶	▷	**ø netto €**	◁	◀	[Einheit]	Ausf.-Dauer Positionsnummer

A 19 Schornstein-Blechbekleidung Beschreibung für Pos. **60**

Metallblechbekleidung des Schornsteins, mit Winkel-Stehfalzdeckung als hinterlüftete Konstruktion, mit UK aus Metallprofilen und Mineralwolle-Dämmung, inkl. sämtlicher Befestigungsmittel.

60 Schornsteinbekleidung, Winkel-/Stehfalzdeckung, Titanzink KG **363**

Wie Ausführungsbeschreibung A 19
Material: Titanzink-Blech
Blechdicke: .....
Bandbreite: **720 mm für Achsmaß 600 mm / 620 mm für Achsmaß 500 mm**
Oberfläche: .....
Dachneigung: ..... °

85€ 111€ **123**€ 148€ 193€ [m²] ⏱ 1,00 h/m² 022.000.044

61 Dachfenster /-oberlicht einfassen KG **362**

Einfassung von Dachfenster, aus Metallblech, traufseitig mit Brustblech, seitlich mit Winkelblechen, firstseitig mit Nackenblechen, überlappend verlegt, ggf. mit Dichtungsband bei Dachneigung unter 7°, inkl. Befestigungsmittel.
Abmessung Dachfenster / Oberlicht (L x B): .... x ..... mm
Dachfläche Neigung: ..... °
Dachdeckung aus: ......
Deckmaß (B x L): ..... x ..... mm

250€ 291€ **309**€ 357€ 437€ [St] ⏱ 1,50 h/St 022.000.166

62 Walzbleianschluss, Blechstreifen KG **363**

Anschluss an aufgehendes Bauteil mit Walzbleistreifen, inkl. Überhangstreifen.
Material: Walzblei
Blechdicke: .....
Zuschnitt: **250 / 400** mm
Überhangstreifen: Material: ....., Z........-fach gekantet
Dachneigung: .....°
Anschlusshöhe: mind. 150 mm
Untergrund: ....

31€ 44€ **51**€ 57€ 66€ [m²] ⏱ 0,40 h/m² 022.000.056

63 Trennlage, Blechflächen, V13 KG **363**

Trennlage für Blechdach, aus Bitumen-Dachbahn mit Glasvlieseinlage, auch als Vor- und Notdeckung geeignet, Bahnenstöße überlappt, auf Holzschalung genagelt.
Dachdeckung: Stehfalzdeckung
Dachneigung: ..... °
Trennlage: V13 besandet
Anmerkung: Bei Titanzinkdeckung ist unter 15° eine Dränagebahn bzw. strukturierte Trennlage einzubauen.

3€ 7€ **8**€ 10€ 14€ [m²] ⏱ 0,06 h/m² 022.000.047

Kosten:
Stand 1.Quartal 2020
Bundesdurchschnitt

▶ min
▷ von
ø Mittel
◁ bis
◀ max

64 **Trennlage, Kunststoffbahn, Gespinstlage** KG **363**

Trennlage für Blechdach, diffusionsoffen, als Abstandshalter unter Blechdach eingebaut, Bahnenstöße überlappt und selbstklebend, auf Holzschalung genagelt.
Dachdeckung: Metall-Stehfalzdeckung
Dachneigung: ..... °
Trennlage: Kunststoff-Faservlies mit Kunststoffgespinst
Höhe: ca. 8mm
Brandverhalten: Klasse E
Widerstand Wasserdurchgang: W1
Wasserdampfdurchlässigkeit: <=0,1
Anmerkung: Bei Titanzink ist unter 15° ist eine Dränagebahn bzw. strukturierte Trennlage einzubauen.

7€ 9€ **10**€ 11€ 14€ [m²] ⏱ 0,08 h/m² 022.000.170

A 20 **Gaubendeckung, Doppelstehfalz** Beschreibung für Pos. **65-66**

Blechdeckung auf Dachgauben, als Doppel-Stehfalzdeckung, Falze mit Dichtbändern für flach geneigte Dächer und Anschlüsse an aufgehende Bauteile, First-, Trauf-, Ortgang- und Kehlausbildungen in gesonderten Positionen.

65 **Gaubendeckung, Doppelstehfalz, Titanzink / Kupfer** KG **363**

Wie Ausführungsbeschreibung A 20
Material: **Titanzink / Kupfer**
Blechdicke: .....
Bandbreite: .....
Oberfläche: .....
Dachneigung: ..... °
Untergrund: Holzschalung mit Trennlage

54€ 82€ **98**€ 109€ 141€ [m²] ⏱ 1,00 h/m² 022.000.049

66 **Gaubendeckung, Doppelstehfalz, Edelstahl** KG **363**

Wie Ausführungsbeschreibung A 20
Material: Edelstahlblech / Werkstoff Nr.: .....
Blechdicke: .....
Bandbreite: .....
Oberfläche: .....
Dachneigung: ..... °
Untergrund: Holzschalung mit Trennlage

79€ 86€ **98**€ 112€ 154€ [m²] ⏱ 1,20 h/m² 022.000.066

67 **Dachdeckung, Doppelstehfalz, Titanzink** KG **363**

Blechdachdeckung als Doppel-Stehfalzdeckung. Falze mit Dichtbändern, Anschlüsse an aufgehende Bauteile, First-, Trauf-, Ortgang- und Kehlausbildungen in gesonderten Positionen.
Untergrund: Holzschalung mit Trennlage
Material: Titanzink-Blech
Blechdicke: .....
Bandbreite: .....
Oberfläche: .....
Dachneigung: .....°

43€ 73€ **86**€ 99€ 134€ [m²] ⏱ 0,85 h/m² 022.000.045

000 001 002 006 008 009 010 012 013 014 016 017 018 020 021 022

Nr. **Kurztext** / Langtext — Kostengruppe
▶ ▷ **ø netto €** ◁ ◀ [Einheit] Ausf.-Dauer Positionsnummer

68 **Dachdeckung, Bandblech, Aluminium** KG **363**
Blechdachdeckung mit selbsttragenden, gefalzten Band-Elementen aus Aluminium.
Blechdicke: .....
Bandbreite: .....
Oberfläche: .....
Dachneigung: ..... °
Untergrund: Holzpfetten
32€ 50€ **52**€ 61€ 81€ [m²] ⏱ 0,70 h/m² 022.000.057

A 21 **Anschlüsse Blechdach** Beschreibung für Pos. **69-70**
Anschluss der Blechdachdeckung an aufgehende Bauteile, verdeckt befestigt.

Kosten:
Stand 1.Quartal 2020
Bundesdurchschnitt

69 **Anschlüsse Blechdach, Titanzink** KG **363**
Wie Ausführungsbeschreibung A 21
Deckungsart: **Stehfalz- / Winkelfalz- / Doppelstehfalz**
Material: Titanzink-Blech
Blechdicke: .....
Bahnenbreite: .....
Anschluss: **parallel / im Winkel von .....** ° zur Verlegerichtung
Dachneigung: .....
Untergrund: Holzschalung mit Trennlage
29€ 39€ **46**€ 50€ 57€ [m] ⏱ 0,38 h/m 022.000.084

70 **Anschlüsse Blechdach, Kupfer** KG **363**
Wie Ausführungsbeschreibung A 21
Deckungsart: **Stehfalz- / Winkelfalz- / Doppelstehfalz**
Material: Aluminium-Blech
Blechdicke: .....
Bahnenbreite: .....
Anschluss: **parallel / im Winkel von .....** ° zur Verlegerichtung
Dachneigung: .....
Untergrund: Holzschalung mit Trennlage
–€ 46€ **53**€ 57€ –€ [m] ⏱ 0,38 h/m 022.000.140

A 22 **Traufe, Blechdach** Beschreibung für Pos. **71-73**
Traufen eindecken, Blechdachdeckung, mit Traufblech, durchlaufend befestigt mit Haftstreifen. Fälze umgelegt, Untergrund: Holzschalung mit Trennlage.

71 **Traufe, Blechdach, Titanzink** KG **363**
Wie Ausführungsbeschreibung A 22
Deckungsart: **Stehfalz- / Winkelfalz- / Doppelstehfalz**
Material: Titanzink-Blech
Blechdicke: .....
Zuschnitt: .....
Kantungen: .....
Dachneigung: .....°
Traufe: **gekantet / mit Wulst**
12€ 21€ **24**€ 32€ 49€ [m] ⏱ 0,30 h/m 022.000.085

▶ min
▷ von
ø Mittel
◁ bis
◀ max

72 Traufe, Blechdach, Kupfer KG **363**

Wie Ausführungsbeschreibung A 22
Deckungsart: **Stehfalz- / Winkelfalz- / Doppelstehfalz**
Material: Kupfer-Blech
Blechdicke: .....
Zuschnitt: .....
Kantungen: .....
Dachneigung: .....°
Traufe: **gekantet / mit Wulst**

–€ | 28€ | **35**€ | 45€ | –€ | [m] | ⏱ 0,30 h/m | 022.000.143

73 Traufe, Blechdach, Aluminium KG **363**

Wie Ausführungsbeschreibung A 22
Deckungsart: **Stehfalz- / Winkelfalz- / Doppelstehfalz**
Material: Aluminium-Blech
Blechdicke: .....
Zuschnitt: .....
Kantungen: .....
Dachneigung: .....°
Traufe: **gekantet / mit Wulst**

–€ | 30€ | **36**€ | 54€ | –€ | [m] | ⏱ 0,30 h/m | 022.000.144

A 23 Ortgang, Blechdach Beschreibung für Pos. **74-75**

Ausbildung des Ortgangs bei Blechdachdeckung mit Abdeckblech, mehrfach gekantet, Anschluss mit Winkelfalz an Blechscharen, mit Dichtungsband.

74 Ortgang, Blechdach, Titanzink KG **363**

Wie Ausführungsbeschreibung A 23
Deckungsart: **Stehfalz- / Winkelfalz- / Doppelstehfalz**
Material: Titanzink-Blech
Blechdicke: .....
Zuschnitt: .....
Kantungen: .....
Dachneigung: .....
Untergrund: Holzschalung mit Trennlage
Für die Ausführung werden vom AG folgende Unterlagen zur Verfügung gestellt:
- Entwurfszeichnungen, Plannr.: .....
- Übersichtszeichnungen, Plannr.: .....

19€ | 36€ | **39**€ | 48€ | 65€ | [m] | ⏱ 0,32 h/m | 022.000.086

75 Ortgang, Blechdach, Kupfer KG **363**

Wie Ausführungsbeschreibung A 23
Deckungsart: **Stehfalz- / Winkelfalz- / Doppelstehfalz**
Material: Kupfer-Blech
Blechdicke: .....
Zuschnitt: .....
Kantungen: .....
Dachneigung: .....
Untergrund: Holzschalung mit Trennlage

Nr. **Kurztext** / Langtext — Kostengruppe
▶ ▷ **ø netto €** ◁ ◀ [Einheit] Ausf.-Dauer Positionsnummer

Für die Ausführung werden vom AG folgende Unterlagen zur Verfügung gestellt:
- Entwurfszeichnungen, Plannr.: .....
- Übersichtszeichnungen, Plannr.: .....

–€ 45€ **50**€ 55€ –€ [m] ⏱ 0,32 h/m 022.000.146

A 24 Fassadenbekleidung, Bandblech — Beschreibung für Pos. **76-77**

Fassadenbekleidung aus Metallblech, als vorgehängte, hinterlüftete Fassade, senkrecht verlegt.

76 Vorhangfassade, Bandblechscharen, Titanzink — KG **363**

Wie Ausführungsbeschreibung A 24
Deckungsart: **Stehfalz- / Winkelfalz- / Doppelstehfalz**
Material: Titanzink-Blech
Blechdicke: .....
Bandbreite: .....
Oberfläche: .....
Dachneigung: ..... °
Untergrund: Holzschalung mit Trennlage
Angeb. Fabrikat: .....
Für die Ausführung werden vom AG folgende Unterlagen zur Verfügung gestellt:
- Verlegeplan, Plannr.: .....
- Übersichtszeichnungen, Plannr.: .....

56€ 78€ **87**€ 91€ 111€ [m²] ⏱ 1,20 h/m² 022.000.067

77 Vorhangfassade, Bandblechscharen, Kupfer — KG **363**

Wie Ausführungsbeschreibung A 24
Deckungsart: **Stehfalz- / Winkelfalz- / Doppelstehfalz**
Material: Kupfer-Blech
Blechdicke: .....
Bandbreite: .....
Oberfläche: .....
Dachneigung: ..... °
Untergrund: Holzschalung mit Trennlage
Angeb. Fabrikat: .....
Für die Ausführung werden vom AG folgende Unterlagen zur Verfügung gestellt:
- Verlegeplan, Plannr.: .....
- Übersichtszeichnungen, Plannr.: .....

–€ 103€ **116**€ 140€ –€ [m²] ⏱ 1,20 h/m² 022.000.149

78 Schneefangrohr, Stehfalzdeckung — KG **369**

Schneefangrohr für Stehfalzdeckung, inkl. Halteprofilen, geklemmt, inkl. Anpassen der Dachdeckung.
Schneelastzone: .....
Gebäudehöhe über NN: ..... m
Dachneigung: .....
Länge oberhalb der Schneefangkonstruktion: ..... m
Sparrenabstand: ..... cm
Ausführung: .....

20€ 30€ **34**€ 39€ 51€ [m] ⏱ 0,25 h/m 022.000.068

Kosten:
Stand 1.Quartal 2020
Bundesdurchschnitt

▶ min
▷ von
ø Mittel
◁ bis
◀ max

79 Schneefangrohr, Rundprofil KG **369**

Schneefangrohr, inkl. Halteprofilen, in Holz-Dachkonstruktion befestigen.
Schneelastzone: .....
Gebäudehöhe über NN: ..... m
Dachneigung: .....
Länge oberhalb der Schneefangkonstruktion: ..... m
Sparrenabstand: ..... cm
Ausführung: .....
Befestigungsabstand: ca. 80 cm

22€ 35€ **41**€ 57€ 81€ [m] ⏱ 0,25 h/m 022.000.002

80 Schneefanggitter, Titanzink KG **369**

Schneefanggitter in Steildachfläche, mit verstärkten Stützen, in Holz-Dachkonstruktion befestigen.
Schneelastzone: .....
Gebäudehöhe über NN: ..... m
Dachneigung: .....
Länge oberhalb der Schneefangkonstruktion: ..... m
Sparrenabstand: ..... cm
Material: Titanzink
Dachdeckung: .....
Gitterhöhe: bis 200 mm

17€ 26€ **30**€ 37€ 49€ [m] ⏱ 0,25 h/m 022.000.003

81 Schneefanggitter, Kupfer KG **369**

Schneefanggitter in Steildachfläche, mit verstärkten Stützen, in Holz-Dachkonstruktion befestigen.
Schneelastzone: .....
Gebäudehöhe über NN: ..... m
Dachneigung: .....
Länge oberhalb der Schneefangkonstruktion: ..... m
Sparrenabstand: ..... cm
Material: Kupfer
Dachdeckung: .....
Gitterhöhe: bis 200 mm

36€ 45€ **50**€ 52€ 57€ [m] ⏱ 0,25 h/m 022.000.004

82 Sicherheitsdachhaken, verzinkt KG **369**

Sicherheits-Dachhaken, in Holz-Dachkonstruktion, inkl. Anpassarbeiten der Dachdeckung, Haken mit Einhängelasche.
Material: verzinkter Stahl
Ausführung: Typ B
Abmessung: 25 x 6 mm

10€ 14€ **16**€ 18€ 22€ [St] ⏱ 0,15 h/St 022.000.001

000 001 002 006 008 009 010 012 013 014 016 017 018 020 021 **022**

Nr.	Kurztext / Langtext					Kostengruppe
▶	▷	**ø netto €**	◁	◀	[Einheit]	Ausf.-Dauer Positionsnummer

83 Sicherheitstritt, Standziegel KG **369**

Sicherheitstritt für Schornsteinfeger, aus Standgitter oder -ziegel und Auflagerbügeln, an Dachlattung mit zusätzlicher Unterstützung befestigen.
Trittlänge: ca. 41 cm
Dachdeckung: .....

52€ 68€ **75€** 79€ 93€ [St] ⏱ 0,35 h/St 022.000.005

84 Dachleiter, Aluminium KG **369**

Sicherheits-Dachleiter, an bauseitigem Sicherheitsdachhaken fixieren.
Material: Aluminium
Oberfläche: .....
Dachneigung: .....°
Leiterbreite: ca. 350 mm
Leiterlänge: .....

84€ 198€ **235€** 256€ 409€ [St] ⏱ 0,20 h/St 022.000.075

85 Stundensatz Facharbeiter, Flaschnerarbeiten

Stundenlohnarbeiten für Vorarbeiter, Facharbeiter und Gleichgestellte (z.B. Spezialbaufacharbeiter, Baufacharbeiter, Obermonteure, Monteure, Gesellen, Maschinenführer, Fahrer und ähnliche Fachkräfte). Leistung nach besonderer Anordnung der Bauüberwachung. Anmeldung und Nachweis gem. VOB/B.

42€ 48€ **50€** 55€ 66€ [h] ⏱ 1,00 h/h 022.000.077

86 Stundensatz Helfer, Flaschnerarbeiten

Stundenlohnarbeiten für Werker, Helfer und Gleichgestellte (z.B. Baufachwerker, Helfer, Hilfsmonteure, Ungelernte, Angelernte). Leistung nach besonderer Anordnung der Bauüberwachung. Anmeldung und Nachweis gem. VOB/B.

24€ 35€ **40€** 43€ 51€ [h] ⏱ 1,00 h/h 022.000.078

Kosten:
Stand 1.Quartal 2020
Bundesdurchschnitt

▶ min
▷ von
ø Mittel
◁ bis
◀ max

B Ausbau

Titel des Leistungsbereichs	LB-Nr.
Putz- und Stuckarbeiten, Wärmedämmsysteme	023
Fliesen- und Plattenarbeiten	024
Estricharbeiten	025
Fenster, Außentüren	026
Tischlerarbeiten	027
Parkett-, Holzpflasterarbeiten	028
Beschlagarbeiten	029
Rollladenarbeiten	030
Metallbauarbeiten	031
Verglasungsarbeiten	032
Baureinigungsarbeiten	033
Maler- und Lackierarbeiten - Beschichtungen	034
Bodenbelagarbeiten	036
Tapezierarbeiten	037
Vorgehängte hinterlüftete Fassaden	038
Trockenbauarbeiten	039

023

Kosten:
Stand 1.Quartal 2020
Bundesdurchschnitt

▶ min
▷ von
ø Mittel
◁ bis
◀ max

Nr.	Positionen	Einheit	▶	▷	ø brutto € / ø netto €	◁	◀
1	Fenster abkleben	m²	1	3	**4**	5	7
			1	3	**3**	4	6
2	Untergrund prüfen	m²	0,1	0,5	**0,6**	1,0	1,7
			0,1	0,5	**0,5**	0,8	1,5
3	Haftbrücke, Betonfläche, für Gipsputze	m²	1	4	**5**	8	15
			0,9	3,3	**4,1**	6,5	12
4	Haftbrücke, Betonfläche, für Kalk-/Kalkzementputz	m²	2	5	**7**	11	17
			2	4	**6**	9	14
5	Putzarmierung, Glasfasergewebe, bis 150mm	m	2,7	3,2	**3,4**	3,6	3,9
			2,3	2,7	**2,8**	3,0	3,3
6	Putzarmierung, Glasfasergewebe, bis 250mm	m	3,3	3,7	**4,0**	4,2	4,6
			2,8	3,1	**3,4**	3,6	3,9
7	Putzarmierung, Glasfasergewebe, bis 500mm	m	3,7	4,4	**4,6**	5,8	8,0
			3,1	3,7	**3,9**	4,9	6,7
8	Putzträger, Metallgittergewebe	m²	6	11	**14**	18	27
			5	10	**12**	15	23
9	Putzträger, Metallgittergewebe, bis 250mm	m	11	24	**29**	37	49
			8,9	20	**24**	31	41
10	Putzträger, Metallgittergewebe, über 250mm	m	17	32	**43**	47	69
			14	27	**36**	40	58
11	Ausgleichsputz, bis 10mm	m²	5	9	**10**	13	19
			4	7	**9**	11	16
12	Ausgleichsputz, bis 20mm	m²	7	12	**14**	16	21
			6	10	**12**	13	18
13	Unterputzprofil, verzinkt, innen	m	3	6	**7**	8	11
			2	5	**6**	7	9
14	Unterputzprofil, nichtrostender Stahl, innen	m	7	9	**9**	11	13
			5	7	**8**	9	11
15	Eckprofil, verzinkt	m	2	4	**5**	6	9
			2	3	**4**	5	7
16	Eckprofil, Aluminium	m	3	6	**7**	8	11
			3	5	**6**	6	9
17	Eckprofil, nichtrostender Stahl	m	3	8	**10**	11	15
			3	7	**8**	9	12
18	Eckprofil, Kunststoff	m	1	5	**7**	8	12
			1	4	**6**	7	10
19	Abschlussprofil, innen, verzinkt	m	2	6	**7**	9	12
			2	5	**6**	8	10
20	Abschlussprofil, innen, nichtrostender Stahl	m	7	10	**10**	14	20
			5	8	**9**	12	17
21	Kalkzementputz, Innenwand, einlagig, Q3, abgezogen	m²	12	15	**17**	20	27
			10	13	**14**	17	23
22	Gipskalkputz, Innenwand, einlagig, Q3, gefilzt	m²	15	21	**21**	24	28
			13	17	**18**	20	24
23	Mehrdicke, 5mm, Putz	m²	2	4	**5**	7	9
			2	4	**5**	6	7
24	Mehrdicke, 10mm, Putz	m²	4	6	**7**	9	12
			3	5	**6**	8	10

Nr.	Positionen	Einheit	▶	▷	ø brutto € / ø netto €	◁	◀
25	Laibung, innen, bis 150mm	m	3,6	5,9	**7,2**	8,7	13
			3,0	4,9	**6,1**	7,4	11
26	Laibung, innen, 250-400mm	m	7,2	12	**15**	17	25
			6,1	9,9	**13**	14	21
27	Ebenheit, Mehrpreis Q3	m²	3	4	**4**	4	5
			3	3	**3**	4	4
28	Gipsputz, Innenwand, einlagig, Q3	m²	13	16	**17**	20	24
			11	13	**14**	17	20
29	Gipsputz, Innenwand, Dünnlage, Q3, geglättet	m²	9	14	**17**	19	23
			7	12	**14**	16	20
30	Gipsputz B1, innen, Q2, geglättet, längenorientiert	m	3	8	**10**	11	18
			2	6	**8**	10	15
31	Lehmputz, Innenwand, einlagig, gefilzt	m²	21	26	**27**	28	32
			18	22	**23**	24	27
32	Lehmputz, Innenwand, zweilagig	m²	39	43	**47**	48	54
			33	36	**39**	40	46
33	Beiputzen, Tür-/Türzarge	m	5	9	**10**	12	20
			5	7	**8**	10	17
34	Stuckprofil, innen	m	35	55	**61**	92	136
			29	46	**51**	77	114
35	Putzbänder, Faschen, Putzdekor	m	7	14	**17**	26	41
			6	11	**14**	22	34
36	Trennschnitt, Wand/Deckenübergang	m	0,8	1,4	**1,8**	2,4	3,3
			0,7	1,2	**1,5**	2,0	2,8
37	Putzsystem, Decke, schallabsorbierend	m²	–	76	**91**	117	–
			–	64	**77**	98	–
38	Kalk-Gipsputz, Decken, einlagig, Q3, geglättet	m²	15	19	**21**	24	28
			12	16	**18**	20	24
39	Gipsputz, Decken, einlagig, Q2, geglättet	m²	14	16	**17**	18	22
			12	14	**15**	15	18
40	Gipsputz, Decken, einlagig, Q3, geglättet	m²	14	17	**18**	20	23
			12	15	**15**	17	19
41	WDVS, MW 035, 120mm, Silikat-Reibeputz	m²	79	84	**88**	91	100
			66	71	**74**	77	84
42	WDVS, MW 035, 180mm, Silikat-Reibeputz	m²	93	102	**110**	116	124
			78	86	**92**	98	104
43	WDVS, EPS, 120mm, Silikat-Reibeputz	m²	75	80	**82**	85	93
			63	67	**69**	72	78
44	WDVS, EPS, 180mm, Silikat-Reibeputz	m²	90	94	**104**	104	117
			75	79	**87**	87	99
45	WDVS, Wärmedämmung, EPS 035, 100mm	m²	23	33	**38**	41	47
			19	27	**32**	35	39
46	WDVS, Wärmedämmung, EPS 035, 180mm	m²	49	54	**57**	61	64
			41	45	**48**	51	53
47	WDVS, Wärmedämmung, EPS 035, 300mm	m²	67	82	**85**	92	99
			57	69	**71**	77	83
48	WDVS, Wärmedämmung, MW 035, 160mm	m²	53	61	**65**	68	76
			45	51	**54**	58	64

Kosten:
Stand 1.Quartal 2020
Bundesdurchschnitt

Nr.	Positionen	Einheit	▶	▷	ø brutto € / ø netto €	◁	◀
49	WDVS, Wärmedämmung, MW 035, 200mm	m²	66	76	**80**	85	95
			55	64	**68**	72	80
50	WDVS, Brandbarriere, 200mm	m	6	9	**11**	13	17
			5	8	**9**	11	14
51	WDVS, Montagequader, Druckplatte	St	14	46	**63**	93	167
			12	39	**53**	78	141
52	WDVS, Dübelung, Wärmedämmung	m²	4	10	**12**	14	18
			3	8	**10**	11	16
53	WDVS, Armierungsputz, Glasfasereinlage	m²	15	18	**20**	22	28
			12	15	**17**	19	24
54	WDVS, Eckausbildung, Profil	m	4	7	**8**	10	14
			3	6	**7**	8	11
55	WDVS, Sockeldämmung, XPS	m²	37	47	**50**	55	66
			31	39	**42**	46	55
56	WDVS, Sockelprofil	m	8	13	**15**	17	24
			7	11	**12**	15	20
57	WDVS, Fensteranschluss	m	3	5	**6**	7	10
			2	4	**5**	6	8
58	WDVS, Kompriband BG1	m	3	4	**4**	6	8
			2	3	**4**	5	7
59	WDVS, Laibungsausbildung	m	16	19	**22**	23	27
			13	16	**18**	20	22
60	Mineralischer Oberputz, Dispersions-Silikat, WDVS	m²	10	14	**15**	16	19
			9	12	**13**	14	16
61	Organischer Oberputz, Silikonharz, WDVS	m²	8	16	**19**	20	25
			7	13	**16**	17	21
62	Sockelputz, zweilagig, Kalkzementmörtel CS III - wasserhemmend	m²	21	31	**35**	42	56
			18	26	**29**	36	47
63	Außenputz, zweilagig, Wand, mineralisch	m²	21	31	**36**	39	49
			18	26	**31**	33	41
64	Außenputz, zweilagig, Wand, organischem Ober-putz	m²	16	19	**21**	24	30
			13	16	**17**	21	25
65	Schlämmputz, außen, einlagig, Kalkzementmörtel	m²	10	14	**17**	19	23
			8	12	**14**	16	19
66	Außenputz, zweilagig, Laibungen	m	8	14	**17**	20	27
			6	12	**14**	17	23
67	Abschlussprofil, Außenputz 15mm, verzinkter Stahl	m	7	8	**8**	10	12
			5	7	**7**	8	10
68	Verblendmauerwerk, Klinkerriemchen	m²	124	138	**144**	154	174
			105	116	**121**	129	146
69	Fensteranschluss, Putzprofil	m	3	6	**7**	8	10
			3	5	**6**	7	9
70	Dämmung, Kellerdecke, EPS 040, bis 140mm	m²	47	50	**54**	59	70
			39	42	**45**	49	59
71	Dämmung, Kellerdecke, MW 032, bis 140mm	m²	59	63	**68**	74	92
			50	53	**57**	62	77

▶ min
▷ von
ø Mittel
◁ bis
◀ max

Nr.	Positionen	Einheit	▶	▷ ø brutto € / ø netto €		◁	◀
72	Mehrschichtplatte WW-C, EPS, Decke, 50mm	m²	23	33	**37**	45	59
			19	28	**31**	38	49
73	Mehrschichtplatte WW-C, EPS, Decke, 75mm	m²	29	44	**49**	56	74
			25	37	**41**	47	62
74	Gerüstankerlöcher schließen	St	0,6	2,4	**3,4**	5,4	8,1
			0,5	2,1	**2,8**	4,5	6,8
75	Stundensatz Facharbeiter, Putzarbeiten	h	45	54	**58**	62	75
			38	46	**49**	52	63
76	Stundensatz Helfer, Putzarbeiten	h	37	47	**52**	54	59
			31	40	**44**	46	50

Nr. **Kurztext** / Langtext Kostengruppe

▶ ▷ **ø netto €** ◁ ◀ [Einheit] Ausf.-Dauer Positionsnummer

1 Fenster abkleben KG **397**

Abdecken von Bauteilen, während der Putzarbeiten und Arbeiten des WDVS vorhalten, nach Ende der Arbeiten restlos entfernen und entsorgen.
Arbeitshöhe: über 1,50 m

1€ 3€ **3**€ 4€ 6€ [m²] ⏱ 0,02 h/m² 023.000.188

2 Untergrund prüfen KG **335**

Untergrund von verputzten Wandflächen akustisch (Klopfprobe oder Hohlstellensonde) auf Schad- und Hohlstellen prüfen, Schadstellen und Rissverläufe markieren.
Bauteil: Innenwand
Arbeitshöhe: über 1,50 m

0,1€ 0,5€ **0,5**€ 0,8€ 1,5€ [m²] ⏱ 0,01 h/m² 023.000.048

3 Haftbrücke, Betonfläche, für Gipsputze KG **336**

Haftbrücke auf Betonfläche, Innenwand, für Gipsputz, auf organischer Basis, quarzgefüllt, pigmentiert, wasserverdünnbar.
Arbeitshöhe: bis 3,50 m

0,9€ 3,3€ **4,1**€ 6,5€ 12€ [m²] ⏱ 0,05 h/m² 023.000.003

4 Haftbrücke, Betonfläche, für Kalk-/Kalkzementputz KG **336**

Haftbrücke auf Betonfläche, Innenwand, für Kalk- und Kalkzementputze, mineralisch, kunststoffvergütet.
Arbeitshöhe: bis 3,50 m

2€ 4€ **6**€ 9€ 14€ [m²] ⏱ 0,05 h/m² 023.000.078

A 1 Putzarmierung, Glasfasergewebe Beschreibung für Pos. **5-7**

Glasfasergewebe an den Übergängen von Beton- und Mauerwerk sowie über Putz- und untergrundbedingten Rissen in den Grundputz einbetten.
Bauteil: Innenwand
Arbeitshöhe: bis 3,50 m

Nr.	**Kurztext** / Langtext					Kostengruppe
▶	▷	**ø netto €**	◁	◀	[Einheit]	Ausf.-Dauer Positionsnummer

5 Putzarmierung, Glasfasergewebe, bis 150mm KG **345**

Wie Ausführungsbeschreibung A 1
Funktion: **labiler Untergrund / Spannungsausgleich / bei Untergrundbewegung**
Breite: bis 150 mm

2€ | 3€ | **3**€ | 3€ | 3€ | [m] | ⏱ 0,08 h/m | 023.000.169

6 Putzarmierung, Glasfasergewebe, bis 250mm KG **345**

Wie Ausführungsbeschreibung A 1
Funktion: **labiler Untergrund / Spannungsausgleich / bei Untergrundbewegung**
Breite: über 150-250 mm
Einbauort: **innen / außen**
Angeb. Fabrikat: .....

3€ | 3€ | **3**€ | 4€ | 4€ | [m] | ⏱ 0,08 h/m | 023.000.170

Kosten:
Stand 1.Quartal 2020
Bundesdurchschnitt

7 Putzarmierung, Glasfasergewebe, bis 500mm KG **345**

Wie Ausführungsbeschreibung A 1
Funktion: **labiler Untergrund / Spannungsausgleich / bei Untergrundbewegung**
Breite: über 250-500 mm

3€ | 4€ | **4**€ | 5€ | 7€ | [m] | ⏱ 0,12 h/m | 023.000.130

8 Putzträger, Metallgittergewebe KG **345**

Putzträger aus Metallgittergewebe, vollflächig verlegt, zur Überdeckung von nachträglich verschlossenen Längsschlitzen in Beton- und Mauerwerkswänden, sowie an Betondecken und an Übergängen von Beton und Mauerwerk.
Material: verzinkter Stahl
Bauteil: Wand, innen,
Arbeitshöhe: bis 3,50 m

5€ | 10€ | **12**€ | 15€ | 23€ | [m²] | ⏱ 0,14 h/m² | 023.000.010

A 2 Putzträger, Metallgittergewebe, Schlitz Beschreibung für Pos. **9-10**

Putzträger aus Metallgittergewebe, zur Überdeckung von nachträglich verschlossenen Längsschlitzen.
Untergrund: **Beton / Mauerwerk**
Material: verzinkter Stahl

9 Putzträger, Metallgittergewebe, bis 250mm KG **345**

Wie Ausführungsbeschreibung A 2
Einbauort: .....
Breite: bis 350 mm
Bauteil: ....., innen
Arbeitshöhe: bis 3,50 m

9€ | 20€ | **24**€ | 31€ | 41€ | [m] | ⏱ 0,10 h/m | 023.000.131

▶ min
▷ von
ø Mittel
◁ bis
◀ max

10 Putzträger, Metallgittergewebe, über 250mm KG **345**

Wie Ausführungsbeschreibung A 2
Einbauort: .....
Breite: über 350 bis 500 mm
Bauteil: ....., innen
Arbeitshöhe: bis 3,50 m

14€ | 27€ | **36**€ | 40€ | 58€ | [m] | ⏱ 0,10 h/m | 023.000.132

11 Ausgleichsputz, bis 10mm KG **345**

Ausgleichsputz als Unterputz, auf unebenen Untergrund, Oberfläche entsprechend aufzubringendem Unter- bzw. Oberputz plan ziehen und horizontal aufkämmen. Standzeit mindestens 1 Tag pro mm.
Untergrund: Mauerwerk, **stark / schwach** saugend
Mörteldicke: 5 bis 10 mm
Arbeitshöhe: bis 3,00 m
Mörtel: Kalkzement-Putzmörtel

4€ | 7€ | **9**€ | 11€ | 16€ | [m²] | ⏱ 0,20 h/m² | 023.000.047

12 Ausgleichsputz, bis 20mm KG **345**

Ausgleichsputz als Unterputz, auf unebenen Untergrund, Oberfläche entsprechend aufzubringendem Unter- bzw. Oberputz plan ziehen und horizontal aufkämmen. Standzeit mindestens 1 Tag pro mm.
Untergrund: Mauerwerk, **stark / schwach** saugend
Mörteldicke: über 10 bis 20 mm
Arbeitshöhe: bis 3,00 m
Mörtel: Kalkzement-Putzmörtel

6€ | 10€ | **12**€ | 13€ | 18€ | [m²] | ⏱ 0,22 h/m² | 023.000.009

13 Unterputzprofil, verzinkt, innen KG **345**

Unterputzprofil mit geeignetem Ansetzmörtel anbringen.
Putzdicke: bis 15 mm
Profil-Nr. .....
Material: verzinkter Stahl

2€ | 5€ | **6**€ | 7€ | 9€ | [m] | ⏱ 0,08 h/m | 023.000.011

14 Unterputzprofil, nichtrostender Stahl, innen KG **345**

Unterputzprofil mit geeignetem Ansetzmörtel anbringen.
Putzdicke: bis 15 mm
Profil-Nr. .....
Material: nichtrostender Stahl

5€ | 7€ | **8**€ | 9€ | 11€ | [m] | ⏱ 0,08 h/m | 023.000.083

15 Eckprofil, verzinkt KG **345**

Eckprofil mit geeignetem Ansetzmörtel anbringen.
Putzdicke: .....
Profil-Nr. .....
Material: verzinkter Stahl

2€ | 3€ | **4**€ | 5€ | 7€ | [m] | ⏱ 0,06 h/m | 023.000.085

Kosten:
Stand 1.Quartal 2020
Bundesdurchschnitt

▶ min
▷ von
ø Mittel
◁ bis
◀ max

Nr.	**Kurztext** / Langtext					Kostengruppe
▶	▷	**ø netto €**	◁	◀	[Einheit]	Ausf.-Dauer Positionsnummer

16 Eckprofil, Aluminium KG **345**

Eckprofil mit geeignetem Ansetzmörtel anbringen.
Putzdicke: .....
Profil-Nr. .....
Material: Aluminium

3€	5€	**6**€	6€	9€	[m]	⏱ 0,06 h/m	023.000.173

17 Eckprofil, nichtrostender Stahl KG **345**

Eckprofil mit geeignetem Ansetzmörtel anbringen.
Putzdicke: .....
Profil-Nr. .....
Material: nichtrostender Stahl

3€	7€	**8**€	9€	12€	[m]	⏱ 0,06 h/m	023.000.086

18 Eckprofil, Kunststoff KG **345**

Eckprofil mit geeignetem Ansetzmörtel anbringen.
Putzdicke: .....
Profil-Nr. .....
Material: Kunststoff

1€	4€	**6**€	7€	10€	[m]	⏱ 0,10 h/m	023.000.087

19 Abschlussprofil, innen, verzinkt KG **345**

Putzan- und -abschlussprofil zu angrenzenden Bauteilen
Putzdicke: ca. 10-15 mm
Profil-Nr. .....
Material: verzinkter Stahl

2€	5€	**6**€	8€	10€	[m]	⏱ 0,09 h/m	023.000.014

20 Abschlussprofil, innen, nichtrostender Stahl KG **345**

Putzan- und -abschlussprofil zu angrenzenden Bauteilen
Putzdicke: ca. 10-15 mm
Profil-Nr. .....
Material: nichtrostender Stahl

5€	8€	**9**€	12€	17€	[m]	⏱ 0,09 h/m	023.000.088

21 Kalkzementputz, Innenwand, einlagig, Q3, abgezogen KG **345**

Einlagiger Innenputz, geeignet für matte, fein strukturierte Beschichtungen oder fein strukturierte Wandbekleidungen oder Wandbeläge aus Feinkeramik und großformatige Fliesen.
Putzart: Kalkzementputz
Putzdicke: 10 mm
Untergrund: .....
Oberfläche: Q3 - abgezogen
Arbeitshöhe: bis 3,50 m

10€	13€	**14**€	17€	23€	[m²]	⏱ 0,20 h/m²	023.000.133

22 **Gipskalkputz, Innenwand, einlagig, Q3, gefilzt** KG **345**

Einlagiger Innenputz, geeignet für matte, **nicht strukturierte / nicht gefüllte** Beschichtungen.
Putzart: Gipskalkputz B3
Putzdicke: 10 mm
Untergrund: .....
Oberfläche: Q3 - gefilzt
Arbeitshöhe: bis 3,50 m

13€ 17€ **18**€ 20€ 24€ [m2] ⏱ 0,20 h/m2 023.000.134

23 **Mehrdicke, 5mm, Putz** KG **345**

Mehrdicke für einlagigen Putz an Wandflächen.
Putzart: .....
Mehrdicke: bis 5 mm

2€ 4€ **5**€ 6€ 7€ [m2] ⏱ 0,07 h/m2 023.000.135

24 **Mehrdicke, 10mm, Putz** KG **345**

Mehrdicke für einlagigen Putz an Wandflächen.
Putzart: **Kalkputz / Kalkzementputz / Zementputz / Gipsputz B1 / Gipskalkputz B3**
Mehrdicke: bis 10 mm

3€ 5€ **6**€ 8€ 10€ [m2] ⏱ 0,09 h/m2 023.000.136

A 3 **Laibung, innen** Beschreibung für Pos. **25-26**

Laibungen an Öffnungen, Aussparungen oder Nischen verputzen, Gewebeeckwinkel, APU-Profil bzw. Fugendichtband in gesonderten Positionen.
Oberfläche: Q2 - abgezogen
Arbeitshöhe: bis 3,50 m

25 **Laibung, innen, bis 150mm** KG **336**

Wie Ausführungsbeschreibung A 3
Putzart: .....
Oberfläche: .....
Laibungstiefe: bis 150 mm

3€ 5€ **6**€ 7€ 11€ [m] ⏱ 0,13 h/m 023.000.138

26 **Laibung, innen, 250-400mm** KG **336**

Wie Ausführungsbeschreibung A 3
Putzart: Kalkzementputz
Druckfestigkeitsklasse: CS II
Oberfläche: Q2 - abgezogen
Laibungstiefe: über 250-400 mm
Arbeitshöhe: bis 3,50 m

6€ 10€ **13**€ 14€ 21€ [m] ⏱ 0,20 h/m 023.000.139

Kosten:
Stand 1.Quartal 2020
Bundesdurchschnitt

Nr.	**Kurztext** / Langtext					Kostengruppe
▶	▷	**ø netto €**	◁	◀	[Einheit]	Ausf.-Dauer Positionsnummer

27 Ebenheit, Mehrpreis Q3 KG **345**

Erhöhte Anforderung an die Ebenheit des Putzsystems, gem. DIN 18202 Tab. 3 Zeile 7. Leistung inkl. Putzlehren.
Putzart: .....
Oberflächenqualität: Q3
Arbeitshöhe: bis 3,50 m

3€ 3€ **3**€ 4€ 4€ [m²] ⏱ 0,05 h/m² 023.000.091

28 Gipsputz, Innenwand, einlagig, Q3 KG **345**

Einlagiger Gipsputz, Innenwand, für Raufasertapete (Körnung fein) oder matte, nicht gefüllte / nicht strukturierte Beschichtung.
Untergrund: .....
Putzdicke: 15 mm
Oberflächenqualität: Q3 - **geglättet / gefilzt**
Putzart: .....
Arbeitshöhe: bis 3,50 m
Ausführung: in allen Geschossen

11€ 13€ **14**€ 17€ 20€ [m²] ⏱ 0,23 h/m² 023.000.175

29 Gipsputz, Innenwand, Dünnlage, Q3, geglättet KG **345**

Gips-Dünnputz auf Wänden, innen, nach dem Ansteifen abglätten, für feinstrukturierte Wandbeläge und matte, fein strukturierte Beschichtungen.
Untergrund: .....
Putzdicke: 3-5 mm
Oberflächenqualität: Q3 - geglättet
Dünnputz: C6/20/2
Wandhöhe: .....

7€ 12€ **14**€ 16€ 20€ [m²] ⏱ 0,20 h/m² 023.000.072

30 Gipsputz B1, innen, Q2, geglättet, längenorientiert KG **336**

Einlagiger Gipsputz, innen, für mittel- bis grobstrukturierte Wandbekleidungen, z.B. Raufasertapeten mit Körnung RM oder RG nach BFS-Info und matte, gefüllte Beschichtungen, die mit langfloriger Farbrolle oder mit Strukturrolle aufgetragen werden.
Untergrund: .....
Bauteil: Laibung
Tiefe: 150 mm
Putzart: Gipsmörtel B1
Putzdicke: 15 mm
Oberflächenqualität: Q2 - geglättet
Arbeitshöhe: bis 3,50 m
Ausführung: in allen Geschossen

2€ 6€ **8**€ 10€ 15€ [m] ⏱ 0,12 h/m 023.000.024

▶ min
▷ von
ø Mittel
◁ bis
◀ max

31 **Lehmputz, Innenwand, einlagig, gefilzt** KG **345**

Lehmputz, einlagig, Innenwand, maschinengängig.
Untergrund: .....
Putzdicke: 10 mm
Körnung: bis ..... mm
Druckfestigkeitsklasse: S II
Oberfläche: gefilzt
Oberbelag: .....
Arbeitshöhe: bis 3,50 m
Ausführung: in allen Geschossen

18€ 22€ **23**€ 24€ 27€ [m²] ⏱ 0,25 h/m² 023.000.040

32 **Lehmputz, Innenwand, zweilagig** KG **345**

Lehmputz, zweilagig, auf Innenwand, Ausführung gem. Regeln "Lehmputz auf Innenwand".
Untergrund: .....
Unterputz: Lehmputz, 10 mm
Oberputz: Lehmputz, Körnung 3 mm
Druckfestigkeitsklasse: S **I / II**
Oberfläche: gerieben

33€ 36€ **39**€ 40€ 46€ [m²] ⏱ 0,42 h/m² 023.000.186

33 **Beiputzen, Tür-/Türzarge** KG **345**

Stahlzarge nachträglich einputzen, an Flächenputz angleichen.
Breite einzuputzender Wandbereichs: bis 300 mm
Stahlzargenprofil: .....
Putz: Gipsmörtel, 15 mm
Oberflächenqualität: Q2 - ......

5€ 7€ **8**€ 10€ 17€ [m] ⏱ 0,10 h/m 023.000.058

34 **Stuckprofil, innen** KG **345**

Vorgefertigtes Stuckprofil, als Gesims.
Oberfläche: poliert und profiliert
Einbau: am Übergang Wand zu Decke
Untergrund: vorbereitet, als aufgerauter Unterputz
Profilbreite: bis 150 mm
Profil-Nr.: .....
Arbeitshöhe: bis 3,50 m

29€ 46€ **51**€ 77€ 114€ [m] ⏱ 0,50 h/m 023.000.041

35 **Putzbänder, Faschen, Putzdekor** KG **335**

Putzfaschen an Fensteröffnungen, außen.
Breite: ca. 100 mm
Putz: ......
Putzdicke: 15 mm
Arbeitshöhe: bis 3,50 m

6€ 11€ **14**€ 22€ 34€ [m] ⏱ 0,20 h/m 023.000.042

Nr.	Kurztext / Langtext						Kostengruppe
▶	▷	**ø netto €**	◁	◀	[Einheit]	Ausf.-Dauer	Positionsnummer

36 **Trennschnitt, Wand/Deckenübergang** KG **335**

Trennschnitt des frisch verputzten Bauteils, am Übergang zwischen Wand und Decke.
Arbeitshöhe: bis 3,50 m

0,7€ 1,2€ **1,5€** 2,0€ 2,8€ [m] ⏱ 0,01 h/m 023.000.163

37 **Putzsystem, Decke, schallabsorbierend** KG **354**

Schallabsorbierendes Putzsystem, auf Deckenflächen, innen, inkl. systemzugehöriger Haftbrücke.
Untergrund: .....
Putzart: schallabsorbierender Oberputz
Oberfläche: feinkörnig,
Arbeitshöhe: bis 3,50 m

–€ 64€ **77€** 98€ –€ [m²] ⏱ 0,50 h/m² 023.000.055

38 **Kalk-Gipsputz, Decken, einlagig, Q3, geglättet** KG **354**

Einlagiger Kalkgips-Leichtputz, an Deckenflächen, innen, für Beschichtung oder mittel bis grob strukturierte Wandbekleidung.
Untergrund: .....
Putzart: Leicht-Kalkgipsmörtel B6
Putzdicke: 15 mm
Oberflächenqualität: Q3 - geglättet
Arbeitshöhe: bis 3,50 m

12€ 16€ **18€** 20€ 24€ [m²] ⏱ 0,25 h/m² 023.000.102

39 **Gipsputz, Decken, einlagig, Q2, geglättet** KG **354**

Einlagiger Gipsleichtputz, an Deckenflächen, innen, für mittel bis grob strukturierte Wandbekleidung und matte, gefüllte Beschichtung.
Untergrund: .....
Putzart: Leicht-Gipsmörtel B4
Putzdicke: 10 mm
Oberflächenqualität: Q2 - geglättet
Arbeitshöhe: bis 3,50 m

12€ 14€ **15€** 15€ 18€ [m²] ⏱ 0,25 h/m² 023.000.176

40 **Gipsputz, Decken, einlagig, Q3, geglättet** KG **354**

Einlagiger Gipsputz, an Deckenflächen innen, für fein strukturierte Wandbekleidung und matte, fein strukturierte Beschichtung.
Untergrund: .....
Putzart: Gipsmörtel B1
Putzdicke: 10 mm
Oberflächenqualität: Q3 - geglättet
Arbeitshöhe: bis 3,50 m

12€ 15€ **15€** 17€ 19€ [m²] ⏱ 0,28 h/m² 023.000.177

Kosten:
Stand 1.Quartal 2020
Bundesdurchschnitt

▶ min
▷ von
ø Mittel
◁ bis
◀ max

A 4 WDVS, MW, Silikat-Reibeputz Beschreibung für Pos. **41-42**

Wärmedämm-Verbundsystem, alle Teile auf das System abgestimmt, bauaufsichtlich zugelassen, aus Mineralwolle-Lamellenplatten, einlagig, auf tragfähigen Untergrund der Außenwand dicht gestoßen geklebt und gedübelt, Armierungsputz aus mineralischem Werktrockenmörtel, inkl. Armierungsgewebe. Oberputz aus Silikatputz, einschl. Grundierung, in Reibeputz-Struktur.
Dämmstoff: MW
Brandverhalten: A1 - nicht brennbar
Anwendung: WAP - zh
Bauwerkshöhe: .....
Windlastzone: .....

41 WDVS, MW 035, 120mm, Silikat-Reibeputz KG **335**

Wie Ausführungsbeschreibung A 4
Untergrund: .....
Nennwert der Wärmeleitfähigkeit: 0,034 W/(mK)
Dämmplattendicke: 120 mm
Plattenrand: stumpf
Armierungs-Putzdicke: ca. 5 mm
Oberputz - Körnung: 3 mm
Arbeitshöhe: bis 3,50 m

66€ 71€ **74**€ 77€ 84€ [m²] ⏱ 1,00 h/m² 023.000.140

42 WDVS, MW 035, 180mm, Silikat-Reibeputz KG **335**

Wie Ausführungsbeschreibung A 4
Untergrund: .....
Nennwert der Wärmeleitfähigkeit: 0,034 W/(mK)
Dämmplattendicke: 180 mm
Plattenrand: stumpf
Armierungs-Putzdicke: ca. 5 mm
Oberputz - Körnung: 3 mm
Arbeitshöhe: bis 3,50 m

78€ 86€ **92**€ 98€ 104€ [m²] ⏱ 1,00 h/m² 023.000.181

A 5 WDVS, EPS, Silikat-Reibeputz Beschreibung für Pos. **43-44**

Wärmedämm-Verbundsystem, bauaufsichtlich zugelassen, alle Teile auf das System abgestimmt, aus extrudierter Polystyrol-Hartschaumplatte, einlagig, auf tragfähigen Untergrund der Außenwand dicht gestoßen geklebt und gedübelt, Armierungsputz aus mineralischem Werktrockenmörtel, inkl. Armierungsgewebe. Oberputz aus Silikatputz, einschl. Grundierung, in Reibeputz-Struktur.
Dämmstoff: EPS
Anwendung: WAP - zh
Brandverhalten: schwer entflammbar
Bauwerkshöhe: .....
Windlastzone: .....

023
024
025
026
027
028
029
030
031
032
033
034
036
037
038
039

Kosten:
Stand 1.Quartal 2020
Bundesdurchschnitt

Nr.	**Kurztext** / Langtext						Kostengruppe
▶	▷	**ø netto €**	◁	◀	[Einheit]	Ausf.-Dauer	Positionsnummer

43 **WDVS, EPS, 120mm, Silikat-Reibeputz** KG **335**

Wie Ausführungsbeschreibung A 5
Untergrund: .....
Nennwert der Wärmeleitfähigkeit: 0,034 W/(mK)
Dämmplattendicke: 120 mm
Plattenrand: Stufenfalz
Armierungs-Putzdicke: 6 bis 8 mm
Oberputz - Körnung: 3 mm
Arbeitshöhe: bis 3,50 m

63€ 67€ **69**€ 72€ 78€ [m²] ⏱ 0,95 h/m² 023.000.108

44 **WDVS, EPS, 180mm, Silikat-Reibeputz** KG **335**

Wie Ausführungsbeschreibung A 5
Untergrund: .....
Nennwert der Wärmeleitfähigkeit: 0,034 W/(mK)
Dämmplattendicke: 180 mm
Plattenrand: Stufenfalz
Armierungs-Putzdicke: 6 bis 8 mm
Oberputz - Körnung: 3 mm
Arbeitshöhe: bis 3,50 m

75€ 79€ **87**€ 87€ 99€ [m²] ⏱ 1,00 h/m² 023.000.185

A 6 **WDVS, Wärmedämmung, EPS 035** Beschreibung für Pos. **45-47**

Wärmedämmung aus Polystyrol-Hartschaumplatten, im System der Wärmedämm-Verbundsystem, dicht gestoßen befestigt, offene Fugen ausschäumen, Unebenheiten mit einem Schleifbrett abschleifen.
Dämmstoff: EPS
Anwendung: WAP
Zugfestigkeit: .....
Brandverhalten: schwer entflammbar
Bauwerkshöhe: .....
Windlast: .....

45 **WDVS, Wärmedämmung, EPS 035, 100mm** KG **335**

Wie Ausführungsbeschreibung A 6
Untergrund: .....
Nennwert der Wärmeleitfähigkeit: 0,034 W/(mK)
Plattenrand: stumpf
Plattendicke: 100 mm
Arbeitshöhe: bis 3,50 m

19€ 27€ **32**€ 35€ 39€ [m²] ⏱ 0,30 h/m² 023.000.117

46 **WDVS, Wärmedämmung, EPS 035, 180mm** KG **335**

Wie Ausführungsbeschreibung A 6
Untergrund: .....
Nennwert der Wärmeleitfähigkeit: 0,034 W/(mK)
Plattenrand: stumpf
Plattendicke: 180 mm
Arbeitshöhe: bis 3,50 m

41€ 45€ **48**€ 51€ 53€ [m²] ⏱ 0,32 h/m² 023.000.195

▶ min
▷ von
ø Mittel
◁ bis
◀ max

47 **WDVS, Wärmedämmung, EPS 035, 300mm** KG **335**

Wie Ausführungsbeschreibung A 6
Untergrund: .....
Nennwert der Wärmeleitfähigkeit: 0,034 W/(mK)
Plattenrand: stumpf
Plattendicke: 300 mm
Arbeitshöhe: bis 3,50 m

57€	69€	**71**€	77€	83€	[m²]	⏱ 0,35 h/m²	023.000.124

A 7 **WDVS, Wärmedämmung, Mineralwolle** Beschreibung für Pos. **48-49**

Wärmedämmung aus Mineralwolle-Platten, für Wärmedämm-Verbundsystem, im Verband, dicht gestoßen befestigt und gedübelt, Fugen mit artgleichem Dämmstoff schließen.
Dämmstoff: MW
Anwendung: WAP
Zugfestigkeit: .....
Brandverhalten: nicht brennbar
Bauwerkshöhe: .....
Windlast: .....

48 **WDVS, Wärmedämmung, MW 035, 160mm** KG **335**

Wie Ausführungsbeschreibung A 7
Untergrund: .....
Nennwert der Wärmeleitfähigkeit: 0,034 W/(mK)
Plattenrand: stumpf
Plattendicke: 160 mm
Arbeitshöhe: bis 3,50 m

45€	51€	**54**€	58€	64€	[m²]	⏱ 0,38 h/m²	023.000.113

49 **WDVS, Wärmedämmung, MW 035, 200mm** KG **335**

Wie Ausführungsbeschreibung A 7
Untergrund: .....
Nennwert der Wärmeleitfähigkeit: 0,034 W/(mK)
Plattenrand: stumpf
Plattendicke: 200 mm
Arbeitshöhe: bis 3,50 m

55€	64€	**68**€	72€	80€	[m²]	⏱ 0,40 h/m²	023.000.115

Nr.	Kurztext / Langtext						Kostengruppe
▶	▷	ø netto €	◁	◀	[Einheit]	Ausf.-Dauer	Positionsnummer

50 WDVS, Brandbarriere, 200mm KG **335**

Brandbarriere im Wärmedämm-Verbundsystem, aus Mineralwolle, linienartig in Flächendämmung integriert, auf tragfähigen Untergrund der Außenwand.
Dämmstoff: MW
Nennwert Wärmeleitfähigkeit: 0,034 W/(mK)
Anwendung: WAP - zh
Brandverhalten: nicht brennbar
Plattendicke: 200 mm
Streifenbreite: 200 mm
Einbauort: **Sturzbereich / durchlaufender Brandriegel**
Flächendämmung: EPS-Platten, schwer entflammbar
Arbeitshöhe: bis 3,50 m

5€ | 8€ | **9**€ | 11€ | 14€ | [m] | ⏱ 0,20 h/m | 023.000.146

Kosten:
Stand 1.Quartal 2020
Bundesdurchschnitt

51 WDVS, Montagequader, Druckplatte KG **335**

Montagequader aus druckbeständigem Hartschaum oberflächenbündig integriert in WDVS, für wärmebrückenfreie Befestigung von Lasten.
Lasten / Druckkraft: 0,15 N/mm²
Dämmstoffstärke: 140 mm
Material: PUR-Hartschaum
Nennwert Wärmeleitfähigkeit: ..... W/(mK)
Abmessung: 198 x 198 mm
Arbeitshöhe: bis 3,50 m

12€ | 39€ | **53**€ | 78€ | 141€ | [St] | ⏱ 0,80 h/St | 023.000.166

52 WDVS, Dübelung, Wärmedämmung KG **335**

Wärmedämmschicht des Wärmedämm-Verbundsystems dübeln, aus PS-Hartschaumplatten, auf nicht tragfähigen Untergründen, Dübel bauaufsichtlich zugelassen.
Dämmplattendicke: .....
Dübelanzahl: .....
Gebäudehöhe: .....
Windzone: .....
Arbeitshöhe: bis 3,50 m

3€ | 8€ | **10**€ | 11€ | 16€ | [m²] | ⏱ 0,10 h/m² | 023.000.034

53 WDVS, Armierungsputz, Glasfasereinlage KG **335**

Armierungsputz für Wärmedämm-Verbundsystem, inkl. Bewehrung aus Armierungsgewebe, Armierungsgewebe in Armierungsputz einbetten, Gewebestöße überlappend.
Untergrund: Dämmplatten aus .....
Armierungsputz: mineralischem Werktrockenmörtel
Putzdicke: 6 bis 8 mm
Putzfarbe: .....
Arbeitshöhe: bis 3,50 m

12€ | 15€ | **17**€ | 19€ | 24€ | [m²] | ⏱ 0,18 h/m² | 023.000.037

▶ min
▷ von
ø Mittel
◁ bis
◀ max

Nr.	Kurztext / Langtext						Kostengruppe
▶	▷	**ø netto €**	◁	◀	[Einheit]	Ausf.-Dauer	Positionsnummer

54 WDVS, Eckausbildung, Profil KG **335**

Eckausbildung in Wärmedämm-Verbundsystem, mit Eck- bzw. Kantenprofil, eingebettet in Armierungsschicht, inkl. Eckausbildung des Armierungsgewebes.
Eckprofil: aus **Kunststoff / Leichtmetall**
Schenkelbreite / Profil: 100 x 230 mm
Flächendämmung: .....
Arbeitshöhe: bis 3,50 m

3€ | 6€ | **7€** | 8€ | 11€ | [m] | ⏱ 0,13 h/m | 023.000.045

55 WDVS, Sockeldämmung, XPS KG **335**

Sockeldämmung, abgestimmt auf das getrennt beschriebene WDVS, auf bauseitigen Untergrund geklebt, angearbeitet an Sockelabschlussprofil.
Material: XPS
Anwendung: PW - dh
Brandverhalten: schwer entflammbar
Dicke: ..... mm
Sockelhöhe: ..... m
Profil: .....

31€ | 39€ | **42€** | 46€ | 55€ | [m²] | ⏱ 0,15 h/m² | 023.000.167

56 WDVS, Sockelprofil KG **335**

Sockelabschlussprofil des Wärmedämm-Verbundsystems, für Abschluss Flächendämmung und Anschluss Sockeldämmung, mit Tropfkante, über Gelände, Profil vollflächig in Armierungsschicht eingebettet.
Material: Leichtmetall
Dämmstoffdicke: 140 mm

7€ | 11€ | **12€** | 15€ | 20€ | [m] | ⏱ 0,20 h/m | 023.000.116

57 WDVS, Fensteranschluss KG **334**

Fensteranschluss des Wärmedämm-Verbundsystems: Heranführen aller Systemschichten an Fenster, einschl. Abschlussprofil und Dichtband.
Material: .....
Flächendämmung: ..... mm
Oberputz-Stärke: ..... mm

2€ | 4€ | **5€** | 6€ | 8€ | [m] | ⏱ 0,12 h/m | 023.000.053

58 WDVS, Kompriband BG1 KG **335**

Fugenabdichtung für vor beschriebenes Wärmedämm-Verbundsystem, mit Fugendichtband BG1, im Übergang begrenzender Bauteile, inkl. Trennschnitt.
Fugendichtband: 5-10 mm

2€ | 3€ | **4€** | 5€ | 7€ | [m] | ⏱ 0,03 h/m | 023.000.200

Nr.	Kurztext / Langtext						Kostengruppe
▶	▷	**ø netto €**	◁	◀	[Einheit]	Ausf.-Dauer	Positionsnummer

59 WDVS, Laibungsausbildung KG **334**

Gedämmte Fensterlaibungen, für vor beschriebenes Wärmedämm-Verbundsystem, inkl. Dämmplatte, Gewebe, Armierungschicht und Oberputz. Eckausbildung, Fenster- / Türanschluss mit Anputzprofil und Fugendichtband, werden gesondert vergütet.
Untergrund: .....
Laibungstiefe: ..... mm
Dämmdicke: ..... mm

▶	▷	ø	◁	◀	Einheit	Ausf.-Dauer	Positionsnummer
13€	16€	**18**€	20€	22€	[m]	⏱ 0,15 h/m	023.000.164

60 Mineralischer Oberputz, Dispersions-Silikat, WDVS KG **335**

Oberputz, mineralisch, für Wärmedämm-Verbundsystem, auf Armierungsputz, inkl. Grundierung.
Putzart: Dispersions-Silikatputz
Korngröße: 3 mm
Struktur: Rillenputz
Untergrund Dämmstoff: .....
Untergrund Armierungsputz: .....
Arbeitshöhe: bis 3,50 m

▶	▷	ø	◁	◀	Einheit	Ausf.-Dauer	Positionsnummer
9€	12€	**13**€	14€	16€	[m²]	⏱ 0,25 h/m²	023.000.049

61 Organischer Oberputz, Silikonharz, WDVS KG **335**

Oberputz, organisch, für Wärmedämm-Verbundsystem, auf Armierungsputz, inkl. Grundierung und algizide und fungizide Zusatzstoffe.
Putzart: Silikonharzputz
Korngröße: 3 mm
Struktur: Reibeputz
Untergrund Dämmstoff: .....
Untergrund Armierungsputz: .....
Arbeitshöhe: bis 3,50 m

▶	▷	ø	◁	◀	Einheit	Ausf.-Dauer	Positionsnummer
7€	13€	**16**€	17€	21€	[m²]	⏱ 0,28 h/m²	023.000.141

62 Sockelputz, zweilagig, Kalkzementmörtel CS III - wasserhemmend KG **335**

Sockelputz an Außenwand als Unterputz, Armierungslage wird gesondert vergütet.
Untergrund: .....
Mörtel: Kalkzement-Mörtel
Druckfestigkeit: CS III
Putzdicke: nach DIN 18550-2
Kapillare Wasseraufnahme: Wc 1, wasserhemmend
Sockelhöhe: ..... m

▶	▷	ø	◁	◀	Einheit	Ausf.-Dauer	Positionsnummer
18€	26€	**29**€	36€	47€	[m²]	⏱ 0,32 h/m²	023.000.193

Kosten:
Stand 1.Quartal 2020
Bundesdurchschnitt

▶ min
▷ von
ø Mittel
◁ bis
◀ max

63 Außenputz, zweilagig, Wand, mineralisch KG **335**

Putzsystem auf Außenwänden, mineralisch, bestehend aus Unterputz und Oberputz.
Untergrund: Ziegelmauerwerk
Unterputz: Kalkzement-Putzmörtel, CS II
Unterputzdicke: 20 mm
Oberputz: Normalmörtel GP
Druckfestigkeit: PII, CS II
Kapillare Wasseraufnahme: Wc 1, wasserhemmend
Körnung Oberputz: 3,0 mm
Farbton: .....
Struktur: gerieben
Arbeitshöhe: bis 3,50 m

18€ | 26€ | **31**€ | 33€ | 41€ | [m²] | ⏱ 0,48 h/m² | 023.000.036

64 Außenputz, zweilagig, Wand, organischem Oberputz KG **335**

Putzsystem auf Außenwänden, bestehend aus mineralischem Unterputz und organischem Oberputz, Kunstharzputz, außen, mit algizider und fungizider Filmkonservierung.
Untergrund: .....
Unterputz: Kalkzementputz, CS II, D=15 mm
Oberputz: Dispersionsputz DIN EN 15824
Struktur: Kratzputzstruktur
Korngröße: 2,0 mm
Wasserdampfdiffusion: V1
Kapillare Wasseraufnahme: W2
Farbton: nach Bemusterung, durch den Auftraggeber
Arbeitshöhe: bis 3,50 m

13€ | 16€ | **17**€ | 21€ | 25€ | [m²] | ⏱ 0,25 h/m² | 023.000.112

65 Schlämmputz, außen, einlagig, Kalkzementmörtel KG **335**

Schlämmputz, einlagig, an Außenwandflächen aus Ziegelmauerwerk, glatt, wenig saugend.
Putz: Kalkzementputzmörtel
Druckfestigkeit: CS II
Kapillare Wasseraufnahme: W2 - wasserhemmend
Putzdicke: 2-5 mm
Arbeitshöhe: bis 3,50 m

8€ | 12€ | **14**€ | 16€ | 19€ | [m²] | ⏱ 0,18 h/m² | 023.000.044

66 Außenputz, zweilagig, Laibungen KG **335**

Zweilagiger Außenputz, auf Fensterlaibungen. Gewebeeckwinkel, APU-Profil oder Fugendichtband in gesonderter Position.
Untergrund: Mauerwerk, saugfähig, rau
Unterputz: Normalputzmörtel GP, CS II
Oberputz: Edelputzmörtel CR
Oberfläche: gerieben
Körnung: 2,5 mm
Kapillare Wasseraufnahme: W1 - wasserhemmend
Laibungsbreite: 300 mm
Farbton: nach Bemusterung, durch den Auftraggeber

6€ | 12€ | **14**€ | 17€ | 23€ | [m] | ⏱ 0,22 h/m | 023.000.046

023
024
025
026
027
028
029
030
031
032
033
034
036
037
038
039

Kosten:
Stand 1.Quartal 2020
Bundesdurchschnitt

Nr.	**Kurztext** / Langtext					Kostengruppe
▶	▷	**ø netto €**	◁	◀	[Einheit]	Ausf.-Dauer Positionsnummer

67 Abschlussprofil, Außenputz 15mm, verzinkter Stahl KG **335**

Abschlussprofil nach DIN EN 13658-2 für den Außenputz.
Profil: verzinkter Stahl
Putzdicke: 15 mm

5€ 7€ **7**€ 8€ 10€ [m] ⏱ 0,08 h/m 023.000.155

68 Verblendmauerwerk, Klinkerriemchen KG **335**

Sparverblendung mit Klinkerriemchen als geklebte Wetter-/ Sichtschicht, nach Herstellervorgabe aufgebracht, inkl. Vorbehandlung des Untergrunds und Verfugung. Verblendung von Mauerpfeilern, Öffnungen anlegen und überdecken sowie Sturzausbildungen und Laibungen nach gesonderter Position.
Untergrund: .....
Verblendung: **VMz / KMz**
Format lxh: 240 x 52 mm
Fugenbreite: ..... mm
Verlegeart: Im Verband
Mörtelklasse: M 2,5 DIN EN 998-2
Farbton: .....
Oberfläche: .....
Arbeitshöhe: bis 3,50 m

105€ 116€ **121**€ 129€ 146€ [m²] ⏱ 0,90 h/m² 023.000.189

69 Fensteranschluss, Putzprofil KG **335**

Anputz-Profil aus verzinktem Stahl, mit Kunststoffkante, Übergang zu angrenzendem Fensterprofil.
Einbaubereich: außen, Fensterlaibung
Putzdicke: 15 mm
Profil-Nr.: .....
Ausführung: **dicht / schlagregendicht**

3€ 5€ **6**€ 7€ 9€ [m] ⏱ 0,10 h/m 023.000.063

70 Dämmung, Kellerdecke, EPS 040, bis 140mm KG **354**

Wärmedämmung aus Polystyrol-Hartschaumplatten, als Untersicht der Kellerdecke, dicht gestoßen verklebt und ggf. gedübelt.
Dämmstoff: EPS
Anwendung: DI
Oberfläche: .....
Nennwert der Wärmeleitfähigkeit: 0,039 W/(mK)
Brandverhalten: .....
Plattenrand: ohne Profil
Plattendicke: 140 mm
Arbeitshöhe: bis 3,50 m

39€ 42€ **45**€ 49€ 59€ [m²] ⏱ 0,32 h/m² 023.000.148

▶ min
▷ von
ø Mittel
◁ bis
◀ max

71 Dämmung, Kellerdecke, MW 032, bis 140mm KG **354**

Wärmedämmung aus Mineralwolleplatten, als Untersicht der Kellerdecke, dicht gestoßen verklebt und ggf. gedübelt.
Dämmstoff: MW
Anwendung: DI
Oberfläche: .....
Wärmeleitfähigkeit: 0,034 W/(mK)
Dämmplattendicke: 140 mm
Brandverhalten: nicht brennbar
Plattenrand: ohne Profil
Arbeitshöhe: bis 3,50 m

50€ 53€ **57**€ 62€ 77€ [m2] ⏱ 0,32 h/m2 023.000.149

72 Mehrschichtplatte WW-C, EPS, Decke, 50mm KG **335**

Wärmedämmung aus Holzwolle-Mehrschicht-Leichtbauplatten WW-C mit Polystyrol-Dämmkern, auf Bauteilen dicht gestoßen verklebt und ggf. gedübelt.
Bauteil: Decke
Untergrund: Stahlbeton, schalungsrau
Dämmstoff: EPS
Anwendung: DI
Brandverhalten: schwer entflammbar
Nennwert der Wärmeleitfähigkeit: 0,034 W/(mK)
Dämmschichtdicke EPS: 40 mm
Dicke Holzwolle: 2x 5 mm
Plattenrand: .....
Arbeitshöhe: bis 3,50 m

19€ 28€ **31**€ 38€ 49€ [m2] ⏱ 0,30 h/m2 023.000.152

73 Mehrschichtplatte WW-C, EPS, Decke, 75mm KG **335**

Wärmedämmung aus Holzwolle-Mehrschicht-Leichtbauplatten WW-C mit Polystyrol-Dämmkern, auf Bauteilen dicht gestoßen verklebt und ggf. gedübelt.
Bauteil: Decke
Untergrund: Stahlbeton, schalungsrau
Dämmstoff: EPS
Anwendung: DI
Brandverhalten: schwer entflammbar
Nennwert der Wärmeleitfähigkeit: 0,034 W/(mK)
Dämmschichtdicke EPS: 65 mm
Dicke Holzwolle: 2x 5 mm
Plattenrand: .....
Arbeitshöhe: bis 3,50 m

25€ 37€ **41**€ 47€ 62€ [m2] ⏱ 0,33 h/m2 023.000.151

74 Gerüstankerlöcher schließen KG **335**

Dübellöcher der Gerüstanker, im Zuge des Abbaus des Gerüstes, schließen und Oberfläche nahtlos angleichen und beschichten, Dämmverschluss der Löcher und Beschichtung mit Oberputz, Art und Ausführung abgestimmt auf das verwendete WDVS-System, dessen Putzstruktur und Beschichtung.

0,5€ 2,1€ **2,8**€ 4,5€ 6,8€ [St] ⏱ 0,15 h/St 023.000.168

Nr.	**Kurztext** / Langtext					Kostengruppe
▶	▷	**ø netto €**	◁	◀	[Einheit]	Ausf.-Dauer Positionsnummer

75 Stundensatz Facharbeiter, Putzarbeiten

Stundenlohnarbeiten für Vorarbeiter, Facharbeiter und Gleichgestellte (z.B. Spezialbaufacharbeiter, Baufacharbeiter, Obermonteure, Monteure, Gesellen, Maschinenführer, Fahrer und ähnliche Fachkräfte). Der Verrechnungssatz für die jeweilige Arbeitskraft umfasst sämtliche Aufwendungen wie Lohn- und Gehaltskosten, Lohn- und Gehaltsnebenkosten, Zuschläge, lohngebundene und lohnabhängige Kosten, sonstige Sozialkosten, Gemeinkosten, Wagnis und Gewinn. Leistung nach besonderer Anordnung der Bauüberwachung. Anmeldung und Nachweis gem. VOB/B.

38€ 46€ **49€** 52€ 63€ [h] ⏱ 1,00 h/h 023.000.153

76 Stundensatz Helfer, Putzarbeiten

Stundenlohnarbeiten für Werker, Helfer und Gleichgestellte (z.B. Baufachwerker, Helfer, Hilfsmonteure, Ungelernte, Angelernte). Der Verrechnungssatz für die jeweilige Arbeitskraft umfasst sämtliche Aufwendungen wie Lohn- und Gehaltskosten, Lohn- und Gehaltsnebenkosten, Zuschläge, lohngebundene und lohnabhängige Kosten, sonstige Sozialkosten, Gemeinkosten, Wagnis und Gewinn. Leistung nach besonderer Anordnung der Bauüberwachung. Anmeldung und Nachweis gem. VOB/B.

31€ 40€ **44€** 46€ 50€ [h] ⏱ 1,00 h/h 023.000.154

Kosten:
Stand 1.Quartal 2020
Bundesdurchschnitt

▶ min
▷ von
ø Mittel
◁ bis
◀ max

024

Kosten:
Stand 1.Quartal 2020
Bundesdurchschnitt

Nr.	Positionen	Einheit	▶	▷	ø brutto € / ø netto €	◁	◀
1	Feuchtemessung	St	29	34	**38**	39	44
			24	28	**32**	33	37
2	Untergrund prüfen, Haftzugfestigkeit	St	17	21	**23**	25	29
			14	17	**19**	21	24
3	Haftbrücke, Fliesenbelag	m²	1	3	**4**	5	8
			1	2	**3**	4	7
4	Voranstrich, Fliesenbelag	m²	0,5	1,8	**2,4**	4,0	11
			0,5	1,5	**2,0**	3,4	8,9
5	Verbundabdichtung, Wand	m²	7	13	**16**	18	25
			6	11	**13**	15	21
6	Verbundabdichtung, Boden, Reaktionsharz	m²	41	49	**52**	60	75
			34	41	**44**	51	63
7	Innenecken, Verbundabdichtung, Dichtband	m	4	7	**8**	10	13
			3	6	**7**	8	11
8	Dichtmanschette, Rohre	St	2	5	**7**	9	14
			2	4	**6**	7	12
9	Dichtmanschette, Bodeneinlauf	St	9	16	**20**	26	37
			8	13	**17**	22	31
10	Revisionstür, 20x20cm	St	7,6	31	**40**	54	84
			6,4	26	**34**	45	70
11	Revisionstür, 30x30cm	St	16	31	**36**	55	87
			13	26	**30**	46	73
12	Trennschiene, Aluminium	m	6,6	12	**13**	17	27
			5,5	9,8	**11**	14	22
13	Trennschiene, Messing	m	10	15	**18**	23	35
			8,5	13	**15**	19	29
14	Trennschiene, nichtrostender Stahl	m	11	17	**19**	26	48
			8,9	14	**16**	22	40
15	Eckschutzschiene, Aluminium	m	4,7	10,0	**14**	15	18
			4,0	8,4	**12**	13	15
16	Eckschutzschiene, nichtrostender Stahl	m	8,2	16	**17**	25	48
			6,9	13	**15**	21	40
17	Eckschutzschiene, Kunststoff	m	2,8	7,9	**9,6**	12	18
			2,4	6,6	**8,1**	9,9	15
18	Wandfliesen, 10x10cm	m²	47	63	**68**	75	97
			40	53	**57**	63	81
19	Wandfliesen, 20x20cm	m²	43	54	**59**	66	80
			36	46	**49**	55	67
20	Wandfliesen, 30x30cm	m²	49	66	**71**	79	99
			42	55	**59**	66	83
21	Wandfliesen, 10x10cm	m²	71	83	**90**	100	112
			60	70	**75**	84	94
22	Wandfliesen, 20x20cm	m²	64	73	**82**	91	100
			54	61	**69**	76	84
23	Wandfliesen, 30x30cm		57	67	**75**	81	93
			48	56	**63**	68	78
24	Wandbelag, Glasmosaik	m²	113	183	**196**	211	253
			95	154	**165**	178	213

▶ min
▷ von
ø Mittel
◁ bis
◀ max

Nr.	Positionen	Einheit	▶	▷	ø brutto € / ø netto €	◁	◀
25	Wandbelag, Mittelmosaik	m²	128	147	**160**	177	196
			107	123	**134**	149	165
26	Sockelfliesen, Fliesenbelag	m	9	15	**17**	20	27
			8	13	**14**	17	23
27	Kehlsockel, Fliesenbelag	m	15	24	**29**	33	43
			13	21	**24**	28	36
28	Bordüre, Fliesen	m	5	14	**17**	26	56
			4	12	**14**	22	47
29	Bodenfliesen, Glasmosaik, farbig/Dekor	m²	196	237	**273**	306	336
			165	199	**229**	257	282
30	Bodenfliesen, 10x10cm	m²	56	81	**93**	104	129
			47	68	**78**	88	108
31	Bodenfliesen, 20x20cm	m²	52	64	**70**	81	102
			43	53	**59**	68	86
32	Bodenfliesen, 30x30cm	m²	39	61	**66**	76	98
			32	51	**55**	64	82
33	Bodenfliesen, 30x60cm	m²	46	54	**60**	69	74
			39	45	**51**	58	62
34	Bodenfliesen, 20x20cm, strukturiert	m²	59	69	**77**	89	95
			49	58	**65**	75	80
35	Bodenfliesen, 30x30cm, strukturiert	m²	57	64	**73**	82	91
			48	54	**62**	69	77
36	Bodenfliesen, 30x30cm, R11	m²	71	84	**87**	92	100
			60	70	**73**	77	84
37	Bodenfliesen, Großküche, 20/20cm, R12	m²	49	59	**68**	76	83
			41	49	**57**	64	70
38	Bodenfliesen, Großküche, 30x30cm, R12	m²	68	86	**92**	100	119
			57	72	**77**	84	100
39	Treppenbelag, Tritt- und Setzstufe	m	91	112	**119**	129	154
			77	94	**100**	109	129
40	Sockelfliesenbeläge, Treppen	m	10	19	**23**	28	37
			9	16	**19**	24	31
41	Bodenfliesen, BIa-Feinsteinzeug, bis 20x20cm	m²	51	63	**66**	79	102
			43	53	**55**	67	86
42	Bodenfliesen, BIIa/BIIb-Steinzeug, glasiert, bis 20/20cm	m²	47	59	**64**	79	104
			39	50	**53**	66	87
43	Wandfliesen, BIIa/BIIb-Steinzeug, glasiert, bis 20x20cm	m²	47	59	**64**	79	104
			39	50	**53**	66	87
44	Begleitstreifen, Kontraststreifen, Steinzeug, innen	m	–	53	**62**	78	–
			–	44	**52**	65	–
45	Aufmerksamkeitsfeld, Noppenfliesen, Steinzeug, innen	St	–	181	**213**	266	–
			–	152	**179**	224	–
46	Fliesen, BIII-Steingut, glasiert, bis 20x20cm	m²	40	60	**68**	75	92
			33	50	**57**	63	77
47	Fliesen, AI/AII-Spaltplatte, frostsicher, bis 20x20cm	m²	58	83	**86**	96	120
			49	69	**73**	81	101

023
024
025
026
027
028
029
030
031
032
033
034
036
037
038
039

Kosten:
Stand 1.Quartal 2020
Bundesdurchschnitt

Nr.	Positionen	Einheit	▶	▷	ø brutto € / ø netto €	◁	◀
48	Fliesen, Al/All-Klinker, frostsicher, bis 20x20cm	m²	47	61	**69**	75	87
			39	52	**58**	63	73
49	Duschwannenträger einfliesen	St	25	35	**43**	56	83
			21	29	**36**	47	69
50	Badewannenträger einfliesen	St	54	65	**68**	74	84
			46	55	**57**	62	71
51	Gehrungsschnitt, Fliesen	m	0,8	7,1	**10,0**	13	18
			0,7	5,9	**8,4**	11	15
52	Untergrund reinigen, Boden	m²	0,2	0,8	**1,1**	1,3	1,9
			0,1	0,6	**0,9**	1,1	1,6
53	Leitsystem, Rippenfliesen, Steinzeug, innen	m	–	66	**78**	98	–
			–	56	**66**	82	–
54	Mattenrahmen, Edelstahl, 150x120cm	St	306	294	**414**	493	588
			258	247	**348**	414	494
55	Mattenrahmen, Edelstahl, 200x200cm	St	330	535	**576**	830	1.122
			277	450	**484**	698	943
56	Sauberlaufsystem, Rahmen, bis 2,00m²	St	164	463	**604**	780	1.161
			138	389	**507**	655	975
57	Sauberlaufsystem, Rahmen, über 2,00m²	St	971	1.580	**1.825**	2.009	2.494
			816	1.328	**1.533**	1.688	2.096
58	Elastische Verfugung, Fliesen, Silikon	m	4	5	**6**	7	10
			3	4	**5**	6	8
59	Elastoplastische Verfugung, Fliesen, Acryl	m	5	6	**7**	9	10
			4	5	**6**	8	8
60	Elastische Verfugung, Fliesen, chemisch beständig	m	5	7	**8**	10	11
			4	6	**6**	8	9
61	Bewegungsfugen, Fliesenbelag, Profil	m	17	21	**24**	27	30
			15	18	**20**	23	25
62	Randstreifen abschneiden	m	0,2	0,7	**0,8**	1,4	2,6
			0,1	0,6	**0,7**	1,2	2,2
63	Fliesen anarbeiten, Stützen	m	17	21	**23**	25	29
			14	17	**19**	21	24
64	Stundensatz Facharbeiter, Fliesenarbeiten	h	41	54	**60**	63	71
			34	46	**50**	53	59
65	Stundensatz Helfer, Fliesenarbeiten	h	35	46	**51**	53	59
			29	39	**43**	45	50

▶ min
▷ von
ø Mittel
◁ bis
◀ max

Nr. **Kurztext** / Langtext — Kostengruppe
▶ ▷ **ø netto €** ◁ ◀ [Einheit] Ausf.-Dauer Positionsnummer

1 Feuchtemessung KG **353**

Feuchtemessung des Fliesenuntergrunds als Prüfung der Belegreife, über die Prüfpflicht des Auftragnehmers hinaus. Messung mit CM-Prüfinstrument, Preis je Prüfung inkl. Protokollierung und Übergabe an den Auftraggeber.

24€ 28€ **32€** 33€ 37€ [St] ⏱ 0,25 h/St 024.000.061

Nr.	Kurztext / Langtext						Kostengruppe
▶	▷	**ø netto €**	◁	◀	[Einheit]	Ausf.-Dauer	Positionsnummer

2 Untergrund prüfen, Haftzugfestigkeit KG **353**

Fliesenuntergrund durch Haftzugprüfung prüfen. Preis je Prüfung inkl. Protokollierung und Übergabe an den Auftraggeber.

Hinweis: Vergütet nur, wenn über die Prüfpflicht des Auftragnehmers hinausgehende Leistung.

14€ | 17€ | **19**€ | 21€ | 24€ | [St] | ⏱ 0,50 h/St | 024.000.066

3 Haftbrücke, Fliesenbelag KG **353**

Haftbrücke für Fliesenbelag.
Bauteil: **Wand- / Bodenflächen**
Untergrund: .....
Haftbrücke: .....

1€ | 2€ | **3**€ | 4€ | 7€ | [m²] | ⏱ 0,05 h/m² | 024.000.005

4 Voranstrich, Fliesenbelag KG **353**

Voranstrich für Fliesenbelag.
Bauteil: **Wand- / Bodenflächen**
Untergrund: .....
Voranstrichmittel: .....

0,5€ | 1,5€ | **2,0**€ | 3,4€ | 8,9€ | [m²] | ⏱ 0,05 h/m² | 024.000.004

5 Verbundabdichtung, Wand KG **345**

Abdichtung im Verbund mit Wandbekleidung aus Fliesen, im Dünnbettverfahren.
Untergrund: .....
Abdichtung: .....
Einwirkungsklasse: W1-I DIN EN 18534
Einbauort: Wohnung, Dusche
Angeb. Fabrikat: .....

6€ | 11€ | **13**€ | 15€ | 21€ | [m²] | ⏱ 0,20 h/m² | 024.000.007

6 Verbundabdichtung, Boden, Reaktionsharz KG **353**

Abdichtung im Verbund mit Bodenbelag, im Dünnbettverfahren, mit Reaktionsharz.
Einwirkungsklasse: W3-I DIN EN 18534
Einbauort: .....
Untergrund: .....
Angeb. Fabrikat: .....

34€ | 41€ | **44**€ | 51€ | 63€ | [m²] | ⏱ 0,25 h/m² | 024.000.011

7 Innenecken, Verbundabdichtung, Dichtband KG **353**

Anschluss der Verbundabdichtung in Innenecken an Übergang von Wand und Boden mit elastischer Dichtbandeinlage.
Einwirkungsklasse: .....
Bandbreite: .....

3€ | 6€ | **7**€ | 8€ | 11€ | [m] | ⏱ 0,10 h/m | 024.000.009

Nr.	Kurztext / Langtext					Kostengruppe
▶	▷	**ø netto €**	◁	◀	[Einheit]	Ausf.-Dauer Positionsnummer

8 Dichtmanschette, Rohre KG **353**

Anschluss der Innenabdichtung an Rohrdurchdringungen, mit Dichtmanschetten.
Einwirkungsklasse: .....
Durchdringung: bis D= 42 mm
Einbauort: **Wand / Boden**

2€ 4€ **6**€ 7€ 12€ [St] ⏱ 0,16 h/St 024.000.010

9 Dichtmanschette, Bodeneinlauf KG **324**

Anschluss der Innenabdichtung an Bodeneinlauf, mit Dichtmanschetten.
Einwirkungsklasse: .....
Durchdringung: bis D= 100 mm

8€ 13€ **17**€ 22€ 31€ [St] ⏱ 0,18 h/St 024.000.012

Kosten:
Stand 1.Quartal 2020
Bundesdurchschnitt

A 1 Revisionstür Beschreibung für Pos. **10-11**

Revisionstür mit Rahmen und Fliesen, Einbau in Wandbekleidung, Klappe ohne sichtbaren Verschluss, Einbau- und Klapprahmen aus Aluminium, Öffnen der Klappe durch leichtes Andrücken, Ausführung mit Fangarmsicherung.

10 Revisionstür, 20x20cm KG **345**

Wie Ausführungsbeschreibung A 1
Brandschutz: F0
Untergrund: .....
Plattendicke: ..... mm
Klappengröße: 20 x 20 cm

6€ 26€ **34**€ 45€ 70€ [St] ⏱ 0,20 h/St 024.000.013

11 Revisionstür, 30x30cm KG **345**

Wie Ausführungsbeschreibung A 1
Brandschutz: F0
Untergrund: .....
Plattendicke: ..... mm
Klappengröße: 30 x 30 cm

13€ 26€ **30**€ 46€ 73€ [St] ⏱ 0,20 h/St 024.000.062

A 2 Trennschiene Beschreibung für Pos. **12-14**

Trennschiene in Fliesenbelag
Schienenhöhe: bis 6 mm

12 Trennschiene, Aluminium KG **353**

Wie Ausführungsbeschreibung A 2
Untergrund: .....
Material: Aluminium
Einbauort: **Abschluss / Übergang**
Anker: **mit / ohne**

6€ 10€ **11**€ 14€ 22€ [m] ⏱ 0,10 h/m 024.000.018

▶ min
▷ von
ø Mittel
◁ bis
◀ max

13 Trennschiene, Messing KG **353**

Wie Ausführungsbeschreibung A 2
Untergrund: .....
Material: Messing
Einbauort: **Abschluss / Übergang**
Anker: **mit / ohne**

9€ | 13€ | **15€** | 19€ | 29€ | [m] | ⏱ 0,10 h/m | 024.000.017

14 Trennschiene, nichtrostender Stahl KG **353**

Wie Ausführungsbeschreibung A 2
Untergrund: .....
Material: nichtrostender Stahl, Werkstoff .....
Einbauort: **Abschluss / Übergang**
Anker: **mit / ohne**

9€ | 14€ | **16€** | 22€ | 40€ | [m] | ⏱ 0,10 h/m | 024.000.019

A 3 Eckschutzschiene Beschreibung für Pos. **15-17**

Eckschutzschiene, mit Anker, in Fliesen-Wandbelag, an Ecken und Abschlüssen.
Abmessung / Höhe: abgestimmt auf Fliesendicke
Schienenhöhe: bis 8 mm

15 Eckschutzschiene, Aluminium KG **345**

Wie Ausführungsbeschreibung A 3
Material: Aluminium
Untergrund: .....
Einbauort: **Außenecke / Fliesenabschluss**
Form: .....
Oberfläche: matt, eloxiert

4€ | 8€ | **12€** | 13€ | 15€ | [m] | ⏱ 0,12 h/m | 024.000.050

16 Eckschutzschiene, nichtrostender Stahl KG **345**

Wie Ausführungsbeschreibung A 3
Material: nichtrostender Stahl, Werkstoff-Nr. ....
Untergrund: .....
Einbauort: **Außenecke / Fliesenabschluss**
Form: .....
Oberfläche: matt, geschliffen

7€ | 13€ | **15€** | 21€ | 40€ | [m] | ⏱ 0,12 h/m | 024.000.020

17 Eckschutzschiene, Kunststoff KG **345**

Wie Ausführungsbeschreibung A 3
Material: Hartkunststoff
Untergrund: .....
Einbauort: **Außenecke / Fliesenabschluss**
Form: .....
Oberfläche/Farbe: .....

2€ | 7€ | **8€** | 10€ | 15€ | [m] | ⏱ 0,12 h/m | 024.000.021

Nr.	Kurztext / Langtext						Kostengruppe
▶	▷	ø netto €	◁	◀	[Einheit]	Ausf.-Dauer	Positionsnummer

A 4 Wandfliesen Beschreibung für Pos. **18-20**

Wandbekleidung aus frostbeständigen Fliesen in zementhaltigem Dünnbettmörtel mit farblich abgestimmter Verfugung. Arbeitshöhe der zu bearbeitenden oder zu bekleidenden Fläche bis 3,5m über der Standfläche des hierfür erforderlichen Gerüstes.

18 Wandfliesen, 10x10cm KG **345**

Wie Ausführungsbeschreibung A 4
Untergrund: .....
Material: **Steingut / Steinzeug / Feinsteinzeug**
Gruppe: .....
Fliesendicke: .....
Fliesenformat: 10 x 10 cm
Oberfläche: **glasiert / unglasiert**
Verfugung: farblich abgestimmt
Farbton: .....
Verlegung: .....
Angeb. Fabrikat: .....

40€	53€	**57**€	63€	81€	[m²]	⏱ 0,90 h/m²	024.000.022

19 Wandfliesen, 20x20cm KG **345**

Wie Ausführungsbeschreibung A 4
Untergrund: .....
Material: **Steingut / Steinzeug / Feinsteinzeug**
Gruppe: .....
Fliesendicke: .....
Fliesenformat: 20 x 20 cm
Oberfläche: **glasiert / unglasiert**
Verfugung: farblich abgestimmt
Farbton: .....
Verlegung: .....
Angeb. Fabrikat: .....

36€	46€	**49**€	55€	67€	[m²]	⏱ 0,80 h/m²	024.000.023

20 Wandfliesen, 30x30cm KG **345**

Wie Ausführungsbeschreibung A 4
Untergrund: .....
Material: **Steingut / Steinzeug / Feinsteinzeug**
Gruppe: .....
Fliesendicke: .....
Fliesenformat: 30 x 30 cm
Oberfläche: **glasiert / unglasiert**
Verfugung: farblich abgestimmt
Farbton: .....
Verlegung: .....
Angeb. Fabrikat: .....

42€	55€	**59**€	66€	83€	[m²]	⏱ 0,90 h/m²	024.000.024

Kosten:
Stand 1.Quartal 2020
Bundesdurchschnitt

▶ min
▷ von
ø Mittel
◁ bis
◀ max

A 5 Wandfliesen, uni, eben — Beschreibung für Pos. **21-23**

Wandbekleidung aus frostbeständigen Fliesen in zementhaltigem Dünnbettmörtel mit farblich abgestimmter Verfugung. Arbeitshöhe der zu bearbeitenden oder zu bekleidenden Fläche bis 3,5m über der Standfläche des hierfür erforderlichen Gerüstes.
Oberfläche: eben

21 Wandfliesen, 10x10cm — KG **345**

Wie Ausführungsbeschreibung A 5
Untergrund: .....
Material: **Steingut / Steinzeug / Feinsteinzeug**
Gruppe: .....
Fliesendicke: .....
Fliesenformat: 10 x 10 cm
Farbton: uni......
Verlegung: .....
Angeb. Fabrikat: .....

60€ | 70€ | **75**€ | 84€ | 94€ | [m2] | ⏱ 1,00 h/m2 | 024.000.074

22 Wandfliesen, 20x20cm — KG **345**

Wie Ausführungsbeschreibung A 5
Untergrund: .....
Material: **Steingut / Steinzeug / Feinsteinzeug**
Gruppe: .....
Fliesendicke: .....
Fliesenformat: 20 x 20 cm
Farbton: uni......
Verlegung: .....
Angeb. Fabrikat: .....

54€ | 61€ | **69**€ | 76€ | 84€ | [m2] | ⏱ 0,90 h/m2 | 024.000.077

23 Wandfliesen, 30x30cm — KG **345**

Wie Ausführungsbeschreibung A 5
Untergrund: .....
Material: **Steingut / Steinzeug / Feinsteinzeug**
Gruppe: .....
Fliesendicke: .....
Fliesenformat: 30 x 30 cm
Farbton: uni......
Verlegung: .....
Angeb. Fabrikat: .....

48€ | 56€ | **63**€ | 68€ | 78€ | [m2] | ⏱ 0,85 h/ | 024.000.079

24 Wandbelag, Glasmosaik — KG **345**

Wandbekleidung aus Glasmosaik in zementhaltigem Dünnbettmörtel mit Verfugung. Arbeitshöhe der zu bearbeitenden oder zu bekleidenden Fläche bis 3,5m über der Standfläche des hierfür erforderlichen Gerüstes.
Einbauort: Nassbereich
Angeb. Fabrikat: .....

95€ | 154€ | **165**€ | 178€ | 213€ | [m2] | ⏱ 1,30 h/m2 | 024.000.042

Nr.	**Kurztext** / Langtext					Kostengruppe
▶	▷	**ø netto €**	◁	◀	[Einheit]	Ausf.-Dauer Positionsnummer

25 Wandbelag, Mittelmosaik KG **345**

Wandbekleidung aus Glasmosaik in zementhaltigem Dünnbettmörtel mit Verfugung. Arbeitshöhe der zu bearbeitenden oder zu bekleidenden Fläche bis 3,5m über der Standfläche des hierfür erforderlichen Gerüstes.
Einbauort: .....
Angeb. Fabrikat: .....

107€ 123€ **134**€ 149€ 165€ [m²] ⏱ 1,10 h/m² 024.000.080

26 Sockelfliesen, Fliesenbelag KG **353**

Sockel aus frostbeständigen Fliesen in zementhaltigem Dünnbettmörtel mit farblich abgestimmter Verfugung.
Untergrund: .....
Material: **Steingut / Steinzeug / Feinsteinzeug**
Gruppe: ......
Fliesendicke: .....
Fliesenformat: .....
Verlegung: .....
Oberfläche: **glasiert / unglasiert**
Farbton: .....

8€ 13€ **14**€ 17€ 23€ [m] ⏱ 0,14 h/m 024.000.026

27 Kehlsockel, Fliesenbelag KG **353**

Kehlsockel aus frostbeständigen Fliesen in zementhaltigem Dünnbettmörtel mit farblich abgestimmter Verfugung.
Untergrund: .....
Material: **Steingut / Steinzeug / Feinsteinzeug**
Gruppe: ......
Fliesenformat: .....
Oberfläche: **glasiert / unglasiert**
Farbton: .....

13€ 21€ **24**€ 28€ 36€ [m] ⏱ 0,18 h/m 024.000.027

28 Bordüre, Fliesen KG **345**

Bordüre (Dekorband) aus Fliesen in zementhaltigem Dünnbettmörtel mit farblich abgestimmter Verfugung.
Untergrund: .....
Material: **Steingut / Steinzeug / Feinsteinzeug**
Gruppe: ......
Fliesenformat: .....
Oberfläche: **glasiert / unglasiert**
Farbton: .....

4€ 12€ **14**€ 22€ 47€ [m] ⏱ 0,10 h/m 024.000.028

Kosten:
Stand 1.Quartal 2020
Bundesdurchschnitt

▶ min
▷ von
ø Mittel
◁ bis
◀ max

A 6 Bodenfliesen, Glasmosaik — Beschreibung für Pos. **29**

Bodenbelag aus Glasmosaik in zementhaltigem Dünnbettmörtel mit farblich abgestimmter Verfugung.
Einbauort: Nassbereich

29 Bodenfliesen, Glasmosaik, farbig/Dekor — KG **353**

Wie Ausführungsbeschreibung A 6
Untergrund: .....
Fliesenformat: ..... cm
Fliesendicke: 3,0 mm Fliesenform: **eben / .....**
Oberfläche: **farbig / Dekor / .....**
Verlegeschicht: Dünnbettmörtel C2F-S1 DIN EN 12004
Verfugung: Reaktionsharzmörtel RG
Angeb. Fabrikat: .....

165€ 199€ **229€** 257€ 282€ [m²] ⏱ 1,40 h/m² 024.000.084

A 7 Bodenfliesen — Beschreibung für Pos. **30-33**

Bodenbelag aus frostbeständigen Fliesen in zementhaltigem Dünnbettmörtel mit farblich abgestimmter Verfugung.
Einbauort: .....

30 Bodenfliesen, 10x10cm — KG **353**

Wie Ausführungsbeschreibung A 7
Untergrund: .....
Material: **Steingut / Steinzeug / Feinsteinzeug**
Gruppe: ......
Nennmaß: 10 x 10 cm
Fliesendicke: .....
Oberfläche: **glasiert / unglasiert**
Rutschhemmung: .....
Farbton: .....
Verlegung: .....
Angeb. Fabrikat: .....

47€ 68€ **78€** 88€ 108€ [m²] ⏱ 1,00 h/m² 024.000.029

31 Bodenfliesen, 20x20cm — KG **353**

Wie Ausführungsbeschreibung A 7
Untergrund: .....
Material: **Steingut / Steinzeug / Feinsteinzeug**
Gruppe: ......
Nennmaß: 20 x 20 cm
Fliesendicke: .....
Oberfläche: **glasiert / unglasiert**
Rutschhemmung: .....
Farbton: .....
Verlegung: .....
Angeb. Fabrikat: .....

43€ 53€ **59€** 68€ 86€ [m²] ⏱ 0,80 h/m² 024.000.031

023 | **024** | 025 | 026 | 027 | 028 | 029 | 030 | 031 | 032 | 033 | 034 | 036 | 037 | 038 | 039

Nr.	Kurztext / Langtext						Kostengruppe
▶	▷	**ø netto €**	◁	◀	[Einheit]	Ausf.-Dauer	Positionsnummer

32 **Bodenfliesen, 30x30cm** KG **353**

Wie Ausführungsbeschreibung A 7
Untergrund: .....
Material: **Steingut / Steinzeug / Feinsteinzeug**
Gruppe: ......
Nennmaß: 30 x 30 cm
Fliesendicke: .....
Oberfläche: **glasiert / unglasiert**
Rutschhemmung: .....
Farbton: .....
Verlegung: .....
Angeb. Fabrikat: .....

▶	▷	ø	◁	◀	Einheit	Ausf.-Dauer	Positionsnummer
32€	51€	**55**€	64€	82€	[m²]	⏱ 0,70 h/m²	024.000.032

Kosten:
Stand 1.Quartal 2020
Bundesdurchschnitt

33 **Bodenfliesen, 30x60cm** KG **353**

Wie Ausführungsbeschreibung A 7
Untergrund: .....
Material: **Steingut / Steinzeug / Feinsteinzeug**
Gruppe: ......
Nennmaß: 30 x 60 cm
Fliesendicke: .....
Oberfläche: **glasiert / unglasiert**
Rutschhemmung: .....
Farbton: .....
Verlegung: .....
Angeb. Fabrikat: .....

▶	▷	ø	◁	◀	Einheit	Ausf.-Dauer	Positionsnummer
39€	45€	**51**€	58€	62€	[m²]	⏱ 0,65 h/m²	024.000.088

A 8 **Bodenfliesen, strukturiert** Beschreibung für Pos. **34-35**

Bodenbelag aus frostbeständigen Fliesen mit strukturierter Oberfläche in zementhaltigem Dünnbettmörtel mit farblich abgestimmter Verfugung.
Einbauort: .....

34 **Bodenfliesen, 20x20cm, strukturiert** KG **353**

Wie Ausführungsbeschreibung A 8
Untergrund: .....
Material: **Steingut / Steinzeug / Feinsteinzeug**
Gruppe: ......
Nennmaß: 20 x 20 cm
Fliesendicke: .....
Rutschhemmung: .....
Verlegung: .....
Angeb. Fabrikat: .....

▶	▷	ø	◁	◀	Einheit	Ausf.-Dauer	Positionsnummer
49€	58€	**65**€	75€	80€	[m²]	⏱ 0,80 h/m²	024.000.089

▶ min
▷ von
ø Mittel
◁ bis
◀ max

35 **Bodenfliesen, 30x30cm, strukturiert** KG **353**

Wie Ausführungsbeschreibung A 8
Untergrund: .....
Material: **Steingut / Steinzeug / Feinsteinzeug**
Gruppe: ......
Nennmaß: 30 x 30 cm
Fliesendicke: .....
Rutschhemmung: .....
Verlegung: .....
Angeb. Fabrikat: .....

48€ 54€ **62**€ 69€ 77€ [m2] ⏱ 0,80 h/m2 024.000.090

36 **Bodenfliesen, 30x30cm, R11** KG **353**

Bodenbelag aus frostbeständigen Fliesen mit profilierter Oberfläche und Anforderung an Rutschgefahr, in zementhaltigem Dünnbettmörtel mit farblich abgestimmter Verfugung.
Einbauort: .....
Untergrund: .....
Material: **Steingut / Steinzeug / Feinsteinzeug**
Gruppe: Ia
Nennmaß: 30 x 30 cm
Fliesendicke: .....
Rutschhemmung: R11
Verdrängungsraum: .....
Oberfläche: unglasiert
Verlegung: .....
Angeb. Fabrikat: .....

60€ 70€ **73**€ 77€ 84€ [m2] ⏱ 0,75 h/m2 024.000.114

37 **Bodenfliesen, Großküche, 20/20cm, R12** KG **353**

Öl- und säurebeständiger Bodenbelag aus frostbeständigen Fliesen mit profilierter Oberfläche und Anforderung an Rutschgefahr, in Dünnbettmörtel aus Reaktionsharz mit farblich abgestimmter Verfugung aus Reaktionsharzmörtel.
Einbauort: Großküche
Untergrund: .....
Material: **Steingut / Steinzeug / Feinsteinzeug**
Gruppe: **BIa / BIb**
Nennmaß: 20/20 cm
Fliesendicke: .....
Rutschhemmung: R12
Verdrängungsraum: V4
Oberfläche: unglasiert
Verlegung: .....
Angeb. Fabrikat: .....

41€ 49€ **57**€ 64€ 70€ [m2] ⏱ 0,80 h/m2 024.000.091

Nr.	Kurztext / Langtext					Kostengruppe
▶	▷	ø netto €	◁	◀	[Einheit]	Ausf.-Dauer Positionsnummer

38 Bodenfliesen, Großküche, 30x30cm, R12 KG **353**

Öl- und säurebeständiger Bodenbelag aus frostbeständigen Fliesen mit profilierter Oberfläche und Anforderung an Rutschgefahr, in Dünnbettmörtel aus Reaktionsharz mit farblich abgestimmter Verfugung aus Reaktionsharzmörtel.
Einbauort: Großküche
Untergrund: .....
Material: **Steingut / Steinzeug / Feinsteinzeug**
Gruppe: **BIa / BIb**
Nennmaß: 30 x 30 cm
Fliesendicke: .....
Rutschhemmung: R12
Verdrängungsraum: V4
Oberfläche: unglasiert
Verlegung: .....
Angeb. Fabrikat: .....

57€ 72€ **77**€ 84€ 100€ [m2] ⏱ 0,75 h/m2 024.000.092

Kosten:
Stand 1.Quartal 2020
Bundesdurchschnitt

39 Treppenbelag, Tritt- und Setzstufe KG **353**

Stufenbelag aus frostbeständigen Fliesen mit Anforderung an Rutschgefahr, vordere Auftrittsfläche gerillt, in zementhaltigem Mörtel mit farblich abgestimmter Verfugung.
Untergrund: .....
Steigungsverhältnis: .....
Material: **Feinsteinzeug bzw. keramische Fliesen**
Gruppe: BIa
Nennmaß: ..... cm
Fliesendicke: .....
Rutschhemmung: R11
Verdrängungsraum: .....
Oberfläche: **glasiert / unglasiert**
Verlegung: .....
Mörtel: **Dickbettmörtel / Dünnbettmörtel**
Angeb. Fabrikat: .....

77€ 94€ **100**€ 109€ 129€ [m] ⏱ 1,30 h/m 024.000.034

40 Sockelfliesenbeläge, Treppen KG **353**

Sockel für Stufenbelag aus frostbeständigen Fliesen in zementhaltigem Mörtel mit farblich abgestimmter Verfugung.
Untergrund: .....
Material: **Feinsteinzeug bzw. keramische Fliesen**
Gruppe: BIa
Nennmaß: ..... cm
Fliesendicke: .....
Oberfläche: **glasiert / unglasiert**
Verlegung: .....
Mörtel: **Dickbettmörtel / Dünnbettmörtel**

9€ 16€ **19**€ 24€ 31€ [m] ⏱ 0,20 h/m 024.000.035

▶ min
▷ von
ø Mittel
◁ bis
◀ max

41 Bodenfliesen, BIa-Feinsteinzeug, bis 20x20cm KG **553**

Bodenbelag aus frostbeständigen Fliesen aus Feinsteinzeug in zementhaltigem Dünnbettmörtel mit farblich abgestimmter Verfugung.
Einbauort: **Innen- / Außenbereich**
Untergrund: .....
Gruppe: BIa
Nennmaß: bis 20 x 20 cm
Fliesendicke: .....
Rutschhemmung: .....
Oberfläche: unglasiert
Farbton: .....
Verlegung: .....
Angeb. Fabrikat: .....

43€ 53€ **55**€ 67€ 86€ [m2] ⏱ 0,70 h/m2 024.000.053

42 Bodenfliesen, BIIa/BIIb-Steinzeug, glasiert, bis 20/20cm KG **353**

Bodenbelag aus frostbeständigen Fliesen aus Steinzeug in zementhaltigem Dünnbettmörtel mit farblich abgestimmter Verfugung.
Einbauort: **Innen- / Außenbereich**
Untergrund: .....
Gruppe: **BIIa / BIIb**
Nennmaß: bis 20 x 20 cm
Fliesendicke: .....
Rutschhemmung: .....
Oberfläche: **glasiert / unglasiert**
Farbton: .....
Verlegung: .....
Angeb. Fabrikat: .....

39€ 50€ **53**€ 66€ 87€ [m2] ⏱ 0,70 h/m2 024.000.054

43 Wandfliesen, BIIa/BIIb-Steinzeug, glasiert, bis 20x20cm KG **345**

Wandbelag aus frostbeständigen Fliesen aus Steinzeug in zementhaltigem Dünnbettmörtel mit farblich abgestimmter Verfugung.
Einbauort: **Innen- / Außenbereich**
Untergrund: .....
Arbeitshöhe: bis 3,5 m
Gruppe: **BIIa / BIIb**
Nennmaß: bis 20 x 20 cm
Fliesendicke: .....
Oberfläche: **glasiert / unglasiert**
Farbton: .....
Verlegung: .....
Angeb. Fabrikat: .....

39€ 50€ **53**€ 66€ 87€ [m2] ⏱ 0,70 h/m2 024.000.119

023
024
025
026
027
028
029
030
031
032
033
034
036
037
038
039

Kosten:
Stand 1.Quartal 2020
Bundesdurchschnitt

Nr.	**Kurztext** / Langtext					Kostengruppe
▶	▷	**ø netto €**	◁	◀	[Einheit]	Ausf.-Dauer Positionsnummer

44 Begleitstreifen, Kontraststreifen, Steinzeug, innen KG **345**

Kontrastreicher Begleitstreifen zum Leitsystem mit unglasierten Steinzeugfliesen im Innenbereich.
Einbauort: .....
Untergrund: .....
Fliesenabmessung: 300 x 300 mm
Dicke: 12 mm
Oberfläche: R11
Farbe: .....
Verlegung: Dünnbett
Angeb. Fabrikat: .....

–€ 44€ **52**€ 65€ –€ [m] ⏱ 0,24 h/m 024.000.116

45 Aufmerksamkeitsfeld, Noppenfliesen, Steinzeug, innen KG **353**

Bodenindikatoren als taktiles Aufmerksamkeitsfeld aus Noppenfliesen mit unglasierten Steinzeugfliesen im Innenbereich.
Einbauort: .....
Untergrund: .....
Fliesenabmessung: 300 x 300 mm
Dicke: 14 mm
Oberfläche: R10
Farbe: .....
Verlegung: Dünnbett
Feldfläche: 900/900 mm
Angeb. Fabrikat: .....

–€ 152€ **179**€ 224€ –€ [St] ⏱ 0,70 h/St 024.000.117

46 Fliesen, BIII-Steingut, glasiert, bis 20x20cm KG **345**

Wandbelag aus frostbeständigen Fliesen aus Steingut in zementhaltigem Dünnbettmörtel mit farblich abgestimmter Verfugung. Arbeitshöhe der zu bearbeitenden oder zu bekleidenden Fläche bis 3,5m über der Standfläche des hierfür erforderlichen Gerüstes.
Einbauort: Innenbereich
Untergrund: .....
Gruppe: BIII
Nennmaß: bis 20 x 20 cm
Fliesendicke: .....
Oberfläche: glasiert
Farbton: .....
Verlegung: .....
Angeb. Fabrikat: .....

33€ 50€ **57**€ 63€ 77€ [m²] ⏱ 0,75 h/m² 024.000.055

▶ min
▷ von
ø Mittel
◁ bis
◀ max

47 **Fliesen, AI/AII-Spaltplatte, frostsicher, bis 20x20cm** KG **353**

Bodenbelag aus frostbeständigen Fliesen aus Spaltplatten in zementhaltigem Dünnbettmörtel mit farblich abgestimmter Verfugung.
Einbauort: Außenbereich
Untergrund: .....
Gruppe: **AI / AII**
Nennmaß: bis 20 x 20 cm
Fliesendicke: .....
Rutschhemmung: .....
Oberfläche: **glasiert / unglasiert**
Farbton: .....
Verlegung: .....
Angeb. Fabrikat: .....

49€ | 69€ | **73**€ | 81€ | 101€ | [m2] | ⏱ 0,90 h/m2 | 024.000.056

48 **Fliesen, AI/AII-Klinker, frostsicher, bis 20x20cm** KG **353**

Bodenbelag aus frostbeständigen Fliesen aus Klinkerplatten in zementhaltigem Dünnbettmörtel mit farblich abgestimmter Verfugung.
Einbauort: Außenbereich
Untergrund: .....
Gruppe: **AI / AII**
Nennmaß: bis 20 x 20 cm
Fliesendicke: .....
Rutschhemmung: .....
Oberfläche: **glasiert / unglasiert**
Farbton: .....
Verlegung: .....
Angeb. Fabrikat: .....

39€ | 52€ | **58**€ | 63€ | 73€ | [m2] | ⏱ 0,70 h/m2 | 024.000.057

49 **Duschwannenträger einfliesen** KG **345**

Bekleidung der Stirnseite einer Duschtasse mit Fliesen in zementhaltigem Dünnbettmörtel mit Verfugung.
Abmessung: .....
Fliesen: .....
Nennmaß: .....
Oberfläche: .....

21€ | 29€ | **36**€ | 47€ | 69€ | [St] | ⏱ 0,25 h/St | 024.000.098

50 **Badewannenträger einfliesen** KG **345**

Bekleidung der Stirn- und Längsseite eines Badewannenträgers mit Fliesen in zementhaltigem Dünnbettmörtel mit farblich abgestimmter Verfugung.
Abmessung: .....
Fliesen: .....
Nennmaß: .....
Oberfläche: .....

46€ | 55€ | **57**€ | 62€ | 71€ | [St] | ⏱ 0,40 h/St | 024.000.064

Nr.	Kurztext / Langtext						Kostengruppe
▶	▷	ø netto €	◁	◀	[Einheit]	Ausf.-Dauer	Positionsnummer

51 Gehrungsschnitt, Fliesen KG **353**

Schrägschnitt für Fliesen, alle Winkel.
Fliesenart: .....
Fliesengröße: .....

0,7€ 5,9€ **8,4**€ 11€ 15€ [m] ⏱ 0,20 h/m 024.000.047

52 Untergrund reinigen, Boden KG **353**

Reinigen des Untergrundes von grober Verschmutzung, aufgenommene Stoffe sammeln, in vom AG gestellten Behälter lagern. Abfall ist nicht gefährlich, nicht schadstoffbelastet.
Behältergröße bis 0,05 m³

0,1€ 0,6€ **0,9**€ 1,1€ 1,6€ [m²] ⏱ 0,04 h/m² 024.000.001

Kosten:
Stand 1.Quartal 2020
Bundesdurchschnitt

53 Leitsystem, Rippenfliesen, Steinzeug, innen KG **345**

Bodenindikatoren als taktiles Blindenleitsystem aus Rippenfliesen in Reihe verlegt im Innenbereich.
Einbauort: .....
Untergrund: .....
Fliese: Feinsteinzeug, unglasiert
Fliesenabmessung: 300 x 300 mm
Dicke: 14 mm
Oberfläche: mind. R11
Farbe: .....
Verlegung: Dünnbett
Angeb. Fabrikat: .....

–€ 56€ **66**€ 82€ –€ [m] ⏱ 0,22 h/m 024.000.115

A 9 Mattenrahmen, Edelstahl Beschreibung für Pos. **54-55**

Mattenrahmen aus nichtrostendem Stahl für Sauberlaufsystem.
Untergrund: .....

54 Mattenrahmen, Edelstahl, 150x120cm KG **353**

Wie Ausführungsbeschreibung A 9
Rahmengröße: ca. 150 x 120 cm
Angeb. Fabrikat: .....

258€ 247€ **348**€ 414€ 494€ [St] ⏱ 0,45 h/St 024.000.101

55 Mattenrahmen, Edelstahl, 200x200cm KG **353**

Wie Ausführungsbeschreibung A 9
Rahmengröße: ca. 200 x 200 cm
Angeb. Fabrikat: .....

277€ 450€ **484**€ 698€ 943€ [St] ⏱ 0,50 h/St 024.000.037

▶ min
▷ von
ø Mittel
◁ bis
◀ max

A 10 Sauberlaufsystem, Rahmen Beschreibung für Pos. **56-57**

Sauberlaufsystem aus Mattenrahmen und eingelegtem Reinstreifen. Mattenrahmen aus Aluminium, Reinstreifen mit Träger aus Aluminium und abwechselnden Gummistreifen und Bürstenleisten.
Untergrund: .....
Einsatz: **innen / außen**
Belastung: .....

56 Sauberlaufsystem, Rahmen, bis 2,00m² KG **353**

Wie Ausführungsbeschreibung A 10
Anlagengröße: bis 2,00 m²
Anlagenhöhe: bis 27 mm
Winkelrahmen: bis 30 x 30 x 3 mm
Angeb. Fabrikat: .....

▶	▷	ø netto €	◁	◀	[Einheit]	Ausf.-Dauer	Positionsnummer
138€	389€	**507**€	655€	975€	[St]	0,60 h/St	024.000.038

57 Sauberlaufsystem, Rahmen, über 2,00m² KG **353**

Wie Ausführungsbeschreibung A 10
Anlagengröße: über 2,00 m²
Anlagenhöhe: bis 27 mm
Winkelrahmen: bis 30 x 30 x 3 mm
Angeb. Fabrikat: .....

▶	▷	ø netto €	◁	◀	[Einheit]	Ausf.-Dauer	Positionsnummer
816€	1.328€	**1.533**€	1.688€	2.096€	[St]	1,40 h/St	024.000.039

58 Elastische Verfugung, Fliesen, Silikon KG **345**

Fuge mit elastischen Dichtstoff und Hinterfüllprofil schließen.
Dichtstoff: Silikon
Fugentyp: .....
Fugenbreite: .....
Fugentiefe: .....
Farbe: .....

▶	▷	ø netto €	◁	◀	[Einheit]	Ausf.-Dauer	Positionsnummer
3€	4€	**5**€	6€	8€	[m]	0,06 h/m	024.000.040

59 Elastoplastische Verfugung, Fliesen, Acryl KG **345**

Fuge mit elastoplatischen Dichtstoff und Hinterfüllprofil schließen.
Dichtstoff: Acryl
Fugentyp: .....
Fugenbreite: .....
Fugentiefe: .....
Farbe: .....

▶	▷	ø netto €	◁	◀	[Einheit]	Ausf.-Dauer	Positionsnummer
4€	5€	**6**€	8€	8€	[m]	0,06 h/m	024.000.102

60 Elastische Verfugung, Fliesen, chemisch beständig KG **345**

Fuge mit elastischen Dichtstoff und Hinterfüllprofil, chemisch beständig, schließen.
Dichtstoff: Silikon
Fugentyp: .....
Fugenbreite: .....
Fugentiefe: .....
Farbe: .....

▶	▷	ø netto €	◁	◀	[Einheit]	Ausf.-Dauer	Positionsnummer
4€	6€	**6**€	8€	9€	[m]	0,06 h/m	024.000.103

Kosten:
Stand 1.Quartal 2020
Bundesdurchschnitt

Nr.	**Kurztext** / Langtext					Kostengruppe
▶	▷	**ø netto €**	◁	◀	[Einheit]	Ausf.-Dauer Positionsnummer

61 Bewegungsfugen, Fliesenbelag, Profil KG **345**

Bewegungsfuge mit Kunststoffprofil aus PVC, mit Dichtmasse aus Weichkunststoff.
Fugenbreite: .....
Fugentiefe: .....
Farbe: nach Bemusterung

15€ 18€ **20**€ 23€ 25€ [m] ⏱ 0,14 h/m 024.000.105

62 Randstreifen abschneiden KG **353**

Randdämmstreifen oberhalb Bodenbelag abschneiden, sammeln, aufnehmen und Abfall entsorgen, inkl. Deponiegebühren.
Streifenmaterial: .....

0,1€ 0,6€ **0,7**€ 1,2€ 2,2€ [m] ⏱ 0,01 h/m 024.000.049

63 Fliesen anarbeiten, Stützen KG **353**

Anpassen des Bodenbelages an Stütze.
Stütze: .....

14€ 17€ **19**€ 21€ 24€ [m] ⏱ 0,33 h/m 024.000.108

64 Stundensatz Facharbeiter, Fliesenarbeiten

Stundenlohnarbeiten für Vorarbeiter, Facharbeiter und Gleichgestellte (z.B. Spezialbaufacharbeiter, Baufacharbeiter, Obermonteure, Monteure, Gesellen, Maschinenführer, Fahrer und ähnliche Fachkräfte). Der Verrechnungssatz für die jeweilige Arbeitskraft umfasst sämtliche Aufwendungen wie Lohn- und Gehaltskosten, Lohn- und Gehaltsnebenkosten, Zuschläge, lohngebundene und lohnabhängige Kosten, sonstige Sozialkosten, Gemeinkosten, Wagnis und Gewinn. Leistung nach besonderer Anordnung der Bauüberwachung. Anmeldung und Nachweis gem. VOB/B.

34€ 46€ **50**€ 53€ 59€ [h] ⏱ 1,00 h/h 024.000.059

65 Stundensatz Helfer, Fliesenarbeiten

Stundenlohnarbeiten für Vorarbeiter, Facharbeiter und Gleichgestellte (z.B. Spezialbaufacharbeiter, Baufacharbeiter, Obermonteure, Monteure, Gesellen, Maschinenführer, Fahrer und ähnliche Fachkräfte). Der Verrechnungssatz für die jeweilige Arbeitskraft umfasst sämtliche Aufwendungen wie Lohn- und Gehaltskosten, Lohn- und Gehaltsnebenkosten, Zuschläge, lohngebundene und lohnabhängige Kosten, sonstige Sozialkosten, Gemeinkosten, Wagnis und Gewinn. Leistung nach besonderer Anordnung der Bauüberwachung. Anmeldung und Nachweis gem. VOB/B.

29€ 39€ **43**€ 45€ 50€ [h] ⏱ 1,00 h/h 024.000.060

▶ min
▷ von
ø Mittel
◁ bis
◀ max

025

Kosten:
Stand 1.Quartal 2020
Bundesdurchschnitt

Nr.	Positionen	Einheit	▶	▷	**ø brutto €** ø netto €	◁	◀
1	Untergrundreinigung, Estricharbeiten	m²	<0,1	0,5	**0,7**	1,0	1,9
			<0,1	0,4	**0,6**	0,9	1,6
2	Estrich abstellen, bis 70mm	m	4	6	**7**	9	13
			3	5	**6**	7	11
3	Bodenabdichtung, Bodenfeuchte, Bitumenbahn	m²	8	11	**12**	13	15
			7	9	**10**	11	13
4	Trockenschüttung, 10mm	m²	3	3	**3**	4	5
			2	3	**3**	3	4
5	Trockenschüttung, bis 30mm	m²	5	9	**10**	11	15
			4	7	**8**	9	12
6	Trittschalldämmung MW 15-5mm 035 DES sh	m²	3,5	4,7	**5,1**	6,2	8,7
			3,0	4,0	**4,3**	5,2	7,3
7	Trittschalldämmung MW 30-5mm 035 DES sh	m²	5,1	7,1	**7,8**	11	15
			4,3	5,9	**6,5**	9,1	12
8	Trittschalldämmung EPS 20-2mm 045 DES sm	m²	2,1	3,5	**4,2**	6,6	12
			1,8	3,0	**3,6**	5,5	9,8
9	Trittschalldämmung EPS 30-3mm 045 DES sm	m²	2,1	4,1	**4,7**	7,6	14
			1,8	3,4	**3,9**	6,4	12
10	Wärmedämmung, Estrich EPS 40mm 040 DEO dm	m²	5,1	7,0	**8,3**	8,8	12
			4,3	5,9	**6,9**	7,4	10
11	Wärmedämmung, Estrich EPS 60mm 040 DEO dm	m²	5,4	7,4	**9,0**	9,4	13
			4,5	6,2	**7,6**	7,9	11
12	Wärmedämmung, Estrich EPS 100mm 040 DEO dm	m²	6,4	8,6	**10**	11	16
			5,4	7,2	**8,5**	9,4	13
13	Wärmedämmung, Estrich EPS 20mm 040 DEO dm	m²	2,8	4,7	**5,5**	7,1	9,1
			2,4	4,0	**4,6**	5,9	7,7
14	Wärmedämmung, Estrich PUR 20mm 025 DEO dh	m²	7,2	9,5	**11**	13	16
			6,1	8,0	**9,5**	11	13
15	Wärmedämmung, Estrich PUR 60mm 025 DEO dh	m²	13	16	**20**	23	28
			11	14	**17**	19	23
16	Wärmedämmung, Estrich PUR 80mm 025 DEO dh	m²	15	18	**22**	26	33
			12	15	**19**	22	27
17	Wärmedämmung, Estrich CG bis 70mm 045 DEO ds	m²	21	36	**49**	52	60
			18	30	**41**	44	51
18	Wärmedämmung, Estrich EPB bis 80mm 052 DEO	m²	10	13	**15**	16	21
			8	11	**12**	13	17
19	Trennlage, Dämmung, Estrich	m²	0,2	0,9	**1,0**	1,6	3,1
			0,1	0,7	**0,9**	1,4	2,6
20	Trennlage, Dämmung, Gussasphalt	m²	0,6	1,2	**1,5**	1,9	2,7
			0,5	1,0	**1,3**	1,6	2,2
21	Randdämmstreifen, Polystyrol	m	0,2	0,8	**1,0**	1,7	3,7
			0,1	0,7	**0,9**	1,4	3,1
22	Randdämmstreifen, PE-Schaum	m	0,1	0,7	**0,9**	1,6	3,1
			0,1	0,6	**0,8**	1,4	2,6
23	Estrich, CT C25 F4 S45	m²	14	17	**18**	20	25
			12	14	**15**	17	21
24	Estrich, CT C25 F4 S70	m²	21	25	**27**	29	34
			18	21	**22**	24	28

▶ min
▷ von
ø Mittel
◁ bis
◀ max

Nr.	Positionen	Einheit	►	▷	ø brutto € / ø netto €	◁	◄
25	Heizestrich, CT C25 F4 S65 H45	m²	15	20	**21**	24	30
			13	17	**18**	20	25
26	Schnellestrich, CT C40 F7 S45	m²	22	30	**34**	46	63
			18	25	**28**	39	53
27	Estrich, CA C25 F4 S45	m²	15	18	**19**	21	25
			13	15	**16**	17	21
28	Heizestrich, CA C25 F4 S65 H45	m²	18	20	**22**	23	28
			15	17	**18**	19	23
29	Estrich, CAF C25 F4 S50	m²	13	17	**18**	19	21
			11	14	**15**	16	17
30	Heizestrich, CAF C25 F4 S65 H45	m²	13	19	**22**	23	26
			11	16	**18**	19	22
31	Estrich, AS IC10 S25	m²	26	32	**35**	39	49
			22	27	**29**	33	41
32	Nutzestrich, CT C25 F4 S45	m²	14	18	**18**	19	23
			12	15	**15**	16	19
33	Nutzestrich, CT C25 F5 S95	m²	22	26	**29**	34	39
			18	22	**24**	28	33
34	Verbundestrich, CT C25 F4 V45	m²	12	15	**16**	17	20
			10	13	**14**	15	17
35	Estrich glätten, maschinell	m²	0,2	1,7	**2,4**	2,6	4,5
			0,2	1,4	**2,0**	2,2	3,8
36	Estrichbewehrung, Gitter	m²	3	4	**4**	4	7
			3	3	**4**	4	6
37	Sinterschicht abschleifen, Boden	m²	0,6	1,1	**1,6**	1,9	3,0
			0,5	1,0	**1,3**	1,6	2,5
38	Scheinfugen schneiden, schließen	m	6	9	**10**	12	15
			5	8	**9**	10	13
39	Bewegungsfuge, elastische Dichtmasse	m	2	5	**6**	8	12
			2	4	**5**	7	10
40	Bewegungsfuge, Metallprofil	m	31	56	**62**	70	122
			26	47	**52**	59	103
41	Aussparung, Mattenrahmen	St	25	54	**79**	83	111
			21	45	**67**	70	93
42	Markierung, Messstellen	St	1	4	**4**	6	9
			0,9	3,0	**3,7**	5,4	8,0
43	Messung, Feuchte, Estrich	St	24	34	**41**	50	62
			20	29	**34**	42	52
44	Stundensatz Facharbeiter, Estricharbeiten	h	43	53	**55**	62	73
			36	44	**47**	52	61
45	Stundensatz Helfer, Estricharbeiten	h	39	49	**53**	57	66
			33	41	**45**	48	55

023 024 025 026 027 028 029 030 031 032 033 034 036 037 038 039

Nr.	Kurztext / Langtext						Kostengruppe
▶	▷	ø netto €	◁	◀	[Einheit]	Ausf.-Dauer	Positionsnummer

1 Untergrundreinigung, Estricharbeiten KG **353**

Untergrund von groben Verschmutzungen reinigen, aufgenommene Stoffe, aufnehmen, in Behältnis des AN sammeln, abfahren und entsorgen. Abfall ist nicht gefährlich, nicht schadstoffbelastet.
Untergrund: Beton

<0,1€ 0,4€ **0,6€** 0,9€ 1,6€ [m²] ⏱ 0,02 h/m² 025.000.001

2 Estrich abstellen, bis 70mm KG **353**

Randschalung für Estrich.
Estrichdicke: bis 70 mm

3€ 5€ **6€** 7€ 11€ [m] ⏱ 0,10 h/m 025.000.035

3 Bodenabdichtung, Bodenfeuchte, Bitumenbahn KG **324**

Abdichtung der erdberührten Bodenplatte, einlagig, gegen Bodenfeuchte, mit Bitumen-Schweißbahn G 200 S4 mit Glasgewebeeinlage 200 g/m², im Schweißverfahren aufbringen.
Einbauort: .....
Untergrund: Betonboden mit Voranstrich
Anwendungstyp: DIN SPEC 20000-202 BA
Wassereinwirkungsklasse: W1-E
Rissklasse: R1-E
Rissüberbrückungsklasse: RÜ1-E
Raumnutzungsklasse: .....

7€ 9€ **10€** 11€ 13€ [m²] ⏱ 0,12 h/m² 025.000.003

4 Trockenschüttung, 10mm KG **353**

Ausgleichsschüttung auf Rohdecke, gebundene Form.
Funktion: Flächenausgleich
Nutzlast: ..... kN/m²
Dicke i.M.: 10 mm

2€ 3€ **3€** 3€ 4€ [m²] ⏱ 0,03 h/m² 024.000.051

5 Trockenschüttung, bis 30mm KG **353**

Ausgleichsschüttung auf Rohdecke, gebundene Form.
Funktion: Flächenausgleich
Nutzlast: ..... kN/m²
Dicke i.M.: 30 mm

4€ 7€ **8€** 9€ 12€ [m²] ⏱ 0,06 h/m² 025.000.004

Kosten:
Stand 1.Quartal 2020
Bundesdurchschnitt

▶ min
▷ von
ø Mittel
◁ bis
◀ max

 Erläuterungen zu den Tabellen siehe Seite 42

A 1 Trittschalldämmung MW, 035 DES sh — Beschreibung für Pos. **6-7**

Trittschalldämmschicht aus Mineralwolle unter schwimmenden Estrich.
Untergrund: Rohdecke
Dämmstoff: MW-TSD
Anwendungstyp: DES

6 Trittschalldämmung MW 15-5mm 035 DES sh — KG **353**

Wie Ausführungsbeschreibung A 1
Nennwert Wärmeleitfähigkeit: 0,043 W/(mK)
Dämmstoffdicke: 15-5 mm
Druckbelastbarkeit: sh
Nutzlast: kN/m2
Steifigkeitsgruppe: .....

3€ | 4€ | **4€** | 5€ | 7€ | [m2] | ⏱ 0,04 h/m2 | 025.000.047

7 Trittschalldämmung MW 30-5mm 035 DES sh — KG **353**

Wie Ausführungsbeschreibung A 1
Nennwert Wärmeleitfähigkeit: 0,043 W/(mK)
Dämmstoffdicke: 30-5 mm
Druckbelastbarkeit: sh
Nutzlast: kN/m2
Steifigkeitsgruppe: .....

4€ | 6€ | **7€** | 9€ | 12€ | [m2] | ⏱ 0,05 h/m2 | 025.000.048

A 2 Trittschalldämmung EPS, 045 DES sm — Beschreibung für Pos. **8-9**

Trittschalldämmschicht aus Polystyrol-Dämmplatten unter schwimmenden Estrich.
Untergrund: Rohdecke
Dämmstoff: EPS-TSD
Anwendungstyp: DES

8 Trittschalldämmung EPS 20-2mm 045 DES sm — KG **353**

Wie Ausführungsbeschreibung A 2
Nennwert Wärmeleitfähigkeit: 0,043 W/(mK)
Dämmstoffdicke: 20-2 mm
Druckbelastbarkeit: sm
Nutzlast: kN/m2
Steifigkeitsgruppe: .....

2€ | 3€ | **4€** | 6€ | 10€ | [m2] | ⏱ 0,04 h/m2 | 025.000.050

9 Trittschalldämmung EPS 30-3mm 045 DES sm — KG **353**

Wie Ausführungsbeschreibung A 2
Nennwert Wärmeleitfähigkeit: 0,045 W/mK
Dämmstoffdicke: 30-3 mm
Druckbelastbarkeit: sm
Nutzlast: kN/m2
Steifigkeitsgruppe: .....

2€ | 3€ | **4€** | 6€ | 12€ | [m2] | ⏱ 0,04 h/m2 | 025.000.051

Nr.	Kurztext / Langtext						Kostengruppe
▶	▷	ø netto €	◁	◀	[Einheit]	Ausf.-Dauer	Positionsnummer

A 3 Wärmedämmung, Estrich EPS, DEO — Beschreibung für Pos. **10-13**

Wärmedämmschicht aus Polystyrol-Dämmplatten unter schwimmendem Estrich.
Untergrund: .....
Dämmstoff: EPS
Anwendungstyp: DEO
Druckspannung: über 100 kPa
Nennwert der Wärmeleitfähigkeit: 0,037 W/(mK)
Nutzlast: ..... kN/m²

10 Wärmedämmung, Estrich EPS 40mm 040 DEO dm — KG **353**

Wie Ausführungsbeschreibung A 3
Druckbelastbarkeit: dm
Dämmstoffdicke: 40 mm
Nutzlast: ..... kN/m²

▶	▷	ø	◁	◀	Einheit	Ausf.-Dauer	Positionsnummer
4€	6€	**7€**	7€	10€	[m²]	⏱ 0,05 h/m²	025.000.042

11 Wärmedämmung, Estrich EPS 60mm 040 DEO dm — KG **353**

Wie Ausführungsbeschreibung A 3
Druckbelastbarkeit: dm
Dämmstoffdicke: 60 mm
Nutzlast: ..... kN/m²

▶	▷	ø	◁	◀	Einheit	Ausf.-Dauer	Positionsnummer
5€	6€	**8€**	8€	11€	[m²]	⏱ 0,05 h/m²	025.000.043

12 Wärmedämmung, Estrich EPS 100mm 040 DEO dm — KG **353**

Wie Ausführungsbeschreibung A 3
Druckbelastbarkeit: dm
Dämmstoffdicke: 100 mm
Nutzlast: ..... kN/m²

▶	▷	ø	◁	◀	Einheit	Ausf.-Dauer	Positionsnummer
5€	7€	**9€**	9€	13€	[m²]	⏱ 0,07 h/m²	025.000.045

13 Wärmedämmung, Estrich EPS 20mm 040 DEO dm — KG **353**

Wie Ausführungsbeschreibung A 3
Druckbelastbarkeit: dm
Dämmstoffdicke: 20 mm
Nutzlast: ..... kN/m²

▶	▷	ø	◁	◀	Einheit	Ausf.-Dauer	Positionsnummer
2€	4€	**5€**	6€	8€	[m²]	⏱ 0,07 h/m²	025.000.007

A 4 Wärmedämmung, Estrich PUR, DEO dh — Beschreibung für Pos. **14-16**

Wärmedämmschicht aus kaschierten Polyurethan-Dämmplatten unter schwimmenden Estrich.
Untergrund: .....
Dämmstoff: PUR, Aluminiumkaschierung
Anwendungstyp: DEO - dh
Nennwert Wärmeleitfähigkeit: 0,024 W/(mK)

Kosten:
Stand 1.Quartal 2020
Bundesdurchschnitt

▶ min
▷ von
ø Mittel
◁ bis
◀ max

Nr.	Kurztext / Langtext						Kostengruppe
▶	▷	**ø netto €**	◁	◀	[Einheit]	Ausf.-Dauer	Positionsnummer

14 Wärmedämmung, Estrich PUR 20mm 025 DEO dh KG **353**

Wie Ausführungsbeschreibung A 4
Dämmstoffdicke: 20 mm
Nutzlast: ..... kN/m²
Plattenrand: .....

6€ 8€ **10**€ 11€ 13€ [m²] ⏱ 0,05 h/m² 025.000.053

15 Wärmedämmung, Estrich PUR 60mm 025 DEO dh KG **353**

Wie Ausführungsbeschreibung A 4
Dämmstoffdicke: 60 mm
Nutzlast: ..... kN/m²
Plattenrand: .....

11€ 14€ **17**€ 19€ 23€ [m²] ⏱ 0,08 h/m² 025.000.055

16 Wärmedämmung, Estrich PUR 80mm 025 DEO dh KG **353**

Wie Ausführungsbeschreibung A 4
Dämmstoffdicke: 80 mm
Nutzlast: ..... kN/m²
Plattenrand: .....

12€ 15€ **19**€ 22€ 27€ [m²] ⏱ 0,08 h/m² 025.000.056

17 Wärmedämmung, Estrich CG bis 70mm 045 DEO ds KG **353**

Wärmedämmschicht unter Estrich aus Schaumglas-Dämmplatten vollflächig in Heißbitumen eingebettet.
Untergrund: .....
Dämmstoff: CG
Anwendungstyp: DAA - ds
Nennwert Wärmeleitfähigkeit: 0,044 W/(mK)
Dämmstoffdicke: 70 mm
Nutzlast: kN/m2W

18€ 30€ **41**€ 44€ 51€ [m²] ⏱ 0,14 h/m² 025.000.010

18 Wärmedämmung, Estrich EPB bis 80mm 052 DEO KG **353**

Wärmedämmschicht aus Perlite-Dämmplatten, unter schwimmenden Gussasphalt-Estrich.
Untergrund: Rohdecke
Dämmstoff: expandierte Perlite
Verlegung: zweilagig
Nennwert Wärmeleitfähigkeit: 0,052 W/(mK)
Anwendungstyp: DEO - .....
Dämmstoffdicke: 80 mm
Nutzlast: .....kN/m²

8€ 11€ **12**€ 13€ 17€ [m²] ⏱ 0,08 h/m² 025.000.009

19 Trennlage, Dämmung, Estrich KG **353**

Abdeckung aus PE-Folie auf Dämmschichten, mit Stoßüberlappung, als Unterlage für Estrich.
Folie: 0,2 mm

0,1€ 0,7€ **0,9**€ 1,4€ 2,6€ [m²] ⏱ 0,03 h/m² 025.000.011

023 024 **025** 026 027 028 029 030 031 032 033 034 036 037 038 039

Nr.	Kurztext / Langtext						Kostengruppe
▶	▷	**ø netto €**	◁	◀	[Einheit]	Ausf.-Dauer	Positionsnummer

20 Trennlage, Dämmung, Gussasphalt KG **353**

Abdeckung auf Dämmschichten, mit Stoßüberlappung, als Unterlage für Gussasphaltestrich.
Trennlage: **Rippenpappe/Rohfilzpappe**

0,5€ | 1,0€ | **1,3**€ | 1,6€ | 2,2€ | [m²] | ⏱ 0,03 h/m² | 025.000.012

21 Randdämmstreifen, Polystyrol KG **353**

Randdämmstreifen für schwimmenden Estrich an Wänden und aufgehenden Bauteilen. Ausführung mit Überstand über Estrich und die Lage der Trittschalldämmung einbeziehend.
Material: Polystyrol
Einbauhöhe: .....
Form: .....

0,1€ | 0,7€ | **0,9**€ | 1,4€ | 3,1€ | [m] | ⏱ 0,02 h/m | 025.000.023

22 Randdämmstreifen, PE-Schaum KG **353**

Randdämmstreifen für schwimmenden Estrich an Wänden und aufgehenden Bauteilen. Ausführung mit Überstand über Estrich und die Lage der Trittschalldämmung einbeziehend.
Material: Polyethylen-Schaum, ca. 10 mm
Einbauhöhe: .....
Form: .....

0,1€ | 0,6€ | **0,8**€ | 1,4€ | 2,6€ | [m] | ⏱ 0,02 h/m | 025.000.036

23 Estrich, CT C25 F4 S45 KG **353**

Zementestrich als schwimmender Estrich für Bodenbelag auf Dämmschicht mit Abdeckung.
Einbauort: .....
Untergrund: eben
Nutzlast: ..... kN/m²
Estrichart: CT
Druckfestigkeitsklasse: C25
Biegezugfestigkeitsklasse: F4
Estrichdicke: 45 mm
Oberfläche: .....

12€ | 14€ | **15**€ | 17€ | 21€ | [m²] | ⏱ 0,20 h/m² | 025.000.013

24 Estrich, CT C25 F4 S70 KG **353**

Zementestrich als schwimmender Estrich für Bodenbelag auf Dämmschicht mit Abdeckung.
Einbauort: .....
Untergrund: eben
Nutzlast: ..... kN/m²
Estrichart: CT
Druckfestigkeitsklasse: C25
Biegezugfestigkeitsklasse: F4
Estrichdicke: 70 mm
Oberfläche: .....

18€ | 21€ | **22**€ | 24€ | 28€ | [m²] | ⏱ 0,25 h/m² | 025.000.041

Kosten:
Stand 1.Quartal 2020
Bundesdurchschnitt

▶ min
▷ von
ø Mittel
◁ bis
◀ max

25 Heizestrich, CT C25 F4 S65 H45 KG **353**

Zementestrich als schwimmender Heizestrich in Bauart A, für Bodenbelag auf Dämmschicht mit Abdeckung. Leistung inkl. Aufheizen und Abheizen des Fußbodenaufbaus sowie Protokollieren des Vorgangs und CM-Messung als Nachweis.
Einbauort: .....
Untergrund: eben
Nutzlast: kN/m2
Estrichart: CT
Druckfestigkeitsklasse: C25
Biegezugfestigkeitsklasse: F4
Estrichdicke: 65 mm
Rohrüberdeckung: 45 mm
Rohrdurchmesser: .....
Oberfläche: .....

13€ 17€ **18**€ 20€ 25€ [m2] ⏱ 0,25 h/m2 025.000.034

26 Schnellestrich, CT C40 F7 S45 KG **353**

Zementestrich als schwimmender Schnellestrich für Bodenbelag auf Dämmschicht mit Abdeckung.
Einbauort: .....
Untergrund: eben
Nutzlast: kN/m2
Estrichart: CT, kunstharzmodifiziert
Druckfestigkeitsklasse: C40
Biegezugfestigkeitsklasse: F7
Verschleißwiderstandsklasse: .....
Estrichdicke: 45 mm
Oberfläche: .....

18€ 25€ **28**€ 39€ 53€ [m2] ⏱ 0,30 h/m2 025.000.019

27 Estrich, CA C25 F4 S45 KG **353**

Calciumsulfat-Estrich als schwimmender Estrich, für Bodenbelag auf Dämmschicht mit Abdeckung.
Einbauort: .....
Untergrund: eben
Nutzlast: kN/m2
Estrichart: CA
Druckfestigkeitsklasse: C25
Biegezugfestigkeitsklasse: F4
Estrichdicke: 45 mm
Oberfläche: .....

13€ 15€ **16**€ 17€ 21€ [m2] ⏱ 0,20 h/m2 025.000.014

Nr.	Kurztext / Langtext					Kostengruppe
▶	▷	ø netto €	◁	◀	[Einheit]	Ausf.-Dauer Positionsnummer

28 **Heizestrich, CA C25 F4 S65 H45** KG **353**

Calciumsulfat-Estrich als schwimmender Heizestrich in Bauart A, für Bodenbelag auf Dämmschicht mit Abdeckung. Leistung inkl. Aufheizen und Abheizen des Fußbodenaufbaus sowie Protokollieren des Vorgangs und CM-Messung als Nachweis.
Einbauort: .....
Untergrund: eben
Nutzlast: ..... kN/m²
Estrichart: CT
Druckfestigkeitsklasse: C25
Biegezugfestigkeitsklasse: F4
Estrichdicke: 65 mm
Rohrüberdeckung: 45 mm
Rohrdurchmesser: .....
Oberfläche: .....

15€ 17€ **18**€ 19€ 23€ [m²] ⏱ 0,22 h/m² 025.000.016

Kosten:
Stand 1.Quartal 2020
Bundesdurchschnitt

29 **Estrich, CAF C25 F4 S50** KG **353**

Calciumsulfat-Estrich als schwimmender Fließestrich, für Bodenbelag auf Dämmschicht mit Abdeckung.
Einbauort: .....
Untergrund: eben
Nutzlast: ..... kN/m²
Estrichart: CAF
Druckfestigkeitsklasse: C25
Biegezugfestigkeitsklasse: F4
Estrichdicke: 45 mm
Oberfläche: .....

11€ 14€ **15**€ 16€ 17€ [m²] ⏱ 0,20 h/m² 025.000.030

30 **Heizestrich, CAF C25 F4 S65 H45** KG **353**

Calciumsulfat-Estrich als schwimmender Fließestrich in Bauart A, für Bodenbelag auf Dämmschicht mit Abdeckung. Leistung inkl. Aufheizen und Abheizen des Fußbodenaufbaus sowie Protokollieren des Vorgangs und CM-Messung als Nachweis.
Einbauort: .....
Untergrund: eben
Nutzlast: ..... kN/m²
Estrichart: CT
Druckfestigkeitsklasse: C25
Biegezugfestigkeitsklasse: F4
Estrichdicke: 65 mm
Rohrüberdeckung: 45 mm
Rohrdurchmesser: .....
Oberfläche: .....

11€ 16€ **18**€ 19€ 22€ [m²] ⏱ 0,25 h/m² 025.000.029

▶ min
▷ von
ø Mittel
◁ bis
◀ max

Nr.	Kurztext / Langtext					Kostengruppe
▶	▷	**ø netto €**	◁	◀	[Einheit]	Ausf.-Dauer Positionsnummer

31 Estrich, AS IC10 S25 KG **353**

Gussasphaltestrich als schwimmender Estrich, für Bodenbelag auf Dämmschicht mit Abdeckung.
Einbauort: .....
Untergrund: eben
Nutzlast: ..... kN/m²
Estrichart: AS
Härteklasse: IC 10
Estrichdicke: 25 mm
Oberfläche: .....

22€ 27€ **29**€ 33€ 41€ [m²] ⏱ 0,35 h/m² 025.000.015

32 Nutzestrich, CT C25 F4 S45 KG **353**

Zementestrich für direkte Nutzung, als schwimmender Estrich, auf Dämmschicht mit Abdeckung.
Einbauort: .....
Untergrund: eben
Nutzlast: ..... kN/m²
Estrichart: CT
Druckfestigkeitsklasse: C25
Biegezugfestigkeitsklasse: F4
Estrichdicke: 45 mm
Oberfläche: geglättet

12€ 15€ **15**€ 16€ 19€ [m²] ⏱ 0,20 h/m² 025.000.031

33 Nutzestrich, CT C25 F5 S95 KG **353**

Zementestrich für direkte Nutzung, als schwimmender Estrich, auf Dämmschicht mit Abdeckung.
Einbauort: .....
Untergrund: eben
Nutzlast: 10 kN/m²
Estrichart: CT
Druckfestigkeitsklasse: C25
Biegezugfestigkeitsklasse: F5
Estrichdicke: 95 mm
Oberfläche: geglättet

18€ 22€ **24**€ 28€ 33€ [m²] ⏱ 0,20 h/m² 025.000.069

34 Verbundestrich, CT C25 F4 V45 KG **353**

Zementestrich für direkte Nutzung, im Verbund mit Untergrund.
Einbauort: .....
Untergrund: eben
Nutzlast: ..... kN/m²
Estrichart: CT
Druckfestigkeitsklasse: C25
Biegezugfestigkeitsklasse: F4
Estrichdicke: 45 mm
Oberfläche: geglättet

10€ 13€ **14**€ 15€ 17€ [m²] ⏱ 0,20 h/m² 025.000.022

Nr.	Kurztext / Langtext						Kostengruppe
▶	▷	ø netto €	◁	◀	[Einheit]	Ausf.-Dauer	Positionsnummer

35 Estrich glätten, maschinell KG **324**

Glätten der Frischbetonoberfläche, maschinell, an der Oberseite waagerechter Bauteile, als flächenfertiger Nutzboden.
Estrich: .....
Anforderungen: .....

▶	▷	ø	◁	◀	Einheit	Dauer	Positionsnummer
0,2€	1,4€	**2,0€**	2,2€	3,8€	[m2]	⏱ 0,02 h/m2	025.000.021

36 Estrichbewehrung, Gitter KG **324**

Estrichbewehrung mit Betonstahlgitter.
Maschenweite: 50 x 50 bzw. 75 x 75 mm
Stabdurchmesser: 2 bzw. 3 mm
Stahlfestigkeit: 700 bzw. 500 N/mm2

▶	▷	ø	◁	◀	Einheit	Dauer	Positionsnummer
3€	3€	**4€**	4€	6€	[m2]	⏱ 0,08 h/m2	025.000.081

37 Sinterschicht abschleifen, Boden KG **353**

Mineralische Sinterschicht entfernen, aufgenommene Stoffe sammeln, laden sowie abfahren und entsorgen. Abfall ist nicht gefährlich, nicht schadstoffbelastet, die Entsorgung wird gesondert vergütet.
Untergrund: .....

▶	▷	ø	◁	◀	Einheit	Dauer	Positionsnummer
0,5€	1,0€	**1,3€**	1,6€	2,5€	[m2]	⏱ 0,04 h/m2	025.000.017

38 Scheinfugen schneiden, schließen KG **353**

Herstellen und Schließen von Scheinfugen in Estrich nach DIN EN 13318. Einschneiden in den frischen Estrichmörtel und kraftschlüssig mit Kunstharz schließen.
Estrich: .....
Fugenbreite: .....
Fugentiefe: .....

▶	▷	ø	◁	◀	Einheit	Dauer	Positionsnummer
5€	8€	**9€**	10€	13€	[m]	⏱ 0,12 h/m	025.000.073

39 Bewegungsfuge, elastische Dichtmasse KG **353**

Bewegungsfuge nach DIN EN 13318, in Estrich mit elastischen Dichtstoff und Hinterfüllprofil.
Fugentyp: .....
Fugenbreite: .....
Fugentiefe: .....
Farbe: .....

▶	▷	ø	◁	◀	Einheit	Dauer	Positionsnummer
2€	4€	**5€**	7€	10€	[m]	⏱ 0,12 h/m	025.000.020

40 Bewegungsfuge, Metallprofil KG **353**

Bewegungsfuge in Estrich nach DIN EN 13318, aus Aluminium und Bewegungsfugenprofil.
Fugenbreite: .....
Profilhöhe: .....
Angeb. Fabrikat: .....

▶	▷	ø	◁	◀	Einheit	Dauer	Positionsnummer
26€	47€	**52€**	59€	103€	[m]	⏱ 0,20 h/m	025.000.038

41 Aussparung, Mattenrahmen KG **353**

Aussparung im Zementestrich für Einbau eines Winkelrahmens.
Abmessung: bis 100/120 cm
Höhe: ..... mm

▶	▷	ø	◁	◀	Einheit	Dauer	Positionsnummer
21€	45€	**67€**	70€	93€	[St]	⏱ 0,30 h/St	025.000.075

Kosten:
Stand 1.Quartal 2020
Bundesdurchschnitt

▶ min
▷ von
ø Mittel
◁ bis
◀ max

Nr.	**Kurztext** / Langtext						Kostengruppe
▶	▷	**ø netto €**	◁	◀	[Einheit]	Ausf.-Dauer	Positionsnummer

42 Markierung, Messstellen KG **353**

Messstellenmarkierung zur Ermittlung der Restfeuchte eines Heizestrichs anlegen.

0,9€	3,0€	**3,7**€	5,4€	8,0€	[St]	⏱ 0,10 h/St	025.000.059

43 Messung, Feuchte, Estrich KG **353**

Feuchtigkeitsmessung nach dem CM-Verfahren, Ausführung auf Anordnung des AG.
Estrich: .....

20€	29€	**34**€	42€	52€	[St]	⏱ 0,50 h/St	025.000.060

44 Stundensatz Facharbeiter, Estricharbeiten

Stundenlohnarbeiten für Vorarbeiter, Geselle, Facharbeiter und Gleichgestellte, sowie ähnliche Fachkräfte. Der Verrechnungssatz für die jeweilige Arbeitskraft umfasst sämtliche Aufwendungen wie Lohn- und Gehaltskosten, Lohn- und Gehaltsnebenkosten, Zuschläge, lohngebundene und lohnabhängige Kosten, sonstige Sozialkosten, Gemeinkosten, Wagnis und Gewinn.Leistung nach besonderer Anordnung der Bauüberwachung. Anmeldung und Nachweis gem. VOB/B.

36€	44€	**47**€	52€	61€	[h]	⏱ 1,00 h/h	025.000.061

45 Stundensatz Helfer, Estricharbeiten

Stundenlohnarbeiten für Arbeitnehmer ohne Facharbeiterqualifikation (Helfer, Hilfsarbeiter, Ungelernte, Angelernte). Der Verrechnungssatz für die jeweilige Arbeitskraft umfasst sämtliche Aufwendungen wie Lohn- und Gehaltskosten, Lohn- und Gehaltsnebenkosten, Zuschläge, lohngebundene und lohnabhängige Kosten, sonstige Sozialkosten, Gemeinkosten, Wagnis und Gewinn. Leistung nach besonderer Anordnung der Bauüberwachung. Anmeldung und Nachweis gem. VOB/B.

33€	41€	**45**€	48€	55€	[h]	⏱ 1,00 h/h	025.000.062

026

Kosten:
Stand 1.Quartal 2020
Bundesdurchschnitt

Nr.	Positionen	Einheit	▶	▷	ø brutto € / ø netto €	◁	◀
1	Haustürelement, Holz, einflüglig	St	1.455	2.379	**2.688**	3.071	4.216
			1.223	1.999	**2.259**	2.581	3.543
2	Haustürelement, Holz, mehrteilig	St	3.274	4.348	**4.799**	5.958	8.072
			2.751	3.654	**4.033**	5.007	6.783
3	Haustürelement, Kunststoff, einflüglig	St	–	1.847	**2.602**	3.330	–
			–	1.552	**2.187**	2.798	–
4	Haustürelement, Kunststoff, mehrteilig	St	2.604	3.660	**4.242**	4.772	6.250
			2.188	3.075	**3.564**	4.010	5.252
5	Haustürelement, Holz, Passivhaus, einflüglig	St	2.799	3.254	**3.572**	3.748	4.153
			2.352	2.735	**3.001**	3.150	3.490
6	Haustürelement, Passivhaus, zweiflüglig	St	–	6.198	**6.968**	9.486	–
			–	5.209	**5.855**	7.972	–
7	Seitenteil, Holz, verglast, Haustür	St	702	858	**975**	1.092	1.200
			590	721	**820**	918	1.008
8	Seitenteil, Kunststoff, verglast, Haustür	St	581	706	**785**	856	958
			488	594	**660**	719	805
9	Metall-Türelement, einflüglig	St	883	1.815	**2.192**	2.628	3.813
			742	1.525	**1.842**	2.209	3.204
10	Holzfenster, einflüglig, bis 0,70m²	St	339	431	**465**	538	707
			285	362	**391**	452	594
11	Holzfenster, einflüglig, über 0,70m²	St	363	602	**685**	835	1.207
			305	506	**576**	702	1.014
12	Holzfenster, einflüglig, Passivhaus, bis 1,00m²	St	511	691	**775**	859	999
			429	581	**651**	721	839
13	Holzfenster, mehrteilig, Passivhaus, über 2,50m²	St	1.318	2.036	**2.320**	2.518	3.144
			1.108	1.711	**1.950**	2.116	2.642
14	Holz-Alu-Fenster, einflüglig, bis 0,70m²	St	487	562	**609**	643	733
			409	473	**512**	540	616
15	Holz-Alu-Fenster, einflüglig, bis 1,70m²	St	519	771	**876**	1.111	1.525
			436	648	**736**	934	1.281
16	Holz-Alu-Fenster, zweiflüglig	St	1.258	1.866	**2.095**	2.335	3.816
			1.057	1.568	**1.761**	1.962	3.207
17	Holz-Alu-Fenstertür, zweiflüglig	St	1.743	2.411	**2.744**	3.194	4.026
			1.464	2.026	**2.306**	2.684	3.383
18	Kunststofffenster, einflüglig, bis 0,70m²	St	178	282	**320**	375	531
			149	237	**269**	315	446
19	Kunststofffenster, einflüglig, bis 1,70m²	St	281	448	**498**	606	911
			236	376	**418**	509	765
20	Kunststofffenster, mehrteilig, bis 1,70m²	St	397	556	**666**	776	973
			333	467	**560**	652	818
21	Kunststofffenster, mehrteilig, über 1,70m²	St	532	819	**949**	1.304	2.328
			447	688	**797**	1.096	1.957
22	Kunststofffenster, einflüglig, Passivhaus	St	439	481	**538**	630	977
			369	405	**452**	530	821
23	Holzfenster, mehrteilig, über 2,50m²	St	763	1.527	**1.832**	2.411	3.986
			641	1.283	**1.539**	2.026	3.349
24	Metall-Glas-Fenster, einflüglig, bis 2m²	St	315	794	**931**	1.157	1.622
			265	667	**782**	973	1.363

▶ min
▷ von
ø Mittel
◁ bis
◀ max

Nr.	Positionen	Einheit	▶	▷	ø brutto € / ø netto €	◁	◀
25	Metall-Glas-Fenster, zweiflüglig, bis 4,5m²	St	995	1.836	**2.155**	2.790	4.264
			836	1.543	**1.811**	2.344	3.583
26	Metall-Glas-Fenster, mehrteilig, außen, 5,00m²	St	2.014	2.777	**3.123**	4.801	7.795
			1.693	2.334	**2.624**	4.034	6.551
27	Metall-Glas-Fenstertür, einflüglig	St	996	2.253	**2.921**	3.477	4.456
			837	1.893	**2.455**	2.921	3.744
28	Pfosten-Riegel-Fassade, Holz/Holz-Aluminium	m²	424	715	**795**	1.017	1.370
			356	601	**668**	855	1.151
29	Pfosten-Riegel-Fassade, Metall	m²	263	665	**814**	1.094	1.703
			221	559	**684**	919	1.431
30	Einsatzelement, Türe, PR-Fassade	St	913	1.763	**2.143**	2.809	4.095
			768	1.482	**1.801**	2.360	3.442
31	Einsatzelement, Fenster, PR-Fassade	St	341	635	**780**	926	1.315
			287	533	**656**	778	1.105
32	Einsatzelement, Paneel, PR-Fassade	m²	87	206	**236**	249	305
			73	173	**198**	210	256
33	Sicherheitsglas, Mehrpreis, PR-Fassade	m²	28	60	**71**	86	120
			24	51	**60**	72	101
34	Fensterbank, außen, Aluminium, beschichtet	m	19	37	**42**	51	72
			16	31	**35**	43	61
35	Abdichtung, Fensteranschluss	m	4	8	**11**	19	28
			3	7	**9**	16	24
36	RAL-Anschluss, Fenster	m	–	24	**29**	38	–
			–	20	**24**	32	–
37	Stundensatz Facharbeiter, Fensterbauarbeiten	h	51	61	**65**	71	87
			43	51	**54**	60	73
38	Stundensatz Helfer, Fensterbauarbeiten	h	45	50	**54**	59	68
			38	42	**46**	50	57

Nr. **Kurztext** / Langtext Kostengruppe

▶ ▷ **ø netto €** ◁ ◀ [Einheit] Ausf.-Dauer Positionsnummer

1 Haustürelement, Holz, einflüglig KG **334**

Hauseingangstürelement aus Holz, einflüglig, Drehflügeltür, aus Türblatt, Zarge, Bändern, Türgriff, Bodendichtung und Verriegelung, vorgerichtet für Profilzylinder. Leistung einschl. Einbau in Rohbau und Ausstopfen der Fuge mit Mineralwolle. Äußere und innere Abdichtungen nach gesonderter Position.
Material / Profilsystem: **Holz / IV.....**
Anschlag: rechts oder links angeschlagen, nach innen öffnend, doppelt gefälzt
Lichtes Rohbaumaß (B x H): .....
Anforderungen:

- Wärmeschutz, U_d = 1,3 W/(m²K)
- Gesamtenergiedurchlassgrad g = ...
- Einbruchhemmung: Klasse RC .....

023 024 025 026 027 028 029 030 031 032 033 034 036 037 038 039

Nr.	**Kurztext** / Langtext					Kostengruppe
▶	▷	**ø netto €**	◁	◀	[Einheit]	Ausf.-Dauer Positionsnummer

Türblatt:
- wärmegedämmte mehrschichtige Konstruktion
- mit Dämmstoffeinlage
- Türblattdicke: ..... mm
- Beplankung: Nadelholz, astfrei, Holzart .....
- Kantenprofil / Anleimer: .....

Zarge:
- Holz-Blockrahmen
- Profil: .....
- Kante: **eckig / rund**
- verdeckte Befestigung, innenseitige Abdeckleisten, dreiseitig
- Hinterfüllung des Zargenhohlraums mit Mineralwolle
- Türschwelle thermisch getrennt

Bänder / Beschläge:
- Bänder: ..... Stück, Stahl vernickelt, -.....-fache Verriegelung
- Drücker-Knauf-Wechselgarnitur für Hauseingangstüren auf Rosetten
- Material: Aluminium, Klasse ES 2, mit Zylinderziehschutz

Schloss / Zubehör:
- Schloss für Hausabschlusstüren, Klasse 3, vorgerichtet für Profilzylinder
- Falzdichtung: dreiseitig umlaufend
- Bodendichtung: automatisch absenkbar
- Stulp aus nichtrostendem Stahl
- elektromagnetischer Türöffner mit Tagesfalle
- Spion

Oberflächen:
- Holzprofile: **lasierend / deckend** beschichtet, Farbe: .....
- sichtbare Aluminiumteile: anodisch oxidiert, E6, Farbton: natur
- sichtbare Edelstahlteile: gebürstet

Montage:
- Wandaufbau im Anschlussbereich: einschalig
- Untergrund: .....
- Einbauebene: .....

Einbauort: Geschoss / Raum .....
Zeichnung, Plan-Nr.: .....
Hinweis: Position ggf. mit Anforderungen zu Windlast, Luftdurchlässigkeit, Schlagregendichtheit, Schalldämm-Maß, Mechanische Festigkeit und Bedienkräften erweitern.

1.223€ 1.999€ **2.259€** 2.581€ 3.543€ [St] ⏱ 5,50 h/St 026.000.029

Kosten:
Stand 1.Quartal 2020
Bundesdurchschnitt

▶ min
▷ von
ø Mittel
◁ bis
◀ max

2 Haustürelement, Holz, mehrteilig KG **334**

Hauseingangstürelement aus Holz, zweiflüglig, Drehflügeltür, aus Geh- und Stand-Türflügel, Zarge, Bändern, Türgriff, Bodendichtung, Verriegelung, vorgerichtet für Profilzylinder. Leistung einschl. Einbau in Rohbau und Ausstopfen der Fuge mit Mineralwolle. Äußere und innere Abdichtungen nach gesonderter Position.
Material / Profilsystem: **Holz / IV.....**
Anschlag: rechts oder links angeschlagen, nach innen öffnend, doppelt gefälzt
Lichtes Rohbaumaß (B x H): .....
Teilung: senkrecht
Feld 1: Gehflügel, Breite: .....
Feld 2: Stehflügel mit Anschlag, Breite: .....

Anforderungen:
- Wärmeschutz, U_d = 1,3 W/(m²K)
- Gesamtenergiedurchlassgrad g = ...
- Einbruchhemmung: Klasse RC .....

Türblatt:
- wärmegedämmte mehrschichtige Konstruktion
- mit Dämmstoffeinlage
- Türblattdicke: ..... mm
- Beplankung: Nadelholz, astfrei, Holzart .....
- Kantenprofil / Anleimer: .....

Zarge:
- Holz-Blockrahmen
- Profil: .....
- Kante: **eckig / rund**
- verdeckte Befestigung, innenseitige Abdeckleisten, dreiseitig
- Hinterfüllung des Zargenhohlraums mit Mineralwolle
- Türschwelle thermisch getrennt

Bänder / Beschläge:
- Bänder: ..... Stück, Stahl vernickelt, -.....-fache Verriegelung, Stehflügel mit .....-Riegel
- Drücker-Knauf-Wechselgarnitur für Hauseingangstüren auf Rosetten
- Material: Aluminium, Klasse ES 2, mit Zylinderziehschutz

Schloss / Zubehör:
- Schloss für Hausabschlusstüren, Klasse 3, vorgerichtet für Profilzylinder
- Falzdichtung: dreiseitig umlaufend
- Bodendichtung: automatisch absenkbar
- Stulp aus nichtrostendem Stahl
- elektromagnetischer Türöffner mit Tagesfalle
- Spion

Oberflächen:
- Holzprofile: **lasierend / deckend** beschichtet, Farbe: .....
- sichtbare Aluminiumteile: anodisch oxidiert, E6, Farbton: natur
- sichtbare Edelstahlteile: gebürstet

Montage:
- Wandaufbau im Anschlussbereich: einschalig
- Untergrund: .....
- Einbauebene: .....

Einbauort: Geschoss / Raum .....
Zeichnung, Plan-Nr.: .....
Hinweis: Position ggf. mit Anforderungen zu Windlast, Luftdurchlässigkeit, Schlagregendichtheit, Schalldämm-Maß, Mechanische Festigkeit und Bedienkräften erweitern.

2.751€ 3.654€ **4.033€** 5.007€ 6.783€ [St] ⏱ 11,00 h/St 026.000.001

3 Haustürelement, Kunststoff, einflüglig KG **334**

Hauseingangstürelement aus Kunststoff, einflüglig, Drehflügeltür, aus Türblatt und Zarge, mit Bänder, Türgriff, Bodendichtung und Verriegelung, vorgerichtet für Profilzylinder. Leistung einschl. Einbau in Rohbau und Ausstopfen der Fuge mit Mineralwolle. Äußere und innere Abdichtungen nach gesonderter Position.
Material / Profilsystem: **PVC-U / .....**
Anschlag: **flächenversetzt / -bündig**, rechts oder links angeschlagen, nach innen öffnend
Lichtes Rohbaumaß (B x H): .....

023 024 025 **026** 027 028 029 030 031 032 033 034 036 037 038 039

Anforderungen:
- Wärmeschutz, U_d <= 1,3 W/(m²K)
- Gesamtenergiedurchlassgrad g = ...
- Einbruchhemmung: Klasse RC .....

Türblatt:
- Paneel mit zweifacher Beplankung Kunststoff, Dämmkern aus Mineralwolle und Dampfsperre
- Oberfläche:.....
- mit Wetterschenkel
- mit Glasausschnitt (B x H): .....
- Füllung: Isolier-Verglasung, **2x VSG / 2x ESG**, U_g = ... W/(m²K), Psi = ... W/(mK), Lichtdurchlässigkeit 75 bis 80%

Zarge:
- Profil: .....
- verdeckte Befestigung, innenseitige Abdeckleisten, dreiseitig
- Hinterfüllung des Zargenhohlraums mit Mineralwolle
- Türschwelle thermisch getrennt,

Bänder / Beschläge:
- Bänder: ..... Stück, Stahl vernickelt, -.....-fache Verriegelung
- Drücker-Knauf-Wechselgarnitur für Hauseingangstüren auf Rosetten
- Material: Aluminium, Klasse ES 2, mit Zylinderziehschutz

Schloss / Zubehör:
- Schloss für Hausabschlusstüren, Klasse 3, vorgerichtet für Profilzylinder
- Falzdichtung: dreiseitig umlaufend
- Bodendichtung: automatisch absenkbar
- Stulp aus nichtrostendem Stahl

Oberflächen:
- Rahmen- und Flügelprofil **weiß / mit farbiger Folienbeschichtung** in **gleichem / unterschiedlichem** Farbton
- sichtbare Aluminiumteile: anodisch oxidiert, E6, Farbton: natur
- sichtbare Edelstahlteile: gebürstet

Montage:
- Wandaufbau im Anschlussbereich: .....
- Untergrund: .....
- Einbauebene: .....-

Einbauort: Geschoss / Raum .....
Zeichnung, Plan-Nr.: .....
Hinweis: Position ggf. mit Anforderungen zu Windlast, Luftdurchlässigkeit, Schlagregendichtheit, Schall-dämm-Maß, Mechanische Festigkeit und Bedienkräften erweitern.

–€ 1.552€ **2.187€** 2.798€ –€ [St] ⏱ 5,50 h/St 026.000.048

Kosten:
Stand 1.Quartal 2020
Bundesdurchschnitt

▶ min
▷ von
ø Mittel
◁ bis
◀ max

4 Haustürelement, Kunststoff, mehrteilig KG **334**

Hauseingangstürelement aus Kunststoff, mehrteilig, Drehflügeltür, aus Türblatt und Rahmenelement mit Fest-Verglasung, mit Bänder, Türgriff, Bodendichtung und Verriegelung, vorgerichtet für Profilzylinder. Leistung einschl. Einbau in Rohbau und Ausstopfen der Fuge mit Mineralwolle. Äußere und innere Abdichtungen nach gesonderter Position.
Material / Profilsystem: **PVC-U / .....**
Anschlag: **flächenversetzt / -bündig**, rechts oder links angeschlagen, nach innen öffnend
Lichtes Rohbaumaß (B x H): .....
Teilung: senkrecht,
Feld 1: Türelement, verglast, Drehflügel, Breite: .....
Feld 2: festverglast: Breite: .....
Anforderungen:
- Wärmeschutz, U_d = 1,3 W/(m²K)
- Gesamtenergiedurchlassgrad g = ...
- Einbruchhemmung: Klasse RC .....

Türblatt:
- Paneel mit zweifacher Beplankung Kunststoff, Dämmkern aus Mineralwolle und Dampfsperre
- Oberfläche:.....
- mit Wetterschenkel

Seitenfeld:
- mit Glasausschnitt (B x H): .....
- Füllung: Isolier-Verglasung, **2x VSG / 2x ESG**, U_g = ... W/(m²K), Psi = ... W/(mK), Lichtdurchlässigkeit 75 bis 80%

Zarge/Rahmen:
- Profil: .....
- verdeckte Befestigung, innenseitige Abdeckleisten, dreiseitig
- Hinterfüllung des Zargenhohlraums mit Mineralwolle
- Türschwelle thermisch getrennt,

Bänder / Beschläge:
- Bänder: ..... Stück, Stahl vernickelt, -.....-fache Verriegelung
- Drücker-Knauf-Wechselgarnitur für Hauseingangstüren auf Rosetten
- Material: Aluminium, Klasse ES 2, mit Zylinderziehschutz

Schloss / Zubehör:
- Schloss für Hausabschlusstüren, Klasse 3, vorgerichtet für Profilzylinder
- Falzdichtung: dreiseitig umlaufend
- Bodendichtung: automatisch absenkbar
- Stulp aus nichtrostendem Stahl

Oberflächen:
- Rahmen- und Flügelprofil **weiß / mit farbiger Folienbeschichtung** in **gleichem / unterschiedlichem** Farbton
- sichtbare Aluminiumteile: anodisch oxidiert, E6, Farbton: natur
- sichtbare Edelstahlteile: gebürstet

Montage:
- Wandaufbau im Anschlussbereich: .....
- Untergrund: .....
- Einbauebene: .....-

Nr.	Kurztext / Langtext					Kostengruppe
▶	▷	ø netto €	◁	◀	[Einheit]	Ausf.-Dauer Positionsnummer

Einbauort: **Geschoss / Raum .....**
Zeichnung, Plan-Nr.: .....
Hinweis: Position ggf. mit Anforderungen zu Windlast, Luftdurchlässigkeit, Schlagregendichtheit, Schalldämm-Maß, Mechanische Festigkeit und Bedienkräften erweitern.

2.188€ 3.075€ **3.564**€ 4.010€ 5.252€ [St] ⏱ 8,00 h/St 026.000.002

5 Haustürelement, Holz, Passivhaus, einflüglig KG **334**

Hauseingangstürelement aus Holz, einflüglig, Drehflügeltür, aus Türblatt, Zarge, Bändern, Türgriff, Bodendichtung und Verriegelung, vorgerichtet für Profilzylinder. Leistung einschl. Einbau in Rohbau und Ausstopfen der Fuge mit Mineralwolle. Äußere und innere Abdichtungen nach gesonderter Position.
Lichtes Rohbaumaß (B x H): .....
Material / Profilsystem: **Holz / .....**
Anschlag: rechts oder links angeschlagen, nach innen öffnend, mehrfach gefälzt
Anforderungen:
- Wärmeschutz, U_d = 0,8 W/(m²K)
- Gesamtenergiedurchlassgrad g = ...
- Einbruchhemmung: Klasse RC .....

Türblatt:
- wärmegedämmte mehrschichtige Konstruktion
- mit Dämmstoffeinlage
- Türblattdicke: ..... mm
- Beplankung: Nadelholz, astfrei, Holzart .....
- Kantenprofil / Anleimer: .....

Zarge:
- Holz-Blockrahmen, Verbundkonstruktion
- Profil: .....
- verdeckte Befestigung, innenseitige Abdeckleisten, dreiseitig
- Hinterfüllung des Zargenhohlraums mit Mineralwolle
- Türschwelle thermisch getrennt

Bänder / Beschläge:
- Bänder: ..... Stück, Stahl vernickelt, -.....-fache Verriegelung
- Drücker-Knauf-Wechselgarnitur für Hauseingangstüren auf Rosetten
- Material: Aluminium, Klasse ES 2, mit Zylinderziehschutz

Schloss / Zubehör:
- Schloss für Hausabschlusstüren, Klasse 3, vorgerichtet für Profilzylinder
- Falzdichtung: dreiseitig umlaufend
- Bodendichtung: automatisch absenkbar
- Stulp aus nichtrostendem Stahl
- elektromagnetischer Türöffner mit Tagesfalle
- Spion

Oberflächen:
- Holzprofile: **lasierend / deckend** beschichtet, Farbe: .....
- sichtbare Aluminiumteile: anodisch oxidiert, E6, Farbton: natur
- sichtbare Edelstahlteile: gebürstet

Montage:
- Wandaufbau im Anschlussbereich: .....
- Untergrund: .....
- Einbauebene: .....-

Kosten:
Stand 1.Quartal 2020
Bundesdurchschnitt

▶ min
▷ von
ø Mittel
◁ bis
◀ max

Einbauort: **Geschoss / Raum .....**
Zeichnung, Plan-Nr.: .....
Hinweis: Position ggf. mit Anforderungen zu Windlast, Luftdurchlässigkeit, Schlagregendichtheit, Schalldämm-Maß, Mechanische Festigkeit und Bedienkräften erweitern.
2.352€ 2.735€ **3.001€** 3.150€ 3.490€ [St] ⏱ 5,80 h/St 026.000.038

6 **Haustürelement, Passivhaus, zweiflüglig** KG **334**

Hauseingangstürelement, zweiflüglig, Drehflügeltür, aus Geh- und Stand-Türflügel, Zarge, Bändern, Türgriff, Bodendichtung, Verriegelung, vorgerichtet für Profilzylinder. Leistung einschl. Einbau in Rohbau und Ausstopfen der Fuge mit Mineralwolle. Äußere und innere Abdichtungen nach gesonderter Position.
Lichtes Rohbaumaß (B x H): .....
Standflügel: .....
Gehflügel: .....
Material: **Holz / PVC-U**
Profilsystem: .....
Anschlag: rechts oder links angeschlagen, nach innen öffnend
Anforderungen:
- Wärmeschutz, U_d = 0,8 W/(m²K)
- Gesamtenergiedurchlassgrad g = ...
- Einbruchhemmung: Klasse RC .....

Türblatt:
- wärmegedämmte mehrschichtige Konstruktion
- mit Dämmstoffeinlage
- Türblattdicke: .....mm
- Oberfläche: .....

Zarge / Rahmen:
- Profil: .....
- verdeckte Befestigung, innenseitige Abdeckleisten, dreiseitig
- Hinterfüllung des Zargenhohlraums mit Mineralwolle
- Türschwelle thermisch getrennt,

Bänder / Beschläge:
- Bänder: ..... Stück, Stahl vernickelt, -.....-fache Verriegelung
- Stehflügel mit .....-Riegel
- Drücker-Knauf-Wechselgarnitur für Hauseingangstüren auf Rosetten
- Material: Aluminium, Klasse ES 2, mit Zylinderziehschutz

Schloss / Zubehör:
- Schloss für Hausabschlusstüren, Klasse 3, vorgerichtet für Profilzylinder
- Falzdichtung: dreiseitig umlaufend
- Bodendichtung: automatisch absenkbar
- Stulp aus nichtrostendem Stahl
- elektromagnetischer Türöffner mit Tagesfalle
- Spion

Oberflächen:
- Holzprofile: **lasierend / deckend** beschichtet, Farbe: .....
- Kunststoffprofile: **..... / mit farbiger Folienbeschichtung** Farbton ....
- sichtbare Aluminiumteile: anodisch oxidiert, E6, Farbton: natur
- sichtbare Edelstahlteile: gebürstet

Nr. **Kurztext** / Langtext | Kostengruppe
▶ ▷ **ø netto €** ◁ ◀ [Einheit] Ausf.-Dauer Positionsnummer

Montage:
- Wandaufbau im Anschlussbereich: .....
- Untergrund: .....
- Einbauebene: .....-

Einbauort: **Geschoss / Raum .....**
Zeichnung, Plan-Nr.: .....
Hinweis: Position ggf. mit Anforderungen zu Windlast, Luftdurchlässigkeit, Schlagregendichtheit, Schall-dämm-Maß, Mechanische Festigkeit und Bedienkräften erweitern.
–€ 5.209€ **5.855€** 7.972€ –€ [St] ⏱ 8,50 h/St 026.000.052

Kosten:
Stand 1.Quartal 2020
Bundesdurchschnitt

7 Seitenteil, Holz, verglast, Haustür — KG **334**
Seitenteil für Hauseingangstür aus Holz, verglast mit Sicherheitsglas.
Seitenteilgröße: bis 500 x 2.200 mm
Verglasung: Isolierverglasung aus .....
U-Wert: .....
Rahmen-Profil / Holzart: .....
590€ 721€ **820€** 918€ 1.008€ [St] ⏱ 1,40 h/St 027.000.111

8 Seitenteil, Kunststoff, verglast, Haustür — KG **334**
Seitenteil für Hauseingangstür aus wärmegedämmten Kunststoffprofilen, verwindungsfrei, verglast mit Sicherheitsglas.
Seitenteilgröße: bis 500 x 2.200 mm
Verglasung: Isolierverglasung aus .....
U-Wert: .....
Rahmen-Profil: .....
488€ 594€ **660€** 719€ 805€ [St] ⏱ 1,40 h/St 027.000.112

9 Metall-Türelement, einflüglig — KG **334**
Kellereingangstüranlage aus Metallkonstruktion, einflüglig, Drehflügeltür, aus Türflügel und Zarge, mit Bändern, Türgriff, Bodendichtung und Verriegelung, vorgerichtet für Profilzylinder. Leistung einschl. Einbau in Rohbau und Ausstopfen der Fuge mit Mineralwolle, in Rohbau. Äußere und innere Abdichtungen nach gesonderter Position.
Lichtes Rohbaumaß (B x H): .....
Wanddicke: .....
Bodeneinstand: .....
Richtung: **nach außen / innen aufschlagend**
Anforderungen:
- Außentür
- Klimaklasse: .....
- mechanische Festigkeit: .....
- Einbruchhemmung: Klasse RC .....
- Wärmeschutz: U_d = ... W/(m²K)
- Schalldämmmaß R_w = ... dB

Zarge:
- Z-Zarge aus Stahl t = ... mm, mit Gegenzarge
- verdeckte Befestigung, Maueranker
- eingeschweißte Bandtaschen
- Hinterfüllung des Zargenhohlraums mit Mineralwolle

▶ min
▷ von
ø Mittel
◁ bis
◀ max

Türflügel:
- Volltürblatt, D = ... mm, Stahlblech T = ... mm
- Füllung aus Mineralwolle
- dreiseitig **gefälzt / flächenbündig, rechts / links** angeschlagen

Glasausschnitt:
- Füllung: zweifach Isolierverglasung (B x H) = ... x ....., 2x ESG, U_g = ... W/(m²K), Psi = ... W/(mK), Lichtdurchlässigkeit 75 bis 80%, innenseitige Glasleisten, vierseitig

Bänder / Beschläge:
- Federbänder: 2 Stück, Material Edelstahl
- Drücker-Knauf-Wechselgarnitur für Hauseingangstüren auf Rosetten
- Material: Edelstahl, Klasse ..... mit Zylinderziehschutz

Schloss / Zubehör:
- Schloss für Hausabschlusstüren, Klasse ....., vorgerichtet für Profilzylinder
- Falzdichtung: Silikonprofil, umlaufend
- Stulp aus nichtrostendem Stahl

Oberflächen:
- Türblatt endbeschichtet, verzinkt grundiert und Farb-Beschichtung **Nasslack / PES-Pulverbeschichtung**
- Korrosionsbelastung: C3
- Farbe: .....

Montage / Einbauort:
- Einbauebene: in Dämmebene, ca. .... mm vor Wandöffnung

Zeichnungen, Plan-Nr.: .....

Montage:
- Untergrund: Stahlbeton, einschalig, im Anschlussbereich mit WDVS
- Einbauebene: in Dämmebene, ca. .... mm vor Wandöffnung

Einbauort: Geschoss / Raum .....

Zeichnung, Plan-Nr.: .....

742€ 1.525€ **1.842**€ 2.209€ 3.204€ [St] ⏱ 5,00 h/St 026.000.005

A 1 **Holzfenster, einflüglig** Beschreibung für Pos. **10-11**

Einflügliges Drehflügelfenster aus Holz, aus Fenster- und Flügelrahmen, Dreh- Kipp-Beschlagsgarnitur mit Fenstergriff. Leistung einschl. Einbau in Rohbau und Ausstopfen der Fuge mit Mineralwolle. Äußere und innere Abdichtungen nach gesonderter Position.

Holzart: .....

Profilsystem: IV..... mit **Mittel- und innere Überschlagsdichtung / Anschlagdichtung**, mit Wetterschenkel

Rahmen / Flügel: **flächenversetzt / bündig**

Anschluss unten: an Fensterbank: **außen / innen**

Anschluss oben: an Rollladenkasten

Anforderungen:
- Wärmeschutz U_W = 1,3 W/(m²K)
- Gesamtenergiedurchlass: .....%
- Einbruchhemmung: Widerstandsklasse **RC-2 (Erdgeschoss) / RC-1-N (Obergeschoss)**

Füllung / Ausfachung:
- Zweifach-Isolierverglasung,
- Lichtdurchlässigkeit 75 bis 80%

Beschlag / Zubehör:
- Dreh-Kipp-Beschlag, **verdeckt liegend / aufliegend** eingebaut, mit Fehlbedienungssperre
- Fenstergriff mit Rosette, Einhandbedienung, aus Aluminium, Befestigung verdeckt
- Alu-Schutzschiene des Wetterschenkels, mit Endkappen, Profil: .....

023
024
025
026
027
028
029
030
031
032
033
034
036
037
038
039

Nr.	Kurztext / Langtext						Kostengruppe
▶	▷	ø netto €	◁	◀	[Einheit]	Ausf.-Dauer	Positionsnummer

Oberflächen:
- Holzprofile: **transparent / lasierend / deckend** beschichtet, imprägniert
- Rahmen- und Flügelprofil **weiß / ..... in gleichem / unterschiedlichem** Farbton
- Aluminium-Oberflächen, anodisch oxidiert, E6, natur
- Stahloberfläche: verzinkt, chromatiert

Montage:
- Wandaufbau im Anschlussbereich: .....
- Untergrund: .....
- Einbauebene: .....-

Einbauort: Geschoss / Raum .....
Zeichnung, Plan-Nr.: .....
Hinweis: Position ggf. mit Anforderungen zu Windlast, Luftdurchlässigkeit, Schlagregendichtheit, Schalldämm-Maß, Mechanische Festigkeit und Bedienkräften erweitern.

Kosten:
Stand 1.Quartal 2020
Bundesdurchschnitt

10 Holzfenster, einflüglig, bis 0,70m² KG **334**

Wie Ausführungsbeschreibung A 1
Lichtes Rohbaumaß (B x H): .....
Fenstergröße: bis 0,70 m²

285€ 362€ **391**€ 452€ 594€ [St] ⏱ 1,80 h/St 026.000.009

11 Holzfenster, einflüglig, über 0,70m² KG **334**

Wie Ausführungsbeschreibung A 1
Lichtes Rohbaumaß (B x H): .....
Fenstergröße: über 0,70 m²

305€ 506€ **576**€ 702€ 1.014€ [St] ⏱ 1,80 h/St 026.000.055

12 Holzfenster, einflüglig, Passivhaus, bis 1,00m² KG **334**

Einflügliges Drehflügelfenster aus Holz, für Passivhaus, aus Fenster- und Flügelrahmen, Dreh- Kipp-Beschlagsgarnitur mit Fenstergriff. Leistung einschl. Einbau in Rohbau und Ausstopfen der Fuge mit Mineralwolle. Äußere und innere Abdichtungen nach gesonderter Position.
Holzart: .....
Profilsystem: ..... mit **Mittel- und innere Überschlagsdichtung / Anschlagdichtung**, mit Wetterschenkel
Rahmen / Flügel: **flächenversetzt / bündig**
Anschluss unten: an Fensterbank: **außen / innen**
Anschluss oben: an Rollladenkasten
Lichtes Rohbaumaß (B x H): .....
Anforderungen:
- Wärmeschutz U_W >= 0,8 W/(m²K)
- Gesamtenergiedurchlass: .....%
- Einbruchhemmung: Widerstandsklasse **RC-2 (Erdgeschoss) / RC-1-N (Obergeschoss)**

Füllung / Ausfachung:
- Dreifach-Isolierverglasung
- Lichtdurchlässigkeit 75 bis 80%

Beschlag / Zubehör:
- Dreh-Kipp-Beschlag, **verdeckt liegend / aufliegend** eingebaut, mit Fehlbedienungssperre
- Fenstergriff mit Rosette, Einhandbedienung, aus Aluminium, Befestigung verdeckt
- Alu-Schutzschiene des Wetterschenkels, mit Endkappen, Profil: .....

▶ min
▷ von
ø Mittel
◁ bis
◀ max

Oberflächen:
- Holzprofile: **transparent / lasierend / deckend** beschichtet, imprägniert
- Rahmen- und Flügelprofil **weiß / ...... in gleichem / unterschiedlichem** Farbton
- Aluminium-Oberflächen, anodisch oxidiert, E6, natur
- Stahloberfläche: verzinkt, chromatiert

Montage:
- Wandaufbau im Anschlussbereich: .....
- Untergrund: .....
- Einbauebene: .....-

Einbauort: Geschoss / Raum .....
Zeichnung, Plan-Nr.: .....
Hinweis: Position ggf. mit Anforderungen zu Windlast, Luftdurchlässigkeit, Schlagregendichtheit, Schalldämm-Maß, Mechanische Festigkeit und Bedienkräften erweitern.

429€	581€	**651€**	721€	839€	[St]	⏱ 1,80 h/St	026.000.034

13 Holzfenster, mehrteilig, Passivhaus, über 2,50m² KG **334**

Mehrteiliges Drehflügelfenster aus Holz, für Passivhaus, aus Fenster- und Flügelrahmen, Pfosten und Riegel, Beschlagsgarnituren, Fenstergriffen und Öffnungsgestängen. Leistung einschl. Einbau in Rohbau und Ausstopfen der Fuge mit Mineralwolle. Äußere und innere Abdichtungen nach gesonderter Position.
Holzart: .....
Profilsystem: ..... mit **Mittel- und innere Überschlagsdichtung / Anschlagdichtung**, mit Wetterschenkel
Rahmen / Flügel: **flächenversetzt / bündig**
Anschluss unten: an Fensterbank: **außen / innen**
Anschluss oben: an Rollladenkasten
Lichtes Rohbaumaß (B x H): .....
Teilung: senkrecht und waagrecht
- Feld 1: Dreh-Kipp, ...
- Feld 2: Dreh-Kipp, ...
- Feld 3: Kipp, ...
- Feld 4: Kipp, ...

Anforderungen:
- Wärmeschutz U_W = 0,8 W/(m²K)
- Gesamtenergiedurchlass: ....%
- Einbruchhemmung: Widerstandsklasse **RC-2 (Erdgeschoss) / RC-1-N (Obergeschoss)**

Füllung / Ausfachung:
- Dreifach-Isolierverglasung
- Lichtdurchlässigkeit 75 bis 80%

Beschlag / Zubehör:
- Material: Aluminium, Befestigung verdeckt
- Dreh-Kipp-Beschlag, verdeckt liegend / aufliegend eingebaut, mit Fehlbedienungssperre
- Fenstergriff mit Rosette, Einhandbedienung,
- OL-Beschlag, sichtbar, mit Öffnungsgestänge und Griff
- Alu-Schutzschiene des Wetterschenkels, mit Endkappen, Profil: .....

Oberflächen:
- Holzprofile: **transparent / lasierend / deckend** beschichtet, imprägniert
- Rahmen- und Flügelprofil **weiß / ...... in gleichem / unterschiedlichem** Farbton
- Aluminium-Oberfläche anodisch oxidiert, E6, natur
- Stahloberfläche: verzinkt, chromatiert

Einbauort: .....

Nr. **Kurztext** / Langtext | Kostengruppe
▶ ▷ **ø netto €** ◁ ◀ [Einheit] Ausf.-Dauer Positionsnummer

Montage:
- Wandaufbau im Anschlussbereich: .....
- Untergrund: .....
- Einbauebene: .....-

Einbauort: **Geschoss / Raum .....**
Zeichnung, Plan-Nr.: .....
Hinweis: Position ggf. mit Anforderungen zu Windlast, Luftdurchlässigkeit, Schlagregendichtheit, Schall-dämm-Maß, Mechanische Festigkeit und Bedienkräften erweitern.
1.108€ 1.711€ **1.950**€ 2.116€ 2.642€ [St] ⏱ 3,20 h/St 026.000.042

Kosten:
Stand 1.Quartal 2020
Bundesdurchschnitt

A 2 Holz-Alu-Fenster, einflüglig Beschreibung für Pos. **14-15**

Einflügliges Drehflügelfenster aus Holz-Alu-Konstruktion, aus Fenster- und Flügelrahmen, Dreh- Kipp-Beschlagsgarnitur, mit Fenstergriff. Leistung einschl. Einbau in Rohbau und Ausstopfen der Fuge mit Mineralwolle. Äußere und innere Abdichtungen nach gesonderter Position.
Holzart: .....
Deckschale: Aluminium
Profilsystem: ..... mit **Mittel- und innere Überschlagsdichtung / Anschlagdichtung**, mit Wetterschenkel
Anschluss unten: an Fensterbank: **außen / innen**
Anschluss oben: an Rollladenkasten
Anforderungen:
- Wärmeschutz U_W = 1,3 W/(m²K)
- Gesamtenergiedurchlass: ....%
- Einbruchhemmung: Widerstandsklasse **RC-2 (Erdgeschoss) / RC-1-N (Obergeschoss)**

Füllung / Ausfachung:
- Zweifach-Isolierverglasung,
- Lichtdurchlässigkeit 75 bis 80%

Beschlag / Zubehör:
- Dreh-Kipp-Beschlag, verdeckt liegend, mit Fehlbedienungssperre
- Fenstergriff mit Rosette, Einhandbedienung, aus Aluminium, Befestigung verdeckt

Oberflächen:
- Holzprofile innen: **transparent / lasierend / deckend beschichtet**, imprägniert
- Deckschale - Aluminium: PES-pulverbeschichtet, Schichtdicke / Korrosionsbelastung: **..... / C3**
- Rahmen- und Flügelprofil **weiss / .....** in **gleichem / unterschiedlichem** Farbton
- Aluminium sichtbar, anodisch oxidiert, E6, natur
- Stahloberfläche: verzinkt, chromatiert

Montage:
- Wandaufbau im Anschlussbereich: .....
- Untergrund: .....
- Einbauebene: .....-

Einbauort: Geschoss / Raum .....
Zeichnung, Plan-Nr.: .....
Hinweis: Position ggf. mit Anforderungen zu Windlast, Luftdurchlässigkeit, Schlagregendichtheit, Schall-dämm-Maß, Mechanische Festigkeit und Bedienkräften erweitern.

▶ min
▷ von
ø Mittel
◁ bis
◀ max

14 Holz-Alu-Fenster, einflüglig, bis 0,70m² KG **334**

Wie Ausführungsbeschreibung A 2
Lichtes Rohbaumaß (B x H): .....
Fenstergröße: bis 0,70 m²
409€ 473€ **512**€ 540€ 616€ [St] ⏱ 1,80 h/St 026.000.012

15 **Holz-Alu-Fenster, einflüglig, bis 1,70m²** KG **334**

Wie Ausführungsbeschreibung A 2
Lichtes Rohbaumaß (B x H): .....
Fenstergröße: 0,70 bis 1,70 m²

436€	648€	**736**€	934€	1.281€	[St]	⏱ 2,60 h/St	026.000.013

16 **Holz-Alu-Fenster, zweiflüglig** KG **334**

Zweiflügliges Drehflügelfenster aus Holz-Alu-Konstruktion, aus einem Fenster- und zwei Flügelrahmen, Beschlagsgarnitur mit Fenstergriff. Leistung einschl. Einbau in Rohbau und Ausstopfen der Fuge mit Mineralwolle. Äußere und innere Abdichtungen nach gesonderter Position.
Holzart: .....
Deckschale: Aluminium
Profilsystem: ..... mit **Mittel- und innere Überschlagsdichtung / Anschlagdichtung**, mit Wetterschenkel
Rahmen / Flügel: **flächenversetzt / bündig**
Anschluss unten: an Fensterbank: **außen / innen**
Anschluss oben: an Rollladenkasten
Lichtes Rohbaumaß (B x H): .....
Teilung: senkrecht
Feld 1: Dreh-Kipp, Breite: .....
Feld 2: Dreh, mit Anschlag, Breite: .....
Anforderungen:
- Wärmeschutz U_W = 1,3 W/(m²K)
- Gesamtenergiedurchlass: .....%
- Einbruchhemmung: Widerstandsklasse **RC-2 (Erdgeschoss) / RC-1-N (Obergeschoss)**

Füllung / Ausfachung:
- Zweifach-Isolierverglasung
- Lichtdurchlässigkeit 75 bis 80%

Beschlag / Zubehör:
- Dreh-Kipp-Beschlag, **verdeckt liegend/ aufliegend**, mit Fehlbedienungssperre
- Fenstergriff mit Rosette, Einhandbedienung, aus Aluminium, Befestigung verdeckt

Oberflächen:
- Holzprofile innen: **transparent / lasierend / deckend** beschichtet, imprägniert
- Deckschale - Aluminium: PES-pulverbeschichtet, Schichtdicke / Korrosionsbelastung: **..... / C3**
- Rahmen- und Flügelprofil **weiss / .....** in **gleichem / unterschiedlichem** Farbton
- Aluminium sichtbar, anodisch oxidiert, E6, natur
- Stahloberfläche: verzinkt, chromatiert

Montage:
- Wandaufbau im Anschlussbereich: .....
- Untergrund: .....
- Einbauebene: .....-

Einbauort: Geschoss / Raum .....
Zeichnung, Plan-Nr.: .....
Hinweis: Position ggf. mit Anforderungen zu Windlast, Luftdurchlässigkeit, Schlagregendichtheit, Schalldämm-Maß, Mechanische Festigkeit und Bedienkräften erweitern.

1.057€	1.568€	**1.761**€	1.962€	3.207€	[St]	⏱ 3,20 h/St	026.000.014

Nr.	Kurztext / Langtext						Kostengruppe
▶	▷	ø netto €	◁	◀	[Einheit]	Ausf.-Dauer	Positionsnummer

Kosten:
Stand 1.Quartal 2020
Bundesdurchschnitt

17 Holz-Alu-Fenstertür, zweiflüglig KG **334**

Einflüglige Drehflügel-Fenstertür aus Holz-Alu-Konstruktion, aus Fenster- und Flügelrahmen, Beschlagsgarnitur mit Fenstergriff. Leistung einschl. Bohrungen und Verbindungsmitteln für die Verschraubung mit den bauseitigen Anschlüssen.
Holzart: .....
Deckschale: Aluminium
Profilsystem: ..... mit **Mittel- und innere Überschlagsdichtung / Anschlagdichtung**, mit Wetterschenkel
Rahmen / Flügel: **flächenversetzt / bündig**
Anschluss unten: an Fensterbank: **außen / innen**
Anschluss oben: an Rollladenkasten
Lichtes Rohbaumaß (B x H): .....
Teilung: senkrecht
- Feld 1: Dreh-Kipp, (B x H): .....
- Feld 2: Dreh, (B x H): ....., mit Anschlag

Anforderungen:
- Wärmeschutz U_W = 1,3 W/(m²K)
- Gesamtenergiedurchlass: ....%
- Einbruchhemmung: Widerstandsklasse **RC-2 (Erdgeschoss)/ RC-1-N (Obergeschoss)**

Füllung / Ausfachung:
- Zweifach-Isolierverglasung, innen VSG, außen ESG
- Lichtdurchlässigkeit 75 bis 80%

Beschlag / Zubehör:
- Dreh-Kipp-Beschlag, **verdeckt liegend/ aufliegend**, mit Fehlbedienungssperre
- Fenstergriff mit Rosette, Einhandbedienung, aus Aluminium, Befestigung verdeckt
- Fenstertür-Ziehgriff, Aluminium
- Systembodenschwelle: Aluminium-Formteil
- Wetterschutzschiene aus Aluminium

Oberflächen:
- Holzprofile innen: transparent / lasierend / deckend beschichtet, imprägniert
- Deckschale - Aluminium: PES-pulverbeschichtet, Schichtdicke / Korrosionsbelastung: **..... / C3**
- Rahmen- und Flügelprofil **weiss / ...... in gleichem / unterschiedlichem** Farbton
- Aluminium sichtbar, anodisch oxidiert, E6, natur
- Stahloberfläche: verzinkt, chromatiert

Montage:
- Wandaufbau im Anschlussbereich: .....
- Untergrund: .....
- Einbauebene: .....-

Einbauort: Geschoss / Raum .....
Zeichnung, Plan-Nr.: .....
Hinweis: Position ggf. mit Anforderungen zu Windlast, Luftdurchlässigkeit, Schlagregendichtheit, Schalldämm-Maß, Mechanische Festigkeit und Bedienkräften erweitern.

1.464€ 2.026€ **2.306€** 2.684€ 3.383€ [St] ⏱ 3,80 h/St 026.000.030

▶ min
▷ von
ø Mittel
◁ bis
◀ max

A 3 Kunststofffenster, einflüglig

Beschreibung für Pos. **18-19**

Einflügliges Drehflügelfenster aus Kunststoff, aus Fenster- und Flügelrahmen, Dreh-Kipp-Beschlagsgarnitur mit Fenstergriff. Leistung einschl. Einbau in Rohbau und Ausstopfen der Fuge mit Mineralwolle. Äußere und innere Abdichtungen nach gesonderter Position.
Material: Polyvinylchlorid (PVC-U), mit bleifreien Stabilisatoren
Profilsystem: Mehrkammerprofilsystem mit Stahlverstärkung, mit **Mitteldichtung / Anschlagdichtung**, mit Wetterschenkel
Rahmen / Flügel: **flächenversetzt / bündig**
Anschluss unten: an Fensterbank: **außen / innen**
Anschluss oben: an Rollladenkasten
Lichtes Rohbaumaß (B x H): siehe Unterposition
Anforderungen:
- Wärmeschutz U_w = 1,3 W/(m²K)
- Gesamtenergiedurchlass: ....%
- Einbruchhemmung: Widerstandsklasse **RC-2 (Erdgeschoss) / RC-1-N (Obergeschoss)**

Füllung / Ausfachung:
- Zweifach-Isolierverglasung
- Lichtdurchlässigkeit 75 bis 80%

Beschlag / Zubehör:
- Dreh-Kipp-Beschlag, **verdeckt liegend / aufliegend** eingebaut, mit Fehlbedienungssperre
- Fenstergriff mit Rosette, Einhandbedienung, aus Aluminium, Befestigung verdeckt

Oberflächen:
- Rahmen- und Flügelprofil **weiß / mit Folienbeschichtung** Dekor/Farbe ..... **in gleichem / unterschiedlichem** Farbton
- Aluminium-Oberflächen, anodisch oxidiert, E6, natur
- Stahloberfläche: verzinkt, chromatiert

Montage:
- Wandaufbau im Anschlussbereich: .....
- Untergrund: .....
- Einbauebene: .....-

Einbauort: Geschoss / Raum .....
Zeichnung, Plan-Nr.: .....

18 Kunststofffenster, einflüglig, bis 0,70m²

KG **334**

Wie Ausführungsbeschreibung A 3
Lichtes Rohbaumaß (B x H): .....
Fenstergröße: bis 0,70 m²

▶	▷	ø netto €	◁	◀	[Einheit]	Ausf.-Dauer	Positionsnummer
149€	237€	**269**€	315€	446€	[St]	⏱ 1,60 h/St	026.000.006

19 Kunststofffenster, einflüglig, bis 1,70m²

KG **334**

Wie Ausführungsbeschreibung A 3
Lichtes Rohbaumaß (B x H): .....
Fenstergröße: 0,70 bis 1,70 m²

▶	▷	ø netto €	◁	◀	[Einheit]	Ausf.-Dauer	Positionsnummer
236€	376€	**418**€	509€	765€	[St]	⏱ 1,60 h/St	026.000.007

Nr. **Kurztext** / Langtext | Kostengruppe
▶ ▷ **ø netto €** ◁ ◀ [Einheit] Ausf.-Dauer Positionsnummer

A 4 Kunststofffenster, mehrteilig Beschreibung für Pos. **20-21**

Drehflügelfenster aus Kunststoff, mehrteilig, aus Fenster- und Flügelrahmen, Dreh- Kipp-Beschlagsgarnituren und Fenstergriffen, OL-Kipp-Beschlagsgarnituren mit Öffnungsgestängen und Griffen. Leistung einschl. Einbau in Rohbau und Ausstopfen der Fuge mit Mineralwolle. Äußere und innere Abdichtungen nach gesonderter Position.
Holzart: .....
Profilsystem: ..... mit **Mittel- und innere Überschlagsdichtung / Anschlagdichtung**, mit Wetterschenkel
Rahmen / Flügel: **flächenversetzt / bündig**
Anschluss unten: an Fensterbank: **außen / innen**
Anschluss oben: an Rollladenkasten
Anforderungen:
- Wärmeschutz U_W = 1,3 W/(m²K)
- Gesamtenergiedurchlass: ....%
- Einbruchhemmung: Widerstandsklasse **RC-2 (Erdgeschoss)/ RC-1-N (Obergeschoss)**

Füllung / Ausfachung:
- Zweifach-Isolierverglasung,
- Lichtdurchlässigkeit 75 bis 80%

Beschlag / Zubehör:
- Material: Aluminium, Befestigung verdeckt
- Dreh-Kipp-Beschlag, **verdeckt liegend / aufliegend**/ eingebaut, mit Fehlbedienungssperre
- Fenstergriff mit Rosette, Einhandbedienung
- OL-Beschlag, aufliegend eingebaut, mit Öffnungsgestänge

Oberflächen:
- Rahmen- und Flügelprofil **weiß / mit Folienbeschichtung** Dekor/Farbe ..... **in gleichem / unterschiedlichem** Farbton
- Aluminium-Oberflächen, anodisch oxidiert, E6, natur
- Stahloberfläche: verzinkt, chromatiert

Montage:
- Wandaufbau im Anschlussbereich: .....
- Untergrund: .....
- Einbauebene: .....-

Einbauort: Geschoss / Raum .....
Zeichnung, Plan-Nr.: .....
Hinweis: Position ggf. mit Anforderungen zu Windlast, Luftdurchlässigkeit, Schlagregendichtheit, Schalldämm-Maß, Mechanische Festigkeit und Bedienkräften erweitern.

Kosten:
Stand 1.Quartal 2020
Bundesdurchschnitt

20 Kunststofffenster, mehrteilig, bis 1,70m² KG **334**

Wie Ausführungsbeschreibung A 4
Lichtes Rohbaumaß (B x H): .....
Teilung: senkrecht und waagrecht
- Feld 1: Dreh-Kipp, ...
- Feld 2: Dreh-Kipp, ...
- Feld 3: Kipp, ...
- Feld 4: Kipp, ...

Fenstergröße: bis 1,70 m²
333€ 467€ **560**€ 652€ 818€ [St] ⏱ 2,00 h/St 026.000.033

21 Kunststofffenster, mehrteilig, über 1,70m² KG **334**

Wie Ausführungsbeschreibung A 4
Lichtes Rohbaumaß (B x H): .....

▶ min
▷ von
ø Mittel
◁ bis
◀ max

 Erläuterungen zu den Tabellen siehe Seite 42

Teilung: senkrecht und waagrecht
- Feld 1: Dreh-Kipp, ...
- Feld 2: Dreh-Kipp, ...
- Feld 3: Kipp, ...
- Feld 4: Kipp, ...

Fenstergröße: über 1,70 m^2

447€ 688€ **797€** 1.096€ 1.957€ [St] ⏱ 3,50 h/St 026.000.008

22 Kunststofffenster, einflüglig, Passivhaus KG **334**

Einflügliges Drehflügelfenster aus Kunststoff, für Passivhaus, aus Fenster- und Flügelrahmen, Dreh- Kipp-Beschlagsgarnitur mit Fenstergriff. Leistung einschl. Anschluss an Rohbau und Ausstopfen der Fuge mit Mineralwolle. Äußere und innere Abdichtungen nach gesonderter Position.
Material: Polyvinylchlorid (PVC-U), mit bleifreien Stabilisatoren
Profilsystem: Mehrkammerprofil mit Stahlverstärkung, mit **Mitteldichtung / Anschlagdichtung**
Rahmen / Flügel: **flächenversetzt / bündig**
Anschluss unten: an Fensterbank: **außen / innen**
Anschluss oben: an Rollladenkasten
Lichtes Rohbaumaß (B x H): .....
Anforderungen:
- Wärmeschutz U_w = 0,8 W/(m^2K)
- Gesamtenergiedurchlass: ....%
- Einbruchhemmung: Widerstandsklasse **RC-2 (Erdgeschoss) / RC-1-N (Obergeschoss)**

Füllung / Ausfachung:
- Dreifach-Isolierverglasung
- Lichtdurchlässigkeit 75 bis 80%

Beschlag / Zubehör:
- Dreh-Kipp-Beschlag, **verdeckt liegend / aufliegend** eingebaut, mit Fehlbedienungssperre
- Fenstergriff mit Rosette, Einhandbedienung, aus Aluminium eloxiert, Befestigung verdeckt

Oberflächen:
- Rahmen- und Flügelprofil **weiß / mit Folienbeschichtung** Dekor/Farbe..... **in gleichem / unterschiedlichem** Farbton
- Aluminium-Oberfläche anodisch oxidiert, E6, natur
- Stahloberfläche: verzinkt, chromatiert

Montage:
- Wandaufbau im Anschlussbereich: .....
- Untergrund: .....
- Einbauebene: .....-

Einbauort: Geschoss / Raum .....
Zeichnung, Plan-Nr.: .....
Hinweis: Position ggf. mit Anforderungen zu Windlast, Luftdurchlässigkeit, Schlagregendichtheit, Schalldämm-Maß, Mechanische Festigkeit und Bedienkräften erweitern.

369€ 405€ **452€** 530€ 821€ [St] ⏱ 1,60 h/St 026.000.035

023
024
025
026
027
028
029
030
031
032
033
034
036
037
038
039

Kosten:
Stand 1.Quartal 2020
Bundesdurchschnitt

Nr.	Kurztext / Langtext					Kostengruppe
▶	▷	ø netto €	◁	◀	[Einheit]	Ausf.-Dauer Positionsnummer

23 Holzfenster, mehrteilig, über 2,50m² KG **334**

Drehflügelfenster aus Holz, mehrteilig, aus Fenster- und Flügelrahmen, mit Beschlagsgarnituren, Fenstergriffe und Öffnungsgestängen. Leistung einschl. Einbau in Rohbau und Ausstopfen der Fuge mit Mineralwolle. Äußere und innere Abdichtungen nach gesonderter Position.
Holzart: .....
Profilsystem: ..... mit **Mittel- und innere Überschlagsdichtung / Anschlagdichtung**, mit Wetterschenkel
Rahmen / Flügel: **flächenversetzt / bündig**
Anschluss unten: an Fensterbank: **außen / innen**
Anschluss oben: an Rollladenkasten
Lichtes Rohbaumaß (B x H): .....
Teilung: senkrecht und waagrecht
- Feld 1: Dreh-Kipp, ...
- Feld 2: Dreh-Kipp, ...
- Feld 3: Kipp, ...
- Feld 4: Kipp, ...

Anforderungen:
- Wärmeschutz U_W = 1,1 W/(m²K)
- Gesamtenergiedurchlass: ....%
- Einbruchhemmung: Widerstandsklasse **RC-2 (Erdgeschoss) / RC-1-N (Obergeschoss)**

Füllung / Ausfachung:
- Zweifach-Isolierverglasung
- Lichtdurchlässigkeit 75 bis 80%

Beschlag / Zubehör:
- Material: Aluminium, Befestigung verdeckt
- Dreh-Kipp-Beschläge, **verdeckt liegend / aufliegend** eingebaut, mit Fehlbedienungssperre
- Fenstergriff mit Rosette, Einhandbedienung
- OL-Beschlag, aufliegend, mit Öffnungsgestänge und Griff
- Alu-Schutzschiene des Wetterschenkels, mit Endkappen, Profil: .....

Oberflächen:
- Holzprofile: **transparent / lasierend / deckend** beschichtet, imprägniert
- Rahmen- und Flügelprofil **weiß / ... in gleichem / unterschiedlichem** Farbton
- Aluminium-Oberfläche anodisch oxidiert, E6, natur
- Stahloberfläche: verzinkt, chromatiert

Montage:
- Wandaufbau im Anschlussbereich: .....
- Untergrund: .....
- Einbauebene: .....-

Einbauort: Geschoss / Raum .....
Zeichnung, Plan-Nr.: .....
Hinweis: Position ggf. mit Anforderungen zu Windlast, Luftdurchlässigkeit, Schlagregendichtheit, Schalldämm-Maß, Mechanische Festigkeit und Bedienkräften erweitern.

641€ 1.283€ **1.539€** 2.026€ 3.349€ [St] ⏱ 3,00 h/St 026.000.011

▶ min
▷ von
ø Mittel
◁ bis
◀ max

023
024
025
026
027
028
029
030
031
032
033
034
036
037
038
039

24 Metall-Glas-Fenster, einflüglig, bis 2m^2 — KG **334**

Einflügliges Drehflügelfenster aus Metallprofil, aus Fenster- und Flügelrahmen, Dreh- Kipp-Beschlagsgarnitur mit Fenstergriff. Leistung einschl. Einbau in Rohbau und Ausstopfen der Fuge mit Mineralwolle. Äußere und innere Abdichtungen nach gesonderter Position.
Rahmenmaterial: Aluminium
Profilsystem: ..... mit **Mittel- und innere Überschlagsdichtung / Anschlagdichtung**, mit Wetterschenkel
Rahmen / Flügel: **flächenversetzt / bündig**
Anschluss unten: an Fensterbank: **außen / innen**
Anschluss oben: an Rollladenkasten
Lichtes Rohbaumaß (B x H): ..... (bis ca. 2,00m^2)
Anforderungen:
- Wärmeschutz U_W = 1,3 W/(m^2K)
- Gesamtenergiedurchlass: .....%
- Einbruchhemmung: Widerstandsklasse **RC-2 (Erdgeschoss)/ RC-1-N (Obergeschoss)**

Füllung / Ausfachung:
- Zweifach-Isolierverglasung
- Lichtdurchlässigkeit 75 bis 80%

Beschlag / Zubehör:
- Dreh-Kipp-Beschlag, **verdeckt liegend / aufliegend**, mit Fehlbedienungssperre
- Fenstergriff mit Rosette, Einhandbedienung, Aluminium, Befestigung verdeckt

Oberflächen:
- Fensterprofile: PES-pulverbeschichtet, Schichtdicke / Korrosionsbelastung: **..... / C3**, Farbton: .....
- Rahmen- und Flügelprofil in **gleichem / unterschiedlichem** Farbton
- Aluminium sichtbar, anodisch oxidiert, C-0
- Stahloberfläche: verzinkt, chromatiert

Montage:
- Wandaufbau im Anschlussbereich: .....
- Untergrund: .....
- Einbauebene: .....-

Einbauort: Geschoss / Raum .....
Zeichnung, Plan-Nr.: .....
Hinweis: Position ggf. mit Anforderungen zu Windlast, Luftdurchlässigkeit, Schlagregendichtheit, Schall-dämm-Maß, Mechanische Festigkeit und Bedienkräften erweitern.

265€	667€	**782€**	973€	1.363€	[St]	⏱ 2,00 h/St	026.000.015

25 Metall-Glas-Fenster, zweiflüglig, bis 4,5m^2 — KG **334**

Zweiflügliges Drehflügelfenster aus Metallprofil, aus einem Fenster- und zwei Flügelrahmen, Beschlagsgarnitur mit Fenstergriff. Leistung einschl. Einbau in Rohbau und Ausstopfen der Fuge mit Mineralwolle. Äußere und innere Abdichtungen nach gesonderter Position.
Rahmenmaterial: Aluminium
Profilsystem: Mehrkammerprofil mit **Mitteldichtung / Anschlagdichtung**
Rahmen / Flügel: **flächenversetzt / bündig**
Anschluss unten: an Fensterbank: **außen / innen**
Anschluss oben: an Rollladenkasten
Lichtes Rohbaumaß (B x H): ..... (bis ca. 4,50m^2)
Teilung: senkrecht
Feld 1: Dreh-Kipp: .....
Feld 2: Dreh, mit Anschlag: .....

Anforderungen:
- Wärmeschutz U_W = 1,3 W/(m²K)
- Gesamtenergiedurchlass: .....%
- Einbruchhemmung: Widerstandsklasse **RC-2 (Erdgeschoss) / RC-1-N (Obergeschoss)**

Füllung / Ausfachung:
- Zweifach-Isolierverglasung,
- Lichtdurchlässigkeit 75 bis 80%

Beschlag / Zubehör:
- Dreh-Kipp-Beschlag für zweiflügliges Fenster, **verdeckt liegend / aufliegend**, mit Fehlbedienungssperre
- Fenstergriff mit Rosette, Einhandbedienung, aus Aluminium eloxiert, Befestigung verdeckt

Oberflächen:
- Fensterprofile: **nasslackiert / PES-pulverbeschichtet**
- Schichtdicke / Korrosionsbelastung: **..... / C3**
- Rahmen- und Flügelprofil **weiss / .....** in **gleichem / unterschiedlichem Farbton**
- - Aluminium sichtbar, anodisch oxidiert, C-0
- Stahloberfläche: verzinkt, chromatiert

Montage:
- Wandaufbau im Anschlussbereich: .....
- Untergrund: .....
- Einbauebene: .....-

Einbauort: Geschoss / Raum .....
Zeichnung, Plan-Nr.: .....
Hinweis: Position ggf. mit Anforderungen zu Windlast, Luftdurchlässigkeit, Schlagregendichtheit, Schalldämm-Maß, Mechanische Festigkeit und Bedienkräften erweitern.

836€ 1.543€ **1.811**€ 2.344€ 3.583€ [St] ⏱ 4,00 h/St 026.000.016

Kosten:
Stand 1.Quartal 2020
Bundesdurchschnitt

26 Metall-Glas-Fenster, mehrteilig, außen, 5,00m² KG **334**

Mehrteiliges Drehflügelfenster aus Metallprofil, aus einem Fenster- und zwei Flügelrahmen, Beschlagsgarnitur mit Fenstergriff. Leistung einschl. Einbau in Rohbau und Ausstopfen der Fuge mit Mineralwolle. Äußere und innere Abdichtungen nach gesonderter Position.
Rahmenmaterial: Aluminium
Profilsystem: Mehrkammerprofil mit **Mitteldichtung / Anschlagdichtung**
Rahmen / Flügel: **flächenversetzt / bündig**
Anschluss unten: an Fensterbank: **außen / innen**
Anschluss oben: .....
Lichtes Rohbaumaß (B x H): ..... (ca. 5,00m²)
Teilung: senkrecht und waagrecht
- Feld 1: Dreh-Kipp, ...
- Feld 2: Dreh-Kipp, ...
- Feld 3: Kipp, ...
- Feld 4: Kipp, ...

Anforderungen:
- Wärmeschutz U_W = 1,3 W/(m²K)
- Gesamtenergiedurchlass: .....%

Einbruchhemmung: Widerstandsklasse **RC-2 (Erdgeschoss)/ RC-1-N (Obergeschoss)**
Füllung / Ausfachung:
- Zweifach-Isolierverglasung
- Lichtdurchlässigkeit 75 bis 80%

▶ min
▷ von
ø Mittel
◁ bis
◀ max

Beschlag / Zubehör:
- Material: Aluminium, Befestigung verdeckt
- Dreh-Kipp-Beschläge, **verdeckt liegend / aufliegend** eingebaut, mit Fehlbedienungssperre
- Fenstergriff mit Rosette, Einhandbedienung
- OL-Beschlag, aufliegend, mit Öffnungsgestänge und Griff

Oberflächen:
- Fensterprofile: **nasslackiert / PES-pulverbeschichtet**, Schichtdicke / Korrosionsbelastung: **..... / C3**
- Rahmen- und Flügelprofil **weiß / ......** in **gleichem / unterschiedlichem** Farbton
- Aluminium sichtbar, anodisch oxidiert, C-0
- Stahloberfläche: verzinkt, chromatiert

Montage:
- Wandaufbau im Anschlussbereich: .....
- Untergrund: .....
- Einbauebene: .....-

Einbauort: Geschoss / Raum .....
Zeichnung, Plan-Nr.: .....
Hinweis: Position ggf. mit Anforderungen zu Windlast, Luftdurchlässigkeit, Schlagregendichtheit, Schalldämm-Maß, Mechanische Festigkeit und Bedienkräften erweitern.

1.693€ 2.334€ **2.624**€ 4.034€ 6.551€ [St] ⏱ 4,40 h/St 026.000.032

27 Metall-Glas-Fenstertür, einflüglig KG **334**

Einflüglige Drehflügel-Fenstertür in Metall-Konstruktion, aus Fenster- und Flügelrahmen, Dreh-Kipp-Beschlagsgarnitur mit Fenstergriff. Leistung einschl. Einbau in Rohbau und Ausstopfen der Fuge mit Mineralwolle. Äußere und innere Abdichtungen nach gesonderter Position.
Rahmen-Material: Aluminium
Profilsystem: ..... mit **Mittel- und innere Überschlagsdichtung / Anschlagdichtung**
Rahmen / Flügel: **flächenversetzt / bündig**
Anschluss unten: an Fensterbank: **außen / innen**
Anschluss oben: an Rollladenkasten
Lichtes Rohbaumaß (B x H): .....

Anforderungen:
- Wärmeschutz U_W = 1,3 W/(m²K)
- Gesamtenergiedurchlass: .....%
- Einbruchhemmung: Widerstandsklasse **RC-2 (Erdgeschoss) / RC-1-N (Obergeschoss)**

Füllung / Ausfachung:
- Zweifach-Isolierverglasung, innen VSG, außen ESG
- Lichtdurchlässigkeit 75 bis 80%

Beschlag / Zubehör:
- Dreh-Kipp-Beschlag, **verdeckt liegend / aufliegend**, mit Fehlbedienungssperre
- Fenstergriff mit Rosette, Einhandbedienung, aus Aluminium, Befestigung verdeckt
- Fenstertür-Ziehgriff, Aluminium,
- Systembodenschwelle: Aluminium-Formteil

Oberflächen:
- Fensterprofile: PES-pulverbeschichtet, Schichtdicke/ Korrosionsbelastung: **..... / C3**
- Rahmen- und Flügelprofil **weiss / ......** in **gleichem / unterschiedlichem** Farbton
- Aluminium sichtbar, anodisch oxidiert, C-0
- Stahloberfläche: verzinkt, chromatiert

Nr. **Kurztext** / Langtext — Kostengruppe
▶ ▷ **ø netto €** ◁ ◀ [Einheit] Ausf.-Dauer Positionsnummer

Montage:
- Wandaufbau im Anschlussbereich: .....
- Untergrund: .....
- Einbauebene: .....-

Einbauort: Geschoss / Raum .....
Zeichnung, Plan-Nr.: .....
Hinweis: Position ggf. mit Anforderungen zu Windlast, Luftdurchlässigkeit, Schlagregendichtheit, Schalldämm-Maß, Mechanische Festigkeit und Bedienkräften erweitern.
837€ 1.893€ **2.455**€ 2.921€ 3.744€ [St] ⏱ 3,80 h/St 026.000.031

Kosten:
Stand 1.Quartal 2020
Bundesdurchschnitt

28 Pfosten-Riegel-Fassade, Holz/Holz-Aluminium — KG **334**

Paneel für Einsatz in beschriebener Pfosten-Riegel-Fassade. Leistung einschl. Lieferung und Einbau aller Komponenten.
Paneelmaterial: **Metall- / Glas-Metall**
Elementgröße (B x H): .....
Paneeldicke: .....
Art / Form:
- Innenblech t = ... mm, **Aluminium / Stahlblech** verzinkt, umlaufend zweifach gekantet
- Außenblech, **Aluminium t = ... mm, inkl. erforderlicher Aussteifungen / ESG-H, rückseitig farbemailliert / beschichtet**
- Füllung Paneelkern: ....., Raumgewicht mind. ..... kg/m^3
- Paneelhersteller: .....

Anforderung:
- Schallschutz R_w = ... dB
- Wärmeschutz Up = ... W/(m^{2}K)

Oberfläche:
- außen / innen: **Nasslackierung / PES-Pulverbeschichtung / Aluminium-Rahmenoberfläche, anodisch oxidiert, C-0**
- Schichtdicke / Korrosionsbelastung: ..... / C3
- Farbton: .....

Einbauebene: bündig mit VK Fassade
Einbauort: Geschoss / PR-Fassade .....
Zeichnung, Plan-Nr.: .....
356€ 601€ **668**€ 855€ 1.151€ [m^2] ⏱ 2,50 h/m^2 026.000.017

▶ min
▷ von
ø Mittel
◁ bis
◀ max

29 Pfosten-Riegel-Fassade, Metall — KG **334**

Pfosten-Riegel-Konstruktion aus Metallprofilen für mehrgeschossige Fassade, selbsttragend, wärmegedämmt, aus Tragprofil, innerem und äußerem Anpressprofil mit Dichtungen und Abdeckprofil, geeignet für **versetzten / bündigen** Einbau von Öffnungselementen. Leistung einschl. Bohrungen und Verbindungsmitteln für die Verschraubung mit den bauseitigen Anschlüssen und Einbau aller Komponenten. Anschlüsse an begrenzende Bauteile, Öffnungselemente und Paneele nach gesonderter Position.
Lichtes Rohbaumaß (B x H): .....
Aufteilung / Form: mehrteilig, mit durchlaufendem Pfosten .....
Profileausbildung:
Ansichtsbreite des Profils: **50 / 60** mm
Profiltiefe: ..... mm
Bautiefe des Tragprofils: ..... mm
Bautiefe des Riegelprofils: .....
Form der Deckleiste: **rechteckig / u-förmig**, Abmessung: .....

Rahmenmaterial:
- Tragprofil aus Metall, Material **Stahl / Aluminium**
- Wärmedurchgang Rahmen Uf = ... W/(m²K)

Anforderungen:
- Wärmeschutz Ucw = ... W/(m²K)
- Gesamtenergiedurchlass: ..... %
- Windlast: .....
- Rahmendurchbiegung: B
- Luftdurchlässigkeit: Klasse: .....
- Schlagregendichtheit: Klasse: .....
- Schalldämm-Maß: R_w ..... dB
- Stoßfestigkeit: Klasse .....

Glasfüllung:
- transparent, Isolierverglasung / Sonnenschutz- / Wärmeschutzverglasung, zweifach
- Wärmedurchgang Glas U_g = ... W/(m²K)
- Wärmedurchgang Glasrand Psi = ... W/(mK)
- Lichtdurchlässigkeit: ..... %
- Abstandhalter: **Aluminium / Edelstahl / Kunststoff**

Oberflächen:
- Tragprofil und Deckleiste in **gleichem / unterschiedlichem** Farbton
- äußere Pressleiste: **Nasslackierung / Pulverbeschichtung, RAL- / NCS, Farbe .....**

Montage:
- Wandaufbau im Anschlussbereich: mehrschalig, hinterlüftete Konstruktion
- Untergrund: Stahlbeton
- Einbauebene: .....-

Einbauort: Geschoss / Fassade .....
Zeichnung, Plan-Nr.: .....

221€ 559€ **684**€ 919€ 1.431€ [m²] ⏱ 2,50 h/m² 026.000.018

30 **Einsatzelement, Türe, PR-Fassade** KG **334**

Türanlage wärmegedämmt, Drehflügeltür, für Einsatz in beschriebener Pfosten-Riegel-Fassade, aus thermisch getrennten Rohrrahmenprofilen, ein- und zweiflüglig.
Profilsystem: .....
Elementmaß (B x H): .....
Grund- und Türkonstruktion: .....
Aufteilung / Form:
- zweiteilig, aus Zarge und Türflügel, nach **innen / außen** aufschlagend
- doppelte Anschlagdichtung seitlich und oben, beidseitig mit umlaufender Schattenfuge b = ... mm

Rahmen:
- Rohrrahmen aus Aluminium, Mehrkammerprofilsystem, mit thermischer Trennung, mit **Mitteldichtung / Anschlagdichtung**

Füllung / Ausfachung:
- transparent, Isolierverglasung, zweifach
- Lichtdurchlässigkeit 75 bis 80%

Kosten:
Stand 1.Quartal 2020
Bundesdurchschnitt

Nutzung / Anforderungen:
- Klimaklasse: .....
- Nutzungskategorie DIN EN 1192: Klasse 3-4
- Beanspruchungsgruppe: Klasse .....
- Schalldämmmaß R_w,R: ..... dB
- Wärmeschutz U_d = ... W/(m²K)
- Gesamtenergiedurchlass: .....%
- Luftdurchlässigkeit: Klasse .....
- Schlagregendichtheit: Klasse .....
- Einbruchhemmung: Widerstandsklasse RC .....
- Bedienungskräfte: Klasse .....

Beschlag / Zubehör:
- Türgriff aus Aluminium, Einhandbedienung, eloxiert, Befestigung verdeckt liegend
- Öffnungsbegrenzer

Oberflächen:
- Rahmen- und Flügelprofil in **gleichem / unterschiedlichem** Farbton
- Beschichtung aus **Nasslackierung / PES-Pulverbeschichtung**, **RAL- / NCS**-Farbton nach Mustervorlage
- Schichtdicke / Korrosionsbelastung: **..... / C3**
- Aluminium sichtbar, anodisch oxidiert, C-0

Montage:
- im Schwellenbereich ist mindestens eine Dichtung einzusetzen
- Einbauebene: bündig mit VK Fassade

Einbauort: Geschoss / Fassade / Raum .....
Zeichnung, Plan-Nr.: .....

768€ 1.482€ **1.801**€ 2.360€ 3.442€ [St] ⏱ 4,50 h/St 026.000.019

31 Einsatzelement, Fenster, PR-Fassade KG **334**

Fensterelement mit Dreh-Kippfunktion, für Einsatz in beschriebener Pfosten-Riegel-Fassade. Leistung einschl. Bohrungen und Verbindungsmittel für den Einbau, Einbau aller Komponenten und Gangbarmachen des Fensters.
Material: **Holz / Aluminium**
Abmessung (B x H): .....
Wärmeschutz U_w = 1,3 W/(m²K)
Beschlag und Griff: .....
Füllung: Zweifach-Isolierverglasung, Lichtdurchlässigkeit 75 bis 80%
Einbauebene: bündig mit VK Fassade
Einbauort: Geschoss / PR-Fassade .....
Zeichnung, Plan-Nr.: .....

287€ 533€ **656**€ 778€ 1.105€ [St] ⏱ 2,00 h/St 026.000.020

32 Einsatzelement, Paneel, PR-Fassade KG **334**

Paneel für Einsatz in beschriebener Pfosten-Riegel-Fassade inkl. erforderlicher Aussteifungen. Leistung einschl. Lieferung und Einbau aller Komponenten.
Paneelmaterial: **Metall- / Glas-Metall**
Elementgröße (B x H): .....
Paneeldicke: .....

▶ min
▷ von
ø Mittel
◁ bis
◀ max

Art / Form:
- Innenblech t = ... mm, **Aluminium / Stahlblech** verzinkt, umlaufend zweifach gekantet
- Außenblech, Aluminium t = ... mm, beschichtet
- Füllung Paneelkern: ....., Raumgewicht mind. ..... kg/m³

- Paneelhersteller: .....

Anforderung:
- Schallschutz R_w = ... dB
- Wärmeschutz Up = ... W/(m²K)

Oberfläche:
- außen / innen: .....
- Schichtdicke / Korrosionsbelastung: **..... / C3**
- Farbton: .....

Einbauebene: bündig mit VK Fassade
Einbauort: Geschoss / PR-Fassade .....
Zeichnung, Plan-Nr.: .....

▶	▷	ø netto €	◁	◀	[Einheit]	Ausf.-Dauer	Positionsnummer
73€	173€	**198**€	210€	256€	[m²]	⏱ 0,80 h/m²	026.000.021

33 Sicherheitsglas, Mehrpreis, PR-Fassade KG **334**

Isolierverglasung als Sicherheitsglas für den Einsatz in vor beschriebener Pfosten-Riegel-Fassade, montiert im Brüstungsbereich der Fassade als absturzsichernde Verglasung DIN 18008-4, einschl. Befestigung mit Glashalteleisten und Dichtstoff. Preis als Mehrpreis zur Systemverglasung.
Einbau in: Pfosten-Riegel-Fassade
Art / Form:
- Innenscheibe: **ESG / VSG**, t= ..... mm
- Scheibenzwischenraum: d= ..... mm
- Außenscheiben: **ESG / VSG**, t= ..... mm
- Glashersteller: .....

Anforderung:
- transparent
- Wärmedurchgang Glas U_g = ... W/(m²K)
- Wärmedurchgang Glasrand Psi = ... W/(mK)
- Lichtdurchlässigkeit ca. 75%
- Schallschutz: R_w = ... dB

Einbaulage: .....
Einbauort: **Geschoss / PR-Fassade .....**
Zeichnung, Plan-Nr.: .....

▶	▷	ø netto €	◁	◀	[Einheit]	Ausf.-Dauer	Positionsnummer
24€	51€	**60**€	72€	101€	[m²]	⏱ 0,50 h/m²	026.000.022

023 024 025 **026** 027 028 029 030 031 032 033 034 036 037 038 039

Nr.	Kurztext / Langtext						Kostengruppe
▶	▷	ø netto €	◁	◀	[Einheit]	Ausf.-Dauer	Positionsnummer

34 Fensterbank, außen, Aluminium, beschichtet KG **334**

Fensterbank aus Aluminium-Strangpressprofil, außen, verdeckt befestigt, Unterstopfen mit Mineralwolle, mit Bordstücken mit Bewegungsausgleich, eingebaut im Gefälle von mind. 8%, Profil entdröhnt, mit Schutz gegen Abheben.
Profilsystem: .....
Ausladung: .....
Fensterbanklänge: .....
Abwicklung: .....
Kantungen: .....
Oberfläche: anodisch oxidiert
Farbton: C-0, natur
Einbauort: .....
Einbauhöhe: .....
Montage:
- Wandaufbau im Anschlussbereich: einschalig mit WDVS
- Untergrund: Stahlbeton

Einbauort: Geschoss / Fassade .....

16€ 31€ **35**€ 43€ 61€ [m] ⏱ 0,30 h/m 026.000.023

35 Abdichtung, Fensteranschluss KG **334**

Luftdichte und schlagregendichte Anschlüsse an Fensterprofile, Einbau an Fugeninnen- und außenseite, Material innen mit höherem Diffusionswiderstand als außen, außen als diffusionsoffenes Klebeband; Klebeband befestigt auf der Stirnseite des Fensterprofils. Leistung inkl. Material und Nebenarbeiten.
Innenseite: .....
Außenseite: .....
Anschluss:: .....
Angeb. Fabrikat: .....

3€ 7€ **9**€ 16€ 24€ [m] ⏱ 0,10 h/m 026.000.036

36 RAL-Anschluss, Fenster KG **334**

RAL-Anschluss des Fensters an Massivwand, inkl. Ausstopfen der Fuge mit Mineralwolle.
Ausführung: Laibungsmontage, stumpfer Anschluss, bündig mit Vorderkante der Wandöffnung
Fenstergewicht: ..... kg
vertikale Nutzlast: Klasse 2 (P=400 N)
Gebäudehöhe: .....
Windzone: .....
Untergrund: .....

–€ 20€ **24**€ 32€ –€ [m] ⏱ 0,17 h/m 026.000.054

37 Stundensatz Facharbeiter, Fensterbauarbeiten

Stundenlohnarbeiten für Vorarbeiter, Facharbeiter und Gleichgestellte (z.B. Spezialbaufacharbeiter, Baufacharbeiter, Obermonteure, Monteure, Gesellen, Maschinenführer, Fahrer und ähnliche Fachkräfte). Verrechnungssatz für die jeweilige Arbeitskraft inkl. aller Aufwendungen wie Lohn- und Gehaltskosten, Lohn- und Gehaltsnebenkosten, Zuschläge, lohngebundene und lohnabhängige Kosten, sonstige Sozialkosten, Gemeinkosten, Wagnis und Gewinn. Leistung nach besonderer Anordnung der Bauüberwachung. Anmeldung und Nachweis gem. VOB/B.

43€ 51€ **54**€ 60€ 73€ [h] ⏱ 1,00 h/h 026.000.043

Kosten:
Stand 1.Quartal 2020
Bundesdurchschnitt

▶ min
▷ von
ø Mittel
◁ bis
◀ max

38 Stundensatz Helfer, Fensterbauarbeiten

Stundenlohnarbeiten für Werker, Helfer und Gleichgestellte (z.B. Baufachwerker, Helfer, Hilfsmonteure, Ungelernte, Angelernte). Verrechnungssatz für die jeweilige Arbeitskraft inkl. aller Aufwendungen wie Lohn- und Gehaltskosten, Lohn- und Gehaltsnebenkosten, Zuschläge, lohngebundene und lohnabhängige Kosten, sonstige Sozialkosten, Gemeinkosten, Wagnis und Gewinn. Leistung nach besonderer Anordnung der Bauüberwachung. Anmeldung und Nachweis gem. VOB/B.

38€ 42€ **46**€ 50€ 57€ [h] ⏱ 1,00 h/h 026.000.044

Kosten:
Stand 1.Quartal 2020
Bundesdurchschnitt

- ▶ min
- ▷ von
- ø Mittel
- ◁ bis
- ◀ max

Nr.	Positionen	Einheit	▶	▷	ø brutto € / ø netto €	◁	◀
1	Innentür, rauchdicht, S200-C5, einflüglig, 750x2.000/2.125	St	–	518	**576**	646	–
			–	435	**484**	543	–
2	Innentür, rauchdicht, S200-C5, einflüglig, 875x2.000/2.125	St	382	555	**619**	835	1.130
			321	467	**520**	702	950
3	Innentür, rauchdicht, S200-C5, einflüglig, 1.000x2.000/2.125	St	627	839	**964**	1.080	1.903
			527	705	**810**	907	1.599
4	Innentür, EI2 30-SaC5, einflüglig, 750x2.000/2.125	St	821	1.211	**1.324**	1.487	2.620
			690	1.017	**1.113**	1.249	2.201
5	Innentür, EI2 30-SaC5, einflüglig, 875x2.000/2.125	St	1.159	1.525	**1.682**	2.145	2.938
			974	1.281	**1.413**	1.803	2.469
6	Innentür, EI2 30-SaC5, einflüglig 1.000x2.000/2.125	St	1.174	1.744	**1.871**	2.183	3.564
			987	1.466	**1.572**	1.834	2.995
7	Innentür, Röhrenspan, einflüglig, 750x2.000/2.125	St	275	418	**481**	586	818
			231	351	**405**	493	688
8	Innentür, Röhrenspan, einflüglig, 875x2.000/2.125	St	287	473	**556**	734	1.074
			242	398	**467**	617	903
9	Innentür, Röhrenspan, einflüglig, 1.000x2.000/2.125	St	355	732	**863**	936	1.202
			298	615	**725**	787	1.010
10	Innentür, zweiflüglig, Röhrenspan	St	1.311	1.836	**2.039**	2.450	3.156
			1.102	1.543	**1.714**	2.059	2.652
11	Türblatt, einflüglig, kunststoffbeschichtet, 750x2.000/2.125	St	133	176	**304**	364	472
			112	148	**256**	306	396
12	Türblatt, einflüglig, kunststoffbeschichtet, 875x2.000/2.125	St	147	205	**336**	375	510
			124	173	**282**	315	428
13	Türblatt, einflüglig, kunststoffbeschichtet, 1.000x2.000/2.125	St	163	234	**367**	394	552
			137	196	**308**	331	464
14	Türblatt, einflüglig, Vollspan, 750x2.000/2.125	St	220	285	**324**	353	415
			185	240	**272**	297	349
15	Türblatt, einflüglig, Vollspan, 875x2.000/2.125	St	228	356	**420**	524	675
			192	299	**353**	440	567
16	Türblatt, einflüglig, Vollspan, 1.000x2.000/2.125	St	238	367	**453**	595	763
			200	308	**381**	500	641
17	Türblatt, Vollspan, zweiflüglig	St	772	977	**1.105**	1.168	1.487
			649	821	**928**	982	1.249
18	Schiebetürelement, innen, einflüglig	St	559	998	**1.142**	1.505	2.346
			469	839	**959**	1.265	1.972
19	Ganzglas-Türblatt, innen	St	162	613	**700**	963	1.485
			136	515	**588**	809	1.248
20	Stahleckzarge, innen, 750x2.000/2.125	St	109	133	**147**	164	187
			92	112	**124**	138	157
21	Stahleckzarge, innen, 875x2.000/2.125	St	121	138	**150**	168	190
			101	116	**126**	141	160

Nr.	Positionen	Einheit	▶	▷ ø brutto € / ø netto €		◁	◀
22	Stahleckzarge, innen, 1.000x2.000/2.125	St	130	142	**158**	177	194
			109	120	**133**	149	163
23	Stahl-Umfassungszarge, innen, 750x2.000/2.125	St	140	190	**221**	242	279
			118	160	**185**	203	234
24	Stahl-Umfassungszarge, innen, 1.000x2.000/2.125	St	177	245	**276**	304	370
			149	206	**232**	256	311
25	Holz-Umfassungszarge, innen, 750x2.000/2.125	St	160	192	**211**	258	340
			134	161	**177**	216	286
26	Holz-Umfassungszarge, innen, 1.000x2.000/2.125	St	319	412	**461**	479	609
			268	346	**388**	402	512
27	Anschlussdichtung, Tür	St	5	6	**7**	7	9
			4	5	**6**	6	7
28	Anschlagschiene, Aluminium, Tür	St	21	24	**27**	30	34
			17	20	**23**	25	28
29	Anschlagschiene, Messing, Tür	St	96	34	**38**	41	48
			81	29	**32**	35	40
30	Fensterbank, innen, Holz; bis 875mm	St	56	82	**88**	105	132
			47	69	**74**	88	111
31	Fensterbank, innen, Holz; über 875 bis 1.500mm	St	77	101	**114**	142	181
			65	85	**96**	120	152
32	Fensterbank, innen, Holz; über 1.500 bis 2.500mm	St	113	171	**199**	225	282
			95	144	**168**	189	237
33	Holz-/Abdeckleisten, Fichte	m	8	19	**24**	30	45
			7	16	**20**	25	38
34	Verfugung, elastisch	m	4	6	**7**	11	16
			3	5	**6**	9	13
35	Bodentreppe, gedämmt	St	529	691	**764**	1.033	1.380
			444	580	**642**	868	1.160
36	Bodentreppe, EI30	St	1.153	1.473	**1.801**	2.336	3.462
			969	1.238	**1.514**	1.963	2.909
37	Unterkonstruktion, Innenwandbekleidung	m²	26	32	**38**	45	62
			22	27	**32**	38	52
38	Innenwandbekleidung, Sperrholz	m²	14	115	**163**	193	320
			12	97	**137**	162	269
39	Innenwandbekleidung, Sperrholzplatten, mit UK	m²	75	174	**229**	307	413
			63	147	**192**	258	347
40	Innenwandbekleidung, Dekorspanplatte, mit UK	m²	122	150	**172**	188	215
			103	126	**145**	158	181
41	Schalung, Spanplatten	m²	26	56	**72**	94	132
			22	47	**60**	79	111
42	Unterkonstruktion, Büroraumwände	m²	–	69	**82**	101	–
			–	58	**69**	84	–
43	Büro-Trennwand, Tragprofile/Paneele	m²	122	157	**197**	266	442
			102	132	**165**	224	371
44	Trennwand, Spannplatten/HPL, Rahmen	m²	–	187	**212**	236	–
			–	157	**178**	199	–
45	Trennwandanlage, Spanplatten/Melamin	m²	–	166	**187**	206	–
			–	140	**157**	173	–

023 024 025 026 027 028 029 030 031 032 033 034 036 037 038 039

Nr.	Positionen	Einheit	▶	▷	ø brutto € / ø netto €	◁	◀
46	Trennwandanlage, HPL-Kompaktplatten	m²	148	161	**167**	171	184
			124	135	**140**	144	154
47	WC-Schamwand Urinale	St	116	147	**164**	185	223
			97	123	**137**	155	188
48	Prallwand-Unterkonstruktion	m²	31	43	**48**	54	70
			26	36	**40**	45	59
49	Prallwandbekleidung, ballwurfsicher	m²	46	78	**101**	121	155
			38	65	**85**	101	130
50	Akustikvlies-Abdeckung, schwarz	m²	3	6	**8**	10	14
			3	5	**7**	8	12
51	Geräteraum-Schwingtor, Metall/Holz	St	2.147	3.479	**3.948**	4.580	6.362
			1.804	2.923	**3.317**	3.849	5.346
52	Sporthallentür, zweiflüglig	St	5.075	6.204	**6.395**	8.387	11.200
			4.265	5.214	**5.374**	7.048	9.412
53	Garderobenleiste	m	27	87	**117**	156	224
			23	73	**98**	131	188
54	Garderobenschrank	St	304	424	**498**	593	729
			255	356	**418**	499	613
55	Einbauküche, melaminharzbeschichtet	St	1.106	3.169	**4.038**	4.861	6.552
			929	2.663	**3.394**	4.085	5.506
56	Teeküche, melaminharzbeschichtet	St	975	3.417	**4.338**	5.944	9.346
			819	2.872	**3.645**	4.995	7.854
57	Unterschrank, Küche, bis 600mm	St	202	413	**507**	621	861
			170	347	**426**	522	724
58	Oberschrank, Küche, bis 600mm	St	162	247	**264**	312	407
			136	208	**222**	262	342
59	Treppenstufe, Holz	St	67	146	**183**	278	487
			56	122	**153**	233	409
60	Handlauf-Profil, Holz	m	27	46	**53**	68	106
			22	38	**45**	57	89
61	Geländer, gerade, Rundstabholz	m	224	346	**379**	449	624
			188	290	**319**	377	524
62	Stundensatz Tischler-Facharbeiter	h	50	60	**64**	68	77
			42	50	**54**	57	64
63	Stundensatz Tischler-Helfer	h	38	45	**49**	53	60
			32	38	**41**	44	50

Kosten:
Stand 1.Quartal 2020
Bundesdurchschnitt

▶ min
▷ von
ø Mittel
◁ bis
◀ max

Nr. **Kurztext** / Langtext — Kostengruppe
▶ ▷ **ø netto €** ◁ ◀ [Einheit] Ausf.-Dauer Positionsnummer

A 1 Innentür, rauchdicht, S200-C5 Beschreibung für Pos. **1-3**

Innentürelement mit Türblatt aus Holzwerkstoff und Zarge, rauchdicht und selbstschließend, einflüglig, als Drehtür. Bänder, Obentürschließer, Türgriffe und Verriegelung, vorgerichtet für Profilzylinder. Oberflächen, Türblatt und Kanten, Zargenform, Füllungen, Falzdichtungen, Bänder, Türgriffe und Verriegelung gem. Einzelbeschreibung.
Anschlag: **rechts / links**

Anforderung Brandschutz:
- Klasse: S200 – selbstschließende Eigenschaften: C5
- Zulassung: ....

Anforderung Türelement:
- Klimaklasse DIN EN 1121: II
- Beanspruchungsgruppe DIN EN 1192: Klasse 2 - Büroräume
- Bauteilwiderstandsklasse: ....
- Schalldämmmaß R_w,R: ..... dB
- Geltungsbereich DIN 16580: Normalraum

Anforderung Zarge:
- Umfassungszarge
- Material: Stahl, 2,0 mm
- mit Bodeneinstand

1 **Innentür, rauchdicht, S200-C5, einflüglig, 750x2.000/2.125** KG **344**

Wie Ausführungsbeschreibung A 1
Baurichtmaß (B x H): 750 x **2.000 / 2.125** mm
Maulweite Zarge: .....
Untergrund: .....
Einbauort: Geschoss / Raum: .....

▶	▷	ø netto €	◁	◀	[Einheit]	Ausf.-Dauer	Positionsnummer
–€	435€	**484**€	543€	–€	[St]	⏱ 2,80 h/St	027.000.084

2 **Innentür, rauchdicht, S200-C5, einflüglig, 875x2.000/2.125** KG **344**

Wie Ausführungsbeschreibung A 1
Baurichtmaß (B x H): 875 x **2.000 / 2.125** mm
Maulweite Zarge: .....
Untergrund: .....
Einbauort: Geschoss / Raum: .....

▶	▷	ø netto €	◁	◀	[Einheit]	Ausf.-Dauer	Positionsnummer
321€	467€	**520**€	702€	950€	[St]	⏱ 2,80 h/St	027.000.049

3 **Innentür, rauchdicht, S200-C5, einflüglig, 1.000x2.000/2.125** KG **344**

Wie Ausführungsbeschreibung A 1
Baurichtmaß (B x H): 1.000 x **2.000 / 2.125** mm
Maulweite Zarge: .....
Untergrund: .....
Einbauort: Geschoss / Raum: .....

▶	▷	ø netto €	◁	◀	[Einheit]	Ausf.-Dauer	Positionsnummer
527€	705€	**810**€	907€	1.599€	[St]	⏱ 2,80 h/St	027.000.050

Nr.	Kurztext / Langtext					Kostengruppe
▶	▷	ø netto €	◁	◀	[Einheit]	Ausf.-Dauer Positionsnummer

A 2 Innentür, EI2 30-SaC5, einflüglig — Beschreibung für Pos. **4-6**

Innentürelement mit Türblatt aus Holzwerkstoff und Zarge, feuerhemmend und selbstschließend, einflüglig, als Drehtür, Bänder, Obentürschließer, Türgriffe und Verriegelung, vorgerichtet für Profilzylinder. Oberflächen, Türblatt und Kanten, Zargenform, Füllungen, Falzdichtungen, Bänder, Türgriffe und Verriegelung gem. Einzelbeschreibung.
Anschlag: **rechts / links**
Anforderung Brandschutz:
- Klasse: EI2 30-Sa - selbstschließende Eigenschaften C5

Anforderung Türelement:
- Klimaklasse DIN EN 1121: II
- Beanspruchungsgruppe DIN EN 1192: Klasse 2 - Büroräume
- Bauteilwiderstandsklasse: Türblatt aus Holzwerkstoff
- Schalldämmmaß R_w,R: ..... dB
- Geltungsbereich DIN 16580: Normalraum

Anforderung Zarge:
- Umfassungszarge
- Material: Stahl, 2,0 mm
- mit Bodeneinstand

Kosten:
Stand 1.Quartal 2020
Bundesdurchschnitt

4 Innentür, EI2 30-SaC5, einflüglig, 750x2.000/2.125 — KG **344**

Wie Ausführungsbeschreibung A 2
Baurichtmaß (B x H): 750 x **2.000 / 2.125** mm
Maulweite Zarge: .....
Untergrund: .....
Einbauort: Geschoss / Raum: ....

690€ | 1.017€ | **1.113**€ | 1.249€ | 2.201€ | [St] | ⏱ 3,00 h/St | 027.000.051

5 Innentür, EI2 30-SaC5, einflüglig, 875x2.000/2.125 — KG **344**

Wie Ausführungsbeschreibung A 2
Baurichtmaß (B x H): 875 x **2.000 / 2.125** mm
Maulweite Zarge: .....
Untergrund: .....
Einbauort: Geschoss / Raum: .....

974€ | 1.281€ | **1.413**€ | 1.803€ | 2.469€ | [St] | ⏱ 3,00 h/St | 027.000.052

6 Innentür, EI2 30-SaC5, einflüglig 1.000x2.000/2.125 — KG **344**

Wie Ausführungsbeschreibung A 2
Baurichtmaß (B x H): 1.000 x **2.000 / 2.125** mm
Maulweite Zarge: .....
Untergrund: .....
Einbauort: Geschoss / Raum: .....

987€ | 1.466€ | **1.572**€ | 1.834€ | 2.995€ | [St] | ⏱ 3,00 h/St | 027.000.053

▶ min
▷ von
ø Mittel
◁ bis
◀ max

A 3 Innentür, Röhrenspan, einflüglig Beschreibung für Pos. **7-9**

Innentürelement aus Türblatt mit Einlage aus Röhrenspanplatte und Zarge mit Anschlagfalz, als Drehflügeltür. Oberflächen, Türblatt und Kanten, Zargenform, Füllungen, Falzdichtungen, Bänder, Türgriffe und Verriegelung gem. Einzelbeschreibung.
Anschlag: **rechts / links**
Zarge: .....
Anforderungen
- Klimaklasse: I
- mechanische Beanspruchungsgruppe DIN EN 1192: 2 - mittlere Beanspruchung
- Schallschutz DIN 4109 und VDI 2719: Rwp=.....dB
- Geltungsbereich RAL RG 426 Teil 3: **Normalraum / Feuchtraum / Nassraum**

Oberflächen:
- Türblatt: .....
- Kanten: .....
- Zarge: .....

Einbauort: Geschoss / Raum .....

7 Innentür, Röhrenspan, einflüglig, 750x2.000/2.125 KG **344**

Wie Ausführungsbeschreibung A 3
Baurichtmaß (B x H): 750 x **2.000 / 2.125** mm
Maulweite Zarge: .....
Untergrund: .....
Einbauort: Geschoss / Raum: .....

231€ 351€ **405€** 493€ 688€ [St] ⏱ 1,50 h/St 027.000.054

8 Innentür, Röhrenspan, einflüglig, 875x2.000/2.125 KG **344**

Wie Ausführungsbeschreibung A 3
Baurichtmaß (B x H): 875 x **2.000 / 2.125** mm
Maulweite Zarge: .....
Untergrund: .....
Einbauort: Geschoss / Raum: .....

242€ 398€ **467€** 617€ 903€ [St] ⏱ 1,50 h/St 027.000.055

9 Innentür, Röhrenspan, einflüglig, 1.000x2.000/2.125 KG **344**

Wie Ausführungsbeschreibung A 3
Baurichtmaß (B x H): 1.000 x **2.000 / 2.125** mm
Maulweite Zarge: .....
Untergrund: .....
Einbauort: Geschoss / Raum: .....

298€ 615€ **725€** 787€ 1.010€ [St] ⏱ 1,50 h/St 027.000.056

10 Innentür, zweiflüglig, Röhrenspan KG **344**

Innentürelement aus Türblatt mit Einlage aus Röhrenspanplatte und Zarge mit Anschlagfalz, als 2-flüglige Drehflügeltür. Oberflächen, Zargenform, Füllungen, Falzdichtungen, Bänder, Türgriffe und Verriegelung gem. Einzelbeschreibung.
Anschlag: **rechts / links**
Abmessung: .....
Maulweite Zarge: .....
Zarge: .....

023 024 025 026 **027** 028 029 030 031 032 033 034 036 037 038 039

Nr. **Kurztext** / Langtext | Kostengruppe
▶ ▷ **ø netto €** ◁ ◀ [Einheit] Ausf.-Dauer Positionsnummer

Anforderungen:
- Klimaklasse: I
- mechanische Beanspruchungsgruppe DIN EN 1192: 2 - mittlere Beanspruchung
- Schallschutz DIN 4109 und VDI 2719: Rwp= ..... dB
- Geltungsbereich RAL RG 426 Teil 3: **Normalraum / Feuchtraum / Nassraum**

Oberflächen:
- Türblatt: .....
- Kanten: .....
- Zarge: .....

Untergrund: .....
Einbauort: Geschoss / Raum: .....

1.102€ 1.543€ **1.714**€ 2.059€ 2.652€ [St] ⏱ 4,00 h/St 027.000.006

Kosten:
Stand 1.Quartal 2020
Bundesdurchschnitt

A 4 Innentürblatt, einflüglig, kunststoffbeschichtet Beschreibung für Pos. **11-13**

Innentürblatt für Drehflügeltür, einflügelig, mit Anschlagfalz, Türblatt aus Holzwerkstoff, mit Einlage aus Röhrenspanplatte, Einbau in bauseitige Stahlzarge.
Einsatzbereich: **Wohnung / Objektbereich**
Material: .....
Türblattdicke: 42 mm
Deckplatte: Hochdruck-Schichtpressstoffplatten
Oberfläche: .....
Kantenausbildung: Massivholz-Anleimer, verdeckt
Anforderungen:
- Klimaklasse: b - DIN EN 1121
- mechanische Beanspruchungsgruppe: **1 / 2** - DIN EN 1192
- Bauteilwiderstandsklasse: RC ..... - DIN EN 1627
- Schalldämmmaß R_w,R: ..... dB
- Geltungsbereich: **Normalraum / Feuchtraum / Nassraum**

Zubehör:
- ..... Stück dreiteilige Bänder, H= ..... mm, Stahl vernickelt
- PZ-Schloss
- Türdrückergarnitur auf Rosetten, Aluminium, mit Stift ..... mm
- Drückerhöhe: **normal 1050 mm / behindertengerecht 850 mm**

Montage: Einbau **rechts / links**

11 Türblatt, einflüglig, kunststoffbeschichtet, 750x2.000/2.125 KG **344**

Wie Ausführungsbeschreibung A 4
Türblattgröße (B x H): 750 x **2.000 / 2.125** mm
Einbauort: Geschoss / Raum: .....

112€ 148€ **256**€ 306€ 396€ [St] ⏱ 0,10 h/St 027.000.059

12 Türblatt, einflüglig, kunststoffbeschichtet, 875x2.000/2.125 KG **344**

Wie Ausführungsbeschreibung A 4
Türblattgröße (B x H): 875 x **2.000 / 2.125** mm
Einbauort: Geschoss / Raum: .....

124€ 173€ **282**€ 315€ 428€ [St] ⏱ 0,10 h/St 027.000.060

▶ min
▷ von
ø Mittel
◁ bis
◀ max

Nr.	Kurztext / Langtext						Kostengruppe
▶	▷	**ø netto €**	◁	◀	[Einheit]	Ausf.-Dauer	Positionsnummer

13 **Türblatt, einflüglig, kunststoffbeschichtet, 1.000x2.000/2.125** KG **344**

Wie Ausführungsbeschreibung A 4
Türblattgröße (B x H): 1.000 x **2.000 / 2.125** mm
Einbauort: Geschoss / Raum: .....

137€	196€	**308**€	331€	464€	[St]	⏱ 0,15 h/St	027.000.061

A 5 **Innentürblatt, einflüglig, Vollspan** Beschreibung für Pos. **14-16**

Innentürblatt für Drehflügeltür, einflügelig, mit Anschlagfalz, Türblatt aus Holzwerkstoff, mit Einlage aus Vollspanplatte, Einbau in bauseitige Stahlzarge.
Einsatzbereich: **Wohnung / Objektbereich**
Material: .....
Türblattdicke: ..... mm
Deckplatte: Hochdruck-Schichtpressstoffplatten
Oberfläche: .....
Kantenausbildung: Massivholz-Anleimer, verdeckt
Anforderungen:
- Klimaklasse: b - DIN EN 1121
- mechanische Beanspruchungsgruppe: **3 / 4** - DIN EN 1192
- Bauteilwiderstandsklasse: RC ..... - DIN EN 1627
- Schalldämmmaß R_w,R: ..... dB
- Geltungsbereich: **Normalraum / Feuchtraum / Nassraum**

Zubehör:
- ..... Stück dreiteilige Bänder, H = ... mm, Stahl vernickelt
- PZ-Schloss
- Türdrückergarnitur auf Rosetten, Aluminium, mit Stift ..... mm
- Drückerhöhe: **normal 1.050 mm / behindertengerecht 850 mm**

Montage: Einbau **rechts / links**

14 **Türblatt, einflüglig, Vollspan, 750x2.000/2.125** KG **344**

Wie Ausführungsbeschreibung A 5
Türblattgröße (B x H): 750 x **2.000 / 2.125** mm
Einbauort: Geschoss / Raum: .....

185€	240€	**272**€	297€	349€	[St]	⏱ 0,18 h/St	027.000.087

15 **Türblatt, einflüglig, Vollspan, 875x2.000/2.125** KG **344**

Wie Ausführungsbeschreibung A 5
Türblattgröße (B x H): 875 x **2.000 / 2.125** mm
Einbauort: Geschoss / Raum: .....

192€	299€	**353**€	440€	567€	[St]	⏱ 0,20 h/St	027.000.063

16 **Türblatt, einflüglig, Vollspan, 1.000x2.000/2.125** KG **344**

Wie Ausführungsbeschreibung A 5
Türblattgröße (B x H): 1.000 x **2.000 / 2.125** mm
Einbauort: Geschoss / Raum: .....

200€	308€	**381**€	500€	641€	[St]	⏱ 0,20 h/St	027.000.064

Kosten:
Stand 1.Quartal 2020
Bundesdurchschnitt

17 Türblatt, Vollspan, zweiflüglig   KG **344**

Türblatt Vollspan für zweiflüglige Tür, Einbau in bauseitige Stahlzarge, Tür hochbeansprucht.
Türblattgröße: ..... x ..... mm
Gehflügel: B ..... mm
Einsatzbereich: **Wohnung / Objektbereich**
Form / Material:
- Türblattdicke: 50 mm
- Rahmen, dreiseitig gefälzt
- Kantenausbildung: Massivholz-Anleimer, verdeckt.....
- Deckplatte: Hochdruck-Schichtpressstoffplatten, beidseitig
- Einlage / Füllung: Vollspan-Einlage
- emissionsfreie Materialien

Anforderungen:
- Klimaklasse: b - DIN EN 1121
- mechanische Beanspruchungsgruppe: **3 / 4** - DIN EN 1192
- Bauteilwiderstandsklasse: **RC 1N / RC 2N / RC 2** - DIN EN 1627
- Schalldämmmaß R_w,R: ..... dB
- Geltungsbereich: **Normal- / Feucht- / Nassraum**

Zubehör:
- ..... Stück dreiteilige Bänder, Höhe ..... mm, Stahl vernickelt
- PZ-Schloss
- Türdrückergarnitur auf Rosetten, Aluminium, mit Stift ..... mm
- Drückerhöhe: **normal 1.050 mm / behindertengerecht 850 mm**

Oberfläche:
- Decklage: Funier, Holzart .....
- Beschichtung: **transparent lackiert / gebeizt und transparent lackiert / unbehandelt**

Einbauort: Geschoss / Raum: .....

649€ 821€ **928**€ 982€ 1.249€ [St] ⏱ 0,30 h/St 027.000.037

18 Schiebetürelement, innen, einflüglig   KG **344**

Schiebetür, einflüglig, Einbau in bauseitiges Montagewand-Element mit Laufschiene und Laufwagen, Schiebetürblatt einschl. Riegel-Einsteckschloss mit Klappring, Griffmuscheln beidseitig, mit Bodenführung montiert auf Fertigbelag, inkl. gangbar machen der Türanlage.
Elementgröße: ..... x ..... mm
Einsatzbereich: .....
Ständertiefe: **75 / 100** mm
Fertigwanddicke: **100 / 125 / 150** mm
Anforderungen:
- Klimaklasse: II
- Beanspruchungsgruppe DIN EN 1192: Klasse **1 / 2 / 3 / 4**
- bewertetes Schalldämmmaß R_w,R = ... dB
- Geltungsbereich: **Normalraum / Feuchtraum / Nassraum**

Form / Material:
- dreiseitig gefälzter Rahmen mit verdecktem Massivholz-Anleimer
- Material: .....
- Türblattdicke: 42 mm
- emissionsfreie Materialien
- Deckplatte: Hochdruck-Schichtpressstoffplatten, beidseitig
- Einlage / Füllung: Röhrenspan-Einlage

▶ min
▷ von
ø Mittel
◁ bis
◀ max

Oberfläche:
- glatt, Furnier .....
- Beschichtung: **transparent lackiert / gebeizt und transparent lackiert**
- Farbe / Beizton: .....

Einbauort: Geschoss / Raum: .....

469€ 839€ **959€** 1.265€ 1.972€ [St] ⏱ 2,40 h/St 027.000.021

19 Ganzglas-Türblatt, innen KG **344**

Ganzglastürblatt mit Band, Schloss und Drücker, Einbau rechts / links in bauseitige Normzarge, inkl. Einbau aller Komponenten und gangbar machen der Türanlage.
Türblattgröße: **625 / 750 / 875 / 1.000** x **2.000 / 2.125** mm
Einsatzbereich: **Wohnbereich / Objektbereich / Sondertür**
Profil / Art:
- Einscheibensicherheitsglas d = **8 / 10** mm
- Glasfläche: **neutral / strukturiert / satiniert**
- Kanten gefast, geschliffen und poliert

Zubehör:
- ..... Stück Spezial-Bänder mit Edelstahl-Bolzen (für Feuchträume) für ..... kg Flügelgewicht
- Glastürschloss nach DIN 18251, Klasse 3, vorgerichtet für Profil-Zylinder
- Drücker-/Knopfgarnitur mit Rundformdrücker und Drehknopf - mit Funktion, Edelstahl
- Knopf- / Drückergarnitur auf Rosetten aus Edelstahl
- Stift: 9 mm
- untere Türschiene zum Aufstecken, Höhe .....

Oberfläche:
- Türschloss Aluminium E6EV1

Einbauort: Geschoss / Raum .....

136€ 515€ **588€** 809€ 1.248€ [St] ⏱ 0,20 h/St 027.000.016

A 6 Stahleckzarge, innen Beschreibung für Pos. **20-22**

Stahleckzarge, für **rechts / links** angeschlagenes Türblatt mit gefälzten Türflügel, einflüglig, vorgerichtet für Bänder.
Falztiefe: .....
Aufteilung / Form:
- dreiseitig umlaufendes Profil
- Zarge einteilig für nachträglichen Einbau

Zarge:
- Blechdicke: **1,5 / 2,0** mm
- Ecken verschweißt
- Zargenprofil .....

Bänder / Beschläge:
- Bänder: 2 Stück, dreidimensional einstellbar
- Drückerhöhe: **1.050 mm / 850 mm barrierefrei**

Zubehör:
- Falzdichtung: dreiseitig umlaufende Dichtung EPDM (APTK)
- Farbe: .....

Oberflächen:
- verzinkt

Befestigung: **verschraubt / mit Anker**

023
024
025
026
027
028
029
030
031
032
033
034
036
037
038
039

Nr. **Kurztext** / Langtext — Kostengruppe
▶ ▷ **ø netto €** ◁ ◀ [Einheit] Ausf.-Dauer Positionsnummer

20 Stahleckzarge, innen, 750x2.000/2.125 KG **344**
Wie Ausführungsbeschreibung A 6
Baurichtmaß (B x H): 750 x **2.000 / 2.125** mm
Gegenzarge: **ohne / mit, Wanddicke .....**
Untergrund: Mauerwerk, beidseitig verputzt
Einbauort: Geschoss / Raum: .....
92€ 112€ **124**€ 138€ 157€ [St] ⏱ 1,15 h/St 027.000.097

21 Stahleckzarge, innen, 875x2.000/2.125 KG **344**
Wie Ausführungsbeschreibung A 6
Baurichtmaß (B x H): 875 x **2.000 / 2.125** mm
Gegenzarge: **ohne / mit, Wanddicke .....**
Untergrund: Mauerwerk, beidseitig verputzt
Einbauort: Geschoss / Raum: .....
101€ 116€ **126**€ 141€ 160€ [St] ⏱ 1,20 h/St 027.000.098

22 Stahleckzarge, innen, 1.000x2.000/2.125 KG **344**
Wie Ausführungsbeschreibung A 6
Baurichtmaß (B x H): 1.000 x **2.000 / 2.125** mm
Gegenzarge: **ohne / mit, Wanddicke .....**
Untergrund: Mauerwerk, beidseitig verputzt
Einbauort: Geschoss / Raum: .....
109€ 120€ **133**€ 149€ 163€ [St] ⏱ 1,30 h/St 027.000.099

A 7 Stahl-Umfassungszarge, innen Beschreibung für Pos. **23-24**
Stahl-Umfassungszarge, für **rechts / links** angeschlagenes Türblatt mit gefälzten Türflügel, einflüglig, vorgerichtet für Bänder.
Falztiefe: .....
Aufteilung / Form:
- dreiseitig umlaufendes Profil
- Zarge **einteilig / zweiteilig für nachträglichen Einbau**
- Zarge **ohne / mit** beidseitiger Schattennut aus Aluprofil

Zarge:
- Blechdicke: **1,5 / 2,0** mm
- Ecken verschweißt
- Zargenspiegel ....
- Zargenprofil .....

Bänder / Beschläge:
- Bänder: ..... Stück, dreidimensional einstellbar
- eingebautes Schließblech, vernickelt
- Drückerhöhe: **1.050 mm / 850 mm barrierefrei**

Zubehör:
- Falzdichtung: dreiseitig umlaufende Dichtung EPDM (APTK)
- Farbe: .....

Oberflächen:
- verzinkt

Befestigung: **verschraubt / mit Anker**

Kosten:
Stand 1.Quartal 2020
Bundesdurchschnitt

▶ min
▷ von
ø Mittel
◁ bis
◀ max

Nr.	Kurztext / Langtext						Kostengruppe
▶	▷	**ø netto €**	◁	◀	[Einheit]	Ausf.-Dauer	Positionsnummer

23 Stahl-Umfassungszarge, innen, 750x2.000/2.125 KG **344**

Wie Ausführungsbeschreibung A 7
Baurichtmaß (B x H): 750 x **2.000 / 2.125** mm
Maulweite Zarge: .....
Untergrund: Mauerwerk, beidseitig verputzt
Einbauort: Geschoss / Raum: .....

118€	160€	**185€**	203€	234€	[St]	⏱ 1,10 h/St	027.000.068

24 Stahl-Umfassungszarge, innen, 1.000x2.000/2.125 KG **344**

Wie Ausführungsbeschreibung A 7
Baurichtmaß (B x H): 1.000 x **2.000 / 2.125** mm
Maulweite Zarge: .....
Untergrund: Mauerwerk, beidseitig verputzt
Einbauort: Geschoss / Raum: .....

149€	206€	**232€**	256€	311€	[St]	⏱ 1,10 h/St	027.000.070

A 8 Holz-Umfassungszarge, innen Beschreibung für Pos. **25-26**

Umfassungszarge aus Holzwerkstoff, für **rechts / links** angeschlagenes Türblatt mit gefälzten Türflügel, einflüglig, vorgerichtet für Bänder.
Befestigung: **verschraubt / mit Anker**
Falztiefe: .....
Zarge:
- Futterzarge, mehrteilig, aus Holzwerkstoff
- Zargenspiegel ....
- Zargenprofil .....

Bänder / Beschläge:
- Bänder: ..... Stück, dreidimensional einstellbar
- eingebautes Schließblech, vernickelt
- Drückerhöhe: **1050 mm / 850 mm barrierefrei**

Zubehör:
- Falzdichtung: dreiseitig umlaufende Dichtung EPDM (APTK)

Oberfläche:
- Holzflächen .....

Befestigung: **verschraubt / mit Anker**

25 Holz-Umfassungszarge, innen, 750x2.000/2.125 KG **344**

Wie Ausführungsbeschreibung A 8
Baurichtmaß (B x H): 750 x **2.000 / 2.125** mm
Maulweite Zarge: .....
Untergrund: Mauerwerk, beidseitig verputzt
Einbauort: Geschoss / Raum: .....

134€	161€	**177€**	216€	286€	[St]	⏱ 1,10 h/St	027.000.065

Nr. **Kurztext** / Langtext — Kostengruppe
▶ ▷ **ø netto €** ◁ ◀ [Einheit] Ausf.-Dauer Positionsnummer

26 **Holz-Umfassungszarge, innen, 1.000x2.000/2.125** — KG **344**
Wie Ausführungsbeschreibung A 8
Baurichtmaß (B x H): 1.000 x **2.000 / 2.125** mm
Maulweite Zarge: .....
Untergrund: Mauerwerk, beidseitig verputzt
Einbauort: Geschoss / Raum: .....
268€ 346€ **388**€ 402€ 512€ [St] ⏱ 1,10 h/St 027.000.067

27 **Anschlussdichtung, Tür** — KG **344**
Anschlussdichtung der Tür mit komprimiertem Dichtband.
Fugenbreite: bis 10 mm
Dichtband:.....
Mauerwerk:.....
4€ 5€ **6**€ 6€ 7€ [St] ⏱ 0,10 h/St 027.000.107

Kosten:
Stand 1.Quartal 2020
Bundesdurchschnitt

28 **Anschlagschiene, Aluminium, Tür** — KG **344**
Anschlagschiene aus Metallwinkel, mit Abstandhalter, Klemmanker und Dichtungsprofil, in Türzarge einrichten.
Werkstoff: Aluminium
Profil: bis 40 x 40 x 3 mm
17€ 20€ **23**€ 25€ 28€ [St] ⏱ 0,30 h/St 027.000.108

29 **Anschlagschiene, Messing, Tür** — KG **344**
Anschlagschiene aus Metallwinkel, mit Abstandhalter, Klemmanker und Dichtungsprofil, in Türzarge einrichten.
Werkstoff: Messing
Profil: bis 40 x 40 x 3 mm
81€ 29€ **32**€ 35€ 40€ [St] ⏱ 0,30 h/St 027.000.109

A 9 **Fensterbank, innen, Holz,** — Beschreibung für Pos. **30-32**
Fensterbank, innen, auf Ausgleichhölzern aus Sperrholz oder Hartfaserplatten, befestigt im Mauerwerk. Anschluss an aufgehende Bauteile mit transparenter Silikonfuge.

30 **Fensterbank, innen, Holz; bis 875mm** — KG **344**
Wie Ausführungsbeschreibung A 9
Material: .....
Plattendicke: .....
Oberfläche: furniert, transparent lackiert
Holzart Furnier: .....
Kanten: **gerundet / gefast**
Einzellänge: bis 875 mm
Breite: .....
Einbauort: Geschoss / Raum: .....
47€ 69€ **74**€ 88€ 111€ [St] ⏱ 0,25 h/St 027.000.072

▶ min
▷ von
ø Mittel
◁ bis
◀ max

31 Fensterbank, innen, Holz; über 875 bis 1.500mm KG **344**

Wie Ausführungsbeschreibung A 9
Material: .....
Plattendicke: .....
Oberfläche: furniert, transparent lackiert
Holzart Furnier: .....
Kanten: **gerundet / gefast**
Einzellänge: bis 875 bis 1.500 mm
Breite: .....
Einbauort: Geschoss / Raum: .....

65€ 85€ **96**€ 120€ 152€ [St] ⏱ 0,30 h/St 027.000.073

32 Fensterbank, innen, Holz; über 1.500 bis 2.500mm KG **344**

Wie Ausführungsbeschreibung A 9
Material: .....
Plattendicke: .....
Oberfläche: furniert, transparent lackiert
Holzart Furnier: .....
Kanten: **gerundet / gefast**
Einzellänge: über 1.500 bis 2.500 mm
Breite: .....
Einbauort: Geschoss / Raum: .....

95€ 144€ **168**€ 189€ 237€ [St] ⏱ 0,35 h/St 027.000.074

33 Holz-/Abdeckleisten, Fichte KG **344**

Deckleisten, sichtbar bleibend, im Innenbereich.
Material: Fichte
Abmessung: 20 x 50 mm
Einzellängen: 2.800 mm
Klassensortierung: Klasse J2
Flächenkategorie: Offene Flächen mit durchsichtiger Behandlung
Oberfläche: Sichtseiten gehobelt und feingeschliffen
Kanten: allseitig gefast
Eckstöße: **stumpf gestoßen / Gehrung**
Befestigung: nicht sichtbar, Befestigungslöcher mit Holzstopfen verschlossen
Untergrund: .....

7€ 16€ **20**€ 25€ 38€ [m] ⏱ 0,10 h/m 027.000.023

34 Verfugung, elastisch KG **344**

Elastische Verfugung mit 1-Komponenten-Dichtstoff, Fuge glatt gestrichen, inkl. notwendiger Flankenvorbehandlung an den Anschlussflächen und Hinterlegen der Fugenhohlräume mit geeignetem Hinterstopfmaterial.
Material: **Silikonbasis / Acrylbasis**
Fugenbreite: .....

3€ 5€ **6**€ 9€ 13€ [m] ⏱ 0,05 h/m 027.000.017

023
024
025
026
027
028
029
030
031
032
033
034
036
037
038
039

Nr.	Kurztext / Langtext						Kostengruppe
▶	▷	ø netto €	◁	◀	[Einheit]	Ausf.-Dauer	Positionsnummer

35 Bodentreppe, gedämmt KG **359**

Einschubtreppe zwischen bauseitiger Konstruktion, gedämmt, von oben und unten zu öffnen, vorgerüstet für Profilzylinder, mit Stufen aus Hartholz, Deckel vorgerichtet für bauseitige Bekleidung von unten.
Decken-Öffnung (L x B): **600 / 700** mm
Aufteilung / Form: **zwei- / dreiteilig**
Handlauf: **mit / ohne**
Schutzgeländer: **mit / ohne**
Oberflächen: beschichtet mit .....
Dämmwert: U = ... W/(m²K)
Dichtwert: a = ... m³/hm
Feuerwiderstandsklasse: **ohne Anforderung / E 30 von unten / EI 30 von oben und unten**
Raumhöhe: .....
Kastenhöhe: .....
Untergrund: vorh. Konstruktion aus **Gebälk / Spanplattenschalung**
Einbauort: Geschoss / Raum .....

444€ | 580€ | **642**€ | 868€ | 1.160€ | [St] | ⏱ 2,40 h/St | 027.000.076

36 Bodentreppe, EI30 KG **359**

Einschubtreppe zwischen bauseitiger Konstruktion, mit Brandschutzanforderungen, von oben und unten zu öffnen, vorgerüstet für Profilzylinder, mit Stufen aus Hartholz, Deckel vorgerichtet für bauseitige Bekleidung von unten.
Decken-Öffnung (L x B): **600 / 700** mm
Aufteilung / Form: **zwei- / dreiteilig**
Handlauf: **mit / ohne**
Schutzgeländer: **mit / ohne**
Oberflächen: beschichtet mit .....
Dämmwert: U = ... W/(m²K)
Dichtwert: a = ... m³/hm
Feuerwiderstandsklasse: EI30
Einbauort: .....
Raumhöhe: .....
Kastenhöhe: .....
Untergrund: vorh. Konstruktion aus **Gebälk / Spanplattenschalung**
Einbauort: **Geschoss / Raum .....**

969€ | 1.238€ | **1.514**€ | 1.963€ | 2.909€ | [St] | ⏱ 2,40 h/St | 027.000.077

37 Unterkonstruktion, Innenwandbekleidung KG **345**

Unterkonstruktion für Holzwandbekleidung, abgestimmt mit Innenwandbekleidung.
Material: Nadelholz
Sortierklasse: S10
Querschnitt: 50 x 30 mm
Montage: **horizontal / vertikal**
Abstand Unterkonstruktion: ..... mm
Untergrund: Mauerwerk
Arbeitshöhe: bis ..... m
Einbauort: Geschoss / Raum .....

22€ | 27€ | **32**€ | 38€ | 52€ | [m²] | ⏱ 0,35 h/m² | 027.000.025

Kosten:
Stand 1.Quartal 2020
Bundesdurchschnitt

▶ min
▷ von
ø Mittel
◁ bis
◀ max

38 Innenwandbekleidung, Sperrholz KG **345**

Wandbekleidung aus Sperrholzplatten, im Innenbereich, Sichtseite in A-Qualität, sichtbar befestigen mit korrosionsgeschützten Schrauben.
Deckfurnier bzw. Gütemerkmal der Sichtseite: I
Erscheinungsklasse: A
Befestigung: sichtbar
Dicke: 15 mm
Untergrund: Holz
Arbeitshöhe: bis ..... m
Einbauort: Geschoss / Raum .....

12€ | 97€ | **137**€ | 162€ | 269€ | [m²] | ⏱ 0,35 h/m² | 027.000.026

39 Innenwandbekleidung, Sperrholzplatten, mit UK KG **345**

Wandbekleidung aus Sperrholzplatten im Innenbereich, Sichtseite in A-Qualität, mit Unterkonstruktion aus sägerauer Lattung, mit korrosionsgeschützten Schrauben auf Rohwand befestigen; inkl. ggf. hinterfüttern.
Deckfurnier bzw. Gütemerkmal der Sichtseite: I
Erscheinungsklasse: A
Befestigung: sichtbar
Plattendicke: ......
Lattenquerschnitt: .....
Raster: .....
Dübelabstand: .....
Arbeitshöhe: bis ..... m
Untergrund UK: .....
Einbauort: Geschoss / Raum .....

63€ | 147€ | **192**€ | 258€ | 347€ | [m²] | ⏱ 0,55 h/m² | 027.000.028

40 Innenwandbekleidung, Dekorspanplatte, mit UK KG **345**

Wandbekleidung, aus Dekorspanplatten DIN EN 312, im Innenausbau, Trockenbereich, Sichtseite mit Dekorlage, inkl. Unterkonstruktion aus sägerauer Lattung, mit korrosionsgeschützten Schrauben auf Rohwand befestigen; inkl. ggf. hinterfüttern.
Plattentyp: P2 - Spanplatte DIN EN 312
Dicke: 18 mm
Oberfläche: Dekorlage ....
Profil / Kante: .....
Lattenquerschnitt: .....
Raster: .....
Dübelabstand: .....
Arbeitshöhe: bis ..... m
Untergrund UK: .....
Einbauort: Geschoss / Raum .....

103€ | 126€ | **145**€ | 158€ | 181€ | [m²] | ⏱ 0,55 h/m² | 027.000.119

Nr. **Kurztext** / Langtext | Kostengruppe
▶ ▷ **ø netto €** ◁ ◀ [Einheit] Ausf.-Dauer Positionsnummer

41 Schalung, Spanplatten KG **344**

Schalung aus kunstharzgebundenen Spanplatten, als Unterlage für Bekleidungen, Befestigung mit Schrauben.
Plattentyp: **P7 / P5** DIN EN 312
Dicke: 22 mm
Profil / Kante: Nut-Feder
Arbeitshöhe: bis ..... m
Untergrund: Holz
Einbauort:
- **Boden / Wand / Steildach**
- Geschoss / Raum: ....

22€ 47€ **60**€ 79€ 111€ [m2] ⏱ 0,30 h/m2 027.000.027

Kosten:
Stand 1.Quartal 2020
Bundesdurchschnitt

42 Unterkonstruktion, Büroraumwände KG **346**

Unterkonstruktion für nichttragende innere Trennwand als Montagewand, aus verzinkten Stahlblechstützen- und Querprofilen, montiert zwischen Decken-, Wand- und Bodenprofilen aus pulverbeschichteten Stahlblechen, auf Estrich.
Wandhöhe: bis 3,00 m
Wanddicke: 100 mm
Modulbreite: **900 / 1.200** mm bei vertikaler Linienführung, 1.800 mm bei horizontaler Linienführung
Nachfolgende Beplankung: **einlagig / zweilagig**
Arbeitshöhe: bis 3,0 m
Untergrund: .....
Einbauort: Geschoss / Raum: ....

–€ 58€ **69**€ 84€ –€ [m2] ⏱ 0,40 h/m2 027.000.048

43 Büro-Trennwand, Tragprofile/Paneele KG **346**

Modulares Trennwand-System für Büroräume, mit Grundkonstruktion aus verzinkten Stahlblechstützen- und Querprofilen, montiert zwischen Decken-, Wand- und Bodenprofilen, aus pulverbeschichteten Stahlblechen, wie folgt:
- Glaselemente mit Stahl- oder Aluminiumglasrahmen mit Einfach- oder Doppelverglasung
- Türelemente aus Aluminiumzargen für Einzel- oder Doppeltüren mit stumpf einschlagendem Türblatt Edelstahl-Rollentürbändern, PZ-Schloss und Aluminium-Türdrückergarnitur
- wahlweise mit Trennwandfüllung bei opaken Flächen mit 40 mm Mineralwolle
- Modulbreite **900 / 1.200** mm bei vertikaler Linienführung, 1.800 mm bei horizontaler Linienführung
- Fugenabdeckung mit Variantprofilen mit Füllstreifen oder verzinkten Hutprofile mit PVC-Abdeckleisten

Elementhöhe: .....
Elementdicke: .....
Beplankung: **2x 13 mm Dekorspanplatten / beschichtete Stahlblechpaneele**
Farbe: .....
Schallschutz: **Vollwände bis R_w**,P = 42dB / Doppelverglasungen bis Rw,P = 36dB / Türen in den Schallschutzklassen 1 und 2
Brandschutz: **Vollwand EI30 / Verglasung E30**
Arbeitshöhe: bis ..... m
Untergrund: .....
Einbauort: Geschoss / Raum: .....

102€ 132€ **165**€ 224€ 371€ [m2] ⏱ 1,40 h/m2 027.000.029

▶ min
▷ von
ø Mittel
◁ bis
◀ max

44 Trennwand, Spannplatten/HPL, Rahmen KG **346**

Trennwand aus Holzspanplatten DIN EN 13986 mit HPL-Deckflächen, mit sichtbarer Rahmenkonstruktion aus Aluminumprofilen und Systembeschlägen. Füße aus Aluminium mit trittsicherer Abdeckrosette.
Einsatzbereich: .....
Trennwandhöhe: .....
Bodenfreistellung: ..... mm
Trennwanddicke: 40 mm
Metallprofile: .....
Arbeitshöhe: bis ..... m
Untergrund: .....
Einbauort: Geschoss / Raum: ....

–€ 157€ **178**€ 199€ –€ [m2] ⏱ 1,70 h/m2 027.000.137

45 Trennwandanlage, Spanplatten/Melamin KG **346**

Sanitär-Trennwandanlage aus Holzspanplatten DIN EN 13986 mit Melaminharzbeschichtung, mit sichtbarer Rahmenkonstruktion aus Aluminumprofilen und Systembeschlägen, Füße aus Aluminium mit trittsicherer Abdeckrosette.
Einsatzbereich: .....
Trennwandhöhe: .....
Bodenfreistellung: ..... mm
Trennwanddicke: 28 mm
Metallprofile: .....
Zwischenwände: .....
Türelemente: .....
Einbauort: Geschoss / Raum: ....

–€ 140€ **157**€ 173€ –€ [m2] ⏱ 1,70 h/m2 027.000.138

46 Trennwandanlage, HPL-Kompaktplatten KG **346**

Sanitär-Trennwandanlage aus HPL-Kompaktplatten DIN EN 438-7, mit sichtbarer Rahmenkonstruktion aus Aluminumprofilen und Systembeschlägen, Füße aus Aluminium mit trittsicherer Abdeckrosette.
Einsatzbereich: .....
Trennwandhöhe: .....
Bodenfreistellung: ..... mm
Trennwanddicke: 13 mm
Oberfläche: .....
Metallprofile: .....
Zwischenwände: .....
Türelemente: .....
Untergrund: .....
Einbauort: Geschoss / Raum: ....

124€ 135€ **140**€ 144€ 154€ [m2] ⏱ 1,70 h/m2 027.000.031

47 WC-Schamwand Urinale KG **346**

Schamwand liefern und montieren. Ausführung und Oberflächen hergestellt im System der WC-Trennwand-anlagen, Farbe abgestimmt auf die eingebauten Trennwände, wie vor beschrieben.
Abmessung (B x H): .....
Untergrund: .....
Einbauort: Geschoss / Raum: .....

97€ 123€ **137**€ 155€ 188€ [St] ⏱ 1,40 h/St 027.000.081

023
024
025
026
027
028
029
030
031
032
033
034
036
037
038
039

Nr.	Kurztext / Langtext						Kostengruppe
▶	▷	ø netto €	◁	◀	[Einheit]	Ausf.-Dauer	Positionsnummer

Kosten:
Stand 1.Quartal 2020
Bundesdurchschnitt

48 Prallwand-Unterkonstruktion

KG **346**

Unterkonstruktion für Prallwand, mit Kraftabbau aus Grundlattung, Schwinglattung und Montagelattung.
Anforderungsprofil: Prüfung gem. FA Bau Nr. 390
Ballwurfsicherheit: **ja / nein**
Grundlattung:
- aus Massivholzriegeln, an Metallwinkelaufständerung, zur Schaffung von Hinterlüftungsraum
- Mindestquerschnitt: 40 x 60 mm
- Festigkeitsklasse: **C30 / C24**
- Sortierklasse: S13
- Güteklasse: **I / II**
- Achsabstand: ca. 700 mm

Schwinglattung:
- quer zur Aufstandslattung verlaufend
- als durchgehender Streifen aus siebenfach verleimtem Sperrholz, BFU-verleimt, (B x D): ca. 60 x 12 mm
- im Achsabstand von ca. 485 mm auf der Grundlattung montiert

Montagelattung:
- quer zur Schwinglattung verlaufend
- als durchgehender Streifen aus siebenfach verleimtem Sperrholz, BFU-verleimt, (B x D): ca. 60 x 12 mm
- im Achsabstand von ca. 350 mm auf Schwinglattung montiert

Arbeitshöhe: bis ..... m
Untergrund: .....
Einbauort: Geschoss / Raum: ....

26€	36€	**40€**	45€	59€	[m²]	⏱ 0,20 h/m²	027.000.032

49 Prallwandbekleidung, ballwurfsicher

KG **345**

Ballwurf- und anprallsichere Wandbekleidung mit Furnierschichtholzplatte auf Unterkonstruktion.
Abmessungen:
- Plattenbreite: .....
- Längeneinteilung: Platten in diversen Einzellängen (max. Länge von ..... mm)
- Dicke: **20 / 26** mm
- Fugenbreite: max. ..... mm

Qualität:
- Sichtqualität
- Oberflächengüte: **E / I / II**
- Erscheinungsklasse: **0 / A**
- Holzart Furnier: .....

Oberfläche:
- Längskanten fein geschliffen sowie gerundet (Radius max. 3 mm), anschließend lackiert
- Stirnkanten rechtwinklig besäumt, geschliffen sowie gebrochen
- Furnierverlauf: horizontal

Verwendungsbereich: **Trockenbereich / Feuchtbereich / Außenbereich**
Verleimung:
- baubiologisch einwandfrei, Emissionsklasse E 0

Befestigung:
- sichtbare Verschraubung mit Linsen-Senkkopfschrauben, Oberfläche verzinkt und hell bichromatisiert, höhengleich und splitterfrei montiert
- Verbrauch: 4 Schrauben/m², max. Schraubabstand: ..... mm
- Verdeckte Befestigung ist aus Gründen der Revisionsfähigkeit ausdrücklich untersagt

▶ min
▷ von
ø Mittel
◁ bis
◀ max

Verlegehöhe: max. .... mm über OK FFB
Arbeitshöhe: bis ..... m
Untergrund: .....
Einbauort: Geschoss / Raum: ....

38€ | 65€ | **85**€ | 101€ | 130€ | [m2] | ⏱ 0,40 h/m2 | 027.000.033

50 Akustikvlies-Abdeckung, schwarz — KG **345**

Akustisch wirksamer Vliesstoff, in Decken und Wänden.
Material: Rohglasvlies
Baustoffklasse: A2
Flächengewicht: 75-80 g/m2
Luftdurchlässigkeit: 2.300 l/m2/s
Farbe: schwarz
Einbauort: .....

3€ | 5€ | **7**€ | 8€ | 12€ | [m2] | ⏱ 0,10 h/m2 | 027.000.035

51 Geräteraum-Schwingtor, Metall/Holz — KG **344**

Geräteraumtor in Prallwand, als Rahmenkonstruktion, komplette Anlage einschl. Blendrahmen, bestehend aus:

- 2 Seitenpfosten, 1 Querverbinder (Torstock) in verleimter Holzrahmenkonstruktion, Sichtseiten gehobelt und geschliffen
- Torrahmen als Schwingtorrahmen aus Gitterrahmenkonstruktion aus Stahlrechteckrohr

Torgröße (B x H): ca. 4.500 x 2.850 mm
Rahmendicke: mind. 56 mm
Beschichtung Stahlteile: .....
Untergrund: .....
Einbauort: Geschoss / Raum: ....

1.804€ | 2.923€ | **3.317**€ | 3.849€ | 5.346€ | [St] | ⏱ 4,50 h/St | 027.000.036

52 Sporthallentür, zweiflüglig — KG **344**

Sporthallen-Türelement, zweiflüglig, geeignet für kraftabbauende Anforderungen in Sporthalle, Element bestehend aus:

- Türzarge und zwei Türflügeln
- zwei vertikale Seitenzargen, ein horizontaler Zargenverbinder, zusätzliche horizontale Aussteifungs-traverse
- zwei Türflügelrahmen, mit Schall- / Wärmedämmung durch vollflächige Kernfüllung der Rahmenfelder mittels MDF-Platten, sowie Anpressdichtung
- Aufdoppelung hallenseitig aus Sperrholzplatte
- Hallengegenseite aus Spanplatte mit Schichtstoffplatte, Kantenbelegung in Buche
- Beschläge: zwei Bänder pro Türflügel, ein Einsteckschloss, ein Treibriegel, eine Bodenschließmulde, eine Treibriegelstange, ein Turnhallenbeschlag mit Drückergarnitur, zwei Bodentürstopper und feststehendem Bauteil
- Montage aller Teile nicht sichtbar

Baurichtmaß (B x H): 2.500 x 2.350 mm
Sperrholzplatte: 12 mm BFU-20
Spanplatte: 19 mm
Untergrund: .....
Einbauort: Geschoss / Raum: ....

4.265€ | 5.214€ | **5.374**€ | 7.048€ | 9.412€ | [St] | ⏱ 8,00 h/St | 027.000.039

Nr. **Kurztext** / Langtext | Kostengruppe
▶ ▷ **ø netto €** ◁ ◀ [Einheit] Ausf.-Dauer Positionsnummer

53 Garderobenleiste KG **381**

Garderobenleiste mit integrierten Garderobenhaken, Leiste aus profiliertem Rundstabprofil, in aufgehender Wand mittels Dübeln und Schrauben unsichtbar befestigt.
Rundstahl: D = 42 mm
Material: **Esche / Eiche / Buche**
Oberfläche: transparent DD-lackiert
Haken: **Einzel- / Doppelhaken**
Material: **Edelstahl / Aluminium**
Oberfläche: .....
Länge: .....
Wandabstand: .....
Anzahl Haken: .....
Arbeitshöhe: .....
Untergrund: .....
Einbauort: Geschoss / Raum: .....

23€ 73€ **98**€ 131€ 188€ [m] ⏱ 0,40 h/m 027.000.038

54 Garderobenschrank KG **381**

Garderoben-Wertschrank GS und TÜV-geprüft, liefern und auf zu liefernder Unterkonstruktion montieren.
Konstruktion aus:

- Korpus aus HPL-Vollkernplatten und Aluminiumprofilen in Steckbauweise
- Material wasserbeständig, reinigungsfreundlich und fäulnissicher
- Oberfläche kratz- und schlagbeständig
- Tür aus HPL-Vollkernplatte, Ecken abgerundet, Radius 5 mm
- Türbänder aus Edelstahl 1.4301, stabile Ausführung.
- Tür mit Türstopper und Öffnungsbegrenzer. Ausrüstung mit: 1 Wertfach oben (Höhe innen = ... mm), darunter 1 Garderobenteil (Höhe innen = ... mm) mit Kleiderstange und ..... Haken.
- Nummerierung / Stahlblechsockel / untergebaute Sitzbank / untergebaute Aufbewahrungsbox als gesonderte Option

Schließung: **Sicherheits-Zylinder-Hebel-Schloss als Hauptschließanlage / Münzpfandschloss für den Einwurf von 1 Euro als Hauptschließanlage**
Farbe: nach Musterkarte und Wahl durch den Bauherrn (mind. ..... Wahlfarben)
Montage Schränke: auf Sockelkonstruktion Material Aluminium
Konstruktion mit verstellbaren Schraubfüßen: h=100-150 mm
Oberfläche: **pulverbeschichtet Farbe wie Schrankanlage / eloxiert C.....**
Höhe: ..... mm
Tiefe: 525 mm
Breite: 300 mm
Untergrund: .....
Einbauort: Geschoss / Raum: ....

255€ 356€ **418**€ 499€ 613€ [St] ⏱ 0,55 h/St 027.000.082

Kosten:
Stand 1.Quartal 2020
Bundesdurchschnitt

▶ min
▷ von
ø Mittel
◁ bis
◀ max

55 Einbauküche, melaminharzbeschichtet KG **381**

Einbauküche mit Arbeitsplatte, Hochschrank, Unter- und Oberschränken aus melaminharzbeschichteten Holzwerkstoffplatten.
Arbeitshöhe: ca. 860 mm, Tiefe: ca. 630 mm
bestehend aus:
- drei Unterschränke je 600 x 600 mm
- ein Unterschrank 1.200 x 600 mm
- ein Hochschrank 600 x 2.150 mm
- eine Arbeitsplatte 3000 x 630 mm
- fünf Oberschränke je 600 x 680 mm

Ausführung:
- ein Unterschrank mit seitlicher Sichtseite, bündig mit Arbeitsplatte, mit fünf Auszügen, einschl. zwei Besteckeinsätzen und fünf Griffstangen ca. 580 mm
- ein Unterschrank, für integrierbaren Backofen mit Schaltkasten für Kochfeld, unten mit feststehender Blende
- ein Unterschrank, für integrierbare Spülmaschine
- ein Spülen-Unterschrank, mit zwei Türen; Blende vor Spülbecken, Abfallsammler mit selbst öffnendem Deckel für getrennte Müllsortierung (3 Behälter), zwei Griffstangen
- ein Hochschrank, unten eine Türe und zwei Fachböden, oben vorgerichtet für integrierbaren Kühlschrank, einschl. Dekorblende, UK Kühlschrank-Türe = OK Arbeitsplatte, zwei Griffstangen
- vier Oberschränke, davon 1 Oberschrank mit Sichtseite, Schränke jeweils mit 2 Fachböden und Tür, ohne Griffstangen, die Türen und die Sichtseiten unten ca. 15 mm überstehend
- ein Oberschrank, vorgerüstet für integrierbaren Dunstabzug, innenliegender Blende des Abzugs und Regalfächern, eine Türe mit Griffstange
- eine Rückwand zwischen Unter- und Oberschrank, ca. 30 mm vor der Betonwand geführt, einschl. Unterkonstruktion
- eine Arbeitsplatte, bündig mit Unterschrank, einschl. zweier Ausschnitte für Spül- und Abtropfbecken und Kochfeld, Sichtkante zweiseitig (vorne und seitlich) mit Multiplex-Anleimer; Sockel, einschl. Zuluft-Lüftungsgitter für Kühlschrank Be- und Entlüftung

Oberflächen:
- alle Korpusse: melaminharzbeschichtet
- Arbeitsplatte: melaminharzbeschichtet
- Farbe: .....

Einbauort: Geschoss / Raum: ....

▶	▷	ø netto €	◁	◀	[Einheit]	Ausf.-Dauer	Positionsnummer
929€	2.663€	**3.394**€	4.085€	5.506€	[St]	⏱ 7,50 h/St	027.000.042

56 Teeküche, melaminharzbeschichtet KG **381**

Teeküche mit Arbeitsplatte, Unter- und Oberschränken aus melaminharzbeschichteten Holzwerkstoffplatten.
Arbeitshöhe: ca. 860 mm
Tiefe: ca. 630 mm
Bestehend aus:
- 4 Unterschränke 600 x 600 mm
- 1 Arbeitsplatte 2.400 x 630 mm
- 4 Oberschränke 600 x 380 mm

Ausführung:
- ein Unterschrank mit seitlicher Sichtseite, bündig mit Arbeitsplatte, mit fünf Auszügen, einschl. zwei Besteckeinsätzen und 5 Griffstangen
- ein Unterschrank mit seitlicher Sichtseite, für Kochfeld mit integriertem Schaltkasten, unten mit feststehender Blende, ein Tür und Abfallsammler mit selbst öffnendem Deckel für getrennte Müllsortierung (3 Behälter), eine Griffstange
- ein Unterschrank, für integrierbare Spülmaschine
- vier Oberschränke, davon ein Oberschrank mit Sichtseite, Schränke jeweils mit zwei Fachböden und Tür, ohne Griffstangen, die Türen und die Sichtseiten unten ca. 15 mm überstehend, ein Oberschrank vorgerüstet für integrierbaren Dunstabzug, mit innenliegender Blende des Abzugs und Regalfächern
- eine Arbeitsplatte als Dreischichtplatte, seitlich bündig mit Unterschränken, einschl. einem Ausschnitt für Kochfeld, Sichtkante zweiseitig (vorne und seitlich) mit Multiplex-Anleimer; Sockel

Oberflächen:
- alle Korpusse: melaminharzbeschichtet, Farbe: .....
- Arbeitsplatte: Dekor .....

Einbauort: Geschoss / Raum: ....

819€ 2.872€ **3.645**€ 4.995€ 7.854€ [St] ⏱ 6,00 h/St 027.000.041

Kosten:
Stand 1.Quartal 2020
Bundesdurchschnitt

57 Unterschrank, Küche, bis 600mm KG **381**

Unterschrank für Küche, vorn und seitlich Sichtseiten, unten mit feststehender Blende, mit 3 Einlege-Fachböden sowie einer Tür mit Griffstange.
Material: Gütespanplatte
Oberflächen: melaminharzbeschichtet
Farbe: .....
Schrankgröße: 600 x 600 mm
Arbeitshöhe: 860 mm
Griffstange: 550 mm
Vorgerichtet für: Kochfeld mit integriertem Schaltkasten

170€ 347€ **426**€ 522€ 724€ [St] ⏱ 0,60 h/St 027.000.043

58 Oberschrank, Küche, bis 600mm KG **381**

Oberschrank für Küche, vorn und seitlich Sichtseiten, mit 3 Einlege-Fachböden sowie einer Tür mit Griffstange.
Material: Gütespanplatte
Oberflächen: melaminharzbeschichtet
Farbe: .....
Schrankgröße: 600 x 450 mm
Schrankhöhe: 700 mm
Griffstange: 500 mm
Untergrund: .....

136€ 208€ **222**€ 262€ 342€ [St] ⏱ 1,00 h/St 027.000.044

▶ min
▷ von
ø Mittel
◁ bis
◀ max

59 Treppenstufe, Holz KG **353**

Treppenstufe aus Massivholz, feingehobelt und geschliffen, auf bauseitiger Stahlbetonunterkonstruktion, schallentkoppelt verlegt, unsichtbar befestigt, Vorderkante gerundet. Endstufen nach gesonderter Position.
Material: Eiche massiv, t = 42 mm
Setzstufen: **..... mm Untertritt / bündig ohne Untertritt**
Stufenlänge: .....
Stufentiefe: .....
Stufenhöhe: .....
Oberfläche: transparent beschichtet
Steigungsmaß: .....

56€ 122€ **153**€ 233€ 409€ [St] ⏱ 0,14 h/St 027.000.045

60 Handlauf-Profil, Holz KG **359**

Holz-Handlauf aus Massivholz, steigend und eben, in verschiedenen Längen, Stab unten gefräst, für Anschluss an bauseitiges Stahl-Tragprofil, Befestigung von unten mit Senkkopfschrauben. Wandlaufhalter, Rundungen und Abkröpfung / Gehrung nach gesonderter Position.
Einbau: **außen / innen**
Material: Buche
Durchmesser Handlauf: **30 / 40** mm
Oberfläche: **geschliffen und poliert, natur / transparent lackiert**
Nutmaß: ca. 20 x 5 mm
Untergrund: .....

22€ 38€ **45**€ 57€ 89€ [m] ⏱ 0,25 h/m 027.000.046

61 Geländer, gerade, Rundstabholz KG **359**

Geländer als Holzkonstruktion mit Handlauf aus geformtem Vollholzprofil und Füllung aus senkrechten Vollstäben, auf bauseitige Treppenwangen, Befestigungen des Handlaufs an den Enden an die aufgehenden Wände mittels Schrauben und Dübeln.
Gesamthöhe: ca. 1,00 m
Länge: .....
Geländerform: .....
Material Handlauf und Füllstäbe: **Eiche / Buche**
Handlauf: Rundstab D = 42,4 mm
Senkrechte Füllstäbe: Rundstab D = ... mm
Oberflächen: **geschliffen und poliert / transparent lackiert**
Untergrund: .....

188€ 290€ **319**€ 377€ 524€ [m] ⏱ 0,70 h/m 027.000.047

62 Stundensatz Tischler-Facharbeiter

Stundenlohnarbeiten für Vorarbeiter, Facharbeiter und Gleichgestellte (z.B. Spezialbaufacharbeiter, Baufacharbeiter, Obermonteure, Monteure, Gesellen, Maschinenführer, Fahrer und ähnliche Fachkräfte). Verrechnungssatz für die jeweilige Arbeitskraft inkl. aller Aufwendungen wie Lohn- und Gehaltskosten, Lohn- und Gehaltsnebenkosten, Zuschläge, lohngebundene und lohnabhängige Kosten, sonstige Sozialkosten, Gemeinkosten, Wagnis und Gewinn. Leistung nach besonderer Anordnung der Bauüberwachung. Anmeldung und Nachweis gem. VOB/B.

42€ 50€ **54**€ 57€ 64€ [h] ⏱ 1,00 h/h 027.000.079

Nr.	Kurztext / Langtext					Kostengruppe
▶	▷	ø netto €	◁	◀	[Einheit]	Ausf.-Dauer Positionsnummer

63 Stundensatz Tischler-Helfer

Stundenlohnarbeiten für Vorarbeiter, Facharbeiter und Gleichgestellte (z.B. Spezialbaufacharbeiter, Baufacharbeiter, Obermonteure, Monteure, Gesellen, Maschinenführer, Fahrer und ähnliche Fachkräfte). Verrechnungssatz für die jeweilige Arbeitskraft inkl. aller Aufwendungen wie Lohn- und Gehaltskosten, Lohn- und Gehaltsnebenkosten, Zuschläge, lohngebundene und lohnabhängige Kosten, sonstige Sozialkosten, Gemeinkosten, Wagnis und Gewinn. Leistung nach besonderer Anordnung der Bauüberwachung. Anmeldung und Nachweis gem. VOB/B.

32€	38€	**41**€	44€	50€	[h]	⏱ 1,00 h/h	027.000.080

Kosten:
Stand 1.Quartal 2020
Bundesdurchschnitt

▶ min
▷ von
ø Mittel
◁ bis
◀ max

028

Kosten:
Stand 1.Quartal 2020
Bundesdurchschnitt

Nr.	Positionen	Einheit	▶	▷ ø brutto € / ø netto €		◁	◀
1	Untergrund reinigen	m²	0,2	0,7	**0,9**	1,4	2,6
			0,2	0,6	**0,8**	1,2	2,2
2	Sinterschicht abschleifen	m²	0,7	1,5	**1,9**	2,5	4,0
			0,6	1,3	**1,6**	2,1	3,3
3	Zementestrich anschleifen	m²	0,4	1,4	**1,8**	2,8	4,3
			0,3	1,2	**1,5**	2,4	3,6
4	Untergrund prüfen, Haftzugfestigkeit	St	17	21	**23**	25	29
			14	17	**19**	21	24
5	Untergrund vorstreichen, Haftgrund	m²	1,0	2,0	**2,5**	3,0	4,3
			0,8	1,7	**2,1**	2,6	3,7
6	Unterlage, Rippenpappe	m²	3	3	**4**	5	6
			2	3	**3**	4	5
7	Unterlage, Korkschrotpappe	m²	–	6	**9**	11	–
			–	5	**8**	9	–
8	Unterboden, Holzspanplatte P2, 28mm	m²	–	23	**29**	39	–
			–	19	**25**	33	–
9	Blindboden, Nadelholz	m²	24	34	**43**	48	53
			20	28	**37**	40	45
10	Dielenbodenbelag, Fichte, 24mm	m²	133	146	**166**	176	191
			111	123	**139**	148	160
11	Dielenbodenbelag, Lärche, 24mm	m²	135	148	**168**	178	194
			113	124	**141**	150	163
12	Dielenbodenbelag, Ahorn, 22mm	m²	145	160	**181**	192	209
			122	134	**152**	162	175
13	Dielenbodenbelag, Esche, 22mm	m²	122	134	**153**	162	175
			103	113	**128**	136	147
14	Dielenbodenbelag, Eiche, 22mm	m²	112	123	**139**	148	160
			94	103	**117**	124	135
15	Stabparkett, Eiche, 22mm	m²	78	99	**101**	111	133
			66	83	**85**	93	112
16	Stabparkett, Buche, 22mm	m²	79	107	**113**	127	149
			66	90	**95**	107	126
17	Fertigparkett, Ahorn, 14mm, versiegelt	m²	53	81	**90**	98	111
			45	68	**76**	82	94
18	Fertigparkett, Eiche 14mm, versiegelt	m²	66	73	**83**	94	104
			56	61	**70**	79	87
19	Fertigparkett, Esche, 14mm, versiegelt	m²	68	75	**85**	96	107
			57	63	**72**	81	90
20	Fertigparkett, Buche, bis 15mm, beschichtet	m²	65	71	**81**	91	101
			54	60	**68**	77	85
21	Vollholzparkett, Hochkantlamellen, Eiche, bis 12mm	m²	52	59	**64**	71	80
			44	50	**54**	59	67
22	Mosaikparkett, Eiche, 8mm	m²	40	55	**59**	65	78
			33	46	**49**	55	66
23	Mosaikparkett, Esche, 8mm	m²	–	67	**77**	87	–
			–	56	**65**	73	–
24	Mosaikparkett, Buche, 8mm	m²	–	65	**74**	85	–
			–	55	**62**	71	–

▶ min
▷ von
ø Mittel
◁ bis
◀ max

Nr.	Positionen	Einheit	▶	▷	ø brutto € / ø netto €	◁	◀
25	Lamparkett, Eiche, 10mm	m²	51	77	**108**	125	157
			43	65	**90**	105	132
26	Lamparkett, Ahorn, 10mm	m³	–	81	**115**	130	–
			–	68	**96**	109	–
27	Lamparkett, Esche, 10mm	m²	–	78	**112**	126	–
			–	66	**94**	106	–
28	Holzpflaster, bis 50mm	m²	79	84	**85**	86	98
			67	71	**72**	72	82
29	Vollholzparkett schleifen	m²	8	11	**12**	16	20
			6	10	**10**	13	17
30	Vollholzparkett beschichten	m²	8	13	**16**	23	38
			6	11	**13**	19	32
31	Stufenbelag, Stabparkett, Eiche	St	109	146	**153**	164	182
			92	123	**128**	138	153
32	Stufenbelag, Fertigparkett, Buche	m²	–	39	**49**	59	–
			–	33	**41**	49	–
33	Stufenbelag, Fertigparkett, Eiche	m²	–	35	**46**	56	–
			–	30	**39**	47	–
34	Randstreifen abschneiden	m	0,1	0,3	**0,4**	0,5	0,8
			0,1	0,2	**0,3**	0,4	0,7
35	Randabschluss, Korkstreifen, Dehnfuge	m	3	6	**7**	9	13
			2	5	**6**	7	11
36	Sockelleiste, Buche	m	6	10	**12**	15	23
			5	8	**10**	13	19
37	Sockelleiste, Eiche	m	6	11	**13**	18	34
			5	9	**11**	15	28
38	Sockelleiste, Ahorn	m	6	11	**13**	15	19
			5	9	**11**	12	16
39	Eckausbildung, vorgefertigt, Sockelleiste	St	<0,1	0,8	**1,2**	1,9	3,7
			<0,1	0,7	**1,0**	1,6	3,1
40	Parkettbelag anarbeiten, gerade	m	3	8	**10**	14	19
			3	7	**9**	12	16
41	Parkettbelag anarbeiten, schräg	m	4	9	**11**	13	20
			3	8	**9**	11	17
42	Aussparung, Parkett	St	7	20	**26**	34	51
			6	17	**22**	28	43
43	Trennschiene, Metall	m	11	18	**21**	25	37
			9	15	**17**	21	31
44	Übergangsprofil/Abdeckschiene, nichtrostender Stahl	m	14	26	**28**	47	75
			12	22	**24**	40	63
45	Übergangsprofil/Abdeckschiene, Aluminium	m	13	21	**26**	39	57
			11	18	**22**	33	48
46	Übergangsprofil/Abdeckschiene; Messing	m	9,6	21	**23**	29	44
			8,1	17	**20**	24	37
47	Verfugung, elastisch, Silikon	m	3	6	**6**	8	11
			3	5	**5**	6	9

Nr.	Positionen	Einheit	▶	▷ ø brutto € / ø netto €		◁	◀
48	Erstpflege, Parkettbelag	m²	0,8	2,4	**3,1**	3,7	5,0
			0,6	2,0	**2,6**	3,1	4,2
49	Schutzabdeckung, Platten/Folie	m²	2	4	**5**	5	6
			2	3	**4**	4	5
50	Stundensatz Parkettleger-Facharbeiter	h	42	55	**60**	66	81
			35	46	**51**	56	68
51	Stundensatz Parkettleger-Helfer	h	36	45	**48**	54	64
			31	38	**41**	45	54

Nr. **Kurztext** / Langtext — Kostengruppe
▶ ▷ **ø netto €** ◁ ◀ [Einheit] Ausf.-Dauer Positionsnummer

Kosten:
Stand 1.Quartal 2020
Bundesdurchschnitt

1 Untergrund reinigen — KG **353**

Untergrund von groben Verschmutzungen reinigen, aufgenommene Stoffe, aufnehmen, in Behältnis des AN sammeln, abfahren und entsorgen. Abfall ist nicht gefährlich, nicht schadstoffbelastet

0,2€ 0,6€ **0,8**€ 1,2€ 2,2€ [m²] ⏱ 0,02 h/m² 028.000.001

2 Sinterschicht abschleifen — KG **353**

Sinterschicht von Calciumsulfatestrichen abschleifen, Staub absaugen, sortieren und in Container des AN lagern. Abfahren und entsorgen, auf Nachweis. Bauschutt nicht belastet Z 0.
Geforderte Ebenheit: Tabelle 3 **Zeile 3 / Zeile 4** DIN 18202

0,6€ 1,3€ **1,6**€ 2,1€ 3,3€ [m²] ⏱ 0,06 h/m² 028.000.072

3 Zementestrich anschleifen — KG **353**

Zement-Estrich anschleifen als Vorbereitung für Bodenverlegung, Schleifgut sammeln, aufnehmen sortieren und in Container des AN lagern. Abfahren und entsorgen, auf Nachweis. Bauschutt nicht belastet Z 0.
Estrichoberfläche: .....
Geforderte Ebenheit: Tabelle 3 **Zeile 3 / Zeile 4** DIN 18202

0,3€ 1,2€ **1,5**€ 2,4€ 3,6€ [m²] ⏱ 0,06 h/m² 028.000.071

4 Untergrund prüfen, Haftzugfestigkeit — KG **353**

Untergrund des Parkettbelags durch Haftzugprüfung prüfen. Preis je Prüfung inkl. Protokollierung und Übergabe an den Auftraggeber.
Untergrund: .....
Hinweis: Nur über Prüfpflicht des Auftragnehmers hinausgehende Leistung.

14€ 17€ **19**€ 21€ 24€ [St] ⏱ 0,50 h/St 028.000.067

5 Untergrund vorstreichen, Haftgrund — KG **353**

Voranstrich für Verklebung der Parkettbeläge.
Untergrund: .....

0,8€ 1,7€ **2,1**€ 2,6€ 3,7€ [m²] ⏱ 0,03 h/m² 028.000.004

6 Unterlage, Rippenpappe — KG **353**

Unterlage für Bodenbelag aus Rippenpappe auf Zementestrich.
Dicke: 2,5 mm

2€ 3€ **3**€ 4€ 5€ [m²] ⏱ 0,04 h/m² 028.000.049

▶ min
▷ von
ø Mittel
◁ bis
◀ max

Nr.	Kurztext / Langtext						Kostengruppe
▶	▷	**ø netto €**	◁	◀	[Einheit]	Ausf.-Dauer	Positionsnummer

7 Unterlage, Korkschrotpappe KG **353**

Unterlage aus gepressten Korkbahnen auf Estrich.
Dicke: 3,2 mm

–€ | 5€ | **8**€ | 9€ | –€ | [m2] | ⏱ 0,05 h/m2 | 028.000.050

A 1 Unterboden, Holzspanplatte Beschreibung für Pos. **8-8**

Unterboden für Parkettbelag, aus kunstharzgebundenen Holzspanplatten, mit Nut-Feder-Verbindung, für schwimmende Verlegung, Platten verleimen und mechanisch befestigen.
Untergrund: Holzkonstruktion

8 Unterboden, Holzspanplatte P2, 28mm KG **353**

Wie Ausführungsbeschreibung A 1
Plattentyp: P2
Emissionsklasse: E1
Plattendicke: 28 mm

–€ | 19€ | **25**€ | 33€ | –€ | [m2] | ⏱ 0,26 h/m2 | 028.000.053

9 Blindboden, Nadelholz KG **353**

Blindboden aus gespundeter, einseitig gehobelter Schalung, auf Deckenbalken, als Untergrund für Parkettbelag.
Holzart: .....
Güteklasse: .....
Brettdicke: 24 mm
Brettbreite: ..... mm

20€ | 28€ | **37**€ | 40€ | 45€ | [m2] | ⏱ 0,45 h/m2 | 028.000.025

A 2 Dielenbodenbelag, Nadelholz Beschreibung für Pos. **10-11**

Fußbodenbelag aus massiven Nadelholzdielen DIN EN 13990, gehobelt und geschliffen, parallel zur Wand im Verband, mit regelmäßigem Stoß, mit Parkettklebstoff, unter Beachtung der TRGS 610, verlegen.

10 Dielenbodenbelag, Fichte, 24mm KG **353**

Wie Ausführungsbeschreibung A 2
Holzart: Fichte PCAB
Sortierung: .....
Feuchtegehalt: .....
Dicke: 24 mm
Format: ..... mm

111€ | 123€ | **139**€ | 148€ | 160€ | [m2] | ⏱ 0,95 h/m2 | 028.000.078

11 Dielenbodenbelag, Lärche, 24mm KG **353**

Wie Ausführungsbeschreibung A 2
Holzart: Lärche LADC
Sortierung: .....
Feuchtegehalt: .....
Dicke: 24 mm
Format: ..... mm

113€ | 124€ | **141**€ | 150€ | 163€ | [m2] | ⏱ 0,95 h/m2 | 028.000.070

023 024 025 026 027 **028** 029 030 031 032 033 034 036 037 038 039

Nr.	Kurztext / Langtext						Kostengruppe
▶	▷	ø netto €	◁	◀	[Einheit]	Ausf.-Dauer	Positionsnummer

A 3 Dielenboden, Laubholz — Beschreibung für Pos. **12-14**

Fußbodenbelag aus massiven Laubholzdielen DIN EN 13629, gehobelt und geschliffen, parallel zur Wand im Verband, mit regelmäßigem Stoß, mit Parkettklebstoff, unter Beachtung der TRGS 610, verlegen.

12 Dielenbodenbelag, Ahorn, 22mm — KG **353**

Wie Ausführungsbeschreibung A 3
Holzart: Ahorn
Sortierung: .....
Feuchtegehalt: .....
Dicke: 22 mm
Format: ..... mm

122€ | 134€ | **152**€ | 162€ | 175€ | [m2] | ⏱ 0,95 h/m2 | 028.000.079

13 Dielenbodenbelag, Esche, 22mm — KG **353**

Wie Ausführungsbeschreibung A 3
Holzart: Esche FXEX
Sortierung: .....
Feuchtegehalt: .....
Dicke: 22 mm
Format: ..... mm

103€ | 113€ | **128**€ | 136€ | 147€ | [m2] | ⏱ 0,95 h/m2 | 028.000.080

14 Dielenbodenbelag, Eiche, 22mm — KG **353**

Wie Ausführungsbeschreibung A 3
Holzart: Eiche QCXR
Sortierung: .....
Feuchtegehalt: .....
Dicke: 22 mm
Format: ..... mm

94€ | 103€ | **117**€ | 124€ | 135€ | [m2] | ⏱ 0,95 h/m2 | 028.000.007

A 4 Stabparkett, 22mm — Beschreibung für Pos. **15-16**

Parkett aus Massivholz-Elementen (Parkettstäben) mit Nut und Feder, mit Parkettklebstoff unter Beachtung der TRGS 617 verlegen. Oberfläche nach dem Verlegen schleifen.

15 Stabparkett, Eiche, 22mm — KG **353**

Wie Ausführungsbeschreibung A 4
Einbauort: .....
Untergrund: .....
Holzart: Eiche QCXR
Sortierung: .....
Fußboden-Heizung: .....
Anordnung/Optik: .....
Stoßausbildung: .....
Parkettformat: .....
Dicke: 22 mm
Farbe / Struktur: festgelegt von AG, nach Bemusterung

66€ | 83€ | **85**€ | 93€ | 112€ | [m2] | ⏱ 0,70 h/m2 | 028.000.034

Kosten:
Stand 1.Quartal 2020
Bundesdurchschnitt

▶ min
▷ von
ø Mittel
◁ bis
◀ max

16 Stabparkett, Buche, 22mm KG **353**

Wie Ausführungsbeschreibung A 4
Einbauort: .....
Untergrund: .....
Holzart: Buche FASY, gedämpft
Sortierung: .....
Fußboden-Heizung: .....
Anordnung/Optik: .....
Stoßausbildung: .....
Parkettformat: .....
Dicke: 22 mm
Farbe / Struktur: festgelegt von AG, nach Bemusterung

66€ 90€ **95**€ 107€ 126€ [m²] ⏱ 0,70 h/m² 028.000.035

A 5 Mehrschicht-/Fertigparkett, geölt Beschreibung für Pos. **17-20**

Mehrschichtparkettelemente (Fertigparkett) in Dielenform, gedämpft und Oberfläche werkseitig geölt, matt, mit Parkettklebstoff unter Beachtung der TRGS 610 verlegen.

17 Fertigparkett, Ahorn, 14mm, versiegelt KG **353**

Wie Ausführungsbeschreibung A 5
Einbauort: .....
Untergrund: .....
Holzart: Ahorn
Sortierung: .....
Fußboden-Heizung: .....
Anordnung/Optik: .....
Stoßausbildung: .....
Parkettformat: .....
Dicke: 14 mm
Nutzschicht: mind. 2,5 mm
Farbe / Struktur: festgelegt von AG, nach Bemusterung

45€ 68€ **76**€ 82€ 94€ [m²] ⏱ 0,40 h/m² 028.000.013

18 Fertigparkett, Eiche 14mm, versiegelt KG **353**

Wie Ausführungsbeschreibung A 5
Einbauort: .....
Untergrund: .....
Holzart: Eiche OCXE
Sortierung: .....
Fußboden-Heizung: .....
Anordnung/Optik: .....
Stoßausbildung: .....
Parkettformat: .....
Dicke: 14 mm
Nutzschicht: mind. 2,5 mm
Farbe / Struktur: festgelegt von AG, nach Bemusterung

56€ 61€ **70**€ 79€ 87€ [m²] ⏱ 0,40 h/m² 028.000.058

Nr.	Kurztext / Langtext					Kostengruppe
▶	▷	ø netto €	◁	◀	[Einheit]	Ausf.-Dauer Positionsnummer

19 Fertigparkett, Esche, 14mm, versiegelt KG **353**

Wie Ausführungsbeschreibung A 5
Einbauort: .....
Untergrund: .....
Holzart: Esche FXEX
Sortierung: .....
Fußboden-Heizung: .....
Anordnung/Optik: .....
Stoßausbildung: .....
Parkettformat: .....
Dicke: 14 mm
Nutzschicht: mind. 2,5 mm
Farbe / Struktur: festgelegt von AG, nach Bemusterung

57€ 63€ **72**€ 81€ 90€ [m2] ⏱ 0,40 h/m2 028.000.059

Kosten:
Stand 1.Quartal 2020
Bundesdurchschnitt

20 Fertigparkett, Buche, bis 15mm, beschichtet KG **353**

Wie Ausführungsbeschreibung A 5
Einbauort: .....
Untergrund: .....
Holzart: Buche FASY
Sortierung: .....
Fußboden-Heizung: .....
Anordnung/Optik: .....
Stoßausbildung: .....
Parkettformat: .....
Dicke: bis 15 mm
Nutzschicht: mind. 2,5 mm
Farbe / Struktur: festgelegt von AG, nach Bemusterung

54€ 60€ **68**€ 77€ 85€ [m2] ⏱ 0,40 h/m2 028.000.060

A 6 Vollholzparkett, Hochkantlamellen Beschreibung für Pos. **21**

Vollholzparkett mit Hochkantlamellen, mit Parkettklebstoff unter Beachtung der TRGS 610 verlegen. Oberfläche nach dem Verlegen schleifen.

21 Vollholzparkett, Hochkantlamellen, Eiche, bis 12mm KG **353**

Wie Ausführungsbeschreibung A 6
Einbauort: .....
Untergrund: .....
Holzart: Eiche QCXR
Sortierung: .....
Fußboden-Heizung: .....
Anordnung/Optik: .....
Parkettformat: .....
Dicke: bis 12 mm
Farbe / Struktur: festgelegt von AG, nach Bemusterung

44€ 50€ **54**€ 59€ 67€ [m2] ⏱ 0,60 h/m2 028.000.032

▶ min
▷ von
ø Mittel
◁ bis
◀ max

A 7 Mosaikparkett, 8mm — Beschreibung für Pos. **22-24**

Parkett aus Mosaikparkettelementen, mit Parkettklebstoff unter Beachtung der TRGS 610 verlegen. Oberfläche nach dem Verlegen schleifen.

22 Mosaikparkett, Eiche, 8mm — KG **353**

Wie Ausführungsbeschreibung A 7
Einbauort: .....
Untergrund: .....
Holzart: Eiche QCXR
Sortierung: .....
Fußboden-Heizung: .....
Parkettformat: .....
Dicke: 8 mm
Farbe / Struktur: festgelegt von AG, nach Bemusterung

33€ | 46€ | **49**€ | 55€ | 66€ | [m2] | ⏱ 0,50 h/m2 | 028.000.037

23 Mosaikparkett, Esche, 8mm — KG **353**

Wie Ausführungsbeschreibung A 7
Einbauort: .....
Untergrund: .....
Holzart: Esche FXEX
Sortierung: .....
Fußboden-Heizung: .....
Parkettformat: .....
Dicke: 8 mm
Farbe / Struktur: festgelegt von AG, nach Bemusterung

–€ | 56€ | **65**€ | 73€ | –€ | [m2] | ⏱ 0,50 h/m2 | 028.000.063

24 Mosaikparkett, Buche, 8mm — KG **353**

Wie Ausführungsbeschreibung A 7
Einbauort: .....
Untergrund: .....
Holzart: Buche, FASY gedämpft
Sortierung: .....
Fußboden-Heizung: .....
Parkettformat: .....
Dicke: 8 mm
Farbe / Struktur: festgelegt von AG, nach Bemusterung

–€ | 55€ | **62**€ | 71€ | –€ | [m2] | ⏱ 0,50 h/m2 | 028.000.064

023 024 025 026 027 **028** 029 030 031 032 033 034 036 037 038 039

Nr.	Kurztext / Langtext						Kostengruppe
▶	▷	**ø netto €**	◁	◀	[Einheit]	Ausf.-Dauer	Positionsnummer

A 8 Lamparkett, 10mm — Beschreibung für Pos. **25-27**

Lamparkett (Dünnparkett) mit Parkettklebstoff unter Beachtung der TRGS 610 verlegen. Oberfläche nach dem Verlegen schleifen.

25 Lamparkett, Eiche, 10mm — KG **353**

Wie Ausführungsbeschreibung A 8
Einbauort: .....
Untergrund: .....
Holzart: Eiche QCXR
Sortierung: .....
Fußboden-Heizung: .....
Parkettformat: .....
Dicke: 10 mm
Farbe / Struktur: festgelegt von AG, nach Bemusterung

43€ | 65€ | **90**€ | 105€ | 132€ | [m²] | ⏱ 0,65 h/m² | 028.000.036

26 Lamparkett, Ahorn, 10mm — KG **353**

Wie Ausführungsbeschreibung A 8
Einbauort: .....
Untergrund: .....
Holzart: Ahorn
Sortierung: .....
Fußboden-Heizung: .....
Parkettformat: .....
Dicke: 10 mm
Farbe / Struktur: festgelegt von AG, nach Bemusterung

–€ | 68€ | **96**€ | 109€ | –€ | [m³] | ⏱ 0,65 h/m³ | 028.000.061

27 Lamparkett, Esche, 10mm — KG **353**

Wie Ausführungsbeschreibung A 8
Einbauort: .....
Untergrund: .....
Holzart: Esche FXEX
Sortierung: .....
Fußboden-Heizung: .....
Parkettformat: .....
Dicke: 10 mm
Farbe / Struktur: festgelegt von AG, nach Bemusterung

–€ | 66€ | **94**€ | 106€ | –€ | [m²] | ⏱ 0,65 h/m² | 028.000.062

28 Holzpflaster, bis 50mm — KG **353**

Holzpflaster im Verband, vollflächig verklebt, unter Beachtung der TRGS 610 verlegen. Oberfläche nach dem Verlegen schleifen.
Einbauort: .....
Untergrund: .....
Holzart: .....
Dicke: bis 50 mm
Farbe / Struktur: festgelegt von AG, nach Bemusterung

67€ | 71€ | **72**€ | 72€ | 82€ | [m²] | ⏱ 0,85 h/m² | 028.000.044

Kosten:
Stand 1.Quartal 2020
Bundesdurchschnitt

▶ min
▷ von
ø Mittel
◁ bis
◀ max

Nr.	Kurztext / Langtext						Kostengruppe
▶	▷	**ø netto €**	◁	◀	[Einheit]	Ausf.-Dauer	Positionsnummer

29 Vollholzparkett schleifen KG **353**

Parkettböden für Oberflächenbehandlung schleifen und reinigen, einschl. Schleifgut entsorgen.
Schleifkörnung: bis Körnung 180

6€	10€	**10**€	13€	17€	[m2]	⏱ 0,15 h/m2	028.000.010

30 Vollholzparkett beschichten KG **353**

Geschliffene Rohböden mit Vollholz-Parkettoberfläche beschichten.
Beschichtung: .....
Parkett: .....
Angeb. Fabrikat: .....

6€	11€	**13**€	19€	32€	[m2]	⏱ 0,20 h/m2	028.000.011

31 Stufenbelag, Stabparkett, Eiche KG **353**

Parkettbelag aus Massivholz-Elementen (Parkettstäben) auf Stufen mit Trittstufenüberstand, Treppenlauf gerade, mit regelmäßigem Stoß vollflächig verkleben und Oberfläche schleifen.
Untergrund: .....
Holzart: Eiche QCXE
Sortierungssymbol: Kreis
Dicke: 22 mm
Stufenlänge: 100 cm
Trittstufenbreite: 28 cm
Ansicht: eine freie Kopfseite

92€	123€	**128**€	138€	153€	[St]	⏱ 0,60 h/St	028.000.074

32 Stufenbelag, Fertigparkett, Buche KG **353**

Parkettbelag aus Mehrschichtparkettelementen (Fertigparkett) auf Stufen vollflächig verklebt, Oberfläche werkseitig matt versiegelt.
Untergrund: .....
Holzart: Buche
Dicke: bis 14 mm
Nutzschicht: mind. 2,5 mm
Stufenlänge: ..... cm
Trittstufenbreite: 28 cm
Anordnung/Optik: .....
Stoßausbildung: .....

–€	33€	**41**€	49€	–€	[m2]	⏱ 0,50 h/m2	028.000.065

Nr.	Kurztext / Langtext						Kostengruppe
▶	▷	**ø netto €**	◁	◀	[Einheit]	Ausf.-Dauer	Positionsnummer

33 Stufenbelag, Fertigparkett, Eiche KG **353**

Parkettbelag aus Mehrschichtparkettelementen (Fertigparkett) auf Stufen vollflächig verklebt, Oberfläche werkseitig matt versiegelt.
Untergrund: .....
Holzart: Eiche
Dicke: bis 14 mm
Nutzschicht: mind. 2,5 mm
Stufenlänge: ..... cm
Trittstufenbreite: 28 cm
Anordnung/Optik: .....
Stoßausbildung: .....

–€ | 30€ | **39**€ | 47€ | –€ | [m²] | ⏱ 0,50 h/m² | 028.000.066

34 Randstreifen abschneiden KG **353**

Abschneiden des Überstandes des Randdämmstreifens für Bodenbelagsarbeiten.

0,1€ | 0,2€ | **0,3**€ | 0,4€ | 0,7€ | [m] | ⏱ 0,01 h/m | 028.000.023

35 Randabschluss, Korkstreifen, Dehnfuge KG **353**

Sichtbar bleibende Randfuge in Parkettfußboden, mit Kork, einschl. Fugenvorbereitung und -hinterfüllung, Fugenbreite bis 10 mm.

2€ | 5€ | **6**€ | 7€ | 11€ | [m] | ⏱ 0,10 h/m | 028.000.020

36 Sockelleiste, Buche KG **353**

Sockelleiste mit gerundetem Viertelstab, Stöße und Stirnseiten schräg abgeschnitten.
Untergrund: .....
Holzart: Buche FASY
Profil: 14/14 mm
Oberfläche: farblos matt lackiert
Befestigung: Nägel

5€ | 8€ | **10**€ | 13€ | 19€ | [m] | ⏱ 0,08 h/m | 028.000.014

37 Sockelleiste, Eiche KG **353**

Sockelleiste mit Rechteckprofil, Stöße und Stirnseiten schräg abgeschnitten.
Holzart: Eiche QCXE
Profil: ..... mm
Oberfläche: farblos matt lackiert
Befestigung: Senkkopf-Schrauben, verdübelt

5€ | 9€ | **11**€ | 15€ | 28€ | [m] | ⏱ 0,08 h/m | 028.000.015

38 Sockelleiste, Ahorn KG **353**

Sockelleiste mit gerundetem Schmetterlings-Profil, Stöße und Stirnseiten schräg abgeschnitten.
Holzart: Ahorn
Profil: 25/25 mm
Oberfläche: farblos matt lackiert
Befestigung: Nägel

5€ | 9€ | **11**€ | 12€ | 16€ | [m] | ⏱ 0,08 h/m | 028.000.016

Kosten:
Stand 1.Quartal 2020
Bundesdurchschnitt

▶ min
▷ von
ø Mittel
◁ bis
◀ max

39 Eckausbildung, vorgefertigt, Sockelleiste KG **353**

Eckausbildung der Sockelleiste, Ausführung mit vorgefertigten Innen- und Außenecken.
Leistenprofil: .....
Holzart: ....
Höhe: ....
Holzdicke: ....

<0,1€ 0,7€ **1,0**€ 1,6€ 3,1€ [St] ⏱ 0,02 h/St 028.000.045

40 Parkettbelag anarbeiten, gerade KG **353**

Parkettbelag an nicht mit Leisten überdeckte Anschlüsse anarbeiten, wie Randfriese, raumhohe Fenster, Treppenaugen, etc.
Parkett: .....
Parkettdicke: .....

3€ 7€ **9**€ 12€ 16€ [m] ⏱ 0,25 h/m 028.000.017

41 Parkettbelag anarbeiten, schräg KG **353**

Parkettbelag anarbeiten an nicht parallel zur Verlegerichtung verlaufende, lineare Bauteile.
Belag: .....-Parkett
Dicke: ..... mm

3€ 8€ **9**€ 11€ 17€ [m] ⏱ 0,25 h/m 028.000.046

42 Aussparung, Parkett KG **353**

Öffnung oder Aussparung in Parkett herstellen.
Format: rechteckig
Abmessung: .....
Parkett: .....

6€ 17€ **22**€ 28€ 43€ [St] ⏱ 0,30 h/St 028.000.027

43 Trennschiene, Metall KG **353**

Metall-Trennschiene in Holz-Bodenbelag.
Material: .....
Schenkelhöhe: ..... mm
Einbauort: Material-Übergang
Anker: .....
Untergrund: .....
Belag / Parkett: .....

9€ 15€ **17**€ 21€ 31€ [m] ⏱ 0,12 h/m 028.000.021

A 9 Übergangsprofil/Abdeckschiene Beschreibung für Pos. **44-46**

Abdeckschienen aus leicht gerundetem Profil, im Bereich des Belagwechsels unter dem Türblatt befestigen.

44 Übergangsprofil/Abdeckschiene, nichtrostender Stahl KG **353**

Wie Ausführungsbeschreibung A 9
Material: nichtrostender Stahl
Oberfläche: .....
Belag / Parkett: .....

12€ 22€ **24**€ 40€ 63€ [m] ⏱ 0,12 h/m 028.000.039

Nr.	**Kurztext** / Langtext						Kostengruppe
▶	▷	**ø netto €**	◁	◀	[Einheit]	Ausf.-Dauer	Positionsnummer

45 Übergangsprofil/Abdeckschiene, Aluminium KG **353**

Wie Ausführungsbeschreibung A 9
Material: Aluminium, eloxiert
Oberfläche: .....
Belag / Parkett: .....

11€	18€	**22**€	33€	48€	[m]	⏱ 0,12 h/m	028.000.040

46 Übergangsprofil/Abdeckschiene; Messing KG **353**

Wie Ausführungsbeschreibung A 9
Material: Messing
Oberfläche: .....
Belag / Parkett: .....

8€	17€	**20**€	24€	37€	[m]	⏱ 0,12 h/m	028.000.041

Kosten:
Stand 1.Quartal 2020
Bundesdurchschnitt

47 Verfugung, elastisch, Silikon KG **353**

Bewegungsfuge in vollflächig verklebtem Parkettfußboden füllen, mit elastischem Dichtstoff.
Fugenbreite: bis 10 mm

3€	5€	**5**€	6€	9€	[m]	⏱ 0,05 h/m	028.000.022

48 Erstpflege, Parkettbelag KG **353**

Erstpflege des Parkettbelags, Leistungsausführung innerhalb einer Woche nach Aufforderung durch die Bauleitung des Architekten.
Angestrebte Rutschhemmung: .....

0,6€	2,0€	**2,6**€	3,1€	4,2€	[m²]	⏱ 0,03 h/m²	028.000.024

49 Schutzabdeckung, Platten/Folie KG **353**

Parkettböden mit gewebeverstärkter Folie vor Beschädigungen der verlegten Böden schützen und abschließend wieder beseitigen.
Schutzabdeckung: Holzplatte und PE-Folie

2€	3€	**4**€	4€	5€	[m²]	⏱ 0,05 h/m²	028.000.030

50 Stundensatz Parkettleger-Facharbeiter

Stundenlohnarbeiten für Vorarbeiter, Facharbeiter und Gleichgestellte (z.B. Spezialbaufacharbeiter, Baufacharbeiter, Obermonteure, Monteure, Gesellen, Maschinenführer, Fahrer und ähnliche Fachkräfte). Verrechnungssatz für die jeweilige Arbeitskraft inkl. aller Aufwendungen wie Lohn- und Gehaltskosten, Lohn- und Gehaltsnebenkosten, Zuschläge, lohngebundene und lohnabhängige Kosten, sonstige Sozialkosten, Gemeinkosten, Wagnis und Gewinn. Leistung nach besondere Anordnung der Bauüberwachung. Anmeldung und Nachweis gem. VOB/B.

35€	46€	**51**€	56€	68€	[h]	⏱ 1,00 h/h	028.000.042

▶ min
▷ von
ø Mittel
◁ bis
◀ max

51 Stundensatz Parkettleger-Helfer

Stundenlohnarbeiten für Werker, Helfer und Gleichgestellte (z.B. Baufachwerker, Helfer, Hilfsmonteure, Ungelernte, Angelernte). Verrechnungssatz für die jeweilige Arbeitskraft inkl. aller Aufwendungen wie Lohn- und Gehaltskosten, Lohn- und Gehaltsnebenkosten, Zuschläge, lohngebundene und lohnabhängige Kosten, sonstige Sozialkosten, Gemeinkosten, Wagnis und Gewinn. Leistung nach besonderer Anordnung der Bauüberwachung. Anmeldung und Nachweis gem. VOB/B.

31€	38€	**41**€	45€	54€	[h]	⏱ 1,00 h/h	028.000.043

029

Kosten:
Stand 1.Quartal 2020
Bundesdurchschnitt

Nr.	Positionen	Einheit	▶	▷	ø brutto € / ø netto €	◁	◀
1	Fenstergriff, Aluminium	St	16	39	**46**	67	109
			13	33	**39**	56	91
2	Fenstergriff, abschließbar	St	24	51	**58**	69	92
			21	43	**49**	58	77
3	Drückergarnitur, Wohnungstür, Metall	St	40	175	**221**	287	420
			34	147	**186**	241	353
4	Drückergarnitur, Wohnungstür, Stahl-Nylon	St	32	47	**57**	64	84
			27	40	**48**	54	70
5	Drückergarnitur, Objekttür, Aluminium	St	30	62	**74**	91	132
			26	52	**62**	77	111
6	Drückergarnitur, niro	St	69	183	**221**	277	423
			58	154	**185**	233	356
7	Drückergarnitur, Objekttür, niro, barrierefrei	St	–	303	**348**	418	–
			–	254	**292**	351	–
8	Drückergarnitur, Objekttür, niro, Ellenbogenbetätigung	St	–	338	**388**	466	–
			–	284	**326**	392	–
9	Türdrückergarnitur, provisorisch	St	–	12	**22**	33	–
			–	10	**19**	28	–
10	Bad-/WC-Garnitur, Objektbereich, Aluminium	St	31	72	**87**	114	160
			26	60	**73**	95	134
11	Bad-/WC-Garnitur, Objektbereich, Edelstahl	St	50	113	**156**	201	277
			42	95	**131**	169	233
12	Stoßgriff, Tür, Aluminium	St	82	229	**258**	388	725
			69	192	**217**	326	609
13	Obentürschließer, einflüglige Tür	St	123	239	**288**	396	670
			103	201	**242**	333	563
14	Obentürschließer, zweiflüglige Tür	St	399	595	**611**	692	976
			335	500	**513**	582	820
15	Obentürschließer Innentür	St	297	371	**413**	462	516
			250	312	**347**	388	434
16	Bodentürschließer, einflüglige Tür	St	421	460	**524**	573	629
			353	387	**440**	482	528
17	Türantrieb, kraftbetätigte Tür, einflüglig	St	3.137	4.232	**4.670**	5.456	6.746
			2.636	3.556	**3.924**	4.585	5.669
18	Türantrieb, kraftbetätigte Tür, zweiflüglig	St	2.863	4.162	**5.035**	5.463	7.053
			2.406	3.498	**4.231**	4.591	5.927
19	Elektrischer Türantrieb	St	2.085	2.491	**2.896**	3.157	3.620
			1.752	2.093	**2.434**	2.653	3.042
20	Sensorleiste, Türblatt	St	459	551	**598**	694	853
			386	463	**503**	583	717
21	Fingerschutz, Türkante	St	88	134	**178**	194	225
			74	113	**150**	163	189
22	Türöffner elektrisch	St	62	80	**87**	97	129
			52	67	**73**	81	108
23	Fluchttürsicherung, elektrische Verriegelung	St	633	965	**1.050**	1.247	1.693
			532	811	**882**	1.048	1.423
24	Türstopper, Wandmontage	St	6	21	**29**	37	54
			5	18	**24**	31	46

▶ min
▷ von
ø Mittel
◁ bis
◀ max

Nr.	Positionen	Einheit	▶	▷	ø brutto € / ø netto €	◁	◀
25	Türstopper, Bodenmontage	St	7	25	**31**	49	93
			6	21	**26**	41	78
26	Türspion, Aluminium	St	11	19	**24**	27	35
			9	16	**20**	23	30
27	Lüftungsprofil, Fenster	St	56	156	**205**	222	328
			47	131	**172**	187	276
28	Lüftungsgitter, Türblatt	St	19	39	**45**	73	119
			16	32	**38**	61	100
29	Doppel-Schließzylinder	St	22	62	**77**	129	246
			18	52	**65**	108	207
30	Halb-Schließzylinder	St	21	53	**65**	108	260
			17	44	**54**	91	219
31	Profilzylinderverlängerung, je 5mm	St	1,0	3,9	**4,9**	6,3	9,5
			0,8	3,3	**4,1**	5,3	8,0
32	Profilzylinderverlängerung, je 10mm	St	2	4	**5**	7	11
			2	4	**4**	6	9
33	Profilblindzylinder	St	4	13	**16**	25	47
			3	11	**13**	21	40
34	Generalhaupt-, Generalschlüssel	St	3	10	**12**	17	30
			2	8	**10**	15	25
35	Schlüssel, Buntbart	St	3	8	**9**	15	26
			2	6	**8**	12	22
36	Gruppen-, Hauptschlüssel	St	3	8	**10**	14	25
			2	7	**8**	12	21
37	Schlüsselschrank, wandhängend	St	95	239	**328**	469	686
			80	201	**275**	394	576
38	Riegelschloss	St	49	116	**123**	134	213
			41	98	**104**	112	179
39	Absenkdichtung, Tür	St	63	99	**109**	125	167
			53	83	**92**	105	141
40	Hausbriefkasten, Aufputz	St	738	1.095	**1.354**	1.401	1.556
			620	920	**1.138**	1.178	1.307
41	WC-Schild, taktil, Kunststoff	St	–	38	**43**	54	–
			–	32	**36**	45	–
42	Handlaufbeschriftung, taktil, Alu, 36,5/173, Blinden-/Profilschrift	St	–	70	**82**	103	–
			–	59	**69**	86	–

023
024
025
026
027
028
029
030
031
032
033
034
036
037
038
039

Nr.	Kurztext / Langtext						Kostengruppe
▶	▷	ø netto €	◁	◀	[Einheit]	Ausf.-Dauer	Positionsnummer

Kosten:
Stand 1.Quartal 2020
Bundesdurchschnitt

1 Fenstergriff, Aluminium KG **334**

Fenstergriff, als RAL-geprüfte Konstruktion, einschl. Rosette. 4-Punkt-Kugelrastung, spürbarer Positionierung.
Ausführung: Dreh-Kipp-Griff
Form / Typp: .....
Benutzerkategorie DIN EN 1906: Klasse 2
Befestigung: unsichtbar
Dauerhaftigkeit DIN EN 1906: **6 / 7**
Rosette: **oval / eckig**
Material: Aluminium
Oberfläche: naturfarbig
Angeb. Fabrikat: .....

▶	▷	ø	◁	◀	Einheit	Ausf.-Dauer	Positionsnummer
13€	33€	**39**€	56€	91€	[St]	⏱ 0,28 h/St	029.000.013

2 Fenstergriff, abschließbar KG **334**

Fenstergriff, abschließbar, als RAL-geprüfte Konstruktion, Kugelrastung für spürbare Positionierung, einschl. Stift, Rosette und 3 Schlüssel.
Ausführung: Dreh-Kipp-Griff
Form / Typ: .....
Benutzerkategorie DIN EN 1906: Klasse 2
Befestigung: unsichtbar
Dauerhaftigkeit DIN EN 1906: **6 / 7**
Rosette: **oval / eckig**
Material: Aluminium
Oberfläche: .....
Angeb. Fabrikat: .....

▶	▷	ø	◁	◀	Einheit	Ausf.-Dauer	Positionsnummer
21€	43€	**49**€	58€	77€	[St]	⏱ 0,30 h/St	029.000.040

3 Drückergarnitur, Wohnungstür, Metall KG **344**

Drückergarnitur aus Metall, RAL-geprüfte Konstruktion, Kugelrastung für spürbare Positionierung, einschl. Drückerstift und Rosette.
Türtyp: Wohnungstür
Türblattdicke: ..... mm
Ausführung: **Normalgarnitur / Wechselgarnitur**
Form / Typ: .....
Benutzerkategorie DIN EN 1906: Klasse .....
Befestigung: unsichtbar
Dauerhaftigkeit DIN EN 1906: **6 / 7**
Rosette: **oval / eckig**, mit Hochhaltefeder
Material: **nichtrostender Stahl / Aluminium**
Oberfläche: .....
Benutzerkategorie DIN EN 1906: Klasse .....
Angeb. Fabrikat: .....

▶	▷	ø	◁	◀	Einheit	Ausf.-Dauer	Positionsnummer
34€	147€	**186**€	241€	353€	[St]	⏱ 0,30 h/St	029.000.004

▶ min
▷ von
ø Mittel
◁ bis
◀ max

4 **Drückergarnitur, Wohnungstür, Stahl-Nylon** KG **344**

Türgriff aus Stahlkern mit Nylonoberfläche, als RAL-geprüfte Konstruktion, einschl. Rosette. Kugelrastung, spürbarer Positionierung.
Art der Tür: Wohnungstür
Türblattdicke: ..... mm
Ausführung: **Normalgarnitur / Wechselgarnitur**
Form / Typ: .....
Benutzerkategorie DIN EN 1906: Klasse .....
Befestigung: unsichtbar
Dauerhaftigkeit DIN EN 1906: **6 / 7**
Rosette: **oval / eckig**, mit Hochhaltefeder
Material: Kern aus Stahl
Oberfläche: Nylon
Farbe: .....
Angeb. Fabrikat: .....

27€ 40€ **48**€ 54€ 70€ [St] ⏱ 0,30 h/St 029.000.014

5 **Drückergarnitur, Objekttür, Aluminium** KG **344**

Drückergarnitur aus Stahlkern mit Nylonoberfläche, RAL-geprüfte Konstruktion, Kugelrastung für spürbare Positionierung, einschl. Drückerstift und Rosette.
Türtyp: Wohnungstür
Türblattdicke: ..... mm
Ausführung: **Normalgarnitur / Wechselgarnitur**
Form / Typ: .....
Benutzerkategorie DIN EN 1906: Klasse .....
Befestigung: unsichtbar
Dauerhaftigkeit DIN EN 1906: **6 / 7**
Rosette: **oval / eckig**, mit Hochhaltefeder
Material: Kern aus Stahl
Oberfläche: Nylon
Farbe: .....
Angeb. Fabrikat: .....

26€ 52€ **62**€ 77€ 111€ [St] ⏱ 0,30 h/St 029.000.007

6 **Drückergarnitur, niro** KG **344**

Drückergarnitur aus nicht rostendem Stahl, RAL-geprüfte Konstruktion, Kugelrastung für spürbare Positionierung, einschl. Drückerstift und Rosette.
Türtyp: .....
Türblattdicke: ..... mm
Ausführung: **Normal- / Wechselgarnitur**
Form / Typ: .....
Benutzerkategorie DIN EN 1906: Klasse .....
Befestigung: unsichtbar
Dauerhaftigkeit DIN EN 1906: **6 / 7**
Rosette: **oval / eckig**, mit Hochhaltefeder
Material: nichtrostender Stahl, Werkstoff: .....
Oberfläche: **matt gebürstet / spiegelpoliert / .....**
Angeb. Fabrikat: .....

58€ 154€ **185**€ 233€ 356€ [St] ⏱ 0,30 h/St 029.000.008

023
024
025
026
027
028
029
030
031
032
033
034
036
037
038
039

Nr.	Kurztext / Langtext					Kostengruppe
▶	▷	**ø netto €**	◁	◀	[Einheit]	Ausf.-Dauer Positionsnummer

7 Drückergarnitur, Objekttür, niro, barrierefrei KG **344**

Drückergarnitur aus nicht rostendem Stahl, Anordnung auf 850mm Höhe, für Handbetätigung aus Rollstuhl, Drückerstift und einschl. Langschild.
Türtyp: Objekttür - Verwaltung
Türblattdicke: ..... mm
Ausführung: Wechselgarnitur
Form / Typ: .....
Benutzerkategorie DIN EN 1906: Klasse .....
Befestigung: unsichtbar
Dauerhaftigkeit DIN EN 1906: **6 / 7**
Langschild: .....
Material: nichtrostender Stahl, Werkstoff: .....
Oberfläche: **matt gebürstet / spiegelpoliert / .....**
Angeb. Fabrikat: .....

–€ 254€ **292**€ 351€ –€ [St] ⏱ 0,30 h/St 029.000.041

8 Drückergarnitur, Objekttür, niro, Ellenbogenbetätigung KG **344**

Drückergarnitur aus nicht rostendem Stahl, zur Hand- und Ellenbogenbetätigung, als RAL-geprüfte Konstruktion, Kugelrastung für spürbare Positionierung, einschl. Stift und Langschild.
Türtyp: Objekttür - Pflegebereich
Türblattdicke: ..... mm
Ausführung: Wechselgarnitur
Form / Typ: .....
Benutzerkategorie DIN EN 1906: Klasse .....
Befestigung: unsichtbar
Dauerhaftigkeit DIN EN 1906: **6 / 7**
Langschild: .....
Material: nichtrostender Stahl, Werkstoff: .....
Oberfläche: **matt gebürstet / spiegelpoliert / .....**
Angeb. Fabrikat: .....

–€ 284€ **326**€ 392€ –€ [St] ⏱ 0,30 h/St 029.000.042

9 Türdrückergarnitur, provisorisch KG **344**

Provisorische Drückergarnitur, einbauen und vorhalten für die Zeit bis zur Inbetriebnahme, Demontage auf Anforderung durch Bauüberwachung.
Material und Oberfläche: nach Wahl des AN

–€ 10€ **19**€ 28€ –€ [St] ⏱ 0,20 h/St 029.000.034

Kosten:
Stand 1.Quartal 2020
Bundesdurchschnitt

▶ min
▷ von
ø Mittel
◁ bis
◀ max

10 Bad-/WC-Garnitur, Objektbereich, Aluminium KG **344**

Bad-WC-Garnitur aus Aluminium, als RAL-geprüfte Konstruktion, einschl. Drückerstift und Rosette. Präzise Einhaltung der Montageposition und minimiertes Spiel.
Art der Tür: Objektbereich - Verwaltung
Türblattdicke: ..... mm
Ausführung: Bad-WC-Garnitur mit beidseitigem Drücker
Form / Typ: .....
Benutzerkategorie DIN EN 1906: Klasse .....
Befestigung: unsichtbar
Dauerhaftigkeit DIN EN 1906: **6 / 7**
Rosette: **oval / eckig**
Material: Aluminium
Oberfläche: **eloxiert / anodisiert**
Farbton: **Hellsilber / Dunkelbronze**
Angeb. Fabrikat: .....

26€ 60€ **73**€ 95€ 134€ [St] ⏱ 0,35 h/St 029.000.015

11 Bad-/WC-Garnitur, Objektbereich, Edelstahl KG **344**

Bad-WC-Garnitur aus nicht rostendem Stahl, RAL-geprüfte Konstruktion, mit präziser Einhaltung der Montageposition und minimiertem Spiel, einschl. Drückerstift und Rosette.
Art der Tür: Objektbereich .....
Türblattdicke: ..... mm
Ausführung: Bad-WC-Garnitur mit beidseitigem Drücker
Form / Typ: .....
Benutzerkategorie DIN EN 1906: Klasse .....
Befestigung: unsichtbar
Dauerhaftigkeit DIN EN 1906: **6 / 7**
Rosette: **oval / eckig**
Material: Edelstahl
Oberfläche: **matt gebürstet / spiegelpoliert**
Angeb. Fabrikat: .....

42€ 95€ **131**€ 169€ 233€ [St] ⏱ 0,50 h/St 029.000.016

12 Stoßgriff, Tür, Aluminium KG **344**

Stoßgriff für Türen, verdeckt verschraubt, mit Rosette.
Grifflänge: .... mm
Griffdurchmesser: 30 mm
Türblattdicke: .....
Material: Aluminium
Oberfläche: **eloxiert / anodisiert**
Farbton: **Hellsilber / Dunkelbronze**
Angeb. Fabrikat: .....

69€ 192€ **217**€ 326€ 609€ [St] ⏱ 0,60 h/St 029.000.017

023
024
025
026
027
028
029
030
031
032
033
034
036
037
038
039

Nr.	Kurztext / Langtext						Kostengruppe
▶	▷	ø netto €	◁	◀	[Einheit]	Ausf.-Dauer	Positionsnummer

13 **Obentürschließer, einflüglige Tür** KG **344**

Obentürschließer DIN EN 1154 für Rauch- / Feuerschutztür, einflüglig, mit Zulassung.
Art / Form: Basisschließer und Normalgestänge
Anforderungen:
- Schließergröße EN 2-4
- Schließgeschwindigkeit und Endanschlag von vorn einstellbar über Ventil
- Sicherheitsventil gegen Überlastung
- Normalgestänge, für DIN links und DIN rechts, Normalmontage (Türblatt) auf der Bandseite und Kopfmontage (Sturz) auf der Bandgegenseite

Für Türflügelbreite: max. 1.100 mm
Öffnungswinkel: max. 180°
Feststellbereich ca. 70-150°
Oberfläche: .....
Angeb. Fabrikat / Typ: .....

103€ 201€ **242**€ 333€ 563€ [St] ⏱ 1,50 h/St 029.000.009

Kosten:
Stand 1.Quartal 2020
Bundesdurchschnitt

14 **Obentürschließer, zweiflüglige Tür** KG **344**

Obentürschließer für zweiflüglige Türanlage, mit mechanischer Feststellung.
Art / Form: Basisschließer und Normalgestänge
Anforderungen:
- mit integrierter mechanischer Schließfolgeregelung
- von vorn einstellbare Schließkraft, Schließergröße EN 2-6
- Schließgeschwindigkeit und Endanschlag mit von vorne regulierbarer Öffnungsdämpfung mit optischer Größenanzeige
- Sicherheitsventil gegen Überlastung
- Normalmontage auf Türblatt oder auf Bandseite, mit Montageplatte

Oberfläche: .....
Angeb. Fabrikat / Typ: .....

335€ 500€ **513**€ 582€ 820€ [St] ⏱ 2,00 h/St 029.000.018

15 **Obentürschließer Innentür** KG **344**

Obentürschließer für Innentür, einflüglig, mit einstellbarer Geschwindigkeit und Gleitschiene.
Türgröße: .....
Art der Tür: .....
Angeb. Fabrikat / Typ: .....

250€ 312€ **347**€ 388€ 434€ [St] ⏱ 0,50 h/St 027.000.114

▶ min
▷ von
ø Mittel
◁ bis
◀ max

16 **Bodentürschließer, einflüglige Tür** KG **344**

Bodentürschließer für Drehflügeltür, mit Endanschlag, Schließgeschwindigkeit einstellbar, mit fixer Öffnungsdämpfung.
Türtyp: Innentür
Schließkraft Größe nach DIN EN 1154: .....
Bauhöhe: 42 mm
Feststellung: **ohne Feststellung / mit Feststellung .....°**
Material Deckplatte: .....
Oberfläche/Farbe: .....
Angeb. Fabrikat: .....

353€ 387€ **440**€ 482€ 528€ [St] ⏱ 2,00 h/St 029.000.019

17 Türantrieb, kraftbetätigte Tür, einflüglig KG **344**

Drehtür-Automatik nach DIN 18650 / EN 16005, für kraftbetätigte, behindertengerechte Türanlage, einflüglig, für bauseitige Anschlagtür, als geräuscharmer elektromechanischer Drehtürantrieb für Innen- und Außentür, mit Montageplattensatz. Ausrüstung der Türflügels mit Sensorleiste, Notschalter, Flächentaster, Türöffner, integrierter Öffnungsbegrenzer und Programmschalter in gesonderter Position.
Ausführung:
- drückend oder ziehend
- Montage: **Türblattmontage / Kopfmontage** auf **Band-/ Bandgegenseite** mit Gleitschiene
- Digitale Steuerung (Kategorie 2 - DIN EN 954-1 und Performance Level "d" - DIN EN ISO 13849-1)

Bauhöhe: 70 mm
Türblattabmessung (B x H): ..... mm
Angeb. Fabrikat / Typ: .....

2.636€ 3.556€ **3.924€** 4.585€ 5.669€ [St] ⏱ 2,50 h/St 029.000.035

18 Türantrieb, kraftbetätigte Tür, zweiflüglig KG **344**

Drehtür-Automatik nach DIN 18650 / EN 16005, für kraftbetätigte, behindertengerechte Türanlage, zweiflüglig, für bauseitige Anschlagtür, als geräuscharmer elektromechanischer Drehtürantrieb für Innen- und Außentür, mit Montageplattensatz. Ausrüstung der Türflügels mit Sensorleiste, Notschalter, Flächentaster, Türöffner, integrierter Öffnungsbegrenzer und Programmschalter in gesonderter Position.
Ausführung:
- drückend oder ziehend
- Montage: **Türblattmontage / Kopfmontage** auf **Band-/ Bandgegenseite** mit Gleitschiene
- Digitale Steuerung (Kategorie 2 - DIN EN 954-1 und Performance Level "d" - DIN EN ISO 13849-1)

Bauhöhe: ..... mm
Türblattabmessung (B x H): ..... mm
Angeb. Fabrikat / Typ: .....

2.406€ 3.498€ **4.231€** 4.591€ 5.927€ [St] ⏱ 3,00 h/St 029.000.036

19 Elektrischer Türantrieb KG **344**

Antrieb für einflüglige Tür, elektrisch, mit Bewegungsmeldern, Tastern, Sicherheitseinrichtung und Einstellungsmöglichkeiten.
Tür: ......
Flügelgewicht: .....
Türbreite: .....
Tiefe der Laibung: .....
Angeb. Fabrikat / Typ: .....

1.752€ 2.093€ **2.434€** 2.653€ 3.042€ [St] ⏱ 5,30 h/St 027.000.116

20 Sensorleiste, Türblatt KG **344**

Sensorleiste, geprüft nach DIN 18650 / EN 16005, auf dem Türblatt montiert, zur Absicherung des Schwenkbereiches der Tür in Öffnungs- und Schließrichtung pro Türflügel sind 2 Stück Sensorleisten anzubieten.
Die Nebenschließkantenabsicherung im Bereich der Türbänder erfolgt aufgrund der durchgeführten Sicherheitsanalyse: **bauseitig / durch den Türhersteller**. Anlenkelement mit Sensorik integriert, zur platzsparenden Montage von Sensor und Gestänge bzw. Gleitschiene in einer Ebene geprüft nach DIN 18650 / EN 16005, auf dem Türblatt montiert.
Türflügelbreite: 1.125 mm
Sensorleiste für Innen- und Außentüren und für alle Bodenverhältnisse (z.B. Reinstreifenmatte, Metallschiene, dunkle und absorbierende Böden, glänzende und nasse Fliesen, Gitterroste). Integrierte Wandausblendung und Energiesparmodus.

023
024
025
026
027
028
029
030
031
032
033
034
036
037
038
039

Ausführung:
- GC GR, mit integriertem, zweiteiligem Gleitschienenprofil
- Adapter für die Integration der Sensorleiste mit dem Gestänge

Abrechnung je Türflügel (2 Sensorleisten je Türflügel!)
Angeb. Fabrikat .....

386€ 463€ **503€** 583€ 717€ [St] ⏱ 1,00 h/St 029.000.047

21 Fingerschutz, Türkante KG **344**

Fingerschutz zur Sicherung der Türkante. Ausführung für **handbetätigte / kraftbetätigte** Türflügel. Sicherung unsichtbar befestigt.
Montage: **Bandseite / Gegenbandseite**
Material: **Aluminium, eloxiert / farbbeschichtet RAL-.....**
Ausführung: feuerhemmend
Länge: bis 2.500 mm
Angeb. Fabrikat: ......

74€ 113€ **150€** 163€ 189€ [St] ⏱ 0,30 h/St 029.000.037

22 Türöffner elektrisch KG **344**

Türöffner elektrisch, zur Freigabe der Tür, 24 V DC, 100% Einschaltdauer und Riegelschaltkontakt zur Abschaltung des Antriebs bei verriegelter Tür mit Fallen Riegel-Schloss (1 Stück pro Antrieb).
Angeb. Fabrikat: .....

52€ 67€ **73€** 81€ 108€ [St] ⏱ 0,30 h/St 029.000.048

23 Fluchttürsicherung, elektrische Verriegelung KG **344**

Fluchttürsicherung zur Sicherung einer Tür im Verlauf von Flucht- und Rettungswegen mit elektrischer Verriegelung gem. EltVTR. Geeignet zum Anschluss an Drehtürantriebe, Motorschlösser, Brandmeldeanlagen, Einbruchmeldeanlagen sowie zur Weiterleitung von Meldungen an die Gebäudeleittechnik, u.v.m., System bestehend aus: Türzentrale in Bus-Technik mit integrierter Steuerung, Nottasten Hinweisschild und Netzteil.
Geprüft nach EltVTR.
Ausstattung:
Steuerung mit beleuchteter Nottaste
LED-Anzeigen für die Betriebszustände:
- Tür **verriegelt / entriegelt / kurzzeitentriegelt**
- Tür **offen / geschlossen**
- Alarm, Voralarm, Störung

Farbige Klemmen zur Unterscheidung der Anschlüsse für die Peripherie. Flächig zu betätigende, barrierefreie Schlaghaube mit Sabotageschutz.
Integriertes Nottasten-Hinweisschild, unbeleuchtet
Netzteil:
- Netzspannung 230 V AC,
- Betriebsspannung 24 V DC
- Ausgangsstrom max. 650 mA (bei AP-Zentralen)
- Ausgangsstrom max. 600 mA (bei UP-Zentralen)

Anschlüsse:
3 programmierbare Eingänge zum Anschluss von Zeitschaltuhr, Brandmeldeanlage, Einbruchmeldeanlage, Zutrittskontrolle, Schlösser mit Zylinderkontakt u.v.m.
Funktion: High aktiv, Low aktiv und Deaktiv je Zustand wählbar
2 programmierbare Ausgänge zum Anschluss von Drehtürantrieb, Motorschloss, Drückersperrschloss, zusätzlichem Türöffner, optischer oder akustischer Alarmanzeige u.v.m.
Funktion: Öffner, Schließer und Deaktiv je Zustand wählbar

Kosten:
Stand 1.Quartal 2020
Bundesdurchschnitt

▶ min
▷ von
ø Mittel
◁ bis
◀ max

Eingang für indirekte Freischaltung durch externe Nottasten
- Eingang für Beleuchtung des Nottasten-Hinweisschildes
- Eingang für externen Schlüsseltaster zur Steuerung der Betriebsarten
- Eingang für Rückmeldung des Türzustands
- Eingang für Rückmeldung des Verriegelungszustands

Vorgerichtet zur Vernetzung über BUS mit Visualisierungssoftware.
Tableau TE 220/TTE 220 und OPC-Schnittstelle OPC 220
Funktionen:
- Abbruch und Nachtriggern in Verbindung mit Kurzzeitentriegelung
- Kombination mit Drehtürantrieben ohne zusätzliche Komponenten möglich
- EMA,- BMA Signale sowie der Zeitschaltuhr können über den BUS an alle Teilnehmer einer BUS-Linie weitergeleitet werden. Jeweils 5 Gruppen möglich.
- Integrierte Schleusenfunktion (Aktiv, Passiv und kombiniert). 10 Gruppen möglich
- Weiterleitung von Systemzuständen an GLT über potentialfreie Ausgänge
- Weiterleitung von Sammelmeldungen wie Türzustand, Alarm und Verriegelt an GLT
- Integrierter Summer zu akustischen Signalisierung bei Alarmen und Voralarm
- Integrierte Wochenzeitschaltuhr
- Alarmspeicher mit Datum und Uhrzeit
- Automatische Speicherung des Betriebszustandes und der Nutzerdaten nach Netzausfällen bis zu 24h

System bestehend aus den Einzelkomponenten:
- TZ 320 UP Steuerungseinheit
- NET 320, Netzteil
- FWS 320, Fluchtwegschild
- 3-fach-Rahmen
- Aufputzmontage
- Verwendung für Türen: **einflüglig / zweiflüglig**
- kontaktloser Kartenleser (RFID)
- Leserreichweiten 3 cm (Key) bis 8 cm (Card)
- Zur Montage in verschiedene Schalterprogramme
- optische und akustische Anzeige, 3 LEDs (rot, grün, orange)
- Signalgeber
- Sabotageerkennung
- Schutzart in Abhängigkeit der Schalterprogramme unterschiedlichster Hersteller
- Spannungsversorgung 8-30V DC
- Stromaufnahme max. 100 mA / 24V
- Umgebungstemperatur -25°C bis +60°C
- B x H x T: ca. 50 x 50 x 43 mm
- Zur Integration in 3-fach-Rahmen der Türzentrale
- Verkabelung durch AN Elektro

Angeb. Fabrikat: .....

532€	811€	**882€**	1.048€	1.423€	[St]	⏱ 1,50 h/St	029.000.049

023 024 025 026 027 028 **029** 030 031 032 033 034 036 037 038 039

Nr.	Kurztext / Langtext					Kostengruppe
▶	▷	ø netto €	◁	◀	[Einheit]	Ausf.-Dauer Positionsnummer

24 Türstopper, Wandmontage KG **344**

Wand-Türstopper mit schwarzem Gummipuffer, befestigt mit korrosionsgeschützter Schraube.
Untergrund: .....
Einbaubereich **Außenbereich / Innenbereich**
Gehäuse: nichtrostender Stahl, Werkstoff .....
Oberfläche: **poliert / gebürstet**
Form: **rund / eckig**
Angeb. Fabrikat: .....

5€ 18€ **24**€ 31€ 46€ [St] ⏱ 0,10 h/St 029.000.010

25 Türstopper, Bodenmontage KG **344**

Boden-Türstopper mit schwarzem Gummipuffer, befestigt mit korrosionsgeschützter Schraube.
Untergrund: .....
Einbaubereich **Außenbereich / Innenbereich**
Gehäuse: nichtrostender Stahl, Werkstoff .....
Oberfläche: **poliert / gebürstet**
Form: **rund / eckig**
Angeb. Fabrikat: .....

6€ 21€ **26**€ 41€ 78€ [St] ⏱ 0,15 h/St 029.000.011

26 Türspion, Aluminium KG **344**

Türspion mit Linsensystem, einschl. Deckklappe.
Türblattdicke: .....
Einbauhöhe: **..... / Eignung für Rollstuhlfahrer**
Rohrdurchmesser: 15 mm
Material: Aluminium
Oberfläche: **anodisiert / eloxiert**
Farbton: .....
Angeb. Fabrikat: .....

9€ 16€ **20**€ 23€ 30€ [St] ⏱ 0,15 h/St 029.000.020

27 Lüftungsprofil, Fenster KG **334**

Lüftungsprofil für Fenster, als schallgedämmte Nachströmöffnung, rahmenintegriert, bestehend aus Innenteil, Luftkanal und Wetterschutzgitter.
Fensterrahmen: **Vollprofil / Hohlprofil**
Profiltiefe: .....
Luftrichtung: Zuluft
Volumenstrom: mind. ..... m³/h
Material: stranggepresstes Aluminium und Kunststoff
Farbe: weiß, ähnlich RAL 9010
Filterart: Staub- und Insektenfilter
Filterklasse: G2
Normschallpegeldifferenz: Dn,w 40dB
Schalldämmmaß: R_W 34dB
Angeb. Fabrikat: .....

47€ 131€ **172**€ 187€ 276€ [St] ⏱ 0,35 h/St 029.000.022

Kosten:
Stand 1.Quartal 2020
Bundesdurchschnitt

▶ min
▷ von
ø Mittel
◁ bis
◀ max

28 Lüftungsgitter, Türblatt KG **344**

Lüftungsgitter in Holz-Türblatt, als Überströmöffnung zwischen Wohnräumen, stufenlos regulierbar und verschließbar; Komplettsystem bestehend aus Rahmen und Gitter, inkl. beidseitiger elastischer Verfugung.
Freier Querschnitt: A = ... cm^2
Rahmengröße: .....
Farbe: weiß
Material: **Aluminium / Kunststoff**
Angeb. Fabrikat: .....

16€	32€	**38**€	61€	100€	[St]	⏱ 0,15 h/St	029.000.026

29 Doppel-Schließzylinder KG **344**

Profil-Doppelzylinder, Sicherheitsstufe gem. beiliegendem Schließkonzept, mit je 6 Stiftzuhaltungen, inkl. vernickelter Stulpschraube und je 3 Schlüsseln.
Länge A: 30,5 mm
Länge B: 30,5 mm
Schließart: **verschieden- / gleichschließend**
Material: Messing, matt vernickelt
Farbe: .....
Angeb. Fabrikat: .....

18€	52€	**65**€	108€	207€	[St]	⏱ 0,15 h/St	029.000.001

30 Halb-Schließzylinder KG **344**

Profil-Halbzylinder, Sicherheitsstufe gem. beiliegendem Schließkonzept, mit je 6 Stiftzuhaltungen, inkl. vernickelter Stulpschraube und je 3 Schlüsseln.
Länge A: 10 mm
Länge B: 30,5 mm
Schließart: **verschieden- / gleichschließend**
Material: Messing, matt vernickelt
Farbe: .....
Angeb. Fabrikat: .....

17€	44€	**54**€	91€	219€	[St]	⏱ 0,13 h/St	029.000.002

31 Profilzylinderverlängerung, je 5mm KG **344**

Verlängerung des Profilzylinders je Seite und angefangene 5mm.

0,8€	3,3€	**4,1**€	5,3€	8,0€	[St]	–	029.000.038

32 Profilzylinderverlängerung, je 10mm KG **344**

Verlängerung des Profilzylinders je Seite und angefangene 10mm.

2€	4€	**4**€	6€	9€	[St]	–	029.000.012

33 Profilblindzylinder KG **344**

Profil-Blindzylinder, inkl. vernickelter Stulpschraube.
Länge A: 30,5 mm
Länge B: 30,5 mm
Material: Messing, matt vernickelt
Angeb. Fabrikat: .....

3€	11€	**13**€	21€	40€	[St]	⏱ 0,15 h/St	029.000.003

Kosten:
Stand 1.Quartal 2020
Bundesdurchschnitt

Nr.	**Kurztext** / Langtext					Kostengruppe
▶	▷	**ø netto €**	◁	◀	[Einheit] Ausf.-Dauer	Positionsnummer

34 Generalhaupt-, Generalschlüssel KG **344**

Generalhauptschlüssel für Profilzylinder der Schließanlage. Schlüssel **bei gleichzeitiger Bestellung mit der Schließanlage / als Nachlieferung.**

2€ 8€ **10**€ 15€ 25€ [St] – 029.000.027

35 Schlüssel, Buntbart KG **344**

Buntbart-BB-Schlüssel für Türschlösser Klasse 1, gleichschließend.
Material: Messing verchromt, poliert

2€ 6€ **8**€ 12€ 22€ [St] – 029.000.006

36 Gruppen-, Hauptschlüssel KG **344**

Gruppen-, Hauptschlüssel für Profilzylinder der beschriebenen Schließanlage; Schlüssel als **gleichzeitige Bestellung mit der Schließanlage / als Nachlieferung**.

2€ 7€ **8**€ 12€ 21€ [St] – 029.000.028

37 Schlüsselschrank, wandhängend KG **344**

Schlüsselkasten mit Tür und Zylinderschloss, Türöffnung: größer 90°, inkl. farbig sortiertem Musterbeutel mit Schlüsselanhängern und Indexblatt zur Selbstbeschriftung, an Wand befestigt.
Material: **Aluminium / Kunststoff**
Oberfläche: **farbig RAL ..... / EV .....**
Für Schlüsselanzahl: .....
Angeb. Fabrikat / Typ: .....

80€ 201€ **275**€ 394€ 576€ [St] ⏱ 0,80 h/St 029.000.024

38 Riegelschloss KG **344**

Montage von Riegelschloss in Türblatt, einschl. aller Bohr- und Fräsarbeiten, vorgerichtet für Profil-Halbzylinder.

41€ 98€ **104**€ 112€ 179€ [St] ⏱ 0,15 h/St 029.000.030

39 Absenkdichtung, Tür KG **344**

Absenkdichtung an Innentür, zum Abdichten von Boden-Luftspalten, band- und schlossseitig auslösend, Anschlag mit stirnseitigen Befestigungswinkeln, inkl. Druckplatten für Normfalz und PVC-Dichtprofil.
Spaltweite: bis ..... mm
Art der Tür: **Zimmertür / Schallschutztür R_w** .....
Nutmaß (B x H): .....
Schalldämmwert: .....

53€ 83€ **92**€ 105€ 141€ [St] ⏱ 0,20 h/St 029.000.031

40 Hausbriefkasten, Aufputz KG **610**

Briefkasten **mit / ohne Zeitungsfach**, Aufputzmontage.
Material: nichtrostender Stahl, Werkstoff .....
Oberfläche: geschliffen Korn 240
Abmessung: (L x B x H): ..... mm
Einwurfschlitz (L x H): 240 x 32 mm
Schließung: 2 gleichschließende Schlüssel
Befestigungsmaterial: 4 Schrauben mit Wanddübel
Untergrund: **Stahlbeton / Mauerwerk**, verputzt, 20 mm
Angeb. Fabrikat / Typ: .....

620€ 920€ **1.138**€ 1.178€ 1.307€ [St] ⏱ 0,80 h/St 029.000.039

▶ min
▷ von
ø Mittel
◁ bis
◀ max

Nr.	Kurztext / Langtext						Kostengruppe
▶	▷	**ø netto €**	◁	◀	[Einheit]	Ausf.-Dauer	Positionsnummer

41 WC-Schild, taktil, Kunststoff KG **344**

WC-Schild mit Piktogramm und taktiler Beschriftung in Brailleschrift.
Einbauort: .....
Befestigung: .....
Material: Polyamid
Abmessung: 200/100 mm
Dicke: 3 mm
Oberfläche: .....
Design: .....
Angeb. Fabrikat: .....

▶	▷	ø netto €	◁	◀	[Einheit]	Ausf.-Dauer	Positionsnummer
–€	32€	**36**€	45€	–€	[St]	⏱ 0,10 h/St	029.000.043

A 1 Handlaufbeschriftung, taktil, Alu, Braille/Profilschrift Beschreibung für Pos. **42**

Taktile Handlaufbeschriftung aus Aluminiumschild mit Blinden- und Profilschrift.
Anwendungsbereich: **innen / außen**
Handlauf: .....
Befestigung: geklebt
Form: **flach / rund**
Qualität: eloxiert nach EV1
Farbe: silberfarben

42 Handlaufbeschriftung, taktil, Alu, 36,5/173, Blinden-/Profilschrift KG **359**

Wie Ausführungsbeschreibung A 1
Abmessung (H x L): 36,5 x 173 mm
Beschriftung: bis 12 Zeichen

▶	▷	ø netto €	◁	◀	[Einheit]	Ausf.-Dauer	Positionsnummer
–€	59€	**69**€	86€	–€	[St]	⏱ 0,10 h/St	029.000.046

030

Kosten:
Stand 1.Quartal 2020
Bundesdurchschnitt

Rollladenarbeiten

Preise €

Nr.	Positionen	Einheit	▶	▷	ø brutto € / ø netto €	◁	◀
1	Rollladen-/Raffstorekasten	m	58	68	**73**	75	94
			49	57	**61**	63	79
2	Deckel, Rollladenkasten	m	13	21	**25**	32	41
			11	18	**21**	27	35
3	Vorbaurollladen, Führungsschiene, Gurtwickler	St	162	325	**374**	471	713
			136	273	**315**	396	599
4	Rollladen, Führungsschiene, Gurtwickler	St	105	211	**250**	318	472
			88	177	**210**	267	396
5	Elektromotor, Rollladen	St	109	167	**182**	218	312
			92	141	**153**	183	262
6	Jalousie/Raffstore/Lamellen, außen, elektrisch	St	333	564	**648**	813	1.148
			280	474	**544**	683	964
7	Markise ausstellbar, Textil, bis 2,50m²	St	577	856	**900**	944	1.246
			484	720	**756**	793	1.047
8	Fallarmmarkise, Acrylgarngewebe, 3,0m²	St	516	599	**647**	649	739
			434	503	**543**	546	621
9	Gelenkarmmarkise, Terrassenmarkise, bis 15m²	St	2.767	3.218	**3.238**	3.418	3.722
			2.325	2.705	**2.721**	2.872	3.128
10	Verdunkelung, innen, bis 3,50m²	St	138	197	**223**	273	364
			116	166	**188**	229	306
11	Schiebeladen, 2-teilig, Metall/Holz, manuell, bis 4m²	St	821	1.146	**1.236**	1.401	1.870
			690	963	**1.038**	1.177	1.571
12	Fensterladen, Holz, zweiteilig	St	279	581	**709**	958	1.551
			234	488	**596**	805	1.303
13	Windwächter-Anlage, Sonnenschutz	St	314	746	**959**	1.092	1.558
			264	627	**806**	917	1.309
14	Sonnenschutz-Wetterstation	St	484	926	**1.043**	1.248	2.007
			407	778	**876**	1.049	1.687
15	Rollgitteranlage, elektrisch	St	5.028	6.140	**6.906**	7.500	8.507
			4.225	5.160	**5.803**	6.302	7.149
16	Rolltoranlage, elektrisch	St	3.783	9.251	**9.930**	10.987	14.419
			3.179	7.774	**8.345**	9.232	12.117
17	Stundensatz Facharbeiter, Rollladenarbeiten	h	56	61	**65**	67	72
			47	51	**55**	56	60
18	Stundensatz Helfer, Rollladenarbeiten	h	37	45	**48**	51	57
			31	38	**41**	43	48

▶ min
▷ von
ø Mittel
◁ bis
◀ max

Nr.	Kurztext / Langtext							Kostengruppe
▶	▷	**ø netto €**	◁	◀	[Einheit]	Ausf.-Dauer	Positionsnummer	

1 Rollladen-/Raffstorekasten KG **338**

Rollladen-Kasten, tragend, vorbereitet für den Einbau von gurtbetriebenem Rollladen-Element aus Welle und Panzer / Behang.
Befestigungsuntergund: .....
Fensterbreite: .....
Wanddicke: .....
Dämmung: **ohne / mit**
Kastenmaterial: **Leichtbeton / Kunststoff**
Dämmstoff: PUR
Nennwert Wärmeleitfähigkeit: 0,025 W/(mK)
Dämmstoffdicke: ..... mm
Oberflächen: außen für WDVS, innen für Putz
Arbeitshöhe: bis 3,50 m

49€ | 57€ | **61€** | 63€ | 79€ | [m] | ⏱ 0,30 h/m | 030.000.001

2 Deckel, Rollladenkasten KG **338**

Deckel für Rollladen-Kasten, bestehend aus Abdeckplatte und aufgeklebter Wärmedämmschicht, als sichtbare, revisionierbare Abdeckung in bestehende Öffnung.
Kastengröße: .....
Material: Deckel aus Hart-PVC, PUR-Dämmstoff
Nennwert Wärmeleitfähigkeit: 0,025 W/(mK)
Dämmstoffdicke: ..... mm
Oberfläche: Farbe nach Musterkarte
Arbeitshöhe: bis 3,50 m

11€ | 18€ | **21€** | 27€ | 35€ | [m] | ⏱ 0,05 h/m | 030.000.002

3 Vorbaurollladen, Führungsschiene, Gurtwickler KG **338**

Rollladen als Einzelrollladen-Vorbauelement, aus dreiseitig geschlossenem Kasten, mit abnehmbaren Revisionsdeckel, Behang/Panzer. Welle und Antrieb durch handbetriebenen Gurtaufzug, inkl. Aufbaugurtwickler innen, schwenkbar, Behangstäbe schallreduzierend gelagert für geräuscharmen Lauf.
Anforderung:

- Windwiderstand: Klasse **1 / 2**
- Einbruchhemmung: RC2
- Lebensdauerklasse 3 nach DIN EN 13659:2009-01
- revisionierbar

U-Wert: ..... W/(m²K)
Luftschalldämmung: R_w 40dB
Dämmung: **ohne / mit**, Dämmstoffdicke: ..... mm
Kastengröße: .....
Fensterhöhe: .....
Kastenecken: **gerundet / scharfkantig**
Materialien:

- Kasten: Aluminium
- Welle: Stahlrohr, verzinkt
- Behang: **Aluminium / PVC-U** - Hohlkammerprofil, Körper ausgeschäumt
- Führungsschiene: **Kunststoff / Aluminium**

Oberfläche und Farbe:

- Behang: .....
- Führungsschiene: .....

Nr.	Kurztext / Langtext				[Einheit]	Ausf.-Dauer	Kostengruppe Positionsnummer
▶	▷	ø netto €	◁	◀			

Untergrund: .....
Arbeitshöhe: bis 3,50 m
Angeb. Fabrikat: .....

136€ 273€ **315**€ 396€ 599€ [St] ⏱ 0,80 h/St 030.000.003

4 Rollladen, Führungsschiene, Gurtwickler KG **338**

Rollladen als Einzelrollladen, in bauseitigen Kasten eingesetzt, aus einteiliger Welle, Behang, Behangstäbe nicht rostend verbunden für schallreduzierten Lauf, Führungsschienen mit Gurt und wandintegriertem Gurtaufzug mit Einlasswickler; inkl. Abdeckplatte und Hochhebesicherung.
Einbau Gurtwickler: in verputzte Wandfläche
Anforderung
Windwiderstand: Klasse **1 / 2**
Einbruchhemmung: Klasse RC 2
Dämmung: **ohne / mit**
Dämmstoffdicke: ..... mm
Kastengröße: .....
Fensterhöhe: .....
Materialien:
- Abdeckplatte: **Kunststoff / Aluminium**
- Welle: Stahlrohr, verzinkt
- Behang: **Aluminium / PVC-U** - Hohlkammerprofil, Körper ausgeschäumt
- Führungsschiene: **Kunststoff / Aluminium**

Untergrund: .....
Arbeitshöhe: bis 3,50 m
Angeb. Fabrikat: .....

88€ 177€ **210**€ 267€ 396€ [St] ⏱ 0,60 h/St 030.000.004

5 Elektromotor, Rollladen KG **338**

Elektromotor für Rollladenantrieb, Anschluss durch das Gewerk Elektroarbeiten. Der Entfall von Gurt und Gurtwickler ist im Preis zu berücksichtigen.
Rollladengröße: .....
Behang (B x H): .....
Arbeitshöhe: bis 3,50 m

92€ 141€ **153**€ 183€ 262€ [St] ⏱ 0,20 h/St 030.000.005

6 Jalousie/Raffstore/Lamellen, außen, elektrisch KG **338**

Außenjalousie-Anlage, mit Kegelrad-Getriebe, elektrisch betrieben, Anlage, einschl. Blenden und Führungsschienen oder -seile, Behang aus konkav-konvex geformten, wetterbeständigen Lamellen, Behang seitlich geräuscharm geführt mit Spezialprofil, Lamellen nichtrostend mit Kunststoffband verbunden, Oberschiene als stranggepresstes Profil, Unterschiene als Hohlprofil. Heben, Senken und Verstellen der Lamellen durch Elektromotor. Anschluss über mitzuliefernde Steckerkupplung, Nennspannung 220 V, Nennleistung abgestimmt auf Anlagengröße, Zuleitung und Anschluss an Steckerkupplung durch Gewerk Elektroarbeiten.
Abmessungen:
- Fenstergröße: .....
- Verfügbarer Querschnitt: .....
- Wetterschutzblende: .....
- Seitenblende: .....

Kosten:
Stand 1.Quartal 2020
Bundesdurchschnitt

▶ min
▷ von
ø Mittel
◁ bis
◀ max

Anforderung:
- Windwiderstand: Klasse **1 / 2**
- Einbruchhemmung: Klasse RC 2
- Lebensdauerklasse 3 nach DIN EN 13659:2009-01
- revisionierbar

Material / Teile:
- Behang: Lamellen aus Aluminium, gebördelt, Lamellenbreite 35 mm, Lamellendicke 0,22-0,30 mm, mit Lochstanzungen bei Seilführung
- Führung: **stranggepresste Alu-Schiene / Niro-Führungsseil**
- Unterschiene: Stahl, verzinkt

Oberflächen:
- Lamellen / Behang: einbrennlackiert
- Schienen und Blenden: **naturfarben / pulverbeschichtet Farbton: .....**
- Kunststoffteile: schwarz

Untergrund: .....
Arbeitshöhe: bis 3,50 m
Angeb. Fabrikat: .....

280€ 474€ **544**€ 683€ 964€ [St] ⏱ 1,80 h/St 030.000.006

7 Markise ausstellbar, Textil, bis 2,50m² KG **338**

Markisolette, **elektrisch / manuell** betrieben, Anlage einschl. Wetterschutzblende, Führungsschienen und Fallrohr; Behang aus textilem Kunststoff-Garn.
Dämmung: **mit / ohne**
Dämmstoffdicke: .....
Fenstergröße: .....
Anlagengröße: .....
Blendengröße: .....

Material und Form:
- Behang: Acryl, Gewicht ca. 300 g/m², lichtecht, wetterbeständig und reißfest, B1
- Tuchwelle aus stranggepresstem Aluminium-Profil, mit Nut zur Aufnahme des Behangs mittels Keder
- Führungsschiene: Aluminium-Strangpreß-Profil
- alternativ Führungsseil: Edelstahl / kunststoffummanteltes Stahlseil
- Unterschiene: Stahl, verzinkt

Oberflächen:
- Behang: schmutzabweisend, verrottungssicher, schnelltrocknend, luftdurchlässig und wasserabweisend
- Stahlteile: einbrennlackiert
- Aluminiumteile: **pulverbeschichtet / eloxiert, C1 - natur**
- Farben: .....
- Kunststoffteile: schwarz

Bedienung der Anlage:
- Elektromotor als Rohrantrieb 230V, Schutzart IP 44, Zuleitung und Anschluss durch Gewerk Elektroarbeiten
- Alternativ Kurbelantrieb mit Spindelsperre
- Handsender

Steuerung:
- 240V / 24V Sicherheits-Kleinspannung
- Schutzart IP54, "Tor zu" in Totmannschaltung (Dauerdruck) mit Drucktastern "Auf-Halt-Zu"
- selbstüberwachende, elektromechanische Schließkantensicherung
- betriebsfertig verkabelt, mit CEE-Stecker

023 024 025 026 027 028 029 **030** 031 032 033 034 036 037 038 039

Nr.	Kurztext / Langtext					Kostengruppe
▶	▷	ø netto €	◁	◀	[Einheit]	Ausf.-Dauer Positionsnummer

Windwiderstand: Klasse **1 / 2**
Antrieb: .....
Untergrund: .....
Arbeitshöhe: bis 3,50 m
Angeb. Fabrikat: .....

484€ 720€ **756€** 793€ 1.047€ [St] ⏱ 2,20 h/St 030.000.007

8 Fallarmmarkise, Acrylgarngewebe, 3,0m² KG **338**

Fallarmmarkise DIN EN 13561, als Einzelanlage, Montage an Aussenwand / Fassade.
Behanggröße (B x H): 1.200 x 2.500 mm, von Mitte Welle bis Unterkante Unterschiene
Fläche Behang: ca. 3,0 m², bestehend aus:

- Behang: Acrylgarngewebe, genäht, Dessin und Farbton nach Standardfächer des AN, ohne Volant/-rollo
- Abdeckung als Halbrundblende, aus Aluminium, anodisiert
- Fallarm aus Aluminium, anodisiert, Länge über 100 bis 125 cm
- Oberschiene als C-Profil aus Aluminium, anodisiert
- Antrieb durch Kurbel mit Endbegrenzung, Bedienkraftklasse 1, mit Kurbelhalter, mit Kegelradgetriebe, Kurbel und -stange aus Aluminium, eloxiert
- Gelenkplatte

Windwiderstand: Klasse **1 / 2**
Einbruchhemmung: Klasse RC ....
Untergrund: **Mauerwerk / WDVS mit Stahlbeton, Dämmung = ... mm**
Arbeitshöhe: bis 3,50 m
Angeb. Fabrikat: .....

434€ 503€ **543€** 546€ 621€ [St] ⏱ 2,20 h/St 030.000.019

9 Gelenkarmmarkise, Terrassenmarkise, bis 15m² KG **338**

Gelenkarmmarkise liefern und montieren. Anlage bestehend aus korrosionsgeschützten Konsolen für Befestigung der Anlage, Verankerung im Untergrund.
Einbau: **Wand / Decke**
Regenschutzhaube: .....
Gelenkarme aus stranggepresstem Aluminium-Profil Form: .....
Ausfall-Profil: Form .....
Tuchwelle aus: .....
Tragrohr aus: .....
Aluminiumteile: pulverbeschichtet ähnlich Ral .....
Abmessung Anlage - ausgefahren (L x B): .....
Betrieb: **elektrisch / Kurbelbetrieb**
Bespannung / Behang: **Acrylfaser / Polyester**, imprägniert, lichtecht und UV-beständig
Farbe / Muster: nach Mustervorlage und Wahl des Bauherrn
Preisgruppe: .....
Untergrund: .....
Arbeitshöhe: bis 3,50 m
Angeb. Fabrikat Markise: .....
Angeb. Fabrikat Motor: .....

2.325€ 2.705€ **2.721€** 2.872€ 3.128€ [St] ⏱ 3,00 h/St 030.000.017

Kosten:
Stand 1.Quartal 2020
Bundesdurchschnitt

▶ min
▷ von
ø Mittel
◁ bis
◀ max

10 Verdunkelung, innen, bis 3,50m² KG **338**

Verdunkelungsanlage, innen, einsetzen in bauseitigen Kasten, bestehend aus Behang, seitlichen Führungsschienen, einteiliger Welle, Fallstab und Gurt, Behang lichtdicht, mit schallreduziertem Lauf, sowie mit wandintegriertem Gurtaufzug mit Einlasswickler, inkl. Abdeckplatte.
Öffnungsgröße (B x H): ..... mm
Einbau Gurtwickler: verputzte Wandfläche
Rohbaurichtmaß Kasten: .....
Fensterhöhe: .....
Material:
- Abdeckplatte: **Kunststoff / Aluminium**
- Behang: Textilgewebe mit Aussteifungen gegen Faltenwurf
- Führungs- / Lichtschutzschiene aus Stahlblech
- Fallstab aus Stahl mit elastischem Kunststoff-Dichtprofil
- Welle: Stahlrohr, verzinkt
- Einfallschiene: Stahl / Aluminium

Oberflächen:
- Behang: **lichtdicht schwarz**
- Fallstab und Einfallschiene: einbrennlackiert schwarz
- Kunststoffteile: schwarz

Untergrund: .....
Arbeitshöhe: bis 3,50 m
Angeb. Fabrikat: .....

116€ 166€ **188**€ 229€ 306€ [St] ⏱ 0,50 h/St 030.000.008

11 Schiebeladen, 2-teilig, Metall/Holz, manuell, bis 4m² KG **338**

Schiebeladen, als Jalousieladen, 2-teilig, mit Schiebebeschlägen, Führung, oberer Tragschiene und unterer Führungsschiene, Laden geräuscharm geführt, Füllung nichtrostend in Rahmen befestigt, Tragschiene mit Arretierungen und Endpuffer vor Außenflucht, einschl. aller Beschläge und Verriegelung.
Öffnungsgröße (B x H): ..... mm
Untergrund: WDVS mit Mauerwerk, Dämmstoffdicke: ..... mm
Windwiderstand: Klasse **1 / 2**
Einbruchwiderstand: Klasse RC2
Führung: Alu-Strangpress-Profil .....
Rahmen Schiebeladen: Rohrprofil aus **Aluminium / Stahl**, Ecken verschweißt und verschliffen
Füllung Schiebeladen: **Stahlblech / Lamellen aus Nadelholz, Douglasie / Lärche** Unterseite profiliert
Lamellenbreite 45 mm, Lamellendicke 20-25 mm, Lamellen **feststehend / beweglich**
Trag- und Führungsschiene: **Aluminium- / Edelstahl-**Flachprofil
Oberflächen:
- Holzflächen: gehobelt und geschliffen, lasierend, offenporig beschichtet
- Aluminiumteile: **pulverbeschichtet / E6**, C1 - natur
- Stahlblech: pulverbeschichtet
- Farben: .....
- Edelstahlteile: matt

Bedienung: manuell
Untergrund: .....
Arbeitshöhe: bis 3,50 m
Angeb. Fabrikat: .....

690€ 963€ **1.038**€ 1.177€ 1.571€ [St] ⏱ 3,00 h/St 030.000.009

Nr.	Kurztext / Langtext							Kostengruppe
▶	▷	ø netto €	◁	◀	[Einheit]		Ausf.-Dauer	Positionsnummer

12 Fensterladen, Holz, zweiteilig KG **338**

Fensterladen, paarweise, manuell bedient, bestehend aus Rahmen einschl. Füllung, Beschlägen mit Verankerung in Außenwänden, Feststeller und Verriegelungen, Füllung aus Holzlamellen, wetterbeständig beschichtet, Laden geräuscharm geführt, Lamellen nichtrostend in Rahmen befestigt.
Windwiderstand: Klasse **1 / 2**
Einbruchwiderstand: Klasse **RC2 / RC .....**
Dämmung: **ohne / mit**
Dämmstoffdicke: ..... mm
Öffnungsgröße (B x H): ..... mm
Ladengröße (Paar): .....
Material und Form:
Rahmen Fensterladen und Füllung: Holzprofil 40 x 40 mm, profiliert
Holzart: **Douglasie / Lärche / Eiche**
Füllung Fensterladen: Holzprofil, Sortierklasse S10, **Douglasie / Lärche / Eiche**, Schmalseiten und Unterseite profiliert, Lamellenbreite 45 mm, Lamellendicke 20-25 mm, Ecken stabil verbunden und verschliffen.
Einbauhöhe: **bis 3,00 / über 3,00** m
Angeb. Fabrikat: .....

234€ 488€ **596**€ 805€ 1.303€ [St] ⏱ 2,50 h/St 030.000.010

13 Windwächter-Anlage, Sonnenschutz KG **338**

Windwächter-Anlage für Sonnenschutzanlage bzw. Markise, Montage an exponierter Stelle der Außenwand, vorgerichtet für bauseitigen Verkabelungsanschluss, inkl. Steuerung für Einbau in bauseitigen Schaltschrank.
Beschreibung Anlage: .....
Dämmung: **ohne / mit**
Dämmstoffdicke: ..... mm
Oberfläche: **pulverbeschichtet / einbrennlackiert**
Farbe: .....
Untergrund: .....
Arbeitshöhe: bis 3,50 m
Angeb. Fabrikat: .....

264€ 627€ **806**€ 917€ 1.309€ [St] ⏱ 0,35 h/St 030.000.011

14 Sonnenschutz-Wetterstation KG **338**

Sonnenschutz-Wetterstation, aus kompaktem, massivem, witterungs- und UV-beständigem Kunststoff.
Anschluss am Messwertgeber steckbar, über 4-adrige Anschlussleitung. Leitung bis max. 200m verlängerbar.
Folgende Messwerte erfassend:
- Sonneneinstrahlung getrennt nach Himmelsrichtungen
- Erfassung der Dämmerung ohne zusätzlichen Messwertgeber
- Beheizbare Niederschlagssensorfläche, unter 15°C selbstständig zuschaltend

Spannungsversorgung: 24 V DC über die Sonnenschutzzentrale, ohne zusätzliche Netzteile
Abmessungen Anlage (B x H x T): ..... mm
Untergrund: .....
Arbeitshöhe: bis 3,50 m
Angeb. Fabrikat: .....

407€ 778€ **876**€ 1.049€ 1.687€ [St] ⏱ 0,30 h/St 030.000.018

Kosten:
Stand 1.Quartal 2020
Bundesdurchschnitt

▶ min
▷ von
ø Mittel
◁ bis
◀ max

15 Rollgitteranlage, elektrisch KG **334**

Rollgitter-Anlage mit allen notwendigen Zubehörteilen, in bauseitige Öffnung; stabiles und einbruchhemmendes Rollgitter mit Motorbedienung und elektronischer Steuerung, Anlage mit Körperschalldämmung für leisen Lauf, Führungsschienen mit Einlage für materialschonenden Betrieb, Rollgitterkasten aus Leichtmetall-Formteil, Anlage mit einbruchhemmender Hochschiebesicherung, mit Notbedienung.
Einbruchwiderstand: Klasse RC .....
Abmessung Rollgitter: .....
Verfügbarer Querschnitt: .....
Material und Form:
- Gitter: **Flachstahl- / Aluminium-Wabe**, 155 x 120 mm, Gewicht ....kg/m²
- Antriebswelle aus Stahl, achteckig
- Führungsschiene aus Aluminium, stranggepresst
- Rollgitter-Kasten: **Aluminium-/ Stahlblech-Formteil**, mehrfach gekantet, mit seitlichen Blenden
- Endstab aus stranggepresstem Aluminium mit Gummi-Abschlussprofil

Oberflächen:
- Aluminiumteile: E6, **C1 - natur / pulverbeschichtet**
- Schienen und Blenden: pulverbeschichtet, Farbe: .....

Bedienung der Anlage:
- Notbedienung als Handkurbel
- Deckenzugtaster mit Kette, montiert innen
- Schlüsselschalter als **Aufputz-/ Unterputzschalter**, **außen / innen und außen**
- Handsender

Steuerung:
- **240V / 24V** Sicherheits-Kleinspannung
- Schutzart IP54, "Tor zu" in Totmannschaltung (Dauerdruck) mit Drucktastern "Auf-Halt-Zu"
- selbstüberwachende, elektromechanische Schließkantensicherung
- betriebsfertig verkabelt, mit CEE-Stecker

Einbausituation: ....
Arbeitshöhe: bis .....
Angeb. Fabrikat: .....

4.225€ 5.160€ **5.803**€ 6.302€ 7.149€ [St] ⏱ 9,00 h/St 030.000.012

16 Rolltoranlage, elektrisch KG **334**

Rolltoranlage mit allen notwendigen Zubehörteilen, in bauseitige Öffnung, Rolltor mit Motorbedinung und elektronischer Steuerung, Anlage mit Körperschalldämmung für leisen Lauf, Führungsschienen mit Einlage für materialschonenden Betrieb, Rolltorkasten aus Leichtmetall-Formteil, Anlage mit einbruchhemmender Hochschiebesicherung, mit Notbedienung.
Windwiderstand: Klasse **1 / 2**
Einbruchwiderstand: Klasse RC .....
Abmessung Rolltor: .....
Verfügbarer Querschnitt: .....
Material und Form:
- Stäbe / Panzer: Aluminium-Hohlprofil, Dicke **14 / 18** mm, Deckfläche **55 / 75** mm, Gewicht ..... kg/m²
- Antriebswelle aus Stahl, achteckig
- Führungsschiene aus Aluminium, stranggepresst
- Rolltor-Kasten: **Aluminium-/ Stahlblechformteil**, mehrfach gekantet, mit seitlichen Blenden
- Endstab aus stranggepresstem Aluminium mit Gummi-Abschlussprofil

Oberflächen:
- Aluminiumteile: E6, C1 - **natur / pulverbeschichtet**
- Schienen und Blenden: pulverbeschichtet, Farbe: .....

Nr.	Kurztext / Langtext					Kostengruppe
▶	▷	**ø netto €**	◁	◀	[Einheit]	Ausf.-Dauer Positionsnummer

Bedienung der Anlage:
- Notbedienung als Handkurbel
- Deckenzugtaster mit Kette, montiert innen
- Schlüsselschalter als **Aufputz-/ Unterputzschalter, außen / innen**
- Handsender

Steuerung:
- 240V / 24V Sicherheits-Kleinspannung
- Schutzart IP54, "Tor zu" in Totmannschaltung (Dauerdruck) mit Drucktastern "Auf-Halt-Zu" - selbstüberwachende, elektromechanische Schließkantensicherung
- betriebsfertig verkabelt, mit CEE-Stecker

Einbausituation: .....
Arbeitshöhe: bis .....
Angeb. Fabrikat: .....

Kosten:
Stand 1.Quartal 2020
Bundesdurchschnitt

3.179€ 7.774€ **8.345€** 9.232€ 12.117€ [St] ⏱ 12,00 h/St 030.000.013

17 Stundensatz Facharbeiter, Rollladenarbeiten

Stundenlohnarbeiten für Vorarbeiter, Facharbeiter und Gleichgestellte (z.B. Spezialbaufacharbeiter, Baufacharbeiter, Obermonteure, Monteure, Gesellen, Maschinenführer, Fahrer und ähnliche Fachkräfte). Der Verrechnungssatz für die jeweilige Arbeitskraft umfasst sämtliche Aufwendungen wie Lohn- und Gehaltskosten, Lohn- und Gehaltsnebenkosten, Zuschläge, lohngebundene und lohnabhängige Kosten, sonstige Sozialkosten, Gemeinkosten, Wagnis und Gewinn. Leistung nach besonderer Anordnung der Bauüberwachung. Anmeldung und Nachweis gem. VOB/B.

47€ 51€ **55€** 56€ 60€ [h] ⏱ 1,00 h/h 030.000.014

18 Stundensatz Helfer, Rollladenarbeiten

Stundenlohnarbeiten für Werker, Helfer und Gleichgestellte (z.B. Baufachwerker, Helfer, Hilfsmonteure, Ungelernte, Angelernte). Der Verrechnungssatz für die jeweilige Arbeitskraft umfasst sämtliche Aufwendungen wie Lohn- und Gehaltskosten, Lohn- und Gehaltsnebenkosten, Zuschläge, lohngebundene und lohnabhängige Kosten, sonstige Sozialkosten, Gemeinkosten, Wagnis und Gewinn. Leistung nach besonderer Anordnung der Bauüberwachung. Anmeldung und Nachweis gem. VOB/B.

31€ 38€ **41€** 43€ 48€ [h] ⏱ 1,00 h/h 030.000.015

▶ min
▷ von
ø Mittel
◁ bis
◀ max

031

Kosten:
Stand 1.Quartal 2020
Bundesdurchschnitt

Nr.	Positionen	Einheit	▶	▷	ø brutto € / ø netto €	◁	◀
1	Handlauf, Stahl, außen, verzinkt, Rundrohr: 33,7mm	m	32	44	**49**	54	66
			27	37	**41**	46	56
2	Handlauf, Stahl, außen, verzinkt, Rundrohr: 42,4mm	m	48	61	**68**	78	98
			40	51	**57**	65	82
3	Handlauf, nichtrostend, Rundrohr 33,7mm	m	33	69	**98**	109	150
			27	58	**82**	92	126
4	Handlauf, nichtrostend, Rundrohr 42,4mm	m	38	82	**102**	123	160
			32	69	**85**	104	134
5	Handlauf, nichtrostend, Rundrohr 48,3mm	m	68	98	**125**	163	205
			57	82	**105**	137	173
6	Handlauf, Stahl, gebogen	m	108	133	**153**	169	191
			90	112	**129**	142	161
7	Handlauf, Stahl, Wandhalterung	St	35	55	**63**	82	112
			30	47	**53**	69	94
8	Handlauf, Enden	St	14	22	**26**	27	38
			12	19	**22**	23	32
9	Handlauf, Bogenstück	St	18	35	**47**	58	76
			15	29	**40**	49	64
10	Handlauf, Ecken/Gehrungen	St	14	33	**41**	53	86
			12	28	**34**	45	73
11	Brüstungsgeländer, Fenstertür	St	291	462	**535**	583	754
			245	388	**449**	490	633
12	Schutzgitter, Fenster	St	193	329	**369**	490	631
			162	277	**310**	412	531
13	Brüstungs-/Treppengeländer, Flachstahlfüllung	m	183	356	**413**	502	773
			154	299	**347**	422	649
14	Brüstungs-/Treppengeländer, Lochblechfüllung	m	179	274	**311**	351	451
			151	230	**262**	295	379
15	Geländerausfachung, Stahlseil, nichtrostend	m	9	18	**20**	22	29
			8	15	**16**	18	24
16	Brüstung, VSG-Ganzglas/Edelstahl	m	939	1.189	**1.241**	1.243	1.493
			789	999	**1.043**	1.044	1.255
17	Stahl-Umfassungszarge, 625x2.000/2.125	St	122	193	**232**	276	289
			102	162	**195**	232	243
18	Stahl-Umfassungszarge, 875x2.000/2.125	St	132	226	**263**	326	421
			111	190	**221**	274	353
19	Stahl-Umfassungszarge, 1.125x2.000/2.125	St	218	364	**422**	462	715
			183	306	**355**	388	601
20	Stahltür, einflüglig, 1.000x2.125	St	359	1.050	**1.272**	1.779	2.952
			302	882	**1.069**	1.495	2.480
21	Stahltür, zweiflüglig	St	1.456	2.243	**2.782**	3.605	5.112
			1.224	1.885	**2.338**	3.029	4.296
22	Stahltür, Rauchschutz, RS, 875x2.000/2.125	St	984	1.243	**1.630**	1.954	2.257
			827	1.045	**1.370**	1.642	1.897
23	Stahltür, Rauchschutz, RS, 1.000x2.000/2.125	St	1.140	1.522	**1.954**	2.216	2.426
			958	1.279	**1.642**	1.862	2.038
24	Stahltür, Rauchschutz, RS, 1.250x2.000/2.125	St	1.829	2.402	**2.683**	3.225	3.798
			1.537	2.019	**2.255**	2.710	3.191

▶ min
▷ von
ø Mittel
◁ bis
◀ max

Nr.	Positionen	Einheit	▶	▷	ø brutto € / ø netto €	◁	◀
25	Stahltür, Rauchschutz, zweiflüglig	St	2.998	5.874	**6.699**	7.614	10.369
			2.520	4.936	**5.630**	6.398	8.714
26	Stahltür, Brandschutz, EI2 30, 875x2.125	St	656	912	**1.024**	1.363	1.779
			552	766	**861**	1.145	1.495
27	Stahltür, Brandschutz, EI2 30, 1.010x2.125	St	774	1.036	**1.134**	1.402	1.830
			650	871	**953**	1.178	1.538
28	Stahltür, Brandschutz, EI2 30, 1.250x2.125	St	904	1.405	**1.610**	1.957	2.932
			759	1.181	**1.353**	1.645	2.464
29	Stahltür, Brandschutz, EI2 T90, 875x/2.125	St	–	1.388	**1.607**	1.912	–
			–	1.166	**1.351**	1.606	–
30	Stahltür, Brandschutz, EI2 T90, 1.000x2.125	St	1.444	1.997	**2.521**	2.831	3.101
			1.214	1.678	**2.118**	2.379	2.606
31	Stahltür, Brandschutz, EI2 90, zweiflüglig	St	3.593	4.566	**5.046**	5.630	6.994
			3.019	3.837	**4.241**	4.731	5.878
32	Stahltür, Brandschutz, EI2 30, zweiflüglig	St	1.712	2.851	**3.287**	4.958	8.516
			1.438	2.396	**2.762**	4.167	7.156
33	Rohrrahmentür, Glasfüllung, EI2 30-S200C5, zweiflüglig, mehrteilig	St	5.831	8.575	**9.642**	11.185	14.277
			4.900	7.206	**8.103**	9.399	11.997
34	Stahlrahmen, Rolltor, grundiert	St	2.205	2.613	**2.797**	3.134	3.542
			1.853	2.196	**2.350**	2.634	2.976
35	Rolltor, Leichtmetall, außen	St	3.783	7.507	**9.563**	10.558	14.419
			3.179	6.309	**8.036**	8.872	12.117
36	Rollgitteranlage, elektrisch	St	5.028	6.337	**7.172**	7.577	9.263
			4.225	5.325	**6.027**	6.367	7.784
37	Sektional-/Falttor, Leichtmetall, Hallentor, gedämmt	St	1.659	3.740	**4.421**	5.770	8.864
			1.394	3.143	**3.715**	4.848	7.448
38	Garagen-Schwingtor, Handbetrieb	St	1.478	2.459	**2.974**	4.431	6.269
			1.242	2.067	**2.500**	3.724	5.268
39	Außenwandbekleidung, Wellblech, MW, UK	m²	82	121	**137**	181	249
			69	102	**115**	152	209
40	Außenwandbekleidung, Glattblech, beschichtet	m²	98	202	**230**	281	368
			83	170	**193**	236	309
41	Vordach, Trägerprofile/ESG	St	1.393	2.814	**3.444**	4.199	5.539
			1.170	2.365	**2.894**	3.529	4.655
42	Deckenabschluss, Flachstahl	m	31	92	**114**	167	293
			26	77	**96**	140	246
43	Estrichabschluss, Winkelstahl	m	54	89	**103**	124	159
			45	75	**86**	104	133
44	Aluminiumprofile, Stahlkonstruktion	m	17	29	**34**	42	59
			14	24	**29**	35	49
45	Auflagerwinkel, Gitterroste, Stahl, außen	m	18	29	**34**	38	48
			15	24	**29**	32	40
46	Gitterroste, Stahl, verzinkt	m²	82	170	**200**	243	321
			69	143	**168**	204	270
47	Trittstufe, Gitterrost, Außenbereich	St	49	75	**90**	114	164
			41	63	**76**	95	138

023
024
025
026
027
028
029
030
031
032
033
034
036
037
038
039

Nr.	Positionen	Einheit	▶	▷	ø brutto € / ø netto €	◁	◀
48	Stahltreppe, gerade, einläufig, innen, Trittbleche	St	1.681	3.694	**4.688**	6.101	8.470
			1.413	3.104	**3.940**	5.127	7.117
49	Stahltreppe, gerade, mehrläufig, innen, Trittbleche	St	3.761	7.485	**8.112**	8.597	12.024
			3.161	6.290	**6.817**	7.224	10.104
50	Spindeltreppe, Stahl, 100cm, innen, Trittroste	St	2.949	4.270	**4.869**	5.182	6.781
			2.478	3.588	**4.092**	4.354	5.698
51	Steigleiter, Stahl, verzinkt, bis 5,00m	St	184	544	**692**	1.149	1.938
			155	457	**582**	965	1.629
52	Steigleiter, für Wartungs-und Kontrollzwecke nach DIN 18799-1	St	948	1.754	**2.196**	3.083	4.641
			796	1.474	**1.846**	2.591	3.900
53	Kellertrennwandsystem, verzinkte Metalllamellen	m²	30	40	**44**	45	55
			25	33	**37**	38	46
54	Briefkastenanlage, freistehend, bis 8 WE	St	1.432	2.755	**3.336**	6.285	10.046
			1.204	2.316	**2.804**	5.281	8.442
55	Briefkasten, Stahlblech, Wand	St	527	560	**636**	712	905
			443	470	**535**	599	760
56	Stundensatz Schlosser-Facharbeiter	h	44	59	**65**	69	81
			37	50	**54**	58	68
57	Stundensatz Schlosser-Helfer	h	40	51	**54**	58	69
			34	43	**45**	49	58

Kosten:
Stand 1.Quartal 2020
Bundesdurchschnitt

Nr. **Kurztext** / Langtext — Kostengruppe
▶ ▷ **ø netto €** ◁ ◀ [Einheit] Ausf.-Dauer Positionsnummer

A 1 Handlauf, außen, Stahl, verzinkt, Rundrohr — Beschreibung für Pos. **1-2**

Handlauf aus verzinkten Stahlrundrohr, außen, Handlauf steigend, in verschiedenen Längen, befestigt mit Konsolen an aufgehender Wand. Rohrkappen und Abkröpfung / Gehrung in gesonderter Position.
Einbauort: .....
Material: Stahl nach DIN EN 10025
Güte: S235JR+AR
Material Konsolen: Stahl
Mindestabstand: 50 mm
Oberfläche: feuerverzinkt (für nachfolgende Beschichtung)
Korrosivitätskategorie DIN EN 12944: Klasse C3
Schutzdauerklasse: **L = 2-5 Jahre / M = 5-15 Jahre / H = über 15-25 Jahre / VH= über 25 Jahre**

1 Handlauf, Stahl, außen, verzinkt, Rundrohr: 33,7mm — KG **359**

Wie Ausführungsbeschreibung A 1
Durchmesser: 33,7 mm
Wanddicke: 2,0 mm

27€ 37€ **41€** 46€ 56€ [m] ⏱ 0,35 h/m 031.000.045

▶ min
▷ von
ø Mittel
◁ bis
◀ max

Nr.	Kurztext / Langtext						Kostengruppe
▶	▷	**ø netto €**	◁	◀	[Einheit]	Ausf.-Dauer	Positionsnummer

2 Handlauf, Stahl, außen, verzinkt, Rundrohr: 42,4mm KG **359**

Wie Ausführungsbeschreibung A 1
Durchmesser: 42,4 mm
Wanddicke: 2,0 mm

40€	51€	**57**€	65€	82€	[m]	⏱ 0,35 h/m	031.000.046

A 2 Handlauf, außen, nichtrostend, Rundrohr Beschreibung für Pos. **3-5**

Handlauf aus Rundrohr aus nichtrostenden Stahl, im Außenbereich, Handlauf steigend, in verschiedenen Längen, befestigt mit Konsolen an aufgehender Wand. Rohrkappen und Abkröpfung / Gehrung in gesonderter Position.
Einbauort: .....
Materialwerkstoff-Nr.: .....
Ausladung Mindestabstand: 50 mm
Oberfläche: **geschliffen mit Korn ca. ..... / gebürstet / blank**

3 Handlauf, nichtrostend, Rundrohr 33,7mm KG **359**

Wie Ausführungsbeschreibung A 2
Durchmesser: 33,7 mm
Wanddicke: 2,0 mm

27€	58€	**82**€	92€	126€	[m]	⏱ 0,35 h/m	031.000.047

4 Handlauf, nichtrostend, Rundrohr 42,4mm KG **359**

Wie Ausführungsbeschreibung A 2
Durchmesser: 42,4 mm
Wanddicke: 2,0 mm

32€	69€	**85**€	104€	134€	[m]	⏱ 0,35 h/m	031.000.048

5 Handlauf, nichtrostend, Rundrohr 48,3mm KG **359**

Wie Ausführungsbeschreibung A 2
Durchmesser: 48,3 mm
Wandstärke: 2,0 mm

57€	82€	**105**€	137€	173€	[m]	⏱ 0,35 h/m	031.000.049

6 Handlauf, Stahl, gebogen KG **359**

Handlauf, wie vor beschrieben, Ausführung des Handlaufs in gebogener Form, eben und ansteigend.
Biege-Radius: .....

90€	112€	**129**€	142€	161€	[m]	⏱ 0,40 h/m	031.000.004

023
024
025
026
027
028
029
030
031
032
033
034
036
037
038
039

Nr.	Kurztext / Langtext						Kostengruppe
▶	▷	ø netto €	◁	◀	[Einheit]	Ausf.-Dauer	Positionsnummer

Kosten:
Stand 1.Quartal 2020
Bundesdurchschnitt

7 Handlauf, Stahl, Wandhalterung KG **359**

Handlaufhalter, aus Flachstahl-Rosette und an Handlauf mittels abgekröpftem Rundstahl von unten angeschweißt, inkl. Befestigungselemente aus nichtrostendem Stahl.
Einbauort: alle Geschosse
Untergrund Wand: Sichtbeton
Einbauort: .....
Einbau in: **Normalraum / Feuchtraum / Nassraum**
Material: Stahl nach DIN EN 10025
Güte: S 235 JR + AR
Wandhalter: Rundstahl **12 / 16** mm
Wandabstand: 50 mm
Rosette: Flachstahl 10 mm, rund D =100 mm, zwei Bohrungen
Oberfläche: **grundiert / verzinkt** für nachfolgende Beschichtung
Korrosionsschutz: .....

30€ 47€ **53**€ 69€ 94€ [St] ⏱ 0,30 h/St 031.000.006

8 Handlauf, Enden KG **359**

Rohrende für Handlauf
Rohrprofil: **26,6 / 33,7 / 42,4 / 60** mm
Wanddicke: ..... mm
Ausführung Rohrende: **flache Kappe / gewölbte Kappe / gekröpfte 90°**

12€ 19€ **22**€ 23€ 32€ [St] ⏱ 0,20 h/St 031.000.007

9 Handlauf, Bogenstück KG **359**

Bogen als Übergang des Handlaufs an Ecken bzw. am Übergang von ansteigendem zu ebenem Handlauf.
Bogen: **30° / 45° / 90°**

15€ 29€ **40**€ 49€ 64€ [St] ⏱ 0,25 h/St 031.000.008

10 Handlauf, Ecken/Gehrungen KG **359**

Eck- / Übergangswinkel des Handlaufs, an Ecken bzw. am Übergang von ansteigendem zu ebenem Handlauf.
Gehrung Winkel: **30° / 45° / 90°**

12€ 28€ **34**€ 45€ 73€ [St] ⏱ 0,20 h/St 031.000.009

11 Brüstungsgeländer, Fenstertür KG **359**

Brüstungsgeländer vor Fenstertür, als Absturzsicherung, inkl. Bohrungen und Befestigungsmaterial aus nicht rostendem Stahl.
Abmessung (L x H): ..... x ..... mm
Material: **Flachstahl / Breitflachstahl** nach DIN EN 10058 bzw. DIN 59200, Qualität: S235JR - Werkstoff-Nr. 1.0038
OK Geländer: gem. Bauordnung mind. ..... m über FFB
Abstand zum Fensterprofil max. ..... mm
Form:
- Rahmen aus Flachstahl 40 x 10 mm
- Füllung aus senkrechten Stäben aus Flachstahl bxh: 40 x 10 mm
- Abstand Stäbe: gem. Vorgabe **der Bauordnung / des Versicherungsträger**, d=..... mm

Einbauort: .....- Geschoss
Absturzhöhe: ..... m
Nutzung: **Wohngebäude / öffentliches Gebäude**
Oberfläche: ......

▶ min
▷ von
ø Mittel
◁ bis
◀ max

Montage:
- mittels angeschweißter Stahllaschen
- verdeckte Befestigung des Brüstungsgeländer **in der Fensterlaibung / auf vorgerichtetem Fensterprofil**

Befestigungsuntergrund:
Laibung der Wandöffnung aus **WDVS mit Stahlbeton / Mauerwerk / .....** bzw. Fensterprofil aus **Kunststoff / Holz / .....**

245€ 388€ **449**€ 490€ 633€ [St] ⏱ 3,50 h/St 031.000.072

12 **Schutzgitter, Fenster** KG **334**

Schutzgitter als Einbruchschutz für Fenster, einschl. Klebedübel und Befestigungsmaterial aus nichtrostendem Stahl.
Material: **Flachstahl / Breitflachstahl** nach DIN 10058 bzw. DIN 59200
Qualität: S235JR
Abmessung (L x B): ..... x ..... mm
Form: Rahmen aus Flachstahl ..... x ..... mm
Befestigung: verdeckt, in Laibung mit .... angeschweißten Stahllaschen
Füllung aus **Rundstahl / Flachstahl** D/t= ..... mm
Oberfläche: feuerverzinkt
Untergrund: **Stahlbeton / Mauerwerk / .....**

162€ 277€ **310**€ 412€ 531€ [St] ⏱ 2,80 h/St 031.000.066

13 **Brüstungs-/Treppengeländer, Flachstahlfüllung** KG **359**

Treppengeländer als Stahlkonstruktion, mit Handlauf aus nichtrostendem Stahl und Füllung aus senkrechten Stäben aus Flachmaterial, montiert neben den Treppenläufen, in allen Geschossen.
Konstruktion der Ausführungsklasse DIN EN 1090: EXC .....
Abmessungen
Höhe: ..... m über **OKFF/ Vorderkante Stufe**
Höhe nach **LBO / Arbeitsstättenrichtlinie / Vorgabe durch den Versicherer**
Gesamthöhe: ca. ..... m
Abstand zu VK-Bodenbelag max. ..... mm, gem. **LBO / DIN 18065**
Form:
- Geländer .....-fach im Winkel von .....° abgekantet
- ..... Stützen mit Befestigungen unten
- ..... Befestigungen des Handlaufs an den Enden

Material / Befestigung:
- Handlauf: Rohr D = 42,4 mm, Material nichtrostender Stahl, Werkstoff: .....
- Rohrenden mit Kappen geschlossen
- Geländerpfosten: T-Stahlprofil ..... mm
- Befestigungsteile (B x L x T): Stegblech ..... x ..... x ..... mm, Ankerplatte = ... x ..... x ..... mm, je Befestigung ..... Dübel
- im Außenbereich und in Feuchträumen alle Befestigungselemente aus nichtrostendem Stahl
- Geländerrahmen: Ober-, Untergurt aus Flachstahl ..... x ..... mm, Geländerstützen verschweißt
- Geländerfüllung: senkrechte Stäbe aus Flachstahl ..... x ..... mm, alle 120 mm senkrecht eingeschweißt

Oberflächen
- nichtrostender Stahl: fein geschliffen, Korn ca. 240
- Stahlteile: **verzinkt und deckend beschichtet / feuerverzinkt**

Farbe: .....

Einbauort / Montage:
- **öffentliches Gebäude / Privatwohnhaus** in allen Geschossen
- **Normalraum / Feuchtraum / Nassraum**
- Befestigungsuntergrund Handlaufenden: Hlz-Mauerwerk mit WDVS
- Befestigungsuntergrund Stahlbeton-Balkonplatte: Sichtbeton

Für die Ausführung werden vom AG folgende Unterlagen zur Verfügung gestellt:
- Entwurfszeichnungen, Plannr.: .....
- Übersichtszeichnungen, Plannr.: .....
- statische Berechnung, Plannr.: .....

154€ 299€ **347**€ 422€ 649€ [m] ⏱ 2,50 h/m 031.000.010

Kosten:
Stand 1.Quartal 2020
Bundesdurchschnitt

14 Brüstungs-/Treppengeländer, Lochblechfüllung KG **359**

Treppengeländer als Stahlkonstruktion, mit Handlauf und Füllung aus Lochblech, montiert neben den Treppenläufen.
Abmessungen:
Höhe: ..... m über **OKFF / Vorderkante Stufe**
Höhe nach **LBO / Arbeitsstättenrichtlinie / Vorgabe durch den Versicherer**
Gesamthöhe ca. ..... m, Abstand zu VK-Bodenbelag gem. **LBO / DIN 18065 / ..... mm**
Form:
- Geländer .....-fach im Winkel von .....Grad abgekantet
- Stützen mit Befestigungen unten: ..... St
- Befestigungen des Handlaufs an den Enden: ..... St

Material / Befestigung:
- Handlauf: Rohr D = 33,7 mm, Material nichtrostender Stahl
- Rohrenden mit Kappen geschlossen
- Geländerpfosten: T-Stahlprofil ..... mm
- Befestigungsteile (B x L x T): Stegblech ..... x ..... x ..... mm, Ankerplatte ..... x ..... x ..... mm, Befestigung mit Klebedübel M12 je .... St
- im Außenbereich und in Feuchträumen alle Befestigungselemente aus nichtrostendem Stahl
- Geländerrahmen: Ober-, Untergurt aus Flachstahl ..... x ..... mm, Geländerstützen verschweißt
- Geländerfüllung: Lochblech t = 1,5 mm, Quadratlockung, Lochung ..... x ..... mm, Lochanteil ca. .....%, eingepasst in Flachstahlrahmen

Oberflächen:
- nichtrostender Stahl: fein geschliffen, Korn ca. 240
- Stahlteile: **verzinkt und deckend beschichtet / feuerverzinkt**, Farbe .....

Einbauort / Montage:
- **öffentliches Gebäude / Privatwohnhaus**, alle Geschosse
- **Normalraum / Feuchtraum / Nassraum**
- Befestigungsuntergrund Handlaufenden: Hlz-Mauerwerk mit WDVS
- Befestigungsuntergrund Stahlbeton-Balkonplatte: Sichtbeton

Für die Ausführung werden vom AG folgende Unterlagen zur Verfügung gestellt:
- Entwurfszeichnungen, Plannr.: .....
- Übersichtszeichnungen, Plannr.: .....
- statische Berechnung, Plannr.: .....

151€ 230€ **262**€ 295€ 379€ [m] ⏱ 2,30 h/m 031.000.011

▶ min
▷ von
ø Mittel
◁ bis
◀ max

15 Geländerausfachung, Stahlseil, nichtrostend KG **359**

Seil aus nicht rostendem Stahl, als Geländerausfachung, angeschlossen an Geländerpfosten, einseitig mit Öse, Gegenseite mit Schraubverbindung, inkl. Spannschloss und Seilfixierung links und rechts der Pfosten.
Material: nichtrostender Stahl, Werkstoff-Nr.: 1.4......
Seil: 4 mm, **Spiralseil / Litzenseil**
Seillänge: .....
Ausführung:
- Seilende mit Anpressgewinde für Anschluss Seilspanner
- Seilende mit Anpresskopf mit **Öse / Gabel**
- Spannschlossgehäuse als Wantenspanner, rechts / links Verschraubung, einseitig Gabel mit Außengewinde

Montage:
- Seilausfachung waagrecht zwischen bauseitige Profilstahl-Pfosten einbauen, inkl. Bohrungen und Befestigungsstifte mit Sicherungsringen

Hinweis: Die Geländer-Konstruktion muss gegen Überklettern durch gesonderte Maßnahme gesichert werden, siehe Geländer-Richtlinie BVM 2019-04.

8€ 15€ **16**€ 18€ 24€ [m] ⏱ 0,15 h/m 031.000.012

16 Brüstung, VSG-Ganzglas/Edelstahl KG **359**

Glasbrüstung, Kategorie B - DIN 18008-4, tragend, absturzsichernd, linienförmig gelagert. Bearbeitung der Glaskanten wird gesondert vergütet.
Abmessungen:
Glasscheibe, regelhaft geteilt, ... m
Höhe: ..... m über OK Fertigfußboden
Höhe nach **LBO / Arbeitsstättenrichtlinie / Vorgabe durch den Versicherer**
Gesamthöhe Konstruktion ca. ..... m
Ausführung mit:
- Klemmkonstruktion, am unteren Rand linienförmig gelagert
- Handlauf aus nicht rostendem Stahl, oberen Glasrand abdeckend, Oberfläche: matt
- Einfachverglasung aus Verbund-Sicherheitsglas (VSG), aus teilvorgespanntem Glas, Floatglas, zweischeibig
- zwischengelagerter Folie, Dicke: ..... mm

Untergrund: Stahlbeton
Für die Ausführung werden vom AG folgende Unterlagen zur Verfügung gestellt:
- Entwurfszeichnungen, Plannr.: .....
- Übersichtszeichnungen, Plannr.: .....
- statische Berechnung, Plannr.: .....

789€ 999€ **1.043**€ 1.044€ 1.255€ [m] ⏱ 5,50 h/m 031.000.013

A 3 Stahl-Umfassungszarge Beschreibung für Pos. **17-19**

Umfassungszarge nach DIN 18111-1, aus Stahlblech, mit umlaufender Schattennut, zweiseitig.
Stahlblech Dicke: **1,5 / 2,0** mm
Zargenspiegel: .....
Türblatt: stumpf gefälzt
Dicke Türblatt: 42 mm
Dichtungsprofil DIN EN 12365-1: Lippendichtungsprofil, aus .....
Oberfläche: **verzinkt / rostschützend grundiert für Beschichtung**

023 024 025 026 027 028 029 030 **031** 032 033 034 036 037 038 039

Nr.	Kurztext / Langtext					Kostengruppe
▶	▷	ø netto €	◁	◀	[Einheit]	Ausf.-Dauer Positionsnummer

Kosten:
Stand 1.Quartal 2020
Bundesdurchschnitt

17 Stahl-Umfassungszarge, 625x2.000/2.125 — KG **344**

Wie Ausführungsbeschreibung A 3
Einbauort / Einbauhöhe: .....
Baurichtmaß (B x H): 635 x 2.125 mm
Vorgerichtet für Bänder je Flügel: 2 Stück
Maulweite/Wanddicke: ..... mm
Fußbodeneinstand: ..... mm
Untergrund: Mauerwerk

102€ | 162€ | **195€** | 232€ | 243€ | [St] | ⏱ 1,10 h/St | 031.000.050

18 Stahl-Umfassungszarge, 875x2.000/2.125 — KG **344**

Wie Ausführungsbeschreibung A 3
Einbauort / Einbauhöhe: .....
Baurichtmaß (B x H): 875 x 2.125 mm
Vorgerichtet für Bänder je Flügel: 2 Stück
Maulweite/Wanddicke: ..... mm
Fußbodeneinstand: ..... mm
Untergrund: Mauerwerk

111€ | 190€ | **221€** | 274€ | 353€ | [St] | ⏱ 1,10 h/St | 031.000.052

19 Stahl-Umfassungszarge, 1125x2.000/2.125 — KG **344**

Wie Ausführungsbeschreibung A 3
Einbauort / Einbauhöhe: .....
Baurichtmaß (B x H): 1125 x 2.125 mm
Vorgerichtet für Bänder je Flügel: 2 Stück
Maulweite/Wanddicke: ..... mm
Fußbodeneinstand: ..... mm
Untergrund: Mauerwerk

183€ | 306€ | **355€** | 388€ | 601€ | [St] | ⏱ 1,10 h/St | 031.000.054

20 Stahltür, einflüglig, 1.000x2125 — KG **344**

Außentürelement aus Metallkonstruktion, einflüglig, Türelement aus Türflügel und Zarge eingebaut in Massivwand, inkl. Bohrungen und Verbindungsmittel und Einbau aller Komponenten und Gangbarmachen der Türanlage.
Einbauort: Nebeneingang im Untergeschoss
Baurichtmaß (B x H): 1.000 x 2.125 mm
Klimaklasse: .....
Mechanische Festigkeit: .....
Einbruchhemmung: Klasse RC ..... DIN EN 1627 bis 1630
Wärmeschutz: U_d = ... W/(m²K) DIN EN ISO 10077
Schalldämmmaß R_w = ... dB DIN 4109 und VDI 2719
Bodeneinstand: .....
Profilsystem: .....
Richtung: nach **außen / innen** aufschlagend

▶ min
▷ von
ø Mittel
◁ bis
◀ max

Zarge:
- Z-Zarge aus Stahl t = ... mm, **mit / ohne** Gegenzarge
- verdeckte Befestigung, Maueranker
- eingeschweißte Bandtaschen
- Hinterfüllung des Zargenhohlraums
- Abdichtung außenseitig mit vorkomprimiertem Dichtband zwischen Zarge und Bauwerk / raumseitig umlaufend mit überstreichbarem Dichtstoff, Farbton passend zur Türblattfarbe

Türflügel:
- Volltürblatt, d = 50 mm, Stahlblech t = ... mm
- Füllung aus Mineralwolle U_t = ... W/(m²K)
- dreiseitig **gefälzt / flächenbündig, rechts / links** angeschlagen
- Flügelprofil: Tiefe = ... mm, Ansichtsbreite = ... mm
- Füllung: zweifach Isolierverglasung B x H = ... x ....., 2x ESG, U_g = ... W/(m²K), Psi = ... W/(mK), Lichtdurchlässigkeit 75 bis 80%, innenseitige Glasleisten, vierseitig

Bänder / Beschläge:
- Federbänder: 2 Stück, aus nichtrostendem Stahl
- Drücker-Knauf-Wechselgarnitur für Hauseingangstüren auf Rosetten, aus nichtrostendem Stahl, Klasse ES2, mit Zylinderziehschutz

Schloss / Zubehör:
- Schloss für Hausabschlusstüren, Klasse 3, vorgerichtet für Profilzylinder, mit 6 Stiftzuhaltungen, Zylindergehäuse und Zylinderkern aus Messing, matt vernickelt, mit Aufbohrschutz, Länge ..... mm, einschl. ..... Schlüssel, in vorgerichtete Schlösser einbauen, einschl. schließbar machen
- Falzdichtung: elastische Dämpfungs- / Dichtungsprofile aus **APTK / EPDM**, umlaufend,
- Stulp aus nichtrostendem Stahl,
- Türstopper, Aluminium mit schwarzer Gummieinlage, montiert auf .....
- Türschwelle barrierefrei DIN 18040

Oberflächen:
- Stahlblech: **verzinkt grundiert / verzinkt, grundiert und Farb-Beschichtung Nasslack / Pulverbeschichtung,** Farbe: .....
- nicht rostende Stahlteile: gebürstet

Montage:
- Wandaufbau im Anschlussbereich: Massivwand außen WDVS, innen Putz
- Montage Zarge: an Normalbeton, in Wandöffnungen mit stumpfem Anschlag

302€ 882€ **1.069**€ 1.495€ 2.480€ [St] ⏱ 2,40 h/St 031.000.015

21 **Stahltür, zweiflüglig** KG **344**

Außentürelement aus Metallkonstruktion, zweiflüglig, Türelement bestehend aus Zarge, Stand-Türflügel und Geh-Türflügel, eingebaut in Massivwand, inkl. Bohrungen und Verbindungsmittel und Einbau aller Komponenten und Gangbarmachen der Türanlage.
Einbauort: .....
Baurichtmaß (B x H): ..... x 2.125 mm
Klimaklasse: .....
mechanische Festigkeit: .....
Einbruchhemmung: Klasse RC ..... DIN EN 1627 bis 1630
Wärmeschutz: U_d = ... W/(m²K) DIN EN ISO 10077
Schalldämmmaß R_w = ... dB DIN 4109 und VDI 2719
Bodeneinstand: .....
Profilsystem: .....
Richtung: nach **außen / innen** aufschlagend

Kosten:
Stand 1.Quartal 2020
Bundesdurchschnitt

Anforderungen:
- Außentür
- Klimaklasse: .....
- mechanische Festigkeit .....
- Einbruchhemmung: Klasse RC .....
- Wärmeschutz: U_d = ... W/(m²K)
- Schalldämmmaß R_w = ... dB

Zarge:
- Z-Zarge aus Stahl t = ... mm, **mit / ohne** Gegenzarge
- verdeckte Befestigung, Maueranker
- eingeschweißte Bandtaschen
- Hinterfüllung des Zargenhohlraums
- Abdichtung außenseitig mit vorkomprimiertem Dichtband zwischen Zarge und Bauwerk / raumseitig umlaufend mit überstreichbarem Dichtstoff, Farbton passend zur Türblattfarbe

Türflügel:
- Volltürblatt, d = 50 mm, Stahlblech t = ... mm
- Füllung aus Mineralwolle U_t = ... W/(m²K)
- dreiseitig **gefälzt / flächenbündig, rechts / links** angeschlagen
- Flügelprofil: Tiefe = ... mm, Ansichtsbreite = ... mm
- Füllung: zweifach Isolierverglasung B x H = ... x ....., 2x ESG, U_g = ... W/(m²K), Psi = ... W/(mK), Lichtdurchlässigkeit 75 bis 80%, innenseitige Glasleisten, vierseitig

Bänder / Beschläge:
- Federbänder: 2 Stück, Material nichtrostender Stahl
- Drücker-Knauf-Wechselgarnitur für Hauseingangstüren auf Rosetten, aus nichtrostendem Stahl, Klasse ES2, mit Zylinderziehschutz

Schloss / Zubehör:
- Schloss für Hausabschlusstüren, Klasse 3, vorgerichtet für Profilzylinder, mit 6 Stiftzuhaltungen, Zylindergehäuse und Zylinderkern aus Messing, matt vernickelt, mit Aufbohrschutz, Länge ..... mm, einschl. ..... Schlüssel, in vorgerichtete Schlösser einbauen, einschl. schließbar machen
- Falzdichtung: **elastische Dämpfungs- / Dichtungsprofile aus APTK / EPDM**, umlaufend
- Stulp aus nichtrostendem Stahl
- Türstopper, Aluminium mit schwarzer Gummieinlage, montiert auf .....
- Türschwelle barrierefrei DIN 18040

Oberflächen:
- Stahlblech: **verzinkt grundiert / verzinkt, grundiert und Farb-Beschichtung Nasslack / Pulverbeschichtung**, Farbe .....
- nicht rostende Stahlteile: gebürstet

Montage:
- Wandaufbau im Anschlussbereich: Massivwand außen WDVS, innen Putz
- Montage Zarge: an Normalbeton, in Wandöffnungen mit stumpfem Anschlag

Geltungsbereich: **Normalraum / Feuchtraum / Nassraum**

1.224€ 1.885€ **2.338**€ 3.029€ 4.296€ [St] ⏱ 3,40 h/St 031.000.016

▶ min
▷ von
ø Mittel
◁ bis
◀ max

A 4 **Stahltür, Rauchschutz** Beschreibung für Pos. **22-24**

Stahltür- Rauchschutztürelement, bauartgeprüft nach DIN 18095, einflüglig, mit Zulassung für den Anwendungsfall. Element bestehend aus: Zarge und Türblatt, selbstschließende Drehtür, Einbau in Innenwand, einschl. Bohrungen und Verbindungsmittel für die Verschraubung mit den bauseitigen Anschlüssen. Einbau aller Komponenten und gangbar machen, sowie Kennzeichnung mit geeignetem Kennzeichnungsschild.

Anforderung Brandschutz:
- **dicht- + selbstschließend DS bzw. C/ rauchdicht + selbstschließend RS bzw. Sm-C**
- Selbstschließende Eigenschaften: **C1 / .... / C5**
- Zulassung: **CE-Kennzeichnung / allgemeine bauaufsichtliche Zulassung ABZ / allgemeines bauaufsichtliches Prüfzeugnis ABP mit der Nr. ‚..........' (Bieterangabe)**

Anforderungen Innentür:
- Klimaklasse DIN EN 1121: I = Innentür zwischen klimatisierten Räumen
- mechanische Beanspruchungsgruppe DIN EN 1192: M, mittlere Beanspruchung = Verwaltungsgebäude
- Bauteilwiderstandsklasse DIN EN 1627: RC 1 N
- Schallschutz: Schalldämmmaß Rwp =..... dB nach DIN 4109 und VDI 2719

Geltungsbereich: **Normalraum / Feuchtraum / Nassraum**

Türblatt:
- Blattdicke: 50 mm, Stahlblech t = ... mm
- Füllung aus Mineralwolle U_t = ... W/(m²K)
- dreiseitig gefälzt / flächenbündig, **rechts / links** angeschlagen
- Flügelprofil: Tiefe = ... mm, Ansichtsbreite = ... mm
- Türelement schwellenlos, **mit automatischer Absenkdichtung / mit Halbrundprofil und Auflaufdichtung / mit Schwellenanschlag** (Bodenversatz)

Zarge:
- Maulweite: ..... mm
- Ansichtsbreite: ..... mm

Umfassungszarge aus Stahl t = 2 mm
- verdeckte Befestigung, Maueranker
- eingeschweißte Bandtaschen
- Hinterfüllung des Zargenhohlraums
- verdeckte Befestigung

Bänder / Beschläge:
- ..... Stück Dreirollenbänder je Flügel, dreidimensional verstellbar, Bandhöhe ca. 120/ 160 mm, Stahl vernickelt

Drücker:
- FS- /RD- Drückergarnitur DIN 18273 für Rauchschutztüren
- Benutzungskategorie: Klasse 3
- Dauerhaftigkeit: Klasse 6
- Sicherheit für Personen: Klasse 1 – öffentlicher Bereich
- Einbruchsicherheit: Mäßig einbruchhemmend (Klasse 2)
- Material: Aluminium mit Stahlkern / nichtrostender Stahl Werkstoff 1.4401

Schloss / Zubehör:
- Einsteckschloss nach DIN 18250 T1, **für Wohnungsabschluss / alternativ werkseitiger Einbau eines Blindzylinders**
- Falzdichtung: dreiseitig umlaufende Brandschutzdichtung in Grau
- Rauchschutz mit Bodendichtung, automatisch absenkbar
- Stulp aus nichtrostendem Stahl
- Schutzbeschlag: **Schild / Rosette**, Klasse ES **2 / 3**, mit Zylinderziehschutz

Nr. **Kurztext** / Langtext | Kostengruppe
▶ ▷ **ø netto €** ◁ ◀ [Einheit] Ausf.-Dauer Positionsnummer

Türschließung:
- Gleitschienen-Obentürschließer DIN EN 1154
- Montage: **bandseitig / gegenbandseitig**

Oberflächen:
- Stahlprofile: **verzinkt grundiert / chromatiert, grundiert und Farbeschichtung Nasslack / Pulverbeschichtung**, Farbe: .....
- Aluminiumteile: Pulverbeschichtet, Farbe: **..... / silber eloxiert E6/C0**
- nichtrostende Stahlteile: gebürstet

Montage/Einbauort/Verankerungsgrund:
- Erdgeschoss / .....
- Wandaufbau im Anschlussbereich: .....
- Montage gem. Einbauanleitung **der Zulassung / des Herstellers**
- Abdichten und Versiegeln der Anschlussfugen mit Brandschutz-Silikon-Fugendichtstoff, Farbton .....

Kosten:
Stand 1.Quartal 2020
Bundesdurchschnitt

22 Stahltür, Rauchschutz, RS, 875x2.000/2.125 KG **344**

Wie Ausführungsbeschreibung A 4
Einbauort: .....
Baurichtmaß (B x H): 875 x **2.000 / 2.125** mm

827€ 1.045€ **1.370**€ 1.642€ 1.897€ [St] ⏱ 2,60 h/St 031.000.055

23 Stahltür, Rauchschutz, RS, 1.000x2.000/2.125 KG **344**

Wie Ausführungsbeschreibung A 4
Einbauort: .....
Baurichtmaß (B x H): 1.000 x **2.000 / 2.125** mm

958€ 1.279€ **1.642**€ 1.862€ 2.038€ [St] ⏱ 2,80 h/St 031.000.056

24 Stahltür, Rauchschutz, RS, 1.250x2.000/2.125 KG **344**

Wie Ausführungsbeschreibung A 4
Einbauort: .....
Baurichtmaß (B x H): 1250 x **2.000 / 2.125** mm

1.537€ 2.019€ **2.255**€ 2.710€ 3.191€ [St] ⏱ 2,90 h/St 031.000.057

25 Stahltür, Rauchschutz, zweiflüglig KG **344**

Stahl-Rauchschutztürelement, bauartgeprüft nach DIN 18095, zweiflüglig, mit Zulassung für den Anwendungsfall. Element bestehend aus: Zarge und Türblätter, selbstschließend, Einbau in Innenwand, einschl. Bohrungen und Verbindungsmittel für die Verschraubung mit den bauseitigen Anschlüssen. Einbau aller Komponenten und gangbar machen und Kennzeichnung mit geeignetem Kennzeichnungsschild.
Einbauort: .....
Baurichtmaß (B x H): ..... x **2.000 / 2.125** mm
Anforderung Brandschutz:
- **dicht- + selbstschließend DS bzw. C/ rauchdicht + selbstschließend RS bzw. Sm-C**
- Selbstschließende Eigenschaften: **C1 / ..... / C5 (offen stehend gehalten / ...... / sehr häufige Betätigung)**
- Zulassung: **CE-Kennzeichnung / allgemeine bauaufsichtliche Zulassung ABZ / allgemeines bauaufsichtliches Prüfzeugnis ABP mit der Nr. .....**

Anforderungen Innentür:
- Klimaklasse DIN EN 1121: .....
- mechanische Beanspruchungsgruppe DIN EN 1192: .....
- Bauteilwiderstandsklasse DIN EN 1627: RC 1 N
- Schallschutz: Schalldämmmaß Rwp =..... dB nach DIN 4109 und VDI 2719

▶ min
▷ von
ø Mittel
◁ bis
◀ max

Geltungsbereich: **Normalraum / Feuchtraum / Nassraum**
Türflügel:
- Blattdicke: 50 mm, Stahlblech t = ... mm
- Füllung aus Mineralwolle U_t = ... W/(m²K)
- doppelt gefälzt, flächenbündig
- Öffnungsflügel **rechts / links** angeschlagen
- Flügelprofil: Tiefe = ... mm, Ansichtsbreite = ... mm
- Türelement barrierefrei DIN 18040, mit automatischer Absenkdichtung

Zarge:
- Maulweite: ..... mm
- Ansichtsbreite: ..... mm

Umfassungszarge aus Stahl t= 2 mm
- verdeckte Befestigung, Maueranker
- eingeschweißte Bandtaschen,
- Hinterfüllung des Zargenhohlraums
- verdeckte Befestigung

Bänder / Beschläge:
- ..... Stück Dreirollenbänder je Flügel, dreidimensional verstellbar

Drücker:
- FS- /RD- Drückergarnitur DIN 18273 für Rauchschutztüren
- Benutzungskategorie: Klasse 3
- Dauerhaftigkeit: Klasse 6
- Sicherheit für Personen: Klasse 1 – öffentlicher Bereich
- Einbruchsicherheit: Mäßig einbruchhemmend (Klasse 2)
- Material: **Aluminium mit Stahlkern / Edelstahl Werkstoff 1.4401**

Schloss / Zubehör:
- Einsteckschloss nach DIN 18250 T1, **für Wohnungsabschluss, / alternativ werkseitiger Einbau eines Blindzylinders**
- Falzdichtung: dreiseitig umlaufende Brandschutzdichtung in grau
- Rauchschutz mit Bodendichtung, automatisch absenkbar
- Stulp aus nichtrostendem Stahl
- Schutzbeschlag: **Schild / Rosette**, Klasse ES **2 / 3**, mit Zylinderziehschutz

Türschließung:
- Türschließer mit Schließfolgeregelung und Mitnehmerklappe
- **Gleitschienen-Obentürschließer DIN EN 1154 / mit automatischem Türantrieb / Türfeststellanlage mit integriertem Rauchmelder / mit Fluchttürfunktion-Trafo-Wechselfunktion**
- Montage: **bandseitig / gegenbandseitig**

Oberflächen:
- Stahlprofile: **verzinkt grundiert / chromatiert, grundiert und Farbeschichtung Nasslack / Pulverbeschichtung, Farbe: .....**
- Aluminiumteile: **Pulverbeschichtet, Farbe:.... / silber eloxiert E6/C0**
- nichtrostende Stahlteile: gebürstet

Montage/Einbauort/Verankerungsgrund:
- Erdgeschoss / .....
- Wandaufbau im Anschlussbereich: .....
- Montage gem. Einbauanleitung der Zulassung
- Abdichten und Versiegeln der Anschlussfugen mit Brandschutz-Silikon-Fugendichtstoff, Farbton .....

2.520€ 4.936€ **5.630**€ 6.398€ 8.714€ [St] ⏱ 3,90 h/St 031.000.040

Nr.	Kurztext / Langtext				[Einheit]	Ausf.-Dauer	Kostengruppe Positionsnummer
▶	▷	ø netto €	◁	◀			

A 5 **Stahltür, Brandschutz, EI2 30** Beschreibung für Pos. **26-28**

Feuerhemmendes Stahl-Feuerschutztürelement, bauartgeprüft nach DIN 18095, einflüglig, mit Zulassung für den Anwendungsfall. Element bestehend aus: Zarge und Türblatt, selbstschließende Drehtür, Einbau in Innenwand, einschl. Bohrungen und Verbindungsmittel für die Verschraubung mit den bauseitigen Anschlüssen. Einbau aller Komponenten und gangbar machen der Türanlage.

Anforderung Brandschutz:
- **feuerhemmend + rauchdicht + selbstschließend T30 RS bzw. EI2 30-C (D) / feuerhemmend + dicht- + selbstschließend T30 D bzw. EI2 30-C (D)**
- Selbstschließende Eigenschaften: **C1 / ..... / C5 (offen stehend gehalten / ...... / sehr häufige Betätigung)**
- Zulassung: **CE-Kennzeichnung / allgemeine bauaufsichtliche Zulassung ABZ / allgemeines bauaufsichtliches Prüfzeugnis ABP mit der Nr. .....**

Anforderungen Innentür:
- Klimaklasse DIN EN 1121: I = Innentür zwischen klimatisierten Räumen
- mechanische Beanspruchungsgruppe DIN EN 1192: M, mittlere Beanspruchung = Verwaltungsgebäude
- Bauteilwiderstandsklasse DIN EN 1627: RC 1 N
- Schallschutz: Schalldämmmaß Rwp = ... dB nach DIN 4109 und VDI 2719

Geltungsbereich: **Normalraum / Feuchtraum / Nassraum**

Türflügel:
- Volltürblatt, d= 50mm, Stahlblech t=1,5 mm
- Füllung aus Mineralwolle nach DIN EN 13162 U_t= ..... W/m²K
- doppelt gefälzt, flächenbündig,
- Öffnungsflügel rechts / links angeschlagen
- Flügelprofil: Tiefe = ...mm, Ansichtsbreite = ...mm
- Türelement barrierefrei DIN 18040, mit automatischer Absenkdichtung

Zarge:
- Maulweite: ..... mm
- Ansichtsbreite: ..... mm

Umfassungszarge aus Stahl t = 2 mm
- verdeckte Befestigung, Maueranker
- eingeschweißte Bandtaschen
- Hinterfüllung des Zargenhohlraums
- verdeckte Befestigung

Bänder / Beschläge:
- ..... Stück Dreirollenbänder je Flügel, dreidimensional verstellbar

Drücker:
- FS- /RD- Drückergarnitur DIN 18273 für Brandschutz- / Rauchschutztüren
- Benutzungskategorie: Klasse 3
- Dauerhaftigkeit: Klasse 6
- Sicherheit für Personen: Klasse 1 – öffentlicher Bereich
- Einbruchsicherheit: Mäßig einbruchhemmend (Klasse 2)
- Material: Aluminium mit Stahlkern / nichtrostender Stahl Werkstoff 1.4401

Schloss / Zubehör:
- Einsteckschloss nach DIN 18250 T1, für Wohnungsabschluss, vorgerichtet für Profilzylinder
- Falzdichtung: dreiseitig umlaufende Brandschutzdichtung in Grau
- Rauchschutz mit Bodendichtung, automatisch absenkbar
- Stulp aus nichtrostendem Stahl
- Schutzbeschlag: **Schild / Rosette**, Klasse ES **2 / 3**, mit Zylinderziehschutz
- Türstopper aus Aluminium mit schwarzer Gummieinlage, montiert auf .....

Kosten:
Stand 1.Quartal 2020
Bundesdurchschnitt

▶ min
▷ von
ø Mittel
◁ bis
◀ max

Türschließung:
- **Gleitschienen-Obentürschließer DIN EN 1154 / mit automatischem Türantrieb / Türfeststellanlage und integriertem Rauchmelder / mit Fluchttürfunktion-Trafo-Wechselfunktion**
- Montage: **bandseitig / gegenbandseitig**

Oberflächen:
- Stahlprofile: **verzinkt grundiert / chromatiert, grundiert und Farbeschichtung Nasslack / Pulverbeschichtung, Farbe: .....**
- Aluminiumteile: **farblos natur, eloxiert E6 EV1 / silberfarbig**
- Edelstahlteile: gebürstet

Montage/Einbauort/Verankerungsgrund:
- Erdgeschoss / .....
- Wandaufbau im Anschlussbereich: .....
- Montage gem. Einbauanleitung der Zulassung
- Abdichten und Versiegeln der Anschlussfugen mit Brandschutz-Silikon-Fugendichtstoff, Farbton .....

26 **Stahltür, Brandschutz, EI2 30, 875x2.125** KG **344**

Wie Ausführungsbeschreibung A 5
Einbauort: .....
Baurichtmaß Türöffnung (B x H): 875 x 2.125 mm
Oberfläche: verzinkt **grundiert / chromatiert, grundiert und Farbeschichtung Nasslack / Pulverbeschichtung**
Farbe: .....
Befestigungsuntergrund: Beton

552€ 766€ **861**€ 1.145€ 1.495€ [St] ⏱ 3,20 h/St 031.000.058

27 **Stahltür, Brandschutz, EI2 30, 1.010x2.125** KG **344**

Wie Ausführungsbeschreibung A 5
Baurichtmaß Türöffnung (B x H): 1.010 x 2.125 mm
Oberfläche: verzinkt **grundiert / chromatiert, grundiert und Farbeschichtung Nasslack / Pulverbeschichtung**
Farbe: .....
Befestigungsuntergrund: Beton

650€ 871€ **953**€ 1.178€ 1.538€ [St] ⏱ 3,40 h/St 031.000.059

28 **Stahltür, Brandschutz, EI2 30, 1.250x2.125** KG **344**

Wie Ausführungsbeschreibung A 5
Einbauort: .....
Baurichtmaß Türöffnung (B x H): 1.250 x 2.125 mm
Oberfläche: verzinkt **grundiert / chromatiert, grundiert und Farbeschichtung Nasslack / Pulverbeschichtung**
Farbe: .....
Befestigungsuntergrund: Beton

759€ 1.181€ **1.353**€ 1.645€ 2.464€ [St] ⏱ 3,60 h/St 031.000.061

023 024 025 026 027 028 029 030 **031** 032 033 034 036 037 038 039

Kosten:
Stand 1.Quartal 2020
Bundesdurchschnitt

A 6 Stahltür, Brandschutz, EI2 90

Beschreibung für Pos. **29-30**

Feuerbeständige Stahl-Feuerschutztürelement, bauartgeprüft nach DIN 18095, einflüglig, mit allgemeiner bauaufsichtlicher Zulassung für den Anwendungsfall. Montage gem. Einbauanleitung der Zulassung.
Element bestehend aus: selbstschließende Drehtür, Einbau in Innenwand, einschl. Bohrungen und Verbindungsmittel für die Verschraubung mit den bauseitigen Anschlüssen. Einbau aller Komponenten und gangbar machen der Türanlage.
Anforderung Brandschutz:
- **feuerbeständig + dicht- + selbstschließend T90 D bzw. EI2-90-C (D)**
- Selbstschließende Eigenschaften: **C1 / ..... / C5** (offen stehend gehalten / ...... / sehr häufige Betätigung)

Anforderungen Innentür:
- Klimaklasse DIN EN 1121: I = Innentür zwischen klimatisierten Räumen
- mechanische Beanspruchungsgruppe DIN EN 1192: M, mittlere Beanspruchung = Verwaltungsgebäude
- Bauteilwiderstandsklasse DIN EN 1627: RC 1 N
- Schallschutz: Schalldämmmaß Rwp =..... dB nach DIN 4109 und VDI 2719

Geltungsbereich: **Normalraum / Feuchtraum / Nassraum**
Türflügel:
- Volltürblatt, d= ..... mm, Stahlblech t= 1,5 mm
- Füllung aus Mineralwolle nach DIN EN 13162 U_t=..... W/m²K
- doppelt gefälzt, **flächenbündig / .....**
- Öffnungsflügel rechts / links angeschlagen
- Flügelprofil: Tiefe = ... mm, Ansichtsbreite = ... mm
- **Türelement schwellenlos, mit automatischer Absenkdichtung / mit Halbrundprofil und Auflaufdichtung / mit Schwellenanschlag (Bodenversatz)**

Zarge:
- Maulweite: ..... mm
- Ansichtsbreite: ..... mm

Umfassungszarge aus Stahl t = 2 mm
- verdeckte Befestigung, Maueranker
- eingeschweißte Bandtaschen
- Hinterfüllung des Zargenhohlraums

Bänder / Beschläge:
- ..... Stück Dreirollenbänder je Flügel, dreidimensional verstellbar

Drücker:
- FS- /RD- Drückergarnitur DIN 18273 für Brandschutz-/ Rauchschutztüren
- Benutzungskategorie: Klasse 3
- Dauerhaftigkeit: Klasse 6
- Sicherheit für Personen: Klasse 1 – öffentlicher Bereich
- Einbruchsicherheit: Mäßig einbruchhemmend (Klasse 2)
- Material: **Aluminium mit Stahlkern / nichtrostender Stahl Werkstoff 1.4401**

Schloss / Zubehör:
- Einsteckschloss nach DIN 18250, Typ ....., vorgerichtet für Profilzylinder
- Falzdichtung: dreiseitig umlaufende Brandschutzdichtung in grau
- Türschwelle barrierefrei DIN 18040
- Rauchschutz mit Bodendichtung, automatisch absenkbar
- Stulp aus nichtrostendem Stahl
- Schutzbeschlag: **Schild / Rosette, Klasse ES 2 / 3**, mit Zylinderziehschutz

Türschließung:
- Gleitschienen-Obentürschließer DIN EN 1154 / mit automatischem Türantrieb / Türfeststellanlage und integriertem Rauchmelder / mit Fluchttürfunktion-Trafo-Wechselfunktion
- Montage: **bandseitig / gegenbandseitig**

▶ min
▷ von
ø Mittel
◁ bis
◀ max

Oberflächen:
- Stahlprofile: **verzinkt grundiert / chromatiert, grundiert und Farbeschichtung Nasslack / Pulverbeschichtung**

Farbe: .....
- Aluminiumteile: farblos natur, eloxiert E6 EV1 oder silberfarbig
- nichtrostende Stahlteile: gebürstet

Montage/Einbau:
- Untergrund: Beton
- Wandaufbau im Anschlussbereich: .....
- Abdichten und Versiegeln der Anschlussfugen mit Brandschutz-Silikon-Fugendichtstoff, Farbton .....

29 **Stahltür, Brandschutz, EI2 T90, 875x/2.125** KG **344**

Wie Ausführungsbeschreibung A 6
Einbauort: .....
Baurichtmaß Türöffnung (B x H): 875 x 2.125 mm
Oberfläche: verzinkt **grundiert / chromatiert, grundiert und Farbeschichtung Nasslack / Pulverbeschichtung**
Farbe: .....
Befestigungsuntergrund: Beton

–€ 1.166€ **1.351**€ 1.606€ –€ [St] ⏱ 3,20 h/St 031.000.062

30 **Stahltür, Brandschutz, EI2 T90, 1.000x2.125** KG **344**

Wie Ausführungsbeschreibung A 6
Einbauort: .....
Baurichtmaß Türöffnung (B x H): 1.000 x 2.125 mm
Oberfläche: **verzinkt grundiert / chromatiert, grundiert und Farbeschichtung Nasslack / Pulverbeschichtung**
Farbe: .....
Befestigungsuntergrund: Beton

1.214€ 1.678€ **2.118**€ 2.379€ 2.606€ [St] ⏱ 3,40 h/St 031.000.063

31 **Stahltür, Brandschutz, EI2 90, zweiflüglig** KG **344**

Feuerbeständiges Stahl-Feuerschutztürelement, bauartgeprüft nach DIN 18095, zweiflüglig, mit Zulassung für den Anwendungsfall. Element bestehend aus: selbstschließenden zweiflügeligen Drehtüren, Einbau in Innenwand, einschl. Bohrungen und Verbindungsmittel für die Verschraubung mit den bauseitigen Anschlüssen. Einbau aller Komponenten und gangbar machen der Türanlage.
Einbauort: .....
Baurichtmaß (B x H): ..... mm
Anforderung Brandschutz:
- **feuerbeständig + dicht- + selbstschließend T90 D bzw. EI2-90-C (D)**
- Selbstschließende Eigenschaften: **C1 / ..... / C5 (offen stehend gehalten / ...... / sehr häufige Betätigung)**
- Zulassung: **CE-Kennzeichnung / allgemeine bauaufsichtliche Zulassung ABZ / allgemeines bauaufsichtliches Prüfzeugnis ABP mit der Nr. .....**

Anforderungen Innentür:
- Klimaklasse DIN EN 1121: I = Innentür zwischen klimatisierten Räumen
- mechanische Beanspruchungsgruppe DIN EN 1192: M, mittlere Beanspruchung = Verwaltungsgebäude
- Bauteilwiderstandsklasse DIN EN 1627: RC 1 N
- Schallschutz: Schalldämmmaß Rwp =..... dB nach DIN 4109 und VDI 2719

Geltungsbereich: **Normalraum / Feuchtraum / Nassraum**

023
024
025
026
027
028
029
030
031
032
033
034
036
037
038
039

Türflügel:
- Volltürblatt, d= 50mm, Stahlblech t=1,5 mm,
- Füllung aus Mineralwolle nach DIN EN 13162 U_t=..... W/m²K
- doppelt gefälzt, flächenbündig,
- Öffnungsflügel rechts / links angeschlagen
- Flügelprofil: Tiefe = ...mm, Ansichtsbreiten = ...mm
- Türelement barrierefrei DIN 18040, mit automatischer Absenkdichtung

Zarge:
- Maulweite: ..... mm
- Ansichtsbreite: ..... mm

Umfassungszarge aus Stahl t = 2 mm
- verdeckte Befestigung, Maueranker
- eingeschweißte Bandtaschen
- Hinterfüllung des Zargenhohlraums

Bänder / Beschläge:
- ..... Stück Dreirollenbänder je Flügel, dreidimensional verstellbar, Bandhöhe ca.120 / 160 mm, Stahl vernickelt

Drücker:
- FS- /RD- Drückergarnitur DIN 18273 für Brandschutz-/ Rauchschutztüren
- Benutzungskategorie: Klasse 3
- Dauerhaftigkeit: Klasse 6
- Sicherheit für Personen: Klasse 1 – öffentlicher Bereich
- Einbruchsicherheit: Mäßig einbruchhemmend (Klasse 2)
- Material: **Aluminium mit Stahlkern / nichtrostender Stahl Werkstoff 1.4401**

Schloss / Zubehör:
- Einsteckschloss nach DIN 18250 T1, für Wohnungsabschluss, / alternativ werkseitiger Einbau eines Blindzylinders
- Falzdichtung: dreiseitig umlaufende Brandschutzdichtung in grau
- Rauchschutz mit Bodendichtung, automatisch absenkbar
- Stulp aus nichtrostendem Stahl
- Schutzbeschlag: **Schild / Rosette, Klasse ES 2 / 3**, mit Zylinderziehschutz

Türschließung:
- Türschließer mit Schließfolgeregelung und Mitnehmerklappe
- **Gleitschienen-Obentürschließer DIN EN 1154 / mit automatischem Türantrieb / Türfeststellanlage mit integriertem Rauchmelder / mit Fluchttürfunktion-Trafo-Wechselfunktion**
- Montage: bandseitig / gegenbandseitig

Oberflächen:
- Stahlprofile: **verzinkt grundiert / chromatiert, grundiert und Farbeschichtung Nasslack / Pulverbeschichtung, Farbe: .....**
- Aluminiumteile: **farblos natur, eloxiert E6 EV1 oder silberfarbig**
- nichtrostende Stahlteile: gebürstet

Montage/Einbauort/Verankerungsgrund:
- Erdgeschoss / .....
- Wandaufbau im Anschlussbereich: .....
- Montage gem. Einbauanleitung der Zulassung.
- Abdichten und Versiegeln der Anschlussfugen mit Brandschutz-Silikon-Fugendichtstoff, Farbton .....

3.019€ 3.837€ **4.241€** 4.731€ 5.878€ [St] ⏱ 4,60 h/St 031.000.043

Kosten:
Stand 1.Quartal 2020
Bundesdurchschnitt

▶ min
▷ von
ø Mittel
◁ bis
◀ max

32 **Stahltür, Brandschutz, EI2 30, zweiflüglig** KG **344**

Feuerhemmende Stahl-Feuerschutztürelement, bauartgeprüft nach DIN 18095, zweiflüglig, mit Zulassung für den Anwendungsfall. Element bestehend aus: selbstschließender Drehtür, Einbau in Innenwand, einschl. Bohrungen und Verbindungsmittel für die Verschraubung mit den bauseitigen Anschlüssen. Einbau aller Komponenten und gangbar machen und, Kennzeichnung mit geeignetem Kennzeichnungsschild.
Baurichtmaß (B x H): ..... mm
Anforderung Brandschutz:
- **feuerhemmend + rauchdicht + selbstschließend T30 RS bzw. EI2 30-C (D) / feuerhemmend + dicht- + selbstschließend T30 D bzw. EI2 30-C (D)**
- Selbstschließende Eigenschaften: **C1 / ..... / C5 (offen stehend gehalten / ...... / sehr häufige Betätigung)**
- Zulassung: **CE-Kennzeichnung / allgemeine bauaufsichtliche Zulassung ABZ / allgemeines bauaufsichtliches Prüfzeugnis ABP mit der Nr. .....**

Anforderungen Innentür:
- Klimaklasse DIN EN 1121: I = Innentür zwischen klimatisierten Räumen.
- mechanische Beanspruchungsgruppe DIN EN 1192: M, mittlere Beanspruchung = Verwaltungsgebäude
- Bauteilwiderstandsklasse DIN EN 1627: RC 1 N
- Schallschutz: Schalldämmmaß Rwp =..... dB nach DIN 4109 und VDI 2719

Geltungsbereich: **Normalraum / Feuchtraum / Nassraum**
Türflügel:
Volltürblatt, d= 50mm, Stahlblech t=1,5 mm
- Füllung aus Mineralwolle nach DIN EN 13162 U_t=..... W/m²K
- doppelt gefälzt, flächenbündig,
- Öffnungsflügel **rechts / links** angeschlagen
- Flügelprofil: Tiefe = ... mm, Ansichtsbreiten = ... mm
- **Türelement schwellenlos, mit automatischer Absenkdichtung / mit Halbrundprofil und Auflaufdichtung / mit Schwellenanschlag (Bodenversatz)**

Zarge:
- Maulweite: ..... mm
- Ansichtsbreite: ..... mm

Umfassungszarge aus Stahl t = 2 mm
- verdeckte Befestigung, Maueranker
- eingeschweißte Bandtaschen
- Hinterfüllung des Zargenhohlraums

Bänder / Beschläge:
- ..... Stück Dreirollenbänder je Flügel, dreidimensional verstellbar, Bandhöhe ca.120 / 160 mm, Stahl vernickelt

Drücker:
- FS- /RD- Drückergarnitur DIN 18273 für Brandschutz-/ Rauchschutztüren
- Benutzungskategorie: Klasse 3
- Dauerhaftigkeit: Klasse 6
- Sicherheit für Personen: Klasse 1 – öffentlicher Bereich
- Einbruchsicherheit: Mäßig einbruchhemmend (Klasse 2)
- Material: **Aluminium mit Stahlkern / Edelstahl Werkstoff 1.4401**

023 024 025 026 027 028 029 030 **031** 032 033 034 036 037 038 039

Schloss / Zubehör:
- Einsteckschloss nach DIN 18250 T1, für Wohnungsabschluss, / alternativ werkseitiger Einbau eines Blindzylinders
- Falzdichtung: dreiseitig umlaufende Brandschutzdichtung in grau
- Rauchschutz mit Bodendichtung, automatisch absenkbar
- Stulp aus nichtrostendem Stahl
- Schutzbeschlag: **Schild / Rosette**, Klasse ES **2 / 3**, mit Zylinderziehschutz

Türschließung:
- Türschließer mit Schließfolgeregelung
- **Gleitschienen-Obentürschließer DIN EN 1154 / mit automatischem Türantrieb / Türfeststellanlage mit integriertem Rauchmelder / mit Fluchttürfunktion-Trafo-Wechselfunktion**
- Montage: **bandseitig / gegenbandseitig**

Oberflächen:
- Stahlprofile: **verzinkt grundiert / chromatiert, grundiert und Farbeschichtung Nasslack / Pulverbeschichtung, Farbe: .....**
- Aluminiumteile: **Pulverbeschichtung**
- Farbe: **.... / silber eloxiert E6/C0**
- Edelstahlteile: gebürstet

Montage/Einbauort/Verankerungsgrund:
- Erdgeschoss / .....
- Wandaufbau im Anschlussbereich: .....
- Montage gem. Einbauanleitung der Zulassung
- Abdichten und Versiegeln der Anschlussfugen mit Brandschutz-Silikon-Fugendichtstoff, Farbton .....

Angeb. Fabrikat: .....

1.438€ 2.396€ **2.762**€ 4.167€ 7.156€ [St] ⏱ 5,40 h/St 031.000.041

33 Rohrrahmentür, Glasfüllung, EI2 30-S200C5, zweiflüglig, mehrteilig, KG **344**

Feuerhemmendes Rohrrahmen-Feuerschutz-Innentürelement mit bauaufsichtlicher Zulassung, mehrteilig, mit Türflügelrahmen mit Anschlag, zweiflüglig (Geh- und Stehflügel), barrierefrei gem. DIN 18040.

Material: **Stahlrohr / Aluminiumrohr**

Baurichtmaß (B x H): ..... mm
- Gehflügel als Drehtür
- Stehflügel als **Drehflügel / feststehender Flügel** (B x H): ..... mm

Anforderung:
- **feuerhemmend + rauchdicht + selbstschließend T30 RS bzw. EI2 30-C (D) / feuerhemmend + dicht- + selbstschließend T30 D bzw. EI2 30-C (D)**
- Selbstschließende Eigenschaften: **C1 / ..... / C5** (offen stehend gehalten / ...... / sehr häufige Betätigung)
- mechanische Beanspruchungsgruppe DIN EN 1192: M, mittlere Beanspruchung = Verwaltungsgebäude
- Bauteilwiderstandsklasse DIN EN 1627: RC 1 N
- Schallschutz: Schalldämmmaß Rwp = ... dB nach DIN 4109 und VDI 2719

Füllungen: Brandschutzverglasung

Ausstattung:
mit Obentürschließer DIN EN 1154 mit Schließfolgeregelung, mit elektromagnetischem Feststeller und integriertem Rauchmelder, mit Einsteckschloss, vorgerichtet für Profilzylinder, FS- /RD- Drückergarnitur DIN 18273 für Brandschutz-/ Rauchschutztüren. Sonstige Ausführung (z.B. Profil, Beschläge, Verriegelung, Schloss, Bänder) gem. Einzelbeschreibung und Zeichnung).

Einbauort: Innenraum.....

Kosten:
Stand 1.Quartal 2020
Bundesdurchschnitt

▶ min
▷ von
ø Mittel
◁ bis
◀ max

Angeb. Fabrikat:
- Rohrrahmen (Hersteller/Typ): .....
- Glas/Füllung (Hersteller/Typ): .....

4.900€ 7.206€ **8.103€** 9.399€ 11.997€ [St] ⏱ 5,20 h/St 031.000.042

34 Stahlrahmen, Rolltor, grundiert KG **334**

Stahlrahmen für einteiliges Rolltor im bauseitigen Untergrund verankert.
Einbauort / -situation: ....
Baurichtmaß Öffnung 8B x H): ..... x ..... m
Konstruktion: gem. Einzelbeschreibung
Material: Stahl S235JR+Ar
Oberfläche: Rostschutz grundiert, für Beschichtung
Untergrund: **Stahlbeton / Mauerwerk**

1.853€ 2.196€ **2.350€** 2.634€ 2.976€ [St] ⏱ 3,60 h/St 031.000.032

35 Rolltor, Leichtmetall, außen KG **334**

Leichtmetall-Rolltoranlage nach ASR A1.7 Türen und Tore (für kraftbetätigte Türen und Tore) und DIN EN 13241-1 als Hallentor mit Rolltorführungsschienen, Welle und Rolltorpanzer, wärmegedämmt, elektromechanischem Antrieb nach DIN VDE 0700 Teil 238, einschl. Verkabelungen, Fangeinrichtung, Bohrungen und Verbindungsmittel für die Verschraubung mit den bauseitigen Anschlüssen, Einbau aller Komponenten gangbar machen der Toranlage und sicherheitstechnische Prüfung gem. ASR A 1.7, Abs. 10.
Baurichtmaß (B x H): ......
Gef. Durchgangshöhe: .....
Wärmeschutz: U_W-Wert = ... W/(m²K) nach DIN EN ISO 10077-1, DIN V 4108-4
Windlast, Prüfdruck **P1 / P2 / P3**, Klasse ..... nach DIN EN 12210
Schlagregendichtheit, Klasse ..... nach DIN EN 12208
Schalldämmmaß: R_W, R 24 dB nach DIN 4109
Einbruchhemmung: Widerstandsklasse ..... nach DIN EN 1627
Panzer: Aluminium-Hohlprofil, wärmegedämmt, mit unterem Abschlussprofil mit Gummi-Abschlussprofil
Führungsschienen: Stahl, verzinkt, einteilig, mit verschleißfesten Gleiteinlagen
Welle: Stahlrohr, verzinkt
Material / Montage:
- Befestigung der Führungsschienen an bauseitigen Untergrund mit Dübelmontage
- Befestigung der Wellenlager an bauseitigen Untergrund mit Dübelmontage

Untergrund: Stahlbeton
Einbauort / -situation: ....

3.179€ 6.309€ **8.036€** 8.872€ 12.117€ [St] ⏱ 8,00 h/St 031.000.021

36 Rollgitteranlage, elektrisch KG **334**

Rollgitter-Anlage mit allen notwendigen Zubehörteilen, in bauseitige Öffnung; stabiles und einbruchhemmendes Rollgitter mit Motorbedienung und elektronischer Steuerung, Anlage mit Körperschalldämmung für leisen Lauf, Führungsschienen mit Einlage für materialschonenden Betrieb, Rollgitterkasten aus Leichtmetall-Formteil, Anlage mit einbruchhemmender Hochschiebesicherung, mit Notbedienung.
Einbruchwiderstand: Klasse RC .....
Baurichtmaß (B x H): ......
Gef. Durchgangshöhe: .....

023 024 025 026 027 028 029 030 **031** 032 033 034 036 037 038 039

Nr.	Kurztext / Langtext					Kostengruppe
▶	▷	ø netto €	◁	◀	[Einheit]	Ausf.-Dauer Positionsnummer

Material und Form:
- Gitter: **Flachstahl- / Aluminium-Wabe**, 155 x 120 mm, Berechnungsgewicht .... kg/m²
- Antriebswelle aus Stahl, achteckig
- Führungsschiene aus Aluminium, stranggepresst
- Rollgitter-Kasten: **Aluminium- / Stahlblech-Formteil**, mehrfach gekantet, mit seitlichen Blenden
- Endstab aus stranggepresstem Aluminium mit Gummi-Abschlussprofil

Oberflächen:
- Stahlteile feuerverzinkt
- Aluminiumteile: E6, C1 - natur / pulverbeschichtet
- Schienen und Blenden: pulverbeschichtet
- Farben: .....

Bedienung der Anlage:
- Notbedienung als Handkurbel
- Deckenzugtaster mit Kette, montiert innen
- Schlüsselschalter als **Aufputz- / Unterputzschalter**, **außen / innen und außen**
- Handsender

Steuerung:
- **240V / 24V** Sicherheits-Kleinspannung
- Schutzart IP54, "Tor zu" in Totmannschaltung (Dauerdruck) mit Drucktastern "Auf-Halt-Zu"
- selbstüberwachende, elektromechanische Schließkantensicherung
- betriebsfertig verkabelt, mit CEE-Stecker

Material / Montage:
- Befestigung der Führungsschienen an bauseitigen Untergrund mit Dübelmontage
- Befestigung der Wellenlager an bauseitigen Untergrund mit Dübelmontage

Untergrund: Stahlbeton
Einbauort / -situation: ....

4.225€ 5.325€ **6.027**€ 6.367€ 7.784€ [St] ⏱ 9,00 h/St 031.000.076

Kosten:
Stand 1.Quartal 2020
Bundesdurchschnitt

37 Sektional-/Falttor, Leichtmetall, Hallentor, gedämmt — KG **334**

Leichtmetall-Sektionaltor, als Hallentor nach ASR A1.7 Türen und Tore (für kraftbetätigte Türen und Tore) und DIN EN 13241-1, wärmegedämmt, mit Führungsschienen, Umlenkung, elektromechanischem Antrieb nach DIN VDE 0700 Teil 238, einschl. Verkabelungen, Bohrungen und Verbindungsmittel für die Verschraubung mit den bauseitigen Anschlüssen, Einbau aller Komponenten und gangbar machen der Toranlage.
Baurichtmaß Öffnung: ......
Gef. Durchgangshöhe: .....
Wärmeschutz: U_W-Wert = ... W/(m²K) nach DIN EN ISO 10077-1, DIN V 4108-4
Windlast, Prüfdruck **P1 / P2 / P3**, Klasse ..... nach DIN EN 12210
Schlagregendichtheit, Klasse ..... nach DIN EN 12208
Schalldämmmaß: R_W, R 24 dB nach DIN 4109
Einbruchhemmung: Widerstandsklasse ..... nach DIN EN 1627
Paneel: Aluminium, doppelwandig, PUR-ausgeschäumt, unteres Abschlussprofil
Führungsschienen: mit verschleißfesten Gleiteinlagen

▶ min
▷ von
ø Mittel
◁ bis
◀ max

Zubehör:
- Torantrieb elektro-mechanisch, links oder rechts angeschlagen, Aufsteckantrieb 400 V Drehspannung, IP54, Nothandkurbel und integrierte Fangvorrichtung
- Torsteuerung als Totmannsteuerung, mit ..... Stück Drucktaster
- Torbedienung und mit ..... Stück Schlüsselschalter
- Rollkasten aus farbbeschichtetem Alu-Blech
- Einbruchsicherung mit **Schloss / Elektromechanischer Sicherung gegen Anheben**
- Bodendichtung aus EPDM-Lippenprofil
- Sturzgegendichtung aus EPDM-Lippenprofil

Oberflächen:
- Stahlteile: feuerverzinkt
- Aluminiumteile: anodisch oxidiert, **Pulver- / Nasslackbeschichtung**

Material / Montage:
- Befestigung der Führungsschienen mit Dübelmontage
- Befestigung der Wellenlager mit Dübelmontage

Untergrund: Stahlbeton
Einbauort / -situation: .... / Einbau hinter Sturzprofil an Deckenplatte
Für die Ausführung werden vom AG folgende Unterlagen zur Verfügung gestellt:
- Entwurfszeichnungen, Plannr.: .....
- Übersichtszeichnungen, Plannr.: .....
- statische Berechnung, Plannr.: .....

1.394€ 3.143€ **3.715€** 4.848€ 7.448€ [St] ⏱ 5,00 h/St 031.000.022

38 Garagen-Schwingtor, Handbetrieb KG **334**

Kipptor-Anlage nach DIN EN 13241-1 als Garagenabschluss, aus Rahmen und Kipptorblatt, mit Anschlagdämpfung und Öffnungshilfe im Handbetrieb, ruhiger Torlauf durch zwei kugelgelagerte Laufrollen in verzinkten Deckenlaufschienen mit Anschlagbegrenzung aus Gummi. Hubeinrichtung fein justier- und austauschbar, einschl. Bohrungen und Verbindungsmittel für die Verschraubung mit den bauseitigen Anschlüssen, Einbau aller Komponenten, gangbar machen der Toranlage und sicherheitstechnische Prüfung gem. ASR A 1.7, Abs. 10.
Baurichtmaß Öffnung: ..... m
Bauart: nach DIN EN 12604, Schutz vor Quetsch- und Scherstellen
Mindestabstände: 25 mm in allen Bereichen der Hubeinrichtung
Absturzsicherung: Multifederpaket, flexible Abdichtprofile
Betätigung: **handbetätigtes Tor / kraftbetätigtes Tor** zusammen mit Antrieb
Torzarge: aus Stahl mit Blendbrett
Torblattrahmen: verwindungsfreie Profilstahlrohre, auf Gehrung stumpf geschweißt, völlig geschlossen
- Hubeinrichtung, mit wartungsfreien Gleitlagern

Schloss:
- Verschluss: **durch 2 seitliche Schließriegel / 3 Punkt-Verriegelung bei elektrisch betätigtem Tor**
- Schloss vorgerichtet für Einbau eines bauseitigen Profilzylinders
- Türgriff mit Langschild, vernickelt Neusilber, mit Lochung für PZ

Beplankung:
- außenseitig beplankt mit senkrechter, gehobelter und feingeschliffener Nordische-Fichte-Schalung t = 21 mm und waagrechte Sockelleiste als Schutz gegen aufsteigende Feuchtigkeit, Deckbreite der Beplankungsprofile d = 120 mm
- Befestigung der Beplankung spannungsfrei durch Holzschraubleisten, Schwellenschiene, schraubbar, aus V2A-Edelstahl

Oberflächen Holz:
- Profilschalung Nordische Fichte: **Grundlasur und Endlasur / Endlackiert nach RAL .....**, Farbton .....

023 024 025 026 027 028 029 030 031 032 033 034 036 037 038 039

Oberfläche Stahl:
- feuerverzinkt
- Korrosivitätskategorie DIN EN ISO 12944: Klasse **C1 / C2**
- Korrosionsschutz für Zeitraum Klasse: **L = 2-5 Jahre / M = 5-15 Jahre / H = über 15 Jahre**

Farbton: .....
Material / Montage:
- Befestigung Rahmen mit Dübelmontage

Untergrund: Stahlbeton
Für die Ausführung werden vom AG folgende Unterlagen zur Verfügung gestellt:
- Entwurfszeichnungen, Plannr.: .....
- Übersichtszeichnungen, Plannr.: ......

1.242€ 2.067€ **2.500**€ 3.724€ 5.268€ [St] ⏱ 4,80 h/St 031.000.023

Kosten:
Stand 1.Quartal 2020
Bundesdurchschnitt

39 Außenwandbekleidung, Wellblech, MW, UK KG **335**

Außenwandbekleidung mit Wellblech aus Stahl-Wellblechprofilen Typ W18/76 nach DIN EN 10327, bandverzinkt und beschichtet, mit Mineralfaserdämmung und Aluminium-Unterkonstruktion; sämtliche Materialien in nichtbrennbarer Ausführung. Fenstersturz und Laibungen nach gesonderter Position.
Profilplatten: L= ca. 4.500 mm, Verlegung horizontal
Unterkonstruktion: ca. alle 650 mm befestigt, Profil einstellbar zur Aufnahme der bauseitigen Toleranzen bis ..... mm
Hinterlüftungsschicht: mind. 20 mm
Dämmung: Mineralwolle MW, Typ WAB, Wärmeleitfähigkeit: 0,035 W/(mK)
Brandverhalten: A1
Dämmschichtdicke ..... mm, einlagig, zwischen Z-Profilen
Material / Montage
- Befestigung der Unterkonstruktion aus Z-Profile am Untergrund erfolgt mit Rahmendübeln
- Wellblech-Plattenstöße überlappend, regelhafte und exakte Befestigung auf UK mit Aluminiumschrauben d = 6,5 mm
- Unterer und oberer Abschluss, sowie Anschlüsse und Eckausbildung, Ausklinkungen, eventuell erforderliche Ergänzungskonstruktionen bei Außen- und Innenecken

Oberflächen:
- Wellblech-Oberfläche: Sichtseite farbbeschichtet RAL ....., Rückseite RAL .....

Einbauort:
- verputzte Außenwände mit Wandhöhe bis ..... m
- bauseitiger Untergrund: Hochlochziegel, Stahlbeton im Deckenbereich.

Für die Ausführung werden vom AG folgende Unterlagen zur Verfügung gestellt:
- Entwurfszeichnungen, Plannr.: .....
- Übersichtszeichnungen, Plannr.: .....
- statische Berechnung, Plannr.: .....

69€ 102€ **115**€ 152€ 209€ [m²] ⏱ 0,40 h/m² 031.000.024

▶ min
▷ von
ø Mittel
◁ bis
◀ max

40 Außenwandbekleidung, Glattblech, beschichtet KG **335**

Außenwandbekleidung mit Glattblech, auf bauseitiger Unterkonstruktion aus Aluminium-Profil; sämtliche Materialien in nichtbrennbarer Ausführung. Fenstersturz und Laibungen nach gesonderter Position.
Art / Form:
- äußere Bekleidung mit Stahl-Glattblech t = 3 mm
- Oberfläche: verzinkt und .....-beschichtet
- Plattenformat: .....
- Verlegung **vertikal / horizontal**

Material / Montage:
- Unterkonstruktion ca. alle 650 mm sichtbar befestigt, regelhafte und exakte Befestigung auf UK mit Aluminiumschrauben d = 6,5 mm
- Unterer und oberer Abschluss, sowie Anschlüsse und Eckausbildung, Ausklinkungen, eventuell erforderliche Ergänzungskonstruktionen bei Außen- und Innenecken

Oberflächen:
- Glattblech-Oberfläche: Sichtseite farbbeschichtet RAL ....., Rückseite RAL .....

Einbauort:
- Außenwände mit Wandhöhe bis 7,00 m
- bauseitiger Untergrund: .....

Für die Ausführung werden vom AG folgende Unterlagen zur Verfügung gestellt:
- Entwurfszeichnungen, Plannr.: .....
- Übersichtszeichnungen, Plannr.: .....

83€ 170€ **193**€ 236€ 309€ [m²] ⏱ 0,50 h/m² 031.000.033

41 Vordach, Trägerprofile/ESG KG **339**

Vordachkonstruktion, zur Aufnahme von ESG-Verglasung gem. DIN 18008-3, Konstruktion aus zwei Konsolen und zwei Hohlprofil-Querträger zur Aufnahme der vorgebohrten Verglasung. Konstruktion der Ausführungsklasse DIN EN 1090: EXC .....
Abmessung (B x L): ....., Neigung: .....°
Scheibengröße: .....
Auflagerung Verglasung: Neoprenlager, punktförmige Halterung.... Stück
Querträger: Hohlprofil .... x ...., t= ..... mm
Konsolen: ..... Stück, befestigt an aufgehender Wand
Material: Stahl nach DIN EN 10025. Güte: S235JR (+AR .....)
Stegblech (B x L x T): ..... x ..... x ..... mm
Ankerplatte (B x L x T): ..... x ..... x ..... mm, Dübel und Befestigung gem. anliegender statischer Berechnung
Befestigungsmittel: aus nichtrostendem Stahl
Oberflächen: **verzinkt und deckend beschichtet / feuerverzinkt**
- Korrosivitätskategorie DIN EN ISO 12944: Klasse **C1 / C2**
- Korrosionsschutz für Zeitraum Klasse: **L = 2-5 Jahre / M = 5-15 Jahre / H = über 15 Jahre**

Farbe: .....
Einbauort:
- Außenwand, wärmegedämmt, WDVS, Dämmung 160mm
- Einbauhöhe: bis 5,00 m
- Untergrund: **Mauerwerk / Stahlbeton**

Für die Ausführung werden vom AG folgende Unterlagen zur Verfügung gestellt:
- Entwurfszeichnungen, Plannr.: .....
- Übersichtszeichnungen, Plannr.: .....
- statische Berechnung, Plannr.: .....

1.170€ 2.365€ **2.894**€ 3.529€ 4.655€ [St] ⏱ 4,50 h/St 031.000.067

42 Deckenabschluss, Flachstahl KG **353**

Anschlagschiene aus scharfkantigem Flachstahl, mit punktförmigen Halterungen, als Randschiene für Estrichabstellung am Deckenrand, Innenbereich.
Abmessung:
- Höhe Flachstahl: H= ..... mm
- Stärke Flachstahl: T= 8 mm
- Halterungen: ca. alle 300 mm mit angeschweißtem Winkelprofil

023
024
025
026
027
028
029
030
031
032
033
034
036
037
038
039

Nr.	Kurztext / Langtext					Kostengruppe
▶	▷	ø netto €	◁	◀	[Einheit]	Ausf.-Dauer Positionsnummer

Montage:
- befestigt mit feuerverzinkten Schrauben **M8 / M10**und Dübel, alle ..... m

Oberflächen:
- rostschützend **grundiert / feuerverzinkt**
- Korrosivitätskategorie DIN EN ISO 12944: Klasse **C1 / C2**
- Korrosionsschutz für Zeitraum Klasse: **L = 2-5 Jahre / M = 5-15 Jahre / H = über 15 Jahre**

Einbauort:
- Deckenrand im 1.OG.
- Untergrund: Stahlbeton
- Einbauhöhe: ..... m

Für die Ausführung werden vom AG folgende Unterlagen zur Verfügung gestellt:
- Entwurfszeichnungen, Plannr.: .....
- Übersichtszeichnungen, Plannr.: .....
- statische Berechnung, Plannr.: .....

Kosten:
Stand 1.Quartal 2020
Bundesdurchschnitt

26€ 77€ **96**€ 140€ 246€ [m] ⏱ 0,35 h/m 031.000.025

43 Estrichabschluss, Winkelstahl KG **353**

Anschlagschiene aus scharfkantigem Winkelprofil, als Randschiene für Estrichabstellung am Deckenrand, Innenbereich.

Abmessung:
- ungleichmäßiger Winkelstahl: 100 x 65 mm
- Stärke Winkelstahl: t = 7 mm
- Halterungen: ca. alle 300 mm mit Bohrung im kurzen Flansch

Montage:
- befestigt mit feuerverzinkten Schrauben M8 und Dübel, l = 50 mm, auf Stahlbeton-Decke

Oberflächen:
- feuerverzinkt
- Korrosivitätskategorie DIN EN ISO 12944: Klasse **C1 / C2**
- Korrosionsschutz für Zeitraum Klasse: **L = 2-5 Jahre / M = 5-15 Jahre / H = über 15 Jahre**

Einbauort:
- Estrichabstellung vor Fassade im EG
- Untergrund: Stahlbeton
- Einbauhöhe: ..... m

Für die Ausführung werden vom AG folgende Unterlagen zur Verfügung gestellt:
- Entwurfszeichnungen, Plannr.: .....
- Übersichtszeichnungen, Plannr.: .....
- statische Berechnung, Plannr.: .....

45€ 75€ **86**€ 104€ 133€ [m] ⏱ 0,40 h/m 031.000.026

44 Aluminiumprofile, Stahlkonstruktion KG **335**

Aluminium-Profil, montiert auf Stahlkonstruktion und sichtbar befestigt mit CrNi-Schrauben.
Beschreibung der Konstruktion: ..... ggf. mit Angabe der Ausführungsklasse DIN EN 1090: EXC .....
Profil: .....
Material: Aluminium
Oberfläche: **natur / eloxiert E6/C0 / eloxiert E6/C35**
Profil: Schenkellänge ..... mm

14€ 24€ **29**€ 35€ 49€ [m] ⏱ 0,20 h/m 031.000.034

▶ min
▷ von
ø Mittel
◁ bis
◀ max

45 Auflagerwinkel, Gitterroste, Stahl, außen KG **353**

Auflagerwinkel aus scharfkantigem Winkelprofil, für Gitterroste als geschlossener Rahmen.
Konstruktion der Ausführungsklasse DIN EN 1090: EXC .....
Abmessung:
- Rahmenmaß: geeignet für Bauhöhe Gitterrost H = ... mm
- Rahmengröße: .....
- Halterungen: ca. alle ..... mm mit Bohrung im kurzen Flansch

Montage:
- befestigt im Außenbereich mit nichtrostenden Schrauben M8 und Dübel, Abstand L= ca. ..... mm, seitlich an die Kellerlicht-Schachtwände
- je Seite mind. 2 Befestigungsstellen

Oberflächen:
- feuerverzinkt,
- Korrosivitätskategorie DIN EN 12944: Klasse **C1 / C2**
- Korrosionsschutz für Zeitraum Klasse: **L = 2-5 Jahre / M = 5-15 Jahre / H = über 15 Jahre**

Einbauort:
- Lichtschächte im UG,
- Lichtschachthöhe: .... m

Für die Ausführung werden vom AG folgende Unterlagen zur Verfügung gestellt:
- Entwurfszeichnungen, Plannr.: .....
- Übersichtszeichnungen, Plannr.: .....
- statische Berechnung, Plannr.: .....

15€	24€	**29**€	32€	40€	[m]	⏱ 0,20 h/m	031.000.027

46 Gitterroste, Stahl, verzinkt KG **353**

Gitterrostbeläge, rutschhemmend, abhebesicher als Podestfläche auf bauseitiger Stahlkonstruktion, einschl. Bohrungen und feuerverzinkten Verbindungsmitteln für die Verschraubung mit den herzustellenden Anschlüssen.
Konstruktion der Ausführungsklasse DIN EN 1090: EXC .....
Lichtes Gitterrost-Außenmaß: .....
Art / Form:
- Gitterrost, Maschenteilung 33,3 x 11,1 mm
- Tragstab: 30 x 3 mm
- Randstab / Einfassung: umlaufend mit Profil 30 x 3 mm

Anforderungen:
- rutschhemmend **R9 / R10 / R11**

Montage:
- auf bauseitige Stahlkonstruktion, eingepasst und befestigt mit geeigneten feuerverzinkten Gitterrost-befestigungen

Oberflächen:
- Stahlteile: feuerverzinkt
- Korrosivitätskategorie DIN EN 12944: Klasse **C1 / C2**
- Korrosionsschutz für Zeitraum Klasse: **L= 2-5 Jahre / M= 5-15 Jahre / H= über 15 Jahre**
- Befestigungsmittel: feuerverzinkt

Einbauort:
- im ..... Geschoss
- Einbauhöhe: .....

Nr.	Kurztext / Langtext					Kostengruppe
▶	▷	**ø netto €**	◁	◀	[Einheit]	Ausf.-Dauer Positionsnummer

Für die Ausführung werden vom AG folgende Unterlagen zur Verfügung gestellt:
- Entwurfszeichnungen, Plannr.: .....
- Übersichtszeichnungen, Plannr.: .....
- statische Berechnung

69€ 143€ **168**€ 204€ 270€ [m2] ⏱ 0,25 h/m2 031.000.028

47 Trittstufe, Gitterrost, Außenbereich KG **351**

Trittstufe Wangentreppe, Aussenbereich, aus Stahlrahmen und Gitterrost, seitlich verschraubt.
Material: Winkelrahmen aus Stahlblech
Einlage: Gitterrost, Maschenweite 30 x 30 mm
Stufenbreite: 1,00 m
Treppenauftritt: 280 mm
Oberfläche: feuerverzinkt
- Korrosionsbelastung DIN EN ISO 12944: Klasse C3 - Stadt mit mäßiger SO2-Belastung
- Korrosionsschutz für Zeitraum Klasse: H = über 15 Jahre

41€ 63€ **76**€ 95€ 138€ [St] ⏱ 0,25 h/St 031.000.080

48 Stahltreppe, gerade, einläufig, innen, Trittbleche KG **351**

Freitragende Stahlwangentreppe nach DIN 18065, über ein Geschoss führend; einschl. Bohrungen und verzinkten Verbindungsmitteln für die Verschraubung mit den bauseitigen Anschlüssen. Geländer nach gesonderter Position.
Abmessungen:
- Geschosshöhe: 2.750 mm
- Stützweite: .....
- Steigmaß: 17,2 x 28 cm
- Stufen: 16 Stück
- Wangenhöhe: 280 mm
- Treppenbreite: 1,0 m
- Fußbodenaufbau unten: H 100 mm, oben: H 75 mm

Art / Form:
- Ausführungsklasse nach DIN EN 1090: .....
- Nutzlast: 3 kN/m2 DIN EN 1991-1
- Material: Stahl S235JR DIN EN 10025-2, Werkstoff-Nr 1.0038
- Wange aus Breitflachstahl H 280 x T 18 mm, am oberen Ende abgewinkelt zum Anschluss an Geschossdecke
- Tritt- und Setzstufe als z-förmig abgewinkeltes Stahlblech

Profil:
- **Tränenblech / Riffelblech**, verzinkt, Abwicklung je Stufe ca. 370 mm, an Wangen angeschweißt
- letzte Stufe im Übergang zum Fußboden als Stahlblech, jedoch Abwicklung ca. 600 mm

Anschlüsse / Montage:
- oberer Anschluss an Deckenstirn aus Stahlbeton, Dicke inkl. FB: ..... mm, mittels Stahllasche als Wangenanschluss, geschraubten Verbindung,
- unterer Anschluss aufgesetzt auf Stahlbeton, punktförmig gelagert mit Stahllaschen, geschraubte Verbindung, Dübelmontage

Oberflächen:
- Korrosivitätskategorie DIN EN 12944: Klasse **C1 / C2**
- Korrosionsschutz für Zeitraum Klasse: **L= 2-5 Jahre / M= 5-15 Jahre / H= über 15 Jahre**
- Stahlbauteile, feuerverzinkt

Kosten:
Stand 1.Quartal 2020
Bundesdurchschnitt

▶ min
▷ von
ø Mittel
◁ bis
◀ max

Einbauort:
- Innen, Trockenbereich
- zwischen 1. und 2. Geschoss
- Einbauhöhe: .....

Für die Ausführung werden vom AG folgende Unterlagen zur Verfügung gestellt:
- Entwurfszeichnungen, Plannr.: .....
- Übersichtszeichnungen, Plannr.: .....
- statische Berechnung, Plannr.: .....

1.413€ 3.104€ **3.940**€ 5.127€ 7.117€ [St] ⏱ 7,50 h/St 031.000.029

49 Stahltreppe, gerade, mehrläufig, innen, Trittbleche KG **351**

Freitragende Stahlwangentreppe nach DIN 18065, mehrläufig; einschl. Bohrungen und verzinkten Verbindungsmitteln für die Verschraubung mit den bauseitigen Anschlüssen. Geländer nach gesonderter Position.

Abmessungen:
- Stützweiten: .....
- Geschosshöhe: .....
- Treppenbreite: 1,0 m
- Steigmaß: 17,2 x 28 cm
- Wangenhöhe: 280 mm
- Fußbodenaufbau unten: H 100 mm, oben: H 75 mm

Art / Form:
- Ausführungsklasse nach DIN EN 1090: .....
- Nutzlast: 3 kN/m²
- Material: Stahl S235JR DIN EN 10025-2, Werkstoff-Nr 1.0038
- Wange als Breitflachstahl H 280 x T 18 mm, am oberen Ende abgewinkelt zum Anschluss an Geschossdecke
- Tritt- und Setzstufe als z-förmig abgewinkeltes Stahlblech

Profil:
- **Tränenblech / Riffelblech**, verzinkt, Abwicklung je Stufe ca. 370 mm, an Wangen angeschweißt
- letzte Stufe im Übergang zum Fußboden als Stahlblech, jedoch Abwicklung ca. 600 mm

Anschlüsse / Montage:
- oberer Anschluss an Deckenstirn aus Stahlbeton, Dicke inkl. FB: 315 mm, mittels Stahllasche als Wangenanschluss, geschraubten Verbindung
- unterer Anschluss aufgesetzt auf Stahlbeton, punktförmig gelagert mit Stahllaschen, geschraubte Verbindung, Dübelmontage

Oberflächen:
- Stahlbauteile, feuerverzinkt
- Korrosivitätskategorie DIN EN 12944: Klasse **C1 / C2**
- Korrosionsschutz für Zeitraum Klasse: **L= 2-5 Jahre / M= 5-15 Jahre / H= über 15 Jahre**

Einbauort:
- Innenraum - Trockenbereich
- zwischen 1. und 2. Geschoss
- Einbauhöhe: bis .... m

Für die Ausführung werden vom AG folgende Unterlagen zur Verfügung gestellt:
- Entwurfszeichnungen, Plannr.: .....
- Übersichtszeichnungen, Plannr.: .....
- statische Berechnung, Plannr.: .....

3.161€ 6.290€ **6.817**€ 7.224€ 10.104€ [St] ⏱ 8,50 h/St 031.000.044

023 024 025 026 027 028 029 030 **031** 032 033 034 036 037 038 039

Nr.	Kurztext / Langtext						Kostengruppe
▶	▷	ø netto €	◁	◀	[Einheit]	Ausf.-Dauer	Positionsnummer

Kosten:
Stand 1.Quartal 2020
Bundesdurchschnitt

▶ min
▷ von
ø Mittel
◁ bis
◀ max

50 Spindeltreppe, Stahl, 100cm, innen, Trittroste KG **351**

Spindeltreppenanlage nach DIN 18065, einschl. Bohrungen und verzinkten Verbindungsmitteln für die Verschraubung mit den bauseitigen Anschlüssen. Geländer nach gesonderter Position.

Abmessung:
- lichtes Rohbaurichtmaß: .....
- Treppendurchmesser: D = ... mm
- Geschosshöhe: 2,80 m
- Treppensteigung: 16 Stufen, je 17,5 cm Steigung
- Austrittpodest (L x B): 1,0 x 1,0 (m)
- Wange aus Breitflachstahl t= 10 mm
- Laufbreite: 100 cm
- Fußbodenaufbau unten: H 100 mm, oben: H 75 mm

Art / Form:
- Ausführungsklasse nach DIN EN 1090: .....
- Nutzlast: 3,0 kN/m^2
- Standrohr, nahtlos gezogenes Stahlrohr
- Standrohrüberstand ca. 1.000 mm für Anschluss Geländer
- quadratische Bodenplatte aus Flachstahl ....., mit vier Bohrungen M20
- Spindel-Stufen mit Flachstahleinfassung
- 1 Zwischen- und 1 Austritt-Podest mit Unterkonstruktion
- Belag und Stufen mit rutschhemmenden Press-Gitterrosten
- Maschung: 30 x 30 mm, Befestigung: .....

Anschlüsse / Montage:
- oberer Anschluss an Deckenstirn aus Stahlbeton, Dicke inkl. FB: 315 mm, mittels Stahllasche, geschraubter Verbindung, Dübelmontage
- unterer Anschluss aufgesetzt auf Stahlbeton, punktförmig gelagert, geschraubte Verbindung, Dübelmontage

Oberflächen:
- Stahlbauteile, feuerverzinkt
- Korrosivitätskategorie DIN EN 12944: Klasse **C1 / C2**
- Korrosionsschutz für Zeitraum Klasse: **L = 2-5 Jahre / M = 5-15 Jahre / H = über 15 Jahre**

Einbauort:
- Innenraum - Trockenbereich
- zwischen EG und 1. Obergeschoss
- Einbauhöhe: .....

Für die Ausführung werden vom AG folgende Unterlagen zur Verfügung gestellt:
- Entwurfszeichnungen, Plannr.: .....
- Übersichtszeichnungen, Plannr.: .....
- statische Berechnung, Plannr.: .....

2.478€ 3.588€ **4.092€** 4.354€ 5.698€ [St] ⏱ 7,50 h/St 031.000.077

51 Steigleiter, Stahl, verzinkt, bis 5,00m KG **339**

Steigleiter mit Seitenholm, inkl. Bohrungen, Klebedübel und Verbindungsmittel.
Verwendungszweck: Steigleiter **für Wartungs- und Kontrollzwecke nach DIN 18799-1 / für Maschinenzugänge nach DIN EN ISO 14122-1 / als Not- oder Feuerleiter an Gebäuden nach DIN 14094-1**
Ausführungsklasse nach DIN EN 1090: .....

Maße:
- Holme: Rohr D = 48,3 mm
- Sprossen: Rechteckrohr 25 x 25 x 1,5 mm
- lichte Weite: 400 mm, äußere Leiterbreite: 500 mm
- Wandabstand d = 200 mm
- Leiterlänge / Aufstiegshöhe: bis 5,00 m

Material:
- **Stahl S235JR, feuerverzinkt / nichtrostender Stahl Werkstoff 1.4571 / Leichtmetall farblos eloxiert E6/C0**

Zubehör:
- Attika-Übersteigteil mit 2 Stufen Abstieg, 1 Stück

Montage:
- alle 2,00 m am Holm befestigt, inkl. aller notwendigen nichtrostenden Verankerungsmittel

Einbauort: Außenbereich
Befestigungsgrund: **Stahlbetonwand / Mauerwerkswand**
Für die Ausführung werden vom AG folgende Unterlagen zur Verfügung gestellt:
- Entwurfszeichnungen, Plannr.: .....
- Übersichtszeichnungen, Plannr.: .....
- statische Berechnung, Plannr.: .....

155€ 457€ **582**€ 965€ 1.629€ [St] ⏱ 1,80 h/St 031.000.031

52 **Steigleiter, für Wartungs- und Kontrollzwecke nach DIN 18799-1,** KG **339**

Steigleiter mit Seitenholm und Rückenschutz, inkl. Bohrungen, Klebedübel und Verbindungsmittel.
Verwendungszweck:
Steigleiter für Wartungs- und Kontrollzwecke nach DIN 18799-1
Ausführungsklasse nach DIN EN 1090: .....
Abmessung:
- Holme: Rohr D = 48,3 mm
- Sprossen: Rundrohr D 20 mm
- lichte Weite: 400 mm, äußere Leiterbreite: 500 mm
- Wandabstand d= 200 mm
- Leiterlänge / Aufstiegshöhe: über 5,00 m

Zubehör:
- Rückenschutzkorb, ab 3,0 m Leiterhöhe
- Zusteigepodest, für mehrzügige Leiter..... Stück, ggf. Ruhepodest
- Attika-Übersteigteil mit 2 Stufen Abstieg, 1 Stück

Material: Leichtmetall – Aluminium
Montage:
- alle 2,00 m am Holm befestigt, inkl. aller notwendigen nichtrostenden Verankerungsmittel

Oberfläche: eloxiert - C0
- Korrosivitätskategorie DIN EN ISO 12944: Klasse C3 - Stadt mit mäßiger SO2-Belastung
- Korrosionsschutz für Zeitraum Klasse: H = über 15 Jahre

Untergrund: Stahlbetonwand
Einbauort:
- Außenraum
- Arbeitshöhe: ..... m

Nr. **Kurztext** / Langtext | Kostengruppe
▶ ▷ **ø netto €** ◁ ◀ [Einheit] Ausf.-Dauer Positionsnummer

Für die Ausführung werden vom AG folgende Unterlagen zur Verfügung gestellt:
- Entwurfszeichnungen, Plannr.: .....
- Übersichtszeichnungen, Plannr.: .....
- statische Berechnung, Plannr.: .....

796€ 1.474€ **1.846€** 2.591€ 3.900€ [St] ⏱ 2,10 h/St 031.000.035

53 Kellertrennwandsystem, verzinkte Metalllamellen — KG **346**

Kellertrennwandsystem aus Stahlprofilen und Stahllamellen, vernietet mit Pfosten, Montage des Trennwandsystems mit Dübel und nichtrostenden Schrauben
Lamellen: ca. 110 mm breit, Blechdicke: 0,63 mm
Pfosten: L-Profil 40 x 40 mm
Bodenabstand: 50 mm
Raumhöhe: von 2,50 bis 2,70m
Untergrund:
- Decke: Betondecke mit Dämmung 100 mm
- Boden: beschichteter Estrich t = 55 mm

Oberflächen: feuerverzinkt,
Türen werden in getrennter Position vergütet
Ausführung/Aufteilung: gem. Plannr. ....
Angeb. Fabrikat: ...... / Typ: .....

25€ 33€ **37€** 38€ 46€ [m²] ⏱ 0,25 h/m² 031.000.078

54 Briefkastenanlage, freistehend, bis 8 WE — KG **561**

Briefkastenanlage nach DIN EN 13724 als freistehende Anlage aus verzinktem Stahlblech, bestehend aus Unterkonstruktion und Gehäuse, Layout / Gestaltung nach Angaben des AG/Architekten, Anlage mittig geteilt, eine Hälfte mit Briefkästen, andere Hälfte mit Klingelschildern, Beleuchtung und Rufstelle / Lautsprecher. Elektrischer Anschluss, Erdarbeiten und Stahlbetonfundament in gesonderten Positionen.
Ausführung
- Unterkonstruktion als Rechteckrohrständer 80 x 40 mm
- Anzahl Briefkästen: .....
- Kastengröße: .....
- Klappe und Einwurf: L 230-280 x T 30-35 mm
- Anzahl beleuchtete Klingeltaster mit Namensschild: .....
- eine Sprechstelle als Gitter mit Lautsprecher
- Beschriftung: dunkle Buchstaben auf beschichtetem Grund
- Oberfläche Stahlblech: Sichtseite farbbeschichtet RAL ....., nicht sichtbare Teile in Standardfarbe
- Anlagengröße: .....

Für die Ausführung werden vom AG folgende Unterlagen zur Verfügung gestellt:
- Entwurfszeichnungen, Plannr.: .....
- Übersichtszeichnungen, Plannr.: .....

Angeb. Fabrikat: .....

1.204€ 2.316€ **2.804€** 5.281€ 8.442€ [St] ⏱ 1,20 h/St 031.000.039

55 Briefkasten, Stahlblech, Wand — KG **561**

Durchwurf-Briefkasten nach DIN EN 13724, aus verzinktem Stahlblech, Einbau in Wand, bestehend aus Gehäuse, Einwurfschlitz und Entnahmetür, mit Namens-Einschubleiste, mit Klingelknopf, Beleuchtung und Rufstelle / Lautsprecher. Elektrischer Anschluss in gesonderten Position.

Kosten:
Stand 1.Quartal 2020
Bundesdurchschnitt

▶ min
▷ von
ø Mittel
◁ bis
◀ max

Ausführung:
- Kastengröße: .....
- Klappe und Einwurf: L 230-280 x T 30-35 mm
- Verriegelung mit Zylinderschloss, 3 Schlüssel
- beleuchteter Klingeltaster mit Namensschild: .....
- Sprechstelle als Gitter mit Lautsprecher
- Beschriftung: dunkle Buchstaben auf beschichtetem Grund
- Oberfläche Stahlblech: Sichtseite farbbeschichtet RAL ....., nicht sichtbare Teile in Standardfarbe
- Anlagengröße: .....

Für die Ausführung werden vom AG folgende Unterlagen zur Verfügung gestellt:
- Entwurfszeichnungen, Plannr.: .....
- Übersichtszeichnungen, Plannr.: .....

Angeb. Fabrikat: .....

443€ 470€ **535€** 599€ 760€ [St] ⏱ 25,00 h/St 031.000.075

56 Stundensatz Schlosser-Facharbeiter

Stundenlohnarbeiten für Vorarbeiter, Facharbeiter und Gleichgestellte (z.B. Spezialbaufacharbeiter, Baufacharbeiter, Obermonteure, Monteure, Gesellen, Maschinenführer, Fahrer und ähnliche Fachkräfte). Leistung nach besonderer Anordnung der Bauüberwachung. Der Verrechnungssatz für die jeweilige Arbeitskraft umfasst sämtliche Aufwendungen wie Lohn- und Gehaltskosten, Lohn- und Gehaltsnebenkosten, Zuschläge, lohngebundene und lohnabhängige Kosten, sonstige Sozialkosten, Gemeinkosten, Wagnis und Gewinn.

37€ 50€ **54€** 58€ 68€ [h] ⏱ 1,00 h/h 031.000.064

57 Stundensatz Schlosser-Helfer

Stundenlohnarbeiten für Werker, Helfer und Gleichgestellte (z.B. Baufachwerker, Helfer, Hilfsmonteure, Ungelernte, Angelernte). Leistung nach besonderer Anordnung der Bauüberwachung. Der Verrechnungssatz für die jeweilige Arbeitskraft umfasst sämtliche Aufwendungen wie Lohn- und Gehaltskosten, Lohn- und Gehaltsnebenkosten, Zuschläge, lohngebundene und lohnabhängige Kosten, sonstige Sozialkosten, Gemeinkosten, Wagnis und Gewinn.

34€ 43€ **45€** 49€ 58€ [h] ⏱ 1,00 h/h 031.000.065

Kosten:
Stand 1.Quartal 2020
Bundesdurchschnitt

Nr.	Positionen	Einheit	▶	▷	ø brutto € / ø netto €	◁	◀
1	Verglasung, Floatglas, 6mm	m²	53	60	**65**	70	76
			44	51	**55**	59	64
2	Verglasung, Floatglas, 8mm	m²	69	78	**83**	95	108
			58	66	**70**	80	91
3	Verglasung, ESG-Glas, 4mm	m²	77	83	**89**	92	98
			65	70	**75**	78	83
4	Verglasung, ESG-Glas, 6mm	m²	96	105	**108**	113	121
			81	88	**91**	95	102
5	Verglasung, ESG-Glas, 8mm	m²	97	118	**130**	135	145
			82	99	**109**	113	122
6	Verglasung, ESG-Glas,10mm	m²	139	160	**163**	175	196
			117	134	**137**	147	164
7	Verglasung, VSG-Glas, 8mm	m²	83	102	**121**	127	140
			69	86	**101**	107	118
8	Verglasung, VSG-Glas, 10mm	m²	–	131	**154**	175	–
			–	110	**129**	147	–
9	Isolierverglasung, Pfosten-Riegel-Fassade	m²	175	263	**317**	346	435
			147	221	**266**	291	366
10	Zweifach-Isolierverglasung, 0,9 W/m²K, Einzelfenster	m²	–	151	**160**	186	–
			–	127	**135**	156	–
11	Zweifach-Isolierverglasung, 1,1 W/m²K, Einzelfenster	m²	101	115	**121**	128	142
			85	97	**102**	107	119
12	Zweifach-Isolierverglasung, 0,9 W/m²K, Türen	m²	–	151	**165**	196	–
			–	127	**138**	165	–
13	Zweifach-Isolierverglasung, 1,1 W/m²K, Türen	m²	–	129	**142**	170	–
			–	108	**119**	143	–
14	Duschabtrennung, Glas	St	1.215	1.485	**1.613**	1.795	2.182
			1.021	1.248	**1.355**	1.508	1.833
15	Ganzglastürblatt, bis 101x213,5cm	St	525	713	**852**	924	1.064
			441	599	**716**	777	894
16	Brandschutzverglasung, Innenwände	m²	170	368	**404**	439	551
			143	309	**339**	369	463
17	Brandschutzglas, G30/E30 Fenster	m²	400	418	**460**	515	634
			336	351	**386**	433	533
18	Profilbauverglasung, 1-schalig	m²	76	87	**88**	98	108
			64	73	**74**	83	91
19	Profilbauverglasung, 2-schalig	m²	141	188	**201**	217	303
			119	158	**169**	182	255
20	Vordachverglasung, Sicherheitsglas	St	95	189	**211**	249	329
			80	159	**177**	209	276
21	Sicherheitsverglasung, ESG-Glas	m²	139	149	**151**	155	173
			117	125	**127**	130	145
22	Geländerverglasung, VSG-Glas	m²	125	200	**237**	277	380
			105	168	**199**	233	320
23	Sichtschutzfolie, geklebt	m²	41	86	**100**	132	222
			34	72	**84**	111	186

▶ min
▷ von
ø Mittel
◁ bis
◀ max

Nr.	Positionen	Einheit	▶	▷ ø brutto € / ø netto €		◁	◀
24	Stundensatz Glaser-Facharbeiter	h	48 40	57 48	**61** **51**	63 53	69 58

Nr. **Kurztext** / Langtext — Kostengruppe
▶ ▷ **ø netto €** ◁ ◀ [Einheit] Ausf.-Dauer Positionsnummer

A 1 Verglasung, Einfachglas — Beschreibung für Pos. **1-2**

Einscheiben-Verglasung mit Einbau und Glasdichtung.
Verglasungsfläche: Fenster
Rahmenmaterial: .....
Befestigung: .....
Verglasungssystem: .....
Farbwirkung: neutral
Versiegelung: beidseitig
Dichtstoffgruppe: .....
Verglasung: Floatglas

1 Verglasung, Floatglas, 6mm — KG **334**

Wie Ausführungsbeschreibung A 1
Scheibendicke: 6 mm
Scheibengröße: .....

44€ 51€ **55**€ 59€ 64€ [m2] ⏱ 0,47 h/m2 032.000.022

2 Verglasung, Floatglas, 8mm — KG **334**

Wie Ausführungsbeschreibung A 1
Scheibendicke: 8 mm
Scheibengröße: .....

58€ 66€ **70**€ 80€ 91€ [m2] ⏱ 0,47 h/m2 032.000.023

A 2 Verglasung, Einscheibensicherheitsglas — Beschreibung für Pos. **3-6**

Einscheiben-Sicherheitsverglasung einschl. Befestigung mit Glashalteleisten und Dichtstoff.
Ausführung nach Zeichnung: .....
Verglasungsfläche: .....
Rahmen: .....
Material: .....
Befestigungsleisten: .....
Verglasungssystem: .....
Farbwirkung: neutral
Versiegelung: beidseitig
Dichtstoffgruppe: mind. C - elastisch bleibend
Verglasung: ESG

3 Verglasung, ESG-Glas, 4mm — KG **334**

Wie Ausführungsbeschreibung A 2
Scheibendicke: 4 mm
Scheibengröße: .....

65€ 70€ **75**€ 78€ 83€ [m2] ⏱ 0,50 h/m2 032.000.024

023
024
025
026
027
028
029
030
031
032
033
034
036
037
038
039

Kosten:
Stand 1.Quartal 2020
Bundesdurchschnitt

▶ min
▷ von
ø Mittel
◁ bis
◀ max

Nr.	**Kurztext** / Langtext					Kostengruppe
▶	▷	**ø netto €**	◁	◀	[Einheit]	Ausf.-Dauer Positionsnummer

4 Verglasung, ESG-Glas, 6mm KG **334**

Wie Ausführungsbeschreibung A 2
Scheibendicke: 6 mm
Scheibengröße: .....

81€ | 88€ | **91**€ | 95€ | 102€ | [m²] | ⏱ 0,50 h/m² | 032.000.025

5 Verglasung, ESG-Glas, 8mm KG **334**

Wie Ausführungsbeschreibung A 2
Scheibendicke: 8 mm
Scheibengröße: .....

82€ | 99€ | **109**€ | 113€ | 122€ | [m²] | ⏱ 0,50 h/m² | 032.000.026

6 Verglasung, ESG-Glas,10mm KG **334**

Wie Ausführungsbeschreibung A 2
Scheibendicke: 10mm
Scheibengröße: .....

117€ | 134€ | **137**€ | 147€ | 164€ | [m²] | ⏱ 0,50 h/m² | 032.000.027

A 3 Verglasung, Verbundsicherheitsglas Beschreibung für Pos. **7-8**

Verbund-Sicherheitsverglasung einschl. Befestigung mit Glashalteleisten und Dichtstoff.
Ausführung nach Zeichnung: .....
Verglasungsfläche: .....
Tragkonstruktion: .....
Material: .....
Befestigungsart: .....
Kantenausbildung: .....
Verglasungssystem: Va3
Dichtstoff: .....
Verglasung: VSG - zweischeibig mit Folieneinlage
Widerstandsklasse: A 1

7 Verglasung, VSG-Glas, 8mm KG **334**

Wie Ausführungsbeschreibung A 3
Scheibendicke: 8 mm
Scheibengröße: 1,0-2,0 m²

69€ | 86€ | **101**€ | 107€ | 118€ | [m²] | ⏱ 0,70 h/m² | 032.000.029

8 Verglasung, VSG-Glas, 10mm KG **334**

Wie Ausführungsbeschreibung A 3
Scheibendicke: 10 mm
Scheibengröße: 1,0-2,0 m²

–€ | 110€ | **129**€ | 147€ | –€ | [m²] | ⏱ 0,75 h/m² | 032.000.030

9 Isolierverglasung, Pfosten-Riegel-Fassade KG **337**

Mehrscheiben-Isolierverglasung inkl. Einbau der Glashalteprofile, Deckschalen, Dichtprofile oder Verfugung.
Bauteil: Pfosten-Riegel-Fassade
Scheibengrößen: .....

Fassadensystem:
- Rahmenmaterial: .....
- Glaspressleisten aus .....

Technische Daten Verglasung:
- .....-Scheiben-Isolierverglasung
- U_g-Wert: ..... W/(m²K)
- g-Wert: .....%
- Psi-Wert Glasrandverbund: .....
- Schallschutz: Klasse .... dB
- Lichtdurchlässigkeit TL: .....%
- Lichtreflexion außen TR: .....%
- allg. Farbwiedergabe: .....
- Verglasungssystem: Pressleistenverglasung
- Farbe: .....

147€ | 221€ | **266**€ | 291€ | 366€ | [m²] | ⏱ 1,40 h/m² | 032.000.002

A 4 Zweifach-Isolierverglasung, Einzelfenster — Beschreibung für Pos. **10-11**

Zweifachisolierverglasung inkl. Befestigung und beidseitige Versiegelung.
Verglasungsfläche: Außenfenster
Scheibengröße: .....
Rahmenmaterial: .....
Befestigung: .....
Abstandhalter: .....
Verglasungssystem: Vf5
Versiegelung: beidseitig
Technische Daten Verglasung:
- g-Wert: .....%
- Psi-Wert Glasrandverbund: ..... W/(mK)

Schallschutz: Klasse .... dB
Lichtdurchlässigkeit TL: .....%
Lichtreflexion außen TR: .....%
allg. Farbwiedergabe: .....
Dichtstoffgruppe: E

10 Zweifach-Isolierverglasung, 0,9 W/m²K, Einzelfenster — KG **334**

Wie Ausführungsbeschreibung A 4
U_g-Wert: 0,9 W/(m²K)

–€ | 127€ | **135**€ | 156€ | –€ | [m²] | ⏱ 0,60 h/m² | 032.000.032

11 Zweifach-Isolierverglasung, 1,1 W/m²K, Einzelfenster — KG **334**

Wie Ausführungsbeschreibung A 4
U_g-Wert: 1,1 W/(m²K)

85€ | 97€ | **102**€ | 107€ | 119€ | [m²] | ⏱ 0,60 h/m² | 032.000.033

Nr.	Kurztext / Langtext						Kostengruppe
▶	▷	**ø netto €**	◁	◀	[Einheit]	Ausf.-Dauer	Positionsnummer

A 5 Zweifach-Isolierverglasung, Türen — Beschreibung für Pos. **12-13**

Zweifach-Isolierverglasung inkl. Befestigung und beidseitige Versiegelung.
Verglasungsfläche: Außentür
Rahmenmaterial Fenster: .....
Abstandhalter aus: .....
Befestigung: .....
Verglasungssystem: Vf5

12 Zweifach-Isolierverglasung, 0,9 W/m²K, Türen — KG **334**

Wie Ausführungsbeschreibung A 5
Scheibengröße: .....
Technische Daten Verglasung:

- U_g-Wert: 0,9 W/(m²K)
- g-Wert: 44%
- Psi-Wert Glasrandverbund: .....W/(mK)

Schallschutz: Klasse II 30-34 dB
Lichtdurchlässigkeit TL: 64%
Lichtreflexion außen TR: 25%
Allgemeine Farbwiedergabe: 98%
Dichtstoffgruppe: E

▶	▷	ø	◁	◀	Einheit	Ausf.-Dauer	Positionsnummer
–€	127€	**138**€	165€	–€	[m²]	⏱ 0,60 h/m²	032.000.034

13 Zweifach-Isolierverglasung, 1,1 W/m²K, Türen — KG **334**

Wie Ausführungsbeschreibung A 5
Scheibengröße: .....
Technische Daten Verglasung:

- U_g-Wert: 1,1 W/(m²K)
- g-Wert: 65%
- Psi-Wert Glasrandverbund: .....W/(mK)

Schallschutz: Klasse II 30-34 dB
Lichtdurchlässigkeit TL: 82%
Lichtreflexion außen TR: 11%
Allgemeine Farbwiedergabe: 98%
Dichtstoffgruppe: E

▶	▷	ø	◁	◀	Einheit	Ausf.-Dauer	Positionsnummer
–€	108€	**119**€	143€	–€	[m²]	⏱ 0,60 h/m²	032.000.035

Kosten:
Stand 1.Quartal 2020
Bundesdurchschnitt

▶ min
▷ von
ø Mittel
◁ bis
◀ max

14 **Duschabtrennung, Glas** KG **412**

Duschabtrennung nach DIN EN 14428, aus Seitenteil und Drehtür, als Ganzglaskonstruktion, mit geschliffenen Kanten.Glasscheibe raumhoch, unten und oben gehalten, mit Anschluss an zu fliesende Wandflächen als stumpfer Stoß. Drücker und Glashalter im System.
Abmessung (B x H): ..... x ..... mm
Ausführung: ESG **10 / 12** mm
Oberfläche: **Klarglas / satiniert**
Flügel: **links / rechts** angeschlagend
Bänder: .....
Schloss: .....
Drückergarnitur: ......
Angeb. Fabrikat: .....

1.021€ 1.248€ **1.355**€ 1.508€ 1.833€ [St] ⏱ 3,00 h/St 032.000.018

15 **Ganzglastürblatt, bis 101x213,5cm** KG **344**

Ganzglastürblatt mit geschliffenen Kanten in vorhandene Zarge einbauen.
Abmessung: ..... x ..... mm
Anschlag: **links / rechts**
Ausführung: ESG **10 /12** mm
Bänder: .....
Schloss: .....
Drückergarnitur: ......
Einbauort: .....
Angeb. Fabrikat: .....

441€ 599€ **716**€ 777€ 894€ [St] ⏱ 0,20 h/St 032.000.019

16 **Brandschutzverglasung, Innenwände** KG **346**

Brandschutzverglasung, für festverglaste Profilsysteme, inkl. Einbau der Glashalteprofile, Deckschalen, Dichtprofile oder Verfugung.
Verglasung: Verbundglas
Anwendung: innen
Feuerwiderstandsklasse: **EI30 / EI60 / EI90**
Zulassung Verglasung: .....
Prüfnummer / Prüfinstitut: .....

143€ 309€ **339**€ 369€ 463€ [m²] ⏱ 0,80 h/m² 032.000.006

023 024 025 026 027 028 029 030 031 **032** 033 034 036 037 038 039

Nr.	Kurztext / Langtext					Kostengruppe
▶	▷	ø netto €	◁	◀	[Einheit]	Ausf.-Dauer Positionsnummer

17 Brandschutzglas, G30/E30 Fenster KG **344**

Einscheiben-Brandschutzverglasung, einbauen in vorhandenen Rahmen, inkl. Glashalteleisten und beidseitige Glasdichtung.
Einbau in Fenster
Anwendung: **innen / außen**
Scheibengröße: .....
Gesamtnenndicke: ca. 16 mm
Verglasung: Verbundglas, mehrschichtig
Feuerwiderstandsklasse: E30
Zulassung Verglasung: .....
Prüfnummer / Prüfinstitut: .....
Rahmenmaterial: .....
Glashalteleisten aus: .....

336€ 351€ **386**€ 433€ 533€ [m²] ⏱ 0,60 h/m² 032.000.037

18 Profilbauverglasung, 1-schalig KG **332**

Profilbau-Verglasung, U-förmige Glasplatten, DIN EN 572-2 oder bauaufsichtlich zugelassen. Einbau inkl. Systemprofile, Polster- und Dichtungsprofile. Sonderprofile, Öffnungen, Lüftungsflügel und Fensterbänke nach gesonderter Position.
Einbau der Glaselemente: einschalig
Zulassung Verglasung: .....
Untergrund: ..... .
Verglasung aus: **Klar- / Ornamentglas**
Längsdrähte: **mit / ohne**
Glasdicke: T= **6 / 7**mm
Glasfarbe: .....
Sonstige Glaseigenschaften: .....
U-Wert der Konstruktion: ..... W/m²K
g-Wert: .....
Lichttransmission: .....%
Ansichtsfläche (B x H): ....
Einbauhöhe: .....
Einbauort: Innenbereich

64€ 73€ **74**€ 83€ 91€ [m²] ⏱ 2,10 h/m² 032.000.036

Kosten:
Stand 1.Quartal 2020
Bundesdurchschnitt

▶ min
▷ von
ø Mittel
◁ bis
◀ max

19 Profilbauverglasung, 2-schalig — KG **332**

Profilbau-Verglasung, zweischalig, U-förmige Glasplatten, DIN EN 572-2 oder bauaufsichtlich zugelassen. Einbau inkl. Systemprofile, Polster- und Dichtungsprofile. Sonderprofile, Öffnungen, Lüftungsflügel und Fensterbänke nach gesonderter Position.
Einbau der Glaselemente: als Isolierverglasung, zweischalig
Zulassung Verglasung: .....
Untergrund: .....
Verglasung aus: Wärmeschutz- und Sonnenschutzglas
Längsdrähte: **mit / ohne**
Profil-Abmessung: **B232 / B262 / B331 / B498 x H41 / H60** mm
Glasdicken: t= 7mm
Glasfarbe: .....
Sonstige Glaseigenschaften: .....
U_g-Wert der Konstruktion: 1,8 W/m²K
g-Wert: 0,45
Lichttransmission: 41%
Rahmen: thermisch getrennte Alu-Systemprofile, anodisch eloxiert C-0
Ansichtsfläche (B x H): ....
Einbauhöhe: .....
Einbauort: Außenwand

119€ | 158€ | **169**€ | 182€ | 255€ | [m²] | ⏱ 2,80 h/m² | 032.000.040

20 Vordachverglasung, Sicherheitsglas — KG **362**

Vordachverglasung mit Sicherheitsglas, Scheiben vorgebohrt für punktförmige Halterung, Auflagerung auf Neoprenlager auf zugelassener Gesamtkonstruktion.
Rahmenmaterial: **Aluminium / Stahl**
Verglasung: Verbundsicherheitsglas aus **TVG / ESG**
Scheibendicke: .....
Neigung Verglasungsfläche: ca. ..... °
Farbwirkung: .....
Scheibenrand: fein geschliffen
Bohrungen: ..... St
Haltebereich: Verguss falls erforderlich, mit Neopren-Unterlage
Befestigung: Schrauben, nichtrostender Stahl
Scheibengröße: .....

80€ | 159€ | **177**€ | 209€ | 276€ | [St] | ⏱ 0,35 h/St | 032.000.009

21 Sicherheitsverglasung, ESG-Glas — KG **344**

Einscheiben-Sicherheitsverglasung in bestehende Öffnungen im Innenbereich, mit Heat-Soak-Prüfung, inkl. beidseitige Versiegelung und Einbau der Glashalteleisten.
Rahmenmaterial: **Holz / Aluminium / Kunststoff / Stahl**
Glashalteleisten aus: **Holz / Aluminium / Kunststoff / Stahl**
Verglasung: ESG
Scheibendicke: **6 / 8 mm**
Verglasungssystem: **Va3 / Vf3 / .....**
Farbwirkung: neutral
Dichtstoffgruppe: mind. C - elastisch bleibend
Scheibengröße: .....

117€ | 125€ | **127**€ | 130€ | 145€ | [m²] | ⏱ 0,55 h/m² | 032.000.011

Nr.	Kurztext / Langtext					Kostengruppe
▶	▷	ø netto €	◁	◀	[Einheit]	Ausf.-Dauer Positionsnummer

22 Geländerverglasung, VSG-Glas KG **359**

Verbund-Sicherheitsverglasung in bestehende Konstruktionen als durchwurfhemmende Sonderverglasung nach DIN EN 356, einschl. Einbau der Klemmprofile.
Widerstandsklasse: **RC 2 / .....** DIN EN 1627
Rahmenmaterial: .....
Glashalteleisten aus: .....
Verglasung: VSG,
Scheibendicke: nach Anforderung und Prüfzeugnis
Folie: **farblos / matt**
Anforderung: durchwurfhemmend, P4A, DIN EN 356
Verglasungssystem: **Vf3 / .....**
Farbwirkung: neutral, Weißglas
Dichtstoffgruppe: mind. C - elastisch bleibend, DIN 18545-2
Scheibengröße (B x H): ..... x ..... mm

105€ 168€ **199**€ 233€ 320€ [m²] ⏱ 0,70 h/m² 032.000.013

23 Sichtschutzfolie, geklebt KG **334**

Sichtschutzfolie mit gleichmäßiger Lichtstreuung, auf bestehende Verglasung einseitig innen aufkleben.
Folie: PVC
Foliendicke: 80 nm
Beschichtung: matt, UV- und kratzbeständig
Solarenergietransmissionsgrad: .....%
Solarenergieabsorptionsgrad: .....%
Solarenergiereflektionsgrad: .....%
UV-Transmission: .....%
Sichtbare Lichttransmission: ca. 66%
Sichtbare Lichtreflektion: .....%
Brandschutzanforderungen: .....
Abmessung: .....

34€ 72€ **84**€ 111€ 186€ [m²] ⏱ 0,15 h/m² 032.000.039

24 Stundensatz Glaser-Facharbeiter

Stundenlohnarbeiten für Vorarbeiter, Facharbeiter und Gleichgestellte (z.B. Spezialbaufacharbeiter, Baufacharbeiter, Obermonteure, Monteure, Gesellen, Maschinenführer, Fahrer und ähnliche Fachkräfte). Der Verrechnungssatz für die jeweilige Arbeitskraft umfasst sämtliche Aufwendungen wie Lohn- und Gehaltskosten, Lohn- und Gehaltsnebenkosten, Zuschläge, lohngebundene und lohnabhängige Kosten, sonstige Sozialkosten, Gemeinkosten, Wagnis und Gewinn. Leistung nach besonderer Anordnung der Bauüberwachung. Anmeldung und Nachweis gem. VOB/B.

40€ 48€ **51**€ 53€ 58€ [h] ⏱ 1,00 h/h 032.000.016

Kosten:
Stand 1.Quartal 2020
Bundesdurchschnitt

▶ min
▷ von
ø Mittel
◁ bis
◀ max

033

Kosten:
Stand 1.Quartal 2020
Bundesdurchschnitt

Nr.	Positionen	Einheit	▶	▷	ø brutto € / ø netto €	◁	◀
1	Baureinigung, während Bauzeit	m²	0,4	1,3	**1,7**	2,3	3,4
			0,3	1,1	**1,5**	1,9	2,9
2	Treppen/Podeste reinigen	m²	0,5	1,2	**1,5**	1,7	2,9
			0,4	1,0	**1,3**	1,5	2,4
3	Bodenbelag reinigen, Hartbeläge	m²	0,4	0,9	**1,1**	1,7	2,9
			0,4	0,8	**0,9**	1,5	2,4
4	Bodenbelag reinigen, Betonflächen	m²	0,1	0,7	**1,0**	2,2	3,4
			0,1	0,6	**0,8**	1,9	2,9
5	Bodenbelag reinigen, Parkett, Holzdielen	m²	0,4	2,1	**2,4**	4,7	9,1
			0,4	1,8	**2,0**	3,9	7,6
6	Bodenbelag reinigen, Fliesen/Platten	m²	0,5	1,3	**1,6**	3,3	7,2
			0,4	1,1	**1,3**	2,8	6,1
7	Bodenbelag reinigen, Teppich	m²	0,1	0,9	**1,0**	1,7	2,9
			0,1	0,8	**0,9**	1,4	2,4
8	Fassade reinigen, Hochdruckreiniger	m²	13	18	**21**	23	30
			11	15	**17**	19	25
9	Decke reinigen, Metalldecke	m²	0,5	1,3	**1,8**	2,1	3,1
			0,4	1,1	**1,5**	1,8	2,6
10	Decke reinigen, Gipsfaser / Gipsplatten, beschichtet	m²	0,9	1,8	**2,1**	2,4	3,4
			0,8	1,6	**1,8**	2,0	2,9
11	Glasflächen reinigen, Fassadenelemente	m²	0,8	2,8	**3,5**	6,4	12
			0,7	2,3	**2,9**	5,4	9,9
12	Wandflächen reinigen, beschichtet	m²	0,8	1,7	**2,0**	2,3	2,8
			0,7	1,4	**1,7**	1,9	2,4
13	Wandbelag reinigen, Fliesen	m²	0,3	0,7	**0,9**	2,1	4,5
			0,2	0,6	**0,8**	1,8	3,8
14	Wandbelag reinigen, Hartbeläge; Holz, Schichtstoff	m²	0,4	0,9	**1,1**	1,6	2,7
			0,3	0,8	**0,9**	1,4	2,3
15	Türen reinigen	St	0,7	2,6	**3,4**	5,1	8,7
			0,6	2,2	**2,9**	4,3	7,4
16	Heizkörper reinigen	m²	0,5	1,3	**1,6**	2,0	2,8
			0,4	1,1	**1,3**	1,7	2,4
17	Waschtisch/Duschwanne reinigen	St	0,7	3,2	**4,1**	4,2	7,7
			0,6	2,7	**3,4**	3,6	6,5
18	WC-Schüssel/Urinal reinigen	St	0,7	3,2	**3,7**	5,0	7,7
			0,6	2,7	**3,1**	4,2	6,5
19	Handläufe reinigen	m	<0,1	0,4	**0,6**	0,9	1,6
			<0,1	0,4	**0,5**	0,8	1,3
20	Geländer reinigen	m	0,3	1,0	**1,3**	1,9	2,9
			0,2	0,9	**1,1**	1,6	2,4
21	Teeküche reinigen	St	24	31	**33**	38	47
			20	26	**28**	32	39
22	Einbauschrank reinigen	St	7	9	**11**	14	17
			6	7	**10**	12	15
23	Einzelfenster reinigen	St	0,7	3,5	**4,7**	6,0	9,3
			0,6	3,0	**4,0**	5,0	7,8
24	Sonnenschutz reinigen	m²	–	3	**3**	3	–
			–	2	**3**	3	–

▶ min
▷ von
ø Mittel
◁ bis
◀ max

Nr.	Positionen	Einheit	►	▷	ø brutto € / ø netto €	◁	◄
25	Aufzugsanlage reinigen	St	28	51	**60**	99	153
			24	43	**50**	83	128
26	Technikraum reinigen, m²	m²	0,7	1,7	**2,2**	2,7	4,1
			0,6	1,4	**1,8**	2,3	3,4
27	Baureinigung, Außenbereich	m²	0,1	0,4	**0,6**	0,8	1,5
			0,1	0,4	**0,5**	0,7	1,2
28	Stundensatz Baureiniger-Facharbeiter	h	29	34	**36**	42	52
			24	29	**30**	35	44
29	Stundensatz Baureiniger-Helfer	h	21	28	**30**	34	40
			18	23	**26**	28	34

Nr. **Kurztext** / Langtext — Kostengruppe

► ▷ **ø netto €** ◁ ◄ [Einheit] Ausf.-Dauer Positionsnummer

1 Baureinigung, während Bauzeit KG **397**

Böden, aus Beton, reinigen während der Bauzeit, von grober Verschmutzung durch Bauschutt, aufgenommene Stoffe sortieren, sammeln, und zur Entsorgung im bauseits gestellte Container fördern. Entsorgung nach gesonderter Position. Abfall ist nicht gefährlich, nicht schadstoffbelastet.

0,3€ 1,1€ **1,5**€ 1,9€ 2,9€ [m²] ⏱ 0,05 h/m² 033.000.018

2 Treppen/Podeste reinigen KG **397**

Treppen (Tritt- und Setzstufe) und Podeste reinigen, Rückstände von Beton- und Malerarbeiten vorsichtig mit Spatel entfernen, sowie gründliches Abkehren bzw. Absaugen der Treppenläufe. Kratzspuren sind zu vermeiden. Gründliches Schrubben und Wischen sämtlicher Bodenflächen mit einem auf den Belag abgestimmten und vom Hersteller empfohlenen Reinigungs- und Pflegemittel. Entfernen des Zementschleiers auf allen Fliesenbelägen und aller Verunreinigungen sowie Aufkleber. Auf die dauerelastischen Verfugungen ist besondere Rücksicht zu nehmen. Nachreinigung durch nasses Aufwischen und trockenes Nachwischen der Treppengeländer, Brüstungen und Handläufe bis zur Erreichung einer streifenfreien Oberfläche.

0,4€ 1,0€ **1,3**€ 1,5€ 2,4€ [m²] ⏱ 0,04 h/m² 033.000.019

3 Bodenbelag reinigen, Hartbeläge KG **397**

Feinreinigung des Bodenbelags, inkl. Sockelleisten, mit einem auf den Belag abgestimmten und vom Hersteller empfohlenen Reinigungs- und Pflegemittel, Reinigen bis zum Erlangen einer vollständig schmutzfreien Oberfläche. Leistung inkl. Entfernen aller Verunreinigungen und Aufkleber. Bodenbeläge verlegt in allen Geschossen.
Belag: **Linoleum / Kunststoff / Kautschuk / Kunststofflaminat / .....**

0,4€ 0,8€ **0,9**€ 1,5€ 2,4€ [m²] ⏱ 0,04 h/m² 033.000.001

4 Bodenbelag reinigen, Betonflächen KG **397**

Feinreinigung von Betonböden mit Oberflächenbeschichtung, inkl. Sockelleisten, mit einem auf den Belag abgestimmten und vom Hersteller empfohlenen Reinigungs- und Pflegemittel, Reinigen bis zum Erlangen einer vollständig schmutzfreien Oberfläche. Leistung inkl. Entfernen aller Verunreinigungen und Aufkleber. Bodenbeläge verlegt in allen Geschossen.
Beschichtung: **Kunstharz / Acryl / Ölfarbe / .....**

0,1€ 0,6€ **0,8**€ 1,9€ 2,9€ [m²] ⏱ 0,03 h/m² 033.000.002

023 024 025 026 027 028 029 030 031 032 033 034 036 037 038 039

Kosten:
Stand 1.Quartal 2020
Bundesdurchschnitt

Nr.	**Kurztext** / Langtext					Kostengruppe
▶	▷	**ø netto €**	◁	◀	[Einheit]	Ausf.-Dauer Positionsnummer

5 Bodenbelag reinigen, Parkett, Holzdielen KG **397**

Feinreinigung von Holzböden mit Oberflächenbeschichtung, inkl. Sockelleisten, mit einem auf den Belag abgestimmten und vom Hersteller empfohlenen Reinigungs- und Pflegemittel, Reinigen bis zum Erlangen einer vollständig schmutzfreien Oberfläche. Leistung inkl. Entfernen aller Verunreinigungen und Aufkleber. Bodenbeläge verlegt in allen Geschossen.
Beschichtung: **Öl-Kunstharzsiegel / Wasserlack / PU-Wassersiegel / Spezial-Hartwachs / .....**

0,4€ 1,8€ **2,0€** 3,9€ 7,6€ [m2] ⏱ 0,05 h/m2 033.000.003

6 Bodenbelag reinigen, Fliesen/Platten KG **397**

Feinreinigung von Fliesen- oder Plattenbelag, inkl. Sockelleisten, durch Wischen mit einem auf den Belag abgestimmten Reinigungsmittel, Reinigen bis zum Erlangen einer vollständig schmutzfreien Oberfläche. Leistung inkl. Entfernen des Zementschleiers und Entfernen aller Verunreinigungen und Aufkleber. Auf die dauerelastischen Verfugungen ist besondere Rücksicht zu nehmen. Bodenbeläge verlegt in allen Geschossen.
Oberfläche: **glasiert / unglasiert**

0,4€ 1,1€ **1,3€** 2,8€ 6,1€ [m2] ⏱ 0,04 h/m2 033.000.004

7 Bodenbelag reinigen, Teppich KG **397**

Feinreinigung von textilem Bodenbelag, inkl. Sockel, Reinigen mittels Vakuum- bzw. Bürstsaugen bis zum Erlangen einer vollständig schmutzfreien Oberfläche. Leistung inkl. Entfernen aller Verunreinigungen. Bodenbeläge verlegt in allen Geschossen.
Faser: **Kunstfaser / Naturfaser**
Teppichart: **Velour / Nadelfilz / Schlingenware**
Struktur: **hochflorig / feinflorig / .....**
Sockel: **Kunststoffprofil / Kernsockelprofil mit textilem Belag / Holzsockelleiste**

0,1€ 0,8€ **0,9€** 1,4€ 2,4€ [m2] ⏱ 0,03 h/m2 033.000.005

8 Fassade reinigen, Hochdruckreiniger KG **397**

Reinigung der Fassadenflächen durch Druckstrahlen mit temperiertem Wasser, bis zum Erlangen einer vollständig schmutzfreien Oberfläche.
Arbeitshöhe: bis ..... m
Fensteranteil: .....
Abgrenzung zu anderen Bauteilen: .....
Passantenschutz notwendig: **ja / nein**

11€ 15€ **17€** 19€ 25€ [m2] ⏱ 0,35 h/m2 033.000.006

9 Decke reinigen, Metalldecke KG **397**

Reinigen von Metall-Decken im Innenbereich, mit Beschichtung, mit und ohne Akustiklochung, inkl. Oberflächen der Einbauleuchten, Rauchmelder, etc.
Arbeitshöhe: bis ..... m

0,4€ 1,1€ **1,5€** 1,8€ 2,6€ [m2] ⏱ 0,05 h/m2 033.000.022

10 Decke reinigen, Gipsfaser / Gipsplatten, beschichtet KG **397**

Reinigen von Gipsplatten-Decken, glatt, im Innenbereich, mit Beschichtung aus scheuerbeständiger Dispersionsfarbe, inkl. Oberflächen der Einbauleuchten, Rauchmelder etc.
Arbeitshöhe: bis ..... m

0,8€ 1,6€ **1,8€** 2,0€ 2,9€ [m2] ⏱ 0,06 h/m2 033.000.024

▶ min
▷ von
ø Mittel
◁ bis
◀ max

11 **Glasflächen reinigen, Fassadenelemente** KG **397**

Reinigung der verglasten Fassadenelemente durch Einwaschen mit einem Strip und einem Fensterwischer abziehen, unter Hinzunahme von geeignetem Reinigungsmittel, danach die Randbereiche trocken ledern und polieren bis zum Erlangen einer vollständig sauberen und trockenen Oberfläche. Abrechnung der einfachen Ansichtsfläche der zu reinigenden Bauteile:

- Reinigen der Glasflächen ESG, VSG nach Herstellerangaben
- Reinigen der beschichteten Rahmen- und Konstruktionsprofile, aller Beschläge, Verdunklungs- und Sonnenschutz-Elemente
- Reinigen der Fensterbänke und inkl. aller Schutz- und Abdeckbleche

Reinigungsbereich: **nur außen / innen und außen / nur innen**
Arbeitshöhe: bis ..... m
Arbeit von **innen / vom bauseits bereitgestellten Gerüst / vom bauseits bereitgestellten Hubsteiger**
Abgrenzung zu anderen Bauteilen: .....
Passantenschutz notwendig: **ja / nein**
Reinigungsart: **Erstreinigung / Unterhaltsreinigung**

0,7€ 2,3€ **2,9€** 5,4€ 9,9€ [m²] ⏱ 0,10 h/m² 033.000.007

12 **Wandflächen reinigen, beschichtet** KG **397**

Reinigen von Wänden / Stützen im Innenbereich, durch wischen, saugen oder kehren.
Bauteile: .....
Oberflächen: **Gipsplatten / Beschichtung ..... / Tapete ..... mit Beschichtung .....**
Arbeitshöhe: bis ..... m

0,7€ 1,4€ **1,7€** 1,9€ 2,4€ [m²] ⏱ 0,05 h/m² 033.000.021

13 **Wandbelag reinigen, Fliesen** KG **397**

Feinreinigung von Wandbelägen aus Fliesen oder Platten, in allen Geschossen, mit einem geeigneten Reinigungsmittel, Reinigen bis zum Erlangen einer vollständig schmutzfreien Oberfläche. Leistung inkl. Entfernen des Zementschleiers und Entfernen aller Verunreinigungen und Aufkleber. Auf die dauerelastischen Verfugungen ist besondere Rücksicht zu nehmen.
Oberfläche: **glasiert / unglasiert**
Arbeitshöhe: bis ..... m

0,2€ 0,6€ **0,8€** 1,8€ 3,8€ [m²] ⏱ 0,03 h/m² 033.000.008

14 **Wandbelag reinigen, Hartbeläge; Holz, Schichtstoff** KG **397**

Feinreinigung von Wandbekleidungen, mit einem geeigneten und vom Hersteller empfohlenen Reinigungs- und Pflegemittel, Reinigen bis zum Erlangen einer vollständig schmutzfreien Oberfläche. Leistung inkl. Reinigen der Beschläge und Entfernen aller Verunreinigungen und Aufkleber.
Bekleidungshöhe: bis ..... m
Oberfläche: **beschichtet / unbeschichtet**
Wandbekleidung: **Hartbelag / Holz / Schichtstoff / .....**
Arbeitshöhe: bis ..... m

0,3€ 0,8€ **0,9€** 1,4€ 2,3€ [m²] ⏱ 0,03 h/m² 033.000.009

Nr.	Kurztext / Langtext					Kostengruppe
▶	▷	**ø netto €**	◁	◀	[Einheit]	Ausf.-Dauer Positionsnummer

15 Türen reinigen KG **397**

Feinreinigung von Türelementen aus Zargen und Türblatt (allseitig), mit einem geeigneten und vom Hersteller empfohlenen Reinigungs- und Pflegemittel, bis zum Erlangen einer vollständig schmutzfreien Oberfläche. Leistung inkl. Reinigen der Beschläge und Entfernen aller Verunreinigungen und Aufkleber.
Türabmessung: .....
Maulweite Zarge: .....
Oberfläche: **lackbeschichtet / Schichtstoff / unbeschichtet / Glas**
Materialien: **Metall / Holz / Glasfüllung .....**
Arbeitshöhe: bis ..... m

0,6€ 2,2€ **2,9**€ 4,3€ 7,4€ [St] ⏱ 0,10 h/St 033.000.010

16 Heizkörper reinigen KG **397**

Feinreinigung von Heizkörpern, mit einem geeigneten Reinigungsmittel, bis zum Erlangen einer vollständig schmutzfreien Oberfläche. Leistung inkl. Reinigen der Armatur, Halterung und Zuleitung und Entfernen aller Verunreinigungen und Aufkleber, sowie ggf. Aufnehmen und Entsorgen der bauseitigen Schutzfolien.
Abmessung Heizkörper: .....
Oberfläche: lackbeschichtet
Bauform: **Platten- / Röhrenheizkörper / .....**

0,4€ 1,1€ **1,3**€ 1,7€ 2,4€ [m²] ⏱ 0,04 h/m² 033.000.011

Kosten:
Stand 1.Quartal 2020
Bundesdurchschnitt

17 Waschtisch/Duschwanne reinigen KG **397**

Erstreinigung von Sanitäreinrichtungen, mit einem geeigneten und vom Hersteller empfohlenen Reinigungs- und Pflegemittel, bis zum Erlangen einer vollständig schmutzfreien Oberfläche. Leistung inkl. Reinigen der Armaturen, Zu- und Abläufe und Halterungen, sowie Entfernen aller Verunreinigungen und Aufkleber.
Einbauteil: **Waschbecken / Duschwanne**
Material: **Keramik / emailliertes Stahlblech**
Oberfläche **matt / hochglänzend**

0,6€ 2,7€ **3,4**€ 3,6€ 6,5€ [St] ⏱ 0,10 h/St 033.000.012

18 WC-Schüssel/Urinal reinigen KG **397**

Erstreinigung von wandhängenden Sanitäreinrichtungen, mit einem geeigneten Reinigungsmittel, bis zum Erlangen einer vollständig schmutzfreien Oberfläche. Leistung inkl. Reinigen der Armaturen, Zu- und Abläufe, Deckel und Halterungen, sowie Entfernen aller Verunreinigungen und Aufkleber.
Einbauteil: **WC-Schüssel / Urinal**
Material: Keramik
Oberfläche: **matt / hochglänzend**

0,6€ 2,7€ **3,1**€ 4,2€ 6,5€ [St] ⏱ 0,08 h/St 033.000.013

19 Handläufe reinigen KG **397**

Feinreinigung von Einrichtungen, mit einem geeigneten Reinigungsmittel, bis zum Erlangen einer vollständig schmutzfreien Oberfläche. Leistung inkl. Reinigen der Halterungen, sowie Entfernen aller Verunreinigungen und Aufkleber.
Teil: **Rohrleitungen / Handläufe**
Material: **lackiertes Stahlrohr / Holzprofil**
Oberfläche: **matt / hochglänzend**

<0,1€ 0,4€ **0,5**€ 0,8€ 1,3€ [m] ⏱ 0,02 h/m 033.000.014

▶ min
▷ von
ø Mittel
◁ bis
◀ max

20 **Geländer reinigen** KG **397**

Feinreinigung von Geländern, bestehend aus Handlauf, Ober- und Untergurt sowie Füllung, mit einem geeigneten Reinigungsmittel, bis zum Erlangen einer vollständig schmutzfreien Oberfläche. Leistung inkl. Reinigen der Halterungen, sowie Entfernen aller Verunreinigungen und Aufkleber.
Abmessung Geländer: .....
Bauart: **Rundstäbe / Flachstäbe / Metallblech**
Material: **lackierter Stahl / beschichtete Holzkonstruktion**
Oberflächen: **matt / hochglänzend**

0,2€ 0,9€ **1,1**€ 1,6€ 2,4€ [m] ⏱ 0,04 h/m 033.000.016

21 **Teeküche reinigen** KG **397**

Reinigen einer Teeküche, innen und außen, mit Einbauteilen und Ausstattungen.
Teeküche bestehend aus:
- Arbeitstischanlagen / Unterschränke: Tiefe ..... bis ..... cm, im Mittel ..... cm geschlossen
- Wandhänge- / Hochschränken: Tiefe ..... bis ..... cm, im Mittel ..... cm geschlossen
- Hochschränken, Regalen: Tiefe ..... bis ..... cm, im Mittel ..... cm
- Einbauspüle, Kochfeld, Kühlschrank, Mikrowelle, Geschirrspüler, Unterbauleuchte etc.
- Beschlägen und Griffen aus Edelstahl inkl. Blenden

Arbeitshöhe: bis ..... m

20€ 26€ **28**€ 32€ 39€ [St] ⏱ 0,90 h/St 033.000.026

22 **Einbauschrank reinigen** KG **397**

Reinigung Einbauschrank, innen und außen.
Schrankart: Akten- und Garderobenschränke, Regale, Einbauschränke inkl. Fachböden
Einteilungen: Tiefe ..... bis ..... cm, im Mittel ..... cm geschlossen
Arbeitshöhe: bis ..... m

6€ 7€ **10**€ 12€ 15€ [St] ⏱ 0,20 h/St 033.000.027

23 **Einzelfenster reinigen** KG **397**

Reinigung eines mehrteiligen Einzelfensters. Reinigen aller Fensterflügel und Festverglasungen, Innen- und Außenflächen, Paneel-, Glas- und Rahmenflächen, Beschläge, Fugen und Dichtungen durch nass wischen mit einem abgestimmten Reinigungsmittel, danach trocken ledern und polieren bis zum Erlangen einer vollständig schmutzfreien Oberflächen. Leistung inkl. zerstörungsfreier Entfernung aller Aufkleber, sowie inkl. erhöhtem Aufwand für verfestigte Verschmutzungen der Außenseiten.
Rahmenmaterial: **Kunststoff / Holz / Holz-Alu / Aluminium**
Fenstergröße: .....
Arbeitshöhe: bis ..... m
Arbeit von **innen / vom Gerüst / von Hubsteiger**
Abgrenzung zu anderen Bauteilen: .....
Passantenschutz notwendig: **ja / nein**

0,6€ 3,0€ **4,0**€ 5,0€ 7,8€ [St] ⏱ 0,12 h/St 033.000.020

023 024 025 026 027 028 029 030 031 032 **033** 034 036 037 038 039

Nr.	Kurztext / Langtext					Kostengruppe
▶	▷	ø netto €	◁	◀	[Einheit]	Ausf.-Dauer Positionsnummer

24 Sonnenschutz reinigen KG **397**

Reinigung von außenliegendem Sonnenschutz, mit einem geeigneten Reinigungsmittel, bis zum Erlangen einer vollständig schmutzfreien und trockenen Oberfläche. Leistung inkl. reinigen der Führungsprofile, Schutzabdeckung, Halterung und aller Beschläge.
Arbeitshöhe: .....
Arbeitsebene: **vom Flachdach / vom Gerüst / von Hubsteiger**
Art d. Reinigung: **Erstreinigung / Unterhaltsreinigung**

–€ 2€ **3**€ 3€ –€ [m²] ⏱ 0,07 h/m² 033.000.017

25 Aufzugsanlage reinigen KG **397**

Reinigung der Aufzugskabine inkl. aller Haltestellen aus verschiedenen Oberflächen mit vom Hersteller zugelassenen Reinigungsmitteln bis zum Erlangen einer vollständig schmutzfreien und trockenen Oberfläche.
Anzahl der Haltestellen: ..... Stück
Grundfläche Aufzug: ..... m²
Beschreibung Wandfläche: .....
Beschreibung Bodenbelag: .....
Leistung inkl. Reinigung der Unterfahrt und sämtliche Geräte.

24€ 43€ **50**€ 83€ 128€ [St] ⏱ 11,00 h/St 033.000.030

Kosten:
Stand 1.Quartal 2020
Bundesdurchschnitt

26 Technikraum reinigen, m² KG **397**

Reinigung des Technikraumes, mit einem geeigneten Reinigungsmittel, bis zum Erlangen einer vollständig schmutzfreien und trockenen Oberfläche. Leistung: Reinigen der Böden, Wände und Decken, sowie der kompletten Ausstattung, Befestigungsprofile, Halterung und aller Beschläge und Armaturen - gem. anliegender Einzelbeschreibung.
Arbeitshöhe: .....
Arbeitsebene: .....
Art d. Reinigung: **Feinreinigung / Unterhaltsreinigung**

0,6€ 1,4€ **1,8**€ 2,3€ 3,4€ [m²] ⏱ 0,06 h/m² 033.000.032

27 Baureinigung, Außenbereich KG **397**

Beseitigung von Bauschutt aller Art im Außenbereich; z.B. Papierabfälle, Reste von Isolierungen, Bodenbelagsreste, Verpackungsmaterial, Mörtelreste und dergleichen. Schutt sammeln, aufnehmen, fördern bis ..... m und im bauseitigen Container deponieren, sortiert nach Art. Entsorgung nach gesonderter Position.

0,1€ 0,4€ **0,5**€ 0,7€ 1,2€ [m²] ⏱ 0,02 h/m² 033.000.015

28 Stundensatz Baureiniger-Facharbeiter

Stundenlohnarbeiten für Vorarbeiter, Facharbeiter und Gleichgestellte. Verrechnungssatz für die jeweilige Arbeitskraft inkl. aller Aufwendungen wie, Lohn- und Lohnnebenkosten, Zuschläge sonstige Sozialkosten, Gemeinkosten, Wagnis und Gewinn. Leistung nach besonderer Anordnung der Bauüberwachung. Anmeldung und Nachweis gem. VOB/B.

24€ 29€ **30**€ 35€ 44€ [h] ⏱ 1,00 h/h 033.000.028

29 Stundensatz Baureiniger-Helfer

Stundenlohnarbeiten für Werker, Helfer und Gleichgestellte (z.B. Baufachwerker, Helfer, Ungelernte, Angelernte). Verrechnungssatz für die jeweilige Arbeitskraft inkl. aller Aufwendungen wie, Lohn- und Lohnnebenkosten, Zuschläge, sonstige Sozialkosten, Gemeinkosten, Wagnis und Gewinn. Leistung nach besonderer Anordnung der Bauüberwachung. Anmeldung und Nachweis gem. VOB/B.

18€ 23€ **26**€ 28€ 34€ [h] ⏱ 1,00 h/h 033.000.029

▶ min
▷ von
ø Mittel
◁ bis
◀ max

Kosten:
Stand 1.Quartal 2020
Bundesdurchschnitt

Nr.	Positionen	Einheit	▶	▷	ø brutto € / ø netto €	◁	◀
1	Bauteile abkleben	St	0,4	1,5	**1,9**	3,0	5,0
			0,3	1,3	**1,6**	2,6	4,2
2	Boden abdecken, Vlies	m²	0,3	1,4	**1,9**	2,8	5,6
			0,3	1,2	**1,6**	2,3	4,7
3	Boden abdecken, Platten	m²	0,8	2,0	**2,4**	4,0	6,8
			0,7	1,7	**2,0**	3,3	5,7
4	Untergrund reinigen	m²	0,2	1,1	**1,5**	2,1	3,2
			0,1	0,9	**1,3**	1,7	2,7
5	Stoßfuge schließen, Fertigteil-Decke	m	3	5	**6**	10	18
			3	4	**5**	8	15
6	Spachtelung, Q3, ganzflächig	m²	2	7	**9**	11	18
			2	5	**7**	10	15
7	Spachtelung, Q4, Innenputz	m²	4	7	**9**	13	24
			3	6	**8**	11	20
8	Grundierung, Gipsplatten	m²	0,4	1,4	**1,8**	2,9	5,1
			0,4	1,2	**1,5**	2,4	4,3
9	Grundierung, Betonflächen, innen	m²	0,4	1,6	**2,1**	2,9	4,7
			0,4	1,3	**1,8**	2,5	4,0
10	Erstbeschichtung, innen, Putz rau, Dispersion sb	m²	3	5	**6**	7	10
			3	4	**5**	6	8
11	Erstbeschichtung, Glasfasertapete, Dispersion	m²	4	5	**6**	7	8
			4	4	**5**	6	7
12	Erstbeschichtung, Dispersions-Silikatfarbe, innen, weiß	m²	3	5	**6**	7	10
			3	4	**5**	6	9
13	Erstbeschichtung, Silikatfarbe, Putzflächen, innen	m²	4	6	**7**	8	12
			4	5	**6**	7	10
14	Erstbeschichtung, Silikatfarbe, innen, linear	m	0,8	2,2	**2,7**	3,7	5,3
			0,7	1,8	**2,2**	3,1	4,5
15	Erstbeschichtung, Dispersions-Silikatfarbe, Sichtbeton innen, linear	m	2	4	**5**	6	10
			1	4	**4**	5	8
16	Erstbeschichtung, Dispersion, Sichtmauerwerk, innen	m²	3	5	**5**	6	8
			3	4	**5**	5	7
17	Erstbeschichtung, Kalkfarbe, innen	m²	5	9	**10**	12	15
			4	8	**8**	10	12
18	Streichputz, innen	m²	5	9	**11**	12	16
			4	8	**10**	10	13
19	Erstbeschichtung, Silikatfarbe, Außenputz	m²	8	11	**12**	14	20
			6	9	**10**	12	17
20	Erstbeschichtung, Dispersionsfarbe, Außenputz	m²	7	10	**12**	13	17
			6	8	**10**	11	15
21	Erstbeschichtung, Silikonharz, Außenbauteil	m²	–	13	**15**	18	–
			–	11	**13**	15	–
22	Erstbeschichtung, Dispersion, Außenputz, Laibung	m	–	2	**3**	5	–
			–	2	**3**	4	–

▶ min
▷ von
ø Mittel
◁ bis
◀ max

Nr.	Positionen	Einheit	▶	▷	ø brutto € / ø netto €	◁	◀
23	Imprägnierung, Sichtbetonwand, außen	m²	3	6	**8**	9	10
			3	5	**7**	7	9
24	Graffiti-Schutz, Wand	m²	11	25	**28**	52	91
			9	21	**24**	44	76
25	Bodenbeschichtung, Beton, Acryl	m²	9	13	**14**	17	22
			7	11	**12**	14	19
26	Bodenbeschichtung, Beton, Epoxid	m²	10	16	**18**	20	29
			9	13	**15**	17	24
27	Oberflächenschutz, OS5b, aufgehende Bauteile	m²	28	31	**32**	35	37
			24	26	**27**	29	31
28	Erstbeschichtung, Holzprofil	m	3	6	**8**	10	14
			2	5	**6**	8	12
29	Erstbeschichtung, Holzfenster, deckend	m²	22	26	**29**	32	38
			18	22	**24**	26	32
30	Schlussbeschichtung, Holzfenster	m²	9	12	**14**	16	19
			7	10	**12**	13	16
31	Holzimprägnierung, holzverfärbende Pilze	m²	2	3	**4**	5	7
			1	3	**3**	4	5
32	Erstbeschichtung, Lasur, Holzbauteil außen	m²	5	15	**18**	20	26
			4	12	**15**	17	22
33	Erstbeschichtung, Lasur, Holzbauteil maßhaltig, innen	m²	9	14	**15**	18	24
			8	11	**13**	15	20
34	Erstbeschichtung, Holzbauteil, außen, deckend	m²	16	20	**23**	29	40
			13	17	**19**	24	33
35	Erstbeschichtung, Stahlflächen, außen	m²	11	18	**24**	28	38
			10	15	**20**	24	32
36	Erstbeschichtung, Stahlprofil, außen	m	5	9	**10**	12	18
			4	7	**8**	10	15
37	Erstbeschichtung, Metallgeländer, außen	m	13	28	**33**	44	70
			11	23	**28**	37	59
38	Schlussbeschichtung, grundierter Röhrenheizkörper	m²	9	13	**15**	20	29
			7	11	**13**	16	25
39	Erstbeschichtung, Heizungsrohrleitung	m	2	4	**5**	7	13
			2	3	**4**	5	11
40	Erstbeschichtung, Stahlblech, längenorientiert	m	6	9	**10**	15	25
			5	8	**9**	13	21
41	Erstbeschichtung, Stahlblech, flächig	m²	9	21	**25**	34	48
			7	18	**21**	28	40
42	Erstbeschichtung, Lüftungsrohr, Stahl	m²	14	18	**22**	27	38
			12	15	**18**	22	32
43	Erstbeschichtung, Stahlzarge	m	4	12	**14**	19	27
			4	10	**12**	16	23
44	Brandschutzbeschichtung, E30, Stahlbauteile	m²	24	53	**62**	79	108
			20	44	**52**	66	91
45	Decklack, Brandschutzbeschichtungen, Stahlteile	m²	8	10	**13**	15	18
			7	9	**11**	13	15

Nr.	Positionen	Einheit	▶	▷	ø brutto € / ø netto €	◁	◀
46	Brandschutzbeschichtung Rund-/Profilstahl	m	20	35	**40**	43	66
			16	30	**34**	36	56
47	Fugenabdichtung, plastoelastisch, Acryl	m	1	3	**3**	4	9
			0,9	2,2	**2,6**	3,8	7,3
48	Fugenabdichtung elastisch, Silikon	m	2	4	**4**	5	7
			1	3	**4**	4	6
49	Beschriftung, geklebt	St	2	6	**9**	12	16
			2	5	**8**	10	13
50	Markierung, Kunststofffolie	m	2	5	**6**	10	16
			1	4	**5**	8	14
51	PKW-Stellplatzmarkierung, Farbe	m	3	6	**9**	13	25
			2	5	**8**	11	21
52	Oberflächenschutz, OS8, Verlauf-/Kratzspachtelung	m²	8	13	**16**	18	22
			7	11	**13**	15	19
53	Oberflächenschutz, OS8, Deckversiegelung mit Abstreuung	m²	8	15	**17**	21	26
			7	13	**14**	17	22
54	Stundensatz Geselle/Facharbeiter, Maler-/Lackierarbeiten	h	39	52	**57**	60	67
			33	44	**48**	51	56
55	Stundensatz Helfer, Maler-/Lackierarbeiten	h	27	41	**44**	48	58
			23	35	**37**	40	49

Kosten:
Stand 1.Quartal 2020
Bundesdurchschnitt

Nr. **Kurztext** / Langtext — Kostengruppe
▶ ▷ **ø netto €** ◁ ◀ [Einheit] Ausf.-Dauer Positionsnummer

1 Bauteile abkleben KG **397**

Bauteile abkleben, als Vorbereitung der Beschichtung. Nach erfolgter Beschichtung entfernen und komplett entsorgen.
Bauteil: **Fenster / Sockel / Holzprofil**

0,3€ 1,3€ **1,6€** 2,6€ 4,2€ [St] ⏱ 0,03 h/St 034.000.080

2 Boden abdecken, Vlies KG **397**

Böden während Malerarbeiten vollflächig abdecken und abkleben, gegen Verschmutzung, inkl. Entfernen der Schutzmaßnahme nach Abschluss der Arbeiten.
Material: rutschhemmendes Abdeckvlies
zu schützender Bodenbelag: .....

0,3€ 1,2€ **1,6€** 2,3€ 4,7€ [m²] ⏱ 0,03 h/m² 034.000.049

3 Boden abdecken, Platten KG **397**

Böden während Malerarbeiten vollflächig abdecken, zum Schutz vor mechanischen Beschädigungen, inkl. Entfernen der Schutzmaßnahme nach Abschluss der Arbeiten.
Material: Hartfaserplatte, 3 mm
zu schützender Bodenbelag: .....

0,7€ 1,7€ **2,0€** 3,3€ 5,7€ [m²] ⏱ 0,08 h/m² 034.000.050

▶ min
▷ von
ø Mittel
◁ bis
◀ max

Nr.	**Kurztext** / Langtext					Kostengruppe
▶	▷	**ø netto €**	◁	◀	[Einheit]	Ausf.-Dauer Positionsnummer

4 Untergrund reinigen KG **345**

Reinigen des Untergrunds (Wand- und Deckenflächen) von grobem Schmutz und losen Bestandteilen, sammeln, fördern und in Behältnis des AG lagern.
Untergrund: **Putz / Mauerwerk / Beton**

0,1€ | 0,9€ | **1,3€** | 1,7€ | 2,7€ | [m²] | ⏱ 0,03 h/m² | 034.000.004

5 Stoßfuge schließen, Fertigteil-Decke KG **354**

Stoßfuge von Betonfertigteil-Decken auffüllen, als Untergrundvorbereitung für Tapezierarbeiten, Höhenunterschiede beispachteln.
Fugenbreite: .....
Kanten: .....
Material: kunststoffmodifizierter Zementmörtel
Arbeitshöhe: .....

3€ | 4€ | **5€** | 8€ | 15€ | [m] | ⏱ 0,08 h/m | 034.000.066

6 Spachtelung, Q3, ganzflächig KG **345**

Ganzflächiges Spachteln und Schleifen von Wand- und Deckenflächen, als Untergrundvorbereitung für Neubeschichtung.
Material: .....
Qualitätsstufe: Q3
Untergrund: **glatter Putz / Gipsbauplatten**
Arbeitshöhe: .....

2€ | 5€ | **7€** | 10€ | 15€ | [m²] | ⏱ 0,14 h/m² | 034.000.010

7 Spachtelung, Q4, Innenputz KG **345**

Spachtelung des Innenputzes an Wänden, mit erhöhter Ebenheitsforderung nach DIN 18202. Ausführung ganzflächig.
Spachtelmasse: .....
Qualitätsstufe: Q4
Untergrund: **glatter Putz / Gipsbauplatten**
Arbeitshöhe: .....

3€ | 6€ | **8€** | 11€ | 20€ | [m²] | ⏱ 0,16 h/m² | 034.000.060

8 Grundierung, Gipsplatten KG **345**

Wandflächen aus Gipsbauplatten vorbereiten und grundieren, geeignet für ..... .
Höhe der Bauteile: .....
Arbeitshöhe: .....

0,4€ | 1,2€ | **1,5€** | 2,4€ | 4,3€ | [m²] | ⏱ 0,03 h/m² | 034.000.013

9 Grundierung, Betonflächen, innen KG **345**

Grundbeschichtung Betonflächen im Innenbereich, wasserverdünnbar, geeignet für spätere Dispersions-Deckbeschichtung.
Untergrund: schalungsrauer Beton, innen
Arbeitshöhe: .....

0,4€ | 1,3€ | **1,8€** | 2,5€ | 4,0€ | [m²] | ⏱ 0,03 h/m² | 034.000.014

Nr.	Kurztext / Langtext						Kostengruppe
▶	▷	ø netto €	◁	◀	[Einheit]	Ausf.-Dauer	Positionsnummer

10 Erstbeschichtung, innen, Putz rau, Dispersion sb KG **345**

Erstbeschichtung von Wänden und Decken, Dispersionsfarbe, lösemittel- und weichmacherfrei nach VDL-Richtlinie 01 mit Grund- und Schlussbeschichtung.
Untergrund: Putz.....
Oberfläche: rau
Körnung: .....
Nassabrieb: Klasse 2 (scheuerbeständig)
Kontrastverhältnis: Klasse 1
Farbe: weiß
Glanzgrad: .....
Angeb. Fabrikat: .....

3€ 4€ **5**€ 6€ 8€ [m²] ⏱ 0,13 h/m² 034.000.084

11 Erstbeschichtung, Glasfasertapete, Dispersion KG **345**

Erstbeschichtung von Wänden und Decken, mit Dispersionsfarbe, lösemittel- und weichmacherfrei nach VDL-Richtlinie 01, mit Grund- und Schlussbeschichtung.
Untergrund: Glasfasergewebe
Struktur: .....
Nassabrieb: .....
Kontrastverhältnis: Klasse 1
Farbe: weiß
Glanzgrad: .....
Arbeitshöhe: .....

4€ 4€ **5**€ 6€ 7€ [m²] ⏱ 0,14 h/m² 037.000.008

12 Erstbeschichtung, Dispersions-Silikatfarbe, innen, weiß KG **345**

Erstbeschichtung mit Dispersions-Silikat-Farbe auf Decken und Wandflächen, innen, Farbe lösemittel- und weichmacherfrei nach VDL-Richtlinie 01, diffusionsfähig. Ausführung aus Grund-, Zwischen- und Schlussbeschichtung.
Untergrund: .....
Nassabrieb: Klasse ....
Kontrastverhältnis: Klasse 1
Farbton: .....
Glanzgrad: .....
Arbeitshöhe: .....

3€ 4€ **5**€ 6€ 9€ [m²] ⏱ 0,14 h/m² 034.000.018

13 Erstbeschichtung, Silikatfarbe, Putzflächen, innen KG **345**

Erstbeschichtung mit Silikatfarbe, auf Wand- oder Deckenfläche, innen, Farbe mit mineralischen Füllstoffen und anorganischen Farbpigmenten, mit hoher Diffusionsfähigkeit, Ausführung aus Grund-, Zwischen- und Schlussbeschichtung.
Untergrund: .....
Nassabrieb: Klasse 3 (waschbeständig)
Kontrastverhältnis: Klasse 1
Sd-Wert: 0,01 m, Klasse I
Farbton: .....
Glanzgrad: .....
Arbeitshöhe: .....

4€ 5€ **6**€ 7€ 10€ [m²] ⏱ 0,18 h/m² 034.000.070

Kosten:
Stand 1.Quartal 2020
Bundesdurchschnitt

▶ min
▷ von
ø Mittel
◁ bis
◀ max

14 Erstbeschichtung, Silikatfarbe, innen, linear KG **345**

Erstbeschichtung mit Silikatfarbe, auf längenorientierte Bauteile, innen, Farbe mit mineralischen Füllstoffen und anorganischen Farbpigmenten, mit hoher Diffusionsfähigkeit. Abrechnung nach m. Ausführung aus Grund-, Zwischen- und Schlussbeschichtung.
Bauteil: .....
Untergrund: .....
Bauteilbreite: bis max. 60 cm
Nassabrieb: Klasse 3 (waschbeständig)
Kontrastverhältnis: Klasse 1
Sd-Wert: 0,01 m, Klasse I
Brandverhalten: A2-s1-d0
Farbton: .....
Glanzgrad: .....
Arbeitshöhe: .....

0,7€ 1,8€ **2,2**€ 3,1€ 4,5€ [m] ⏱ 0,08 h/m 034.000.071

15 Erstbeschichtung, Dispersions-Silikatfarbe, Sichtbeton innen, linear KG **345**

Erstbeschichtung mit Dispersions-Silikat-Farbe, lösemittel- / weichmacherfrei nach VDL-Richtlinie 01, auf Sichtbetonflächen von längenorientierten Bauteilen, innen, Farbe mit mineralischen Füllstoffen und anorganischen Farbpigmenten. Abrechnung nach m, bestehend aus Grund-, Zwischen- und Schlussbeschichtung.
Bauteil: .....
Betonoberfläche: .....
Bauteilbreite: bis max. 60 cm
Farbton: .....
Farbcode: .....
Glanzgrad: .....
Arbeitshöhe: .....

1€ 4€ **4**€ 5€ 8€ [m] ⏱ 0,07 h/m 034.000.069

16 Erstbeschichtung, Dispersion, Sichtmauerwerk, innen KG **345**

Erstbeschichtung mit Dispersionsfarbe, auf Sichtmauerwerk, innen, lösemittel- und weichmacherfrei nach VDL-Richtlinie 01, bestehend aus Grund-, Zwischen- und Schlussbeschichtung.
Bauteil: .....
Untergrund: .....
Farbton: .....
Farbcode: .....
Glanzgrad: .....
Nassabrieb: .....
Arbeitshöhe: .....

3€ 4€ **5**€ 5€ 7€ [m²] ⏱ 0,18 h/m² 034.000.021

17 Erstbeschichtung, Kalkfarbe, innen KG **345**

Erstbeschichtung mit Kalkfarbe, auf Wand- und Deckenflächen mit Putz, innen, nass in nass gestrichen zur Vermeidung von Ansätzen, bestehend aus Grund-, Zwischen- und Schlussbeschichtung.
Bauteil: .....
Untergrund: .....
Farbton: .....
Arbeitshöhe: .....

4€ 8€ **8**€ 10€ 12€ [m²] ⏱ 0,20 h/m² 034.000.072

Nr.	**Kurztext** / Langtext					Kostengruppe
▶	▷	**ø netto €**	◁	◀	[Einheit]	Ausf.-Dauer Positionsnummer

18 Streichputz, innen KG **345**

Streichputz, innen, als Zwischen-, und Schlussbeschichtung mit streich- und rollfähigem, gut füllendem, organisch gebundenem Material.
Struktur: **feinkörnig / grobkörnig**
Farbe: .....
Preisgruppe: .....
Glanzgrad: .....
Bauteil: .....
Arbeitshöhe: .....

4€ 8€ **10**€ 10€ 13€ [m²] ⏱ 0,22 h/m² 034.000.081

19 Erstbeschichtung, Silikatfarbe, Außenputz KG **335**

Erstbeschichtung auf Außenputzflächen, mit Dispersionssilikat-Farbe, bestehend aus Grund-, Zwischen- und Schlussbeschichtung.
Außenputz: .....
Körnung: .....
Farbton: .....
Farbcode: .....
Arbeitshöhe: .....

6€ 9€ **10**€ 12€ 17€ [m²] ⏱ 0,20 h/m² 034.000.023

20 Erstbeschichtung, Dispersionsfarbe, Außenputz KG **335**

Erstbeschichtung auf Außenputzflächen, Dispersionsfarbe, wetterbeständig, algizid und fungizid ausgerüstet, geschützt vor Algen- und Pilzbefall, mit Grund-, Zwischen- und Schlussbeschichtung.
Untergrund: .....
Durchlässigkeit für Wasser: Klasse W3 (niedrig)
Wasserdampf-Diffusionsstromdichte: Klasse V1 (hoch)
Körnung: .....
Glanzgrad: .....
Farbton: .....
Arbeitshöhe: .....

6€ 8€ **10**€ 11€ 15€ [m²] ⏱ 0,18 h/m² 034.000.094

21 Erstbeschichtung, Silikonharz, Außenbauteil KG **335**

Erstbeschichtung von Wänden mit Putz, außen, mit Silikonharz, algizid und fungizid ausgerüstet, geschützt vor Algen- und Pilzbefall, mit Grund-, Zwischen- und Schlussbeschichtung.
Untergrund: ...
Durchlässigkeit für Wasser: Klasse W3 (niedrig)
Wasserdampf-Diffusionsstromdichte: Klasse V1 (hoch)
Körnung: .....
Glanzgrad: .....
Farbton: .....
Farbcode: .....
Arbeitshöhe: .....

–€ 11€ **13**€ 15€ –€ [m²] ⏱ 0,22 h/m² 034.000.097

Kosten:
Stand 1.Quartal 2020
Bundesdurchschnitt

▶ min
▷ von
ø Mittel
◁ bis
◀ max

22 Erstbeschichtung, Dispersion, Außenputz, Laibung KG **335**

Erstbeschichtung, außen, längenorientiertes Bauteil. Leistung wie Grundposition.
Bauteil: .....
Untergrund: .....
Glanzgrad: .....
Arbeitshöhe: .....

–€ | 2€ | **3**€ | 4€ | –€ | [m] | ⏱ 0,08 h/m | 034.000.096

23 Imprägnierung, Sichtbetonwand, außen KG **335**

Imprägnierung von Betonwandflächen im Außenbereich, mit farbloser Beton-Hydrophobierung, bis zur Sättigung aufbringen, vorzugsweise im Flutverfahren.
Untergrund: Betonfläche
Oberfläche: schlaglatt, normal saugend
Beschichtungsstoff: .....
Farbton: .....
Arbeitshöhe: .....

3€ | 5€ | **7**€ | 7€ | 9€ | [m²] | ⏱ 0,08 h/m² | 034.000.025

24 Graffiti-Schutz, Wand KG **335**

Graffitischutzbeschichtung auf senkrechter Wandfläche, inkl. Grundreinigung der Flächen.
Untergrund: .....
Oberfläche: .....
Beschichtungsstoff: .....
Farbton: .....
Arbeitshöhe: .....

9€ | 21€ | **24**€ | 44€ | 76€ | [m²] | ⏱ 0,24 h/m² | 034.000.055

25 Bodenbeschichtung, Beton, Acryl KG **324**

Erstbeschichtung auf Bodenfläche, aus Acrylharzlack, mit Grundierung, Zwischenbeschichtung und Schlussbeschichtung, inkl. farbloser Versiegelung.
Untergrund: normal saugende Betonflächen
Versiegelung: .....
Farbe: .....

7€ | 11€ | **12**€ | 14€ | 19€ | [m²] | ⏱ 0,18 h/m² | 034.000.026

26 Bodenbeschichtung, Beton, Epoxid KG **324**

Erstbeschichtung auf Bodenfläche, aus 2-K-Beschichtung auf Epoxidharzbasis, mit Grundierung, Zwischen- und Schlussbeschichtung, einschl. farbloser Versiegelung.
Untergrund: normal saugende Betonflächen
Versiegelung: .....
Untergrund: normal saugende Betonflächen
Farbe: .....

9€ | 13€ | **15**€ | 17€ | 24€ | [m²] | ⏱ 0,18 h/m² | 034.000.027

Nr.	Kurztext / Langtext					Kostengruppe
▶	▷	ø netto €	◁	◀	[Einheit]	Ausf.-Dauer Positionsnummer

27 Oberflächenschutz, OS5b, aufgehende Bauteile KG **324**

Beschichtung an aufgehenden, bewitterten Bauteilen.
Bauteil: .....
Lage: .....
Rautiefe: 0,2 mm
Beschichtung: OS 5b
Mindestschichtdicke: mind. 2.000 µm
Rissüberbrückungskl.: gering, I T
Farbe: .....
Angeb. Fabrikat: .....
Auftragsmengen: .....
Prüfzeugnisnummer: .....
Arbeitshöhe: bis 1,50 m
Angeb. Fabrikat: .....

24€ 26€ **27**€ 29€ 31€ [m²] ⏱ 0,32 h/m² 034.000.098

Kosten:
Stand 1.Quartal 2020
Bundesdurchschnitt

28 Erstbeschichtung, Holzprofil KG **364**

Erstbeschichtung auf Holzleisten, aus Alkydharzlack, mit Grundbeschichtung und Schlussbeschichtung.
Farbe: .....
Arbeitshöhe: .....

2€ 5€ **6**€ 8€ 12€ [m] ⏱ 0,10 h/m 034.000.029

29 Erstbeschichtung, Holzfenster, deckend KG **334**

Erstbeschichtung für Holzfenster und Fenstertüren, aus Alkydharzlack, mit Grundbeschichtung, 2 Zwischenbeschichtungen und Schlussbeschichtung.
Holzart: **Fichte / Kiefer / Hemlock**
Farbe: .....
Arbeitshöhe: .....

18€ 22€ **24**€ 26€ 32€ [m²] ⏱ 0,60 h/m² 034.000.030

30 Schlussbeschichtung, Holzfenster KG **334**

Schlussbeschichtung für Holzfenster und Fenstertür, aus Alkydharzlack.
Holzart: .....
Farbe: .....
Arbeitshöhe: .....

7€ 10€ **12**€ 13€ 16€ [m²] ⏱ 0,20 h/m² 034.000.031

▶ min
▷ von
ø Mittel
◁ bis
◀ max

31 Holzimprägnierung, holzverfärbende Pilze KG **335**

Imprägnierung für sichtbar bleibendes Holzbauteil, vorbeugend wirksam gegen Bläuepilze und andere holzverfärbende Pilze, aufbringen vor Einbau, einschl. Säubern der Holzoberfläche, Beschichtung allseitig auftragen, stark saugende Stellen mehrfach.
Bauteil: .....
Gebrauchsklasse DIN 68800-1: 3.1
Prüfprädikat: .....
Arbeitshöhe: .....

1€ 3€ **3**€ 4€ 5€ [m²] ⏱ 0,08 h/m² 034.000.034

32 Erstbeschichtung, Lasur, Holzbauteil außen KG **364**

Erstbeschichtung auf unbehandeltem Holzbauteil im Außenbereich, mit Acrylharzlasur, mit Holzimprägnierung, Zwischen- und Schlussbeschichtung.
Untergrund: unbeschichtete, begrenzt maßhaltige Holzbauteile
Holzart: .....
Farbton: .....
Glanzgrad: .....
Arbeitshöhe: .....

4€ | 12€ | **15**€ | 17€ | 22€ | [m2] | ⏱ 0,25 h/m2 | 034.000.035

33 Erstbeschichtung, Lasur, Holzbauteil maßhaltig, innen KG **345**

Erstbeschichtung auf unbehandeltem Holzbauteil im Innenbereich, mit wasserverdünnbarer Acrylharzlasur, mit Grundbeschichtung und schichtbildender Schlussbeschichtung.
Untergrund: maßhaltige Holzbauteile
Holzoberfläche: .....
Holzart: .....
Farbe: .....
Glanzgrad: .....
Arbeitshöhe: .....

8€ | 11€ | **13**€ | 15€ | 20€ | [m2] | ⏱ 0,22 h/m2 | 034.000.020

34 Erstbeschichtung, Holzbauteil, außen, deckend KG **335**

Erstbeschichtung, deckend, von unbehandeltem Holzbauteil im Außenbereich, mit wasserverdünnbarem Dispersionslack, mit Holzimprägnierung, Zwischen- und Schlussbeschichtung.
Untergrund: unbeschichtete, begrenzt maßhaltige Holzbauteile
Holzoberfläche: .....
Holzart: .....
Farbe: .....
Glanzgrad: .....
Arbeitshöhe: .....
Arbeitshöhe: .....

13€ | 17€ | **19**€ | 24€ | 33€ | [m2] | ⏱ 0,28 h/m2 | 034.000.036

35 Erstbeschichtung, Stahlflächen, außen KG **35**

Erstbeschichtung auf unbeschichteter Stahlfläche, außen, aus Alkydharzlack, mit Grund-, Zwischen- und Schlussbeschichtung. Korrosionsschutz nach gesonderter Position.
Bauteil: .....
Farbe: .....
Glanzgrad: .....
Arbeitshöhe: .....

10€ | 15€ | **20**€ | 24€ | 32€ | [m2] | ⏱ 0,30 h/m2 | 034.000.065

36 Erstbeschichtung, Stahlprofil, außen KG **359**

Erstbeschichtung auf verzinktem Geländerprofilen, außen, mit Grund- und Schlussbeschichtung. Untergrundvorbereitung und Korrosionsschutzbeschichtung nach gesonderter Position.

- Grundbeschichtung mit wasserverdünnbarem 2-Komponenten-Reaktionsharzbeschichtungsstoff für Zinkuntergründe
- Schlussbeschichtung mit deckendem Alkydharzlack

023
024
025
026
027
028
029
030
031
032
033
034
036
037
038
039

Nr.	Kurztext / Langtext					Kostengruppe
▶	▷	ø netto €	◁	◀	[Einheit]	Ausf.-Dauer Positionsnummer

Untergrund: verzinkte Geländerkonstruktion
Farbe: .....
Glanzgrad: .....
Arbeitshöhe: .....

4€ 7€ **8**€ 10€ 15€ [m] ⏱ 0,20 h/m 034.000.040

37 Erstbeschichtung, Metallgeländer, außen KG **359**

Erstbeschichtung auf unbeschichteten Stahlgeländer, außen, aus Alkydharzlack, mit Grundierung, Zwischen- und Schlussbeschichtung
Geländer: .....
Farbe .....
Glanzgrad: .....
Arbeitshöhe: .....

11€ 23€ **28**€ 37€ 59€ [m] ⏱ 0,40 h/m 034.000.059

38 Schlussbeschichtung, grundierter Röhrenheizkörper KG **423**

Schlussbeschichtung, auf werkseitig grundiertem Röhrenheizkörper, aus Alkydharzlack, mit Grund- und Schlussbeschichtung.
Heizkörper: .....
Farbe: .....
Glanzgrad: .....

7€ 11€ **13**€ 16€ 25€ [m²] ⏱ 0,20 h/m² 034.000.038

39 Erstbeschichtung, Heizungsrohrleitung KG **422**

Erstbeschichtung von grundierten Heizrohrleitungen, aus Alkydharzlack, mit Grund- und Schlussbeschichtung.
Rohrdurchmesser: .....
Farbe: .....
Glanzgrad: .....
Arbeitshöhe: .....

2€ 3€ **4**€ 5€ 11€ [m] ⏱ 0,06 h/m 034.000.037

40 Erstbeschichtung, Stahlblech, längenorientiert KG **461**

Erstbeschichtung auf unbeschichtetem Stahlblech, innen, aus Alkydharzlack, mit Grund-, Zwischen- und Schlussbeschichtung.
Bauteil: .....
Abwicklung: bis max- 500 mm
Farbe: .....
Glanzgrad: .....
Arbeitshöhe: .....

5€ 8€ **9**€ 13€ 21€ [m] ⏱ 0,10 h/m 034.000.041

Kosten:
Stand 1.Quartal 2020
Bundesdurchschnitt

▶ min
▷ von
ø Mittel
◁ bis
◀ max

Nr.	Kurztext / Langtext						Kostengruppe
▶	▷	**ø netto €**	◁	◀	[Einheit]	Ausf.-Dauer	Positionsnummer

41 Erstbeschichtung, Stahlblech, flächig KG **345**

Erstbeschichtung auf unbeschichtetem Stahlblech, innen, aus Alkydharzlack, mit Grund-, Zwischen- und Schlussbeschichtung.
Bauteil: .....
Oberfläche: .....
Farbe: .....
Glanzgrad: .....
Arbeitshöhe: .....

▶	▷	ø netto €	◁	◀	[Einheit]	Ausf.-Dauer	Positionsnummer
7€	18€	**21**€	28€	40€	[m2]	⏱ 0,30 h/m2	034.000.042

42 Erstbeschichtung, Lüftungsrohr, Stahl KG **431**

Erstbeschichtung auf unbeschichtetem Stahlblech, innen, aus Alkydharzlack, mit Grund-, Zwischen- und Schlussbeschichtung.
Bauteil: .....
Oberfläche: .....
Farbe: .....
Glanzgrad: .....
Arbeitshöhe: .....

▶	▷	ø netto €	◁	◀	[Einheit]	Ausf.-Dauer	Positionsnummer
12€	15€	**18**€	22€	32€	[m2]	⏱ 0,28 h/m2	034.000.043

43 Erstbeschichtung, Stahlzarge KG **344**

Erstbeschichtung auf grundierter Stahlzarge, innen, aus Alkydharzlack, mit Grund-, Zwischen- und Schlussbeschichtung.
Zargenprofil: .....
Farbe: .....
Glanzgrad: .....
Arbeitshöhe: .....

▶	▷	ø netto €	◁	◀	[Einheit]	Ausf.-Dauer	Positionsnummer
4€	10€	**12**€	16€	23€	[m]	⏱ 0,25 h/m	034.000.044

44 Brandschutzbeschichtung, E30, Stahlbauteile KG **361**

Brandschutzbeschichtung auf Stahlflächen, innen, mit wasserbasierentem Beschichtungssystem, gem. Zulassung aufbringen, inkl. Vorbehandlung, Grundierung und Schlussbeschichtung.
Stahlbauteil: **Träger / Fachwerkbinder / Stütze**
Beschichtungsverfahren: .....
Farbton: .....
Gef. Feuerwiderstand: E30
Einbauort: .....
Arbeitshöhe: .....

▶	▷	ø netto €	◁	◀	[Einheit]	Ausf.-Dauer	Positionsnummer
20€	44€	**52**€	66€	91€	[m2]	⏱ 0,50 h/m2	034.000.045

023 024 025 026 027 028 029 030 031 032 033 **034** 036 037 038 039

Nr. **Kurztext** / Langtext — Kostengruppe
▶ ▷ **ø netto €** ◁ ◀ [Einheit] Ausf.-Dauer Positionsnummer

45 Decklack, Brandschutzbeschichtungen, Stahlteile KG **333**

Brandschutzbeschichtung auf Stahlflächen, mit Grundierung und Schlussbeschichtung.
Stahlbauteil: **Träger / Fachwerkbinder / Stütze**
Abmessung: .....
Beschichtungsverfahren: .....
Farbton: .....
Gef. Feuerwiderstand: .....
Beschichtungsstoff: .....
Einbauort: .....
Arbeitshöhe: .....

7€ 9€ **11**€ 13€ 15€ [m²] ⏱ 0,15 h/m² 034.000.046

46 Brandschutzbeschichtung Rund-/Profilstahl KG **345**

Brandschutzbeschichtung auf Stahlprofilen, als wasserbasierendes Beschichtungssystem, innen, gem. Zulassung, mit Grund- und Deckbeschichtung.
Profil und Abmessung: .....
Beschichtungsverfahren: .....
Farbton: .....
Gef. Feuerwiderstand: .....
Einbauort: .....
Arbeitshöhe: .....

16€ 30€ **34**€ 36€ 56€ [m] ⏱ 0,30 h/m 034.000.064

47 Fugenabdichtung, plastoelastisch, Acryl KG **345**

Plastoelastische Verfugung mit anstrichverträglichem Ein-Komponenten-Dichtstoff auf Acryldispersionsbasis, inkl. notwendiger Flankenvorbehandlung an den Anschlussflächen und Hinterlegen der Fugenhohlräume mit geeignetem Hinterfüllmaterial, Fuge glatt gestrichen.
Fugenbreite: bis **8 / 12** mm
Arbeitshöhe: .....

0,9€ 2,2€ **2,6**€ 3,8€ 7,3€ [m] ⏱ 0,04 h/m 034.000.047

48 Fugenabdichtung elastisch, Silikon KG **345**

Elastische Verfugung mit Ein-Komponenten-Dichtstoff auf Silikonbasis, inkl. notwendiger Flankenvorbehandlung an den Anschlussflächen und Hinterlegen der Fugenhohlräume mit geeignetem Hinterfüllmaterial, Fuge glatt gestrichen.
Fugenbreite: bis **8 / 12** mm
Arbeitshöhe: .....

1€ 3€ **4**€ 4€ 6€ [m] ⏱ 0,05 h/m 034.000.048

Kosten:
Stand 1.Quartal 2020
Bundesdurchschnitt

▶ min
▷ von
ø Mittel
◁ bis
◀ max

49 Beschriftung, geklebt KG **345**

Buchstaben / Beschriftung auf bauseitigen Untergrund kleben.
Einbauort: **außen / innen**
Untergrund: **Holztürblatt / Wandfläche**
Oberfläche: .....
Schriftart: .....
Buchstabengröße: .....
Farbe: .....
Arbeitshöhe: .....

2€ 5€ **8€** 10€ 13€ [St] ⏱ 0,10 h/St 034.000.052

50 Markierung, Kunststofffolie KG **353**

Markierung aus Kunststofffolie, auf Boden im Innenbereich, rutschhemmend, UV-beständig, zweifarbig, auf glatte Flächen.
Untergrund: .....
Abmessung: .....
Rutschhemmung: R..... mit Verdrängung V.....
Farben: schwarz und gelb

1€ 4€ **5€** 8€ 14€ [m] ⏱ 0,08 h/m 034.000.054

51 PKW-Stellplatzmarkierung, Farbe KG **324**

Markierung aus 2-Komponenten-Markierungsfarbe, auf Boden in Tiefgarage, geeignet für hohe Verkehrsbelastung, Markierung rutschhemmend und UV-beständig; inkl. exaktem Einmessen der Striche.
Untergrund: **Beton / Gussasphalt**
Rutschhemmung: R.....
Strichbreite: ca. 120 mm
Strichfarbe: weiß

2€ 5€ **8€** 11€ 21€ [m] ⏱ 0,15 h/m 034.000.061

52 Oberflächenschutz, OS8, Verlauf-/Kratzspachtelung KG **324**

Kratz- bzw. Verlaufspachtelung des OS8-Beschichtungssystem, gem. Einzelbeschreibung, aufbringen auf horizontale Flächen.
Bauteil: TG-WU-Bodenplatte gegen Grund
Oberfläche: vorbehandelt, geglättet
Lage: Untergeschoss,
Rautiefe: bis 1,0 mm
Beschichtung: OS 8
Mindestschichtdicke: 1750µm
Rutschhemmung: R9
Farbe: grau

7€ 11€ **13€** 15€ 19€ [m²] ⏱ 0,30 h/m² 034.000.101

53 Oberflächenschutz, OS8, Deckversiegelung mit Abstreuung KG **324**

Deckversiegelung mit Abstreuung aus Quarzsand für Oberflächenschutzsystem.
Beschichtungssystem: OS-8
Angeb. Fabrikat: .....

7€ 13€ **14€** 17€ 22€ [m²] ⏱ 0,23 h/m² 034.000.102

023
024
025
026
027
028
029
030
031
032
033
034
036
037
038
039

Nr.	Kurztext / Langtext						Kostengruppe
▶	▷	**ø netto €**	◁	◀	[Einheit]	Ausf.-Dauer	Positionsnummer

54 Stundensatz Geselle/Facharbeiter, Maler-/Lackierarbeiten

Stundenlohnarbeiten für Vorarbeiter, Geselle, Facharbeiter und Gleichgestellte, sowie ähnliche Fachkräfte. Der Verrechnungssatz für die jeweilige Arbeitskraft umfasst sämtliche Aufwendungen wie Lohn- und Gehaltskosten, Lohn- und Gehaltsnebenkosten, Zuschläge, lohngebundene und lohnabhängige Kosten, sonstige Sozialkosten, Gemeinkosten, Wagnis und Gewinn. Leistung nach besonderer Anordnung der Bauüberwachung. Anmeldung und Nachweis gem. VOB/B.

33€ 44€ **48€** 51€ 56€ [h] ⏱ 1,00 h/h 034.000.078

55 Stundensatz Helfer, Maler-/Lackierarbeiten

Stundenlohnarbeiten für Arbeitnehmer ohne Facharbeiterqualifikation (Helfer, Hilfsarbeiter, Ungelernte, Angelernte). Der Verrechnungssatz für die jeweilige Arbeitskraft umfasst sämtliche Aufwendungen wie Lohn- und Gehaltskosten, Lohn- und Gehaltsnebenkosten, Zuschläge, lohngebundene und lohnabhängige Kosten, sonstige Sozialkosten, Gemeinkosten, Wagnis und Gewinn. Leistung nach besonderer Anordnung der Bauüberwachung. Anmeldung und Nachweis gem. VOB/B.

23€ 35€ **37€** 40€ 49€ [h] ⏱ 1,00 h/h 034.000.079

Kosten:
Stand 1.Quartal 2020
Bundesdurchschnitt

▶ min
▷ von
ø Mittel
◁ bis
◀ max

Kosten:
Stand 1.Quartal 2020
Bundesdurchschnitt

Bodenbelagarbeiten — Preise €

Nr.	Positionen	Einheit	▶	▷	ø brutto € / ø netto €	◁	◀
1	Randstreifen abschneiden	m	0,2	0,4	**0,5**	0,8	1,6
			0,1	0,4	**0,4**	0,7	1,4
2	Untergrund prüfen, Oberflächenzugfestigkeit	St	17	21	**23**	25	29
			14	17	**19**	21	24
3	Sinterschicht abschleifen, Calciumsulfatestrich	m²	0,4	1,4	**1,8**	2,3	4,0
			0,3	1,2	**1,5**	2,0	3,3
4	Untergrund reinigen	m²	0,2	0,8	**1,0**	1,9	3,7
			0,2	0,7	**0,9**	1,6	3,1
5	Boden kugelstrahlen	m²	2	4	**5**	6	9
			2	3	**4**	5	7
6	Voranstrich, Bodenbelag	m²	0,7	1,5	**1,8**	2,7	4,8
			0,6	1,3	**1,6**	2,2	4,0
7	Untergrund spachteln, Estrich, bis 5mm	m²	–	3	**4**	7	–
			–	2	**4**	6	–
8	Unterlage, Bodenbelag, Filz	m²	–	10	**11**	14	–
			–	8	**10**	12	–
9	Unterlage, Bodenbelag, Schaumstoff	m²	–	7	**9**	12	–
			–	6	**7**	10	–
10	Sportboden, Nutzschicht, Linoleum	m²	29	34	**36**	37	41
			24	28	**30**	31	34
11	Sportboden, rutschhemmende Beschichtung, PUR	m²	5	7	**8**	9	10
			4	6	**7**	7	9
12	Gerätehülsenabdeckung, mit Rahmen/Deckel	St	22	50	**68**	91	133
			19	42	**58**	77	112
13	Spielfeldmarkierung	m	3	4	**4**	5	6
			3	3	**4**	4	5
14	Textiler Belag, Nadelvlies	m²	24	32	**35**	48	74
			20	27	**30**	40	62
15	Textiler Belag, Kugelgarn	m²	32	39	**42**	47	54
			27	33	**36**	39	46
16	Textiler Belag, Naturhaar-Polyamidgemisch	m²	35	48	**49**	54	67
			30	41	**41**	45	56
17	Textiler Belag, Tuftingteppich	m²	37	48	**51**	56	67
			31	40	**43**	47	56
18	Textiler Belag, Kunstfaser/Web-Teppich	m²	32	38	**40**	44	54
			27	32	**34**	37	45
19	Textiler Belag, Naturfaser/Wolle/Sisal	m²	43	59	**67**	88	114
			36	49	**56**	74	96
20	Korkunterlage, Linoleum	m²	12	18	**21**	22	28
			10	15	**17**	19	24
21	Linoleumbelag, 2,5mm	m²	24	32	**35**	40	53
			20	27	**29**	33	45
22	Linoleumbelag, über 2,5mm	m²	26	36	**39**	44	56
			22	30	**33**	37	47
23	Linoleumbahnen verschweißen	m²	0,2	1,5	**2,0**	2,9	4,9
			0,1	1,3	**1,7**	2,4	4,1
24	Bodenbelag, PVC, 2,0mm	m²	20	24	**26**	31	43
			17	20	**22**	26	36

▶ min
▷ von
ø Mittel
◁ bis
◀ max

Nr.	Positionen	Einheit	▶	▷	ø brutto € / ø netto €	◁	◀
25	Bodenbelag, PVC, 3,0mm	m²	23	33	**38**	45	62
			19	28	**32**	38	52
26	Bodenbelag, PVC, Schaumstoff, 4,5mm	m²	19	36	**41**	51	67
			16	30	**35**	43	56
27	PVC-Bahnen verschweißen	m²	0,9	1,9	**2,3**	3,0	4,2
			0,8	1,6	**2,0**	2,5	3,6
28	Bodenbelag, Kautschuk, 2,0mm	m²	29	37	**40**	51	66
			24	31	**34**	43	55
29	Bodenbelag, Kautschukplatten, bis 4,0mm	m²	50	61	**65**	78	105
			42	51	**54**	66	88
30	Bodenbelag, Naturkorkparkett, 12mm	m²	35	47	**52**	57	65
			30	40	**44**	48	55
31	Bodenbelag, Laminat, schwimmend, 7,2mm	m²	27	35	**37**	38	45
			23	29	**31**	32	38
32	Bodenbelag, Laminat, schwimmend 8,3mm	m²	29	38	**39**	42	52
			24	32	**33**	36	44
33	Bodenbelag, Laminat, nur liefern	m²	17	24	**30**	34	44
			14	20	**25**	29	37
34	Bodenbeläge verlegen	m²	7	11	**13**	18	26
			5	9	**11**	15	22
35	Treppenstufe, Elastischer Bodenbelag	St	23	38	**43**	44	85
			19	32	**36**	37	72
36	Treppenstufe, Textiler Belag	St	22	38	**43**	49	66
			19	32	**37**	41	55
37	Treppenstufe, Laminat	St	–	26	**29**	35	–
			–	22	**25**	29	–
38	Treppenkante, Kunststoffprofil	m	9	16	**20**	23	31
			7	14	**16**	19	26
39	Treppenkante, Aluminiumprofil	m	–	18	**22**	27	–
			–	15	**19**	22	–
40	Treppenkante, Messingprofil	m	23	31	**36**	43	51
			19	26	**31**	36	43
41	Fußabstreifer, Reinstreifen	St	468	845	**960**	1.240	1.862
			393	710	**807**	1.042	1.565
42	Fußabstreifer, Kokosfasermatte	m²	89	176	**194**	209	263
			75	148	**163**	176	221
43	Rohrdurchführung anarbeiten, Bodenbelag	St	2	4	**5**	6	9
			2	4	**4**	5	8
44	Bodenbelag anarbeiten, Stützen	St	–	6	**9**	12	–
			–	5	**7**	10	–
45	Trennschiene, Aluminium	m	7	11	**12**	14	17
			6	9	**10**	12	14
46	Trennschiene, Edelstahl	m	12	15	**16**	18	22
			10	13	**14**	16	19
47	Übergangsprofil, Metall	m	6	12	**15**	18	28
			5	10	**12**	15	23
48	Dehnfugenprofil, Metall	m	18	30	**36**	45	63
			15	25	**30**	38	53

Nr.	Positionen	Einheit	▶	▷	ø brutto € / ø netto €	◁	◀
49	Verfugung, elastisch, Silikon	m	2	4	**5**	6	12
			2	3	**4**	5	10
50	Sockelausbildung, Holzleiste	m	3	10	**12**	19	47
			3	8	**10**	16	40
51	Sockelausbildung, textiler Belag	m	2	5	**6**	9	14
			2	4	**5**	7	12
52	Sockelausbildung, Sporthalle	m	–	42	**52**	65	–
			–	35	**44**	55	–
53	Sockelausbildung, PVC	m	3	5	**6**	9	16
			2	5	**5**	7	13
54	Sockelausbildung, Lino-/Kautschuk	m	4	9	**11**	17	27
			4	8	**9**	14	23
55	Sockelausbildung, Aluminiumprofil	m	7	13	**16**	19	27
			6	11	**13**	16	22
56	Erstpflege, Bodenbelag	m²	0,4	1,9	**2,5**	4,9	10
			0,3	1,6	**2,1**	4,2	8,5
57	Schutzabdeckung, Bodenbelag, Hartfaserplatte	m²	3	4	**5**	6	8
			2	4	**5**	5	7
58	Schutzabdeckung, Kunststofffolie	m²	2	2	**3**	3	4
			1	2	**2**	3	3
59	Stundensatz Bodenleger-Facharbeiter	h	40	53	**58**	61	69
			34	44	**49**	51	58
60	Stundensatz Bodenleger-Helfer	h	27	39	**41**	44	55
			22	33	**34**	37	46

Kosten:
Stand 1.Quartal 2020
Bundesdurchschnitt

Nr. **Kurztext** / Langtext — Kostengruppe
▶ ▷ **ø netto €** ◁ ◀ [Einheit] Ausf.-Dauer Positionsnummer

1 Randstreifen abschneiden
KG **353**

Abschneiden des Überstandes des Randdämmstreifens, für Bodenbelagarbeiten.
Randdämmstreifen: PE-Schaum

0,1€ 0,4€ **0,4**€ 0,7€ 1,4€ [m] ⏱ 0,01 h/m 036.000.069

2 Untergrund prüfen, Oberflächenzugfestigkeit
KG **353**

Prüfen der Oberflächenzugfestigkeit, an vorbereiteten Untergrund, Prüfflächen durch Ringnut begrenzen, Protokollieren der Ergebnisse durch Eintragen in Pläne, vom AG gestellt.
Untergrund: Beton
Hinweis: Nur über Prüfpflicht des Auftragnehmers hinausgehende Leistung!

14€ 17€ **19**€ 21€ 24€ [St] ⏱ 0,50 h/St 036.000.068

3 Sinterschicht abschleifen, Calciumsulfatestrich
KG **353**

Anschleifen und Absaugen des Untergrundes aus Calciumsulfatestrich, für Bodenbelagarbeiten.

0,3€ 1,2€ **1,5**€ 2,0€ 3,3€ [m²] ⏱ 0,05 h/m² 036.000.044

▶ min
▷ von
ø Mittel
◁ bis
◀ max

Nr.	Kurztext / Langtext						Kostengruppe
▶	▷	**ø netto €**	◁	◀	[Einheit]	Ausf.-Dauer	Positionsnummer

4 Untergrund reinigen KG **353**

Bodenbeläge von groben Verschmutzungen und losen Teilen reinigen, sammeln und Schutt entsorgen, inkl. Deponiegebühr.

0,2€ | 0,7€ | **0,9**€ | 1,6€ | 3,1€ | [m²] | ⏱ 0,04 h/m² | 036.000.002

5 Boden kugelstrahlen KG **353**

Verschmutzten Untergrund zur Aufnahme eines neuen Bodenbelags bis auf einen tragfähigen Grund strahlen, anschließend Fläche staubfrei absaugen.
Strahlverfahren: **sand- / kugelstrahlen**
Untergrund: Zementestrich
Abtragsdicke: ca.5 mm

2€ | 3€ | **4**€ | 5€ | 7€ | [m²] | ⏱ 0,10 h/m² | 036.000.007

6 Voranstrich, Bodenbelag KG **353**

Voranstrich für nachfolgende Bodenbeläge, inkl. Reinigung der Bodenflächen, vollflächig auf oberflächentrockene Flächen.
Untergrund: .....-Estrich

0,6€ | 1,3€ | **1,6**€ | 2,2€ | 4,0€ | [m²] | ⏱ 0,05 h/m² | 036.000.005

7 Untergrund spachteln, Estrich, bis 5mm KG **353**

Vollflächiges Spachteln des Untergrundes für Bodenbelag.

–€ | 2€ | **4**€ | 6€ | –€ | [m²] | ⏱ 0,08 h/m² | 036.000.052

8 Unterlage, Bodenbelag, Filz KG **353**

Unterlage Bodenbelag, aus Filz.
Dicke: 6 mm

–€ | 8€ | **10**€ | 12€ | –€ | [m²] | ⏱ 0,12 h/m² | 036.000.054

9 Unterlage, Bodenbelag, Schaumstoff KG **353**

Unterlage Bodenbelag, aus Schaumstoff, verkleben.
Schaumstoffdicke: ca. 6 mm

–€ | 6€ | **7**€ | 10€ | –€ | [m²] | ⏱ 0,12 h/m² | 036.000.055

10 Sportboden, Nutzschicht, Linoleum KG **324**

Sportboden-Oberbelag auf Lastverteilerschicht, geklebt, Oberbelag sporthallengeeignet, für starke Beanspruchung, inkl. Verfugen der Bahnenstöße mit Schmelzdraht. Herstellen von Durchdringungen im Bereich der Sportgerätehülsen und Belegen der Abdeckungen nach gesonderter Position.
Oberbelag: Linoleum
Brandverhalten Klasse: .....
Dicke: **3,2 / 4,0** mm
Nutzschichtdicke: ca. 2,4 mm
Farbe: .....
Dispersions-Kleber: D .....
Emissionen: EC.....
Angeb. Fabrikat: .....

24€ | 28€ | **30**€ | 31€ | 34€ | [m²] | ⏱ 0,16 h/m² | 036.000.011

Nr.	Kurztext / Langtext					Kostengruppe
▶	▷	**ø netto €**	◁	◀	[Einheit]	Ausf.-Dauer Positionsnummer

11 Sportboden, rutschhemmende Beschichtung, PUR KG **324**

Rutschhemmende Beschichtung auf Sporthallenboden, aus Polyurethan- Versiegelung, geeignet als Schutz- und Verschleißschicht, sowie als entlastende Reinigungshilfe, inkl. Nachweis des Gleitreibungsbeiwerts.
Angeb. Fabrikat: .....

4€ 6€ **7**€ 7€ 9€ [m²] ⏱ 0,12 h/m² 036.000.012

12 Gerätehülsenabdeckung, mit Rahmen/Deckel KG **324**

Gerätehülsenabdeckung, einschl. Bodenbelag, Rahmen aus Metall, runder Deckel, wasserfest.
Metallrahmen: .....
Lichte Weite: über 120 bis 180 mm

19€ 42€ **58**€ 77€ 112€ [St] ⏱ 0,90 h/St 036.000.014

Kosten:
Stand 1.Quartal 2020
Bundesdurchschnitt

13 Spielfeldmarkierung KG **324**

Spielfeldmarkierung nach den Vorschriften der nationalen und internationalen Sportverbände. Ausführung nach genehmigtem und freigegebenem Sportgeräte-Einrichtungsplan.

3€ 3€ **4**€ 4€ 5€ [m] ⏱ 0,05 h/m 036.000.013

14 Textiler Belag, Nadelvlies KG **353**

Textiler Bodenbelag aus Kunstfasern, als Nadelvliesbelag, für gewerblichen Anwendungsbereich mit starker Beanspruchung, vollflächig geklebt. Durchdringungen, elektrisch leitende Verklebung und Metallnetz nach gesonderter Position.
Belagdicke: 3,5 mm
Bahnenbreite: 200 cm
Untergrund: fertig gespachtelt
Beanspruchungsklasse: 33
Komfortklasse: LC 1, einfach
Trittschallverbesserung: 22 dB
Wärmedurchlasswiderstand: 0,12 (m²K/W)
Ableitwiderstand: ..... Ohm
Aufladungsspannung: max. 2 kV (antistatisch)
Brandverhalten: Bfl-s1
Eignungen Stuhlrollen: Typ H
Eignung Fußbodenheizung: .....
Nutzschicht: Polyamid, vermischt mit anderen Fasern
Oberfläche: grobfaserig, ...
Farbe: .....
Rücken: PAC-Vlies
Verklebung: Dispersionskleber D.....
Emissionen: .....
Einbauort: .....
Angeb. Fabrikat: .....

20€ 27€ **30**€ 40€ 62€ [m²] ⏱ 0,18 h/m² 036.000.015

▶ min
▷ von
ø Mittel
◁ bis
◀ max

15 Textiler Belag, Kugelgarn KG **353**

Textiler Bodenbelag aus Kunstfasern, als Polvlies- (Kugelgarn)belag, für gewerblichen Anwendungsbereich mit starker Beanspruchung, vollflächig geklebt. Durchdringungen, elektrisch leitende Verklebung und Metallnetz nach gesonderter Position.
Belagdicke: 5,5mm
Bahnenbreite: 200cm
Untergrund: fertig gespachtelt
Beanspruchungsklasse: 33
Komfortklasse: LC 2, gut
Trittschallverbesserung: 20 dB
Wärmedurchlasswiderstand: 0,08 (m²K/W)
Ableitwiderstand: ..... Ohm
Aufladungsspannung: max. 2 kV (antistatisch)
Brandverhalten: Cfl-s1
Eignungen Stuhlrollen: Typ H
Eignung Fußbodenheizung: ja
Nutzschicht: Faserkugel aus Polyamid, vermischt mit anderen Fasern
Oberfläche: Kugelgarn - Struktur 21
Farbe: .....
Rücken: latexiert
Verklebung: Dispersionskleber D1
Emissionen: EC1
Einbauort: .....
Angeb. Fabrikat: .....

27€	33€	**36**€	39€	46€	[m²]	⏱ 0,18 h/m²	036.000.072

Nr.	Kurztext / Langtext					Kostengruppe
▶	▷	ø netto €	◁	◀	[Einheit]	Ausf.-Dauer Positionsnummer

16 Textiler Belag, Naturhaar-Polyamidgemisch KG **353**

Textiler Bodenbelag als Teppich, aus Natur-Kunstfasergemisch, für privaten Anwendungsbereich, vollflächig geklebt. Durchdringungen, elektrisch leitende Verklebung und Metallnetz nach gesonderter Position.
Belagdicke: ca. 5 mm
Belagbreite: 200 cm
Untergrund: fertig gespachtelt
Beanspruchungsklasse: **21 / 22 / 22+ / 23**
Komfortklasse: LC4, luxeriös
Trittschallverbesserung: mind. 22 dB
Wärmedurchlasswiderstand: 0,10 (m^2K/W)
Ableitwiderstand: ..... Ohm
Aufladungsspannung: .....
Brandverhalten: Cfl-s1
Eignungen Stuhlrollen: Typ H
Eignung Fußbodenheizung: nein
Nutzschicht: Naturhaar-Polyamidgemisch,
Polmaterial: 40% Natur-Ziegenhaar, 60% Polyamid 6
Oberfläche: **feinfasrig meliert / .....**
Farbe: .....
Lichtechtheit: 5
Wasserechtheit: 4-5
Rücken: Schwerbeschichtung
Verklebung: Dispersionskleber D.....
Emissionen: .....
Einbauort: .....
Angeb. Fabrikat: .....

▶	▷	ø	◁	◀	Einheit	Ausf.-Dauer	Positionsnummer
30€	41€	**41€**	45€	56€	[m²]	⏱ 0,18 h/m²	036.000.074

Kosten:
Stand 1.Quartal 2020
Bundesdurchschnitt

▶ min
▷ von
ø Mittel
◁ bis
◀ max

17 Textiler Belag, Tuftingteppich KG **353**

Textiler Bodenbelag aus Kunstfasergemisch, als Tuftingteppich, für privaten Anwendungsbereich, vollflächig geklebt. Durchdringungen, elektrisch leitende Verklebung und Metallnetz nach gesonderter Position.
Belagdicke: ca. 7 mm
Bahnenbreite: 400 cm
Untergrund: fertig gespachtelt
Beanspruchungsklasse: 23
Komfortklasse: LC3
Trittschallverbesserung: mind. 24 dB
Wärmedurchlasswiderstand: 0,11 (m^2K/W)
Ableitwiderstand: 10 hoch 9 Ohm
Aufladungsspannung: .....
Brandverhalten: Cfl-s1
Eignungen Stuhlrollen: Typ H
Eignung Fußbodenheizung: nein
Nutzschicht: 100% Polyamid
Polmaterial: PA
Oberfläche: Schlinge, 1/10"
Farbe: .....
Lichtechtheit: 5
Wasserechtheit: 4
Rücken: Textilrücken
Verklebung: Dispersionskleber D.....
Emissionen: .....
Einbauort: .....
Angeb. Fabrikat: .....

31€	40€	**43€**	47€	56€	[m^2]	⏱ 0,18 h/m^2	036.000.017

023
024
025
026
027
028
029
030
031
032
033
034
036
037
038
039

Nr.	Kurztext / Langtext						Kostengruppe
▶	▷	ø netto €	◁	◀	[Einheit]	Ausf.-Dauer	Positionsnummer

18 Textiler Belag, Kunstfaser/Web-Teppich KG **353**

Textiler Bodenbelag als Webteppich, aus Kunstfasergemisch, für privaten Anwendungsbereich, vollflächig geklebt. Durchdringungen, elektrisch leitende Verklebung und Metallnetz nach gesonderter Position.
Belagdicke: ca. 4,5 mm
Bahnenbreite: 400 cm
Untergrund: fertig gespachtelt
Beanspruchungsklasse: 23
Komfortklasse: LC3
Trittschallverbesserung: mind. 22 dB
Wärmedurchlasswiderstand: 0,12 (m^2K/W)
Ableitwiderstand: 10 Ohm
Aufladungsspannung: .....
Brandverhalten: Cfl-s1
Eignungen Stuhlrollen: Typ H
Eignung Fußbodenheizung: nein
Trägermaterial: 100% PES-Vlies
Nutzschicht: Polyamidgemisch
Polmaterial: 100% Polyamid
Oberfläche: Web-Schlinge.....-gemustert
Farbe: .....
Lichtechtheit: 5
Wasserechtheit: 4
Rücken: latexiert
Verklebung: Dispersionskleber D.....
Emissionen: .....
Einbauort: .....
Angeb. Fabrikat: .....

27€	32€	**34**€	37€	45€	[m^2]	⏱ 0,18 h/m^2	036.000.016

Kosten:
Stand 1.Quartal 2020
Bundesdurchschnitt

▶ min
▷ von
ø Mittel
◁ bis
◀ max

19 **Textiler Belag, Naturfaser/Wolle/Sisal** KG **353**

Textiler Bodenbelag als Webteppich, aus Naturfaser, für privaten Anwendungsbereich, vollflächig geklebt. Durchdringungen, elektrisch leitende Verklebung und Metallnetz nach gesonderter Position.
Belagdicke: ca...... mm
Bahnenbreite: 400 cm
Untergrund: fertig gespachtelt
Beanspruchungsklasse: 23
Komfortklasse: LC2
Trittschallverbesserung: mind. ..... dB
Wärmedurchlasswiderstand: ..... (m^2K/W)
Ableitwiderstand: .... Ohm
Aufladungsspannung: .....
Brandverhalten: Efl-s1
Eignungen Stuhlrollen: Typ H
Eignung Fußbodenheizung: ja
Trägermaterial: .....
Nutzschicht: **Sisal / Wolle / .....**
Oberfläche: gewebt.....-gemustert
Farbe: .....
Lichtechtheit: 5
Wasserechtheit: 4
Rücken: latexiert
Verklebung: Dispersionskleber D.....
Emissionen: .....
Einbauort: .....
Angeb. Fabrikat: .....

36€ 49€ **56€** 74€ 96€ [m^2] ⏱ 0,18 h/m^2 036.000.018

20 **Korkunterlage, Linoleum** KG **353**

Unterlage für Bodenbelag aus glattem Kork, auf Untergrund verkleben mit geeignetem Dispersions-Kleber.
Untergrund: fertig gespachtelt
Oberbelag: Linoleum, d = 2,5 mm
Korkplattendicke: ..... mm
Wärmedurchlasswiderstand: ..... (m^2K/W)
Brandverhalten: .....
Verklebung: .....
Emissionen: .....
Einbauort: .....
Angeb. Fabrikat: .....

10€ 15€ **17€** 19€ 24€ [m^2] ⏱ 0,12 h/m^2 036.000.019

Nr.	**Kurztext** / Langtext						Kostengruppe
▶	▷	**ø netto €**	◁	◀	[Einheit]	Ausf.-Dauer	Positionsnummer

21 Linoleumbelag, 2,5mm KG **353**

Bodenbelag aus Linoleum-Bahnen, stuhlrollengeeignet, permanent antistatisch, zigarettenglutbeständig, für öffentlichen/gewerblichen Anwendungsbereich. Herstellen von Durchdringungen, elektrisch leitende Verklebung und Metallnetz, nach gesonderter Position.
Belagdicke: 2,5 mm
Bahnenbreite: 200 cm
Untergrund: fertig gespachtelt
Beanspruchungsklasse: 34
Komfortklasse: LC2
Trittschallverbesserung: mind. 5 dB
Ableitwiderstand: .... Ohm, antistatisch
Aufladungsspannung: max. 2 kV
Brandverhalten: Cfl-s1
Eignungen Stuhlrollen: Typ W
Eignung Fußbodenheizung: ja
Rutschhemmung: R9
Oberfläche: marmoriert
Farbe: .....
Lichtechtheit: .....
Emissionen: .....
Einbauort: .....
Angeb. Fabrikat: .....

20€ 27€ **29**€ 33€ 45€ [m²] ⏱ 0,17 h/m² 036.000.020

22 Linoleumbelag, über 2,5mm KG **353**

Bodenbelag aus Linoleum-Bahnen, stuhlrollengeeignet, permanent antistatisch, zigarettenglutbeständig, für öffentlichen/gewerblichen Anwendungsbereich. Herstellen von Durchdringungen, elektrisch leitende Verklebung und Metallnetz, nach gesonderter Position.
Belagdicke: **3,2 / 4,0** mm
Bahnenbreite: 200 cm
Untergrund: fertig gespachtelt
Beanspruchungsklasse: **34 / 42 / 43**
Trittschallverbesserung: mind. 6 dB
Ableitwiderstand: .... Ohm, antistatisch
Aufladungsspannung: max. 2 kV
Brandverhalten: Cfl-s1
Eignungen Stuhlrollen: Typ W
Eignung Fußbodenheizung: ja
Rutschhemmung: R9
Oberfläche: .....
Farbe: .....
Lichtechtheit: .....
Emissionen: .....
Einbauort: .....
Angeb. Fabrikat: .....

22€ 30€ **33**€ 37€ 47€ [m²] ⏱ 0,17 h/m² 036.000.021

Kosten:
Stand 1.Quartal 2020
Bundesdurchschnitt

▶ min
▷ von
ø Mittel
◁ bis
◀ max

Nr.	Kurztext / Langtext						Kostengruppe
▶	▷	**ø netto €**	◁	◀	[Einheit]	Ausf.-Dauer	Positionsnummer

23 Linoleumbahnen verschweißen KG **353**

Belagsnähte des Linoleumbelags fräsen und thermisch verschweißen, mittels Schweißschnur.
Nahtbreite: 4 mm
Farbe: .....

0,1€	1,3€	**1,7€**	2,4€	4,1€	[m2]	⏱ 0,02 h/m2	036.000.022

24 Bodenbelag, PVC, 2,0mm KG **353**

Bodenbelag aus Kunststoffbahnen aus homogenem PVC, stuhlrollengeeignet, permanent antistatisch, für gewerblichen/industriellen Anwendungsbereich. Herstellen von Durchdringungen, elektrisch leitende Verklebung und Metallnetz, nach gesonderter Position.
Belagdicke: 2,0 mm
Bahnenbreite: 200 cm
Untergrund: fertig gespachtelt
Beanspruchungsklasse: **34 / 43**
Trittschallverbesserung: mind. 4 dB
Ableitwiderstand: .... Ohm, antistatisch
Aufladungsspannung: max. 2 kV
Brandverhalten: Bfl-s1
Eignung Stuhlrollen: Typ W
Eignung Fußbodenheizung: ja
Rutschhemmung: R10
Oberfläche/Dessin: .....
Farbe: .....
Lichtechtheit: .....
Emissionen: .....
Einbauort: .....
Angeb. Fabrikat: .....

17€	20€	**22€**	26€	36€	[m2]	⏱ 0,17 h/m2	036.000.060

Nr.	Kurztext / Langtext						Kostengruppe
▶	▷	ø netto €	◁	◀	[Einheit]	Ausf.-Dauer	Positionsnummer

25 **Bodenbelag, PVC, 3,0mm** KG **353**

Bodenbelag aus Kunststoffbahnen aus homogenem PVC, stuhlrollengeeignet, permanent antistatisch, für gewerblichen/industriellen Anwendungsbereich. Herstellen von Durchdringungen, elektrisch leitende Verklebung und Metallnetz, nach gesonderter Position.
Belagdicke: 3,0 mm
Bahnenbreite: 200 cm
Untergrund: fertig gespachtelt
Beanspruchungsklasse: **34 / 43**
Trittschallverbesserung: mind. ..... dB
Ableitwiderstand: .... Ohm, antistatisch
Aufladungsspannung: max. 2 kV
Brandverhalten: Bfl-s1
Eignung Stuhlrollen: Typ W
Eignung Fußbodenheizung: ja
Rutschhemmung: R10
Oberfläche/Dessin: .....
Farbe: .....
Lichtechtheit: .....
Emissionen: .....
Einbauort: .....
Angeb. Fabrikat: .....

19€ 28€ **32**€ 38€ 52€ [m²] ⏱ 0,17 h/m² 036.000.023

26 **Bodenbelag, PVC, Schaumstoff, 4,5mm** KG **353**

Bodenbelag aus Polyvinylchlorid (PVC)-Bahnen, mit Trägerschicht aus Schaumstoff, stuhlrollengeeignet, permanent antistatisch, für gewerblichen Anwendungsbereich. Herstellen von Durchdringungen, elektrisch leitende Verklebung und Metallnetz nach gesonderter Position.
Belagdicke: 4,0 bis 4,5 mm
Nutzschichtdicke: ..... mm
Bahnenbreite: ..... cm
Untergrund: fertig gespachtelt
Beanspruchungsklasse: **33 / 43**
Trittschallverbesserung: mind. ..... dB
Brandverhalten: Bfl-s1
Eignung Stuhlrollen: Typ W
Eignung Fußbodenheizung: ja
Rutschhemmung: R.....
Oberfläche/Dessin: .....
Farbe: ....
Lichtechtheit: .....
Emissionen: .....
Einbauort: .....
Angeb. Fabrikat: .....

16€ 30€ **35**€ 43€ 56€ [m²] ⏱ 0,20 h/m² 036.000.075

Kosten:
Stand 1.Quartal 2020
Bundesdurchschnitt

▶ min
▷ von
ø Mittel
◁ bis
◀ max

27 PVC-Bahnen verschweißen KG **353**

Belagsnähte des PVC-Belags fräsen und thermisch verschweißen, mittels Schweißschnur.
Nahtbreite: 4 mm
Farbe: .....

0,8€ 1,6€ **2,0**€ 2,5€ 3,6€ [m2] ⏱ 0,03 h/m2 036.000.024

28 Bodenbelag, Kautschuk, 2,0mm KG **353**

Bodenbelag aus Kautschuk in Bahnen, für gewerblichen Anwendungsbereich mit sehr starker Beanspruchung, vollflächig geklebt.
Untergrund: fertig gespachtelt
Belagdicke: 2,0 mm
Bahnenbreite: ..... cm
Beanspruchungsklasse: 34
Aufladungsspannung: max. 2 kV (antistatisch)
Trittschallverbesserung: 4 bis 6 dB
Brandverhaltensklasse. CFL-s1
Eignung: Stuhlrollen, Typ W
Eignung Fußbodenheizung: ja
Rutschhemmung: R9
Nutzschicht: homogen
Oberfläche/Dessin: granulatgemustert, strukturiert
Farbe: .....
Lichtechtheit: .....
Verklebung: Dispersionskleber D.....
Emissionen: .....
Einbauort: .....
Angeb. Fabrikat: .....

24€ 31€ **34**€ 43€ 55€ [m2] ⏱ 0,18 h/m2 036.000.061

Nr.	Kurztext / Langtext					Kostengruppe
▶	▷	ø netto €	◁	◀	[Einheit]	Ausf.-Dauer Positionsnummer

29 Bodenbelag, Kautschukplatten, bis 4,0mm KG **353**

Bodenbelag aus Kautschuk-Platten, für gewerblichen Anwendungsbereich mit sehr starker Beanspruchung, stuhlrollengeeignet, UV-beständig, permanent antistatisch, zigarettenglutbeständig, vollflächig geklebt.
Untergrund: fertig gespachtelt
Materialstärke: 2,7-3,2 mm
Plattenformat: 100 x 100 cm
Beanspruchungsklasse: 34
Aufladungsspannung: max. 2 kV (antistatisch)
Trittschallverbesserung: bis 12 dB
Brandverhalten: BfL-s1
Eignung: Stuhlrollen, Typ W
Eignung Fußbodenheizung: ja
Rutschhemmung: R10
Nutzschicht: homogen
Oberfläche/Dessin: Noppen, 0,5mm, verlegt im Fugenschnitt
Farbe: .....
Lichtechtheit: .....
Verklebung: .....
Emissionen: .....
Einbauort: .....
Angeb. Fabrikat: .....

42€ 51€ **54**€ 66€ 88€ [m²] ⏱ 0,20 h/m² 036.000.025

30 Bodenbelag, Naturkorkparkett, 12mm KG **353**

Bodenbelag aus mehrschichtigem Naturkork-Fertigparkett, aus Kork-HDF-Kork-Verbundplatte, für privaten Anwendungsbereich mit intensiver Beanspruchung, ohne Verklebung.
Untergrund: fertig gespachtelt
Materialstärken: 3,0 - 6,0 - 3,0 (mm)
Plattenformat: ..... x ..... cm
Beanspruchungsklasse: 23
Aufladungsspannung: max. 2 kV (antistatisch)
Trittschallverbesserung: bis 17 dB
Brandverhalten: EfL-s1
Eignung: Stuhlrollen, Typ W
Rutschhemmung: R9
Nutzschicht: homogen
Muster / Farbe / Korkart: .....
Oberfläche: Acryllack-Beschichtung
Verbindung: mechanisch verriegelt
Emissionen: EC1
Einbauort: .....
Angeb. Fabrikat: .....

30€ 40€ **44**€ 48€ 55€ [m²] ⏱ 0,24 h/m² 036.000.026

Kosten:
Stand 1.Quartal 2020
Bundesdurchschnitt

▶ min
▷ von
ø Mittel
◁ bis
◀ max

31 Bodenbelag, Laminat, schwimmend, 7,2mm KG **353**

Bodenbelag aus mehrschichtigem Laminat, HDF-Trägerplatte, für Wohnbereich mit starker Beanspruchung, ohne Verklebung.
Untergrund: fertig gespachtelt
Materialstärken: 7,2 mm
Plattenformat: ..... cm
Beanspruchungsklasse: 23
Trittschallverbesserung: bis ..... dB
Brandverhalten: Dfl-s1
Eignung: Stuhlrollen, Typ W
Eignung Fußbodenheizung: ja
Rutschhemmung: R9
Nutzschicht: homogen
Muster / Farbe / Dessin: .....
Oberfläche: Melaminharzbeschichtung
Lichtechtheit: .....
Verbindung: mechanisch verriegelt
Emissionen: .....
Einbauort: .....
Angeb. Fabrikat: .....

23€	29€	**31**€	32€	38€	[m²]	⏱ 0,30 h/m²	036.000.063

32 Bodenbelag, Laminat, schwimmend 8,3mm KG **353**

Bodenbelag aus mehrschichtigem Laminat, HDF-Trägerplatte, für gewerblichen Anwendungsbereich mit mäßige Beanspruchung, ohne Verklebung.
Untergrund: fertig gespachtelt
Materialstärken: 8,3 mm
Plattenformat: ..... cm
Beanspruchungsklasse: 31
Trittschallverbesserung: bis ..... dB
Brandverhalten: Dfl-s1
Eignung: Stuhlrollen, Typ W
Eignung Fußbodenheizung: ja
Rutschhemmung: R9
Nutzschicht: homogen
Muster / Farbe / Dessin: .....
Oberfläche: Melaminharzbeschichtung
Lichtechtheit: .....
Verbindung: mechanisch verriegelt
Emissionen: .....
Einbauort: .....
Angeb. Fabrikat: .....

24€	32€	**33**€	36€	44€	[m²]	⏱ 0,30 h/m²	036.000.064

Nr.	Kurztext / Langtext						Kostengruppe
▶	▷	**ø netto €**	◁	◀	[Einheit]	Ausf.-Dauer	Positionsnummer

33 Bodenbelag, Laminat, nur liefern KG **353**

Bodenbelag aus mehrschichtigem Laminat, HDF-Trägerplatte, nur liefern, ohne Verlegung, für gewerblichen Anwendungsbereich mit mäßige Beanspruchung.
Untergrund: fertig gespachtelt
Materialstärken: ..... mm
Plattenformat: ..... cm
Beanspruchungsklasse: 31
Trittschallverbesserung: bis ..... dB
Brandverhalten: Dfl-s1
Eignung: Stuhlrollen, Typ W
Eignung Fußbodenheizung: ja
Rutschhemmung: R9
Nutzschicht: homogen
Muster / Farbe / Dessin: .....
Oberfläche: Melaminharzbeschichtung
Lichtechtheit: .....
Verbindung: mechanisch verriegelt
Emissionen: .....
Einbauort: .....
Angeb. Fabrikat: .....

14€	20€	**25**€	29€	37€	[m²]	–	036.000.045

34 Bodenbeläge verlegen KG **353**

Bauseitig gestellten Bodenbelag verlegen.
Befestigung: verkleben
Untergrund: gespachtelter Zementestrich
Bodenbelag: .....

5€	9€	**11**€	15€	22€	[m²]	⏱ 0,18 h/m²	036.000.046

35 Treppenstufe, Elastischer Bodenbelag KG **353**

Elastischer Belag für gerade Treppe.
Belag aus: Trittstufen-, Setzstufenbelag und Kantenprofil
Untergrund: Stahlbeton, grundiert
Belag: .....
Profil: .....
Steigungsverhältnis: 17,5 x 28,0 cm
Stufenbreite: .....
Farbe: .....
Befestigung: verkleben
Angeb. Fabrikat: .....

19€	32€	**36**€	37€	72€	[St]	⏱ 0,35 h/St	036.000.027

Kosten:
Stand 1.Quartal 2020
Bundesdurchschnitt

▶ min
▷ von
ø Mittel
◁ bis
◀ max

36 Treppenstufe, Textiler Belag KG **353**

Textiler Belag für gerade Treppe.
Belag aus: Trittstufenbelag und Kantenprofil
Untergrund: Stahlbeton, grundiert
Belag: .....
Profil: .....
Steigungsverhältnis: 17,5 x 28,0 cm
Stufenbreite: .....
Farbe: .....
Befestigung: verkleben
Angeb. Fabrikat: .....

19€ | 32€ | **37**€ | 41€ | 55€ | [St] | ⏱ 0,35 h/St | 036.000.028

37 Treppenstufe, Laminat KG **353**

Belag für gerade Treppe aus Laminat,
Belag aus: Trittstufenbelag und Kantenprofil
Untergrund: Stahlbeton, grundiert
Belag: Laminat
Profil: .....
Belagdicke: .....
Kantenschutz: .....
Steigungsverhältnis: 17,5 x 28,0 cm
Stufenbreite: .....
Farbe: .....
Befestigung: verkleben
Angeb. Fabrikat: .....

–€ | 22€ | **25**€ | 29€ | –€ | [St] | ⏱ 0,25 h/St | 036.000.065

38 Treppenkante, Kunststoffprofil KG **353**

Kantenprofil für Trittstufe.
Untergrund: .....
Profil: .....
Profil: Längsrillen, Schenkellänge bis 45 mm
Material: Kunststoff
Belagsdicke: .....
Stufenbreite: .....
Farbe: .....
Befestigung: verkleben

7€ | 14€ | **16**€ | 19€ | 26€ | [m] | ⏱ 0,15 h/m | 036.000.029

023
024
025
026
027
028
029
030
031
032
033
034
036
037
038
039

Nr.	**Kurztext** / Langtext					Kostengruppe
▶	▷	**ø netto €**	◁	◀	[Einheit]	Ausf.-Dauer Positionsnummer

39 Treppenkante, Aluminiumprofil KG **353**

Kantenprofil für Trittstufe.
Untergrund: .....
Profil: .....
Profil: Längsrillen, Schenkellänge bis 45 mm
Material: Aluminium
Belagsdicke: .....
Stufenbreite: .....
Farbe: .....
Befestigung: verkleben

–€ | 15€ | **19**€ | 22€ | –€ | [m] | ⏱ 0,19 h/m | 036.000.066

40 Treppenkante, Messingprofil KG **353**

Kantenprofil für Trittstufe.
Untergrund: .....
Profil: .....
Ausführung: Längsrillen, Schenkellänge bis 45 mm
Material: Messing
Belagsdicke: .....
Stufenbreite: .....
Farbe: .....
Befestigung: verkleben

19€ | 26€ | **31**€ | 36€ | 43€ | [m] | ⏱ 0,19 h/m | 036.000.076

41 Fußabstreifer, Reinstreifen KG **324**

Fußabstreiferanlage aus Rahmen und Gliedermatte eingelegt in Metallrahmen; mit Reinstreifen, aufrollbar, geräuschdämmend und quer unterspülbar, Einbau einschl. Nivellieren auf OK Fertigfußboden und aller notwendigen Befestigungsmittel.
Einsatzbereich: .....
Belastung: Normale bis starke Lauffrequentierung, Rollstuhleignung
Untergrund: .....
Rahmenmaterial: .....
Anlagengröße: .....
Anlagenhöhe: .....
Trägermaterial: Aluminium
Profil: profiliertes Gummiprofil
Stegabstand: .....
Angeb. Fabrikat: .....

393€ | 710€ | **807**€ | 1.042€ | 1.565€ | [St] | ⏱ 0,15 h/St | 036.000.030

42 Fußabstreifer, Kokosfasermatte KG **324**

Fußabstreifer aus Kokos, Rücken PVC-kaschiert, in bauseitige Aussparung im Fußboden.
Abmessung: .....
Materialstärke: .....
Angeb. Fabrikat: .....

75€ | 148€ | **163**€ | 176€ | 221€ | [m²] | ⏱ 0,10 h/m² | 036.000.043

Kosten:
Stand 1.Quartal 2020
Bundesdurchschnitt

▶ min
▷ von
ø Mittel
◁ bis
◀ max

43 Rohrdurchführung anarbeiten, Bodenbelag KG **353**

Oberbelag an Rohrdurchführung anarbeiten.
Oberbelag: .....
Dicke: .....
Durchführung: rund
Durchmesser: 42 mm

2€	4€	**4**€	5€	8€	[St]	⏱ 0,05 h/St	036.000.031

44 Bodenbelag anarbeiten, Stützen KG **353**

Oberbelag an Stützen anarbeiten.
Oberbelag: .....
Dicke: .....
Stützenquerschnitt: .....

–€	5€	**7**€	10€	–€	[St]	⏱ 0,08 h/St	036.000.067

45 Trennschiene, Aluminium KG **353**

Aluminium-Trennschiene in Bodenbelag.

6€	9€	**10**€	12€	14€	[m]	⏱ 0,08 h/m	036.000.078

46 Trennschiene, Edelstahl KG **353**

Edelstahl-Trennschiene in Bodenbelag.

10€	13€	**14**€	16€	19€	[m]	⏱ 0,08 h/m	036.000.079

47 Übergangsprofil, Metall KG **353**

Übergangsprofil aus Metall auf den Bodenbelag, befestigen mit Dübeln und Schrauben.
Material: ....
Breite: .....

5€	10€	**12**€	15€	23€	[m]	⏱ 0,15 h/m	036.000.048

48 Dehnfugenprofil, Metall KG **353**

Bewegungsfugenprofil aus L-Profil, in Belaghöhe auf bauseitigen Estrich montieren, Bodenbelag oberflächenbündig anarbeiten.
Material: **Aluminium / Edelstahl**
Oberfläche: .....

15€	25€	**30**€	38€	53€	[m]	⏱ 0,20 h/m	036.000.033

49 Verfugung, elastisch, Silikon KG **353**

Elastische Verfugung mit 1-Komponenten-Dichtstoff auf Silikonbasis, Fuge glatt gestrichen, inkl. notwendiger Flankenvorbehandlung an den Anschlussflächen und Hinterlegen der Fugenhohlräume mit geeignetem Hinterstopfmaterial.

2€	3€	**4**€	5€	10€	[m]	⏱ 0,04 h/m	036.000.034

Nr.	Kurztext / Langtext					Kostengruppe
▶	▷	ø netto €	◁	◀	[Einheit]	Ausf.-Dauer Positionsnummer

50 Sockelausbildung, Holzleiste KG **353**

Sockelleisten an aufgehenden Wandflächen, mit Holz-Profil, Stöße und Stirnseiten schräg abgeschnitten und Schnittkanten sauber geschliffen, Ecken mit Gehrungsschnitten.
Material: .....
Profil: ca. 60 x 16 mm
Oberfläche: stoßfest farblos lackiert
Befestigung: verdübelt, mit nichtrostenden Senkkopf-Schrauben

3€ 8€ **10€** 16€ 40€ [m] ⏱ 0,08 h/m 036.000.035

51 Sockelausbildung, textiler Belag KG **353**

Sockelleisten an aufgehenden Wandflächen, für textilen Belag, Ecken mit Gehrungsschnitten.
Material: PVC
Leistenhöhe: ca. 60 mm
Belag: .....
Farbe: .....
Befestigung: verdübelt, mit nichtrostenden Senkkopf-Schrauben

2€ 4€ **5€** 7€ 12€ [m] ⏱ 0,04 h/m 036.000.036

52 Sockelausbildung, Sporthalle KG **353**

Sportboden-Sockelleiste, senkrecht, hinterlüftet, aus Hartholz mit Dichtungslippe.
Holz: .....
Breite: über 25 bis 30 mm
Höhe: über 60 bis 80 mm
Oberfläche: transparent beschichtet
Befestigung: Schrauben, Dübel

–€ 35€ **44€** 55€ –€ [m] ⏱ 0,10 h/m 036.000.037

53 Sockelausbildung, PVC KG **353**

Sockelleisten an aufgehenden Wandflächen aus PVC, inkl. Verschweißen der Übergänge und Stöße, Ecken mit Gehrungsschnitten.
Material: PVC, weich
Leistenhöhe: ca. 60 mm
Belag: .....
Farbe: .....
Befestigung: verdübelt, mit nichtrostenden Senkkopf-Schrauben

2€ 5€ **5€** 7€ 13€ [m] ⏱ 0,04 h/m 036.000.038

54 Sockelausbildung, Lino-/Kautschuk KG **353**

Sockelleisten an aufgehenden Wandflächen aus Linoleum, inkl. Verschweißen der Übergänge und Stöße, Ecken mit Gehrungsschnitten.
Material: Linoleum
Leistenhöhe: ca. 60 mm
Belag: .....
Farbe: .....
Befestigung: verdübelt, mit nichtrostenden Senkkopf-Schrauben

4€ 8€ **9€** 14€ 23€ [m] ⏱ 0,08 h/m 036.000.039

Kosten:
Stand 1.Quartal 2020
Bundesdurchschnitt

▶ min
▷ von
ø Mittel
◁ bis
◀ max

Nr.	Kurztext / Langtext						Kostengruppe
▶	▷	**ø netto €**	◁	◀	[Einheit]	Ausf.-Dauer	Positionsnummer

55 Sockelausbildung, Aluminiumprofil KG **324**

Sockelleisten an aufgehenden Wandflächen aus Linoleum, inkl. Verschweißen der Übergänge und Stöße, Ecken mit Gehrungsschnitten.
Material: Aluminium
Profilhöhe: 70 mm
Farbe / Oberfläche: eloxiert, natur, gebürstet
Befestigung: verdübelt, mit nichtrostenden Senkkopf-Schrauben

6€ | 11€ | **13€** | 16€ | 22€ | [m] | ⏱ 0,08 h/m | 036.000.080

56 Erstpflege, Bodenbelag KG **324**

Erstpflege des Oberbelags, mit Pflegemitteln abgestimmt auf benötigte Oberflächeneigenschaften. Arbeiten innerhalb einer Woche nach Aufforderung durch die Bauleitung des Architekten ausführen.

0,3€ | 1,6€ | **2,1€** | 4,2€ | 8,5€ | [m²] | ⏱ 0,02 h/m² | 036.000.040

57 Schutzabdeckung, Bodenbelag, Hartfaserplatte KG **397**

Bodenbelag mit Hartfaserplatten zum Schutz vor mechanischen Beschädigungen für nachfolgende Arbeiten vollflächig abdecken und abkleben, inkl. Entfernen und Entsorgen nach Abschluss der Arbeiten.

2€ | 4€ | **5€** | 5€ | 7€ | [m²] | ⏱ 0,10 h/m² | 036.000.041

58 Schutzabdeckung, Kunststofffolie KG **397**

Bodenbelag mit fester Kunststofffolie zum Schutz vor Verschmutzung für nachfolgende Arbeiten vollflächig abdecken und Stöße verkleben, inkl. Entfernen und Entsorgen nach Abschluss der Arbeiten.
Folie: PE-Folie, 0,5 mm

1€ | 2€ | **2€** | 3€ | 3€ | [m²] | ⏱ 0,03 h/m² | 036.000.049

59 Stundensatz Bodenleger-Facharbeiter

Stundenlohnarbeiten für Facharbeiter, Spezialfacharbeiter, Vorarbeiter und jeweils Gleichgestellte. Verrechnungssatz für die jeweilige Arbeitskraft inkl. aller Aufwendungen wie Lohn- und Gehaltskosten, Lohn- und Gehaltsnebenkosten, Zuschläge, lohngebundene und lohnabhängige Kosten, sonstige Sozialkosten, Gemeinkosten, Wagnis und Gewinn. Leistung nach besonderer Anordnung der Bauüberwachung. Nachweis und Anmeldung gem. VOB/B.

34€ | 44€ | **49€** | 51€ | 58€ | [h] | ⏱ 1,00 h/h | 036.000.050

60 Stundensatz Bodenleger-Helfer

Stundenlohnarbeiten für Werker, Fachwerker und jeweils Gleichgestellte. Leistung nach besonderer Anordnung der Bauüberwachung. Verrechnungssatz für die jeweilige Arbeitskraft inkl. aller Aufwendungen wie Lohn- und Gehaltskosten, Lohn- und Gehaltsnebenkosten, Zuschläge, lohngebundene und lohnabhängige Kosten, sonstige Sozialkosten, Gemeinkosten, Wagnis und Gewinn. Nachweis und Anmeldung gem. VOB/B.

22€ | 33€ | **34€** | 37€ | 46€ | [h] | ⏱ 1,00 h/h | 036.000.051

037

Kosten:
Stand 1.Quartal 2020
Bundesdurchschnitt

▶ min
▷ von
ø Mittel
◁ bis
◀ max

Tapezierarbeiten — Preise €

Nr.	Positionen	Einheit	▶	▷	ø brutto € / ø netto €	◁	◀
1	Schutzabdeckung, Inneneinrichtung	m²	1	2	**2**	2	3
			1	1	**2**	2	3
2	Schutzabdeckung, Böden, Hartfaserplatte	m²	2	4	**5**	5	7
			1	3	**4**	5	6
3	Schutzabdeckung, Boden, Folie	m²	1,1	1,6	**1,7**	1,9	2,6
			1,0	1,3	**1,5**	1,6	2,2
4	Schutzabdeckung, Boden, Vlies	m²	1,3	1,9	**2,0**	2,4	3,2
			1,1	1,6	**1,7**	2,0	2,7
5	Schutzabdeckung, Boden, Pappe	m²	0,8	1,7	**2,2**	2,5	3,5
			0,7	1,4	**1,8**	2,1	3,0
6	Grundbeschichtung, Gipsplatten /Gipsfaserplatten	m²	0,5	1,0	**1,1**	1,5	2,4
			0,4	0,8	**0,9**	1,3	2,0
7	Raufasertapete, fein/weiß, Decke	m²	4	5	**6**	7	10
			3	4	**5**	6	8
8	Raufasertapete, grob/weiß, Decke	m²	4	5	**6**	8	11
			3	5	**5**	7	9
9	Raufasertapete, fein/weiß, Wand	m²	3	6	**7**	9	19
			3	5	**5**	8	16
10	Raufasertapete, grob/weiß, Wand	m²	3	5	**6**	9	19
			3	5	**5**	8	16
11	Raufasertapete, lineare Bauteile	m	0,7	2,1	**2,4**	6,4	12
			0,6	1,8	**2,0**	5,3	10
12	Raufasertapete, Dispersion	m²	6	8	**9**	10	14
			5	7	**7**	9	12
13	Glasfasergewebe, fein, Wand	m²	5	8	**9**	10	12
			4	6	**8**	8	10
14	Glasfasergewebe, grob, Wand	m²	6	9	**10**	11	13
			5	7	**9**	9	11
15	Glasfasergewebe, fein, Decke	m²	6	8	**10**	11	13
			5	7	**9**	9	11
16	Glasfasergewebe, grob, Decke	m²	6	9	**11**	12	14
			5	8	**9**	10	11
17	Glasfasergewebe, lineare Bauteile	m	0,4	2,4	**3,2**	4,2	5,8
			0,4	2,0	**2,7**	3,5	4,9
18	Glasfasergewebe, Dispersion	m²	10	13	**15**	18	25
			8	11	**13**	15	21
19	Prägetapete, Wand	m²	10	14	**18**	22	34
			9	12	**15**	19	29
20	Verfugung, Acryl, überstreichbar	m	3	6	**6**	8	10
			2	5	**5**	7	9
21	Stundensatz Geselle/Facharbeiter, Tapezierarbeiten	h	–	45	**52**	57	–
			–	38	**44**	48	–
22	Stundensatz Helfer, Tapezierarbeiten	h	34	42	**45**	46	52
			29	35	**38**	39	44

Nr. **Kurztext** / Langtext — Kostengruppe

▶ ▷ **ø netto €** ◁ ◀ [Einheit] Ausf.-Dauer Positionsnummer

1 Schutzabdeckung, Inneneinrichtung KG **397**

Schutzabdeckung von Einrichtungsgegenständen, für Tapezierarbeiten, inkl. vorhalten, wieder entfernen und entsorgen, Ränder überlappt und staubdicht verschlossen durch Abkleben.
Material: Folie
Dicke 0,3mm
Arbeitshöhe: .....

▶	▷	ø netto €	◁	◀	[Einheit]	Ausf.-Dauer	Positionsnummer
1€	1€	**2**€	2€	3€	[m²]	0,05 h/m²	037.000.013

2 Schutzabdeckung, Böden, Hartfaserplatte KG **397**

Schutzabdeckung von Böden liefern, herstellen, vorhalten, wieder entfernen und entsorgen, Ränder überlappt und staubdicht verschlossen durch Abkleben.
Abdeckung: Hartfaserplatte
Dicke: 5 mm

▶	▷	ø netto €	◁	◀	[Einheit]	Ausf.-Dauer	Positionsnummer
1€	3€	**4**€	5€	6€	[m²]	0,12 h/m²	037.000.014

A 1 Schutzabdeckung, Boden Beschreibung für Pos. **3-5**

Schutzabdeckung von Böden, für Tapezierarbeiten, inkl. vorhalten, wieder entfernen und entsorgen, Ränder überlappt und staubdicht verschlossen durch Abkleben.

3 Schutzabdeckung, Boden, Folie KG **397**

Wie Ausführungsbeschreibung A 1
Abdeckung: rutschhemmende Folie
Dicke: 0,3mm
Vorhaltedauer: 4 Wochen

▶	▷	ø netto €	◁	◀	[Einheit]	Ausf.-Dauer	Positionsnummer
1,0€	1,3€	**1,5**€	1,6€	2,2€	[m²]	0,04 h/m²	037.000.030

4 Schutzabdeckung, Boden, Vlies KG **397**

Wie Ausführungsbeschreibung A 1
Abdeckung: Vlies
Masse: 200 gr/m²
Vorhaltedauer: 4 Wochen

▶	▷	ø netto €	◁	◀	[Einheit]	Ausf.-Dauer	Positionsnummer
1,1€	2€	**2**€	2€	3€	[m²]	0,04 h/m²	037.000.052

5 Schutzabdeckung, Boden, Pappe KG **397**

Wie Ausführungsbeschreibung A 1
Abdeckung: Pappe
Vorhaltedauer: 4 Wochen

▶	▷	ø netto €	◁	◀	[Einheit]	Ausf.-Dauer	Positionsnummer
0,7€	1,4€	**1,8**€	2,1€	3,0€	[m²]	0,04 h/m²	037.000.031

6 Grundbeschichtung, Gipsplatten /Gipsfaserplatten KG **345**

Decken- / Wandflächen aus Gipsbau-/ Gipsfaserplatten vorbereiten und grundieren.
Einbauort: Wand
Raumhöhe: 3,00m
Oberbelag: Malervlies / .....

▶	▷	ø netto €	◁	◀	[Einheit]	Ausf.-Dauer	Positionsnummer
0,4€	0,8€	**0,9**€	1,3€	2,0€	[m²]	0,04 h/m²	037.000.050

Nr.	**Kurztext** / Langtext					Kostengruppe
▶	▷	**ø netto €**	◁	◀	[Einheit]	Ausf.-Dauer Positionsnummer

7 Raufasertapete, fein/weiß, Decke KG **345**

Raufasertapete, aus Papierlagen mit strukturbildenden Holzspänen, auf vorbereitete Flächen auf Stoß kleben, zur nachfolgenden Beschichtung mit Dispersionsfarbe.
Einbauort: Decke
Wandhöhe: .....
Untergrund: .....
Struktur: RG - gem. BFS-Info 05-01
Arbeitshöhe: .....

3€ 4€ **5**€ 6€ 8€ [m²] ⏱ 0,12 h/m² 037.000.035

8 Raufasertapete, grob/weiß, Decke KG **345**

Raufasertapete, aus Papierlagen mit strukturbildenden Holzspänen, auf vorbereitete Flächen auf Stoß kleben, zur nachfolgenden Beschichtung mit Dispersionsfarbe.
Einbauort: Decke
Wandhöhe: .....
Untergrund: .....
Struktur: RF - gem. BFS-Info 05-01
Arbeitshöhe: .....

3€ 5€ **5**€ 7€ 9€ [m²] ⏱ 0,12 h/m² 037.000.036

9 Raufasertapete, fein/weiß, Wand KG **345**

Raufasertapete, aus Papierlagen mit strukturbildenden Holzspänen, auf vorbereitete Flächen auf Stoß kleben, zur nachfolgenden Beschichtung mit Dispersionsfarbe.
Einbauort: Wand
Raumhöhe: .....
Untergrund: .....
Struktur: RF - gem. BFS-Info 05-01
Arbeitshöhe: .....

3€ 5€ **5**€ 8€ 16€ [m²] ⏱ 0,12 h/m² 037.000.037

10 Raufasertapete, grob/weiß, Wand KG **345**

Raufasertapete, aus Papierlagen mit strukturbildenden Holzspänen, auf vorbereitete Flächen auf Stoß kleben, zur nachfolgenden Beschichtung mit Dispersionsfarbe.
Einbauort: Wand
Raumhöhe: .....
Untergrund: .....
Struktur: RG - gem. BFS-Info 05-01
Arbeitshöhe: .....

3€ 5€ **5**€ 8€ 16€ [m²] ⏱ 0,12 h/m² 037.000.038

Kosten:
Stand 1.Quartal 2020
Bundesdurchschnitt

▶ min
▷ von
ø Mittel
◁ bis
◀ max

11 Raufasertapete, lineare Bauteile KG **345**

Raufasertapete, aus Papierlagen mit strukturbildenden Holzspänen, auf vorbereitete Flächen auf Stoß kleben, zur nachfolgenden Beschichtung mit Dispersionsfarbe.
Bauteile: Stützen, Pfeiler, Lisenen, Laibungen u.dgl.
Höhe: .....
Bauteilbreite: bis **15 / 30 / 60** cm
Untergrund: .....
Material: .....
Struktur: **RF / RG** - gem. BFS-Info 05-01
Körnung: .....
Arbeitshöhe: .....

0,6€ 1,8€ **2,0€** 5,3€ 10€ [m] ⏱ 0,06 h/m 037.000.029

12 Raufasertapete, Dispersion KG **345**

Raufasertapete und nachfolgende Dispersions-Beschichtung, auf Wand- oder Deckenflächen, einschl. Grundierung, Raufasertapete auf Stoß kleben.
Untergrund: .....
Material: Raufaser aus Papierlagen
Struktur: Holzspan
Oberfläche: **fein / mittel / grob / .....**
Körnung: .....
Dispersionsfarbe: lösemittel- und weichmacherfrei
Nassabrieb: **Klasse 3 (waschbeständig) / Klasse 2 (scheuerbeständig)**
Kontrastverhältnis: Klasse ......
Beschichtungsgänge: **einmal / zweimal**
Farbe: **weiß / farbig**
Farbcode: **RAL / NCS**
Glanzgrad: **glänzend / mittlerer Glanz / matt / stumpfmatt**
Arbeitshöhe: 2,75 m

5€ 7€ **7€** 9€ 12€ [m²] ⏱ 0,24 h/m² 037.000.006

13 Glasfasergewebe, fein, Wand KG **345**

Glasfasertapete auf vorbereitete Flächen auf Stoß kleben, zur nachfolgenden Beschichtung mit Dispersionsfarbe.
Einbauort: Wand
Raumhöhe: .....
Material: .....
Tapete: Glasfasergewebe
Untergrund: .....
Oberfläche: fein
Arbeitshöhe: .....

4€ 6€ **8€** 8€ 10€ [m²] ⏱ 0,14 h/m² 037.000.039

023
024
025
026
027
028
029
030
031
032
033
034
036
037
038
039

Nr.	**Kurztext** / Langtext					Kostengruppe
▶	▷	**ø netto €**	◁	◀	[Einheit]	Ausf.-Dauer Positionsnummer

Kosten:
Stand 1.Quartal 2020
Bundesdurchschnitt

14 Glasfasergewebe, grob, Wand KG **345**

Glasfasertapete auf vorbereitete Flächen auf Stoß kleben, zur nachfolgenden Beschichtung mit Dispersionsfarbe.
Einbauort: Wand
Raumhöhe: .....
Material: .....
Tapete: Glasfasergewebe
Untergrund: .....
Oberfläche: grob
Arbeitshöhe: .....

5€ 7€ **9**€ 9€ 11€ [m2] ⏱ 0,14 h/m2 037.000.040

15 Glasfasergewebe, fein, Decke KG **345**

Glasfasertapete auf vorbereitete Flächen auf Stoß kleben, zur nachfolgenden Beschichtung mit Dispersionsfarbe.
Einbauort: Decke
Raumhöhe: .....
Material: .....
Tapete: Glasfasergewebe
Untergrund: .....
Oberfläche: fein
Arbeitshöhe: .....

5€ 7€ **9**€ 9€ 11€ [m2] ⏱ 0,14 h/m2 037.000.041

16 Glasfasergewebe, grob, Decke KG **345**

Glasfasertapete auf vorbereitete Flächen auf Stoß kleben, zur nachfolgenden Beschichtung mit Dispersionsfarbe.
Einbauort: Decke
Raumhöhe: .....
Material: .....
Tapete: Glasfasergewebe
Untergrund: .....
Oberfläche: grob
Arbeitshöhe: .....

5€ 8€ **9**€ 10€ 11€ [m2] ⏱ 0,14 h/m2 037.000.042

▶ min
▷ von
ø Mittel
◁ bis
◀ max

17 Glasfasergewebe, lineare Bauteile KG **345**

Glasfasertapete und nachfolgende Dispersions-Beschichtung, auf längenorientierten Bauteilen, einschl. Grundierung und Tapete auf Stoß kleben.
Abrechnung nach m.
Bauteile: Stützen, Pfeiler, Lisenen, Laibungen u.dgl.
Bauteilbreite: bis **15 / 30 / 60** cm
Untergrund: .....
Material: .....
Tapete: Glasfasergewebe
Oberfläche: **fein / mittel / grob**
Struktur: .....
Arbeitshöhe: .....

0,4€ 2,0€ **2,7**€ 3,5€ 4,9€ [m] ⏱ 0,07 h/m 037.000.027

Nr.	Kurztext / Langtext						Kostengruppe
▶	▷	**ø netto €**	◁	◀	[Einheit]	Ausf.-Dauer	Positionsnummer

18 **Glasfasergewebe, Dispersion** KG **345**

Glasfasertapete und nachfolgende Dispersions-Beschichtung, auf Wand- oder Deckenflächen, einschl. Grundierung, Glasfasertapete auf Stoß kleben.
Untergrund: .....
Bauteil: .....
Material: .....
Oberfläche: **fein / mittel / grob**
Struktur: .....
Dispersionsfarbe: lösemittel- und weichmacherfrei
Nassabrieb: **Klasse 3 (waschbeständig) / Klasse 2 (scheuerbeständig)**
Kontrastverhältnis: Klasse .....
Beschichtungsgänge: **einmal / zweimal**
Farbe: **weiß / farbig**
Farbcode: **RAL / NCS**
Glanzgrad: **glänzend / mittlerer Glanz / matt / stumpfmatt**
Raumhöhe: .....
Arbeitshöhe: .....

8€ 11€ **13€** 15€ 21€ [m2] ⏱ 0,20 h/m2 037.000.009

19 **Prägetapete, Wand** KG **345**

Prägetapete, auf vorbereitete Flächen auf Stoß kleben, zur nachfolgenden Beschichtung mit Dispersionsfarbe.
Einbauort: Wände
Raumhöhe: .....
Untergrund: .....
Material: .....
Art, Form: Prägetapete, gem. beiliegendem Muster / Hersteller-Nr. .....
Ansatz: **ansatzfrei / gerade / versetzt / gestürzt / horizontal**
Rapport: ..... cm
Rollenbreite: **53 / .....** cm
Verarbeitung: **Kleistertechnik / Wandklebetechnik / Vorkleisterung**
Entfernung: **restlos abziehbar / spaltbar abziehbar / nass**
Arbeitshöhe: .....

9€ 12€ **15€** 19€ 29€ [m2] ⏱ 0,15 h/m2 037.000.017

20 **Verfugung, Acryl, überstreichbar** KG **345**

Plastoelastische Verfugung mit anstrichverträglichem Ein-Komponenten-Dichtstoff auf Acryldispersionsbasis, mit Flankenvorbehandlung an den Anschlussflächen und Hinterlegen der Fugenhohlräume mit geeignetem Hinterfüllmaterial, Fuge geglättet.
Untergrund: **Putz / Gipsplattenflächen**
Farbton: weiß
Fugenbreite: bis ..... mm
Arbeitshöhe: .....

2€ 5€ **5€** 7€ 9€ [m] ⏱ 0,10 h/m 037.000.012

Nr.	Kurztext / Langtext						Kostengruppe
▶	▷	ø netto €	◁	◀	[Einheit]	Ausf.-Dauer	Positionsnummer

21 Stundensatz Geselle/Facharbeiter, Tapezierarbeiten

Stundenlohnarbeiten für Arbeitnehmer ohne Facharbeiterqualifikation (Helfer, Hilfsarbeiter, Ungelernte, Angelernte). Der Verrechnungssatz für die jeweilige Arbeitskraft umfasst sämtliche Aufwendungen wie Lohn- und Gehaltskosten, Lohn- und Gehaltsnebenkosten, Zuschläge, lohngebundene und lohnabhängige Kosten, sonstige Sozialkosten, Gemeinkosten, Wagnis und Gewinn. Leistung nach besonderer Anordnung der Bauüberwachung. Nachweis gem. VOB/B.

–€ 38€ **44**€ 48€ –€ [h] ⏱ 1,00 h/h 037.000.034

22 Stundensatz Helfer, Tapezierarbeiten

Stundenlohnarbeiten für Arbeitnehmer ohne Facharbeiterqualifikation (Helfer, Hilfsarbeiter, Ungelernte, Angelernte). Der Verrechnungssatz für die jeweilige Arbeitskraft umfasst sämtliche Aufwendungen wie Lohn- und Gehaltskosten, Lohn- und Gehaltsnebenkosten, Zuschläge, lohngebundene und lohnabhängige Kosten, sonstige Sozialkosten, Gemeinkosten, Wagnis und Gewinn. Leistung nach besonderer Anordnung der Bauüberwachung. Anmeldung und Nachweis gem. VOB/B.

29€ 35€ **38**€ 39€ 44€ [h] ⏱ 1,00 h/h 037.000.047

Kosten:
Stand 1.Quartal 2020
Bundesdurchschnitt

▶ min
▷ von
ø Mittel
◁ bis
◀ max

038

Kosten:
Stand 1.Quartal 2020
Bundesdurchschnitt

Nr.	Positionen	Einheit	▶	▷	ø brutto € / ø netto €	◁	◀
1	Unterkonstruktion, Holzlattung	m²	4	7	**8**	10	15
			3	6	**7**	9	12
2	Unterkonstruktion, Holz, zweilagig	m²	11	25	**26**	41	68
			9	21	**22**	35	57
3	Unterkonstruktion, Rauspund	m²	9	23	**29**	37	51
			8	19	**24**	31	43
4	Unterkonstruktion, Aluminium, VHF	m²	38	59	**68**	92	127
			32	49	**57**	78	107
5	Fassadendämmung, MW 034, 80mm, kaschiert	m²	16	22	**24**	30	41
			14	18	**20**	26	35
6	Fassadendämmung, MW 034, 120mm, kaschiert	m²	17	23	**26**	31	43
			14	20	**22**	26	36
7	Fassadendämmung, MW 034, 160mm, kaschiert	m²	–	28	**35**	44	–
			–	24	**29**	37	–
8	Fassadendämmung, MW 034, 80mm	m²	15	22	**24**	29	43
			13	18	**20**	24	36
9	Fassadendämmung, MW 034, 160mm	m²	–	27	**33**	42	–
			–	22	**28**	35	–
10	Fassadendämmung, MW 035, 160mm, 2-lagig	m²	–	32	**40**	51	–
			–	27	**34**	42	–
11	Fassadendämmung, Brandbarriere	m²	21	24	**26**	30	35
			17	20	**22**	25	29
12	Winddichtung, Polyestervlies	m²	6	10	**12**	13	16
			5	8	**10**	11	14
13	Fassadenbekleidung, Holz, Boden-Deckelschalung	m²	70	89	**97**	108	135
			59	75	**81**	91	114
14	Fassadenbekleidung, Holz, Stülpschalung	m²	70	82	**88**	98	121
			59	69	**74**	82	102
15	Fassadenbekleidung, HPL-Platte	m²	146	166	**176**	204	242
			123	140	**148**	171	203
16	Fassadenbekleidung, Harzkompositplatten	m²	174	193	**215**	239	297
			146	162	**181**	201	250
17	Fassadenbekleidung, Holzzementplatten	m²	109	121	**136**	155	179
			91	102	**114**	130	151
18	Fassadenbekleidung, Faserzement-Platten	m²	52	58	**65**	74	85
			44	48	**54**	62	72
19	Fassadenbekleidung, Faserzement-Tafeln	m²	87	125	**142**	160	217
			74	105	**120**	135	183
20	Fassadenbekleidung, Faserzement-Stülpdeckung	m²	84	114	**130**	141	163
			70	96	**109**	118	137
21	Fassadenbekleidung, Metall, Bandblech	m²	66	91	**101**	107	131
			56	76	**85**	90	111
22	Fassadenbekleidung, Metall, Wellblech	m²	53	63	**66**	69	77
			44	53	**56**	58	65
23	Fassadenbekleidung, Aluminiumverbundplatten	m²	146	206	**221**	281	371
			123	173	**186**	236	312
24	Fassadenbekleidung, Schindeln	m²	83	114	**133**	141	166
			69	96	**112**	119	140

▶ min
▷ von
ø Mittel
◁ bis
◀ max

Nr.	Positionen	Einheit	▶	▷	ø brutto € / ø netto €	◁	◀
25	Fassadenbekleidung, Ziegelplatten	m²	108	161	**183**	188	223
			91	136	**154**	158	187
26	Fensterbank, Aluminium, außen	St	29	45	**52**	58	72
			25	38	**44**	48	61
27	Laibungsbekleidung, Fenster/Tür	m	25	41	**47**	52	72
			21	35	**39**	44	61
28	Außenecke, Aluprofil	m	12	30	**40**	49	65
			10	25	**34**	41	55
29	Attikaabdeckung, Aluminiumblech	m	37	87	**101**	126	179
			31	73	**85**	106	150
30	Dauergerüstanker, Fassade	St	25	41	**43**	48	70
			21	34	**36**	40	59
31	Stundensatz Facharbeiter, vorgehängte Fassaden	h	58	64	**68**	72	83
			49	54	**57**	61	69
32	Stundensatz Helfer, vorgehängte Fassaden	h	39	51	**59**	62	71
			33	43	**50**	52	60

Nr. **Kurztext** / Langtext — Kostengruppe

▶ ▷ **ø netto €** ◁ ◀ [Einheit] Ausf.-Dauer Positionsnummer

1 Unterkonstruktion, Holzlattung KG **335**

Traglattung aus Holzlatten, für vorgehängte, hinterlüftete Fassadenbekleidung, inkl. Befestigungsmittel.
Fassadenbekleidung: .....
Befestigungsgrund: .....
Ebenheit der Bekleidungsfläche DIN 18202: .....
Holzart: Nadelholz
Sortierklasse: S10
Lattenquerschnitt: **30 x 50 / 40 x 60**
Lattenabstand: .....
Arbeitshöhe: .....

3€ 6€ **7€** 9€ 12€ [m²] ⏱ 0,12 h/m² 038.000.003

2 Unterkonstruktion, Holz, zweilagig KG **335**

Unterkonstruktion aus senkrechter und waagrechter Lattung, für vorgehängte, hinterlüftete Fassadenbekleidung, inkl. Befestigungsmittel.
Fassadenbekleidung: .....
Befestigungsgrund: .....
Ebenheit der Bekleidungsfläche DIN 18202: .....
Holzart: Nadelholz
Sortierklasse: S10
Holzschutz: Gebrauchsklasse .....
Lattenquerschnitte: 30 x 50 mm
Lattenabstände: .....
Arbeitshöhe: .....

9€ 21€ **22€** 35€ 57€ [m²] ⏱ 0,16 h/m² 038.000.010

023 024 025 026 027 028 029 030 031 032 033 034 036 037 **038** 039

Kosten:
Stand 1.Quartal 2020
Bundesdurchschnitt

Nr.	**Kurztext** / Langtext					Kostengruppe
▶	▷	**ø netto €**	◁	◀	[Einheit]	Ausf.-Dauer Positionsnummer

3 Unterkonstruktion, Rauspund KG **335**

Holzschalung als Unterlage für vorgehängte, hinterlüftete Fassadenbekleidung, aus Rauspund mit chem. Holzschutz, Befestigung entspr. dem Anwendungsfall, geeignet für den Außenbereich.
Holzart: Nadelholz
Brettdicke: 24 mm
Schalung: Rauspund
Holzschutz: Gebrauchsklasse .....
Befestigungsgrund: Holz
Befestigung gem.: **..... / anliegender statischer Bemessung**
Verlegung: **waagrecht / senkrecht**
Arbeitshöhe: .....

8€ 19€ **24**€ 31€ 43€ [m²] ⏱ 0,30 h/m² 038.000.011

4 Unterkonstruktion, Aluminium, VHF KG **335**

Unterkonstruktion aus justierbaren Wandwinkeln und Tragprofilen, für vorgehängte, hinterlüftete Außenwandbekleidung, Befestigung mit Dübeln und Schrauben. Profilarten und -abstände, Abmessungen von Fest- und Gleitpunkten sowie alle Verbindungs- und Verankerungsmittel gem. statischer Berechnung.
Befestigungsgrund: .....
Ebenheit der Bekleidungsfläche DIN 18202: .....
Bekleidung: großformatige Wandtafeln
Verlegung: ......
Befestigung: **verdeckt / sichtbar**
Abstand UK bis VK Bekleidung: .....
Material: Aluminium
Arbeitshöhe: .....

32€ 49€ **57**€ 78€ 107€ [m²] ⏱ 0,24 h/m² 038.000.012

A 1 Fassadendämmung, Mineralwolle, kaschiert Beschreibung für Pos. **5-7**

Wärmedämmung der vorgehängten, hinterlüfteten Fassade, aus Mineralwolle mit einseitiger, schwarzer Vlieskaschierung, zwischen Unterkonstruktion hinter Bekleidung.
Unterkonstruktion: .....
Dämmstoff: MW
Nennwert Wärmeleitfähigkeit: 0,034 W/(mK)
Anwendung: WAB
Brandverhalten Klasse: A1 - nicht brennbar

5 Fassadendämmung, MW 034, 80mm, kaschiert KG **335**

Wie Ausführungsbeschreibung A 1
Dämmschichtdicke: 80 mm
Einbaulage: zwischen .....
Arbeitshöhe: .....

14€ 18€ **20**€ 26€ 35€ [m²] ⏱ 0,24 h/m² 038.000.030

6 Fassadendämmung, MW 034, 120mm, kaschiert KG **335**

Wie Ausführungsbeschreibung A 1
Dämmschichtdicke: 120 mm
Einbaulage: .....
Arbeitshöhe: .....

14€ 20€ **22**€ 26€ 36€ [m²] ⏱ 0,24 h/m² 038.000.031

▶ min
▷ von
ø Mittel
◁ bis
◀ max

 Erläuterungen zu den Tabellen siehe Seite 42

7 Fassadendämmung, MW 034, 160mm, kaschiert KG **335**

Wie Ausführungsbeschreibung A 1
Dämmschichtdicke: 160 mm
Einbaulage: .....
Arbeitshöhe: .....

▶	▷	ø netto €	◁	◀	[Einheit]	Ausf.-Dauer	Positionsnummer
–€	24€	**29**€	37€	–€	[m2]	0,24 h/m2	038.000.032

A 2 Fassadendämmung, Mineralwolle Beschreibung für Pos. **8-10**

Wärmedämmung der vorgehängten, hinterlüfteten Fassade, aus Mineralwolle, zwischen Unterkonstruktion.
Unterkonstruktion: .....
Dämmstoff: MW
Anwendung: WAB
Brandverhalten Klasse: A1 - nicht brennbar

8 Fassadendämmung, MW 034, 80mm KG **335**

Wie Ausführungsbeschreibung A 2
Nennwert Wärmeleitfähigkeit: 0,034 W/(mK)
Dämmschichtdicke: 80 mm
Einbaulage: .....
Arbeitshöhe: .....

▶	▷	ø netto €	◁	◀	[Einheit]	Ausf.-Dauer	Positionsnummer
13€	18€	**20**€	24€	36€	[m2]	0,24 h/m2	038.000.026

9 Fassadendämmung, MW 034, 160mm KG **335**

Wie Ausführungsbeschreibung A 2
Nennwert Wärmeleitfähigkeit: 0,034 W/(mK)
Dämmschichtdicke: 160 mm
Einbaulage: .....
Arbeitshöhe: .....

▶	▷	ø netto €	◁	◀	[Einheit]	Ausf.-Dauer	Positionsnummer
–€	22€	**28**€	35€	–€	[m2]	0,24 h/m2	038.000.028

10 Fassadendämmung, MW 035, 160mm, 2-lagig KG **335**

Wie Ausführungsbeschreibung A 2
Nennwert Wärmeleitfähigkeit: 0,034 W/(mK)
Dämmschichtdicke: 160 mm - zweilagig
Einbaulage: .....
Arbeitshöhe: .....

▶	▷	ø netto €	◁	◀	[Einheit]	Ausf.-Dauer	Positionsnummer
–€	27€	**34**€	42€	–€	[m2]	0,24 h/m2	038.000.029

Nr.	**Kurztext** / Langtext					Kostengruppe
▶	▷	**ø netto €**	◁	◀	[Einheit]	Ausf.-Dauer Positionsnummer

Kosten:
Stand 1.Quartal 2020
Bundesdurchschnitt

11 Fassadendämmung, Brandbarriere KG **335**

Brandbarriere/Brandsperre DIN 18516-1, für vorgehängte hinterlüftete Außenwandbekleidung, Überdeckung vertikal oder horizontal des Brandabschnittes.
Material: Mineralwolle, MW DIN EN 13162, Anwendungsgebiet DIN 4108-10 WAB
Nennwert Wärmeleitfähigkeit: 0,038 W/m²K
Brandverhalten: Klasse A1 - nichtbrennbar
Schmelzpunkt >= 1.000°C
Dämmschichtdicke: ..... mm
Breite: 200 mm
Arbeitshöhe: .....

17€ 20€ **22**€ 25€ 29€ [m²] ⏱ 0,15 h/m² 038.000.049

12 Winddichtung, Polyestervlies KG **335**

Winddichtung der vorgehängten, hinterlüfteten Fassadenbekleidung, mit Unterspannbahn aus armiertem Polyestervlies, UV-beständig und diffusionsoffen. Anschlüsse an durchdringende Bauteile nach gesonderter Position.
Unterspannbahn: .....
Sd-Wert: <= 0,1 m
Rissfestigkeit: >250 N / 50 mm
Wassersäule: >200 mm
Brandverhalten Klasse: **E / .....**
Farbe: schwarz
Arbeitshöhe: ....

5€ 8€ **10**€ 11€ 14€ [m²] ⏱ 0,12 h/m² 038.000.013

13 Fassadenbekleidung, Holz, Boden-Deckelschalung KG **335**

Fassadenbekleidung mit Boden-Deckel-Schalung aus Holz, als vorgehängte, hinterlüftete Fassade, auf vorhandener Unterkonstruktion senkrecht befestigen, sichtbar bleibend.
Unterkonstruktion: .....
Fassadenbekleidung: **Lärche / nordisches Nadelholz / Douglasie**
Brandverhalten: .....
Zuschnitt / Kante: .....
Brettdicke: .....
Brettbreite: Boden ....., Deckel .....
Oberfläche: **sägerau natur / gehobelt / .....**
Holzschutz Gebrauchsklasse 3: **ohne / transparent / deckend .....**
Befestigung: nicht rostende **Nägel / Schrauben**
Einbauort / Fassade: .....
Arbeitshöhe: ....

59€ 75€ **81**€ 91€ 114€ [m²] ⏱ 0,64 h/m² 038.000.004

▶ min
▷ von
ø Mittel
◁ bis
◀ max

14 **Fassadenbekleidung, Holz, Stülpschalung** KG **335**

Fassadenbekleidung mit Stülpschalung aus Holz, als vorgehängte, hinterlüftete Fassade, auf vorhandener Unterkonstruktion, Befestigung sichtbar.
Unterkonstruktion: **Holz-UK / Aluminium-UK**
Fassadenbekleidung: **Lärche / nordisches Nadelholz / Douglasie**
Brandverhalten: .....
Oberfläche / Kante: Bretter dreiseitig gehobelt, an Unterseite profiliert
Brettdicke: .....
Brettbreite: .....
Oberfläche: **sägerau natur / gehobelt / .....**
Profilierung Unterseite: **einfach gefalzt / .....**
Holzschutz Gebrauchsklasse 3: **ohne / transparent / deckend .....**
Befestigung: nicht rostende **Nägel / Schrauben**
Einbauort / Fassade: .....
Arbeitshöhe: ....

59€ 69€ **74**€ 82€ 102€ [m2] ⏱ 0,76 h/m2 038.000.005

15 **Fassadenbekleidung, HPL-Platte** KG **335**

Fassadenbekleidung mit Hochdruck-Schichtstroffpress-Tafeln (HPL), als vorgehängte, hinterlüftete Fassade, auf vorhandener Unterkonstruktion, Befestigung sichtbar.
Unterkonstruktion: **Holz-UK / Aluminium-UK**
Plattentyp: .....
Brandverhalten: .....
Tafeldicke: 8 mm
Tafelgröße: .....
Zuschnitt aus Tafelgröße: .....
Oberfläche: .....
Farbe: ähnlich RAL .....
Befestigung: nicht rostende **Klammern / Schrauben/ Nieten**
Farbton Befestigung: **Kopf lackiert in RAL ..... / Kopf Stahl natur**
Einbauort / Fassade: .....
Arbeitshöhe: ....

123€ 140€ **148**€ 171€ 203€ [m2] ⏱ 0,75 h/m2 038.000.015

16 **Fassadenbekleidung, Harzkompositplatten** KG **335**

Fassadenbekleidung mit faserverstärkten Harzkompositplatten, als vorgehängte, hinterlüftete Fassade, auf vorhandener Unterkonstruktion, Befestigung sichtbar.
Unterkonstruktion: Aluminium-UK
Plattentyp: .....
Brandverhalten: .....
Tafeldicke: .....
Tafelgröße: .....
Zuschnitt aus Tafelgröße: .....
Oberfläche: .....
Farbe: ähnlich RAL .....
Befestigung: Befestigungselemente, kopfbeschichtet
Einbauort / Fassade: .....
Arbeitshöhe: ....

146€ 162€ **181**€ 201€ 250€ [m2] ⏱ 0,75 h/m2 038.000.034

023 024 025 026 027 028 029 030 031 032 033 034 036 037 **038** 039

Nr.	Kurztext / Langtext						Kostengruppe
▶	▷	**ø netto €**	◁	◀	[Einheit]	Ausf.-Dauer	Positionsnummer

17 Fassadenbekleidung, Holzzementplatten KG **335**

Fassadenbekleidung mit Holzzementplatten, als vorgehängte, hinterlüftete Fassade, auf vorhandener Unterkonstruktion, Befestigung sichtbar.
Unterkonstruktion: Holz-UK
Plattentyp: .....
Brandverhalten: .....
Tafeldicke: .....
Tafelgröße: .....
Zuschnitt aus Tafelgröße: .....
Oberfläche: beschichtet
Farbe: ähnlich RAL .....
Befestigung: Befestigungselemente, kopfbeschichtet
Einbauort / Fassade: .....
Arbeitshöhe: ....

▶	▷	ø	◁	◀	Einheit	Ausf.-Dauer	Positionsnummer
91€	102€	**114**€	130€	151€	[m²]	⏱ 0,75 h/m²	038.000.035

18 Fassadenbekleidung, Faserzement-Platten KG **335**

Fassadenbekleidung mit kleinformatigen Faserzement-Tafeln, als vorgehängte, hinterlüftete Fassade, auf vorhandener Unterkonstruktion, mit Befestigungsmittel.
Unterkonstruktion: .....
Tafel-Typ: .....
Brandverhalten: A1 - nicht brennbar
Deckungsart: .....
Tafeldicke: ..... mm
Plattengröße: ..... x ..... mm
Fugenausbildung: .....
Oberfläche: .....
Oberflächenschutz: .....
Kantenausbildung: .....
Farbe: .....
Befestigung: .....
Einbauort / Fassade: .....
Arbeitshöhe: ....

▶	▷	ø	◁	◀	Einheit	Ausf.-Dauer	Positionsnummer
44€	48€	**54**€	62€	72€	[m²]	⏱ 0,48 h/m²	038.000.036

Kosten:
Stand 1.Quartal 2020
Bundesdurchschnitt

▶ min
▷ von
ø Mittel
◁ bis
◀ max

19 Fassadenbekleidung, Faserzement-Tafeln KG **335**

Fassadenbekleidung mit großformatigen Faserzement-Tafeln, als vorgehängte, hinterlüftete Fassade, auf vorhandener Unterkonstruktion, mit Befestigungsmittel.
Unterkonstruktion: .....
Plattentyp: .....
Brandverhalten: A1 - nicht brennbar
Tafeldicke: 8 mm
Tafelgröße: 3.100 x **1.500 / 1.250** mm
Zuschnitt aus Tafelgröße: .....
Fugenbreite: .....
Oberfläche: körnig, seidig matt
Oberflächenschutz: Reinacrylatbeschichtung mit Oberflächenversiegelung
Kantenausbildung: .....
Farbe: .....
Befestigung: sichtbar mit Schrauben
Farbe Befestigungsmittel: kopfbeschichtet
Einbauort / Fassade: .....
Arbeitshöhe: ....

▶	▷	ø netto €	◁	◀	[Einheit]	Ausf.-Dauer	Positionsnummer
74€	105€	**120**€	135€	183€	[m²]	⏱ 0,50 h/m²	038.000.037

20 Fassadenbekleidung, Faserzement-Stülpdeckung KG **335**

Fassadenbekleidung mit großformatigen Faserzement-Tafeln, als vorgehängte, hinterlüftete Fassade, als Stülpdeckung mit senkrechte Fugen und hinterlegen Fugenband, in der Überdeckung befestigt, auf vorhandene Unterkonstruktion; mit Befestigungsmittel.
Unterkonstruktion: Holz-UK
Plattentyp: .....
Brandverhalten: A1 - nicht brennbar
Tafeldicke: 10 mm
Tafelgröße: .....
Zuschnitt aus Tafelgröße: .....
Fugenbreite: .....
Oberfläche: strukturiert
Oberflächenschutz: deckend beschichtet
Kantenausbildung: .....
Farbe: .....
Befestigung: in der Überdeckung
Einbauort / Fassade: .....
Arbeitshöhe: ....

▶	▷	ø netto €	◁	◀	[Einheit]	Ausf.-Dauer	Positionsnummer
70€	96€	**109**€	118€	137€	[m²]	⏱ 0,46 h/m²	038.000.038

023
024
025
026
027
028
029
030
031
032
033
034
036
037
038
039

Nr.	**Kurztext** / Langtext					Kostengruppe
▶	▷	**ø netto €**	◁	◀	[Einheit]	Ausf.-Dauer Positionsnummer

21 Fassadenbekleidung, Metall, Bandblech KG **335**

Fassadenbekleidung mit Metallblech, als vorgehängte, hinterlüftete Fassade, senkrecht verlegt, unsichtbar befestigen, auf vorhandener Unterkonstruktion.
Untergrund: Holzschalung mit Trennlage
Deckungsart: **Stehfalz- / Winkelfalz- / Doppelstehfalz**
Material: Titanzinkblech
Blechdicke: .....
Deckungsart: **Stehfalz / Winkelstehfalz**
Bänderbreite: **670 mm für Achsmaß 600 mm / 570 mm für Achsmaß 500 mm**
Oberfläche: **walzblank / vorbewittert**
Befestigung: nicht rostend und unsichtbar mit **Haften / Klammern / Schrauben**.
Einbauort / Fassade: .....
Arbeitshöhe: ....

56€ 76€ **85€** 90€ 111€ [m²] ⏱ 0,45 h/m² 038.000.009

Kosten:
Stand 1.Quartal 2020
Bundesdurchschnitt

22 Fassadenbekleidung, Metall, Wellblech KG **335**

Fassadenbekleidung mit Wellblech-Fassadenplatten, als vorgehängte, hinterlüftete Fassade, vertikal auf vorhandene Metall-Unterkonstruktion, Längs- und Querstöße überlappend, Befestigung sichtbar; Konstruktion mit unterem Einhängeblech und Befestigungsmittel.
Unterkonstruktion: .....
Plattentyp: Stahl-Wellblech, Profil 18/76 mm
Blechdicke: .....
Tafelbreite: **für Achsmaß 600 mm / für Achsmaß 500 mm**
Oberfläche: beidseitig feuerverzinkt, Sichtseite beschichtet
Korrosionsschutz: Klasse C3, Schutzdauer - hoch
Farbton: .....
Hafte: **aufgenietet / geschraubt**
Einhängeblech: ca. 250 mm, d = 0,8 mm
Einbauort / Fassade: .....
Arbeitshöhe: ....

44€ 53€ **56€** 58€ 65€ [m²] ⏱ 0,30 h/m² 038.000.007

▶ min
▷ von
ø Mittel
◁ bis
◀ max

Nr.	Kurztext / Langtext						Kostengruppe
▶	▷	**ø netto €**	◁	◀	[Einheit]	Ausf.-Dauer	Positionsnummer

23 Fassadenbekleidung, Aluminiumverbundplatten KG **335**

Fassadenbekleidung mit Aluminiumverbundplatten, als vorgehängte, hinterlüftete Fassade inkl. justierbare Unterkonstruktion, Befestigung unsichtbar.
Befestigungsuntergrund: ......
Unterkonstruktion: Aluminium-UK, zweilagig
Schalenabstand: .....
Ebenheit der Bekleidungsfläche DIN 18202: .....
Plattentyp: Alu-Verbund-Platte
Brandverhalten: A2 -s1, d0 (nichtbrennbar)
Tafeldicke: .....
Tafelgröße: .....
Oberfläche: bandbeschichtet, für Außenanwendung
Farbe: .....
Befestigung: **nicht rostende Klammern / Befestigungswinkel**
Farbton Befestigung: **lackiert in RAL ..... / eloxiert natur**
Einbauort / Fassade: .....
Arbeitshöhe: ....

123€	173€	**186**€	236€	312€	[m²]	⏱ 0,75 h/m²	038.000.041

24 Fassadenbekleidung, Schindeln KG **335**

Fassadenbekleidung mit Schindelmaterial, als vorgehängte, hinterlüftete Fassade, auf vorhandener Unterkonstruktion, mit Befestigungsmittel aus nicht rostendem Stahl.
Unterkonstruktion: mehrlagige Holz-UK
Schindelart: **Schiefer / gespaltene Holzschindeln / ......**
Materialspezifikation: .....
Schindelform: **Segmentbogen / rechteckig / .....**
Schindeldicke: .....
Schindelgröße: .....
Deckungsart: .....
Überdeckung: **Einfach- / Doppel- / Dreifachdeckung**
Befestigung: unsichtbar, im Bereich der Überdeckung
Einbauort / Fassade: .....
Arbeitshöhe: ....

69€	96€	**112**€	119€	140€	[m²]	⏱ 1,00 h/m²	038.000.008

25 Fassadenbekleidung, Ziegelplatten KG **335**

Fassadenbekleidung mit waagrecht verlegten Ziegelplatten, als vorgehängte, hinterlüftete Fassade, auf vorhandener Unterkonstruktion, Befestigung mit Aluminium-Federprofil und Spezial-Plattenhalter.
Unterkonstruktion: Alu-UK
Befestigungsuntergrund: .....
Ziegeltyp: .....
Ziegeldicke: .....
Ziegelformat: .....
Oberfläche / Farbe: .....
Fugenausbildung: .....
Befestigung: unsichtbar, im Bereich der Überdeckung
Einbauort / Fassade: .....
Arbeitshöhe: ....

91€	136€	**154**€	158€	187€	[m²]	⏱ 0,40 h/m²	038.000.017

023 024 025 026 027 028 029 030 031 032 033 034 036 037 **038** 039

Nr.	Kurztext / Langtext						Kostengruppe
▶	▷	ø netto €	◁	◀	[Einheit]	Ausf.-Dauer	Positionsnummer

26 Fensterbank, Aluminium, außen KG **334**

Fensterbank aus Aluminium-Strangpressprofil, außen, mit Bordstücken mit Bewegungsausgleich, eingebaut im Gefälle von mind. 8%, Profil entdröhnt, mit Schutz gegen Abheben.
Profilsystem: .....
Dicke: .....
Untergrund: .....
Ausladung: .....
Fensterbanklänge: .....
Abwicklung: .....
Kantungen: .....
Oberfläche: eloxiert
Farbton: .....
Einbauort / Fassade: .....
Arbeitshöhe: ....

25€ 38€ **44**€ 48€ 61€ [St] ⏱ 0,40 h/St 038.000.021

27 Laibungsbekleidung, Fenster/Tür KG **334**

Laibungsbekleidung der vorgehängten, hinterlüfteten Fassade, inkl. Unterkonstruktion, Zuschnitt der Platten bzw. Tafeln, sowie Befestigung.
Bereich: **Fensterlaibung / Türlaibung**
Unterkonstruktion: Aluminium-UK
Befestigungsuntergrund: ......
Plattentyp: .....
Tafeldicke: .....
Tafelgröße: .....
Laibungstiefe: ....
Oberfläche: .....
Farbe: .....
Befestigung: **nicht rostende Klammern / Befestigungswinkel**
Farbton Befestigung: **lackiert in RAL ..... / eloxiert natur**
Einbauort / Fassade: .....
Arbeitshöhe: ....

21€ 35€ **39**€ 44€ 61€ [m] ⏱ 0,35 h/m 038.000.042

28 Außenecke, Aluprofil KG **335**

Außenecke mit sichtbar bleibendem Aluminium-Formteil.
Unterkonstruktion: .....
Form: .....
Kantung: ..... St
Zuschnitt: ..... mm
Oberfläche: **nasslackiert / chromatiert und pulverbeschichtet**
Klimazone: .....
Farbton: .....
Einbauort / Fassade: .....
Arbeitshöhe: ....

10€ 25€ **34**€ 41€ 55€ [m] ⏱ 0,20 h/m 038.000.045

Kosten:
Stand 1.Quartal 2020
Bundesdurchschnitt

▶ min
▷ von
ø Mittel
◁ bis
◀ max

Nr.	Kurztext / Langtext						Kostengruppe
▶	▷	**ø netto €**	◁	◀	[Einheit]	Ausf.-Dauer	Positionsnummer

29 Attikaabdeckung, Aluminiumblech KG **335**

Attikaabdeckung mit Aluminiumblech, einschl. erforderliche Stoßverbinder und Unterkonstruktion.
Windzone: .....
Geländekategorie: .....
Gebäudehöhe: .....
Dicke: 2 mm
Kantungen: ..... St
Abwicklung ca. ..... mm
Oberfläche: **anodisch eloxiert / nasslackiert / chromatiert und pulverbeschichtet**
Farbton: .....
Einbauort / Fassade: .....
Detail siehe Anlagen / Plan-Nr.: .....

31€ | 73€ | **85**€ | 106€ | 150€ | [m] | ⏱ 0,45 h/m | 038.000.046

30 Dauergerüstanker, Fassade KG **392**

Dauergerüstanker DIN 4426 für Befestigung von Gerüsten an vorgehängten, hinterlüfteten Fassadenbekleidungen, geeignet für Wartungs- und Instandhaltungsarbeiten der Fassade, die äußere Schale zerstörungsfrei durch die Fuge durchdringend, zur Aufnahme der aus dem Gerüst auftretenden Zug-, Druck- und Querkräften, mit Kunststoff-Schutzstopfen, Gewinde M12.
Material: nichtrostender Stahl
Befestigung: gedübelt, thermisch getrennt
Untergrund: **Mauerwerk / gerissener Beton**
Schalen Abstand (Vorderkante Bekleidung bis Tragschale): bis ..... mm
Einbau nach: **vorgegebenem Ankerplan / Ausführung gem. Zeichnung**
Einbauort / Fassade: .....
Arbeitshöhe: ....

21€ | 34€ | **36**€ | 40€ | 59€ | [St] | ⏱ 0,10 h/St | 038.000.022

31 Stundensatz Facharbeiter, vorgehängte Fassaden

Stundenlohnarbeiten für Vorarbeiter, Facharbeiter und Gleichgestellte (z.B. Spezialbaufacharbeiter, Baufacharbeiter, Obermonteure, Monteure, Gesellen, Maschinenführer, Fahrer und ähnliche Fachkräfte). Der Verrechnungssatz für die jeweilige Arbeitskraft umfasst sämtliche Aufwendungen wie Lohn- und Gehaltskosten, Lohn- und Gehaltsnebenkosten, Zuschläge, lohngebundene und lohnabhängige Kosten, sonstige Sozialkosten, Gemeinkosten, Wagnis und Gewinn. Leistung nach besonderer Anordnung der Bauüberwachung. Anmeldung und Nachweis gem. VOB/B.

49€ | 54€ | **57**€ | 61€ | 69€ | [h] | ⏱ 1,00 h/h | 038.000.019

32 Stundensatz Helfer, vorgehängte Fassaden

Stundenlohnarbeiten für Werker, Helfer und Gleichgestellte (z.B. Baufachwerker, Helfer, Hilfsmonteure, Ungelernte, Angelernte). Der Verrechnungssatz für die jeweilige Arbeitskraft umfasst sämtliche Aufwendungen wie Lohn- und Gehaltskosten, Lohn- und Gehaltsnebenkosten, Zuschläge, lohngebundene und lohnabhängige Kosten, sonstige Sozialkosten, Gemeinkosten, Wagnis und Gewinn. Leistung nach besonderer Anordnung der Bauüberwachung. Anmeldung und Nachweis gem. VOB/B.

33€ | 43€ | **50**€ | 52€ | 60€ | [h] | ⏱ 1,00 h/h | 038.000.020

039

Kosten:
Stand 1.Quartal 2020
Bundesdurchschnitt

Nr.	Positionen	Einheit	▶	▷	ø brutto € / ø netto €	◁	◀
1	Unterdecke, abgehängt, Mineralplatte 15mm	m²	23	32	**35**	41	56
			19	27	**30**	34	47
2	Wandanschluss, Decke, Mineralplatte	m	3	4	**5**	6	7
			3	4	**4**	5	6
3	Anschnitt, schräg, Mineralplatte	m	7	10	**11**	14	21
			5	8	**9**	11	18
4	Metall-Kassettendecke, abgehängt	m²	56	67	**70**	76	88
			47	56	**59**	63	74
5	Metall-Paneeldecke, abgehängt	m²	–	59	**66**	80	–
			–	49	**56**	67	–
6	Deckenbekleidung Gipsplatte, einlagig, Federschiene	m²	44	47	**49**	58	73
			37	40	**41**	49	61
7	Unterdecke, abgehängt, Gipsplatten, einlagig	m²	36	44	**47**	50	61
			30	37	**39**	42	51
8	Unterdecke, abgehängt, Gips-Lochplatten	m²	60	69	**72**	76	86
			51	58	**61**	64	73
9	Unterdecke, abgehängt, GK/GF, zweilagig	m²	48	60	**65**	77	103
			40	50	**54**	64	86
10	Unterdecke, abgehängt, GK/GF, zweilagig, F90-A/EI-90	m²	–	97	**123**	160	–
			–	82	**103**	135	–
11	Unterdecke, abgehängt, Gipsplatten 2x20mm, F90A/EI90	m²	–	95	**103**	118	–
			–	80	**87**	99	–
12	Unterdecke, abgehängt, Zementplatten, Feuchtraum	m²	–	96	**89**	104	–
			–	80	**75**	87	–
13	Unterdecke, abgehängt, F90A/EI90, selbsttragend	m²	84	118	**133**	161	224
			71	99	**112**	136	188
14	Verstärkung, Unterkonstruktion, Unterdecke	m²	6	8	**9**	9	13
			5	7	**7**	8	11
15	Unterkonstruktion, Federschiene, Unterdecke	m²	8	12	**17**	20	27
			7	10	**14**	17	22
16	Weitspannträger, Unterdecke	m²	8	14	**19**	21	26
			6	12	**16**	18	22
17	Wandanschluss, Schattennutprofil, Unterdecke	m	5	11	**13**	16	23
			5	9	**11**	13	20
18	Verblendung, Deckensprung, Unterdecke	m	18	30	**37**	46	68
			15	25	**31**	39	57
19	Öffnungen/Ausschnitte, bis DN200, Unterdecke	St	5	11	**13**	17	29
			4	9	**11**	15	24
20	Aussparung, Langfeldleuchte, Unterdecke	m	7	15	**19**	23	36
			6	13	**16**	20	31
21	Bekleidung, Dachgeschoss, Gipsplatten, einlagig	m²	–	38	**44**	53	–
			–	32	**37**	44	–
22	Bekleidung, Dachgeschoss, Gipsplatten, zweilagig, inkl. Holz-Unterkonstruktion	m²	–	49	**56**	68	–
			–	41	**47**	57	–

▶ min
▷ von
ø Mittel
◁ bis
◀ max

Nr.	Positionen	Einheit	▶	▷	ø brutto € / ø netto €	◁	◀
23	Bekleidung Dachschräge, Gipsfaserplatte, Holz-UK	m²	–	47	**53**	64	–
			–	39	**45**	54	–
24	Bekleidung DG, Zementplatte, Feuchtraum, Holz-UK	m²	–	76	**87**	104	–
			–	64	**73**	88	–
25	Montagewand, Holz-UK, 100mm, Gipsplatten, zweilagig, MW 40mm, EI30	m²	66	77	**83**	95	109
			55	64	**69**	80	92
26	Montagewand, Holz-UK, 85mm, GF einlagig, MW 40mm, EI30	m²	–	56	**65**	74	–
			–	47	**54**	62	–
27	Montagewand, Holz-UK, 100mm, GF zweilagig, MW 50mm, EI90	m²	–	69	**77**	90	–
			–	58	**65**	75	–
28	Montagewand, Metall-UK, 100mm, Gipsplatten, einlagig, MW 40mm	m²	51	63	**68**	79	103
			43	53	**57**	67	86
29	Montagewand, Metall-UK, 75mm, Gipsfaserplatten, einlagig	m²	–	55	**65**	74	–
			–	46	**54**	63	–
30	Montagewand, Metall-UK, 125mm, Gipsplatten zweilagig, MW 60mm, EI30	m²	51	68	**74**	85	111
			43	57	**62**	71	93
31	Montagewand, Metall-UK, 150mm, Gipsplatten zweilagig, MW 40mm, EI30	m²	55	69	**74**	87	117
			47	58	**63**	73	98
32	Montagewand, Metall-UK, 100mm, Gipsplatten DF zweilagig, MW 50mm, EI90	m²	60	75	**82**	95	131
			50	63	**69**	80	110
33	Montagewand, Metall-UK, 100mm, Zementplatten, einlagig, Feuchtraum	m²	–	81	**89**	108	–
			–	68	**75**	91	–
34	Montagewand, Metall-UK, 125mm, Zementplatten, doppellagig, Feuchtraum	m²	–	109	**119**	136	–
			–	92	**100**	114	–
35	Montagewand, Gipsplatten, Brandwand, nichttragend	m²	–	123	**135**	157	–
			–	103	**113**	132	–
36	Montagewand, Gipsplatten, Brandwand	m²	–	143	**158**	187	–
			–	120	**133**	158	–
37	Montagewand, Gipsplatten, Sicherheitswand, einbruchhemmend	m²	–	135	**153**	172	–
			–	114	**128**	145	–
38	Montagewand, außen, Metall-UK, Zementplatte, nichttragend	m²	–	98	**107**	124	–
			–	82	**90**	104	–
39	Montagewand, Metall-UK, 200mm, GK doppellagig, doppeltes Ständerwerk	m²	68	84	**91**	101	127
			57	71	**76**	85	106

Kosten:
Stand 1.Quartal 2020
Bundesdurchschnitt

Nr.	Positionen	Einheit	▶	▷	ø brutto € / ø netto €	◁	◀
40	Montagewand, Metall-UK, 125mm, GKF einlagig, doppeltes Ständerwerk, MW80mm	m²	76	87	**89**	102	121
			64	73	**74**	86	102
41	Montagewand, Metall-UK, 100mm, GK einlagig, Schallschutz	m²	–	62	**66**	80	–
			–	52	**56**	67	–
42	Montagewand, Metall-UK, 150mm, GK doppellagig, Schallschutz	m²	–	86	**95**	109	–
			–	72	**80**	92	–
43	Montagewand, Metall-UK, 100mm, Gips-Hartplatten, Schall-/Brandschutz	m²	–	64	**72**	85	–
			–	54	**61**	71	–
44	Montagewand, Metall-UK, 125mm, Gips-Hartplatten, doppelt, Schall-/Brandschutz	m²	–	86	**96**	111	–
			–	72	**80**	93	–
45	Innenwand, Gipswandbauplatte, Mauerwerk	m²	50	60	**64**	71	81
			42	50	**53**	59	68
46	Anschluss, Montagewand, Dach-/Wandschräge	m	3	6	**8**	9	11
			3	5	**6**	8	9
47	Anschluss, gleitend, Montagewand	m	8	14	**17**	19	27
			7	12	**14**	16	23
48	Ecken, Kantenprofil, Montagewand	m	5	8	**9**	11	17
			4	6	**7**	9	14
49	Monatgewand, freies Wandende	m	8	14	**17**	21	29
			6	12	**14**	17	24
50	Montagewand, T-Anschluss	m	5	10	**10**	13	20
			4	8	**9**	11	17
51	Montagewand, Sockelunterschnitt	m	3	7	**8**	10	16
			3	6	**6**	8	13
52	Türöffnung, Montagewand	St	32	55	**66**	78	115
			27	47	**55**	66	97
53	Fensteröffnung, Montagewand	St	29	58	**70**	79	95
			25	49	**58**	66	80
54	Türzargen, Aluminium beschichtet	St	105	161	**181**	216	300
			88	136	**152**	181	252
55	Türzargen, Umfassungszarge, einbauen	St	33	55	**66**	78	98
			28	46	**55**	66	82
56	Revisionsklappe 15x15	St	23	36	**37**	60	85
			20	30	**31**	50	72
57	Revisionsklappe 30x30	St	33	52	**61**	79	118
			27	44	**51**	66	100
58	Revisionsklappe 40x60	St	52	67	**73**	83	104
			43	56	**62**	70	88
59	Revisionsöffnung/-klappe, eckig, Brandschutz EI90	St	247	348	**383**	443	600
			208	293	**322**	373	504
60	Montagewand, Verstärkung UK, Mehrschichtholz-Plattenstreifen	m	8	17	**19**	25	36
			7	14	**16**	21	30

▶ min
▷ von
ø Mittel
◁ bis
◀ max

Nr.	Positionen	Einheit	▶	▷	ø brutto € / ø netto €	◁	◀
61	Montagewand, Verstärkung UK, CW-Profile	m	3	10	**13**	16	26
			2	8	**11**	14	22
62	Tragständer/Traverse, wandhängende Lasten	St	11	22	**26**	31	46
			9	19	**22**	26	39
63	Vorsatzschale, GK/GF	m²	31	47	**52**	57	69
			26	39	**44**	48	58
64	Vorsatzschale, GK/GF, Feuchträume	m²	43	56	**61**	70	91
			36	47	**51**	59	77
65	Vorsatzschale, Zementplatten, Feuchträume	m²	–	72	**82**	96	–
			–	60	**69**	81	–
66	Vorsatzschale, GK/GF, Schallschutz, R>50dB	m²	35	49	**54**	66	89
			30	41	**46**	56	74
67	Schachtwand, Gipsplatten, EI 90	m²	51	60	**67**	77	93
			43	51	**56**	65	78
68	Verkofferung/Bekleidung, Rohrleitungen, Abw. 800mm	m	48	61	**67**	79	105
			40	51	**56**	66	88
69	Verkofferung/Bekleidung, Rohrleitungen, 2x12,5, Abw. 400mm	m²	–	56	**76**	95	–
			–	47	**63**	80	–
70	Kabelkanal EI30, einlagig, 1x20mm, Feuerschutzplatte GM-F	m²	–	86	**99**	124	–
			–	72	**83**	104	–
71	Installationskanal EI60, Feuerschutzplatte GM-F	m²	–	111	**128**	159	–
			–	93	**107**	134	–
72	Installationskanal EI90, Feuerschutzplatte GM-F	m²	–	123	**142**	177	–
			–	104	**119**	149	–
73	Trockenputz, Gipsverbundplatte	m²	31	41	**44**	55	74
			26	35	**37**	46	62
74	Trockenputz, Gipsbauplatte A/H2	m²	21	31	**35**	41	55
			18	26	**29**	34	46
75	Gipsplatten-/Gipsfaser-Bekleidung, einlagig auf Unterkonstruktion	m²	15	25	**27**	34	49
			13	21	**23**	29	41
76	Gipsplatten-/Gipsfaser-Bekleidung, doppelt, auf Unterkonstruktion	m²	41	51	**55**	64	80
			35	43	**47**	54	67
77	Gipsplatten-Bekleidung, EI90, auf Unterkonstruktion	m²	72	88	**96**	111	145
			60	74	**81**	93	122
78	Gipsplatten-Bekleidung, Holzstütze, EI30	m²	–	65	**73**	84	–
			–	55	**61**	71	–
79	Gipsplatten-Bekleidung, Metallstütze, EI90	m²	–	108	**119**	134	–
			–	91	**100**	113	–
80	Gipsplatten-Bekleidung, Holzträger, EI90	m²	–	78	**88**	110	–
			–	66	**74**	92	–
81	Gipsplatten-Bekleidung, Stahlträger, EI30	m²	–	58	**68**	80	–
			–	49	**57**	67	–

Kosten:
Stand 1.Quartal 2020
Bundesdurchschnitt

Nr.	Positionen	Einheit	▶	▷	ø brutto € / ø netto €	◁	◀
82	Gipsplatten-/Gipsfaser-Bekleidung, Lüftungskanal	m²	40	67	**79**	86	109
			34	57	**67**	73	92
83	Laibung, Fenster, Gipsfaserplatte	m	17	19	**19**	23	29
			14	16	**16**	20	24
84	Laibung, Fenster, Gipsplatte Typ A	m	11	17	**19**	22	28
			9	14	**16**	18	23
85	Laibung, Dachfenster, Gipsverbundplatte, 20mm	m	26	39	**47**	65	86
			22	33	**40**	55	72
86	Imprägnierung, Gipsplatte	m²	2	3	**4**	5	8
			1	3	**3**	4	7
87	Dampfsperre/Dampfbremse, Trockenbau	m²	3	6	**7**	8	13
			2	5	**6**	7	11
88	Mineralwolledämmung, zwischen Sparren	m²	14	20	**23**	26	37
			12	17	**19**	22	31
89	Wärmedämmung, zwischen Holz-UK, bis 80mm	m²	4	8	**10**	12	16
			4	7	**8**	10	13
90	Doppelboden, Plattenbelag/Unterkonstruktion	m²	96	140	**159**	200	338
			80	117	**134**	168	284
91	Revisionsöffnung, Doppelboden	St	45	63	**67**	70	88
			38	53	**56**	59	74
92	Trockenestrich, GF-Platten, einlagig	m²	24	31	**33**	38	46
			20	26	**28**	32	38
93	Ausgleichschicht, Mineralstoff, Trockenestrich	m²	12	19	**19**	22	29
			10	16	**16**	19	25
94	WC-Trennwandanlage, HPL-Kompaktplatten	m²	173	200	**208**	218	235
			145	168	**175**	183	198
95	Urinaltrennwand, Schichtstoff-Verbundelemente	St	150	220	**253**	264	376
			126	185	**212**	222	316
96	Verfugung, Acryl-Dichtstoff überstreichbar	m	1,0	2,8	**3,6**	4,2	6,3
			0,8	2,4	**3,0**	3,6	5,3
97	Spachtelung, Gipsplatten, erhöhte Qualität Q3	m²	2	6	**8**	11	15
			2	5	**7**	9	13
98	Gipsplatten-Bekleidung anarbeiten, Installationsdurchführung	St	2	11	**15**	22	38
			2	9	**12**	18	32
99	Stundensatz Facharbeiter, Trockenbau	h	40	52	**59**	64	74
			34	44	**50**	54	62
100	Stundensatz Helfer, Trockenbau	h	30	45	**51**	54	63
			25	38	**43**	45	53

▶ min
▷ von
ø Mittel
◁ bis
◀ max

1 Unterdecke, abgehängt, Mineralplatte 15mm KG **354**

Unterdecke aus Mineralplatten, abgehängte Decke, inkl. Unterkonstruktion für Einlegekonstruktion, abgehängt mit Schnellabhängern, Wandanschlussausbildung mit Winkelprofil nach gesonderter Position. Mineralwolleplatten gesundheitlich unbedenklich nach TRGS 500, mit RAL Gütezeichen der Gütegemeinschaft Mineralwolle.
Unterkonstruktion: sichtbar, weiß beschichtet, T-Schienen 24 mm breit
Decklage: Mineralwolleplatten
Schallabsorption: aw = ...
Kantenausbildung: .....
Ausführung: **glatt / gelocht / strukturiert**
Oberflächendesign: .....
Brandverhalten: A2-s1,d0
Plattendicke: 15 mm
Farbe: weiß - endbeschichtet
Systemraster: ..... x ..... cm
Brandschutz: .....
Einbauhöhe: ca. ..... m
Abhängehöhe: bis 1,00 m

19€ 27€ **30**€ 34€ 47€ [m^2] ⏱ 0,50 h/m^2 039.000.001

2 Wandanschluss, Decke, Mineralplatte KG **354**

Wandanschluss mit L-förmigen Wandwinkel, für abgehängte Mineralwolleplattendecke, sichtbar, Profile in den Ecken stumpf gestoßen.
Untergrund: .....
Winkelgröße: 25 x 25 x 1 mm
Oberfläche: .....
Brandschutz: .....

3€ 4€ **4**€ 5€ 6€ [m] ⏱ 0,10 h/m 039.000.002

3 Anschnitt, schräg, Mineralplatte KG **354**

Schrägschnitte der Einlege-Mineralplatten und Pass-Elemente, der abgehängten Unterdecke.
Zuschnitte: schräg

5€ 8€ **9**€ 11€ 18€ [m] ⏱ 0,20 h/m 039.000.003

023 024 025 026 027 028 029 030 031 032 033 034 036 037 038 **039**

Nr.	Kurztext / Langtext					Kostengruppe
▶	▷	ø netto €	◁	◀	[Einheit]	Ausf.-Dauer Positionsnummer

4 Metall-Kassettendecke, abgehängt KG **354**

Unterdecke aus Metallkassetten, als abgehängte Decke, inkl. Unterkonstruktion, abgehängt mit Schnellabhängern, Decke mit vollflächiger Auflage aus Rieselschutz (z.B. Vlies) und akustisch wirkender Mineralwolledämmung; Fugen und Übergänge der Kassetten als Pressfuge ausbilden. Wandanschlussausbildung nach gesonderter Position.
Unterkonstruktion: **Klemmschienensystem / Auflagesystem**
Kassetten: beschichtetes **Aluminiumblech / verzinktes Stahlblech**
Plattendicke: mind. 0,6 mm
Systemraster: **312,5 x 312,5 / 600 x 600 / 625 x 625** mm
Ausführung Kassetten: **abklappbar / abnehmbar**
Oberfläche: **einbrennlackiert / pulverbeschichtet**
Farbe: weiß RAL .....
Design: .....
Freier Querschnitt .....%
Dämmung: MW - DI, mit RAL-Gütesiegel
Dämmdicke: 40 mm
Brandverhalten: A2-s1,d0
Einbauhöhe: ca. ..... m
Abhängehöhe: bis 1,00 m

47€ 56€ **59€** 63€ 74€ [m²] ⏱ 0,65 h/m² 039.000.004

5 Metall-Paneeldecke, abgehängt KG **354**

Unterdecke aus Metallpaneelen, als abgehängte Decke, inkl. Unterkonstruktion, abgehängt mit Schnellabhängern, Decke mit vollflächiger Auflage aus Rieselschutz (z.B. Vlies) und akustisch wirkender Mineralwolledämmung; Fugen und Übergänge der Paneele als Pressfuge ausbilden. Wandanschlussausbildung nach gesonderter Position.
Unterkonstruktion: **Klemmschienensystem / Auflagesystem**
Paneel: beschichtetes **Aluminiumblech / verzinktes Stahlblech**
Plattendicke: mind. 0,6 mm
Systembreite: 200 mm
Ausführung: .....
Oberfläche: einbrennlackiert / pulverbeschichtet
Farbe: weiß RAL .....
Design: .....
Freier Querschnitt .....%
Dämmung: MW - DI, mit RAL-Gütesiegel
Dämmdicke: 40 mm
Brandverhalten: A2-s1,d0
Einbauhöhe: ca. ..... m
Abhängehöhe: bis 1,00 m

–€ 49€ **56€** 67€ –€ [m²] ⏱ 0,70 h/m² 039.000.094

Kosten:
Stand 1.Quartal 2020
Bundesdurchschnitt

▶ min
▷ von
ø Mittel
◁ bis
◀ max

6 Deckenbekleidung Gipsplatte, einlagig, Federschiene KG **354**

Deckenbekleidung aus Gipsplatten inkl. Unterkonstruktion verzinktes Stahlprofil als Federschiene. Wandanschlussausbildung nach gesonderter Position.
Bekleidung: Gipsplatten, Typ A
Plattendicke: 12,5 mm
Oberfläche: Qualitätsstufe Q2
Feuerwiderstand: ohne Anforderung
Einbauhöhe: ca. ..... m

37€ 40€ **41**€ 49€ 61€ [m²] ⏱ 0,52 h/m² 039.000.063

7 Unterdecke, abgehängt, Gipsplatten, einlagig KG **354**

Unterdecke aus Gipsplatten, als abgehängte Decke, inkl. Unterkonstruktion. Wandanschlussausbildung nach gesonderter Position.
Unterkonstruktion: Metallprofile CD 60/27/06, UD 28/27/06
Abhängung: **Nonius-Schnellabhänger / Draht mit Öse**
Bekleidung: Gipsplatte Typ A
Plattendicke: 1x 12,5 mm
Oberfläche: Qualitätsstufe Q2
Dämmung: **ohne Dämmung / akustisch wirkende MW-Platte, d = 40 mm**
Brandschutz: ohne Anforderung
Untergrund: .....
Einbauhöhe: ca. ..... m
Abhängehöhe: bis 0,50 m

30€ 37€ **39**€ 42€ 51€ [m²] ⏱ 0,52 h/m² 039.000.005

8 Unterdecke, abgehängt, Gips-Lochplatten KG **354**

Unterdecke aus gelochten Gipsplatten als abgehängte Decke, Rückseite mit Akustikvlies, inkl. Unterkonstruktion. Wandanschlussausbildung nach gesonderter Position.
Unterkonstruktion: Metallprofile CD 60/27/06, UD 28/27/06
Abhängung: **Nonius-Schnellabhänger / Draht mit Öse**
Bekleidung: Gipsplatte Typ A
Plattendicke: 12,5 mm
Oberfläche: Qualitätsstufe Q2
Ausführung: gelocht
Oberflächendesign: .....
Dämmung: **ohne Dämmung / akustisch wirkende MW-Platte, d = 40 mm**
Schallabsorption: aw = ...
Feuerwiderstand: ohne Anforderung
Untergrund: .....
Einbauhöhe: ca. ..... m
Abhängehöhe: bis 0,50 m

51€ 58€ **61**€ 64€ 73€ [m²] ⏱ 0,80 h/m² 039.000.095

023 024 025 026 027 028 029 030 031 032 033 034 036 037 038 **039**

Nr.	Kurztext / Langtext					Kostengruppe
▶	▷	ø netto €	◁	◀	[Einheit]	Ausf.-Dauer Positionsnummer

9 **Unterdecke, abgehängt, GK/GF, zweilagig** KG **354**

Unterdecke aus mehrlagigen Gips- / Gipsfaserplatten, als abgehängte Decke, inkl. Unterkonstruktion, abgehängt mit Schnellabhängern. Wandanschlussausbildung nach gesonderter Position.
Unterkonstruktion: Metallprofile CD 60/27/06, UD 28/27/06
Bekleidung: **Gipsplatte Typ A / Gipsfaserplatte**
Plattendicke: 2x 12,5 mm
Oberfläche: Qualitätsstufe Q2
Dämmung: **ohne Dämmung / akustisch wirkende MW-Platte, d = 40 mm**
Schallabsorption: aw = ...
Brandschutz: ohne Anforderung
Untergrund: .....
Einbauhöhe: ca. ..... m
Abhängehöhe: bis 0,50 m

40€ | 50€ | **54**€ | 64€ | 86€ | [m²] | ⏱ 0,60 h/m² | 039.000.006

Kosten:
Stand 1.Quartal 2020
Bundesdurchschnitt

10 **Unterdecke, abgehängt, GK/GF, zweilagig, F90-A/EI-90** KG **354**

Unterdecke aus Gipsplatten, als abgehängte Decke an Holzbalkendecke, inkl. Unterkonstruktion, abgehängt mit Schnellabhängern. Wandanschlussausbildung nach gesonderter Position.
Unterkonstruktion: Metallprofile CD 60/27/06, UD 28/27/06
Abhängung: **Nonius-Schnellabhänger / Draht mit Öse**
Bekleidung: **Gipsplatte Typ F / D / Gipsfaserplatte**
Plattendicke: 1x 18 mm und 1x 25 mm
Oberfläche: Qualitätsstufe Q2
Dämmung: **ohne Dämmung / akustisch wirkende MW-Platte, d = 40mm**
Brandschutz: **F90 / EI90**, Brandbelastung von unten
Untergrund: Holzkonstruktion
Einbauhöhe: bis ..... m
Abhängehöhe: bis 0,50 m

–€ | 82€ | **103**€ | 135€ | –€ | [m²] | ⏱ 0,70 h/m² | 039.000.007

11 **Unterdecke, abgehängt, Gipsplatten 2x20 mm, F90A/EI90** KG **354**

Unterdecke aus vliesummantelten Gips-Feuerschutzplatten, als abgehängte Decke an Trapezblech, inkl. Unterkonstruktion, abgehängt mit Schnellabhängern. Wandanschlussausbildung nach gesonderter Position.
Unterkonstruktion: Metallprofile CD 60/27/06, UD 28/27/06
Abstand Tragprofil: 400 mm
Abhängung: **Nonius-Schnellabhänger / Draht mit Öse**
Bekleidung: Gipsplatte mit Vliesarmierung, Typ GM-F, A1
Plattendicke: 2x 20 mm
Oberfläche: Qualitätsstufe Q2
Feuerwiderstand: **F90A / EI90**, Brandbelastung von unten
Untergrund: .....
Einbauhöhe: bis ..... m
Abhängehöhe: bis 0,50 m

–€ | 80€ | **87**€ | 99€ | –€ | [m²] | ⏱ 0,90 h/m² | 039.000.097

▶ min
▷ von
ø Mittel
◁ bis
◀ max

12 Unterdecke, abgehängt, Zementplatten, Feuchtraum KG **354**

Unterdecke aus Zementplatten, für Feuchtraum, als abgehängte Decke inkl. Unterkonstruktion, abgehängt mit Schnellabhängern. Wandanschlussausbildung nach gesonderter Position.
Unterkonstruktion: Metallprofile CD 60/27/06, UD 28/27/06
Abhängung: **Nonius-Schnellabhänger / Draht mit Öse**
Bekleidung: Zementbauplatte, Fugen verklebt
Plattendicke: 1x 12,5 mm
Oberfläche: Qualitätsstufe Q2
Feuchteklasse: A01
Untergrund: .....
Einbauhöhe: bis 3,20 m
Abhängehöhe: bis 0,50 m

▶	▷	ø netto €	◁	◀	[Einheit]	Ausf.-Dauer	Positionsnummer
–€	80€	**75**€	87€	–€	[m²]	⏱ 0,70 h/m²	039.000.098

13 Unterdecke, abgehängt, F90A/EI90, selbsttragend KG **354**

Freitragende Unterdecke mit ober- und unterseitiger Beplankung aus Brandschutz-Bauplatten, inkl. Unterkonstruktion. Randanschlüsse, Durchführungen und dgl. nach gesonderter Position.
Unterkonstruktion: Tragprofil aus Metallprofil
Bekleidung: zementgebundene Silikat-Bauplatten
Plattendicke: .....
Brandverhalten: A1
Rohdichte: ..... kg/m³
Oberfläche: Qualitätsstufe Q2
Feuerwiderstand: **F90A / EI90**, Brandbelastung von oben und unten
Randanschlüsse: .....
Raumhöhe: .....
Untergrund: .....
Einbauhöhe: .....
Spannweite: .....

▶	▷	ø netto €	◁	◀	[Einheit]	Ausf.-Dauer	Positionsnummer
71€	99€	**112**€	136€	188€	[m²]	⏱ 0,75 h/m²	039.000.075

14 Verstärkung, Unterkonstruktion, Unterdecke KG **354**

Verstärkung der Unterkonstruktion für abgehängte Decke, mit OSB-Holzplattenstreifen, geeignet für die Montage von Einbauteilen.
Bauteile: **Anbauleuchten / Gardinenleisten / Abhängekonstruktionen**
Abmessung Holzstreifen: .....

▶	▷	ø netto €	◁	◀	[Einheit]	Ausf.-Dauer	Positionsnummer
5€	7€	**7**€	8€	11€	[m²]	⏱ 0,04 h/m²	039.000.050

15 Unterkonstruktion, Federschiene, Unterdecke KG **354**

Federschiene, Unterkonstruktion der abgehängten GK- / GF-Decke.
Federschiene: aus verzinktem Stahlblechprofil, Hutprofil 98 x 15
Abstand UK: d= .... mm
Untergrund: .....

▶	▷	ø netto €	◁	◀	[Einheit]	Ausf.-Dauer	Positionsnummer
7€	10€	**14**€	17€	22€	[m²]	⏱ 0,06 h/m²	039.000.064

Nr.	Kurztext / Langtext					Kostengruppe
▶	▷	**ø netto €**	◁	◀	[Einheit]	Ausf.-Dauer Positionsnummer

16 Weitspannträger, Unterdecke — KG **354**

Weitspannträger Unterkonstruktion, freitragende Decke, ohne Brandbeanspruchung, Tragprofil aus Metall-Systemprofilen, geeignet für unterseitige Beplankung mit Gipsplatten.
Platten: .....
Untergrund: .....

6€ | 12€ | **16**€ | 18€ | 22€ | [m²] | ⏱ 0,08 h/m² | 039.000.076

17 Wandanschluss, Schattennutprofil, Unterdecke — KG **354**

Wandanschluss mit Schattenfugen-Profil, für Gipsplatten-Deckenbekleidung, einschl. Unterkonstruktion, Profil flächenbündig anspachteln und glatt feinschleifen.
Brandschutz: .....
Fugenbreite: ca. 15 mm
Fugentiefe: 12,5 mm
Untergrund: .....

5€ | 9€ | **11**€ | 13€ | 20€ | [m] | ⏱ 0,16 h/m | 039.000.009

Kosten:
Stand 1.Quartal 2020
Bundesdurchschnitt

18 Verblendung, Deckensprung, Unterdecke — KG **354**

Verblendung von Deckensprung in abgehängter Decke, inkl. Unterkonstruktion und einlagiger Beplankung mit Gipsplatten. Eck- / Kantenprofil am Übergang der abgehängten Decke nach getrennter Position.
Blendenhöhe: 50-800 mm
Unterteilung: 50-400 mm
Höhe: 400-800 mm
Abhängehöhe: ..... m
Bekleidung: Gipsplatte Typ A, 1x 12,5 mm
Oberfläche: Qualitätsstufe Q2

15€ | 25€ | **31**€ | 39€ | 57€ | [m] | ⏱ 0,14 h/m | 039.000.010

19 Öffnungen/Ausschnitte, bis DN200, Unterdecke — KG **354**

Leuchtenausschnitt in abgehängter Decke, für runde Einbauleuchten (Downlights), einschl. evtl. Auswechslung der Unterkonstruktion.
Durchmesser: bis 200 mm
Feuerwiderstand Bauteil: EI....., von unten
Bekleidung: .....
Plattendicke: ..... mm

4€ | 9€ | **11**€ | 15€ | 24€ | [St] | ⏱ 0,20 h/St | 039.000.011

20 Aussparung, Langfeldleuchte, Unterdecke — KG **354**

Leuchtenausschnitt in abgehängter Decke, für Langfeld-Einbauleuchten, einschl. evtl. Auswechselung der Unterkonstruktion.
Aussparungsgröße (B x L): 150 x 2.000 mm
Feuerwiderstand Bauteil: EI....., von unten
Bekleidung: .....
Plattendicke: ..... mm

6€ | 13€ | **16**€ | 20€ | 31€ | [m] | ⏱ 0,25 h/m | 039.000.012

▶ min
▷ von
ø Mittel
◁ bis
◀ max

21 Bekleidung, Dachgeschoss, Gipsplatten, einlagig KG **354**

Bekleidung aus Gipsplatten im Dachgeschoss, inkl. Unterkonstruktion aus Holzlatten und Verspachtelung. Anschlussausbildung nach gesonderter Position.
Holzlattung: .....
Achsmaß: .....
Bekleidung: Gipsplatte Typ A
Plattendicke: 1x 12,5 mm
Oberfläche: Qualitätsstufe Q2
Untergrund: .....

–€	32€	**37**€	44€	–€	[m2]	⏱ 0,06 h/m2	039.000.100

22 Bekleidung, Dachgeschoss, Gipsplatten, zweilagig, inkl. Holz-Unterkonstruktion KG **354**

Bekleidung aus Gipsplatten im Dachgeschoss, inkl. Unterkonstruktion aus Holzlatten und Verspachtelung. Anschlussausbildung nach gesonderter Position.
Holzlattung: .....
Achsmaß: .....
Bekleidung: Gipsplatte Typ A
Plattendicke: 2x 12,5 mm
Oberfläche: Qualitätsstufe Q2
Untergrund: .....

–€	41€	**47**€	57€	–€	[m2]	⏱ 0,18 h/m2	039.000.101

23 Bekleidung Dachschräge, Gipsfaserplatte, Holz-UK KG **354**

Bekleidung aus Gipsfaserplatten im Dachgeschoss, inkl. Unterkonstruktion aus Holzlatten und Verspachtelung. Anschlussausbildung nach gesonderter Position.
Holzlattung: .....
Achsmaß: ..... m
Bekleidung: Gipsfaserplatte Typ A
Plattendicke: 1x 12,5 mm
Oberfläche: Qualitätsstufe Q2
Untergrund: .....

–€	39€	**45**€	54€	–€	[m2]	⏱ 0,60 h/m2	039.000.103

24 Bekleidung DG, Zementplatte, Feuchtraum, Holz-UK KG **354**

Bekleidung aus Zement-Bauplatten im Dachgeschoss, inkl. Unterkonstruktion aus Holzlatten, Verklebung der Plattenfugen und Verspachtelung. Anschlussausbildung nach gesonderter Position.
Holzlattung: .....
Achsmaß: .....
Bekleidung: Zement-Bauplatte
Plattendicke: 1x 12,5 mm
Oberfläche: Qualitätsstufe Q2
Untergrund: .....

–€	64€	**73**€	88€	–€	[m2]	⏱ 0,80 h/m2	039.000.104

Kosten:
Stand 1.Quartal 2020
Bundesdurchschnitt

Nr.	**Kurztext** / Langtext					Kostengruppe
▶	▷	**ø netto €**	◁	◀	[Einheit]	Ausf.-Dauer Positionsnummer

25 Montagewand, Holz-UK, 100mm, Gipsplatten, zweilagig, MW 40mm, EI30 KG **342**

Nichttragende Trennwand, als beidseitig beplankte Holzständerwand, mit Dämmschicht aus Mineralwolleplatten, abrutschsicher und dicht gestoßen, einschl. Verspachtelung von Fugen und Befestigungsmitteln.
Boden: Estrich
Unterkonstruktion: Einfach-Ständerwerk aus Holzprofilen
Profilquerschnitt: 60 x 60 mm
Ständerabstand: 62,5 cm
Beplankung: Gipsplatte Typ **A / H2 / DF / DFH2**
Plattendicken: 2x 12,5 mm, je Seite
Oberfläche: Qualitätsstufe Q2
Dämmung: MW
Nennwert der Wärmeleitfähigkeit: 0,040 W/(mK)
Strömungswiderstand: mind. 5 kPa s/m²
Dämmdicke: 40 mm
Anschlüsse: starrer Anschluss
Feuerwiderstand: EI 30
Brandbelastung: .....
Wanddicke: 100 mm
Wandhöhe: .....
Einbaubereich: **1 / 2**

55€ 64€ **69**€ 80€ 92€ [m²] ⏱ 0,40 h/m² 039.000.078

26 Montagewand, Holz-UK, 85mm, GF einlagig, MW 40mm, EI30 KG **342**

Nichttragende Trennwand aus Gipsfaserplatten, als beidseitig beplankte Holzständerwand, mit Dämmschicht aus Mineralwolleplatten, abrutschsicher und dicht gestoßen, einschl. Verspachtelung von Fugen und Befestigungsmitteln.
Unterkonstruktion: Einfach-Ständerwerk aus Holzprofilen
Profilquerschnitt: 60 x 60 mm
Ständerabstand: 62,5 cm
Beplankung: Gipsfaserplatte GF-I-W2-C1
Plattendicken: 1x 12,5 mm, je Seite
Oberfläche: Qualitätsstufe Q2
Dämmung: MW
Strömungswiderstand: mind 5 kPa s/m²
Dämmdicke: 40 mm
Anschlüsse: starrer Anschluss
Feuerwiderstand: EI 30
Wanddicke: 85 mm
Wandhöhe: .....
Einbaubereich: **1 / 2**

–€ 47€ **54**€ 62€ –€ [m²] ⏱ 0,65 h/m² 039.000.105

▶ min
▷ von
ø Mittel
◁ bis
◀ max

27 Montagewand, Holz-UK, 100mm, GF zweilagig, MW 50mm, EI90 KG **342**

Nichttragende Trennwand aus Gipsfaserplatten, als beidseitig doppelt beplankte Holzständerwand, mit Dämmschicht aus Mineralwolleplatten, abrutschsicher und dicht gestoßen, einschl. Verspachtelung von Fugen und Befestigungsmittel.
Unterkonstruktion: Einfach-Ständerwerk aus Holzprofilen
Profilquerschnitt: 60 x 60 mm
Ständerabstand: 62,5 cm
Bekleidung: Gipsfaserplatte GF-I-W2-C1
Plattendicken je Seite: 2x 12,5 mm
Oberfläche: Qualitätsstufe Q2
Dämmung: MW, A1, 1.000°
Strömungswiderstand: mind. 5 kPa s/m²
Dämmdicke: 50 mm
Anschlüsse: starrer Anschluss
Feuerwiderstand: EI 90
Wanddicke: 100 mm
Wandhöhe: .....
Einbaubereich: **1 / 2**

–€	58€	**65€**	75€	–€	[m²]	⏱ 0,85 h/m²	039.000.106

28 Montagewand, Metall-UK, 100mm, Gipsplatten, einlagig, MW 40mm KG **342**

Nichttragende innere Trennwand, als beidseitig beplankte Montagewand, mit Dämmschicht aus Mineralwolleplatten, abrutschsicher und dicht gestoßen, einschl. Verspachtelung von Fugen und Befestigungsmittel.
Boden: Estrich
Unterkonstruktion: Einfach-Ständerwerk aus verzinkten Stahlblechprofilen
Profilgröße: 75 mm
Beplankung: Gipsplatte Typ **A / H2 (imprägniert)**
Oberfläche: Qualitätsstufe Q2
Dämmung: MW
Nennwert der Wärmeleitfähigkeit: 0,040 W/(mK)
Strömungswiderstand: mind. 5 kPa s/m²
Dämmdicke: 40 mm
Anschlüsse: starrer Anschluss
Feuerwiderstand: ohne Anforderung
Wanddicke: 100 mm
Wandhöhe: bis 3,00 m
Einbaubereich: **1 / 2**

43€	53€	**57€**	67€	86€	[m²]	⏱ 0,40 h/m²	039.000.144

023
024
025
026
027
028
029
030
031
032
033
034
036
037
038
039

Kosten:
Stand 1.Quartal 2020
Bundesdurchschnitt

Nr.	**Kurztext** / Langtext						Kostengruppe
▶	▷	**ø netto €**	◁	◀	[Einheit]	Ausf.-Dauer	Positionsnummer

29 Montagewand, Metall-UK, 75mm, Gipsfaserplatten, einlagig KG **342**

Nichttragende innere Trennwand, als beidseitig beplankte Montagewand, mit Dämmschicht aus Mineralwolleplatten, abrutschsicher und dicht gestoßen, einschl. Verspachtelung von Fugen und Befestigungsmittel.
Boden: Estrich
Unterkonstruktion: Einfach-Ständerwerk aus verzinkten Stahlblechprofilen
Profilgröße: 50 mm
Beplankung: Gipsfaserplatte
Plattendicken je Seite: 1x 12,5 mm
Oberfläche: Qualitätsstufe Q2
Dämmung: MW
Strömungswiderstand: mind. 5 kPa s/m²
Dämmdicke: 40 mm
Anschlüsse: starrer Anschluss
Feuerwiderstand: ohne Anforderung
Wanddicke: 75 mm
Wandhöhe: .....
Einbaubereich: **1 / 2**

▶	▷	ø	◁	◀	Einheit	Ausf.-Dauer	Positionsnummer
–€	46€	**54**€	63€	–€	[m²]	⏱ 0,70 h/m²	039.000.107

30 Montagewand, Metall-UK, 125mm, Gipsplatten zweilagig, MW 60mm, EI30 KG **342**

Nichttragende innere Trennwand, als beidseitig beplankte Metallständerwand, mit Dämmschicht aus Mineralwolleplatten, abrutschsicher und dicht gestoßen, einschl. Verspachtelung von Fugen und Befestigungsmittel.
Boden: Estrich **/ Rohboden**
Unterkonstruktion: Einfach-Ständerwerk aus verzinkten Stahlblechprofilen
Profilgröße: 75 mm
Beplankung: Gipsplatte Typ **A / H2**
Plattendicken je Seite: 2x 12,5 mm
Oberfläche: Qualitätsstufe Q2
Dämmung: MW
Nennwert der Wärmeleitfähigkeit: ..... W/(mK)
Strömungswiderstand: mind. 5 kPa s/m²
Dämmdicke: 60 mm
Anschlüsse: starrer Anschluss
Feuerwiderstand: EI 30
Brandbelastung: beidseitig
Wanddicke: 125 mm
Wandhöhe: ..... m
Einbaubereich:**1 / 2**

▶	▷	ø	◁	◀	Einheit	Ausf.-Dauer	Positionsnummer
43€	57€	**62**€	71€	93€	[m²]	⏱ 0,65 h/m²	039.000.145

▶ min
▷ von
ø Mittel
◁ bis
◀ max

31 Montagewand, Metall-UK, 150mm, Gipsplatten zweilagig, MW 40mm, EI30 KG **342**

Nichttragende innere Trennwand, als beidseitig beplankte Montagewand mit Dämmschicht aus Mineralwolleplatten, abrutschsicher und dicht gestoßen, einschl. Verspachtelung von Fugen und Befestigungsmittel.
Boden: **Estrich / Rohboden**
Unterkonstruktion: Einfach-Ständerwerk aus verzinkten Stahlblechprofilen
Profilgröße: 100 mm
Beplankung: Gipsplatte Typ **A / H2**
Plattendicken je Seite: 2x 12,5 mm
Oberfläche: Qualitätsstufe Q2
Dämmung: MW
Nennwert der Wärmeleitfähigkeit: ..... W/(mK)
Strömungswiderstand: mind. 5 kPa s/m²
Dämmdicke: 40 mm
Anschlüsse: starrer Anschluss
Feuerwiderstand: EI 30
Brandbelastung: beidseitig
Wanddicke: 150 mm
Wandhöhe: .....
Einbaubereich: **1 / 2**

47€ 58€ **63**€ 73€ 98€ [m²] ⏱ 0,65 h/m² 039.000.017

32 Montagewand, Metall-UK, 100mm, Gipsplatten DF zweilagig, MW 50mm, EI90 KG **342**

Nichttragende innere Trennwand, als beidseitig beplankte Montagewand, mit Dämmschicht aus Mineralwolleplatten, abrutschsicher und dicht gestoßen, einschl. Verspachtelung von Fugen und Befestigungsmittel.
Boden: **Estrich / Rohboden**
Unterkonstruktion: Einfach-Ständerwerk aus verzinkten Stahlblechprofilen
Profilgröße: 50 mm
Beplankung: Gipsplatte Typ **DF / DFH2**
Plattendicken je Seite: 2x 12,5 mm
Oberfläche: Qualitätsstufe Q2
Dämmung: MW
Nennwert der Wärmeleitfähigkeit: ..... W/(mK)
Strömungswiderstand: mind. 5 kPa s/m²
Dämmdicke: 50 mm
Rohdichte Dämmung: .....
Anschlüsse: starrer Anschluss
Feuerwiderstand: EI 90
Brandbelastung: beidseitig
Schalldämmung: R_w,R = 55 dB
Wärmedurchgangskoeffizient: 0,61 W/(mK)
Wanddicke: 100 mm
Wandhöhe: .....
Einbaubereich: **1 / 2**

50€ 63€ **69**€ 80€ 110€ [m²] ⏱ 0,65 h/m² 039.000.018

023 024 025 026 027 028 029 030 031 032 033 034 036 037 038 **039**

Nr. **Kurztext** / Langtext Kostengruppe
▶ ▷ **ø netto €** ◁ ◀ [Einheit] Ausf.-Dauer Positionsnummer

33 **Montagewand, Metall-UK, 100mm, Zementplatten, einlagig, Feuchtraum** KG **342**

Nichttragende innere Trennwand, als beidseitig beplankte Montagewand mit Zementplatten für Feuchtraum, mit Dämmschicht aus Mineralwolleplatten, abrutschsicher und dicht gestoßen, inkl. Verklebung der Plattenfugen und Verspachtelung.
Boden: **Estrich / Rohboden**
Unterkonstruktion: Einfach-Ständerwerk aus verzinkten Stahlblechprofilen
Profilgröße: 75 mm
Beplankung: Zementplatten
Plattendicken je Seite: 1x 12,5 mm
Oberfläche: Qualitätsstufe Q2
Dämmung: MW
Strömungswiderstand: mind. 5 kPa s/m²
Dämmdicke: 50 mm
Rohdichte Dämmung: .....
Schalldämmung: R_W,R = ... dB
Anschlüsse: starrer Anschluss
Wanddicke: 100 mm
Wandhöhe: .....
Einbaubereich: **1 / 2**

–€ 68€ **75**€ 91€ –€ [m²] ⏱ 0,70 h/m² 039.000.109

34 **Montagewand, Metall-UK, 125mm, Zementplatten, doppellagig, Feuchtraum** KG **342**

Nichttragende innere Trennwand, als beidseitig beplankte Montagewand mit Zementplatten für Feuchtraum, mit Dämmschicht aus Mineralwolleplatten, abrutschsicher und dicht gestoßen, inkl. Verklebung der Plattenfugen und Verspachtelung.
Boden: **Estrich / Rohboden**
Unterkonstruktion: Einfach-Ständerwerk aus verzinkten Stahlblechprofilen
Profilgröße: 75 mm
Bekleidung: Zementplatten
Beplankung: je Seite: 2x 12,5 mm
Oberfläche: Qualitätsstufe Q2
Dämmung: MW
Strömungswiderstand: mind. 5 kPa s/m²
Dämmdicke: 50 mm
Rohdichte Dämmung: .....
Anschlüsse: starrer Anschluss
Wanddicke: 125 mm
Wandhöhe: .....
Einbaubereich: **1 / 2**

–€ 92€ **100**€ 114€ –€ [m²] ⏱ 0,90 h/m² 039.000.110

Kosten:
Stand 1.Quartal 2020
Bundesdurchschnitt

▶ min
▷ von
ø Mittel
◁ bis
◀ max

35 Montagewand, Gipsplatten, Brandwand, nichttragend KG **342**

Nichttragende innere Trennwand, als beidseitig beplankte Montagewand, mit Stahlblecheinlage und Dämmschicht aus Mineralwolleplatten, abrutschsicher und dicht gestoßen, einschl. Verspachtelung von Fugen und Befestigungsmittel.
Boden: **Estrich / Rohboden**
Unterkonstruktion: Einfach-Ständerwerk aus verzinkten Stahlblechprofilen
Profilgröße: 50 mm
Profilabstand: 312,5 mm
Bekleidung: Gips-Feuerschutzplatte GM-F, vliesarmiert, A1
Beplankung: 2x 12,5 mm, je Seite
Stahlblecheinlage je Seite: 0,5 mm
Oberfläche: Qualitätsstufe Q2
Dämmung: MW
Strömungswiderstand: mind. 5 kPa s/m²
Dämmdicke: 80 mm
Rohdichte Dämmung: 40 kg/m²
Anschlüsse: starrer Anschluss
Feuerwiderstand: **F90A / EI 90-M**
Brandbelastung: beidseitig
Wanddicke: 111 mm
Wandhöhe: .....
Einbaubereich: **1 / 2**

▶	▷	ø netto €	◁	◀	[Einheit]	Ausf.-Dauer	Positionsnummer
–€	103€	**113**€	132€	–€	[m²]	⏱ 1,60 h/m²	039.000.113

36 Montagewand, Gipsplatten, Brandwand KG **342**

Nichttragende innere Trennwand, als beidseitig beplankte Montagewand, mit Stahlblecheinlage und Dämmschicht aus Mineralwolleplatten, abrutschsicher und dicht gestoßen, einschl. Verspachtelung von Fugen und Befestigungsmittel.
Boden: **Estrich / Rohboden**
Unterkonstruktion: Einfach-Ständerwerk aus verzinkten Stahlblechprofilen
Profilgröße: 100 mm
Profilabstand: 312,5 mm
Bekleidung: Gipsplatte, Typ DF
Beplankung: 1x 20 und 1x 12,5 mm, je Seite
Stahlblecheinlage je Seite: 0,5 mm
Oberfläche: Qualitätsstufe Q2
Dämmung: MW
Strömungswiderstand: mind. 5 kPa s/m²
Dämmdicke: 80 mm
Rohdichte Dämmung: 40 kg/m²
Anschlüsse: starrer Anschluss
Feuerwiderstand: **F90A / EI 90-M**
Brandbelastung: beidseitig
Wanddicke: 166 mm
Wandhöhe: .....
Einbaubereich: **1 / 2**

▶	▷	ø netto €	◁	◀	[Einheit]	Ausf.-Dauer	Positionsnummer
–€	120€	**133**€	158€	–€	[m²]	⏱ 1,70 h/m²	039.000.114

023 024 025 026 027 028 029 030 031 032 033 034 036 037 038 **039**

Kosten:
Stand 1.Quartal 2020
Bundesdurchschnitt

Nr. **Kurztext** / Langtext | Kostengruppe
▶ ▷ **ø netto €** ◁ ◀ [Einheit] Ausf.-Dauer Positionsnummer

37 Montagewand, Gipsplatten, Sicherheitswand, einbruchhemmend KG **342**

Nichttragende innere Trennwand, als beidseitig beplankte Sicherheitswand, mit Stahlblecheinlage und Dämmschicht aus Mineralwolleplatten, abrutschsicher und dicht gestoßen, einschl. Verspachtelung von Fugen und Befestigungsmitteln.
Boden: **Estrich / Rohboden**
Unterkonstruktion: Einfach-Ständerwerk aus verzinkten Stahlblechprofilen
Profilgröße: 100 mm
Bekleidung: Gipsplatte, Typ DF
Beplankung: 2x 12,5 mm, je Seite
Stahlblecheinlage je Seite: 0,5 mm
Oberfläche: Qualitätsstufe Q2
Dämmung: MW
Strömungswiderstand: mind. 5 kPa s/m²
Dämmdicke: 80 mm
Rohdichte Dämmung: .....
Anschlüsse: **starrer Anschluss / gleitender Anschluss**
Brandschutz: **F90A / EI 90-M**
Brandbelastung: beidseitig
Wanddicke: 152 mm
Einbruchhemmung: RC3
Wandhöhe: .....
Einbaubereich: **1 / 2**

–€ 114€ **128**€ 145€ –€ [m²] ⏱ 1,75 h/m² 039.000.115

38 Montagewand, außen, Metall-UK, Zementplatte, nichttragend KG **342**

Nichttragende innere Trennwand, als beidseitig beplankte Sicherheitswand, mit Stahlblecheinlagen und Dämmschicht aus Mineralwolleplatten, abrutschsicher und dicht gestoßen, inkl. Verklebung der Plattenfugen und Verspachtelung.
Boden: **Estrich / Rohboden**
Unterkonstruktion: Einfach-Ständerwerk aus verzinkten Stahlblechprofilen
Profilgröße: 100 mm
Bekleidung: Zementplatten
Beplankung: 2x 12,5 mm, je Seite
Stahlblecheinlage je Seite: 2x 0,5 mm
Oberfläche: Qualitätsstufe Q2
Dämmung: MW
Strömungswiderstand: mind. 5 kPa s/m²
Dämmdicke: 80 mm
Rohdichte Dämmung: .....
Anschlüsse: starrer Anschluss
Feuerwiderstand: **F90A / EI 90-M**
Brandbelastung: beidseitig
Wanddicke: 152 mm
Einbruchhemmung: Anforderung entspr. RC3 / Widerstandsklasse A nach VdS.
Wandhöhe: .....
Einbaubereich: **1 / 2**

–€ 82€ **90**€ 104€ –€ [m²] ⏱ 0,95 h/m² 039.000.116

▶ min
▷ von
ø Mittel
◁ bis
◀ max

39 **Montagewand, Metall-UK, 200mm, GK doppellagig, doppeltes Ständerwerk** KG **342**

Nichttragende innere Trennwand, als beidseitig beplankte Installationswand mit doppeltem Ständerwerk, mit Dämmschicht aus Mineralwolleplatten, abrutschsicher und dicht gestoßen, einschl. Verspachteln und Schleifen von Fugen und Befestigungsmittel.
Boden: Estrich / Rohboden
Unterkonstruktion: Doppelständerwerk aus verzinkten Stahlblech-Profilen
Profilgröße: 2x 75 mm
Bekleidung: Gipsplatte Typ **DF / DFH2**
Beplankung: je Seite: 2x 12,5 mm
Oberfläche: Qualitätsstufe Q2
Dämmung: MW
Nennwert der Wärmeleitfähigkeit: ..... W/(mK)
Strömungswiderstand: mind. 5 kPa s/m^2
Dämmdicke: 2x 40 mm
Anschlüsse: starrer Anschluss
Feuerwiderstand: .....
Brandbelastung: beidseitig
Schalldämmung: R_w, R >61 dB
Wärmedurchgangskoeffizient: 0,60 W/(m^{2}K)
Wanddicke: über 200 mm
Wandhöhe: .....
Einbaubereich: **1 / 2**

57€ 71€ **76**€ 85€ 106€ [m^2] ⏱ 0,80 h/m^2 039.000.019

40 **Montagewand, Metall-UK, 125mm, GKF einlagig, doppeltes Ständerwerk, MW80mm** KG **342**

Nichttragende innere Trennwand, als beidseitig beplankte Installationswand mit doppeltem Ständerwerk, mit Dämmschicht aus Mineralwolleplatten, abrutschsicher und dicht gestoßen, einschl. Verspachtelung von Fugen und Befestigungsmittel.
Boden: **Estrich / Rohboden**
Unterkonstruktion: Doppelständerwerk aus verzinkten Stahlblechprofilen
Profilgröße: 2x 50 mm
Beplankung: Gipsplatte Typ **DF / DFH2**
Plattendicken je Seite: 1x 12,5 mm
Oberfläche: Qualitätsstufe Q2
Dämmung: MW
Nennwert der Wärmeleitfähigkeit: ..... W/(mK)
Strömungswiderstand: mind. 5 kPa s/m^2
Dämmdicke: 2x 40 mm
Anschlüsse: starrer Anschluss
Feuerwiderstand: EI 30
Brandbelastung: beidseitig
Schalldämmung: R_w, R = 52 dB
Wärmedurchgangskoeffizient: 0,60 W/(mK)
Wanddicke: 125 mm
Wandhöhe: bis 2,75 m
Einbaubereich: **1 / 2**

64€ 73€ **74**€ 86€ 102€ [m^2] ⏱ 0,75 h/m^2 039.000.015

Nr. **Kurztext** / Langtext | Kostengruppe
▶ ▷ **ø netto €** ◁ ◀ [Einheit] Ausf.-Dauer Positionsnummer

41 Montagewand, Metall-UK, 100mm, GK einlagig, Schallschutz KG **342**

Nichttragende innere Trennwand, als beidseitig beplankte Metallständerwand mit Schallschutzfunktion, mit Dämmschicht aus Mineralwolleplatten, abrutschsicher und dicht gestoßen, einschl. Verspachtelung von Fugen und Befestigungsmittel.
Boden: **Estrich / Rohboden**
Unterkonstruktion: Einfach-Ständerwerk aus verzinkten Stahlblechprofilen
Profilgröße: 75 mm
Beplankung: Gipsplatte Typ **DF / DFH2**
Plattendicken je Seite: 2x 12,5 mm
Oberfläche: Qualitätsstufe Q2
Dämmung: MW
Strömungswiderstand: mind. 5 kPa s/m²
Dämmdicke: 60 mm
Anschlüsse: starrer Anschluss
Schallschutz: ca. R_W,R 58 dB
Wanddicke: 100 mm
Wandhöhe: .....
Einbaubereich: **1 / 2**

–€ 52€ **56**€ 67€ –€ [m²] ⏱ 0,70 h/m² 039.000.117

42 Montagewand, Metall-UK, 150mm, GK doppellagig, Schallschutz KG **342**

Nichttragende innere Trennwand, als beidseitig beplankte Metallständerwand mit Schallschutzfunktion, mit Dämmschicht aus Mineralwolleplatten, abrutschsicher und dicht gestoßen, einschl. Verspachtelung von Fugen und Befestigungsmittel.
Boden: **Estrich / Rohboden**
Unterkonstruktion: Einfach-Ständerwerk aus verzinkten Stahlblechprofilen
Profilgröße: 100 mm
Beplankung: Gipsplatte Typ DFR
Plattendicken je Seite: 2x 12,5 mm
Oberfläche: Qualitätsstufe Q2
Dämmung: MW
Strömungswiderstand: mind. 5 kPa s/m²
Dämmdicke: 80 mm
Anschlüsse: starrer Anschluss
Schallschutz: ca. R_W,R 67 dB
Wanddicke: 150 mm
Wandhöhe: .....
Einbaubereich: **1 / 2**

–€ 72€ **80**€ 92€ –€ [m²] ⏱ 0,95 h/m² 039.000.118

Kosten:
Stand 1.Quartal 2020
Bundesdurchschnitt

▶ min
▷ von
ø Mittel
◁ bis
◀ max

43 Montagewand, Metall-UK, 100mm, Gips-Hartplatten, Schall-/Brandschutz KG **342**

Nichttragende innere Trennwand, als beidseitig beplankte Metallständerwand mit Schallschutzfunktion, mit Dämmschicht aus Mineralwolleplatten, abrutschsicher und dicht gestoßen, einschl. Verspachtelung von Fugen und Befestigungsmittel.
Boden: **Estrich / Rohboden**
Unterkonstruktion: Einfach-Ständerwerk aus verzinkten Stahlblechprofilen
Profilgröße: 75 mm
Beplankung: Hartgipsplatte Typ DFH2IR
Plattendicken je Seite: 1x 12,5 mm
Oberfläche: Qualitätsstufe Q2
Dämmung: MW
Strömungswiderstand: mind. 5 kPa s/m²
Dämmdicke: 60 mm
Anschlüsse: starrer Anschluss
Schallschutz: .....
Feuerwiderstand: EI 30
Wanddicke: 100 mm
Wandhöhe: .....
Einbaubereich: **1 / 2**

–€	54€	**61**€	71€	–€	[m²]	⏱ 0,70 h/m²	039.000.119

44 Montagewand, Metall-UK, 125mm, Gips-Hartplatten, doppelt, Schall-/Brandschutz KG **342**

Nichttragende innere Trennwand, als beidseitig beplankte Metallständerwand mit Schallschutzfunktion, mit Dämmschicht aus Mineralwolleplatten, abrutschsicher und dicht gestoßen, einschl. Verspachtelung von Fugen und Befestigungsmitteln. Boden: Estrich / Rohboden
Unterkonstruktion: Einfach-Ständerwerk aus verzinkten Stahlblechprofilen
Profilgröße: 75 mm
Beplankung: Hartgipsplatte Typ DFH2IR
Plattendicken je Seite: 2x 12,5 mm
Oberfläche: Qualitätsstufe Q2
Dämmung: MW
Strömungswiderstand: mind. 5 kPa s/m²
Dämmdicke: 60 mm
Anschlüsse: starrer Anschluss
Schallschutz: .....
Feuerwiderstand: EI 90
Wanddicke: 125 mm
Wandhöhe: .....
Einbaubereich: **1 / 2**

–€	72€	**80**€	93€	–€	[m²]	⏱ 0,95 h/m²	039.000.120

Nr.	Kurztext / Langtext						Kostengruppe
▶	▷	ø netto €	◁	◀	[Einheit]	Ausf.-Dauer	Positionsnummer

45 Innenwand, Gipswandbauplatte, Mauerwerk KG **342**

Mauerwerk der nichttragenden Trennwand aus Gipswandbauplatten, eingebaut auf Rohdecke.
Wanddicke: **80 / 100 mm**
Feuerwiderstand: .....
Brandbelastung: .....
Brandverhalten: A1
Rohdichte: ..... kg/m³
Oberfläche: **Fugen abziehen / ganzflächig Spachteln / ohne Verspachtelung**
Wandanschluss: .....
Wandhöhe: .....
Einbaubereich **1 / 2**

42€ 50€ **53**€ 59€ 68€ [m²] ⏱ 0,60 h/m² 039.000.079

Kosten:
Stand 1.Quartal 2020
Bundesdurchschnitt

46 Anschluss, Montagewand, Dach-/Wandschräge KG **342**

Anschluss der nichttragenden Montagewand an Dachschräge. Abrechnung nach Länge des Anschlusses, in der Schräge gemessen.
Wanddicke: .....
Wandhöhe: von .... bis ....
Bekleidung: Gipsplatte Typ ...., d=12,5mm
Beplankung je Wandseite: **einlagig / zweilagig**
Dachschräge: ..... °

3€ 5€ **6**€ 8€ 9€ [m] ⏱ 0,20 h/m 039.000.070

47 Anschluss, gleitend, Montagewand KG **342**

Gleitender Anschluss für Montagewand, bis 20 mm, inkl. aller notwendiger Profilschienen.
Beplankung je Wandseite: **einlagig / zweilagig**
Anschluss: **oben / seitlich**

7€ 12€ **14**€ 16€ 23€ [m] ⏱ 0,30 h/m 039.000.026

48 Ecken, Kantenprofil, Montagewand KG **342**

Eckausbildung der Montagewand, im Grundriss rechtwinklig, Ausführung mit Eck- / Kantenprofil.

4€ 6€ **7**€ 9€ 14€ [m] ⏱ 0,18 h/m 039.000.053

49 Monatgewand, freies Wandende KG **342**

Freies Wandende der Montagewand, inkl. der Eck- / Kantenprofile.
Beplankung: **einlagig / zweilagig**
Gipsplatte: Typ .....
Breite der Stirnfläche: .....
Oberfläche: Qualitätsstufe Q2

6€ 12€ **14**€ 17€ 24€ [m] ⏱ 0,30 h/m 039.000.062

50 Montagewand, T-Anschluss KG **342**

T-Verbindung für Montagewand, Ausführung mit starrer Verbindung und Beplankung.
Ausführung: **unterbrochen / mit Inneneckprofilen**

4€ 8€ **9**€ 11€ 17€ [m] ⏱ 0,16 h/m 039.000.028

▶ min
▷ von
ø Mittel
◁ bis
◀ max

51 Montagewand, Sockelunterschnitt KG **342**

Ausbildung eines unterschnittenen Sockels in vor beschriebener Montagewand mit zweilagiger Beplankung.
Leistung im Zuge der Wandmontage:
- Unterschnitt herstellen
- fehlende zweite Beplankung durch zusätzliche Gipsplattenstreifen innerhalb der Wand ergänzen

Höhe Sockelprofil ab OK FFB: ca. 60 mm
Tiefe Sockelprofil: 12,5 mm
FB-Aufbau: ca. .....mm
Ausführung gem. Detail Nr.: .....

3€ 6€ **6€** 8€ 13€ [m] – 039.000.147

52 Türöffnung, Montagewand KG **344**

Türöffnung in Gipskarton- bzw. Gipsplatten-Montagewänden herstellen, mit Türpfosten aus UA-Profilen, inkl. aller erforderlicher Türpfostenwinkel-Profilen bzw. verstärkten Profilen bei Wandhöhen über 2.600mm und schweren Türblättern.
Baurichtmaß (B x H): **625 / 750 / 875 / 1.000** x 2.125 mm
Bekleidung: Gipsplatte Typ .....
Beplankung: **einlagig / zweilagig** je Seite
Wanddicke: **75 / 100 / 125 / 150** mm
Wandhöhe: .....

27€ 47€ **55€** 66€ 97€ [St] ⏱ 0,50 h/St 039.000.020

53 Fensteröffnung, Montagewand KG **344**

Fensteröffnung in Gipskarton- bzw. Gipsplatten-Montagewänden mit Rand aus UA-Profilen, inkl. aller erforderlicher Spezial-Profilen bzw. verstärkten Profilen bei Wandhöhen über 2.600mm.
Baurichtmaß (B x H): ..... x ..... mm
Bekleidung: Gipsplatte Typ .....
Beplankung: **einlagig / zweilagig** je Seite
Wanddicke: **75 / 100 / 125 / 150** mm
Wandhöhe: .....

25€ 49€ **58€** 66€ 80€ [St] ⏱ 0,50 h/St 039.000.072

54 Türzargen, Aluminium beschichtet KG **344**

Türzarge als Umfassungszarge, in Montagewand einbauen, mit Anschlagdämpfung als Hohlkammerprofil, Hohlraum dicht hinterfüllt mit Mineralwolle. Zarge mit Kerbe im Schließblech genau auf Meterriss ausrichten.
Türzarge: **einteilig / dreiteilig**
Material: Aluminium-Strangpressprofil
Profildicke: **1,5 / 2 mm**
Maulweite: ..... mm,
Zargen-Profil: .....
Türblätter: **gefälzt / ungefälzt**
Türband: Objektbänder, Typ ..... / .....
Zargenoberfläche: .....
Baurichtmaß (B x H): **625 / 750 / 875 / 1.000** x 2.125 mm
Wanddicke: .....

88€ 136€ **152€** 181€ 252€ [St] ⏱ 1,10 h/St 039.000.021

023
024
025
026
027
028
029
030
031
032
033
034
036
037
038
039

Kosten:
Stand 1.Quartal 2020
Bundesdurchschnitt

Nr.	**Kurztext** / Langtext							Kostengruppe
▶	▷	**ø netto €**	◁	◀		[Einheit]	Ausf.-Dauer	Positionsnummer

55 Türzargen, Umfassungszarge, einbauen KG **344**

Einbau von bauseitig gelieferten und gestellten Umfassungszargen in Montagewände.
Material: **Stahlblech / Aluminiumblech**
Ausführung: **einteilig / dreiteilig**
Fußbodeneinstand: **mit / ohne**
Baurichtmaß (B x H): **625 / 750 / 875 / 1.000** x 2.125 mm
Bekleidung: .....
Wanddicke:..... mm

28€ | 46€ | **55**€ | 66€ | 82€ | [St] | ⏱ 0,75 h/St | 039.000.022

56 Revisionsklappe 15x15 KG **345**

Revisionsklappe für Wandbekleidung bzw. Vorsatzschale, Klappe ohne sichtbaren Verschluss, Einbau- und Klapprahmen aus Aluminium, Öffnen der Klappe durch leichtes Andrücken, Ausführung mit Fangarmsicherung; inkl. Herstellen der Aussparung und flächenbündiger Beplankung und Verspachtelung.
Brandschutz: ohne Anforderung
Bekleidung: .....
Beplankung: **einlagig / zweilagig** je Seite
Plattendicke: ..... mm
Klappengröße (H x B): 150 x 150 mm

20€ | 30€ | **31**€ | 50€ | 72€ | [St] | ⏱ 0,25 h/St | 039.000.088

57 Revisionsklappe 30x30 KG **345**

Revisionsklappe für Wandbekleidung bzw. Vorsatzschale, Klappe ohne sichtbaren Verschluss, Einbau- und Klapprahmen aus Aluminium, Öffnen der Klappe durch leichtes Andrücken, Ausführung mit Fangarmsicherung; inkl. Herstellen der Aussparung und flächenbündiger Beplankung und Verspachtelung der Revisionsklappe.
Feuerwiderstand: ohne Anforderung
Bekleidung: .....
Beplankung: **einlagig / zweilagig** je Seite
Plattendicke: ..... mm
Klappengröße (H x B): 300 x 300 mm

27€ | 44€ | **51**€ | 66€ | 100€ | [St] | ⏱ 0,26 h/St | 039.000.142

58 Revisionsklappe 40x60 KG **345**

Revisionsklappe für Wandbekleidung bzw. Vorsatzschale, Klappe ohne sichtbaren Verschluss, Einbau- und Klapprahmen aus Aluminium, Öffnen der Klappe durch leichtes Andrücken, Ausführung mit Fangarmsicherung; inkl. Herstellen der Aussparung und flächenbündiger Beplankung und Verspachtelung. Brandschutz: ohne Anforderung.
Bekleidung: .....
Beplankung: **einlagig / zweilagig** je Seite
Plattendicke: ..... mm
Klappengröße (H x B): 400 x 600 mm

43€ | 56€ | **62**€ | 70€ | 88€ | [St] | ⏱ 0,28 h/St | 039.000.089

▶ min
▷ von
ø Mittel
◁ bis
◀ max

59 Revisionsöffnung/-klappe, eckig, Brandschutz EI90 KG **345**

Revisionsklappe für Wandbekleidung bzw. Vorsatzschale mit Brandschutzanforderung, Klappe ohne sichtbaren Verschluss, Einbau- und Klapprahmen aus Aluminium, Öffnen der Klappe durch leichtes Andrücken, Ausführung mit Fangarmsicherung; inkl. Herstellen der Aussparung und flächenbündiger Beplankung und Verspachtelung der Revisionsklappe.
Bekleidung: .....
Beplankung: **einlagig / zweilagig** je Seite
Plattendicke: ..... mm
Klappengröße (H x B): bis 500 x 500 mm
Brandschutz: EI 90
Angeb. Fabrikat: .....

208€ 293€ **322**€ 373€ 504€ [St] ⏱ 0,55 h/St 039.000.025

60 Montagewand, Verstärkung UK, Mehrschichtholz-Plattenstreifen KG **342**

Verstärkung der Unterkonstruktion der Montagewand mit Mehrschichtholz-Plattenstreifen, eingebaut in Oberschrankhöhe.
Plattenstreifen: 300 mm

7€ 14€ **16**€ 21€ 30€ [m] ⏱ 0,12 h/m 039.000.048

61 Montagewand, Verstärkung UK, CW-Profile KG **342**

Verstärkung der Unterkonstruktion der Montagewand, mit zusätzlichen Metall-Profil.
Profilstärke: 0,6 mm
Profil: CW .....

2€ 8€ **11**€ 14€ 22€ [m] ⏱ 0,10 h/m 039.000.047

62 Tragständer/Traverse, wandhängende Lasten KG **342**

Traggerüst im Wandhohlraum, befestigt an Rohfußboden und Decke, aus verzinkten Stahlblechprofilen, Objektbefestigung mit Gewindestangen, U-Scheiben und Stahlmuttern von selbstschneidenden Schrauben.
Einbaubereich: **1 / 2**
Wandhängende Lasten: bis 1,5 kN/m
Wandhöhe: .....

9€ 19€ **22**€ 26€ 39€ [St] ⏱ 0,20 h/St 039.000.073

63 Vorsatzschale, GK/GF KG **345**

Nichttragende innere, freistehende Vorsatzschale, einschl. Verspachtelung von Fugen und Befestigungsmitteln.
Befestigung: .....
Unterkonstruktion: Einfach-Ständerwerk aus verzinkten Stahlblechprofilen
Profilgröße: **50 / 75 mm**
Bekleidung: .....
Plattendicke: **1x / 2x** ..... mm
Oberfläche: Qualitätsstufe Q2
Anschluss: starrer Anschluss ..... m
Brandschutz: **EI 0 / EI 30**
Brandbelastung: einseitig
Wanddicke: .....
Wandhöhe: ..... m
Einbaubereich: **1 / 2**

26€ 39€ **44**€ 48€ 58€ [m²] ⏱ 0,40 h/m² 039.000.031

023
024
025
026
027
028
029
030
031
032
033
034
036
037
038
039

Nr.	**Kurztext** / Langtext						Kostengruppe
▶	▷	**ø netto €**	◁	◀	[Einheit]	Ausf.-Dauer	Positionsnummer

64 Vorsatzschale, GK/GF, Feuchträume KG **345**

Nichttragende innere, freistehende Vorsatzschale, als Installationswand / Schachtwand im Feuchtbereich, mit Dämmschicht aus Mineralwolleplatten, abrutschsicher und dicht gestoßen, einschl. Verspachtelung von Fugen und Befestigungsmittel.
Befestigung: frei stehend zwischen Stb-Boden und Stb-Decke
Unterkonstruktion: Einfach-Ständerwerk aus verzinkten Stahlblechprofilen
Profilgröße: **50 / 75 mm**
Beplankung: **Gipsplatte Typ H2 / Gipsfaserplatte**
Plattendicken einseitig: 12,5 mm
Oberfläche: Qualitätsstufe Q2
Dämmung: MW, d = ... mm ..... kg/m³
Wärmeleitfähigkeit: ..... W/(mK)
Strömungswiderstand: mind. 5 kPa s/m²
Anschluss: starrer Anschluss
Feuerwiderstand: EI 0
Wanddicke: **62,5 / 75 / 87,5 / 100 / 112,5** mm
Wandhöhe: ..... m
Einbaubereich: **1 / 2**

36€ | 47€ | **51**€ | 59€ | 77€ | [m²] | ⏱ 0,40 h/m² | 039.000.029

65 Vorsatzschale, Zementplatten, Feuchträume KG **345**

Nichttragende innere, freistehende Vorsatzschale, in Feuchträumen, mit Dämmschicht aus Mineralwolleplatten, abrutschsicher und dicht gestoßen, einschl. Dampfsperre und Verspachtelung von Fugen und Befestigungsmitteln.
Befestigung: frei stehend zwischen Stb-Boden und Stb-Decke
Unterkonstruktion: Einfach-Ständerwerk aus verzinkten Stahlblechprofilen
Profilgröße: **50 / 75 mm**
Beplankung: Zementplatten
Plattendicken einseitig: 12,5 mm
Oberfläche: Qualitätsstufe Q1 (für Fliesenbelegung)
Dämmung: MW, d = ... mm ..... kg/m³
Anschluss: starrer Anschluss
Dampfsperre: PE-Folie, 0,2 mm
Wanddicke: bis 112,5 mm
Wandhöhe: ..... m
Einbaubereich: **1 / 2**

–€ | 60€ | **69**€ | 81€ | –€ | [m²] | ⏱ 0,60 h/m² | 039.000.121

Kosten:
Stand 1.Quartal 2020
Bundesdurchschnitt

▶ min
▷ von
ø Mittel
◁ bis
◀ max

66 **Vorsatzschale, GK/GF, Schallschutz, R>50dB** KG **345**

Nichttragende innere, freistehende Vorsatzschale oder Schachtwand, schalldämmend, mit Dämmschicht aus Mineralwolleplatten, abrutschsicher und dicht gestoßen, einschl. Verspachtelung von Fugen und Befestigungsmitteln.
Befestigung: .....
Unterkonstruktion: Einfach-Ständerwerk aus verzinkten Stahlblechprofilen
Profilgröße: .....
Bekleidung: .....
Plattendicken: 2x ..... mm
Oberfläche: Qualitätsstufe Q2
Dämmung: .....
Wärmedurchgangskoeffizient: ..... W/(m²K)
Strömungswiderstand: mind. 5 kPa s/m²
Dämmdicke: .....
flächenbezogene Masse: ..... kg/m²
Anschlüsse: starrer Anschluss
Feuerwiderstand: EI 0
Schalldämmung: R_w, R = > 50 dB
Wanddicke: .....
Wandhöhe: .....
Einbaubereich: **1 / 2**

30€ 41€ **46€** 56€ 74€ [m²] ⏱ 0,45 h/m² 039.000.030

67 **Schachtwand, Gipsplatten, EI 90** KG **342**

Nichttragende innere, freistehende Schachtwand, einschl. Verspachtelung von Fugen und Befestigungsmitteln.
Befestigung: .....
Unterkonstruktion: Einfach-Ständerwerk aus verzinkten Stahlblechprofilen
Profilgröße: **50 / 75 mm**
Bekleidung: Gipsplatte Typ DF .....
Plattendicke: 2x ..... mm
Oberfläche: Qualitätsstufe Q2
Anschluss: starrer Anschluss
Feuerwiderstand: EI 90
Brandbelastung: einseitig
Wanddicke: .....
Wandhöhe: .....

43€ 51€ **56€** 65€ 78€ [m²] ⏱ 0,55 h/m² 039.000.056

Nr.	Kurztext / Langtext					Kostengruppe
▶	▷	ø netto €	◁	◀	[Einheit]	Ausf.-Dauer Positionsnummer

68 Verkofferung/Bekleidung, Rohrleitungen, Abw. 800mm KG **345**

Bekleidung von Installationsleitungen, mit Hohlraumdämmung aus Mineralwolle, inkl. Verspachtelung.
Abrechnung der notwendigen Eck- / Kantenprofile und V-Fräsungen nach getrennter Position.
Ansicht: **zweiseitig / dreiseitig**
Höhe Verkofferung: ..... mm
Abwicklung: bis 800 mm
Bekleidung: **Gipsplatte / Gipsfaserplatte**
Plattendicke: 1x 12,5 mm
Oberfläche: Qualitätsstufe Q2
Dämmung: MW, A1, 30 kg/m³, 5 kPa x s/m²
Untergrund: .....

40€ 51€ **56€** 66€ 88€ [m] ⏱ 0,40 h/m 039.000.032

Kosten:
Stand 1.Quartal 2020
Bundesdurchschnitt

69 Verkofferung/Bekleidung, Rohrleitungen, 2x12,5, Abw. 400mm KG **345**

Bekleidung von Installationsleitungen, mit Hohlraumdämmung aus Mineralwolle, einschl. Verspachtelung.
Abrechnung der notwendigen **Eck- / Kantenprofile** und V-Fräsungen nach getrennter Position.
Unterkonstruktion: **zweiseitig / dreiseitig**
Höhe Verkofferung: .....
Abwicklung: bis 400 mm
Plattenbekleidung: **Gipsplatte / Gipsfaserplatte**
Plattendicke: 2x 12,5 mm
Oberfläche: Qualitätsstufe Q2
Dämmung: MW, A1, 30 kg/m³, 5 kPa x s/m²
Untergrund: .....

–€ 47€ **63€** 80€ –€ [m²] ⏱ 0,80 h/m² 039.000.122

70 Kabelkanal EI30, einlagig, 1x20mm, Feuerschutzplatte GM-F KG **345**

Installationskanal EI30, horizontal, in den Ecken stirnseitig verklammert, Stöße mit Streifen hinterlegen,
Auflagerung der Kabelrinne direkt auf Brandschutz-Beplankung.
Bekleidung: **zwei- / dreiseitig / vierseitig**
Einbauhöhe der Unterkante: ..... m
Kanalmaße innen (B x H): ..... mm
Befestigungsgrund: Stahlbeton
Beplankung: Feuerschutz-Gipsplatten GM-F DIN EN 15283-1
Feuerwiderstand: feuerhemmend EI 30 DIN EN 13501
Brandbelastung: .....
Einbauort: ......
Untergrund: .....

–€ 72€ **83€** 104€ –€ [m²] ⏱ 1,10 h/m² 039.000.137

▶ min
▷ von
ø Mittel
◁ bis
◀ max

71 Installationskanal EI60, Feuerschutzplatte GM-F KG **345**

Installationskanal EI60, horizontal, in den Ecken stirnseitig verklammert, Stöße mit Streifen hinterlegen, Auflagerung der Kabelrinne direkt auf Brandschutz-Beplankung.
Bekleidung: **zwei- / dreiseitig / vierseitig**
Einbauhöhe der Unterkante: ..... m
Kanalmaße innen (B x H): ..... mm
Befestigungsgrund: Stahlbeton
Bekleidung: Feuerschutz-Gipsplatten GM-F DIN EN 15283-1
Feuerwiderstand: feuerhemmend EI 60 DIN EN 13501
Brandbelastung: .....
Einbauort: ......
Untergrund: .....

▶	▷	ø netto €	◁	◀	[Einheit]	Ausf.-Dauer	Positionsnummer
–€	93€	**107**€	134€	–€	[m²]	⏱ 1,40 h/m²	039.000.138

72 Installationskanal EI90, Feuerschutzplatte GM-F KG **345**

Installationskanal EI90, horizontal, in den Ecken stirnseitig verklammert, Stöße mit Streifen hinterlegen, Auflagerung der Kabelrinne direkt auf Brandschutz-Beplankung.
Bekleidung: **zwei- / dreiseitig / vierseitig**
Einbauhöhe der Unterkante: ..... m
Kanalmaße innen (B x H): ..... mm
Befestigungsgrund: Stahlbeton
Bekleidung: Feuerschutz-Gipsplatten GM-F DIN EN 15283-1
Feuerwiderstand: feuerbeständig EI 90 DIN EN 13501
Brandbelastung: .....
Einbauort: ......
Untergrund: .....

▶	▷	ø netto €	◁	◀	[Einheit]	Ausf.-Dauer	Positionsnummer
–€	104€	**119**€	149€	–€	[m²]	⏱ 1,40 h/m²	039.000.139

73 Trockenputz, Gipsverbundplatte KG **345**

Wandbekleidung aus Gipsverbundplatten mit aufkaschierter Dämmschicht, auf vorbereitete Wandflächen, inkl. Verspachtelung,
Plattendicke: 1x 12,5 mm
Dämmschicht: **MW / PS**
Wärmedämmung: ..... W/mK
Dämmdicke: **40 / 60 / 80 mm**
Oberfläche: Qualitätsstufe Q2
Brandverhalten Klasse: **A1 / E**
Einbauhöhe: ..... m
Untergrund: .....

▶	▷	ø netto €	◁	◀	[Einheit]	Ausf.-Dauer	Positionsnummer
26€	35€	**37**€	46€	62€	[m²]	⏱ 0,35 h/m²	039.000.033

Nr.	Kurztext / Langtext						Kostengruppe
▶	▷	**ø netto €**	◁	◀	[Einheit]	Ausf.-Dauer	Positionsnummer

74 Trockenputz, Gipsbauplatte A/H2 KG **345**

Wandbekleidung als Trockenputz aus Gipsplatten, auf vorbereitete Wandflächen, Anschlüsse ringsum, an Boden und Wände starr, inkl. Verspachtelung.
Bekleidung: Gipsplatte Typ **A/H2**
Plattendicke: 1x 9,5 / 12,5 mm
Oberfläche: Qualitätsstufe Q2
Einbauhöhe: ..... m
Untergrund: **Mauerwerk / Stahlbeton**

18€ 26€ **29**€ 34€ 46€ [m²] ⏱ 0,35 h/m² 039.000.034

75 Gipsplatten-/Gipsfaser-Bekleidung, einlagig auf Unterkonstruktion KG **364**

Einlagige Bekleidung von Wand oder Decke mit Gipsplatten, auf vorhandener Unterkonstruktion, inkl. Verspachtelung.
Bauteil: .....
Untergrund: .....
Achsmaß: .....
Bekleidung: einseitig, **Gipsfaserplatte / Gipsplatte Typ A / H2**
Plattendicke: 1x 12,5 mm
Einbauhöhe: bis 3,00 m
Oberfläche: Qualitätsstufe Q2

13€ 21€ **23**€ 29€ 41€ [m²] ⏱ 0,32 h/m² 039.000.035

76 Gipsplatten-/Gipsfaser-Bekleidung, doppelt, auf Unterkonstruktion KG **364**

Zweilagige Bekleidung von Wand oder Decke mit Gipsplatten, auf vorhandener Unterkonstruktion, inkl. Verspachtelung.
Bauteil: .....
Untergrund: .....
Achsmaß: .....
Bekleidung: einseitig, **Gipsfaserplatte / Gipsplatte Typ A / H2**
Plattendicke: 2x 12,5 mm
Einbauhöhe: bis 3,00 m
Oberfläche: Qualitätsstufe Q2

35€ 43€ **47**€ 54€ 67€ [m²] ⏱ 0,44 h/m² 039.000.036

77 Gipsplatten-Bekleidung, EI90, auf Unterkonstruktion KG **364**

Feuerbeständige Bekleidung von Wand oder Decke mit Gipsplatten, auf vorhandener Unterkonstruktion, einschl. Verspachtelung.
Bauteil: .....
Befestigungsuntergrund: .....
Achsmaß: .....
Bekleidung: Gipsplatte **Typ DF / Typ DF H2,** einseitig
Feuerwiderstand: EI90
Brandbelastung: von unten, in Verbindung mit der Dachkonstruktion aus Holzsparren und harter Bedachung
Einbauhöhe: ..... m
Oberfläche: Qualitätsstufe Q2

60€ 74€ **81**€ 93€ 122€ [m²] ⏱ 0,50 h/m² 039.000.037

Kosten:
Stand 1.Quartal 2020
Bundesdurchschnitt

▶ min
▷ von
ø Mittel
◁ bis
◀ max

78 Gipsplatten-Bekleidung, Holzstütze, EI30 KG **364**

Feuerhemmende Bekleidung Holzstütze, allseitig, einschl. Unterkonstruktion, Kantenschutz und Verspachtelung.
Bauteil: Holzstütze
Holzart: .....
Abwicklung Bekleidung: ..... mm
Bekleidung: Gipsplatte Typ **DF / DF H2**, vierseitig
Brandverhalten: A1 DIN EN 13501-1
Feuerwiderstand: EI30
Oberfläche: Qualitätsstufe Q2
Einbauort: .....
Einbauhöhe über Fußboden: ..... m

–€ 55€ **61**€ 71€ –€ [m²] ⏱ 0,90 h/m² 039.000.123

79 Gipsplatten-Bekleidung, Metallstütze, EI90 KG **364**

Feuerbeständige Bekleidung Metallstütze, allseitig, einschl. Unterkonstruktion, Kantenschutz und Verspachtelung.
Bauteil: Stahlstütze
Profilart: Hohlprofil
Abwicklung Bekleidung: ..... mm
Bekleidung: Gipsplatte Typ **DF / DF H2**, vierseitig
Brandverhalten: A1 DIN EN 13501-1
Feuerwiderstand: EI90
Oberfläche: Qualitätsstufe Q2
Einbauort: .....
Einbauhöhe über Fußboden: ..... m

–€ 91€ **100**€ 113€ –€ [m²] ⏱ 1,30 h/m² 039.000.124

80 Gipsplatten-Bekleidung, Holzträger, EI90 KG **364**

Feuerbeständige Bekleidung Holzbalken mit Gipsplatten, mit Kantenschutz, einschl. Verspachtelung.
Bauteil: **Binder / Träger / Unterzug** aus Holzwerkstoff
Profil: .....
Abwicklung Bekleidung: ..... mm
Bekleidung: Gipsplatte A1, GM-F
Oberfläche: Qualitätsstufe Q2
Feuerwiderstand: EI90

–€ 66€ **74**€ 92€ –€ [m²] ⏱ 0,60 h/m² 039.000.125

81 Gipsplatten-Bekleidung, Stahlträger, EI30 KG **364**

Feuerhemmende Bekleidung horizontaler Stahlträger mit Gipsplatten, mit Kantenschutz, einschl. Verspachtelung.
Bauteil: Stahlträger
Stahlprofil: .....
Bekleidung: Gipsplatte A1, GM-F, dreiseitig
Abwicklung: .....
Oberfläche: Qualitätsstufe Q2
Feuerwiderstand: EI30
Einbauort: .....
Einbauhöhe über Fußboden: ..... m

–€ 49€ **57**€ 67€ –€ [m²] ⏱ 0,60 h/m² 039.000.126

Nr.	Kurztext / Langtext					Kostengruppe
▶	▷	**ø netto €**	◁	◀	[Einheit]	Ausf.-Dauer Positionsnummer

82 Gipsplatten-/Gipsfaser-Bekleidung, Lüftungskanal KG **354**

Bekleidung Lüftungs-Stahlblechkanal, Kanal abgehängt, innen, inkl. Verspachtelung.
Kanalquerschnitt: .....
Beplankung: **einfach / doppelt** je Seite
Feuerwiderstand: EI .....
Brandbelastung: .....
Verkleidungsflächen: .....
Abwicklung: .....
Untergrund: **Stahlbeton- / Holzbalkendecke**
Oberfläche: Qualitätsstufe Q2
Einbauhöhe: ..... m
Abhänghöhe: ..... m

Kosten:
Stand 1.Quartal 2020
Bundesdurchschnitt

34€ 57€ **67€** 73€ 92€ [m²] ⏱ 0,40 h/m² 039.000.038

83 Laibung, Fenster, Gipsfaserplatte KG **336**

Fensterlaibung mit Gipsfaserplatten bekleiden, einschl. Ausbildung der Ecken und Übergänge an Wandbekleidung mit Kantenschutzprofil.
Bekleidung: Gipsfaserplatte
Plattendicke: 12,5 mm
Untergrund: Holzsparren
Laibungstiefe: .....
Abwicklung: .....
Oberfläche: Qualitätsstufe Q2

14€ 16€ **16€** 20€ 24€ [m] ⏱ 0,18 h/m 039.000.080

84 Laibung, Fenster, Gipsplatte Typ A KG **336**

Fensterlaibung mit Gipsplatten bekleiden, einschl. Ausbildung der Ecken und Übergänge an Wandbekleidung mit Kantenschutzprofil.
Platte: Gipsplatte, Typ A
Plattendicke: 12,5 mm
Untergrund: Holzsparren
Laibungstiefe: .....
Abwicklung: .....
Oberfläche: Qualitätsstufe Q2

9€ 14€ **16€** 18€ 23€ [m] ⏱ 0,20 h/m 039.000.081

85 Laibung, Dachfenster, Gipsverbundplatte, 20mm KG **364**

Dachfensteranschluss (Laibung) mit Gipsverbundplatte, bestehend aus faserkaschierter Gipsplatte und Dämmschicht aus Polystyrol-Hartschaum, inkl. Anarbeiten an Dachflächenfenster mit umlaufendem Kunststoffanschlussprofil, sowie Herstellen des Anschlusses an die Wandbekleidung aus Gipsplatten mit Eckschiene und Gewebeband.
Untergrund: Holzsparren
Elementdicke: 20 mm
Wärmeleitfähigkeit Dämmstoff: 0,032 W/(mK)
Oberfläche: Qualitätsstufe Q2

22€ 33€ **40€** 55€ 72€ [m] ⏱ 0,35 h/m 039.000.082

▶ min
▷ von
ø Mittel
◁ bis
◀ max

86 Imprägnierung, Gipsplatte KG **342**

Mehrpreis für die Verwendung von imprägnierten Gipsplatten Typ H2, anstelle normaler Gipsplatte Typ A.
Plattendicke: 12,5 mm
Einbauort: Feuchträume

1€	3€	**3**€	4€	7€	[m2]	0,04 h/m2	039.000.042

87 Dampfsperre/Dampfbremse, Trockenbau KG **364**

Luftdichtungs- und Dampfbremsbahn, inkl. Seitenüberdeckung, Anschlüsse, Durchdringungen und Überlappungen mit systemabgestimmten Klebebändern. Vergütung der Randanschlüsse, Durchdringungen und Aussparungen nach gesonderter Position.
Sd-Wert: <= 2,30 m
Einbauort: ......

2€	5€	**6**€	7€	11€	[m2]	0,03 h/m2	039.000.040

88 Mineralwolledämmung, zwischen Sparren KG **364**

Wärmedämmung zwischen Sparren, als Matte, stumpf gestoßen, Matte gegenüber Sparrenabstand mit 10mm Übermaß zuschneiden und bündig mit Sparrenunterkante dicht gestoßen und abgleitsicher einbauen.
Dämmstoff: MW
Anwendung: **DZ / WH**
Nennwert der Wärmeleitfähigkeit: 0,035 W/(mK)
Brandverhalten: A1
Dämmdicke: .....
Sparrenabstand: 600-800 mm

12€	17€	**19**€	22€	31€	[m2]	0,20 h/m2	039.000.039

89 Wärmedämmung, zwischen Holz-UK, bis 80 mm KG **342**

Dämmschicht in Installationsebene, 1-lagig, zwischen Holztragprofile einbauen, Dämmbahn mit 10mm Übermaß zuschneiden, dicht stoßen und fugenfrei einbauen.
Einbauort: Außenwände, innenliegende Installationsebene
Abstand Unterkonstruktion: 62,5 cm
Dämmstoff: **Mineralwolle / Zellulose**
Anwendung: **DZ / WH**
Nennwert der Wärmeleitfähigkeit: 0,035 W/(mK)
Brandverhalten: .....
Dämmdicke: **40 / 60 / 80 mm**

4€	7€	**8**€	10€	13€	[m2]	0,10 h/m2	039.000.067

Nr.	Kurztext / Langtext					Kostengruppe
▶	▷	ø netto €	◁	◀	[Einheit]	Ausf.-Dauer Positionsnummer

90 Doppelboden, Plattenbelag/Unterkonstruktion KG **353**

Doppelboden-Anlage, bestehend aus Unterkonstruktion und Plattenbelag, Tragkonstruktion aus höhenverstellbaren, nivellierbaren, korrosionsgeschützten Stahlprofilen, mit Auflagerplatte, vorbereitet zur Aufnahme der Plattenbeläge.
Bauuntergrund: .....
Belastung: .....
Lastklasse: .....
Bauhöhe: .....
Plattenbelag: **Mineralplatte / Stahlwanne mit Füllung aus Leichtbeton**
Plattendicke: .....
Plattenformat: 600 x 600 mm
Oberfläche: .....
Feuerwiderstand: .....
Brandverhalten: .....
Brandbelastung: .....

80€ 117€ **134**€ 168€ 284€ [m2] ⏱ 0,70 h/m2 039.000.055

91 Revisionsöffnung, Doppelboden KG **353**

Revisionsöffnungen für Doppelboden-System, mit aufnehmbarer Doppel-Bodenplatte als Abdeckplatte, Einbaurahmen mit höhenverstellbarem Spezialprofil.
Einbau: fußbodeneben in den vorgenannten Hohlboden
Brandverhalten: Klasse A1 nach EN 13501
Abmessung: 600 x 600 mm

38€ 53€ **56**€ 59€ 74€ [St] ⏱ 0,20 h/St 039.000.140

92 Trockenestrich, GF-Platten, einlagig KG **353**

Trockenestrich aus Gipsfaserplatten mit Stufenfalz, Stöße versetzt, Boden geeignet zur Aufnahme von Weich- oder Parkettbelag.
Untergrund: .....
Platten: GF-I-W2-C1, einlagig
Plattendicke: 18 mm
Feuerwiderstand: .....
Randabwicklung: .....
Türdurchgänge: ..... Durchgänge, Größen .....

20€ 26€ **28**€ 32€ 38€ [m2] ⏱ 0,30 h/m2 039.000.043

93 Ausgleichschicht, Mineralstoff, Trockenestrich KG **353**

Ausgleichsschicht unter Trockenestrich, aus Schüttung aus gebrochenem Mineralstoff, einschl. Verdichten.
Schüttungsdicke i. M.: bis 30 mm (verdichtet)
Körnung: bis 2 mm

10€ 16€ **16**€ 19€ 25€ [m2] ⏱ 0,15 h/m2 039.000.049

Kosten:
Stand 1.Quartal 2020
Bundesdurchschnitt

▶ min
▷ von
ø Mittel
◁ bis
◀ max

94 WC-Trennwandanlage, HPL-Kompaktplatten KG **346**

WC-Trennwandanlage aus HPL-Kompaktplatten nach DIN EN 438-7, mit Tragkonstruktion aus Aluminium-Profilen. Konstruktion beidseits der Tür senkrecht bis zum Boden durchgehende Aluminium-Rundprofile mit integrierten Türanschlagstegen und geräuschdämpfendem Gummikeder. Über der Vorderfront ein waagrechtes durchgehendes Aluminium-Profil, vordere Kante stark abgerundet. Wandanschluss durch Aluminium-U-Profile. Integrierte Füße aus Aluminium, auf dem Boden verdübelt, mit trittsicheren Abdeckrosetten, Farbe wie Rundrohre.
Trennwandhöhe: ..... m
Bodenabstand: 15 cm
Zwischenwände: .....
Türen: .....
Plattendicke: 13 mm
Oberfläche: raumatt
Farben: .....
Ausstattung je Kabine: 1 Kleiderhaken, 1 Tür-Puffer
Angeb. Fabrikat: .....

145€ 168€ **175**€ 183€ 198€ [m²] ⏱ 0,45 h/m² 039.000.044

95 Urinaltrennwand, Schichtstoff-Verbundelemente KG **342**

Urinaltrennwand, wandhängend, Ecken gerundet, aus Verbundelementen.
Abmessung (H x B): 900 x 450 mm
Bodenfreiheit: ca. 600 mm
Ausführung: **HPL-Vollkernplatten / ESG-Sicherheitsglas mit Siebdruck-Oberfläche**
Dicke: .....
Befestigungsuntergrund: .....
Angeb. Fabrikat: .....

126€ 185€ **212**€ 222€ 316€ [St] ⏱ 0,75 h/St 039.000.083

96 Verfugung, Acryl-Dichtstoff überstreichbar KG **342**

Plastoelastische Verfugung mit überstreichbarem Ein-Komponenten-Dichtstoff auf Acryldispersionsbasis, inkl. Flankenvorbehandlung an den Anschlussflächen und Hinterlegen der Fugenhohlräume mit geeignetem Hinterfüllmaterial, Fuge geglättet.
Fugenbreite: ..... mm
Untergrund: .....

1€ 2,4€ **3,0**€ 3,6€ 5,3€ [m] ⏱ 0,05 h/m 039.000.045

97 Spachtelung, Gipsplatten, erhöhte Qualität Q3 KG **345**

Spachtelung der Oberfläche mit Qualitätsstufe Q2 zum Erreichen einer höheren Qualitätsstufe, bei Gipsplattenbekleidungen an Wänden, geeignet für feinstrukturierten Wandbelag bzw. Farbanstrich.
Oberfläche: Qualitätsstufe Q3

2€ 5€ **7**€ 9€ 13€ [m²] ⏱ 0,10 h/m² 039.000.061

98 Gipsplatten-Bekleidung anarbeiten, Installationsdurchführung KG **342**

Gipsplatten-Bekleidung anarbeiten an Leitungen. Preis je Wandseite (St).
Leitung: **Sanitär- / Lüftungs- / Heizungsleitung**
Leitungsprofil: **rechteckig / rund**
Abmessungen: bis **0,1 / 0,5** m²

2€ 9€ **12**€ 18€ 32€ [St] ⏱ 0,12 h/St 039.000.074

023 024 025 026 027 028 029 030 031 032 033 034 036 037 038 **039**

Nr.	**Kurztext** / Langtext						Kostengruppe
▶	▷	**ø netto €**	◁	◀	[Einheit]	Ausf.-Dauer	Positionsnummer

99 Stundensatz Facharbeiter, Trockenbau

Stundenlohnarbeiten für Vorarbeiter, Geselle, Facharbeiter und Gleichgestellte, sowie ähnliche Fachkräfte. Der Verrechnungssatz für die jeweilige Arbeitskraft umfasst sämtliche Aufwendungen wie Lohn- und Gehaltskosten, Lohn- und Gehaltsnebenkosten, Zuschläge, lohngebundene und lohnabhängige Kosten, sonstige Sozialkosten, Gemeinkosten, Wagnis und Gewinn. Leistung nach besonderer Anordnung der Bauüberwachung. Anmeldung und Nachweis gem. VOB/B.

▶	▷	ø	◁	◀	[Einheit]	Ausf.-Dauer	Positionsnummer
34€	44€	**50**€	54€	62€	[h]	⏱ 1,00 h/h	039.000.084

100 Stundensatz Helfer, Trockenbau

Stundenlohnarbeiten für Arbeitnehmer ohne Facharbeiterqualifikation (Helfer, Hilfsarbeiter, Ungelernte, Angelernte). Der Verrechnungssatz für die jeweilige Arbeitskraft umfasst sämtliche Aufwendungen wie Lohn- und Gehaltskosten, Lohn- und Gehaltsnebenkosten, Zuschläge, lohngebundene und lohnabhängige Kosten, sonstige Sozialkosten, Gemeinkosten, Wagnis und Gewinn. Leistung nach besonderer Anordnung der Bauüberwachung. Anmeldung und Nachweis gem. VOB/B.

▶	▷	ø	◁	◀	[Einheit]	Ausf.-Dauer	Positionsnummer
25€	38€	**43**€	45€	53€	[h]	⏱ 1,00 h/h	039.000.085

Kosten:
Stand 1.Quartal 2020
Bundesdurchschnitt

▶ min
▷ von
ø Mittel
◁ bis
◀ max

C

Gebäudetechnik

Titel des Leistungsbereichs	LB-Nr.
Wärmeversorgungsanlagen - Betriebseinrichtungen	040
Wärmeversorgungsanlagen - Leitungen, Armaturen, Heizflächen	041
Gas- und Wasseranlagen - Leitungen, Armaturen	042
Abwasseranlagen - Leitungen, Abläufe, Armaturen	044
Gas-, Wasser-, und Entwässerungsanlagen - Ausstattung, Elemente, Fertigbäder	045
Dämm- und Brandschutzarbeiten an technischen Anlagen	047
Niederspannungsanlagen - Kabel/Leitungen, Verlegesysteme, Installationsgeräte	053
Niederspannungsanlagen - Verteilersysteme und Einbaugeräte	054
Leuchten und Lampen	058
Aufzüge	069
Raumlufttechnische Anlagen	075

040

Kosten:
Stand 1.Quartal 2020
Bundesdurchschnitt

Nr.	Positionen	Einheit	▶	▷	ø brutto € / ø netto €	◁	◀
1	Gas-Brennwerttherme, Wand, bis 15kW	St	3.370	3.951	**4.984**	6.018	6.939
			2.832	3.320	**4.189**	5.057	5.831
2	Gas-Brennwerttherme, Wand, bis 25kW	St	3.540	4.234	**5.296**	6.061	7.363
			2.975	3.558	**4.450**	5.093	6.188
3	Gas-Brennwerttherme, Wand, bis 50kW	St	3.908	4.602	**5.593**	6.882	7.774
			3.284	3.867	**4.700**	5.783	6.533
4	Gas-Brennwertkessel, bis 70kW	St	6.641	7.462	**8.779**	10.762	12.461
			5.581	6.271	**7.378**	9.044	10.472
5	Gas-Brennwertkessel, bis 150kW	St	6.299	9.075	**10.357**	11.210	12.888
			5.293	7.626	**8.703**	9.420	10.830
6	Gas-Brennwertkessel, bis 400kW	St	9.783	18.186	**19.353**	22.390	28.460
			8.221	15.283	**16.263**	18.815	23.916
7	Gas-Brennwertkessel, bis 600kW	St	12.934	21.073	**26.304**	27.823	34.337
			10.869	17.708	**22.104**	23.381	28.855
8	Öl-Brennwerttherme, Wand, bis 15kW	St	5.340	6.305	**7.417**	8.901	10.384
			4.488	5.298	**6.233**	7.480	8.726
9	Öl-Brennwerttherme, Wand, bis 25kW	St	5.826	6.878	**8.092**	9.710	11.328
			4.896	5.780	**6.800**	8.160	9.520
10	Öl-Brennwertkessel, bis 50kW	St	7.451	8.065	**8.766**	9.643	10.519
			6.261	6.777	**7.366**	8.103	8.840
11	Öl-Brennwertkessel, bis 70kW	St	9.481	10.890	**12.812**	15.374	17.936
			7.967	9.151	**10.766**	12.919	15.073
12	Öl-Brennwertkessel, bis 100kW	St	12.974	14.902	**17.532**	21.038	23.843
			10.902	12.523	**14.733**	17.679	20.036
13	Heizöltank, stehend, 5.000 Liter	St	2.701	6.316	**7.854**	9.213	15.122
			2.270	5.307	**6.600**	7.742	12.707
14	Abgasanlage, Edelstahl	St	2.937	6.306	**6.439**	8.421	11.155
			2.468	5.299	**5.411**	7.077	9.374
15	Neutralisationsanlage, Brennwertgeräte	St	228	621	**793**	1.902	3.440
			191	522	**667**	1.598	2.890
16	Heizungsverteiler, Vorlaufverteiler/Rücklaufsammler	St	593	1.536	**1.961**	2.584	4.690
			499	1.290	**1.648**	2.171	3.942
17	Holz/Pellet-Heizkessel, bis 25kW	St	6.441	10.231	**12.072**	13.325	15.497
			5.413	8.597	**10.145**	11.197	13.023
18	Holz/Pellet-Heizkessel, bis 50kW	St	10.844	11.808	**13.743**	17.261	19.796
			9.113	9.923	**11.548**	14.505	16.635
19	Holz/Pellet-Heizkessel, bis 120kW	St	18.624	25.992	**29.038**	31.561	39.634
			15.650	21.842	**24.402**	26.522	33.306
20	Pellet-Fördersystem, Förderschnecke	St	940	1.023	**1.067**	1.092	1.175
			790	860	**896**	918	988
21	Pellet-Fördersystem, Saugleitung	St	1.242	2.407	**3.044**	4.036	4.758
			1.044	2.023	**2.558**	3.391	3.998
22	Erdgas-BHKW-Anlage, 1,0kW$_{el}$, 2,5kW$_{th}$	St	–	19.767	**22.808**	25.988	–
			–	16.611	**19.167**	21.838	–
23	Erdgas-BHKW-Anlage, 1,5-3,0kW$_{el}$, 4-10kW$_{th}$	St	–	29.167	**32.484**	35.940	–
			–	24.510	**27.298**	30.202	–
24	Erdgas-BHKW-Anlage, 5-20kW$_{el}$, 10-45kW$_{th}$	St	–	56.675	**64.969**	74.645	–
			–	47.626	**54.596**	62.727	–

▶ min
▷ von
ø Mittel
◁ bis
◀ max

Nr.	Positionen	Einheit	▶	▷	ø brutto € / ø netto €	◁	◀
25	Flach-Solarkollektoranlage, thermisch, bis 10m²	St	–	6.856	**7.312**	7.868	–
			–	5.762	**6.145**	6.612	–
26	Flach-Solarkollektoranlage, thermisch, 10-20m²	St	–	9.607	**10.132**	10.989	–
			–	8.073	**8.515**	9.235	–
27	Flach-Solarkollektoranlage, thermisch, 20-30m²	St	–	13.671	**15.648**	19.629	–
			–	11.488	**13.149**	16.495	–
28	Heizungspufferspeicher bis 500 Liter	St	–	3.008	**3.498**	4.086	–
			–	2.528	**2.939**	3.433	–
29	Heizungspufferspeicher bis 1.000 Liter	St	–	3.096	**3.732**	4.354	–
			–	2.602	**3.136**	3.659	–
30	Trinkwarmwasserbereiter, Durchflussprinzip, 1-15 l/min	St	–	3.353	**3.725**	4.284	–
			–	2.817	**3.131**	3.600	–
31	Trinkwarmwasserbereiter, Durchflussprinzip, 1-30 l/min	St	–	3.819	**4.244**	4.880	–
			–	3.210	**3.566**	4.101	–
32	Wärmepumpe, 10-15kW, Wasser	St	–	12.343	**14.521**	16.699	–
			–	10.372	**12.203**	14.033	–
33	Wärmepumpe, 15-25kW, Wasser	St	–	14.424	**16.969**	19.515	–
			–	12.121	**14.260**	16.399	–
34	Wärmepumpe, 25-35kW, Wasser	St	–	17.771	**20.908**	24.044	–
			–	14.934	**17.569**	20.205	–
35	Wärmepumpe, 35-50kW, Wasser	St	–	22.295	**26.229**	30.164	–
			–	18.735	**22.042**	25.348	–
36	Wärmepumpe, 10-15kW, Sole	St	–	13.144	**15.464**	17.784	–
			–	11.046	**12.995**	14.944	–
37	Wärmepumpe, 25-35kW, Sole	St	–	20.679	**24.329**	27.978	–
			–	17.378	**20.444**	23.511	–
38	Wärmepumpe, 35-50kW, Sole	St	–	26.625	**31.323**	36.022	–
			–	22.374	**26.322**	30.270	–
39	Wärmepumpe, bis 10kW, Luft	St	–	16.285	**19.159**	22.033	–
			–	13.685	**16.100**	18.515	–
40	Wärmepumpe, 20-35kW, Luft	St	–	24.751	**29.119**	33.486	–
			–	20.799	**24.469**	28.140	–
41	Brunnenanlage, WP bis 15kW	St	–	11.059	**13.823**	16.864	–
			–	9.293	**11.616**	14.172	–
42	Brunnenanlage, WP 15-25kW	St	–	12.717	**15.897**	19.394	–
			–	10.687	**13.359**	16.297	–
43	Brunnenanlage, WP 25-35kW	St	–	15.205	**19.007**	23.188	–
			–	12.778	**15.972**	19.486	–
44	Brunnenanlage, WP 35-50kW	St	–	27.646	**34.558**	42.161	–
			–	23.232	**29.040**	35.429	–
45	Erdsondenanlage, Wärmepumpe	m	61	74	**79**	84	97
			51	62	**67**	71	81
46	Ausdehnungsgefäß, bis 500 Liter	St	70	202	**239**	460	812
			58	169	**201**	387	682
47	Ausdehnungsgefäß, über 500 Liter	St	986	1.825	**2.051**	2.408	3.700
			829	1.534	**1.723**	2.024	3.109

Kosten:
Stand 1.Quartal 2020
Bundesdurchschnitt

Nr.	Positionen	Einheit	▶	▷	ø brutto € / ø netto €	◁	◀
48	Trinkwarmwasserspeicher	St	1.131	1.943	**2.324**	3.241	5.233
			951	1.633	**1.953**	2.724	4.397
49	Speicher-Wassererwärmer mit Solar, bis 400 Liter	St	2.589	3.512	**3.815**	3.993	4.564
			2.176	2.951	**3.206**	3.356	3.835
50	Umwälzpumpen, bis 2,50m³/h	St	121	296	**363**	491	702
			102	249	**305**	413	590
51	Umwälzpumpen, bis 5,00m³/h	St	341	503	**576**	645	770
			287	423	**484**	542	647
52	Umwälzpumpen, ab 5,00m³/h	St	782	977	**1.119**	1.253	1.912
			657	821	**940**	1.053	1.606
53	Absperrklappen, bis DN25	St	69	109	**116**	133	144
			58	92	**98**	112	121
54	Absperrklappen, DN32	St	78	108	**133**	155	185
			66	91	**112**	130	155
55	Absperrklappen, DN65	St	112	147	**191**	215	252
			94	124	**161**	181	212
56	Absperrklappen, DN125	St	160	369	**398**	573	782
			135	310	**335**	482	657
57	Rückschlagventil, DN65	St	68	109	**132**	164	209
			57	92	**111**	138	175
58	Dreiwegeventil, DN40	St	163	353	**507**	626	816
			137	297	**426**	526	686
59	Heizungsverteiler, Wandmontage, 3 Heizkreise	St	–	207	**235**	263	–
			–	174	**198**	221	–
60	Heizungsverteiler, Wandmontage, 5 Heizkreise	St	–	337	**374**	446	–
			–	283	**314**	375	–
61	Füllset, Heizung	St	16	23	**25**	29	36
			13	20	**21**	24	30

Nr. **Kurztext** / Langtext — Kostengruppe
▶ ▷ **ø netto €** ◁ ◀ [Einheit] Ausf.-Dauer Positionsnummer

A 1 Gas-Brennwerttherme, Wand — Beschreibung für Pos. **1-3**

Brennwertkessel, für geschlossene Heizungsanlage, für Erdgas, Kesselkörper aus Metall, wandhängende Montage, einschl. sicherheitstechnischer Einrichtungen DIN EN 12828, mit MSR in digitaler Ausführung; einschl. interner Verdrahtung.

1 Gas-Brennwerttherme, Wand, bis 15kW — KG **421**

Wie Ausführungsbeschreibung A 1
Kesselkörper: **Edelstahl / Aluminium**
Erdgas: **E / L / Flüssiggas / Bioerdgas**
Wärmeleistung: bis 15 kW, modulierend 30-100%
Auslegungsvorlauftemperatur: **bis 75 / 85**°C
Max. zulässiger Betriebsdruck: **4 / 6 / 10** bar
Heizmedium: Wasser
Norm-Nutzungsgrad bei 40 / 30°C: **102 / über 108**% (bezogen auf den unteren Heizwert)

2.832€ 3.320€ **4.189**€ 5.057€ 5.831€ [St] ⏱ 3,80 h/St 040.000.085

▶ min
▷ von
ø Mittel
◁ bis
◀ max

2 Gas-Brennwerttherme, Wand, bis 25kW KG **421**

Wie Ausführungsbeschreibung A 1
Kesselkörper: **Edelstahl / Aluminium**
Erdgas: **E / L / Flüssiggas / Bioerdgas**
Wärmeleistung: ..... kW, modulierend 30-100%
Auslegungsvorlauftemperatur: **bis 75 / 85**°C
Max. zulässiger Betriebsdruck: **4 / 6 / 10** bar
Heizmedium: Wasser
Norm-Nutzungsgrad bei 40 / 30°C: **102 / über 108**% (bezogen auf den unteren Heizwert)

2.975€ 3.558€ **4.450**€ 5.093€ 6.188€ [St] ⏱ 3,80 h/St 040.000.035

3 Gas-Brennwerttherme, Wand, bis 50kW KG **421**

Wie Ausführungsbeschreibung A 1
Kesselkörper: **Edelstahl / Aluminium**
Erdgas: **E / L / Flüssiggas / Bioerdgas**
Wärmeleistung: ..... kW, modulierend 30-100%
Auslegungsvorlauftemperatur: **bis 75 / 85**°C
Max. zulässiger Betriebsdruck: **4 / 6 / 10** bar
Heizmedium: Wasser
Norm-Nutzungsgrad bei 40 / 30°C: **102 / über 108**% (bezogen auf den unteren Heizwert)

3.284€ 3.867€ **4.700**€ 5.783€ 6.533€ [St] ⏱ 4,10 h/St 040.000.036

A 2 Gas-Brennwertkessel Beschreibung für Pos. **4-7**

Gas-Brennwertkessel für geschlossene Heizungsanlagen; für den Betrieb mit gleitend abgesenkter Kesselwasser-Temperatur ohne untere Begrenzung, modulierender Brenner, mit Edelstahl-Heizflächen. Alle abgasberührten Teile, wie Brennkammer, Nachschaltheizflächen und Abgassammelkasten, aus Edelstahl. Kesselkörper allseitig wärmegedämmt, Ummantelung aus Stahlblech, epoxidharzbeschichtet. Lieferumfang: Kessel mit schwenkbarer Kesseltür, inkl. Erdgas-Unit-Brenner, Reinigungsdeckel am Abgassammelkasten, Gegenflanschen mit Schrauben und Dichtungen an allen Stutzen, Wärmedämmung, Brennkammerschauglas. inkl. elektronischer Kesselkreisregelung, komplett mit allen Fühlern, Thermostaten und dem Sicherheitstemperaturbegrenzer.

4 Gas-Brennwertkessel, bis 70kW KG **421**

Wie Ausführungsbeschreibung A 2
Abmessungen Kesselkörper: Länge ..... mm, Breite ..... mm, Höhe ..... mm
Gesamtabmessungen: Länge ..... mm, Breite (Kesselregulierung) ..... mm, Höhe ..... mm
Gewicht komplett mit Wärmedämmung ..... kg
Erdgas: **E / L / Flüssiggas / Bioerdgas**
Max. Nennwärmeleistung ..... kW
Feuerungst. Wirkungsgrad: bis 108%
Abgasseitiger Widerstand: ..... mbar
Zul. Vorlauftemperatur: bis **90 / 100**°C
Max. zulässiger Betriebsdruck: **4 / 6 / 10** bar
Wasserinhalt: ..... Liter
Abgasrohr lichte Weite: ..... mm

5.581€ 6.271€ **7.378**€ 9.044€ 10.472€ [St] ⏱ 5,50 h/St 040.000.039

Kosten:
Stand 1.Quartal 2020
Bundesdurchschnitt

Nr.	**Kurztext** / Langtext						Kostengruppe
▶	▷	**ø netto €**	◁	◀	[Einheit]	Ausf.-Dauer	Positionsnummer

5 Gas-Brennwertkessel, bis 150kW KG **421**

Wie Ausführungsbeschreibung A 2
Abmessungen Kesselkörper: Länge ..... mm, Breite ..... mm, Höhe ..... mm
Gesamtabmessungen: Länge ..... mm, Breite (Kesselregulierung) ..... mm, Höhe ..... mm
Gewicht komplett mit Wärmedämmung ..... kg
Erdgas: **E / L / Flüssiggas / Bioerdgas**
Max. Nennwärmeleistung ..... kW
Feuerungst. Wirkungsgrad: bis 108%
Abgasseitiger Widerstand: ..... mbar
Zul. Vorlauftemperatur: bis **90 / 100**°C
Max. zulässiger Betriebsdruck: **4 / 6 / 10** bar
Wasserinhalt: ..... Liter
Abgasrohr lichte Weite: ..... mm

5.293€ 7.626€ **8.703**€ 9.420€ 10.830€ [St] ⏱ 5,80 h/St 040.000.003

6 Gas-Brennwertkessel, bis 400kW KG **421**

Wie Ausführungsbeschreibung A 2
Abmessungen Kesselkörper: Länge ..... mm, Breite ..... mm, Höhe ..... mm
Gesamtabmessungen: Länge ..... mm, Breite (Kesselregulierung) ..... mm, Höhe ..... mm
Gewicht komplett mit Wärmedämmung ..... kg
Erdgas: **E / L / Flüssiggas / Bioerdgas**
Max. Nennwärmeleistung ..... kW
Feuerungst. Wirkungsgrad: bis 106%
Abgasseitiger Widerstand: ..... mbar
Zul. Vorlauftemperatur: bis 120°C
Max. zulässiger Betriebsdruck: **4 / 6 / 10** bar
Wasserinhalt: ..... Liter
Abgasrohr lichte Weite: ..... mm

8.221€ 15.283€ **16.263**€ 18.815€ 23.916€ [St] ⏱ 8,00 h/St 040.000.041

7 Gas-Brennwertkessel, bis 600kW KG **421**

Wie Ausführungsbeschreibung A 2
Abmessungen Kesselkörper: Länge ..... mm, Breite ..... mm, Höhe ..... mm
Gesamtabmessungen: Länge ..... mm, Breite (Kesselregulierung) ..... mm, Höhe ..... mm
Gewicht komplett mit Wärmedämmung ..... kg
Erdgas: **E / L / Flüssiggas / Bioerdgas**
Max. Nennwärmeleistung ..... kW
Feuerungst. Wirkungsgrad: bis 106%
Abgasseitiger Widerstand: ..... mbar
Zul. Vorlauftemperatur: bis 120°C
Max. zulässiger Betriebsdruck: **4 / 6 / 10** bar
Wasserinhalt: ..... Liter
Abgasrohr lichte Weite: ..... mm

10.869€ 17.708€ **22.104**€ 23.381€ 28.855€ [St] ⏱ 10,00 h/St 040.000.010

▶ min
▷ von
ø Mittel
◁ bis
◀ max

8 Öl-Brennwerttherme, Wand, bis 15kW KG **421**

Öl-Brennwertkessel, für geschlossene Heizungsanlage, für Heizöl EL DIN 51603-1, Kesselkörper aus Metall, wandhängende Montage, mit modulierendem Brenner, einschl. Ummantelung mit Wärmedämmung, einschl. sicherheitstechnischer Einrichtungen DIN EN 12828, mit MSR in digitaler Ausführung, einschl. interner Verdrahtung.
Kesselkörper: Edelstahl / Aluminium / Gusseisen
Heizöl: EL schwefelarm / A Bio 10
Wärmeleistung: ..... kW, modulierend 30-100%
Auslegungsvorlauftemperatur: bis 75 / 85°C
Max. zulässiger Betriebsdruck: 3 bar
Heizmedium: Wasser
Norm-Nutzungsgrad bei 50 / 30°C: 98 / über 104% (bezogen auf den unteren Heizwert)
Ausführung gem. Einzelbeschreibung: .....

4.488€ 5.298€ **6.233**€ 7.480€ 8.726€ [St] ⏱ 4,20 h/St 040.000.080

9 Öl-Brennwerttherme, Wand, bis 25kW KG **421**

Öl-Brennwertkessel, für geschlossene Heizungsanlage, für Heizöl EL DIN 51603-1, Kesselkörper aus Metall, wandhängende Montage, mit modulierendem Brenner, einschl. Ummantelung mit Wärmedämmung, einschl. sicherheitstechnischer Einrichtungen DIN EN 12828, mit MSR in digitaler Ausführung; einschl. interner Verdrahtung.
Kesselkörper: Edelstahl / Aluminium / Gusseisen
Heizöl: EL schwefelarm / A Bio 10
Wärmeleistung: ..... kW, modulierend 30-100%
Auslegungsvorlauftemperatur: bis 75 / 85°C
Max. zulässiger Betriebsdruck: 3 bar
Heizmedium: Wasser
Norm-Nutzungsgrad bei 50 / 30°C: 98 / über 104% (bezogen auf den unteren Heizwert)
Ausführung gem. Einzelbeschreibung: .....

4.896€ 5.780€ **6.800**€ 8.160€ 9.520€ [St] ⏱ 4,20 h/St 040.000.083

Nr.	Kurztext / Langtext						Kostengruppe
▶	▷	ø netto €	◁	◀	[Einheit]	Ausf.-Dauer	Positionsnummer

Kosten:
Stand 1.Quartal 2020
Bundesdurchschnitt

10 Öl-Brennwertkessel, bis 50kW KG **421**

Öl-Brennwertkessel für Heizöl EL DIN 51603-1, für geschlossene Heizungsanlagen; für den Betrieb mit gleitend abgesenkter Kesselwasser-Temperatur ohne untere Begrenzung, modulierender Brenner, mit Metall-Heizflächen, Brennwert-Wärmetauscher aus Edelstahl. Kesselkörper allseitig wärmegedämmt, Ummantelung aus Stahlblech, epoxidharzbeschichtet. Lieferumfang: Kessel mit schwenkbarer Kesseltür, inkl. Erdöl-Unit-Brenner, Reinigungsdeckel am Abgassammelkasten, Gegenflanschen mit Schrauben und Dichtungen an allen Stutzen, Wärmedämmung, Brennkammerschauglas, inkl. elektronischer Kesselkreisregelung, komplett mit allen Fühlern, Thermostaten und dem Sicherheitstemperaturbegrenzer.
Abmessungen Kesselkörper: Länge ..... mm, Breite ..... mm, Höhe ..... mm
Gesamtabmessungen: Länge ..... mm, Breite (Kesselregulierung) ..... mm, Höhe ..... mm
Gewicht komplett mit Wärmedämmung ..... kg
Erdgas: EL schwefelarm / A Bio 10
Max. Nennwärmeleistung ..... kW
Feuerungst. Wirkungsgrad: bis 103%
Abgasseitiger Widerstand: ..... mbar
Zul. Vorlauftemperatur: bis 90 / 100°C
Max. zulässiger Betriebsdruck: 3 bar
Wasserinhalt: ..... Liter
Abgasrohr lichte Weite: ..... mm
Ausführung gem. Einzelbeschreibung: .....

6.261€ 6.777€ **7.366**€ 8.103€ 8.840€ [St] ⏱ 6,20 h/St 040.000.081

11 Öl-Brennwertkessel, bis 70kW KG **421**

Öl-Brennwertkessel für Heizöl EL DIN 51603-1, für geschlossene Heizungsanlagen; für den Betrieb mit gleitend abgesenkter Kesselwasser-Temperatur ohne untere Begrenzung, modulierender Brenner, mit Guss-Heizflächen, Brennwert-Wärmetauscher aus Edelstahl. Kesselkörper allseitig wärmegedämmt, Ummantelung aus Stahlblech, epoxidharzbeschichtet. Lieferumfang: Kessel mit schwenkbarer Kesseltür, inkl. Erdöl-Brenner, Reinigungsdeckel am Abgassammelkasten, Gegenflanschen mit Schrauben und Dichtungen an allen Stutzen, Wärmedämmung, Brennkammerschauglas, inkl. elektronischer Kesselkreisregelung, komplett mit allen Fühlern, Thermostaten und dem Sicherheitstemperaturbegrenzer.
Abmessungen Kesselkörper: Länge ..... mm, Beeite ..... mm, Höhe ..... mm
Gesamtabmessungen: Länge ..... mm, Breite (Kesselregulierung) ..... mm, Höhe ..... mm
Gewicht komplett mit Wärmedämmung ..... kg
Erdgas: EL schwefelarm / A Bio 10
Max. Nennwärmeleistung ..... kW
Feuerungst. Wirkungsgrad: bis 103%
Abgasseitiger Widerstand: ..... mbar
Zul. Vorlauftemperatur: bis 90 / 100°C
Max. zulässiger Betriebsdruck: 3 bar
Wasserinhalt: ..... Liter
Abgasrohr lichte Weite: ..... mm
Ausführung gem. Einzelbeschreibung: .....

7.967€ 9.151€ **10.766**€ 12.919€ 15.073€ [St] ⏱ 7,60 h/St 040.000.084

▶ min
▷ von
ø Mittel
◁ bis
◀ max

12 **Öl-Brennwertkessel, bis 100kW** KG **421**

Öl-Brennwertkessel für Heizöl EL DIN 51603-1, für geschlossene Heizungsanlagen; für den Betrieb mit gleitend abgesenkter Kesselwasser-Temperatur ohne untere Begrenzung, modulierender Brenner, mit Guss-Heizflächen, Brennwert-Wärmetauscher aus Edelstahl. Kesselkörper allseitig wärmegedämmt, Ummantelung aus Stahlblech, epoxidharzbeschichtet. Lieferumfang: Kessel mit schwenkbarer Kesseltür, inkl. Erdöl-Brenner, Reinigungsdeckel am Abgassammelkasten, Gegenflanschen mit Schrauben und Dichtungen an allen Stutzen, Wärmedämmung, Brennkammerschauglas, inkl. elektronischer Kesselkreisregelung, komplett mit allen Fühlern, Thermostaten und dem Sicherheitstemperaturbegrenzer.
Abmessungen Kesselkörper: Länge ..... mm, Breite ..... mm, Höhe ..... mm
Gesamtabmessungen: Länge ..... mm, Breite (Kesselregulierung) ..... mm, Höhe ..... mm
Gewicht komplett mit Wärmedämmung ..... kg
Erdgas: EL schwefelarm / A Bio 10
Max. Nennwärmeleistung ..... kW
Feuerungst. Wirkungsgrad: bis 103%
Abgasseitiger Widerstand: ..... mbar
Zul. Vorlauftemperatur: bis 90 / 100°C
Max. zulässiger Betriebsdruck: 3 bar
Wasserinhalt: ..... Liter
Abgasrohr lichte Weite: ..... mm
Ausführung gem. Einzelbeschreibung: .....

10.902€ 12.523€ **14.733**€ 17.679€ 20.036€ [St] ⏱ 8,40 h/St 040.000.082

13 **Heizöltank, stehend, 5.000 Liter** KG **421**

Heizöllagerbehälter in stehender Ausführung, für oberirdische Lagerung im Gebäude. Leckschutzauskleidung mit Bauartzulassung. Überwachung mit Vakuum. Eventueller Zusatz: Heizölauffangbehälter, Entlüftungsleitung, Füllleitung, Entlüftungshaube, Grenzwertgeber, Tankinhaltsanzeiger, Tankeinbaugarnitur, Sicherheitsrohr, Doppelpumpenaggregat, Absperrkombination, Filterkombination, Schnellschlussventile, Kugelhähne, Motor- und Schutzschalter, Elektroleitungen, Bezeichnungsschilder, Doppelkugel-Fußventil
Material Behälter: Stahl / GKF
Brutto-Lagervolumen: 5.000 Liter
Max. Abmessung: Länge ..... mm, Breite ..... mm, Höhe ...... mm
Einbringung: am Stück / geteilt, mit Unterstützungskonstruktion
Einheit: Stück

2.270€ 5.307€ **6.600**€ 7.742€ 12.707€ [St] ⏱ 2,00 h/St 040.000.032

14 **Abgasanlage, Edelstahl** KG **429**

Schornsteinanlage, industriell gefertigtes, doppelwandiges, wärmegedämmtes, druck- und kondensatdichtes Schornstein- und Abgassystem in Elementbauweise, bauaufsichtlich zugelassen, Feuerstätte mit niedrigen Abgastemperaturen, feuchte bzw. kondensierende Betriebsweise, ausbrenngeprüft bis 1.000°C. Eventuell Zusatz: mit Konsolblechen, Zwischenstütze, Inspektionselement, Wandführungsstützen, Mündungsabschluss, Verbindungskupplung, Wetterkragen einschl. Befestigung, Dichtungen und Verbindungsstücke, mit Inspektionselementen, Schiebeelementen, Gleitmittel, Befestigungsbänder, Dichtungsmittel für Kesselanschluss, Messöffnung, Klemmbänder, Unterstützung.
Installation: **Außenwandmontage / im Schacht**
Material: Edelstahl
Wandstärke: 1 mm
Schornsteinhöhe: ..... m

2.468€ 5.299€ **5.411**€ 7.077€ 9.374€ [St] ⏱ 6,00 h/St 040.000.033

Kosten:
Stand 1.Quartal 2020
Bundesdurchschnitt

Nr.	**Kurztext** / Langtext						Kostengruppe
▶	▷	**ø netto €**	◁	◀	[Einheit]	Ausf.-Dauer	Positionsnummer

15 Neutralisationsanlage, Brennwertgeräte KG **421**

Neutralisationsanlage geeignet für Kondenswasser aus Erdgas/Heizöl. Gehäuse aus durchsichtigem Kunststoff mit Markierung für minimalen und maximalen Füllstand. Komplett mit Neutralisationsgranulat befüllt, Halteschellen und vorbereitetem Abwasseranschluss für HT-Rohr, inkl. Siphon.
Brennwertgeräte: bis ..... kW
Gesamtabmessungen Länge: ..... mm
Durchmesser: ..... mm
Anschluss Fallstrang: ca. 4,00 m

191€ 522€ **667**€ 1.598€ 2.890€ [St] ⏱ 0,90 h/St 040.000.027

16 Heizungsverteiler, Vorlaufverteiler/Rücklaufsammler KG **421**

Heizungsverteiler als kombinierter Vorlaufverteiler und Rücklaufsammler, Quadratform und eingeschweißtem Trennsteg. **Mit / ohne** Zwischenisolierung zur thermischen Trennung von Vor- und Rücklauf, Wärmedämmung mit Schutzmantel. Mit paarweise nebeneinander angeordneten Stutzen (fluchtend) mit Vorschweißflanschen, auf Spindelhöhe ausgerichtet, mit Anschlussstutzen für Entleerung, Entlüftung, Druckmessung und Temperaturmessung an jeder Kammer, mit Messstutzen für Regelung, Stutzenabstand variabel entsprechend Durchmesser und Wärmedämmstärke des Stutzens. Mit Konsolen für Wand- / Bodenbefestigung. Inklusive Bohrungen und Befestigungselementen.
Material: Stahl
Schutzmantel: **Aluminium / Stahlblech verzinkt**
Max. Heizwasserdurchsatz: ..... m^3/h
Max. Mediumtemperatur: **100 / 120°C**
Max. Betriebs-Druck: **6 / 10** bar
Anzahl der Gruppen: (je 2 Stutzen)
Dimension: ..... x DN.....
Doppelkammer-Größe: 150 x 150 mm^2

499€ 1.290€ **1.648**€ 2.171€ 3.942€ [St] ⏱ 2,00 h/St 040.000.028

A 3 Holz/Pellet-Heizkessel Beschreibung für Pos. **17-19**

Heizkessel für geschlossene Warmwasserheizungsanlagen für Festbrennstoff. Zur Erzeugung von Warmwasser, Kesselkörper aus Metall, für stehende Montage, einschl. sicherheitstechnischer Einrichtungen DIN EN 12828. Anschlussstutzen für Vor-, Rücklauf, Entlüftung, Füllung, Entleerung. Mit CE-Registrierung und Bauartzulassung.

17 Holz/Pellet-Heizkessel, bis 25kW KG **421**

Wie Ausführungsbeschreibung A 3
Kesselkörper: **Stahl / Guss**
Brennstoff: **Stückholz / Pellets DIN EN ISO 17225-2**
Wärmeleistung: ..... kW
Auslegungsvorlauftemperatur: bis 110°C
Max. zulässiger Betriebsdruck: **6 / 10 / 16 / 25** bar
Heizmedium: Wasser
Norm-Nutzungsgrad: bei **75 / 60°C**: **92 / 94%** (bezogen auf den unteren Heizwert)
Abmessungen Kesselkörper: Länge ..... mm, Breite: ..... mm, Höhe: ..... mm
Gesamtabmessungen: Länge ..... mm, Breite (mit Kesselregulierung) ..... mm, Höhe: ..... mm
Gewicht komplett mit Wärmedämmung: ..... kg
Wasserinhalt: ..... Liter

5.413€ 8.597€ **10.145**€ 11.197€ 13.023€ [St] ⏱ 5,00 h/St 040.000.043

▶ min
▷ von
ø Mittel
◁ bis
◀ max

18 Holz/Pellet-Heizkessel, bis 50kW KG **421**

Wie Ausführungsbeschreibung A 3
Kesselkörper: **Stahl / Guss**
Brennstoff: **Stückholz / Pellets DIN EN ISO 17225-2**
Wärmeleistung: ..... kW
Auslegungsvorlauftemperatur: bis 110°C
Max. zulässiger Betriebsdruck: **6 / 10 / 16 / 25** bar
Heizmedium: Wasser
Norm-Nutzungsgrad: bei **75 / 60°C**: **92 / 94**% (bezogen auf den unteren Heizwert)
Abmessungen Kesselkörper: Länge ..... mm, Breite: ..... mm, Höhe: ..... mm
Gesamtabmessungen: Länge ..... mm, Breite (mit Kesselregulierung) ..... mm, Höhe: ..... mm
Gewicht komplett mit Wärmedämmung: ..... kg
Wasserinhalt: ..... Liter

9.113€ 9.923€ **11.548**€ 14.505€ 16.635€ [St] ⏱ 5,20 h/St 040.000.044

19 Holz/Pellet-Heizkessel, bis 120kW KG **421**

Wie Ausführungsbeschreibung A 3
Kesselkörper: **Stahl / Guss**
Brennstoff: **Stückholz / Pellets DIN EN ISO 17225-2**
Wärmeleistung: ..... kW
Auslegungsvorlauftemperatur: bis 110°C
Max. zulässiger Betriebsdruck: **6 / 10 / 16 / 25** bar
Heizmedium: Wasser
Norm-Nutzungsgrad: bei **75 / 60°C**: **92 / 94**% (bezogen auf den unteren Heizwert)
Abmessungen Kesselkörper: Länge ..... mm, Breite: ..... mm, Höhe: ..... mm
Gesamtabmessungen: Länge ..... mm, Breite (mit Kesselregulierung) ..... mm, Höhe: ..... mm
Gewicht komplett mit Wärmedämmung: ..... kg
Wasserinhalt: ..... Liter

15.650€ 21.842€ **24.402**€ 26.522€ 33.306€ [St] ⏱ 6,00 h/St 040.000.004

20 Pellet-Fördersystem, Förderschnecke KG **421**

Austragungssystem für Pelletfeuerungen bestehend aus: Lagerbodenschnecke mit ziehendem Antrieb und Übergabetrichter für Beschickung des Kessels mit Brennstoff. Antriebseinheit mit Stirnradgetriebemotor. Auswurf mit Revisionsdeckel, Sicherheitsendschalter und Fallrohr/Adapter zur nachfolgenden Fördereinrichtung. Schnecke und Kanal Stahl geschweißt. Rohrförderschnecke für Pellets, Steigungswinkel bis 65°. Ziehender Antrieb mit Auswurf über einer Fallstrecke. Der Antrieb erfolgt über Stirnradgetriebemotor. Steuerung im Schaltkasten vorverkabelt.
Pelletfeuerungen: mit Förderschnecken
Lagerbodenschnecke: L: ..... m
Schneckendurchmesser: ..... mm
waagrechte Länge: ..... m
Durchmesser Förderschnecke: max. 120 mm
Länge der Rohrförderschnecke: ..... m
Max. Förderkapazität: **5 / 10** kg/h
Anschluss 230 V 50 Hz: 0,5 kW

790€ 860€ **896**€ 918€ 988€ [St] ⏱ 0,60 h/St 040.000.026

040
041
042
044
045
047
053
054
058
069
075

Kosten:
Stand 1.Quartal 2020
Bundesdurchschnitt

Nr.	**Kurztext** / Langtext						Kostengruppe
▶	▷	**ø netto €**	◁	◀	[Einheit]	Ausf.-Dauer	Positionsnummer

21 Pellet-Fördersystem, Saugleitung KG **421**

Austragungsystem für Pelletfeuerungen mit Saugturbine im Metallgehäuse. Zwischenbehälter, Saugschlauch mit Drahtspirale, Rückluftschlauch, Austragungsschnecke im Lager mit max. 2500mm offenem Schneckenkanal, Absaugung von Übergabestation, Kapazitätsfühler mit Relais, Steuerung im Schaltkasten vorverkabelt, Zeitschaltuhr zur Einstellung der Saugzeit.
Gesamtschlauchlänge: bis 30 m
Länge Saugschlauch mit Drahtspirale: 15 m
Länge Rückluftschlauch: 15 m
Austragungsystem: Saugprinzip
Max. Förderkapazität: **5 / 10** kg/h
Anschluss 230V 50Hz: 1,1 kW

1.044€ 2.023€ **2.558**€ 3.391€ 3.998€ [St] ⏱ 0,30 h/St 040.000.029

22 Erdgas-BHKW-Anlage, 1,0kW$_{el}$, 2,5kW$_{th}$ KG **421**

Blockheizkraftwerk als Kompaktmodul in Gehäuse, schallgedämmt, zur Erzeugung von Heizwärme und Strom. Mit Schaltschrank, Verkabelung innerhalb des Moduls hitze- und schwingungsfest verlegt, einschl. Brennstoffversorgungseinrichtungen bestehend aus: Gasregelstrecke, Gasfilter, Gasabsperrarmaturen, Manometern..... einschl. Abgassystem, als Viertakt-Otto-Motor, einschl. aller erforderlichen elektrischen Anschlüsse und aller erforderlichen Anschlüsse für Brennstoff, Heizwasser, Abgas (ca. 10-15m) und Kondensat.
Betriebsweise: konstant
Kondensat-Hebeanlage: **ja / nein**
Brennstoff: Erdgas
Aufstellung: schallentkoppelt, stationär im Gebäude
Thermische Leistung: bis 2,5 kW$_{th}$
Elektrische Leistung: bis 1,0 kW$_{el}$
Elektrischer Wirkungsgrad: mind. 25%
Gesamtwirkungsgrad: mind. 90%
Schallleistungspegel max: 60 dB(A)
Schaltschrank: **integriert / separat**
Ausführung gem. nachfolgender Einzelbeschreibung: .....

–€ 16.611€ **19.167**€ 21.838€ –€ [St] ⏱ 8,00 h/St 040.000.053

▶ min
▷ von
ø Mittel
◁ bis
◀ max

23 **Erdgas-BHKW-Anlage, 1,5-3,0kW$_{el}$, 4-10kW$_{th}$** KG **421**

Blockheizkraftwerk als Kompaktmodul in Gehäuse, schallgedämmt, zur Erzeugung von Heizwärme und Strom. Mit Schaltschrank, Verkabelung innerhalb des Moduls hitze- und schwingungsfest verlegt, einschl. Brennstoffversorgungseinrichtungen bestehend aus: Gasregelstrecke, Gasfilter, Gasabsperrarmaturen, Manometern..... einschl. Abgassystem, als Viertakt-Otto-Motor, Leistung einschl. aller erforderlichen elektrischen Anschlüsse und aller erforderlichen Anschlüsse für Brennstoff, Heizwasser, Abgas (ca. 10-15m) und Kondensat.
Betriebsweise: konstant
Kondensat-Hebeanlage: **ja / nein**
Brennstoff: Erdgas
Aufstellung: schallentkoppelt, stationär im Gebäude
Thermische Leistung: bis 4.0-10,0 kW$_{th}$
Elektrische Leistung: bis 1,5-3,0 kW$_{el}$
Elektrischer Wirkungsgrad: mind. 25%
Gesamtwirkungsgrad: mind. 90%
Schallleistungspegel max: 60 dB(A)
Schaltschrank: **integriert / separat**
Ausführung gem. nachfolgender Einzelbeschreibung: .....

–€ 24.510€ **27.298**€ 30.202€ –€ [St] ⏱ 8,50 h/St 040.000.054

24 **Erdgas-BHKW-Anlage, 5-20kW$_{el}$, 10-45kW$_{th}$** KG **421**

Blockheizkraftwerk als Kompaktmodul in Gehäuse, schallgedämmt, zur Erzeugung von Heizwärme und Strom. Mit Schaltschrank, Verkabelung innerhalb des Moduls hitze- und schwingungsfest verlegt, einschl. Brennstoffversorgungseinrichtungen bestehend aus: Gasregelstrecke, Gasfilter, Gasabsperrarmaturen, Manometern..... einschl. Abgassystem, als Viertakt-Otto-Motor, Leistung einschl. aller erforderlichen elektrischen Anschlüsse und aller erforderlichen Anschlüsse für Brennstoff, Heizwasser, Abgas (ca. 10-15m) und Kondensat.
Betriebsweise: konstant
Kondensat-Hebeanlage: **ja / nein**
Brennstoff: Erdgas
Aufstellung: schallentkoppelt, stationär im Gebäude
Thermische Leistung: bis 10.0-45,0 kW$_{th}$
Elektrische Leistung: bis 5,0-20,0 kW$_{el}$
Elektrischer Wirkungsgrad: mind. 25%
Gesamtwirkungsgrad: mind. 90%
Schallleistungspegel max: 60 dB(A)
Schaltschrank: **integriert / separat**
Ausführung gem. nachfolgender Einzelbeschreibung: .....

–€ 47.626€ **54.596**€ 62.727€ –€ [St] ⏱ 12,00 h/St 040.000.055

A 4 **Flach-Solarkollektoranlage, thermisch** Beschreibung für Pos. **25-27**

Flachkollektor DIN EN 12975-1 für Heizung in Aufdachmontage mit konstruktiver Verankerung sowie systembedingten Befestigungsmitteln und gedämmter Solarpumpenregelgruppe. Module mit korrosions- und witterungsbeständigem Rahmen und mit hochselektiver Vakuumbeschichtung, rückseitig hochtemperaturbeständige Wärmeschutzdämmung, mit durchgehender Wanne, hochtransparentes, gehärtetes Solarsicherheitsglas, mit Bauartzulassung, 2 Fühlerhülsen für Fühler. Leistung einschl. Anschlussfittinge für Kupferrohr sowie sämtlicher Verbindungs- und Dichtungsmaterialien und ca. 40m fertigisolierter Solaranschlussleitungen mit Dachdurchführungen und Frostschutz-Befüllung.

040
041
042
044
045
047
053
054
058
069
075

Nr.	Kurztext / Langtext						Kostengruppe
▶	▷	ø netto €	◁	◀	[Einheit]	Ausf.-Dauer	Positionsnummer

25 Flach-Solarkollektoranlage, thermisch, bis 10m² KG **421**

Wie Ausführungsbeschreibung A 4
Frostschutz-Befüllung (Menge, Art und Mischungsverhältnis): .....
Kollektor-Neigungswinkel: min/max 15-75°
Mindest-Ertrag: 500 kWh/(m²a) gem. Prüfverfahren nach EN12975-2
Maximaler Betriebsdruck: 10 bar
Aperturfläche: bis 10 m²
Ausführung gem. nachfolgender Einzelbeschreibung: .....

–€ 5.762€ **6.145**€ 6.612€ –€ [St] 4,90 h/St 040.000.056

26 Flach-Solarkollektoranlage, thermisch, 10-20m² KG **421**

Wie Ausführungsbeschreibung A 4
Frostschutz-Befüllung (Menge, Art und Mischungsverhältnis): .....
Kollektor-Neigungswinkel: min/max 15-75°
Mindest-Ertrag: 500 kWh/(m²a) gem. Prüfverfahren nach EN12975-2
Maximaler Betriebsdruck: 10 bar
Aperturfläche: 10 bis 20 m²
Ausführung gem. nachfolgender Einzelbeschreibung: .....

–€ 8.073€ **8.515**€ 9.235€ –€ [St] 5,80 h/St 040.000.057

27 Flach-Solarkollektoranlage, thermisch, 20-30m² KG **421**

Wie Ausführungsbeschreibung A 4
Frostschutz-Befüllung (Menge, Art und Mischungsverhältnis): .....
Kollektor-Neigungswinkel: min/max 15-75°
Mindest-Ertrag: 500 kWh/(m²a) gem. Prüfverfahren nach EN12975-2
Maximaler Betriebsdruck: 10 bar
Aperturfläche: 20 bis 30 m²
Ausführung gem. nachfolgender Einzelbeschreibung: .....

–€ 11.488€ **13.149**€ 16.495€ –€ [St] 7,00 h/St 040.000.058

28 Heizungspufferspeicher bis 500 Liter KG **421**

Pufferspeicher als Wärmespeicheranlage für den Einsatz in Heizungsanlagen mit Wärmeschutzmantel, einschl. Schaltung und Regelung, sowie Anschlussleitungen.
Speicher: Stahl, innen unbehandelt, außen Grundbeschichtung
Nenninhalt: bis 500 Liter
Maximaler zulässiger Betriebsüberdruck: 6 bar
Ausführung gem. nachfolgender Einzelbeschreibung: .....

–€ 2.528€ **2.939**€ 3.433€ –€ [St] 3,40 h/St 040.000.059

29 Heizungspufferspeicher bis 1.000 Liter KG **421**

Pufferspeicher als Wärmespeicheranlage für den Einsatz in Heizungsanlagen mit Wärmeschutzmantel, einschl. Schaltung und Regelung, sowie Anschlussleitungen.
Speicher: Stahl, innen unbehandelt, außen Grundbeschichtung
Nenninhalt: bis 1.000 Liter
Maximaler zulässiger Betriebsüberdruck: 6 bar
Ausführung gem. nachfolgender Einzelbeschreibung: .....

–€ 2.602€ **3.136**€ 3.659€ –€ [St] 4,60 h/St 040.000.060

Kosten:
Stand 1.Quartal 2020
Bundesdurchschnitt

▶ min
▷ von
ø Mittel
◁ bis
◀ max

A 5 Trinkwarmwasserbereiter, Durchflussprinzip Beschreibung für Pos. **30-31**

Trinkwarmwasserbereiter zur Brauchwasserbereitung im Durchlaufprinzip mit Wärmetauscher aus kupferverlöteten Edelstahlplatten, mit Umwälzpumpe und Fertigdämmung einschl. Absperrkugelhähnen, zusätzlich mit Zirkulationspumpe, Rückflussverhinderer, Verrohrungs- und Verschraubungsteile in der Station montiert und an Regelung angeschlossen. Entlüftungsmöglichkeiten auf der Heizungsseite, mit Rückflussverhinderer der Heizkreispumpe, elektronischer Trinkwasserregler (proportional) zur konstanten Warmwassertemperaturregelung in Abhängigkeit der eingestellten Warmwassertemperatur und Zapfleistung durch Modulation der Heizkreispumpe.

30 Trinkwarmwasserbereiter, Durchflussprinzip, 1-15 l/min KG **421**

Wie Ausführungsbeschreibung A 5
Technische Daten:
Betriebsdruck Heizung: 3 bar
Betriebsdruck Trinkwasser: 6 bar
Maximale zulässige Vorlauftemperatur Heizung: 95°C
Versorgungsspannung 230 VAC / 50 HZ
Zapfleistung Warmwasser (55-60°C): 1-15 l/min
Ausführung gem. nachfolgender Einzelbeschreibung: .....

▶	▷	ø netto €	◁	◀	[Einheit]	Ausf.-Dauer	Positionsnummer
–€	2.817€	**3.131**€	3.600€	–€	[St]	⏱ 0,40 h/St	040.000.061

31 Trinkwarmwasserbereiter, Durchflussprinzip, 1-30 l/min KG **421**

Wie Ausführungsbeschreibung A 5
Technische Daten:
Betriebsdruck Heizung: 3 bar
Betriebsdruck Trinkwasser: 6 bar
Maximale zulässige Vorlauftemperatur Heizung: 95°C
Versorgungsspannung 230 VAC / 50 HZ
Zapfleistung Warmwasser (55-60°C): 1-30 l/min
Ausführung gem. nachfolgender Einzelbeschreibung: .....

▶	▷	ø netto €	◁	◀	[Einheit]	Ausf.-Dauer	Positionsnummer
–€	3.210€	**3.566**€	4.101€	–€	[St]	⏱ 0,40 h/St	040.000.062

A 6 Wärmepumpe, Wasser Beschreibung für Pos. **32-35**

Elektrisch angetriebene Wärmepumpe für Raumheizung und zur Erwärmung von Trinkwasser DIN EN 14511 für Innenaufstellung, mit Verdichter, einschl. Schwingungsdämpfer, Regelung für Warmwasserbereitung und einen geregelten Heizkreis. Leistung einschl. Anschlusszubehör und Inbetriebnahme

32 Wärmepumpe, 10-15kW, Wasser KG **421**

Wie Ausführungsbeschreibung A 6
Wärmequelle: Wasser, gem. beigefügter Wasseranalyse
Minimale Wärmequellentemperatur: ca. 10°C
Maximale Vorlauftemperatur:
Mind. 60°C zur Raumheizung
Mind. 72°C zur WW-Bereitung
Nennwärmeleistung: 10-15 kW (bei W10W35)
Leistungszahl (COP): mind. 5,5 (bei W10W35)
Maximaler Schallleistungspegel 55 dB(A)
Maximaler Betriebsdruck: mind. PN 6
Bemessungsbetriebsspannung: 400 V AC
Ausführung gem. nachfolgender Einzelbeschreibung: .....

–€ 10.372€ **12.203**€ 14.033€ –€ [St] ⏱ 6,00 h/St 040.000.063

33 Wärmepumpe, 15-25kW, Wasser KG **421**

Wie Ausführungsbeschreibung A 6
Wärmequelle: Wasser, gem. beigefügter Wasseranalyse
Minimale Wärmequellentemperatur: ca. 10°C
Maximale Vorlauftemperatur:
Mind. 60°C zur Raumheizung
Mind. 72°C zur WW-Bereitung
Nennwärmeleistung: 15-25 kW (bei W10W35)
Leistungszahl (COP): mind. 5,5 (bei W10W35)
Maximaler Schallleistungspegel 55 dB(A)
Maximaler Betriebsdruck: mind. PN 6
Bemessungsbetriebsspannung: 400 V AC
Ausführung gem. nachfolgender Einzelbeschreibung: .....

–€ 12.121€ **14.260**€ 16.399€ –€ [St] ⏱ 6,00 h/St 040.000.069

34 Wärmepumpe, 25-35kW, Wasser KG **421**

Wie Ausführungsbeschreibung A 6
Wärmequelle: Wasser, gem. beigefügter Wasseranalyse
Minimale Wärmequellentemperatur: ca. 10°C
Maximale Vorlauftemperatur:
Mind. 60°C zur Raumheizung
Mind. 72°C zur WW-Bereitung
Nennwärmeleistung: 25-35 kW (bei W10W35)
Leistungszahl (COP): mind. 5,5 (bei W10W35)
Maximaler Schallleistungspegel 55 dB(A)
Maximaler Betriebsdruck: mind. PN 6
Bemessungsbetriebsspannung: 400 V AC
Ausführung gem. nachfolgender Einzelbeschreibung: .....

–€ 14.934€ **17.569**€ 20.205€ –€ [St] ⏱ 6,00 h/St 040.000.070

Kosten:
Stand 1.Quartal 2020
Bundesdurchschnitt

▶ min
▷ von
ø Mittel
◁ bis
◀ max

35 Wärmepumpe, 35-50kW, Wasser KG **421**

Wie Ausführungsbeschreibung A 6
Wärmequelle: Wasser, gem. beigefügter Wasseranalyse
Minimale Wärmequellentemperatur: ca. 10°C
Maximale Vorlauftemperatur:
Mind. 60°C zur Raumheizung
Mind. 72°C zur WW-Bereitung
Nennwärmeleistung: 35-50 kW (bei W10W35)
Leistungszahl (COP): mind. 5,5 (bei W10W35)
Maximaler Schallleistungspegel 55 dB(A)
Maximaler Betriebsdruck: mind. PN 6
Bemessungsbetriebsspannung: 400 V AC
Ausführung gem. nachfolgender Einzelbeschreibung: .....

–€ 18.735€ **22.042**€ 25.348€ –€ [St] ⏱ 7,00 h/St 040.000.071

A 7 Wärmepumpe, Sole Beschreibung für Pos. **36-38**

Elektrisch angetriebene Wärmepumpe für Raumheizung und zur Erwärmung von Trinkwasser DIN EN 14511 für Innenaufstellung, mit Verdichter einschl. Schwingungsdämpfer sowie Regelung für Warmwasserbereitung und einen geregelten Heizkreis. Leistung einschl. Anschlusszubehör und Inbetriebnahme.

36 Wärmepumpe, 10-15kW, Sole KG **421**

Wie Ausführungsbeschreibung A 7
Wärmequelle: **Erdwärme / Sole**
Solequalität: .....
Minimale Wärmequellentemperatur: 0°C
Maximale Vorlauftemperatur:
Mind. 60°C zur Raumheizung
Mind. 72°C zur WW-Bereitung
Nennwärmeleistung: 10-15 kW (bei B0W35)
Leistungszahl (COP): mind. 4,5 (bei B0W35)
Maximaler Schallleistungspegel: 55 dB(A)
Maximaler Betriebsdruck: mind. PN 6
Bemessungsbetriebsspannung: 400 V AC
Ausführung gem. nachfolgender Einzelbeschreibung: .....

–€ 11.046€ **12.995**€ 14.944€ –€ [St] ⏱ 6,00 h/St 040.000.064

040
041
042
044
045
047
053
054
058
069
075

Nr.	Kurztext / Langtext					Kostengruppe
▶	▷ ø netto € ◁	◀	[Einheit]	Ausf.-Dauer		Positionsnummer

37 Wärmepumpe, 25-35kW, Sole KG **421**

Wie Ausführungsbeschreibung A 7
Wärmequelle: **Erdwärme / Sole**
Solequalität: .....
Minimale Wärmequellentemperatur: 0°C
Maximale Vorlauftemperatur:
Mind. 60°C zur Raumheizung
Mind. 72°C zur WW-Bereitung
Nennwärmeleistung: 25-35 kW (bei B0W35)
Leistungszahl (COP): mind. 4,7 (bei B0W35)
Maximaler Schallleistungspegel: 55 dB(A)
Maximaler Betriebsdruck: mind. PN 6
Bemessungsbetriebsspannung: 400 V AC
Ausführung gem. nachfolgender Einzelbeschreibung: .....

–€ 17.378€ **20.444**€ 23.511€ –€ [St] ⏱ 6,00 h/St 040.000.073

38 Wärmepumpe, 35-50kW, Sole KG **421**

Wie Ausführungsbeschreibung A 7
Wärmequelle: **Erdwärme / Sole**
Solequalität: .....
Minimale Wärmequellentemperatur: 0°C
Maximale Vorlauftemperatur:
Mind. 60°C zur Raumheizung
Mind. 72°C zur WW-Bereitung
Nennwärmeleistung: 35-50 kW (bei B0W35)
Leistungszahl (COP): mind. 4,7 (bei B0W35)
Maximaler Schallleistungspegel: 55 dB(A)
Maximaler Betriebsdruck: mind. PN 6
Bemessungsbetriebsspannung: 400 V AC
Ausführung gem. nachfolgender Einzelbeschreibung: .....

–€ 22.374€ **26.322**€ 30.270€ –€ [St] ⏱ 7,00 h/St 040.000.074

Kosten:
Stand 1.Quartal 2020
Bundesdurchschnitt

▶ min
▷ von
ø Mittel
◁ bis
◀ max

A 8 **Wärmepumpe, Luft** Beschreibung für Pos. **39-40**

Elektrisch angetriebene Wärmepumpe für Raumheizung und zur Erwärmung von Trinkwasser DIN EN 14511 für Innen-/Außenaufstellung, mit Verdichter, einschl. Schwingungsdämpfer sowie Regelung für Warmwasserbereitung und einen geregelten Heizkreis. Leistung einschl. Anschlusszubehör und Inbetriebnahme.

39 **Wärmepumpe, bis 10kW, Luft** KG **421**

Wie Ausführungsbeschreibung A 8
Wärmequelle: Luft
Minimale Wärmequellentemperatur: -18°C
Maximaler Vorlauftemperatur:
Mind. 55°C zur Raumheizung mit zusätzlichem elektrischen Heizstab
Mind. 72°C zur WW-Bereitung
Montage / Aufstellung: schallentkoppelt
Nennwärmeleistung bis 10 kW (bei A2W35)
Leistungszahl (COP): mind. 4,0 (bei A2W35)
Maximaler Schallleistungspegel: 60 dB(A)
Maximaler Betriebsdruck: mind. PN 6
Bemessungsbetriebsspannung: 400 V AC
Ausführung gem. nachfolgender Einzelbeschreibung: .....

–€ 13.685€ **16.100**€ 18.515€ –€ [St] ⏱ 6,00 h/St 040.000.065

40 **Wärmepumpe, 20-35kW, Luft** KG **421**

Wie Ausführungsbeschreibung A 8
Wärmequelle: Luft
Minimale Wärmequellentemperatur: -18°C
Maximaler Vorlauftemperatur:
Mind. 55°C zur Raumheizung mit zusätzlichem elektrischen Heizstab
Mind. 72°C zur WW-Bereitung
Montage / Aufstellung: schallentkoppelt
Nennwärmeleistung 20-35 kW (bei A2W35)
Leistungszahl (COP): mind. 3,4 (bei A2W35)
Maximaler Schallleistungspegel: 65 dB(A)
Maximaler Betriebsdruck: mind. PN 6
Bemessungsbetriebsspannung: 400 V AC
Ausführung gem. nachfolgender Einzelbeschreibung: .....

–€ 20.799€ **24.469**€ 28.140€ –€ [St] ⏱ 6,00 h/St 040.000.076

A 9 **Brunnenanlage** Beschreibung für Pos. **41-44**

Brunnenanlage für Wärmepumpe mit Filterrohren im Bereich des Grundwasserspiegels oder durchlässigen Horizonts und Filterkies, Schacht aus Fertigteilen, mit Sumpf- oder Aufsatzrohr sowie Bodenkappe, Brunnenkopf (Flanschanschluss) mit Durchgang für Pumpensteigrohre, Kabelverbindung, inkl. Einbau von Steigrohren, einschl. Zubehör. Schächte für Saug- und Schluckbrunnen aus Beton-/Stahlbetonfertigteilen, ohne Schachtunterteil, mit Steigeisengang und Abdeckung. Liefern und Montieren der erdverlegten Leitungen DN50 (von den Brunnen bis zum Übergabepunkt Innenkante Gebäude), inkl. aller Form-, Verbindungsteile, Armaturen, Anschlussverschraubungen und Dichtungen. Erdkabel für Brunnenpumpe verlegen und anklemmen, Leistung einschl. Pumpversuch zur Leistungsermittlung, Erstellung einer Wasseranalyse über das Brunnenwasser, mit Gutachten zur Erlangung der wasserrechtlichen Erlaubnis für die thermische Nutzung von Grundwasser. Die Baustelleneinrichtung mit An- und Abtransport des Bohrgerätes sowie Aufstellen / Umsetzen der Bohranlage von Bohrpunkt zu Bohrpunkt auf hindernisfreiem, von LKW befahrbarem Gelände, ist Leistungsbestandteil.

040
041
042
044
045
047
053
054
058
069
075

Kosten:
Stand 1.Quartal 2020
Bundesdurchschnitt

Nr.	**Kurztext** / Langtext					Kostengruppe
▶	▷	**ø netto €**	◁	◀	[Einheit]	Ausf.-Dauer Positionsnummer

41 Brunnenanlage, WP bis 15kW KG **421**

Wie Ausführungsbeschreibung A 9
Brunnenbohrung
Bodenmaterial (Beschreibung der Homogenbereiche nach Unterlagen des AG): .....
Bohrtiefe: 0-15 m
Wärmepumpe: 10-15 kW, mehrstufige Unterwasserpumpe
Nennförderstrom: bis 3,5 m³/h (für GW dT 4K)
Beton-/Stahlbetonfertigteilen: DN1.500
Lichte Schachttiefe: über 1,5 m bis 2,0 m
Ausführung gem. nachfolgender Einzelbeschreibung: .....

–€ 9.293€ **11.616**€ 14.172€ –€ [St] ⏱ 14,00 h/St 040.000.066

42 Brunnenanlage, WP 15-25kW KG **421**

Wie Ausführungsbeschreibung A 9
Brunnenbohrung
Bodenmaterial (Beschreibung der Homogenbereiche nach Unterlagen des AG): .....
Bohrtiefe: 0-15 m
Wärmepumpe: 15-25 kW, mehrstufige Unterwasserpumpe
Nennförderstrom: bis 5,5 m³/h (für GW dT 4K)
Beton-/Stahlbetonfertigteilen: DN1.500
Lichte Schachttiefe: über 1,5 m bis 2,0 m
Ausführung gem. nachfolgender Einzelbeschreibung: .....

–€ 10.687€ **13.359**€ 16.297€ –€ [St] ⏱ 17,00 h/St 040.000.077

43 Brunnenanlage, WP 25-35kW KG **421**

Wie Ausführungsbeschreibung A 9
Brunnenbohrung
Bodenmaterial (Beschreibung der Homogenbereiche nach Unterlagen des AG): .....
Bohrtiefe: 0-15 m
Wärmepumpe: 25-35 kW, mehrstufige Unterwasserpumpe
Nennförderstrom: bis 7,5 m³/h (für GW dT 4K)
Beton-/Stahlbetonfertigteilen: DN1.500
Lichte Schachttiefe: über 1,5 m bis 2,0 m
Ausführung gem. nachfolgender Einzelbeschreibung: ....

–€ 12.778€ **15.972**€ 19.486€ –€ [St] ⏱ 20,00 h/St 040.000.078

44 Brunnenanlage, WP 35-50kW KG **421**

Wie Ausführungsbeschreibung A 9
Brunnenbohrung
Bodenmaterial (Beschreibung der Homogenbereiche nach Unterlagen des AG): .....
Bohrtiefe: 0-15 m
Wärmepumpe: 35-50 kW, mehrstufige Unterwasserpumpe
Nennförderstrom: bis 11,0 m³/h (für GW dT 4K)
Beton-/Stahlbetonfertigteilen: DN1.500
Lichte Schachttiefe: über 1,5 m bis 2,0 m
Ausführung gem. nachfolgender Einzelbeschreibung: .....

–€ 23.232€ **29.040**€ 35.429€ –€ [St] ⏱ 22,00 h/St 040.000.079

▶ min
▷ von
ø Mittel
◁ bis
◀ max

45 Erdsondenanlage, Wärmepumpe KG **421**

Erdsondenanlage mit druckgeprüften Doppel-U- Sonden und Füllung des Ringraums mit Zement-Bentonit-Suspension. Ausführung der Erdwärmesondenbohrung(en) einschl. eventuell notwendiger Verrohrung des Bohrlochs. Leistung inkl. Antrag auf wasserrechtliche Genehmigung einschl. Bohrgenehmigung zur Vorlage bei der zuständigen Behörde und Nebenarbeiten und Versicherungen. Graphische Darstellung der Bohrergebnisse, Ausbauzeichnung. Baustelleneinrichtung mit An- und Abtransport Bohrgerät, Mannschaft und Ausrüstung, Auf- und Abbau des Bohrgeräts je Ansatzpunkt einschl. Umsetzen.
Bohrloch: ca. 160 mm
Doppel-U-Sonden: 32 mm einschl. Fußstück
Durchflussspülung und Befüllung: mit Wasser / Wasser-Glykol
Sondentiefe: bis 50 m
Überstand Sonden über Gelände: ca. 1,00 m
Ausführung gem. nachfolgender Einzelbeschreibung: .....

51€ 62€ **67**€ 71€ 81€ [m] ⏱ 0,20 h/m 040.000.067

46 Ausdehnungsgefäß, bis 500 Liter KG **421**

Membran-Druckausdehnungsgefäß mit Abnahmebescheinigung DIN EN 13831 für Heizungswasser.
Zulässiger Betriebsdruck: **3 / 6 / 10** bar
Vordruck Druckausdehnungsgefäß: ..... bar
Nennvolumen Ausdehnungsgefäß: ..... Liter
Werkstoff: Stahl
Aufstellung: stehend
Oberfläche außen: lackiert

58€ 169€ **201**€ 387€ 682€ [St] ⏱ 2,50 h/St 040.000.008

47 Ausdehnungsgefäß, über 500 Liter KG **421**

Membran-Druckausdehnungsgefäß mit Abnahmebescheinigung DIN EN 13831 für Heizungswasser.
Zulässiger Betriebsdruck: **3 / 6 / 10** bar
Vordruck Druckausdehnungsgefäß: ..... bar
Nennvolumen Ausdehnungsgefäß: ..... Liter
Werkstoff: Stahl
Aufstellung: stehend
Oberfläche außen: lackiert

829€ 1.534€ **1.723**€ 2.024€ 3.109€ [St] ⏱ 3,00 h/St 040.000.011

Nr.	Kurztext / Langtext						Kostengruppe
▶	▷	ø netto €	◁	◀	[Einheit]	Ausf.-Dauer	Positionsnummer

48 Trinkwarmwasserspeicher KG **421**

Speicher-Wassererwärmung für Trinkwasser DIN 4753-7 und DVGW W 551. Mit Einbauheizfläche DIN 4708-2 als Glattrohrwärmetauscher aus geschweißtem nichtrostendem Stahlrohr. Warmwasserdauerleistung bei Erwärmung von 10 auf 60°C und Heizwasser-Vorlauftemperatur von 70°C ..... l/h. Behälter mit Korrisionsschutzeinrichtung, mit Anschlussstutzen für Heizmitteleintritt, Mess- und Regeleinrichtung, Kalt-, Warm- und Zirkulationswasser. Mit Wärmedämmung und Ummantelung, abnehmbar.
Bauart: stehend / liegend
Speicherinhalt: ..... Liter
Leistungskennzahl Nl: ..... [ ]
Maximale Speichertemperatur: 95°C
Zulässiger Druck: **4 / 6 / 10** bar
Maximale Heizwassertemperatur: .....°C
Behälter: Stahl emailliert / Edelstahl
Durchmesser ohne Wärmedämmung: ..... m
Höhe: ..... m
Gewicht: ..... kg

951€ 1.633€ **1.953**€ 2.724€ 4.397€ [St] ⏱ 5,80 h/St 040.000.020

49 Speicher-Wassererwärmer mit Solar, bis 400 Liter KG **421**

Bivalenter Speicher-Wassererwärmer für Trinkwasser DIN 4753-7 und DVGW W 551, mit zwei innenliegenden Heizflächen DIN 4708-2, mit Einbauheizfläche für Solaraufheizung und weiteren Wärmeerzeuger. Leistung einschl. Anschlüssen für Medien und für Messwertgeber, mit Revisionsöffnung, mit abnehmbarer Wärmedämmung und Ummantelung, mit Anschlussleitungen.
Speicher: Bauart stehend
Material: nichtrostendem Stahl / Stahl emailliert
Speicherinhalt: bis 400 Liter
DIN 4708-2 bei Erwärmung von 10 auf 45°C
Leistungskennzahl je Heizfläche mindestens NL 2,5 (nach DIN 4708 bei Speicher-/VL-Temperatur 60/70°C)
Ausführung gem. nachfolgender Einzelbeschreibung: .....

2.176€ 2.951€ **3.206**€ 3.356€ 3.835€ [St] ⏱ 2,50 h/St 040.000.068

50 Umwälzpumpen, bis 2,50m³/h KG **421**

Kreiselpumpe als Umwälzpumpe, Ausführung als Nassläufer, für Heizwasser VDI 2035 Blatt 1+2, Wärmedämmschalen nach EnEV.
Leistung: **regelbar / stufenlos regelbar**
Regelgröße: **Druck / Differenzdruck / Temperatur / Signal**
Max. Betriebstemperatur: **90 / 100 / 110**°C
Max. Betriebsdruck: **6 / 10 / 16** bar
Maximale Druckerhöhung: ..... bar
Max. Förderleistung: ..... m³/h
Gewindeanschluss / Flanschanschluss: DN.....
Werkstoff Gehäuse: **Bronze / Gusseisen / Rotguss / Stahl, nichtrostend**
Werkstoff Laufrad: **Bronze / Kunststoff / Stahl, nichtrostend**
Energieeffizienzklasse: **A / B / C**

102€ 249€ **305**€ 413€ 590€ [St] ⏱ 0,70 h/St 040.000.009

Kosten:
Stand 1.Quartal 2020
Bundesdurchschnitt

▶ min
▷ von
ø Mittel
◁ bis
◀ max

Nr.	Kurztext / Langtext						Kostengruppe
▶	▷	**ø netto €**	◁	◀	[Einheit]	Ausf.-Dauer	Positionsnummer

51 **Umwälzpumpen, bis 5,00m³/h** KG **422**

Kreiselpumpe als Umwälzpumpe, Ausführung als Nassläufer, für Heizwasser VDI 2035 Blatt 1+2, Wärmedämmschalen nach EnEV.
Leistung: **regelbar / stufenlos regelbar**
Regelgröße: **Druck / Differenzdruck / Temperatur / Signal**
Max. Betriebstemperatur: **90 / 100 / 110°C**
Max. Betriebsdruck: **6 / 10 / 16** bar
Maximale Druckerhöhung: ..... bar
Max. Förderleistung: ..... m³/h
Gewindeanschluss / Flanschanschluss: DN.....
Werkstoff Gehäuse: **Bronze / Gusseisen / Rotguss / Stahl, nichtrostend**
Werkstoff Laufrad: **Bronze / Kunststoff / Stahl, nichtrostend**
Energieeffizienzklasse: **A / B / C**

287€ 423€ **484€** 542€ 647€ [St] ⏱ 0,80 h/St 040.000.012

52 **Umwälzpumpen, ab 5,00m³/h** KG **422**

Kreiselpumpe als Umwälzpumpe, Ausführung als Nassläufer, für Heizwasser VDI 2035 Blatt 1+2, Wärmedämmschalen nach EnEV.
Leistung: **regelbar / stufenlos regelbar**
Regelgröße: **Druck / Differenzdruck / Temperatur / Signal**
Max. Betriebstemperatur: **90 / 100 / 110°C**
Max. Betriebsdruck: **6 / 10 / 16** bar
Maximale Druckerhöhung: ..... bar
Max. Förderleistung: ..... m³/h
Gewindeanschluss / Flanschanschluss: DN.....
Werkstoff Gehäuse: **Bronze / Gusseisen / Rotguss / Stahl, nichtrostend**
Werkstoff Laufrad: **Bronze / Kunststoff / Stahl, nichtrostend**
Energieeffizienzklasse: **A / B / C**

657€ 821€ **940€** 1.053€ 1.606€ [St] ⏱ 1,00 h/St 040.000.013

53 **Absperrklappen, bis DN25** KG **422**

Absperrklappe als Zwischenflanscharmatur, für Betrieb mit Heizungswasser, inkl. zwei Gegenflanschen.
Heizungswasser: **bis 120°C / über 120**°C
Gehäuse: **Grauguss / Bronze / .....**
Nenndruck PN: **6 / 10 / 16** bar
Nenndurchmesser Rohr: bis DN25
Betätigung: **über Handhebel / Rasterhebel**
Baulänge: .....

58€ 92€ **98€** 112€ 121€ [St] ⏱ 0,35 h/St 040.000.049

54 **Absperrklappen, DN32** KG **422**

Absperrklappe als Zwischenflanscharmatur, für Betrieb mit Heizungswasser, inkl. zwei Gegenflanschen.
Heizungswasser: **bis 120°C / über 120°C**
Gehäuse: **Grauguss / Bronze / .....**
Nenndruck PN: **6 / 10 / 16** bar
Nenndurchmesser Rohr: DN32
Betätigung: über **Handhebel / Rasterhebel**
Baulänge: .....

66€ 91€ **112€** 130€ 155€ [St] ⏱ 0,38 h/St 040.000.014

040 041 042 044 045 047 053 054 058 069 075

Nr.	**Kurztext** / Langtext						Kostengruppe
▶	▷	**ø netto €**	◁	◀	[Einheit]	Ausf.-Dauer	Positionsnummer

55 Absperrklappen, DN65 KG **422**

Absperrklappe als Zwischenflanscharmatur, für Betrieb mit Heizungswasser, inkl. zwei Gegenflanschen.
Heizungswasser: **bis 120°C / über 120°C**
Gehäuse: **Grauguss / Bronze / .....**
Nenndruck PN: **6 / 10 / 16** bar
Nenndurchmesser Rohr: DN65
Betätigung: über **Handhebel / Rasterhebel**
Baulänge: .....

94€ | 124€ | **161**€ | 181€ | 212€ | [St] | ⏱ 0,50 h/St | 040.000.017

56 Absperrklappen, DN125 KG **422**

Absperrklappe als Zwischenflanscharmatur, für Betrieb mit Heizungswasser, inklusive zwei Gegenflanschen.
Heizungswasser: **bis 120°C / über 120°C**
Gehäuse: **Grauguss / Bronze /** .....
Nenndruck PN: **6 / 10 / 16** bar
Nenndurchmesser Rohr: DN125
Betätigung: über **Handhebel / Rasterhebel**
Baulänge: .....

135€ | 310€ | **335**€ | 482€ | 657€ | [St] | ⏱ 0,80 h/St | 040.000.019

57 Rückschlagventil, DN65 KG **422**

Rückschlagventil in Zwischenflanschausführung mit Spezialzentrierung, zum Einbau zwischen Rohrleitungsflanschen, inklusive Gegenflanschen, entsprechend langen Schrauben und Dichtungen.
Nennweite: DN65
Nenndruck: PN 6

57€ | 92€ | **111**€ | 138€ | 175€ | [St] | ⏱ 0,40 h/St | 040.000.021

58 Dreiwegeventil, DN40 KG **421**

Dreiwege-Mischventil mit Verschraubung, Kennlinie A-AB gleichprozentig, B-AB linear. Für Heizungsverteilungen inkl. elektrischem Stellantrieb für 3-Punkt oder Auf-Zu-Regelung sowie Verschraubungen und Dichtungen.
Material Gehäuse: Grauguss
Nenndruck: PN 16
Nennweite: DN40
Max. Vorlauftemperatur: 95°C
kvs-Wert: 25 m^3/h
Spannung: 230 V, 50 Hz

137€ | 297€ | **426**€ | 526€ | 686€ | [St] | ⏱ 0,90 h/St | 040.000.022

Kosten:
Stand 1.Quartal 2020
Bundesdurchschnitt

▶ min
▷ von
ø Mittel
◁ bis
◀ max

59 Heizungsverteiler, Wandmontage, 3 Heizkreise — KG **421**

Heizungsverteiler als kombinierter Vor- und Rücklaufverteiler. Abgangsstutzen Vor- und Rücklauf nebeneinander, als Rohrstutzen, mit Vorschweißflansch. Für Abgänge DN25-DN100 mit Stutzenabstand 350mm, bei größeren Dimensionen 400mm. Flanschstutzen DN25-DN100 sind auf gleiche Spindelhöhe, für Armaturen entsprechend den Baulängenreihen F1, F4, oder K1, abgestimmt. Entleerungsmuffen DN15 für Vor- und Rücklaufbalken. Verteiler werkseitig druckgeprüft und grundiert. Heizkreisverteiler für 3 Heizkreise (1 Anschluss Wärmerzeuger Vor-/Rücklauf, 2 Anschlüsse für Heizkreise (DN25-DN100). Inkl. Wärmedämmschalen für Verteiler entsprechend Heizungsanlagenverordnung.
Material: Stahl
Vorschweißflansch: **PN 6 / PN 10 / PN 16**

–€	174€	**198**€	221€	–€	[St]	⏱ 0,75 h/St	040.000.050

60 Heizungsverteiler, Wandmontage, 5 Heizkreise — KG **421**

Heizungsverteiler als kombinierter Vor- und Rücklaufverteiler. Abgangsstutzen Vor- und Rücklauf nebeneinander, als Rohrstutzen, mit Vorschweißflansch. Für Abgänge DN25-DN100 mit Stutzenabstand 350mm, bei größeren Dimensionen 400mm. Flanschstutzen DN25-DN100 sind auf gleiche Spindelhöhe, für Armaturen entsprechend den Baulängenreihen F1, F4, oder K1, abgestimmt. Entleerungsmuffen DN15 für Vor- und Rücklaufbalken. Verteiler werkseitig druckgeprüft und grundiert. Heizkreisverteiler für 5 Heizkreise (1 Anschluss Wärmerzeuger Vor-/Rücklauf, 2 Anschlüsse für Heizkreise (DN25-DN100). Inkl. Wärmedämmschalen für Verteiler entsprechend Heizungsanlagenverordnung.
Material: Stahl
Vorschweißflansch: **PN 6 / PN 10 / PN 16**

–€	283€	**314**€	375€	–€	[St]	⏱ 0,90 h/St	040.000.051

61 Füllset, Heizung — KG **421**

Manuelle Heizungsfüll-/-nachfüllstation mit flexibler Schlauchanbindung zum Befüllen von Warmwasser-Heizungsanlagen DIN 12828. Bestehend aus Absperrarmatur mit Systemtrenner, einem Wandschlauchhalter, 5m Wasserschlauch 1/2" für maximal 12 bar Betriebsdruck, zwei halben Schlauchverschraubungen 1/2" aus Messing, inklusive Befestigungselementen für Wandbefestigung.
Temperaturbereich: bis 40°C (Füllwasser)

13€	20€	**21**€	24€	30€	[St]	⏱ 0,10 h/St	040.000.052

Kosten:
Stand 1.Quartal 2020
Bundesdurchschnitt

▶ min
▷ von
ø Mittel
◁ bis
◀ max

Nr.	Positionen	Einheit	▶	▷	ø brutto € / ø netto €	◁	◀
1	Strangregulierventil, Guss, DN15	St	19	33	**42**	52	59
			16	27	**35**	43	50
2	Überströmventil, Guss, DN15	St	41	65	**83**	92	134
			34	55	**70**	78	112
3	Schmutzfänger, Guss, DN40	St	49	65	**75**	75	94
			42	55	**63**	63	79
4	Schnellentlüfter, DN10 (Schwimmerentlüfter)	St	9	24	**30**	44	96
			7	20	**25**	37	80
5	Zeigerthermometer, Bimetall	St	11	19	**22**	40	65
			9	16	**18**	34	55
6	Manometer, Rohrfeder	St	24	45	**61**	96	207
			20	38	**51**	81	174
7	Absperrventil, Guss, DN15	St	24	39	**47**	56	83
			20	33	**39**	47	69
8	Absperrventil, Guss, DN20	St	39	54	**59**	68	90
			33	46	**50**	57	76
9	Absperrventil, Guss, DN32	St	49	90	**106**	142	215
			41	76	**89**	119	180
10	Absperrventil, Guss, DN65	St	160	212	**212**	234	289
			134	178	**179**	197	243
11	Badheizkörper/Handtuchheizkörper, Stahl beschichtet	St	271	539	**637**	754	1.368
			228	453	**536**	634	1.149
12	Rohrleitung, Kupfer, DN15	m	10	15	**17**	19	25
			8,7	12	**14**	16	21
13	Rohrleitung, Kupfer, DN20	m	12	17	**20**	22	30
			10	14	**17**	18	25
14	Rohrleitung, Kupfer, DN25	m	19	24	**26**	29	36
			16	20	**22**	25	30
15	Rohrleitung, C-Stahlrohr, DN15	m	12	16	**18**	19	22
			10	14	**15**	16	18
16	Rohrleitung, C-Stahlrohr, DN25	m	21	25	**26**	28	31
			18	21	**22**	23	26
17	Rohrleitung, C-Stahlrohr, DN50	m	28	46	**56**	62	80
			23	39	**47**	52	67
18	Rohrleitung, C-Stahlrohr, Bogen, DN50	St	–	123	**154**	185	–
			–	104	**130**	156	–
19	Rohrleitung, Stahlrohr, DN65	m	30	37	**39**	44	57
			26	31	**33**	37	48
20	Rohrleitung, Stahlrohr, DN100	m	–	51	**62**	73	–
			–	43	**52**	61	–
21	Rohrleitung, Stahlrohr, DN150	m	–	68	**75**	82	–
			–	57	**63**	69	–
22	Rohrleitung, PE-X 17mm, Fußbodenheizung	m	7,1	9,1	**9,8**	11	13
			6,0	7,7	**8,2**	9,1	11
23	Rohrleitung, PE-X 25mm, Fußbodenheizung	m	14	15	**16**	17	19
			12	13	**14**	14	16
24	Rohrleitung, Verbundrohr, 16mm, Fußbodenheizung	m	18	20	**21**	22	23
			15	17	**18**	18	20

Nr.	Positionen	Einheit	►	▷	ø brutto € / ø netto €	◁	◄
25	Röhrenheizkörper, Stahl, h=500	St	–	12	**13**	15	–
			–	9,9	**11**	13	–
26	Röhrenheizkörper, Stahl, h=900	St	–	14	**19**	25	–
			–	11	**16**	21	–
27	Röhrenheizkörper, Stahl, h=1800	St	–	24	**28**	32	–
			–	20	**23**	27	–
28	Kompaktheizkörper, Stahl, H=500, L=bis 2.100, Typ 11	St	334	384	**418**	468	543
			281	323	**351**	393	456
29	Kompaktheizkörper, Stahl, H=500, L=bis 2.100, Typ 22	St	374	430	**467**	523	607
			314	361	**393**	440	510
30	Kompaktheizkörper, Stahl, H=500, L=bis 2.100, Typ 33	St	487	560	**609**	658	731
			409	471	**512**	553	614
31	Kompaktheizkörper, Stahl, H=600, L=bis 700, Typ 11	St	150	172	**187**	209	243
			126	145	**157**	176	204
32	Kompaktheizkörper, Stahl, H=600, L=bis 700, Typ 22	St	168	193	**210**	235	272
			141	162	**176**	197	229
33	Kompaktheizkörper, Stahl, H=600, L=bis 700, Typ 33	St	224	258	**280**	314	364
			188	217	**236**	264	306
34	Kompaktheizkörper, Stahl, H=600, L=bis 2100, Typ 11	St	346	397	**432**	484	561
			290	334	**363**	406	472
35	Kompaktheizkörper, Stahl, H=600, L=bis 2100, Typ 22	St	387	446	**484**	542	630
			326	374	**407**	456	529
36	Kompaktheizkörper, Stahl, H=600, L=bis 2.100, Typ 33	St	504	580	**630**	681	756
			424	487	**530**	572	635
37	Kompaktheizkörper, Stahl, H=900, L=bis 700, Typ 11	St	197	227	**246**	276	320
			166	190	**207**	232	269
38	Kompaktheizkörper, Stahl, H=900, L=bis 700, Typ 22	St	220	253	**275**	308	357
			185	212	**231**	259	300
39	Kompaktheizkörper, Stahl, H=900, L=bis 700, Typ 33	St	301	347	**377**	422	490
			253	291	**317**	355	411
40	Kompaktheizkörper, Stahl, H=900, L=bis 2.100, Typ 11	St	466	535	**582**	652	757
			391	450	**489**	548	636
41	Kompaktheizkörper, Stahl, H=900, L=bis 2.100, Typ 22	St	504	580	**630**	706	819
			424	487	**530**	593	688

Kosten:
Stand 1.Quartal 2020
Bundesdurchschnitt

Nr.	Positionen	Einheit	▶	▷	ø brutto € / ø netto €	◁	◀
42	Kompaktheizkörper, Stahl, H=900, L=bis 2.100, Typ 33	St	634	730	**793**	856	928
			533	613	**666**	720	780
43	Radiavektoren, Profilrohre, H=140, L=bis 700	St	378	535	**581**	687	758
			318	450	**488**	577	637
44	Radiavektoren, Profilrohre, H=140, L=bis 2.100	St	609	945	**963**	1.167	1.503
			512	794	**809**	980	1.263
45	Radiavektoren, Profilrohre, H=210, L=bis 700	St	387	539	**599**	733	948
			326	453	**504**	616	797
46	Radiavektoren, Profilrohre, H=210, L=bis 2.100	St	780	1.175	**1.289**	1.444	1.830
			656	988	**1.083**	1.214	1.537
47	Radiavektoren, Profilrohre, H=280, L=bis 700	St	393	610	**696**	843	1.096
			330	512	**585**	708	921
48	Radiavektoren, Profilrohre, H=280, L=bis 1.400	St	513	881	**1.030**	1.272	1.641
			431	741	**866**	1.069	1.379
49	Thermostatventil, Guss, DN15	St	12	17	**21**	26	31
			10	14	**18**	22	26
50	Heizkörperverschraubung, DN15	St	11	20	**25**	51	79
			9	17	**21**	43	66
51	Heizkörper ausbauen/wiedermontieren	St	27	42	**52**	68	133
			22	35	**43**	57	112
52	Kappenventil, Ausdehnungsgefäß, DN20	St	–	26	**32**	40	–
			–	22	**27**	34	–
53	Muffenkugelhahn, Guss, DN15	St	7	18	**23**	30	43
			6	15	**19**	25	36
54	Membran-Sicherheitsventil, Guss	St	9	16	**20**	27	31
			8	13	**17**	22	26
55	Verteiler Heizungswasser	St	209	311	**359**	423	547
			176	262	**302**	355	459
56	Heizkreisverteiler, Fußbodenheizung, 5 Heizkreise	St	246	310	**344**	385	486
			207	261	**289**	323	408
57	Verteilerschrank, Fußbodenheizung, Unterputz	St	–	467	**523**	559	–
			–	393	**439**	470	–
58	Verteilerschrank, Fußbodenheizung, Aufputz	St	–	452	**480**	510	–
			–	380	**403**	428	–
59	Umlenkungsbogen, Heizleitung	St	2	3	**4**	4	5
			2	3	**3**	3	4
60	Tacker/EPS-Systemträger, Fußbodenheizung	m²	6	8	**9**	10	11
			5	6	**7**	9	10
61	Noppen/EPS-Systemträger, Fußbodenheizung	m²	8	9	**10**	11	13
			7	8	**8**	9	11
62	Noppen-Systemträger, Dämmung, Fußbodenheizung	m²	13	17	**18**	21	26
			11	15	**15**	18	22
63	Noppen-Systemträger, Fußbodenheizung	m²	11	13	**14**	16	19
			9	11	**12**	14	16
64	Fußbodenheizung, Typ A, Träger/PE-X Rohr, 100	m²	26	28	**29**	31	34
			22	24	**24**	26	29

▶ min
▷ von
ø Mittel
◁ bis
◀ max

Nr.	Positionen	Einheit	▶	▷	ø brutto € / ø netto €	◁	◀
65	Fußbodenheizung, Typ A, Träger/PE-X Rohr, 200	m²	–	21	**23**	25	–
			–	18	**19**	21	–
66	Anbindeleitung, PE-X 17-2mm, Fußbodenheizung	m	3	3	**4**	5	6
			2	3	**3**	4	5
67	Schutzummantelung, Fußbodenheizrohr	St	0,8	2,2	**2,5**	2,8	4,7
			0,7	1,9	**2,1**	2,3	3,9
68	Ummantelung, Anbindeleitung	m	1	2	**3**	4	5
			1	2	**2**	3	4
69	Funktionsheizen, Fußbodenheizung	m²	0,1	0,3	**0,4**	0,9	4,0
			0,1	0,2	**0,4**	0,7	3,4
70	Belegreifheizen, Fußbodenheizung	m²	0,1	0,2	**0,4**	0,6	2,8
			0,1	0,2	**0,4**	0,5	2,4
71	Einregulierung/Inbetriebnahme, Fußbodenheizung	psch	86	314	**861**	2.288	3.927
			72	264	**723**	1.923	3.300
72	Messung, Feuchte, Fußbodenheizung	St	–	44	**56**	68	–
			–	37	**47**	57	–

Nr. **Kurztext** / Langtext — Kostengruppe
▶ ▷ **ø netto €** ◁ ◀ [Einheit] Ausf.-Dauer Positionsnummer

1 Strangregulierventil, Guss, DN15 — KG **421**

Strangregulierventil als Durchgangsventil in Schrägsitzausführung. Stufenlose Voreinstellung über Handrad. Ablesbarkeit der Voreinstellung unabhängig von der Handradstellung. Alle Funktionselemente auf der Handradseite. Montage im Vor- und Rücklauf möglich. Ventilgehäuse und Kopfstück, Spindel und Ventilkegel aus entzinkungsbeständigem Messing (Ms-EZB) / Rotguss, Kegel mit Dichtung aus PTFE, wartungsfreie Spindelabdichtung durch doppelten O-Ring. Messventil und Füll- und Entleerkugelhahn anschließ- und austauschbar. Inklusive Verschraubung beidseitig.
Strangregulierventil: **PN 6 / 10 / 16** bar
Ventilgehäuse und Kopfstück aus: **Rotguss / Grauguss**
Betriebstemperatur **120**°C **/ 150**°C
Nennweite: DN15
Anschlussgewinde: Rp 1/2 IG

16€ 27€ **35€** 43€ 50€ [St] ⏱ 0,20 h/St 041.000.009

2 Überströmventil, Guss, DN15 — KG **421**

Differenzdruck-Überströmventil mit Federhaube aus Kunststoff, Membrane aus EPDM, einschl. Anzeigenhülse, inkl. beidseitiger Verschraubung.
Ausführung: **Eckausführung / gerade Ausführung**
Material: **Messing / Rotguss / Grauguss** mit eingebauter Differenzdruck-Anzeige
Differenzdruck: zwischen 0,05 und 0,5 bar
Betriebstemperatur: **110°C / 120°C / 150°C**
Betriebsdruck: max. **3 / 6 / 10** bar
Nennweite: DN15
Anschlussgewinde Rp 1/2 IG

34€ 55€ **70€** 78€ 112€ [St] ⏱ 0,35 h/St 041.000.010

040 041 042 044 045 047 053 054 058 069 075

Kosten:
Stand 1.Quartal 2020
Bundesdurchschnitt

Nr.	**Kurztext** / Langtext						Kostengruppe
▶	▷	**ø netto €**	◁	◀	[Einheit]	Ausf.-Dauer	Positionsnummer

3 Schmutzfänger, Guss, DN40 KG **421**

Schmutzfänger, mit **einfachem / doppeltem** Sieb, aus Niro-Stahldrahtgeflecht.
Betriebsdruck: PN **6 / 10 / 16**
Gehäuse: Grauguss
Betriebstemperatur: **110°C / 120°C / 150°C**
Nennweite: DN40
Anschlussgewinde: Rp 1 1/2 IG

42€ | 55€ | **63**€ | 63€ | 79€ | [St] | ⏱ 0,30 h/St | 041.000.011

4 Schnellentlüfter, DN10 (Schwimmerentlüfter) KG **421**

Schwimmerentlüfter zur permanenten, automatischen Entlüftung von Heizungsanlagen.
Anschlussgewinde: Rp 3/8 IG
Material Gehäuse: **Messing / Grauguss**
Material Schwimmer: Kunststoff
Betriebstemperatur: 115°C
Betriebsdruck PN: **6 / 10 / 16** bar

7€ | 20€ | **25**€ | 37€ | 80€ | [St] | ⏱ 0,10 h/St | 041.000.012

5 Zeigerthermometer, Bimetall KG **421**

Zeigerthermometer DIN EN 13190, Tauchrohr radial, aus nichtrostendem Stahl, inklusive Tauchhülse, eingeschweißt in Medienrohr.
Messelement: Bimetall
Tauchrohr-Einbaulänge: **63 / 80 / 100 / 160** mm
Tauchrohrdurchmesser: **6 / 8 / 10** mm
Gehäuse: **Aluminium / Edelstahl**
Übersteckring: **Messing / Edelstahl**, poliert
Gehäusedurchmesser: **63 / 80 / 100 / 160** mm
Anzeigebereich: **-40 / 0°C** bis **60 / 100 / 160°C**
Zifferblatt: Aluminium, weiß, Skalenaufdruck schwarz
Instrumentenglas Schutzart: IP65
Messgenauigkeit: Klasse 1

9€ | 16€ | **18**€ | 34€ | 55€ | [St] | ⏱ 0,05 h/St | 041.000.013

6 Manometer, Rohrfeder KG **421**

Manometer, als Rohrfedermanometer mit verstellbarer Markierung, Rohrfeder aus nichtrostendem Stahl.
Anschlusszapfen: R 1/4, radial nach unten
Anschluss: **hinten / seitlich**
Gehäusedurchmesser: 63 / 80 / 100 / 160 mm
Gehäuse: **Messing / nichtrostender Stahl**
Anzeigebereich: bis **3 / 6 / 10 / 16 / 25** bar
Nenndruck: PN **6 / 10 / 16 / 25** bar
Messgenauigkeit: 1,6% vom Skalenendwert

20€ | 38€ | **51**€ | 81€ | 174€ | [St] | ⏱ 0,05 h/St | 041.000.014

▶ min
▷ von
ø Mittel
◁ bis
◀ max

A 1 **Absperrventil, Guss** Beschreibung für Pos. **7-10**

Absperrventil als Durchgangsventil in Schrägsitzausführung, mit Entleerung. Spindel und Ventilkegel aus entzinkungsbeständigem Messing (Ms-EZB), Kegel mit Dichtung aus PTFE, wartungsfreie Spindelabdichtung durch doppelten O-Ring, inklusive beidseitiger Verschraubung, zwei Gegenflanschen mit Schrauben, Pressverbindung inklusive Pressfittinge.

7 **Absperrventil, Guss, DN15** KG **422**

Wie Ausführungsbeschreibung A 1
Betriebsdruck PN: **6 / 10 / 16** bar
Gehäuse und Kopfstück: **Rotguss / Grauguss**
Betriebstemperatur: **120**°C **/ 150°C**
Nennweite: DN15
Anschluss: Rp 1/2 IG x Rp 1/2 IG

20€ 33€ **39**€ 47€ 69€ [St] ⏱ 0,30 h/St 041.000.033

8 **Absperrventil, Guss, DN20** KG **422**

Wie Ausführungsbeschreibung A 1
Betriebsdruck PN: **6 / 10 / 16** bar
Gehäuse und Kopfstück: **Rotguss / Grauguss**
Betriebstemperatur: **120°C / 150°C**
Nennweite: DN20
Anschluss: Rp 3/4 IG x Rp 3/4 IG

33€ 46€ **50**€ 57€ 76€ [St] ⏱ 0,32 h/St 041.000.034

9 **Absperrventil, Guss, DN32** KG **422**

Wie Ausführungsbeschreibung A 1
Betriebsdruck PN: **6 / 10 / 16** bar
Gehäuse und Kopfstück: **Rotguss / Grauguss**
Betriebstemperatur: **120**°C **/ 150°C**
Nennweite: DN32
Anschluss: Rp 1 1/4 IG x Rp 1 1/4 IG

41€ 76€ **89**€ 119€ 180€ [St] ⏱ 0,40 h/St 041.000.036

10 **Absperrventil, Guss, DN65** KG **422**

Wie Ausführungsbeschreibung A 1
Betriebsdruck PN: **6 / 10 / 16** bar
Gehäuse und Kopfstück: **Rotguss / Grauguss**
Betriebstemperatur: **120**°C **/ 150°C**
Nennweite: DN65
Anschluss: Rp 2 1/2 IG x Rp 2 1/2 IG

134€ 178€ **179**€ 197€ 243€ [St] ⏱ 0,60 h/St 041.000.039

Kosten:
Stand 1.Quartal 2020
Bundesdurchschnitt

Nr.	**Kurztext** / Langtext					Kostengruppe
▶	▷	**ø netto €**	◁	◀	[Einheit]	Ausf.-Dauer Positionsnummer

11 Badheizkörper/Handtuchheizkörper, Stahl beschichtet KG **423**

Bad-/ Handtuchheizkörper mit Thermostat und elektrischem Heizeinsatz. Rohre horizontal, gerade, mit integrierter 2-Rohr Armatur und Anschlussverschraubung, inkl. elektr. Raumtemperaturregelung, Elektroheizpatrone mit Trockenlaufschutz, einschl. Montage und Anschluss.
Material: Stahl
Beschichtung DIN 55900-2: Pulverbeschichtung
Farbe: weiß / Sonderfarbton
Maximale Betriebstemperatur: 90 / 120°C
Maximaler Betriebsdruck PN: 6 / 10 bar
Höhe: 1.800 mm
Breite: 600 mm
Tiefe: 40 mm
Heizleistung DIN EN 442-2: 800 W
Elektrische Heizpatrone 230V/50Hz: 600 W
Schutzart: IP 3X DIN EN 60529 (VDE 0470-1)

228€ 453€ **536**€ 634€ 1.149€ [St] ⏱ 1,80 h/St 041.000.015

A 2 Rohrleitung, Kupfer Beschreibung für Pos. **12-14**

Rohrleitung aus nahtlosem Kupferrohr DIN EN 1057, für Heizungswasser, Form- und Verbindungsstücke werden gesondert vergütet, inkl. Rohrbefestigung, Schweiß-, Löt-, Dichtungsmittel und Herstellen der Verbindungen.

12 Rohrleitung, Kupfer, DN15 KG **422**

Wie Ausführungsbeschreibung A 2
Außendurchmesser: 18 mm
Rohrstärke: 1 mm

9€ 12€ **14**€ 16€ 21€ [m] ⏱ 0,15 h/m 041.000.110

13 Rohrleitung, Kupfer, DN20 KG **422**

Wie Ausführungsbeschreibung A 2
Außendurchmesser: 22 mm
Rohrstärke: 1 mm

10€ 14€ **17**€ 18€ 25€ [m] ⏱ 0,17 h/m 041.000.111

14 Rohrleitung, Kupfer, DN25 KG **422**

Wie Ausführungsbeschreibung A 2
Außendurchmesser: 28 mm
Rohrstärke: 1 mm

16€ 20€ **22**€ 25€ 30€ [m] ⏱ 0,20 h/m 041.000.112

▶ min
▷ von
ø Mittel
◁ bis
◀ max

A 3 Rohrleitung, C-Stahlrohr Beschreibung für Pos. **15-17**

Rohrleitung in Stangen, geschweißte Ausführung, DIN EN 10305-3, Rohre außen grundiert mit Kunststoffmantel aus Polypropylen, inkl. Fittings, Materialwechsel bei Armaturen etc. bis DN50, falls nicht separat aufgeführt.

15 Rohrleitung, C-Stahlrohr, DN15 KG **422**

Wie Ausführungsbeschreibung A 3
Präzisionsstahlrohr: .....
Werkstoff: .....
Farbe: **..... / cremeweiss RAL 9001**
Außendurchmesser: 18 mm

10€ 14€ **15**€ 16€ 18€ [m] ⏱ 0,18 h/m 041.000.001

16 Rohrleitung, C-Stahlrohr, DN25 KG **422**

Wie Ausführungsbeschreibung A 3
Präzisionsstahlrohr: .....
Werkstoff: .....
Farbe: **..... / cremeweiss RAL 9001**
Außendurchmesser: 28 mm

18€ 21€ **22**€ 23€ 26€ [m] ⏱ 0,25 h/m 041.000.018

17 Rohrleitung, C-Stahlrohr, DN50 KG **422**

Wie Ausführungsbeschreibung A 3
Präzisionsstahlrohr: .....
Werkstoff: .....
Farbe: **..... / cremeweiss RAL 9001**
Außendurchmesser: 54 mm

23€ 39€ **47**€ 52€ 67€ [m] ⏱ 0,36 h/m 041.000.021

18 Rohrleitung, C-Stahlrohr, Bogen, DN50 KG **422**

Form- und Verbindungsstücke als Bogen 90°, für Rohrleitung in geschweißter Ausführung.
Rohrleitung: Präzisionsstahlrohr DIN EN 10305-3
Werkstoff: .....
Außendurchmesser: 54 mm

–€ 104€ **130**€ 156€ –€ [St] ⏱ 0,40 h/St 041.000.002

A 4 Rohrleitung, Stahlrohr Beschreibung für Pos. **19-21**

Rohrleitung aus nahtlosem Stahlrohr, für Heizungswasser, Form- und Verbindungsstücke werden gesondert vergütet, inkl. Rohrbefestigung.

19 Rohrleitung, Stahlrohr, DN65 KG **422**

Wie Ausführungsbeschreibung A 4
Rohrleitung: Stahlrohr DIN EN 10216-1, Maße DIN EN 10220
Oberfläche: schwarz
Außendurchmesser: 76,1 mm
Verlegung: bis **3,50 / 5,00 / 7,00** m über **Gelände / Fußboden**

26€ 31€ **33**€ 37€ 48€ [m] ⏱ 0,40 h/m 041.000.022

040
041
042
044
045
047
053
054
058
069
075

Kosten:
Stand 1.Quartal 2020
Bundesdurchschnitt

▶ min
▷ von
ø Mittel
◁ bis
◀ max

Nr.	**Kurztext** / Langtext						Kostengruppe
▶	▷	**ø netto €**	◁	◀	[Einheit]	Ausf.-Dauer	Positionsnummer

20 Rohrleitung, Stahlrohr, DN100 — KG **422**

Wie Ausführungsbeschreibung A 4
Rohrleitung: Stahlrohr DIN EN 10216-1, Maße DIN EN 10220
Oberfläche: schwarz
Außendurchmesser: 108 mm
Verlegung: bis **3,50 / 5,00 / 7,00** m **über Gelände / Fußboden**

▶	▷	ø	◁	◀	Einheit	Ausf.-Dauer	Positionsnummer
–€	43€	**52**€	61€	–€	[m]	⏱ 0,48 h/m	041.000.024

21 Rohrleitung, Stahlrohr, DN150 — KG **422**

Wie Ausführungsbeschreibung A 4
Rohrleitung: Stahlrohr DIN EN 10216-1, Maße DIN EN 10220
Oberfläche: schwarz
Außendurchmesser: 168,3 mm
Verlegung: bis **3,50 / 5,00 / 7,00** m über **Gelände / Fußboden**

▶	▷	ø	◁	◀	Einheit	Ausf.-Dauer	Positionsnummer
–€	57€	**63**€	69€	–€	[m]	⏱ 0,55 h/m	041.000.025

A 5 Rohrleitung, PE-X-Rohr, Fußbodenheizung — Beschreibung für Pos. **22-23**

Rohrleitung der Fußbodenheizung DIN EN 1264-1, für Verlegesystem Typ A (Verlegung im Estrich), mit Rohr aus Polyethylen PE-X DIN EN ISO 15875-1 und DIN EN ISO 15875-2, sauerstoffdicht DIN 4726.
Vorlauftemperatur: .....°C
Norm-Innentemperatur: .....°C

22 Rohrleitung, PE-X 17mm, Fußbodenheizung — KG **422**

Wie Ausführungsbeschreibung A 5
Außendurchmesser: 17 mm
Verlegeabstand: ..... mm

▶	▷	ø	◁	◀	Einheit	Ausf.-Dauer	Positionsnummer
6€	8€	**8**€	9€	11€	[m]	⏱ 0,14 h/m	041.000.068

23 Rohrleitung, PE-X 25mm, Fußbodenheizung — KG **422**

Wie Ausführungsbeschreibung A 5
Außendurchmesser: 25 mm
Verlegeabstand: ..... mm

▶	▷	ø	◁	◀	Einheit	Ausf.-Dauer	Positionsnummer
12€	13€	**14**€	14€	16€	[m]	⏱ 0,14 h/m	041.000.070

A 6 Rohrleitung, Mehrschichtrohr, Fußbodenheizung — Beschreibung für Pos. **24**

Heizleitung der Fußbodenheizung DIN EN 1264-1, für Verlegesystem Typ A (Verlegung im Estrich), mit Rohr aus Mehrschichtverbundwerkstoff (PE, Aluminium, PE) DIN 16836, sauerstoffdicht DIN 4726.
Vorlauftemperatur: .....°C
Norm-Innentemperatur: .....°C

24 Rohrleitung, Verbundrohr, 16mm, Fußbodenheizung — KG **422**

Wie Ausführungsbeschreibung A 6
Außendurchmesser: 16 mm
Verlegeabstand: 100 mm

▶	▷	ø	◁	◀	Einheit	Ausf.-Dauer	Positionsnummer
15€	17€	**18**€	18€	20€	[m]	⏱ 0,14 h/m	041.000.071

A 7 Röhrenheizkörper, Stahl Beschreibung für Pos. **25-27**

Röhrenheizkörper als Mehrsäuler in Gliederbauweise mit vertikalen Präzisionsrundrohren und Kopfstück vollständig verschweißt. Wärmeleistung geprüft DIN EN 442-2. Lieferung montagefertig mit 2 bis 4 stirnseitigen Anschlüssen für Vorlauf, Rücklauf, Entlüftung und Entleerung. Mit Lieferung, fachgerechter Montage sowie Montagezubehör für Massivwände oder Leichtbauwänden. Wandkonsolen, verzinkt mit Schalldämmteil für Mehrsäuler.

25 Röhrenheizkörper, Stahl, h=500 KG **423**

Wie Ausführungsbeschreibung A 7
Wärmekörper: mit Pulver-Einbrenn-Fertiglackierung
Farbe: RAL 9010
Max. Betriebstemperatur: **bis 120°C / über 120°C**
Max. Betriebsdruck: **4 / 6 / 10 / 12** bar
Bauhöhe: 500 mm
Bautiefe: ..... mm
Glieder: ..... St
Normwärmeabgabe je Glied: ..... W
Hinweis: Preisangaben pro HK-Glied

-€ 10€ **11**€ 13€ -€ [St] ⏱ 0,12 h/St 041.000.003

26 Röhrenheizkörper, Stahl, h=900 KG **423**

Wie Ausführungsbeschreibung A 7
Wärmekörper: mit Pulver-Einbrenn-Fertiglackierung
Farbe: RAL 9010
Max. Betriebstemperatur: **bis 120°C / über 120°C**
Max. Betriebsdruck: **4 / 6 / 10 / 12** bar
Bauhöhe: 900 mm
Bautiefe: ..... mm
Glieder: ..... St
Normwärmeabgabe je Glied: ..... W
Hinweis: Preisangaben pro HK-Glied

-€ 11€ **16**€ 21€ -€ [St] ⏱ 0,18 h/St 041.000.027

27 Röhrenheizkörper, Stahl, h=1.800 KG **423**

Wie Ausführungsbeschreibung A 7
Wärmekörper: mit Pulver-Einbrenn-Fertiglackierung
Farbe: RAL 9010
Max. Betriebstemperatur: **bis 120°C / über 120°C**
Max. Betriebsdruck: **4 / 6 / 10 / 12** bar
Bauhöhe: 1.800 mm
Bautiefe: ..... mm
Glieder: ..... St
Fabrikat: .....
Typ: .....
Normwärmeabgabe je Glied: .... W
Hinweis: Preisangaben pro HK-Glied

-€ 20€ **23**€ 27€ -€ [St] ⏱ 0,24 h/St 041.000.028

Kosten:
Stand 1.Quartal 2020
Bundesdurchschnitt

Nr.	**Kurztext** / Langtext						Kostengruppe
▶	▷	**ø netto €**	◁	◀	[Einheit]	Ausf.-Dauer	Positionsnummer

A 8 Kompaktheizkörper, Stahl Beschreibung für Pos. **28-42**

Kompaktheizkörper als Plattenheizkörper, Sickenteilung 33 1/3mm. Übergreifende obere Abdeckung und geschlossene seitliche Blenden. Wärmeleistung geprüft DIN EN 442-2. Zweischichtlackierung, lösungsmittelfrei im Heizbetrieb, entfettet, eisenphosphoriert, grundiert mit kathodischem Elektrotauchlack und elektrostatisch pulverbeschichtet, Rückseite mit 4 Befestigungslaschen (ab Baulänge 1.800mm = 6 Stück). Inkl. Montageset, bestehend aus Bohrkonsolen, Abstandshalter und Sicherungsbügel zur Befestigung sowie Blind- und Entlüftungsstopfen. Mit Lieferung, fachgerechter Montage sowie Montagezubehör, Einschraubventil mit Voreinstellung.

28 Kompaktheizkörper, Stahl, H=500, L=bis 2.100, Typ 11 KG **423**

Wie Ausführungsbeschreibung A 8
Heizkörper: Typ 11
Material: Stahlblech St. 12.03
Blechstärke: 1,25 mm
Farbe: weiß
Anschlüsse: G 1/2 **vertikal links / rechts**
Betriebsdruck: max. **4 / 6 / 10** bar
Medium: Heißwasser bis **110 / 120°C**
Bautiefe: ..... mm
Bauhöhe: 500 mm
Baulänge: 1.401-2.100 mm
Fabrikat: .....
Typ: .....
Normwärmeabgabe: ..... W/m

281€ 323€ **351**€ 393€ 456€ [St] ⏱ 1,30 h/St 041.000.089

29 Kompaktheizkörper, Stahl, H=500, L=bis 2.100, Typ 22 KG **423**

Wie Ausführungsbeschreibung A 8
Heizkörper: Typ 22
Material: Stahlblech St. 12.03
Blechstärke: 1,25 mm
Farbe: weiß
Anschlüsse: G 1/2 **vertikal links / rechts**
Betriebsdruck: max. **4 / 6 / 10** bar
Medium: Heißwasser bis **110 / 120**°C
Bautiefe: ..... mm
Bauhöhe: 500 mm
Baulänge: 1.401-2.100 mm
Fabrikat: .....
Typ: .....
Normwärmeabgabe: ..... W/m

314€ 361€ **393**€ 440€ 510€ [St] ⏱ 1,30 h/St 041.000.090

▶ min
▷ von
ø Mittel
◁ bis
◀ max

30 Kompaktheizkörper, Stahl, H=500, L=bis 2.100, Typ 33 KG **423**

Wie Ausführungsbeschreibung A 8
Heizkörper: Typ 33
Material: Stahlblech St. 12.03
Blechstärke: 1,25 mm
Farbe: weiß
Anschlüsse: G 1/2 **vertikal links / rechts**
Betriebsdruck: max. **4 / 6 / 10** bar
Medium: Heißwasser bis **110 / 120°C**
Bautiefe: ..... mm
Bauhöhe: 500 mm
Baulänge: 1.401-2.100 mm
Fabrikat: .....
Typ: .....
Normwärmeabgabe: ..... W/m

409€ 471€ **512**€ 553€ 614€ [St] ⏱ 1,30 h/St 041.000.091

31 Kompaktheizkörper, Stahl, H=600, L=bis 700, Typ 11 KG **423**

Wie Ausführungsbeschreibung A 8
Heizkörper: Typ 11
Material: Stahlblech St. 12.03
Blechstärke: 1,25 mm
Farbe: weiß
Anschlüsse: G 1/2 **vertikal links / rechts**
Betriebsdruck: max. **4 / 6 / 10** bar
Medium: Heißwasser bis **110 / 120°C**
Bautiefe: ..... mm
Bauhöhe: 600 mm
Baulänge: bis 700 mm
Fabrikat: .....
Typ: .....
Normwärmeabgabe: ..... W/m

126€ 145€ **157**€ 176€ 204€ [St] ⏱ 1,00 h/St 041.000.092

Nr.	Kurztext / Langtext					Kostengruppe
▶	▷	**ø netto €**	◁	◀	[Einheit]	Ausf.-Dauer Positionsnummer

32 Kompaktheizkörper, Stahl, H=600, L=bis 700, Typ 22 — KG **423**

Wie Ausführungsbeschreibung A 8
Heizkörper: Typ 22
Material: Stahlblech St. 12.03
Blechstärke: 1,25 mm
Farbe: weiß
Anschlüsse: G 1/2 **vertikal links / rechts**
Betriebsdruck: max. **4 / 6 / 10** bar
Medium: Heißwasser bis **110 / 120**°C
Bautiefe: ..... mm
Bauhöhe: 600 mm
Baulänge: bis 700 mm
Fabrikat: .....
Typ: .....
Normwärmeabgabe: ..... W/m

141€ 162€ **176€** 197€ 229€ [St] ⏱ 1,00 h/St 041.000.093

33 Kompaktheizkörper, Stahl, H=600, L=bis 700, Typ 33 — KG **423**

Wie Ausführungsbeschreibung A 8
Heizkörper: Typ 33
Material: Stahlblech St. 12.03
Blechstärke: 1,25 mm
Farbe: weiß
Anschlüsse: G 1/2 **vertikal links / rechts**
Betriebsdruck: max. **4 / 6 / 10** bar
Medium: Heißwasser bis **110 / 120°C**
Bautiefe: ..... mm
Bauhöhe: 600 mm
Baulänge: bis 700 mm
Fabrikat: .....
Typ: .....
Normwärmeabgabe: ..... W/m

188€ 217€ **236€** 264€ 306€ [St] ⏱ 1,00 h/St 041.000.094

Kosten:
Stand 1.Quartal 2020
Bundesdurchschnitt

▶ min
▷ von
ø Mittel
◁ bis
◀ max

34 **Kompaktheizkörper, Stahl, H=600, L=bis 2.100, Typ 11** KG **423**

Wie Ausführungsbeschreibung A 8
Heizkörper: Typ 11
Material: Stahlblech St. 12.03
Blechstärke: 1,25 mm
Farbe: weiß
Anschlüsse: G 1/2 **vertikal links / rechts**
Betriebsdruck: max. **4 / 6 / 10** bar
Medium: Heißwasser bis **110 / 120**°C
Bautiefe: ..... mm
Bauhöhe: 600 mm
Baulänge: 1.401-2.100 mm
Fabrikat: .....
Typ: .....
Normwärmeabgabe: ..... W/m

290€	334€	**363**€	406€	472€	[St]	⏱ 1,30 h/St	041.000.098

35 **Kompaktheizkörper, Stahl, H=600, L=bis 2.100, Typ 22** KG **423**

Wie Ausführungsbeschreibung A 8
Heizkörper: Typ 22
Material: Stahlblech St. 12.03
Blechstärke: 1,25 mm
Farbe: weiß
Anschlüsse: G 1/2 **vertikal links / rechts**
Betriebsdruck: max. **4 / 6 / 10** bar
Medium: Heißwasser bis **110 / 120°C**
Bautiefe: ..... mm
Bauhöhe: 600 mm
Baulänge: 1.401-2.100 mm
Fabrikat: .....
Typ: .....
Normwärmeabgabe: ..... W/m

326€	374€	**407**€	456€	529€	[St]	⏱ 1,30 h/St	041.000.099

Nr.	**Kurztext** / Langtext					Kostengruppe
▶	▷	**ø netto €**	◁	◀	[Einheit]	Ausf.-Dauer Positionsnummer

36 Kompaktheizkörper, Stahl, H=600, L=bis 2.100, Typ 33 KG **423**

Wie Ausführungsbeschreibung A 8
Heizkörper: Typ 33
Material: Stahlblech St. 12.03
Blechstärke: 1,25 mm
Farbe: weiß
Anschlüsse: G 1/2 **vertikal links / rechts**
Betriebsdruck: max. **4 / 6 / 10** bar
Medium: Heißwasser bis **110 / 120°C**
Bautiefe: ..... mm
Bauhöhe: 600 mm
Baulänge: 1.401-2.100 mm
Fabrikat: .....
Typ: .....
Normwärmeabgabe: ..... W/m

424€ 487€ **530**€ 572€ 635€ [St] ⏱ 1,30 h/St 041.000.100

37 Kompaktheizkörper, Stahl, H=900, L=bis 700, Typ 11 KG **423**

Wie Ausführungsbeschreibung A 8
Heizkörper: Typ 11
Material: Stahlblech St. 12.03
Blechstärke: 1,25 mm
Farbe: weiß
Anschlüsse: G 1/2 **vertikal links / rechts**
Betriebsdruck: max. **4 / 6 / 10** bar
Medium: Heißwasser bis **110 / 120°C**
Bautiefe: ..... mm
Bauhöhe: 900 mm
Baulänge: bis 700 mm
Fabrikat: .....
Typ: .....
Normwärmeabgabe: ..... W/m

166€ 190€ **207**€ 232€ 269€ [St] ⏱ 1,00 h/St 041.000.101

Kosten:
Stand 1.Quartal 2020
Bundesdurchschnitt

▶ min
▷ von
ø Mittel
◁ bis
◀ max

38 Kompaktheizkörper, Stahl, H=900, L=bis 700, Typ 22 KG **423**

Wie Ausführungsbeschreibung A 8
Heizkörper: Typ 22
Material: Stahlblech St. 12.03
Blechstärke: 1,25 mm
Farbe: weiß
Anschlüsse: G 1/2 **vertikal links / rechts**
Betriebsdruck: max. **4 / 6 / 10** bar
Medium: Heißwasser bis **110 / 120**°C
Bautiefe: ..... mm
Bauhöhe: 900 mm
Baulänge: bis 700 mm
Fabrikat: .....
Typ: .....
Normwärmeabgabe: ..... W/m

185€ 212€ **231**€ 259€ 300€ [St] ⏱ 1,00 h/St 041.000.102

39 Kompaktheizkörper, Stahl, H=900, L=bis 700, Typ 33 KG **423**

Wie Ausführungsbeschreibung A 8
Heizkörper: Typ 33
Material: Stahlblech St. 12.03
Blechstärke: 1,25 mm
Farbe: weiß
Anschlüsse: G 1/2 **vertikal links / rechts**
Betriebsdruck: max. **4 / 6 / 10** bar
Medium: Heißwasser bis **110 / 120**°C
Bautiefe: ..... mm
Bauhöhe: 900 mm
Baulänge: bis 700 mm
Fabrikat: .....
Typ: .....
Normwärmeabgabe: ..... W/m

253€ 291€ **317**€ 355€ 411€ [St] ⏱ 1,00 h/St 041.000.103

Nr.	Kurztext / Langtext						Kostengruppe
▶	▷	**ø netto €**	◁	◀	[Einheit]	Ausf.-Dauer	Positionsnummer

40 Kompaktheizkörper, Stahl, H=900, L=bis 2.100, Typ 11 KG **423**

Wie Ausführungsbeschreibung A 8
Heizkörper: Typ 11
Material: Stahlblech St. 12.03
Blechstärke: 1,25 mm
Farbe: weiß
Anschlüsse: G 1/2 **vertikal links / rechts**
Betriebsdruck: max. **4 / 6 / 10** bar
Medium: Heißwasser bis **110 / 120°C**
Bautiefe: ..... mm
Bauhöhe: 900 mm
Baulänge: 1.401-2.100 mm
Fabrikat: .....
Typ: .....
Normwärmeabgabe: ..... W/m

391€ 450€ **489€** 548€ 636€ [St] ⏱ 1,30 h/St 041.000.107

41 Kompaktheizkörper, Stahl, H=900, L=bis 2.100, Typ 22 KG **423**

Wie Ausführungsbeschreibung A 8
Heizkörper: Typ 22
Material: Stahlblech St. 12.03
Blechstärke: 1,25 mm
Farbe: weiß
Anschlüsse: G 1/2 **vertikal links / rechts**
Betriebsdruck: max. **4 / 6 / 10** bar
Medium: Heißwasser bis **110 / 120°C**
Bautiefe: ..... mm
Bauhöhe: 900 mm
Baulänge: 1.401-2.100 mm
Fabrikat: .....
Typ: .....
Normwärmeabgabe: ..... W/m

424€ 487€ **530€** 593€ 688€ [St] ⏱ 1,30 h/St 041.000.108

Kosten:
Stand 1.Quartal 2020
Bundesdurchschnitt

▶ min
▷ von
ø Mittel
◁ bis
◀ max

42 **Kompaktheizkörper, Stahl, H=900, L=bis 2.100, Typ 33** KG **423**

Wie Ausführungsbeschreibung A 8
Heizkörper: Typ 33
Material: Stahlblech St. 12.03
Blechstärke: 1,25 mm
Farbe: weiß
Anschlüsse: G 1/2 **vertikal links / rechts**
Betriebsdruck: max. **4 / 6 / 10** bar
Medium: Heißwasser bis **110 / 120°C**
Bautiefe: ..... mm
Bauhöhe: 900 mm
Baulänge: 1.401-2.100 mm
Fabrikat: .....
Typ: .....
Normwärmeabgabe: ..... W/m

533€ 613€ **666**€ 720€ 780€ [St] ⏱ 1,30 h/St 041.000.109

A 9 **Radiavektor, Profilrohr** Beschreibung für Pos. **43-48**

Radiavektor in vollständig geschweißter Ausführung mit 2 bis 5 hintereinander und 1 bis 4 übereinander angeordneten wasserführenden Profilrohren. Wärmeleistung geprüft DIN EN 442-2. Lieferung montagefertig mit 2 bis 4 stirnseitigen Anschlüssen für Vorlauf, Rücklauf, Entlüftung und Entleerung, fachgerechte Montage sowie Montagezubehör.

43 **Radiavektoren, Profilrohre, H=140, L=bis 700** KG **423**

Wie Ausführungsbeschreibung A 9
Wärmeleistung: ..... W/m
Wärmekörper: mit Pulvereinbrenn-Fertiglackierung
Farbe: RAL 9010
Anschluss: **wechselseitig / gleichseitig Standkonsolen EFK mit Kunststoffkappe FK**
Max. Betriebstemperatur: **100 / 120°C**
Max. Betriebsdruck: **4 / 6 / 10** bar
Fabrikat: .....
Modell: .....
Typ: .....
Bauhöhe: 140 mm
Bautiefe: ..... mm
Baulänge: bis 700 mm

318€ 450€ **488**€ 577€ 637€ [St] ⏱ 1,60 h/St 041.000.005

Kosten:
Stand 1.Quartal 2020
Bundesdurchschnitt

Nr.	**Kurztext** / Langtext					Kostengruppe
▶	▷	**ø netto €**	◁	◀	[Einheit]	Ausf.-Dauer Positionsnummer

44 Radiavektoren, Profilrohre, H=140, L=bis 2.100 KG **423**

Wie Ausführungsbeschreibung A 9
Wärmeleistung: ..... W/m
Wärmekörper: mit Pulvereinbrenn-Fertiglackierung
Farbe: RAL 9010
Anschluss: **wechselseitig / gleichseitig Standkonsolen EFK mit Kunststoffkappe FK**
Max. Betriebstemperatur: **100 / 120°C**
Max. Betriebsdruck: **4 / 6 / 10** bar
Fabrikat: .....
Modell: .....
Typ: .....
Bauhöhe: 140 mm
Bautiefe: ..... mm
Baulänge: 1.401-2.100 mm

512€ 794€ **809**€ 980€ 1.263€ [St] ⏱ 1,72 h/St 041.000.047

45 Radiavektoren, Profilrohre, H=210, L=bis 700 KG **423**

Wie Ausführungsbeschreibung A 9
Wärmeleistung: ..... W/m
Wärmekörper: mit Pulvereinbrenn-Fertiglackierung
Farbe: RAL 9010
Anschluss: **wechselseitig / gleichseitig Standkonsolen EFK mit Kunststoffkappe FK**
Max. Betriebstemperatur: **100 / 120°C**
Max. Betriebsdruck: **4 / 6 / 10** bar
Fabrikat: .....
Modell: .....
Typ: .....
Bauhöhe: 210 mm
Bautiefe: ..... mm
Baulänge: bis 700 mm

326€ 453€ **504**€ 616€ 797€ [St] ⏱ 1,60 h/St 041.000.031

46 Radiavektoren, Profilrohre, H=210, L=bis 2.100 KG **423**

Wie Ausführungsbeschreibung A 9
Wärmeleistung: ..... W/m
Wärmekörper: mit Pulvereinbrenn-Fertiglackierung
Farbe: RAL 9010
Anschluss: **wechselseitig / gleichseitig Standkonsolen EFK mit Kunststoffkappe FK**
Max. Betriebstemperatur: **100 / 120°C**
Max. Betriebsdruck: **4 / 6 / 10** bar
Fabrikat: .....
Modell: .....
Typ: .....
Bauhöhe: 210 mm
Bautiefe: ..... mm
Baulänge: 1.401-2.100 mm

656€ 988€ **1.083**€ 1.214€ 1.537€ [St] ⏱ 1,72 h/St 041.000.050

▶ min
▷ von
ø Mittel
◁ bis
◀ max

47 **Radiavektoren, Profilrohre, H=280, L=bis 700** KG **423**

Wie Ausführungsbeschreibung A 9
Wärmeleistung: ..... W/m
Wärmekörper: mit Pulvereinbrenn-Fertiglackierung
Farbe: RAL 9010
Anschluss: **wechselseitig / gleichseitig Standkonsolen EFK mit Kunststoffkappe FK**
Max. Betriebstemperatur: **100 / 120**°C
Max. Betriebsdruck: **4 / 6 / 10** bar
Fabrikat: .....
Modell: .....
Typ: .....
Bauhöhe: 280 mm
Bautiefe: ..... mm
Baulänge: bis 700 mm

330€ | 512€ | **585**€ | 708€ | 921€ | [St] | ⏱ 1,60 h/St | 041.000.032

48 **Radiavektoren, Profilrohre, H=280, L=bis 1.400** KG **423**

Wie Ausführungsbeschreibung A 9
Wärmeleistung: ..... W/m
Wärmekörper: mit Pulvereinbrenn-Fertiglackierung
Farbe: RAL 9010
Anschluss: **wechselseitig / gleichseitig Standkonsolen EFK mit Kunststoffkappe FK**
Max. Betriebstemperatur: **100 / 120**°C
Max. Betriebsdruck: **4 / 6 / 10** bar
Fabrikat: .....
Modell: .....
Typ: .....
Bauhöhe: 280 mm
Bautiefe: ..... mm
Baulänge: bis 1.400 mm

431€ | 741€ | **866**€ | 1.069€ | 1.379€ | [St] | ⏱ 1,64 h/St | 041.000.051

49 **Thermostatventil, Guss, DN15** KG **423**

Heizkörperventil, als Durchgangs-, Eck- oder Axialventil. Gehäuse aus korrosionsbeständigem, entzinkungsfreiem Rotguss. Mit Niro-Spindelabdichtung und doppelter O-Ring-Abdichtung. Thermostat-Oberteil und äußerer O-Ring ohne Entleeren der Anlage auswechselbar. Anschluss Innengewinde für Gewinderohr, oder in Verbindung mit Klemmverschraubung für Kupfer-, Präzisionsstahl- oder Verbundrohr. Inkl. Thermostat-Kopf mit eingebautem Fühler.
Zul. Betriebstemperatur: 120°C
Zul. Betriebsdruck: **6 / 10** bar
Nennweite: DN15

10€ | 14€ | **18**€ | 22€ | 26€ | [St] | ⏱ 0,10 h/St | 041.000.006

040
041
042
044
045
047
053
054
058
069
075

Kosten:
Stand 1.Quartal 2020
Bundesdurchschnitt

Nr.	**Kurztext** / Langtext						Kostengruppe
▶	▷	**ø netto €**	◁	◀	[Einheit]	Ausf.-Dauer	Positionsnummer

50 Heizkörperverschraubung, DN15 KG **423**

Heizkörper-Anschlussmontageeinheit für den Unterputz-Anschluss von Ventilheizkörpern aus **der Wand / aus dem Boden,** bestehend aus dem Kugelhahnblock mit Anschlussnippel in Eckform, Anschlussverschraubungs-Set, 2 Heizkörper-Anschlussrohre sowie Montageeinheit. Inkl. Schiebehülsen und allen sonstigen Verbindungs- und Befestigungsmaterialien.
Mittenabstand Anschluss: 50 mm
Nennweite: DN15

▶	▷	ø	◁	◀	Einheit	Ausf.-Dauer	Positionsnummer
9€	17€	**21**€	43€	66€	[St]	⏱ 0,10 h/St	041.000.008

51 Heizkörper ausbauen/wiedermontieren KG **423**

Heizkörper nach Aufforderung der Bauleitung einmal geschlossen ausbauen und wieder geschlossen montieren.
Heizkörper: Röhren- / Plattenheizkörper / Konvektor
Einheit: Stück

▶	▷	ø	◁	◀	Einheit	Ausf.-Dauer	Positionsnummer
22€	35€	**43**€	57€	112€	[St]	⏱ 1,00 h/St	041.000.053

52 Kappenventil, Ausdehnungsgefäß, DN20 KG **422**

Muffen-Kappenventil aus Messing zum Einbau in die Ausdehnungsleitung vor dem Membran-Ausdehnungsgefäß, mit Plombiervorrichtung / Stahlkappe gegen unbeabsichtigtes Schließen gesichert.
Gewindeanschluss DN20

▶	▷	ø	◁	◀	Einheit	Ausf.-Dauer	Positionsnummer
–€	22€	**27**€	34€	–€	[St]	⏱ 0,30 h/St	041.000.054

53 Muffenkugelhahn, Guss, DN15 KG **422**

Muffenkugelhahn, Gehäuse und Kugel aus Rotguss, Kugelabdichtung PTFE, O-Ringe EPDM, Bedienungsknebel aus Kunststoff, inkl. Wärmedämm-Halbschalen aus PUR sowie Spannringe.
Nennweite: DN15

▶	▷	ø	◁	◀	Einheit	Ausf.-Dauer	Positionsnummer
6€	15€	**19**€	25€	36€	[St]	⏱ 0,50 h/St	041.000.055

54 Membran-Sicherheitsventil, Guss KG **422**

Membran-Sicherheitsventil für geschlossene Heizungsanlagen DIN EN 12828, federbelastet, bauteilgeprüft, Gehäuse aus Rotguss.
Muffenanschluss Eintritt: DN20
Austritt: DN25
Abblaseleistung: -100 kW
Ansprechdruck: -2,5 / 3,0 bar

▶	▷	ø	◁	◀	Einheit	Ausf.-Dauer	Positionsnummer
8€	13€	**17**€	22€	26€	[St]	⏱ 0,45 h/St	041.000.056

▶ min
▷ von
ø Mittel
◁ bis
◀ max

55 **Verteiler Heizungswasser** KG **422**

Heizkreisverteiler für Pumpenwarmwasserheizungen als **Verteiler/ Sammler/Verteiler-Sammler-Kombination**. Mit Flanschanschlüssen für ..... Anschlussstutzen, abnehmbarer Wärmedämmung und Befestigungsklammern, inkl. **Stand- / Wandkonsolen**.
Maximale Betriebstemperatur: **bis / über 120°C**
Maximaler Betriebsdruck: **4 / 6 / 10 / 16** bar
Werkstoff: Stahl
Maximale Anschlussdimension: DN.....
Achsabstand der Anschlüsse: ..... mm
Inklusive: Stand- / Wandkonsolen
Aufstellung: Boden / Wand
Schutzmantel: Aluminium / Stahl verzinkt

176€ 262€ **302**€ 355€ 459€ [St] ⏱ 1,20 h/St 041.000.007

56 **Heizkreisverteiler, Fußbodenheizung, 5 Heizkreise** KG **422**

Heizkreisverteiler für Fußbodenheizungen, mit Verschraubungen für Heizungsrohre, Übergangsverschraubungen für Heizkreisrohre, Entlüftung und Entleerung, Heizkreis-Rückläufe mit Durchflussanzeiger und Feinregulierung, einschl. Klemmringverschraubungen, mit 3/4" Eurokonus, bestehend aus Grundkörper mit O-Ring, Klemmring und Überwurfmutter, zum Anschluss des Heizkreisrohres an den Heizkreisverteiler.
Werkstoff: .....
Befestigung, schallgedämmt: **in / an** .....
Anschluss: **waagrecht / senkrecht**
max. Betriebstemperatur in °C: 60
max. Betriebsüberdruck in bar: 4
max. Volumenstrom in m³/h: 3
Nenndruck: PN 6 / PN 10
Gewindeanschluss: R 1"
Heizkreisanschluss: G 3/4 Eurokonus
Anzahl Heizkreise: 5
Baulänge: ..... mm
Ausführung gem. Einzelbeschreibung: ....
Angeb. Fabrikat / Typ: ....

207€ 261€ **289**€ 323€ 408€ [St] ⏱ 1,06 h/St 041.000.059

040
041
042
044
045
047
053
054
058
069
075

Nr.	Kurztext / Langtext						Kostengruppe
▶	▷	**ø netto €**	◁	◀	[Einheit]	Ausf.-Dauer	Positionsnummer

57 Verteilerschrank, Fußbodenheizung, Unterputz KG **422**

Verteilerschrank für Heizkreisverteiler, für Wandeinbau, zur Aufnahme der Fußboden-Heizkreisverteiler, der Anschluss- und der Regelungskomponenten, mit Tür mit Zylinderschloss und hohenverstellbarem Sockel, mit Estrich-Abschlussblende, Türbereich mit Kantenschutz, Schranktür mit Kippsicherung und Verriegelung, mit horizontal und vertikal einstellbarer Verteilerbefestigung, mit integrierter Normschiene zur Befestigung der Regelungskomponenten.
Werkstoff: Stahlblech.....
RAL-Farbe: .....
Schrankhöhe: ..... mm
Schranktiefe: ..... mm
Schrankbreite: ..... mm
Höhenverstellbarkeit: ..... mm
Heizkreise: ....
Ausführung gem. Einzelbeschreibung: ....
Angeb. Fabrikat / Typ: ....

–€	393€	**439**€	470€	–€	[St]	⏱ 1,20 h/St	041.000.058

58 Verteilerschrank, Fußbodenheizung, Aufputz KG **422**

Verteilerschrank für Heizkreisverteiler, für Wandaufbau, zur Aufnahme der Fußboden-Heizkreisverteiler, der Anschluss- und der Regelungskomponenten, mit Tür mit Zylinderschloss und hohenverstellbarem Sockel, mit Estrich-Abschlussblende, Türbereich mit Kantenschutz, Schranktür mit Kippsicherung und Verriegelung, mit horizontal und vertikal einstellbarer Verteilerbefestigung, mit integrierter Normschiene zur Befestigung der Regelungskomponenten.
Werkstoff: Stahlblech.....
RAL-Farbe: .....
Schrankhöhe: ..... mm
Schranktiefe: ..... mm
Schrankbreite: ..... mm
Höhenverstellbarkeit: ..... mm
Heizkreise: ....
Ausführung gem. Einzelbeschreibung: ....
Angeb. Fabrikat / Typ: ....

–€	380€	**403**€	428€	–€	[St]	⏱ 1,00 h/St	041.000.057

59 Umlenkungsbogen, Heizleitung KG

Rohrführungsbogen aus Kunststoff, zur 90° - Umlenkung der Heizkreisrohre, zur sicheren Rohreinführung an den Verteilerkästen.
Heizkreisrohr: .....
Außendurchmesser: .....

2€	3€	**3**€	3€	4€	[St]	–	041.000.113

Kosten:
Stand 1.Quartal 2020
Bundesdurchschnitt

▶ min
▷ von
ø Mittel
◁ bis
◀ max

60 Tacker/EPS-Systemträger, Fußbodenheizung KG **422**

Tacker-Systemelement für Rohrleitungen der Fußbodenheizung mit EPS-Wärmedämmplatte und aufkaschierten Mehrschicht-Gewebe, zur Aufnahme der Heizleitungen in Verlegesystem Typ A, DIN EN 1264-1.
Untergrund: .....
Nutzlast: ..... kN/m²
Dämmstoffdicke: .....
Anwendungstyp: .....
Angeb. Fabrikat: .....

5€ | 6€ | **7€** | 9€ | 10€ | [m²] | ⏱ 0,10 h/m² | 041.000.077

61 Noppen/EPS-Systemträger, Fußbodenheizung KG **422**

Noppen-Systemelement für Rohrleitungen der Fußbodenheizung mit EPS-Wärmedämmplatte und Kunststoff-Folienkaschierung zur Aufnahme der Heizleitungen in Verlegesystem Typ A, DIN EN 1264-1.
Untergrund: .....
Nutzlast: ..... kN/m²
Dämmstoffdicke: .....
Anwendungstyp: .....
Angeb. Fabrikat: .....

7€ | 8€ | **8€** | 9€ | 11€ | [m²] | ⏱ 0,10 h/m² | 041.000.078

62 Noppen-Systemträger, Dämmung, Fußbodenheizung KG **422**

Systemträgerplatten für Rohrleitungen der Fußbodenheizung aus Noppenplatten zur Aufnahme der Heizleitungen in Verlegesystem Typ A (Verlegung im Estrich) mit Trittschall- und Wärmedämmung.
Untergrund: .....
Nutzlast: ..... kN/m²
Heizleitung: ..... mm
Dämmschichten: .....
Wärmeleitfähigkeit: ..... (W/mK)
Angeb. Fabrikat: .....

11€ | 15€ | **15€** | 18€ | 22€ | [m²] | ⏱ 0,10 h/m² | 041.000.079

63 Noppen-Systemträger, Fußbodenheizung KG **422**

Systemträgerplatten für Rohrleitungen der Fußbodenheizung aus Noppenplatten zur Aufnahme der Heizleitungen in Verlegesystem Typ A (Verlegung im Estrich).
Untergrund: .....
Nutzlast: ..... kN/m²
Heizleitung: .....
Angeb. Fabrikat: .....

9€ | 11€ | **12€** | 14€ | 16€ | [m²] | ⏱ 0,08 h/m² | 041.000.080

Kosten:
Stand 1.Quartal 2020
Bundesdurchschnitt

Nr.	**Kurztext** / Langtext					Kostengruppe
▶	▷	**ø netto €**	◁	◀	[Einheit]	Ausf.-Dauer Positionsnummer

A 10 Fußbodenheizung, Typ A, Träger/Leitung — Beschreibung für Pos. **64-65**

Fußbodenheizung DIN EN 1264-1, für Verlegesystem Typ A (Verlegung im Estrich), Rohr aus Polyethylen PE-X DIN EN ISO 15875-1 und DIN EN ISO 15875-2, sauerstoffdicht DIN 4726, einschl. Trägersystem.
Vorlauftemperatur: 30°C
Norm-Innentemperatur: 18°C
Außendurchmesser: 17 mm
Rohrstärke: 2 mm
Trägersystem: .....
Ausführung gem. Einzelbeschreibung: ....
Angeb. Fabrikat / Typ: ....

64 Fußbodenheizung, Typ A, Träger/PE-X Rohr, 100 — KG **423**

Wie Ausführungsbeschreibung A 10
Verlegeabstand: 100 mm

▶	▷	ø	◁	◀	Einheit	Ausf.-Dauer	Positionsnummer
22€	24€	**24**€	26€	29€	[m²]	1,20 h/m²	041.000.016

65 Fußbodenheizung, Typ A, Träger/PE-X Rohr, 200 — KG **423**

Wie Ausführungsbeschreibung A 10
Verlegeabstand: 200 mm

▶	▷	ø	◁	◀	Einheit	Ausf.-Dauer	Positionsnummer
–€	18€	**19**€	21€	–€	[m²]	1,00 h/m²	041.000.114

66 Anbindeleitung, PE-X 17-2mm, Fußbodenheizung — KG **423**

Anbindeleitung der Fußbodenheizung DIN EN 1264-1, für Verlegesystem Typ A (Verlegung im Estrich), mit Rohr aus Polyethylen PE-X DIN EN ISO 15875-1 und DIN EN ISO 15875-2, sauerstoffdicht DIN 4726, einschl. Trägerberfestigung.
Vorlauftemperatur: .....°C
Norm-Innentemperatur: .....°C
Außendurchmesser: 17 mm
Wanddicke: 2

▶	▷	ø	◁	◀	Einheit	Ausf.-Dauer	Positionsnummer
2€	3€	**3**€	4€	5€	[m]	0,10 h/m	041.000.074

67 Schutzummantelung, Fußbodenheizrohr — KG **423**

Flexible Ummantelung zum Schutz des Fußbodenheizungsrohrs beim Kreuzen von Dehn-/Bewegungsfugen und im Verteilerbereich.
Ausführung: .....
Material: .....
Länge.: ..... mm
Aussendurchmesser: ...... mm
Innendurchmesser: ..... mm
Ausführung gem. Einzelbeschreibung: .....

▶	▷	ø	◁	◀	Einheit	Ausf.-Dauer	Positionsnummer
0,7€	1,9€	**2,1**€	2,3€	3,9€	[St]	0,10 h/St	041.000.115

▶ min
▷ von
ø Mittel
◁ bis
◀ max

68 Ummantelung, Anbindeleitung KG **423**

Flexible Ummantelung als Überschub für Anbindeleitungen, zur Reduzierung der Heizleistung.
Ausführung: .....
Material: .....
Länge.: ..... mm
Aussendurchmesser: ...... mm
Innendurchmesser: ..... mm
Ausführung gem. Einzelbeschreibung: .....

1€ 2€ **2**€ 3€ 4€ [m] ⏱ 0,10 h/m 041.000.116

69 Funktionsheizen, Fußbodenheizung KG **423**

Auf- und Abheizen der Fußbodenheizfläche nach Freigabe durch die Estrichfirma, gem. Aufheizprotokoll des Estrichherstellers, einschl. Erstellen eines Funktionsheiz-Protokolls.
Estrich: .....
Ausführung gem. Einzelbeschreibung: .....

0,1€ 0,2€ **0,4**€ 0,7€ 3,4€ [m²] – 041.000.117

70 Belegreifheizen, Fußbodenheizung KG **423**

Belegreifheizen, nach abgeschlossenem Funktionsheizen und vor dem Belegen des Estrichs mit Oberbelägen, zur schnelleren Austrocknung des Estrichs. Belegreifheizen nach Datenblatt "FBH-D4" der "Schnittstellenkoordination bei beheizten Fußbodenkonstruktionen" des BVF (Bundesverbands Flächenheizung e.V.), einschl. Erstellen eines Belegreifheiz-Protokolls.
Estrich: .....
Ausführung gem. Einzelbeschreibung: .....

0,1€ 0,2€ **0,4**€ 0,5€ 2,4€ [m²] – 041.000.118

71 Einregulierung/Inbetriebnahme, Fußbodenheizung KG **423**

Verteilerweise Einregulierung der gesamten Fußboden-Heizungsanlage mit vorhergegangenem Befüllen, Spülen und Druckprobe nach Herstellerangabe. Einstellung der erforderlichen Wassermengen für die einzelnen Heizkreise, Inbetriebnahme und Erstellen eines Einstellprotokolls.
Ausführung gem. Einzelbeschreibung: .....

72€ 264€ **723**€ 1.923€ 3.300€ [psch] – 041.000.119

72 Messung, Feuchte, Fußbodenheizung KG **353**

Feuchtigkeitsmessung des Estrichs der Fußbodenheizung, entsprechend Schnittstellenkoordination des BVF (Bundesverbands Flächenheizung e.V.) mit Protokollierung. Messstellenset aus Kunststoff, pro Raum eine Messtelle, bei größeren Räumen (etwa 50m²) entsprechend mehr. Um den Messpunkt herum darf sich im abstand von 10cm (Durchmesser 20cm) kein Heizrohr befinden.
Ausführung gem. Einzelbeschreibung: ....

–€ 37€ **47**€ 57€ –€ [St] ⏱ 0,50 h/St 041.000.120

Kosten:
Stand 1.Quartal 2020
Bundesdurchschnitt

Nr.	Positionen	Einheit	▶	▷	**ø brutto €** ø netto €	◁	◀
1	Hauseinführung, DN25	St	22	77	**114**	174	255
			18	65	**96**	146	214
2	Hauswasserstation, Druckminderer/Wasserfilter, DN40	St	253	390	**444**	600	894
			213	328	**373**	504	751
3	Leitung, Metallverbundrohr, DN12	m	3,0	7,6	**9,4**	12	17
			2,5	6,4	**7,9**	9,8	15
4	Leitung, Metallverbundrohr, DN20	m	6,9	15	**17**	19	28
			5,8	13	**14**	16	24
5	Leitung, Metallverbundrohr, DN32	m	18	26	**31**	36	44
			15	22	**26**	30	37
6	Leitung, Metallverbundrohr, DN50	m	–	50	**53**	55	–
			–	42	**45**	47	–
7	Leitung, Kupferrohr, 15mm	m	14	19	**22**	24	28
			12	16	**19**	20	23
8	Leitung, Kupferrohr, 22mm	m	18	22	**24**	30	36
			15	19	**20**	25	30
9	Leitung, Kupferrohr, 35mm	m	29	36	**40**	40	55
			25	31	**33**	34	46
10	Leitung, Kupferrohr, 54mm	m	43	59	**62**	68	79
			36	49	**52**	57	66
11	Leitung, Edelstahlrohr, 15mm	m	8,6	17	**19**	22	26
			7,2	14	**16**	18	22
12	Leitung, Edelstahlrohr, 22mm	m	13	24	**24**	28	37
			11	20	**20**	24	31
13	Leitung, Edelstahlrohr, 35mm	m	23	34	**37**	43	54
			19	29	**31**	36	46
14	Leitung, Edelstahlrohr, 54mm	m	33	44	**48**	59	79
			28	37	**40**	50	66
15	Löschwasserleitung, verzinktes Rohr, DN50	m	49	53	**54**	56	60
			41	44	**46**	47	50
16	Löschwasserleitung, verzinktes Rohr, DN100	m	–	80	**90**	97	–
			–	67	**76**	82	–
17	Kugelhahn, DN15	St	6	15	**19**	20	41
			5	12	**16**	17	35
18	Kugelhahn, DN25	St	17	27	**30**	31	38
			14	23	**25**	26	32
19	Kugelhahn, DN50	St	56	62	**63**	67	73
			47	52	**53**	57	62
20	Eckventil, DN15	St	7	19	**24**	40	63
			6	16	**20**	34	53
21	Absperr-Schrägsitzventil DN15	St	52	65	**72**	79	91
			44	55	**60**	66	76
22	Absperr-Schrägsitzventil, DN25	St	84	99	**110**	117	135
			70	83	**92**	98	114
23	Absperr-Schrägsitzventil, DN50	St	255	283	**291**	307	335
			214	237	**244**	258	281

▶ min
▷ von
ø Mittel
◁ bis
◀ max

Nr.	Positionen	Einheit	▶	▷ ø brutto € / ø netto €		◁	◀
24	Absperr-Schrägsitzventil, DN65	St	–	388	**432**	480	–
			–	326	**363**	403	–
25	Zirkulations-Regulierventil, DN20	St	81	96	**106**	112	127
			68	81	**89**	94	107
26	Zirkulations-Regulierventil, DN32	St	171	193	**201**	219	241
			144	162	**169**	184	202
27	Füll- und Entleerventil, DN15	St	8	15	**19**	48	85
			7	13	**16**	40	72
28	Warmwasser-Zirkulationspumpe, DN20	St	180	271	**312**	379	528
			152	228	**262**	319	444
29	Membran-Sicherheitsventil, Warmwasserbereiter	St	38	54	**66**	84	138
			32	45	**55**	70	116
30	Enthärtungsanlage	St	1.521	1.923	**2.017**	2.027	2.577
			1.278	1.616	**1.695**	1.703	2.166
31	Leitung, Kupferrohr ummantelt, DN10	m	–	3,7	**4,1**	4,5	–
			–	3,1	**3,5**	3,8	–
32	Leitung, Kupferrohr ummantelt, DN20	m	7,4	8,4	**8,6**	9,1	10
			6,2	7,0	**7,3**	7,7	8,7

Nr. **Kurztext** / Langtext Kostengruppe
▶ ▷ **ø netto €** ◁ ◀ [Einheit] Ausf.-Dauer Positionsnummer

1 Hauseinführung, DN25 KG **412**

Wanddurchführung für **Erdgas / Trinkwasser** mit Absperrarmatur nach Vorschrift des zuständigen Versorgungsunternehmens. Anschlüsse mit / ohne anschweißenden Dichtungsbahnen für Bauten, einschl. Herstellen der für Hauseinführung notwendigen Kernbohrung.
Wand: **Beton / Mauerwerk**
Dicke: bis 24 cm
Abdichtung: drückendes / nichtdrückendes Wasser
Medium: Erdgas, Trinkwasser
Material: **Gusseisen / Kunststoff / Stahl**
Medienleitung: DN25
Anschluss PN: 10 bar

18€ 65€ **96**€ 146€ 214€ [St] ⏱ 0,40 h/St 042.000.010

2 Hauswasserstation, Druckminderer/Wasserfilter, DN40 KG **412**

Hauswasserstation geprüft DIN EN 13443-1, mit Druckminderer (Armaturengruppe I) mit Feinfilter in Klarsichthaube aus Polyethylen. Filtrationsfeinheit 0,1mm mit Rückspülvorrichtung, Ablaufhahn DN15 (R1/2) und Rückflussverhinderer. Mit Vor- und Hinterdruckmanometer, einstellbar. Gerade Bauform mit Anschlüsse mit Verschraubungen DN40 (R1 1/2).
Vordruck max.: 16 bar
Hinterdruck: 1,5 bis 6 bar
Mindestdruckgefälle: ca. 1 bar
Betriebstemperatur max.: 40°C

213€ 328€ **373**€ 504€ 751€ [St] ⏱ 0,80 h/St 042.000.009

040 041 042 044 045 047 053 054 058 069 075

Kosten:
Stand 1.Quartal 2020
Bundesdurchschnitt

Nr.	**Kurztext** / Langtext						Kostengruppe
▶	▷	**ø netto €**	◁	◀	[Einheit]	Ausf.-Dauer	Positionsnummer

A 1 Leitung, Metallverbundrohr — Beschreibung für Pos. **3-6**

Metallverbundrohr aus Mehrschichtverbundwerkstoff (PE, Aluminium, PE) DIN EN 16836, für Trinkwasser warm und kalt DIN 1988-200. Einschließlich Dichtungs- und Befestigungsmittel, Form- und Verbindungsstücke (Fitting) werden gesondert vergütet. Längskraftschlüssige Verbindung durch Verpressen des Rohrs auf den Fitting.

3 Leitung, Metallverbundrohr, DN12 — KG **412**

Wie Ausführungsbeschreibung A 1
Außendurchmesser: 16 mm
Lieferung: **Stangen / Ringe**
Verlegehöhe: **3,50 / 5,00 / 7,00** m über Fußboden

▶	▷	ø	◁	◀	Einheit	Ausf.-Dauer	Positionsnummer
2€	6€	**8**€	10€	15€	[m]	0,28 h/m	042.000.008

4 Leitung, Metallverbundrohr, DN20 — KG **412**

Wie Ausführungsbeschreibung A 1
Außendurchmesser: 26 mm
Lieferung: **Stangen / Ringe**
Verlegehöhe: **3,50 / 5,00 / 7,00** m über Fußboden

▶	▷	ø	◁	◀	Einheit	Ausf.-Dauer	Positionsnummer
6€	13€	**14**€	16€	24€	[m]	0,28 h/m	042.000.045

5 Leitung, Metallverbundrohr, DN32 — KG **412**

Wie Ausführungsbeschreibung A 1
Außendurchmesser: 40 mm
Lieferung: Stangen
Verlegehöhe: **3,50 / 5,00 / 7,00** m über Fußboden

▶	▷	ø	◁	◀	Einheit	Ausf.-Dauer	Positionsnummer
15€	22€	**26**€	30€	37€	[m]	0,28 h/m	042.000.046

6 Leitung, Metallverbundrohr, DN50 — KG **412**

Wie Ausführungsbeschreibung A 1
Außendurchmesser: 63 mm
Lieferung: Stangen
Verlegehöhe: **3,50 / 5,00 / 7,00** m über Fußboden

▶	▷	ø	◁	◀	Einheit	Ausf.-Dauer	Positionsnummer
–€	42€	**45**€	47€	–€	[m]	0,28 h/m	042.000.049

A 2 Leitung, Kupferrohr — Beschreibung für Pos. **7-10**

Kupferrohr DIN EN 1057 für Trinkwasser DIN 1988-200, blank, in Stangen, einschl. Rohrverbindung **löten / pressen**, mit Aufhängung.

7 Leitung, Kupferrohr, 15mm — KG **412**

Wie Ausführungsbeschreibung A 2
Aufhängung Oberkante Rohr: bis **3,50 / 5,0 / 7,00** m
Nennweite: 15 mm
Wandstärke: 1 mm

▶	▷	ø	◁	◀	Einheit	Ausf.-Dauer	Positionsnummer
12€	16€	**19**€	20€	23€	[m]	0,25 h/m	042.000.001

▶ min
▷ von
ø Mittel
◁ bis
◀ max

8 **Leitung, Kupferrohr, 22mm** KG **412**

Wie Ausführungsbeschreibung A 2
Aufhängung Oberkante Rohr: bis **3,50 / 5,0 / 7,00** m
Nennweite: 22 mm
Wandstärke: 1 mm

15€ 19€ **20€** 25€ 30€ [m] ⏱ 0,25 h/m 042.000.012

9 **Leitung, Kupferrohr, 35mm** KG **412**

Wie Ausführungsbeschreibung A 2
Aufhängung Oberkante Rohr: bis **3,50 / 5,0 / 7,00** m
Nennweite: 35 mm
Wandstärke: 1,5mm

25€ 31€ **33€** 34€ 46€ [m] ⏱ 0,25 h/m 042.000.014

10 **Leitung, Kupferrohr, 54mm** KG **412**

Wie Ausführungsbeschreibung A 2
Aufhängung Oberkante Rohr: bis **3,50 / 5,0 / 7,00** m
Nennweite: 54 mm
Wandstärke: 2 mm

36€ 49€ **52€** 57€ 66€ [m] ⏱ 0,25 h/m 042.000.016

A 3 **Leitung, Edelstahlrohr** Beschreibung für Pos. **11-14**

Rohrleitung; Edelstahl aus nichtrostendem Cr-Ni-Mo-Stahl, in geschweißter Ausführung, DVGW GW 541 für Trinkwasser DIN 1988-200, in Stangen, beständig gegen alle natürlichen Trinkwasserinhaltsstoffe, verlegt nach den Richtlinien des Herstellers, einschl. Rohrverbindung sowie Befestigungsmaterial, körperschallgedämmt.

11 **Leitung, Edelstahlrohr, 15mm** KG **412**

Wie Ausführungsbeschreibung A 3
Werkstoff-Nr.: .....
Maximaler Betriebsdruck: 16 bar
Maximale Temperatur: 85°C
Nennweite: 15 mm
Wandstärke: 1 mm
Verlegung in Gebäuden bis **3,50 / 5,00 / 7,00** m **über Gelände / Fußboden**

7€ 14€ **16€** 18€ 22€ [m] ⏱ 0,14 h/m 042.000.004

12 **Leitung, Edelstahlrohr, 22mm** KG **412**

Wie Ausführungsbeschreibung A 3
Werkstoff-Nr.: .....
Maximaler Betriebsdruck: 16 bar
Maximale Temperatur: 85°C
Nennweite: 22 mm
Wandstärke: 1,2 mm
Verlegung in Gebäuden bis **3,50 / 5,00 / 7,00** m **über Gelände / Fußboden**

11€ 20€ **20€** 24€ 31€ [m] ⏱ 0,14 h/m 042.000.024

040
041
042
044
045
047
053
054
058
069
075

Nr.	Kurztext / Langtext						Kostengruppe
▶	▷	**ø netto €**	◁	◀	[Einheit]	Ausf.-Dauer	Positionsnummer

13 **Leitung, Edelstahlrohr, 35mm** KG **412**

Wie Ausführungsbeschreibung A 3
Werkstoff-Nr.: .....
Maximaler Betriebsdruck: 16 bar
Maximale Temperatur: 85°C
Nennweite: 35mm
Wandstärke: 1,5mm
Verlegung in Gebäuden bis **3,50 / 5,00 / 7,00** m **über Gelände / Fußboden**

19€	29€	**31**€	36€	46€	[m]	⏱ 0,14 h/m	042.000.026

14 **Leitung, Edelstahlrohr, 54mm** KG **412**

Wie Ausführungsbeschreibung A 3
Werkstoff-Nr.: .....
Maximaler Betriebsdruck: 16 bar
Maximale Temperatur: 85°C
Nennweite: 54 mm
Wandstärke: 1,5 mm
Verlegung in Gebäuden bis **3,50 / 5,00 / 7,00** m **über Gelände / Fußboden**

28€	37€	**40**€	50€	66€	[m]	⏱ 0,14 h/m	042.000.028

15 **Löschwasserleitung, verzinktes Rohr, DN50** KG **474**

Rohrleitung, Gewinderohr mittelschwer, geschweißt, DIN EN 10255 einschl. Rohrbefestigung und Verbindungsstücke.
Oberfläche: verzinkt DIN EN 10240
Durchmesser: 60,3 mm
Verlegung in Gebäuden: bis **3,50 / 5,00 / 7,00** m über **Gelände / Fußboden**

41€	44€	**46**€	47€	50€	[m]	⏱ 0,40 h/m	042.000.033

16 **Löschwasserleitung, verzinktes Rohr, DN100** KG **474**

Rohrleitung, Gewinderohr mittelschwer, geschweißt, DIN EN 10255 einschl. Rohrbefestigung und Verbindungsstücke.
Oberfläche: verzinkt DIN EN 10240
Durchmesser: 114,3 mm
Verlegung in Gebäuden: bis **3,50 / 5,00 / 7,00** m über **Gelände / Fußboden**

–€	67€	**76**€	82€	–€	[m]	⏱ 0,70 h/m	042.000.036

17 **Kugelhahn, DN15** KG **412**

Kugelhahn in Durchgangsform.
Nennweite: DN15
Gehäuse: **Rotguss / Messing**, für Trinkwasser
Anschluss Außengewinde: R 1/2

5€	12€	**16**€	17€	35€	[St]	⏱ 0,35 h/St	042.000.038

Kosten:
Stand 1.Quartal 2020
Bundesdurchschnitt

▶ min
▷ von
ø Mittel
◁ bis
◀ max

Nr.	**Kurztext** / Langtext						Kostengruppe
▶	▷	**ø netto €**	◁	◀	[Einheit]	Ausf.-Dauer	Positionsnummer

18 Kugelhahn, DN25 KG **412**

Kugelhahn in Durchgangsform.
Nennweite: DN25
Gehäuse: **Rotguss / Messing**, für Trinkwasser
Anschluss Außengewinde: R 1

14€ | 23€ | **25**€ | 26€ | 32€ | [St] | ⏱ 0,35 h/St | 042.000.040

19 Kugelhahn, DN50 KG **412**

Kugelhahn in Durchgangsform.
Nennweite: DN50
Gehäuse: **Rotguss / Messing**, für Trinkwasser
Anschluss Außengewinde: R 2

47€ | 52€ | **53**€ | 57€ | 62€ | [St] | ⏱ 0,35 h/St | 042.000.054

20 Eckventil, DN15 KG **412**

Eckventil, verchromt mit Rosette. Als Absperr- und Anschlussventil, mit Schneidringverschraubung.
Gehäuse: entzinkungsbeständiges Messing
Nennweite: DN15
Geräuschverhalten Gruppe DIN 4109-1: **I / II**

6€ | 16€ | **20**€ | 34€ | 53€ | [St] | ⏱ 0,20 h/St | 042.000.006

A 4 Absperr-Schrägsitzventil Beschreibung für Pos. **21-22**

Absperr-Schrägsitzventil, in Durchgangsform, Muffenanschluss, für Trinkwasser DIN 1988-200, mit Entleerung, Schallschutz-Zulassung, Gehäuse, mit wartungsfreier Spindelabdichtung, mit PTFE-Dichtung. Inkl. Dämmschale und Übergänge auf Kunststoff- bzw. Edelstahlrohr. Absperrung mit Handgriff.

21 Absperr-Schrägsitzventil DN15 KG **412**

Wie Ausführungsbeschreibung A 4
Nennweite: DN15
Gehäuse: **Rotguss / Messing**
Maximaler Betriebsdruck: **10 / 16** bar

44€ | 55€ | **60**€ | 66€ | 76€ | [St] | ⏱ 0,30 h/St | 042.000.007

22 Absperr-Schrägsitzventil, DN25 KG **412**

Wie Ausführungsbeschreibung A 4
Nennweite: DN25
Gehäuse: **Rotguss / Messing**
Maximaler Betriebsdruck: **10 / 16** bar

70€ | 83€ | **92**€ | 98€ | 114€ | [St] | ⏱ 0,30 h/St | 042.000.056

23 Absperr-Schrägsitzventil, DN50 KG **412**

Absperr-Schrägsitzventil, in Durchgangsform, Flanschanschluss (inkl. Gegenflanschen), für Trinkwasser, mit Entleerung, Schallschutz-Zulassung, Gehäuse, mit wartungsfreier Spindelabdichtung, mit PTFE-Dichtung. Inkl. Dämmschale und Übergänge auf Kunststoff- bzw. Edelstahlrohr. Absperrung mit Handgriff.
Nennweite: DN50
Gehäuse: **Rotguss / Messing**
Maximaler Betriebsdruck: **10 / 16** bar

214€ | 237€ | **244**€ | 258€ | 281€ | [St] | ⏱ 0,30 h/St | 042.000.059

Nr.	Kurztext / Langtext						Kostengruppe
▶	▷	ø netto €	◁	◀	[Einheit]	Ausf.-Dauer	Positionsnummer

24 Absperr-Schrägsitzventil, DN65 KG **412**

Absperr-Schrägsitzventil, in Durchgangsform, Flanschanschluss (inkl. Gegenflanschen), für Trinkwasser, mit Entleerung, Schallschutz-Zulassung, Gehäuse, mit wartungsfreier Spindelabdichtung, mit PTFE-Dichtung. Inkl. Dämmschale und Übergänge auf Kunststoff- bzw. Edelstahlrohr. Absperrung mit Handgriff.
Nennweite: DN65
Gehäuse: **Rotguss / Messing**
Maximaler Betriebsdruck: **10 / 16** bar

–€ | 326€ | **363**€ | 403€ | –€ | [St] | ⏱ 0,30 h/St | 042.000.060

A 5 Zirkulations-Regulierventil Beschreibung für Pos. **25-26**

Zirkulations-Regulierventil, Schallzulassung, mit Temperatur- und digitaler Stellungsanzeige zum hydraulischen Strangabgleich und zur Strangabsperrung, mit Entleerung im Gehäuse, mit Niro-Press-Verschraubung.

Kosten:
Stand 1.Quartal 2020
Bundesdurchschnitt

25 Zirkulations-Regulierventil, DN20 KG **412**

Wie Ausführungsbeschreibung A 5
Gehäuse: **Rotguss / Messing**
Anschluss: DN20

68€ | 81€ | **89**€ | 94€ | 107€ | [St] | ⏱ 0,25 h/St | 042.000.061

26 Zirkulations-Regulierventil, DN32 KG **412**

Wie Ausführungsbeschreibung A 5
Gehäuse: **Rotguss / Messing**
Anschluss: DN32

144€ | 162€ | **169**€ | 184€ | 202€ | [St] | ⏱ 0,25 h/St | 042.000.063

27 Füll- und Entleerventil, DN15 KG **412**

Füll- und Entleerkugelhahn, mit Stopfbuchse, Kette und Kappe.
Anschluss: 1/2"
Gehäuse: Rotguss

7€ | 13€ | **16**€ | 40€ | 72€ | [St] | ⏱ 0,20 h/St | 042.000.041

28 Warmwasser-Zirkulationspumpe, DN20 KG **412**

Elektronisch geregelte Zirkulationspumpe, für Trinkwasser DIN 1988-200, als wellenloser Pumpenläufer ohne Lagerbuchsen, mit Rückschlagventil, beiderseits mit zweiteiligen Lötverschraubungen, flachdichtend. Als Dauerläufer mit Drehzahlregelung. Druck- und temperaturabhängige Drehzalanpassung.
Pumpengehäuse: Rotguss
Elektroanschluss: 230 V / 50 Hz
Leistungsaufnahme: ..... Watt
Anschluss: DN20

152€ | 228€ | **262**€ | 319€ | 444€ | [St] | ⏱ 0,80 h/St | 042.000.050

▶ min
▷ von
ø Mittel
◁ bis
◀ max

29 Membran-Sicherheitsventil, Warmwasserbereiter KG **412**

Membran-Sicherheitsventil mit Sicherheitsventil-Austauschsatz, für geschlossene, druckfeste Warmwasserbereiter DIN 1988-200, bauteilgeprüft, mit vergrößertem Austritt.
Gehäuse: **Rotguss / Messing**
Eintritt: DN25
Austritt: DN32
Ansprechdruck: **6, 10, 16** bar
Nenninhalt WWB: bis 5.000 LM

32€ | 45€ | **55€** | 70€ | 116€ | [St] | ⏱ 0,40 h/St | 042.000.048

30 Enthärtungsanlage KG **412**

Vollautomatische Enthärtungsanlage für kaltes Trinkwasser DIN EN 14743 und DIN 19636-100, mit selbstständiger Ermittlung der Rohwasserhärte. Vollautomatische Einstellung auf die gewünschte Resthärte per Knopfdruck und permanenter Überprüfung und Nachregulierung bei Abweichungen. Eingebaute Desinfektionseinrichtung mit platinierten Titanelektroden zur Desinfektion des Ionenaustauschers.
Nenndurchfluss: 1,8 m³/h bei 0,8 bar
Max. Durchfluss (kurzzeitig): 3,5 m³/h
Rohranschluss: DN25
Einbaulänge: 195 mm
Salzvorratsbehälter: 36 kg
Salzverbrauch: 0,36 kg je m³, bei Enthärtung von 20° dH auf 8° dH
Nenndruck: PN 10
Kapazität je kg Salz: 5,0 mol
Betriebstemperatur: max. 30°C
Betriebsdruck: 2-7 bar
Mindestfließdruck bei Nenndurchfluss: 2 bar
Elektroanschluss: **230 V / 50 Hz**

1.278€ | 1.616€ | **1.695€** | 1.703€ | 2.166€ | [St] | ⏱ 1,00 h/St | 042.000.064

A 6 Leitung, Kupferrohr ummantelt Beschreibung für Pos. **31-32**

Leitung aus Kupferrohr DIN EN 1057 für Trinkwasser-, Heizung-, Gas-, Flüssiggas-Installationen sowie für alle Leitungen ohne Wärmedämmanforderungen. Zum Pressen und Löten geeignet. Ummantelung zur Verminderung von Tauwasserbildung, Schutz vor mechanischer Beschädigung und Korrosionsschutz. Lieferung in Ringen, inkl. Rohrverbindung sowie Befestigungsmaterial, körperschallgedämmt.

31 Leitung, Kupferrohr ummantelt, DN10 KG **412**

Wie Ausführungsbeschreibung A 6
Stegmantel: Kunststoff
Farbe: grau
Zulässige Betriebstemperatur: 100°C
Brandverhalten: B2
Beanspruchungsklasse: B
Lieferung: in Ringen
Rohr: 12 x 1 mm
Mantel Außendurchmesser: 16 mm
Maximaler Betriebsdruck über 16 bar

–€ | 3€ | **3€** | 4€ | –€ | [m] | ⏱ 0,15 h/m | 042.000.065

Nr.	**Kurztext** / Langtext					Kostengruppe
▶	▷	**ø netto €**	◁	◀	[Einheit]	Ausf.-Dauer Positionsnummer

32 Leitung, Kupferrohr ummantelt, DN20 KG **412**

Wie Ausführungsbeschreibung A 6
Stegmantel: Kunststoff
Farbe: grau
Zulässige Betriebstemperatur: 100°C
Brandverhalten: B2
Beanspruchungsklasse: B
Lieferung: in Ringen
Rohr: 22 x 1 mm
Mantel Außendurchmesser: 27 mm
Maximaler Betriebsdruck über 16 bar

6€	7€	**7**€	8€	9€	[m]	⏱ 0,15 h/m	042.000.068

Kosten:
Stand 1.Quartal 2020
Bundesdurchschnitt

▶ min
▷ von
ø Mittel
◁ bis
◀ max

044

Kosten:
Stand 1.Quartal 2020
Bundesdurchschnitt

Nr.	Positionen	Einheit	▶	▷	ø brutto € / ø netto €	◁	◀
1	Bodenablauf, DN100	St	431	488	**514**	617	728
			362	410	**432**	519	612
2	Hebeanlage, DN100	St	852	4.149	**6.356**	8.762	14.253
			716	3.487	**5.341**	7.363	11.978
3	Dachentwässerung DN80	St	74	106	**126**	155	199
			62	89	**106**	131	168
4	Rohrbelüfter DN50	St	44	68	**82**	88	107
			37	57	**69**	74	90
5	Rohrbelüfter DN70	St	74	93	**104**	112	131
			62	78	**87**	94	110
6	Rohrbelüfter DN100	St	75	94	**102**	111	143
			63	79	**86**	94	120
7	Grundleitung, PVC-U, DN100	m	22	24	**26**	27	29
			18	21	**22**	23	25
8	Abwasserleitung, Guss, DN80	m	35	39	**42**	42	46
			29	33	**35**	35	39
9	Formstück, Bogen, Guss, DN80	St	14	23	**27**	32	52
			12	20	**23**	27	44
10	Formstück, Abzweig, Guss, DN80	St	25	27	**28**	30	34
			21	23	**24**	25	29
11	Putzstück, Guss, DN80	St	21	31	**36**	45	55
			17	26	**30**	38	46
12	Abwasserleitung, Guss, DN100	m	45	52	**56**	59	64
			37	43	**47**	49	54
13	Formstück, Bogen, Guss, DN100	St	21	28	**28**	34	44
			17	23	**24**	28	37
14	Formstück, Abzweig, Guss, DN100	St	16	27	**35**	37	45
			14	22	**30**	31	38
15	Doppelabzweig, SML, DN100	St	–	54	**58**	62	–
			–	45	**49**	52	–
16	Putzstück, Guss, DN100	St	38	48	**54**	55	65
			32	40	**46**	46	55
17	Abwasserleitung, Guss, DN125	m	52	67	**85**	95	96
			44	56	**71**	80	81
18	Formstück, Bogen, Guss, DN125	St	26	32	**38**	45	56
			22	27	**32**	38	47
19	Formstück, Abzweig, Guss, DN125	St	18	38	**46**	58	74
			15	32	**39**	49	62
20	Abwasserleitung, Guss, DN150	m	–	85	**101**	103	–
			–	71	**85**	86	–
21	Formstück, Bogen, Guss, DN150	St	31	44	**54**	61	69
			26	37	**45**	51	58
22	Formstück, Abzweig, Guss, DN150	St	45	74	**92**	103	115
			37	62	**77**	87	96
23	Putzstück, Guss, DN150	St	92	110	**132**	144	170
			77	93	**111**	121	143
24	Abwasserleitung, HT-Rohr, DN/OD50	m	12	15	**16**	17	19
			10	13	**13**	14	16

▶ min
▷ von
ø Mittel
◁ bis
◀ max

Nr.	Positionen	Einheit	▶	▷	**ø brutto €** ø netto €	◁	◀
25	Formstück, HT-Bogen, DN/OD50	St	4	6	**7**	10	14
			3	5	**6**	8	11
26	Formstück, HT-Abzweig, DN/OD50	St	5	9	**10**	14	20
			4	7	**9**	12	17
27	Abwasserleitung, HT-Rohr, DN/OD75	m	20	23	**23**	25	28
			17	19	**19**	21	24
28	Formstück, HT-Bogen, DN/OD75	St	4	6	**7**	12	18
			3	5	**6**	10	15
29	Formstück, HT-Abzweig, DN/OD75	St	4	8	**9**	11	14
			4	7	**8**	9	12
30	Abwasserleitung, HT-Rohr, DN/OD100	m	20	25	**28**	29	35
			16	21	**23**	25	30
31	Formstück, HT-Bogen, DN/OD100	St	5	8	**9**	11	16
			4	6	**8**	9	13
32	Formstück, HT-Abzweig, DN/OD100	St	6	19	**23**	51	93
			5	16	**19**	43	78
33	Formstück, HT Doppelabzweig, DN/OD100	St	19	28	**38**	54	60
			16	24	**32**	45	50
34	Formstück, HT Übergangsrohr, DN/OD100	St	1,0	3,7	**4,9**	8,1	12
			0,8	3,1	**4,1**	6,8	10
35	Abwasserleitung, PE-Rohr, DN/OD75	m	8	19	**24**	27	35
			7	16	**20**	23	29
36	Formstück, PE-Bogen, DN/OD75	St	6	7	**9**	10	12
			5	6	**7**	8	10
37	Formstück, PE-Abzweig, DN/OD75	St	–	10	**12**	13	–
			–	8	**10**	11	–
38	Abwasserleitung, PE-Rohr, DN/OD100	m	37	52	**59**	81	119
			31	44	**50**	68	100
39	Formstück, PE-Bogen, DN/OD100	St	–	17	**23**	29	–
			–	14	**19**	24	–
40	Formstück, PE-Abzweig, DN/OD100	St	–	19	**27**	30	–
			–	16	**23**	26	–
41	Formstück, PE-Putzstück, DN/OD100	St	–	34	**43**	51	–
			–	29	**36**	43	–
42	Abwasserleitung, PE-Rohr, DN/OD150	m	–	66	**79**	92	–
			–	56	**67**	77	–
43	Formstück, PE-Abzweig, DN/OD150	St	81	91	**103**	112	125
			68	76	**87**	94	105
44	Druckleitung, Schmutzwasserhebeanlage DN40	m	–	25	**32**	36	–
			–	21	**27**	30	–
45	Abflussleitung, PP-Rohre, DN/OD50, schallgedämmt	m	20	25	**29**	32	39
			17	21	**24**	27	32
46	Abflussleitung, PP-Rohre, DN/OD75, schallgedämmt	m	22	27	**31**	35	42
			18	23	**26**	29	35
47	Abflussleitung, PP-Rohre, DN/OD90, schallgedämmt	m	26	31	**37**	42	50
			22	26	**31**	35	42
48	Abflussleitung, PP-Rohre, DN/OD110 schallgedämmt	m	27	33	**38**	42	51
			23	28	**32**	36	43

Kosten:
Stand 1.Quartal 2020
Bundesdurchschnitt

Nr.	Positionen	Einheit	▶	▷	ø brutto € / ø netto €	◁	◀
49	Abwasser-Rohrbogen, PP, DN/OD50, schallgedämmt	St	6,1	8,9	**10**	12	15
			5,2	7,5	**8,6**	10	13
50	Abwasser-Rohrbogen, PP, DN/OD75, schallgedämmt	St	7,8	11	**13**	16	20
			6,6	9,5	**11**	13	16
51	Abwasser-Rohrbogen, PP, DN/OD90, schallgedämmt	St	11	16	**18**	22	27
			9,1	13	**15**	18	23
52	Abwasser-Rohrbogen, PP, DN/OD110, schallgedämmt	St	24	35	**40**	48	60
			20	29	**34**	40	50
53	Abwasser-Abzweig, PP, DN/OD50, schallgedämmt	St	10	15	**17**	21	26
			8,7	13	**14**	17	22
54	Abwasser-Abzweig, PP, DN/OD75, schallgedämmt	St	13	19	**22**	26	32
			11	16	**18**	22	27
55	Abwasser-Abzweig, PP, DN/OD90, schallgedämmt	St	19	27	**31**	37	47
			16	23	**26**	31	39
56	Abwasser-Abzweig, PP, DN/OD110, schallgedämmt	St	20	29	**33**	39	49
			17	24	**28**	33	41
57	Bodenablauf, Gully, bodengleiche Dusche	St	575	631	**701**	842	968
			483	530	**589**	707	813
58	Bodenablauf, Rinne, bodengleiche Dusche	St	738	788	**984**	1.181	1.359
			620	662	**827**	993	1.142
59	Duschrinne, Edelstahl, 900mm	St	332	429	**491**	570	686
			279	361	**413**	479	576
60	Abdeckung, Duschrinne, Edelstahl	St	–	108	**135**	176	–
			–	91	**114**	148	–

Nr. **Kurztext** / Langtext — Kostengruppe
▶ ▷ **ø netto €** ◁ ◀ [Einheit] Ausf.-Dauer Positionsnummer

1 Bodenablauf, DN100 KG **411**

Bodenablauf DIN EN 1253-1 für frostfreie Räume, mit Geruchsverschluss und Reinigungsöffnung, mit 2 Isolierflanschen, sowie Aufstockelement, mit Rostrahmen und Rost.
Nennweite: DN100
Ablaufleistung: 2,0 l/s
Gehäuse: Gusseisen
Isolierflansch: DN100
Aufstockelement: **45 / 300 mm** (kürzbar)
Abgang: waagrecht / senkrecht
Rost: V4A / Gusseisen grundbeschichtet
Abmessung (L x B): 150 x 150 mm
362€ 410€ **432€** 519€ 612€ [St] ⏱ 0,80 h/St 044.000.036

▶ min
▷ von
ø Mittel
◁ bis
◀ max

2 Hebeanlage, DN100 KG **411**

Automatische Schmutzwasser-Hebeanlage für fäkalienfreies Abwasser DIN EN 12050-2, bestehend aus: Kunststoffsammelbehälter mit automatisch schaltender Tauchmotorpumpe und Rückschlagklappe, zwei um 90° versetzte Zulaufstutzen, Entlüftungs- und Druckstutzen. Abdeckung mit Zwischengehäuse, höhenverstellbar. Abdeckplatte wahlweise als Strukturblech, Ausführung mit Bodenablauf und Geruchsverschluss. Alarmschaltgerät netzunabhängig, mit Ausschalter, piezokeramischem Signalgeber. Grüne Betriebsleuchte, potenzialfreier Kontakt zur Ansteuerung einer Leitwarte, Versorgungsteil mit Batterie für 5 Stunden Betrieb bei Netzausfall.
Zulauf: DN100
Schallpegel bei Betrieb: max. 85 dBA
Spannung: **230 V / 12V** = 1,2 VA
Förderleistung: 5,00 m^3/h
Förderhöhe: 13 m

716€ 3.487€ **5.341€** 7.363€ 11.978€ [St] ⏱ 8,00 h/St 044.000.037

3 Dachentwässerung DN80 KG **411**

Dachwasserablauf für Flachdachentwässerung (mit planmäßig vollgefüllt betriebener Regenwasserleitung), mit Grundkörper aus Kunststoff, Flanschring für Anschluss an Dampfsperre, Befestigungsscheibe für Flanschring, mit Ablaufkörper, sowie Befestigungsscheibe für Einsatzring. Höhenverstellbares Aufsatzstück, mit Laubfangkorb, Isolierkörper, einschl. Befestigungsmaterial.
Nennweite: DN80
Werkstoff Grund- und Ablaufkörper: PE-HD
Anschlussstutzen Abflussleistung: PE-HD
Ablaufleistung: 1-12 l/s

62€ 89€ **106€** 131€ 168€ [St] ⏱ 0,60 h/St 044.000.038

4 Rohrbelüfter DN50 KG **411**

Rohrbelüfter zur Belüftung von Abwasserleitungen DIN EN 12380. Mit Sieb für Lufteinlassöffnung, mit Lippendichtung für Abwasserleitung. Allgemeiner bauaufsichtlicher Zulassung.
Abmessung: DN50

37€ 57€ **69€** 74€ 90€ [St] ⏱ 0,15 h/St 044.000.039

5 Rohrbelüfter DN70 KG **411**

Rohrbelüfter zur Belüftung von Abwasserleitungen DIN EN 12380. Mit Sieb für Lufteinlassöffnung, mit Lippendichtung für Abwasserleitung. Allgemeiner bauaufsichtlicher Zulassung.
Abmessung: DN70

62€ 78€ **87€** 94€ 110€ [St] ⏱ 0,15 h/St 044.000.051

6 Rohrbelüfter DN100 KG **411**

Rohrbelüfter zur Belüftung von Abwasserleitungen DIN EN 12380. Mit Sieb für Lufteinlassöffnung, mit Lippendichtung für Abwasserleitung. Allgemeiner bauaufsichtlicher Zulassung.
Abmessung: DN100

63€ 79€ **86€** 94€ 120€ [St] ⏱ 0,15 h/St 044.000.052

Nr.	Kurztext / Langtext						Kostengruppe
▶	▷	**ø netto €**	◁	◀	[Einheit]	Ausf.-Dauer	Positionsnummer

7 Grundleitung, PVC-U, DN100 KG **411**

Abwasserleitung als Grundleitung aus PVC-U-Rohren, allgemeine bauaufsichtliche Zulassung, Verlegung in vorhandenem Graben.
Grundleitung für: **Schmutzwasser / Regenwasser**
Bettung: **gesondert vergütet / bauseits**
Nennweite: DN100
Baulänge **1,00 / 2,00 / 5,00 m**

▶	▷	ø	◁	◀	Einheit	Ausf.-Dauer	Positionsnummer
18€	21€	**22**€	23€	25€	[m]	⏱ 0,25 h/m	044.000.035

8 Abwasserleitung, Guss, DN80 KG **411**

Abwasserleitungen aus muffenlosen Gussrohren, DIN EN 877 und DIN 19522, innen mit Zweikomponenten-Epoxid-Schutzschicht, außen mit Schutzfarbe versehen. Inklusive aller Verbindungsmaterialien, verschraubbare Spannhülsen aus nichtrostendem Stahl mit Gummidichtmanschette, auch kraftschlüssig, sowie allen Befestigungsteilen. Verlegung in Gebäuden.
Nennweite: DN80
Schutzfarbe: **rotbraun / grau**
Verlegehöhe: bis **3,50 / 5,00 / 10,00** m

▶	▷	ø	◁	◀	Einheit	Ausf.-Dauer	Positionsnummer
29€	33€	**35**€	35€	39€	[m]	⏱ 0,40 h/m	044.000.034

9 Formstück, Bogen, Guss, DN80 KG **411**

Bogen aller Winkelgrade für Schmutz- und Regenwasserleitung aus Guss, innen mit Zweikomponenten-Epoxid-Schutzschicht, außen mit Schutzfarbe versehen.
Nennweite: DN80
Winkelgrad: ..... °

▶	▷	ø	◁	◀	Einheit	Ausf.-Dauer	Positionsnummer
12€	20€	**23**€	27€	44€	[St]	⏱ 0,20 h/St	044.000.001

10 Formstück, Abzweig, Guss, DN80 KG **411**

Abzweig aller Winkelgrade für Schmutz- und Regenwasserleitung aus Guss, innen mit Zweikomponenten-Epoxid-Schutzschicht, außen mit Schutzfarbe versehen.
Nennweite: DN80
Winkelgrad: ..... °

▶	▷	ø	◁	◀	Einheit	Ausf.-Dauer	Positionsnummer
21€	23€	**24**€	25€	29€	[St]	⏱ 0,30 h/St	044.000.002

11 Putzstück, Guss, DN80 KG **411**

Reinigungsöffnung für Schmutz- und Regenwasserleitung aus Guss, innen mit Zweikomponenten-Epoxid-Schutzschicht, außen mit Schutzfarbe versehen.
Öffnung: **rechteckig / rund**
Nennweite: DN80

▶	▷	ø	◁	◀	Einheit	Ausf.-Dauer	Positionsnummer
17€	26€	**30**€	38€	46€	[St]	⏱ 0,20 h/St	044.000.003

Kosten:
Stand 1.Quartal 2020
Bundesdurchschnitt

▶ min
▷ von
ø Mittel
◁ bis
◀ max

Nr.	Kurztext / Langtext						Kostengruppe
▶	▷	**ø netto €**	◁	◀	[Einheit]	Ausf.-Dauer	Positionsnummer

12 Abwasserleitung, Guss, DN100 KG **411**

Abwasserleitungen aus muffenlosen Gussrohren, DIN EN 877 und DIN 19522, innen mit Zweikomponenten-Epoxid-Schutzschicht, außen mit Schutzfarbe versehen. Inklusive aller Verbindungsmaterialien, verschraubbare Spannhülsen aus nichtrostendem Stahl mit Gummidichtmanschette, auch kraftschlüssig, sowie allen Befestigungsteilen. Verlegung in Gebäuden.
Nennweite: DN100
Schutzfarbe: **rotbraun / grau**
Verlegehöhe: bis **3,50 / 5,00 / 10,00** m

37€ 43€ **47**€ 49€ 54€ [m] ⏱ 0,50 h/m 044.000.004

13 Formstück, Bogen, Guss, DN100 KG **411**

Bogen aller Winkelgrade für Schmutz- und Regenwasserleitung aus Guss, innen mit Zweikomponenten-Epoxid-Schutzschicht, außen mit Schutzfarbe versehen.
Nennweite: DN100
Winkelgrad: ..... °

17€ 23€ **24**€ 28€ 37€ [St] ⏱ 0,25 h/St 044.000.005

14 Formstück, Abzweig, Guss, DN100 KG **411**

Abzweig aller Winkelgrade für Schmutz- und Regenwasserleitung aus Guss, innen mit Zweikomponenten-Epoxid-Schutzschicht, außen mit Schutzfarbe versehen.
Nennweite: DN100
Winkelgrad: ..... °

14€ 22€ **30**€ 31€ 38€ [St] ⏱ 0,40 h/St 044.000.006

15 Doppelabzweig, SML, DN100 KG **411**

Eck-Doppelabzweig für Schmutz- und Regenwasserleitung aus Guss, innen mit Zweikomponenten-Epoxid-Schutzschicht, außen mit Schutzfarbe versehen. 87, 70, 45°, Abgänge mit gleichen bzw. reduzierten Durchmessern, in **Eck-/ Gabelform**.
Anschluss: DN100

–€ 45€ **49**€ 52€ –€ [St] ⏱ 0,32 h/St 044.000.050

16 Putzstück, Guss, DN100 KG **411**

Reinigungsöffnung für Schmutz- und Regenwasserleitung aus Guss, innen mit Zweikomponenten-Epoxid-Schutzschicht, außen mit Schutzfarbe versehen.
Öffnung: **rechteckig / rund**
Nennweite: DN100

32€ 40€ **46**€ 46€ 55€ [St] ⏱ 0,25 h/St 044.000.007

17 Abwasserleitung, Guss, DN125 KG **411**

Abwasserleitungen aus muffenlosen Gussrohren, DIN EN 877 und DIN 19522, innen mit Zweikomponenten-Epoxid-Schutzschicht, außen mit Schutzfarbe versehen. Inklusive aller Verbindungsmaterialien, verschraubbare Spannhülsen aus nichtrostendem Stahl mit Gummidichtmanschette, auch kraftschlüssig, sowie allen Befestigungsteilen. Verlegung in Gebäuden.
Nennweite: DN125
Schutzfarbe: **rotbraun / grau**
Verlegehöhe: bis **3,50 / 5,00 / 10,00** m

44€ 56€ **71**€ 80€ 81€ [m] ⏱ 0,50 h/m 044.000.008

Nr. **Kurztext** / Langtext — Kostengruppe
▶ ▷ **ø netto €** ◁ ◀ [Einheit] Ausf.-Dauer Positionsnummer

18 Formstück, Bogen, Guss, DN125 KG **411**
Bogen aller Winkelgrade für Schmutz- und Regenwasserleitung aus Guss, innen mit Zweikomponenten-Epoxid-Schutzschicht, außen mit Schutzfarbe versehen.
Nennweite: DN125
Winkelgrad: ..... °
22€ 27€ **32**€ 38€ 47€ [St] ⏱ 0,30 h/St 044.000.009

19 Formstück, Abzweig, Guss, DN125 KG **411**
Abzweig aller Winkelgrade für Schmutz- und Regenwasserleitung aus Guss, innen mit Zweikomponenten-Epoxid-Schutzschicht, außen mit Schutzfarbe versehen.
Nennweite: DN125
Winkelgrad: ..... °
15€ 32€ **39**€ 49€ 62€ [St] ⏱ 0,40 h/St 044.000.010

20 Abwasserleitung, Guss, DN150 KG **411**
Abwasserleitungen aus muffenlosen Gussrohren, DIN EN 877 und DIN 19522, innen mit Zweikomponenten-Epoxid-Schutzschicht, außen mit Schutzfarbe versehen. Inklusive aller Verbindungsmaterialien, verschraubbare Spannhülsen aus nichtrostendem Stahl mit Gummidichtmanschette, auch kraftschlüssig, sowie allen Befestigungsteilen. Verlegung in Gebäuden.
Nennweite: DN150
Schutzfarbe: **rotbraun / grau**
Verlegehöhe: bis **3,50 / 5,00 / 10,00** mA
–€ 71€ **85**€ 86€ –€ [m] ⏱ 0,50 h/m 044.000.012

21 Formstück, Bogen, Guss, DN150 KG **411**
Bogen aller Winkelgrade für Schmutz- und Regenwasserleitung aus Guss, innen mit Zweikomponenten-Epoxid-Schutzschicht, außen mit Schutzfarbe versehen.
Nennweite: DN150
Winkelgrad: ..... °
26€ 37€ **45**€ 51€ 58€ [St] ⏱ 0,30 h/St 044.000.013

22 Formstück, Abzweig, Guss, DN150 KG **411**
Abzweig aller Winkelgrade für Schmutz- und Regenwasserleitung aus Guss, innen mit Zweikomponenten-Epoxid-Schutzschicht, außen mit Schutzfarbe versehen.
Nennweite: DN150
Winkelgrad: ..... °
37€ 62€ **77**€ 87€ 96€ [St] ⏱ 0,45 h/St 044.000.014

23 Putzstück, Guss, DN150 KG **411**
Reinigungsöffnung für Schmutz- und Regenwasserleitung aus Guss, innen mit Zweikomponenten-Epoxid-Schutzschicht, außen mit Schutzfarbe versehen.
Öffnung: **rechteckig / rund**
Nennweite: DN150R
77€ 93€ **111**€ 121€ 143€ [St] ⏱ 0,30 h/St 044.000.015

Kosten:
Stand 1.Quartal 2020
Bundesdurchschnitt

▶ min
▷ von
ø Mittel
◁ bis
◀ max

24 Abwasserleitung, HT-Rohr, DN/OD50 KG **411**

HT-Abwasserrohre DIN EN 1451-1 mit Steckmuffensystem und mit werkseitig eingebautem Lippendichtring zur Entwässerung innerhalb von Gebäuden und zur Ableitung von aggressiven Medien. Chemische Beständigkeit: Resistent gegenüber anorganischen Salzen, Laugen und Milchsäuren in Konzentrationen, wie sie zum Beispiel in Laborwässern vorhanden sind. Material heißwasserbeständig, lichtstabilisiert, dauerhaft schwer entflammbar.
Material: Polypropylen (PP)
Nennweite: DN/OD50

10€ 13€ **13**€ 14€ 16€ [m] ⏱ 0,30 h/m 044.000.016

25 Formstück, HT-Bogen, DN/OD50 KG **411**

HT-Bogen aller Winkelgrade für Schmutz- und Regenwasserleitung aus PP DIN EN 1451-1, Steckmuffensystem mit werkseitig vormontiertem Lippendichtring.
Nennweite: DN/OD50
Winkelgrad: ..... °

3€ 5€ **6**€ 8€ 11€ [St] ⏱ 0,10 h/St 044.000.017

26 Formstück, HT-Abzweig, DN/OD50 KG **411**

HT-Abzweig aller Winkelgrade für Schmutz- und Regenwasserleitung aus PP DIN EN 1451-1, Steckmuffensystem mit werkseitig vormontiertem Lippendichtring.
Nennweite: DN/OD50
Winkelgrad: ..... °

4€ 7€ **9**€ 12€ 17€ [St] ⏱ 0,15 h/St 044.000.018

27 Abwasserleitung, HT-Rohr, DN/OD75 KG **411**

HT-Abwasserrohre DIN EN 1451-1 mit Steckmuffensystem und mit werkseitig eingebautem Lippendichtring zur Entwässerung innerhalb von Gebäuden und zur Ableitung von aggressiven Medien. Chemische Beständigkeit: Resistent gegenüber anorganischen Salzen, Laugen und Milchsäuren in Konzentrationen, wie sie zum Beispiel in Laborwässern vorhanden sind. Material heißwasserbeständig, lichtstabilisiert, dauerhaft schwer entflammbar.
Material: Polypropylen (PP)
Nennweite: DN/OD75

17€ 19€ **19**€ 21€ 24€ [m] ⏱ 0,30 h/m 044.000.019

28 Formstück, HT-Bogen, DN/OD75 KG **411**

HT-Bogen aller Winkelgrade für Schmutz- und Regenwasserleitung aus PP DIN EN 1451-1, Steckmuffensystem mit werkseitig vormontiertem Lippendichtring.
Nennweite: DN/OD75
Winkelgrad: ..... °

3€ 5€ **6**€ 10€ 15€ [St] ⏱ 0,10 h/St 044.000.020

29 Formstück, HT-Abzweig, DN/OD75 KG **411**

HT-Abzweig aller Winkelgrade für Schmutz- und Regenwasserleitung aus PP DIN EN 1451-1, Steckmuffensystem mit werkseitig vormontiertem Lippendichtring.
Nennweite: DN/OD75
Winkelgrad: ..... °

4€ 7€ **8**€ 9€ 12€ [St] ⏱ 0,15 h/St 044.000.021

Kosten:
Stand 1.Quartal 2020
Bundesdurchschnitt

Nr.	Kurztext / Langtext						Kostengruppe
▶	▷	**ø netto €**	◁	◀	[Einheit]	Ausf.-Dauer	Positionsnummer

30 **Abwasserleitung, HT-Rohr, DN/OD100** KG **411**

HT-Abwasserrohre DIN EN 1451-1 mit Steckmuffensystem und mit werkseitig eingebautem Lippendichtring zur Entwässerung innerhalb von Gebäuden und zur Ableitung von aggressiven Medien. Chemische Beständigkeit: Resistent gegenüber anorganischen Salzen, Laugen und Milchsäuren in Konzentrationen, wie sie zum Beispiel in Laborwässern vorhanden sind. Material heißwasserbeständig, lichtstabilisiert, dauerhaft schwer entflammbar.
Material: Polypropylen (PP)
Nennweite: DN/OD100

16€ 21€ **23**€ 25€ 30€ [m] ⏱ 0,35 h/m 044.000.022

31 **Formstück, HT-Bogen, DN/OD100** KG **411**

HT-Bogen aller Winkelgrade für Schmutz- und Regenwasserleitung aus PP DIN EN 1451-1, Steckmuffensystem mit werkseitig vormontiertem Lippendichtring.
Nennweite: DN/OD100
Winkelgrad: ..... °

4€ 6€ **8**€ 9€ 13€ [St] ⏱ 0,10 h/St 044.000.023

32 **Formstück, HT-Abzweig, DN/OD100** KG **411**

HT-Abzweig aller Winkelgrade für Schmutz- und Regenwasserleitung aus PP DIN EN 1451-1, Steckmuffensystem mit werkseitig vormontiertem Lippendichtring.
Nennweite: DN/OD100
Winkelgrad: ..... °

5€ 16€ **19**€ 43€ 78€ [St] ⏱ 0,20 h/St 044.000.024

33 **Formstück, HT Doppelabzweig, DN/OD100** KG **411**

HT-Eck-Doppelabzweig für Schmutz- und Regenwasserleitung aus PP DIN EN 1451-1, Steckmuffensystem mit werkseitig vormontiertem Lippendichtring, Abgänge mit gleichen bzw. reduzierten Durchmessern, **87, 70, 45**°, in **Eck- / Gabelform.**
Anschluss: DN/OD100

16€ 24€ **32**€ 45€ 50€ [St] ⏱ 0,20 h/St 044.000.048

34 **Formstück, HT Übergangsrohr, DN/OD100** KG **411**

HT-Übergangsrohr exzentrisch für Schmutz- und Regenwasserleitung aus PP DIN EN 1451-1, Steckmuffensystem mit werkseitig vormontiertem Lippendichtring.
Anschluss: DN/OD100
Übergang auf: DN/OD70 / DN/OD50

0,8€ 3,1€ **4,1**€ 6,8€ 10€ [St] ⏱ 0,12 h/St 044.000.049

35 **Abwasserleitung, PE-Rohr, DN/OD75** KG **411**

Abwasserleitung aus PE-Rohr, heißwasserbeständig und schallgedämmt, Verlegung in Gebäuden, Form- und Verbindungsstücke werden gesondert vergütet, einschl. Rohrbefestigungen, körperschallgedämmt.
Nennweite: DN/OD75

7€ 16€ **20**€ 23€ 29€ [m] ⏱ 0,30 h/m 044.000.025

▶ min
▷ von
ø Mittel
◁ bis
◀ max

36 Formstück, PE-Bogen, DN/OD75 KG **411**

Bogen aller Winkelgrade für Schmutz- und Regenwasserleitung aus PE.
Nennweite: DN/OD75
Winkelgrad: ..... °

5€ | 6€ | **7**€ | 8€ | 10€ | [St] | ⏱ 0,10 h/St | 044.000.026

37 Formstück, PE-Abzweig, DN/OD75 KG **411**

Abzweig aller Winkelgrade für Schmutz- und Regenwasserleitung aus PE.
Nennweite: DN/OD75
Winkelgrad: ..... °

–€ | 8€ | **10**€ | 11€ | –€ | [St] | ⏱ 0,16 h/St | 044.000.027

38 Abwasserleitung, PE-Rohr, DN/OD100 KG **411**

Abwasserleitung aus PE-Rohr, heißwasserbeständig und schallgedämmt, Verlegung in Gebäuden, Form- und Verbindungsstücke werden gesondert vergütet, einschl. Rohrbefestigungen, körperschallgedämmt.
Nennweite: DN/OD100

31€ | 44€ | **50**€ | 68€ | 100€ | [m] | ⏱ 0,34 h/m | 044.000.028

39 Formstück, PE-Bogen, DN/OD100 KG **411**

Bogen aller Winkelgrade für Schmutz- und Regenwasserleitung aus PE.
Nennweite: DN/OD100
Winkelgrad: ..... °

–€ | 14€ | **19**€ | 24€ | –€ | [St] | ⏱ 0,10 h/St | 044.000.029

40 Formstück, PE-Abzweig, DN/OD100 KG **411**

Abzweig aller Winkelgrade für Schmutz- und Regenwasserleitung aus PE.
Nennweite: DN/OD100
Winkelgrad: ..... °

–€ | 16€ | **23**€ | 26€ | –€ | [St] | ⏱ 0,16 h/St | 044.000.030

41 Formstück, PE-Putzstück, DN/OD100 KG **411**

Reinigungsöffnung für Schmutz- und Regenwasserleitung aus PE.
Öffnung: **rechteckig / rund**
Nennweite: DN/OD100

–€ | 29€ | **36**€ | 43€ | –€ | [St] | ⏱ 0,10 h/St | 044.000.031

42 Abwasserleitung, PE-Rohr, DN/OD150 KG **411**

Abwasserleitung aus PE-Rohr, heißwasserbeständig und schallgedämmt, Verlegung in Gebäuden, Form- und Verbindungsstücke werden gesondert vergütet, einschl. Rohrbefestigungen, körperschallgedämmt.
Nennweite: DN/OD150

–€ | 56€ | **67**€ | 77€ | –€ | [m] | ⏱ 0,40 h/m | 044.000.032

43 Formstück, PE-Abzweig, DN/OD150 KG **411**

Abzweig aller Winkelgrade für Schmutz- und Regenwasserleitung aus PE.
Nennweite: DN/OD150
Winkelgrad: ..... °

68€ | 76€ | **87**€ | 94€ | 105€ | [St] | ⏱ 0,10 h/St | 044.000.033

Kosten:
Stand 1.Quartal 2020
Bundesdurchschnitt

▶ min
▷ von
ø Mittel
◁ bis
◀ max

Nr.	**Kurztext** / Langtext						Kostengruppe
▶	▷	**ø netto €**	◁	◀	[Einheit]	Ausf.-Dauer	Positionsnummer

44 Druckleitung, Schmutzwasserhebeanlage DN40 KG **411**

Druckleitung, Schmutzwasserhebeanlage, aus korrosionsfestem Material, Verlegung **unterhalb / in der Bodenplatte** zum bauseitigen Anschluss oberhalb des Fertigbodens, Durchdringungen abgedichtet gegen drückendes / nichtdrückendes Wasser, komplett mit allen Anschluss- und Abdichtungsmateriallien.
Druckleitung: DN40
Maximaldruck: **4 / 6** bar

–€	21€	**27**€	30€	–€	[m]	⏱ 0,30 h/m	044.000.047

A 1 Abflussleitung, PP-Rohre, schallgedämmt Beschreibung für Pos. **45-48**

Schallgedämmtes Abflussrohr DIN EN 1451-1 für Entwässerungsanlagen innerhalb von Gebäuden. Einsetzbar bis 95°C (kurzzeitig); geeignet zur Ableitung chemisch aggressiver Abwässer mit einem pH-Wert von 2 bis 12. Rohrverbindungen sind bis zu einem Wasserüberdruck von 0,5 bar dicht.
Material Rohre und Formteile: mineralverstärktes Polypropylen (PP)
Material Lippendichtring: Styrol-Butadien-Kautschuk (SBR).

45 Abflussleitung, PP-Rohre, DN/OD50, schallgedämmt KG **411**

Wie Ausführungsbeschreibung A 1
Nennweite: DN/OD50
Baulänge: 1,00 m

17€	21€	**24**€	27€	32€	[m]	⏱ 0,28 h/m	044.000.053

46 Abflussleitung, PP-Rohre, DN/OD75, schallgedämmt KG **411**

Wie Ausführungsbeschreibung A 1
Nennweite: DN/OD75
Baulänge: 1,00 m

18€	23€	**26**€	29€	35€	[m]	⏱ 0,28 h/m	044.000.054

47 Abflussleitung, PP-Rohre, DN/OD90, schallgedämmt KG **411**

Wie Ausführungsbeschreibung A 1
Nennweite: DN/OD90
Baulänge: 1,00 m

22€	26€	**31**€	35€	42€	[m]	⏱ 0,28 h/m	044.000.055

48 Abflussleitung, PP-Rohre, DN/OD110 schallgedämmt KG **411**

Wie Ausführungsbeschreibung A 1
Nennweite: DN/OD110
Baulänge: 1,00 m

23€	28€	**32**€	36€	43€	[m]	⏱ 0,32 h/m	044.000.056

A 2 Abwasser-Rohrbogen, PP, schallgedämmt Beschreibung für Pos. **49-52**

Bogen aller Winkelgrade schallgedämmt für Schmutz- und Regenwasserleitung aus PP DIN EN 1451-1,
Material Rohre und Formteile: mineralverstärktes Polypropylen (PP).
Material Lippendichtring: Styrol-Butadien-Kautschuk (SBR)

Nr.	Kurztext / Langtext						Kostengruppe
▶	▷	ø netto €	◁	◀	[Einheit]	Ausf.-Dauer	Positionsnummer

49 Abwasser-Rohrbogen, PP, DN/OD50, schallgedämmt KG **411**

Wie Ausführungsbeschreibung A 2
Nennweite: DN/OD50
Winkelgrad: ..... °

5€ | 7€ | **9**€ | 10€ | 13€ | [St] | ⏱ 0,12 h/St | 044.000.057

50 Abwasser-Rohrbogen, PP, DN/OD75, schallgedämmt KG **411**

Wie Ausführungsbeschreibung A 2
Nennweite: DN/OD75
Winkelgrad: ..... °

7€ | 10€ | **11**€ | 13€ | 16€ | [St] | ⏱ 0,12 h/St | 044.000.058

51 Abwasser-Rohrbogen, PP, DN/OD90, schallgedämmt KG **411**

Wie Ausführungsbeschreibung A 2
Nennweite: DN/OD90
Winkelgrad: ..... °

9€ | 13€ | **15**€ | 18€ | 23€ | [St] | ⏱ 0,12 h/St | 044.000.059

52 Abwasser-Rohrbogen, PP, DN/OD110, schallgedämmt KG **411**

Wie Ausführungsbeschreibung A 2
Nennweite: DN/OD110
Winkelgrad: ..... °

20€ | 29€ | **34**€ | 40€ | 50€ | [St] | ⏱ 0,12 h/St | 044.000.060

A 3 Abwasser-Abzweig, PP, schallgedämmt Beschreibung für Pos. **53-56**

Abzweig aller Winkelgrade schallgedämmt für Schmutz- und Regenwasserleitung aus PP DIN EN 1451-1,
Material Rohre und Formteile: mineralverstärktes Polypropylen (PP).
Material Lippendichtring: Styrol-Butadien-Kautschuk (SBR)

53 Abwasser-Abzweig, PP, DN/OD50, schallgedämmt KG **411**

Wie Ausführungsbeschreibung A 3
Nennweite: DN/OD50
Winkelgrad: ..... °

9€ | 13€ | **14**€ | 17€ | 22€ | [St] | ⏱ 0,16 h/St | 044.000.061

54 Abwasser-Abzweig, PP, DN/OD75, schallgedämmt KG **411**

Wie Ausführungsbeschreibung A 3
Nennweite: DN/OD75
Winkelgrad: ..... °

11€ | 16€ | **18**€ | 22€ | 27€ | [St] | ⏱ 0,16 h/St | 044.000.062

55 Abwasser-Abzweig, PP, DN/OD90, schallgedämmt KG **411**

Wie Ausführungsbeschreibung A 3
Nennweite: DN/OD90
Winkelgrad: ..... °

16€ | 23€ | **26**€ | 31€ | 39€ | [St] | ⏱ 0,16 h/St | 044.000.063

Kosten:
Stand 1.Quartal 2020
Bundesdurchschnitt

▶ min
▷ von
ø Mittel
◁ bis
◀ max

Nr.	**Kurztext** / Langtext						Kostengruppe
▶	▷	**ø netto €**	◁	◀	[Einheit]	Ausf.-Dauer	Positionsnummer

56 Abwasser-Abzweig, PP, DN/OD110, schallgedämmt KG **411**

Wie Ausführungsbeschreibung A 3
Nennweite: DN/OD110
Winkelgrad: ..... °

▶	▷	ø	◁	◀	Einheit	Ausf.-Dauer	Positionsnummer
17€	24€	**28**€	33€	41€	[St]	⏱ 0,16 h/St	044.000.064

57 Bodenablauf, Gully, bodengleiche Dusche KG **411**

Boden-/Deckenablauf DIN EN 1253-1 aus Gusseisen, mit herausnehmbarem Glockengeruchverschluss, mit Pressdichtungsflansch, Abgang **senkrecht / waagrecht**, Gehäuse epoxiert, mit Aufsatzstück aus Gusseisen, epoxiert, mit Pressdichtungsflansch, stufenlos höhenverstellbar, mit Abdichtring, rückstausicher, mit Rostrahmen aus nichtrostendem Stahl.
Durchmesser: DN70-100
Rostrahmen-Nennmaß (B x L): 150 x 150 mm
Gitterrost: nichtrostender Stahl, rutschhemmend, Klasse: L 15
zusätzliche Ausführungsoptionen: .....
Fabrikat: .....
Typ: .....

▶	▷	ø	◁	◀	Einheit	Ausf.-Dauer	Positionsnummer
483€	530€	**589**€	707€	813€	[St]	⏱ 1,20 h/St	044.000.067

58 Bodenablauf, Rinne, bodengleiche Dusche KG **411**

Rinnenablauf für Dusche, höhenverstellbar, Gehäuse aus nichtrostendem Stahl, mit Geruchverschluss und Reinigungsöffnung, mit Anschlussrand.
Anschluss: DN50-70
Baulänge: über 600 bis 1000 mm
Abgang: **seitlich / senkrecht**
Rost: nichtrostendem Stahl, Klasse K 3
zusätzliche Ausführungsoptionen: .....
Fabrikat: .....
Typ: .....

▶	▷	ø	◁	◀	Einheit	Ausf.-Dauer	Positionsnummer
620€	662€	**827**€	993€	1.142€	[St]	⏱ 1,00 h/St	044.000.068

59 Duschrinne, Edelstahl, 900mm KG **411**

Entwässerungsrinne für den Duschbereich aus Edelstahl mit umlaufendem Anschlussrand mit Anschluss für Abdichtung und herausnehmbarem Geruchverschluss.
Ablaufstutzen: DN50, für Steckrohrmuffensysteme
Ablaufleistung 0,6l/s
Belastbarkeit: K 3
Rinnenlänge 900 mm
Rinnenbreite: ..... mm

▶	▷	ø	◁	◀	Einheit	Ausf.-Dauer	Positionsnummer
279€	361€	**413**€	479€	576€	[St]	⏱ 1,00 h/St	044.000.065

60 Abdeckung, Duschrinne, Edelstahl KG **411**

Abdeckung für Duschrinne aus Edelstahl.
Länge: 900 mm
Design: ....
Oberfläche: poliert
Belastungsklasse: K3

▶	▷	ø	◁	◀	Einheit	Ausf.-Dauer	Positionsnummer
–€	91€	**114**€	148€	–€	[St]	⏱ 0,15 h/St	044.000.066

Kosten:
Stand 1.Quartal 2020
Bundesdurchschnitt

Nr.	Positionen	Einheit	▶	▷	ø brutto € / ø netto €	◁	◀
1	Handwaschbecken, Keramik	St	60	84	**99**	146	203
			50	71	**83**	122	170
2	Waschtisch, Keramik 600x500	St	114	233	**248**	306	473
			95	196	**208**	257	397
3	Waschtisch, Keramik 500x400	St	99	175	**230**	264	342
			83	147	**193**	222	287
4	Barrierefreier Waschtisch	St	246	279	**328**	442	606
			207	234	**275**	372	509
5	Raumsparsiphon, Waschtisch, unterfahrbar	St	107	119	**137**	164	205
			90	100	**115**	138	172
6	Einhebel-Mischbatterie, Standmontage	St	130	193	**228**	305	445
			110	163	**191**	257	374
7	Spiegel, Kristallglas	St	19	41	**47**	64	95
			16	34	**39**	54	80
8	Spiegel, hochkant, für Waschtisch	St	61	70	**82**	107	131
			52	59	**69**	90	110
9	Badewanne, Stahl 170	St	309	471	**510**	593	906
			260	396	**429**	498	761
10	Einhandmischer, Badewanne	St	63	198	**278**	423	578
			53	167	**234**	356	485
11	Thermostatarmatur, Badewanne	St	324	432	**539**	728	1.052
			272	363	**453**	612	884
12	WC, wandhängend	St	212	274	**277**	301	395
			178	230	**233**	253	332
13	WC, barrierefrei	St	678	810	**942**	1.131	1.413
			570	681	**792**	950	1.188
14	WC-Spülkasten, mit Betätigungsplatte	St	184	205	**234**	273	334
			155	173	**196**	230	281
15	Notruf, behindertengerechtes WC	St	436	612	**736**	862	1.031
			366	514	**618**	724	866
16	WC-Sitz	St	49	94	**105**	128	182
			41	79	**88**	107	153
17	WC-Bürste	St	6	35	**61**	65	80
			5	29	**52**	54	68
18	WC-Toilettenpapierhalter	St	26	48	**59**	70	99
			22	40	**49**	59	83
19	Duschwanne, Stahl 80x80	St	116	192	**229**	260	336
			98	161	**193**	218	283
20	Duschwanne, Stahl 90x90	St	170	282	**340**	370	524
			143	237	**285**	311	441
21	Duschwanne, Stahl 100x100	St	226	328	**391**	450	590
			190	275	**329**	378	496
22	Duschwanne, Stahl 100x80	St	385	493	**560**	564	672
			324	414	**471**	474	565
23	Einhebelarmatur, Dusche	St	166	427	**444**	550	764
			139	359	**373**	462	642
24	Duschabtrennung, Kunststoff	St	705	872	**955**	1.212	1.538
			593	732	**802**	1.018	1.292

▶ min
▷ von
ø Mittel
◁ bis
◀ max

Nr.	Positionen	Einheit	▶	▷	ø brutto € / ø netto €	◁	◀
25	Urinal, Keramik	St	188	240	**273**	303	348
			158	202	**229**	255	293
26	Installationselement, Urinal	St	210	241	**257**	294	340
			176	202	**216**	247	286
27	Bidet, Keramik	St	197	404	**520**	630	1.332
			165	339	**437**	530	1.120
28	Einhandmischer, Bidet	St	173	222	**261**	313	430
			145	187	**219**	263	362
29	Ausgussbecken, Stahl	St	62	158	**175**	458	752
			52	133	**147**	385	632
30	Seifenspender, Wandmontage	St	51	96	**115**	164	243
			43	81	**96**	138	204
31	Papierhandtuchspender, Wandmontage	St	27	59	**72**	99	157
			23	50	**61**	83	132
32	Einhandmischer, Spültisch	St	38	193	**256**	355	545
			32	162	**215**	298	458
33	Installationselement, WC	St	37	154	**242**	269	344
			31	129	**203**	226	289
34	Installationselement, barrierefreies WC, mit Stützgriffen	St	612	754	**942**	1.131	1.319
			515	633	**792**	950	1.108
35	Installationselement, Hygiene-Spül-WC, mit Stützgriffen	St	666	819	**1.024**	1.229	1.434
			559	688	**861**	1.033	1.205
36	Installationselement, Hygiene-Spül-WC	St	268	325	**382**	459	528
			225	273	**321**	386	443
37	Installationselement, Waschtisch	St	50	96	**128**	151	202
			42	81	**107**	127	170
38	Installationselement, barrierefreier Waschtisch, mit Stützgriffen	St	344	428	**492**	590	673
			289	359	**413**	496	566
39	Installationselement, barrierefreier Waschtisch, höhenverstellbar	St	236	267	**314**	371	424
			198	224	**264**	311	356
40	Wandablauf, bodengleiche Dusche	St	533	604	**710**	838	923
			448	507	**597**	704	776
41	Installationselement, Stützgriff	St	160	209	**246**	295	337
			134	176	**207**	248	283
42	Unterkonstruktion Stützgriff/Sitz	St	71	93	**109**	131	150
			60	78	**92**	110	126
43	Haltegriff, Edelstahl, 600mm	St	75	108	**116**	149	191
			63	91	**98**	125	161
44	Haltegriff, Kunststoff, 300mm	St	78	112	**137**	162	225
			65	94	**115**	137	189
45	Duschhandlauf, Edelstahl, 600mm	St	–	396	**526**	669	–
			–	333	**442**	562	–
46	Haltegriffkombination, BW-Duschbereich	St	341	437	**546**	655	1.147
			287	367	**459**	551	964

Nr.	Positionen	Einheit	▶	▷	ø brutto € / ø netto €	◁	◀
47	Duschsitz, klappbar	St	426	524	**655**	787	898
			358	441	**551**	661	755
48	WC-Rückenstütze	St	218	350	**437**	524	655
			184	294	**367**	441	551
49	Stützgriff, fest, WC	St	334	393	**492**	590	664
			281	330	**413**	496	558
50	Stützgriff, fest, WC mit Spülauslösung	St	504	565	**614**	676	768
			423	475	**516**	568	645
51	Stützgriff, klappbar, WC	St	382	470	**587**	705	804
			321	395	**493**	592	676
52	Stützgriff, fest, Waschtisch	St	266	328	**410**	492	561
			224	275	**344**	413	472
53	Stützgriff, klappbar, Waschtisch	St	382	435	**478**	521	573
			321	365	**402**	438	482

Kosten:
Stand 1.Quartal 2020
Bundesdurchschnitt

Nr. **Kurztext** / Langtext — Kostengruppe
▶ ▷ **ø netto €** ◁ ◀ [Einheit] Ausf.-Dauer Positionsnummer

1 Handwaschbecken, Keramik — KG **412**

Handwaschbecken mit Überlauf aus Sanitärporzellan, inkl. Befestigung und Schallschutzset DIN 4109.
Größe: ..... x ..... cm
Farbe: .....
Fabrikat: .....
Typ: .....

50€ 71€ **83**€ 122€ 170€ [St] ⏱ 0,90 h/St 045.000.001

A 1 Waschtisch, Keramik — Beschreibung für Pos. **2-3**

Waschtisch mit Überlauf aus Sanitärporzellan, inkl. Befestigung und Schallschutzset DIN 4109.

2 Waschtisch, Keramik 600x500 — KG **412**

Wie Ausführungsbeschreibung A 1
Größe: ca. 600 x 500 mm
Farbe: .....
Fabrikat: .....
Typ: .....

95€ 196€ **208**€ 257€ 397€ [St] ⏱ 1,20 h/St 045.000.027

3 Waschtisch, Keramik 500x400 — KG **412**

Wie Ausführungsbeschreibung A 1
Größe: ca. 500 x 400 mm
Farbe: .....

83€ 147€ **193**€ 222€ 287€ [St] ⏱ 0,90 h/St 045.000.016

▶ min
▷ von
ø Mittel
◁ bis
◀ max

4 Barrierefreier Waschtisch KG **412**

Waschbecken, als barrierefreie Ausführung unterfahrbar DIN 18040, aus Sanitärporzellan, glasiert, weiß, mit wasserabweisender Beschichtung, mit Loch für Einlocharmatur, mit Überlauf, für Ablaufventil, inkl. Befestigung und Schallschutzset DIN 4109.
Breite: über 500 bis 550 mm
Ausladung: über 450 bis 500 mm
Fabrikat: .....
Typ: .....

207€ 234€ **275**€ 372€ 509€ [St] ⏱ 1,25 h/St 045.000.037

5 Raumsparsiphon, Waschtisch, unterfahrbar KG **412**

Geruchverschluss für Waschbecken, 1 1/4 x DN32, aus Messing, verchromt, als Wandeinbaugeruchverschluss mit Kasten und Abdeckung, mit Reinigungsöffnung, durch Abdeckplatte verdeckt, für Wandanschluss, verstellbar.

90€ 100€ **115**€ 138€ 172€ [St] ⏱ 0,15 h/St 045.000.062

6 Einhebel-Mischbatterie, Standmontage KG **412**

Einhand-Waschtischarmatur für Standmontage mit Keramikkartusche und Zugstangen-Ablaufgarnitur, inkl. Durchlaufbegrenzer und Schnellmontagesystem.
Farbe: .....
Angeb. Fabrikat: .....
Typ: .....

110€ 163€ **191**€ 257€ 374€ [St] ⏱ 0,80 h/St 045.000.002

7 Spiegel, Kristallglas KG **610**

Kristallspiegel, rechteckig, Kanten geschliffen, inkl. Befestigung mit Spiegelklammern.
Abmessung: 600 x 500 mm
Spiegelklammern: **Metall / Kunststoff**
Ecken: **abgerundet / gerade**

16€ 34€ **39**€ 54€ 80€ [St] ⏱ 0,45 h/St 045.000.019

8 Spiegel, hochkant, für Waschtisch KG **412**

Kristallspiegel, rechteckig, rahmenlos mit C-Kante, poliert und versiegelt.
Befestigung: Magnetaufhängung
Höhe: 1.000 mm
Breite: 500 bis 600 mm
Stärke: ..... mm

52€ 59€ **69**€ 90€ 110€ [St] ⏱ 0,48 h/St 045.000.065

9 Badewanne, Stahl 170 KG **412**

Badewannenanlage, bestehend aus Badewanne in Stahl, emailliert, Badewannenfüße oder -träger und Wannenprofil-Dämmstreifen für Bade- und Duschwannen, aus Polyethylen-Schaumstoff, oberseitig mit Silikonfolie kaschiert, inkl. Ab- und Überlaufgarnitur, Grund- und Fertigset für Normalwannen.
Farbe: .....
Größe: 170 x 80 cm

260€ 396€ **429**€ 498€ 761€ [St] ⏱ 1,80 h/St 045.000.003

Kosten:
Stand 1.Quartal 2020
Bundesdurchschnitt

▶ min
▷ von
ø Mittel
◁ bis
◀ max

Nr.	Kurztext / Langtext						Kostengruppe
▶	▷	ø netto €	◁	◀	[Einheit]	Ausf.-Dauer	Positionsnummer

10 Einhandmischer, Badewanne KG **412**

Einhandmischer für Badewanne in Wandmontage, eigensicher gegen Rückfließen, aus Metall, verchromt, Kugelmischsystem mit Griff, Luftsprudler und Rosetten, inkl. Durchlaufbegrenzer, Geräuschverhalten DIN 4109 Gruppe I, mit Prüfzeichen.
Einbau: **Auf- / Unterputz**
Ausführungsoptionen: .....
Fabrikat: .....
Typ: .....

53€ | 167€ | **234**€ | 356€ | 485€ | [St] | ⏱ 0,80 h/St | 045.000.004

11 Thermostatarmatur, Badewanne KG **412**

Thermostat-Wandeinbaubatterie / Wandbatterie DIN EN 1111, aus Messing, sichtbare Teile verchromt, mit Temperaturwähler, Grad-Markierung und Temperatursperre, Geräuschverhalten DIN 4109 Gruppe I, mit Prüfzeichen. Armatur für Wanne, mit Absperrung und automatischer Rückstellung, mit Armhebel, Betätigungselement aus Metall, verchromt.
Ausführungsoptionen: .....
Fabrikat: .....
Typ: .....

272€ | 363€ | **453**€ | 612€ | 884€ | [St] | ⏱ 1,20 h/St | 045.000.069

12 WC, wandhängend KG **412**

WC-Anlage, bestehend aus: 1 x Tiefspül-WC aus Sanitärporzellan, wandhängend, inkl. Befestigung und Schallschutzset DIN 4109.
Länge: ..... m
Breite: ..... m
Farbe: .....
Spülrand: **mit / ohne**

178€ | 230€ | **233**€ | 253€ | 332€ | [St] | ⏱ 1,80 h/St | 045.000.005

13 WC, barrierefrei KG **412**

Tiefspül-WC, wandhängend an Installationselement, als barrierefreie Ausführung DIN 18040, aus Sanitärporzellan, spülrandlos, glasiert, weiß, mit wasserabweisender Beschichtung, inkl. WC-Sitz und Rückenstütze und Schallschutzset DIN 4109.
Spülwasserbedarf: 6 l
Abgang: waagrecht
Fabrikat: .....
Typ: .....

570€ | 681€ | **792**€ | 950€ | 1.188€ | [St] | ⏱ 2,00 h/St | 045.000.038

14 WC-Spülkasten, mit Betätigungsplatte KG **412**

Unterputz-Spülkasten DIN EN 14055 aus Kunststoff mit wassersparender Zweimengenspültechnik, schwitzwasserisoliert, für Wasseranschluss links, rechts oder hinten mittig, inkl. Betätigungsplatte für Betätigung von vorne, mit 2-Mengenauslösung, Befestigungsrahmen und Befestigung.
Inhalt: **3 / 6 Liter**
Geräuschklasse: I
Größe: ..... x ..... x ..... cm
Farbe: .....

155€ | 173€ | **196**€ | 230€ | 281€ | [St] | ⏱ 0,85 h/St | 045.000.006

15 Notruf, behindertengerechtes WC KG **452**

Notruf behindertengerechtes WC als Kompakt-Set, bestehend aus 1-Kammer-Signalleuchte rot, Zugtaster, Abstelltaster, Meldeeinheit und Netzteil, einschl. Stromquelle für Sicherheitszwecke DIN VDE 0100-560 (VDE 0100-560), Weiterleitung Störung an Meldeeinheit, Weiterleitung Notruf an Meldeeinheit.
Ausführungsoptionen: .....
Fabrikat: .....
Typ: .....

366€ 514€ **618**€ 724€ 866€ [St] ⏱ 1,20 h/St 045.000.074

16 WC-Sitz KG **412**

WC-Sitz mit Deckel und Scharnieren.
Scharniere: **Edelstahl- / Kunststoff**
Farbe: .....
Material: ....

41€ 79€ **88**€ 107€ 153€ [St] ⏱ 0,20 h/St 045.000.007

17 WC-Bürste KG **610**

WC-Bürstengarnitur mit herausnehmbarem Glaseinsatz, Bürste mit Griff und Ersatzbürstenkopf, inkl. Befestigungsmaterial.
Farbe: .....

5€ 29€ **52**€ 54€ 68€ [St] ⏱ 0,20 h/St 045.000.008

18 WC-Toilettenpapierhalter KG **610**

Toilettenpapierhalter, offene Form mit gebogenem Halter und Abdeckung, für Wandaufbau, inkl. Befestigungsmaterial.
Rollenbreite: 100 und 120 mm
Material: Nylon
Farbe: Standardfarbe nach Wahl
Befestigungsschrauben **sichtbar / verdeckt**

22€ 40€ **49**€ 59€ 83€ [St] ⏱ 0,20 h/St 045.000.017

A 2 Duschwanne, Stahl Beschreibung für Pos. **19-22**

Duschwannenanlage bestehend aus Duschwanne, emaillierter Stahl, inkl. Füße für Duschwanne, Wannenprofil-Dämmstreifen und Ablaufgarnitur für Duschwannen mit Haube. Dämmstreifen für Bade- und Duschwannen, aus Polyethylen-Schaumstoff, oberseitig mit Silikonfolie kaschiert, Schallschutz DIN 4109.

19 Duschwanne, Stahl 80x80 KG **412**

Wie Ausführungsbeschreibung A 2
Größe: 80 x 80 x 6 cm
Farbe: .....
Ablauf: **40 / 50** mm

98€ 161€ **193**€ 218€ 283€ [St] ⏱ 1,40 h/St 045.000.009

Kosten:
Stand 1.Quartal 2020
Bundesdurchschnitt

▶ min
▷ von
ø Mittel
◁ bis
◀ max

Nr. **Kurztext** / Langtext — Kostengruppe
▶ ▷ **ø netto €** ◁ ◀ [Einheit] Ausf.-Dauer Positionsnummer

20 Duschwanne, Stahl 90x90 KG **412**
Wie Ausführungsbeschreibung A 2
Größe: 90 x 90 x 6 cm
Farbe: .....
Ablauf: **40 / 50** mm
143€ 237€ **285**€ 311€ 441€ [St] ⏱ 1,40 h/St 045.000.030

21 Duschwanne, Stahl 100x100 KG **412**
Wie Ausführungsbeschreibung A 2
Größe: 100 x 100 x 6 cm
Farbe: .....
Ablauf: **40 / 50** mm
190€ 275€ **329**€ 378€ 496€ [St] ⏱ 1,40 h/St 045.000.031

22 Duschwanne, Stahl 100x80 KG **412**
Wie Ausführungsbeschreibung A 2
Größe: 100 x 80 x 6 cm
Farbe: .....
Ablauf: **40 / 50** mm
324€ 414€ **471**€ 474€ 565€ [St] ⏱ 1,40 h/St 045.000.033

23 Einhebelarmatur, Dusche KG **412**
Unterputz-Einhebelarmatur für Dusche in Wandmontage, eigensicher gegen Rückfließen, aus Metall, verchromt. Kugelmischsystem mit Griff und Rosetten, inkl. Durchlaufbegrenzer, Geräuschverhalten DIN 4109 Gruppe I, mit Prüfzeichen.
Anschluss: DN15
139€ 359€ **373**€ 462€ 642€ [St] ⏱ 0,80 h/St 045.000.010

24 Duschabtrennung, Kunststoff KG **610**
Duschabtrennung für Duschwanne, DIN EN 14428, als Einzelanlage, bestehend aus Tür, Rahmen aus Kunststoff, mit Seitenwänden, inkl. Befestigung mit Wandanschlussprofil, wassergeschützt angesetzt, einschl. Dichtungen.
Tür: **Drehtür / Schiebefalztür**
Kunststoff: **klar / mit Dekor** mit schmutzabweisender Beschichtung
Rahmenfarbe: **weiß / Standardfarbe**
Seitenwände: **1 / 2**
Breite Eingang: 800 mm
Breite Seitenteil: 800 mm
Höhe: 2.000 mm
593€ 732€ **802**€ 1.018€ 1.292€ [St] ⏱ 2,00 h/St 045.000.041

25 **Urinal, Keramik** KG **412**

Urinal-Anlage, Urinal aus Sanitärporzellan, verdeckter Zulauf und hinterer Abgang, verdeckter Schraubbefestigung, inkl. herausnehmbarem Sieb aus Edelstahl mit einer geschlossenen Randeinfassung aus EPDM und Absaugsiphon, mit Schallschutzset DIN 4109.
Farbe: .....
Stutzen AD: 50 mm
Abgang: waagrecht

158€ 202€ **229**€ 255€ 293€ [St] ⏱ 1,50 h/St 045.000.011

26 **Installationselement, Urinal** KG **419**

Urinal-Installationselement mit selbsttragendem Montagerahmen, Oberfläche pulverbeschichtet, mit verstellbaren Fußstützen verzinkt, für einen Fußbodenaufbau 0 - 20 cm, mit zwei kompletten Keramikbefestigungen und vormontiertem Passstück, Absperrventil und Schmutzfänger, mit Einbauspülkasten DIN EN 14055 und Schutzteil, Einlaufbogen und PE-Fertigablaufanschlussbogen, inkl. Anschlussgarnitur für Einlauf und Ablaufsifon, einschl. Befestigungsmaterial.
Keramikbefestigungen: M8
Absperrventil: R 1/2
Einlaufbogen: DN25
Ablaufbogen: DN40

176€ 202€ **216**€ 247€ 286€ [St] ⏱ 1,30 h/St 045.000.012

27 **Bidet, Keramik** KG **412**

Bidet DIN EN 14528 aus Sanitärporzellan, wandhängend, inkl. Befestigung und Schallschutzset.
Farbe: .....

165€ 339€ **437**€ 530€ 1.120€ [St] ⏱ 2,40 h/St 045.000.014

28 **Einhandmischer, Bidet** KG **412**

Einhandmischer für Bidet mit Keramikkartusche, Zugknopfablaufgarnitur, Kugelgelenk-Strahlregler und flexiblen Anschlüssen.
Farbe: .....

145€ 187€ **219**€ 263€ 362€ [St] ⏱ 0,80 h/St 045.000.015

29 **Ausgussbecken, Stahl** KG **412**

Ausgussbecken aus emaillierten Stahl, mit Rückwand, für wandhängenden Einbau, mit Klapprost aus Stahl, verzinkt, inkl. Befestigung.
Größe: 500 x 350 mm
Farbe: weiß

52€ 133€ **147**€ 385€ 632€ [St] ⏱ 1,20 h/St 045.000.021

30 **Seifenspender, Wandmontage** KG **610**

Seifenspender für Flüssigseife, Wandmontage, inkl. Befestigung. Ausführungsform rechteckig. Spender für Einwegbehälter, mit vollständiger Erstbefüllung, Entnahme durch Drücken, Gehäuse verschließbar, inkl. Befestigung.
Gehäuse: **Kunststoff / Stahl nichtrostend**
Inhalt: **0,5 / 0,75** Liter

43€ 81€ **96**€ 138€ 204€ [St] ⏱ 0,40 h/St 045.000.022

040
041
042
044
045
047
053
054
058
069
075

Nr.	Kurztext / Langtext						Kostengruppe
▶	▷	ø netto €	◁	◀	[Einheit]	Ausf.-Dauer	Positionsnummer

31 Papierhandtuchspender, Wandmontage KG **610**

Papierhandtuchspender, für Wandmontage, für Falt-Papierhandtücher, inkl. Erstbefüllung und Befestigung.
Fassungsvermögen: 300 Stück
Handtücher in: Lagen-Falzung, **25 / 33** cm
Gehäuse: **Kunststoff/ Stahl nichtrostend**
Vorratsbehälter: verschließbar

23€ | 50€ | **61**€ | 83€ | 132€ | [St] | ⏱ 0,35 h/St | 045.000.023

32 Einhandmischer, Spültisch KG **412**

Einhandmischer für Spültisch, Kugelmischsystem, schwenkbarer Auslauf, Luftsprudler.
Oberfläche: verchromt
Durchmesser: DN15

32€ | 162€ | **215**€ | 298€ | 458€ | [St] | ⏱ 0,70 h/St | 045.000.024

33 Installationselement, WC KG **419**

WC-Installationselement für wandhängendes WC, Rahmen aus Stahl, pulverbeschichtet mit verstellbaren Fußstützen verzinkt, für einen Fußbodenaufbau von 0-20cm mit UP-Spülkasten DIN EN 14055, Betätigungsplatte mit Befestigungsrahmen, umstellbar auf Spül-Stopp-Funktion, für Betätigung von vorn. Vormontierter Wasseranschluss, Eckventil, schallgeschützter **Klemm- / Pressanschluss** aus Rotguss, C-Anschlussbogen, WC-Anschlussgarnitur, Befestigungsmaterial für Element und WC, inkl. Klein- und Befestigungsmaterial.
Wasseranschluss: Rp1/2
Anschlussbogen: **DN90 / DN100**

31€ | 129€ | **203**€ | 226€ | 289€ | [St] | ⏱ 1,00 h/St | 045.000.026

34 Installationselement, barrierefreies WC, mit Stützgriffen KG **419**

Installationselement als Einzelelement, statisch belastbar und stufenlos höhenverstellbar, für wandhängendes barrierefreies WC, mit beidseitiger Befestigungsmöglichkeit von Stützgriffen, inkl. Einbauspülkasten DIN EN 14055 und Ablaufbogen aus PE-HD-Rohr. Element für Metallständerwände und Vorwandmontage, zum Beplanken mit **Gipskarton / Gipsfaserplatten**, für Aufbau auf Rohfußboden, zur Wand- und Fußbodenbefestigung. Leistung mit Befestigung und Anschlüssen für Zu- und Abläufe.
Verstellbereich: 0 bis 200 mm
Einbauhöhe: über 1.000 bis 1.200 mm
Breite: 850 bis 1.000 mm
Fabrikat: .....
Typ: .....

515€ | 633€ | **792**€ | 950€ | 1.108€ | [St] | ⏱ 1,30 h/St | 045.000.042

Kosten:
Stand 1.Quartal 2020
Bundesdurchschnitt

▶ min
▷ von
ø Mittel
◁ bis
◀ max

35 Installationselement, Hygiene-Spül-WC, mit Stützgriffen KG **419**

Installationselement als Einzelelement, statisch belastbar und stufenlos höhenverstellbar, für wandhängendes Hygiene-Spül-WC, mit beidseitiger Befestigungsmöglichkeit von Stützgriffen, inkl. Einbauspülkasten DIN EN 14055 mit Wasserzuleitung und Elektroanschluss für Anschluss von barrierefreiem Hygiene-Spül-WC sowie Ablaufbogen aus PE-HD-Rohr. Element für Metallständerwände und Vorwandmontage, zum Beplanken mit Gipskarton / Gipsfaserplatten, für Aufbau auf Rohfußboden, zur Wand- und Fußbodenbefestigung. Leistung mit Befestigung und Anschlüssen für Zu- und Abläufe.
Verstellbereich: 0 bis 200 mm
Einbauhöhe: über 1.000 bis 1.200 mm
Breite: 850 bis 1.000 mm
Fabrikat: .....
Typ: .....

559€ | 688€ | **861**€ | 1.033€ | 1.205€ | [St] | ⏱ 1,50 h/St | 045.000.043

36 Installationselement, Hygiene-Spül-WC KG **419**

Installationselement als Einzelelement, statisch belastbar und stufenlos höhenverstellbar, für wandhängendes Hygiene-Spül-WC, inkl. Einbauspülkasten DIN EN 14055 mit Wasserzuleitung und Elektroanschluss für Anschluss von behindertengerechten Hygiene-Spül-WC sowie Ablaufbogen aus PE-HD-Rohr. Element für Metallständerwände und Vorwandmontage, zum Beplanken mit **Gipskarton / Gipsfaserplatten,** für Aufbau auf Rohfußboden, zur Wand- und Fußbodenbefestigung. Leistung mit Befestigung und Anschlüssen für Zu- und Abläufe.
Verstellbereich: 0 bis 200 mm
Einbauhöhe: über 1.000 bis 1.200 mm
Breite: 400 bis 600 mm
Fabrikat: .....
Typ: .....

225€ | 273€ | **321**€ | 386€ | 443€ | [St] | ⏱ 1,30 h/St | 045.000.044

37 Installationselement, Waschtisch KG **419**

Installationselement für Waschtisch mit Einlocharmatur, Rahmen aus Stahl, pulverbeschichtet, schallgeschützter Befestigung für Wandscheiben, Ablaufbogen, Gumminippel, Befestigungsmaterial für Element (Bodenbefestigung) und Waschtisch, selbstbohrende Schrauben für Befestigung an Ständerwand, inkl. Klein- und Befestigungsmaterial.
Ablaufbogen: **DN40 / DN50**
Gumminippel: 40/30

42€ | 81€ | **107**€ | 127€ | 170€ | [St] | ⏱ 0,90 h/St | 045.000.025

38 Installationselement, barrierefreier Waschtisch, mit Stützgriffen KG **419**

Installationselement als Einzelelement, statisch belastbar und stufenlos höhenverstellbar, für wandhängenden barrierefreien Waschtisch, mit beidseitiger Befestigungsmöglichkeit von Stützgriffen, inkl. Unterputz-Geruchverschluss. Element für Metallständerwände und Vorwandmontage, zum Beplanken mit Gipskarton / Gipsfaserplatten, für Aufbau auf Rohfußboden, zur Wand- und Fußbodenbefestigung. Leistung mit Befestigung und Anschlüssen für Zu- und Abläufe.
Verstellbereich: 0 bis 200 mm
Einbauhöhe Installationselement: über 1.000 bis 1.200 mm
Breite Installationselement: 1.200 bis 1.300 mm
Fabrikat: .....
Typ: .....

289€ | 359€ | **413**€ | 496€ | 566€ | [St] | ⏱ 1,20 h/St | 045.000.047

Kosten:
Stand 1.Quartal 2020
Bundesdurchschnitt

Nr.	**Kurztext** / Langtext					Kostengruppe
▶	▷	**ø netto €**	◁	◀	[Einheit]	Ausf.-Dauer Positionsnummer

39 Installationselement, barrierefreier Waschtisch, höhenverstellbar KG **419**

Installationselement als Einzelelement, statisch belastbar und stufenlos höhenverstellbar, für nachträglich im fertigen Bad höhenverstellbaren wandhängenden barrierefreien Waschtisch, mit Unterputz-Geruchverschluss. Element für Metallständerwände und Vorwandmontage, zum Beplanken mit **Gipskarton / Gipsfaserplatten**, für Aufbau auf Rohfußboden, zur Wand- und Fußbodenbefestigung. Leistung mit Befestigung und Anschlüssen für Zu- und Abläufe.
Verstellbereich Keramik: 200 mm
Einbauhöhe: über 1.000 bis 1.200 mm
Breite: 400 bis 600 mm
Fabrikat: .....
Typ: .....

198€ 224€ **264**€ 311€ 356€ [St] ⏱ 1,70 h/St 045.000.050

40 Wandablauf, bodengleiche Dusche KG **419**

Installationselement als Einzelelement für Dusch-Wandablauf, für Metallständerwände und Vorwandmontage, zum Beplanken mit **Gipskarton / Gipsfaserplatten.** Element für Wand- und Fußbodenbefestigung, statisch selbsttragend, für Aufbau auf Rohfußboden. Befestigung und Anschluss für Ablauf seitlich, für bodengleiche Dusche, stufenlos höhenverstellbar, mit Dichtvlies umlaufend zur Anbindung von Abdichtsystemen, mit Geruchverschluss, Reinigungsöffnung und **Kunststoff / Edelstahl-**Abdeckung.
Einbauhöhe: über 400 bis 600 mm
Breite: 400 bis 600 mm
Fabrikat: .....
Typ: .....

448€ 507€ **597**€ 704€ 776€ [St] ⏱ 1,00 h/St 045.000.072

41 Installationselement, Stützgriff KG **419**

Installationselement als Einzelelement, statisch belastbar und stufenlos höhenverstellbar, für wandhängenden Stützgriff, für Metallständerwände und Vorwandmontage, zum Beplanken mit **Gipskarton / Gipsfaserplatten,** für Aufbau auf Rohfußboden, zur Wand- und Fußbodenbefestigung.
Belastung: bis ..... kg
Verstellbereich: 0 bis 200 mm
Einbauhöhe: über 1.000 bis 1.200 mm
Breite: 300 bis 400 mm
Fabrikat: .....
Typ: .....

134€ 176€ **207**€ 248€ 283€ [St] ⏱ 1,30 h/St 045.000.048

42 Unterkonstruktion Stützgriff/Sitz KG **419**

Unterkonstruktion für wandhängenden **Stützgriff / Sitz**, für Metallständerwände und Vorwandmontage, zum Beplanken mit **Gipskarton / Gipsfaserplatten**. Montageplatte als wasserfest verleimte Furnierholzplatte, einschl. Befestigungsmaterial an Metallständern.
Belastung: bis kg .....
Stärke Montageplatte: mind. 30 mm
Höhe Montageplatte: 250 bis 500 mm
Breite Montageplatte: 300 bis 400 mm
Fabrikat: .....
Typ: .....

60€ 78€ **92**€ 110€ 126€ [St] ⏱ 1,30 h/St 045.000.049

▶ min
▷ von
ø Mittel
◁ bis
◀ max

43 Haltegriff, Edelstahl, 600mm KG **412**

Haltegriff aus Edelstahl, gebürstet, mit Befestigung.
Grifflänge: 600mm
Griffdurchmesser: 32 mm
Wandabstand: 50 mm
Belastung max.: 200 kg
Fabrikat: .....
Typ: .....

63€ | 91€ | **98**€ | 125€ | 161€ | [St] | ⏱ 0,30 h/St | 045.000.034

44 Haltegriff, Kunststoff, 300mm KG **412**

Haltegriff, gerade Form, aus Kunststoff mit Stahlkern.
Profilquerschnitt: rund
Länge: 300 mm
Befestigung: mit Rosetten, Schrauben verdeckt
Zusätzliche Ausführungsoptionen: .....
Fabrikat: .....
Typ: .....

65€ | 94€ | **115**€ | 137€ | 189€ | [St] | ⏱ 0,30 h/St | 045.000.052

45 Duschhandlauf, Edelstahl, 600mm KG **412**

Duschhandlauf mit 90-Grad Winkel aus verchromtem Messingrohr mit Befestigung.
Höhenverstellbarkeit: ..... mm
Seitenverstellbarkeit: ..... mm
Rohrdurchmesser: 32 mm
Fabrikat: .....
Typ: .....

–€ | 333€ | **442**€ | 562€ | –€ | [St] | ⏱ 0,40 h/St | 045.000.035

46 Haltegriffkombination, BW-Duschbereich KG **412**

Winkelgriff mit Brausehalter, senkrecht und waagrecht angeordnete, im rechten Winkel verbundene Stangen mit Kunststoff-Befestigungsrosetten und Brausehalter. Eignung für Handbrausen verschiedener Hersteller, Brausehalter stufenlos neigbar und höhenverstellbar, aus Kunststoff mit Stahlkern.
Farbton: weiß
Senkrechte Länge: 1.000 bis 1.300 mm
Waagrechte Länge: 600 bis 1.000 mm
Profilquerschnitt: rund
Befestigung: mit Flansch, Schrauben verdeckt
Zusätzliche Ausführungsoptionen: .....
Fabrikat: .....
Typ: .....

287€ | 367€ | **459**€ | 551€ | 964€ | [St] | ⏱ 0,45 h/St | 045.000.053

Kosten:
Stand 1.Quartal 2020
Bundesdurchschnitt

Nr.	**Kurztext** / Langtext					Kostengruppe
▶	▷	**ø netto €**	◁	◀	[Einheit]	Ausf.-Dauer Positionsnummer

47 Duschsitz, klappbar KG **412**

Klappsitz für Dusche aus Rahmen in Kunststoff, mit korrosionsgeschütztem Stahlkern, Arretierung und Fallbremse, inkl. Befestigung mit verdeckten Schrauben.
Wandbefestigung: **Leichtbauwände inkl. Unterkonstruktion / Mauerwerk / Beton**
Zusätzliche Ausführungsoptionen: .....
Fabrikat: .....
Typ: .....

358€ 441€ **551**€ 661€ 755€ [St] ⏱ 0,15 h/St 045.000.054

48 WC-Rückenstütze KG **412**

Rückenstütze für WC mit Befestigungselementen.
WC-Ausladung: von 650 bis 700 mm
Material: Kunststoff
Farbton: weiß
Zusätzliche Ausführungsoptionen: .....
Fabrikat: .....
Typ: .....

184€ 294€ **367**€ 441€ 551€ [St] ⏱ 0,10 h/St 045.000.055

49 Stützgriff, fest, WC KG **412**

Stützgriff, fest, für WC, aus Kunststoff mit Stahlkern, inkl. Befestigung mit Flansch, Schrauben verdeckt.
Farbton: weiß
Ausladung: 850 mm
Belastbar: bis 100 kg am Griffvorderteil
Zusätzliche Ausführungsoptionen: .....
Fabrikat: .....
Typ: .....

281€ 330€ **413**€ 496€ 558€ [St] ⏱ 0,15 h/St 045.000.056

50 Stützgriff, fest, WC mit Spülauslösung KG **412**

Stützgriff, fest, für WC, aus Kunststoff mit Stahlkern, mit Spülauslösung, manuell, inkl. Befestigung mit Flansch, Schrauben verdeckt.
Farbton: weiß
Ausladung: 850 mm
Belastbar: bis 100 kg am Griffvorderteil
Zusätzliche Ausführungsoptionen: ....
Fabrikat: .....
Typ: .....

423€ 475€ **516**€ 568€ 645€ [St] ⏱ 0,35 h/St 045.000.057

▶ min
▷ von
ø Mittel
◁ bis
◀ max

 Erläuterungen zu den Tabellen siehe Seite 42

51 Stützgriff, klappbar, WC KG **412**

Stützklappgriff, klappbar, für WC, aus Kunststoff mit Stahlkern, mit Arretierung und Fallbremse, inkl. Befestigung mit Flansch, Schrauben verdeckt.
Farbton: weiß
Ausladung: 850 mm
Belastbar: bis 100 kg am Griffvorderteil
Zusätzliche Ausführungsoptionen: .....
Fabrikat: .....
Typ: .....

▶	▷	ø netto €	◁	◀	[Einheit]	Ausf.-Dauer	Positionsnummer
321€	395€	**493**€	592€	676€	[St]	⏱ 0,35 h/St	045.000.058

52 Stützgriff, fest, Waschtisch KG **412**

Stützgriff, fest, für Waschtisch, aus Kunststoff mit Stahlkern, inkl. Befestigung mit Flansch, Schrauben verdeckt.
Farbton: weiß
Ausladung: 600 mm, belastbar bis 100 kg am Griffvorderteil
Fabrikat: .....
Typ: .....

▶	▷	ø netto €	◁	◀	[Einheit]	Ausf.-Dauer	Positionsnummer
224€	275€	**344**€	413€	472€	[St]	⏱ 0,35 h/St	045.000.060

53 Stützgriff, klappbar, Waschtisch KG **412**

Stützklappgriff, klappbar, für Waschtisch, aus Kunststoff mit Stahlkern, mit Arretierung und Fallbremse, inkl. Befestigung mit Flansch, Schrauben verdeckt.
Farbton: weiß
Ausladung: 600 mm
Belastbar: bis 100 kg am Griffvorderteil
Fabrikat: .....
Typ: .....

▶	▷	ø netto €	◁	◀	[Einheit]	Ausf.-Dauer	Positionsnummer
321€	365€	**402**€	438€	482€	[St]	⏱ 0,42 h/St	045.000.061

LB 047
Dämm- und Brandschutzarbeiten an technischen Anlagen

047

Kosten:
Stand 1.Quartal 2020
Bundesdurchschnitt

▶ min
▷ von
ø Mittel
◁ bis
◀ max

Nr.	Positionen	Einheit	▶	▷ ø brutto € / ø netto €		◁	◀
1	Kompaktdämmhülse, Rohrleitung DN15	m	6,4	7,9	**8,0**	8,8	10
			5,4	6,6	**6,8**	7,4	8,6
2	Kompaktdämmhülse, Rohrleitung DN25	m	8,4	11	**13**	15	17
			7,1	9,0	**11**	13	15
3	Wärmedämmung, Rohrleitung, DN15	m	10	17	**20**	21	27
			9	14	**17**	17	23
4	Rohrdämmung, MW-alukaschiert, DN15	m	5,6	13	**16**	20	27
			4,7	11	**13**	17	23
5	Rohrdämmung, MW-alukaschiert, DN25	m	11	19	**24**	29	39
			8,9	16	**20**	24	33
6	Rohrdämmung, MW-alukaschiert, DN40	m	–	27	**32**	38	–
			–	23	**27**	32	–
7	Rohrdämmung, MW-alukaschiert, DN65	m	25	33	**41**	53	67
			21	27	**34**	44	56
8	Rohrdämmung, MW/Blech DN20	m	–	27	**30**	32	–
			–	22	**25**	27	–
9	Rohrdämmung, MW/Blech DN40	m	–	34	**42**	50	–
			–	28	**35**	42	–
10	Lüftungskanal Mineral alukaschiert	m	17	25	**29**	32	38
			14	21	**24**	27	32
11	Brandschutzabschottung, R90, DN15	St	14	19	**21**	26	37
			11	16	**18**	22	31
12	Brandschutzabschottung, R90, DN20	St	40	45	**46**	48	54
			34	38	**39**	40	45
13	Brandschutzabschottung, R90, DN25	St	41	47	**49**	51	57
			34	39	**42**	43	48
14	Brandschutzabschottung, R90, DN32	St	–	53	**59**	69	–
			–	44	**50**	58	–
15	Brandschutzabschottung, R90, DN40	St	61	67	**72**	76	92
			51	56	**61**	64	77
16	Brandschutzabschottung, R90, DN50	St	103	109	**115**	119	132
			87	92	**96**	100	111
17	Brandschutzabschottung, R90, DN65	St	110	119	**127**	133	146
			93	100	**107**	112	123
18	Körperschalldämmung	m	9	10	**11**	13	16
			7	9	**10**	11	14
19	Wärmedämmung, Schrägsitzventil, DN15	St	–	18	**20**	21	–
			–	15	**16**	18	–
20	Wärmedämmung, Schrägsitzventil, DN20	St	–	23	**27**	32	–
			–	19	**23**	27	–
21	Wärmedämmung, Schrägsitzventil, DN32	St	–	32	**34**	36	–
			–	27	**29**	31	–
22	Wärmedämmung, Schrägsitzventil, DN50	St	–	44	**49**	51	–
			–	37	**41**	43	–

A 1 **Kompaktdämmhülse, Rohrleitung** Beschreibung für Pos. **1-2**

Asymmetrische Wärmedämmung DIN 4140 für Rohrleitungen haustechnischer Anlagen auf Rohfußboden (gegen beheizte Räume oder auf Zusatzdämmung). Kompaktdämmhülsen in Anti-Körperschall-Ausführung. Zur Verlegung im Dämmbereich des Fußbodenaufbaus. Polsterlage aus miteinander vernadelten Kunststoff-Fasern und geschlossenzelligem Polyethylen mit reißfestem Gittergewebe.

1 **Kompaktdämmhülse, Rohrleitung DN15** KG **422**

Wie Ausführungsbeschreibung A 1
Nennwert der Wärmeleitfähigkeit: 0,040 W/(mK)
Normalentflammbar: B2, DIN 4102-1
Nennweite: DN15
Dämmschichtdicke 1/2 gem. EnEV: 13 mm
Bauhöhe: 36 mm

5€ 7€ **7€** 7€ 9€ [m] ⏱ 0,05 h/m 047.000.005

2 **Kompaktdämmhülse, Rohrleitung DN25** KG **422**

Wie Ausführungsbeschreibung A 1
Nennwert der Wärmeleitfähigkeit: 0,040W/(mK)
Normalentflammbar: B2, DIN 4102-1
Nennweite: DN25
Dämmschichtdicke 1/2 gem. EnEV: 20 mm
Bauhöhe: 51 mm

7€ 9€ **11€** 13€ 15€ [m] ⏱ 0,05 h/m 047.000.017

3 **Wärmedämmung, Rohrleitung, DN15** KG **422**

Wärmedämmung für Rohrleitungen DIN 4140 haustechnischer Anlagen im sichtbaren Bereich unter der Decke. Mineralfaserschalen einseitig geschlitzt, nichtbrennbar A1 DIN EN 13501-1, einseitig Alu-Folie kaschiert. Sämtliche Quer- und Längsfugen werden dicht gestoßen und mit 10cm breiten selbstklebenden Alustreifen verbunden. Sicherung der Längsfuge mit Alu-Klebestreifen in der Mitte der Bahnenbreite.
Verkleidung mit PVC-Mantel (Isogenopack) 0,35mm stark, schwer entflammbar.
Verlegung bis: **3,50 /5,00 / 7,00** m über Fußboden
Nennwert der Wärmeleitfähigkeit: 0,040 W/(mK)
Rohrdurchmesser: 18 mm
Dämmschichtstärke 1/1 gem. EnEV: 20 mm

9€ 14€ **17€** 17€ 23€ [m] ⏱ 0,30 h/m 047.000.006

A 2 **Rohrdämmung, MW-alukaschiert** Beschreibung für Pos. **4-7**

Wärmedämmung einschl. Ummantelung DIN 4140 an Rohrleitungen für Heizung, Warmwasser und Zirkulation nach EnEV in Gebäuden. Dämmung aus Mineralwolle, als Matte, auf verzinktem Drahtgeflecht mit verzinktem Draht versteppt, befestigen mit Stahlhaken aus dem Werkstoff des Drahtgeflechts. Längs- und Rundstöße mit selbstklebender Aluminiumfolie überklebt.

040
041
042
044
045
047
053
054
058
069
075

 Erläuterungen zu den Tabellen siehe Seite 42

Kosten:
Stand 1.Quartal 2020
Bundesdurchschnitt

Nr.	**Kurztext** / Langtext						Kostengruppe
▶	▷	**ø netto €**	◁	◀	[Einheit]	Ausf.-Dauer	Positionsnummer

4 Rohrdämmung, MW-alukaschiert, DN15 KG **422**

Wie Ausführungsbeschreibung A 2
Rohrleitung: Stahl, schwarz
Nennweite: DN15
Baustoffklasse DIN EN 13501-1: nichtbrennbar A1
Dämmstärke Wärmedämmung: 100% nach EnEV
Dämmschichtdicke: 20 mm
Nennwert der Wärmeleitfähigkeit: 0,035 W/(mK) bei 40°C
Oberkante Dämmung über Gelände / Fußboden: **bis 3,50** m **/ bis 5,00** m

▶	▷	ø	◁	◀	Einheit	Ausf.-Dauer	Positionsnummer
5€	11€	**13**€	17€	23€	[m]	⏱ 0,30 h/m	047.000.002

5 Rohrdämmung, MW-alukaschiert, DN25 KG **422**

Wie Ausführungsbeschreibung A 2
Rohrleitung: Stahl, schwarz
Nennweite: DN25
Baustoffklasse DIN EN 13501-1: nichtbrennbar A1
Dämmstärke Wärmedämmung: 100% nach EnEV
Dämmschichtdicke: 30 mm
Nennwert der Wärmeleitfähigkeit: 0,035 W/(mK) bei 40°C
Oberkante Dämmung über Gelände / Fußboden: **bis 3,50** m **/ bis 5,00** m

▶	▷	ø	◁	◀	Einheit	Ausf.-Dauer	Positionsnummer
9€	16€	**20**€	24€	33€	[m]	⏱ 0,30 h/m	047.000.008

6 Rohrdämmung, MW-alukaschiert, DN40 KG **422**

Wie Ausführungsbeschreibung A 2
Rohrleitung: Stahl, schwarz
Nennweite: DN40
Baustoffklasse DIN EN 13501-1: nichtbrennbar A1
Dämmstärke Wärmedämmung: 100% nach EnEV
Dämmschichtdicke: 40 mm
Nennwert der Wärmeleitfähigkeit: 0,035 W/(mK) bei 40°C
Oberkante Dämmung über Gelände / Fußboden: **bis 3,50** m **/ bis 5,00** m

▶	▷	ø	◁	◀	Einheit	Ausf.-Dauer	Positionsnummer
–€	23€	**27**€	32€	–€	[m]	⏱ 0,30 h/m	047.000.031

7 Rohrdämmung, MW-alukaschiert, DN65 KG **422**

Wie Ausführungsbeschreibung A 2
Rohrleitung: Stahl, schwarz
Nennweite: DN65
Baustoffklasse DIN EN 13501-1: nichtbrennbar A1
Dämmstärke Wärmedämmung: 100% nach EnEV
Dämmschichtdicke: 70 mm
Nennwert der Wärmeleitfähigkeit: 0,035 W/(mK) bei 40°C
Oberkante Dämmung über Gelände / Fußboden: bis **3,50** m **/ bis 5,00** m

▶	▷	ø	◁	◀	Einheit	Ausf.-Dauer	Positionsnummer
21€	27€	**34**€	44€	56€	[m]	⏱ 0,30 h/m	047.000.012

▶ min
▷ von
ø Mittel
◁ bis
◀ max

A 3 **Rohrdämmung, MW/Blech** Beschreibung für Pos. **8-9**

Wärmedämmung einschl. Ummantelung DIN 4140 an Rohrleitungen für Heizung, Warmwasser und Zirkulation nach EnEV in Gebäuden. Dämmung aus Mineralwolle, als Matte, auf verzinktem Drahtgeflecht mit verzinktem Draht versteppt, befestigen mit Stahlhaken aus dem Werkstoff des Drahtgeflechts. Ummantelung aus nichtprofiliertem Blech, Blechdicke für normale mechanische Beanspruchung, Überlappungen verschrauben, einschl. Stützkonstruktion aus Hartschaum.

8 **Rohrdämmung, MW/Blech DN20** KG **422**

Wie Ausführungsbeschreibung A 3
Rohrleitung: Stahl, schwarz
Nennweite: DN20
Baustoffklasse DIN EN 13501-1: nichtbrennbar A1
Dämmstärke Wärmedämmung: 100% nach EnEV
Dämmschichtdicke: 20 mm
Nennwert der Wärmeleitfähigkeit: 0,035 W/(mK) bei 40°C
Ummantelung: **Stahl feuerverzinkt / Alu-Ummantelung**
Oberkante Dämmung über Gelände / Fußboden: bis **3,50** m **/ bis 5,00** m

–€ 22€ **25**€ 27€ –€ [m] ⏱ 0,30 h/m 047.000.003

9 **Rohrdämmung, MW/Blech DN40** KG **422**

Wie Ausführungsbeschreibung A 3
Rohrleitung: Stahl, schwarz
Nennweite: DN40
Baustoffklasse DIN EN 13501-1: nichtbrennbar A1
Dämmstärke Wärmedämmung: 100% nach EnEV
Dämmschichtdicke: 40 mm
Nennwert der Wärmeleitfähigkeit: 0,035 W/(mK) bei 40°C
Ummantelung: **Stahl feuerverzinkt / Alu-Ummantelung**
Oberkante Dämmung über Gelände / Fußboden: **bis 3,50** m **/ bis 5,00** m

–€ 28€ **35**€ 42€ –€ [m] ⏱ 0,30 h/m 047.000.013

10 **Lüftungskanal Mineral alukaschiert** KG **431**

Wärmedämmung an Lüftungskanälen DIN 4140, in Gebäuden. Für gerade Kanäle, Dämmung aus Mineralwolle, als Matte, auf verzinktem Drahtgeflecht mit verzinktem Draht versteppt, Befestigen mit Stahlhaken aus dem Werkstoff des Drahtgeflechts, Wärmeleitfähigkeit für haustechnische Anlagen nach EnEV. Zur Ausbildung einer Dampfsperre sind sämtliche Kanten, Stöße, Ausschnitte, usw. mit Aluminium-Umklebeband dicht zu verkleben.
Oberkante Dämmung über Gelände / Fußboden: **3,50 / 5,00** m
Baustoffklasse DIN EN 13501-1: nichtbrennbar A1
Wärmeleitfähigkeit 0,035 W/(mK): bei 40° Mitteltemperatur
Wärmedämmung: 100% nach EnEV
Dämmschichtdicke: **30 / 50** mm
Kanalumfang: 0,5-4,0 m

14€ 21€ **24**€ 27€ 32€ [m] ⏱ 0,40 h/m 047.000.001

Nr. **Kurztext** / Langtext — Kostengruppe
▶ ▷ **ø netto €** ◁ ◀ [Einheit] Ausf.-Dauer Positionsnummer

A 4 Brandschutzabschottung, R90 — Beschreibung für Pos. **11-17**

Brandschutzabschottung von Rohrleitungen haustechnischer Anlagen nach MLAR / LAR, mit allgemeinem bauaufsichtlichen Prüfzeugnis / Zulassung. Dämmstoff aus Mineralwolle, nicht brennbar. Zur Verlegung in rundem Wanddurchbruch, ohne Hüllrohr, Verfüllung des Ringspalts mit Mörtel MG III, beidseitige Weiterführung der Dämmung.

11 Brandschutzabschottung, R90, DN15 — KG **422**

Wie Ausführungsbeschreibung A 4
Bauteil: **Wand / Decke / leichte Trennwand**
Feuerwiderstandsklasse: R90, DIN EN 13501-2
Montagehöhe: bis **3,50 / 5,00 / 7,00** m über Fußboden
Rohrleitung: **Stahl / Kupfer**
Ringspalt: bis 15 mm
Außendurchmesser der Rohrleitung: 18 mm
Außendurchmesser Schott: 60 mm
Dämmlänge: 1.000 mm

11€ 16€ **18**€ 22€ 31€ [St] ⏱ 0,40 h/St 047.000.007

12 Brandschutzabschottung, R90, DN20 — KG **422**

Wie Ausführungsbeschreibung A 4
Bauteil: **Wand / Decke / leichte Trennwand**
Feuerwiderstandsklasse: R90, DIN EN 13501-2
Montagehöhe: bis **3,50 / 5,00 / 7,00** m über Fußboden
Rohrleitung: **Stahl / Kupfer**
Ringspalt: bis 15 mm
Außendurchmesser der Rohrleitung: 22 mm
Außendurchmesser Schott: 60 mm
Dämmlänge: 1.000 mm

34€ 38€ **39**€ 40€ 45€ [St] ⏱ 0,40 h/St 047.000.018

13 Brandschutzabschottung, R90, DN25 — KG **422**

Wie Ausführungsbeschreibung A 4
Bauteil: **Wand / Decke / leichte Trennwand**
Feuerwiderstandsklasse: R90, DIN EN 13501-2
Montagehöhe: bis **3,50 / 5,00 / 7,00** m über Fußboden
Rohrleitung: **Stahl / Kupfer**
Ringspalt: bis 15 mm
Außendurchmesser der Rohrleitung: 28 mm
Außendurchmesser Schott: 80 mm
Dämmlänge: 1.000 mm

34€ 39€ **42**€ 43€ 48€ [St] ⏱ 0,40 h/St 047.000.019

Kosten:
Stand 1.Quartal 2020
Bundesdurchschnitt

▶ min
▷ von
ø Mittel
◁ bis
◀ max

14 Brandschutzabschottung, R90, DN32 KG **422**

Wie Ausführungsbeschreibung A 4
Bauteil: **Wand / Decke / leichte Trennwand**
Feuerwiderstandsklasse: R90, DIN EN 13501-2
Montagehöhe: bis **3,50 / 5,00 / 7,00** m über Fußboden
Rohrleitung: **Stahl / Kupfer**
Ringspalt: bis 15 mm
Außendurchmesser der Rohrleitung: 35 mm
Außendurchmesser Schott: 80 mm
Dämmlänge: 1.000 mm

–€ 44€ **50**€ 58€ –€ [St] ⏱ 0,40 h/St 047.000.020

15 Brandschutzabschottung, R90, DN40 KG **422**

Wie Ausführungsbeschreibung A 4
Bauteil: **Wand / Decke / leichte Trennwand**
Feuerwiderstandsklasse: R90, DIN EN 13501-2
Montagehöhe: bis **3,50 / 5,00 / 7,00** m über Fußboden
Rohrleitung: **Stahl / Kupfer**
Ringspalt: bis 15 mm
Außendurchmesser der Rohrleitung: 48 mm
Außendurchmesser Schott: 100 mm
Dämmlänge: 1.000 mm

51€ 56€ **61**€ 64€ 77€ [St] ⏱ 0,40 h/St 047.000.021

16 Brandschutzabschottung, R90, DN50 KG **422**

Wie Ausführungsbeschreibung A 4
Bauteil: **Wand / Decke / leichte Trennwand**
Feuerwiderstandsklasse: R90, DIN EN 13501-2
Montagehöhe: bis **3,50 / 5,00 / 7,00** m über Fußboden
Rohrleitung: **Stahl / Kupfer**
Ringspalt: bis 15 mm
Außendurchmesser der Rohrleitung: 63 mm
Außendurchmesser Schott: 130 mm
Dämmlänge: 1.000 mm

87€ 92€ **96**€ 100€ 111€ [St] ⏱ 0,40 h/St 047.000.022

17 Brandschutzabschottung, R90, DN65 KG **422**

Wie Ausführungsbeschreibung A 4
Bauteil: **Wand / Decke / leichte Trennwand**
Feuerwiderstandsklasse: R90, DIN EN 13501-2
Montagehöhe: bis **3,50 / 5,00 / 7,00** m über Fußboden
Rohrleitung: **Stahl / Kupfer**
Ringspalt: bis 15 mm
Außendurchmesser der Rohrleitung: 76 mm
Außendurchmesser Schott: 180 mm
Dämmlänge: 1.000 mm

93€ 100€ **107**€ 112€ 123€ [St] ⏱ 0,40 h/St 047.000.023

Kosten:
Stand 1.Quartal 2020
Bundesdurchschnitt

Nr.	**Kurztext** / Langtext						Kostengruppe
▶	▷	**ø netto €**	◁	◀	[Einheit]	Ausf.-Dauer	Positionsnummer

18 Körperschalldämmung KG **422**

Körperschalldämmung aus PE mit robuster Außenhaut, aus hochflexiblem, geschlossenzelligem Weichpolyethylen Abwasserisoliersystem zur Körperschalldämmung, mit diffusionsdichter Außenhaut und montagefreundlicher Innengleitfolie, als Schall- und Schwitzwasserschutz für Abwasserrohre.
Einsatz: bis +105°C
Brandklasse: B2, DIN 4102-1
Isolierstärke: 4 mm
Nennweite: DN50-150

7€ 9€ **10**€ 11€ 14€ [m] ⏱ 0,20 h/m 047.000.030

A 5 Wärmedämmung, Schrägsitzventil Beschreibung für Pos. **19-22**

Wärmedämmschalen DIN 4140, universell einsetzbar für alle gängigen Schrägsitz- und KFR-Typen. Bestehend aus einem zusammenklappbaren Formteil aus Polyethylen mit kratzfester Oberfläche aus PE-Gittergewebe. Entleerungsöffnungen vorgeprägt, Lieferung incl. Verschlussclipsen, mit handelsüblichen Klebern diffusionsdicht verschließbar.

19 Wärmedämmung, Schrägsitzventil, DN15 KG **422**

Wie Ausführungsbeschreibung A 5
Baustoffklasse: B1, DIN 4102-1
Wärmeleitwert 0,034 W/(mK): bei 10°C und 0,040 W/(mK) bei 40°C
Wasserdampfdiffusionsfaktor μ: 5.000
Temperaturbereich: -80°C bis +100°C
Abmessungen: Länge: 130mm, Breite: 70 mm, Höhe: 112 mm
Nennweite: DN15

–€ 15€ **16**€ 18€ –€ [St] ⏱ 0,10 h/St 047.000.024

20 Wärmedämmung, Schrägsitzventil, DN20 KG **422**

Wie Ausführungsbeschreibung A 5
Baustoffklasse: B1, DIN 4102-1
Wärmeleitwert 0,034 W/(mK) bei 10°C und 0,040 W/(mK) bei 40°C
Wasserdampfdiffusionsfaktor μ: 5.000
Temperaturbereich: -80°C bis +100°C
Abmessungen: Länge: 130mm, Breite: 70mm, Höhe: 112mm
Nennweite: DN20

–€ 19€ **23**€ 27€ –€ [St] ⏱ 0,10 h/St 047.000.025

21 Wärmedämmung, Schrägsitzventil, DN32 KG **422**

Wie Ausführungsbeschreibung A 5
Baustoffklasse: B1, DIN 4102-1
Wärmeleitwert 0,034 W/(mK): bei 10°C und 0,040 W/(mK) bei 40°C
Wasserdampfdiffusionsfaktor μ: 5.000
Temperaturbereich: -80°C bis +100°C
Abmessungen: Länge: 195 mm, Breite: 137 mm, Höhe: 203 mm
Nennweite: DN32

–€ 27€ **29**€ 31€ –€ [St] ⏱ 0,10 h/St 047.000.027

▶ min
▷ von
ø Mittel
◁ bis
◀ max

Nr.	Kurztext / Langtext						Kostengruppe
▶	▷	**ø netto €**	◁	◀	[Einheit]	Ausf.-Dauer	Positionsnummer

22 Wärmedämmung, Schrägsitzventil, DN50 KG **422**

Wie Ausführungsbeschreibung A 5
Baustoffklasse: B1, DIN 4102-1
Wärmeleitwert 0,034 W/(mK) bei 10°C und 0,040 W/(mK) bei 40°C
Wasserdampfdiffusionsfaktor μ: 5.000
Temperaturbereich: -80°C bis +100°C
Abmessungen: Länge: 212 mm, Breite: 182 mm, Höhe: 253 mm
Nennweite: DN50

▶	▷	ø netto €	◁	◀	[Einheit]	Ausf.-Dauer	Positionsnummer
–€	37€	**41**€	43€	–€	[St]	⏱ 0,10 h/St	047.000.029

053

Kosten:
Stand 1.Quartal 2020
Bundesdurchschnitt

Nr.	Positionen	Einheit	▶	▷	ø brutto € / ø netto €	◁	◀
1	Gitterrinne, Stahl, WA, 200mm	m	–	23	**24**	26	–
			–	19	**20**	22	–
2	Kabelrinne, Stahl, WA, 100mm	m	–	25	**28**	32	–
			–	21	**24**	27	–
3	Kabelrinne, Stahl, WA, 200mm	m	–	29	**31**	35	–
			–	25	**26**	29	–
4	Kabelrinne, Stahl, WA, 300mm	m	–	45	**49**	52	–
			–	38	**41**	44	–
5	Kabelrinne, Stahl WA, 400mm	m	–	55	**60**	62	–
			–	46	**50**	52	–
6	Installationsleitung, NYM-J 1x6mm², AD	m	–	3,7	**4,0**	4,3	–
			–	3,2	**3,4**	3,6	–
7	Installationsleitung, NYM-J 1x10mm², AD	m	–	5,2	**5,6**	6,0	–
			–	4,4	**4,7**	5,0	–
8	Installationsleitung, NYM-J 1x16mm², AD	m	–	6,3	**6,7**	7,2	–
			–	5,3	**5,7**	6,0	–
9	Installationsleitung, NYM-J 3x1,5mm², AD	m	–	3,2	**3,4**	3,6	–
			–	2,7	**2,9**	3,0	–
10	Installationsleitung, NYM-J 3x2,5mm², AD	m	–	3,9	**4,2**	4,5	–
			–	3,3	**3,5**	3,8	–
11	Installationsleitung, NYM-J 5x2,5mm², AD	m	–	5,5	**5,9**	6,2	–
			–	4,6	**4,9**	5,2	–
12	Installationsleitung, NYM-J 5x4mm², AD	m	–	6,9	**7,4**	7,9	–
			–	5,8	**6,2**	6,6	–
13	Installationsleitung, NYM-J 5x6mm², AD	m	–	8,9	**9,5**	10	–
			–	7,5	**8,0**	8,5	–
14	Installationsleitung, NYM-J 5x10mm², AD	m	–	12	**13**	13	–
			–	10	**11**	11	–
15	Installationsleitung, NYM-J 5x16mm², AD	m	–	17	**19**	20	–
			–	15	**16**	17	–
16	Installationsleitung, NYM-J 1x6mm²	m	–	2,3	**2,5**	2,7	–
			–	2,0	**2,1**	2,2	–
17	Installationsleitung, NYM-J 1x10mm²	m	–	3,8	**4,1**	4,4	–
			–	3,2	**3,5**	3,7	–
18	Installationsleitung, NYM-J 1x16mm²	m	–	4,9	**5,2**	5,6	–
			–	4,1	**4,4**	4,7	–
19	Installationsleitung, NYM-J 3x1,5mm²	m	–	1,8	**1,9**	2,0	–
			–	1,5	**1,6**	1,7	–
20	Installationsleitung, NYM-J 3x2,5mm²	m	–	2,5	**2,7**	2,9	–
			–	2,1	**2,3**	2,4	–
21	Installationsleitung, NYM-J 5x2,5mm²	m	–	3,9	**4,1**	4,4	–
			–	3,3	**3,5**	3,7	–
22	Installationsleitung, NYM-J 5x4mm²	m	–	5,2	**5,6**	5,9	–
			–	4,4	**4,7**	5,0	–
23	Installationsleitung, NYM-J 5x6mm²	m	–	6,8	**7,3**	7,7	–
			–	5,7	**6,1**	6,5	–
24	Installationsleitung, NYM-J 5x10mm²	m	–	9,8	**10**	11	–
			–	8,2	**8,8**	9,3	–

▶ min
▷ von
ø Mittel
◁ bis
◀ max

Nr.	Positionen	Einheit	▶	▷	ø brutto € / ø netto €	◁	◀
25	Installationsleitung, NYM-J 5x16mm²	m	–	15	**16**	17	–
			–	13	**13**	14	–
26	Installationsleitung, NYM-J 1x6mm², UP	m	–	6,1	**6,5**	6,9	–
			–	5,1	**5,5**	5,8	–
27	Installationsleitung, NYM-J 1x16mm², UP	m	–	9,7	**10**	11	–
			–	8,1	**8,7**	9,2	–
28	Installationsleitung, NYM-J 3x2,5mm², UP	m	–	7,2	**7,7**	8,2	–
			–	6,1	**6,5**	6,9	–
29	Installationsleitung, NYM-J 5x2,5mm², UP	m	–	6,2	**6,6**	6,9	–
			–	5,2	**5,5**	5,8	–
30	Installationsleitung, NYM-J 5x6mm², UP	m	–	10	**11**	11	–
			–	8,4	**9,0**	9,6	–
31	Elektroinstallationsrohr, 16mm	m	–	4,0	**4,2**	4,5	–
			–	3,4	**3,5**	3,8	–
32	Elektroinstallationsrohr, 25mm	m	–	4,4	**4,7**	5,1	–
			–	3,7	**3,9**	4,3	–
33	Elektroinstallationsrohr, 40mm	m	–	8,6	**9,0**	9,7	–
			–	7,2	**7,5**	8,2	–
34	Leitungsführungskanal PVC 15x15mm	m	–	7	**7**	7	–
			–	5	**6**	6	–
35	Leitungsführungskanal PVC 30x30mm	m	–	9	**10**	10	–
			–	8	**8**	9	–
36	Leitungsführungskanal PVC 90x40mm	m	–	9	**10**	10	–
			–	8	**8**	9	–
37	Leitungsführungskanal PVC 110x60mm	m	–	33	**35**	37	–
			–	27	**29**	31	–
38	Leitungsführungskanal PVC 230x60mm	m	–	66	**70**	74	–
			–	55	**59**	62	–
39	Sockelleistenkanal, 50x20mm	m	–	20	**21**	22	–
			–	16	**18**	19	–
40	Geräteeinbaukanal, 130x60mm	m	–	39	**42**	44	–
			–	33	**35**	37	–
41	Geräteeinbaukanal, 170x60mm	m	–	50	**54**	57	–
			–	42	**45**	48	–
42	Geräteeinbaukanal, 210x60mm	m	–	77	**82**	87	–
			–	65	**69**	73	–
43	Potentialausgleichsschiene, Stahl, verzinkt	St	–	42	**45**	48	–
			–	36	**38**	41	–
44	Photovoltaik 2kW$_p$	St	–	4.783	**5.627**	6.415	–
			–	4.019	**4.729**	5.391	–
45	Photovoltaik 10kW$_p$	St	–	16.502	**19.414**	22.132	–
			–	13.867	**16.314**	18.598	–

040
041
042
044
045
047
053
054
058
069
075

Kosten:
Stand 1.Quartal 2020
Bundesdurchschnitt

Nr.	Kurztext / Langtext					Kostengruppe
▶	▷	ø netto €	◁	◀	[Einheit]	Ausf.-Dauer Positionsnummer

1 Gitterrinne, Stahl, WA, 200mm — KG **444**

Gitterrinne, einschl. systembedingten Verbindungsstücken, Formstücken, Befestigungsmaterial.
Norm: DIN EN 61537 (VDE 0639)
Werkstoff: Stahl, feuerverzinkt DIN EN ISO 1461
Drahtdurchmesser: 4 mm
Breite: 200 mm
Höhe: 60 mm
Systemkomponenten: mit 1 Trennsteg und mit Wandausleger
Angeb. Fabrikat: .....

▶	▷	ø	◁	◀	Einheit	Ausf.-Dauer	Positionsnummer
–€	19€	**20**€	22€	–€	[m]	⏱ 0,20 h/m	053.000.001

A 1 Kabelrinne, Stahl, WA — Beschreibung für Pos. **2-5**

Kabelrinne, einschl. systembedingten Verbindungsstücken, Formstücken, Befestigungsmaterial.
Norm: DIN EN 61537 (VDE 0639)
Werkstoff: Stahl, feuerverzinkt, DIN EN ISO 1461
Dicke Metallwerkstoff: 1,5 mm
Ausführung: gelocht
Höhe: 60 mm
Systemkomponenten: mit 1 Trennsteg und mit Wandausleger

2 Kabelrinne, Stahl, WA, 100mm — KG **444**

Wie Ausführungsbeschreibung A 1
Breite: 100 mm
Angeb. Fabrikat: .....

▶	▷	ø	◁	◀	Einheit	Ausf.-Dauer	Positionsnummer
–€	21€	**24**€	27€	–€	[m]	⏱ 0,20 h/m	053.000.002

3 Kabelrinne, Stahl, WA, 200mm — KG **444**

Wie Ausführungsbeschreibung A 1
Breite: 200 mm
Angeb. Fabrikat: .....

▶	▷	ø	◁	◀	Einheit	Ausf.-Dauer	Positionsnummer
–€	25€	**26**€	29€	–€	[m]	⏱ 0,25 h/m	053.000.007

4 Kabelrinne, Stahl, WA, 300mm — KG **444**

Wie Ausführungsbeschreibung A 1
Breite: 300 mm
Angeb. Fabrikat: .....

▶	▷	ø	◁	◀	Einheit	Ausf.-Dauer	Positionsnummer
–€	38€	**41**€	44€	–€	[m]	⏱ 0,30 h/m	053.000.008

5 Kabelrinne, Stahl WA, 400mm — KG **444**

Wie Ausführungsbeschreibung A 1
Breite: 400 mm
Angeb. Fabrikat: .....

▶	▷	ø	◁	◀	Einheit	Ausf.-Dauer	Positionsnummer
–€	46€	**50**€	52€	–€	[m]	⏱ 0,40 h/m	053.000.009

▶ min
▷ von
ø Mittel
◁ bis
◀ max

Nr.	Kurztext / Langtext						Kostengruppe
▶	▷	**ø netto €**	◁	◀	[Einheit]	Ausf.-Dauer	Positionsnummer

A 2 Installationsleitung, NYM-J, AD — Beschreibung für Pos. **6-15**

Installationsleitung in abgehängte Decke, mit Befestigung.
Norm: DIN VDE 0250-204 (VDE 0250-204)
Leitungstyp: NYM-J

6 Installationsleitung, NYM-J 1x6mm², AD — KG **444**

Wie Ausführungsbeschreibung A 2
Ader-/Leiterzahl: 1 x 6 mm²
Metallzahl: Cu-Zahl 58

▶	▷	ø netto €	◁	◀	[Einheit]	Ausf.-Dauer	Positionsnummer
–€	3€	**3**€	4€	–€	[m]	–	053.000.059

7 Installationsleitung, NYM-J 1x10mm², AD — KG **444**

Wie Ausführungsbeschreibung A 2
Ader-/Leiterzahl: 1 x 10 mm²
Metallzahl: Cu-Zahl 96

▶	▷	ø netto €	◁	◀	[Einheit]	Ausf.-Dauer	Positionsnummer
–€	4€	**5**€	5€	–€	[m]	–	053.000.060

8 Installationsleitung, NYM-J 1x16mm², AD — KG **444**

Wie Ausführungsbeschreibung A 2
Ader-/Leiterzahl: 1 x 16 mm²
Metallzahl: Cu-Zahl 154

▶	▷	ø netto €	◁	◀	[Einheit]	Ausf.-Dauer	Positionsnummer
–€	5€	**6**€	6€	–€	[m]	–	053.000.061

9 Installationsleitung, NYM-J 3x1,5mm², AD — KG **444**

Wie Ausführungsbeschreibung A 2
Ader-/Leiterzahl: 3 x 2,5 mm²
Metallzahl: Cu-Zahl 72

▶	▷	ø netto €	◁	◀	[Einheit]	Ausf.-Dauer	Positionsnummer
–€	3€	**3**€	3€	–€	[m]	–	053.000.062

10 Installationsleitung, NYM-J 3x2,5mm², AD — KG **444**

Wie Ausführungsbeschreibung A 2
Ader-/Leiterzahl: 3 x 2,5 mm²
Metallzahl: Cu-Zahl 72

▶	▷	ø netto €	◁	◀	[Einheit]	Ausf.-Dauer	Positionsnummer
–€	3€	**4**€	4€	–€	[m]	–	053.000.063

11 Installationsleitung, NYM-J 5x2,5mm², AD — KG **444**

Wie Ausführungsbeschreibung A 2
Ader-/Leiterzahl: 5 x 2,5 mm²
Metallzahl: Cu-Zahl 120

▶	▷	ø netto €	◁	◀	[Einheit]	Ausf.-Dauer	Positionsnummer
–€	5€	**5**€	5€	–€	[m]	–	053.000.064

12 Installationsleitung, NYM-J 5x4mm², AD — KG **444**

Wie Ausführungsbeschreibung A 2
Ader-/Leiterzahl: 5 x 4 mm²
Metallzahl: Cu-Zahl 192

▶	▷	ø netto €	◁	◀	[Einheit]	Ausf.-Dauer	Positionsnummer
–€	6€	**6**€	7€	–€	[m]	–	053.000.065

Kosten:
Stand 1.Quartal 2020
Bundesdurchschnitt

Nr.	**Kurztext** / Langtext						Kostengruppe
▶	▷	**ø netto €**	◁	◀	[Einheit]	Ausf.-Dauer	Positionsnummer

13 Installationsleitung, NYM-J 5x6mm², AD — KG **444**
Wie Ausführungsbeschreibung A 2
Ader-/Leiterzahl: 5 x 6 mm²
Metallzahl: Cu-Zahl 288

▶	▷	ø	◁	◀	Einheit	Ausf.-Dauer	Positionsnummer
–€	7€	**8**€	8€	–€	[m]	–	053.000.066

14 Installationsleitung, NYM-J 5x10mm², AD — KG **444**
Wie Ausführungsbeschreibung A 2
Ader-/Leiterzahl: 5 x 10 mm²
Metallzahl: Cu-Zahl 430

▶	▷	ø	◁	◀	Einheit	Ausf.-Dauer	Positionsnummer
–€	10€	**11**€	11€	–€	[m]	–	053.000.067

15 Installationsleitung, NYM-J 5x16mm², AD — KG **444**
Wie Ausführungsbeschreibung A 2
Ader-/Leiterzahl: 5 x 16 mm²
Metallzahl: Cu-Zahl 768

▶	▷	ø	◁	◀	Einheit	Ausf.-Dauer	Positionsnummer
–€	15€	**16**€	17€	–€	[m]	–	053.000.068

A 3 Installationsleitung, NYM-J, KR/K/R/MW — Beschreibung für Pos. **16-25**
Installationsleitung in vorhandener **Kabelrinne / Kanal / Rohr / Montagewand**.
Norm: DIN VDE 0250-204 (VDE 0250-204)
Leitungstyp: NYM-J

16 Installationsleitung, NYM-J 1x6mm² — KG **444**
Wie Ausführungsbeschreibung A 3
Ader-/Leiterzahl: 1 x 6 mm²
Metallzahl: Cu-Zahl 58
Einbausituation: .....

▶	▷	ø	◁	◀	Einheit	Ausf.-Dauer	Positionsnummer
–€	2€	**2**€	2€	–€	[m]	–	053.000.044

17 Installationsleitung, NYM-J 1x10mm² — KG **444**
Wie Ausführungsbeschreibung A 3
Ader-/Leiterzahl: 1 x 10 mm²
Metallzahl: Cu-Zahl 96
Einbausituation: .....

▶	▷	ø	◁	◀	Einheit	Ausf.-Dauer	Positionsnummer
–€	3€	**3**€	4€	–€	[m]	–	053.000.045

18 Installationsleitung, NYM-J 1x16mm² — KG **444**
Wie Ausführungsbeschreibung A 3
Ader-/Leiterzahl: 1 x 16 mm²
Metallzahl: Cu-Zahl 154
Einbausituation: .....

▶	▷	ø	◁	◀	Einheit	Ausf.-Dauer	Positionsnummer
–€	4€	**4**€	5€	–€	[m]	–	053.000.046

▶ min
▷ von
ø Mittel
◁ bis
◀ max

Nr.	Kurztext / Langtext						Kostengruppe
▶	▷	**ø netto €**	◁	◀	[Einheit]	Ausf.-Dauer	Positionsnummer

19 Installationsleitung, NYM-J 3x1,5mm² KG **444**

Wie Ausführungsbeschreibung A 3
Ader-/Leiterzahl: 3 x 2,5 mm²
Metallzahl: Cu-Zahl 72
Einbausituation: .....

▶	▷	ø netto €	◁	◀	[Einheit]	Ausf.-Dauer	Positionsnummer
–€	1€	**2**€	2€	–€	[m]	–	053.000.047

20 Installationsleitung, NYM-J 3x2,5mm² KG **444**

Wie Ausführungsbeschreibung A 3
Ader-/Leiterzahl: 3 x 2,5 mm²
Metallzahl: Cu-Zahl 72
Einbausituation: .....

▶	▷	ø netto €	◁	◀	[Einheit]	Ausf.-Dauer	Positionsnummer
–€	2€	**2**€	2€	–€	[m]	–	053.000.048

21 Installationsleitung, NYM-J 5x2,5mm² KG **444**

Wie Ausführungsbeschreibung A 3
Ader-/Leiterzahl: 5 x 2,5 mm²
Metallzahl: Cu-Zahl 120
Einbausituation: .....

▶	▷	ø netto €	◁	◀	[Einheit]	Ausf.-Dauer	Positionsnummer
–€	3€	**3**€	4€	–€	[m]	–	053.000.051

22 Installationsleitung, NYM-J 5x4mm² KG **444**

Wie Ausführungsbeschreibung A 3
Ader-/Leiterzahl: 5 x 4 mm²
Metallzahl: Cu-Zahl 192
Einbausituation: .....

▶	▷	ø netto €	◁	◀	[Einheit]	Ausf.-Dauer	Positionsnummer
–€	4€	**5**€	5€	–€	[m]	–	053.000.049

23 Installationsleitung, NYM-J 5x6mm² KG **444**

Wie Ausführungsbeschreibung A 3
Ader-/Leiterzahl: 5 x 6 mm²
Metallzahl: Cu-Zahl 288
Einbausituation: .....

▶	▷	ø netto €	◁	◀	[Einheit]	Ausf.-Dauer	Positionsnummer
–€	6€	**6**€	6€	–€	[m]	–	053.000.050

24 Installationsleitung, NYM-J 5x10mm² KG **444**

Wie Ausführungsbeschreibung A 3
Ader-/Leiterzahl: 5 x 10 mm²
Metallzahl: Cu-Zahl 430
Einbausituation: .....

▶	▷	ø netto €	◁	◀	[Einheit]	Ausf.-Dauer	Positionsnummer
–€	8€	**9**€	9€	–€	[m]	–	053.000.052

25 Installationsleitung, NYM-J 5x16mm² KG **444**

Wie Ausführungsbeschreibung A 3
Ader-/Leiterzahl: 5 x 16 mm²
Metallzahl: Cu-Zahl 768
Einbausituation: .....

▶	▷	ø netto €	◁	◀	[Einheit]	Ausf.-Dauer	Positionsnummer
–€	13€	**13**€	14€	–€	[m]	–	053.000.053

Kosten:
Stand 1.Quartal 2020
Bundesdurchschnitt

Nr.	**Kurztext** / Langtext						Kostengruppe
▶	▷	**ø netto €**	◁	◀	[Einheit]	Ausf.-Dauer	Positionsnummer

A 4 Installationsleitung, NYM-J, UP — Beschreibung für Pos. **26-30**
Installationsleitung für Verlegung unter Putz.
Norm: DIN VDE 0250-204 (VDE 0250-204)
Leitungstyp: NYM-J

26 Installationsleitung, NYM-J 1x6mm², UP — KG **444**
Wie Ausführungsbeschreibung A 4
Ader-/Leiterzahl: 1 x 6 mm²
Metallzahl: Cu-Zahl 58

▶	▷	ø	◁	◀	Einheit	Ausf.-Dauer	Positionsnummer
–€	5€	**5**€	6€	–€	[m]	–	053.000.054

27 Installationsleitung, NYM-J 1x16mm², UP — KG **444**
Wie Ausführungsbeschreibung A 4
Ader-/Leiterzahl: 1 x 16 mm²
Metallzahl: Cu-Zahl 154

▶	▷	ø	◁	◀	Einheit	Ausf.-Dauer	Positionsnummer
–€	8€	**9**€	9€	–€	[m]	–	053.000.055

28 Installationsleitung, NYM-J 3x2,5mm², UP — KG **444**
Wie Ausführungsbeschreibung A 4
Ader-/Leiterzahl: 3 x 2,5 mm²
Metallzahl: Cu-Zahl 72

▶	▷	ø	◁	◀	Einheit	Ausf.-Dauer	Positionsnummer
–€	6€	**6**€	7€	–€	[m]	–	053.000.056

29 Installationsleitung, NYM-J 5x2,5mm², UP — KG **444**
Wie Ausführungsbeschreibung A 4
Ader-/Leiterzahl: 5 x 2,5 mm²
Metallzahl: Cu-Zahl 120

▶	▷	ø	◁	◀	Einheit	Ausf.-Dauer	Positionsnummer
–€	5€	**6**€	6€	–€	[m]	–	053.000.057

30 Installationsleitung, NYM-J 5x6mm², UP — KG **444**
Wie Ausführungsbeschreibung A 4
Ader-/Leiterzahl: 5 x 6 mm²
Metallzahl: Cu-Zahl 288

▶	▷	ø	◁	◀	Einheit	Ausf.-Dauer	Positionsnummer
–€	8€	**9**€	10€	–€	[m]	–	053.000.058

A 5 Elektroinstallationsrohr — Beschreibung für Pos. **31-33**
Elektroinstallationsrohr, geschlossen, für Verlegung unter Putz.
Norm: DIN EN 61386 (VDE 0605)
Werkstoff: Kunststoff, halogenfrei
Ausführung: einwandig, gewellt, flexibel
Druckfestigkeitsklasse: 3 - mittel (750 N)
Klasse Schlagbeanspruchung: 3 - mittel (2 kg/100 mm)

31 Elektroinstallationsrohr, 16mm — KG **444**
Wie Ausführungsbeschreibung A 5
Außendurchmesser: 16 mm

▶	▷	ø	◁	◀	Einheit	Ausf.-Dauer	Positionsnummer
–€	3€	**3**€	4€	–€	[m]	⏱ 0,10 h/m	053.000.020

▶ min
▷ von
ø Mittel
◁ bis
◀ max

32 Elektroinstallationsrohr, 25mm KG **444**

Wie Ausführungsbeschreibung A 5
Außendurchmesser: 25 mm

▶	▷	ø netto €	◁	◀	[Einheit]	Ausf.-Dauer	Positionsnummer
–€	4€	**4€**	4€	–€	[m]	⏱ 0,10 h/m	053.000.021

33 Elektroinstallationsrohr, 40mm KG **444**

Wie Ausführungsbeschreibung A 5
Außendurchmesser: 40 mm

▶	▷	ø netto €	◁	◀	[Einheit]	Ausf.-Dauer	Positionsnummer
–€	7€	**8€**	8€	–€	[m]	⏱ 0,10 h/m	053.000.022

34 Leitungsführungskanal PVC 15x15mm KG **444**

Leitungsführungskanal, einschl. systembedingten Verbindungsstücken, Formstücken, Befestigungsmaterial.
Norm: DIN EN 50085-2-1 (VDE 0604-2-1)
Werkstoff: PVC-U
Breite: 15 mm
Höhe: 15 mm
Farbe: weiß
Befestigung: auf Beton, Mauerwerk, Installationswand

▶	▷	ø netto €	◁	◀	[Einheit]	Ausf.-Dauer	Positionsnummer
–€	5€	**6€**	6€	–€	[m]	–	053.000.035

35 Leitungsführungskanal PVC 30x30mm KG **444**

Leitungsführungskanal, einschl. systembedingten Verbindungsstücken, Formstücken, Befestigungsmaterial.
Norm: DIN EN 50085-2-1 (VDE 0604-2-1)
Werkstoff: PVC-U
Breite: 30 mm
Höhe: 30 mm
Farbe: grau
Befestigung: auf Beton, Mauerwerk, Installationswand

▶	▷	ø netto €	◁	◀	[Einheit]	Ausf.-Dauer	Positionsnummer
–€	8€	**8€**	9€	–€	[m]	–	053.000.036

36 Leitungsführungskanal PVC 90x40mm KG **444**

Leitungsführungskanal, einschl. systembedingten Verbindungsstücken, Formstücken, Befestigungsmaterial.
Norm: DIN EN 50085-2-1 (VDE 0604-2-1)
Werkstoff: PVC-U
Breite: 90 mm
Höhe: 40 mm
Farbe: grau
Befestigung: auf Beton, Mauerwerk, Installationswand

▶	▷	ø netto €	◁	◀	[Einheit]	Ausf.-Dauer	Positionsnummer
–€	8€	**8€**	9€	–€	[m]	–	053.000.037

Kosten:
Stand 1.Quartal 2020
Bundesdurchschnitt

Nr.	**Kurztext** / Langtext						Kostengruppe
▶	▷	**ø netto €**	◁	◀	[Einheit]	Ausf.-Dauer	Positionsnummer

37 Leitungsführungskanal PVC 110x60mm — KG **444**

Leitungsführungskanal, einschl. systembedingten Verbindungsstücken, Formstücken, Befestigungsmaterial.
Norm: DIN EN 50085-2-1 (VDE 0604-2-1)
Werkstoff: PVC-U
Breite: 110 mm
Höhe: 60 mm
Farbe: grau
Systemkomponenten: mit 1 Trennsteg und mit Wandausleger
Befestigung: auf Beton, Mauerwerk, Installationswand

▶	▷	ø	◁	◀	Einheit	Ausf.-Dauer	Positionsnummer
–€	27€	**29**€	31€	–€	[m]	–	053.000.038

38 Leitungsführungskanal PVC 230x60mm — KG **444**

Leitungsführungskanal, einschl. systembedingten Verbindungsstücken, Formstücken, Befestigungsmaterial.
Norm: DIN EN 50085-2-1 (VDE 0604-2-1)
Werkstoff: PVC-U
Breite: 230 mm
Höhe: 60 mm
Farbe: grau
Systemkomponenten: mit 1 Trennsteg und mit Wandausleger
Befestigung: auf Beton, Mauerwerk, Installationswand

▶	▷	ø	◁	◀	Einheit	Ausf.-Dauer	Positionsnummer
–€	55€	**59**€	62€	–€	[m]	–	053.000.039

39 Sockelleistenkanal, 50x20mm — KG **444**

Sockelleistenkanal, einschl. systembedingten Verbindungsstücken, Formstücken, Befestigungsmaterial.
Norm: DIN EN 50085-2-1 (VDE 0604-2-1)
Werkstoff: PVC-U
Breite: 50 mm
Höhe: 20 mm
Farbe: weiß
Befestigung: auf Beton, Mauerwerk, Installationswand

▶	▷	ø	◁	◀	Einheit	Ausf.-Dauer	Positionsnummer
–€	16€	**18**€	19€	–€	[m]	–	053.000.040

40 Geräteeinbaukanal, 130x60mm — KG **444**

Geräteeinbaukanal, einschl. systembedingten Verbindungsstücken, Kabelhalteklammern, Formstücken, Befestigungsmaterial.
Norm: DIN EN 50085-2-1 (VDE 0604-2-1)
Werkstoff: PVC-U
Breite: 130 mm
Höhe: 60 mm
Farbe: weiß
Systemkomponenten: mit 1 Trennsteg und mit Wandausleger
Befestigung: auf Beton, Mauerwerk, Installationswand

▶	▷	ø	◁	◀	Einheit	Ausf.-Dauer	Positionsnummer
–€	33€	**35**€	37€	–€	[m]	–	053.000.043

▶ min
▷ von
ø Mittel
◁ bis
◀ max

41 Geräteeinbaukanal, 170x60mm KG **444**

Geräteeinbaukanal, einschl. systembedingten Verbindungsstücken, Kabelhalteklammern, Formstücken, Befestigungsmaterial.
Norm: DIN EN 50085-2-1 (VDE 0604-2-1)
Werkstoff: PVC-U
Breite: 170 mm
Höhe: 60 mm
Farbe: weiß
Systemkomponenten: mit 1 Trennsteg und mit Wandausleger
Befestigung: auf Beton, Mauerwerk, Installationswand

–€ 42€ **45**€ 48€ –€ [m] – 053.000.041

42 Geräteeinbaukanal, 210x60mm KG **444**

Geräteeinbaukanal, einschl. systembedingten Verbindungsstücken, Kabelhalteklammern, Formstücken, Befestigungsmaterial.
Norm: DIN EN 50085-2-1 (VDE 0604-2-1)
Werkstoff: PVC-U
Breite: 210 mm
Höhe: 60 mm
Farbe: weiß
Zubehör: C
Systemkomponenten: mit 1 Trennsteg und mit Wandausleger
Befestigung: auf Beton, Mauerwerk, Installationswand

–€ 65€ **69**€ 73€ –€ [m] – 053.000.042

43 Potentialausgleichsschiene, Stahl, verzinkt KG **444**

Potentialausgleichsschiene mit Abdeckhaube aus schlagfestem Polystyrol, Befestigungsmaterial.
Norm: VDE 0618, Teil 1 (VDE 0618-1)
Ausführung: Anschluss für 7 x 2,5 bis 25 mm², Flachband 30 x 3,5, Massivrundleiter Durchmesser 8 bis 10 mm
Angeb. Fabrikat: .....

–€ 36€ **38**€ 41€ –€ [St] ⏱ 0,60 h/St 053.000.006

A 6 Photovoltaik Beschreibung für Pos. **44-45**

Solaranlage zur Stromgewinnung als Photovoltaiksystem zur Aufdach-/ Inndach-/Flachdachlösung, mit konstruktiver Verankerung. Leistung einschl. systembedingter Befestigungsmittel und Befestigungskonstruktionsmaterial, Befestigung gem. statischem Einzelnachweis, mit Wechselrichter mit Datenlogger, Powermanagement, DC-Schalter und dreipoliger Einspeisung, einschl. ca. 100m Elektrokabel, komplett verdrahtet, mit Durchführungen, Anschlussarbeiten und Inbetriebnahme.

44 Photovoltaik 2kW$_p$ KG **442**

Wie Ausführungsbeschreibung A 6
Nennleistung System: 2 kW$_p$
Polykristalline PV-Module: mind. 250 W$_p$
Auflast (Schneelast): bis 5 kN/m²
Dynamische Last (Windlast): bis 2 kN/m²
Ausführung gem. nachfolgender Einzelbeschreibung: .....

–€ 4.019€ **4.729**€ 5.391€ –€ [St] ⏱ 14,00 h/St 053.000.023

040
041
042
044
045
047
053
054
058
069
075

Nr.	Kurztext / Langtext					Kostengruppe
▶	▷	**ø netto €**	◁	◀	[Einheit]	Ausf.-Dauer Positionsnummer

45 Photovoltaik 10kW$_p$ KG **442**

Wie Ausführungsbeschreibung A 6
Nennleistung System: 10 kW$_p$
Polykristalline PV-Module: mind. 250 W$_p$
Auflast (Schneelast): bis 5 kN/m²
Dynamische Last (Windlast): bis 2 kN/m²
Ausführung gem. nachfolgender Einzelbeschreibung: .....

▶	▷	ø	◁	◀	Einheit	Ausf.-Dauer	Positionsnummer
–€	13.867€	**16.314**€	18.598€	–€	[St]	⏱ 48,00 h/St	053.000.024

Kosten:
Stand 1.Quartal 2020
Bundesdurchschnitt

▶ min
▷ von
ø Mittel
◁ bis
◀ max

054

Kosten:
Stand 1.Quartal 2020
Bundesdurchschnitt

Nr.	Positionen	Einheit	▶	▷	ø brutto € / ø netto €	◁	◀
1	Installationsschalter, Aus-/Wechselschalter, 1pol., UP	St	–	15	**16**	17	–
			–	13	**14**	14	–
2	Installationsschalter, Aus-/Wechselschalter, 2pol., UP	St	–	23	**24**	26	–
			–	19	**20**	22	–
3	Installationsschalter, Serienschalter, UP	St	–	21	**22**	24	–
			–	18	**19**	20	–
4	Installationsschalter, Kreuzschalter, UP	St	–	23	**24**	26	–
			–	19	**20**	22	–
5	Installationsschalter, Taster, Kontrolllicht, UP	St	–	24	**26**	28	–
			–	20	**22**	23	–
6	Abzweigdose UP	St	–	12	**12**	13	–
			–	10	**10**	11	–
7	Abzweigkasten UP, 100x100mm	St	–	17	**18**	19	–
			–	14	**15**	16	–
8	Abzweigkasten UP, 150x150mm	St	–	29	**31**	33	–
			–	24	**26**	28	–
9	Abzweigdose AP	St	–	16	**18**	19	–
			–	14	**15**	16	–
10	Abzweigkasten AP, 150x150mm	St	–	59	**63**	67	–
			–	50	**53**	56	–
11	Schukosteckdose, 16A, 250V, UP, IP24	St	–	15	**16**	17	–
			–	13	**14**	15	–
12	Schukosteckdose, 16A, 250V, UP, IP44, mit Klapp-deckel	St	–	11	**12**	13	–
			–	9	**10**	11	–
13	Schukosteckdose, 16A, 250V, Wandmontage, AP	St	–	17	**24**	19	–
			–	14	**20**	16	–
14	Zweifach-Schukosteckdose, 16A, 250V, Wand-montage, AP	St	–	23	**25**	27	–
			–	20	**21**	22	–
15	Dreifach-Schukosteckdose, 16A, 250V, Wand-montage, AP	St	–	29	**31**	33	–
			–	25	**26**	28	–
16	Schukosteckdose, 16A, 250V, AP, Klappdeckel	St	–	20	**22**	23	–
			–	17	**18**	19	–
17	Zweifach-Schukosteckdose, 16A, 250V, AP, Klapp-deckel	St	–	35	**37**	39	–
			–	29	**31**	33	–
18	Dreifach-Schukosteckdose, 16A, 250V, AP, Klapp-deckel	St	–	58	**62**	66	–
			–	49	**52**	55	–
19	Gerätedose, UP, luftdicht	St	–	9	**9**	10	–
			–	7	**8**	8	–
20	Gerätedose Brandschutzdose UP	St	–	22	**24**	25	–
			–	19	**20**	21	–
21	Installationsschalter, Aus-/Wechselschalter, AP, 1pol.	St	–	22	**23**	25	–
			–	18	**19**	21	–

▶ min
▷ von
ø Mittel
◁ bis
◀ max

Nr.	Positionen	Einheit	▶	▷ ø brutto € / ø netto €		◁	◀
22	Installationsschalter, Taster, AP	St	–	29	**31**	24	–
			–	24	**26**	20	–
23	Heizungs-Not-Ausschalter, AP	St	–	54	**57**	61	–
			–	45	**48**	51	–
24	Installationskleinverteiler 356x348x94,5mm	St	–	68	**72**	77	–
			–	57	**61**	64	–
25	Installationskleinverteiler 755x348x94,5mm	St	–	116	**124**	132	–
			–	98	**104**	111	–
26	Zählerschrank	St	–	1.144	**1.216**	1.288	–
			–	961	**1.022**	1.082	–
27	Leitungsschutzschalter 6 kA, 3pol. B20A	St	–	49	**52**	55	–
			–	41	**43**	46	–
28	Leitungsschutzschalter 6 kA, 3pol. C16A	St	–	45	**48**	51	–
			–	38	**41**	43	–
29	Leitungsschutzschalter 6 kA, 1pol. B10A	St	–	36	**38**	41	–
			–	30	**32**	34	–
30	Fehlerstromschutzschalter 25A, 4pol.	St	–	58	**62**	65	–
			–	49	**52**	55	–
31	Fehlerstromschutzschalter 63A, 4pol.	St	–	60	**64**	69	–
			–	50	**54**	58	–
32	Sicherungssockel D02	St	–	44	**47**	50	–
			–	37	**39**	42	–
33	Lasttrennschalter, 63A	St	–	150	**159**	169	–
			–	126	**134**	142	–
34	SAT-Anschlussdose, koaxial, Enddose UP	St	–	2,2	**2,4**	2,5	–
			–	1,9	**2,0**	2,1	–

Nr. **Kurztext** / Langtext Kostengruppe
▶ ▷ **ø netto €** ◁ ◀ [Einheit] Ausf.-Dauer Positionsnummer

1 Installationsschalter, Aus-/Wechselschalter, 1pol., UP KG **444**

Installationsschalter
Norm: DIN EN 60669-1 (VDE 0632-1)
Leistung: Aus-/Wechselschalter, 1polig
Nennstrom: 10 A
Nennspannung: 250 V AC
Systemkomponenten: einschl. Wippe mit Symbol, Kontrolllampe, anteilig Abdeckrahmen mit Beschriftungsfeld
Ausführung: unter Putz
Schutzart: IP 20
Farbe: reinweiß, RAL 9010
Befestigung: in Gerätedose, Einsatz mit Schrauben
Angeb. Fabrikat: .....

–€ 13€ **14€** 14€ –€ [St] ⏱ 0,18 h/St 054.000.001

040 041 042 044 045 047 053 054 058 069 075

Nr.	**Kurztext** / Langtext					Kostengruppe
▶	▷	**ø netto €**	◁	◀	[Einheit]	Ausf.-Dauer Positionsnummer

2 Installationsschalter, Aus-/Wechselschalter, 2pol., UP KG **444**

Installationsschalter
Norm: DIN EN 60669-1 (VDE 0632-1)
Leistung: Aus-/Wechselschalter, 2polig
Nennstrom: 10 A
Nennspannung: 250 V AC
Systemkomponenten: einschl. Wippe mit Symbol, Kontrolllampe, anteilig Abdeckrahmen mit Beschriftungsfeld
Ausführung: unter Putz
Schutzart: IP 20
Farbe: reinweiß, RAL 9010
Befestigung: in Gerätedose, Einsatz mit Schrauben
Angeb. Fabrikat: .....

–€ 19€ **20**€ 22€ –€ [St] ⏱ 0,18 h/St 054.000.002

3 Installationsschalter, Serienschalter, UP KG **444**

Installationsschalter
Norm: DIN EN 60669-1 (VDE 0632-1)
Leistung: Serienschalter, 1polig
Nennstrom: 10 A
Nennspannung: 250 V AC
Systemkomponenten: einschl. Wippe mit Symbol, Kontrolllampe, anteilig Abdeckrahmen mit Beschriftungsfeld
Ausführung: unter Putz
Schutzart: IP 20
Farbe: reinweiß, RAL 9010
Befestigung: in Gerätedose, Einsatz mit Schrauben
Angeb. Fabrikat: .....

–€ 18€ **19**€ 20€ –€ [St] – 054.000.014

4 Installationsschalter, Kreuzschalter, UP KG **444**

Installationsschalter
Norm: DIN EN 60669-1 (VDE 0632-1)
Leistung: Kreuzschalter, 1polig
Nennstrom: 10 A
Nennspannung: 250 V AC
Systemkomponenten: einschl. Wippe mit Symbol, Kontrolllampe, anteilig Abdeckrahmen und Beschriftungsfeld
Ausführung: unter Putz
Schutzart: IP 20
Farbe: reinweiß, RAL 9010
Befestigung: in Gerätedose, Einsatz mit Schrauben
Angeb. Fabrikat: .....

–€ 19€ **20**€ 22€ –€ [St] – 054.000.015

Kosten:
Stand 1.Quartal 2020
Bundesdurchschnitt

▶ min
▷ von
ø Mittel
◁ bis
◀ max

Nr.	Kurztext / Langtext						Kostengruppe
▶	▷	**ø netto €**	◁	◀	[Einheit]	Ausf.-Dauer	Positionsnummer

5 **Installationsschalter, Taster, Kontrolllicht, UP** KG **444**

Installationsschalter
Norm: DIN EN 60669-1 (VDE 0632-1)
Leistung: Taster, 1polig
Nennstrom: 10 A
Nennspannung: 250 V AC
Systemkomponenten: einschl. Wippe mit Symbol, Kontrolllampe, anteilig Abdeckrahmen und Beschriftungsfeld
Ausführung: unter Putz
Schutzart: IP 20
Farbe: reinweiß, RAL 9010
Befestigung: in Gerätedose, Einsatz mit Schrauben
Angeb. Fabrikat: .....

–€	20€	**22**€	23€	–€	[St]	–	054.000.016

6 **Abzweigdose UP** KG **444**

Abzweigdose
Norm: DIN EN 60670-1 (VDE 0606-1)
Werkstoff Elektrobauteil: Kunststoff
Leistung: als Abzweigdose
Durchmesser: 70 mm
Tiefe Installationsgerät: mind. 65 mm
Systemkomponenten: mit Deckel mit Schraubbefestigung
Ausführung: unter Putz
Anschlusssystem: 5 Klemmen
Schutzart: IP20
Befestigung: in Mauerwerk
Angeb. Fabrikat: .....

–€	10€	**10**€	11€	–€	[St]	–	054.000.018

7 **Abzweigkasten UP, 100x100mm** KG **444**

Abzweigkasten
Norm: DIN EN 60670-1 (VDE 0606-1)
Werkstoff Elektrobauteil: Polystyrol
Leistung: als Abzweigkasten
Mind.-Grundfläche Verbindungsdose: 100/100 mm
Tiefe Installationsgerät: mind. 45 mm
Systemkomponenten: mit Deckel mit Schraubbefestigung
Ausführung: unter Putz
Anschlusssystem: 5 Klemmen
Befestigung: in Mauerwerk
Angeb. Fabrikat: .....

–€	14€	**15**€	16€	–€	[St]	–	054.000.019

Kosten:
Stand 1.Quartal 2020
Bundesdurchschnitt

Nr.	Kurztext / Langtext						Kostengruppe
▶	▷	ø netto €	◁	◀	[Einheit]	Ausf.-Dauer	Positionsnummer

8 Abzweigkasten UP, 150x150mm KG **444**

Abzweigkasten
Norm: DIN EN 60670-1 (VDE 0606-1)
Werkstoff Elektrobauteil: Polystyrol
Leistung: als Abzweigkasten
Mind.-Grundfläche Verbindungsdose: 150/150 mm
Tiefe Installationsgerät: mind. 45 mm
Systemkomponenten: mit Deckel mit Schraubbefestigung
Ausführung: unter Putz
Anschlusssystem: 5 Klemmen
Befestigung: in Mauerwerk
Angeb. Fabrikat: .....

▶	▷	ø	◁	◀	[Einheit]	Ausf.-Dauer	Positionsnummer
–€	24€	**26**€	28€	–€	[St]	–	054.000.020

9 Abzweigdose AP KG **444**

Abzweigdose
Norm: DIN EN 60695 (VDE 0471)
Werkstoff Elektrobauteil: Polystyrol
Leistung: als Abzweigdose
Durchmesser: 70mm
Abmessungen (L x B x T): 80 x 80 x 52 mm
Systemkomponenten: mit Deckel mit Schraubbefestigung
Ausführung: auf Putz/Wandmontage
Anschlusssystem: 5 Klemmen
Schutzart: IP65
Befestigung: mit Schrauben
Angeb. Fabrikat: .....

▶	▷	ø	◁	◀	[Einheit]	Ausf.-Dauer	Positionsnummer
–€	14€	**15**€	16€	–€	[St]	–	054.000.021

10 Abzweigkasten AP, 150x150mm KG **444**

Abzweigkasten
Norm: DIN EN 60670-1 (VDE 0606-1)
Werkstoff Elektrobauteil: Polystyrol
Leistung: als Abzweigkasten
Farbe: grau
Abmessungen(L x B x T): 200 x 250 x 155 mm
Systemkomponenten: mit Deckel mit Schraubbefestigung
Ausführung: auf Putz/Wandmontage
Anschlusssystem: 5 Klemmen
Schutzart: IP54
Befestigung: mit Schrauben
Angeb. Fabrikat: .....

▶	▷	ø	◁	◀	[Einheit]	Ausf.-Dauer	Positionsnummer
–€	50€	**53**€	56€	–€	[St]	–	054.000.023

▶ min
▷ von
ø Mittel
◁ bis
◀ max

11 Schukosteckdose, 16A, 250V, UP, IP24 KG **444**

Schutzkontaktsteckdose
Norm: DIN VDE 0620-1 (VDE 0620-1)
Nennstrom: 16 A
Nennspannung: 250 V
Systemkomponenten: einschl. Abdeckrahmen mit Beschriftungsfeld
Ausführung: unter Putz
Schutzart: IP 24
Farbe: reinweiß RAL 9010
Befestigung: in Gerätedose, Einsatz mit Schrauben
Angeb. Fabrikat: .....

▶	▷	ø netto €	◁	◀	[Einheit]	Ausf.-Dauer	Positionsnummer
–€	13€	**14**€	15€	–€	[ST]	–	054.000.024

12 Schukosteckdose, 16A, 250V, UP, IP44, mit Klappdeckel KG **444**

Schutzkontaktsteckdose
Norm: DIN VDE 0620-1 (VDE 0620-1)
Nennstrom: 16 A
Nennspannung: 250 V
Systemkomponenten: einschl. Abdeckrahmen mit Beschriftungsfeld und Klappdeckel
Ausführung: unter Putz
Schutzart: IP 44
Farbe: reinweiß RAL 9010
Befestigung: in Gerätedose, Einsatz mit Schrauben
Angeb. Fabrikat: .....

▶	▷	ø netto €	◁	◀	[Einheit]	Ausf.-Dauer	Positionsnummer
–€	9€	**10**€	11€	–€	[St]	–	054.000.025

13 Schukosteckdose, 16A, 250V, Wandmontage, AP KG **444**

Schutzkontaktsteckdose
Norm: DIN VDE 0620-1 (VDE 0620-1)
Nennstrom: 16 A
Nennspannung: 250 V
Systemkomponenten: einschl. Beschriftungsfeld
Ausführung: auf Putz / Wandmontage
Schutzart: IP 24
Farbe: reinweiß RAL 9010
Befestigung: in Gerätedose, Einsatz mit Schrauben
Angeb. Fabrikat: .....

▶	▷	ø netto €	◁	◀	[Einheit]	Ausf.-Dauer	Positionsnummer
–€	14€	**20**€	16€	–€	[St]	–	054.000.026

Nr.	Kurztext / Langtext						Kostengruppe
▶	▷	**ø netto €**	◁	◀	[Einheit]	Ausf.-Dauer	Positionsnummer

14 Zweifach-Schukosteckdose, 16A, 250V, Wandmontage, AP KG **444**

Zweifach-Schutzkontaktsteckdose
Norm: DIN VDE 0620-1 (VDE 0620-1)
Nennstrom: 16 A
Nennspannung: 250 V
Systemkomponenten: einschl. Beschriftungsfeld
Ausführung: auf Putz / Wandmontage
Schutzart: IP 24
Farbe: reinweiß RAL 9010
Befestigung: in Gerätedose, Einsatz mit Schrauben
Angeb. Fabrikat: .....

–€	20€	**21**€	22€	–€	[St]	–	054.000.027

Kosten:
Stand 1.Quartal 2020
Bundesdurchschnitt

15 Dreifach-Schukosteckdose, 16A, 250V, Wandmontage, AP KG **444**

Dreifach-Schutzkontaktsteckdose
Norm: DIN VDE 0620-1 (VDE 0620-1)
Nennstrom: 16 A
Nennspannung: 250 V
Systemkomponenten: einschl. Beschriftungsfeld
Ausführung: auf Putz/Wandmontage
Schutzart: IP 24
Farbe: reinweiß RAL 9010
Befestigung: in Gerätedose, Einsatz, mit Schrauben
Angeb. Fabrikat: .....

–€	25€	**26**€	28€	–€	[St]	–	054.000.028

16 Schukosteckdose, 16A, 250V, AP, Klappdeckel KG **444**

Schutzkontaktsteckdose
Norm: DIN VDE 0620-1 (VDE 0620-1)
Nennstrom: 16 A
Nennspannung: 250 V
Systemkomponenten: einschl. Klappdeckel und Beschriftungsfeld
Ausführung: auf Putz/Wandmontage
Schutzart: IP 44
Farbe: reinweiß RAL 9010
Befestigung: in Gerätedose, Einsatz mit Schrauben
Angeb. Fabrikat: .....

–€	17€	**18**€	19€	–€	[St]	–	054.000.029

▶ min
▷ von
ø Mittel
◁ bis
◀ max

17 Zweifach-Schukosteckdose, 16A, 250V, AP, Klappdeckel KG **444**

Zweifach-Schutzkontaktsteckdose
Norm: DIN VDE 0620-1 (VDE 0620-1)
Nennstrom: 16 A
Nennspannung: 250 V
Systemkomponenten: einschl. Klappdeckel und Beschriftungsfeld
Ausführung: auf Putz/Wandmontage
Schutzart: IP 44
Farbe: reinweiß RAL 9010
Befestigung: in Gerätedose, Einsatz mit Schrauben
Angeb. Fabrikat: .....

▶	▷	ø netto €	◁	◀	[Einheit]	Ausf.-Dauer	Positionsnummer
–€	29€	**31**€	33€	–€	[St]	–	054.000.030

18 Dreifach-Schukosteckdose, 16A, 250V, AP, Klappdeckel KG **444**

Dreifach-Schutzkontaktsteckdose
Norm: DIN VDE 0620-1 (VDE 0620-1)
Nennstrom: 16 A
Nennspannung: 250 V
Systemkomponenten: einschl. Klappdeckel und Beschriftungsfeld
Ausführung: auf Putz/Wandmontage
Schutzart: IP 44
Farbe: reinweiß RAL 9010
Befestigung: in Gerätedose, Einsatz mit Schrauben
Angeb. Fabrikat: .....

▶	▷	ø netto €	◁	◀	[Einheit]	Ausf.-Dauer	Positionsnummer
–€	49€	**52**€	55€	–€	[St]	–	054.000.031

19 Gerätedose, UP, luftdicht KG **444**

Gerätedose
Norm: DIN EN 60670-1 (VDE 0606-1)/DIN 49073
Werkstoff: Kunststoff, halogenfrei
Durchmesser Installationsgerät: 60 mm
Tiefe: Installationsgerät: 40 mm
Ausstattung Dose: luftdicht
Ausführung: unter Putz
Farbe: schwarz
Einbringung: in Mauerwerk, mit Schrauben
Angeb. Fabrikat: .....

▶	▷	ø netto €	◁	◀	[Einheit]	Ausf.-Dauer	Positionsnummer
–€	7€	**8**€	8€	–€	[St]	–	054.000.032

Kosten:
Stand 1.Quartal 2020
Bundesdurchschnitt

Nr.	**Kurztext** / Langtext						Kostengruppe
▶	▷	**ø netto €**	◁	◀	[Einheit]	Ausf.-Dauer	Positionsnummer

20 Gerätedose Brandschutzdose UP KG **444**

Gerätedose
Norm: DIN EN 60670-1 (VDE 0606-1)/DIN 49073
Werkstoff: Kunststoff, halogenfrei
Ausführung: als Brandschutzdose
Durchmesser Installationsgerät: 60 mm
Tiefe: Installationsgerät: 60 mm
Ausführung: unter Putz
Farbe: schwarz
Einbringung: in Mauerwerk, mit Schrauben befestigen
Angeb. Fabrikat: .....

▶	▷	ø	◁	◀	Einheit	Ausf.-Dauer	Positionsnummer
–€	19€	**20**€	21€	–€	[St]	–	054.000.033

21 Installationsschalter, Aus-/Wechselschalter, AP, 1pol. KG **444**

Installationsschalter
Norm: DIN EN 60669-1 (VDE 0632-1)
Leistung: Aus-/Wechselschalter, 1polig
Nennstrom: 10 A
Nennspannung: 250 V AC
Schutzart: IP 44
Systemkomponenten: einschl. Wippe mit Symbol, mit Beschriftungsfeld, Kontrolllampe
Farbe: grau RAL 7035
Befestigung: auf Putz, mit Schrauben
Angeb. Fabrikat: .....

▶	▷	ø	◁	◀	Einheit	Ausf.-Dauer	Positionsnummer
–€	18€	**19**€	21€	–€	[St]	–	054.000.034

22 Installationsschalter, Taster, AP KG **444**

Installationsschalter
Norm: DIN EN 60669-1 (VDE 0632-1)
Leistung: Taster, 1polig
Nennstrom: 10 A
Nennspannung: 250 V AC
Schutzart: IP 44
Systemkomponenten: einschl. Wippe mit Symbol, mit Beschriftungsfeld, Kontrolllampe
Farbe: grau RAL 7035
Befestigung: auf Putz, mit Schrauben
Angeb. Fabrikat: .....

▶	▷	ø	◁	◀	Einheit	Ausf.-Dauer	Positionsnummer
–€	24€	**26**€	20€	–€	[St]	–	054.000.035

▶ min
▷ von
ø Mittel
◁ bis
◀ max

23 Heizungs-Not-Ausschalter, AP KG **444**

Heizungs-Not-Ausschalter, auf Putz.
Norm: DIN VDE 0620
Leistung: Heizungs-Not-Ausschalter, 2polig
Nennstrom: 16 A
Nennspannung: 250 V
Schutzart: IP 44
Farbe: grau
Befestigung: auf Putz, mit Schrauben
Angeb. Fabrikat: .....

▶	▷	ø netto €	◁	◀	[Einheit]	Ausf.-Dauer	Positionsnummer
–€	45€	**48**€	51€	–€	[St]	⏱ 0,12 h/St	054.000.008

24 Installationskleinverteiler 356x348x94,5mm KG **444**

Installationskleinverteiler
Norm: DIN EN 60670-24, DIN 43871
Leistungsmerkmale: Kunststoffmauerkasten, Blendrahmen mit Tür aus Stahlblech, Blindabdeckungen
Schutzart: IP30
Schutzartklasse: II
Montageart: Unterputz
Anzahl der Verteilerreihen: 1
Farbe: reinweiß RAL 9010
Höhe: 356 mm
Breite: 348 mm
Tiefe: 94,5 mm
Angeb. Fabrikat: .....

▶	▷	ø netto €	◁	◀	[Einheit]	Ausf.-Dauer	Positionsnummer
–€	57€	**61**€	64€	–€	[St]	–	054.000.036

25 Installationskleinverteiler 755x348x94,5mm KG **444**

Installationskleinverteiler
Norm: DIN EN 60670-24, DIN 43871
Leistungsmerkmale: Kunststoffmauerkasten, Blendrahmen mit Tür aus Stahlblech, Blindabdeckungen
Schutzart: IP30
Schutzartklasse: II
Montageart: Unterputz
Anzahl der Verteilerreihen: 4
Farbe: reinweiß RAL 9010
Höhe: 755 mm
Breite: 348 mm
Tiefe: 94,5 mm
Angeb. Fabrikat: .....

▶	▷	ø netto €	◁	◀	[Einheit]	Ausf.-Dauer	Positionsnummer
–€	98€	**104**€	111€	–€	[St]	–	054.000.037

Kosten:
Stand 1.Quartal 2020
Bundesdurchschnitt

Nr.	**Kurztext** / Langtext						Kostengruppe
▶	▷	**ø netto €**	◁	◀	[Einheit]	Ausf.-Dauer	Positionsnummer

26 Zählerschrank KG **444**

Zählerschrank mit Multimediafeld.
Norm: DIN EN 0603/1, DIN 43870
Leistungsmerkmale: Kunststoffmauerkasten, Blendrahmen mit Tür aus Stahlblech, Blindabdeckungen, Klemmen, Multimediafeld mit Dreifach-Steckdose
Schutzart: IP44
Schutzklasse: II
Montageart: Unterputz
Anzahl der Verteilerreihen: 7
Farbe: reinweiß RAL 9010
Höhe: 1.100 mm
Breite: 1.050 mm
Tiefe: 205 mm
Angeb. Fabrikat: .....

–€	961€	**1.022**€	1.082€	–€	[St]	–	054.000.038

27 Leitungsschutzschalter 6 kA, 3pol. B20A KG **444**

Leitungsschutzschalter
Norm: DIN EN 60898-1 (VDE 0641-11)
Normung Gerätemaße: als Reiheneinbaugerät, DIN 43880
Berührungsschutz: fingersicher DIN EN 50274 (VDE 0660-514)
Bemessungsbetriebsspannung: 230/400 V AC
Bemessungsschaltvermögen: 6 kA
Anzahl Pole: 3
Auslösecharakteristik Schutzschalter: B
Bemessungsstrom: 20A
Beschriftung/Bedruckung: mit Aufnahmevorrichtung für Beschriftungsschild
Angeb. Fabrikat: .....

–€	41€	**43**€	46€	–€	[St]	–	054.000.040

28 Leitungsschutzschalter 6 kA, 3pol. C16A KG **444**

Leitungsschutzschalter
Norm: DIN EN 60898-1 (VDE 0641-11)
Normung Gerätemaße: als Reiheneinbaugerät, DIN 43880
Berührungsschutz: fingersicher DIN EN 50274 (VDE 0660-514)
Bemessungsbetriebsspannung: 230/400 V AC
Bemessungsschaltvermögen: 6 kA
Anzahl Pole: 3
Auslösecharakteristik Schutzschalter: C
Bemessungsstrom: 16 A
Beschriftung/Bedruckung: mit Aufnahmevorrichtung für Beschriftungsschild
Angeb. Fabrikat: .....

–€	38€	**41**€	43€	–€	[St]	–	054.000.041

▶ min
▷ von
ø Mittel
◁ bis
◀ max

29 Leitungsschutzschalter 6 kA, 1pol. B10A KG **444**

Leitungsschutzschalter
Norm: DIN EN 60898-1 (VDE 0641-11)
Normung: als Reiheneinbaugerät, DIN 43880
Berührungsschutz: fingersicher DIN EN 50274 (VDE 0660-514)
Bemessungsbetriebsspannung: 230/400 V AC
Bemessungsschaltvermögen: 6 kA
Ausführung Abdeckung: beidseitige Klemmenabdeckung
Anzahl Pole: 1
Auslösecharakteristik Schutzschalter: B
Bemessungsstrom: 10 A
Beschriftung/Bedruckung: mit Aufnahmevorrichtung für Beschriftungsschild
Angeb. Fabrikat: .....

–€	30€	**32**€	34€	–€	[St]	–	054.000.042

30 Fehlerstromschutzschalter 25A, 4pol. KG **444**

Fehlerstromschutzschalter
Norm: DIN EN 61008-1 (VDE 0664-10)
Normung Gerätemaße: als Reiheneinbaugerät DIN 43880
Berührungsschutz: fingersicher (DIN EN 50274 (VDE 0660-514)
Typ Fehlerstrom: A pulsstromsensitiv
Bemessungsstrom: 25 A
Bemessungsfehlerstrom (mA) Schutzschalter: 30
Anzahl Pole: 3+N
Bemessungsbetriebsspannung: 400 V AC
Kurzschlussfestigkeit: 6 kA
Max. Stoßstromfestigkeit: 250 A
Antrieb Schalter: handbetätigt
Beschriftung: mit Aufnahmevorrichtung für Beschriftungsschild
Angeb. Fabrikat: .....

–€	49€	**52**€	55€	–€	[St]	–	054.000.043

31 Fehlerstromschutzschalter 63A, 4pol. KG **444**

Fehlerstromschutzschalter
Norm: DIN EN 61008-1 (VDE 0664-10)
Normung Gerätemaße: als Reiheneinbaugerät DIN 43880
Berührungsschutz: fingersicher (DIN EN 50274 (VDE 0660-514)
Typ Fehlerstrom: A pulsstromsensitiv
Bemessungsstrom: 63A
Bemessungsfehlerstrom (mA) Schutzschalter: 30
Anzahl Pole: 3+N
Bemessungsbetriebsspannung: 400 V AC
Kurzschlussfestigkeit: 6 kA
Max. Stoßstromfestigkeit: 250 A
Antrieb Schalter: handbetätigt
Beschriftung: mit Aufnahmevorrichtung für Beschriftungsschild
Angeb. Fabrikat: .....

–€	50€	**54**€	58€	–€	[St]	–	054.000.044

Kosten:
Stand 1.Quartal 2020
Bundesdurchschnitt

Nr.	**Kurztext** / Langtext						Kostengruppe
▶	▷	**ø netto €**	◁	◀	[Einheit]	Ausf.-Dauer	Positionsnummer

32 Sicherungssockel D02 KG **444**

Sicherungssockel
Norm: DIN VDE 0636-3 (VDE 0636-3)
Montageart: auf Tragschiene
Bestückung Sicherungssockel/-unterteil/Trennschalter: mit Sicherungseinsatz
Bemessungsstrom: 63 A
Anzahle Pole: 3
Ausführung Abdeckung: mit Abdeckung
Ausführung Klemme: Neutralleiterklemme

▶	▷	ø	◁	◀	Einheit	Ausf.-Dauer	Positionsnummer
–€	37€	**39**€	42€	–€	[St]	–	054.000.045

33 Lasttrennschalter, 63A KG **444**

Lasttrennschalter
Norm: DIN VDE 0632
Leistungsmerkmale: Berührungsschutz nach DIN VDE 0106/100
Nennstrom: 63 A
Betriebsspannung: 400 V AC
Anschlussquerschnitt bei starrem Leiter: 16 mm²

▶	▷	ø	◁	◀	Einheit	Ausf.-Dauer	Positionsnummer
–€	126€	**134**€	142€	–€	[St]	–	054.000.046

34 SAT-Anschlussdose, koaxial, Enddose UP KG **455**

SAT-Anschlussdose koaxial
Ausführung Anschlussdose: als Enddose
Verbindungstechnik: Schraubtechnik
Ausführung Bauteil: Unterputzausführung
Systemkomponenten: Abdeckrahmen mit Beschriftungsfeld
Angeb. Fabrikat: .....

▶	▷	ø	◁	◀	Einheit	Ausf.-Dauer	Positionsnummer
–€	2€	**2**€	2€	–€	[St]	⏱ 1,50 h/St	053.000.019

▶ min
▷ von
ø Mittel
◁ bis
◀ max

Nr.	Positionen	Einheit	▶	▷	ø brutto € / ø netto €	◁	◀
1	Einbauleuchte, LED, 39W	St	–	115	**122**	128	–
			–	96	**103**	107	–
2	Hängeleuchte, LED 47W, bis 598mm	St	–	247	**280**	308	–
			–	208	**235**	259	–
3	Hängeleuchte, LED 47W, bis 1.198mm	St	–	312	**345**	410	–
			–	262	**290**	344	–
4	Einbaudownlight, LED, 9W	St	–	49	**59**	65	–
			–	42	**49**	55	–
5	Einbaudownlight, LED, 17,8W	St	–	59	**64**	79	–
			–	50	**54**	66	–

058

Kosten:
Stand 1.Quartal 2020
Bundesdurchschnitt

Nr. **Kurztext** / Langtext — Kostengruppe
▶ ▷ **ø netto €** ◁ ◀ [Einheit] Ausf.-Dauer Positionsnummer

1 Einbauleuchte, LED, 39W KG **445**

Einbauleuchte in abgehängter Decke, Gehäuse aus Aluminium, Diffusor und Lightguide aus vergilbungsfreiem PMMA (opal), seitliche Lichteinkopplung mit LED-Betriebsgerät extern.
Abmessung: ..... (bis 1233 mm)
Abstrahlwinkel: 60°
Leuchtmittel: LED 39 W
Lichtfarbe: 830, warmweiß
Leuchtenlichtstrom: 3.600 lm
Lebensdauer: 50.000 h (L70/B10)
Schutzart: IP 20
Schutzklasse: II
Spannung: 220-240 V / 50-60 Hz
Für Deckenstärke: 10-25 mm
Gehäusefarbe: weiß
Zubehör: Befestigungsmaterial
Angeb. Fabrikat: .....

–€ 96€ **103**€ 107€ –€ [St] ⏱ 0,60 h/St 058.000.020

▶ min
▷ von
ø Mittel
◁ bis
◀ max

2 Hängeleuchte, LED 47W, bis 598mm KG **445**

Hängeleuchte, Abdeckung aus Stahlblech, pulverbeschichtet, Rahmen aus Aluminium, eloxiert, Diffusor aus Kunststoff (PMMA) opal, seitliche Lichteinkopplung mit LED, mit 2-Punkt-Stahlseilabhängung, stufenlos höhenverstellbar.
Abstrahlwinkel: 120°
Leuchtmittel: LED 47 W
Lichtfarbe: 830, warmweiß
Leuchtenlichtstrom: 4.300 lm
Schutzart: IP 40
Schutzklasse: I
Spannung: 100-240 V / 50-60 Hz
Gehäusefarbe: aluminium, eloxiert
Zubehör: Befestigungsmaterial
Abmessung: ..... (bis 598 mm)
Angeb. Fabrikat: .....

–€	208€	**235**€	259€	–€	[St]	–	058.000.023

3 Hängeleuchte, LED 47W, bis 1.198mm KG **445**

Hängeleuchte, Abdeckung aus Stahlblech, pulverbeschichtet, Rahmen aus Aluminium, eloxiert, Diffusor aus Kunststoff (PMMA) opal, seitliche Lichteinkopplung mit LED, mit 2-Punkt-Stahlseilabhängung, stufenlos höhenverstellbar.
Abstrahlwinkel: 120°
Leuchtmittel: LED 47 W
Lichtfarbe: 830, warmweiß
Leuchtenlichtstrom: 4.300 lm
Schutzart: IP 40
Schutzklasse: I
Spannung: 100-240 V / 50-60 Hz
Gehäusefarbe: aluminium, eloxiert
Zubehör: Befestigungsmaterial
Abmessung: ..... (bis 1.198 mm)
Angeb. Fabrikat: .....

–€	262€	**290**€	344€	–€	[St]	–	058.000.024

A 1 Einbaudownlight, LED Beschreibung für Pos. **4-5**

Einbaudownlight mit LED, Gehäuse aus Aluminium-Druckguss, pulverbeschichtet, Lightguide und Kunststoffabdeckung aus vergilbungsfreiem Kunststoff (PMMA), Abdeckung Kunststoff opal matt, Deckenbefestigung mit Federsystem.
Betriebsgerät: extern über Steckverbindung, mit Verbindungsleitung zwischen Leuchte und LED-Konverter 250 mm
Abstrahlwinkel: 110°
Lichtfarbe: 830, warmweiß
Lebensdauer: L70 > 50.000 h
Spannung: 220-240 V / 50-60 Hz
Für Deckenstärke: 1-20 mm
Schutzart: IP40
Schutzklasse: II
Zubehör: Befestigungsmaterial

040 041 042 044 045 047 053 054 **058** 069 075

Nr.	Kurztext / Langtext						Kostengruppe
▶	▷	**ø netto €**	◁	◀	[Einheit]	Ausf.-Dauer	Positionsnummer

4 Einbaudownlight, LED, 9W KG **445**

Wie Ausführungsbeschreibung A 1
Durchmesser: 170 mm
Einbautiefe: 27-53 mm
Lichtleistung: LED 9 W
Leuchtenlichtstrom: 940 lm
Angeb. Fabrikat: .....

▶	▷	ø	◁	◀	Einheit	Ausf.-Dauer	Positionsnummer
–€	42€	**49**€	55€	–€	[St]	⏱ 0,30 h/St	058.000.017

5 Einbaudownlight, LED, 17,8W KG **445**

Wie Ausführungsbeschreibung A 1
Durchmesser: 234 mm
Einbautiefe: 31-56 mm
Lichtleistung: LED 17,8 W
Leuchtenlichtstrom: 1.650 lm
Angeb. Fabrikat: .....

▶	▷	ø	◁	◀	Einheit	Ausf.-Dauer	Positionsnummer
–€	50€	**54**€	66€	–€	[St]	⏱ 0,40 h/St	058.000.018

Kosten:
Stand 1.Quartal 2020
Bundesdurchschnitt

▶ min
▷ von
ø Mittel
◁ bis
◀ max

069

Kosten:
Stand 1.Quartal 2020
Bundesdurchschnitt

Nr.	Positionen	Einheit	▶	▷	ø brutto € / ø netto €	◁	◀
1	Personenaufzug bis 320kg	St	32.196	39.491	**41.166**	45.020	51.055
			27.055	33.186	**34.594**	37.832	42.903
2	Personenaufzug bis 630kg, behindertengerecht, Typ 2	St	41.005	46.516	**49.362**	52.821	59.702
			34.458	39.089	**41.481**	44.388	50.170
3	Personenaufzug bis 1.275kg, behindertengerecht, Typ 3	St	51.320	69.751	**80.013**	90.301	109.688
			43.126	58.614	**67.238**	75.884	92.175
4	Personenaufzug über 1.000 bis 1.600kg	St	80.317	92.781	**100.554**	102.841	115.305
			67.493	77.967	**84.499**	86.421	96.895
5	Bettenaufzug, 2.500kg	St	74.142	91.195	**101.102**	102.379	127.625
			62.304	76.635	**84.960**	86.033	107.248
6	Kleingüteraufzug mit Traggerüst	St	8.634	10.556	**11.906**	12.466	14.556
			7.255	8.871	**10.005**	10.476	12.232
7	Verglasung Aufzug	m²	112	178	**209**	258	349
			94	150	**176**	217	294
8	Wartung Personenaufzug EN81-20	St	1.033	1.903	**2.054**	2.690	3.760
			868	1.599	**1.726**	2.261	3.160
9	Stundensatz Facharbeiter, Förderanlagen	h	51	79	**87**	108	161
			43	67	**73**	91	135
10	Stundensatz Helfer, Förderanlagen	h	38	56	**66**	93	123
			32	47	**56**	79	104

▶ min
▷ von
ø Mittel
◁ bis
◀ max

Nr.	Kurztext / Langtext						Kostengruppe
▶	▷	**ø netto €**	◁	◀	[Einheit]	Ausf.-Dauer	Positionsnummer

1 Personenaufzug bis 320kg KG **461**

Seilaufzug, bis 320 kg Nutzlast, als Personenaufzug, elektrisch betrieben EN 81-1, liefern und betriebsfertig montieren. Ausführung gem. Einzelbeschreibungen, Anlagen-Nr.: ..... .
Typ: Personenaufzug EN81-20
Gruppengröße: 4 Personen
Gruppensteuerung: Auf-/Abwärts-Sammelsteuerung
Geschwindigkeit: **1,6 / 1,0 / 0,5** m/s
Nennlast: 320 kg
Anzahl der Fahrten / Fahrzeit je Tag ca. **1,5 / 3,0 / 6,0** (Stunden je Tag) nach VDI 4707 Bl.1
Schallwerte 1 Meter vom Antrieb entfernt: max. 65 dB(A)
Schalwerte in der Kabine während der Fahrt: max. 51 dB(A)
Schallwert ein Meter vor geschlossener Schachttür: max. 53 dB(A)
Brandschutz: **Türen ohne Brandanforderung / E120 nach EN81-58**
Anzahl Haltestellen: .... Geschosse. Summe Zugänge: ..... Zugänge
Korrosionsschutz für Stahlteile:
Korrosivitätsklasse: C....., Schutzdauer: **L / M / H / VH**
Schachtausführung: Betonschacht nach EN81
Schacht-Abmessung (B x T): ..... x ..... mm
Schachtgrubentiefe: ..... mm
Schachtkopfhöhe: ..... mm
Förderhöhe: ..... mm
Bieterangaben:
Motor: Energieeffizienzklasse ....., mit ..... kW
Nennstrom: .....
Anlaufstrom: .....
Hersteller / Typ des Antriebes: .....
Hersteller / Typ des Motors: .....
Hersteller / Typ der Steuerung: .....
Hersteller / Typ des Fahrkorbes: .....
Hersteller / Typ der elektronischen Steuerung: .....

27.055€ 33.186€ **34.594€** 37.832€ 42.903€ [St] ⏱ 180,00 h/St 069.000.001

Nr.	Kurztext / Langtext						Kostengruppe
▶	▷	**ø netto €**	◁	◀	[Einheit]	Ausf.-Dauer	Positionsnummer

2 Personenaufzug bis 630kg, behindertengerecht, Typ 2 KG **461**

Seilaufzug, behindertengerecht EN 81-70, 630 kg Nutzlast, als Personenaufzug elektrisch betrieben EN 81-1, liefern und betriebsfertig montieren. Ausführung gem. anliegender Einzelbeschreibungen.
Türbreite: mind. 90 cm
Fahrkorbbreite: mind. 110 cm
Fahrkorbtiefe: mind. 210 cm
Typ: Personenaufzug EN81-70 barrierefrei / behindertengerecht, Nutzung durch 1 Rollstuhlbenutzer mit Begleitperson nach EN 12183 oder durch elektrisch angetriebenen Rollstuhl der Klassen A oder B DIN EN 12184.
Gruppengröße: 8 Personen
Gruppensteuerung: Auf-/Abwärts-Sammelsteuerung
Geschwindigkeit: **1,6 / 1,0 / 0,5 m/s**
Nennlast: 630 kg
Anzahl der Fahrten / Fahrzeit je Tag: ca. **1,5 / 3,0 / 6,0** (Stunden je Tag) nach VDI 4707 Bl.1
Schallwert 1 Meter vom Antrieb entfernt: max. ..... dB(A)
Schalwert in der Kabine während der Fahrt: max. 51 dB(A)
Schallwert1 Meter vor geschlossener Schachttür: max. ..... dB(A)
Türausbildung: gem. DIN DIN 18091
Brandschutz: Türen **ohne Brandanforderung / E120 nach EN81-58.**
Türausbildung gem. DIN 18091
Anzahl Haltestellen: ..... Geschosse
Summe Zugänge: ..... Zugänge
Korrosionsschutz für Stahlteile:
Korrosivitätsklasse: C....., Schutzdauer: **L / M / H / VH**
Schachtausführung: Betonschacht nach EN81
Schacht-Abmessung (B x T): ..... x ..... mm
Schachtgrubentiefe: ..... mm
Schachtkopfhöhe: ..... mm
Förderhöhe: ..... mm
Aufzugsantrieb: im Schacht / im gesonderten Maschinenraum
Antrieb / Kabinenausstattung / Ausführung Schachtkorb und Türen, gem. Einzelbeschreibung
Bieterangaben:
Motor: Energieeffizienzklasse ....., mit ..... kW
Nennstrom: .....
Anlaufstrom: .....
Hersteller / Typ des Antriebes: .....
Hersteller / Typ des Motors: .....
Hersteller / Typ der Steuerung: .....
Hersteller / Typ des Fahrkorbes: .....
Hersteller / Typ der elektronischen Steuerung: .....

34.458€ 39.089€ **41.481**€ 44.388€ 50.170€ [St] ⏱ 220,00 h/St 069.000.004

Kosten:
Stand 1.Quartal 2020
Bundesdurchschnitt

▶ min
▷ von
ø Mittel
◁ bis
◀ max

3 Personenaufzug bis 1.275kg, behindertengerecht, Typ 3 KG **461**

Seilaufzug, krankentrage und behindertengerecht EN 81-70, 1.000 kg Nutzlast, als Personenaufzug für 13 Personen, elektrisch betrieben EN 81-1, liefern und betriebsfertig montieren. Ausführung gem. anliegender Einzelbeschreibungen, Anlagen-Nr.: .....
Typ: Personenaufzug EN81-70 Tabelle 1 Typ 3, barrierefrei / behindertengerecht und krankentragegerecht, Nutzung durch 1 Rollstuhlbenutzer und weitere Personen, mit der Möglichkeit des Wenden des Rollstuhls der Klasse A oder B oder der Gehhilfe bzw. des Rollators.
Gruppengröße: 13 Personen
Gruppensteuerung: Auf-/Abwärts-Sammelsteuerung
Geschwindigkeit: **1,6 / 1,0 / 0,5** m/s
Nennlast: 1.275 kg
Anzahl der Fahrten / Fahrzeit je Tag: ca. **1,5 / 3,0 / 6,0** (Stunden je Tag) nach VDI 4707 Bl.1
Schallwert 1 Meter vom Antrieb entfernt: max. ..... dB(A)
Schallwert in der Kabine während der Fahrt: max. 51 dB(A)
Schallwert: Meter vor geschlossener Schachttür max. ..... dB(A)
Türausbildung: gem. DIN DIN 18091
Brandschutz: Türen **ohne Brandanforderung / E120 nach EN81-58**
Anzahl Haltestellen: .... Geschosse
Summe Zugänge: ..... Zugänge
Korrosionsschutz für Stahlteile:
Korrosivitätsklasse: C....., Schutzdauer: **L / M / H / VH**
Schachtausführung: Betonschacht nach EN81
Schacht-Abmessung (B x T): ..... x ..... mm
Schachtgrubentiefe: ..... mm
Schachtkopfhöhe: ..... mm
Förderhöhe: ..... mm
Aufzugsantrieb: im Schacht / im gesonderten Maschinenraum
Bieterangaben:
Motor: Energieeffizienzklasse ....., mit ..... kW
Nennstrom: ..... / Anlaufstrom: .....
Türbreite: mind. 90 cm,
Fahrkorbbreite: mind. 200 cm
Fahrkorbtiefe: mind. 140 cm
Hersteller / Typ des Antriebes: .....
Hersteller / Typ des Motors: .....
Hersteller / Typ der Steuerung: .....
Hersteller / Typ des Fahrkorbes: .....
Hersteller / Typ der elektronischen Steuerung: .....

43.126€ 58.614€ **67.238**€ 75.884€ 92.175€ [St] ⏱ 240,00 h/St 069.000.002

040
041
042
044
045
047
053
054
058
069
075

Nr.	Kurztext / Langtext						Kostengruppe
▶	▷	ø netto €	◁	◀	[Einheit]	Ausf.-Dauer	Positionsnummer

4 Personenaufzug über 1.000 bis 1.600kg KG **461**

Seilaufzug, Personenaufzug, elektrisch betrieben EN 81-1, liefern und betriebsfertig montieren. Ausführung gem. anliegender Einzelbeschreibungen, Anlagen-Nr.: .....
Typ: Personenaufzug EN81-20
Gruppengröße: ..... Personen
Gruppensteuerung: Auf-/Abwärts-Sammelsteuerung
Geschwindigkeit: **1,6 / 1,0 / 0,5 m/s**
Nennlast: über 1.000 bis 1.600 kg
Anzahl der Fahrten / Fahrzeit je Tag: ca. **1,5 / 3,0 / 6,0** (Stunden je Tag) nach VDI 4707 Bl.1
Schallwert 1 Meter vom Antrieb entfernt: max. ..... dB(A)
Schallwert in der Kabine während der Fahrt: max. 51 dB(A)
Schallwert 1 Meter vor geschlossener Schachttür: max. ..... dB(A)
Brandschutz: **Türen ohne Brandanforderung / E120 nach EN81-58**
Anzahl Haltestellen: ..... Geschosse.
Zugänge: ..... Zugänge
Korrosionsschutz für Stahlteile:
Korrosivitätsklasse: C....., Schutzdauer: **L / M / H / VH**
Schachtausführung: Betonschacht nach EN81
Schacht-Abmessung (B x T): ..... x ..... mm
Schachtgrubentiefe: ..... mm
Schachtkopfhöhe: ..... mm
Förderhöhe: ..... mm
Aufzugsantrieb: im Schacht / im gesonderten Maschinenraum
Bieterangaben:
Motor: Energieeffizienzklasse ....., mit ..... kW
Nennstrom: .....
Anlaufstrom: .....
Hersteller / Typ des Antriebes: .....
Hersteller / Typ des Motors: .....
Hersteller / Typ der Steuerung: .....
Hersteller / Typ des Fahrkorbes: .....
Hersteller / Typ der elektronischen Steuerung: .....

67.493€ 77.967€ **84.499**€ 86.421€ 96.895€ [St] ⏱ 240,00 h/St 069.000.003

Kosten:
Stand 1.Quartal 2020
Bundesdurchschnitt

▶ min
▷ von
ø Mittel
◁ bis
◀ max

5 Bettenaufzug, 2.500kg KG **461**

Seilaufzug, Bettenaufzug, elektrisch betrieben EN 81-1, liefern und betriebsfertig montieren. Ausführung gem. anliegender Einzelbeschreibungen, Anlagen-Nr.: .....
Einsatzempfehlung: Bettenaufzug gem. DIN 15309, in Krankenhäuser und Kliniken, Bettengröße 1,00 x 2,30m, mit Geräten für die medizinische Versorgung und Notbehandlung der Patienten, mit Begleitperson am Kopfende und/oder seitlich stehend. Ausführung barrierefrei EN81-70.
Gruppengröße: 33 Personen
Gruppensteuerung: Auf-/Abwärts-Sammelsteuerung
Geschwindigkeit: **1,0 / 0,5** m/s
Nennlast: 2.500 kg
Anzahl der Fahrten / Fahrzeit je Tag: ca. ..... (Stunden je Tag) nach VDI 4707 Bl.1
Schallwert 1 Meter vom Antrieb entfernt: max. ..... dB(A)
Schallwert in der Kabine während der Fahrt: max. 51 dB(A)
Schallwert 1 Meter vor geschlossener Schachttür: max. ..... dB(A)
Brandschutz: E120 nach EN81-58
Anzahl Haltestellen: ..... Geschosse.
Zugänge: ..... Zugänge / Türen gegenüber: ..... Geschosse
Korrosionsschutz für Stahlteile:
Korrosivitätsklasse: C....., Schutzdauer: **L / M / H / VH**
Schachtausführung: Betonschacht nach EN81
Schacht-Abmessung (B x T): 2.775 x 3.250 mm
Schachtgrubentiefe: ..... mm
Schachtkopfhöhe: ..... mm
Förderhöhe: ..... mm
Aufzugsantrieb: **im Schacht / im gesonderten Maschinenraum**
Bieterangaben:
Motor: Energieeffizienzklasse ....., mit ..... kW
Nennstrom: ..... / Anlaufstrom: .....
Hersteller / Typ des Antriebes: .....
Hersteller / Typ des Motors: .....
Hersteller / Typ der Steuerung: .....
Hersteller / Typ des Fahrkorbes: .....
Hersteller / Typ der elektronischen Steuerung: .....

62.304€ 76.635€ **84.960**€ 86.033€ 107.248€ [St] ⏱ 260,00 h/St 069.000.008

040 041 042 044 045 047 053 054 058 **069** 075

Nr.	Kurztext / Langtext					Kostengruppe
▶	▷	**ø netto €**	◁	◀	[Einheit]	Ausf.-Dauer Positionsnummer

Kosten:
Stand 1.Quartal 2020
Bundesdurchschnitt

6 Kleingüteraufzug mit Traggerüst — KG **461**

Kleingüteraufzug, mit selbsttragendem, vormontiertem Schachtgerüst liefern und betriebsfertig montieren.
Ausführung gem. anliegender Einzelbeschreibungen, Anlagen-Nr.: .....
Aufzugstyp: Lastenaufzug, **elektrisch / hydraulisch** betrieben EN 81-3
Steuerung: Hol- und Sendesteuerung
Geschwindigkeit: **0,15 / 0,30 / 0,45** m/s
Nennlast: **50-100 / über 100-300** kg
Fahrzeit je Tag: ca. **1,5 / 3,0 / 6,0** (Stunden je Tag) nach VDI 4707 Bl.1
Schallwert 1 Meter vom Antrieb entfernt: max. ..... dB(A)
Schallwert 1 Meter vor geschlossener Schachttür: max. ..... dB(A)
Türausbildung: gem DIN DIN 18091
Anzahl Haltestellen: ...., Geschosse. Summe Zugänge: ..... Stück
Schachtausführung: Traggerüst aus korrosionsgeschützter Stahlkonstruktion, mit F30 Verkleidung aus verzinkten Stahlblechen
Korrosivitätsklasse: C....., Schutzdauer: **L / M / H / VH**
Schachtabmessung (L x B): ..... m
Schachtkopfhöhe: ..... mm
Kabine: verzinkte Stahlkonstruktion
Kabinenbreite / -länge / -höhe (B x L x H): ..... mm
Förderhöhe: ..... mm
Beladung: **1-seitig / 2-seitig gegenüberliegend**
Öffnung: **Schiebetür / Drehtür**
Öffnungshöhe: **Brüstungshöhe / bodenbündig**
Ausführung Fahrkorb / Türrahmen / Türblatt / Tableau: gem. Einzelbeschreibung.
Türverriegelung: elektrisch überwacht
Aufzugsantrieb: **im Schacht / im gesonderten Maschinenraum**
Bieterangaben:
Motor: Energieeffizienzklasse ....., mit ..... kW
Nennstrom: ..... / Anlaufstrom: .....
Hersteller / Typ des Antriebes: .....
Hersteller / Typ des Motors: .....
Hersteller / Typ der Steuerung: .....
Hersteller / Typ des Fahrkorbes: .....
Hersteller / Typ der elektronischen Steuerung: .....

7.255€ 8.871€ **10.005**€ 10.476€ 12.232€ [St] ⏱ 120,00 h/St 069.000.005

7 Verglasung Aufzug — KG **461**

Absturzsichernde Verglasung DIN 18008-7, für Aufzugsverglasung.
Verglasungen: VSG aus 2x 8 mm TVG mit PVB-Folie 0,76 mm bzw. nach Statik
Scheibengrößen:
- Aufzugrückseite (B x H): ca. ..... x ..... mm
- Seiten (B x H): 2x ca. ..... x ..... mm

94€ 150€ **176**€ 217€ 294€ [m²] ⏱ 1,50 h/m² 069.000.009

▶ min
▷ von
ø Mittel
◁ bis
◀ max

8 **Wartung Personenaufzug EN81-20** KG **461**

Vollwartung für Aufzugsanlagen, inkl. aller Verbrauchs- und Bedarfsstoffe, sowie aller Ersatzteile über den Gesamtgewährleistungszeitraum von 4 Jahren hinaus.
Aufzugstyp: Personenaufzug EN81-20..... Personen, Nutzlast bis ...... kg
Aufzug-Nr. ..... / Einbauort: .....
Vergütung: je **Aufzug / Kalenderjahr**

▶	▷	ø	◁	◀	Einheit	Ausf.-Dauer	Positionsnummer
868€	1.599€	**1.726**€	2.261€	3.160€	[St]	–	069.000.010

9 **Stundensatz Facharbeiter, Förderanlagen**

Stundenlohnarbeiten für Facharbeiter, Spezialfacharbeiter, Vorarbeiter und jeweils Gleichgestellte. Verrechnungssatz für die jeweilige Arbeitskraft inkl. aller Aufwendungen wie Lohn- und Gehaltskosten, Lohn- und Gehaltsnebenkosten, Zuschläge, lohngebundene und lohnabhängige Kosten, sonstige Sozialkosten, Gemeinkosten, Wagnis und Gewinn. Leistung nach besonderer Anordnung der Bauüberwachung. Nachweis und Anmeldung gem. VOB/B.

▶	▷	ø	◁	◀	Einheit	Ausf.-Dauer	Positionsnummer
43€	67€	**73**€	91€	135€	[h]	⏱ 1,00 h/h	069.000.006

10 **Stundensatz Helfer, Förderanlagen**

Stundenlohnarbeiten für Facharbeiter, Spezialfacharbeiter, Vorarbeiter und jeweils Gleichgestellte. Verrechnungssatz für die jeweilige Arbeitskraft inkl. aller Aufwendungen wie Lohn- und Gehaltskosten, Lohn- und Gehaltsnebenkosten, Zuschläge, lohngebundene und lohnabhängige Kosten, sonstige Sozialkosten, Gemeinkosten, Wagnis und Gewinn. Leistung nach besonderer Anordnung der Bauüberwachung. Nachweis und Anmeldung gem. VOB/B.

▶	▷	ø	◁	◀	Einheit	Ausf.-Dauer	Positionsnummer
32€	47€	**56**€	79€	104€	[h]	⏱ 1,00 h/h	069.000.007

075

Kosten:
Stand 1.Quartal 2020
Bundesdurchschnitt

▶ min
▷ von
ø Mittel
◁ bis
◀ max

Nr.	Positionen	Einheit	▶	▷	**ø brutto €** ø netto €	◁	◀
1	Absperrvorrichtung, K90, DN100	St	164	200	**211**	235	281
			138	168	**178**	197	236
2	Be- und Entlüftungsgerät, bis 5.000m³/h	St	3.944	7.122	**8.849**	10.614	17.031
			3.314	5.985	**7.436**	8.919	14.311
3	Be- und Entlüftungsgerät, bis 12.000m³/h	St	–	20.026	**20.048**	22.904	–
			–	16.828	**16.847**	19.247	–
4	Abluftventilator, Einbaugerät	St	1.490	1.968	**2.538**	2.761	3.315
			1.252	1.654	**2.132**	2.320	2.786
5	Kulissenschalldämpfer, rechteckig, Stahlblech, verzinkt	St	247	498	**548**	673	868
			208	419	**461**	565	730
6	Kulissenschalldämpfer, rund, Stahlblech, verzinkt	St	170	211	**226**	259	324
			143	177	**190**	218	272
7	Schalldämpfer, flach, runder Anschluss	St	98	117	**135**	146	166
			82	99	**113**	123	139
8	Wetterschutzgitter, Außenluft-/Fortluft	St	131	228	**250**	338	489
			110	192	**210**	284	411
9	Luftleitung, rechteckig, Stahlblech verzinkt	m²	40	51	**55**	59	74
			33	43	**46**	50	63
10	Luftleitung, rechteckig, Kunststoff	m²	105	139	**181**	211	241
			88	117	**152**	177	202
11	Luftleitung, feuerbeständig L30/L90	m²	56	130	**181**	187	267
			47	109	**152**	157	224
12	Formstücke, verzinkt, Luftleitung	m²	53	74	**77**	93	124
			44	62	**65**	78	104
13	Formteile, Kunststoff, Lüftungskanäle	m²	–	195	**232**	267	–
			–	164	**195**	224	–
14	Luftleitung, Spiralfalzrohre, verzinkt, DN100	m	16	18	**19**	20	22
			14	15	**16**	17	18
15	Luftleitung, Spiralfalzrohre, verzinkt, DN125	m	17	22	**24**	32	43
			14	18	**20**	27	36
16	Luftleitung, Spiralfalzrohre, verzinkt, DN160	m	19	25	**26**	33	43
			16	21	**22**	27	36
17	Luftleitung, Spiralfalzrohre, verzinkt, DN180	m	–	26	**30**	37	–
			–	22	**25**	31	–
18	Luftleitung, Spiralfalzrohre verzinkt, DN250	m	33	37	**42**	50	55
			28	31	**36**	42	46
19	Luftleitung, Spiralfalzrohre, verzinkt, DN500	St	54	59	**68**	76	82
			45	50	**57**	64	69
20	Luftleitung, Alurohre, flexibel, DN80	m	6	13	**14**	17	20
			5	11	**11**	14	17
21	Luftleitung, Alurohre, flexibel, DN100	m	10	16	**19**	26	34
			8	13	**16**	22	29
22	Rohrbogen, Luftleitung	St	12	19	**23**	29	37
			10	16	**19**	24	31
23	Abzweigstück, Luftleitung	St	16	19	**20**	22	27
			13	16	**16**	18	23

Nr.	Positionen	Einheit	▶	▷	ø brutto € / ø netto €	◁	◀
24	Lüftungsgitter, Zu-/Abluft	St	38	78	**98**	122	198
			32	66	**83**	102	166
25	Drallauslass, Decke	St	97	339	**449**	564	764
			81	285	**377**	474	642
26	Brandschutzklappen, RLT, eckig	St	227	509	**651**	710	893
			191	428	**547**	596	750
27	Brandschutzklappen, RLT, rund, Küche	St	496	4.036	**5.809**	7.717	11.187
			416	3.391	**4.881**	6.485	9.401
28	Warmwasser-Heizregister	St	241	694	**941**	965	1.784
			203	583	**790**	811	1.499
29	Tellerventil, Zu-/Abluft	St	23	52	**62**	86	132
			19	44	**52**	72	111
30	Wickelfalzrohr, Reduzierstück, DN100/80	St	14	18	**21**	25	29
			12	15	**17**	21	25
31	Drosselklappe, DN100	St	27	40	**49**	58	72
			23	33	**42**	49	60
32	Drosselklappe, 200x200mm	St	46	55	**67**	81	88
			39	46	**57**	68	74
33	Lüftungsgerät mit WRG, Bypass, Feuerstättenfunktion	St	–	2.608	**3.277**	4.206	–
			–	2.192	**2.754**	3.534	–
34	Außenwanddurchlass, DN110	St	–	107	**140**	173	–
			–	90	**117**	145	–
35	Außenwanddurchlass, DN160	St	–	249	**314**	344	–
			–	209	**264**	289	–
36	Lüftungsgerät für Abluft, nach DIN 18017	St	220	233	**239**	255	271
			185	196	**201**	214	228
37	KWL-Lüftungsgerät, dezentral in Außenwand, bis 100m³/h mit WRG	St	–	1.866	**2.073**	2.364	–
			–	1.568	**1.742**	1.986	–
38	KWL-Lüftungsgerät, zentral in Wohnung, bis 200m³/h mit WRG	St	–	4.174	**4.638**	5.287	–
			–	3.507	**3.897**	4.443	–
39	KWL-Lüftungsgerät, zentral in Wohnung, bis 350m³/h mit WRG	St	–	4.584	**5.094**	5.807	–
			–	3.852	**4.281**	4.880	–
40	KWL-Lüftungsgerät, zentral in Wohnung, bis 500m³/h mit WRG	St	–	5.996	**6.663**	7.596	–
			–	5.039	**5.599**	6.383	–

Kosten:
Stand 1.Quartal 2020
Bundesdurchschnitt

Nr.	**Kurztext** / Langtext					Kostengruppe
▶	▷	**ø netto €**	◁	◀	[Einheit]	Ausf.-Dauer Positionsnummer

1 Absperrvorrichtung, K90, DN100 KG **431**

Brandschutz-Deckenschott, wartungsfrei, Anschlussstutzen oben und unten, als Absperrvorrichtung für Lüftungsanlagen DIN 18017-3, für Einbau in massive Decke gem. Herstellerangaben. Verfüllung des Ringspalts mit Mörtel MG III. Absperrvorrichtung ohne Querschnittsveränderung, für Anschluss an nicht brennbare Luftleitung.
Anschlüsse DN100
Feuerwiderstandsklasse: K90, DIN 4102-6
Montagehöhe: bis **3,5 / 5,00 / 7,00** m über Fußboden

138€ 168€ **178**€ 197€ 236€ [St] ⏱ 1,60 h/St 075.000.020

A 1 Be- und Entlüftungsgerät Beschreibung für Pos. **2-3**

Lüftungsanlage, Konstruktionsart: liegend, Zu- und Abluft übereinander; Gehäuse in doppelschaliger Ausführung aus korrosionsgeschütztem Material mit dazwischenliegender, formstabiler und fest mit den Deckblechen verbundener Schall- und Wärmedämmung (nichtbrennbar A1). Innen- und Außenschale aus verzinktem Stahlblech, Rahmenkonstruktion verzinkt. Türen an der Gerätevorderseite mit nachstellbaren, wartungsfreien Scharnieren und umlaufenden, formschlüssig eingelassenen und alterungsbeständigen Profilgummidichtungen. Die Türen sind mit Vorreibverschlüssen und Türgriffen ausgestattet. Anlagenbestandteile: Ventilator Zu- / Abluft, Filter Zuluft, Heizregister über Warmwasser / Dampf / elektrisch, Kühlregister über Kaltwasser / Direktverdampfer, Luftbefeuchter über Dampflanze, elektrisch / Sprühbefeuchter, Wärmerückgewinner über Kreuzstrom / Wärmerohr / Kreislaufverbundsystem / Rotor Mischkammer.

2 Be- und Entlüftungsgerät, bis 5.000m³/h KG **431**

Wie Ausführungsbeschreibung A 1
Zuluftmenge: ..... m³/h
Abluftmenge: ..... m³/h
Zulufttemperatur: min / max ..... / .....°C
Ablufttemperatur: min / max. ..... / .....°C
Zuluftfeuchte: min / max .....% relativ
Gerätequerschnitt Zuluft: Breite ..... m, Höhe ..... m
Abluft: Breite ..... m, Höhe ..... m
Filter Zuluft: **M5** bzw. **F7 / F9**, Mindest-Wirkungsgrad: .....

3.314€ 5.985€ **7.436**€ 8.919€ 14.311€ [St] ⏱ 3,50 h/St 075.000.001

3 Be- und Entlüftungsgerät, bis 12.000m³/h KG **431**

Wie Ausführungsbeschreibung A 1
Zuluftmenge: ..... m³/h
Abluftmenge: ..... m³/h
Zulufttemperatur: min / max ..... / .....°C
Ablufttemperatur: min / max. ..... / .....°C
Zuluftfeuchte: min / max .....% relativ
Gerätequerschnitt Zuluft: Breite ..... m, Höhe ..... m
Abluft: Breite ..... m, Höhe ..... m
Filter Zuluft: **M5** bzw. **F7 / F9**, Mindest-Wirkungsgrad: .....

–€ 16.828€ **16.847**€ 19.247€ –€ [St] ⏱ 6,00 h/St 075.000.002

▶ min
▷ von
ø Mittel
◁ bis
◀ max

4 Abluftventilator, Einbaugerät KG **431**

Abluftventilator in Unterputzgehäuse ohne Brandschutz für den Unterputzeinbau in Wand und Decke. Luftdichte Rückschlagklappe, Steckverbindung für elektrischen Anschluss und Putzdeckel. Aus schwerentflammbarem Kunststoff Klasse B2. Ventilatoreinsatz mit zwei Leistungsstufen (60 / 30m³). Für Bedarfs- und Grundlüftung. Betriebsbereite Lieferung mit Innenfassade, Schalldämmplatte, integrierter Steckverbindung für elektrischen Anschluss, Schutzisoliert, Klasse 2. Wartungsfreier, kugelgelagerter Energiesparmotor 230V, 50Hz, 16 / 8W. Flache Innenfassade, geräuschdämpfend für flüsterleisen Betrieb. Mit Filterwechselanzeige bei verschmutztem Dauerfilter. Filter mit einem Griff herausnehmbar.
Anschlussdurchmesser Luftaustritt: **DN75 / DN80**
Schutzart: IP 55
Energiesparmotor: 230 V, 50 Hz, **16 / 8** W
Geräusch: Schallleistung ..... / ..... dB(A)

1.252€ 1.654€ **2.132**€ 2.320€ 2.786€ [St] ⏱ 2,00 h/St 075.000.003

5 Kulissenschalldämpfer, rechteckig, Stahlblech, verzinkt KG **431**

Kulissenschalldämpfer, rechteckig, Gehäuse aus verzinktem Stahlblech mit beidseitigen 4-Loch-Anschlussrahmen als Leichtbauprofil. Aufbau: Rahmen aus sendzimirverzinktem Stahlblech Absorptionsmaterial als Füllung aus Mineralwolle mit aufkaschierter Glasseidenvliesabdeckung, Baustoffklasse A2 (nicht brennbar) Standardkulisse für Einsatz vorwiegend bei mittleren und hohen Frequenzen. Inkl. Gummilippendichtungen und sämtlichen Befestigungs-, Verbindungs- und Abdichtungsmaterialien.
Breite: ..... mm
Höhe: ..... mm
Länge: ..... mm
Dämpfung (250Hz): ..... dB

208€ 419€ **461**€ 565€ 730€ [St] ⏱ 1,00 h/St 075.000.004

6 Kulissenschalldämpfer, rund, Stahlblech, verzinkt KG **431**

Kulissenschalldämpfer, rund, Gehäuse aus Stahlblech verzinkt. Anschluss an die Kanalleitung durch 50 mm langen Stutzen aus Stahlblech verzinkt, Dämpfung nach dem Absorptionsprinzip durch ringförmige Kammer mit Mineralwollefüllung, welche zum Luftstrom hin mit verzinktem Lochblech abriebfest abgedeckt ist. Inkl. Gummilippendichtungen und sämtlichen Befestigungs-, Verbindungs- und Abdichtungsmaterialien.
Nennweite: ..... mm
Außendurchmesser: ..... mm
Dämpfung (250Hz): ..... dB
Länge: ..... mm

143€ 177€ **190**€ 218€ 272€ [St] ⏱ 1,00 h/St 075.000.005

7 Schalldämpfer, flach, runder Anschluss KG **431**

Schalldämpfer, als rechteckiger Flachschalldämpfer mit rundem Anschluss, aus Aluminium, in flexibler Ausführung, Absorbermaterial mineralfaserfrei, nicht brennbar Klasse A2.
Temperaturbeständig: bis 200°C
Nennweite Schalldämpfer: 100 mm
Dämpfung (250 Hz): mind. 10 dB
Länge: ca. 500 mm
Abmessungen Außenrohr: Breite: 195 mm, Höhe: 120 mm

82€ 99€ **113**€ 123€ 139€ [St] ⏱ 1,00 h/St 075.000.033

Nr.	**Kurztext** / Langtext					Kostengruppe
▶	▷	**ø netto €**	◁	◀	[Einheit]	Ausf.-Dauer Positionsnummer

8 Wetterschutzgitter, Außenluft-/Fortluft KG **431**

Wetterschutzgitter für Außen- und Fortluft, rahmenlos, schrauben- und nietenlos zum Einbau in Maueröffnungen oder Fassadenverkleidungen, bestehend aus: Halterprofilen, Halter, Lamellen und Vogelschutzgitter, Gitter mit unterer Abtropflamelle und oberer Ausgleichslamelle nach Maßangabe.
Farbe: .....
Montagehöhe: OK Wetterschutzgitter ca. ..... m über Gelände
Breite: ..... mm
Höhe: ..... mm
Lamellenabstand: ..... mm
Volumenstrom: ..... m³/h
Druckabfall: ..... Pa
Schallleistungspegel max.: ..... B(A)

110€ 192€ **210**€ 284€ 411€ [St] ⏱ 1,00 h/St 075.000.006

Kosten:
Stand 1.Quartal 2020
Bundesdurchschnitt

9 Luftleitung, rechteckig, Stahlblech verzinkt KG **431**

Luftleitung, rechteckig, aus verzinktem Stahlblech, inklusive sämtlicher Verbindungsteile und Abdichtungen sowie allen notwendigen Befestigungsteilen und Aufhängekonstruktion.
Medium: Luft
Material: Stahlblech verzinkt
Kantenlänge: bis **500 / 1.000 / 2.000** mm
Temperatur: min / max ..... / .....°C
Montagehöhe: bis **3,50 / 5,00 / 7,00** m

33€ 43€ **46**€ 50€ 63€ [m²] ⏱ 0,40 h/m² 075.000.008

10 Luftleitung, rechteckig, Kunststoff KG **431**

Luftleitung, rechteckig, aus Kunststoff, inklusive sämtlicher Verbindungsteile und Abdichtungen sowie allen notwendigen Befestigungsteilen und Aufhängekonstruktion.
Medium: Luft
Material: **PVC / PE / PP**
Kantenlänge: bis ..... mm
Temperatur: min / max ..... / .....°C
Montagehöhe: bis **3,50 / 5,00 / 7,00** m

88€ 117€ **152**€ 177€ 202€ [m²] ⏱ 0,90 h/m² 075.000.009

11 Luftleitung, feuerbeständig L30/L90 KG **431**

Zweischalige Luftleitung als brandschutztechnische Bekleidung, von Luft führenden Kanälen und Rohrleitungen, für eine Feuerwiderstandsdauer von 30 / 90 Minuten. Fertigung aus Brandschutzplatten (A1), d=45mm, stumpf gestoßen. Die Stoßfugen der beiden Plattenlagen sind fugenversetzt, Versatz 100mm, auszuführen. Plattenverbindung mit Schrauben oder Klammern. Die Lüftungsleitungen sind auf Stahlprofile oder Traversen aufzulagern, die mit Gewindestangen abgehängt werden. Die Befestigung an Massivdecken, F90, erfolgt mit bauaufsichtlich zugelassenen Dübeln. Gewindestangen über 1,50m Länge sind brandschutztechnisch über die gesamte Länge zu bekleiden. Senkrechte Kanäle sind geschossweise, max. 5,00m, auf die Massivdecken, F90, aufzusetzen.
Brandschutztechnische Bekleidung: **L30 / L90**
Rohrleitungen: .....
Feuerwiderstandsklasse**: F30 / F90**
Montagehöhe: bis **3,50 / 5,00 / 7,00** m

47€ 109€ **152**€ 157€ 224€ [m²] ⏱ 1,00 h/m² 075.000.010

▶ min
▷ von
ø Mittel
◁ bis
◀ max

12 Formstücke, verzinkt, Luftleitung KG **431**

Formteile der Luftleitung in Rechteckform und als Übergänge auf rund bzw. oval, aus verzinktem Stahlblech, inkl. sämtlicher Verbindungsteile und Abdichtungen sowie allen notwendigen Befestigungsteilen.
Medium: Luft
Material: Stahlblech verzinkt
Kantenlänge: bis **500 / 1.000 / 2.000** mm
Temperatur: min / max ..... / .....°C
Montagehöhe: bis **3,50 / 5,00 / 7,00** m

44€ 62€ **65**€ 78€ 104€ [m2] ⏱ 0,40 h/m2 075.000.011

13 Formteile, Kunststoff, Lüftungskanäle KG **431**

Formteile der Luftleitung in Rechteckform und als Übergänge auf rund bzw. oval, aus Kunststoff, inkl. sämtlicher Verbindungsteile und Abdichtungen sowie allen notwendigen Befestigungsteilen.
Medium: Luft
Material: **PVC / PE / PP**
Kantenlänge: bis ..... mm
Temperatur: min / max ..... / .....°C
Montagehöhe: bis **3,50 / 5,00 / 7,00** m

–€ 164€ **195**€ 224€ –€ [m2] ⏱ 0,60 h/m2 075.000.012

A 2 Luftleitung, Spiralfalzrohre, verzinkt Beschreibung für Pos. **14-19**

Luftleitung mit Wickelfalzrohren aus verzinktem Stahlblech, inkl. sämtlicher Verbindungsteile (z.B. Muffen, Steckverbindungen und Enddeckel) und Abdichtungen sowie allen notwendigen bauaufsichtlich zugelassenen Befestigungsteilen.

14 Luftleitung, Spiralfalzrohre, verzinkt, DN100 KG **431**

Wie Ausführungsbeschreibung A 2
Material: Stahlblech verzinkt
Nennweite: DN100
Montagehöhe: bis **3,50 / 5,00 / 7,00** m

14€ 15€ **16**€ 17€ 18€ [m] ⏱ 0,18 h/m 075.000.013

15 Luftleitung, Spiralfalzrohre, verzinkt, DN125 KG **431**

Wie Ausführungsbeschreibung A 2
Material: Stahlblech verzinkt
Nennweite: DN125
Montagehöhe: bis **3,50 / 5,00 / 7,00** m

14€ 18€ **20**€ 27€ 36€ [m] ⏱ 0,20 h/m 075.000.021

16 Luftleitung, Spiralfalzrohre, verzinkt, DN160 KG **431**

Wie Ausführungsbeschreibung A 2
Material: Stahlblech verzinkt
Nennweite: DN160
Montagehöhe: bis **3,50 / 5,00 / 7,00** m

16€ 21€ **22**€ 27€ 36€ [m] ⏱ 0,25 h/m 075.000.022

040
041
042
044
045
047
053
054
058
069
075

Kosten:
Stand 1.Quartal 2020
Bundesdurchschnitt

Nr.	**Kurztext** / Langtext					Kostengruppe
▶	▷	**ø netto €**	◁	◀	[Einheit]	Ausf.-Dauer Positionsnummer

17 Luftleitung, Spiralfalzrohre, verzinkt, DN180 KG **431**

Wie Ausführungsbeschreibung A 2
Material: Stahlblech verzinkt
Nennweite: DN180
Montagehöhe: bis **3,50 / 5,00 / 7,00** m

–€ 22€ **25**€ 31€ –€ [m] ⏱ 0,28 h/m 075.000.023

18 Luftleitung, Spiralfalzrohre verzinkt, DN250 KG **431**

Wie Ausführungsbeschreibung A 2
Material: Stahlblech verzinkt
Nennweite: DN250
Montagehöhe: bis **3,50 / 5,00 / 7,00** m

28€ 31€ **36**€ 42€ 46€ [m] ⏱ 0,33 h/m 075.000.026

19 Luftleitung, Spiralfalzrohre, verzinkt, DN500 KG **431**

Wie Ausführungsbeschreibung A 2
Material: Stahlblech verzinkt
Nennweite: DN500
Montagehöhe: bis **3,50 / 5,00 / 7,00** m

45€ 50€ **57**€ 64€ 69€ [St] ⏱ 0,47 h/St 075.000.030

20 Luftleitung, Alurohre, flexibel, DN80 KG **431**

Elastische Luftleitung aus zweilagig gestauchtem Aluminium. Inkl. Befestigungsmaterial an Luftrohrstutzen.
Nennweite: DN80
Länge: 1,25 m, ausziehbar bis 5,00 m
Betriebsdruck: bis 1.000 Pa

5€ 11€ **11**€ 14€ 17€ [m] ⏱ 0,10 h/m 075.000.034

21 Luftleitung, Alurohre, flexibel, DN100 KG **431**

Elastische Luftleitung aus zweilagig gestauchtem Aluminium. Inkl. Befestigungsmaterial an Luftrohrstutzen.
Nennweite: DN100
Länge: 1,25 m, ausziehbar bis 5,00 m
Betriebsdruck: bis 1.000 Pa

8€ 13€ **16**€ 22€ 29€ [m] ⏱ 0,10 h/m 075.000.032

22 Rohrbogen, Luftleitung KG **431**

Rohrbogen der Luftleitung, alle Winkelgrade, für Wickelfalzrohr aus verzinktem Stahlblech, inkl. sämtlicher Verbindungsteile (z.B. Muffen, Steckverbindungen) und Abdichtungen sowie allen notwendigen Befestigungsteilen. Material: Stahlblech verzinkt
Nennweite: DN.....
Montagehöhe bis: **3,50 / 5,00 / 7,00** m
Winkelgrad: ..... °

10€ 16€ **19**€ 24€ 31€ [St] ⏱ 0,10 h/St 075.000.018

▶ min
▷ von
ø Mittel
◁ bis
◀ max

23 Abzweigstück, Luftleitung KG **431**

Abzweigstück der Luftleitung, als Abzweig 90°, für Wickelfalzrohr aus verzinktem Stahlblech, inkl. sämtlicher Verbindungsteile (z.B. Muffen, Steckverbindungen) und Abdichtungen sowie allen notwendigen Befestigungsteilen.
Material: Stahlblech verzinkt
Nennweite: DN.....
Montagehöhe bis: **3,50 / 5,00 / 7,00** m

13€ 16€ **16**€ 18€ 23€ [St] ⏱ 0,10 h/St 075.000.019

24 Lüftungsgitter, Zu-/Abluft KG **431**

Lüftungsgitter, mit Anbauteilen, für Zu- und Abluft, für Einbau in Rundrohr / Rechteckkanal mit frontseitig waagrechten oder senkrechten Tropfenlenklamellen. Rahmen und Lamellen aus Stahlblech mit Epoxidharz-Pulverbeschichtung oder Einbrennlackierung. Anbauteile aus elektrolytisch verzinktem Stahlblech, mit angeklebter Schaumstoffdichtung und Schlitzschieber zur Luftmengenregulierung
Farbe: .....
Volumenstrom max.: ..... m³/h
Länge: ..... mm
Höhe: ..... mm

32€ 66€ **83**€ 102€ 166€ [St] ⏱ 0,30 h/St 075.000.014

25 Drallauslass, Decke KG **431**

Decken-Dralluftdurchlass für **Zuluft / Abluft**, **mit / ohne** Strahlverstellung. Luftdurchlass aus verzinktem Stahl, für Einbau in abgehängter Decke.
Luftdurchsatz max.: ..... m³/h
Breite: ..... mm
Länge: ..... mm
Höhe Anschlusskasten: ..... mm
Leitungsanschluss seitlich, DN.....

81€ 285€ **377**€ 474€ 642€ [St] ⏱ 0,90 h/St 075.000.015

26 Brandschutzklappen, RLT, eckig KG **431**

Brandschutzklappe für Luftleitungen rechteckig DIN EN 15650, aus Stahl verzinkt, für Einbau in massive **Wand / Decke**. Gehäuse mit **1 / 2** Inspektionsöffnungen, Auslösung durch Schmelzlot. Kontrolle Klappenblatt über elektrische Endschalter.
Feuerwiderstandsklasse: **EI30 / EI60 / EI90 / EI120**, DIN EN 13501-3
Höhe: ..... mm
Breite: ..... mm
Höhe: ..... mm
Einbaulänge: **500 / 600** mm
Einbau in: Wand / Decke
Auslösetemperatur: **72 / 95**°C
Kontrolle Klappenblatt: **0 / 1 / 2**

191€ 428€ **547**€ 596€ 750€ [St] ⏱ 1,80 h/St 075.000.016

Nr.	Kurztext / Langtext						Kostengruppe
▶	▷	ø netto €	◁	◀	[Einheit]	Ausf.-Dauer	Positionsnummer

27 **Brandschutzklappen, RLT, rund, Küche** KG **431**

Brandschutzklappe für Luftleitungen rund DIN EN 15650. Zugelassen für fetthaltige Abluft aus Küchen.
Gehäuse aus **Stahl verzinkt / andere Materialien**.
Feuerwiderstandsklasse: **EI30 /EI60 / EI90 / EI120**, DIN EN 13501-3
Durchmesser: ..... mm
Einbaulänge: **500 / 600** mm
Einbau in: **Wand / Decke**

416€ 3.391€ **4.881**€ 6.485€ 9.401€ [St] ⏱ 3,00 h/St 075.000.017

28 **Warmwasser-Heizregister** KG **431**

Warmwasser-Heizregister als Lufterwärmer mit Lamellen aus Aluminium, auf Kupferrohre aufgepresst Wärmetauscher mit 2 Rohrreihen, Gehäuse aus verzinktem Stahlblech Inspektionsöffnung für die Reinigung der Wärmetauscher, Wasseranschlussrohre mit glatten Enden für Lötverbindung / Anschraubenden, Luftrohranschluss mit 1x Einsteckstutzen sowie 1x Aufsteckstutzen.
Betriebstemperatur tmax.: 100°C
Max. Betriebsdruck: pmax. 8 bar
Wasseranschlussrohre: DN15
Luftrohranschluss: DN.....
Auslegungsheizwasserstrom (l/h): .....
Druckabfall Wasser (kPa): .....
Abmessungen (L x B x H): .....

203€ 583€ **790**€ 811€ 1.499€ [St] ⏱ 2,50 h/St 075.000.035

29 **Tellerventil, Zu-/Abluft** KG **431**

Tellerventil für Zu- / Abluft, mit Mengenregulierung. Für Montage in beliebiger Lage in Decke und Wand aus einbrennlackiertem Stahlblech, mit niedrigem Schalleistungspegel auch bei hohem Druckabfall, mit passendem Rohrmontagering (20mm) mit Bajonettverschluss. Inkl. Befestigungs-, Klein- und Dichtmaterial.
Anschlussdimension: DN100

19€ 44€ **52**€ 72€ 111€ [St] ⏱ 0,20 h/St 075.000.036

30 **Wickelfalzrohr, Reduzierstück, DN100/80** KG **431**

Reduzierstück, zentrisch (symmetrisch), für Wickelfalz-Rundrohr verzinkt, mit werkseitig vormontierter Lippendichtung aus EPDM.
EPDM Anschlüsse: **DN100 / DN80**

12€ 15€ **17**€ 21€ 25€ [St] ⏱ 0,10 h/St 075.000.038

31 **Drosselklappe, DN100** KG **431**

Drosselklappe aus verzinktem Stahlblech für Wickelfalz-Rundrohr verzinkt, mit Klappenflügel und außenliegender, stufenlos verstellbarer Feststellvorrichtung.
Anschlüsse: DN100

23€ 33€ **42**€ 49€ 60€ [St] ⏱ 0,12 h/St 075.000.039

32 **Drosselklappe, 200x200mm** KG **431**

Drosselklappe aus verzinktem Stahlblech für rechteckigen Lüftungskanal verzinkt, mit Klappenflügel und außenliegender, stufenlos verstellbarer Feststellvorrichtung.
Anschlüsse: 200 x 200 mm

39€ 46€ **57**€ 68€ 74€ [St] ⏱ 0,20 h/St 075.000.040

Kosten:
Stand 1.Quartal 2020
Bundesdurchschnitt

▶ min
▷ von
ø Mittel
◁ bis
◀ max

33 **Lüftungsgerät mit WRG, Bypass, Feuerstättenfunktion** KG **431**

Wohnungslüftungsgerät mit Wärmerückgewinnung und Bypass zur kontrollierten Be- und Entlüftung von Wohnungen und Wohnhäusern mit einem zentralen Luftverteilsystem. Effiziente Konstantvolumenstrom geregelte EC-Ventilatoren mit drei Ventilatorstufen, Luftmengen je Stufe individuell programmierbar. Wärmerückgewinnung aus der Abluft mit Kreuzgegenstrom-Wärmetauscher. Vereisungsschutzfunktion und Abtauautomatik. Integrierter automatischer Sommer-Bypass mit einstellbarer Schalttemperatur zur Unterbrechung der Wärmerückgewinnung im Sommer. Auskühlschutzfunktion zum Frostschutz in der Wohneinheit im Winter. Umfassendes Selbstdiagnosesystem mit Fehlercodes und Meldungen in Klartextanzeige. Sicherheitsabschaltung des Lüftungsgerätes durch optionalen Rauchsensor möglich. TÜV-geprüfte integrierte Feuerstätten-Funktion mit permanenter Überwachung der Volumenstrom-Balance und Sicherheitsabschaltung im Fehlerfall zur sicheren Verhinderung von Unterdruck im Gebäude. Der gleichzeitige Betrieb von Lüftungsanlage und Feuerstätte ist ohne zusätzliche Sicherheitskomponenten möglich.
Menügeführte multilinguale Bedienung mit LCD-Klartextanzeige am Gerät und integrierte Echtzeituhr mit Wochentimer zur zeitlichen Steuerung der Betriebsarten ermöglichen den Betrieb des Lüftungsgerätes ohne zusätzliche Steuerelemente. Die Steuerung des Geräts kann optional mit einem drahtgebundenen Bedienelement, einem Funkbedienschalter oder bedarfsgerecht mit automatischer Luftmengenregelung durch Bestimmung der Abluftqualität mit einem Luftqualitätssensor erfolgen. Für eine externe Steuerung sind programmierbare Ein- und Ausgänge integriert. Filterwartungsanzeige mit einstellbarem Intervall. Innenauskleidung des Geräts EPP, Außengehäuse Stahlblech, pulverbeschichtet RAL 9010, Revisionstüre Kunststoff lichtgrau RAL 7035. Luftkanalanschlüsse auf der Geräteoberseite, wandhängende Montage mit beiliegender Wandkonsole. Kondensatwasseranschluss an der Unterseite des Lüftungsgeräts.
Technische Daten:
Luftvolumenstrom Werkseinstellung: **90 / 160 / 250** m³/h
Schalldruckpegel (1m Abstand): **29 / 34 / 42** dB(A)
Wärmerückgewinnungsgrad: max. 95%
Wärmebereitstellungsgrad: max. 88%
Spannungsversorgung: 1~/N/PE 230 V 50Hz
Leistungsaufnahme, Stufen: **19 / 36 / 95** W
Leistungsaufnahme: max. 136 W
Stromaufnahme: max. 1,2 A
Schutzart: IP 20
Filterklasse Zuluft / Abluft: M5 / M5
Luftkanalanschlüsse: **4 x DN150 / DN160**
Kondensatanschluss: 20 mm
Abmessungen (B x H x T): 750 x 725 x 469 mm
Gewicht: 32 kg
Einsatzgrenzen Außentemperatur: -20°C bis +40°C
Einsatzgrenzen Raumtemperatur: +15°C bis +40°C

–€ 2.192€ **2.754€** 3.534€ –€ [St] ⏱ 6,50 h/St 075.000.041

A 3 **Außenwanddurchlass, mit Filter/Schalldämpfer** Beschreibung für Pos. **34-35**

Außenwandluftdurchlass - Rundkanal, variables Teleskoprohr 305 - 535 mm mit Schalldämpfer, steckbarem weißem Außengitter, Insektenschutz, Winddrucksicherung und Innenblende mit Staubfilter.

34 **Außenwanddurchlass, DN110** KG **431**

Wie Ausführungsbeschreibung A 3
Volumenstrom: V(8Pa) = 10 m³/h
Nennweite Rundkanal: DN110

–€ 90€ **117€** 145€ –€ [St] ⏱ 1,00 h/St 075.000.042

Kosten:
Stand 1.Quartal 2020
Bundesdurchschnitt

▶ min
▷ von
ø Mittel
◁ bis
◀ max

Nr.	**Kurztext** / Langtext						Kostengruppe
▶	▷	**ø netto €**	◁	◀	[Einheit]	Ausf.-Dauer	Positionsnummer

35 Außenwanddurchlass, DN160 KG **431**

Wie Ausführungsbeschreibung A 3
Volumenstrom: V(8Pa) = 10 m³/h
Nennweite Rundkanal: DN160

–€ 209€ **264**€ 289€ –€ [St] 1,20 h/St 075.000.043

36 Lüftungsgerät für Abluft, nach DIN 18017 KG **431**

Lüftungsgerät (1,2 oder 3-stufig) für den Einbau in Wände oder Decken (ohne Brandschutzanforderung). Der Anschlussstutzen ist seitlich / hinten am Kasten angebracht. Mit federbelasteter Rückschlagklappe, verhindert Geruchs- und (Kalt) Rauchübertragung. Das Lüftungsgerät kann im Schutzbereich I eingebaut werden.
Leckluftrate: < 0,01 m³/h
Elektroanschluss: 230 VAC / 50 Hz
Nennleistung: 6 / 11 / 23 W bei 30 (40) / 60 /100 m³/h
Eigengeräusch LA: 26 / 30 / 33 / 39 dB(A) bei 30 / 40 / 60 / 100 m³/h
Abmessungen (L x B x T): 242 x 242 x 100 mm
Anschlussstutzen: NW80

185€ 196€ **201**€ 214€ 228€ [St] 2,00 h/St 075.000.044

37 KWL-Lüftungsgerät, dezentral in Außenwand, bis 100m³/h mit WRG KG **431**

Dezentrales Lüftungsgerät mit Wärmerückgewinnung zur kontrollierten Be- und Entlüftung von Wohngebäuden, zur Innenmontage, für Zu-und Abluft, mit Außen- und Fortluftbetrieb. EC-Ventilatoren mit mind. drei Ventilatorstufen, Wärmerückgewinnung mit Wärmetauscher, mit Bedieneinheit am Gerät, mit Ab- und Außenluftfilter, hängende Außenwandmontage, einschl. Befestigungsmaterial und Montageset zur Außenwanddurchführung und Wetterschutzgittereinheit für Außenluftansaugung und Fortluftausblas.
Ausführung: **Aufputzmontage / Unterputzmontage**
Luftvolumenstrom: bis 100 m³/h
Wärmerückgewinnungsgrad: mind. 85%
Spannungsversorgung: 1~/N/PE 230 V 50Hz
Ausführung gem. nachfolgender Einzelbeschreibung: .....

–€ 1.568€ **1.742**€ 1.986€ –€ [St] 1,35 h/St 075.000.045

A 4 KWL-Lüftungsgerät, zentral in Wohnung, mit WRG Beschreibung für Pos. **38-40**

Zentrales Lüftungsgerät mit Wärmerückgewinnung zur kontrollierten Be- und Entlüftung von Wohngebäuden, zur Innenmontage, für Zu- und Abluft, mit Außen- und Fortluftbetrieb. EC-Ventilatoren mit mind. drei Ventilatorstufen, Wärmerückgewinnung mit Wärmetauscher, mit Bedieneinheit am Gerät, mit Ab- und Außenluftfilter, einschl. Befestigungsmaterial und Montageset zur Außenwanddurchführung und Wetterschutzgittereinheit für Außenluftansaugung und Fortluftausblas, einschl. 4 Geräteschalldämpfern.

38 KWL-Lüftungsgerät, zentral in Wohnung, bis 200m³/h mit WRG KG **431**

Wie Ausführungsbeschreibung A 4
Montageart: **wandhängend / deckenhängend / stehend**
Luftvolumenstrom: bis 200 m³/h
Wärmerückgewinnungsgrad: mind. 85%
Spannungsversorgung: 1~/N/PE 230 V 50Hz
Ausführung gem. nachfolgender Einzelbeschreibung: .....

–€ 3.507€ **3.897**€ 4.443€ –€ [St] 1,40 h/St 075.000.046

39 **KWL-Lüftungsgerät, zentral in Wohnung, bis 350m³/h mit WRG** KG **431**

Wie Ausführungsbeschreibung A 4
Montageart: **wandhängend / deckenhängend / stehend**
Luftvolumenstrom: bis 350 m³/h
Wärmerückgewinnungsgrad: mind. 85%
Spannungsversorgung: 1~/N/PE 230 V 50Hz
Ausführung gem. nachfolgender Einzelbeschreibung: .....

–€	3.852€	**4.281**€	4.880€	–€	[St]	⏱ 1,40 h/St	075.000.047

40 **KWL-Lüftungsgerät, zentral in Wohnung, bis 500m³/h mit WRG** KG **431**

Wie Ausführungsbeschreibung A 4
Montageart: **wandhängend / deckenhängend / stehend**
Luftvolumenstrom: bis 500 m³/h
Wärmerückgewinnungsgrad: mind. 85%
Spannungsversorgung: 1~/N/PE 230 V 50Hz
Ausführung gem. nachfolgender Einzelbeschreibung: .....

–€	5.039€	**5.599**€	6.383€	–€	[St]	⏱ 1,50 h/St	075.000.048

D

Freianlagen

Titel des Leistungsbereichs	LB-Nr.
Landschaftsbauarbeiten	003
Landschaftsbauarbeiten - Pflanzen	004
Straßen, Wege, Plätze	080

003

Kosten:
Stand 1.Quartal 2020
Bundesdurchschnitt

▶ min
▷ von
ø Mittel
◁ bis
◀ max

Nr.	Positionen	Einheit	▶	▷	ø brutto € / ø netto €	◁	◀
1	Baugelände abräumen	m²	2	3	**3**	4	5
			2	2	**3**	3	4
2	Baugelände abräumen, entsorgen	t	110	135	**150**	161	183
			92	113	**126**	135	154
3	Betonfundamente aufnehmen, entsorgen	m³	133	166	**180**	204	218
			112	139	**151**	171	183
4	Betondecke abbrechen, entsorgen	t	54	66	**67**	76	93
			46	55	**56**	64	78
5	Bauzaun, inkl. Tore	m	6	9	**10**	11	14
			5	7	**8**	9	12
6	Stammschutz, Brettermantel, bis 60cm	St	43	50	**52**	53	58
			36	42	**44**	45	49
7	Zaun Viereck-Drahtgeflecht abbrechen bis 1,5m, entsorgen	m	6	11	**12**	16	21
			5	9	**10**	13	18
8	Zaun Viereck-Drahtgeflecht bis 2,0m, entsorgen	m	11	12	**12**	13	15
			9	10	**10**	11	13
9	Behelfsmäßige Straße, Natursteinmaterial, Liefermaterial	m²	13	15	**16**	18	21
			11	13	**14**	15	18
10	Behelfsmäßige Straße RCL-Schotter, Liefermaterial	m²	14	18	**19**	20	24
			12	15	**16**	17	20
11	Strauch herausnehmen, einschlagen, 60-100cm	St	14	17	**17**	18	20
			12	14	**14**	15	17
12	Strauch herausnehmen, einschlagen, 100-150cm	St	17	23	**27**	28	33
			15	20	**22**	24	28
13	Baum herausnehmen, einschlagen	St	90	114	**128**	129	162
			76	96	**108**	108	136
14	Baum fällen, Durchmesser bis 15cm, entsorgen	St	32	55	**65**	73	96
			27	46	**55**	61	81
15	Baum fällen, Durchmesser bis 50cm, entsorgen	St	87	136	**155**	185	245
			73	114	**130**	156	206
16	Baum fällen, Durchmesser über 50cm, entsorgen	St	163	207	**225**	244	277
			137	174	**189**	205	233
17	Wurzelstock fräsen, einarbeiten	St	62	83	**86**	95	119
			52	70	**72**	80	100
18	Grasnarbe abschälen	m²	2	2	**3**	3	4
			1	2	**2**	2	3
19	Baugelände roden	St	17	20	**21**	23	26
			14	17	**18**	19	22
20	Baugelände roden	m²	5	7	**8**	9	11
			4	6	**7**	8	9
21	Organische Stoffe aufnehmen, entsorgen	m³	14	16	**17**	19	25
			12	14	**14**	16	21
22	Oberboden abtragen, lagern	m³	10	14	**16**	18	24
			8	12	**13**	15	20
23	Oberboden lösen, lagern	m³	4	7	**8**	9	12
			4	6	**7**	8	10

Nr.	Positionen	Einheit	▶	▷	**ø brutto €** ø netto €	◁	◀
24	Oberboden liefern, andecken	m³	20	28	**32**	34	42
			17	24	**27**	29	35
25	Oberboden auftragen, lagernd	m³	6	8	**10**	12	16
			5	7	**8**	10	13
26	Oberboden liefern und einbauen, Gruppe 2-4	m³	23	27	**29**	34	41
			19	23	**24**	28	34
27	Oberboden liefern und einbauen, bis 30cm	m³	28	33	**35**	39	48
			23	27	**30**	33	40
28	Überschüssigen Boden laden, entsorgen	m³	11	14	**15**	17	21
			10	12	**13**	14	18
29	Bodenmaterial entsorgen, GK 1	m³	10	16	**19**	20	24
			8	13	**16**	17	20
30	Auffüllmaterial liefern, einbauen	m³	21	27	**30**	33	40
			17	23	**25**	27	33
31	Füllboden liefern, einbauen	m³	14	18	**20**	22	25
			12	15	**17**	18	21
32	Gründungssohle verdichten	m²	0,7	1,4	**1,7**	2,3	3,5
			0,6	1,2	**1,4**	2,0	2,9
33	Aufwuchs entfernen	m²	1,0	1,5	**1,7**	2,3	3,4
			0,8	1,2	**1,4**	1,9	2,9
34	Rohrgrabenaushub, GK1, Tiefe bis 1,0m, lagern	m³	23	27	**30**	33	38
			19	23	**25**	28	32
35	Rohrgrabenaushub, GK1, Tiefe bis 1,5m, lagern	m³	25	30	**33**	36	42
			21	25	**28**	31	36
36	Rohrgrabenaushub, GK1, Tiefe bis 3,0m, lagern	m³	35	41	**44**	48	55
			30	35	**37**	40	46
37	Streifenfundamentaushub, bis 1,25m, lagern, GK1	m³	24	35	**37**	40	46
			20	30	**31**	34	39
38	Streifenfundamentaushub, bis 1,25m, entsorgen, GK1	m³	28	37	**40**	46	53
			23	31	**33**	39	45
39	Handaushub, Zulage	m³	45	57	**64**	68	76
			37	48	**54**	57	64
40	Pflanzgrube für Kleingehölz 20x20x20	St	3	4	**4**	5	5
			3	3	**4**	4	4
41	Pflanzgrube für Kleingehölz 30x30x30	St	3	3	**3**	3	4
			2	3	**3**	3	3
42	Pflanzgrube für Rankgehölz 50x50x50	St	9	10	**11**	11	12
			8	9	**9**	10	10
43	Pflanzgrube für Solitärbaum 80x80x80	St	16	19	**20**	21	24
			14	16	**17**	17	20
44	Pflanzgrube für Solitärbaum 100x100x80	St	20	26	**28**	34	48
			17	22	**24**	29	40
45	Pflanzgrube für Solitärbaum 150x150x80	St	27	37	**43**	47	54
			22	31	**36**	40	45
46	Pflanzgrube für Solitärbaum 200x200x100	St	38	45	**50**	54	59
			32	38	**42**	45	50

Kosten:
Stand 1.Quartal 2020
Bundesdurchschnitt

Nr.	Positionen	Einheit	▶	▷	ø brutto € / ø netto €	◁	◀
47	Pflanzgrube für Solitärbaum 300x300x100	St	65	92	**98**	114	138
			54	77	**82**	96	116
48	Pflanzgraben für Hecke herstellen	m	7	9	**9**	10	11
			6	7	**8**	8	9
49	Vegetationsfläche, organische Düngung	m²	0,4	0,5	**0,6**	0,7	1,1
			0,3	0,4	**0,5**	0,6	0,9
50	Bodenverbesserung, Komposterde	m²	1,0	1,6	**2,0**	2,6	3,9
			0,8	1,4	**1,6**	2,2	3,3
51	Bodenverbesserung, Kiessand	m²	1	2	**2**	2	2
			1	1	**1**	2	2
52	Bodenverbesserung, Rindenhumus	m²	1	2	**2**	2	3
			0,9	1,5	**1,8**	2,1	2,6
53	Pflanzgrube verfüllen, Oberboden-Gemisch	St	17	20	**21**	25	29
			14	17	**18**	21	25
54	Pflanzgrube verfüllen, Baumsubstrat	St	41	48	**50**	52	55
			34	40	**42**	43	46
55	Vegetationsflächen lockern, aufreißen	m²	0,4	0,6	**0,7**	0,7	1,0
			0,4	0,5	**0,6**	0,6	0,8
56	Vegetationsflächen lockern, fräsen	m²	0,6	0,8	**0,9**	1,1	1,5
			0,5	0,7	**0,7**	0,9	1,3
57	Tiefenlockerung, Boden	m²	0,4	0,5	**0,5**	0,5	0,7
			0,3	0,4	**0,4**	0,5	0,6
58	Feinplanum, Rasenfläche	m²	0,7	1,2	**1,4**	1,7	2,3
			0,6	1,0	**1,2**	1,4	2,0
59	Mulchsubstrat liefern, einbauen	m²	3	5	**5**	6	9
			3	4	**4**	5	7
60	Baugrubensohle verfüllen	m³	12	13	**13**	14	17
			10	11	**11**	12	14
61	Maschendrahtzaun, 1,00m	m	29	35	**39**	48	59
			24	30	**33**	41	49
62	Maschendrahtzaun, 1,50m	m	35	51	**60**	64	89
			30	43	**50**	54	75
63	Maschendrahtzaun, 2,00m	m	46	68	**74**	79	109
			39	57	**62**	67	92
64	Stabgitterzaun, 0,80m	m	35	58	**62**	66	93
			29	49	**52**	55	79
65	Stabgitterzaun, 1,20m	m	41	59	**69**	79	102
			35	50	**58**	66	86
66	Stabgitterzaun, 1,40m	m	46	66	**72**	84	112
			39	56	**61**	71	94
67	Stabgitterzaun, 2,00m	m	60	73	**86**	100	137
			50	61	**73**	84	115
68	Drehflügeltor, einflüglig, lichte Weite 1,1m, H 1,2m	St	889	1.065	**1.096**	1.128	1.304
			747	895	**921**	948	1.095
69	Drehflügeltor, einflüglig, lichte Weite 1,5m, H 1,2m	St	889	1.349	**1.448**	2.113	2.834
			747	1.133	**1.217**	1.775	2.381
70	Drehflügeltor, zweiflüglig, lichte Weite 2,5m, H 1,2m	St	1.925	2.303	**2.334**	2.384	2.763
			1.617	1.935	**1.961**	2.004	2.322

▶ min
▷ von
ø Mittel
◁ bis
◀ max

Nr.	Positionen	Einheit	►	▷	ø brutto € / ø netto €	◁	◄
71	Drehflügeltor, zweiflüglig, lichte Weite 4,0m, H 1,2m	St	1.651	1.987	**2.209**	2.442	2.778
			1.388	1.670	**1.856**	2.052	2.334
72	Abwasserleitung, PVC-Rohre, DN100	m	21	24	**26**	28	32
			18	20	**22**	23	27
73	Abwasserleitung, PVC-Rohre, DN150	m	29	34	**37**	39	44
			24	29	**31**	33	37
74	Abwasserleitung, PVC-Rohre, DN250	m	38	49	**55**	69	91
			32	41	**46**	58	76
75	Formstück, PVC-Rohrbogen, DN100	St	12	14	**14**	16	20
			9,8	11	**12**	14	17
76	Formstück, PVC-Rohrbogen, DN250	St	21	27	**28**	31	35
			18	23	**24**	26	29
77	Abwasserkanal, Steinzeugrohre, DN100	m	31	38	**40**	43	49
			26	32	**33**	36	41
78	Abwasserkanal, Steinzeugrohre, DN150	m	36	47	**50**	56	68
			30	39	**42**	47	57
79	Abwasserkanal, Steinzeugrohre, DN300	m	73	89	**93**	98	110
			62	75	**78**	82	92
80	Höhenausgleich, Schachtabdeckung, bis 30cm	St	59	79	**85**	93	107
			50	66	**71**	78	90
81	Schachtabdeckung, Klasse D, Guss	St	195	270	**295**	345	474
			164	227	**248**	290	398
82	Schachtabdeckung, Klasse B, Guss	St	168	215	**229**	271	368
			141	181	**193**	228	309
83	Schachtabdeckung, Klasse A, Guss	St	160	201	**201**	204	245
			134	169	**169**	172	206
84	Kontrollschacht, Stahlbeton, DN1.000	St	1.268	1.356	**1.407**	1.456	1.597
			1.066	1.139	**1.182**	1.224	1.342
85	Schachthals, DN1.000/625, 35cm, Betonfertigteil	St	109	175	**210**	256	326
			92	147	**176**	215	274
86	Schachthals, DN1.000/650, 60cm, Betonfertigteil	St	142	204	**235**	287	388
			119	171	**197**	241	326
87	Schachtring, Beton, DN1.000, 25cm	St	75	94	**107**	120	147
			63	79	**90**	101	124
88	Schachtring, Beton, DN1.000, 50cm	St	79	104	**113**	125	152
			66	87	**95**	105	128
89	Straßenablauf, Beton, C250	St	284	352	**376**	398	439
			239	296	**316**	335	369
90	Hofablauf, Beton	St	200	226	**235**	264	303
			168	190	**198**	222	255
91	Hofablauf, Beton, Geruchsverschluss	St	222	258	**277**	299	348
			187	217	**233**	251	293
92	Hofablauf, Beton, Gusszarge, Geruchsverschluss	St	237	279	**307**	323	355
			199	235	**258**	272	298
93	Hofablauf, PVC, Geruchsverschluss	St	276	320	**343**	387	440
			232	269	**288**	325	370
94	Fassadenschlitzrinne, SW 3mm	m	171	208	**221**	244	307
			144	175	**186**	205	258

Nr.	Positionen	Einheit	▶	▷	ø brutto € / ø netto €	◁	◀
95	Fassaden-Flachrinne, DN100	m	134	151	**160**	173	199
			113	127	**134**	145	167
96	Entwässerungsrinne, Polymerbeton	St	255	291	**306**	366	464
			214	245	**257**	308	390
97	Entwässerungsrinne, Kl. A, Beton/Gussabdeckung	m	71	97	**108**	124	157
			60	82	**91**	105	132
98	Entwässerungsrinne, Kl. B, Beton/Gussabdeckung	m	102	110	**113**	121	131
			86	93	**95**	101	110
99	Entwässerungsrinne, Kl. C, Beton/Gussabdeckung	m	141	164	**178**	191	218
			119	138	**149**	161	183
100	Entwässerungsrinne, Fassade/Terrasse	m	90	118	**126**	142	179
			76	99	**106**	119	151
101	Entwässerungsrinne, rollstuhlbefahrbar, Klasse A, DN100	m	101	134	**144**	164	176
			85	113	**121**	138	148
102	Abdeckung, Entwässerungsrinne, Guss, D400	St	78	105	**123**	133	155
			66	88	**103**	112	130
103	Abdeckung, Entwässerungsrinne, Schlitzaufsatz	m	75	93	**108**	115	129
			63	78	**91**	97	109
104	Sinkkasten, Anschluss zweiseitig	St	168	220	**247**	259	290
			141	185	**208**	218	244
105	Ablaufkasten, Polymerbeton	St	203	230	**242**	258	296
			171	193	**204**	217	249
106	Ablaufkasten, Klasse A, DN100	St	159	197	**215**	255	268
			133	166	**180**	215	225
107	Regenwasserzisterne	St	3.140	3.964	**4.352**	4.906	6.110
			2.638	3.331	**3.657**	4.123	5.135
108	Regenwasserkanal, PVC-U-Rohre, DN100	m	13	19	**22**	24	29
			11	16	**18**	20	24
109	Regenwasserkanal, PVC-U-Rohre, DN150	m	23	29	**33**	35	41
			20	25	**28**	30	35
110	Regenwasserkanal, PVC-U-Rohre, DN200	m	22	29	**31**	37	46
			18	24	**26**	31	39
111	Versickerungsmulden herstellen	m²	3	5	**6**	9	13
			2	4	**5**	7	11
112	Filtervlies, Rigolen	m²	2	3	**3**	4	5
			2	2	**3**	3	4
113	Kiesbett herstellen, 0/2	m³	35	43	**44**	46	51
			29	36	**37**	38	43
114	Kiesbett herstellen, 16/32	m³	41	50	**54**	60	72
			34	42	**46**	51	60
115	Dränleitung, PVC-Vollsickerrohr, DN100	m	14	19	**21**	25	30
			12	16	**17**	21	25
116	Formstück, Dränleitung, PVC, Abzweig	St	23	28	**31**	35	42
			19	23	**26**	29	35
117	Formstück, Dränleitung, PVC, Bogen	St	9	13	**15**	18	23
			7	11	**13**	15	19

Kosten:
Stand 1.Quartal 2020
Bundesdurchschnitt

▶ min
▷ von
ø Mittel
◁ bis
◀ max

Nr.	Positionen	Einheit	▶	▷	ø brutto € / ø netto €	◁	◀
118	Bewässerungseinrichtung, Hochstämme	St	54	75	**81**	90	121
			45	63	**68**	75	102
119	Stahltor, einflüglig, beschichtet	St	917	1.216	**1.232**	1.387	1.654
			771	1.022	**1.035**	1.165	1.390
120	Stahltor, zweiflüglig, beschichtet	St	994	1.234	**1.373**	1.566	1.806
			835	1.037	**1.154**	1.316	1.518
121	Zaunpfosten, Stahlrohr	St	37	47	**51**	57	69
			31	40	**43**	48	58
122	Holzzaun, Kiefer/Sandsteinpfosten	m	127	174	**202**	208	240
			107	147	**170**	175	202
123	Eckausbildung, Holzzaun	St	43	59	**70**	71	98
			36	50	**59**	60	82
124	Einzelfundamente, Zaunpfosten	St	362	456	**492**	525	594
			305	383	**413**	441	499
125	Poller, Beton	St	167	349	**356**	376	504
			141	294	**299**	316	424
126	Poller, Aluminium	St	230	410	**416**	424	604
			194	345	**349**	356	508
127	Poller, Stahl, beschichtet	St	320	391	**424**	459	568
			269	328	**357**	386	477
128	Poller, Naturstein	St	183	422	**457**	503	899
			154	355	**384**	422	756
129	Sitzquader, Naturstein	St	239	423	**488**	530	704
			201	355	**410**	446	591
130	Planum Gewässer	m²	3	7	**7**	11	16
			3	5	**6**	10	13
131	Gewässerabdichtung, Teichfolie	m²	16	24	**26**	29	35
			13	20	**22**	24	29
132	Sauberkeitsschicht, Teich, See	m²	3	4	**4**	5	6
			2	3	**4**	4	5
133	Wurzelanker im Teich, See	m²	–	25	**26**	28	–
			–	21	**22**	24	–
134	Befestigung, Gewässerabdichtungsbahn Uferbereich	m	11	14	**15**	17	20
			9	11	**12**	14	16
135	Teichrand herstellen	m²	6	10	**11**	12	14
			5	8	**9**	10	12
136	Dachfläche reinigen	m²	1	2	**2**	2	2
			1	1	**1**	1	2
137	Durchwurzelungsschutzschicht, PVC-P 0,8mm	m²	17	18	**20**	21	23
			14	16	**16**	18	19
138	Dachbegrünung, Trenn-, Schutz- u. Speichervlies, 300	m²	2	3	**4**	4	5
			2	3	**3**	4	4
139	Dachbegrünung, Trenn-, Schutz- u. Speichervlies, 500	m²	3	4	**5**	6	7
			3	4	**4**	5	6
140	Schüttdränage, Dachbegrünung, 5cm, Lava	m²	6	7	**8**	8	9
			5	6	**6**	7	8

Nr.	Positionen	Einheit	▶	▷	ø brutto € / ø netto €	◁	◀
141	Schüttdränage, Dachbegrünung, 5cm, Blähschiefer	m²	9	12	**14**	16	19
			7	11	**12**	13	16
142	Dränageelement, PE-Platte, 25mm, Dachbegrünung	m²	10	13	**15**	15	20
			9	11	**13**	13	17
143	Dränageelement, PE-Platte, 40mm, Dachbegrünung	m²	13	15	**17**	17	20
			11	13	**14**	15	16
144	Flächendränage, begehbare Flachdächer, HDPE	m²	60	78	**86**	96	106
			51	66	**72**	81	89
145	Filtervlies, Dränageabdeckung, 100g/m²	m²	3	4	**4**	5	6
			2	3	**4**	4	5
146	Filtermatte, Dachbegrünung	m²	2	2	**2**	3	3
			1	2	**2**	2	3
147	Kontrollschacht, extensive Dachbegrünung, Höhe bis 20cm	St	74	82	**85**	91	104
			62	69	**71**	77	88
148	Kontrollschacht, intensive Dachbegrünung, Höhe bis 40cm	St	168	178	**181**	185	196
			141	150	**152**	156	164
149	Sicherheitsstreifen, Kies, Dachbegrünung	m²	7	10	**11**	12	15
			6	9	**9**	10	12
150	Kiesfangleiste, L-Profil, Dachbegrünung	m	16	23	**25**	28	35
			13	19	**21**	24	29
151	Einschichtsubstrat, extensive Dachbegrünung	m²	17	20	**21**	24	29
			14	17	**18**	21	24
152	Mehrschichtsubstrat, extensive Dachbegrünung	m²	21	25	**25**	27	30
			18	21	**21**	23	25
153	Begrünungssubstrat, Natur-Bims, Dachbegrünung	m²	9	11	**13**	14	16
			7	9	**11**	11	13
154	Mehrschichtsubstrat, intensive Dachbegrünung	m²	21	25	**27**	28	32
			17	21	**22**	23	27
155	Nassansaat, extensive Dachbegrünung, Saatgutmischung	m²	3	5	**5**	7	10
			2	4	**5**	6	9
156	Trockenansaat, extensive Dachbegrünung, Saatgutmischung	m²	2	4	**4**	5	6
			2	3	**3**	4	5
157	Düngung, Dachbegrünung, extensiv	m²	0,3	0,5	**0,6**	0,6	0,8
			0,3	0,4	**0,5**	0,5	0,7
158	Wässern, Dachbegrünung, extensiv	m²	0,4	0,5	**0,6**	0,7	0,7
			0,4	0,4	**0,5**	0,6	0,6
159	Stelzlager, Unterbau, Plattenbeläge, Dachbegrünung, H 25-40mm	St	5	6	**6**	7	8
			4	5	**5**	6	7
160	Stelzlager, Unterbau, Plattenbeläge, Dachbegrünung, H 35-70mm	St	5	7	**8**	8	9
			4	6	**6**	7	8

Kosten:
Stand 1.Quartal 2020
Bundesdurchschnitt

▶ min
▷ von
ø Mittel
◁ bis
◀ max

Nr.	Positionen	Einheit	▶	▷ ø brutto € / ø netto €		◁	◀
161	Stelzlager, Unterbau, Plattenbeläge, Dachbegrünung, H 145-225mm	St	7	9	**10**	11	12
			6	8	**9**	9	10
162	Stelzlager, Aufstockelement, höhenverstellbar, H 80mm	St	4	5	**6**	6	7
			3	4	**5**	5	6
163	Plattenlager, Betonplatten, höhenverstellbar, H 10mm	St	4	5	**5**	6	6
			3	4	**4**	5	5
164	Sekurant, Anseilsicherung, Stahl verzinkt	St	165	193	**204**	227	269
			139	162	**172**	191	226
165	Fertigstellungspflege, extensive Dachbegrünung	m²	2	3	**3**	4	7
			1	2	**3**	4	6
166	Trenn-, Schutz-, Speichervlies	m²	2	2	**2**	2	3
			1	2	**2**	2	3
167	Amphibienleitwand, mobil, Überkletterungsschutz, PE-Folie, H 42cm	m	–	5	**6**	7	–
			–	5	**5**	5	–
168	Amphibienleitwand, stationär, Überkletterungs-schutz, Polymerbeton, H 42cm	m	–	8	**9**	10	–
			–	7	**7**	8	–
169	Amphibienleitwand, stationär, Überkletterungs-schutz, Beton, H 62cm	m	–	20	**21**	24	–
			–	17	**18**	20	–
170	Amphibienstopprinne, Beton-U-Profil,	St	26	35	**39**	42	46
			22	30	**33**	36	39
171	Abdeckung für Amphibienstopprinne, Stahlgitter-roste	St	–	21	**22**	26	–
			–	17	**19**	21	–
172	Amphibienkleintiertunnel, Beton, Querdurchlass	St	–	62	**66**	76	–
			–	52	**55**	64	–
173	Fanggefäß, Amphibien, Kunststoff, 10 Liter	St	4	5	**5**	6	6
			3	4	**4**	5	5
174	Spielsand, Körnung 0/2	t	22	27	**30**	33	37
			19	23	**25**	27	31
175	Spielsand auswechseln, bis 40cm	m³	15	18	**19**	21	24
			13	15	**16**	18	20
176	Einfassung, Sandkasten	m²	43	52	**55**	66	78
			36	44	**46**	56	66
177	Wegeeinfassung, Naturstein	m	24	30	**33**	38	47
			20	26	**28**	32	40
178	Fallschutz auskoffern	m²	2	4	**5**	6	8
			2	3	**4**	5	6
179	Fallschutz, Kies	m²	22	25	**28**	32	36
			18	21	**23**	27	31
180	Fallschutzbelag, Gummigranulatplatten	m²	65	93	**100**	109	131
			54	78	**84**	92	110

Nr.	Positionen	Einheit	▶	▷	ø brutto € / ø netto €	◁	◀
181	Schall-Sichtschutzwand, Stahlbeton, 2,0m	St	316	418	**463**	508	598
			265	351	**389**	427	502
182	Ballfangzaun, Gittermatten	m	234	296	**302**	325	381
			197	248	**254**	273	320
183	Sichtschutzzaun aus Holzelementen Höhe 1,0m	m	88	110	**118**	132	141
			74	92	**99**	111	118
184	Sichtschutzzaun aus Holzelementen Höhe 2,0m	m	137	166	**172**	175	203
			115	139	**145**	147	171
185	Fahrradständer, Stahlrohrkonstruktion	St	450	492	**513**	544	608
			378	413	**431**	458	511
186	Abfallbehälter, Stahlblech	St	483	684	**767**	811	934
			406	575	**645**	682	785
187	Hinweisschild, Aluminium	St	176	221	**230**	241	283
			148	185	**193**	203	238
188	Baumschutzgitter, Metall	St	696	836	**888**	914	1.003
			585	702	**746**	768	843
189	Rankhilfe, Edelstahlseil	m	7	17	**20**	24	35
			6	14	**16**	20	30
190	Baumscheibe, Grauguss	St	1.495	1.920	**2.236**	2.364	2.614
			1.257	1.613	**1.879**	1.987	2.197
191	Stundensatz Facharbeiter, Landschaftsbauarbeiten	h	59	62	**65**	68	74
			50	52	**55**	57	62
192	Stundensatz Helfer, Landschaftsbauarbeiten	h	41	44	**45**	46	52
			34	37	**38**	39	44

Kosten:
Stand 1.Quartal 2020
Bundesdurchschnitt

Nr. **Kurztext** / Langtext — Kostengruppe
▶ ▷ **ø netto €** ◁ ◀ [Einheit] Ausf.-Dauer Positionsnummer

1 Baugelände abräumen
KG **214**

Baugelände freimachen, von Steinen, Mauerresten, Zäunen, Schutt und Unrat, anfallende Stoffe trennen, laden, fördern und lagern.

2€ 2€ **3**€ 3€ 4€ [m²] ⏱ 0,05 h/m² 003.000.001

2 Baugelände abräumen, entsorgen
KG **594**

Baugelände von unbelasteten Steinen, Schutt und Unrat abräumen. Räumgut entsorgen.
Maschineneinsatz: **ja / nein**

92€ 113€ **126**€ 135€ 154€ [t] ⏱ 2,90 h/t 003.000.080

3 Betonfundamente aufnehmen, entsorgen
KG **594**

Betonfundament jeder Art einschl. Unterbeton und Rückenstütze aufnehmen, abfahren und entsorgen.
Abmessung (L x B x H): ..... x ..... x ...... cm

112€ 139€ **151**€ 171€ 183€ [m³] ⏱ 1,85 h/m³ 003.000.311

4 Betondecke abbrechen, entsorgen
KG **594**

Betondecke unbewehrt, aufbrechen. Anfallende Stoffe sind zu entsorgen.
Aufbruchtiefe: bis 15 cm

46€ 55€ **56**€ 64€ 78€ [t] ⏱ 0,80 h/t 003.000.003

▶ min
▷ von
ø Mittel
◁ bis
◀ max

5 Bauzaun, inkl. Tore KG **591**

Bauzaun als Schutzzaun inkl. Tore aufstellen, vorhalten und beseitigen.
Zaunhöhe: ..... m
Material: Baustahlgewebe
Vorhaltedauer: ..... Wochen

5€	7€	**8€**	9€	12€	[m]	⏱ 0,18 h/m	003.000.073

6 Stammschutz, Brettermantel, bis 60cm KG **211**

Stammschutz durch Ummantelung herstellen.
Stammdurchmesser: über 40 bis 60 cm
Material: Brettermantel inkl. Polsterung
Höhe: mind. 2,00 m

36€	42€	**44€**	45€	49€	[St]	⏱ 1,00 h/St	003.000.288

7 Zaun Viereck-Drahtgeflecht abbrechen bis 1,5m, entsorgen KG **594**

Zaun einschl. Stahlpfosten und Fundamente abbrechen, Stoffe sammeln und auf LKW laden.
Material: Viereck-Drahtgeflecht, kunststoffummantelt
Zaunhöhe: bis 1,50 m
Zaunlänge: ..... m

5€	9€	**10€**	13€	18€	[m]	⏱ 0,25 h/m	003.000.195

8 Zaun Viereck-Drahtgeflecht bis 2,0m, entsorgen KG **594**

Zaun einschl. Stahlpfosten und Fundamente abbrechen, abfahren und entsorgen.
Leistung inkl. Führen des Entsorgungsnachweises.
Material: Zaun Viereck-Drahtgeflecht, kunststoffummantelt
Zaunhöhe: bis 2,00 m
Zaunlänge: ..... m

9€	10€	**10€**	11€	13€	[m]	⏱ 0,25 h/m	003.000.196

9 Behelfsmäßige Straße, Natursteinmaterial, Liefermaterial KG **591**

Baustraße Natursteinmaterial wie folgt herstellen:
- Höhe- und Lagerecht einmessen
- Planum profilgerecht herstellen und verdichten Ev = 45% einschl. Verdichtungsnachweis
- Material liefern und auf verdichtetem Planum einbauen und verdichten einschl. Nachweis DPr 100%
- während der Bauzeit Kiesoberfläche nach Erfordernis ergänzen und verdichten
- Fertighöhe Straße höhen- und fluchtgerecht gem. Absteckplan

Kein Recyclingmaterial
Frostschutzschicht: Mineralgemisch aus Hartgestein
Körnung: 0/32
Schichtdicke: 20 cm
Tragschicht: Kies-Schotter
Schichtdicke: 15 cm
Breite: ..... m

11€	13€	**14€**	15€	18€	[m²]	⏱ 0,12 h/m²	003.000.186

Kosten:
Stand 1.Quartal 2020
Bundesdurchschnitt

Nr.	**Kurztext** / Langtext						Kostengruppe
▶	▷	**ø netto €**	◁	◀	[Einheit]	Ausf.-Dauer	Positionsnummer

10 Behelfsmäßige Straße RCL-Schotter, Liefermaterial KG **391**

Behelfsmäßige Baustraße mit Recyclingmaterial (RCL-Schotter) herstellen und nach Beendigung der Baumaßnahme rückbauen und ordnungsgemäß entsorgen.
- Höhen- und Lagerecht einmessen
- Planum profilgerecht herstellen und verdichten Ev = 45% einschl. Verdichtungsnachweis
- Material liefern und auf verdichtetem Planum einbauen und verdichten einschl. Nachweis DPr 100%

Schichtdicke: 30 cm
Breite: ..... m

12€ 15€ **16**€ 17€ 20€ [m²] ⏱ 0,12 h/m² 003.000.187

11 Strauch herausnehmen, einschlagen, 60-100cm KG **573**

Strauch herausnehmen, mit Ballen, transportieren und bis zur Wiedereinpflanzung einschlagen.
Bewuchshöhe: über 50 bis 100 cm

12€ 14€ **14**€ 15€ 17€ [St] ⏱ 0,30 h/St 003.000.274

12 Strauch herausnehmen, einschlagen, 100-150cm KG **573**

Strauch herausnehmen, mit Ballen, transportieren und bis zur Wiedereinpflanzung einschlagen.
Bewuchshöhe: über 100 bis 150 cm

15€ 20€ **22**€ 24€ 28€ [St] ⏱ 0,60 h/St 003.000.275

13 Baum herausnehmen, einschlagen KG **573**

Baum herausnehmen, mit Ballen, transportieren und bis zur Wiedereinpflanzung einschlagen.
Stammumfang: über 18 bis 20 cm
Kronenbreite: bis 200 cm

76€ 96€ **108**€ 108€ 136€ [St] ⏱ 2,55 h/St 003.000.276

A 1 Baum fällen, entsorgen Beschreibung für Pos. **14-16**

Baum fällen als Einzelbaum inkl. Wurzelstock fräsen und entsorgen. Stammdurchmesser gemessen 1,00m über Gelände.

14 Baum fällen, Durchmesser bis 15cm, entsorgen KG **214**

Wie Ausführungsbeschreibung A 1
Baumart: .....
Stammdurchmesser: bis 15 cm
Baumhöhe: ...... m
Baum: **frei fallend / stückweise abnehmen**
Maschineneinsatz: **ja / nein**

27€ 46€ **55**€ 61€ 81€ [St] ⏱ 1,60 h/St 003.000.074

15 Baum fällen, Durchmesser bis 50cm, entsorgen KG **214**

Wie Ausführungsbeschreibung A 1
Baumart: .....
Stammdurchmesser: bis 50 cm
Baumhöhe: ...... m
Baum: **frei fallend / stückweise abnehmen**
Maschineneinsatz: **ja / nein**

73€ 114€ **130**€ 156€ 206€ [St] ⏱ 3,20 h/St 003.000.076

▶ min
▷ von
ø Mittel
◁ bis
◀ max

16 **Baum fällen, Durchmesser über 50cm, entsorgen** KG **214**

Wie Ausführungsbeschreibung A 1
Baumart: .....
Stammdurchmesser: über 50 cm
Baumhöhe: ...... m
Baum: **frei fallend / stückweise abnehmen**
Maschineneinsatz: **ja / nein**

137€ 174€ **189**€ 205€ 233€ [St] ⏱ 3,80 h/St 003.000.077

17 **Wurzelstock fräsen, einarbeiten** KG **214**

Wurzelstock roden, fräsen und Material in Boden einarbeiten.
Baumart: .....
Rodungstiefe. ..... cm
Durchmesser: ..... cm
Einbauort: Baustelle

52€ 70€ **72**€ 80€ 100€ [St] ⏱ 1,00 h/St 003.000.079

18 **Grasnarbe abschälen** KG **214**

Grasnarbe zerkleinern, seitlich zur Abfuhr geordnet lagern.
Abrechnung in der Abwicklung.
Schichtdicke: über 3 bis 5 cm
Bodengruppe: .....
Maschineneinsatz: **ja / nein**

1€ 2€ **2**€ 2€ 3€ [m^2] ⏱ 0,04 h/m^2 003.000.004

19 **Baugelände roden** KG **214**

Baugelände roden. Räumgut abfahren.
Auf dem Gelände vorhanden: Busch-, Hecken- und Baumbestand bis 10 cm Stammdurchmesser (gemessen in 1 m Stammhöhe)

14€ 17€ **18**€ 19€ 22€ [St] ⏱ 0,30 h/St 003.000.078

20 **Baugelände roden** KG **214**

Baugelände roden, Räumgut abfahren.
Auf dem Gelände vorhanden: Busch-, Hecken- und Baumbestand bis 10 cm Stammdurchmesser (gemessen in 1 m Stammhöhe)

4€ 6€ **7**€ 8€ 9€ [m^2] ⏱ 0,10 h/m^2 003.000.271

21 **Organische Stoffe aufnehmen, entsorgen** KG **214**

Organische Stoffe aller Art aufnehmen und entsorgen.
Wuchshöhe: bis 70 cm

12€ 14€ **14**€ 16€ 21€ [m^3] ⏱ 0,16 h/m^3 080.000.027

Kosten:
Stand 1.Quartal 2020
Bundesdurchschnitt

Nr.	**Kurztext** / Langtext					Kostengruppe
▶	▷	**ø netto €**	◁	◀	[Einheit]	Ausf.-Dauer Positionsnummer

22 Oberboden abtragen, lagern KG **511**

Oberboden, profilgerecht abtragen, laden, fördern und Bodengruppen getrennt lagern.
Bodenzuordnung lt.: **Aufstellung / Bericht / gemeinsamer Feststellung**
Bodengruppen: ..... DIN 18196
Gesamtabtragstiefe: bis 30 cm
Förderweg: bis ..... km
Mengenermittlung nach Aufmaß an der Entnahmestelle.

8€ 12€ **13**€ 15€ 20€ [m³] ⏱ 0,15 h/m³ 003.000.199

23 Oberboden lösen, lagern KG **511**

Oberboden, profilgerecht abtragen, laden, fördern und auf Miete setze, eine Bodengruppe.
Bodengruppe: ..... DIN 18196
Abtragsdicke: bis 10 cm
Mengenermittlung nach Aufmaß an der Entnahmestelle.

4€ 6€ **7**€ 8€ 10€ [m³] ⏱ 0,10 h/m³ 003.000.198

24 Oberboden liefern, andecken KG **571**

Oberboden, liefern, profilgerecht auftragen, eine Bodengruppe.
Bodengruppe: ..... DIN 18196
Einbauort: .....
Auftragsdicke: .....

17€ 24€ **27**€ 29€ 35€ [m³] ⏱ 0,19 h/m³ 003.000.291

25 Oberboden auftragen, lagernd KG **571**

Oberboden, zwischengelagert, laden, fördern, profilgerecht auftragen, eine Bodengruppe.
Bodengruppe: ..... DIN 18196
Auftragsdicke: .....
Förderweg: bis 0,5 km

5€ 7€ **8**€ 10€ 13€ [m³] ⏱ 0,10 h/m³ 003.000.094

26 Oberboden liefern und einbauen, Gruppe 2-4 KG **571**

Oberboden liefern und profilgerecht einbauen, eine Bodengruppe.
Bodengruppe: ..... DIN 18196
Auftragsdicke: bis ..... cm
Ebenflächigkeit unter der 4-m Latte: +/-3 cm
Abrechnung nach Lieferschein

19€ 23€ **24**€ 28€ 34€ [m³] ⏱ 0,12 h/m³ 003.000.190

27 Oberboden liefern und einbauen, bis 30cm KG **571**

Oberboden, liefern, profilgerecht auftragen, eine Bodengruppe.
Bodengruppe: ..... DIN 18196
Auftragsdicke: über 20 bis 30 cm

23€ 27€ **30**€ 33€ 40€ [m³] ⏱ 0,19 h/m³ 003.000.188

▶ min
▷ von
ø Mittel
◁ bis
◀ max

28 Überschüssigen Boden laden, entsorgen KG **511**

Überschüssigen Aushub, bauseits gelagert, laden, abfahren und auf zugelassenen Lagerstätte nach Wahl des Auftragnehmers lagenweise einarbeiten.
Bodengruppen: ..... DIN 18196
Aushub: nicht schadstoffbelastet
Zuordnung: Z 0
Verwertungsanlage (Bezeichnung/Ort/Fahrweg): .....
Lagergebühren werden vom AN übernommen
Abrechnung: **nach Verdrängung / auf Nachweisrapport / Wiegescheine der Deponie**

10€ 12€ **13**€ 14€ 18€ [m³] ⏱ 0,15 h/m³ 080.000.028

29 Bodenmaterial entsorgen, GK 1 KG **511**

Unterboden profilgerecht abtragen, laden, abfahren und einer Wiederverwertung zuführen.
Abrechnung nach Abtragsprofilen.
Unterboden: unbelastet
Homogenbereich 1, Baumaßnahme der Geotechnischen Kategorie 1 DIN 4020.
Homogenbereich 1 oben: ..... m
Homogenbereich 1 unten: 0,25 m
Bodengruppen DIN 18196: .....
Massenanteile der Steine DIN EN ISO 14688-1: über ..... bis .....%
Massenanteile der Blöcke DIN EN ISO 14688-1: über ..... bis .....%
Konsistenz DIN EN ISO 14688-1: .....
Lagerungsdichte: .....
Abtragsdicke: bis 0,25 m
Förderweg: bis ..... m

8€ 13€ **16**€ 17€ 20€ [m³] ⏱ 0,20 h/m³ 003.000.155

30 Auffüllmaterial liefern, einbauen KG **511**

Auffüllmaterial liefern und profilgerecht einbauen und verdichten.
Material: grobkörniger Boden

17€ 23€ **25**€ 27€ 33€ [m³] ⏱ 0,16 h/m³ 003.000.084

31 Füllboden liefern, einbauen KG **311**

Erdwälle mit zu lieferndem Füllboden herstellen. Material verdichtungsfähig, unbelastet und für Bepflanzung geeignet. Grobplanie und Gefällemodellierung.
Böschungen: bis 60 °
Böschungshöhe: bis 3,00 m

12€ 15€ **17**€ 18€ 21€ [m³] ⏱ 0,12 h/m³ 003.000.154

32 Gründungssohle verdichten KG **311**

Gründungssohle verdichten, in Baugruben.
Verdichtungsgrad: mind. DPr 0,95
Verformungsmodul: mind. EV2 45 Mpa

0,6€ 1,2€ **1,4**€ 2,0€ 2,9€ [m²] ⏱ 0,02 h/m² 003.000.092

Nr.	Kurztext / Langtext					Kostengruppe
▶	▷	**ø netto €**	◁	◀	[Einheit]	Ausf.-Dauer Positionsnummer

33 Aufwuchs entfernen KG **214**

Aufwuchs, Gräser und Kräuter mähen und Schnittgut entsorgen.
Wuchshöhe: bis 70 cm

0,8€ 1,2€ **1,4€** 1,9€ 2,9€ [m²] ⏱ 0,02 h/m² 003.000.005

A 2 Rohrgrabenaushub, GK1, lagern Beschreibung für Pos. **34-36**

Boden der Gräben für Entwässerungsleitungen, profilgerecht lösen, seitlich lagern. Arbeiten mit Gerät.
Baumaßnahme der Geotechnischen Kategorie 1 DIN 4020.

34 Rohrgrabenaushub, GK1, Tiefe bis 1,0m, lagern KG **311**

Wie Ausführungsbeschreibung A 2
Aushubtiefe: bis 1,00 m
Grabenbreite: 30 bis 40 cm
Förderweg: bis ..... m
Baumaßnahme der Geotechnischen Kategorie 1 DIN 4020
Homogenbereich 1, mit einer Bodengruppe
Bodengruppen DIN 18196: .....
Homogenbereich 1 oben: 0 m
Homogenbereich 1 unten: 1,00 m

19€ 23€ **25€** 28€ 32€ [m³] ⏱ 0,30 h/m³ 003.000.157

35 Rohrgrabenaushub, GK1, Tiefe bis 1,5m, lagern KG **311**

Wie Ausführungsbeschreibung A 2
Aushubtiefe: bis 1,50 m
Grabenbreite: 30 bis 100 cm
Förderweg: bis ..... m
Baumaßnahme der Geotechnischen Kategorie 1 DIN 4020
Homogenbereich 1, mit einer Bodengruppe
Bodengruppen DIN 18196: .....
Homogenbereich 1 oben: 0 m
Homogenbereich 1 unten: 1,50 m

21€ 25€ **28€** 31€ 36€ [m³] ⏱ 0,32 h/m³ 003.000.272

36 Rohrgrabenaushub, GK1, Tiefe bis 3,0m, lagern KG **311**

Wie Ausführungsbeschreibung A 2
Aushubtiefe: bis 3,00 m
Grabenbreite: 30 bis 100 cm
Förderweg: bis ..... m
Baumaßnahme der Geotechnischen Kategorie 1 DIN 4020
Homogenbereich 1, mit einer Bodengruppe
Bodengruppen DIN 18196: .....
Homogenbereich 1 oben: 0 m
Homogenbereich 1 unten: 3,00 m

30€ 35€ **37€** 40€ 46€ [m³] ⏱ 0,35 h/m³ 003.000.201

Kosten:
Stand 1.Quartal 2020
Bundesdurchschnitt

▶ min
▷ von
ø Mittel
◁ bis
◀ max

37 **Streifenfundamentaushub, bis 1,25m, lagern, GK1** KG **522**

Aushub Streifenfundament, lösen, laden, fördern und für Wiedereinbau auf der Baustelle lagern, Arbeiten mit dem Gerät. Fundamentsohle durch Handschachtung planieren.
Aushubtiefe: bis 1,25 m
Grabenbreite: ..... cm
Förderweg: bis ..... m
Baumaßnahme der Geotechnischen Kategorie 1 DIN 4020
Homogenbereich 1, mit einer Bodengruppe
Bodengruppen DIN 18196: .....
Homogenbereich 1 oben: 0 m
Homogenbereich 1 unten: bis 1,25 m
Massenanteile der Steine DIN EN ISO 14688-1: über ..... bis .....%
Massenanteile der Blöcke DIN EN ISO 14688-1: über ..... bis .....%
Konsistenz DIN EN ISO 14688-1: von ..... bis .....
Lagerungsdichte: von ..... bis .....
Mengenermittlung nach Aufmaß an der Entnahmestelle.

20€ 30€ **31**€ 34€ 39€ [m³] ⏱ 0,35 h/m³ 003.000.286

38 **Streifenfundamentaushub, bis 1,25m, entsorgen, GK1** KG **522**

Aushub für Streifenfundament, lösen, fördern, laden, Aushub mit LKW des AN zur Verwertungsanlage abfahren.
Aushubtiefe: bis 1,25 m
Grabenbreite: ..... cm
Förderweg: bis ..... m
Baumaßnahme der Geotechnischen Kategorie 1 DIN 4020
Homogenbereich 1, mit einer Bodengruppe
Bodengruppen DIN 18196: .....
Homogenbereich 1 oben: 0 m
Homogenbereich 1 unten: bis 1,25 m
Massenanteile der Steine DIN EN ISO 14688-1: über ..... bis .....%
Massenanteile der Blöcke DIN EN ISO 14688-1: über ..... bis .....%
Konsistenz DIN EN ISO 14688-1: von ..... bis .....
Lagerungsdichte: von ..... bis .....
Abrechnung: **nach Verdrängung / auf Nachweisrapport / Wiegescheine der Deponie**

23€ 31€ **33**€ 39€ 45€ [m³] ⏱ 0,35 h/m³ 003.000.287

39 **Handaushub, Zulage** KG **511**

Handaushub als Zulage für Erd- und Oberbauarbeiten in Rohrgräben.
Tiefe: ..... cm
Breite: ..... cm
Bodengruppe: .....

37€ 48€ **54**€ 57€ 64€ [m³] ⏱ 0,95 h/m³ 003.000.028

40 **Pflanzgrube für Kleingehölz 20x20x20** KG **571**

Pflanzgrube für Kleingehölz ausheben und verdrängten Boden zu Gießrändern aufhäufeln oder seitlich einplanieren. Grubensohle bis zur Pflanzung sauber halten.
Grubensohle lockern: Tiefe bis 10cm
Größe: 20 x 20 x 20 cm
Bodengruppe: .....

3€ 3€ **4**€ 4€ 4€ [St] ⏱ 0,20 h/St 003.000.207

Kosten:
Stand 1.Quartal 2020
Bundesdurchschnitt

Nr.	Kurztext / Langtext					Kostengruppe
▶	▷	**ø netto €**	◁	◀	[Einheit]	Ausf.-Dauer Positionsnummer

41 Pflanzgrube für Kleingehölz 30x30x30 KG **571**

Pflanzgrube für Kleingehölz ausheben und verdrängten Boden zu Gießrändern aufhäufeln oder seitlich einplanieren. Grubensohle bis zur Pflanzung sauber halten.
Grubensohle lockern: Tiefe bis 10cm
Größe: 30 x 30 x 30 cm
Bodengruppe: .....

2€ 3€ **3**€ 3€ 3€ [St] ⏱ 0,20 h/St 003.000.208

42 Pflanzgrube für Rankgehölz 50x50x50 KG **571**

Pflanzgrube für Kleingehölz ausheben und verdrängten Boden zu Gießrändern aufhäufeln oder seitlich einplanieren. Grubensohle bis zur Pflanzung sauber halten.
Grubensohle lockern: Tiefe bis 20cm
Größe: 50 x 50 x 50 cm
Bodengruppe: .....

8€ 9€ **9**€ 10€ 10€ [St] ⏱ 0,22 h/St 003.000.209

A 3 Pflanzgrube Solitär Beschreibung für Pos. **43-47**

Baugrubensohle verfüllen mit auf der Baustelle gelagertem Boden.
Tiefe: ..... m
Bodengruppe: .....

43 Pflanzgrube für Solitärbaum 80x80x80 KG **571**

Wie Ausführungsbeschreibung A 3
Sohle: 20 cm tief lockern
Größe: 80 x 80 x 80 cm
Bodengruppe: ......

14€ 16€ **17**€ 17€ 20€ [St] ⏱ 0,28 h/St 003.000.292

44 Pflanzgrube für Solitärbaum 100x100x80 KG **571**

Wie Ausführungsbeschreibung A 3
Sohle: 20 cm tief lockern
Größe: 100 x 100 x 80 cm
Bodengruppe: .....

17€ 22€ **24**€ 29€ 40€ [St] ⏱ 0,32 h/St 003.000.162

45 Pflanzgrube für Solitärbaum 150x150x80 KG **571**

Wie Ausführungsbeschreibung A 3
Sohle: 20 cm tief lockern
Größe: 150 x 150 x 80 cm
Bodengruppe: .....

22€ 31€ **36**€ 40€ 45€ [St] ⏱ 0,50 h/St 003.000.162

46 Pflanzgrube für Solitärbaum 200x200x100 KG **571**

Wie Ausführungsbeschreibung A 3
Sohle: 20 cm tief lockern
Größe: 200 x 200 x 100 cm
Bodengruppe: .....

32€ 38€ **42**€ 45€ 50€ [St] ⏱ 0,80 h/St 003.000.164

▶ min
▷ von
ø Mittel
◁ bis
◀ max

Nr.	Kurztext / Langtext						Kostengruppe
▶	▷	**ø netto €**	◁	◀	[Einheit]	Ausf.-Dauer	Positionsnummer

47 Pflanzgrube für Solitärbaum 300x300x100 KG **571**

Wie Ausführungsbeschreibung A 3
Sohle: 20 cm tief lockern
Größe: 300 x 300 x 100 cm
Bodengruppe: .....

54€	77€	**82**€	96€	116€	[St]	⏱ 1,20 h/St	003.000.268

48 Pflanzgraben für Hecke herstellen KG **571**

Pflanzgraben ausheben, Aushub seitlich planieren, Sohle lockern.
Größe: B x T 50 x 50 cm
Bodengruppe: .....

6€	7€	**8**€	8€	9€	[m]	⏱ 0,20 h/m	003.000.211

49 Vegetationsfläche, organische Düngung KG **571**

Grunddüngung der Vegetationsfläche, organischer Dünger aufbringen und einarbeiten.
Material: .....
Menge: 60 g/m2
Angeb. Fabrikat

0,3€	0,4€	**0,5**€	0,6€	0,9€	[m2]	⏱ 0,02 h/m2	003.000.008

50 Bodenverbesserung, Komposterde KG **571**

Bodenverbesserung der Vegetationsfläche gleichmäßig aufbringen und einarbeiten.
Material: Komposterde
Einzelkorn: bis 5 cm
Menge: L/m2
Arbeitstiefe: 5 cm
Bodengruppe: .....

0,8€	1,4€	**1,6**€	2,2€	3,3€	[m2]	⏱ 0,01 h/m2	003.000.009

51 Bodenverbesserung, Kiessand KG **571**

Bodenverbesserung der Vegetationsfläche, Material gleichmäßig aufbringen und einarbeiten.
Material: Kiessand
Körnung: 0/4
Menge: 20 kg/m2
Arbeitstiefe: 5 cm
Bodengruppe: .....

1€	1€	**1**€	2€	2€	[m2]	⏱ 0,05 h/m2	003.000.010

52 Bodenverbesserung, Rindenhumus KG **571**

Bodenverbesserung der Vegetationsfläche, Material gleichmäßig aufbringen und einarbeiten.
Material: Rindenhumus gütegesichert
Menge: L/m2
Arbeitstiefe: 5 cm
Bodengruppe: .....

0,9€	1,5€	**1,8**€	2,1€	2,6€	[m2]	⏱ 0,05 h/m2	003.000.011

Nr.	Kurztext / Langtext						Kostengruppe
▶	▷	ø netto €	◁	◀	[Einheit]	Ausf.-Dauer	Positionsnummer

53 Pflanzgrube verfüllen, Oberboden-Gemisch KG **571**

Pflanzgrube mit Oberbodengemisch verfüllen.
Material: 60% Oberboden, 30% Sand, 10% Kompost, gütegesichert
Pflanzgrube: 100 x 100 cm
Schichtdicke: 80 cm

14€	17€	**18**€	21€	25€	[St]	⏱ 0,07 h/St	003.000.012

54 Pflanzgrube verfüllen, Baumsubstrat KG **571**

Pflanzgrube der Bäume mit Baumsubstrat verfüllen.
Substrat: Humus-Basis Mischung
Körnung: 0/16
Schichtdicke: 30 cm
Angeb. Fabrikat: .....

34€	40€	**42**€	43€	46€	[St]	⏱ 0,07 h/St	003.000.016

Kosten:
Stand 1.Quartal 2020
Bundesdurchschnitt

55 Vegetationsflächen lockern, aufreißen KG **571**

Vegetationstragschicht kreuzweise lockern durch aufreißen. Steine, Unrat ab Durchmesser 5cm und schwerverrottbare Pflanzenteile ablesen, Unkraut ausgraben. Anfallende Stoffe entsorgen.
Tiefe: 30 cm
Bodengruppe: .....

0,4€	0,5€	**0,6**€	0,6€	0,8€	[m²]	⏱ 0,01 h/m²	003.000.019

56 Vegetationsflächen lockern, fräsen KG **571**

Vegetationsflächen kreuzweise lockern durch Fräsen. Steine, Unrat ab Durchmesser 5cm, schwerverrottbare Pflanzenteile ablesen und Unkraut ausgraben. Anfallende Stoffe sind zu entsorgen.
Tiefe: bis 15 cm
Bodengruppe: .....

0,5€	0,7€	**0,7**€	0,9€	1,3€	[m²]	⏱ 0,01 h/m²	003.000.018

57 Tiefenlockerung, Boden KG **571**

Vegetationsflächen kreuzweise lockern durch grubben. Steine, Unrat ab Durchmesser 5cm und schwerverrottbare Pflanzenteile ablesen, Unkraut ausgraben. Anfallende Stoffe sind zu entsorgen.
Tiefe: 25 cm
Bodengruppe: .....

0,3€	0,4€	**0,4**€	0,5€	0,6€	[m²]	⏱ 0,01 h/m²	003.000.015

58 Feinplanum, Rasenfläche KG **574**

Feinplanum für Rasenfläche. Steine von mehr als 5 cm Durchmesser und schwer verrottbare Pflanzenteile ablesen, anfallende Stoffe zur Abfuhr auf Haufen setzen.
Bodengruppe: .....
Ebenheit: zulässige Abweichung bei 4,00 m 3,0m

0,6€	1,0€	**1,2**€	1,4€	2,0€	[m²]	⏱ 0,03 h/m²	003.000.014

▶ min
▷ von
ø Mittel
◁ bis
◀ max

59 Mulchsubstrat liefern, einbauen KG **573**

Mulchschicht nachbessern, ganzflächig, auf Baumscheibe gleichmäßig aufbringen.
Material: Rindenmulch, gütegesichert
Körnung 0/20
Schichtdicke: mind. 8 cm

3€ | 4€ | **4**€ | 5€ | 7€ | [m²] | ⏱ 0,04 h/m² | 003.000.017

60 Baugrubensohle verfüllen KG **311**

Zwischengelagerten Boden laden, fördern, einbauen und verdichten. Zuordnungsklasse Z0 bis Z2. Boden lagert innerhalb der Baustelle. Der Transport und das Abkippen hat getrennt nach Ordnungsklassen zu erfolgen. Transportweg ca. 500m.

10€ | 11€ | **11**€ | 12€ | 14€ | [m³] | ⏱ 0,22 h/m³ | 003.000.185

A 4 Maschendrahtzaun Beschreibung für Pos. **61-63**

Maschendrahtzaun aus kunststoffummanteltem Viereckdrahtgeflecht mit Rundrohrpfosten, Abdeckkappen, End- und Eckstreben. Leistung einschl. Fundament- und Verspannarbeiten, einschl. Erdarbeiten. (Beschreibung der Homogenbereiche nach Unterlagen des AG.)

61 Maschendrahtzaun, 1,00m KG **541**

Wie Ausführungsbeschreibung A 4
Anzahl Eckstreben: ..... St
Anzahl Endstreben: 4 St
Betonfundamente: C12/15
Fundamentmaße (a x b x c) : ..... x ..... x ..... cm
Zaunhöhe: 1,00 m
Pfostendurchmesser: 60 mm
Farbe: grün
Maschenweite: ..... mm
Pfostenabstand: 2,50 m

24€ | 30€ | **33**€ | 41€ | 49€ | [m] | ⏱ 0,20 h/m | 003.000.170

62 Maschendrahtzaun, 1,50m KG **541**

Wie Ausführungsbeschreibung A 4
Anzahl Eckstreben: ..... St
Anzahl Endstreben: 4 St
Betonfundamente: C12/15
Fundamentmaße (a x b x c) : ..... x ..... x ..... cm
Zaunhöhe: 1,50 m
Pfostendurchmesser: 60 mm
Farbe: grün
Maschenweite: ..... mm
Pfostenabstand: 2,50 m

30€ | 43€ | **50**€ | 54€ | 75€ | [m] | ⏱ 0,22 h/m | 003.000.172

Nr.	Kurztext / Langtext						Kostengruppe
▶	▷	ø netto €	◁	◀	[Einheit]	Ausf.-Dauer	Positionsnummer

63 Maschendrahtzaun, 2,00m KG **541**

Wie Ausführungsbeschreibung A 4
Anzahl Eckstreben: ..... St
Anzahl Endstreben: 4 St
Betonfundamente: C12/15
Fundamentmaße (a x b x c) : ..... x ..... x ..... cm
Zaunhöhe: 2,00 m
Pfostendurchmesser: 60 mm
Farbe: grün
Maschenweite: ..... mm
Pfostenabstand: 2,50 m

39€ 57€ **62**€ 67€ 92€ [m] ⏱ 0,30 h/m 003.000.174

A 5 Stabgitterzaun, Beschreibung für Pos. **64-67**

Stabgitterzaun aus Doppelstabmatte und waagrechten Doppelstäben, an den Kreuzpunkten im Rechteckverbund doppelt verschweißt. Pfosten aus feuerverzinktem, profiliertem Stahlblech mit PVC-U Abdeckkappen. Leistung inkl. Erd- und Fundamentarbeiten. (Beschreibung der Homogenbereiche nach Unterlagen des AG.)

64 Stabgitterzaun, 0,80m KG **541**

Wie Ausführungsbeschreibung A 5
Fundamentmaße (a x b x c) : ..... x ..... x ..... cm
Zaunhöhe: 0,80 m
Feldlänge: 2,50 m
Pfostenquerschnitt: 60 x 40 x 2 mm
Füllung: senkrecht 6 mm, waagrecht 8 mm
Maschenweite: 50 x 200 mm
Oberfläche: verzinkt
Angeb. Fabrikat: .....

29€ 49€ **52**€ 55€ 79€ [m] ⏱ 0,30 h/m 003.000.177

65 Stabgitterzaun, 1,20m KG **541**

Wie Ausführungsbeschreibung A 5
Fundamentmaße (a x b x c) : ..... x ..... x ..... cm
Zaunhöhe: 1,20 m
Feldlänge: 2,50 m
Pfostenquerschnitt: 60 x 40 x 2 mm
Füllung: senkrecht 6 mm, waagrecht 8 mm
Maschenweite: 50 x 200 mm
Oberfläche: verzinkt
Angeb. Fabrikat: .....

35€ 50€ **58**€ 66€ 86€ [m] ⏱ 0,32 h/m 003.000.179

Kosten:
Stand 1.Quartal 2020
Bundesdurchschnitt

▶ min
▷ von
ø Mittel
◁ bis
◀ max

66 Stabgitterzaun, 1,40m KG **541**

Wie Ausführungsbeschreibung A 5
Fundamentmaße (a x b x c) : ..... x ..... x ..... cm
Zaunhöhe: 1,40 m
Feldlänge: 2,50 m
Pfostenquerschnitt: 60 x 40 x 2 mm
Füllung: senkrecht 6 mm, waagrecht 8 mm
Maschenweite: 50 x 200 mm
Oberfläche: verzinkt
Angeb. Fabrikat: .....

39€ 56€ **61**€ 71€ 94€ [m] ⏱ 0,34 h/m 003.000.180

67 Stabgitterzaun, 2,00m KG **541**

Wie Ausführungsbeschreibung A 5
Fundamentmaße (a x b x c) : ..... x ..... x ..... cm
Zaunhöhe: 2,00 m
Feldlänge: 2,50 m
Pfostenquerschnitt: 60 x 40 x 2 mm
Füllung: senkrecht 6 mm, waagrecht 8 mm
Maschenweite: 50 x 200 mm
Oberfläche: verzinkt
Angeb. Fabrikat: .....

50€ 61€ **73**€ 84€ 115€ [m] ⏱ 0,38 h/m 003.000.183

68 Drehflügeltor, einflüglig, lichte Weite 1,1m, H 1,2m KG **541**

Drehflügeltor für Stabgitterzaun, 1-flüglig, feuerverzinkt, mit Drückergarnitur, beidseitig fest, aus nichtrostendem Stahl, gebürstet.
Lichte Weite: 1,10 m
Höhe 1,20 m
Gesamtpfostenlänge: 1,70 m
Pulverbeschichtung: Farbe RAL nach Wahl des AG
Betonfundamente: C20/25

747€ 895€ **921**€ 948€ 1.095€ [St] ⏱ 1,50 h/St 003.000.296

69 Drehflügeltor, einflüglig, lichte Weite 1,5m, H 1,2m KG **541**

Drehflügeltor für Stabgitterzaun, 1-flüglig, feuerverzinkt, mit Drückergarnitur, beidseitig fest, aus nichtrostendem Stahl, gebürstet.
Lichte Weite:1,50 m
Höhe: 1,20 m
Gesamtpfostenlänge: 1,70 m
Pulverbeschichtung: Farbe RAL nach Wahl des AG
Betonfundamente: C20/25

747€ 1.133€ **1.217**€ 1.775€ 2.381€ [St] ⏱ 1,50 h/St 003.000.298

Nr.	Kurztext / Langtext					Kostengruppe
▶	▷	ø netto €	◁	◀	[Einheit]	Ausf.-Dauer Positionsnummer

70 **Drehflügeltor, zweiflüglig, lichte Weite 2,5m, H 1,2m** KG **541**

Drehflügeltor für Stabgitterzaun, 2-flüglig, feuerverzinkt, mit Drückergarnitur, beidseitig fest, aus nichtrostendem Stahl, gebürstet.
Lichte Weite: 2,50 m
Höhe: 1,20 m
Gesamtpfostenlänge: 1,70 m
Pulverbeschichtung: Farbe RAL nach Wahl des AG
Betonfundamente: C20/25

1.617€ 1.935€ **1.961**€ 2.004€ 2.322€ [St] ⏱ 1,50 h/St 003.000.299

71 **Drehflügeltor, zweiflüglig, lichte Weite 4,0m, H 1,2m** KG **541**

Drehflügeltor für Stabgitterzaun, 2-flüglig, feuerverzinkt, mit Drückergarnitur, beidseitig fest, aus nichtrostendem Stahl, gebürstet.
Lichte Weite 4,00 m
Höhe 1,20 m
Gesamtpfostenlänge: 1,70 m
Pulverbeschichtung: Farbe RAL nach Wahl des AG
Betonfundamente: C20/25

1.388€ 1.670€ **1.856**€ 2.052€ 2.334€ [St] ⏱ 1,50 h/St 003.000.301

A 6 **Abwasserleitung, PVC-Rohre** Beschreibung für Pos. **72-74**

Abwasserkanal aus PVC-U-Rohren einschl. Bettung Typ1.

72 **Abwasserleitung, PVC-Rohre, DN100** KG **551**

Wie Ausführungsbeschreibung A 6
Nenngröße: DN100
Grabentiefe: ..... m
Bettungsschicht unten: Dicke 15 cm, gebrochene Stoffe
Bettungsschicht oben: Sand
Steifigkeitsklasse: SN ..... kN/m²
Angeb. Fabrikat: .....

18€ 20€ **22**€ 23€ 27€ [m] ⏱ 0,25 h/m 003.000.030

73 **Abwasserleitung, PVC-Rohre, DN150** KG **551**

Wie Ausführungsbeschreibung A 6
Nenngröße: DN150
Grabentiefe: ..... m
Bettungsschicht unten: Dicke 15 cm, gebrochene Stoffe
Bettungsschicht oben: Sand
Steifigkeitsklasse: SN ..... kN/m²
Angeb. Fabrikat: .....

24€ 29€ **31**€ 33€ 37€ [m] ⏱ 0,28 h/m 003.000.032

Kosten:
Stand 1.Quartal 2020
Bundesdurchschnitt

▶ min
▷ von
ø Mittel
◁ bis
◀ max

74 **Abwasserleitung, PVC-Rohre, DN250** KG **551**

Wie Ausführungsbeschreibung A 6
Nenngröße: DN250
Grabentiefe: ..... m
Bettungsschicht unten: Dicke 15 cm, gebrochene Stoffe
Bettungsschicht oben: Sand
Steifigkeitsklasse: SN ..... kN/m²
Angeb. Fabrikat: .....

32€ | 41€ | **46**€ | 58€ | 76€ | [m] | ⏱ 0,38 h/m | 003.000.034

A 7 **Formstück, PVC-Rohrbogen** Beschreibung für Pos. **75-76**

Formstück aus PVC-U-Rohren mit Steckmuffe und Dichtungsmittel.
Formteil: Bogen

75 **Formstück, PVC-Rohrbogen, DN100** KG **551**

Wie Ausführungsbeschreibung A 7
Nennweite: DN100
Bogenwinkel: ..... °
Steifigkeitsklasse: SN ..... kN/m²
Angeb. Fabrikat: .....

10€ | 11€ | **12**€ | 14€ | 17€ | [St] | ⏱ 0,23 h/St | 003.000.097

76 **Formstück, PVC-Rohrbogen, DN250** KG **551**

Wie Ausführungsbeschreibung A 7
Nennweite: DN250
Bogenwinkel: ..... °
Steifigkeitsklasse: SN ..... kN/m²
Angeb. Fabrikat: .....

18€ | 23€ | **24**€ | 26€ | 29€ | [St] | ⏱ 0,33 h/St | 003.000.206

A 8 **Abwasserkanal, Steinzeugrohre** Beschreibung für Pos. **77-79**

Abwasserkanal aus Steinzeugrohren, Rohrverbindung mit Steckmuffe L nach Verbindungssystem F, inkl. Formstücke.
Verlegung in vorhandenen Graben.

77 **Abwasserkanal, Steinzeugrohre, DN100** KG **551**

Wie Ausführungsbeschreibung A 8
Nenngröße: DN100
Scheiteldruckkraft: .....
Grabentiefe: ..... m
Angeb. Fabrikat: .....

26€ | 32€ | **33**€ | 36€ | 41€ | [m] | ⏱ 0,30 h/m | 003.000.041

Nr.	Kurztext / Langtext						Kostengruppe
▶	▷	ø netto €	◁	◀	[Einheit]	Ausf.-Dauer	Positionsnummer

78 Abwasserkanal, Steinzeugrohre, DN150 KG **551**

Wie Ausführungsbeschreibung A 8
Nenngröße: DN150
Scheiteldruckkraft: .....
Grabentiefe: ..... m
Angeb. Fabrikat: .....

30€	39€	**42**€	47€	57€	[m]	⏱ 0,40 h/m	003.000.042

79 Abwasserkanal, Steinzeugrohre, DN300 KG **551**

Wie Ausführungsbeschreibung A 8
Nenngröße: DN300
Scheiteldruckkraft: .....
Grabentiefe: ..... m
Angeb. Fabrikat: .....

62€	75€	**78**€	82€	92€	[m]	⏱ 0,80 h/m	003.000.043

80 Höhenausgleich, Schachtabdeckung, bis 30cm KG **551**

Höhenanpassung der Schachtabdeckung des Dränkontrollschachts. Leistung einschl. Anpassungsarbeiten und Entsorgung des verdrängten Bodens.
Höhenausgleich: bis 30 cm

50€	66€	**71**€	78€	90€	[St]	⏱ 1,10 h/St	003.000.035

81 Schachtabdeckung, Klasse D, Guss KG **551**

Schachtabdeckung, befahrbar, Gusseisen mit Betonfüllung und Lüftungsöffnungen, höhengerecht versetzen.
Belastungsklasse: D
Durchmesser: 800 mm
Abdeckung: rund
Angeb. Fabrikat: .....

164€	227€	**248**€	290€	398€	[St]	⏱ 1,40 h/St	003.000.055

82 Schachtabdeckung, Klasse B, Guss KG **551**

Schachtabdeckung für Fußgängverkehr und Parkflächen. Gusseisen mit Betonfüllung und Lüftungsöffnungen, höhengerecht versetzen.
Belastungsklasse: B 125
Durchmesser: 800 mm
Abdeckung: rund
Angeb. Fabrikat: .....

141€	181€	**193**€	228€	309€	[St]	⏱ 1,20 h/St	003.000.054

83 Schachtabdeckung, Klasse A, Guss KG **551**

Schachtabdeckung für Fußgänger und Radfahrer Gusseisen mit Betonfüllung und Lüftungsöffnungen, höhengerecht versetzen.
Belastungsklasse: A 15
Durchmesser: 800 mm
Abdeckung: rund
Angeb. Fabrikat: .....

134€	169€	**169**€	172€	206€	[St]	⏱ 1,10 h/St	003.000.053

Kosten:
Stand 1.Quartal 2020
Bundesdurchschnitt

▶ min
▷ von
ø Mittel
◁ bis
◀ max

84 **Kontrollschacht, Stahlbeton, DN1.000** KG **551**

Kontrollschacht mit Fertigteilen aus Stahlbeton einschl. Schachtsohle, Steigrohr und Schachtabdeckung in vorhandene Baugrube.
Durchmesser: DN1.000
Schachttiefe: ..... m
Steigmaß: ..... mm
Angeb. Fabrikat: .....

1.066€ 1.139€ **1.182**€ 1.224€ 1.342€ [St] ⏱ 1,20 h/St 003.000.056

85 **Schachthals, DN1.000/625, 35cm, Betonfertigteil** KG **551**

Schachthals aus Betonfertigteil mit Muffe und Lippengleitdichtung, inkl. Steigbügel.
Bauhöhe: 35 cm
Durchmesser: DN1.000/625
Steigbügel: Edelstahl, PE-ummantelt
Form: A
Steigmaß: 250 mm
Angeb. Fabrikat: .....

92€ 147€ **176**€ 215€ 274€ [St] ⏱ 1,80 h/St 003.000.213

86 **Schachthals, DN1.000/650, 60cm, Betonfertigteil** KG **551**

Schachthals aus Betonfertigteil mit Muffe und Lippengleitdichtung, inkl. Steigbügel.
Bauhöhe: 0,60 m
Durchmesser: DN1.000/650
Steigbügel: Edelstahl, PE-ummantelt
Form: A
Steigmaß: 250 mm
Angeb. Fabrikat: .....

119€ 171€ **197**€ 241€ 326€ [St] ⏱ 1,90 h/St 003.000.214

87 **Schachtring, Beton, DN1.000, 25cm** KG **551**

Schachterhöhung aus Betonfertigteil mit Falz, inkl. Steigeisen.
Bauhöhe: 25 cm
Durchmesser: DN1.000
Steigbügel Form: .....
Steigmaß: 250 mm
Angeb. Fabrikat: .....

63€ 79€ **90**€ 101€ 124€ [St] ⏱ 0,65 h/St 003.000.051

88 **Schachtring, Beton, DN1.000, 50cm** KG **551**

Schachterhöhung aus Betonfertigteil mit Falz, inkl. Steigeisen.
Bauhöhe: 50 cm
Durchmesser: DN1.000
Form: .....
Steigmaß: 250 mm
Angeb. Fabrikat: .....

66€ 87€ **95**€ 105€ 128€ [St] ⏱ 0,70 h/St 003.000.052

Nr.	Kurztext / Langtext							Kostengruppe
▶	▷	ø netto €	◁	◀	[Einheit]		Ausf.-Dauer	Positionsnummer

89 Straßenablauf, Beton, C250 KG **551**

Straßenablauf aus Beton mit Auflagering, Schaft, Ablaufunterteil mit Steckmuffe L, Eimer verzinkt. Leistung einschl. Anschlussarbeiten.
Nennweite: DN150
Belastungsklasse: C250
Abmessungen: 500 x 500 mm
Angeb. Fabrikat: .....

239€ 296€ **316**€ 335€ 369€ [St] ⏱ 1,80 h/St 003.000.036

90 Hofablauf, Beton KG **551**

Hofablauf aus Beton ohne Geruchsverschluss und mit Schaft mit Trockennocken, Auflagering, Aufsatz mit Rahmen und Rost, Eimer verzinkt. Leistung einschl. Anschlussarbeiten.
Nennweite: DN150
Durchmesser: 30 cm
Belastungsklasse: B150
Angeb. Fabrikat: .....

168€ 190€ **198**€ 222€ 255€ [St] ⏱ 1,90 h/St 003.000.037

91 Hofablauf, Beton, Geruchsverschluss KG **551**

Hofablauf aus Beton mit Geruchsverschluss und Schaft mit Trockennocken, Auflagering, Aufsatz mit Rahmen und Rost, Eimer verzinkt. Leistung einschl. Anschlussarbeiten.
Nennweite: DN150
Durchmesser: 30 cm
Belastungsklasse: B150
Angeb. Fabrikat: .....

187€ 217€ **233**€ 251€ 293€ [St] ⏱ 1,92 h/St 003.000.038

92 Hofablauf, Beton, Gusszarge, Geruchsverschluss KG **551**

Hofablauf aus Beton mit Geruchsverschluss und Gusszarge, einliegendem Maschenrost Stahl verzinkt, PP-Eimer. Leistung einschl. Anschlussarbeiten.
Nennweite: DN150
Durchmesser: 30 cm
Rostabmessung: 31 x 17 cm
Belastungsklasse: .....
Angeb. Fabrikat: .....

199€ 235€ **258**€ 272€ 298€ [St] ⏱ 2,00 h/St 003.000.039

93 Hofablauf, PVC, Geruchsverschluss KG **551**

Hofablauf aus PVC mit Geruchsverschluss und Rückstaueinrichtung und Eimer. Leistung einschl. Anschlussarbeiten.
Nennweite: DN150
Durchmesser: ..... cm
Belastungsklasse: .....
Angeb. Fabrikat: .....

232€ 269€ **288**€ 325€ 370€ [St] ⏱ 1,00 h/St 003.000.040

Kosten:
Stand 1.Quartal 2020
Bundesdurchschnitt

▶ min
▷ von
ø Mittel
◁ bis
◀ max

94 **Fassadenschlitzrinne, SW 3mm** KG **551**

Schlitzrinne zur Entwässerung vor Fassaden.
Unterteil: **perforiertem / geschlossenem**
Bauhöhe: 170 mm
Schlitzweite: 20 mm
Belastungsklasse: .....
Bettungsdicke: ..... cm
Angeb. Fabrikat: .....

144€ 175€ **186**€ 205€ 258€ [m] ⏱ 0,42 h/m 003.000.044

95 **Fassaden-Flachrinne, DN100** KG **551**

Flachrinne zur Entwässerung vor Fassaden mit Maschenrostabdeckung verzinkt, inkl. Formstücke und Anschlussarbeiten. Rinne mit bituminösen Abdichtung auf der Bodenplatte.
Nennweite: DN100
Belastungsklasse: A 15
Bauhöhe: 150 mm
Baulänge: 1,00 m
Bettungsdicke: ..... cm
Schlitzweite: ..... mm
Angeb. Fabrikat: .....

113€ 127€ **134**€ 145€ 167€ [m] ⏱ 0,42 h/m 003.000.046

96 **Entwässerungsrinne, Polymerbeton** KG **551**

Entwässerungsrinne im Außenbereich aus Polymerbeton mit Kantenschutz aus verzinktem Stahl, schraubloser Arretierung, Rinnensohle mit 0,5% Eigengefälle und Gitterrostabdeckung.
Belastungsklasse: .....
Nenngröße: .....
Baulänge: ..... cm
Bauhöhe: ..... cm
Bettungsdicke: ..... cm
Abgang: .....
Angeb. Fabrikat: .....

214€ 245€ **257**€ 308€ 390€ [St] ⏱ 0,46 h/St 003.000.045

97 **Entwässerungsrinne, Kl. A, Beton/Gussabdeckung** KG **551**

Entwässerungsrinne im Außenbereich als Kastenrinne aus Betonfertigteilen, Brückenklasse 60, mit Abdeckung aus Gusseisen, Rinnensohle mit 0,3 bis 0,5% Eigengefälle. Rinnenversetzung in Beton C8/10 mit beidseitiger Rückenstütze.
Belastungsklasse: A
Nenngröße: .....
Baulänge: ..... cm
Bauhöhe: ..... cm
Bettungsdicke: 10 cm
Rückenstütze: 15 cm
Angeb. Fabrikat: .....

60€ 82€ **91**€ 105€ 132€ [m] ⏱ 0,46 h/m 003.000.047

Nr.	Kurztext / Langtext						Kostengruppe
▶	▷	**ø netto €**	◁	◀	[Einheit]	Ausf.-Dauer	Positionsnummer

98 Entwässerungsrinne, Kl. B, Beton/Gussabdeckung KG **551**

Entwässerungsrinne im Außenbereich als Kastenrinne aus Betonfertigteil, Brückenklasse 60, mit Abdeckung aus Gusseisen, Rinnensohle mit 0,3 bis 0,5% Eigengefälle inkl. Formstücke. Rinnenversetzung in Beton C8/10 mit beidseitiger Rückenstütze.
Belastungsklasse: B
Nenngröße: .....
Baulänge: ..... cm
Bauhöhe: ..... cm
Bettungsdicke: 10 cm
Rückenstütze: 15 cm
Angeb. Fabrikat: .....

86€ 93€ **95**€ 101€ 110€ [m] ⏱ 0,46 h/m 003.000.048

Kosten:
Stand 1.Quartal 2020
Bundesdurchschnitt

99 Entwässerungsrinne, Kl. C, Beton/Gussabdeckung KG **551**

Entwässerungsrinne im Außenbereich als Kastenrinne aus Betonfertigteile, Brückenklasse 60, mit Abdeckung aus Gusseisen, Rinnensohle mit 0,3 bis 0,5% Eigengefälle einschl. Formstücke. Rinnenversetzung in Beton C8/10 mit beidseitiger Rückenstütze.
Klasse: C
Nenngröße: ..... cm
Baulänge: ..... cm
Bauhöhe: ..... cm
Bettungsdicke: 10 cm
Rückenstütze: 15 cm
Angeb. Fabrikat: .....

119€ 138€ **149**€ 161€ 183€ [m] ⏱ 0,46 h/m 003.000.049

100 Entwässerungsrinne, Fassade/Terrasse KG **363**

Entwässerungsrinne mit rollstuhlbefahrbarer Abdeckung und beidseitig integrierter Kiesleiste.
Material: .....
Nennweite: .....
Belastungsklasse: .....
Bauhöhe: ..... cm
Baulänge: ..... m
Abdeckung: .....
Schlitzweite: ..... mm
Angeb. Fabrikat: .....

76€ 99€ **106**€ 119€ 151€ [m] ⏱ 0,48 h/m 003.000.070

▶ min
▷ von
ø Mittel
◁ bis
◀ max

101 Entwässerungsrinne, rollstuhlbefahrbar, Klasse A, DN100 KG **551**

Entwässerungsrinne für Niederschlagswasser vor rollstuhlbefahrbaren Hauszugängen.
Belastungsklasse: A
Nenngröße: 100
Mindesttiefe: 150 mm
Bettung: C12/15
OK Rinnenabdeckung 2 cm unter OKFF

85€ 113€ **121**€ 138€ 148€ [m] ⏱ 0,45 h/m 003.000.270

102 Abdeckung, Entwässerungsrinne, Guss, D400 KG **551**

Abdeckung für Entwässerungsrinne aus Gusseisen, nach DIN 32984 für Bodenindikatoren im öffentlichen Raum, schraublos arretiert. Passend zu System.
Nennweite: DN200
Klasse: A15 bis D400
Profilstruktur: **Leitstreifen / Aufmerksamkeitsfeld**
Angeb. Fabrikat: .....

66€ 88€ **103**€ 112€ 130€ [St] ⏱ 0,18 h/St 003.000.273

103 Abdeckung, Entwässerungsrinne, Schlitzaufsatz KG **551**

Abdeckung für Entwässerungsrinne aus Stahlguss, schraublos arretiert.
Nennweite: .....
Klasse: .....
Ausführung: als Schlitzaufsatz
Schlitzbreite: .....
Angeb. Fabrikat: .....

63€ 78€ **91**€ 97€ 109€ [m] ⏱ 0,15 h/m 003.000.278

104 Sinkkasten, Anschluss zweiseitig KG **551**

Sinkkasten für Regenwasser, mit zweiseitigem Anschluss an Entwässerungsrinne.
Nennweite: .....
Belastungsklasse: .....
Angeb. Fabrikat: .....

141€ 185€ **208**€ 218€ 244€ [St] ⏱ 0,42 h/St 003.000.058

105 Ablaufkasten, Polymerbeton KG **551**

Ablaufkasten aus Polymerbeton mit Kantenschutz, Lippenlabyrinthdichtung und Schlammeimer.
Nennweite: **DN100 / DN150**
Belastungsklasse: .....
Angeb. Fabrikat: .....

171€ 193€ **204**€ 217€ 249€ [St] ⏱ 0,45 h/St 003.000.057

106 Ablaufkasten, Klasse A, DN100 KG **551**

Ablaufkasten zu Entwässerungsrinne für Fußgänger- und Radfahrerverkehr, inkl. Anschluss an Abwasserleitung an KG-Rohr DN100.
Belastungsklasse: A
Nenngröße: 100
Mindesttiefe: 150 mm
Bettung: C12/15

133€ 166€ **180**€ 215€ 225€ [St] ⏱ 0,40 h/St 003.000.269

Nr.	Kurztext / Langtext					Kostengruppe
▶	▷	ø netto €	◁	◀	[Einheit]	Ausf.-Dauer Positionsnummer

107 Regenwasserzisterne KG **552**

Regenwasserspeicher für Erdeinbau in vorbereitete Baugrube, inkl. Konus, Schachtabdeckung, aller Auslauf- und Zulaufmuffen.
Material: .....
Abmessung (L x B x H): ..... x ..... x ..... m
Volumen: ..... m³
Einbautiefe: ..... m

2.638€ 3.331€ **3.657**€ 4.123€ 5.135€ [St] ⏱ 1,80 h/St 003.000.142

A 9 Regenwasserkanal, PVC-U-Rohre Beschreibung für Pos. **108-110**

Regenwasserkanal aus PVC-U Rohren mit Formstücken in vorhandenen Graben, einschl. Anschluss- und Dichtungsarbeiten.

Kosten:
Stand 1.Quartal 2020
Bundesdurchschnitt

108 Regenwasserkanal, PVC-U-Rohre, DN100 KG **551**

Wie Ausführungsbeschreibung A 9
Nenngröße: DN100
Steifigkeitsklasse: .....
Grabentiefe: ..... m
Überdeckungshöhe: ..... cm
Angeb. Fabrikat: .....

11€ 16€ **18**€ 20€ 24€ [m] ⏱ 0,35 h/m 003.000.144

109 Regenwasserkanal, PVC-U-Rohre, DN150 KG **551**

Wie Ausführungsbeschreibung A 9
Nenngröße: DN150
Steifigkeitsklasse: .....
Grabentiefe: ..... m
Überdeckungshöhe: ..... cm
Angeb. Fabrikat: .....

20€ 25€ **28**€ 30€ 35€ [m] ⏱ 0,46 h/m 003.000.145

110 Regenwasserkanal, PVC-U-Rohre, DN200 KG **551**

Wie Ausführungsbeschreibung A 9
Nenngröße: DN200
Steifigkeitsklasse: .....
Grabentiefe: ..... m
Überdeckungshöhe: ..... cm
Angeb. Fabrikat: .....

18€ 24€ **26**€ 31€ 39€ [m] ⏱ 0,48 h/m 003.000.212

111 Versickerungsmulden herstellen KG **551**

Versickerungsmulde herstellen, der Erdaushub für Geländemodelierung ist mit einzurechnen. Überschüssigen Aushub und sonstige Stoffe abfahren und entsorgen, einschl. Entsorgungsnachweis

2€ 4€ **5**€ 7€ 11€ [m²] ⏱ 0,10 h/m² 003.000.059

▶ min
▷ von
ø Mittel
◁ bis
◀ max

112 **Filtervlies, Rigolen** KG **363**

Filterschicht mit Vlies zwischen Dränschicht und Intensivsubstrat.
Material: 100% PP-Endloser, normal entflammbar GRK 2
Flächengewicht: 105 g/m²
Höchstzugkraft: 7,5 KN/m
Angeb. Fabrikat: .....

2€ 2€ **3**€ 3€ 4€ [m²] ⏱ 0,03 h/m² 003.000.060

113 **Kiesbett herstellen, 0/2** KG **531**

Kiesbett herstellen, inkl. Verdichten.
Einbaustärke: .....
Körnung: 0/2
Abweichung der Sollhöhe: +/-2 cm
Verdichtungsgrad: DPr **97% / 103%**

29€ 36€ **37**€ 38€ 43€ [m³] ⏱ 1,00 h/m³ 003.000.165

114 **Kiesbett herstellen, 16/32** KG **531**

Kiesbett mit gewaschenem Rollkies herstellen, inkl. Verdichten.
Einbaustärke: .....
Körnung: 16/32
Abweichung der Sollhöhe: +/-2 cm
Verdichtungsgrad: DPr **97% / 103%**

34€ 42€ **46**€ 51€ 60€ [m³] ⏱ 1,10 h/m³ 003.000.061

115 **Dränleitung, PVC-Vollsickerrohr, DN100** KG **551**

Dränleitung aus PVC-Vollsickerrohren mit Steckmuffen und Formstücken, einschl. Filtervlies und Sickerpackung aus Kies, sowie Grabarbeiten.
Nenngröße: DN100
Schlitzbreite: .....
Grabentiefe: .....
Sickerpackung: Rollkies
Körnung: .....
Angeb. Fabrikat: .....

12€ 16€ **17**€ 21€ 25€ [m] ⏱ 0,15 h/m 003.000.062

116 **Formstück, Dränleitung, PVC, Abzweig** KG **551**

Form- und Verbindungsstücke für Dränleitung, aus PVC-Vollsickerrohre mit Steckmuffe.
Formteil: Abzweig 45°
Durchmesser: DN.....
Rohrtyp: .....
Angeb. Fabrikat: .....

19€ 23€ **26**€ 29€ 35€ [St] ⏱ 0,25 h/St 003.000.282

Kosten:
Stand 1.Quartal 2020
Bundesdurchschnitt

Nr.	Kurztext / Langtext					Kostengruppe
▶	▷	**ø netto €**	◁	◀	[Einheit]	Ausf.-Dauer Positionsnummer

117 Formstück, Dränleitung, PVC, Bogen KG **551**

Form- und Verbindungsstücke für Dränleitung, aus PVC-Vollsickerrohren, mit Steckmuffe.
Formteil: Bogen.....°
Durchmesser: DN.....
Rohrtyp: .....
Angeb. Fabrikat: .....

7€	11€	**13**€	15€	19€	[St]	⏱ 0,20 h/St	003.000.283

118 Bewässerungseinrichtung, Hochstämme KG **573**

Bewässerungseinrichtung für Hochstamm mit Wasserverteilung aus Dränageleitung, T-Stück und Endkappe aus Metall, sowie Kiesabdeckung.
Bewässerungsring: 1,00 m
Dränleitung: DN80
Siebkies: 8/16 mm
Schichtdicke: 10 cm
Einbautiefe: 30 cm

45€	63€	**68**€	75€	102€	[St]	⏱ 0,80 h/St	003.000.141

119 Stahltor, einflüglig, beschichtet KG **541**

Einflügliges Stahltor mit Torsäulen und waagrechten Querstreben aus Rohrprofilen, verzinkt und beschichtet, mit Torfeststellung. Leistung einschl. Abdeckung sowie Grund- und Ankerplatte zum einbetonieren. Lieferung und Montage als komplette Leistung.
Torbreite: 1,50 m
Torhöhe: 1,20 m
Torsäulen: Quadratprofile
Abmessung: 180 x 180 x 5 mm
Torrahmen: Rechteckprofile
Abmessung: 80 x 40 x 3 mm
Torbeschlag: Knauf, Rundrosetten
Material: .....
Scharniere: angeschraubt
Beschichtung: Pulverlack
Farbe: .....

771€	1.022€	**1.035**€	1.165€	1.390€	[St]	⏱ 5,20 h/St	003.000.116

▶ min
▷ von
ø Mittel
◁ bis
◀ max

120 Stahltor, zweiflüglig, beschichtet KG **541**

Zweiflügliges Stahltor mit Gang- und Standflügel, Torsäulen und waagrechten Querstreben aus Rohrprofilen, verzinkt und beschichtet, mit Torfeststellung. Kantriegel mit Bodenverankerung nur bei geöffnetem Gangflügel zu betätigen. Leistung einschl. Abdeckung sowie Grund- und Ankerplatte zum einbetonieren. Lieferung und Montage als komplette Leistung.
Torbreite: 5,00 m
Torhöhe: 1,60 m
Teilung: mittig
Gangflügel: links
Torsäulen: Quadratprofile
Abmessung: 200 x 200 x 5 mm
Torrahmen: Rechteckprofile
Abmessung: 80 x 40 x 3 mm
Torbeschlag: Knauf, Rundrosetten
Material: .....
Türbänder: verstellbar, M 20
Beschichtung: Pulverlack
Farbe: .....

835€ | 1.037€ | **1.154€** | 1.316€ | 1.518€ | [St] | ⏱ 7,40 h/St | 003.000.117

121 Zaunpfosten, Stahlrohr KG **541**

Zaunpfosten aus Stahlrohr, feuerverzinkt und zinkphosphatiert, mit schwarzer Kunststoffkappe.
Durchmesser: 40 mm
Länge: 200 cm
Fundamenttiefe: 50 cm

31€ | 40€ | **43€** | 48€ | 58€ | [St] | ⏱ 0,30 h/St | 003.000.118

122 Holzzaun, Kiefer/Sandsteinpfosten KG **541**

Holzzaun mit Senkrechtlattung, Zaunpfosten aus Sandsäulen, einschl. Briefkastenanlage. Alle Holzteile aus Kiefer, kesseldruckimprägniert, gehobelt, Farbe braun. Verbindung der Holzteile durch Schrauben. Kopf der Latten abgeschrägt.
Zaunfeldlänge: 2,00 m, mit ca. 20 Latten
Lattenlänge: 120 cm
Lattenquerschnitt: 4 x 6 cm
Sandsäule Querschnitt: 15 x 10 cm
Briefkastenanlage (H x B): 59 x 73 cm

107€ | 147€ | **170€** | 175€ | 202€ | [m] | ⏱ 1,20 h/m | 003.000.121

123 Eckausbildung, Holzzaun KG **541**

Eckausbildung für Holzzaun, inkl. aller erforderlichen Materialien und Leistungen.

36€ | 50€ | **59€** | 60€ | 82€ | [St] | ⏱ 0,60 h/St | 003.000.122

124 Einzelfundamente, Zaunpfosten KG **541**

Einzelfundamenten für Zaunpfosten einschl. Aushub und Schalung. Überschüssiger Boden ist zu entsorgen.
Beton: C20/25
Fundamentmaße (B x T): 30 x 80 cm

305€ | 383€ | **413€** | 441€ | 499€ | [St] | ⏱ 1,00 h/St | 003.000.119

Nr.	Kurztext / Langtext						Kostengruppe
▶	▷	ø netto €	◁	◀	[Einheit]	Ausf.-Dauer	Positionsnummer

125 Poller, Beton KG **561**

Absperrpfosten aus Beton, Einbau in befestigter Fläche, einschl. Erd- und Fundamentarbeiten. (Beschreibung der Homogenbereiche nach Unterlagen des AG.)
Fundament: .....
Höhe über OK-Gelände: 0,90-1,00 m
Pfosten: 40 x 40 cm
Angeb. Fabrikat: .....

141€ 294€ **299**€ 316€ 424€ [St] ⏱ 1,00 h/St 003.000.125

126 Poller, Aluminium KG **561**

Absperrpfosten rund aus Aluminium ortsfest einbetoniert / umklappbar mit Feuerwehrdreikant, einschl. Erd- und Fundamentarbeiten. (Beschreibung der Homogenbereiche nach Unterlagen des AG.)
Fundament: ..... cm
Höhe über OK-Gelände: ..... m
Durchmesser: ..... cm
Oberfläche nach RAL: 9006
Angeb. Fabrikat: .....

194€ 345€ **349**€ 356€ 508€ [St] ⏱ 0,45 h/St 003.000.126

127 Poller, Stahl, beschichtet KG **561**

Absperrpfosten Aluminium mit Sicherheitsschloss zum Herausnehmen des Pfosten inkl. Bodenhülse, Erd- und Fundamentarbeiten. (Beschreibung der Homogenbereiche nach Unterlagen des AG.)
Pfosten: ..... cm
Höhe über OK-Gelände: 0,90-1,00 m
Fundament: ..... cm
Oberfläche: Weiß beschichtet mit rotem Folienring
Angeb. Fabrikat: .....

269€ 328€ **357**€ 386€ 477€ [St] ⏱ 0,40 h/St 003.000.127

128 Poller, Naturstein KG **561**

Absperrpfosten Granit, grau, Kanten gesägt, leicht gefast einschl. Erd- und Fundamentarbeiten. (Beschreibung der Homogenbereiche nach Unterlagen des AG.)
Fundament: 30 x 35 x 35 cm
Höhe über OK-Gelände: ..... m
Pfosten: 35 x 35 x 40 cm
Oberfläche: geflammt
Angeb. Fabrikat: .....

154€ 355€ **384**€ 422€ 756€ [St] ⏱ 0,60 h/St 003.000.128

Kosten:
Stand 1.Quartal 2020
Bundesdurchschnitt

▶ min
▷ von
ø Mittel
◁ bis
◀ max

129 Sitzquader, Naturstein KG **561**

Sitzquader aus Naturstein, vorgefertigt, Ausführung entsprechend Musterfläche und Auswahl durch den Auftraggeber. Vergütung Musterfläche nach gesonderter Position.
Steinart: .....
Abmessung: .....
Kanten: .....
Oberflächen: **Strahlen mit ..... / Scharrieren / Stocken**
Einbauort: Außenbereich, auf bauseitiges Fundament
Steinbruch des angebotenen Materials: .....

201€ 355€ **410**€ 446€ 591€ [St] ⏱ 1,10 h/St 003.000.279

130 Planum Gewässer KG **580**

Planum für Gewässer, Teich, See einschl. verdichten und ausgleichen von Unebenheiten. Steine und Fremdkörper ab 5cm absammeln, anfallende Stoffe zur Abfuhr lagern. Eine Bodengruppe.
Bodengruppe: .....
Auf-und Abtrag: +/-5 cm
Sollhöhe: Zulässige Abweichung +/-3 cm

3€ 5€ **6**€ 10€ 13€ [m2] ⏱ 0,04 h/m2 003.000.242

131 Gewässerabdichtung, Teichfolie KG **580**

Gewässerabdichtung aus Dichtungsbahnen für Teich, See.
Dichtungsbahn: EDPM- Kautschuk, bitumenverträglich
Dicke: ..... mm
Angeb. Fabrikat

13€ 20€ **22**€ 24€ 29€ [m2] ⏱ 0,04 h/m2 003.000.261

132 Sauberkeitsschicht, Teich, See KG **580**

Sauberkeitsschicht für Dichtungsbahnen für **Teich / See** auf vorbereitetem Planum aus Sand.
Körnung: 0/2
Dicke: 5 cm

2€ 3€ **4**€ 4€ 5€ [m2] ⏱ 0,02 h/m2 003.000.244

133 Wurzelanker im Teich, See KG **580**

Wurzelanker / Verwurzelungsgewebe im Teich, See, Übergangsbereich zwischen Luft und Wasser.
Material: ....
Flächengröße: .....
Einbauort: .....
Angeb. Fabrikat: .....

–€ 21€ **22**€ 24€ –€ [m2] ⏱ 0,15 h/m2 003.000.248

134 Befestigung, Gewässerabdichtungsbahn Uferbereich KG **580**

Befestigung der Gewässerabdichtungsbahn, im Uferbereich von Seen und Teichen.
Grabenbreite: 40 cm
Tiefe: 20 cm
Grabenfüllung: Kies
Körnung: 8/16

9€ 11€ **12**€ 14€ 16€ [m] ⏱ 0,07 h/m 003.000.251

Nr. **Kurztext** / Langtext — Kostengruppe
▶ ▷ **ø netto €** ◁ ◀ [Einheit] Ausf.-Dauer Positionsnummer

135 **Teichrand herstellen** KG **580**

Teichrandstreifen mit gewaschenem Rundkies auf vorbereitete Schutzlage.
Breite: ..... cm
Dicke: ..... cm
Körnung: 16/32

5€ 8€ **9**€ 10€ 12€ [m2] 0,05 h/m2 003.000.253

136 **Dachfläche reinigen** KG **363**

Reinigung des Untergrundes der Dachfläche von grober Verschmutzung.
Dicke: bis 2 cm
Arbeitshöhe: über 1,50 m nicht höher als 3,5 m über der Standfläche des hierfür erforderlichen Gerüstes

1€ 1€ **1**€ 1€ 2€ [m2] 0,02 h/m2 003.000.263

Kosten:
Stand 1.Quartal 2020
Bundesdurchschnitt

137 **Durchwurzelungsschutzschicht, PVC-P 0,8mm** KG **363**

Durchwurzelungsschutzschicht aus Kunststoffbahnen, als zusätzliche Lage auf der Dachabdichtung, lose verlegen.
Material: Polyvinylchlorid (PVC-P) bitumenverträglich
Dicke: 0,8 mm

14€ 16€ **16**€ 18€ 19€ [m2] 0,15 h/m2 003.000.264

138 **Dachbegrünung, Trenn-, Schutz- u. Speichervlies, 300** KG **363**

Schutzlage als Schutz der Dachabdichtung vor mechanischer Beanspruchung und zur Wasserspeicherung lose verlegen.
Material: Chemiefaser
Dicke: 3 cm
Gewicht: 300 g/m2
Lagen: .....
Festigkeitsklasse: .....
Angeb. Fabrikat: .....

2€ 3€ **3**€ 4€ 4€ [m2] 0,04 h/m2 003.000.219

139 **Dachbegrünung, Trenn-, Schutz- u. Speichervlies, 500** KG **363**

Schutzlage als Schutz der Dachabdichtung vor mechanischer Beanspruchung und zur Wasserspeicherung lose verlegen.
Material: Chemiefaser
Dicke: ..... cm
Gewicht: 500 g/m2
Lagen: .....
Festigkeitsklasse: .....
Angeb. Fabrikat: .....

3€ 4€ **4**€ 5€ 6€ [m2] 0,04 h/m2 003.000.234

▶ min
▷ von
ø Mittel
◁ bis
◀ max

140 Schüttdränage, Dachbegrünung, 5cm, Lava KG **363**

Dränschicht für extensive Dachbegrünungen mit Schüttstoffen trittfest und frostbeständig herstellen.
Schüttstoff: Lava
Körnung: .....
Schichtdicke: 5 cm
Masse trocken: ..... kg/m³
Masse bei max. Wasserkapazität: max. ..... kg/m³
Angeb. Fabrikat: .....

5€ 6€ **6**€ 7€ 8€ [m²] ⏱ 0,18 h/m² 003.000.238

141 Schüttdränage, Dachbegrünung, 5cm, Blähschiefer KG **363**

Dränschicht für extensive Dachbegrünungen mit Schüttstoffen trittfest und frostbeständig herstellen.
Material: Blähschiefer, gebrochen
Körnung: .....
Schichtdicke: 5 cm
Masse trocken: ..... kg/m³
Masse bei max. Wasserkapazität: max. ..... kg/m³
Angeb. Fabrikat: .....

7€ 11€ **12**€ 13€ 16€ [m²] ⏱ 0,18 h/m² 003.000.229

142 Dränageelement, PE-Platte, 25mm, Dachbegrünung KG **363**

Dränschicht für Dachbegrünung aus Kunststoffprofilplatten.
Einsatzbereich: Extensivbegrünung
Material: PE-Kunststoff
Plattendicke: 25 mm
Füllmaterial: .....
Druckfestigkeit max.: ..... kg/m²
Füllvolumen: ..... l/m²
Farbe: .....
Angeb. Fabrikat: .....

9€ 11€ **13**€ 13€ 17€ [m²] ⏱ 0,10 h/m² 003.000.231

143 Dränageelement, PE-Platte, 40mm, Dachbegrünung KG **363**

Dränschicht für Dachbegrünung aus Kunststoffprofilplatten.
Einsatzbereich: Extensivbegrünung
Material: PE-Kunststoff
Plattendicke: 40 mm
Füllmaterial: .....
Druckfestigkeit max.: ..... kg/m²
Füllvolumen: ..... l/m²
Farbe: .....
Angeb. Fabrikat: .....

11€ 13€ **14**€ 15€ 16€ [m²] ⏱ 0,12 h/m² 003.000.260

Nr. **Kurztext** / Langtext — Kostengruppe
▶ ▷ **ø netto €** ◁ ◀ [Einheit] Ausf.-Dauer Positionsnummer

144 Flächendränage, begehbare Flachdächer, HDPE — KG **363**
Dränagematte als Flächendränage unter Gehbelagsfläche auf Dachbegrünung liefern und einbauen.
Material: Hart-Polyethylen (HDPE)
Material Filterschicht: Polypropylen PP
Gewicht Filterschicht: ca. 135 g/m²
Druckfestigkeit (bei 18% Stauchung): 400 kN/m²
Gesamtnenndicke: ca.10 mm
Gesamtgewicht: 750 g/m²
51€ 66€ **72**€ 81€ 89€ [m²] ⏱ 0,11 h/m² 003.000.302

145 Filtervlies, Dränageabdeckung, 100g/m² — KG **363**
Filtervlies als Dränageabdeckung auf Dränschicht verlegen und an den Ränder hochführen.
Material: Kunststoffvlies
Gewicht: 100 g/m²
Überlappung: ..... cm
Angeb. Fabrikat: .....
2€ 3€ **4**€ 4€ 5€ [m²] ⏱ 0,08 h/m² 003.000.233

146 Filtermatte, Dachbegrünung — KG **363**
Filterschicht mit mechanisch befestigter Filtermatte zwischen Dränschicht und Intensivsubstrat.
Material: 100% PP-Endlosfaser, normal entflammbar GRK 2
Flächengewicht: 105 g/m²
Höchstzugkraft: 7,5 KN/m
Angeb. Fabrikat: .....
1€ 2€ **2**€ 2€ 3€ [m²] ⏱ 0,03 h/m² 003.000.067

147 Kontrollschacht, extensive Dachbegrünung, Höhe bis 20cm — KG **363**
Kontrollschacht für Dachflächen geeignet für Extensivbegrünung für Dachablauf inkl. Bodenplatte und Deckel, aufstockbar.
Material: Kunststoff
Schachthöhe: bis 20 cm
Durchmesser: 30 cm
Angeb. Fabrikat: .....
62€ 69€ **71**€ 77€ 88€ [St] ⏱ 0,55 h/St 003.000.236

148 Kontrollschacht, intensive Dachbegrünung, Höhe bis 40cm — KG **363**
Kontrollschacht für Dachflächen geeignet für Intensivbegrünung für Dachablauf inkl. Bodenplatte und Deckel, aufstockbar in 10cm Stufe.
Material: Kunststoff
Schachthöhe: bis 40 cm
Durchmesser: 30 cm
Angeb. Fabrikat: .....
141€ 150€ **152**€ 156€ 164€ [St] ⏱ 0,65 h/St 003.000.237

Kosten:
Stand 1.Quartal 2020
Bundesdurchschnitt

▶ min
▷ von
ø Mittel
◁ bis
◀ max

149 Sicherheitsstreifen, Kies, Dachbegrünung KG **363**

Sicherheitsstreifen aus gewaschenem Rundkies, im Bereich von Aufkantungen, An- und Abschlussbereiche von Einbauten.
Schüttdicke: 5 cm
Streifenbreite: 30cm
Körnung: 16/32

6€ | 9€ | **9**€ | 10€ | 12€ | [m2] | ⏱ 0,16 h/m2 | 003.000.220

150 Kiesfangleiste, L-Profil, Dachbegrünung KG **363**

Kiesleiste für Dachbegrünung als Winkelprofil, gelocht.
Material: Aluminium
Kantungen: .....
Dicke: bis 2 mm
Höhe: .....
Dachneigung: bis 5°
Angeb. Fabrikat: .....

13€ | 19€ | **21**€ | 24€ | 29€ | [m] | ⏱ 0,04 h/m | 003.000.239

151 Einschichtsubstrat, extensive Dachbegrünung KG **363**

Vegetationstragschicht für einschichtige Dachbegrünung als Vegetationssubstrat für Extensivbegrünung.
Schichtdicke: 8 cm
Anteil Organische Substanz bei Trockensubstanz: 0%
Gewicht wassergesättigt: max. 800 kg/m3
Angeb. Fabrikat: .....

14€ | 17€ | **18**€ | 21€ | 24€ | [m2] | ⏱ 0,09 h/m2 | 003.000.241

152 Mehrschichtsubstrat, extensive Dachbegrünung KG **363**

Vegetationstragschicht für mehrschichtige Dachbegrünung als Vegetationssubstrat für Intensivbegrünung.
Schichtdicke: 10 cm
Anteil Organische Substanz bei Trockensubstanz: 0%
Gewicht wassergesättigt: max. 800 kg/m3
Angeb. Fabrikat: ....

18€ | 21€ | **21**€ | 23€ | 25€ | [m2] | ⏱ 0,15 h/m2 | 003.000.226

153 Begrünungssubstrat, Natur-Bims, Dachbegrünung KG **363**

Begrünungssubstrat für extensive Dachbegrünung, liefern und auf die fertig verdichtete Schichthöhe einbauen.
Schichtdicke: .....
Material: Natur-Bims, bzw. Leicht-Lava
Gewicht trocken ca. 538 kg/m3
Gewicht wassergesättigt ca. 1.252,00 kg/m3

7€ | 9€ | **11**€ | 11€ | 13€ | [m2] | ⏱ 0,07 h/m2 | 003.000.309

Kosten:
Stand 1.Quartal 2020
Bundesdurchschnitt

Nr.	Kurztext / Langtext					Kostengruppe
▶	▷	ø netto €	◁	◀	[Einheit]	Ausf.-Dauer Positionsnummer

154 Mehrschichtsubstrat, intensive Dachbegrünung KG **363**

Intensivsubstrat als Vegetationstragschicht für mehrschichtige Dachbegrünung, strukturstabilisiert für breites Pflanzenspektrum lose einbauen. Die Eigenschaften haben die Anforderungen der FLL-Richtlinien an Vegetationssubstrate für Intensivbegrünungen und Vorgaben der Düngemittelverordnung zu entsprechen.
Material: .....
Schichtdicke: 10 cm
Anteil Organische Substanz bei Trockensubstanz: 0%
Gewicht wassergesättigt: max. 800 kg/m³
Angeb. Fabrikat: .....

17€ 21€ **22€** 23€ 27€ [m²] ⏱ 0,18 h/m² 003.000.224

155 Nassansaat, extensive Dachbegrünung, Saatgutmischung KG **363**

Ansaat der Dachbegrünung im Anspritzverfahren mit wässriger Kleberlösung aus Zellulose auf vorbereiteter Vegetationsfläche herstellen. Saatgutmischung bestehend aus Sedum-Sprossen und Kräuter in Sorten für extensive Dachbegrünung.
Sedumsprossen: ..... g/m²
Kräutersamen: ..... g/m²
Angeb. Fabrikat: .....

2€ 4€ **5€** 6€ 9€ [m²] ⏱ 0,08 h/m² 003.000.222

156 Trockenansaat, extensive Dachbegrünung, Saatgutmischung KG **363**

Ansaat der Dachbegrünung im Trockensaatverfahren mit Sedum-Sprossen in Sorten, inkl. Düngung und durchdringendes Wässern.
Saatgutmenge: ca. 50-80 g/m²
Düngung: ca. 30 g/m²
Angeb. Fabrikat: .....

2€ 3€ **3€** 4€ 5€ [m²] ⏱ 0,04 h/m² 003.000.218

157 Düngung, Dachbegrünung, extensiv KG **363**

Düngen der extensiven Dachbegrünung mit mineralischen Dünger.
Bewuchs: Moos Sedum
Menge je Arbeitsgang: 50 g/m²
Angeb. Fabrikat: .....

0,3€ 0,4€ **0,5€** 0,5€ 0,7€ [m²] ⏱ 0,02 h/m² 003.000.256

158 Wässern, Dachbegrünung, extensiv KG **363**

Wässern der Dachbegrünung, extensiv, Wasser kann den vorh. Zapfstellen unentgeltlich entnommen werden, die Kosten für das Wasser trägt der AG.
Arbeitsgang: 10 l/m², ein Arbeitsgang

0,4€ 0,4€ **0,5€** 0,6€ 0,6€ [m²] ⏱ 0,02 h/m² 003.000.257

159 Stelzlager, Unterbau, Plattenbeläge, Dachbegrünung, H 25-40mm KG **363**

Stelzlager höhenverstellbar, als Unterbau für Plattenbeläge liefern und fachgerecht einbauen.
Material: Polypropylen
möglicher Gefälleausgleich: bis 8%
Höhe: 25 bis 40 mm

4€ 5€ **5€** 6€ 7€ [St] ⏱ 0,10 h/St 003.000.310

▶ min
▷ von
ø Mittel
◁ bis
◀ max

160 **Stelzlager, Unterbau, Plattenbeläge, Dachbegrünung, H 35-70mm** KG **363**

Stelzlager höhenverstellbar, als Unterbau für Plattenbeläge liefern und fachgerecht einbauen.
Material: Polypropylen
möglicher Gefälleausgleich: bis 8%
Höhe: 35 bis 70 mm

4€ 6€ **6€** 7€ 8€ [St] ⏱ 0,10 h/St 003.000.304

161 **Stelzlager, Unterbau, Plattenbeläge, Dachbegrünung, H 145-225mm** KG **363**

Stelzlager höhenverstellbar, als Unterbau für Plattenbeläge liefern und fachgerecht einbauen.
Material: Polypropylen
möglicher Gefälleausgleich: bis 8%
Höhe: 145 bis 225 mm

6€ 8€ **9€** 9€ 10€ [St] ⏱ 0,10 h/St 003.000.306

162 **Stelzlager, Aufstockelement, höhenverstellbar, H 80mm** KG **363**

Stelzlager zum Aufstocken, höhenverstellbar, liefern und fachgerecht einbauen.
Material: Polypropylen
Höhe: 80 mm

3€ 4€ **5€** 5€ 6€ [St] ⏱ 0,08 h/St 003.000.307

163 **Plattenlager, Betonplatten, höhenverstellbar, H 10mm** KG **363**

Plattenlager für die höhenausgleichende Verlegung von Betonplatten einschl. aller Materialien liefern.
Durchmesser: 120 mm
Auflagenhöhe: 10 mm
Fugenstärke: 4 mm
Fugenhöhe: 18 mm

3€ 4€ **4€** 5€ 5€ [St] ⏱ 0,08 h/St 003.000.308

164 **Sekurant, Anseilsicherung, Stahl verzinkt** KG **363**

Anschlagskonstruktion für Anseilsicherung als Stütze für Flachdach. Durchdringungsfrei herstellen, mit Auflast zu befestigen.
Material: Stahl verzinkt
Höhe über Befestigungsfläche: über 24 bis 35 cm
Typ: E - Einzelanschlagspunk
Dachneigung: bis 5°
Angeb. Fabrikat: .....

139€ 162€ **172€** 191€ 226€ [St] ⏱ 1,20 h/St 003.000.258

165 **Fertigstellungspflege, extensive Dachbegrünung** KG **363**

Fertigstellungspflege gem. der FLL - Dachbegrünungsrichtlinie für extensive Dachbegrünung.

- unerwünschten Aufwuchs, Laub und Unrat entfernen
- Nachsaat und Ausbessern an Kahlstellen
- Nachpflanzung ausgefallener Pflanzen
- Nachfüllen von fehlendem Substrat

Nr.	Kurztext / Langtext						Kostengruppe
▶	▷	**ø netto €**	◁	◀	[Einheit]	Ausf.-Dauer	Positionsnummer

Anfallende Stoffe sind zu entsorgen
Anzahl Arbeitsgänge: 2x jährlich
Ausführungszeitpunkt: .....
Dachneigung: .....
Begrünungsverfahren: .....

1€	2€	**3**€	4€	6€	[m²]	⏱ 0,03 h/m²	003.000.255

166 Trenn-, Schutz-, Speichervlies KG **363**

Trennlage zwischen Untergrund und Obermaterial.
Untergrund: .....
Tragschicht: .....
Vlies: .....
Funktion: .....
Angeb. Fabrikat: .....

1€	2€	**2**€	2€	3€	[m²]	⏱ 0,03 h/m²	003.000.066

167 Amphibienleitwand, mobil, Überkletterungsschutz, PE-Folie, H 42cm KG **549**

Mobile Amphibienleitwand aus PE-Folie mit Überkletterungsschutz, inkl. Haltepfosten.
Befestigung: feuerverzinktem Doppelstab-Stützpfosten
PE-Folie: UV-beständig, blickdicht, reißfest und formstabil
Lichte Bauhöhe: 42 cm
Länge: 100 cm

–€	5€	**5**€	5€	–€	[m]	⏱ 0,17 h/m	003.000.312

168 Amphibienleitwand, stationär, Überkletterungsschutz, Polymerbeton, H 42cm KG **549**

Stationäre Amphibienleitwand aus Polymerbeton mit Überkletterungsschutz, inkl. Haltepfosten.
Befestigung: feuerverzinktem Doppelstab-Stützpfosten
Lichte Bauhöhe: 42 cm
Länge: 100 cm

–€	7€	**7**€	8€	–€	[m]	⏱ 0,17 h/m	003.000.313

169 Amphibienleitwand, stationär, Überkletterungsschutz, Beton, H 62cm KG **549**

Stationäre Amphibienleitwand aus Beton mit Überkletterungsschutz, inkl. Haltepfosten.
Betongüte: C35/35
Lichte Bauhöhe: 62 cm
Länge: 242 cm

–€	17€	**18**€	20€	–€	[m]	⏱ 0,25 h/m	003.000.314

170 Amphibienstopprinne, Beton-U-Profil, KG **549**

Amphibienstopprinne für Leitwand, Oberkante des Betonkörpers mit Stahlblech verblendet.
Material: Stahlbetonelement als U-Profil, massiv
Betongüte: ..... bewehrt
Betondeckung: 4 cm stark, betongrau, schalungsglatt
Maße: .....

22€	30€	**33**€	36€	39€	[St]	⏱ 0,08 h/St	003.000.315

Kosten:
Stand 1.Quartal 2020
Bundesdurchschnitt

▶ min
▷ von
ø Mittel
◁ bis
◀ max

171 Abdeckung für Amphibienstopprinne, Stahlgitterroste KG **549**

Abdeckung für Amphibienstopprinne aus Stahlgitterrost für Beton-U-Profile Verbindung mit dem Betonelement.
Abmessung außen: .....
Lichte Abmessung: .....

–€ | 17€ | **19€** | 21€ | –€ | [St] | ⏱ 0,08 h/St | 003.000.316

172 Amphibienkleintiertunnel, Beton, Querdurchlass KG **549**

Amphibienkleintiertunnel aus Beton als Querdurchlass unter Radweg, Bankett, Straße.
Betongüte/Brückenklasse: C35/45
Belastungsklasse: SLW 60
Baulänge: 250 cm
Höhe: 50 cm

–€ | 52€ | **55€** | 64€ | –€ | [St] | ⏱ 0,58 h/St | 003.000.317

173 Fanggefäß, Amphibien, Kunststoff, 10 Liter KG **549**

Fanggefäß für Amphibienschutz aus Kunststoff.
Bauausführung: rund
Volumen: mind. 10 Liter
Einbauart: oberflächengleich

3€ | 4€ | **4€** | 5€ | 5€ | [St] | ⏱ 0,08 h/St | 003.000.318

174 Spielsand, Körnung 0/2 KG **562**

Sandkastenfüllung aus gewaschenem und unbelastetem Sand einbauen.
Körnung: 0/2
Füllhöhe: 30 cm
Angeb. Fabrikat: .....

19€ | 23€ | **25€** | 27€ | 31€ | [t] | ⏱ 0,20 h/t | 003.000.100

175 Spielsand auswechseln, bis 40cm KG **536**

Sandkastenfüllung durch güteüberprüftes Material austauschen. Aushub zur Abfuhr seitlich lagern und unbelasteten Sand liefern und einbringen.
Aushubtiefe: bis 40 cm
Füllhöhe: bis 40 cm

13€ | 15€ | **16€** | 18€ | 20€ | [m³] | ⏱ 0,20 h/m³ | 003.000.175

176 Einfassung, Sandkasten KG **536**

Einfassung aus Pflastersteinen mit beidseitiger Rückenstütze aus Beton, höhengerecht und bündig versetzt.
Steinmaterial: .....
Pflastersteine (L x B x H): ..... x ..... x ..... m
Beton: C12/15
Fundamentstärke: 20 cm

36€ | 44€ | **46€** | 56€ | 66€ | [m²] | ⏱ 0,50 h/m² | 003.000.101

Nr.	Kurztext / Langtext						Kostengruppe
▶	▷	**ø netto €**	◁	◀	[Einheit]	Ausf.-Dauer	Positionsnummer

177 Wegeeinfassung, Naturstein KG **531**

Pflasterstreifen als Randeinfassung aus Naturstein in Beton mit beidseitiger Rückenstütze, höhengerecht und bündig versetzt.
Steinmaterial: .....
Steinabmessungen: 12 x 12 cm
Bettung: 20 cm
Rückenstütze: 10 cm
Beton: C12/15
Angeb. Fabrikat: .....

20€ 26€ **28**€ 32€ 40€ [m] ⏱ 0,30 h/m 003.000.102

178 Fallschutz auskoffern KG **536**

Oberboden im Fallschutzbereich profilgerecht lösen, laden und entsorgen, inkl. Deponiegebühr.
Aushubtiefe: ..... cm

2€ 3€ **4**€ 5€ 6€ [m²] ⏱ 0,20 h/m² 003.000.109

179 Fallschutz, Kies KG **536**

Fallschutzbelag aus gewaschenem Rundkies liefern, profilgerecht auftragen und verdichten.
Schichtstärke: mind. 40 cm
Kies: 0/4 bis 2/6

18€ 21€ **23**€ 27€ 31€ [m²] ⏱ 0,06 h/m² 003.000.111

180 Fallschutzbelag, Gummigranulatplatten KG **536**

Fallschutzbelag DIN EN 1176-1 aus Platten, vollelastisch, auf vorhandene Tragschicht verlegen.
Platten: Gummigranulat, -fasern
Gesamtdicke mind. 10 mm, einschichtig
Tragschicht: Asphaltbeton
Fallhöhe: <= 60 cm

54€ 78€ **84**€ 92€ 110€ [m²] ⏱ 0,80 h/m² 003.000.280

181 Schall-Sichtschutzwand, Stahlbeton, 2,0m KG **542**

Schall-Sichtschutzwand aus Stahlbeton mit gerippter Porenbeton-Vorsatzschale, einschl. Pfosten, Sockelelement und Gründung.
Aufstellfläche: Erdwall
Höhe: ca. 2,00 m, über Gelände
Wandelemente: Stahlbeton
Dicke: 12 cm
Rückseite: strukturiert, vertikaler Besenstrich
Fahrbahnseite: schalungsglatt
Farbe: betongrau
Vorsatzschale: Porenbeton
Oberfläche: vertieft-gerippt
Farbe: erdbraun
Pfosten: Stahlbeton
Gründung: Köcherfundament
Befestigung: Pfahlachse.....
Achsabstand: 5,0 m

265€ 351€ **389**€ 427€ 502€ [St] ⏱ 3,20 h/St 003.000.114

Kosten:
Stand 1.Quartal 2020
Bundesdurchschnitt

▶ min
▷ von
ø Mittel
◁ bis
◀ max

Nr.	Kurztext / Langtext						Kostengruppe
▶	▷	**ø netto €**	◁	◀	[Einheit]	Ausf.-Dauer	Positionsnummer

182 **Ballfangzaun, Gittermatten** KG **542**

Ballfangzaun aus Gittermatten und Rechteckrohrpfosten mit Einklippteil aus Kunststoff, beschichtet mit Polyester-Pulver.
Zaunhöhe: 4,00 m
Maschenweite: 50 x 200 m

197€	248€	**254**€	273€	320€	[m]	⏱ 2,00 h/m	003.000.120

183 **Sichtschutzzaun aus Holzelementen Höhe 1,0m** KG **542**

Sichtschutzzaun aus vorgefertigten Holzelementen in der Holzart Lärche liefern und an vorhandenen Pfosten 10x10cm montieren.
Holzart: Lärche
Höhe: 1,00 m
Einzelfeldlänge: 1,00 m
Lattung: beidseitig, Querschnitt 30 x 12 mm

74€	92€	**99**€	111€	118€	[m]	⏱ 2,00 h/m	003.000.215

184 **Sichtschutzzaun aus Holzelementen Höhe 2,0m** KG **542**

Sichtschutzzaun aus vorgefertigten Holzelementen liefern und an vorhandenen Pfosten 10x10cm montieren.
Holzart: Lärche
Höhe: 2,00 m
Einzelfeldlänge: 2,00 m
Lattung: beidseitig, Querschnitt 30 x 12 mm

115€	139€	**145**€	147€	171€	[m]	⏱ 2,50 h/m	003.000.216

185 **Fahrradständer, Stahlrohrkonstruktion** KG **561**

Fahrradständer als Einzelständer für Wandmontage in Stahlrohrkonstruktion, feuerverzinkt.
Abmessung: ..... cm
Oberfläche: .....
Angeb. Fabrikat: .....

378€	413€	**431**€	458€	511€	[St]	⏱ 0,36 h/St	003.000.130

186 **Abfallbehälter, Stahlblech** KG **561**

Abfallbehälter aus feuerverzinktem Stahl, Unterkonstruktion zum einbetonieren, einschl. Deckel, Erd- und Fundamentarbeiten. (Beschreibung der Homogenbereiche nach Unterlagen des AG.)
Fundament: ..... cm
Fassungsvermögen: ..... Liter
Oberfläche nach RAL: .....
Angeb. Fabrikat: .....

406€	575€	**645**€	682€	785€	[St]	⏱ 0,20 h/St	003.000.129

Nr.	Kurztext / Langtext						Kostengruppe
▶	▷	ø netto €	◁	◀	[Einheit]	Ausf.-Dauer	Positionsnummer

187 Hinweisschild, Aluminium KG **561**

Hinweisschild für Spielplatz aus Aluminium mit Fünffarbdruck und Piktogrammen. Schild rechteckig beschnitten und gerundet, Rückseite mit Klarlack beschichtet, feuerverzinkten Stahlrohr und Halterung, einschl. Erd- und Fundamentarbeiten. (Beschreibung der Homogenbereiche nach Unterlagen des AG.)
Abmessung: 62 x 83 cm
Dicke: 2 mm
Höhe: 60 cm
Angeb. Fabrikat: .....

148€ 185€ **193**€ 203€ 238€ [St] ⏱ 1,00 h/St 003.000.136

188 Baumschutzgitter, Metall KG **573**

Baumschutzgitter aus Stahl, feuerverzinkt, zweiteilig als Halbschalen, einschl. Verbindungsschrauben.
Abmessung: 183 x 64 cm
Farbe: anthrazit
Angeb. Fabrikat: .....

585€ 702€ **746**€ 768€ 843€ [St] ⏱ 1,20 h/St 003.000.134

189 Rankhilfe, Edelstahlseil KG **573**

Rankseil als vertikale und horizontale Rankhilfe mit Klettersprossen im Abstand ca. 1,00m, Einbau in Teilstücken.
Material: Edelstahl
Durchmesser: 4 mm
Angeb. Fabrikat: .....

6€ 14€ **16**€ 20€ 30€ [m] ⏱ 0,12 h/m 003.000.133

190 Baumscheibe, Grauguss KG **573**

Baumscheibenabdeckung aus Guss, quadratisch, bestehend aus vier Segmenten.
Fläche A: 1,50 x 1,50 m
Gewicht: 43 kg
Farbe: .....
Angeb. Fabrikat: .....

1.257€ 1.613€ **1.879**€ 1.987€ 2.197€ [St] ⏱ 1,30 h/St 003.000.293

191 Stundensatz Facharbeiter, Landschaftsbauarbeiten

Stundenlohnarbeiten für Vorarbeiter, Facharbeiter und Gleichgestellte (z.B. Spezialbaufacharbeiter, Baufacharbeiter, Obermonteure, Monteure, Gesellen, Maschinenführer, Fahrer und ähnliche Fachkräfte). Leistung nach besonderer Anordnung der Bauüberwachung. Anmeldung und Nachweis gem. VOB/B.

50€ 52€ **55**€ 57€ 62€ [h] ⏱ 1,00 h/h 003.000.294

192 Stundensatz Helfer, Landschaftsbauarbeiten

Stundenlohnarbeiten für Werker, Helfer und Gleichgestellte (z.B. Baufachwerker, Helfer, Hilfsmonteure, Ungelernte, Angelernte). Leistung nach besonderer Anordnung der Bauüberwachung. Anmeldung und Nachweis gem. VOB/B.

34€ 37€ **38**€ 39€ 44€ [h] ⏱ 1,00 h/h 003.000.295

Kosten:
Stand 1.Quartal 2020
Bundesdurchschnitt

▶ min
▷ von
ø Mittel
◁ bis
◀ max

003
004
080

004

Kosten:
Stand 1.Quartal 2020
Bundesdurchschnitt

Nr.	Positionen	Einheit	▶	▷	ø brutto € / ø netto €	◁	◀
1	Baumverankerung, Unterflur	St	90	113	**123**	142	173
			75	95	**103**	120	145
2	Baumverankerung, Baumpfahl	St	14	16	**16**	18	20
			12	13	**13**	15	16
3	Pflanzenverankerung, Pfahl-Zweibock	St	34	43	**47**	58	72
			28	36	**39**	48	61
4	Pflanzenverankerung, Pfahl-Dreibock	St	45	57	**62**	72	96
			38	48	**52**	61	80
5	Verdunstungsschutz, Baumstamm	St	14	19	**21**	24	31
			12	16	**17**	20	26
6	Hochstamm einschlagen	St	8	9	**10**	11	11
			7	8	**8**	9	9
7	Strauchpflanze einschlagen	St	3	4	**4**	4	5
			2	3	**3**	4	5
8	Großgehölz einschlagen	St	11	13	**13**	14	15
			9	11	**11**	12	13
9	Großgehölz nach Einschlag pflanzen	St	20	24	**25**	27	29
			17	20	**21**	23	24
10	Heckenpflanzen nach Einschlag pflanzen	St	3	5	**5**	5	6
			3	4	**4**	4	5
11	Strauchpflanzen nach Einschlag pflanzen	St	3	5	**5**	6	9
			2	4	**4**	5	8
12	Solitär/Hochstamm nach Einschlag pflanzen	St	15	18	**20**	23	25
			12	15	**17**	19	21
13	Bodendecker und Stauden nach Einschlag pflanzen	m²	0,9	2,3	**3,1**	4,9	7,0
			0,8	2,0	**2,6**	4,1	5,9
14	Heckenschnitt, Hainbuche	m	4	5	**6**	7	8
			4	4	**5**	5	7
15	Pflanzflächen mulchen, Rindenmulch	m²	4	5	**5**	6	7
			4	4	**5**	5	5
16	Pflanzflächen lockern, Baumscheiben	m²	0,6	1,0	**1,0**	1,5	2,4
			0,5	0,8	**0,9**	1,3	2,0
17	Hochstamm/Solitär, liefern/pflanzen, 100-125cm	St	33	47	**52**	57	109
			27	39	**44**	48	92
18	Hochstamm/Solitär, liefern/pflanzen, 125-150cm	St	36	66	**85**	125	174
			30	56	**71**	105	146
19	Hochstamm/Solitär, liefern/pflanzen, 150-200cm	St	48	98	**106**	164	242
			40	82	**89**	138	203
20	Hochstamm/Solitär, liefern/pflanzen, über 200cm	St	145	189	**204**	231	277
			121	159	**171**	194	233
21	Großgehölz mit Ballen, pflanzen	St	48	76	**90**	106	131
			40	64	**75**	89	110
22	Sträucher liefern/pflanzen, bis 80cm	St	2	6	**6**	8	12
			2	5	**5**	6	10
23	Sträucher liefern/pflanzen, 80-100cm	St	10	15	**18**	21	28
			8	12	**15**	17	23
24	Sträucher liefern/pflanzen, 100-150cm	St	6	8	**9**	11	13
			5	7	**8**	9	11

▶ min
▷ von
ø Mittel
◁ bis
◀ max

Nr.	Positionen	Einheit	►	▷	ø brutto € / ø netto €	◁	◄
25	Sträucher liefern/pflanzen, über 150cm	St	8	12	**13**	14	17
			7	10	**11**	12	15
26	Hecke, liefern/pflanzen, bis 100cm	St	1,0	1,3	**1,8**	2,1	2,8
			0,8	1,1	**1,5**	1,7	2,4
27	Hecke, liefern/pflanzen, über 150cm	St	8	11	**11**	12	14
			7	9	**9**	10	12
28	Blumenzwiebeln pflanzen	St	0,2	0,3	**0,3**	0,4	0,5
			0,2	0,2	**0,3**	0,3	0,4
29	Vorratsdüngung 50g	m²	0,1	0,3	**0,4**	0,8	1,3
			0,1	0,3	**0,3**	0,6	1,1
30	Rasenplanum	m²	1	2	**2**	2	3
			0,9	1,8	**2,0**	2,1	2,7
31	Ansaat, Gebrauchsrasen	m²	0,3	0,5	**0,6**	0,6	0,8
			0,3	0,4	**0,5**	0,5	0,7
32	Ansaat, Spielrasen	m²	0,6	1,0	**1,1**	1,6	2,8
			0,5	0,8	**0,9**	1,4	2,3
33	Fertigrasen liefern, einbauen	m²	7	10	**11**	11	13
			6	8	**9**	9	11
34	Schotterrasen herstellen	m²	12	14	**15**	16	19
			10	12	**13**	14	16
35	Rasenfläche düngen	m²	0,1	0,3	**0,5**	0,6	0,7
			0,1	0,3	**0,4**	0,5	0,6
36	Fertigstellungspflege, Rasenflächen	m²	1	2	**2**	3	4
			1,0	1,6	**1,9**	2,3	3,1
37	Heckenpflanze, Hainbuche bis 100cm	St	10	13	**14**	16	20
			8	11	**12**	14	17
38	Heckenpflanze, Hainbuche bis 200cm	St	11	14	**14**	16	20
			10	12	**12**	14	16
39	Heckenpflanze, Eibe bis 200cm	St	75	96	**104**	104	135
			63	81	**87**	88	113
40	Heckenpflanze, Buchsbaum	St	3	5	**6**	6	7
			3	4	**5**	5	6
41	Heckenpflanze, Liguster bis 100cm	St	1	3	**3**	4	6
			1	2	**3**	3	5
42	Heckenpflanze, Liguster bis 200cm	St	2	4	**4**	5	6
			2	4	**4**	4	5
43	Heckenpflanze, Lorbeerkirsche bis 100cm	St	18	20	**22**	23	24
			15	17	**18**	19	20
44	Heckenpflanze, Lorbeerkirsche bis 200cm	St	47	56	**60**	68	70
			40	47	**50**	57	59
45	Heckenpflanze, Rot-Buche bis 100cm	St	–	19	**20**	24	–
			–	16	**17**	20	–
46	Heckenpflanze, Rot-Buche bis 200cm	St	25	33	**36**	40	46
			21	28	**30**	34	39
47	Heckenpflanze, Blut-Buche bis 100cm	St	–	23	**24**	29	–
			–	19	**20**	24	–
48	Heckenpflanze, Blut-Buche bis 200cm	St	27	36	**38**	44	52
			23	30	**32**	37	43

Nr.	Positionen	Einheit	▶	▷	ø brutto € / ø netto €	◁	◀
49	Heckenpflanze, Feld-Ahorn bis 100cm	St	9	13	**13**	15	16
			8	11	**11**	13	13
50	Heckenpflanze, Feld-Ahorn bis 200cm	St	14	19	**20**	23	24
			11	16	**17**	19	20
51	Solitär, Säulen-Hainbuche	St	341	408	**441**	479	537
			287	343	**371**	403	451
52	Solitär, Rotblühende Rosskastanie, StU 16-18	St	203	280	**295**	306	361
			171	235	**248**	257	303
53	Solitär, Weißblühende Rosskastanie	St	177	233	**258**	276	331
			149	196	**217**	232	278
54	Solitär, Spitz-Ahorn	St	307	371	**393**	417	499
			258	312	**331**	351	420
55	Solitär, Kugel-Ahorn	St	295	373	**421**	451	539
			248	314	**354**	379	453
56	Solitär, Feld-Ahorn	St	183	268	**323**	394	503
			154	226	**271**	331	423
57	Solitär, Vogelkirsche	St	258	290	**304**	312	361
			217	244	**256**	262	303
58	Solitär, Winterlinde	St	301	376	**414**	447	515
			253	316	**348**	375	433
59	Solitär, Wald-Kiefer	St	265	489	**520**	538	655
			223	411	**437**	452	550
60	Solitär, Sand-Birke	St	262	309	**321**	346	401
			220	260	**269**	291	337
61	Solitär, Hainbuche	St	190	258	**295**	368	471
			160	217	**248**	309	396
62	Solitär, Gemeine Esche	St	223	272	**280**	301	361
			187	229	**235**	253	303
63	Solitär, Vogelbeere	St	141	198	**230**	267	328
			119	167	**193**	224	275
64	Solitär, Schwedische Mehlbeere	St	181	208	**212**	219	246
			152	175	**179**	184	207
65	Solitär, Baum-Hasel	St	203	219	**295**	327	362
			171	184	**248**	275	304
66	Solitär, Blut-Hasel	St	58	86	**104**	124	155
			49	73	**88**	104	130
67	Solitär, Rotdorn in Sorten	St	191	258	**281**	323	439
			160	216	**236**	272	369
68	Solitär, Blutbuche, StU 20-25	St	406	485	**538**	621	711
			341	408	**452**	522	597
69	Solitär, Stieleiche StU 14-16	St	150	204	**247**	268	315
			126	171	**208**	225	265
70	Solitär, Trompetenbaum	St	564	739	**817**	895	980
			474	621	**687**	752	824
71	Solitär, Flachrohr Bambus	St	100	126	**135**	138	156
			84	106	**113**	116	131
72	Solitär, Platane	St	181	239	**277**	314	388
			152	201	**233**	264	326

Kosten:
Stand 1.Quartal 2020
Bundesdurchschnitt

▶ min
▷ von
ø Mittel
◁ bis
◀ max

Nr.	Positionen	Einheit	▶	▷	ø brutto € / ø netto €	◁	◀
73	Solitär, Schwarzerle	St	107	125	**138**	142	172
			90	105	**116**	120	144
74	Solitär, Fächerblattbaum	St	261	409	**472**	635	820
			220	344	**397**	534	689
75	Solitär, Blauglockenbaum	St	300	341	**348**	372	413
			252	286	**293**	312	347
76	Solitär, Tulpenbaum	St	292	363	**380**	412	465
			246	305	**319**	346	391
77	Solitär, Robinie	St	262	298	**322**	346	389
			221	251	**270**	290	327
78	Solitär, Magnolie	St	160	214	**228**	253	278
			134	179	**192**	213	234
79	Obstgehölze Apfel in Sorten	St	168	227	**249**	303	441
			141	191	**209**	255	370
80	Obstgehölze, Zier-Apfel \`Evereste\`	St	162	263	**329**	407	523
			136	221	**277**	342	439
81	Obstgehölze, Weidenblättrige Birne, StU 16-18	St	301	398	**424**	470	504
			253	335	**356**	395	424
82	Obstgehölze, Zwerg-Blut-Pflaume, 80-100	St	26	34	**35**	40	52
			22	29	**29**	33	43
83	Obstgehölze, Blut-Pflaume, StU 16-18	St	119	156	**180**	204	244
			100	131	**151**	172	205
84	Obstgehölze, Kultur-Pflaume, StU 16-18	St	329	403	**422**	522	629
			276	339	**354**	438	529
85	Obstgehölze, japanische Blütenkirsche, StU 12-14	St	262	306	**327**	346	373
			220	257	**275**	291	314
86	Obstgehölze, 175-200cm	St	42	57	**68**	76	92
			36	48	**57**	64	77
87	Obstgehölze, Walnussbaum	St	147	215	**244**	285	347
			123	181	**205**	239	291
88	Strauch, Purpur-Weide	St	2	2	**2**	3	4
			1	2	**2**	2	4
89	Weidentunnel, Silber-Weide	St	2	4	**5**	5	8
			2	3	**4**	5	7
90	Strauch, Kupfer-Felsenbirne	St	32	39	**43**	45	60
			27	33	**36**	38	50
91	Strauch, Gewöhnliche Haselnuss	St	19	23	**24**	26	31
			16	19	**20**	22	26
92	Strauch, Rhododendron in Sorten	St	32	40	**42**	47	58
			27	34	**36**	40	48
93	Strauch, Hortensie in Sorten	St	10	13	**15**	17	24
			8	11	**12**	15	20
94	Strauch, Flieder in Sorten	St	30	49	**56**	60	80
			25	41	**47**	51	67
95	Strauch, Forsythie	St	16	18	**18**	20	25
			13	15	**15**	17	21
96	Strauch, Lavendel	St	1	2	**2**	2	3
			1	2	**2**	2	2

Nr.	Positionen	Einheit	▶	▷	ø brutto € / ø netto €	◁	◀
97	Strauch, Kornelkirsche	St	27	35	**38**	42	48
			23	29	**32**	35	40
98	Strauch, Europäische Eibe	St	58	82	**94**	110	135
			49	69	**79**	92	113
99	Strauch, Heckeneibe	St	26	57	**57**	76	103
			22	48	**48**	64	87
100	Strauch, Berberitze in Sorten	St	13	17	**19**	19	23
			11	14	**16**	16	19
101	Strauch, Zwergmispel in Sorten	St	2	3	**3**	4	6
			1	2	**3**	3	5
102	Strauch, Immergrüne Heckenkirsche	St	1	2	**3**	4	6
			1	2	**2**	3	5
103	Strauch, Rote Heckenkirsche	St	2	4	**5**	6	10
			2	3	**4**	5	9
104	Strauch, Rote Johannisbeere in Sorten	St	3	4	**4**	4	6
			2	3	**4**	4	5
105	Strauch, Heckenrose	St	1	2	**2**	3	4
			1	2	**2**	3	4
106	Staude, wilde Rosen in Sorten	St	3	4	**4**	5	6
			3	3	**4**	4	5
107	Staude, Kleines Immergrün	St	2	2	**2**	2	3
			1	2	**2**	2	2
108	Staude, Frauenmantel	St	2	2	**2**	2	3
			1	2	**2**	2	2
109	Staude, Sommer-Salbei	St	2	2	**3**	3	3
			2	2	**2**	2	3
110	Staude, Kastanienblättriges Schaublatt	St	2	3	**3**	3	5
			2	3	**3**	3	4
111	Staude, Balkan-Storchenschnabel	St	1	2	**2**	2	3
			1	2	**2**	2	2
112	Staude, Weißer Blut-Storchenschnabel	St	1	2	**2**	2	3
			1	2	**2**	2	2
113	Staude, Pracht-Storchenschnabel	St	1	2	**3**	3	4
			1	2	**2**	3	3
114	Staude, Schwefel-Elfenblume	St	2	3	**3**	3	3
			2	2	**2**	3	3
115	Ziergräser in Sorten	St	1	2	**3**	3	4
			1	2	**2**	3	3
116	Gras, Feinhalm-Chinaschilf	St	4	5	**5**	5	6
			3	4	**4**	4	5
117	Gras, Blau-Schwingel	St	2	2	**2**	2	3
			2	2	**2**	2	2
118	Gras, Rasenschmiele-Goldschleier	St	0,7	1,4	**1,7**	2,0	2,4
			0,6	1,2	**1,5**	1,7	2,0
119	Gras, Schnee-Marbel	St	1	2	**2**	2	3
			1	1	**2**	2	2
120	Gras, Wald-Marbel	St	1	2	**2**	3	4
			1	2	**2**	2	3

Kosten:
Stand 1.Quartal 2020
Bundesdurchschnitt

▶ min
▷ von
ø Mittel
◁ bis
◀ max

Nr.	Positionen	Einheit	▶	▷ ø brutto € / ø netto €		◁	◀
121	Gras, Japan-Berggras	St	2 2	3 2	**3** **3**	3 3	4 3
122	Farn, Königsfarn	St	5 4	6 5	**7** **6**	7 6	9 7
123	Kletterpflanze, Wilder Wein	St	5 4	8 7	**9** **7**	9 8	12 10
124	Kletterpflanze, Berg-Waldrebe	St	6 5	6 5	**7** **6**	7 6	7 6
125	Kletterpflanze, Immergrünes Geißblatt	St	6 5	6 5	**7** **5**	7 6	7 6
126	Kletterpflanze, Efeu	St	3 2	4 4	**5** **4**	5 4	6 5
127	Wasserpflanzen liefern	St	2 2	4 3	**4** **3**	6 5	9 8
128	Wasserpflanze, Teich-Simse	St	2 2	2 2	**2** **2**	3 2	3 2
129	Wasserpflanze, Sumpfdotterblume	St	2 2	3 2	**3** **2**	3 3	3 3
130	Wasserpflanze, Zwergbinse	St	2 2	2 2	**2** **2**	3 2	3 2
131	Fertigstellungspflege Stauden, Bodendecker	m²	0,4 0,3	1,1 1,0	**1,3** **1,1**	1,6 1,3	2,3 2,0
132	Fertigstellungspflege, Sträucher	St	39 33	55 46	**64** **54**	67 56	79 66
133	Fertigstellungspflege, Hecken bis 2,00m	m	7 6	8 7	**9** **8**	10 8	11 10
134	Fertigstellungspflege, Baum	St	18 15	29 25	**41** **35**	52 43	58 49
135	Pflanzflächen wässern	m²	0,3 0,3	1,0 0,8	**1,3** **1,1**	1,7 1,4	2,6 2,2
136	Wässern der Hecke	m²	2 1	3 2	**3** **2**	4 3	5 4
137	Wässern Solitärgehölze	m²	1 1	3 2	**3** **2**	4 3	5 4
138	Wässern der Rasenfläche	m²	0,2 0,2	0,5 0,4	**0,6** **0,5**	0,6 0,5	1,0 0,8
139	Vegetationsmatte, liefern/verlegen	m²	27 23	36 30	**38** **32**	43 36	57 48

Nr.	**Kurztext** / Langtext						Kostengruppe
▶	▷	**ø netto €**	◁	◀	[Einheit]	Ausf.-Dauer	Positionsnummer

1 Baumverankerung, Unterflur KG **573**

Unterflur-Baumverankerung mit Stahlanker mit Gurtschlaufen und Spanngurten aus Polyestergewebe.
Breite: 50 mm
Angeb. Fabrikat: .....

75€ 95€ **103€** 120€ 145€ [St] ⏱ 1,20 h/St 004.000.182

003
004
080

Kosten:
Stand 1.Quartal 2020
Bundesdurchschnitt

Nr.	Kurztext / Langtext						Kostengruppe
▶	▷	**ø netto €**	◁	◀	[Einheit]	Ausf.-Dauer	Positionsnummer

2 Baumverankerung, Baumpfahl KG **573**

Pflanzenverankerung mit Baumpfahl, schräg, weißgeschält.
Pfahllänge: 150 cm
Zopfdicke: 6/8 cm
Bindegut: Kokosstrick

12€ | 13€ | **13**€ | 15€ | 16€ | [St] | ⏱ 0,50 h/St | 004.000.183

3 Pflanzenverankerung, Pfahl-Zweibock KG **573**

Pflanzenverankerung, zwei senkrechten Baumpfählen, weißgeschält, Zopf und Bindegurt.
Pfahllänge: 300 cm
Zopfdicke: 4-5 cm
Bindegut: Kokosstrick
Angeb. Fabrikat: .....

28€ | 36€ | **39**€ | 48€ | 61€ | [St] | ⏱ 0,80 h/St | 004.000.184

4 Pflanzenverankerung, Pfahl-Dreibock KG **573**

Pflanzenverankerung, Pfahl-Dreibock, Rahmen aus Halbrundhölzern, Pfähle weißgeschält, Zopf und Bindegurt. Die drei Baumpfähle sind oben im Dreieck zu versteifen.
Pfahllänge: 300 cm
Zopfdicke: 6-8 cm
Bindegut: Kokosstrick
Angeb. Fabrikat: .....

38€ | 48€ | **52**€ | 61€ | 80€ | [St] | ⏱ 1,00 h/St | 004.000.185

5 Verdunstungsschutz, Baumstamm KG **573**

Verdunstungs- und Stammschutz durch Schilfbandage, umwickelt mit Kokosstricken.
Stammdurchmesser: über 15-20 cm
Stammhöhe: bis 2,00 m
Bandage: Schilfrohrmatten
Angeb. Fabrikat: .....

12€ | 16€ | **17**€ | 20€ | 26€ | [St] | ⏱ 0,50 h/St | 004.000.186

6 Hochstamm einschlagen KG **573**

Hochstamm auf der Baustelle gem. Angaben des AG bis zur Verwendung in vorbereiteter Fläche einschlagen. Pflanzenlieferung wird gesondert vergütet.
Stammumfang: bis 12 cm
Bodengruppe: .....

7€ | 8€ | **8**€ | 9€ | 9€ | [St] | ⏱ 1,15 h/St | 004.000.187

7 Strauchpflanze einschlagen KG **573**

Strauchpflanze auf der Baustelle gem. Angaben des AG bis zur Verwendung in vorbereiteter Fläche einschlagen. Pflanzenlieferung wird gesondert vergütet.
Bodengruppe: .....

2€ | 3€ | **3**€ | 4€ | 5€ | [St] | ⏱ 0,30 h/St | 004.000.188

▶ min
▷ von
ø Mittel
◁ bis
◀ max

8 Großgehölz einschlagen KG **573**

Hochstamm auf der Baustelle gem. Angaben des AG bis zur Verwendung in vorbereiteter Fläche einschlagen. Pflanzenlieferung wird gesondert vergütet.
Höhe: bis 100 cm
breite: bis 100 cm
Bodengruppe: .....

▶	▷	ø netto €	◁	◀	[Einheit]	Ausf.-Dauer	Positionsnummer
9€	11€	**11€**	12€	13€	[St]	⏱ 1,50 h/St	004.000.189

9 Großgehölz nach Einschlag pflanzen KG **573**

Solitärgehölz bauseits lagernd, aus Einschlagort entnehmen und gem. Pflanzplan in vorbereitete Pflanzgrube pflanzen, Pflanzgrube wieder verfüllen.
Höhe: bis 100 cm
Breite: bis 100 cm
Bodengruppe: .....

▶	▷	ø netto €	◁	◀	[Einheit]	Ausf.-Dauer	Positionsnummer
17€	20€	**21€**	23€	24€	[St]	⏱ 1,00 h/St	004.000.190

10 Heckenpflanzen nach Einschlag pflanzen KG **573**

Heckenpflanzen bauseits lagernd, aus Einschlagort entnehmen und gem. Pflanzplan in vorbereiteten Pflanzgraben pflanzen. Die Pflanzgrube ist mit seitlich lagerndem Boden zu verfüllen. Ein Gießrand ist herzustellen. Anwässern nach Bedarf.
Gehölzart: .....
Breite: bis 100 cm
Bodengruppe: .....

▶	▷	ø netto €	◁	◀	[Einheit]	Ausf.-Dauer	Positionsnummer
3€	4€	**4€**	4€	5€	[St]	⏱ 0,10 h/St	004.000.191

11 Strauchpflanzen nach Einschlag pflanzen KG **573**

Strauch bauseits lagernd, aus Einschlagort entnehmen und gem. Pflanzplan in vorbereitete Pflanzgrube pflanzen, Pflanzgrube wieder verfüllen.
Höhe: bis 70 cm
Bodengruppe: .....

▶	▷	ø netto €	◁	◀	[Einheit]	Ausf.-Dauer	Positionsnummer
2€	4€	**4€**	5€	8€	[St]	⏱ 1,00 h/St	004.000.192

12 Solitär/Hochstamm nach Einschlag pflanzen KG **573**

Solitärgehölz bauseits lagernd, aus Einschlagort entnehmen und gem. Pflanzplan in vorbereitete Pflanzgrube pflanzen, Pflanzgrube wieder verfüllen.
Höhe: bis 100
Breite: über 100 bis 200 cm
Bodengruppe: .....

▶	▷	ø netto €	◁	◀	[Einheit]	Ausf.-Dauer	Positionsnummer
12€	15€	**17€**	19€	21€	[St]	⏱ 1,10 h/St	004.000.193

13 Bodendecker und Stauden nach Einschlag pflanzen KG **573**

Bodendecker und Kleingehölze bauseits lagernd, aus Einschlagort entnehmen und in vorbereitete Pflanzgrube pflanzen, Pflanzgrube verfüllen.
Bodengruppe: .....

▶	▷	ø netto €	◁	◀	[Einheit]	Ausf.-Dauer	Positionsnummer
0,8€	2,0€	**2,6€**	4,1€	5,9€	[m²]	⏱ 0,30 h/m²	004.000.194

Kosten:
Stand 1.Quartal 2020
Bundesdurchschnitt

Nr.	**Kurztext** / Langtext						Kostengruppe
▶	▷	**ø netto €**	◁	◀	[Einheit]	Ausf.-Dauer	Positionsnummer

14 Heckenschnitt, Hainbuche KG **573**

Hecke schneiden. Schnittgut auf der Baustelle lagern.
Höhe vor dem Schnitt: über 1,00 bis 1,50 m
Breite vor dem Schnitt: über 0,50 m
geforderte Schnitthöhe: bis 0,5 m
geforderte Schnittbreite: bis 0,5 m
Abrechnung nach Heckenlänge, Schnitt 2-seitig und oben, einschl. Köpfe.

4€ 4€ **5**€ 5€ 7€ [m] ⏱ 0,10 h/m 004.000.195

15 Pflanzflächen mulchen, Rindenmulch KG **573**

Mulchen der Pflanzfläche mit gütegesichertem Rindenmulch.
Mulchdicke: über 10-15 cm
Körnung: .....

4€ 4€ **5**€ 5€ 5€ [m²] ⏱ 0,10 h/m² 004.000.196

16 Pflanzflächen lockern, Baumscheiben KG **573**

Lockern der Pflanzfläche, unerwünschten Aufwuchs abtrennen, auf Gehölzflächen, Bearbeitungstiefe 2cm, Steine ab 5cm Durchmesser von der Fläche entfernen, anfallende Stoffe zum Mulchen der Fläche verwenden,
Arbeitsgänge: 6 St

0,5€ 0,8€ **0,9**€ 1,3€ 2,0€ [m²] ⏱ 0,07 h/m² 004.000.197

17 Hochstamm/Solitär, liefern/pflanzen, 100-125cm KG **573**

Hochstamm in Solitärqualität mit Drahtballen liefern und pflanzen, einschl. ausheben und wiederverfüllen der Pflanzgrube sowie Herstellen der Baumscheibe mit Gießrand. Der überschüssige Boden ist im Baustellenbereich einzubauen.
Gehölzeart: .....
Stammhöhe: 100-125 cm
Pflanzgrube: doppelte Ballengröße
Bodengruppe: .....

27€ 39€ **44**€ 48€ 92€ [St] ⏱ 1,60 h/St 004.000.198

18 Hochstamm/Solitär, liefern/pflanzen, 125-150cm KG **573**

Hochstamm in Solitärqualität mit Drahtballen liefern und pflanzen, einschl. ausheben und wiederverfüllen der Pflanzgrube sowie Herstellen der Baumscheibe mit Gießrand. Der überschüssige Boden ist im Baustellenbereich einzubauen.
Gehölzeart: .....
Stammhöhe: 125-150 cm
Pflanzgrube: doppelte Ballengröße
Bodengruppe: .....

30€ 56€ **71**€ 105€ 146€ [St] ⏱ 1,60 h/St 004.000.199

▶ min
▷ von
ø Mittel
◁ bis
◀ max

19 Hochstamm/Solitär, liefern/pflanzen, 150-200cm KG **573**

Hochstamm in Solitärqualität mit Drahtballen liefern und pflanzen, einschl. ausheben und wiederverfüllen der Pflanzgrube sowie Herstellen der Baumscheibe mit Gießrand. Der überschüssige Boden ist im Baustellenbereich einzubauen.
Gehölzeart: .....
Stammhöhe: 150-200 cm
Pflanzgrube: doppelte Ballengröße
Bodengruppe: .....

40€ 82€ **89**€ 138€ 203€ [St] ⏱ 1,90 h/St 004.000.200

20 Hochstamm/Solitär, liefern/pflanzen, über 200cm KG **573**

Hochstamm in Solitärqualität mit Drahtballen liefern und pflanzen, einschl. ausheben und wiederverfüllen der Pflanzgrube sowie Herstellen der Baumscheibe mit Gießrand. Der überschüssige Boden ist im Baustellenbereich einzubauen.
Gehölzeart: .....
Stammhöhe: über 200 cm
Pflanzgrube: doppelte Ballengröße
Bodengruppe: .....

121€ 159€ **171**€ 194€ 233€ [St] ⏱ 2,00 h/St 004.000.201

21 Großgehölz mit Ballen, pflanzen KG **573**

Großgehölz mit Ballen in Baumgrubensubstrat pflanzen. Leistung inkl. ausheben und wiederverfüllen der Pflanzgrube sowie Herstellen der Baumscheibe mit Gießrand. Der überschüssige Boden ist im Baustellenbereich einbauen.
Gehölzeart: .....
Pflanzqualität: mit Ballen
Stammhöhe: 125-150 cm
Bodengruppe: .....
Angeb. Baumsubstrat: .....

40€ 64€ **75**€ 89€ 110€ [St] ⏱ 1,90 h/St 004.000.202

22 Sträucher liefern/pflanzen, bis 80cm KG **573**

Strauch in herzustellende und wieder zu verfüllende Pflanzgrube pflanzen. Lieferung der Pflanze wird gesondert vergütet.
Strauchart: .....
Pflanzqualität: .....
Strauchhöhe: bis 90 cm
Pflanzgrube: doppelte Ballengröße
Bodengruppe: .....

2€ 5€ **5**€ 6€ 10€ [St] ⏱ 0,10 h/St 004.000.203

Kosten:
Stand 1.Quartal 2020
Bundesdurchschnitt

Nr.	**Kurztext** / Langtext						Kostengruppe
▶	▷	**ø netto €**	◁	◀	[Einheit]	Ausf.-Dauer	Positionsnummer

23 Sträucher liefern/pflanzen, 80-100cm KG **573**

Strauch in herzustellende und wieder zu verfüllende Pflanzgrube pflanzen. Lieferung der Pflanze wird gesondert vergütet.
Strauchart: .....
Pflanzqualität: .....
Strauchhöhe: bis 100 cm
Pflanzgrube: doppelte Ballengröße
Bodengruppe: .....

▶	▷	ø	◁	◀	Einheit	Ausf.-Dauer	Positionsnummer
8€	12€	**15**€	17€	23€	[St]	⏱ 0,13 h/St	004.000.204

24 Sträucher liefern/pflanzen, 100-150cm KG **573**

Strauch in herzustellende und wieder zu verfüllende Pflanzgrube pflanzen, einschl. Pflanzschnitt.
Strauchart: .....
Pflanzqualität: .....
Strauchhöhe: 100-150 cm
Pflanzgrube: doppelte Ballengröße
Bodengruppen: .....

▶	▷	ø	◁	◀	Einheit	Ausf.-Dauer	Positionsnummer
5€	7€	**8**€	9€	11€	[St]	⏱ 0,18 h/St	004.000.205

25 Sträucher liefern/pflanzen, über 150cm KG **573**

Strauch pflanzen in herzustellende und wieder zu verfüllende Pflanzgrube, einschl. Pflanzschnitt.
Strauchart: .....
Pflanzqualität: .....
Strauchhöhe: über 150 cm
Pflanzgrube: doppelte Ballengröße
Bodengruppe: .....

▶	▷	ø	◁	◀	Einheit	Ausf.-Dauer	Positionsnummer
7€	10€	**11**€	12€	15€	[St]	⏱ 0,20 h/St	004.000.206

26 Hecke, liefern/pflanzen, bis 100cm KG **573**

Heckenpflanze in Solitärqualität mit Ballen in vorbereiteten und wieder zu verfüllenden Pflanzgraben pflanzen, einschl. Pflanzschnitt. Überschüssiger Boden ist im Baustellenbereich einbauen.
Heckenpflanze: .....
Pflanzqualität: .....
Höhe: bis 100 cm
Pflanzabstand: 50 cm
Bodengruppe: .....

▶	▷	ø	◁	◀	Einheit	Ausf.-Dauer	Positionsnummer
0,8€	1,1€	**1,5**€	1,7€	2,4€	[St]	⏱ 0,16 h/St	004.000.209

27 Hecke, liefern/pflanzen, über 150cm KG **573**

Heckenpflanze in Solitärqualität mit Ballen in vorbereiteten und wieder zu verfüllenden Pflanzgraben pflanzen, einschl. Pflanzschnitt. Überschüssiger Boden ist im Baustellenbereich einbauen.
Heckenpflanze: .....
Pflanzqualität: .....
Höhe: über 150 cm
Bodengruppe: .....

▶	▷	ø	◁	◀	Einheit	Ausf.-Dauer	Positionsnummer
7€	9€	**9**€	10€	12€	[St]	⏱ 0,24 h/St	004.000.211

▶ min
▷ von
ø Mittel
◁ bis
◀ max

28 Blumenzwiebeln pflanzen KG **573**

Blumenzwiebel, Knolle nach Planung in vorbereitete Pflanzfläche pflanzen. Pflanzlieferung wird gesondert vergütet.
Botanischer Name: .....

0,2€ | 0,2€ | **0,3**€ | 0,3€ | 0,4€ | [St] | ⏱ 0,01 h/St | 004.000.213

29 Vorratsdüngung 50g KG **573**

Düngung der Pflanzfläche, mit organisch-mineralischem Dünger mit Langzeitwirkung aufbringen und einarbeiten.
Menge: 50 g/m2

0,1€ | 0,3€ | **0,3**€ | 0,6€ | 1,1€ | [m2] | ⏱ 0,01 h/m2 | 004.000.214

30 Rasenplanum KG **574**

Planum für Rasenfläche mit Entfernen von Steinen, Abfall, schwerverrottbaren Pflanzenteilen und unerwünschtem Aufwuchs. Die anfallende Stoffe sind zu entsorgen.
Bodengruppe: .....
Zulässige Abweichung der Ebenheit: +/-1 cm

0,9€ | 1,8€ | **2,0**€ | 2,1€ | 2,7€ | [m2] | ⏱ 0,02 h/m2 | 004.000.215

31 Ansaat, Gebrauchsrasen KG **574**

Rasenansaat mit Regel-Saatgutmischung als Gebrauchsrasen in zwei Arbeitsgängen.
RSM-Mischung: .....
Saatgutmenge: 25 g/m2
Angeb. Fabrikat: .....

0,3€ | 0,4€ | **0,5**€ | 0,5€ | 0,7€ | [m2] | ⏱ 0,01 h/m2 | 004.000.216

32 Ansaat, Spielrasen KG **574**

Rasenansaat mit Regel-Saatgutmischung als Spielrasen in zwei Arbeitsgängen.
RSM-Mischung: .....
Saatgutmenge: 25 g/m2
Angeb. Fabrikat: .....

0,5€ | 0,8€ | **0,9**€ | 1,4€ | 2,3€ | [m2] | ⏱ 0,01 h/m2 | 004.000.217

33 Fertigrasen liefern, einbauen KG **574**

Fertigrasen als Rollrasen mit Regel-Saatgutmischung.
RSM-Mischung: .....
Dicke: ..... cm
Bodengruppe: .....

6€ | 8€ | **9**€ | 9€ | 11€ | [m2] | ⏱ 0,25 h/m2 | 004.000.218

Nr.	**Kurztext** / Langtext					Kostengruppe
▶	▷	**ø netto €**	◁	◀	[Einheit]	Ausf.-Dauer Positionsnummer

34 Schotterrasen herstellen KG **574**

Schotterrasen mit Regel-Saatgutmischung als Gebrauchsrasen auf vorhandener Frostschutzschicht herstellen. Gemisch aus 30% Oberboden, 70% Schotter.
Schotter: 16/45
Bodengruppe: .....
Dicke: 10 cm
RSM-Mischung: .....
Saatgutmenge: 30 g/m²
Angeb. Fabrikat: .....

10€ 12€ **13**€ 14€ 16€ [m²] ⏱ 0,15 h/m² 004.000.219

35 Rasenfläche düngen KG **574**

Düngung der Rasenfläche mit langsam wirkendem Rasendünger nach dem ersten Schnitt.
Menge: 5 g/m²
Angeb. Fabrikat: .....

0,1€ 0,3€ **0,4**€ 0,5€ 0,6€ [m²] ⏱ 0,01 h/m² 004.000.220

36 Fertigstellungspflege, Rasenflächen KG **574**

Fertigstellungspflege für Rasenflächen in mind. 5 Mähgängen, inkl. Entsorgung des Schnittguts. Die Schnitte müssen bei einer Wuchshöhe von 6-10cm durchgeführt werden. Der Schnittzeitpunkt ist mit der Bauleitung abzustimmen.

1,0€ 1,6€ **1,9**€ 2,3€ 3,1€ [m²] ⏱ 0,01 h/m² 004.000.221

37 Heckenpflanze, Hainbuche bis 100cm KG **573**

Hainbuche - Carpinus betulus liefern und einpflanzen.
Pflanzqualität: Heckenpflanze, 2x verpflanzt mit Ballen
Höhe: bis 100 cm
Bodengruppe: .....

8€ 11€ **12**€ 14€ 17€ [St] ⏱ 0,17 h/St 004.000.222

38 Heckenpflanze, Hainbuche bis 200cm KG **573**

Hainbuche - Carpinus betulus liefern und einpflanzen.
Pflanzqualität: Heckenpflanze, 2x verpflanzt mit Ballen
Höhe: bis 200 cm
Bodengruppe: .....

10€ 12€ **12**€ 14€ 16€ [St] ⏱ 0,18 h/St 004.000.223

39 Heckenpflanze, Eibe bis 200cm KG **573**

Gewöhnliche Eibe - Taxus baccata liefern und einpflanzen.
Pflanzqualität: Heckenpflanze, 5x verpflanzt mit Drahtballen
Höhe: bis 200 cm
Bodengruppe: .....

63€ 81€ **87**€ 88€ 113€ [St] ⏱ 0,18 h/St 004.000.225

Kosten:
Stand 1.Quartal 2020
Bundesdurchschnitt

▶ min
▷ von
ø Mittel
◁ bis
◀ max

40 Heckenpflanze, Buchsbaum KG **573**

Buchsbaum - Buxus sempervierens liefern und einpflanzen.
Pflanzqualität: Heckenpflanze, 2x verpflanzt im Container
Höhe: 20-25 cm
Bodengruppe: .....

3€ | 4€ | **5€** | 5€ | 6€ | [St] | ⏱ 0,17 h/St | 004.000.226

41 Heckenpflanze, Liguster bis 100cm KG **573**

Liguster - Ligustrum vulgare liefern und einpflanzen.
Pflanzqualität: Heckenpflanze, verpflanzter Strauch 6 Triebe ohne Ballen
Höhe: bis 100 cm
Bodengruppe: .....

1,1€ | 2€ | **3€** | 3€ | 5€ | [St] | ⏱ 0,17 h/St | 004.000.227

42 Heckenpflanze, Liguster bis 200cm KG **573**

Liguster - Ligustrum vulgare liefern und einpflanzen.
Pflanzqualität: Heckenpflanze, verpflanzter Strauch 8 Triebe ohne Ballen
Höhe: bis 200 cm
Bodengruppe: .....

2€ | 4€ | **4€** | 4€ | 5€ | [St] | ⏱ 0,18 h/St | 004.000.228

43 Heckenpflanze, Lorbeerkirsche bis 100cm KG **573**

Kirschlorbeer - Prunus laurocerrasus liefern und einpflanzen.
Pflanzqualität: Heckenpflanze, 2x verpflanzt ohne Ballen mit 5-7 Trieben
Höhe: bis 100 cm
Bodengruppe: .....

15€ | 17€ | **18€** | 19€ | 20€ | [St] | ⏱ 0,17 h/St | 004.000.229

44 Heckenpflanze, Lorbeerkirsche bis 200cm KG **573**

Kirschlorbeer - Prunus laurocerrasus liefern und einpflanzen.
Pflanzqualität: Heckenpflanze, 2x verpflanzt ohne Ballen mit 8 Trieben
Höhe: bis 200 cm
Bodengruppe: .....

40€ | 47€ | **50€** | 57€ | 59€ | [St] | ⏱ 0,18 h/St | 004.000.230

45 Heckenpflanze, Rot-Buche bis 100cm KG **573**

Rot-Buche - Fagus sylvatica liefern und einpflanzen.
Pflanzqualität: Heckenpflanze, 2x verpflanzt mit Ballen geschnitten
Höhe: 80-100 cm
Bodengruppe: .....

–€ | 16€ | **17€** | 20€ | –€ | [St] | ⏱ 0,17 h/St | 004.000.231

46 Heckenpflanze, Rot-Buche bis 200cm KG **573**

Rot-Buche - Fagus sylvatica liefern und einpflanzen.
Pflanzqualität: Heckenpflanze, 3x verpflanzt mit Ballen geschnitten
Höhe: 175-200 cm
Bodengruppe: .....

21€ | 28€ | **30€** | 34€ | 39€ | [St] | ⏱ 0,18 h/St | 004.000.232

Nr.	Kurztext / Langtext						Kostengruppe
▶	▷	**ø netto €**	◁	◀	[Einheit]	Ausf.-Dauer	Positionsnummer

47 Heckenpflanze, Blut-Buche bis 100cm KG **573**

Blut-Buche - Fagus sylvatica purpurea liefern und einpflanzen.
Pflanzqualität: Heckenpflanze, 2x verpflanzt mit Ballen geschnitten
Höhe: 80-100 cm
Bodengruppe: .....

–€ | 19€ | **20**€ | 24€ | –€ | [St] | ⏱ 0,17 h/St | 004.000.233

48 Heckenpflanze, Blut-Buche bis 200cm KG **573**

Blut-Buche - Fagus sylvatica purpurea liefern und einpflanzen.
Pflanzqualität: Heckenpflanze, 3x verpflanzt mit Ballen geschnitten
Höhe: 175-200 cm
Bodengruppe: .....

23€ | 30€ | **32**€ | 37€ | 43€ | [St] | ⏱ 0,18 h/St | 004.000.234

Kosten:
Stand 1.Quartal 2020
Bundesdurchschnitt

49 Heckenpflanze, Feld-Ahorn bis 100cm KG **573**

Feld-Ahorn - Acer campestre liefern und einpflanzen.
Pflanzqualität: Heckenpflanze, 2x verpflanzt mit Ballen geschnitten
Höhe: 100-125 cm
Bodengruppe: .....

8€ | 11€ | **11**€ | 13€ | 13€ | [St] | ⏱ 0,17 h/St | 004.000.235

50 Heckenpflanze, Feld-Ahorn bis 200cm KG **573**

Feld-Ahorn - Acer campestre liefern und einpflanzen.
Pflanzqualität: Heckenpflanze 2x, verpflanzt mit Ballen geschnitten
Höhe: 175-200 cm
Bodengruppe: .....

11€ | 16€ | **17**€ | 19€ | 20€ | [St] | ⏱ 0,18 h/St | 004.000.236

51 Solitär, Säulen-Hainbuche KG **573**

Solitär als Hochstamm 3x verpflanzt, mit Drahtballen, liefern und pflanzen.
Botanischer Name: Carpinus betulus Fastigiata (Säulen Hainbuche)
Stammumfang: 10-12 cm

287€ | 343€ | **371**€ | 403€ | 451€ | [St] | ⏱ 2,60 h/St | 004.000.237

52 Solitär, Rotblühende Rosskastanie, StU 16-18 KG **573**

Solitär, 3x verpflanzt, mit Drahtballen, liefern und pflanzen.
Botanischer Name: Aesculus carnea (Rotblühende Rosskastanie)
Stammumfang: 16-18 cm

171€ | 235€ | **248**€ | 257€ | 303€ | [St] | ⏱ 2,00 h/St | 004.000.238

53 Solitär, Weißbblühende Rosskastanie KG **573**

Solitär, 3x verpflanzt, mit Drahtballen, liefern und pflanzen.
Botanischer Name: Aesculus hippocastanum (Weißblühende Rosskastanie)
Stammumfang: 16-18 cm

149€ | 196€ | **217**€ | 232€ | 278€ | [St] | ⏱ 2,00 h/St | 004.000.240

▶ min
▷ von
ø Mittel
◁ bis
◀ max

Nr.	Kurztext / Langtext						Kostengruppe
▶	▷	**ø netto €**	◁	◀	[Einheit]	Ausf.-Dauer	Positionsnummer

54 Solitär, Spitz-Ahorn KG **573**

Solitär als Hochstamm, 3x verpflanzt, mit Drahtballen, liefern und pflanzen.
Botanischer Name: Acer platanoides (Spitzahorn)
Stammumfang: 18-20 cm

258€	312€	**331**€	351€	420€	[St]	⏱ 2,60 h/St	004.000.241

55 Solitär, Kugel-Ahorn KG **573**

Solitär als Hochstamm, 3x verpflanzt, mit Drahtballen, liefern und pflanzen.
Botanischer Name: Acer platanoides 'Globosum' (Kugel - Ahorn)
Stammumfang: 14-16 cm

248€	314€	**354**€	379€	453€	[St]	⏱ 2,60 h/St	004.000.242

56 Solitär, Feld-Ahorn KG **573**

Solitär als Hochstamm, 3x verpflanzt, mit Drahtballen, liefern und pflanzen.
Botanischer Name: Acer campestre (Feld-Ahorn)
Stammumfang: 16-18 cm

154€	226€	**271**€	331€	423€	[St]	⏱ 2,60 h/St	004.000.243

57 Solitär, Vogelkirsche KG **573**

Solitär als Hochstamm, 3x verpflanzt, mit Drahtballen, liefern und pflanzen.
Botanischer Name: Prunus avium (Vogelkirsche)
Stammumfang: 16-18 cm

217€	244€	**256**€	262€	303€	[St]	⏱ 3,40 h/St	004.000.244

58 Solitär, Winterlinde KG **573**

Solitär als Hochstamm, 4x verpflanzt, mit Drahtballen liefern und pflanzen.
Botanischer Name: Tilia cordata (Winterlinde)
Stammumfang: 25-30 cm
Höhe: 400-500 cm
Breite: 200-300 cm

253€	316€	**348**€	375€	433€	[St]	⏱ 3,40 h/St	004.000.245

59 Solitär, Wald-Kiefer KG **573**

Solitär als Hochstamm, 4x verpflanzt, mit Drahtballen, liefern und pflanzen.
Botanischer Name: Pinus sylvetris (Wald-Kiefer)
Stammumfang: 25-18 cm
Höhe: 125-150 cm

223€	411€	**437**€	452€	550€	[St]	⏱ 2,60 h/St	004.000.246

60 Solitär, Sand-Birke KG **573**

Solitär als Hochstamm, 3x verpflanzt, liefern und pflanzen.
Botanischer Name: Betula pendula (Sand Birke)
Stammumfang: 16-18 cm

220€	260€	**269**€	291€	337€	[St]	⏱ 3,00 h/St	004.000.247

Kosten:
Stand 1.Quartal 2020
Bundesdurchschnitt

Nr.	**Kurztext** / Langtext							Kostengruppe
▶	▷	**ø netto €**	◁	◀	[Einheit]	Ausf.-Dauer		Positionsnummer

61 Solitär, Hainbuche KG **573**

Solitär als Hochstamm, 3x verpflanzt, liefern und pflanzen.
Botanischer Name: Carpinus betulus (Hainbuche)
Stammumfang: 16-18 cm

160€ 217€ **248**€ 309€ 396€ [St] ⏱ 3,00 h/St 004.000.248

62 Solitär, Gemeine Esche KG **573**

Solitär als Hochstamm, 3x verpflanzt, mit Drahtballen, liefern und pflanzen.
Botanischer Name: Fraxinus excelsior (Gemeine Esche)
Stammumfang: 16-18 cm

187€ 229€ **235**€ 253€ 303€ [St] ⏱ 2,00 h/St 004.000.249

63 Solitär, Vogelbeere KG **573**

Solitär als Hochstamm, 3x verpflanzt, mit Drahtballen, liefern und pflanzen.
Botanischer Name: Sorbus aucuparia (Vogelbeere)
Stammumfang: 16-18 cm

119€ 167€ **193**€ 224€ 275€ [St] ⏱ 2,00 h/St 004.000.250

64 Solitär, Schwedische Mehlbeere KG **573**

Solitär als Hochstamm, 3x verpflanzt, mit Drahtballen, liefern und pflanzen.
Botanischer Name: Sorbus intermedia (Mehlbeere)
Stammumfang: 14-16 cm

152€ 175€ **179**€ 184€ 207€ [St] ⏱ 2,00 h/St 004.000.252

65 Solitär, Baum-Hasel KG **573**

Solitär als Hochstamm, 3x verpflanzt, mit Drahtballen, liefern und pflanzen.
Botanischer Name: Corylus colurna (Baumhasel)
Stammumfang: 16-18 cm

171€ 184€ **248**€ 275€ 304€ [St] ⏱ 2,00 h/St 004.000.253

66 Solitär, Blut-Hasel KG **573**

Solitär, 3x verpflanzt, mit Ballen, liefern und pflanzen.
Botanischer Name: Corylus maxima (Blut Hasel)
Höhe: 125-150 cm

49€ 73€ **88**€ 104€ 130€ [St] ⏱ 2,00 h/St 004.000.254

67 Solitär, Rotdorn in Sorten KG **573**

Solitär als Hochstamm, 4x verpflanzt, mit Drahtballen, liefern und pflanzen.
Botanischer Name: Crataegus laevigata (Rotdorn)
Höhe: 125-150 cm

160€ 216€ **236**€ 272€ 369€ [St] ⏱ 3,40 h/St 004.000.255

68 Solitär, Blutbuche, StU 20-25 KG **573**

Solitär als Hochstamm, 4x verpflanzt, mit Drahtballen, liefern und pflanzen.
Botanischer Name: Fagus sylvatica (Blut-Buche)
Stammumfang: 20-25 cm

341€ 408€ **452**€ 522€ 597€ [St] ⏱ 3,00 h/St 004.000.256

▶ min
▷ von
ø Mittel
◁ bis
◀ max

69 Solitär, Stieleiche StU 14-16 KG **573**

Solitär als Hochstamm, 3x verpflanzt, mit Drahtballen, liefern und pflanzen.
Botanischer Name: Quercus robur (Stiel-Eiche)
Stammumfang: 14-16 cm

126€	171€	**208**€	225€	265€	[St]	⏱ 2,60 h/St	004.000.257

70 Solitär, Trompetenbaum KG **573**

Solitär als Hochstamm, 5x verpflanzt, mit Drahtballen, liefern und pflanzen.
Botanischer Name: Catalpa bignoniodes (Trompetenbaum)
Stammumfang: 30-35 cm
Höhe: 400-500 cm

474€	621€	**687**€	752€	824€	[St]	⏱ 3,60 h/St	004.000.259

71 Solitär, Flachrohr Bambus KG **573**

Solitär als Hochstamm, 3x verpflanzt, Container ....., liefern und pflanzen.
Botanischer Name: Phyllostachys bissetii (Bambus)
Höhe: 100-150 cm

84€	106€	**113**€	116€	131€	[St]	⏱ 2,10 h/St	004.000.260

72 Solitär, Platane KG **573**

Solitär als Hochstamm, 3x verpflanzt, mit Drahtballen, liefern und pflanzen.
Botanischer Name: Platanus x acerifolia (Platane)
Höhe: 100-150 cm

152€	201€	**233**€	264€	326€	[St]	⏱ 2,60 h/St	004.000.261

73 Solitär, Schwarzerle KG **573**

Solitär als Hochstamm, 3x verpflanzt, mit Drahtballen, liefern und pflanzen.
Botanischer Name: Alnus glutinosa (Schwarzerle)
Stammumfang: 16-18 cm

90€	105€	**116**€	120€	144€	[St]	⏱ 2,00 h/St	004.000.262

74 Solitär, Fächerblattbaum KG **573**

Solitär als Hochstamm, 3x verpflanzt, mit Drahtballen, liefern und pflanzen.
Botanischer Name: Ginkgo biloba (Fächerblattbaum)
Stammumfang: 20-25 cm

220€	344€	**397**€	534€	689€	[St]	⏱ 3,00 h/St	004.000.263

75 Solitär, Blauglockenbaum KG **573**

Solitär als Hochstamm, 3x verpflanzt, mit Drahtballen, liefern und pflanzen.
Botanischer Name: Paulownia tomentosa (Blauglockenbaum)
Stammumfang: 18-20 cm

252€	286€	**293**€	312€	347€	[St]	⏱ 2,60 h/St	004.000.264

76 Solitär, Tulpenbaum KG **573**

Solitär als Hochstamm, 3x verpflanzt, mit Drahtballen, liefern und pflanzen.
Botanischer Name: Liriodendron tulipifera (Tulpenbaum)
Stammumfang: 14-16 cm

246€	305€	**319**€	346€	391€	[St]	⏱ 3,00 h/St	004.000.265

Kosten:
Stand 1.Quartal 2020
Bundesdurchschnitt

Nr.	Kurztext / Langtext					Kostengruppe
▶	▷	ø netto €	◁	◀	[Einheit]	Ausf.-Dauer Positionsnummer

77 Solitär, Robinie KG **573**

Solitär als Hochstamm, 3x verpflanzt, mit Drahtballen, liefern und pflanzen.
Botanischer Name: Robinia pseudoacacia (Robinie)
Stammumfang: 16-18 cm

221€ | 251€ | **270**€ | 290€ | 327€ | [St] | ⏱ 2,60 h/St | 004.000.268

78 Solitär, Magnolie KG **573**

Solitär als Hochstamm, 3x verpflanzt, mit Drahtballen, liefern und pflanzen.
Botanischer Name: Magnolia (Magnolie)
Stammumfang: 16-18 cm

134€ | 179€ | **192**€ | 213€ | 234€ | [St] | ⏱ 2,60 h/St | 004.000.269

79 Obstgehölze Apfel in Sorten KG **573**

Obstgehölze in Sorten als Hochstamm, 3x verpflanzt, mit Drahtballen liefern und pflanzen.
Stammumfang: 16-18 cm

141€ | 191€ | **209**€ | 255€ | 370€ | [St] | ⏱ 2,30 h/St | 004.000.270

80 Obstgehölze, Zier-Apfel `Evereste` KG **573**

Obstgehölze als Hochstamm, 3x verpflanzt, mit Drahtballen liefern und pflanzen.
Botanischer Name: Malus Evereste (Zier-Apfel)
Stammumfang: 16-18 cm

136€ | 221€ | **277**€ | 342€ | 439€ | [St] | ⏱ 2,30 h/St | 004.000.271

81 Obstgehölze, Weidenblättrige Birne, StU 16-18 KG **573**

Obstgehölze als Hochstamm, 3x verpflanzt, mit Drahtballen liefern und pflanzen.
Botanischer Name: Pyrus salicifolia (Weidenblättrige Birne)
Stammumfang: 16-18 cm

253€ | 335€ | **356**€ | 395€ | 424€ | [St] | ⏱ 2,30 h/St | 004.000.274

82 Obstgehölze, Zwerg-Blut-Pflaume, 80-100 KG **573**

Obstgehölze als Hochstamm, 3x verpflanzt, mit Ballen liefern und pflanzen.
Botanischer Name: Prunus cistena (Zwerg-Blut-Pflaume)
Höhe: 80-100 cm

22€ | 29€ | **29**€ | 33€ | 43€ | [St] | ⏱ 1,45 h/St | 004.000.275

83 Obstgehölze, Blut-Pflaume, StU 16-18 KG **573**

Obstgehölze als Hochstamm, 3x verpflanzt, mit Ballen liefern und pflanzen.
Botanischer Name: Prunus cistena (Blut-Pflaume)
Stammumfang: 16-18 cm

100€ | 131€ | **151**€ | 172€ | 205€ | [St] | ⏱ 1,80 h/St | 004.000.276

84 Obstgehölze, Kultur-Pflaume, StU 16-18 KG **573**

Obstgehölze als Hochstamm, 3x verpflanzt, mit Drahtballen liefern und pflanzen.
Botanischer Name: Prunus domestica (Kultur-Pflaume)
Stammumfang: 16-18 cm

276€ | 339€ | **354**€ | 438€ | 529€ | [St] | ⏱ 1,80 h/St | 004.000.277

▶ min
▷ von
ø Mittel
◁ bis
◀ max

85 Obstgehölze, japanische Blütenkirsche, StU 12-14 KG **573**

Obstgehölze als Hochstamm, 3x verpflanzt, mit Drahtballen liefern und pflanzen.
Botanischer Name: Prunus serrulata (Japanisch Blütenkirsche)
Stammumfang: 12-14 cm

220€ | 257€ | **275**€ | 291€ | 314€ | [St] | ⏱ 1,80 h/St | 004.000.278

86 Obstgehölze, 175-200cm KG **573**

Obstgehölze als Hochstamm, 5x verpflanzt, mit Drahtballen liefern und pflanzen.
Botanischer Name: .....
Kronenansatz über Gelände: mind. 1,00 m
Stammhöhe: 175-200 cm
Stammumfang: 10-20 cm

36€ | 48€ | **57**€ | 64€ | 77€ | [St] | ⏱ 1,30 h/St | 004.000.279

87 Obstgehölze, Walnussbaum KG **574**

Solitär als Hochstamm, 3x verpflanzt, mit Drahtballen, liefern und pflanzen.
Botanischer Name: Juglans regia (Walnuss-Baum)
Stammumfang: 14-16 cm

123€ | 181€ | **205**€ | 239€ | 291€ | [St] | ⏱ 2,60 h/St | 004.000.280

88 Strauch, Purpur-Weide KG **573**

Strauch 4 Triebe, ohne Ballen, liefern und pflanzen.
Botanischer Name: Salix purpurea (Salix purpurea)
Höhe: 100-150 cm

1€ | 2€ | **2**€ | 2€ | 4€ | [St] | ⏱ 0,04 h/St | 004.000.281

89 Weidentunnel, Silber-Weide KG **573**

Silber-Weide - Salix alba liefern und pflanzen. Pflanzruten als Weidentunnel mit einander verflechten.
Material: geeignet für Einbau als Weidentunnel
Qualität: zweijährig, schlank und gleichmäßig biegsam
Äste: Länge ca. 3,00 m

2€ | 3€ | **4**€ | 5€ | 7€ | [St] | ⏱ 0,08 h/St | 004.000.282

90 Strauch, Kupfer-Felsenbirne KG **573**

Strauch 3x verpflanzt, mit Drahtballen liefern und pflanzen.
Botanischer Name: Amelanchier lamarckii (Kupfer-Felsenbirne)
Höhe: 100-150 cm

27€ | 33€ | **36**€ | 38€ | 50€ | [St] | ⏱ 0,95 h/St | 004.000.283

91 Strauch, Gewöhnliche Haselnuss KG **573**

Strauch 3x verpflanzt, mit Ballen, liefern und pflanzen.
Botanischer Name: Corylus avellana (Gewöhnliche Haselnuss)
Höhe: 125-150 cm

16€ | 19€ | **20**€ | 22€ | 26€ | [St] | ⏱ 0,95 h/St | 004.000.285

Nr.	**Kurztext** / Langtext						Kostengruppe
▶	▷	**ø netto €**	◁	◀	[Einheit]	Ausf.-Dauer	Positionsnummer

92 Strauch, Rhododendron in Sorten KG **573**

Strauch Rhododenron, im Container ..... Liter, liefern und pflanzen.
Höhe: 40-50 cm

27€	34€	**36**€	40€	48€	[St]	⏱ 0,25 h/St	004.000.286

93 Strauch, Hortensie in Sorten KG **573**

Strauch 2x verpflanzt, im Container 3 Liter, liefern und pflanzen.
Botanischer Name: Hydrangea (Hortensie)
Höhe: 40-60 cm

8€	11€	**12**€	15€	20€	[St]	⏱ 0,20 h/St	004.000.287

94 Strauch, Flieder in Sorten KG **573**

Strauch 2x verpflanzt, im Container 3 Liter, liefern und pflanzen.
Botanischer Name: Syringa vulgaris (Gemeiner Flieder)
Höhe: 125-150 cm

25€	41€	**47**€	51€	67€	[St]	⏱ 0,28 h/St	004.000.288

95 Strauch, Forsythie KG **573**

Strauch als Solitär 3x verpflanzt, mit drahtballen, liefern und pflanzen.
Botanischer Name: Forsythia intermedia (Forsythie, Goldglöckchen)
Höhe 125-150 cm

13€	15€	**15**€	17€	21€	[St]	⏱ 0,28 h/St	004.000.289

96 Strauch, Lavendel KG **573**

Strauch im Container 2 Liter, liefern und pflanzen.
Botanischer Name: Lavandula angustifolia (Lavendel)
Höhe: bis 25 cm

1,1€	2€	**2**€	2€	2€	[St]	⏱ 0,05 h/St	004.000.290

97 Strauch, Kornelkirsche KG **573**

Strauch 2x verpflanzt, im Container ..... Liter, liefern und pflanzen.
Botanischer Name: Cornus mas (Kornelkirsche)
Höhe: 150-175 cm

23€	29€	**32**€	35€	40€	[St]	⏱ 0,25 h/St	004.000.291

98 Strauch, Europäische Eibe KG **573**

Strauch 4x verpflanzt, mit Drahtballen, liefern und pflanzen.
Botanischer Name: Taxus baccata (Gewöhnliche Eibe)
Höhe: 80-100 cm

49€	69€	**79**€	92€	113€	[St]	⏱ 0,30 h/St	004.000.294

99 Strauch, Heckeneibe KG **573**

Strauch 4x verpflanzt, mit Drahtballen, liefern und pflanzen.
Botanischer Name: Taxus media (Heckeneibe)
Höhe: 80-100 cm

22€	48€	**48**€	64€	87€	[St]	⏱ 0,28 h/St	004.000.295

Kosten:
Stand 1.Quartal 2020
Bundesdurchschnitt

▶ min
▷ von
ø Mittel
◁ bis
◀ max

Nr.	Kurztext / Langtext						Kostengruppe
▶	▷	**ø netto €**	◁	◀	[Einheit]	Ausf.-Dauer	Positionsnummer

100 Strauch, Berberitze in Sorten KG **573**

Strauch 2x verpflanzt, mit Ballen, liefern und pflanzen.
Botanischer Name: Berberis candidula (Berberitze)
Höhe: 40-50 cm

11€	14€	**16€**	16€	19€	[St]	⏱ 0,25 h/St	004.000.296

101 Strauch, Zwergmispel in Sorten KG **573**

Strauch 2x verpflanzt, im Container ..... Liter, liefern und pflanzen.
Botanischer Name: Cotoneaster dammeri (Zwergmispel)
Höhe: 40-60 cm

1€	2€	**3€**	3€	5€	[St]	⏱ 0,04 h/St	004.000.297

102 Strauch, Immergrüne Heckenkirsche KG **573**

Strauch 2x verpflanzt, im Container ..... Liter, liefern und pflanzen.
Botanischer Name: Lonicera nitida (Immergrüne Heckenkirsche)
Höhe: 40-60 cm

1€	2€	**2€**	3€	5€	[St]	⏱ 0,04 h/St	004.000.298

103 Strauch, Rote Heckenkirsche KG **573**

Strauch 2x verpflanzt, im Container 3 Liter, liefern und pflanzen.
Botanischer Name: Lonicera xylosteum (Rote Heckenkirsche)
Höhe: 100-150 cm

2€	3€	**4€**	5€	9€	[St]	⏱ 0,08 h/St	004.000.299

104 Strauch, Rote Johannisbeere in Sorten KG **573**

Strauch verpflanzt, 3 Triebe ohne Ballen, liefern und pflanzen.
Botanischer Name: Ribes rubrum (Rote Johannisbeere)
Höhe: 30-40 cm

2€	3€	**4€**	4€	5€	[St]	⏱ 0,05 h/St	004.000.300

105 Strauch, Heckenrose KG **573**

Strauch verpflanzt, 4 Triebe ohne Ballen, liefern und pflanzen.
Botanischer Name: Rosa canina (Heckenrose)
Höhe: 60 - 100 cm

1€	2€	**2€**	3€	4€	[St]	⏱ 0,08 h/St	004.000.302

106 Staude, wilde Rosen in Sorten KG **573**

Strauch verpflanzt, 4 Triebe ohne Ballen, liefern und pflanzen.
Botanischer Name: Rosa glauca (Hechtrose)
Höhe: 60 - 100 cm

3€	3€	**4€**	4€	5€	[St]	⏱ 0,08 h/St	004.000.303

107 Staude, Kleines Immergrün KG **573**

Staude im Container 2 Liter, liefern und pflanzen.
Botanischer Name: Vinca minor (Kleinblättriges Immergrün)

1€	2€	**2€**	2€	2€	[St]	⏱ 0,04 h/St	004.000.304

Kosten:
Stand 1.Quartal 2020
Bundesdurchschnitt

Nr.	Kurztext / Langtext						Kostengruppe
▶	▷	**ø netto €**	◁	◀	[Einheit]	Ausf.-Dauer	Positionsnummer

108 **Staude, Frauenmantel** KG **573**

Staude mit Topfballen, liefern und pflanzen.
Botanischer Name: Alchemilla mollis (Frauenmantel)
Topfgröße: P 1,0

1€ 2€ **2€** 2€ 2€ [St] ⏱ 0,04 h/St 004.000.305

109 **Staude, Sommer-Salbei** KG **573**

Staude mit Topfballen, liefern und pflanzen.
Botanischer Name: Salvia nemorosa (Sommer-Salbei)
Topfgröße: P 0,5

2€ 2€ **2€** 2€ 3€ [St] ⏱ 0,04 h/St 004.000.306

110 **Staude, Kastanienblättriges Schaublatt** KG **573**

Staude mit Topfballen, liefern und pflanzen.
Botanischer Name: Rodgersia aesculifolia (Kastanienblättriges Schaublatt)
Topfgröße: P 0,75

2€ 3€ **3€** 3€ 4€ [St] ⏱ 0,04 h/St 004.000.308

111 **Staude, Balkan-Storchenschnabel** KG **573**

Staude mit Topfballen, liefern und pflanzen.
Botanischer Name: Geranium macororrhizum (Balkan-Storchenschnabel)
Topfgröße: P 1,0

1€ 2€ **2€** 2€ 2€ [St] ⏱ 0,04 h/St 004.000.309

112 **Staude, Weißer Blut-Storchenschnabel** KG **573**

Staude mit Topfballen, liefern und pflanzen.
Botanischer Name: Geranium sanguineum (Weißer Blut-Storchenschnabel)
Topfgröße: P 1,0

1€ 2€ **2€** 2€ 2€ [St] ⏱ 0,04 h/St 004.000.310

113 **Staude, Pracht-Storchenschnabel** KG **573**

Staude mit Topfballen, liefern und pflanzen.
Botanischer Name: Geranium x magnificum (Pracht-Storchenschnabel)
Topfgröße: P 1,0

1€ 2€ **2€** 3€ 3€ [St] ⏱ 0,04 h/St 004.000.311

114 **Staude, Schwefel-Elfenblume** KG **573**

Staude mit Topfballen, liefern und pflanzen.
Botanischer Name: Epimedium versicolor (Schwefel-Elfenblume)
Topfgröße: P 1,0

2€ 2€ **2€** 3€ 3€ [St] ⏱ 0,04 h/St 004.000.312

115 **Ziergräser in Sorten** KG **573**

Ziergräser in verschiedenen Sorten liefern und pflanzen.
Pflanzqualität: mit Topfballen
Topfgröße: P 1,0

1€ 2€ **2€** 3€ 3€ [St] ⏱ 0,04 h/St 004.000.313

▶ min
▷ von
ø Mittel
◁ bis
◀ max

Nr.	Kurztext / Langtext						Kostengruppe
▶	▷	**ø netto €**	◁	◀	[Einheit]	Ausf.-Dauer	Positionsnummer

116 **Gras, Feinhalm-Chinaschilf** KG **573**

Ziergras mit Topfballen, liefern und pflanzen.
Botanischer Name: Miscanthus sinensis (Feinhalm-Chinaschilf)
Topfgröße: P 1,0

3€	4€	**4€**	4€	5€	[St]	⏱ 0,04 h/St	004.000.314

117 **Gras, Blau-Schwingel** KG **573**

Ziergras mit Topfballen, liefern und pflanzen.
Botanischer Name: Festuca glauca (Blau-Schwingel)
Topfgröße: P 1,0

2€	2€	**2€**	2€	2€	[St]	⏱ 0,04 h/St	004.000.315

118 **Gras, Rasenschmiele-Goldschleier** KG **573**

Ziergras mit Topfballen, liefern und pflanzen.
Botanischer Name: Deschampsia cespitosa (Rasenschmiele-Goldhafer)
Topfgröße: P 1,0

0,6€	1,2€	**1,5€**	1,7€	2,0€	[St]	⏱ 0,04 h/St	004.000.316

119 **Gras, Schnee-Marbel** KG **573**

Ziergras mit Topfballen, liefern und pflanzen.
Botanischer Name: Luzula nivea (Schnee-Marbel)
Topfgröße: P 1,0

1€	1€	**2€**	2€	2€	[St]	⏱ 0,04 h/St	004.000.318

120 **Gras, Wald-Marbel** KG **573**

Ziergras mit Topfballen, liefern und pflanzen.
Botanischer Name: Luzula sylvatica (Wald-Marbel)
Topfgröße: P 1,0

1,1€	2€	**2€**	2€	3€	[St]	⏱ 0,04 h/St	004.000.319

121 **Gras, Japan-Berggras** KG **573**

Ziergras mit Topfballen, liefern und pflanzen.
Botanischer Name: Hakonechloa macra (Japan Berggras)
Topfgröße: P 1,0

2€	2€	**3€**	3€	3€	[St]	⏱ 0,04 h/St	004.000.320

122 **Farn, Königsfarn** KG **573**

Farn mit Topfballen, liefern und pflanzen.
Botanischer Name: Osmunda regalis (Königsfarn)
Topfgröße: .....
Höhe: 60 cm

4€	5€	**6€**	6€	7€	[St]	⏱ 0,05 h/St	004.000.321

Nr.	Kurztext / Langtext						Kostengruppe
▶	▷	**ø netto €**	◁	◀	[Einheit]	Ausf.-Dauer	Positionsnummer

123 Kletterpflanze, Wilder Wein KG **573**

Kletterpflanze 2x verpflanzt, mit Topfballen, liefern und pflanzen.
Botanischer Name: Parthenocissus quinquefolia (Wilder Wein)
Topfgröße: P .....
Höhe: 60-80 cm

4€ 7€ **7**€ 8€ 10€ [St] ⏱ 0,12 h/St 004.000.322

124 Kletterpflanze, Berg-Waldrebe KG **573**

Kletterpflanze 2x verpflanzt, im Container ..... Liter, liefern und pflanzen.
Botanischer Name: Parthenocissus quinquefolia (Wilder Wein)
Topfgröße: P .....
Höhe: 60-80 cm

5€ 5€ **6**€ 6€ 6€ [St] ⏱ 0,12 h/St 004.000.323

Kosten:
Stand 1.Quartal 2020
Bundesdurchschnitt

125 Kletterpflanze, Immergrünes Geißblatt KG **573**

Kletterpflanze 2x verpflanzt, im Container ..... Liter, liefern und pflanzen.
Botanischer Name: Lonicera henryi (Wilder Wein)
Höhe: 60-100 cm

5€ 5€ **5**€ 6€ 6€ [St] ⏱ 0,12 h/St 004.000.324

126 Kletterpflanze, Efeu KG **573**

Kletterpflanze mit Topfballen, liefern und pflanzen.
Botanischer Name: Hedera Helix (Efeu)
Topfgröße: P 1,0
Höhe: 80-100 cm

2€ 4€ **4**€ 4€ 5€ [St] ⏱ 0,12 h/St 004.000.325

127 Wasserpflanzen liefern KG **583**

Wasserpflanzen mit Topfballen, in verschiedenen Sorten liefern und pflanzen.
Topfgröße: P .....

2€ 3€ **3**€ 5€ 8€ [St] ⏱ 0,04 h/St 004.000.327

128 Wasserpflanze, Teich-Simse KG **583**

Wasserpflanzen mit Topfballen, liefern und pflanzen.
Botanischer Name: Scirpus lacustris (Teiche-Simse)
Topfgröße: P 0,5

2€ 2€ **2**€ 2€ 2€ [St] ⏱ 0,06 h/St 004.000.328

129 Wasserpflanze, Sumpfdotterblume KG **583**

Wasserpflanzen mit Topfballen, liefern und pflanzen.
Botanischer Name: Caltha palustris (Sumpfdotterblume)
Topfgröße: P 0,5

2€ 2€ **2**€ 3€ 3€ [St] ⏱ 0,06 h/St 004.000.330

▶ min
▷ von
ø Mittel
◁ bis
◀ max

130 Wasserpflanze, Zwergbinse KG **583**

Wasserpflanzen mit Topfballen, liefern und pflanzen.
Botanischer Name: Juncus ensifolius (Zwergbinse)
Topfgröße: P 0,5

2€ | 2€ | **2**€ | 2€ | 2€ | [St] | ⏱ 0,06 h/St | 004.000.331

131 Fertigstellungspflege Stauden, Bodendecker KG **573**

Fertigstellungspflege Stauden und Bodendecker:

- Pflanzfläche, lockern hierbei sind die Besonderheiten des Bewuchs zu beachten
- unerwünschter Aufwuchs ist abzutrennen und zu entfernen
- Steine Durchmesser größer 5cm und Unrat aus gelockerten Flächen sind abzulesen
- Trockene oder beschädigte Planzenteile abschneiden und entfernen
- Pflanzenschnitt entsprechen den Besonderheiten der betreffenden Pflanzenart durchführen

Die Leistung umfasst 3 Arbeitsgänge im Jahr, Fertigstellungspflege für 1 Jahr nach erfolgter Pflanzung.
Abrechnung in der Horizontalprojektion.

0,3€ | 1,0€ | **1,1**€ | 1,3€ | 2,0€ | [m²] | ⏱ 0,03 h/m² | 004.000.333

132 Fertigstellungspflege, Sträucher KG **573**

Entwicklungspflege Sträucher:

- Die Leistung beginnt nach der Abnahmen und geht über die Dauer von zwei Vegetationsperioden
- Die erforderlichen Teilleistungen sind ohne Anordnung nach den Erfordernissen rechtzeitig auszuführen
- Die Teilleistung ist mit der Bauleitung abzustimmen und dem AG vor beginn anzuzeigen

Die Leistung umfasst mind. 5 Pflegegänge pro Vegetationsperiode. Abrechnung nach Stundenzettel.

33€ | 46€ | **54**€ | 56€ | 66€ | [St] | ⏱ 1,20 h/St | 004.000.334

133 Fertigstellungspflege, Hecken bis 2,00m KG **573**

Fertigstellungspflege Hecke:

- Pflanzfläche lockern hierbei sind die Besonderheiten des Bewuchs zu beachten
- Steine Durchmesser größer 5cm und Unrat aus gelockerter Fläche sind abzulesen
- Beidseitiger Heckenschnitt entsprechend den Besonderheiten der betreffenden Pflanzenart durchführen, Schnittgut entsorgen

Schnitthöhe: bis ca. 2,00 m
Obere und untere Schnittbreite: 0,50-1,00 m
Geforderte Höhe: ..... m
Die Leistung umfasst 1 Arbeitsgang.

6€ | 7€ | **8**€ | 8€ | 10€ | [m] | ⏱ 0,18 h/m | 004.000.335

134 Fertigstellungspflege, Baum KG **573**

Fertigstellungspflege Baum:

- Pflanzfläche, Pflanzscheiben lockern hierbei sind die Besonderheiten des Bewuchs zu beachten
- unerwünschter Aufwuchs ist abzutrennen und zu entfernen
- Steine Durchmesser größer 5cm und Unrat aus gelockerten Flächen sind abzulesen
- Verankerungen sind zu überprüfen und gegebenenfalls nachzubessern
- Trockene oder beschädigte Planzenteile abschneiden und entfernen
- Pflanzenschnitt entsprechender den Besonderheiten der betreffenden Pflanzenart durchführen
- Wunden an Gehölze behandeln

Nr.	**Kurztext** / Langtext					Kostengruppe
▶	▷	**ø netto €**	◁	◀	[Einheit]	Ausf.-Dauer Positionsnummer

Die Leistung umfasst 3 Arbeitsgänge im Jahr, Fertigstellungspflege für 1 Jahr nach erfolgter Pflanzung.
Abrechnung in der Horizontalprojektion.

15€ 25€ **35€** 43€ 49€ [St] ⏱ 0,95 h/St 004.000.336

135 Pflanzflächen wässern KG **573**

Wässern der Pflanzfläche mit Wasser aus bauseits vorhandenen Zapfstellen. Die Anzahl der Arbeitsgänge ist abhängig von den natürlichen Niederschlägen und mit AG abzustimmen.
Menge je Arbeitsgang: 25 l/m²
Entfernung der Zapfstellen: ..... m

0,3€ 0,8€ **1,1€** 1,4€ 2,2€ [m²] ⏱ 0,02 h/m² 004.000.337

136 Wässern der Hecke KG **573**

Wässern der Hecken, Wasser kann aus bauseits vorhandenen Zapfstellen unentgeltlich entnommen werden.
Arbeitsgänge: ..... St
Menge je Arbeitsgang: 10 l/m²
Vergütung je Arbeitsgang

1€ 2€ **2€** 3€ 4€ [m²] ⏱ 0,05 h/m² 004.000.339

137 Wässern Solitärgehölze KG **573**

Wässern der Solitärgehölze, Wasser kann aus bauseits vorhandenen Zapfstellen unentgeltlich entnommen werden.
Arbeitsgänge: ..... St
Menge je Arbeitsgang: 50 l/m²
Vergütung je Arbeitsgang

1€ 2€ **2€** 3€ 4€ [m²] ⏱ 0,05 h/m² 004.000.340

138 Wässern der Rasenfläche KG **573**

Wässern der Rasenfläche, Wasser kann aus bauseits vorhandenen Zapfstellen unentgeltlich entnommen werden.
Arbeitsgänge: 10St
Wassermenge je Arbeitsgang: ca. 25 l/m²
Vergütung je Arbeitsgang

0,2€ 0,4€ **0,5€** 0,5€ 0,8€ [m²] ⏱ 0,02 h/m² 004.000.342

139 Vegetationsmatte, liefern/verlegen KG **363**

Vegetationsmatte vorkultiviert, auf vorbereitete Fläche verlegen und durchdringend Bewässern.
Vegetationstyp: Sedum-Kräuter-Gräser

23€ 30€ **32€** 36€ 48€ [m²] ⏱ 0,16 h/m² 004.000.343

Kosten:
Stand 1.Quartal 2020
Bundesdurchschnitt

▶ min
▷ von
ø Mittel
◁ bis
◀ max

003
004
080

080

Kosten:
Stand 1.Quartal 2020
Bundesdurchschnitt

Nr.	Positionen	Einheit	▶	▷	ø brutto € / ø netto €	◁	◀
1	Asphaltbelag aufbrechen, entsorgen	m²	17	19	**21**	23	27
			14	16	**18**	20	23
2	Abbruch, unbewehrte Betonteile	m³	58	74	**86**	96	113
			49	62	**72**	80	95
3	Abbruch Mauerwerk, Ziegel	m³	60	87	**93**	101	123
			51	73	**78**	85	104
4	Betonplatten, abbrechen, entsorgen	m²	3	5	**6**	6	9
			3	4	**5**	5	7
5	Betonbordstein aufnehmen, entsorgen	m	6	8	**9**	10	12
			5	7	**8**	8	10
6	Pflasterbelag, Naturstein aufnehmen	m²	4	5	**6**	8	12
			3	5	**5**	7	10
7	Betonpflaster aufnehmen, lagern	m²	6	8	**10**	12	15
			5	7	**8**	10	12
8	Treppen/Bordsteine/Kantensteine aufnehmen, entsorgen	m	5	7	**8**	10	14
			4	6	**6**	8	12
9	Schotter entsorgen	m³	16	20	**22**	24	28
			13	17	**19**	20	24
10	Schotter aufnehmen, lagern	m²	4	5	**6**	6	10
			3	5	**5**	5	8
11	Betonfundament	m²	188	215	**225**	233	256
			158	181	**189**	196	215
12	Betonfundament für Beleuchtung	St	166	216	**228**	246	276
			140	182	**192**	206	232
13	Planum herstellen	m²	0,6	0,8	**0,9**	1,0	1,3
			0,5	0,7	**0,7**	0,9	1,1
14	Untergrund verdichten, Wegeflächen	m²	0,4	0,8	**1,0**	1,2	1,9
			0,3	0,7	**0,8**	1,1	1,6
15	Untergrund verdichten, Fundamente	m²	0,6	1,0	**1,2**	1,3	1,6
			0,5	0,8	**1,0**	1,1	1,3
16	Frostschutzschicht, Schotter 0/16, bis 30cm	m²	10	12	**14**	17	21
			8	10	**12**	14	17
17	Frostschutzschicht, Schotter 0/32, bis 30cm	m²	10	14	**15**	16	21
			9	11	**12**	13	18
18	Frostschutzschicht, Schotter 0/45, bis 30cm	m²	12	14	**16**	18	21
			10	12	**13**	15	18
19	Frostschutzschicht, RCL 0/56, bis 30cm	m²	8	10	**11**	13	16
			7	9	**10**	11	14
20	Frostschutzschicht, Kies 0/16, bis 30cm	m²	9	12	**12**	13	16
			8	10	**10**	11	13
21	Frostschutzschicht, Kies 0/32, bis 30cm	m²	10	12	**13**	14	17
			8	10	**11**	12	15
22	Frostschutzschicht, Kies 0/45, bis 30cm	m²	12	15	**16**	18	20
			10	12	**14**	15	17
23	Tragschicht, Schotter 0/16, bis 30cm	m²	10	11	**12**	13	15
			8,4	9,4	**9,8**	11	12

▶ min
▷ von
ø Mittel
◁ bis
◀ max

Nr.	Positionen	Einheit	▶	▷	**ø brutto €** ø netto €	◁	◀
24	Tragschicht, Schotter 0/32, bis 30cm	m²	10	13	**14**	15	17
			8,6	11	**11**	12	14
25	Tragschicht, Schotter 0/45, bis 30cm	m²	13	14	**15**	16	18
			11	12	**12**	13	15
26	Tragschicht, Kies 0/16, bis 30cm	m²	9,9	11	**11**	12	13
			8,3	9,3	**9,5**	10	11
27	Tragschicht, Kies 0/45, bis 30cm	m²	11	13	**15**	15	18
			8,9	11	**12**	13	15
28	Tragschicht aus RCL-Schotter 0/32, bis 30cm	m²	9,3	10	**11**	12	13
			7,8	8,7	**9,1**	9,7	11
29	Tragschicht aus RCL-Schotter 0/45, bis 30cm	m²	8,7	9,7	**10**	11	13
			7,3	8,1	**8,5**	9,4	11
30	Tragschicht aus RCL-Schotter 0/56, bis 30cm	m²	9,3	11	**13**	15	17
			7,8	9,4	**11**	13	14
31	Rasentragschicht 0/8	m²	6	8	**9**	11	13
			5	7	**8**	9	11
32	Rasentragschicht 0/16	m²	7	8	**10**	11	14
			6	7	**8**	10	12
33	Rasentragschicht 0/32	m²	7	10	**12**	13	15
			6	9	**10**	11	13
34	Rasentragschicht 0/45	m²	13	17	**20**	22	28
			11	15	**17**	19	23
35	Pflasterklinkerbelag	m²	49	77	**91**	96	113
			41	65	**76**	81	95
36	Schotterrasendeckschicht, 20cm	m²	11	14	**16**	20	29
			9	12	**13**	17	24
37	Asphalttragschicht, 10cm	m²	14	19	**22**	24	30
			11	16	**18**	20	25
38	Wassergebundene Decke	m²	11	12	**13**	14	16
			9	10	**11**	11	13
39	Traufe, Betonplatten, 50x50x7cm	m	8	9	**10**	12	14
			6	8	**8**	10	12
40	Pflasterdecke, Beton mit Sickerfugen	m²	25	33	**36**	41	48
			21	28	**30**	34	40
41	Versickerungsfähiges Pflaster, Beton, 15x15cm	m²	26	34	**37**	41	46
			22	28	**31**	35	38
42	Versickerungsfähiges Pflaster, Beton, 30x15cm	m²	28	37	**40**	45	48
			23	31	**33**	38	41
43	Versickerungsfähiges Pflaster, Doppel-T-Verbundstein, 20x16,5cm	m²	17	23	**26**	29	31
			15	20	**21**	24	26
44	Haufenporiges Pflaster, Beton, 12,5x12,5cm	m²	15	20	**22**	25	27
			13	17	**19**	21	23
45	Haufenporiges Pflaster, Beton, 25x12,5cm	m²	18	25	**26**	29	32
			15	21	**22**	25	27
46	Pflaster Beton, begrünbarer Fuge, 20x20cm	m²	21	28	**30**	32	37
			18	24	**25**	27	31

Kosten:
Stand 1.Quartal 2020
Bundesdurchschnitt

Nr.	Positionen	Einheit	▶	▷	ø brutto € / ø netto €	◁	◀
47	Rasenfugenstein, Beton, 20x15cm	m²	19	24	**27**	31	33
			16	20	**23**	26	28
48	Rasenfugenstein, Beton, 20x20cm	m²	19	26	**28**	31	35
			16	22	**24**	26	29
49	Betonplatte, Beton, 40x40cm, mit extra großer Rasenfuge	m²	17	24	**26**	29	32
			15	20	**22**	24	27
50	Natursteinpflaster, begrünbarer Fuge, polygonal	m²	40	53	**57**	62	69
			33	45	**48**	53	58
51	Fugenverfüllung Rasenfuge Betonpflasterstein	m³	53	72	**77**	87	94
			44	61	**64**	73	79
52	Rasengitterplatte, Beton, 19,5x19,5 cm	m²	16	22	**24**	26	29
			14	18	**20**	22	24
53	Rasengitterplatte, Beton, Steinformat Raute, 40x40cm	m²	20	25	**27**	31	34
			16	21	**23**	26	28
54	Rasenwabenplatte, Kunststoff, 50x50 cm	m²	19	26	**28**	31	34
			16	22	**24**	26	29
55	Füllung zur Begrünung des Rasengitters, Quarzsand, 5cm	m³	44	57	**64**	72	78
			37	48	**54**	61	66
56	Füllung zur Begrünung des Rasengitters, Splitt, 5cm	m³	75	100	**109**	117	128
			63	84	**92**	98	107
57	Pflasterdecke, Granit, 8x8cm	m²	74	93	**104**	116	138
			62	78	**87**	98	116
58	Pflasterdecke, Granit 9x9cm	m²	75	94	**102**	111	136
			63	79	**86**	93	114
59	Pflasterdecke, Granit, 10x10cm	m²	79	99	**104**	106	127
			66	83	**88**	89	106
60	Pflasterdecke, Granit, 11x11cm	m²	96	135	**140**	155	182
			81	113	**118**	130	153
61	Pflasterdecke, Granitkleinpflaster	m²	78	101	**113**	121	143
			66	84	**95**	102	120
62	Pflasterzeile, Granit gebraucht, einzeilig	m	28	32	**33**	34	37
			23	27	**28**	28	31
63	Pflasterzeile, Granit, dreizeilig	m	44	51	**53**	58	70
			37	42	**45**	48	59
64	Pflasterzeile, Großesteinpflaster, Granit	m	29	33	**36**	40	43
			24	28	**30**	34	36
65	Plattenbelag, Granit, 60x60cm	m²	70	82	**87**	94	113
			59	69	**73**	79	95
66	Plattenbelag, Basalt, 60x60cm	m²	125	157	**179**	195	203
			105	132	**150**	164	170
67	Plattenbelag, Travertin, 60x60cm	m²	103	115	**128**	131	163
			87	97	**108**	110	137
68	Plattenbelag, Sandstein, 60x60cm	m²	110	126	**138**	145	159
			92	106	**116**	122	133

▶ min
▷ von
ø Mittel
◁ bis
◀ max

Nr.	Positionen	Einheit	▶	▷	**ø brutto €** / ø netto €	◁	◀
69	Pflasterdecke, Betonpflaster	m²	29	33	**35**	37	43
			24	27	**29**	31	36
70	Betonplattenbelag, 40x40cm	m²	34	50	**55**	64	83
			29	42	**46**	54	70
71	Betonplattenbelag, großformatig	m²	58	66	**70**	77	85
			49	55	**59**	64	72
72	Terrassenbelag aus Beton, 40x40x4cm	m²	17	22	**24**	29	30
			14	18	**21**	24	25
73	Terrassenbelag aus Beton, 50x 25x8cm	m²	66	91	**98**	115	120
			55	77	**83**	97	101
74	Terrassenbelag aus Beton, 60x30x8cm	m²	49	68	**73**	85	90
			41	57	**61**	71	76
75	Terrassenbelag aus Beton, 60x60x8cm	m²	33	45	**49**	57	60
			28	38	**41**	48	50
76	Holzbelag Lärche	m²	145	167	**172**	202	250
			122	141	**144**	170	210
77	Belag aus Holzpaneele 60x60cm	m²	–	130	**137**	151	–
			–	110	**115**	127	–
78	Belag aus Holzpaneele 120x60cm	m²	–	117	**126**	136	–
			–	98	**106**	114	–
79	Rippenplatten, 30x30x8, Rippenabstand 50x6, o. Fase, anthrazit	m²	90	119	**132**	152	158
			75	100	**111**	127	133
80	Rippenplatte, 20x10x8, mit Fase, anthrazit	m	77	103	**112**	129	137
			65	86	**94**	109	115
81	Noppenplatten, 30x30x8, 32 Noppen, mit Fase, Kegel, anthrazit	m²	87	115	**128**	149	156
			73	97	**107**	126	131
82	Noppenplatten, 30x30x8, 32 Noppen, mit Fase, Kugel, weiß	m²	86	103	**122**	143	147
			72	86	**103**	120	123
83	Noppenplatten, 20x10x8, 8 Noppen, mit Fase, Kegel, weiß	m²	70	89	**97**	109	179
			59	75	**81**	92	150
84	Leitstreifen, Betonsteinpflaster	m	–	336	**390**	461	–
			–	282	**328**	387	–
85	Pflastersteine schneiden, Beton	m	10	14	**16**	17	22
			8	12	**13**	15	18
86	Plattenbelag schneiden, Beton	m	14	16	**18**	19	23
			12	14	**15**	16	19
87	Blockstufe, Beton, Betonbettung	St	110	138	**152**	171	218
			92	116	**128**	144	183
88	Blockstufe, Beton, 15x35x100cm	St	91	136	**164**	177	228
			76	114	**138**	148	192
89	Blockstufe, Beton, 17x28x100cm	m	93	118	**130**	145	179
			78	99	**109**	122	151
90	Blockstufe, Naturstein, Länge 100cm	m	131	154	**166**	177	189
			110	130	**140**	149	159

Kosten:
Stand 1.Quartal 2020
Bundesdurchschnitt

Nr.	Positionen	Einheit	▶	▷	ø brutto € / ø netto €	◁	◀
91	Blockstufe, Kontraststreifen Beton, 20x40x120cm	m	166	177	**184**	191	209
			140	149	**155**	160	176
92	Blockstufe, Kontraststreifen PVC, 20x40x120cm	m	–	144	**156**	176	–
			–	121	**131**	148	–
93	Winkelstufe, Beton, 17x28x100cm	m	128	154	**175**	183	208
			108	129	**147**	153	175
94	Winkelstufe, Kontraststreifen Beton, 20x36x120cm	m	108	143	**154**	176	191
			91	121	**130**	148	161
95	Winkelstufe, Kontraststreifen PVC, 20x36x120cm	m	99	125	**134**	148	164
			83	105	**113**	124	138
96	Legestufe, Kontraststreifen Beton, 8x40x120cm	m	120	157	**168**	189	209
			100	132	**141**	158	175
97	Legestufe, Kontraststreifen PVC, 8x40x120cm	m	104	137	**147**	163	181
			88	115	**124**	137	152
98	L-Stufe, Kontraststreifen Beton,15x38x80cm	m	101	126	**136**	150	166
			85	106	**114**	126	139
99	Bordstein, Naturstein 15x25, L=100cm	m	35	42	**45**	49	52
			30	35	**38**	41	43
100	Bordstein, Naturstein 15x30, L=100cm	m	40	45	**47**	52	55
			33	38	**40**	44	46
101	Bordstein, Naturstein 18x25, L=100cm	m	39	45	**48**	53	57
			33	38	**40**	45	48
102	Bordstein, Naturstein 18x30, L=100cm	m	41	48	**50**	55	59
			34	41	**42**	46	49
103	Bordstein, Beton, 12x15x25cm, L=50cm	m	22	25	**31**	32	34
			18	21	**26**	27	29
104	Bordstein, Beton, 12x15x25cm, L=100cm	m	26	30	**32**	34	40
			22	25	**27**	29	34
105	Bordstein, Beton, 12x15x30cm, L=50cm	m	23	28	**32**	36	41
			19	24	**27**	30	35
106	Bordstein, Beton, 12x15x30cm, L=100cm	m	28	35	**37**	40	48
			24	30	**31**	34	41
107	Bordstein, Beton, 12x18x30cm, L=50cm	m	25	31	**34**	38	45
			21	26	**29**	32	38
108	Bordstein, Beton, 12x18x30cm, L=100cm	m	26	34	**38**	41	51
			22	29	**32**	35	43
109	Bordstein, Beton, 8x25cm, L=100cm	m	22	26	**28**	31	37
			18	22	**24**	26	31
110	Bordstein, Beton, 8x25cm, L=50cm	m	21	24	**26**	30	32
			18	20	**22**	25	27
111	Bordstein, Beton, 10x25cm, L=50cm, Form C	m	22	24	**25**	26	28
			19	20	**21**	22	24
112	Bordstein, Beton, 10x25cm, L=100cm, Form C	m	25	26	**27**	28	31
			21	22	**23**	24	26
113	Bordstein, Beton, 8x20cm	m	23	25	**26**	28	34
			19	21	**22**	24	29
114	Rasenbordstein, Kantstein, Beton	m	21	27	**28**	31	37
			17	23	**23**	26	31

▶ min
▷ von
ø Mittel
◁ bis
◀ max

Nr.	Positionen	Einheit	▶	▷	**ø brutto €** ø netto €	◁	◀
115	Weg-/Beetbegrenzung, Aluminium, gerade	m	23	33	**42**	47	57
			20	28	**35**	40	48
116	Weg-/Beetbegrenzung, Aluminium, Bogen	m	61	81	**88**	96	104
			52	68	**74**	80	87
117	Weg-/Beetbegrenzung, Aluminium, Stoßverbinder	St	53	70	**76**	85	91
			45	59	**64**	71	76
118	Weg-/Beetbegrenzung, Aluminium, Eckverbinder, Außenecke 90°	St	36	40	**41**	44	48
			30	34	**34**	37	40
119	Weg-/Beetbegrenzung, Aluminium, Erdnagel	St	17	22	**24**	26	29
			14	19	**20**	22	24
120	Weg-/Beetbegrenzung, Cortenstahl, gerade	m	38	45	**51**	61	75
			32	38	**43**	51	63
121	Weg-/Beetbegrenzung, Cortenstahl, Profilverbinder	St	67	87	**95**	106	114
			56	74	**80**	89	96
122	Weg-/Beetbegrenzung, Cortenstahl, Eckverbinder, Außenecke 90°	St	39	53	**56**	62	69
			33	44	**47**	52	58
123	Weg-/Beetbegrenzung, Cortenstahl, Beton- und Erdanker	St	12	15	**17**	19	20
			10	13	**14**	16	17
124	Rollstuhl-Überfahrtstein, 15x22cm, l=50cm	m	57	67	**77**	86	93
			48	57	**64**	72	78
125	Rollstuhl-Überfahrtstein, 15x22cm, l=100cm	m	80	95	**103**	117	126
			67	79	**86**	98	106
126	Tastbordstein, Beton, 25x20cm, l=100cm	m	70	93	**102**	119	124
			59	78	**86**	100	104
127	Übergangsbordstein, Beton, dreiteilig, 12x15x30, l=50cm	m	61	82	**86**	96	105
			51	69	**72**	81	88
128	Übergangsbordstein, Beton, dreiteilig, 12x15x30, l=100cm	m	85	101	**113**	129	135
			72	85	**95**	109	113
129	Winkelstützmauerelement, Beton, Höhe 55cm	m	118	130	**133**	138	148
			99	109	**112**	116	124
130	Winkelstützmauerelement, Beton, Höhe 80cm	m	136	152	**160**	169	199
			115	128	**134**	142	167
131	Winkelstützmauerelement, Beton, Höhe 130cm	m	265	287	**303**	316	338
			223	241	**254**	266	284
132	Winkelstützmauerelement, Beton, Höhe 180cm	m	305	348	**373**	420	469
			257	293	**313**	353	394
133	Gabionen, 50x50x50cm	St	–	105	**114**	128	–
			–	88	**96**	108	–
134	Gabionen, 100x50x50cm	St	–	147	**163**	186	–
			–	123	**137**	156	–
135	Gabionen, 150x50x50cm	St	–	209	**215**	245	–
			–	175	**181**	206	–

Kosten:
Stand 1.Quartal 2020
Bundesdurchschnitt

Nr.	Positionen	Einheit	▶	▷	ø brutto € / ø netto €	◁	◀
136	Gabionen, 100x100x100cm	St	–	350	**381**	430	–
			–	294	**320**	362	–
137	Gabionen, 150x100x100cm	St	–	469	**499**	578	–
			–	394	**419**	486	–
138	Gabionen, 200x50x50cm	St	–	257	**276**	320	–
			–	216	**232**	269	–
139	Gabionen, 200x100x100cm	St	–	656	**698**	768	–
			–	551	**586**	645	–
140	Gabionen, 300x50x50cm	St	–	357	**376**	421	–
			–	300	**316**	354	–
141	Trockenmauer als Stützwand - Bruchsteinmauerwerk	m	–	298	**314**	348	–
			–	250	**264**	293	–
142	Trockenmauer als freistehende Mauer- Granitblöcke - Findlinge	m	–	243	**255**	289	–
			–	204	**215**	243	–
143	Natursteinmauerwerk als Quadermauerwerk	m	138	205	**238**	283	370
			116	173	**200**	237	311
144	Natursteinmauerwerk als Außenwand	m	146	179	**195**	213	246
			122	150	**164**	179	207
145	Lastplattendruckversuch	St	160	191	**202**	232	310
			134	160	**170**	195	260

Nr. **Kurztext** / Langtext — Kostengruppe
▶ ▷ **ø netto €** ◁ ◀ [Einheit] Ausf.-Dauer Positionsnummer

1 Asphaltbelag aufbrechen, entsorgen KG **594**

Asphaltbelag streifenförmig aufbrechen, einschl. Unterbau aus Kies-Schotter-Gemisch. Anfallende Stoffe laden, abfahren und fachgerecht entsorgen, einschl. Deponiegebühr.
Material: unbelastetes Bitumen
Asphalt Dicke: bis 15 cm
Breite: 70-100 cm
Unterbau Dicke: ..... cm

14€ 16€ **18**€ 20€ 23€ [m²] ⏱ 0,16 h/m² 080.000.305

2 Abbruch, unbewehrte Betonteile KG **594**

Maschineller Abbruch von Betonteilen. Stoffe sortenrein getrennt sammeln und ohne Zerkleinerung auf LKW laden.
Material: unbelastetes Mauerwerk
Abbruchtiefe: ..... cm

49€ 62€ **72**€ 80€ 95€ [m³] ⏱ 0,90 h/m³ 080.000.304

▶ min
▷ von
ø Mittel
◁ bis
◀ max

3 Abbruch Mauerwerk, Ziegel KG **594**

Maschineller Abbruch von Mauerwerk aus Mauersteinen aller Fertigungsklassen als unbelastetes Mauerwerk aller Art. Aufgenommene Stoffe sortenrein getrennt sammeln, ohne Zerkleinerung auf LKW laden. Die Entsorgung wird gesondert vergütet.
Arbeitshöhe bis ..... m
Abbruchtiefe bis ..... m
EWC-Code 170102 Ziegel
EWC-Code 170107 Gemischter Bauschutt

51€ 73€ **78**€ 85€ 104€ [m³] ⏱ 0,92 h/m³ 080.000.303

4 Betonplatten, abbrechen, entsorgen KG **594**

Abbruch Plattenbelag als Randeinfassung einschl. Bettung.
Plattenbelag: Betonplatten
Maße: 50 x 50 x 5 cm
Bettung: Kiessand
Dicke: 10 cm
Geräteeinsatz möglich: .....
Abfall: nicht gefährlich, nicht schadstoffbelastet, Z0

3€ 4€ **5**€ 5€ 7€ [m²] ⏱ 0,10 h/m² 080.000.306

5 Betonbordstein aufnehmen, entsorgen KG **594**

Abbruch Bordsteine mit beidseitiger Rückenstütze einschl. Fundament aufnehmen, aufgenommen Stoffe laden und entsorgen
Bordstein: Betonbordstein
Form: HB 15 x 30
Fundamentbeton: C12/15
Bettungsdicke: 30 cm
Geräteeinsatz möglich: .....
Abfall: nicht gefährlich, nicht schadstoffbelastet, Z0

5€ 7€ **8**€ 8€ 10€ [m] ⏱ 0,18 h/m 080.000.307

6 Pflasterbelag, Naturstein aufnehmen KG **594**

Pflasterbelag Naturstein einschl. Bettung aufnehmen, reinigen und zur Wiederverwendung seitlich lagern.
Pflasterbelag: ......
Plattendicke: 8 cm
Bettung: Kiessand
Bettungsdicke: 4 cm
Förderweg: bis 50 m Entfernung auf der Baustelle

3€ 5€ **5**€ 7€ 10€ [m²] ⏱ 0,12 h/m² 080.000.308

7 Betonpflaster aufnehmen, lagern KG **594**

Pflasterbelag einschl. Bettung aufnehmen, reinigen und zur Wiederverwendung seitlich lagern.
Pflasterbelag: Betonpflastersteine
Plattendicke: 8 cm
Bettung: Kiessand
Bettungsdicke: 4 cm
Förderweg: bis 50 m Entfernung auf der Baustelle

5€ 7€ **8**€ 10€ 12€ [m²] ⏱ 0,12 h/m² 080.000.309

Nr.	**Kurztext** / Langtext						Kostengruppe
▶	▷	**ø netto €**	◁	◀	[Einheit]	Ausf.-Dauer	Positionsnummer

8 Treppen/Bordsteine/Kantensteine aufnehmen, entsorgen — KG **594**

Betonfertigteile einschl. Fundamente aufnehmen und Stoffe sortenrein laden und entsorgen.
Fertigteile: **Treppen / Bordsteine / Einfassungen / Kantensteine**
Fundamenttiefe: bis 30 cm

4€ | 6€ | **6**€ | 8€ | 12€ | [m] | ⏱ 0,10 h/m | 080.000.310

9 Schotter entsorgen — KG **594**

Schottertragschicht und Frostschutzschicht, zwischengelagert laden und Entsorgen.
Dicke: bis 40 cm

13€ | 17€ | **19**€ | 20€ | 24€ | [m³] | ⏱ 0,20 h/m³ | 080.000.311

10 Schotter aufnehmen, lagern — KG **594**

Schottertragschicht aufnehmen und laden. Die Oberfläche ist durch Abkratzen zu säubern. Position ohne Abfuhr und Entsorgung.
Stärker: bis 30 cm
Körnung: 0/56

3€ | 5€ | **5**€ | 5€ | 8€ | [m²] | ⏱ 0,08 h/m² | 080.000.312

11 Betonfundament — KG **561**

Einzelfundament, Ortbeton unbewehrt.
Beton: C12/15
Fundamentlänge: ..... cm
Fundamenttiefe: bis 0,80 cm
Fundamentbreite: 30 cm

158€ | 181€ | **189**€ | 196€ | 215€ | [m²] | ⏱ 3,10 h/m² | 080.000.314

12 Betonfundament für Beleuchtung — KG **561**

Fundament für Pollerleuchten einschl. Erdaushub. Fundament in PVC-Rohrstück herstellen und zuvor Passstücke für Kabel freihalten. Kabel seitlich durchführen. Ausführung- und Dimensionierung nach Angaben des Leuchtenherstellers. OK des Rohrs ist die Geländehöhe gem. Planung. Überstehende PVC-Rohre sind zu kürzen.

140€ | 182€ | **192**€ | 206€ | 232€ | [St] | ⏱ 3,20 h/St | 080.000.315

13 Planum herstellen — KG **530**

Planum für befestigte Fläche herstellen.
Sollhöhe: Zulässige Abweichung +/-2 cm
Verformungsmodul: mind. EV2 45 Mpa
Entsorgung überschüssiger Boden

0,5€ | 0,7€ | **0,7**€ | 0,9€ | 1,1€ | [m²] | ⏱ 0,02 h/m² | 080.000.316

14 Untergrund verdichten, Wegeflächen — KG **530**

Untergrund für Wegeflächen verdichten, einschl. Ausgleich von Unebenheiten.
Verformungsmodul: mind. EV2 45 Mpa
Verdichtungsgrad: DPr 97%
Sollhöhe: Zulässige Abweichung +/-2 cm

0,3€ | 0,7€ | **0,8**€ | 1,1€ | 1,6€ | [m²] | ⏱ 0,02 h/m² | 080.000.317

Kosten:
Stand 1.Quartal 2020
Bundesdurchschnitt

▶ min
▷ von
ø Mittel
◁ bis
◀ max

Nr.	**Kurztext** / Langtext						Kostengruppe
▶	▷	**ø netto €**	◁	◀	[Einheit]	Ausf.-Dauer	Positionsnummer

15 Untergrund verdichten, Fundamente KG **530**

Gründungssohle verdichten, Fundamente einschl. Ausgleich von Unebenheiten.
Verformungsmodul: mind. EV2 45 Mpa
Verdichtungsgrad: DPr 97%
Sollhöhe: Zulässige Abweichung +/-2cm

0,5€	0,8€	**1,0**€	1,1€	1,3€	[m²]	⏱ 0,04 h/m²	080.000.318

16 Frostschutzschicht, Schotter 0/16, bis 30cm KG **530**

Frostschutzschicht aus Schotter, einschl. profilgerecht verdichten.
Einbauort: .....
Schichtdicke: bis 30 cm
Körnung: 0/16
Sieblinie: .....
Verdichtungsgrad: ..... DPr

8€	10€	**12**€	14€	17€	[m²]	⏱ 0,14 h/m²	080.000.319

17 Frostschutzschicht, Schotter 0/32, bis 30cm KG **530**

Frostschutzschicht aus Schotter, einschl. profilgerecht verdichten.
Einbauort: .....
Schichtdicke: bis 30 cm
Körnung: 0/32
Sieblinie: .....
Verdichtungsgrad: ..... DPr

9€	11€	**12**€	13€	18€	[m²]	⏱ 0,14 h/m²	080.000.320

18 Frostschutzschicht, Schotter 0/45, bis 30cm KG **530**

Frostschutzschicht aus Schotter, einschl. profilgerecht verdichten.
Einbauort: .....
Schichtdicke: bis 30 cm
Körnung: 0/45
Sieblinie: .....
Verdichtungsgrad: DPr 1

10€	12€	**13**€	15€	18€	[m²]	⏱ 0,14 h/m²	080.000.321

19 Frostschutzschicht, RCL 0/56, bis 30cm KG **530**

Frostschutzschicht aus Recyclingmaterial herstellen, einschl. profilgerecht verdichten.
Einbauort: Fahr- und Stellflächen
Schichtdicke: bis 30 cm
Körnung: 0/56
Sieblinie: .....
Verdichtungsgrad: DPr 1

7€	9€	**10**€	11€	14€	[m²]	⏱ 0,14 h/m²	080.000.322

Kosten:
Stand 1.Quartal 2020
Bundesdurchschnitt

Nr.	Kurztext / Langtext						Kostengruppe
▶	▷	ø netto €	◁	◀	[Einheit]	Ausf.-Dauer	Positionsnummer

20 Frostschutzschicht, Kies 0/16, bis 30cm — KG **530**

Frostschutzschicht aus Kies herstellen und profilgerecht verdichten.
Einbauort: .....
Schichtdicke: bis 30 cm
Körnung: 0/16
Sieblinie: .....
Verdichtungsgrad: ..... DPr

8€ | 10€ | **10**€ | 11€ | 13€ | [m²] | ⏱ 0,14 h/m² | 080.000.323

21 Frostschutzschicht, Kies 0/32, bis 30cm — KG **530**

Frostschutzschicht aus Kies herstellen und profilgerecht verdichten.
Einbauort: .....
Schichtdicke: bis 30 cm
Körnung: 0/32
Verdichtungsgrad: ..... DPr

8€ | 10€ | **11**€ | 12€ | 15€ | [m²] | ⏱ 0,14 h/m² | 080.000.324

22 Frostschutzschicht, Kies 0/45, bis 30cm — KG **530**

Frostschutzschicht aus Kies herstellen und profilgerecht verdichten.
Einbauort: .....
Schichtdicke: bis 30 cm
Körnung: 0/45
Verdichtungsgrad: ..... DPr

10€ | 12€ | **14**€ | 15€ | 17€ | [m²] | ⏱ 0,14 h/m² | 080.000.325

A 1 Tragschicht, Schotter — Beschreibung für Pos. **23-25**

Tragschicht aus Schotter gem. ZTV-SoB-STB mit Verdichtungsgrad mind. DPr 95% herstellen. Nachweis der Frostbeständigkeit ist vorzulegen. Verwendung von Recyclingmaterial ist nicht zulässig.

23 Tragschicht, Schotter 0/16, bis 30cm — KG **530**

Wie Ausführungsbeschreibung A 1
Einbauort: .....
Belastungsklasse RStO 12: .....
Schichtdicke: bis 30 cm
Körnung: 0/16
Sieblinie: .....
Sollhöhe: Zulässige Abweichung +/-2,0 cm

8€ | 9€ | **10**€ | 11€ | 12€ | [m²] | ⏱ 0,12 h/m² | 080.000.326

24 Tragschicht, Schotter 0/32, bis 30cm — KG **530**

Wie Ausführungsbeschreibung A 1
Einbauort: .....
Belastungsklasse RStO 12: .....
Schichtdicke: bis 30 cm
Körnung: 0/32
Sieblinie: .....
Sollhöhe: Zulässige Abweichung +/-2,0 cm

9€ | 11€ | **11**€ | 12€ | 14€ | [m²] | ⏱ 0,12 h/m² | 080.000.327

▶ min
▷ von
ø Mittel
◁ bis
◀ max

Nr.	Kurztext / Langtext						Kostengruppe
▶	▷	**ø netto €**	◁	◀	[Einheit]	Ausf.-Dauer	Positionsnummer

25 Tragschicht, Schotter 0/45, bis 30cm KG **530**

Wie Ausführungsbeschreibung A 1
Einbauort: .....
Belastungsklasse RStO 12: .....
Schichtdicke: bis 30 cm
Körnung: 0/45
Sieblinie: .....
Sollhöhe: Zulässige Abweichung +/-2,0 cm

11€ | 12€ | **12**€ | 13€ | 15€ | [m²] | ⏱ 0,12 h/m² | 080.000.328

A 2 Tragschicht, Kies Beschreibung für Pos. **26-27**

Tragschicht aus Kies mit Verdichtungsgrad mind. 1DPr herstellen.
Nachweis der Frostbeständigkeit ist vorzulegen.

26 Tragschicht, Kies 0/16, bis 30cm KG **530**

Wie Ausführungsbeschreibung A 2
Einbauort: .....
Belastungsklasse RStO 12: .....
Schichtdicke: bis 30 cm
Körnung: 0/16
Sieblinie: .....
Sollhöhe: Zulässige Abweichung +/-2,0 cm

8€ | 9€ | **9**€ | 10€ | 11€ | [m²] | ⏱ 0,12 h/m² | 080.000.329

27 Tragschicht, Kies 0/45, bis 30cm KG **530**

Wie Ausführungsbeschreibung A 2
Einbauort: .....
Belastungsklasse RStO 12: .....
Schichtdicke: bis 30 cm
Körnung: 0/45
Sieblinie: .....
Sollhöhe: Zulässige Abweichung +/-2,0 cm

9€ | 11€ | **12**€ | 13€ | 15€ | [m²] | ⏱ 0,12 h/m² | 080.000.330

A 3 Tragschicht aus RCL-Schotter Beschreibung für Pos. **28-30**

Tragschicht aus Recyclingschotter (RCL-Schotter) nach ZTV SoB-StB herstellen.

28 Tragschicht aus RCL-Schotter 0/32, bis 30cm KG **530**

Wie Ausführungsbeschreibung A 3
Material: Recycling-Baustoff RAL-RG 501/1
Einbauort: .....
Verformungsmodul: mind. EV2 100 MPa
Schichtdicke: bis 30 cm
Körnung: 0/32
Sieblinie: .....
Sollhöhe: Zulässige Abweichung +/-2,0 cm

8€ | 9€ | **9**€ | 10€ | 11€ | [m²] | ⏱ 0,12 h/m² | 080.000.170

Nr.	Kurztext / Langtext					Kostengruppe
▶	▷	**ø netto €**	◁	◀	[Einheit]	Ausf.-Dauer Positionsnummer

29 Tragschicht aus RCL-Schotter 0/45, bis 30cm KG **530**

Wie Ausführungsbeschreibung A 3
Material: Recycling-Baustoff RAL-RG 501/1
Einbauort: .....
Verformungsmodul: mind. EV2 100 MPa
Schichtdicke: bis 30 cm
Körnung: 0/45
Sieblinie: .....
Sollhöhe: Zulässige Abweichung +/-2,0 cm

7€ 8€ **9€** 9€ 11€ [m²] ⏱ 0,12 h/m² 080.000.171

30 Tragschicht aus RCL-Schotter 0/56, bis 30cm KG **530**

Wie Ausführungsbeschreibung A 3
Material: Recycling-Baustoff RAL-RG 501/1
Einbauort: .....
Verformungsmodul: mind. EV2 100 MPa
Schichtdicke: bis 30 cm
Körnung: 0/56
Sieblinie: .....
Sollhöhe: Zulässige Abweichung +/-2,0 cm

8€ 9€ **11€** 13€ 14€ [m²] ⏱ 0,12 h/m² 080.000.172

31 Rasentragschicht 0/8 KG **530**

Tragschicht für Schotterrasenfläche
Material: Kiesfrostschutzmaterial
Körnung: 0/8
Einbaustärke: ..... cm
Verdichtung: statisch gewalzt
Tragfähigkeit: 45 MN/m²
Ebenflächigkeit unter der 4-m Latte: +/-2 cm

5€ 7€ **8€** 9€ 11€ [m²] ⏱ 0,12 h/m² 080.000.177

32 Rasentragschicht 0/16 KG **530**

Vegetationstragschicht für Schotterrasenfläche
Material: Kies-Oberbodengemisch
Bodengruppe: .....
Körnung: 0/16
Einbaustärke: ..... cm
Verdichtung: statisch gewalzt
Tragfähigkeit EV2: 45 MPa
Ebenflächigkeit unter der 4-m Latte: +/-2 cm

6€ 7€ **8€** 10€ 12€ [m²] ⏱ 0,12 h/m² 080.000.178

Kosten:
Stand 1.Quartal 2020
Bundesdurchschnitt

▶ min
▷ von
ø Mittel
◁ bis
◀ max

33 Rasentragschicht 0/32 KG **530**

Vegetationstragschicht für Schotterrasenfläche
Material: Kies-Oberbodengemisch
Bodengruppe: .....
Körnung: 0/32
Einbaustärke: ..... cm
Verdichtung: statisch gewalzt
Tragfähigkeit EV2: 45 MPa
Ebenflächigkeit unter der 4-m Latte: +/-2 cm

6€ 9€ **10**€ 11€ 13€ [m2] ⏱ 0,12 h/m2 080.000.173

34 Rasentragschicht 0/45 KG **530**

Vegetationstragschicht für Schotterrasenfläche
Material: Kies-Oberbodengemisch
Bodengruppe: .....
Körnung: 0/45
Einbaustärke: ..... cm
Verdichtung: statisch gewalzt
Tragfähigkeit EV2: 45 MPa
Ebenflächigkeit unter der 4-m Latte: +/-2 cm

11€ 15€ **17**€ 19€ 23€ [m2] ⏱ 0,12 h/m2 080.000.174

35 Pflasterklinkerbelag KG **533**

Plattenbelag aus Pflasterklinker DIN 18503, ungebunden, Gefälle verlegen, inkl. Bettung und Fugen einschlämmen.
Plattenmaße (L x B x T): ..... x ..... x ..... mm
Kanten: gefast
Farbton: .....
Form: .....
Verband: .....
Bettungsdicke: .....
Bettungsmaterial: Brechsand-Splitt-Gemisch
Körnung: 0/5
Einbauort: .....
Angeb. Fabrikat: ....

41€ 65€ **76**€ 81€ 95€ [m2] ⏱ 0,75 h/m2 080.000.227

36 Schotterrasendeckschicht, 20cm KG **574**

Schotterrasen aus Schotter-Humus-Gemisch, einschl. Abwalzen und Einsanden nach Einsaat.
Schotter: .....
Bodengruppe: .....
Dicke: 20 cm
Angeb. Fabrikat: .....

9€ 12€ **13**€ 17€ 24€ [m2] ⏱ 0,13 h/m2 080.000.351

Nr.	Kurztext / Langtext					Kostengruppe
▶	▷	ø netto €	◁	◀	[Einheit]	Ausf.-Dauer Positionsnummer

37 Asphalttragschicht, 10cm KG **530**

Asphalttragschicht herstellen, einschl. verdichten.
Mischgutart: AC 32 T S
Bindemittel: 50/70 TL Bitumen-StB
Mineralstoff: Basalt-Edelsplitte
Einbauort: .....
Einbaudicke: 10 cm verdichtet verdichteter Zustand
Verdichtungsgrad: ..... DPr

11€ 16€ **18€** 20€ 25€ [m²] ⏱ 0,10 h/m² 080.000.331

38 Wassergebundene Decke KG **531**

Wassergebundene Deckschicht auf bauseitiger Tragschicht mit Zugabe von Wasser bis zur vollständigen Bindung.
Oberschicht: Sanddeckschicht
Körnung: 0/8
Schichtdicke: bis 8 cm
Gefälle: max. 3%
Angeb. Fabrikat: .....

9€ 10€ **11€** 11€ 13€ [m²] ⏱ 0,13 h/m² 080.000.350

39 Traufe, Betonplatten, 50x50x7cm KG **530**

Plattenbelag aus Betonplatten als Traufe, ungebunden Bauweise, mit Bettung aus Brechsand-Splitt-Gemisch verlegen und Fugen verfüllen.
Einbauort: am Gebäude
Plattenformat (L x B): 50 x 50 cm
Plattendicke: 7 cm
Kantenausbildung: .....
Oberfläche: .....
Farbe: .....
Verlegeart: Blockverband
Bettungsdicke: ..... cm
Körnung: 0/5
Angeb. Fabrikat. .....

6€ 8€ **8€** 10€ 12€ [m] ⏱ 0,10 h/m 080.000.334

40 Pflasterdecke, Beton mit Sickerfugen KG **534**

Pflasterdecke aus Betonpflastersteinen mit Sickerfugen, ungebundene Bauweise, Fugen mit Splitt Gemisch der Körnung 1 bis 3 mm vollständig verfüllen und abrütteln.
Einbauort: .....
Plattenformat (L x B): .....
Plattendicke: .....
Farbe: .....
Bettung: Brechsand-Splitt-Gemisch
Körnung: 0/5
Bettungsdicke: 30-50 mm
Verlegearte: .....
Fugenbreite: .....
Angeb. Fabrikat. .....

21€ 28€ **30€** 34€ 40€ [m²] ⏱ 0,20 h/m² 080.000.179

Kosten:
Stand 1.Quartal 2020
Bundesdurchschnitt

▶ min
▷ von
ø Mittel
◁ bis
◀ max

Nr.	Kurztext / Langtext						Kostengruppe
▶	▷	**ø netto €**	◁	◀	[Einheit]	Ausf.-Dauer	Positionsnummer

A 4 Versickerungsfähiges Pflaster, Beton — Beschreibung für Pos. **41-42**

Versickerungsfähiges Pflaster einschl. Bettung und einsanden.
Verlegung im Halbsteinverband.

41 Versickerungsfähiges Pflaster, Beton, 15x15cm — KG **530**

Wie Ausführungsbeschreibung A 4
Steinformat: 15 x 15 cm
Dicke: 8 cm
Farben: grau
Bettung: 3-5 cm Splitt 2/5 mm im verdichteter Zustand
Einbauort: .....

22€ | 28€ | **31**€ | 35€ | 38€ | [m2] | ⏱ 0,42 h/m2 | 080.000.376

42 Versickerungsfähiges Pflaster, Beton, 30x15cm — KG **530**

Wie Ausführungsbeschreibung A 4
Steinformat: 30 x 15 cm
Dicke: 8 cm
Farben: grau
Bettung: 3-5 cm Splitt 2/5 mm im verdichteter Zustand
Einbauort: .....

23€ | 31€ | **33**€ | 38€ | 41€ | [m2] | ⏱ 0,42 h/m2 | 080.000.377

43 Versickerungsfähiges Pflaster, Doppel-T-Verbundstein, 20x16,5cm — KG **532**

Versickerungsfähiges haufporiges Pflaster einschl. Bettung und einsande. Verlegung im Halbsteinverband.
Steinformat: Doppel-T-Verbundstein.
Steinformat: 20 x 16,5 cm
Dicke: 8 cm
Farben: grau
Bettung: 3-5 cm Splitt 2/5 mm im verdichteter Zustand
Einbauort: .....

15€ | 20€ | **21**€ | 24€ | 26€ | [m2] | ⏱ 0,42 h/m2 | 080.000.378

44 Haufenporiges Pflaster, Beton, 12,5x12,5cm — KG **530**

Versickerungsfähiges haufporiges Pflaster einschl. Bettung und einsande. Verlegung im Halbsteinverband.
Steinformat: 12,5 x 12,5 cm
Farben: grau
Bettung: 3-5 cm Splitt 2/5 mm im verdichteter Zustand
Einbauort: .....

13€ | 17€ | **19**€ | 21€ | 23€ | [m2] | ⏱ 0,50 h/m2 | 080.000.381

45 Haufenporiges Pflaster, Beton, 25x12,5cm — KG **530**

Versickerungsfähiges haufporiges Pflaster einschl. Bettung und einsanden. Verlegung im Halbsteinverband.
Steinformat: 25 x 12,5 cm
Dicke: 8 cm
Farben: grau
Bettung: 3-5 cm Splitt 2/5 mm im verdichteter Zustand
Einbauort: .....

15€ | 21€ | **22**€ | 25€ | 27€ | [m2] | ⏱ 0,42 h/m2 | 080.000.380

Nr.	Kurztext / Langtext					Kostengruppe
▶	▷	**ø netto €**	◁	◀	[Einheit]	Ausf.-Dauer Positionsnummer

46 Pflaster Beton, begrünbarer Fuge, 20x20cm KG **530**

Pflasterstein aus Beton mit begrünbarer 3cm Fuge. Verlegung im Halbsteinverband.
Steinformat: 20 x 20 cm
Dicke: 8 cm
Farben: grau
Bettung: 3-5 cm Splitt 2/5 mm im verdichteter Zustand
Einbauort: .....

18€ 24€ **25**€ 27€ 31€ [m²] ⏱ 0,33 h/m² 080.000.382

47 Rasenfugenstein, Beton, 20x15cm KG **530**

Pflasterstein aus Beton, mit angeformten Abstandhaltern für 30mm. Verlegung im Halbsteinverband.
Steinformat: 20 x 15 cm
Dicke 8 cm
Farben: grau
Bettung: 3-5 cm Splitt 2/5 mm im verdichteter Zustand
Einbauort: .....

16€ 20€ **23**€ 26€ 28€ [m²] ⏱ 0,33 h/m² 080.000.384

48 Rasenfugenstein, Beton, 20x20cm KG **530**

flasterstein aus Beton, mit angeformten Abstandhaltern für 30mm. Verlegung im Halbsteinverband.
Steinformat: 20 x 20 cm
Dicke 8 cm
Farben: grau
Bettung: 3-5 cm Splitt 2/5 mm im verdichteter Zustand
Einbauort: .....

16€ 22€ **24**€ 26€ 29€ [m²] ⏱ 0,33 h/m² 080.000.385

49 Betonplatte, Beton, 40x40cm, mit extra großer Rasenfuge KG **530**

Betonplatte mit extra großer Rasenfuge. Verlegung im Halbsteinverband, mit Abstandhaltern.
Steinformat: 40 x 40 cm
Dicke 7 cm
Farben: grau
Bettung: 3-5 cm Splitt 0/5 mm im verdichteter Zustand
Begrünte Fuge mindestens 5 cm
Einbauort: .....

15€ 20€ **22**€ 24€ 27€ [m²] ⏱ 0,25 h/m² 080.000.391

50 Natursteinpflaster, begrünbarer Fuge, polygonal KG **530**

Pflasterstein aus Naturstein mit begrünbarer Fuge.
Steinformat: polygonal; Dicke 6 cm
Naturstein: Granit
Farben: sandgrau
Bettung: 5 cm, Splitt 2/5 mm im verdichteter Zustand
Begrünte Fuge mindestens 5 cm
Einbauort: .....

33€ 45€ **48**€ 53€ 58€ [m²] ⏱ 0,50 h/m² 080.000.386

Kosten:
Stand 1.Quartal 2020
Bundesdurchschnitt

▶ min
▷ von
ø Mittel
◁ bis
◀ max

Nr.	**Kurztext** / Langtext						Kostengruppe
▶	▷	**ø netto €**	◁	◀	[Einheit]	Ausf.-Dauer	Positionsnummer

51 Fugenverfüllung Rasenfuge Betonpflasterstein KG **530**

Rasenfugen mit Vegetationstragschicht für begrünbare Beläge.
Ansaat: RSM 5.1 Parkplatzrasen

44€ | 61€ | **64**€ | 73€ | 79€ | [m3] | ⏱ 0,17 h/m3 | 080.000.387

52 Rasengitterplatte, Beton, 19,5x19,5 cm KG **530**

Rasengitterplatte aus Beton, mit mindestens 40% begrünbarer Fläche.
Rastermaß: 19,5 x 19,5 cm
Dicke: 8 cm
Farben: grau
Bettung: 3-5 cm Splitt 2/5 mm im verdichteter Zustand
Einbauort: .....

14€ | 18€ | **20**€ | 22€ | 24€ | [m2] | ⏱ 0,25 h/m2 | 080.000.388

53 Rasengitterplatte, Beton, Steinformat Raute, 40x40 cm KG **530**

Rasengitterplatte aus Beton, mit mindestens 40% begrünbarer Fläche.
Rastermaß: Steinformat: 40 x 40 cm
Dicke: 8 cm
Steinformat: Raute
Farben: grau
Bettung: 3-5 cm Splitt 2/5 mm im verdichteter Zustand
Einbauort: .....

16€ | 21€ | **23**€ | 26€ | 28€ | [m2] | ⏱ 0,25 h/m2 | 080.000.389

54 Rasenwabenplatte, Kunststoff, 50x50 cm KG **534**

Verbund-Gitterplatte aus Kunststoff für Verkehrsfläche.
Rastermaß: 50 x 50 cm
Dicke: 4 cm
Farben: anthrazit
Bettung: 3-5 cm Splitt 2/5 mm im verdichteter Zustand
Einbauort: .....

16€ | 22€ | **24**€ | 26€ | 29€ | [m2] | ⏱ 0,25 h/m2 | 080.000.390

55 Füllung zur Begrünung des Rasengitters, Quarzsand, 5cm KG **530**

Füllung zur Begrünung der Gitterplatte.
Gemisch: 60% Quarzsand, 40% Humus
Einsaat: Sportrasen-Samen, inkl. Düngesubstrat
Einbaustärke: ca. 5 cm

37€ | 48€ | **54**€ | 61€ | 66€ | [m3] | ⏱ 0,17 h/m3 | 080.000.392

56 Füllung zur Begrünung des Rasengitters, Splitt, 5cm KG **530**

Füllung zur Begrünung der Gitterplatte.
Gemisch: 60% Splitt 0/6, 40% Humus
Einsaat: Sportrasen-Samen, inkl. Düngesubstrat
Einbaustärke: ca. 5 cm

63€ | 84€ | **92**€ | 98€ | 107€ | [m3] | ⏱ 0,25 h/m3 | 080.000.393

Nr.	Kurztext / Langtext						Kostengruppe
▶	▷	ø netto €	◁	◀	[Einheit]	Ausf.-Dauer	Positionsnummer

A 5 Pflasterdecke, Granit — Beschreibung für Pos. **57-60**

Pflasterdecke für Fußgängerflächen mit Natursteinenpflaster, im Mörtelbett verlegen, Fugen mit Pflasterfugenmörtel.
Pflastermaterial: Granit

57 Pflasterdecke, Granit, 8x8cm — KG **531**

Wie Ausführungsbeschreibung A 5
Plattenformat (L x B x H): 8 x 8 x 8 cm
Abweichung Nenndicke: .....
Frostbeständigkeitsklasse: .....
Farbe: .....
Verlegeart: im Verband
Bettungsdicke: ..... cm
Angeb. Fabrikat: .....

▶	▷	ø	◁	◀	Einheit	Ausf.-Dauer	Positionsnummer
62€	78€	**87**€	98€	116€	[m²]	⏱ 1,20 h/m²	080.000.337

58 Pflasterdecke, Granit 9x9cm — KG **531**

Wie Ausführungsbeschreibung A 5
Plattenformat (L x B x H): 9 x 9 x 9 cm
Abweichung Nenndicke: .....
Frostbeständigkeitsklasse: .....
Farbe: .....
Verlegeart: im Verband
Bettungsdicke: ..... cm
Angeb. Fabrikat: .....

▶	▷	ø	◁	◀	Einheit	Ausf.-Dauer	Positionsnummer
63€	79€	**86**€	93€	114€	[m²]	⏱ 1,15 h/m²	080.000.338

59 Pflasterdecke, Granit, 10x10cm — KG **531**

Wie Ausführungsbeschreibung A 5
Plattenformat (L x B x H): 10 x 10 x 10 cm
Abweichung Nenndicke: .....
Frostbeständigkeitsklasse: .....
Farbe: .....
Verlegeart: im Verband
Bettungsdicke: ..... cm
Angeb. Fabrikat: .....

▶	▷	ø	◁	◀	Einheit	Ausf.-Dauer	Positionsnummer
66€	83€	**88**€	89€	106€	[m²]	⏱ 1,10 h/m²	080.000.339

60 Pflasterdecke, Granit, 11x11cm — KG **531**

Wie Ausführungsbeschreibung A 5
Plattenformat (L x B x H): 11 x 11 x 11 cm
Abweichung Nenndicke: .....
Frostbeständigkeitsklasse: .....
Farbe: .....
Verlegeart: im Verband
Bettungsdicke: ..... cm
Angeb. Fabrikat: .....

▶	▷	ø	◁	◀	Einheit	Ausf.-Dauer	Positionsnummer
81€	113€	**118**€	130€	153€	[m²]	⏱ 0,95 h/m²	080.000.340

Kosten:
Stand 1.Quartal 2020
Bundesdurchschnitt

▶ min
▷ von
ø Mittel
◁ bis
◀ max

61 Pflasterdecke, Granitkleinpflaster KG **530**

Pflasterdecke mit Natursteinenpflaster im Mörtelbett verlegen, Fugen mit Trasszement.
Einbauort: .....
Pflastermaterial: Granit
Plattenformat (L x B x H): ..... x ..... x ..... cm
Abweichung Nenndicke: .....
Frostbeständigkeitsklasse: .....
Farbe: .....
Verlegeart: im Verband
Bettungsdicke: ..... cm
Angebotener Stein: .....

66€ 84€ **95**€ 102€ 120€ [m²] ⏱ 1,20 h/m² 080.000.341

62 Pflasterzeile, Granit gebraucht, einzeilig KG **530**

Randeinfassung einzeilig mit Natursteinpflaster auf Betonfundament C 12/15 herstellen und Fugen mit Pflasterfugenmörtel.
Pflastermaterial: Granit, gebraucht
Pflasterformat (L x B x H): ..... x ..... x ..... cm
Abweichung Nenndicke: .....
Frostbeständigkeitsklasse: .....
Farbe: .....
Bettungsdicke: ..... cm
Angebotener Stein: .....

23€ 27€ **28**€ 28€ 31€ [m] ⏱ 0,30 h/m 080.000.342

63 Pflasterzeile, Granit, dreizeilig KG **530**

Randeinfassung dreizeilig mit Natursteinpflaster im Mörtelbett verlegen und Fugen mit Pflasterfugenmörtel.
Pflastermaterial: Granit
Pflasterformat (L x B x H): ..... x ..... x ..... cm
Abweichung Nenndicke: .....
Frostbeständigkeitsklasse: .....
Farbe: .....
Bettungsdicke: ..... cm
Angebotener Stein: .....

37€ 42€ **45**€ 48€ 59€ [m] ⏱ 0,40 h/m 080.000.344

64 Pflasterzeile, Großesteinpflaster, Granit KG **530**

Randeinfassung einzeilig mit Natursteinpflaster im Mörtelbett und Fugen mit Pflasterfugenmörtel.
Pflastermaterial: Granit
Plattenformat (L x B x H): 15 x 17 x 17 cm
Abweichung Nenndicke: .....
Frostbeständigkeitsklasse: .....
Farbe: .....
Bettungsdicke: ..... cm
Fugenbreite: .....
Angebotener Stein: .....

24€ 28€ **30**€ 34€ 36€ [m] ⏱ 0,42 h/m 080.000.366

Nr.	Kurztext / Langtext						Kostengruppe
▶	▷	**ø netto €**	◁	◀	[Einheit]	Ausf.-Dauer	Positionsnummer

65 Plattenbelag, Granit, 60x60cm KG **533**

Plattenbelag aus Naturstein barrierefrei DIN 18040/3 in ungebundener Bauweise in Brechsand-Splitt-Gemisch verlegen, Fugen mit Bettungsstoff einschlämmen.
Plattenmaterial: Granit
Plattenformat (L x B): bis 60 x 60 cm
Plattendicke: 5 cm
Bruchlastklasse: .....
Oberfläche: .....
Farbe: .....
Kanten: abgeschrägt
Bettung: Körnung 0/2
Bettungsdicke: 3 bis 5 cm
Verlegeart: parallele Reihen
Angebotener Stein: .....
Steinbruch des angebotenen Materials: .....

59€	69€	**73€**	79€	95€	[m2]	⏱ 0,80 h/m2	080.000.219

66 Plattenbelag, Basalt, 60x60cm KG **533**

Plattenbelag aus Naturstein barrierefrei DIN 18040/3 in ungebundener Bauweise in Brechsand-Splitt-Gemisch verlegen, Fugen mit Bettungsstoff einschlämmen.
Plattenmaterial: Basalt
Plattenformat (L x B): bis 60 x 60 cm
Plattendicke: 5 cm
Bruchlastklasse: .....
Oberfläche: .....
Farbe: .....
Kanten: abgeschrägt
Bettung: Körnung 0/2
Bettungsdicke: 3 bis 5 cm
Verlegeart: parallele Reihen
Angebotener Stein: .....
Steinbruch des angebotenen Materials: .....

105€	132€	**150€**	164€	170€	[m2]	⏱ 0,80 h/m2	080.000.220

Kosten:
Stand 1.Quartal 2020
Bundesdurchschnitt

▶ min
▷ von
ø Mittel
◁ bis
◀ max

67 Plattenbelag, Travertin, 60x60cm KG **533**

Plattenbelag aus Naturstein barrierefrei DIN 18040/3 in ungebundener Bauweise in Brechsand-Splitt-Gemisch verlegen, Fugen mit Bettungsstoff einschlämmen.
Plattenmaterial: Travertin
Plattenformat (L x B): bis 60 x 60 cm
Plattendicke: 5 cm
Bruchlastklasse: .....
Oberfläche: .....
Farbe: .....
Kanten: abgeschrägt
Bettung: Körnung 0/2
Bettungsdicke: 3 bis 5 cm
Verlegearte: parallele Reihen
Angebotener Stein: .....
Steinbruch des angebotenen Materials: .....

87€ 97€ **108**€ 110€ 137€ [m²] ⏱ 0,80 h/m² 080.000.222

68 Plattenbelag, Sandstein, 60x60cm KG **533**

Plattenbelag aus Naturstein barrierefrei DIN 18040/3 in ungebundener Bauweise in Brechsand-Splitt-Gemisch verlegen, Fugen mit Bettungsstoff einschlämmen.
Plattenmaterial: Sandstein
Plattenformat (L x B): bis 60 x 60 cm
Plattendicke: 5 cm
Bruchlastklasse: .....
Oberfläche: .....
Farbe: .....
Kanten: abgeschrägt
Bettung: Körnung 0/2
Bettungsdicke: 3 bis 5 cm
Verlegearte: parallele Reihen
Angebotener Stein: .....
Steinbruch des angebotenen Materials: .....

92€ 106€ **116**€ 122€ 133€ [m²] ⏱ 0,80 h/m² 080.000.223

69 Pflasterdecke, Betonpflaster KG **530**

Pflasterdecke aus Betonpflastersteinen, ungebundene Bauweise, mit Bettung aus Sand und Fugen verfüllen
Einbauort: .....
Plattenformat (L x B): ..... cm
Plattendicke: ..... cm
Kantenausbildung: .....
Verlegeart: .....
Bettungsdicke: ..... cm
Körnung: 0/2

24€ 27€ **29**€ 31€ 36€ [m²] ⏱ 0,45 h/m² 080.000.335

Nr.	Kurztext / Langtext					Kostengruppe
▶	▷	**ø netto €**	◁	◀	[Einheit]	Ausf.-Dauer Positionsnummer

70 Betonplattenbelag, 40x40cm KG **530**

Plattenbelag aus Betonplatten ungebunden im Sandbett verlegen, einschl. Abrütteln.
Einbauort: .....
Plattenformat (L x B): 40 x 40 cm
Plattendicke: ..... cm
Kantenausbildung: .....
Oberfläche: .....
Farbe: .....
Verlegeart: .....
Bettungsdicke: ..... cm
Körnung: 0/2 wenn Sand dann 0/2
Rasenfuge: 20 mm
Angeb. Fabrikat. .....

29€ 42€ **46**€ 54€ 70€ [m2] ⏱ 0,40 h/m2 080.000.332

71 Betonplattenbelag, großformatig KG **530**

Plattenbelag aus Betonplatten ungebunden Bauweise, mit Bettung aus Brechsand-Splitt-Gemisch verlegen und Fugen verfüllen.
Einbauort: .....
Plattenformat (L x B): 40 x 40 cm
Plattendicke: 8 cm
Kantenausbildung: .....
Oberfläche: .....
Farbe: .....
Verlegeart: .....
Bettungsdicke: ..... cm
Körnung: 0/5
Angeb. Fabrikat. .....

49€ 55€ **59**€ 64€ 72€ [m2] ⏱ 0,50 h/m2 080.000.333

72 Terrassenbelag aus Beton, 40x40x4cm KG **533**

Bodendenbelag aus Betonwerksteinplatten im Außenbereich, in ungebundener Bauweise im Sandbett verlegen, Fugen verfüllen.
Einbauort: Terrasse
Gefälle: .....
Plattenmaße (L x B): 40 x 40 cm
Plattendicke: 8 cm
Oberfläche: .....
Verlegeart: Quadratverband
Fugenbreite: 3 mm
Fugenfüllung: Sand
Bettungsdicke: 40 mm
Witterungsbeständigkeitsklasse: 1

14€ 18€ **21**€ 24€ 25€ [m2] ⏱ 0,40 h/m2 080.000.395

Kosten:
Stand 1.Quartal 2020
Bundesdurchschnitt

▶ min
▷ von
ø Mittel
◁ bis
◀ max

73 **Terrassenbelag aus Beton, 50x 25x8cm** KG **533**

Bodendenbelag aus Betonwerksteinplatten im Außenbereich, in ungebundener Bauweise im Sandbett verlegen, Fugen verfüllen.
Einbauort: Terrasse
Gefälle: .....
Plattenmaße (L x B): 50 x 25 cm
Plattendicke: 8 cm
Oberfläche: .....
Verlegeart: Rechteckverband
Fugenbreite: 3 mm
Fugenfüllung: Sand
Bettungsdicke: 40 mm
Witterungsbeständigkeitsklasse: 1

▶	▷	ø netto €	◁	◀	[Einheit]	Ausf.-Dauer	Positionsnummer
55€	77€	**83**€	97€	101€	[m2]	⏱ 0,50 h/m2	080.000.397

74 **Terrassenbelag aus Beton, 60x30x8cm** KG **533**

Bodendenbelag aus Betonwerksteinplatten im Außenbereich, in ungebundener Bauweise im Sandbett verlegen, Fugen verfüllen.
Einbauort: Terrasse
Gefälle: .....
Plattenmaße (L x B): 60 x 30 cm
Plattendicke: 8 cm
Oberfläche: .....
Verlegeart: Rechteckverband
Fugenbreite: 3 mm
Fugenfüllung: Sand
Bettungsdicke: 40 mm
Witterungsbeständigkeitsklasse: 1

▶	▷	ø netto €	◁	◀	[Einheit]	Ausf.-Dauer	Positionsnummer
41€	57€	**61**€	71€	76€	[m2]	⏱ 0,50 h/m2	080.000.399

75 **Terrassenbelag aus Beton, 60x60x8cm** KG **533**

Bodendenbelag aus Betonwerksteinplatten im Außenbereich, in ungebundener Bauweise im Sandbett verlegen, Fugen verfüllen.
Einbauort: Terrasse
Gefälle: .....
Plattenmaße (L x B): 60 x 60 cm
Plattendicke: 8 cm
Oberfläche: .....
Verlegeart: Rechteckverband
Fugenbreite: 3 mm
Fugenfüllung: Sand
Bettungsdicke: 40 mm
Witterungsbeständigkeitsklasse: 1

▶	▷	ø netto €	◁	◀	[Einheit]	Ausf.-Dauer	Positionsnummer
28€	38€	**41**€	48€	50€	[m2]	⏱ 0,70 h/m2	080.000.400

Nr.	Kurztext / Langtext					Kostengruppe
▶	▷	**ø netto €**	◁	◀	[Einheit]	Ausf.-Dauer Positionsnummer

76 Holzbelag Lärche KG **533**

Terrassenbelag aus Nadelholz ohne chemischen Holzschutz, inkl. Unterkonstruktion, Befestigungen und Verbindungen, ohne Lieferung.
Holzart: Lärche
Maße (L x B): ..... cm
Holzdicke: ..... mm
Oberfläche: .....
Fugenbreite: .....

122€ | 141€ | **144**€ | 170€ | 210€ | [m²] | ⏱ 1,30 h/m² | 080.000.345

77 Belag aus Holzpaneele 60x60cm KG **533**

Holzart: Kiefer
Fugenbreite zu Wänden: 15-20 mm
Ausführung in: 1-2% Gefälle in Wasserfließrichtung verlegen
Bretter Dicke: 26 mm
Bretter Breite: 95 mm
Maße: 60 x 60 cm

–€ | 110€ | **115**€ | 127€ | –€ | [m²] | ⏱ 0,20 h/m² | 080.000.187

78 Belag aus Holzpaneele 120x60cm KG **533**

Holzart: Kiefer
Fugenbreite zu Wänden: 15-20 mm
Ausführung in: 1-2% Gefälle in Wasserfließrichtung verlegen
Bretter Dicke: 26 mm
Bretter Breite: 95 mm
Maße: 120 x 60 cm

–€ | 98€ | **106**€ | 114€ | –€ | [m²] | ⏱ 0,25 h/m² | 080.000.188

79 Rippenplatten, 30x30x8, Rippenabstand 50x6, o. Fase, anthrazit KG **531**

Blindenleitsystem taktile Rippenplatten aus Beton als Bodenindikator zur behindertengerechten Führung im Bereich der Überquerungsstellen im Außenbereich.
Format: 30 x 30 cm
Steinstärke: 8 cm
Farbe: anthrazit
Oberfläche: trapezförmige Rippen, Höhe 4-5 mm
Rippenabstand: 50 x 6, 6 Rippen im Abstand 50 mm, ohne Fase
Verband: Halbsteinverband ohne Kreuzfugen

75€ | 100€ | **111**€ | 127€ | 133€ | [m²] | ⏱ 0,10 h/m² | 080.000.246

Kosten:
Stand 1.Quartal 2020
Bundesdurchschnitt

▶ min
▷ von
ø Mittel
◁ bis
◀ max

80 Rippenplatte, 20x10x8, mit Fase, anthrazit KG **531**

Blindenleitsystem taktile Rippenplatte aus Beton als Bodenindikator zur behindertengerechten Führung im Bereich der Überquerungsstellen im Außenbereich.
Format: 20 x 10 cm
Steinstärke: 8 cm
Farbe: anthrazit
Oberfläche: trapezförmige Rippen, Höhe 4-5 mm
Rippenabstand: 2 Rippen im Abstand 50 mm, mit Fase
Verlegeart: einreihig

65€	86€	**94**€	109€	115€	[m]	⏱ 0,10 h/m	080.000.251

81 Noppenplatten, 30x30x8, 32 Noppen, mit Fase, Kegel, anthrazit KG **531**

Blindenleitsystem taktile Noppenplatten aus Beton als Bodenindikator zur behindertengerechten Führung im Bereich der Überquerungsstellen im Außenbereich.
Format: 30 x 30 cm
Steinstärke: 8 cm
Farbe: anthrazit
Oberfläche: 32 Noppen diagonal, mit Fasen, Kegelstumpf
Verband: Halbsteinverband ohne Kreuzfugen

73€	97€	**107**€	126€	131€	[m^2]	⏱ 0,10 h/m^2	080.000.253

82 Noppenplatten, 30x30x8, 32 Noppen, mit Fase, Kugel, weiß KG **531**

Blindenleitsystem taktile Noppenplatten aus Beton als Bodenindikator zur behindertengerechten Führung im Bereich der Überquerungsstellen im Außenbereich.
Format: 30 x 30 cm
Steinstärke: 8 cm
Farbe: Weißbeton
Oberfläche: 32 Noppen diagonal, mit Fasen, Kugelkalotte
Verband: Halbsteinverband ohne Kreuzfugen

72€	86€	**103**€	120€	123€	[m^2]	⏱ 0,10 h/m^2	080.000.254

83 Noppenplatten, 20x10x8, 8 Noppen, mit Fase, Kegel, weiß KG **531**

Blindenleitsystem taktile Noppenplatten aus Beton als Bodenindikator zur behindertengerechten Führung im Bereich der Überquerungsstellen im Außenbereich.
Format: 20 x 10 cm
Steinstärke: 8 cm
Farbe: Weißbeton
Oberfläche: 8 Noppen diagonal, mit Fasen, Kegelstumpf
Verband: Halbsteinverband ohne Kreuzfugen

59€	75€	**81**€	92€	150€	[m^2]	⏱ 0,10 h/m^2	080.000.256

Kosten:
Stand 1.Quartal 2020
Bundesdurchschnitt

Nr.	**Kurztext** / Langtext					Kostengruppe
▶	▷	**ø netto €**	◁	◀	[Einheit]	Ausf.-Dauer Positionsnummer

84 Leitstreifen, Betonsteinpflaster KG **531**

Rechteckpflaster aus Beton mit Minifaser als Leitstreifen gem. DIN 32984:2011-10 in Beton mit einseitiger Rückestütze versetzen.
Farbe: Grau
Maße (L x B x D): 10 x 20 x 8 cm
Beton: C12/17
Einbauhöhe: +3 cm

–€ | 282€ | **328**€ | 387€ | –€ | [m] | ⏱ 0,65 h/m | 080.000.296

85 Pflastersteine schneiden, Beton KG **530**

Schnittkanten herstellen, Pflastersteinbelag aus Beton. Arbeiten mit diamantbesetzten Trennscheiben.
Pflasterformat (L x B): ..... x .....
Steindicke: ..... cm
Entsorgung Schnittgut
Abrechnung nach Aufmaß

8€ | 12€ | **13**€ | 15€ | 18€ | [m] | ⏱ 0,17 h/m | 080.000.346

86 Plattenbelag schneiden, Beton KG **530**

Schneiden von Plattenbelägen aus Betonplatten, einschl. Schnittgut entsorgen. Arbeiten mit Nassschneidegerät.
Steindicke: ..... cm
Abrechnung nach Aufmaß

12€ | 14€ | **15**€ | 16€ | 19€ | [m] | ⏱ 0,17 h/m | 080.000.347

87 Blockstufe, Beton, Betonbettung KG **544**

Blockstufe als Betonfertigteil in Betonbett auf kapillarbrechender Frostschutzschicht.
Festigkeitsklasse: .....
Stufenlänge: ..... cm
Stufenhöhe: ..... cm
Stufenbreite: ..... cm
Farbe: .....
Sichtflächen: .....
Kantenausbildung: .....
Fundamentbeton: .....
Fundamentdicke: mind: 20 cm
Angeb. Fabrikat: .....

92€ | 116€ | **128**€ | 144€ | 183€ | [St] | ⏱ 0,70 h/St | 080.000.348

▶ min
▷ von
ø Mittel
◁ bis
◀ max

88 **Blockstufe, Beton, 15x35x100cm** KG **544**

Blockstufe als Betonfertigteil, auf vorhandenes Betonfundament verlegen.
Festigkeitsklasse: C20/25
Stufenlänge: 100 cm
Stufenhöhe: 15 cm
Stufenbreite: 35 cm
Farbe: .....
Sichtflächen: sandgestrahlt
Kantenausbildung: gefast
Fundamentbeton: .....
Fundamentdicke: mind: 20 cm
Angeb. Fabrikat: .....

76€ 114€ **138**€ 148€ 192€ [St] ⏱ 0,75 h/St 080.000.349

89 **Blockstufe, Beton, 17x28x100cm** KG **544**

Blockstufe als Betonfertigteil in Bettung aus Beton verlegen.
Festigkeitsklasse: C30/37
Stufenlänge: 100 cm
Stufenhöhe: 17 cm
Stufenbreite: 28 cm
Farbe: .....
Sichtflächen: Sichtbeton
Kantenausbildung: gefast
Fundamentbeton: C12/15
Fundamentdicke: mind: 20 cm
Angeb. Fabrikat: .....

78€ 99€ **109**€ 122€ 151€ [m] ⏱ 0,75 h/m 080.000.212

90 **Blockstufe, Naturstein, Länge 100cm** KG **544**

Blockstufe aus Naturstein in Bettung aus Beton setzen. Vorderseite und zwei Köpfe gestockt.
Gesteinsart: .....
Stufenlänge: 100 cm
Höhe: .....
Breite: .....
Kantenausbildung: gefast
Oberfläche:
Fundamentbeton: C12/15
Bettungsdicke: 20 cm
Rückenstütze: 15 cm
Angeb. Fabrikat: .....

110€ 130€ **140**€ 149€ 159€ [m] ⏱ 0,80 h/m 080.000.216

Nr.	Kurztext / Langtext					Kostengruppe
▶	▷	**ø netto €**	◁	◀	[Einheit]	Ausf.-Dauer Positionsnummer

91 Blockstufe, Kontraststreifen Beton, 20x40x120cm KG **544**

Blockstufe mit Kontraststreifen als Betonfertigteil. Kontraststreifen aus Beton in der Länge der Stufe
Einbauort: auf bauseitigem Fundament
Festigkeitsklasse: C20/25
Stufengröße (H x B x L): 20 x 40 x 100 cm
Kontraststreifengröße (H x B): **8 x 5 / 5 x 5** cm
Farbe: grau
Oberfläche: .....
Kantenausbildung: gefast
Fundament: Dicke mind. 20 cm
Angeb. Fabrikat: .....

140€ 149€ **155**€ 160€ 176€ [m] ⏱ 0,60 h/m 080.000.234

Kosten:
Stand 1.Quartal 2020
Bundesdurchschnitt

92 Blockstufe, Kontraststreifen PVC, 20x40x120cm KG **544**

Blockstufe mit Kontraststreifen aus PVC als Betonfertigteil, Kontraststreifen aus PVC in der Länge der Stufe.
Einbauort: auf bauseitigem Fundament
Festigkeitsklasse: C20/25
Stufengröße (H x B x L): 20 x 40 x 100 cm
Kontraststreifengröße (H x B): 4,3 x 2,2 cm
Farbe: grau
Oberfläche: .....
Kantenausbildung: gefast
Fundament: Dicke mind. 20 cm
Angeb. Fabrikat: .....

–€ 121€ **131**€ 148€ –€ [m] ⏱ 0,60 h/m 080.000.224

93 Winkelstufe, Beton, 17x28x100cm KG **544**

Winkelstufe als Betonfertigteil in Bettung aus Beton verlegen. Trittfläche, Vorderseite und zwei Köpfe Sichtbeton.
Festigkeitsklasse: C30/37
Stufenlänge: 100 cm
Stufenhöhe: 17 cm
Stufenbreite: 28 cm
Kante: gefast
Farbe: .....
Fundamentbeton: C12/15
Bettungsdicke: 20 cm
Angeb. Fabrikat: .....

108€ 129€ **147**€ 153€ 175€ [m] ⏱ 0,95 h/m 080.000.214

▶ min
▷ von
ø Mittel
◁ bis
◀ max

94 Winkelstufe, Kontraststreifen Beton, 20x36x120cm KG **544**

Winkelstufe mit Kontraststreifen als Betonfertigteil Kontraststreifen aus Beton in der Länge der Stufe.
Einbauort: auf bauseitigem Fundament
Festigkeitsklasse: C20/25
Stufengröße (H x B x L): 20 x 36 x 120 cm
Kontraststreifengröße (H x B): **8 x 5 / 5 x 5** cm
Farbe: grau
Oberfläche: ....
Kantenausbildung: gefast
Fundament: Dicke mind. 20 cm
Angeb. Fabrikat: .....

91€ 121€ **130**€ 148€ 161€ [m] ⏱ 0,60 h/m 080.000.236

95 Winkelstufe, Kontraststreifen PVC, 20x36x120cm KG **544**

Winkelstufe mit Kontraststreifen aus PVC als Betonfertigteil, Kontraststreifen aus Beton in der Länge der Stufe.
Einbauort: auf bauseitigem Fundament
Festigkeitsklasse: C20/25
Stufengröße (H x B x L): 20 x 36 x 120 cm
Kontraststreifengröße (H x B): 4,3 x 2,2 cm
Farbe: grau
Oberfläche: .....
Kantenausbildung: gefast
Fundament: Dicke mind. 20 cm
Angeb. Fabrikat: .....

83€ 105€ **113**€ 124€ 138€ [m] ⏱ 0,60 h/m 080.000.237

96 Legestufe, Kontraststreifen Beton, 8x40x120cm KG **544**

Legestufe mit Kontraststreifen als Betonfertigteil, Kontraststreifen aus Beton in der Länge der Stufe.
Einbauort: auf bauseitigem Fundament
Festigkeitsklasse: C20/25
Stufengröße (H x B x L): 8 x 40 x 120 cm
Kontraststreifengröße (H x B): **8 x 5 / 5 x 5** cm
Farbe: grau
Oberfläche: ....
Kantenausbildung: gefast
Fundament: Dicke mind. 20 cm
Angeb. Fabrikat: .....

100€ 132€ **141**€ 158€ 175€ [m] ⏱ 0,60 h/m 080.000.238

Kosten:
Stand 1.Quartal 2020
Bundesdurchschnitt

Nr.	**Kurztext** / Langtext					Kostengruppe
▶	▷	**ø netto €**	◁	◀	[Einheit]	Ausf.-Dauer Positionsnummer

97 Legestufe, Kontraststreifen PVC, 8x40x120cm KG **544**

Legestufe mit Kontraststreifen aus PVC als Betonfertigteil, Kontraststreifen aus Beton in der Länge der Stufe.
Einbauort: auf bauseitigem Fundament
Festigkeitsklasse: C20/25
Stufengröße (H x B x L): 8 x 40 x 120 cm
Kontraststreifengröße (H x B): 4,3 x 2,2 cm
Farbe: grau
Oberfläche: ....
Kantenausbildung: gefast
Fundament: Dicke mind. 20 cm
Angeb. Fabrikat: .....

88€ 115€ **124**€ 137€ 152€ [m] ⏱ 0,60 h/m 080.000.239

98 L-Stufe, Kontraststreifen Beton,15x38x80cm KG **544**

L-Stufe mit Kontraststreifen als Betonfertigteil Kontraststreifen aus Beton in der Länge der Stufe.
Einbauort: auf bauseitigem Fundament
Festigkeitsklasse: C20/25
Stufengröße (H x B x L): 15 x 38 x 80 cm
Kontraststreifengröße (H x B): **8 x 5 / 5 x 5** cm
Farbe: grau
Oberfläche: ....
Kantenausbildung: gefast
Fundament: Dicke mind. 20 cm
Angeb. Fabrikat: .....

85€ 106€ **114**€ 126€ 139€ [m] ⏱ 0,50 h/m 080.000.240

A 6 Bordstein, Naturstein Beschreibung für Pos. **99-102**

Bordsteinen aus Naturstein einschl. Rückenstütze rückseitig bis 5cm unter OK Bord hochgezogen. Bewegungsfugen von Fundamentsohle bis OK Bordstein durchgehend, gefüllt. Die Stoßfugen und Bewegungsfugen mit Fugeneinlage aus mit dauerelastischem Fugenband herstellen.
Gesteinsart: Granit

99 Bordstein, Naturstein 15x25, L=100cm KG **530**

Wie Ausführungsbeschreibung A 6
Form: .....
Maße (L x B x H): 100 x 15 x 25 cm
Witterungs-Widerstandsfähigkeit: .....
Oberflächenstruktur: .....
Fundamentbeton: C25/30
Bettungsdicke: 20cm
Rückenstütze Breite: ..... cm

30€ 35€ **38**€ 41€ 43€ [m] ⏱ 0,30 h/m 080.000.180

▶ min
▷ von
ø Mittel
◁ bis
◀ max

100 Bordstein, Naturstein 15x30, L=100cm KG **530**

Wie Ausführungsbeschreibung A 6
Form: .....
Maße (L x B x H): 100 x 15 x 30 cm
Witterungs-Widerstandsfähigkeit: .....
Oberflächenstruktur: .....
Fundamentbeton: C25/30
Bettungsdicke: 20cm
Rückenstütze Breite: ..... cm

▶	▷	ø netto €	◁	◀	[Einheit]	Ausf.-Dauer	Positionsnummer
33€	38€	**40**€	44€	46€	[m]	⏱ 0,30 h/m	080.000.181

101 Bordstein, Naturstein 18x25, L=100cm KG **530**

Wie Ausführungsbeschreibung A 6
Form: .....
Maße (L x B x H): 100 x 18 x 25 cm
Witterungs-Widerstandsfähigkeit: .....
Oberflächenstruktur: .....
Fundamentbeton: C25/30
Bettungsdicke: 20cm
Rückenstütze Breite: ..... cm

▶	▷	ø netto €	◁	◀	[Einheit]	Ausf.-Dauer	Positionsnummer
33€	38€	**40**€	45€	48€	[m]	⏱ 0,30 h/m	080.000.182

102 Bordstein, Naturstein 18x30, L=100cm KG **530**

Wie Ausführungsbeschreibung A 6
Form: .....
Maße (L x B x H): 100 x 18 x 30 cm
Witterungs-Widerstandsfähigkeit: .....
Oberflächenstruktur: .....
Fundamentbeton: C25/30
Bettungsdicke: 20cm
Rückenstütze Breite: ..... cm

▶	▷	ø netto €	◁	◀	[Einheit]	Ausf.-Dauer	Positionsnummer
34€	41€	**42**€	46€	49€	[m]	⏱ 0,30 h/m	080.000.183

A 7 Bordstein, Beton Beschreibung für Pos. **103-108**

Randeinfassung mit Hochbordsteinen aus Beton mit Rückenstütze aus Beton und Unterbeton. Leistung einschl. Passstücke herstellen und Fugen schließen mit Kompriband.

103 Bordstein, Beton, 12x15x25cm, L=50cm KG **530**

Wie Ausführungsbeschreibung A 7
Form: HB 15/25
Bordsteinlänge: 50 cm
Witterungs-Widerstandsfähigkeit: .....
Oberflächenstruktur: .....
Kantenausbildung
Farbe: naturgrau
Fundamentbeton: .....
Bettungsdicke: 15 cm
Rückenstütze Breite: 15 cm

▶	▷	ø netto €	◁	◀	[Einheit]	Ausf.-Dauer	Positionsnummer
18€	21€	**26**€	27€	29€	[m]	⏱ 0,28 h/m	080.000.356

Nr.	Kurztext / Langtext						Kostengruppe
▶	▷	**ø netto €**	◁	◀	[Einheit]	Ausf.-Dauer	Positionsnummer

104 Bordstein, Beton, 12x15x25cm, L=100cm KG **530**

Wie Ausführungsbeschreibung A 7
Form: HB 15/25
Bordsteinlänge: 100 cm
Witterungs-Widerstandsfähigkeit: .....
Oberflächenstruktur: .....
Kantenausbildung
Farbe: naturgrau
Fundamentbeton: .....
Bettungsdicke: 15 cm
Rückenstütze Breite: 15 cm

22€ 25€ **27**€ 29€ 34€ [m] ⏱ 0,30 h/m 080.000.352

Kosten:
Stand 1.Quartal 2020
Bundesdurchschnitt

105 Bordstein, Beton, 12x15x30cm, L=50cm KG **530**

Wie Ausführungsbeschreibung A 7
Form: HB 15/30
Bordsteinlänge: 50 cm
Witterungs-Widerstandsfähigkeit: .....
Oberflächenstruktur: .....
Kantenausbildung
Farbe: naturgrau
Fundamentbeton: .....
Bettungsdicke: 15 cm
Rückenstütze Breite: 15 cm

19€ 24€ **27**€ 30€ 35€ [m] ⏱ 0,28 h/m 080.000.353

106 Bordstein, Beton, 12x15x30cm, L=100cm KG **530**

Wie Ausführungsbeschreibung A 7
Form: HB 15/30
Bordsteinlänge: 100 cm
Witterungs-Widerstandsfähigkeit: .....
Oberflächenstruktur: .....
Kantenausbildung
Farbe: naturgrau
Fundamentbeton: .....
Bettungsdicke: 15 cm
Rückenstütze Breite: 15 cm

24€ 30€ **31**€ 34€ 41€ [m] ⏱ 0,30 h/m 080.000.354

▶ min
▷ von
ø Mittel
◁ bis
◀ max

107 Bordstein, Beton, 12x18x30cm, L=50cm KG **530**

Wie Ausführungsbeschreibung A 7
Form: HB 18/30
Bordsteinlänge: 50 cm
Witterungs-Widerstandsfähigkeit: .....
Oberflächenstruktur: .....
Kantenausbildung
Farbe: naturgrau
Fundamentbeton: .....
Bettungsdicke: 20 cm
Rückenstütze Breite: 15 cm

21€ 26€ **29**€ 32€ 38€ [m] ⏱ 0,28 h/m 080.000.355

108 Bordstein, Beton, 12x18x30cm, L=100cm KG **530**

Wie Ausführungsbeschreibung A 7
Form: HB 18/30
Bordsteinlänge: 100 cm
Witterungs-Widerstandsfähigkeit: .....
Oberflächenstruktur: .....
Kantenausbildung
Farbe: naturgrau
Fundamentbeton: .....
Bettungsdicke: 20 cm
Rückenstütze Breite: 15 cm

22€ 29€ **32**€ 35€ 43€ [m] ⏱ 0,30 h/m 080.000.362

A 8 Bordstein, Beton, Form C Beschreibung für Pos. **109-112**

Bordstein aus Beton als Randeinfassung für Wege-, Pflanzflächen- und Rasenflächen in Betonbettung mit beidseitiger Rückenstütze setzen. Die Stoß-, und Bewegungsfugen mit Fugeneinlage aus dauerelastischem Fugenband.

109 Bordstein, Beton, 8x25cm, L=100cm KG **530**

Wie Ausführungsbeschreibung A 8
Form: TB 8/25
Bordsteinlänge: 100 cm
Witterungs-Widerstandsfähigkeit: .....
Oberflächenstruktur: .....
Kantenausbildung: beidseitig gefast
Farbe: grau
Fundamentbeton: ..... cm
Bettungsdicke: ..... cm
Rückenstütze Dicke: ..... cm
Fugenbreite: ..... mm

18€ 22€ **24**€ 26€ 31€ [m] ⏱ 0,32 h/m 080.000.358

Nr.	Kurztext / Langtext					Kostengruppe
▶	▷	**ø netto €**	◁	◀	[Einheit]	Ausf.-Dauer Positionsnummer

110 Bordstein, Beton, 8x25cm, L=50cm KG **530**

Wie Ausführungsbeschreibung A 8
Form: TB 8/25
Bordsteinlänge: 50 cm
Witterungs-Widerstandsfähigkeit: .....
Oberflächenstruktur: .....
Kantenausbildung: beidseitig gefast
Farbe: grau
Fundamentbeton: ..... cm
Bettungsdicke: ..... cm
Rückenstütze Dicke: ..... cm
Fugenbreite: ..... mm

18€ 20€ **22**€ 25€ 27€ [m] ⏱ 0,30 h/m 080.000.357

111 Bordstein, Beton, 10x25cm, L=50cm, Form C KG **530**

Wie Ausführungsbeschreibung A 8
Form: TB 8/25
Bordsteinlänge: 50 cm
Witterungs-Widerstandsfähigkeit: .....
Oberflächenstruktur: .....
Kantenausbildung: beidseitig gefast
Farbe: grau
Fundamentbeton: ..... cm
Bettungsdicke: ..... cm
Rückenstütze Dicke: ..... cm
Fugenbreite: ..... mm

19€ 20€ **21**€ 22€ 24€ [m] ⏱ 0,30 h/m 080.000.359

112 Bordstein, Beton, 10x25cm, L=100cm, Form C KG **530**

Wie Ausführungsbeschreibung A 8
Form: TB 10/25
Bordsteinlänge: 100 cm
Witterungs-Widerstandsfähigkeit: .....
Oberflächenstruktur: .....
Kantenausbildung: beidseitig gefast
Farbe: grau
Fundamentbeton: ..... cm
Bettungsdicke: ..... cm
Rückenstütze Dicke: ..... cm
Fugenbreite: ..... mm

21€ 22€ **23**€ 24€ 26€ [m] ⏱ 0,32 h/m 080.000.360

Kosten:
Stand 1.Quartal 2020
Bundesdurchschnitt

▶ min
▷ von
ø Mittel
◁ bis
◀ max

113 Bordstein, Beton, 8x20cm KG **530**

Bordstein aus Beton als Randeinfassung für Wege-, Pflanzflächen- und Rasenflächen in Betonbettung mit beidseitiger Rückenstütze setzen. Passstücke herstellen und Fugen mit Kompriband schließen.
Form: TB 8/20
Bordsteinlänge: ..... cm
Witterungs-Widerstandsfähigkeit: .....
Oberflächenstruktur: .....
Kantenausbildung: beidseitig gefast
Farbe: grau
Fundamentbeton: ..... cm
Bettungsdicke: ..... cm
Rückenstütze Dicke: ..... cm
Fugenbreite: ..... mm

19€ 21€ **22€** 24€ 29€ [m] ⏱ 0,30 h/m 080.000.361

114 Rasenbordstein, Kantstein, Beton KG **530**

Randeinfassung mit Bordsteinen aus Beton mit beidseitiger Rückenstütze aus Beton und Betonbettung. Leistung einschl. Passstücke herstellen und Fugenverschluss.
Steinformat: 10 x 25 cm
Kantenausbildung: einseitig abgerundet / gefast
Fundamentdicke: 10-12 cm
Rückenstütze: beidseitig
Menge: ab 10,00 m

17€ 23€ **23€** 26€ 31€ [m] ⏱ 0,32 h/m 080.000.364

115 Weg-/Beetbegrenzung, Aluminium, gerade KG **530**

Wege- und Beeteinfassung aus Aluminium als gerades Profil liefern und unter Beachtung der Einbauhinweise des Herstellers verlegen. Abgestumpfte Oberkante und keilförmige Unterkante.
Profilhöhe: 100 mm
Profillänge: 2.500 mm

20€ 28€ **35€** 40€ 48€ [m] ⏱ 0,10 h/m 080.000.367

116 Weg-/Beetbegrenzung, Aluminium, Bogen KG **530**

Wege- und Beeteinfassung aus Aluminium als Bogenprofil liefern und unter Beachtung der Einbauhinweise des Herstellers verlegen. Abgestumpfte Oberkante und keilförmige Unterkante.
Profilhöhe: 100 mm
Profillänge: im Durchmesser ca. 500 mm

52€ 68€ **74€** 80€ 87€ [m] ⏱ 0,07 h/m 080.000.368

117 Weg-/Beetbegrenzung, Aluminium, Stoßverbinder KG **530**

Alu-Stoßverbinder als Verbinder der Wege- und Beeteinfassung liefern und unter Beachtung der Einbauhinweise des Herstellers verwenden.
Profilhöhe: 90 mm
Profillänge: 100 mm

45€ 59€ **64€** 71€ 76€ [St] ⏱ 0,05 h/St 080.000.369

Kosten:
Stand 1.Quartal 2020
Bundesdurchschnitt

Nr.	Kurztext / Langtext					Kostengruppe
▶	▷	ø netto €	◁	◀	[Einheit]	Ausf.-Dauer Positionsnummer

118 Weg-/Beetbegrenzung, Aluminium, Eckverbinder, Außenecke 90° KG **530**

Eckverbinder für Außenecke 90° aus Aluminium als Verbinder der Wege- und Beeteinfassung liefern und unter Beachtung der Einbauhinweise des Herstellers verwenden.
Profilhöhe: 90 mm
Profillänge: je Schenkel 75 mm

30€ 34€ **34**€ 37€ 40€ [St] ⏱ 0,05 h/St 080.000.370

119 Weg-/Beetbegrenzung, Aluminium, Erdnagel KG **530**

Alu-Erdnagel aus Aluminium als Verbinder der Wege- und Beeteinfassung mit Lochstanzung liefern und unter Beachtung der Einbauhinweise des Herstellers verwenden. Gerundet, Oberkante mit Arretiernase, Unterkante spitz zulaufend.
Länge: 300 mm

14€ 19€ **20**€ 22€ 24€ [St] ⏱ 0,01 h/St 080.000.371

120 Weg-/Beetbegrenzung, Cortenstahl, gerade KG **530**

Wege- und Beeteinfassung aus Cortenstahl liefern und unter Beachtung der Einbauhinweise des Herstellers verlegen. Biegefähiges, gerades Profil mit Vierkantlöchern.
Profilhöhe: 105 mm
Profillänge: 2.400 mm
Profilstärke: 3 mm

32€ 38€ **43**€ 51€ 63€ [m] ⏱ 0,10 h/m 080.000.372

121 Weg-/Beetbegrenzung, Cortenstahl, Profilverbinder KG **530**

Verbinder aus Cortenstahl für Profilverbindungen liefern und unter Beachtung der Einbauhinweise des Herstellers verwenden. Profil mit Anker-/Verbindungsschraublöchern.
Profilhöhe: 60 mm
Profillänge: 140 mm
Profilstärke: 3 mm

56€ 74€ **80**€ 89€ 96€ [St] ⏱ 0,07 h/St 080.000.373

122 Weg-/Beetbegrenzung, Cortenstahl, Eckverbinder, Außenecke 90° KG **530**

Eckverbinder für Außenecke 90 aus Cortenstahl für Profilverbindungen liefern und unter Beachtung der Einbauhinweise des Herstellers verwenden. Profil mit Anker-/Verbindungsschraublöchern.
Profilhöhe: 105 mm
Profillänge: je Schenkel 300 mm
Profilstärke: 3 mm

33€ 44€ **47**€ 52€ 58€ [St] ⏱ 0,05 h/St 080.000.374

123 Weg-/Beetbegrenzung, Cortenstahl, Beton- und Erdanker KG **530**

Beton- und Erdanker als Verbinder der Wege- und Beeteinfassung liefern und unter Beachtung der Einbauhinweise des Herstellers verwenden.
Profilhöhe: 60 mm
Profillänge: 300 mm
Profilstärke: 5 mm

10€ 13€ **14**€ 16€ 17€ [St] ⏱ 0,01 h/St 080.000.375

▶ min
▷ von
ø Mittel
◁ bis
◀ max

124 Rollstuhl-Überfahrtstein, 15x22cm, l=50cm KG **530**

Bordsteinen aus Beton als Rollstuhl-Überfahrstein.
Witterungswiderstand Klasse: D
Festigkeit Klasse: U
Abriebwiderstand Klasse: I
Gleit / Rutschwiderstand: SRT = 55
Fundament aus Beton C20/25
Format: 15 x 22 x 50 cm, mit 1 cm Fase
Radius: .....
Farbe: Weißbeton

48€ 57€ **64**€ 72€ 78€ [m] ⏱ 0,28 h/m 080.000.242

125 Rollstuhl-Überfahrtstein, 15x22cm, l=100cm KG **530**

Bordsteinen aus Beton als Rollstuhl-Überfahrstein.
Witterungswiderstand Klasse: D
Festigkeit Klasse: U
Abriebwiderstand Klasse: I
Gleit / Rutschwiderstand: SRT = 55
Fundament aus Beton C20/25
Format: 15 x 22 x 100 cm, mit 1 cm Fase
Radius: .....
Farbe: Weißbeton

67€ 79€ **86**€ 98€ 106€ [m] ⏱ 0,30 h/m 080.000.241

126 Tastbordstein, Beton, 25x20cm, l=100cm KG **530**

Sehbehindertengerechter Bordstein mit Aussparung bzw. der Anpassung an Straßenabläufe.
Fundament aus Beton C20/25
Format: 25 x 20 x 100 cm
Farbe: Weißbeton

59€ 78€ **86**€ 100€ 104€ [m] ⏱ 0,32 h/m 080.000.243

127 Übergangsbordstein, Beton, dreiteilig, 12x15x30, l=50cm KG **530**

Bordstein als dreiteiliger Übergang zwischen Nullabsenkung und Hochbord, einschl. der Aussparung bzw. der Anpassung an Straßenabläufe.
Fundament aus Beton C20/25
Dreiteiliger Übergang bestehend aus:
Übergangsstein 1 mit 6 cm Einbauhöhe auf Übergangsstein 2 mit Einbauhöhe 3 cm auf Schrägstein mit Nullabsenkung
Format: 12 x 15 x 30
Länge je Stein: 50 cm
Farbe: Weißbeton

51€ 69€ **72**€ 81€ 88€ [m] ⏱ 0,35 h/m 080.000.245

Nr.	Kurztext / Langtext						Kostengruppe
▶	▷	**ø netto €**	◁	◀	[Einheit]	Ausf.-Dauer	Positionsnummer

128 Übergangsbordstein, Beton, dreiteilig, 12x15x30, l=100cm KG **530**

Bordstein als dreiteiliger Übergang zwischen Nullabsenkung und Hochbord, einschl. der Aussparung bzw. der Anpassung an Straßenabläufe.
Fundament aus Beton C20/25
Dreiteiliger Übergang bestehend aus:
Übergangsstein 1 mit 6 cm Einbauhöhe auf Übergangsstein 2 mit Einbauhöhe 3 cm auf Schrägstein mit Nullabsenkung
Format: 12 x 15 x 30
Länge je Stein: 100 cm
Farbe: Weißbeton

72€ | 85€ | **95**€ | 109€ | 113€ | [m] | ⏱ 0,38 h/m | 080.000.244

129 Winkelstützmauerelement, Beton, Höhe 55cm KG **543**

Einfassung aus Winkelstützmauerelementen als Stahlbetonfertigteil, Sichtflächen in Sichtbeton, in Betonbettung.
Winkelhöhe: 55 cm
Fußlänge: 30 cm
Winkelbreite: 50 cm
Festigkeitsklasse: C30/37
Sichtbeton: glatt
Sichtkanten: gefast
Expositionsklasse: .....
Beton: C12/15
Fundamentdicke: 20 cm
Angeb. Fabrikat: .....

99€ | 109€ | **112**€ | 116€ | 124€ | [m] | ⏱ 0,55 h/m | 080.000.206

130 Winkelstützmauerelement, Beton, Höhe 80cm KG **543**

Einfassung aus Winkelstützmauerelementen als Stahlbetonfertigteil, Sichtflächen in Sichtbeton, in Betonbettung.
Winkelhöhe: 80 cm
Fußlänge: 50 cm
Festigkeitsklasse: C30/37
Sichtbeton: glatt
Sichtkanten: gefast
Expositionsklasse: .....
Beton: C12/15
Fundamentdicke: 20 cm
Angeb. Fabrikat: .....

115€ | 128€ | **134**€ | 142€ | 167€ | [m] | ⏱ 0,75 h/m | 080.000.207

Kosten:
Stand 1.Quartal 2020
Bundesdurchschnitt

▶ min
▷ von
ø Mittel
◁ bis
◀ max

131 Winkelstützmauerelement, Beton, Höhe 130cm KG **543**

Einfassung aus Winkelstützmauerelementen als Stahlbetonfertigteil, Sichtflächen in Sichtbeton, in Betonbettung.
Winkelhöhe: 130cm
Fußlänge: 70 cm
Festigkeitsklasse: C30/37
Sichtbeton: glatt
Sichtkanten: gefast
Expositionsklasse: .....
Beton: C12/15
Fundamentdicke: 20 cm
Angeb. Fabrikat: .....

223€ 241€ **254**€ 266€ 284€ [m] ⏱ 1,05 h/m 080.000.209

132 Winkelstützmauerelement, Beton, Höhe 180cm KG **543**

Einfassung aus Winkelstützmauerelementen als Stahlbetonfertigteil, Sichtflächen in Sichtbeton, in Betonbettung.
Winkelhöhe: 180 cm
Fußlänge: 100 cm
Festigkeitsklasse: C30/37
Sichtbeton: glatt
Sichtkanten: gefast
Expositionsklasse: .....
Beton: C12/15
Fundamentdicke: 20 cm
Angeb. Fabrikat: .....

257€ 293€ **313**€ 353€ 394€ [m] ⏱ 1,62 h/m 080.000.211

A 9 Gabionen Beschreibung für Pos. **133-140**

Gabionen aus witterungs- und mechanisch beständigem Füllmaterial liefern und einbauen. Gabionen sind aus elektrisch punktgeschweißten Gittermatten hergestellt. Die Einzelteile werden vor Ort ausgelegt und mit Spiralschließen zu einem kompletten Behälter zusammengefügt. Alle Komponenten sind verzinkt.

133 Gabionen, 50x50x50cm KG **543**

Wie Ausführungsbeschreibung A 9
Gabionenbehälter: 50 x 50 x 50 cm
Stahldrahtstärke: 3,5 mm
Maschenweite: 10 x 10 cm
Befüllung: mit frostbeständigem Gestein mit einer Größe größer der Maschenweite; Gabionen, händisch füllen, dichte lagenweise Packungen
Einbauort: .....

–€ 88€ **96**€ 108€ –€ [St] ⏱ 2,00 h/St 080.000.189

Nr.	Kurztext / Langtext						Kostengruppe
▶	▷	**ø netto €**	◁	◀	[Einheit]	Ausf.-Dauer	Positionsnummer

134 Gabionen, 100x50x50cm KG **543**

Wie Ausführungsbeschreibung A 9
Gabionenbehälter: 100 x 50 x 50 cm
Stahldrahtstärke: 3,5 mm
Maschenweite: 10 x 10 cm
Befüllung: mit frostbeständigem Gestein mit einer Größe größer der Maschenweite; Gabionen, händisch füllen, dichte lagenweise Packungen
Einbauort: .....

–€	123€	**137**€	156€	–€	[St]	⏱ 2,00 h/St	080.000.190

135 Gabionen, 150x50x50cm KG **543**

Wie Ausführungsbeschreibung A 9
Gabionenbehälter: 150 x 50 x 50 cm
Stahldrahtstärke: 3,5 mm
Maschenweite: 10 x 10 cm
Befüllung: mit frostbeständigem Gestein mit einer Größe größer der Maschenweite; Gabionen, händisch füllen, dichte lagenweise Packungen
Einbauort: .....

–€	175€	**181**€	206€	–€	[St]	⏱ 2,00 h/St	080.000.193

136 Gabionen, 100x100x100cm KG **543**

Wie Ausführungsbeschreibung A 9
Gabionenbehälter: 100 x 100 x 100 cm
Stahldrahtstärke: 3,5 mm
Maschenweite: 10 x 10 cm
Befüllung: mit frostbeständigem Gestein mit einer Größe größer der Maschenweite; Gabionen, händisch füllen, dichte lagenweise Packungen
Einbauort: .....

–€	294€	**320**€	362€	–€	[St]	⏱ 2,00 h/St	080.000.192

137 Gabionen, 150x100x100cm KG **543**

Wie Ausführungsbeschreibung A 9
Gabionenbehälter: 150 x 100 x 100 cm
Stahldrahtstärke: 3,5 mm
Maschenweite: 10 x 10 cm
Befüllung: mit frostbeständigem Gestein mit einer Größe größer der Maschenweite; Gabionen, händisch füllen, dichte lagenweise Packungen
Einbauort: .....

–€	394€	**419**€	486€	–€	[St]	⏱ 2,00 h/St	080.000.195

Kosten:
Stand 1.Quartal 2020
Bundesdurchschnitt

▶ min
▷ von
ø Mittel
◁ bis
◀ max

138 Gabionen, 200x50x50cm KG **543**

Wie Ausführungsbeschreibung A 9
Gabionenbehälter: 200 x 50 x 50 cm
Stahldrahtstärke: 3,5 mm
Maschenweite: 10 x 10 cm
Befüllung: mit frostbeständigem Gestein mit einer Größe größer der Maschenweite; Gabionen, händisch füllen, dichte lagenweise Packungen
Einbauort: .....

–€	216€	**232**€	269€	–€	[St]	⏱ 2,00 h/St	080.000.196

139 Gabionen, 200x100x100cm KG **543**

Wie Ausführungsbeschreibung A 9
Gabionenbehälter: 200 x 100 x 100 cm
Stahldrahtstärke: 3,5 mm
Maschenweite: 10 x 10 cm
Befüllung: mit frostbeständigem Gestein mit einer Größe größer der Maschenweite; Gabionen, händisch füllen, dichte lagenweise Packungen
Einbauort: .....

–€	551€	**586**€	645€	–€	[St]	⏱ 2,00 h/St	080.000.198

140 Gabionen, 300x50x50cm KG **543**

Wie Ausführungsbeschreibung A 9
Gabionenbehälter: 300 x 50 x 50 cm
Stahldrahtstärke: 3,5 mm
Maschenweite: 10 x 10 cm
Befüllung: mit frostbeständigem Gestein mit einer Größe größer der Maschenweite; Gabionen, händisch füllen, dichte lagenweise Packungen
Einbauort: .....

–€	300€	**316**€	354€	–€	[St]	⏱ 2,00 h/St	080.000.199

141 Trockenmauer als Stützwand - Bruchsteinmauerwerk KG **543**

Trockenmauer als Stützwand in unregelmäßig und lagerhaften Bruchsteinmauerwerk herstellen. Die Sichtflächen sollen unbearbeitet sein. Aufbau der Mauer, so dass keine Stoßfuge über 2 Schichten geht.
Steinhöhe: 2 bis 20 cm
Steinlänge: mind. 1,5 bis 2-fache der Höhe
Mauerwerksdicke an der Krone: über 50 cm
Mauerwerkshöhe: 2,50 m
Gründung, Dimensionierung und Dossierung nach statischem Erfordernis.
Gesteinsart: .....

–€	250€	**264**€	293€	–€	[m]	⏱ 5,00 h/m	080.000.202

Kosten:
Stand 1.Quartal 2020
Bundesdurchschnitt

Nr.	**Kurztext** / Langtext					Kostengruppe
▶	▷	**ø netto €**	◁	◀	[Einheit] Ausf.-Dauer	Positionsnummer

142 Trockenmauer als freistehende Mauer- Granitblöcke - Findlinge KG **543**

Trockenmauer als freistehende Wand, 2-häuptig mit Findlingen. Die Sichtflächen sollen unbearbeitet sein.
Steindurchmesser bis 60 cm
Steinlänge mindestens 1,5 bis 2-fache der Höhe
Mauerwerksdicke an der Krone über 50 cm
Mauerwerkshöhe: 1,00 Meter
Gründung, Dimensionierung und Dossierung nach statischem Erfordernis.
Gesteinsart: .....

–€ 204€ **215**€ 243€ –€ [m] ⏱ 5,00 h/m 080.000.204

143 Natursteinmauerwerk als Quadermauerwerk KG **543**

Natursteinmauerwerk als Quadermauerwerk Außenwand herstellen. Einseitig sichtbar. Sichtflächen spaltgrau.
Mauermörtel MG III, Fugen sind zu glätten.
Mauerwerksdicke mind. 30 cm
Mauerwerkshöhe: bis 3,00 m
Gründung, Dimensionierung und Dossierung nach statischem Erfordernis.
Gesteinsart: .....

116€ 173€ **200**€ 237€ 311€ [m] ⏱ 4,00 h/m 080.000.186

144 Natursteinmauerwerk als Außenwand KG **543**

Natursteinmauerwerk als Natursteinmauerwerk Außenwand herstellen. Einseitig sichtbar. Sichtflächen spaltgrau. Mauermörtel MG III, Fugen sind zu glätten.
Mauerwerksdicke mind. 50cm
Mauerwerkshöhe: bis 2,00 m
Gründung, Dimensionierung und Dossierung nach statischem Erfordenis.
Gesteinsart: .....

122€ 150€ **164**€ 179€ 207€ [m] ⏱ 4,00 h/m 080.000.205

145 Lastplattendruckversuch KG **533**

Lastplattendruckversuch zum Nachweis der geforderten Verdichtung des Bodens. Durchführung und Auswertung sowie Gerätestellung erfolgt durch ein neutrales Prüflabor nach Wahl des Auftragnehmers. Abrechnung je Versuch, inkl. aller Geräte, Honorare und Nebenkosten.

134€ 160€ **170**€ 195€ 260€ [St] ⏱ 2,90 h/St 080.000.365

▶ min
▷ von
ø Mittel
◁ bis
◀ max

E

Barrierefreies Bauen

Kosten:
Stand 1.Quartal 2020
Bundesdurchschnitt

Nr.	Positionen	Einheit	▶	▷	ø brutto € / ø netto €	◁	◀
1	Öffnungen, Mauerwerk bis 24cm, 1,01/2,13	St	22	40	**44**	54	73
	LB 012, Pos. 35, Seite 160		18	33	**37**	45	61
2	Türöffnung, Mauerwerk über 2,50m²	m²	6	9	**10**	14	19
	LB 012, Pos. 36, Seite 160		5	7	**8**	11	16
3	Öffnung überdecken, Ziegelsturz	m	12	20	**24**	31	43
	LB 012, Pos. 46, Seite 163		10	17	**20**	26	36
4	Öffnung überdecken, KS-Sturz, 17,5cm	m	10	25	**32**	46	69
	LB 012, Pos. 47, Seite 163		9	21	**27**	38	58
5	Öffnung überdecken, Betonsturz, 24cm	m	19	54	**63**	77	102
	LB 012, Pos. 48, Seite 163		16	45	**53**	64	85
6	Maueranschlussschiene, 28/15	m	7,3	15	**18**	21	28
	LB 012, Pos. 62, Seite 166		6,1	13	**15**	18	24
7	Maueranschlussschiene, 38/17	m	16	22	**25**	31	42
	LB 012, Pos. 63, Seite 166		13	19	**21**	26	35
8	Außenbelag, Betonwerksteinplatten	m²	32	70	**82**	92	117
	LB 014, Pos. 3, Seite 219		27	59	**69**	78	98
9	Außenbelag, Betonwerkstein, Balkon, auf Splitt	m²	–	72	**88**	113	–
	LB 014, Pos. 4, Seite 219		–	61	**74**	95	–
10	Außenbelag, Naturstein, Pflaster	m²	87	126	**147**	153	178
	LB 014, Pos. 5, Seite 220		73	106	**124**	129	149
11	Innenbelag, Terrazzoplatten	m²	95	114	**123**	138	161
	LB 014, Pos. 7, Seite 220		80	96	**103**	116	135
12	Innenbelag, Betonwerkstein	m²	82	101	**106**	124	156
	LB 014, Pos. 8, Seite 221		69	85	**89**	104	131
13	Innenbelag, Naturwerkstein, Granit	m²	115	142	**157**	161	190
	LB 014, Pos. 9, Seite 221		97	119	**132**	136	160
14	Innenbelag, Naturwerkstein, Marmor	m²	88	109	**121**	125	146
	LB 014, Pos. 10, Seite 221		74	92	**101**	105	123
15	Innenbelag, Naturwerkstein, Kalkstein	m²	74	105	**114**	120	148
	LB 014, Pos. 11, Seite 222		62	88	**95**	101	124
16	Innenbelag, Naturwerkstein, Solnhofer Kalkstein	m²	158	166	**173**	185	199
	LB 024, Pos. 12, Seite 222		132	140	**145**	155	167
17	Innenbelag, Naturwerkstein, Schiefer	m²	82	97	**108**	111	125
	LB 014, Pos. 13, Seite 222		69	82	**91**	94	105
18	Innenbelag, Naturwerkstein, Travertin	m²	109	140	**162**	192	206
	LB 014, Pos. 14, Seite 223		91	117	**137**	161	173
19	Innenbelag, Naturwerkstein, Kalkstein, R10	m²	97	127	**144**	167	200
	LB 014, Pos. 15, Seite 223		81	107	**121**	140	168
20	Blockstufe, Naturwerkstein	m	133	201	**230**	289	392
	LB 014, Pos. 24, Seite 225		112	169	**194**	243	329
21	Blockstufe, Betonwerkstein	m	86	129	**146**	196	306
	LB 014, Pos. 25, Seite 225		73	108	**123**	165	257
22	Treppe, Naturwerkstein, Winkelstufe, 1,00m	St	99	146	**158**	186	240
	LB 014, Pos. 26, Seite 226		83	122	**132**	157	201
23	Treppenbelag, Naturwerkstein, Tritt-/Setzstufe	m	114	141	**151**	181	246
	LB 014, Pos. 27, Seite 226		96	118	**127**	152	207
24	Stufengleitschutzprofil, Treppe	m	11	17	**20**	27	38
	LB 014, Pos. 28, Seite 226		9	15	**17**	23	32

▶ min
▷ von
ø Mittel
◁ bis
◀ max

Nr.	Positionen	Einheit	▶	▷ ø brutto € / ø netto €		◁	◀
25	Rillenfräsung, Stufenkante	m	25	28	**33**	41	46
	LB 014, Pos. 29, Seite 226		21	23	**28**	34	39
26	Aufmerksamkeitsstreifen, Stufenkante	m	–	38	**43**	54	–
	LB 014, Pos. 30, Seite 227		–	32	**36**	45	–
27	Oberfläche, laserstrukturiert, Mehrpreis	m²	–	27	**33**	42	–
	LB 014, Pos. 42, Seite 229		–	23	**28**	36	–
28	Leitsystem, innen, Rippenfliesen, Edelstahl, 3 Rippen	m	–	117	**138**	172	–
	LB 014, Pos. 47, Seite 231		–	98	**116**	144	–
29	Leitsystem, innen, Rippenfliesen, Edelstahl, 7 Rippen	m	–	146	**171**	214	–
	LB 014, Pos. 48, Seite 231		–	122	**144**	180	–
30	Kontraststreifen, Noppenfliesen, Edelstahl, 300mm	m	–	46	**54**	67	–
	LB 014, Pos. 49, Seite 231		–	39	**45**	57	–
31	Kontraststreifen, Noppenfliesen, Edelstahl, 600mm	m	–	41	**49**	61	–
	LB 014, Pos. 50, Seite 231		–	35	**41**	51	–
32	Aufmerksamkeitsfeld, 600/600, Noppenfliesen, Edelstahl	St	–	236	**278**	347	–
	LB 014, Pos. 51, Seite 232		–	198	**233**	292	–
33	Aufmerksamkeitsfeld, 1.200/1.200, Noppenfliesen, Edelstahl	St	–	659	**775**	969	–
	LB 014, Pos. 52, Seite 232		–	554	**652**	815	–
34	Leitsystem, Rippenfliese/Begleitstreifen, Edelstahl, 200mm	m	–	149	**175**	219	–
	LB 014, Pos. 53, Seite 232		–	125	**147**	184	–
35	Leitsystem, Rippenfliese/Begleitstreifen, Edelstahl, 400mm	m	–	186	**218**	273	–
	LB 014, Pos. 54, Seite 232		–	156	**184**	229	–
36	Edelstahlrippen, 16mm, Streifen, dreireihig	m	–	156	**183**	229	–
	LB 014, Pos. 55, Seite 232		–	131	**154**	193	–
37	Edelstahlrippen, 35mm, Streifen, dreireihig	m	–	173	**204**	255	–
	LB 014, Pos. 56, Seite 233		–	145	**171**	214	–
38	Kunststoffrippen, 16mm, Streifen, dreireihig	m	–	46	**53**	65	–
	LB 014, Pos. 57, Seite 233		–	38	**44**	54	–
39	Kunststoffrippen, 35mm, Streifen, dreireihig	m	–	54	**62**	76	–
	LB 014, Pos. 58, Seite 233		–	45	**52**	64	–
40	Aufmerksamkeitsfeld, 600/600, Noppen, Edelstahl	St	–	436	**507**	634	–
	LB 014, Pos. 59, Seite 233		–	366	**426**	533	–
41	Aufmerksamkeitsfeld, 900/900, Noppen, Edelstahl	St	–	926	**1.076**	1.345	–
	LB 014, Pos. 60, Seite 233		–	778	**904**	1.130	–
42	Aufmerksamkeitsfeld, 600/600, Noppen, Kunststoff	St	–	204	**237**	297	–
	LB 014, Pos. 61, Seite 234		–	172	**199**	249	–
43	Aufmerksamkeitsfeld, 900/900, Noppen, Kunststoff	St	–	375	**436**	544	–
	LB 014, Pos. 62, Seite 234		–	315	**366**	458	–
44	Verbundabdichtung, Wand	m²	7	13	**16**	18	25
	LB 024, Pos. 5, Seite 383		6	11	**13**	15	21
45	Bodenfliesen, 10x10cm	m²	56	81	**93**	104	129
	LB 024, Pos. 30, Seite 389		47	68	**78**	88	108
46	Bodenfliesen, 20x20cm	m²	52	64	**70**	81	102
	LB 024, Pos. 31, Seite 389		43	53	**59**	68	86

Kosten:
Stand 1.Quartal 2020
Bundesdurchschnitt

Nr.	Positionen	Einheit	▶	▷	ø brutto € / ø netto €	◁	◀
47	Bodenfliesen, 30x30cm	m²	39	61	**66**	76	98
	LB 024, Pos. 32, Seite 390		32	51	**55**	64	82
48	Bodenfliesen, 30x60cm	m²	46	54	**60**	69	74
	LB 024, Pos. 33, Seite 390		39	45	**51**	58	62
49	Bodenfliesen, 20x20cm, strukturiert	m²	59	69	**77**	89	95
	LB 024, Pos. 34, Seite 390		49	58	**65**	75	80
50	Bodenfliesen, 30x30cm, strukturiert	m²	57	64	**73**	82	91
	LB 024, Pos. 35, Seite 391		48	54	**62**	69	77
51	Bodenfliesen, 30x30cm, R11	m²	71	84	**87**	92	100
	LB 024, Pos. 36, Seite 391		60	70	**73**	77	84
52	Bodenfliesen, Großküche, 20/20cm, R12	m²	49	59	**68**	76	83
	LB 024, Pos. 37, Seite 391		41	49	**57**	64	70
53	Bodenfliesen, Großküche, 30x30cm, R12	m²	68	86	**92**	100	119
	LB 024, Pos. 38, Seite 392		57	72	**77**	84	100
54	Treppenbelag, Tritt- und Setzstufe	m	91	112	**119**	129	154
	LB 024, Pos. 39, Seite 392		77	94	**100**	109	129
55	Bodenfliesen, Bla-Feinsteinzeug, bis 20x20cm	m²	51	63	**66**	79	102
	LB 024, Pos. 41, Seite 393		43	53	**55**	67	86
56	Begleitstreifen, Kontraststreifen, Steinzeug, innen	m	–	53	**62**	78	–
	LB 024, Pos. 44, Seite 394		–	44	**52**	65	–
57	Aufmerksamkeitsfeld, Noppenfliesen, Steinzeug, innen	St	–	181	**213**	266	–
	LB 024, Pos. 45, Seite 394		–	152	**179**	224	–
58	Leitsystem, Rippenfliesen, Steinzeug, innen	m	–	66	**78**	98	–
	LB 024, Pos. 53, Seite 396		–	56	**66**	82	–
59	Innentür, zweiflüglig, Röhrenspan	St	1.311	1.836	**2.039**	2.450	3.156
	LB 027, Pos. 10, Seite 445		1.102	1.543	**1.714**	2.059	2.652
60	Türblatt, Vollspan, zweiflüglig	St	772	977	**1.105**	1.168	1.487
	LB 027, Pos. 17, Seite 448		649	821	**928**	982	1.249
61	Holz-Umfassungszarge, innen, 1.000x2.000/2.125	St	319	412	**461**	479	609
	LB 027, Pos. 26, Seite 452		268	346	**388**	402	512
62	Handlauf-Profil, Holz	m	27	46	**53**	68	106
	LB 027, Pos. 60, Seite 463		22	38	**45**	57	89
63	Geländer, gerade, Rundstabholz	m	224	346	**379**	449	624
	LB 027, Pos. 61, Seite 463		188	290	**319**	377	524
64	Drückergarnitur, Wohnungstür, Metall	St	40	175	**221**	287	420
	LB 029, Pos. 3, Seite 482		34	147	**186**	241	353
65	Drückergarnitur, Wohnungstür, Stahl-Nylon	St	32	47	**57**	64	84
	LB 029, Pos. 4, Seite 483		27	40	**48**	54	70
66	Drückergarnitur, Objekttür, Aluminium	St	30	62	**74**	91	132
	LB 029, Pos. 5, Seite 483		26	52	**62**	77	111
67	Drückergarnitur, niro	St	69	183	**221**	277	423
	LB 029, Pos. 6, Seite 483		58	154	**185**	233	356
68	Drückergarnitur, Objekttür, niro, barrierefrei	St	–	303	**348**	418	–
	LB 029, Pos. 7, Seite 484		–	254	**292**	351	–
69	Drückergarnitur, Objekttür, niro, Ellenbogen-betätigung	St	–	338	**388**	466	–
	LB 029, Pos. 8, Seite 484		–	284	**326**	392	–

▶ min
▷ von
ø Mittel
◁ bis
◀ max

Nr.	Positionen	Einheit	▶	▷ ø brutto € / ø netto €		◁	◀
70	Bad-/WC-Garnitur, Objektbereich, Aluminium	St	31	72	**87**	114	160
	LB 029, Pos. 10, Seite 485		26	60	**73**	95	134
71	Bad-/WC-Garnitur, Objektbereich, Edelstahl	St	50	113	**156**	201	277
	LB 029, Pos. 11, Seite 485		42	95	**131**	169	233
72	Stoßgriff, Tür, Aluminium	St	82	229	**258**	388	725
	LB 029, Pos. 12, Seite 485		69	192	**217**	326	609
73	Obentürschließer, einflüglige Tür	St	123	239	**288**	396	670
	LB 029, Pos. 13, Seite 486		103	201	**242**	333	563
74	Obentürschließer, zweiflüglige Tür	St	399	595	**611**	692	976
	LB 029, Pos. 14, Seite 486		335	500	**513**	582	820
75	Obentürschließer Innentür	St	297	371	**413**	462	516
	LB 027, Pos. 15, Seite 486		250	312	**347**	388	434
76	Türantrieb, kraftbetätigte Tür, einflüglig	St	3.137	4.232	**4.670**	5.456	6.746
	LB 029, Pos. 17, Seite 487		2.636	3.556	**3.924**	4.585	5.669
77	Türantrieb, kraftbetätigte Tür, zweiflüglig	St	2.863	4.162	**5.035**	5.463	7.053
	LB 029, Pos. 18, Seite 487		2.406	3.498	**4.231**	4.591	5.927
78	Elektrischer Türantrieb	St	2.085	2.491	**2.896**	3.157	3.620
	LB 027, Pos. 19, Seite 487		1.752	2.093	**2.434**	2.653	3.042
79	Sensorleiste, Türblatt	St	459	551	**598**	694	853
	LB 029, Pos. 20, Seite 487		386	463	**503**	583	717
80	Fingerschutz, Türkante	St	88	134	**178**	194	225
	LB 029, Pos. 21, Seite 488		74	113	**150**	163	189
81	Türöffner elektrisch	St	62	80	**87**	97	129
	LB 029, Pos. 22, Seite 488		52	67	**73**	81	108
82	Fluchttürsicherung, elektrische Verriegelung	St	633	965	**1.050**	1.247	1.693
	LB 029, Pos. 23, Seite 488		532	811	**882**	1.048	1.423
83	Türspion, Aluminium	St	11	19	**24**	27	35
	LB 029, Pos. 26, Seite 490		9	16	**20**	23	30
84	Absenkdichtung, Tür	St	63	99	**109**	125	167
	LB 029, Pos. 39, Seite 492		53	83	**92**	105	141
85	WC-Schild, taktil, Kunststoff	St	–	38	**43**	54	–
	LB 029, Pos. 41, Seite 493		–	32	**36**	45	–
86	Handlauf, Stahl, gebogen	m	108	133	**153**	169	191
	LB 031, Pos. 6, Seite 507		90	112	**129**	142	161
87	Handlauf, Stahl, Wandhalterung	St	35	55	**63**	82	112
	LB 031, Pos. 7, Seite 508		30	47	**53**	69	94
88	Handlauf, Enden	St	14	22	**26**	27	38
	LB 031, Pos. 8, Seite 508		12	19	**22**	23	32
89	Handlauf, Bogenstück	St	18	35	**47**	58	76
	LB 031, Pos. 9, Seite 508		15	29	**40**	49	64
90	Handlauf, Ecken/Gehrungen	St	14	33	**41**	53	86
	LB 031, Pos. 10, Seite 508		12	28	**34**	45	73
91	Brüstungs-/Treppengeländer, Flachstahlfüllung	m	183	356	**413**	502	773
	LB 031, Pos. 13, Seite 509		154	299	**347**	422	649
92	Brüstungs-/Treppengeländer, Lochblechfüllung	m	179	274	**311**	351	451
	LB 031, Pos. 14, Seite 510		151	230	**262**	295	379
93	Bodenablauf, Gully, bodengleiche Dusche	St	575	631	**701**	842	968
	LB 044, Pos. 57, Seite 724		483	530	**589**	707	813

Kosten:
Stand 1.Quartal 2020
Bundesdurchschnitt

Nr.	Positionen	Einheit	▶	▷	ø brutto € / ø netto €	◁	◀
94	Bodenablauf, Rinne, bodengleiche Dusche	St	738	788	**984**	1.181	1.359
	LB 044, Pos. 58, Seite 724		620	662	**827**	993	1.142
95	Barrierefreier Waschtisch	St	246	279	**328**	442	606
	LB 045, Pos. 4, Seite 729		207	234	**275**	372	509
96	Raumsparsiphon, Waschtisch, unterfahrbar	St	107	119	**137**	164	205
	LB 045, Pos. 5, Seite 729		90	100	**115**	138	172
97	Spiegel, hochkant, für Waschtisch	St	61	70	**82**	107	131
	LB 045, Pos. 8, Seite 729		52	59	**69**	90	110
98	Einhandmischer, Badewanne	St	63	198	**278**	423	578
	LB 045, Pos. 10, Seite 730		53	167	**234**	356	485
99	Thermostatarmatur, Badewanne	St	324	432	**539**	728	1.052
	LB 045, Pos. 11, Seite 730		272	363	**453**	612	884
100	WC, barrierefrei	St	678	810	**942**	1.131	1.413
	LB 045, Pos. 13, Seite 730		570	681	**792**	950	1.188
101	Notruf, behindertengerechtes WC	St	436	612	**736**	862	1.031
	LB 045, Pos. 15, Seite 731		366	514	**618**	724	866
102	Einhebelarmatur, Dusche	St	166	427	**444**	550	764
	LB 045, Pos. 23, Seite 732		139	359	**373**	462	642
103	Einhandmischer, Spültisch	St	38	193	**256**	355	545
	LB 045, Pos. 32, Seite 734		32	162	**215**	298	458
104	Installationselement, barrierefreies WC, mit Stützgriffen	St	612	754	**942**	1.131	1.319
	LB 045, Pos. 34, Seite 734		515	633	**792**	950	1.108
105	Installationselement, Hygiene-Spül-WC, mit Stützgriffen	St	666	819	**1.024**	1.229	1.434
	LB 045, Pos. 35, Seite 735		559	688	**861**	1.033	1.205
106	Installationselement, Hygiene-Spül-WC	St	268	325	**382**	459	528
	LB 045, Pos. 36, Seite 735		225	273	**321**	386	443
107	Installationselement, barrierefreier Waschtisch, mit Stützgriffen	St	344	428	**492**	590	673
	LB 045, Pos. 38, Seite 735		289	359	**413**	496	566
108	Installationselement, barrierefreier Waschtisch, höhenverstellbar	St	236	267	**314**	371	424
	LB 045, Pos. 39, Seite 736		198	224	**264**	311	356
109	Wandablauf, bodengleiche Dusche	St	533	604	**710**	838	923
	LB 045, Pos. 40, Seite 736		448	507	**597**	704	776
110	Installationselement, Stützgriff	St	160	209	**246**	295	337
	LB 045, Pos. 41, Seite 736		134	176	**207**	248	283
111	Unterkonstruktion Stützgriff/Sitz	St	71	93	**109**	131	150
	LB 045, Pos. 42, Seite 736		60	78	**92**	110	126
112	Haltegriff, Edelstahl, 600mm	St	75	108	**116**	149	191
	LB 045, Pos. 43, Seite 737		63	91	**98**	125	161
113	Haltegriff, Kunststoff, 300mm	St	78	112	**137**	162	225
	LB 045, Pos. 44, Seite 737		65	94	**115**	137	189
114	Duschhandlauf, Edelstahl, 600mm	St	–	396	**526**	669	–
	LB 045, Pos. 45, Seite 737		–	333	**442**	562	–
115	Haltegriffkombination, BW-Duschbereich	St	341	437	**546**	655	1.147
	LB 045, Pos. 46, Seite 737		287	367	**459**	551	964

▶ min
▷ von
ø Mittel
◁ bis
◀ max

Nr.	Positionen	Einheit	▶	▷ ø brutto € ø netto €		◁	◀
116	Duschsitz, klappbar	St	426	524	**655**	787	898
	LB 045, Pos. 47, Seite 738		358	441	**551**	661	755
117	WC-Rückenstütze	St	218	350	**437**	524	655
	LB 045, Pos. 48, Seite 738		184	294	**367**	441	551
118	Stützgriff, fest, WC	St	334	393	**492**	590	664
	LB 045, Pos. 49, Seite 738		281	330	**413**	496	558
119	Stützgriff, fest, WC mit Spülauslösung	St	504	565	**614**	676	768
	LB 045, Pos. 50, Seite 738		423	475	**516**	568	645
120	Stützgriff, klappbar, WC	St	382	470	**587**	705	804
	LB 045, Pos. 51, Seite 739		321	395	**493**	592	676
121	Stützgriff, fest, Waschtisch	St	266	328	**410**	492	561
	LB 045, Pos. 52, Seite 739		224	275	**344**	413	472
122	Stützgriff, klappbar, Waschtisch	St	382	435	**478**	521	573
	LB 045, Pos. 53, Seite 739		321	365	**402**	438	482
123	Personenaufzug bis 630kg, behindertengerecht, Typ 2	St	41.005	46.516	**49.362**	52.821	59.702
	LB 069, Pos. 2, Seite 780		34.458	39.089	**41.481**	44.388	50.170
124	Personenaufzug bis 1.275kg, behindertengerecht, Typ 3	St	51.320	69.751	**80.013**	90.301	109.688
	LB 069, Pos. 3, Seite 781		43.126	58.614	**67.238**	75.884	92.175
125	Fassaden-Flachrinne, DN100	m	134	151	**160**	173	199
	LB 003, Pos. 95, Seite 827		113	127	**134**	145	167
126	Entwässerungsrinne, Polymerbeton	St	255	291	**306**	366	464
	LB 003, Pos. 96, Seite 827		214	245	**257**	308	390
127	Entwässerungsrinne, Kl. A, Beton/Gussabdeckung	m	71	97	**108**	124	157
	LB 003, Pos. 97, Seite 827		60	82	**91**	105	132
128	Entwässerungsrinne, Kl. B, Beton/Gussabdeckung	m	102	110	**113**	121	131
	LB 003, Pos. 98, Seite 828		86	93	**95**	101	110
129	Entwässerungsrinne, rollstuhlbefahrbar, Klasse A, DN100	m	101	134	**144**	164	176
	LB 003, Pos. 101, Seite 828		85	113	**121**	138	148
130	Abdeckung, Entwässerungsrinne, Guss, D400	St	78	105	**123**	133	155
	LB 003, Pos. 102, Seite 829		66	88	**103**	112	130
131	Ablaufkasten, Klasse A, DN100	St	159	197	**215**	255	268
	LB 003, Pos. 106, Seite 829		133	166	**180**	215	225
132	Plattenbelag, Granit, 60x60cm	m²	70	82	**87**	94	113
	LB 080, Pos. 65, Seite 896		59	69	**73**	79	95
133	Plattenbelag, Basalt, 60x60cm	m²	125	157	**179**	195	203
	LB 080, Pos. 66, Seite 896		105	132	**150**	164	170
134	Plattenbelag, Travertin, 60x60cm	m²	103	115	**128**	131	163
	LB 080, Pos. 67, Seite 897		87	97	**108**	110	137
135	Plattenbelag, Sandstein, 60x60cm	m²	110	126	**138**	145	159
	LB 080, Pos. 68, Seite 897		92	106	**116**	122	133
136	Pflasterdecke, Betonpflaster	m²	29	33	**35**	37	43
	LB 080, Pos. 69, Seite 897		24	27	**29**	31	36
137	Betonplattenbelag, 40x40cm	m²	34	50	**55**	64	83
	LB 080, Pos. 70, Seite 898		29	42	**46**	54	70

Kosten:
Stand 1.Quartal 2020
Bundesdurchschnitt

Nr.	Positionen	Einheit	▶	▷	ø brutto € / ø netto €	◁	◀
138	Betonplattenbelag, großformatig	m²	58	66	**70**	77	85
	LB 080, Pos. 71, Seite 898		49	55	**59**	64	72
139	Rippenplatten, 30x30x8, Rippenabstand 50x6, o. Fase, anthrazit	m²	90	119	**132**	152	158
	LB 080, Pos. 79, Seite 900		75	100	**111**	127	133
140	Rippenplatte, 20x10x8, mit Fase, anthrazit	m	77	103	**112**	129	137
	LB 080, Pos. 80, Seite 901		65	86	**94**	109	115
141	Noppenplatten, 30x30x8, 32 Noppen, mit Fase, Kegel, anthrazit	m²	87	115	**128**	149	156
	LB 080, Pos. 81, Seite 901		73	97	**107**	126	131
142	Noppenplatten, 30x30x8, 32 Noppen, mit Fase, Kugel, weiß	m²	86	103	**122**	143	147
	LB 080, Pos. 82, Seite 901		72	86	**103**	120	123
143	Noppenplatten, 20x10x8, 8 Noppen, mit Fase, Kegel, weiß	m²	70	89	**97**	109	179
	LB 080, Pos. 83, Seite 901		59	75	**81**	92	150
144	Leitstreifen, Betonsteinpflaster	m	–	336	**390**	461	–
	LB 080, Pos. 84, Seite 902		–	282	**328**	387	–
145	Blockstufe, Kontraststreifen Beton, 20x40x120cm	m	166	177	**184**	191	209
	LB 080, Pos. 91, Seite 904		140	149	**155**	160	176
146	Blockstufe, Kontraststreifen PVC, 20x40x120cm	m	–	144	**156**	176	–
	LB 080, Pos. 92, Seite 904		–	121	**131**	148	–
147	Winkelstufe, Kontraststreifen Beton, 20x36x120cm	m	108	143	**154**	176	191
	LB 080, Pos. 94, Seite 905		91	121	**130**	148	161
148	Winkelstufe, Kontraststreifen PVC, 20x36x120cm	m	99	125	**134**	148	164
	LB 080, Pos. 95, Seite 905		83	105	**113**	124	138
149	Legestufe, Kontraststreifen Beton, 8x40x120cm	m	120	157	**168**	189	209
	LB 080, Pos. 96, Seite 905		100	132	**141**	158	175
150	Legestufe, Kontraststreifen PVC, 8x40x120cm	m	104	137	**147**	163	181
	LB 080, Pos. 97, Seite 906		88	115	**124**	137	152
151	L-Stufe, Kontraststreifen Beton,15x38x80cm	m	101	126	**136**	150	166
	LB 080, Pos. 98, Seite 906		85	106	**114**	126	139

▶ min
▷ von
ø Mittel
◁ bis
◀ max

F

Brandschutz

Nr.	Positionen	Einheit	▶	▷	ø brutto € / ø netto €	◁	◀
1	Deckenanschluss gleitend, mit Brandschutz	m	25	39	**41**	46	60
	LB 012, Pos. 59, Seite 166		21	33	**34**	39	51
2	Dachfenster/Dachausstieg, Holz	St	187	336	**434**	534	947
	LB 020, Pos. 77, Seite 307		157	283	**365**	449	796
3	Sicherheitsdachhaken, verzinkt	St	12	17	**19**	21	27
	LB 022, Pos. 82, Seite 355		10	14	**16**	18	22
4	Sicherheitstritt, Standziegel	St	62	81	**89**	94	111
	LB 022, Pos. 83, Seite 356		52	68	**75**	79	93
5	WDVS, Brandbarriere, 200mm	m	6	9	**11**	13	17
	LB 023, Pos. 50, Seite 372		5	8	**9**	11	14
6	Fluchttürsicherung, elektrische Verriegelung	St	633	965	**1.050**	1.247	1.693
	LB 029, Pos. 23, Seite 488		532	811	**882**	1.048	1.423
7	Stahltür, Rauchschutz, zweiflüglig	St	2.998	5.874	**6.699**	7.614	10.369
	LB 031, Pos. 25, Seite 516		2.520	4.936	**5.630**	6.398	8.714
8	Stahltür, Brandschutz, EI2 90, zweiflüglig	St	3.593	4.566	**5.046**	5.630	6.994
	LB 031, Pos. 31, Seite 521		3.019	3.837	**4.241**	4.731	5.878
9	Stahltür, Brandschutz, EI2 30, zweiflüglig	St	1.712	2.851	**3.287**	4.958	8.516
	LB 031, Pos. 32, Seite 523		1.438	2.396	**2.762**	4.167	7.156
10	Rohrrahmentür, Glasfüllung, EI2 30-S200C5, zweiflüglig, mehrteilig,	St	5.831	8.575	**9.642**	11.185	14.277
	LB 031, Pos. 33, Seite 524		4.900	7.206	**8.103**	9.399	11.997
11	Brandschutzverglasung, Innenwände	m²	170	368	**404**	439	551
	LB 032, Pos. 16, Seite 543		143	309	**339**	369	463
12	Brandschutzglas, G30/E30 Fenster	m²	400	418	**460**	515	634
	LB 032, Pos. 17, Seite 544		336	351	**386**	433	533
13	Brandschutzbeschichtung, E30, Stahlbauteile	m²	24	53	**62**	79	108
	LB 034, Pos. 44, Seite 567		20	44	**52**	66	91
14	Decklack, Brandschutzbeschichtungen, Stahlteile	m²	8	10	**13**	15	18
	LB 034, Pos. 45, Seite 568		7	9	**11**	13	15
15	Brandschutzbeschichtung Rund-/Profilstahl	m	20	35	**40**	43	66
	LB 034, Pos. 46, Seite 568		16	30	**34**	36	56
16	Fassadendämmung, Brandbarriere	m²	21	24	**26**	30	35
	LB 038, Pos. 11, Seite 606		17	20	**22**	25	29
17	Unterdecke, abgehängt, GK/GF, zweilagig, F90-A/EI-90	m²	–	97	**123**	160	–
	LB 039, Pos. 10, Seite 622		–	82	**103**	135	–
18	Unterdecke, abgehängt, Gipsplatten 2x20 mm, F90A/EI90	m²	–	95	**103**	118	–
	LB 039, Pos. 11, Seite 622		–	80	**87**	99	–
19	Unterdecke, abgehängt, F90A/EI90, selbsttragend	m²	84	118	**133**	161	224
	LB 039, Pos. 13, Seite 623		71	99	**112**	136	188
20	Montagewand, Holz-UK, 100mm, Gipsplatten, zweilagig, MW 40mm, EI30	m²	66	77	**83**	95	109
	LB 039, Pos. 25, Seite 626		55	64	**69**	80	92
21	Montagewand, Holz-UK, 85mm, GF einlagig, MW 40mm, EI30	m²	–	56	**65**	74	–
	LB 039, Pos. 26, Seite 626		–	47	**54**	62	–

Kosten:
Stand 1.Quartal 2020
Bundesdurchschnitt

▶ min
▷ von
ø Mittel
◁ bis
◀ max

Nr.	Positionen	Einheit	▶	▷ ø brutto € / ø netto €		◁	◀
22	Montagewand, Holz-UK, 100mm, GF zweilagig, MW 50mm, EI90	m²	–	69	**77**	90	–
	LB 039, Pos. 27, Seite 627		–	58	**65**	75	–
23	Montagewand, Metall-UK, 125mm, Gipsplatten zweilagig, MW 60mm, EI30	m²	51	68	**74**	85	111
	LB 039, Pos. 30, Seite 628		43	57	**62**	71	93
24	Montagewand, Metall-UK, 150mm, Gipsplatten zweilagig, MW 40mm, EI30	m²	55	69	**74**	87	117
	LB 039, Pos. 31, Seite 629		47	58	**63**	73	98
25	Montagewand, Metall-UK, 100mm, Gipsplatten DF zweilagig, MW 50mm, EI90	m²	60	75	**82**	95	131
	LB 039, Pos. 32, Seite 629		50	63	**69**	80	110
26	Montagewand, Gipsplatten, Brandwand, nicht-tragend	m²	–	123	**135**	157	–
	LB 039, Pos. 35, Seite 631		–	103	**113**	132	–
27	Montagewand, Gipsplatten, Brandwand	m²	–	143	**158**	187	–
	LB 039, Pos. 36, Seite 631		–	120	**133**	158	–
28	Montagewand, Gipsplatten, Sicherheitswand, einbruchhemmend	m²	–	135	**153**	172	–
	LB 039, Pos. 37, Seite 632		–	114	**128**	145	–
29	Montagewand, Metall-UK, 100mm, Gips-Hart-platten, Schall-/Brandschutz	m²	–	64	**72**	85	–
	LB 039, Pos. 43, Seite 635		–	54	**61**	71	–
30	Montagewand, Metall-UK, 125mm, Gips-Hart-platten, doppelt, Schall-/Brandschutz	m²	–	86	**96**	111	–
	LB 039, Pos. 44, Seite 635		–	72	**80**	93	–
31	Revisionsöffnung/-klappe, eckig, Brandschutz EI90	St	247	348	**383**	443	600
	LB 039, Pos. 59, Seite 639		208	293	**322**	373	504
32	Schachtwand, Gipsplatten, EI 90	m²	51	60	**67**	77	93
	LB 039, Pos. 67, Seite 641		43	51	**56**	65	78
33	Kabelkanal EI30, einlagig, 1x20mm, Feuerschutz-platte GM-F	m²	–	86	**99**	124	–
	LB 039, Pos. 70, Seite 642		–	72	**83**	104	–
34	Installationskanal EI60, Feuerschutzplatte GM-F	m²	–	111	**128**	159	–
	LB 039, Pos. 71, Seite 643		–	93	**107**	134	–
35	Installationskanal EI90, Feuerschutzplatte GM-F	m²	–	123	**142**	177	–
	LB 039, Pos. 72, Seite 643		–	104	**119**	149	–
36	Gipsplatten-Bekleidung, EI90, auf Unterkonstruktion	m²	72	88	**96**	111	145
	LB 039, Pos. 77, Seite 644		60	74	**81**	93	122
37	Gipsplatten-Bekleidung, Holzstütze, EI30	m²	–	65	**73**	84	–
	LB 039, Pos. 78, Seite 645		–	55	**61**	71	–
38	Gipsplatten-Bekleidung, Metallstütze, EI90	m²	–	108	**119**	134	–
	LB 039, Pos. 79, Seite 645		–	91	**100**	113	–
39	Gipsplatten-Bekleidung, Holzträger, EI90	m²	–	78	**88**	110	–
	LB 039, Pos. 80, Seite 645		–	66	**74**	92	–
40	Gipsplatten-Bekleidung, Stahlträger, EI30	m²	–	58	**68**	80	–
	LB 039, Pos. 81, Seite 645		–	49	**57**	67	–

Positions-verweise Brandschutz

Brandschutz							Preise €
Nr.	**Positionen**	**Einheit**	▶	▷	**ø brutto €** ø netto €	◁	◀
41	Löschwasserleitung, verzinktes Rohr, DN50	m	49	53	**54**	56	60
	LB 042, Pos. 15, Seite 706		41	44	**46**	47	50
42	Löschwasserleitung, verzinktes Rohr, DN100	m	–	80	**90**	97	–
	LB 042, Pos. 16, Seite 706		–	67	**76**	82	–
43	Brandschutzklappen, RLT, eckig	St	227	509	**651**	710	893
	LB 075, Pos. 26, Seite 793		191	428	**547**	596	750
44	Brandschutzklappen, RLT, rund, Küche	St	496	4.036	**5.809**	7.717	11.187
	LB 075, Pos. 27, Seite 794		416	3.391	**4.881**	6.485	9.401

Kosten:
Stand 1.Quartal 2020
Bundesdurchschnitt

▶ min
▷ von
ø Mittel
◁ bis
◀ max

Anhang

Regionalfaktoren

Regionalfaktoren Deutschland

Diese Faktoren geben Aufschluss darüber, inwieweit die Baukosten in einer bestimmten Region Deutschlands teurer oder günstiger liegen als im Bundesdurchschnitt. Sie können dazu verwendet werden, die BKI Baukosten an das besondere Baupreisniveau einer Region anzupassen.
Hinweis: Alle Angaben wurden durch Untersuchungen des BKI weitgehend verifiziert. Dennoch können Abweichungen zu den angegebenen Werten entstehen. In Grenznähe zu einem Land-/Stadtkreis mit anderen Baupreisfaktoren sollte dessen Baupreisniveau mit berücksichtigt werden, da die Übergänge zwischen den Land-/Stadtkreisen fließend sind. Die Besonderheiten des Einzelfalls können ebenfalls zu Abweichungen führen.
Für die größeren Inseln Deutschlands wurden separate Regionalfaktoren ermittelt. Dazu wurde der zugehörige Landkreis in Festland und Inseln unterteilt. Alle Inseln eines Landkreises erhalten durch dieses Verfahren den gleichen Regionalfaktor. Der Regionalfaktor des Festlandes erhält keine Inseln mehr und ist daher gegenüber früheren Ausgaben verringert.

Land- / Stadtkreis / Insel	Bundeskorrekturfaktor
Aachen, Städteregion, Stadt	0,951
Ahrweiler	1,012
Aichach-Friedberg	1,061
Alb-Donau-Kreis	1,016
Altenburger Land	0,881
Altenkirchen	0,968
Altmarkkreis Salzwedel	0,823
Altötting	1,004
Alzey-Worms	1,003
Amberg, Stadt	1,064
Amberg-Sulzbach	1,044
Ammerland	0,870
Amrum, Insel	1,424
Anhalt-Bitterfeld	0,700
Ansbach	1,007
Ansbach, Stadt	1,148
Aschaffenburg	1,081
Aschaffenburg, Stadt	1,070
Augsburg	1,041
Augsburg, Stadt	1,112
Aurich, Festlandanteil	0,802
Aurich, Inselanteil	1,328
Bad Dürkheim	1,037
Bad Kissingen	1,060
Bad Kreuznach	1,028
Bad Tölz-Wolfratshausen	1,133
Baden-Baden, Stadt	1,033
Baltrum, Insel	1,328
Bamberg	1,017
Bamberg, Stadt	1,082
Barnim	0,873
Bautzen	0,850
Bayreuth	1,006
Bayreuth, Stadt	1,066
Berchtesgadener Land	1,071
Bergstraße	1,021
Berlin, Stadt	1,056
Bernkastel-Wittlich	1,064
Biberach	1,002
Bielefeld, Stadt	0,927
Birkenfeld	0,982
Bochum, Stadt	0,915
Bodenseekreis	0,990
Bonn, Stadt	0,971
Borken	0,930
Borkum, Insel	1,058
Bottrop, Stadt	0,860
Brandenburg an der Havel, Stadt	0,872
Braunschweig, Stadt	0,863
Breisgau-Hochschwarzwald	1,084
Bremen, Stadt	0,989
Bremerhaven, Stadt	0,928
Burgenlandkreis	0,819
Böblingen	1,085
Börde	0,826
Calw	0,998
Celle	0,873
Cham	0,890
Chemnitz, Stadt	0,871
Cloppenburg	0,734
Coburg	1,037
Coburg, Stadt	1,075
Cochem-Zell	1,001
Coesfeld	0,936
Cottbus, Stadt	0,848
Cuxhaven	0,854
Dachau	1,205
Dahme-Spreewald	0,931

Darmstadt, Stadt 1,045
Darmstadt-Dieburg 0,965
Deggendorf 0,975
Delmenhorst, Stadt 0,748
Dessau-Roßlau, Stadt 0,864
Diepholz 0,810
Dillingen a.d.Donau 1,060
Dingolfing-Landau 0,960
Dithmarschen 1,003
Donau-Ries 1,023
Donnersbergkreis 0,968
Dortmund, Stadt 0,787
Dresden, Stadt 0,892
Duisburg, Stadt 0,907
Düren 0,950
Düsseldorf, Stadt 0,981

Ebersberg 1,255
Eichsfeld 0,879
Eichstätt 1,053
Eifelkreis Bitburg-Prüm 1,042
Eisenach, Stadt 0,950
Elbe-Elster 0,874
Emden, Stadt 0,743
Emmendingen 1,052
Emsland 0,827
Ennepe-Ruhr-Kreis 0,889
Enzkreis 1,028
Erding 1,073
Erfurt, Stadt 0,849
Erlangen, Stadt 1,184
Erlangen-Höchstadt 0,962
Erzgebirgskreis 0,904
Essen, Stadt 0,910
Esslingen 1,034
Euskirchen 0,907

Fehmarn, Insel 1,201
Flensburg, Stadt 0,873
Forchheim 1,036
Frankenthal (Pfalz), Stadt 0,964
Frankfurt (Oder), Stadt 0,793
Frankfurt am Main, Stadt 1,071
Freiburg im Breisgau, Stadt 1,175
Freising 1,090
Freudenstadt 0,999
Freyung-Grafenau 0,981
Friesland, Festlandanteil 0,861
Friesland, Inselanteil 1,661
Fulda 0,990
Föhr, Insel 1,424
Fürstenfeldbruck 1,182
Fürth 1,078
Fürth, Stadt 0,974

Garmisch-Partenkirchen 1,245
Gelsenkirchen, Stadt 0,853
Gera, Stadt 0,900
Germersheim 0,971
Gießen 1,005
Gifhorn 0,891
Goslar 0,846
Gotha 0,886
Grafschaft Bentheim 0,829
Greiz 0,937
Groß-Gerau 1,032
Göppingen 1,004
Görlitz 0,857
Göttingen 0,882
Günzburg 1,065
Gütersloh 0,930

Hagen, Stadt 0,908
Halle (Saale), Stadt 0,871
Hamburg, Stadt 1,111
Hameln-Pyrmont 0,803
Hamm, Stadt 0,883
Hannover, Region 0,931
Harburg 1,032
Harz 0,770
Havelland 0,948
Haßberge 1,073
Heidekreis 0,864
Heidelberg, Stadt 1,054
Heidenheim 0,989
Heilbronn 1,015
Heilbronn, Stadt 0,986
Heinsberg 0,926
Helgoland, Insel 1,985
Helmstedt 0,852
Herford 0,868
Herne, Stadt 0,922
Hersfeld-Rotenburg 1,004
Herzogtum Lauenburg 0,958
Hiddensee, Insel 1,125
Hildburghausen 0,914
Hildesheim 0,867
Hochsauerlandkreis 0,896
Hochtaunuskreis 1,027
Hof 1,132
Hof, Stadt 1,095
Hohenlohekreis 1,024
Holzminden 0,852
Höxter 0,915

Ilm-Kreis 0,809

Ingolstadt, Stadt	1,049
Jena, Stadt	0,949
Jerichower Land	0,805
Juist, Insel	1,328
Kaiserslautern	0,974
Kaiserslautern, Stadt	0,966
Karlsruhe	1,019
Karlsruhe, Stadt	1,131
Kassel	0,963
Kassel, Stadt	1,024
Kaufbeuren, Stadt	1,015
Kelheim	1,005
Kempten (Allgäu), Stadt	1,022
Kiel, Stadt	1,025
Kitzingen	1,083
Kleve	0,932
Koblenz, Stadt	1,038
Konstanz	1,080
Krefeld, Stadt	0,889
Kronach	1,092
Kulmbach	1,123
Kusel	0,965
Kyffhäuserkreis	0,875
Köln, Stadt	0,915
Lahn-Dill-Kreis	0,967
Landau in der Pfalz, Stadt	1,011
Landsberg am Lech	1,101
Landshut	0,993
Landshut, Stadt	1,107
Langeoog, Insel	1,426
Leer, Festlandanteil	0,758
Leer, Inselanteil	1,058
Leipzig	0,951
Leipzig, Stadt	0,784
Leverkusen, Stadt	0,928
Lichtenfels	1,019
Limburg-Weilburg	1,004
Lindau (Bodensee)	1,063
Lippe	0,913
Ludwigsburg	1,001
Ludwigshafen am Rhein, Stadt	0,984
Ludwigslust-Parchim	0,950
Lörrach	1,077
Lübeck, Stadt	1,025
Lüchow-Dannenberg	0,848
Lüneburg	0,904
Magdeburg, Stadt	0,824
Main-Kinzig-Kreis	1,002
Main-Spessart	1,058
Main-Tauber-Kreis	1,023
Main-Taunus-Kreis	1,006
Mainz, Stadt	1,015
Mainz-Bingen	1,019
Mannheim, Stadt	0,942
Mansfeld-Südharz	0,822
Marburg-Biedenkopf	0,988
Mayen-Koblenz	0,965
Mecklenburgische Seenplatte	0,939
Meißen	0,893
Memmingen, Stadt	1,026
Merzig-Wadern	1,023
Mettmann	0,875
Miesbach	1,252
Miltenberg	1,100
Minden-Lübbecke	0,872
Mittelsachsen	0,879
Märkisch-Oderland	0,888
Märkischer Kreis	0,919
Mönchengladbach, Stadt	0,931
Mühldorf a.Inn	1,066
Mülheim an der Ruhr, Stadt	0,915
München	1,240
München, Stadt	1,510
Münster, Stadt	0,909
Neckar-Odenwald-Kreis	1,056
Neu-Ulm	1,093
Neuburg-Schrobenhausen	1,064
Neumarkt i.d.OPf.	1,006
Neumünster, Stadt	0,837
Neunkirchen	0,996
Neustadt a.d.Aisch-Bad Windsheim	1,114
Neustadt a.d.Waldnaab	1,016
Neustadt an der Weinstraße, Stadt	0,972
Neuwied	0,976
Nienburg (Weser)	0,624
Norderney, Insel	1,328
Nordfriesland, Festlandanteil	1,074
Nordfriesland, Inselanteil	1,424
Nordhausen	0,829
Nordsachsen	0,936
Nordwest-Mecklenburg, Festlandanteil	0,934
Nordwest-Mecklenburg, Inselanteil	1,184
Northeim	0,888
Nürnberg, Stadt	1,043
Nürnberger Land	1,028
Oberallgäu	1,061
Oberbergischer Kreis	0,921
Oberhausen, Stadt	0,859
Oberhavel	0,952
Oberspreewald-Lausitz	0,855

Odenwaldkreis	0,998
Oder-Spree	0,882
Offenbach	1,003
Offenbach am Main, Stadt	1,004
Oldenburg	0,873
Oldenburg, Stadt	0,903
Olpe	1,015
Ortenaukreis	1,082
Osnabrück	0,819
Osnabrück, Stadt	0,839
Ostalbkreis	1,038
Ostallgäu	1,083
Osterholz	0,826
Ostholstein, Festlandanteil	0,951
Ostholstein, Inselanteil	1,201
Ostprignitz-Ruppin	0,861
Paderborn	0,908
Passau	0,966
Passau, Stadt	1,027
Peine	0,837
Pellworm, Insel	1,424
Pfaffenhofen a.d.Ilm	1,066
Pforzheim, Stadt	0,984
Pinneberg, Festlandanteil	0,985
Pinneberg, Inselanteil	1,985
Pirmasens, Stadt	0,969
Plön	0,970
Poel, Insel	1,184
Potsdam, Stadt	0,938
Potsdam-Mittelmark	0,958
Prignitz	0,701
Rastatt	1,016
Ravensburg	1,015
Recklinghausen	0,908
Regen	1,011
Regensburg	1,033
Regensburg, Stadt	1,112
Rems-Murr-Kreis	1,032
Remscheid, Stadt	0,943
Rendsburg-Eckernförde	0,890
Reutlingen	1,047
Rhein-Erft-Kreis	0,944
Rhein-Hunsrück-Kreis	1,000
Rhein-Kreis Neuss	0,937
Rhein-Lahn-Kreis	0,991
Rhein-Neckar-Kreis	1,039
Rhein-Pfalz-Kreis	0,977
Rhein-Sieg-Kreis	0,953
Rheingau-Taunus-Kreis	1,032
Rheinisch-Bergischer Kreis	0,935
Rhön-Grabfeld	1,039
Rosenheim	1,192
Rosenheim, Stadt	1,138
Rostock	0,955
Rostock, Stadt	0,957
Rotenburg (Wümme)	0,780
Roth	1,081
Rottal-Inn	0,966
Rottweil	0,977
Rügen, Insel	1,125
Saale-Holzland-Kreis	0,872
Saale-Orla-Kreis	0,859
Saalekreis	0,857
Saalfeld-Rudolstadt	0,928
Saarbrücken, Regionalverband	0,959
Saarlouis	1,007
Saarpfalz-Kreis	0,947
Salzgitter, Stadt	0,848
Salzlandkreis	0,807
Schaumburg	0,864
Schleswig-Flensburg	0,851
Schmalkalden-Meiningen	0,909
Schwabach, Stadt	1,051
Schwalm-Eder-Kreis	0,968
Schwandorf	0,963
Schwarzwald-Baar-Kreis	0,958
Schweinfurt	1,075
Schweinfurt, Stadt	1,007
Schwerin, Stadt	1,011
Schwäbisch Hall	0,984
Segeberg	0,973
Siegen-Wittgenstein	0,987
Sigmaringen	1,017
Soest	0,902
Solingen, Stadt	0,930
Sonneberg	1,005
Speyer, Stadt	1,068
Spiekeroog, Insel	1,426
Spree-Neiße	0,797
St. Wendel	1,018
Stade	0,877
Starnberg	1,248
Steinburg	0,948
Steinfurt	0,888
Stendal	0,707
Stormarn	0,992
Straubing, Stadt	1,180
Straubing-Bogen	1,002
Stuttgart, Stadt	1,077
Suhl, Stadt	0,993
Sylt, Insel	1,424
Sächsische Schweiz-Osterzgebirge	0,949
Sömmerda	0,867

Südliche Weinstraße	1,037
Südwestpfalz	0,965
Teltow-Fläming	0,915
Tirschenreuth	1,009
Traunstein	1,071
Trier, Stadt	1,076
Trier-Saarburg	1,093
Tuttlingen	1,051
Tübingen	1,015
Uckermark	0,836
Uelzen	0,886
Ulm, Stadt	1,093
Unna	0,923
Unstrut-Hainich-Kreis	0,863
Unterallgäu	0,994
Usedom, Insel	1,124
Vechta	0,879
Verden	0,830
Viersen	0,953
Vogelsbergkreis	0,961
Vogtlandkreis	0,898
Vorpommern-Greifswald, Festlandanteil	0,874
Vorpommern-Greifswald, Inselanteil	1,124
Vorpommern-Rügen, Festlandanteil	0,875
Vorpommern-Rügen, Inselanteil	1,125
Vulkaneifel	0,985
Waldeck-Frankenberg	0,981
Waldshut	1,048
Wangerooge, Insel	1,661
Warendorf	0,887
Wartburgkreis	0,932
Weiden i.d.OPf., Stadt	0,997
Weilheim-Schongau	1,125
Weimar, Stadt	0,979
Weimarer Land	0,934
Weißenburg-Gunzenhausen	1,064
Werra-Meißner-Kreis	0,923
Wesel	0,920
Wesermarsch	0,811
Westerwaldkreis	0,995
Wetteraukreis	0,988
Wiesbaden, Stadt	1,045
Wilhelmshaven, Stadt	0,860
Wittenberg	0,775
Wittmund, Festlandanteil	0,795
Wittmund, Inselanteil	1,426
Wolfenbüttel	0,875
Wolfsburg, Stadt	0,942
Worms, Stadt	0,925
Wunsiedel i.Fichtelgebirge	1,067
Wuppertal, Stadt	0,927
Würzburg	1,084
Würzburg, Stadt	1,326
Zingst, Insel	1,125
Zollernalbkreis	1,049
Zweibrücken, Stadt	1,010
Zwickau	0,911

Anhang

Stichwortverzeichnis Positionen

A

Abbruch Mauerwerk, Ziegel 883
Abbruch, unbewehrte Betonteile 882
Abbund und Aufstellen, Brettschichtholz 243
Abbund und Aufstellen, Kehl-/Gratsparren 243
Abbund, Bauschnittholz/Konstruktionsvollholz 242
Abdeckung für Amphibienstopprinne, Stahlgitterroste 843
Abdeckung, Duschrinne, Edelstahl 724
Abdeckung, Entwässerungsrinne 829
Abdichtung, Fensteranschluss 438
Abdichtungsanschluss verkleben 250
Abdichtungsanschluss, Anschweißflansch DN250 282
Abdichtungsanschluss, Butyl-Band, Dampfsperrbahn 250
Abdichtungsanschluss, Decke, Anschweißflansch 282
Abdichtungsanschluss, Fenstertür, Abdeckblech 324
Abfallbehälter, Stahlblech 845
Abflussleitung, PP-Rohre, schallgedämmt 722
Abgasanlage, Edelstahl 659
Ablaufkasten 829
Abluftventilator, Einbaugerät 789
Abschlussprofil, Außenputz, verzinkter Stahl 376
Abschlussprofil, innen 364
Absenkdichtung, Tür 492
Absetzbecken, Wasserhaltung 110
Absperreinrichtung, Kanal, Gusseisen 129
Absperrklappen 673, 674
Absperr-Schrägsitzventil 707, 708
Absperrventil, Guss 681
Absperrvorrichtung, K90, DN100 788
Absturzsicherung, Seitenschutz 64
Abstützung, freistehendes Gerüst 79
Abwasser-Abzweig, PP, schallgedämmt 723, 724
Abwasserkanal duktiles Gussrohr 126
Abwasserkanal PE-HD-Rohre 127
Abwasserkanal, PP-Rohre 127
Abwasserkanal, PVC-U 123, 124
Abwasserkanal, Steinzeug, inkl. Bettung 122
Abwasserkanal, Steinzeugrohre 120, 122, 823, 824
Abwasserleitung, Betonrohre 119
Abwasserleitung, duktiles Gussrohr 125, 126
Abwasserleitung, Guss 716, 717, 718
Abwasserleitung, HT-Rohr 719, 720
Abwasserleitung, PE-HD-Rohre 127, 128
Abwasserleitung, PE-Rohr 720, 721
Abwasserleitung, PVC-Rohre 822, 823
Abwasserlkanal, Steinzeugrohre 120
Abwasser-Rohrbogen, PP, schallgedämmt 722, 723
Abzweigdose 763, 764
Abzweigkasten 763, 764
Abzweigstück, Luftleitung 793
Akustikvlies-Abdeckung, schwarz 459
Aluminiumprofile, Stahlkonstruktion 530
Amphibienkleintiertunnel, Beton, Querdurchlass 843
Amphibienleitwand, Überkletterungsschutz, PE-Folie 842
Amphibienstopprinne, Beton-U-Profil, 842
Anbindeleitung, PE-X, Fußbodenheizung 700
Ankerschiene 213
Ansaat 859
Anschlagschiene, Tür 452
Anschluss, Abwasser, Kanalnetz 119
Anschluss, Dampfsperre/-bremse, Klebeband 293
Anschluss, Dränleitung/Schacht 140
Anschluss, gleitend, Montagewand 636
Anschluss, Montagewand, Dach-/Wandschräge 636
Anschluss, Unterspannbahn, Klebeband 292
Anschlussdichtung, Tür 452
Anschlüsse Blechdach 352
Anschnitt, schräg, Mineralplatte 619
Antennenmasteinfassung 349
Arbeitsräume verfüllen, verdichten 99
Asphalt schneiden 116
Asphaltbelag aufbrechen, entsorgen 882
Asphalttragschicht 890
Attika-/Dachrand-UK, Holzbohle, imprägniert 344
Attikaabdeckung 345, 346, 613
Attikaabschluss 319, 323
Attika-UK, Mehrschichtplatte 345
Auf-/Umstellen Geräteeinheit 103
Aufbruch, Gehwegfläche 116
Auffüllmaterial liefern, einbauen 813
Auflagering, Fertigteil 131
Auflagerwinkel, Gitterroste, Stahl, außen 531
Aufmerksamkeitsfeld 231, 232, 233, 234, 394
Aufmerksamkeitsstreifen, Stufenkante 227
Aufsetzkranz, rechteckig, Lichtkuppel, Kunststoff 327
Aufsparrendämmung 253, 290, 291
Aufstockelement, bauseitigen Dachablauf 326
Aufwuchs entfernen 814
Aufzugsanlage reinigen 554
Aufzugsunterfahrt, Ortbeton, Schalung 185
Ausdehnungsgefäß 671
Ausgleichschicht, Mineralstoff, Trockenestrich 648
Ausgleichsputz 363
Ausgussbecken, Stahl 733
Aushub lagernd, entsorgen 96
Aushub, Dränarbeiten, GK1 137, 138
Aushub, Rohrgraben, schwerer Fels 118
Aushub, Schlitzgraben/Suchgraben 88
Ausklinkung, Plattenbelag 228
Ausmauerung, Sparren 174
Aussparung schließen 161, 162
Aussparung schließen, Mauerwerksfläche 161
Aussparung, Betonbauteile 193
Aussparung, Langfeldleuchte, Unterdecke 624
Aussparung, Mattenrahmen 410
Aussparung, Parkett 477

Aussteifungsverband, diagonal 260
Außenbekleidung, Sperrholz, Feuchtebereich 246
Außenbelag, Betonwerkstein, Balkon, auf Splitt 219
Außenbelag, Betonwerksteinplatten 219
Außenbelag, Naturstein, Pflaster 220
Außenecke, Aluprofil 612
Außenputz, zweilagig 375
Außenwand, Betonsteine, tragend 169
Außenwand, Holzrahmen, OSB, WF 255
Außenwand, Holzstegträger, OSB-/ WF-Bekleidung 256
Außenwand, KS L-R, tragend 168, 169
Außenwand, LHLz, tragend 167, 168
Außenwand, Ortbeton 190
Außenwand, WU-Ortbeton 190
Außenwandbekleidung, Glattblech, beschichtet 528
Außenwandbekleidung, Wellblech, MW, UK 528
Außenwanddämmung WF 250, 252
Außenwanddurchlass 795, 796
Außenwanddurchlass, mit Filter/Schalldämpfer 795
Autokran 71

B

Bad-/WC-Garnitur, Objektbereich, Edelstahl 485
Badewanne, Stahl 729
Badewannenträger einfliesen 395
Badheizkörper/Handtuchheizkörper, Stahl beschichtet 682
Balkenschichtholz, Nadelholz 241
Balkonabdichtung, zweilagig 323
Balkonanschluss, Wärmedämmelement 214
Ballfangzaun, Gittermatten 845
Barrierefreier Waschtisch 729
Bauaufzug 71, 72
Baugelände abräumen 808
Baugelände roden 811
Baugrube sichern, Folienabdeckung 92
Baugrubenaushub 89, 90, 91
Baugrubenaushub, Handschachtung, lagern 92
Baugrubensohle verfüllen 819
Baum fällen 810, 811
Baum herausnehmen, einschlagen 810
Baumscheibe, Grauguss 846
Baumschutz, Brettermantel 62
Baumschutzgitter, Metall 846
Baumverankerung, Baumpfahl 854
Baumverankerung, Unterflur 853
Baureinigung 549, 554
Bauschild 75
Bauschnittholz 240
Bauschuttcontainer, bereitstellen, an- und abfahren 74
Baustelle einrichten, Geräteeinheit/Kolonne 104
Baustellenbeleuchtung 69
Baustraße 66
Baustrom, Zuleitung 68
Baustromanschluss 68
Baustromverteiler 68
Bauteilanschluss, Dichtungsband, vorkomprimiert 249
Bauteile abkleben 558
Bautreppe, zweiläufig 73
Bautrocknung, Kondensationstrockner 72
Bautür 74
Bauwasseranschluss 67, 68
Bauzaun 63, 64, 809
Bauzaunbeleuchtung, öffentlicher Raum 64
Be- und Entlüftungsgerät 788
Befestigung, Gewässerabdichtungsbahn Uferbereich 835
Begleitstreifen, Kontraststreifen, Steinzeug, innen 394
Begrünungssubstrat, Natur-Bims, Dachbegrünung 839
Behlfsmäßige Straße RCL-Schotter, Liefermaterial 810
Behlfsmäßige Straße, Natursteinmaterial, Liefermaterial 809
Beiputzen, Tür-/Türzarge 367
Bekleidung Dachschräge, Gipsfaserplatte, Holz-UK 625
Bekleidung DG, Zementplatte, Feuchtraum, Holz-UK 625
Bekleidung, Dachgeschoss, Gipsplatten 625
Belag aus Holzpaneele 900
Belegreifheizen, Fußbodenheizung 701
Beschriftung, geklebt 569
Betonbordstein aufnehmen, entsorgen 883
Betondecke abbrechen, entsorgen 808
Betonfundament 884
Betonfundament für Beleuchtung 884
Betonfundamente aufnehmen, entsorgen 808
Betonpflaster aufnehmen, lagern 883
Betonplatte, Beton, mit extra großer Rasenfuge 892
Betonplatten, abbrechen, entsorgen 883
Betonplattenbelag 898
Betonschneidearbeiten 194
Betonstabstahl, 210
Betonstahlmatten, 210
Betonwerksteinbeläge fluatieren 219
Betrieb, Pumpe 109
Bettenaufzug 783
Bewässerungseinrichtung, Hochstämme 832
Bewegungsfuge, drückendes Wasser 281
Bewegungsfuge, elastische Dichtmasse 410
Bewegungsfuge, Metallprofil 410
Bewegungsfuge, Typ I, Schleppstreifen, Bitumenbahn 318
Bewegungsfuge, Wand, drückendes Wasser, 280, 281
Bewegungsfugen, Fliesenbelag, Profil 398
Bewehrung, Gitterträger 211
Bewehrungs-/Rückbiegeanschluss 213
Bewehrungsstoß 211
Bewehrungszubehör, Abstandshalter 210
Bidet, Keramik 733
Blecheinfassung Schornstein/Dachfenster 349
Blechkehle 343
Blindboden, Nadelholz 469

Blitzschutzdurchführung, Formteil 327
Blockstufe, Beton 902, 903
Blockstufe, Betonfertigteil 201
Blockstufe, Betonwerkstein 225
Blockstufe, Kontraststreifen 904
Blockstufe, Naturstein 903
Blockstufe, Naturwerkstein 225
Blumenzwiebeln pflanzen 859
Boden abdecken, Platten 558
Boden abdecken, Vlies 558
Boden kugelstrahlen 575
Bodenabdichtung, Bodenfeuchte 274, 275, 276, 402
Bodenablauf 129, 714, 724
Bodenaustausch, Liefermaterial 96
Bodenbelag anarbeiten, Stützen 591
Bodenbelag reinigen 549, 550
Bodenbelag, Kautschuk 585, 586
Bodenbelag, Laminat 587, 588
Bodenbelag, Naturkorkparkett 586
Bodenbelag, PVC 583, 584
Bodenbeläge verlegen 588
Bodenbeschichtung, Beton 563
Bodenfliesen 389, 390, 391, 393
Bodenmaterial entsorgen, GK 1 813
Bodenplatte, Orbeton 186, 188
Bodenplatte, WU-Beton 186, 187
Bodenplatte, WU-Ortbeton 187
Bodenprofil, Bewegungsfugen, Plattenbelag 224
Bodentreppe, EI30 454
Bodentreppe, gedämmt 454
Bodentürschließer, einflüglige Tür 486
Bodenverbesserung, Kiessand 817
Bodenverbesserung, Komposterde 817
Bodenverbesserung, Liefermaterial 97
Bodenverbesserung, Rindenhumus 817
Bohle, S13TS K, Nadelholz 248
Bohrloch 104
Bohrung, Plattenbelag 228
Bohrungen, Stahl 266
Bordstein, Beton 907, 908, 909, 910, 911
Bordstein, Naturstein 906, 907
Bordüre, Fliesen 388
Brandschutzabschottung, R90 744, 745
Brandschutzbeschichtung Rund-/Profilstahl 568
Brandschutzbeschichtung, E30, Stahlbauteile 567
Brandschutzglas, G30/E30 Fenster 544
Brandschutzklappen, RLT, eckig 793
Brandschutzklappen, RLT, rund, Küche 794
Brandschutzverglasung, Innenwände 543
Brettschichtholz, GL24h, Nadelholz 241
Briefkasten, Stahlblech, Wand 536
Briefkastenanlage, freistehend 536
Brunnenanlage 669, 670
Brunnenschacht, Grundwasserabsenkung 109
Brüstung, VSG-Ganzglas/Edelstahl 511
Brüstungs-/Treppengeländer 509, 510
Brüstungsgeländer, Fenstertür 508
Brüstungsmauerwerk 159
Büro-Trennwand, Tragprofile/Paneele 456

C

Container Bauleitung 69, 70

D

Dachabdichtung, untere Lage 318
Dachabdichtung, obere Lage 319
Dachabdichtung, Polymerbitumen-Schweißbahnen 319
Dachabdichtung, Kunststoffbahn, EPDM, einlagig 322
Dachabdichtung, Kunststoffbahn, EVA, einlagig 321
Dachabdichtung, Kunststoffbahn, FPO, einlagig 320
Dachabdichtung, Kunststoffbahn, PIB, einlagig 321
Dachabdichtung, Kunststoffbahn, PVC, einlagig 320
Dachabdichtung, mechanische Befestigung 322
Dachbegrünung, Trenn-, Schutz- u. Speichervlies 836
Dachdeckung, Bandblech, Aluminium 352
Dachdeckung, Betondachsteine 300
Dachdeckung, Biberschwanzziegel 299
Dachdeckung, Bitumenschindeln 302
Dachdeckung, Dachsteine, eben 300
Dachdeckung, Doppelmuldenfalzziegel 298
Dachdeckung, Doppelstehfalz, Titanzink 351
Dachdeckung, Faserzement, Deutsche Deckung 301
Dachdeckung, Faserzement, Doppeldeckung 301
Dachdeckung, Faserzement, Wellplatte 300
Dachdeckung, Flachdachziegel 299
Dachdeckung, Glattziegel 299
Dachdeckung, Hohlfalzziegel 298
Dachdeckung, Holzschindeln 301
Dachdeckung, Schiefer 302
Dachentwässerung 715
Dachfanggerüst, Erweiterung, Arbeitsgerüst 81
Dachfanggerüst, Gebrauchsüberlassung 81
Dachfenster /-oberlicht einfassen 350
Dachfenster/Dachausstieg, Holz 307
Dachfläche reinigen 836
Dachflächenfenster, gedämmt, Holz, lasur 307
Dachlattun 294, 295
Dachleiter, Aluminium 356
Dachrinne 335, 336
Dachschalung, Holzspanplatte 244, 296
Dachschalung, Kehle, Rauspund 246
Dachschalung, Nadelholz 244, 295, 296
Dachschalung, Rauspund 244
Dachschalung, Traufe, gehobelt 247
Dämmstein, KS-Mauerwerk 151, 152
Dämmstein, Mauerwerk 151

Dämmung, Außenwand WH, MW 035 251, 252
Dämmung, Deckenrand, Mehrschichtplatte 197
Dämmung, Deckenrand, PS 197
Dämmung, Holzfaserplatte 252
Dämmung, Kellerdecke 376, 377
Dampfbremsbahn, PE-Folie 249
Dampfbremse, feuchtevariabel 293
Dampfbremse 293
Dampfsperrbahn, Alu-Verbund-Folie 249
Dampfsperre hochführen, aufgehende Bauteile 313
Dampfsperre, Alu-Verbundfolie 314
Dampfsperre, feuchteadaptiv, sd-variabel 249
Dampfsperre, V60S4 Al01, auf Beton 314
Dampfsperre/Dampfbremse, Trockenbau 647
Dauergerüstanker, Fassade 613
Decke reinigen, Gipsfaser / Gipsplatten, beschichtet 550
Decke reinigen, Metalldecke 550
Decke, Orbeton 196, 197
Deckel, Rollladenkasten 495
Deckenabschluss, Flachstahl 529
Deckenanschluss gleitend 165, 166
Deckenanschluss, Mauerwerkswand 165
Deckenanschlussfuge feuerhemmend 165
Deckenbekleidung Gipsplatte, einlagig, Federschiene 621
Deckendurchbruch schließen 208
Deckenranddämmung, Mehrschichtleichtbauplatte 170
Deckenrandschale, Mineralwolledämmung 165
Deckenschalung, OSB/3 246
Deckenschalung, Sperrholzplatte 246
Deckenschlitz, Beton 207
Decklack, Brandschutzbeschichtungen, Stahlteile 568
Dehnfugenprofil, Metall 591
Deponiegebühr, gemischter Bauschutt 74
Dichtheitsprüfung, Grundleitung 128
Dichtmanschette 384
Dichtsatz, Rohrdurchführung 283
Dichtung, Schachtdeckung 141
Dichtungsanschluss, Anschweißflansch 271
Dichtungsanschluss, Klemm-/Klebeflansch 271
Dielenboden, Laubholz 470
Dielenbodenbelag 469, 470
Dokumentation, Ramm- / Bohr- / Rüttelergebnisse 103
Doppelabzweig, SML 717
Doppelboden, Plattenbelag/Unterkonstruktion 648
Doppel-Schließzylinder 491
Drahtanker, Hintermauerung/Tragschale 170
Drallauslass, Decke 793
Dränageelement, PE-Platte, Dachbegrünung 837
Dränleitung spülen, Hochdruckgerät 143
Dränleitung, PVC-U 139
Dränleitung, PVC-Vollsickerrohr 831
Dränschicht, EPS-Polystyrolplatte/Vlies 282
Drehflügeltor, einflüglig 821
Drehflügeltor, zweiflüglig 822
Dreifach-Schukosteckdose, 766, 767
Dreiwegeventil 674
Drosselklappe 794
Drückergarnitur 482, 483, 484
Druckleitung, Schmutzwasserhebeanlage 722
Druckrohrleitung 110
Dübelleiste, Durchstanzbewehrung 211
Düngung, Dachbegrünung, extensiv 840
Durchführung andichten, Anschweißflansch 326
Durchgangselement, Antenne, Formziegel 305
Durchgangselement, Dunstrohr, Kunststoff 305
Durchgangselement, Solarleitung 305
Durchgangsziegel, Dunstrohr 305
Durchwurzelungsschutzschicht, PVC-P 836
Duschabtrennung, Glas 543
Duschabtrennung, Kunststoff 732
Duschhandlauf, Edelstahl 737
Duschrinne, Edelstahl 724
Duschsitz, klappbar 738
Duschwanne, Stahl 731, 732
Duschwannenträger einfliesen 395

E

Ebenheit, Mehrpreis Q3 366
Eckausbildung Dachrinne 338
Eckausbildung Holzschindelbekleidung 307
Eckausbildung, Holzzaun 833
Eckausbildung, vorgefertigt, Sockelleiste 477
Ecken, Kantenprofil, Montagewand 636
Eckprofil 363, 364
Eckschutzschiene 385
Eckventil 707
Edelstahlrippen 232, 233
Einbaudownlight, LED 775, 776
Einbauküche, melaminharzbeschichtet 461
Einbauleuchte, LED 774
Einbauschrank reinigen 553
Einblasdämmung, Dach, Zellulose 251
Einblasdämmung, Zellulosefaser 291
Einfassung, Sandkasten 843
Einhandmischer 730, 732, 733, 734
Einhebel-Mischbatterie, Standmontage 729
Einregulierung/Inbetriebnahme, Fußbodenheizung 701
Einsatzelement, Fenster, PR-Fassade 436
Einsatzelement, Paneel, PR-Fassade 436
Einsatzelement, Türe, PR-Fassade 435
Einschichtsubstrat, extensive Dachbegrünung 839
Einschubtreppe 259
Einzelfenster reinigen 553
Einzelfundamentaushub 93, 833
Elastische Verfugung, Fliesen 397
Elastoplastische Verfugung, Fliesen, Acryl 397

Elektrischer Türantrieb 487
Elektrogerätedose 207
Elektroinstallationsrohr 754, 755
Elektroleerrohr, flexibel, DN25 207
Elektromotor, Rollladen 496
Elementdecke, inkl. Aufbeton 202
Elementwand, inkl. Wandbeton 202
Enthärtungsanlage 709
Entwässerungsrinne, Abdeckung Guss 133
Entwässerungsrinne, Abdeckung, Schlitzaufsatz 134
Entwässerungsrinne, Beton 133
Entwässerungsrinne, Fassade/Terrasse 828
Entwässerungsrinne, Beton/Gussabdeckung 827, 828
Entwässerungsrinne, Klasse C250, Beton 133
Entwässerungsrinne, Klasse D400, Beton 133
Entwässerungsrinne, Polymerbeton 827
Entwässerungsrinne, rollstuhlbefahrbar 828
Erdaushub, Schacht, Verbau 118, 119
Erdgas-BHKW-Anlage 662, 663
Erdsondenanlage, Wärmepumpe 671
Erstbeschichtung, Dispersion, Außenputz, Laibung 563
Erstbeschichtung, Dispersion, Sichtmauerwerk, innen 561
Erstbeschichtung, Dispersionsfarbe, Außenputz 562
Erstbeschichtung, Dispersions-Silikatfarbe, innen 560, 561
Erstbeschichtung, Glasfasertapete, Dispersion 560
Erstbeschichtung, Heizungsrohrleitung 566
Erstbeschichtung, Holzbauteil, außen, deckend 565
Erstbeschichtung, Holzfenster, deckend 564
Erstbeschichtung, Holzprofil 564
Erstbeschichtung, innen, Putz rau, Dispersion sb 560
Erstbeschichtung, Kalkfarbe, innen 561
Erstbeschichtung, Lasur, Holzbauteil 565
Erstbeschichtung, Lüftungsrohr, Stahl 567
Erstbeschichtung, Metallgeländer, außen 566
Erstbeschichtung, Silikatfarbe 560, 561, 562
Erstbeschichtung, Stahlblech 566, 567
Erstbeschichtung, Stahlflächen, außen 565
Erstbeschichtung, Stahlprofil, außen 565
Erstbeschichtung, Stahlzarge 567
Erstpflege, Bodenbelag 593
Erstpflege, Parkettbelag 478
Erstreinigung, Bodenbelag 229
Estrich abstellen 402
Estrich glätten, maschinell 410
Estrich 406, 407, 408, 409
Estrichabschluss, Winkelstahl 530
Estrichbewehrung, Gitter 410
Etagen-/Sockelknie, Regenfallrohr 340

F

Fahrgerüst, LK3 80
Fahrradständer, Stahlrohrkonstruktion 845
Fallarmmarkise, Acrylgarngewebe 498
Fallrohr 339
Fallrohrabzweig 339
Fallrohrbogen 340
Fallrohrklappe, Fallrohr, Titanzink/Kupfer 340
Fallrohrschelle, WDVS 341
Fallschutz auskoffern 844
Fallschutz, Kies 844
Fallschutzbelag, Gummigranulatplatten 844
Fanggefäß, Amphibien, Kunststoff, 10 l 843
Farn, Königsfarn 871
Fassade reinigen, Hochdruckreiniger 550
Fassadenbekleidung, Aluminiumverbundplatten 611
Fassadenbekleidung, Bandblech 354
Fassadenbekleidung, Faserzement-Platten 608
Fassadenbekleidung, Faserzement-Stülpdeckung 609
Fassadenbekleidung, Faserzement-Tafeln 609
Fassadenbekleidung, Harzkompositplatten 607
Fassadenbekleidung, Holz, Boden-Deckelschalung 606
Fassadenbekleidung, Holz, Stülpschalung 607
Fassadenbekleidung, Holzzementplatten 608
Fassadenbekleidung, HPL-Platte 607
Fassadenbekleidung, Metall 610
Fassadenbekleidung, Schindeln 611
Fassadenbekleidung, Ziegelplatten 611
Fassadendämmung, Brandbarriere 606
Fassadendämmung, Mineralwolle 604, 605
Fassadendämmung, MW 034 604, 605
Fassaden-Flachrinne 827
Fassadengerüst 77
Fassadengerüst umsetzen 78
Fassadengerüst, Auf-/Abbau, abschnittsweise 79
Fassadengerüst, Gebrauchsüberlassung 78
Fassadengerüst 77, 78
Fassadenplatte, Fertigteil 206
Fassadenrinne, Stahlblech 348
Fassadensschlitzrinne, 827
FD-Dunstrohreinfassung 326
Fehlerstromschutzschalter 771
Fehlerstromschutzschalter, Hutschienenmontage 772
Feinplanum herstellen 100
Feinplanum, Rasenfläche 818
Fenster abkleben 361
Fensteranschluss, Putzprofil 376
Fensterbank 230, 438, 452, 453, 612
Fenstergriff 482
Fensterladen, Holz, zweiteilig 500
Fensteröffnung, Mauerwerk 160
Fensteröffnung, Montagewand 637
Fertigparkett 471, 472
Fertigrasen liefern, einbauen 859
Fertigstellungspflege 841, 860, 873
Feuchtemessung 382
Filter, Vlies, Dränkörper 143

Filter-/Dränageschicht, Vlies/Noppenbahn, Wand 142
Filtermatte, Dachbegrünung 838
Filterschicht, Filtermatten, Wand 142
Filterschicht, Kiessand, Wand 143
Filtervlies, Dränageabdeckung 838
Filtervlies, Erdplanum/Frostschutz 138
Filtervlies, Rigolen 831
Fingerschutz, Türkante 488
First, Firststein, geklammert, Dachstein 304
First, Firstziegel 303, 304
Firstanschluss, Ziegeldeckung, Formziegel 303
Firstanschlussblech, Titanzink, gekantet 346
Firsthaube, mehrfach gekantet 346
Flachdachablauf, mit Kiesfang 325, 326
Flächendränage, begehbare Flachdächer, HDPE 838
Flach-Solarkollektoranlage, thermisch 663, 664
Fliesen anarbeiten, Stützen 398
Fliesen, AI/AII-Klinker, frostsicher 395
Fliesen, AI/AII-Spaltplatte, frostsicher 395
Fliesen, BIII-Steingut, glasiert 394
Fluchttürsicherung, elektrische Verriegelung 488
Flüssigabdichtung, PMMA 324
Flüssigabdichtung, PU-Harz/Vlies 324
Formstück, Abzweig, Guss 716, 717, 718
Formstück, Bogen, Guss 716, 717, 718
Formstück, Dränleitung 139, 140, 831, 832
Formstück, duktiles Gussrohr 126
Formstück, HT Doppelabzweig 720
Formstück, HT Übergangsrohr 720
Formstück, HT-Abzweig 719, 720
Formstück, HT-Boge 719, 720
Formstück, PE-Abzweig 721
Formstück, PE-Bogen 721
Formstück, PE-Putzstück 721
Formstück, PVC-Rohrbogen 823
Formstück, PVC-U, Abzweig 124
Formstück, PVC-U, Bogen 125
Formstück, Steinzeugrohr, Abzweig 121
Formstück, Steinzeugrohr, Bogen 120
Formstücke, verzinkt, Luftleitung 791
Formteile, Kunststoff, Lüftungskanäle 791
Fries, Plattenbelag 229
Frostschutzschicht, Kies 885, 886
Frostschutzschicht, RCL 885
Frostschutzschicht, Schotter 885
Fugenabdichtung elastisch, Silikon 568
Fugenabdichtung, Bodenplatte, Feuchte, KSP-Streifen 280
Fugenabdichtung, Bodenplatte, Feuchte, Schweißbahn 279
Fugenabdichtung, elastisch, Silikon 225
Fugenabdichtung, plastoplastisch, Acryl 568
Fugenabdichtung, Silikon 318
Fugenabdichtung, drückendes Wasser, Schweißbahn 280
Fugenabdichtung, Wand, Feuchte 279
Fugenband, Bewegungsfugen 189
Fugenband, Blech, Formstück 189
Fugenband, Blechband 188
Fugenband, Injektionsschlauch 189
Fugenband, Kunststoff 189
Fugenverfüllung Rasenfuge Betonpflasterstein 893
Füll- und Entleerventil 708
Füllboden liefern, einbauen 813
Füllset, Heizung 675
Füllung zur Begrünung des Rasengitters, Quarzsand 893
Füllung zur Begrünung des Rasengitters, Splitt 893
Fundament, Hinterfüllung 94
Fundament, Ortbeton, bewehrt 185
Fundamentaushub 92, 93
Fundamenterder, Stahlband 206
Funktionsheizen, Fußbodenheizung 701
Fußabstreifer, Kokosfasermatte 590
Fußabstreifer, Reinstreifen 590
Fußbodeneinschub, Nadelholz, 24mm, auf Auflager 247
Fußbodenheizung, Typ A 700
Fußgängerschutz, Gehwege 63
Fußgängertunnel 83

G

Gabionen 915, 916, 917
Ganzglastürblatt, bis 101x213,5cm 543
Ganzglas-Türblatt, innen 449
Garagen-Schwingtor, Handbetrieb 527
Garderobenleiste 460
Garderobenschrank 460
Gas-Brennwertkessel 655, 656
Gas-Brennwerttherme, Wand 654, 655
Gaubendeckung, Doppelstehfalz 351
Gebäudetrennfugen, Mineralwolle, Außenwand 170
Gefällebeton 204
Gefälledämmung DAA, EPS 315
Gehrungsschnitt, Fliesen 396
Geländer reinigen 553
Geländer, gerade, Rundstabholz 463
Geländerausfachung, Stahlseil, nichtrostend 511
Geländerverglasung, VSG-Glas 546
Gelenkarmmarkise, Terrassenmarkise 498
Generalhaupt-, Generalschlüssel 492
Gerätedose Brandschutzdose UP 768
Gerätedose, UP, luftdicht 767
Geräteeinbaukanal 756, 757
Gerätehülsenabdeckung, mit Rahmen/Deckel 576
Geräteraum-Schwingtor, Metall/Holz 459
Gerüstankerlöcher schließen 377
Gerüstbekleidung, Gebrauchsüberlassung 84
Gerüstbekleidung, PE-Folie 83
Gerüstbekleidung, Staubschutznetz/Schutzgewebe 83
Gerüsttreppe, Treppenturm 81

Gerüstverbreiterung 80, 81
Gewässerabdichtung, Teichfolie 835
Gewindestange, M12, verzinkt 261
Gipskalkputz, Innenwand, einlagig, Q3, gefilzt 365
Gipsplatten-/Gipsfaser-Bekleidung 644, 646, 649
Gipsplatten-Bekleidung 644, 645
Gipsputz B1, innen, Q2, geglättet, längenorientiert 366
Gipsputz, Decken, geglättet 368
Gipsputz, Innenwand, Dünnlage, Q3, geglättet 366
Gipsputz, Innenwand, einlagig, Q3 366
Gitterrinne, Stahl 531, 750
Gitterroste, verzinkt, rutschhemmend, verankert 266
Glasfasergewebe 597, 598, 599
Glasflächen reinigen, Fassadenelemente 551
Glasschotter, unter Bodenplatte, 30cm 184
Glattstrich, Laibungen/Brüstungen 164
Gleitfolie, Decken/Wände 203
Graben-Normverbau, senkrecht 103
Grabenverbau, senkrecht 103
Graffiti-Schutz, Wand 563
Gras 871
Grasnarbe abschälen 811
Gratdeckung, Schiefer 305
Grateindeckung, Ziegel 304
Grenzstein sichern 67
Grobkiesstreifen, Sockelbereich 143
Großgehölz einschlagen 855
Großgehölz mit Ballen, pflanzen 857
Großgehölz nach Einschlag pflanzen 855
Grundbeschichtung, Gipsplatten /Gipsfaserplatten 595
Grundierung, Betonflächen, innen 559
Grundierung, Gipsplatten 559
Grundleitung, PVC-U 716
Gründungssohle verdichten 813
Gründungssohle verdichten, Baugrube 97
Gruppen-, Hauptschlüssel 492
Gussrammpfähle, Mantelverpressung 104

H

Haftbrücke, Betonfläche, für Gipsputze 361
Haftbrücke, Betonfläche, für Kalk-/Kalkzementputz 361
Haftbrücke, Fliesenbelag 383
Halb-Schließzylinder 491
Haltegriff, Edelstahl 737
Haltegriffkombination, BW-Duschbereich 737
Handaushub 118
Handaushub, Drängraben, GK1 137
Handaushub, Zulage 815
Handlauf 262, 506, 507, 508
Handlaufbeschriftung, taktil 493
Handläufe reinigen 552
Handlauf-Profil, Holz 463
Handwaschbecken 728
Hängeleuchte 775
Haufenporiges Pflaster, Beton 891
Hausbriefkasten, Aufputz 492
Hauseinführung 703
Hauseinführung/Wanddurchführung, Medien 207
Haustürelement, Holz 413, 414, 418
Haustürelement, Kunststoff 415, 417
Haustürelement, Passivhaus 419
Hauswasserstation, Druckminderer/Wasserfilter 703
Hebeanlage 715
Hecke, liefern/pflanzen 858
Heckenpflanze 860, 861, 862
Heckenpflanzen nach Einschlag pflanzen 855
Heckenschnitt 856
Heizestrich 407, 408
Heizkörper ausbauen/wiedermontieren 696
Heizkörper reinigen 552
Heizkörperverschraubung, DN15 696
Heizkreisverteiler, Fußbodenheizung, 5 Heizkreise 697
Heizöltank 659
Heizungs-Not-Ausschalter 769
Heizungspufferspeicher 664
Heizungsverteiler, Vorlaufverteiler/Rücklaufsammler 660
Heizungsverteiler, Wandmontage 675
Hilfsüberfahrt, Baustellenverkehr 66
Hilfsüberfahrt, Stahlplatte 66
Hindernisse beseitigen, Gräben 96
Hinweisschild, Aluminium 846
Hobeln, Bauschnittholz 243
Hochstamm einschlagen 854
Hochstamm/Solitär, liefern/pflanzen 856, 857
Hofablauf, Beton 826
Hofablauf, Polymerbeton 128
Hofablauf, PVC, Geruchsverschluss 826
Höhenausgleich, Schachtabdeckung 824
Höhenfestpunkt, Einschlagbolzen 74
Hohlkehle, Schlämme 276
Holz, Schichtstoff 551
Holz-/Abdeckleisten, Fichte 453
Holz/Pellet-Heizkessel 660, 661
Holz-Alu-Fenster 424, 425
Holz-Alu-Fenstertür, zweiflüglig 426
Holzbelag Lärche 900
Holzfenster, einflüglig 421, 422
Holzfenster, mehrteilig 423, 430
Holzimprägnierung, holzverfärbende Pilze 564
Holzpflaster 474
Holzschutz, farblos 243
Holzstegträger, Nadelholz, inkl. Abbinden 242
Holzstütze, BSH, GL24h, Nadelholz 242
Holz-Umfassungszarge, innen 451, 452
Holzzaun, Kiefer/Sandsteinpfosten 833

I

Imprägnierung, Gipsplatte 647
Imprägnierung, Sichtbetonwand, außen 563
Innenbekleidung, Furnierschichtholzplatte, 27mm 246
Innenbekleidung, Massivholzplatte, 26mm 247
Innenbekleidung, OSB 245
Innenbekleidung, Sperrholz, Trockenbereich 246
Innenbelag, Betonwerkstein 221
Innenbelag, Naturwerkstein 221, 222, 223
Innenbelag, Terrazzoplatten 220
Innenecken, Verbundabdichtung, Dichtband 383
Innentür, einflüglig 444
Innentür, rauchdicht 442, 443
Innentür, Röhrenspan, einflüglig 445
Innentür, zweiflüglig, Röhrenspan 445
Innentürblatt, einflüglig 446, 447
Innenwand, Gipswandbauplatte 158, 159
Innenwand, Gipswandbauplatte, Mauerwerk 636
Innenwand, Hlz-Planstein 153
Innenwand, Holzständer, Sperrholz, WF 256
Innenwand, KS L 153, 154
Innenwand, KS Planstein 154, 155
Innenwand, KS Rasterelement 155, 156
Innenwand, KS Sichtmauerwerk 154, 156
Innenwand, Mauerziegel 152
Innenwand, Ortbeton 190
Innenwand, Porenbeton, nichttragend 157
Innenwand, Porenbeton Planbauplatte 156, 157
Innenwand, Poren-Planelement, nichttragend 158
Innenwandbekleidung, Dekorspanplatte, mit UK 455
Innenwandbekleidung, Sperrholz 455
Innenwandbekleidung, Sperrholzplatten, mit UK 455
Installationselement, barrierefreier Waschtisch 735, 736
Installationselement, barrierefreies WC, mit Stützgriffen 734
Installationselement, Hygiene-Spül-WC 735
Installationselement, Stützgriff 736
Installationselement, Urinal 733
Installationselement, Waschtisch 735
Installationselement, WC 734
Installationskanal EI60, Feuerschutzplatte GM-F 643
Installationskleinverteiler 769
Installationsleitung, NYM-J 751, 752, 753, 754
Installationsschalter, Aus-/Wechselschalter 761, 762, 768
Installationsschalter, Kreuzschalter, UP 762
Installationsschalter, Serienschalter, UP 762
Installationsschalter, Taster, AP 768
Installationsschalter, Taster, Kontrolllicht, UP 763
Isolierverglasung, Pfosten-Riegel-Fassade 540

J

Jalousie/Raffstore/Lamellen, außen, elektrisch 496

K

Kabelbrücke, Strom-/Wasserleitung 66, 84
Kabelgraben ausheben 95, 96
Kabelgraben verfüllen, Liefermaterial Sand 98
Kabelkanal EI30, einlagig, Feuerschutzplatte GM-F 642
Kabelrinne, Stahl WA 750
Kabelschutzrohr, Kunststoff 99
Kalk-Gipsputz, Decken, einlagig, Q3, geglättet 368
Kalkzementputz, Innenwand, einlagig, Q3, abgezogen 364
Kamineinrüstung, Dachgerüst, LK4 81
Kanalprüfung, Kamera 134
Kanalreinigung, Hochdruckspülgerät 134
Kanten bearbeiten, Plattenbelag 228
Kantholz, Nadelholz S10TS, scharfkantig 295
Kanthölzer, Nadelholz, scharfkantig, gehobelt 247
Kappenventil, Ausdehnungsgefäß 696
Kehlblech 343
Kehle eingebunden, Biberschwanz 303
Kehlsockel, Fliesenbelag 388
Kellerfenster, einflüglig, in Schalung 205, 206
Kellerlichtschacht, Betonfertigteil 205
Kellerlichtschacht, Kunststoffelement 204
Kellertrennwandsystem, verzinkte Metalllamellen 536
Kernbohrung, Stahlschnitte 194
Kernbohrung, Stb-Decke 193, 194
Kerndämmung, Mineralwolle, Außenwand 169, 170
Kerndämmung, Natursteinbekleidung 227
Kies 16/32, frei Baustelle, liefern 98
Kiesbett herstellen 831
Kiesfangleiste, Lochblech 343
Kiesfangleiste, L-Profil, Dachbegrünung 839
Kiesfilter, Flächendränage 139
Kiesschüttung, Dach 328
Klebeanker, M16 211
Kleineisenteile 211
Kleingüteraufzug mit Traggerüst 784
Kleintierschutz 333, 334
Kletterpflanze 872
Kompaktdämmhülse, Rohrleitung 741
Kompaktheizkörper, Stahl 686-693
Konstruktionsvollholz, KVH-SI, Nadelholz 241
Konterlattung, Dach 293
Konterlattung, Nadelholz 253
Kontraststreifen, Noppenfliesen, Edelstahl 231
Kontrollschacht komplett 132
Kontrollschacht, extensive Dachbegrünung 838
Kontrollschacht, intensive Dachbegrünung 838
Kontrollschacht, Stahlbeton 825
Korkunterlage, Linoleum 581
Körperschalldämmung 746
Kranaufstandsfläche herstellen 71
Krannutzung 71
Kugelhahn 706, 707

Kulissenschalldämpfer 789
Kunststofffenster, einflüglig 427, 429
Kunststofffenster, mehrteilig 428
Kunststoffrippen 233
KWL-Lüftungsgerät 796, 797

L

Lagerplatz einrichten und räumen 67
Laibung beimauern, Sichtmauerwerk 164
Laibung, Dachfenster, Gipsverbundplatte 646
Laibung, Fenster 646
Laibung, innen 365
Laibungsbekleidung, Fenster/Tür 612
Lamparkett 474
Lastplattendruckversuch 97, 918
Lasttrennschalter 772
Lattenverschlag, Nadelholz 257
Laubfangkorb 341
Laufsteg - Zugang Gebäude 63
Legestufe, Kontraststreifen 905, 906
Lehmputz, Innenwand 367
Leistungsanschluss, Schacht 131
Leitergang 82
Leitstreifen, Betonsteinpflaster 902
Leitsystem, innen, Rippenfliesen, Edelstahl 231
Leitsystem, Rippenfliese/Begleitstreifen, Edelstahl 232
Leitsystem, Rippenfliesen, Edelstahl 231
Leitsystem, Rippenfliesen, Steinzeug, innen 396
Leitung, Edelstahlrohr 705, 706
Leitung, Kupferrohr 704, 705, 709, 710
Leitung, Metallverbundrohr 704
Leitungen/Fundamente verfüllen, Lagermaterial 98
Leitungseinfassung, Flachdach, Klemmanschluss 327
Leitungsführungskanal PVC 755, 756
Leitungsschutzschalter 6 kA 770, 771
Leuchten-Einbaugehäuse/-Eingießtopf 207
Lichtkuppel 327
Linoleumbahnen verschweißen 583
Linoleumbelag 582
Löschwasserleitung, verzinktes Rohr 706
L-Stufe, Kontraststreifen Beton 906
Lufteitung, Spiralfalzrohre verzinkt 791, 792
Lüfterelement, Dachziegel 305
Luftleitung, Alurohre, flexibel 792
Luftleitung, feuerbeständig 790
Luftleitung, rechteckig, Kunststoff 790
Luftleitung, rechteckig, Stahlblech verzinkt 790
Lüftungsgerät für Abluft 796
Lüftungsgerät mit WRG, Bypass, Feuerstättenfunktion 795
Lüftungsgitter, Türblatt 491
Lüftungsgitter, Zu-/Abluft 793
Lüftungskanal Mineral alukaschiert 743
Lüftungsprofil, Fenster 490

M

Manometer, Rohrfeder 680
Markierung, Kunststofffolie 569
Markierung, Messstellen 411
Markise ausstellbar, Textil 497
Maschendrahtzaun 819, 820
Maschinenfundament, Ortbeton, Schalung, bis 3,0m2 204
Massivholzdecke, Brettstapel 257, 258
Mattenrahmen, Edelstahl 396
Mauerabdeckung, Naturstein, außen 230
Maueranker, beim Aufmauern einlegen 166
Maueranschlussschiene 166
Mauerpfeiler, rechteckig, freitragend 169
Mauerwerk abgleichen 173
Mauerwerk verzahnen 167
Mauerwerksanschluss stumpf 166
Mehrdicke, 10mm, Putz 365
Mehrdicke, 5mm, Putz 365
Mehrschicht-/Fertigparkett, geölt 471
Mehrschichtdämmplatte, in Schalung 210
Mehrschichtplatte WW-C, EPS, Decke 377
Mehrschichtsubstrat, Dachbegrünung 839, 840
Membran-Sicherheitsventil 696, 709
Messeinrichtung, Wassermenge 110
Messung, Erschütterung, Dokumentation 103
Messung, Feuchte, Estrich 411
Messung, Feuchte, Fußbodenheizung 701
Messung, Lärmpegel, Dokumentation 103
Metall-Glas-Fenster 431, 432
Metall-Glas-Fenstertür 433
Metall-Kassettendecke, abgehängt 620
Metall-Paneeldecke, abgehängt 620
Metall-Türelement, einflüglig 420
Mineralischer Oberputz, Dispersions-Silikat, WDVS 374
Mineralwolledämmung, zwischen Sparren 647
Monatgewand, freies Wandende 636
Montagewand, Metall-UK, Zementplatte, nichttragend 632
Montagewand, Gipsplatten 631, 632
Montagewand, Holz-UK, GF, MW 626, 627
Montagewand, Holz-UK, Gipsplatten, zweilagig, MW 626
Montagewand, Metall-UK, Gips-Hartplatten, Schall-/Brandschutz 634, 635
Montagewand, Metall-UK, Gipsplatten, MW 627, 628, 629
Montagewand, Metall-UK, Zementplatten, Feuchtraum 630
Montagewand, Metall-UK, GKF einlagig, doppeltes Ständerwerk, MW 633
Montagewand, Metall-UK, GK doppellagig, Schallschutz 634
Montagewand, Metall-UK, GK doppellagig, doppeltes Ständerwerk 633
Montagewand, Metall-UK, Gipsfaserplatten, einlagig 628
Montagewand, Sockelunterschnitt 637
Montagewand, T-Anschluss 636
Montagewand, Verstärkung UK, CW-Profile 639

Montagewand, Verstärkung UK, Mehrschichtholz-Plattenstreifen 639
Mosaikparkett 473
Muffenkugelhahn, Guss, DN15 696
Mulchsubstrat liefern, einbauen 819

N

Nagelabdichtung, Konterlattung 295
Nageldichtband, Konterlattung 254
Nassansaat, Dachbegrünung, Saatgutmischung 840
Natursteinmauerwerk 918
Natursteinpflaster, begrünbarer Fuge, polygonal 892
Neutralisationsanlage, Brennwertgeräte 660
Noppen/EPS-Systemträger, Fußbodenheizung 699
Noppenplatten 901
Noppen-Systemträger 699
Notruf, behindertengerechtes WC 731
Notüberlauf 325, 342
Nutzestrich 409

O

Obentürschließer 486
Oberboden abtragen, entsorgenm 89
Oberboden abtragen, lagern 812
Oberboden liefern und einbauen 812
Oberboden lösen, lagern 812
Oberfläche, laserstrukturiert, Mehrpreis 229
Oberflächenschutz 564, 569
Oberschrank, Küche 462
Obstgehölze 866, 867
Öffnung überdecken 163, 164
Öffnungen schließen, Mauerwerk 160
Öffnungen, Mauerwerk 160
Öffnungen/Ausschnitte, Unterdecke 624
Öl-Brennwertkessel 658, 659
Öl-Brennwerttherme 657
Organische Stoffe aufnehmen, entsorgen 811
Organischer Oberputz, Silikonharz, WDVS 374
Ortgang, Biberschwanzdeckung, Formziegel 303
Ortgang, Blechdach 353
Ortgang, Dachsteindeckung, Formziegel 303
Ortgang, Schiefer 303
Ortgang, Ziegeldeckung, Formziegel 302
Ortgangblech 343
Ortgangblech, Kupfer 344
Ortgangblech, Titanzink 343
Ortgangbrett, Windbrett, gehobelt 297

P

Papierhandtuchspender, Wandmontage 734
Parkettbelag anarbeiten, gerade 477
Parkettbelag anarbeiten, schräg 477
Pellet-Fördersystem 661, 662
Perimeterdämmung, CG, Wand 273
Perimeterdämmung, XPS 209, 272, 273
Personenaufzug 779, 780, 781, 782
Pflanzenverankerung 854
Pflanzflächen lockern, Baumscheiben 856
Pflanzflächen mulchen, Rindenmulch 856
Pflanzflächen wässern 874
Pflanzgraben für Hecke herstellen 817
Pflanzgrube für Kleingehölz 815, 816
Pflanzgrube für Solitärbaum 816, 817
Pflanzgrube verfüllen 818
Pflaster Beton, begrünbarer Fuge 892
Pflasterbelag, Naturstein aufnehmen 883
Pflasterdecke, Beton mit Sickerfugen 890
Pflasterdecke, Betonpflaster 897
Pflasterdecke, Granit 894
Pflasterdecke, Granitkleinpflaster 895
Pflasterklinkerbelag 889
Pflastersteine schneiden, Beton 902
Pflasterzeile, Granit gebraucht, einzeilig 895
Pflasterzeile, Granit, dreizeilig 895
Pflasterzeile, Großesteinpflaster, Granit 895
Pfosten-Riegel-Fassade, Holz/Holz-Aluminium 434
Pfosten-Riegel-Fassade, Metall 434
Photovoltaik 757, 758
PKW-Stellplatzmarkierung, Farbe 569
Planum Gewässer 835
Planum herstellen 884
Planum, Baugrube 97
Planum, Wege/Fahrstraßen, verdichten 97
Plattenbelag schneiden, Beton 902
Plattenbelag, Basalt 896
Plattenbelag, Granit 896
Plattenbelag, Sandstein 897
Plattenbelag, Travertin 897
Plattenlager, Betonplatten, höhenverstellbar 841
Poller 834
Potentialausgleichsschiene, Stahl, verzinkt 757
Prägetapete, Wand 599
Prallwandbekleidung, ballwurfsicher 458
Prallwand-Unterkonstruktion 458
Profilbauverglasung 544, 545
Profilblindzylinder 491
Profilstahl-Konstruktion 263, 264
Profilzylinderverlängerung 491
Pultdachabschluss 304
Pumpensumpf 108
Putzarmierung, Glasfasergewebe 361, 362
Putzbänder, Faschen, Putzdekor 367
Putzstück, Guss 716, 717, 718
Putzsystem, Decke, schallabsorbierend 368
Putzträger, Metallgittergewebe 362, 363
PVC-Bahnen verschweißen 585

Q

Querschnittsabdichtung, G200DD, Mauerwerk 273, 274
Querschnittsabdichtung, Mauerwerk 150

R

Radiavektoren, Profilrohr 693, 694, 695
RAL-Anschluss, Fenster 438
Randabschluss, Korkstreifen, Dehnfuge 476
Randanschluss Holzschindelbekleidung 307
Randdämmstreifen, PE-Schaum 406
Randdämmstreifen, Polystyrol 406
Randplatte, Naturwerkstein, innen 224
Randschalung, Bodenplatte 188
Randschalung, Deckenplatte 198
Randstreifen abschneiden 398, 476, 574
Rankhilfe, Edelstahlseil 846
Rasenbordstein, Kantstein, Beton 911
Rasenfläche düngen 860
Rasenfugenstein, Beton 892, 893
Rasengitterplatte, Beton, Steinformat Raute 893
Rasenplanum 859
Rasentragschicht 888, 889
Rasenwabenplatte, Kunststoff 893
Raufasertapete, Dispersion 597
Raufasertapete, fein/weiß 596
Raufasertapete, grob/weiß 596
Raufasertapete, lineare Bauteile 597
Raumgerüst, Gebrauchsüberlassung 80
Raumgerüst, LK 3 80
Raumsparsiphon, Waschtisch, unterfahrbar 729
Regenwasserkanal, PVC-U-Rohre 830
Regenwasserspeicher, Stahlbeton 132
Regenwasserzisterne 830
Reinigen grobe Verschmutzung 73
Reinigungsrohr, Putzstück 129
Revisionsklappe 638
Revisionsöffnung, Doppelboden 648
Revisionsöffnung/-klappe, eckig, Brandschutz EI90 639
Revisionstür 384
Riegelschloss 492
Rieselschutz, Glasfaser 253
Rillenfräsung, Stufenkante 226
Ringanker, U-Schale 173, 174
Rinnenendstück, Rinnenboden 338
Rinnenstutzen 337
Rippenplatte 900, 901
Rohrbelüfter 715
Rohrbogen, Luftleitung 792
Rohrdämmung 741, 742, 743
Rohrdurchführung anarbeiten, Bodenbelag 591
Rohrdurchführung 206, 282, 283
Röhrenheizkörper, Stahl 685
Rohrgraben/Arbeitsraum verfüllen 98
Rohrgrabenaushub 116, 117, 814
Rohrleitung, C-Stahlrohr 683
Rohrleitung, Kupfer 682
Rohrleitung, Mehrschichtrohr, Fußbodenheizung 684
Rohrleitung, PE-X, Fußbodenheizung 684
Rohrleitung, Stahlrohr 683, 684
Rohrleitung, Verbundrohr, Fußbodenheizung 684
Rohrrahmentür, Glasfüllung, zweiflüglig, mehrteilig 524
Rollgitteranlage, elektrisch 501, 525
Rollladen, Führungsschiene, Gurtwickler 496
Rollladen-/Raffstorekasten 495
Rollstuhl-Überfahrtstein 913
Rolltor, Leichtmetall, außen 525
Rolltoranlage, elektrisch 501
Rückschlagventil 674
Rückstaudoppelverschluss, Kunststoff 130
Rundschnittbogen, Plattenbelag 229
Rundstahl, Zugstab, verzinkt 264

S

Sanitärcontainer 70, 71
Sauberkeitsschicht 184, 835
Sauberlaufsystem, Rahmen 396, 397
Saugleitungen 110
Saugpumpe 109
Schacht, gemauert, Formteile 162
Schachtabdeckung anpassen 132
Schachtabdeckung 131, 141, 824
Schachthals, Betonfertigteil 825
Schachthals, Kontrollschacht 130
Schachtring, 130, Beton 825
Schachtsohle, ausformen/Gerinne einbringen 130
Schachtverlängerung, PP 141
Schachtwand, Gipsplatten 641
Schachtwand, Kalksandsteine 162
Schachtwand, Kalksandsteine, Brandwand 163
Schalldämpfer, flach, runder Anschluß 789
Schall-Sichtschutzwand, Stahlbeton 844
Schalung, Aufzugsschacht 190
Schalung, Decken, glatt 197
Schalung, Dreiecksleiste 192
Schalung, Fundament, rau 185
Schalung, Fundament, verloren 185
Schalung, glatt, Treppenpodest 200
Schalung, OSB/3 tragend, Feuchtbereich 296
Schalung, Ringbalken/Überzug/Attika, glatt 198
Schalung, Spanplatten 456
Schalung, Stütze 196
Schalung, Treppenlauf 199
Schalung, Unterzug/Sturz 195
Schalung, Wand 191
Schaumglasdämmung, Bodenplatte 209
Scheinfugen schneiden, schließen 410

Scherentreppe, Aluminium 259
Schiebeladen, 2-teilig, Metall/Holz, manuell 499
Schiebetürelement, innen, einflüglig 448
Schlämmputz, außen, einlagig, Kalkzementmörtel 375
Schlitze herstellen, Mauerwerk 164
Schlitze schließen, Mauerwerk 165
Schlussbeschichtung, grundierter Röhrenheizkörper 566
Schlussbeschichtung, Holzfenster 564
Schlüssel, Buntbart 492
Schlüsselschrank, wandhängend 492
Schmutzfänger, Guss 680
Schmutzfangkorb, Schachtabdeckung 131
Schmutzwasseranschluss herstellen 68
Schneefanggitter 355
Schneefangrohr 354, 355
Schnellentlüfter 680
Schnellestrich 407
Schornstein, Formsteing 174, 175
Schornsteinbekleidung, Winkel-/Stehfalzdeckung 350
Schornstein-Blechbekleidung 350
Schornsteinkopf, Mauerwerk 175
Schornsteinkopfabdeckung, Faserzement 175
Schornsteinverwahrung 349
Schotter aufnehmen, lagern 884
Schotter entsorgen 884
Schotterrasen herstellen 860
Schotterrasendeckschicht 889
Schrägschnitt, Sparren 243
Schrägschnitte, Plattenbelag 228
Schukosteckdose, 16A 765, 766
Schuttabwurfschacht 75
Schüttdränage, Dachbegrünung 837
Schüttung, Sand, in Decken 258
Schüttung, Splitt, in Decken 258
Schutzabdeckung, Boden 72, 595
Schutzabdeckung, Bodenbelag, Hartfaserplatte 593
Schutzabdeckung, Folie 240
Schutzabdeckung, Inneneinrichtung 595
Schutzabdeckung, Kunststofffolie 593
Schutzabdeckung, Platten/Folie 478
Schutzdach, Gebrauchsüberlassung 83
Schutzdach, Gerüst 83
Schutzgitter, Fenster 509
Schutzlage, Dachabdichtung 79
Schutzmatte, Gummigranulat, Dachdichtung 328
Schutzummantelung, Fußbodenheizrohr 700
Schutzwand, Folienbespannung 73
Schutzwand, Holz beplankt 73
Seifenspender, Wandmontage 733
Seitenschutz, Arbeitsgerüst 82
Seitenteil, Holz, verglast, Haustür 420
Seitenteil, Kunststoff, verglast, Haustür 420
Seitenzulauf zum Schacht 131
Sektional-/Falttor, Leichtmetall, Hallentor, gedämmt 526
Sekurant, Anseilsicherung, Stahl verzinkt 841
Sensorleiste, Türblatt 487
Sicherheitsdachhaken, verzinkt 355
Sicherheitsglas, Mehrpreis, PR-Fassade 437
Sicherheitsstreifen, Kies, Dachbegrünung 839
Sicherheitstritt, Standziegel 356
Sicherheitsverglasung, ESG-Glas 545
Sichern von Leitungen/Kabeln 88
Sicherungssockel D02 772
Sichtschutzfolie, geklebt 546
Sichtschutzzaun aus Holzelementen 845
Sickerpackung, Dränleitung 141
Sickerschacht, Betonfertigteilringe, B125 142
Sickerschicht, Kies 142
Sickerschicht, Kunststoffnoppenbahn/Vlies 283
Sickerschicht, Perimeterplatte, vlieskaschiert 143
Sickerschicht, poröse Sickersteine 283
Sinkkasten, Anschluss zweiseitig 829
Sinterschicht abschleifen 410, 468, 574
Sitzquader, Naturstein 835
Sockel, Naturwerkstein, magmatisches Gestein 223
Sockelausbildung, Aluminiumprofil 593
Sockelausbildung, Holzleiste 592
Sockelausbildung, Lino-/Kautschuk 592
Sockelausbildung, PVC 592
Sockelausbildung, Sporthalle 592
Sockelausbildung, textiler Belag 592
Sockelfliesen, Fliesenbelag 388
Sockelfliesenbeläge, Treppen 392
Sockelleiste 476
Sockelleistenkanal 756
Sockelputz, Kalkzementmörtel CS III - wasserhemmend 374
Solitär 862, 863, 864, 865, 866
Solitär/Hochstamm nach Einschlag pflanzen 855
Sondergerüstanker, Vbl-Mauerwerk 82
Sonnenschutz reinigen 554
Sonnenschutz-Wetterstation 500
Spachtelung, Gipsplatten, erhöhte Qualität Q3 649
Spachtelung, Q3, ganzflächig 559
Spachtelung, Q4, Innenputz 559
Sparverblendung WDVS, Klinkerriemchen 172
Speicher-Wassererwärmer mit Solar, bis 400l 672
Spiegel, hochkant, für Waschtisch 729
Spiegel, Kristallglas 729
Spielfeldmarkierung 576
Spielsand auswechseln 843
Spielsand, Körnung 0/2 843
Spindeltreppe, Stahl, innen, Trittroste 534
Sportboden, Nutzschicht, Linoleum 575
Sportboden, rutschhemmende Beschichtung, PUR 576
Sporthallentür, zweiflüglig 459
Spülschacht PP 141

Stabdübel, Edelstahl 261
Stabgitterzaun, 820, 821
Stabparkett 470, 471
Stahleckzarge, innen 449, 450
Stahlkonstruktion, Baustahl S235JR(AR) 212
Stahlkonstruktion, Profilstahl S235JR 212
Stahlrahmen, Rolltor, grundiert 525
Stahlstütze, Rundrohrprofil 265
Stahlteile feuerverzinken 212
Stahltor, beschichtet 832, 833
Stahltreppe, gerade 532, 533
Stahltür, Brandschutz, EI2 30 518, 519
Stahltür, Brandschutz, EI2 30, zweiflüglig 523
Stahltür, Brandschutz, EI2 90 520
Stahltür, Brandschutz, EI2 90, zweiflüglig 521
Stahltür, Brandschutz, EI2 T90 521
Stahltür, einflüglig 512
Stahltür, Rauchschutz 515, 516
Stahltür, Rauchschutz, zweiflüglig 516
Stahltür, zweiflüglig 513
Stahl-Umfassungszarge 511, 512
Stahl-Umfassungszarge, innen 450, 451
Stammschutz, Brettermantel 809
Standfläche herstellen, Hilfsgründung 79
Standgerüst, innen 79
Standrohr, duktiles Gussrohr/Grauguss 128
Standrohr, Guss/SML 341
Standrohr, Titanzink/Kupfer 341
Standrohrkappe, Fallrohr, Titanzink/Kupfer 340
Statische Berechnung, Fassadengerüst 84
Staude 869, 870
Stb-Fertigteil, Balkonplatte 203
Stb-Fertigteil, Brüstung 203
Stb-Fertigteil, Treppe, einläufig 201
Stb-Fertigteil, Treppenpodest 200
Stb-Fertigteilsturz 198, 199
Steigeisen, Form A / B, Stb-Schacht 130
Steigleiter, für Wartungs-und Kontrollzwecke 535
Steigleiter, Stahl, verzinkt 534
Stellbrett, zwischen Sparren 249
Stelzlager, Aufstockelement, höhenverstellbar 841
Stelzlager, Kunststoff 220
Stelzlager, Plattenbeläge, Dachbegrünung 840, 841
Stillstand Geräteeinheit, inkl. Personal 106
Stoßfuge schließen, Fertigteil-Decke 559
Stoßgriff, Tür, Aluminium 485
Strangregulierventil, Guss 679
Straßenablauf, Beton 826
Straßenablauf, Polymerbeton 129
Strauch herausnehmen, einschlagen 810
Strauch herausnehmen, einschlagen, 60-100cm 810
Strauch 867, 868, 869
Sträucher liefern/pflanzen 857, 858
Strauchpflanze einschlagen 854
Strauchpflanzen nach Einschlag pflanzen 855
Streichputz, innen 562
Streifenfundamentaushub 94, 815
Stromerzeuger 110
Stuckprofil, innen 367
Stufenbelag, Fertigparkett 475, 476
Stufenbelag, Stabparkett 475
Stufengleitschutzprofil, Treppe 226
Stütze, Ortbeton, Schalung 195
Stütze, Stahlbeton 195
Stützgriff, fest 738, 739
Stützgriff, klappbar 739

T

Tacker/EPS-Systemträger, Fußbodenheizung 699
Tastbordstein, Beton 913
Tauchpumpe, Fördermenge 109
Technikraum reinigen 554
Teeküche reinigen 553
Teeküche, melaminharzbeschichtet 461
Teichrand herstellen 836
Tellerventil, Zu-/Abluft 794
Terrassenbelag aus Beton 898, 899
Textiler Belag 576, 577, 578, 579, 580, 581
Thermostatarmatur, Badewanne 730
Thermostatventil, Guss 695
Tiefenlockerung, Boden 818
Tonziegel, Reserve 305
Tor, Bauzaun 65
Träger einbinden, Beton 104
Traglattung, Nadelholz 254
Tragschicht aus RCL-Schotter 887, 888
Tragschicht, kapillarbrechend 138
Tragschicht, Kies 887
Tragschicht, Schotter 183, 886, 887
Tragständer/Traverse, wandhängende Lasten 639
Trapezblechdach 265, 266
Trauf-/Ortgangblech, Verbundblech, Z 500 344
Trauf-/Ortgangschalung, N+F, gehobelt 297
Traufblech 334, 335
Traufblech/Traufstreifen 342
Traufbohle, konisch 248
Traufbohle, Nadelholz 297
Traufe, Betonplatten 890
Traufe, Blechdach 352, 353
Traufstreifen 342
Trenn-, Schutz-, Speichervlies 842
Trennlage / Ausgleichsschicht, PE-Folie 313
Trennlage, Blechflächen, V13 350
Trennlage, Dämmung, Estrich 405
Trennlage, Dämmung, Gussasphalt 406
Trennlage, Filtervlies 97

Trennlage, Kunststoffbahn, Gespinstlage 351
Trennlage, PE-Folie 184, 273, 328
Trennlage/untere Lage 313
Trennschiene 224, 384, 385, 477, 591
Trennschiene, nichtrostender Stahl 225, 385
Trennschnitt, Wand/Deckenübergang 368
Trennwand, Spannplatten/HPL, Rahmen 457
Trennwandanlage, HPL-Kompaktplatten 457
Trennwandanlage, Spanplatten/Melamin 457
Trennwanddämmung, MW, schallbrückenfrei 210
Treppe, Naturwerkstein, Winkelstufe 226
Treppen/Bordsteine/Kantensteine aufnehmen, entsorgen 884
Treppen/Podeste reinigen 549
Treppenbelag, Naturwerkstein, Tritt-/Setzstufe 226
Treppenbelag, Tritt- und Setzstufe 392
Treppenkante 589, 590
Treppenlauf, Ortbeton, C35/37 199
Treppenpodest, Ortbeton, C30/37 200
Treppenstufe 463, 588, 589
Trinkwarmwasserbereiter, Durchflussprinzip 665
Trinkwarmwasserspeicher 672
Trittschalldämmelement, Fertigteiltreppen 214
Trittschalldämmung EPS 403
Trittschalldämmung MW 403
Trittschalldämmung, Randstreifen, MW 229
Trittstufe, Gitterrost, Außenbereich 532
Trockenansaat, Dachbegrünung, Saatgutmischung 840
Trockenestrich, GF-Platten, einlagig 648
Trockenmauer - Granitblöcke - Findlinge 918
Trockenmauer als Stützwand - Bruchsteinmauerwerk 917
Trockenmauerwerk, Naturwerksteine 228
Trockenputz, Gipsbauplatte A/H2 644
Trockenputz, Gipsverbundplatte 643
Trockenschüttung 402
Tür, Bauzaun 65
Türantrieb, kraftbetätigte Tür 487
Türblatt, einflüglig, kunststoffbeschichtet 446, 447
Türblatt, einflüglig, Vollspan 447
Türblatt, Vollspan, zweiflüglig 448
Türdrückergarnitur, provisorisch 484
Türen reinigen 552
Türöffner elektrisch 488
Türöffnung schließen, Mauerwerk 161
Türöffnung, Holz-Innenwand, 1000x2000mm 257
Türöffnung, Mauerwerk über 2,50m2 160
Türöffnung, Montagewand 637
Türspion, Aluminium 490
Türstopper 490
Türzargen 637, 638

U

Überbrückung, Gebrauchsüberlassung 82
Überbrückung, Gerüst 82
Übergang, Dämmkeil, EPS-Hartschaum 317
Übergang, PE/PVC/Steinzeug auf Guss 122
Übergang, PVC-U auf Steinzeug/Beton 125
Übergangs-/Fußgängerbrücke 63
Übergangsbordstein, Beton, dreiteilig 913, 914
Übergangsprofil, Metall 591
Übergangsprofil/Abdeckschiene 477, 478
Übergangsstück, Steinzeug 121
Überhangblech 347
Überschüssigen Boden laden, entsorgen 813
Überströmventil, Guss 679
Überzug/Attika, Ortbeton 198
Umlenkungsbogen, Heizleitung 698
Ummantelung, Anbindeleitung 701
Ummantelung, Rohrleitung, Beton 99, 119
Umwälzpumpen 672, 673
Unterboden reinigen 218
Unterboden, Holzspanplatte 469
Unterboden, Holzspanplatte P2 469
Unterdach, Behelfsdeckung, Bitumenbahn V13 291
Unterdeckbahn UDB-A, diffusionsoffen 292
Unterdeckbahn, hinterlüftetes Dach 251
Unterdecke, abgehängt, F90A/EI90, selbsttragend 623
Unterdecke, abgehängt, Gips-Lochplatten 621
Unterdecke, abgehängt, Gipsplatten 621, 622
Unterdecke, abgehängt, GK/GF, zweilagig 622
Unterdecke, abgehängt, Mineralplatte 619
Unterdecke, abgehängt, Zementplatten, Feuchtraum 623
Unterdeckplatte UDP-A, WF 291, 292
Untergrund prüfen 361
Untergrund prüfen, Haftzugfestigkeit 383, 468
Untergrund prüfen, Oberflächenzugfestigkeit 574
Untergrund reinigen 271, 468, 559, 575
Untergrund reinigen, Boden 396
Untergrund spachteln, Estrich 575
Untergrund verdichten, Fundamente 885
Untergrund verdichten, Wegeflächen 884
Untergrund vorstreichen, Haftgrund 468
Untergrundreinigung, Estricharbeiten 402
Unterkonstruktion Stützgriff/Sitz 736
Unterkonstruktion, Aluminium, VHF 604
Unterkonstruktion, Büroraumwände 456
Unterkonstruktion, Federschiene, Unterdecke 623
Unterkonstruktion, Holz, zweilagig 603
Unterkonstruktion, Holzbohlen 317
Unterkonstruktion, Holzlattung 603
Unterkonstruktion, Innenwandbekleidung 454
Unterkonstruktion, Kantholz 317
Unterkonstruktion, Rauspund 604
Unterlage, Bodenbelag, Filz 575
Unterlage, Bodenbelag, Schaumstoff 575
Unterlage, Korkschrotpappe 469
Unterlage, Rippenpappe 468

Unterputzprofil, nichtrostender Stahl, innen 363
Unterputzprofil, verzinkt, innen 363
Unterschrank, Küche 462
Unterspannbahn USB-A, hinterlüftes Dach 292
Unterzug, rechteckig, Ortbeton, Schalung 198
Unterzug/Sturz, Stahlbeton 194
Urinal, Keramik 733
Urinaltrennwand, Schichtstoff-Verbundelemente 649

V

Vbl-Mauerwerk, VMz, 115mm 171
Vegetationsfläche, organische Düngung 817
Vegetationsflächen lockern 818
Vegetationsmatte, liefern/verlegen 874
Verankerung, Profilanker, Schwelle 260
Verbau, Spundwand, Stahlprofile 106
Verbau, Trägerbohlwand, rückverankert 106
Verbauausfachung, Holzbohlen 105
Verbauausfachung, Spritzbeton 105
Verbauträger, Stahlprofile 104
Verbauträger-/Bohrköpfe kappen 105
Verblendmauerwerk 171, 172, 173, 227, 376
Verblendung, Deckensprung, Unterdecke 624
Verbundabdichtung, Boden, Reaktionsharz 383
Verbundabdichtung, Wand 383
Verbundblech, gekantet 342
Verbundestrich 409
Verdunkelung, innen2 499
Verdunstungsschutz, Baumstamm 854
Verfugung, Acryl 599, 649
Verfugung, elastisch 453, 478, 591
Verglasung Aufzug 784
Verglasung, Einfachglas 539
Verglasung, Einscheibensicherheitsglas 539
Verglasung, ESG-Glas 539, 540
Verglasung, Floatglas 539
Verglasung, Verbundsicherheitsglas 540
Verglasung, VSG-Glas 540
Verkehrseinrichtung, Verkehrszeichen 67
Verkehrsregelung, Lichtsignalanlage 67
Verkehrssicherung, Baustelle 67
Verklammerung, Dachdeckung 306
Verkofferung/Bekleidung, Rohrleitungen 642
Verpressanker, Trägerbohlwand 105
Verpressung, Injektionsschlauch 189
Versickerungsfähiges Pflaster, Beton 891
Versickerungsfähiges Pflaster, Doppel-T-Verbundstein 891
Versickerungsmulden herstellen 830
Verstärkung, Unterkonstruktion, Unterdecke 623
Verteiler Heizungswasser 697
Verteilerschrank, Fußbodenheizung 698
Verzinken, Stahlprofile 267
Vollholzparkett beschichten 475
Vollholzparkett schleifen 475
Vollholzparkett, Hochkantlamellen 472
Voranstrich, Abdichtung, Betonbodenplatte 271
Voranstrich, Bodenbelag 575
Voranstrich, Dampfsperre 313
Voranstrich, Fliesenbelag 383
Voranstrich, Wandabdichtung 276
Vorbaurollladen, Führungsschiene, Gurtwickler 495
Vordach, Trägerprofile/ESG 529
Vordachverglasung, Sicherheitsglas 545
Vordeckung, unter Stehfalzdeckung 291
Vorhangfassade, Bandblechscharen 354
Vorratsdüngung 859
Vorsatzschale, GK/GF 639, 640, 641
Vorsatzschale, Zementplatten, Feuchträume 640

W

Walzbleianschluss, Blechstreifen 350
Wandabdichtung, Bodenfeuchte 276, 277
Wandabdichtung, drückendes Wasser 278
Wandabdichtung, nicht drückendes Wasser 277
Wandablauf, bodengleiche Dusche 736
Wandanschluss Ziegel / Dachstein 306
Wandanschluss, Abdichtung, Balkon 323
Wandanschluss, Bitumen-Dichtbahn 271
Wandanschluss, Dachabdichtung, Aluminiumprofil 325
Wandanschluss, Decke, Mineralplatte 619
Wandanschluss, Dickbeschichtung 271
Wandanschluss, gedämmt, zweilagige Abdichtung 319
Wandanschluss, gedämmt, Kunststoffbahn, einlagig 322
Wandanschluss, Metalldach 347
Wandanschluss, Nocken, Titanzink 348
Wandanschluss, Verbundblech 348
Wandanschlussblech 347
Wandaussparung schließen 208
Wandbekleidung Holzschindel 306
Wandbelag reinigen 551
Wandbelag, Mosaik 387, 388
Wandflächen reinigen, beschichtet 551
Wandfliesen 386, 387, 393
Wandschalung, Fenster 192, 193
Wandschalung, Stirnfläche 193
Wandschalung, Türe 192
Wangentreppe, Holz 258
Wanschluss, Schattennutprofil, Unterdecke 624
Wärmedämmung DAA 314, 315, 316, 317
Wärmedämmung, Estrich 404, 405
Wärmedämmung, Rohrleitung 741
Wärmedämmung, Schrägsitzventil 746
Wärmedämmung, zwischen Holz-UK 647
Wärmepumpe 666, 667, 668, 669
Warmwasser-Heizregister 794
Warmwasser-Zirkulationspumpe, DN20 708

Warnband, Leitungsgräben 99
Wartung Personenaufzug EN81-20 785
Waschtisch, Keramik 728
Waschtisch/Duschwanne reinigen 552
Wasserfangkasten 337
Wasserfangkasten 337
Wassergebundene Decke 890
Wasserhaltung 110
Wässern 840, 874
Wasserpflanze 872, 873
Wasserpflanzen liefern 872
Wasserspeier 338
WC 730, 731
WC-Kabine 70
WC-Rückenstütze 738
WC-Schamwand Urinale 457
WC-Schild, taktil, Kunststoff 493
WC-Schüssel/Urinal reinigen 552
WC-Sitz 731
WC-Spülkasten, mit Betätigungsplatte 730
WC-Toilettenpapierhalter 731
WC-Trennwandanlage, HPL-Kompaktplatten 649
WDVS, Armierungsputz, Glasfasereinlage 372
WDVS, Brandbarriere, 200mm 372
WDVS, Dübelung, Wärmedämmung 372
WDVS, Eckausbildung, Profil 373
WDVS, EPS, Silikat-Reibeputz 369, 370
WDVS, Fensteranschluss 373
WDVS, Kompriband BG1 373
WDVS, Laibungsausbildung 374
WDVS, Montagequader, Druckplatte 372
WDVS, MW, Silikat-Reibeputz 369
WDVS, Sockeldämmung, XPS 373
WDVS, Sockelprofil 373
WDVS, Wärmedämmung, EPS 370, 371
WDVS, Wärmedämmung, MW 371
Wechsel, Kamindurchgang 259
Weg-/Beetbegrenzung, Aluminium 911, 912
Weg-/Beetbegrenzung, Cortenstahl 912
Weg-/Beetbegrenzung, Cortenstahl 912
Wegeeinfassung, Naturstein 844
Weidentunnel, Silber-Weide 867
Weitspannträger, Unterdecke 624
Wetterschutzgitter, Außenluft-/Fortluft 790
Wickelfalzrohr, Reduzierstück 794
Winddichtung, Polyestervlies 606
Windrispenband 260
Windwächter-Anlage, Sonnenschutz 500
Winkelstufe, Beton 904
Winkelstufe, Kontraststreifen 905
Winkelstützmauerelement, Beton 914, 915
Winkelverbinder/Knaggen 260
Witterungsschutz, Dachplane 289
Witterungsschutz, Fensteröffnung 74
Wohndachfenster 254, 255
Wurzelanker im Teich, See 835
Wurzelstock fräsen, einarbeiten 811

Z

Zählerschrank 770
Zahnleiste, Nadelholz, gehobelt 298
Zaun Viereck-Drahtgeflecht abbrechen, entsorgen 809
Zaun Viereck-Drahtgeflecht, entsorgen 809
Zaunpfosten, Stahlrohr 833
Zeigerthermometer, Bimetall 680
Zementestrich anschleifen 468
Ziegel beidecken, Dachdeckung 306
Ziegel-Elementdecke 176
Ziergräser in Sorten 870
Zirkulations-Regulierventil 708
Zugdraht für Kabelschutzrohr 99
Zuluft-/Insektenschutzgitter, Traufe 297
Zweifach-Isolierverglasung 541, 542
Zweifach-Schukosteckdose 766, 767
Zwischensparrendämmung MW 247, 248
Zwischensparrendämmung WF 248
Zwischensparrendämmung, MW 289, 290
Zwischensparrendämmung, WF 290